U0237801

ESG

与

可持续披露准则研究

黄世忠　叶丰滢 ◎ 著

中国财经出版传媒集团
中国财政经济出版社
·北　京·

图书在版编目（CIP）数据

ESG与可持续披露准则研究 / 黄世忠，叶丰滢著. --北京：中国财政经济出版社，2024. 7

ISBN 978-7-5223-3197-3

Ⅰ. ①E… Ⅱ. ①黄… ②叶… Ⅲ. ①企业环境管理-国际标准-标准体系-研究 Ⅳ. ①X322-65

中国国家版本馆CIP数据核字（2024）第107984号

责任编辑：樊清玉　温彦君　　责任校对：张　凡
封面设计：陈宇琰　　责任印制：史大鹏

ESG与可持续披露准则研究
ESG YU KECHIXU PILU ZHUNZE YANJIU

中国财政经济出版社 出版

URL：http://www.cfeph.cn

E-mail：cfeph@cfeph.cn

社址：北京市海淀区阜成路甲28号　邮政编码：100142

营销中心电话：010-88191522

天猫网店：中国财政经济出版社旗舰店

网址：https://zgczjjcbs.tmall.com

中煤（北京）印务有限公司印刷　各地新华书店经销

成品尺寸：185mm×260mm　16开　49.5印张　936 000字

2024年7月第1版　2024年7月北京第1次印刷

定价：198.00元

ISBN 978-7-5223-3197-3

（图书出现印装问题，本社负责调换，电话：010-88190548）

本社质量投诉电话：010-88190744

序　言

1916 年，克拉克（J. M. Clark）在《变化中的经济责任基础》一文中提出企业社会责任（Corporate Social Responsibility，CSR）的概念，至今已经超过 100 年的历史。2005 年，联合国全球契约组织（UNGC）发表了《在乎者赢》（Who Cares Wins）的研究报告，提出环境、社会和治理（Environmental，Social and Governance，ESG）理念，在此之后，CSR 慢慢淡出，ESG 日益盛行。2023 年堪称可持续发展报告（Sustainability Report，SR）的元年，这一年的 6 月 26 日，国际可持续准则理事会（ISSB）正式发布了第 1 号国际财务报告可持续披露准则《可持续相关财务信息披露一般要求》和第 2 号国际财务报告可持续披露准则《气候相关披露》（以下简称“ISSB 准则”），这一年的 7 月 31 日，欧盟委员会（EC）正式批准由欧洲财务报告咨询组（EFRAG）起草的 12 份欧洲可持续发展报告准则（ESRS），并于 12 月 22 日由欧盟官方公报正式发布，从 2024 年起开始实施。ISSB 准则和 ESRS 的发布，标志着 ESG 报告框架林立时代的终结和高度统一的可持续披露准则时代的到来。从 CSR 到 ESG 再到 SR，尽管侧重点有所不同，但归根结底均是探索利用非财务报告弥补财务报告不足的尝试。

财务报告的历史远比 CSR、ESG 和 SR 悠久，其提供的财务信息在投资信贷决策、受托责任评价和经济利益分配方面所发挥的职能，是其他报告提供的信息不能相媲美的。但基于会计主体假设、持续经营假设、会计分期假设和货币计量假设的财务报告，也存在着一些局限性，突出表现为回避了企业经营的外部性，忽略了企业对环境和社会的适应性，制约了财务信息的前瞻性，限制了计量上的多元性。囿于财务会计严格的确认、计量和报告规则，通过自我革命突破性疗愈四大会计基本假设造成的财务报告先天不足，概率不高，且可能“污染”财务报告，妨碍其实现三大职能。在财务报告之外探索其他补充报告遂成为务实之选。经过艰辛的探索和实践，ESG/可持续发展报告脱颖而出，有望以结构化的方式弥补财务报告的不足，与财务报告一起共同构成更有信息含量、更具决策相关性的公司报告（Corporate Reporting）体系，便于使用者从更为宽广的视野和更加多维的角度评价企业业绩、发展前景和外部影响（对经济、社会和环境的影响）。

种种迹象表明，公司报告体系正处于重大变革的机会窗口，以财务报告为主的单一格局正向财务报告与ESG/可持续发展报告并重的双重格局演变。公司报告从单一格局向双重格局的演变，再加上股东至上主义（Stockholder Primacy）的式微和利益相关者至上主义（Stakeholder Primacy）的崛起，将对财务会计、财务管理和独立审计产生深远影响。

在财务会计方面，影响主要表现为如何重构概念框架（Conceptual Framework），即如何协调财务报告概念框架与ESG/可持续发展报告概念框架之间的关系，是两个概念框架彼此独立，并行不悖，还是相互融合，整合为一。概念框架是用于指导准则制定的理论基础，离开概念框架，高质量的会计准则和可持续披露准则无异于缘木求鱼。ESG/可持续发展报告的推广和利益相关者至上主义的崛起，呼唤重构概念框架，确保会计准则和可持续披露准则的制定相互协调，形成合力，促使财务信息与可持续信息相互关联，相互补充，相得益彰。当务之急是协调财务报告和ESG/可持续发展报告在目标设定方面的不同导向，促使以满足投资者和债权人信息需求为主的目标设定向兼顾所有利益相关者信息需求的目标设定转变，将狭隘的股东导向拓展为多元的利益相关者导向。此外，重要性的界定也是重构概念框架的优先事项。许多国家和地区的ESG/可持续发展报告秉承的是双重重要性原则，既要反映环境事项和社会事项对企业的当期和预期财务影响（即财务重要性），也要反映企业自身经营活动及其价值链活动对环境和社会的影响（即影响重要性），在概念框架中厘清重要性、财务重要性和影响重要性的基本内涵和适用对象显得尤为必要和迫切。

在财务管理方面，影响主要表现为如何重塑价值创造（Value Creation）的理念，促使价值创造业绩观向共享价值创造（Shared Value Creation）业绩观转变。价值创造是企业存在的初心和使命，这是毋庸置疑的共识，但在为谁创造价值、创造什么价值、如何创造价值等方面，传统的财务管理理念和现代的ESG/可持续发展理念对这三大核心问题的见解差异甚大。在为谁创造价值方面，传统的财务管理理念认为企业管理层只应对股东负责，主张为股东创造价值是企业的唯一宗旨，利润最大化或股东价值最大化被奉为业绩管理的圭臬，而现代的ESG/可持续发展理念则认为企业管理层应对要素所有者和产出消费者负责，主张为客户、员工、供应商、社区、股东等利益相关者创造价值理应成为企业的宗旨，共享价值最大化成为业绩管理的新标杆。在创造什么价值方面，传统的财务管理理念只重视显性的经济价值，将隐性的社会价值和环境价值视为刍狗，而现代的ESG/可持续发展理念既重视显性的经济价值，也关注隐性的环境价值和社会价值，主张统筹兼顾经济价值、社会价值和环境价值，以促进经济、社会和环境的可持续发展。在如何创造价值方面，传统的财务管理理念更加注重从内部挖掘价值创造动因，而现代的 ESG/可持续发展理念则更加注重从外部因素（尤其是社会和环境因素）分析和管控价值创造动因。

在独立审计方面，影响主要表现为鉴证理论基础的拓展、鉴证报告目标的修正和鉴证委托机制的创新。在鉴证理论基础的拓展方面，传统的财务报告审计所依据的委托代理理论、受托责任理论和信息不对称理论不完全适用于 ESG/可持续发展报告的鉴证，有必要拓展鉴证报告的理论基础，使其涵盖公共受托责任理论、可持续发展理论和经济外部性理论。在鉴证报告目标的修正方面，对公允性发表独立意见的传统财务报告审计目标可能不适用于 ESG/可持续发展报告鉴证目标，有必要修正为同时对合规性和公允性发表独立意见。在鉴证委托机制的创新方面，由股东大会决定财务报告审计机构的委托机制，不再适用于 ESG/可持续发展报告的鉴证，创新鉴证机构的委托机制势在必行，包括股东、债权人、员工、客户、供应商、社区、监管部门在内的所有利益相关者，理应在聘请鉴证机构方面拥有话语权，股东独大的委托机制将成为历史。

除了上述影响外，我们坚信，“敬天爱人、从善向善”的 ESG/可持续发展理念是企业文明的进阶之道。1997 年，可持续发展咨询大师约翰·艾尔金顿（John Elkington）出版了影响深远的《使用刀叉的野蛮人——21 世纪企业的三重底线》一书，他发出呼吁：到了 21 世纪，企业不应再只关注利润底线，而对社会底线和环境底线不闻不问，否则，企业将永远停留在野蛮时代的经济动物时期，恰恰相反，21 世纪的企业理应统筹兼顾三重底线，在关注利润底线为股东创造价值的同时，还应关注社会底线和环境底线，认真践行社会责任和环境责任，积极创造社会价值和环境价值。唯有如此，企业才能从野蛮时代的经济动物进化为文明时代负责任的企业公民。艾尔金顿的呼吁振聋发聩，只有企业同时关注三重底线，经济、社会和环境才能可持续发展。关注三重底线，需要在披露财务信息的同时，披露环境信息和社会信息。可见，编制和披露 ESG/可持续发展报告，践行 ESG 理念，转变发展观念，可促使企业更加关注绿色低碳转型和社会公平正义转型。

习近平总书记指出：“高质量发展，就是能够很好满足人民日益增长的美好生活需要的发展，是体现新发展理念的发展，是创新成为第一动力、协调成为内生特点、绿色成为普遍形态、开放成为必由之路、共享成为根本目的的发展。”“绿色发展是高质量发展的底色，新质生产力本身就是绿色生产力。必须加快发展方式绿色转型，助力碳达峰碳中和。牢固树立和践行绿水青山就是金山银山的理念，坚定不移走生态优先、绿色发展之路。”我们认为，推广 ESG 理念/可持续发展报告，要求企业披露在环境、社会和治理主题方面取得的成效和存在的不足，完全符合创新、协调、绿色、开放、共享的新发展理念，是大力发展新质生产力进而实现高质量发展的客观需要。在环境主题方面，推广ESG/可持续发展报告，要求企业披露其自身活动和价值链活动对生态环境的影响以及受生态环境的影响，促使其更加注重对气候变化、污染、水与海洋资源、生物多样性、资源利用和循环经济等环境议题的治理和管理，有助于推动绿色低碳转型。在社会主题方面，推广ESG/可持续发展报告，要求企业披露其自身活动和价值链活动对关系资本的影响以及受这些关系资本的影响，促使其更加注重对员工关系、客户关系、供应商关系、社区关系、乡村振兴、扶贫济困等社会议题的治理和管理，有助于推动社会公平正义转型。在治理主题方面，推广ESG/可持续发展报告，要求企业披露其自身活动和价值链活动涉及的商业操守、隐私保护、科技伦理、内部管控等信息，有助于企业建立健全环境议题和社会议题的治理体系和治理机制，为企业永续经营保驾护航。更重要的是，从发展趋势看，推广ESG/可持续发展报告有助于企业顺应从股东至上主义向利益相关者至上主义演变的发展趋势，在价值创造中更好地协调股东和其他利益相关者的利益关系，走共同富裕之路，促进社会和谐发展，在价值创造中更好兼顾经济效益、社会效益和环境效益，促进经济、社会和环境的可持续发展。

基于上述影响和考虑，我们作为会计学者从2021年ISSB成立伊始，就开始关注ESG/可持续发展报告，围绕ESG/可持续披露准则的制定和实施开展了系统和深入的研究、调研和培训。从2021年至今，我们在《财会月刊》《财务研究》和《会计研究》等期刊上发表了50多篇与ESG/可持续披露准则相关的论文。为了便于会计界同仁更加关注即将到来的公司报告体系的重大变革，有效因应财务报告与ESG/可持续发展报告并重并行的时代，我们从这50多篇论文中精选了49篇，集结出版了《ESG与可持续披露准则研究》一书。

全书共分五篇，分别为历史沿革与基本理论分析、国际准则与欧盟准则研究、气候披露与漂绿行为研究、最佳实践与典型案例分析、中国准则制定战略与挑战。衷心希望本书能够为学界和业界了解国内外ESG/可持续披露准则的历史演变、前沿动态和热点难点提供有益的参考和启示，为我国经济、社会和环境的可持续发展贡献绵薄之力。

本书收集的49篇论文中，大部分发表于《财会月刊》和《财务研究》，感谢《财会月刊》和《财务研究》编辑部对宣传和推荐ESG理念的大力支持。本书的出版得到国家自然科学基金（项目编号：72172315）和中宣部文化名家暨国家“万人计划”研究项目的资助。本书的出版还得到中国财政经济出版社的大力支持，谨致以诚挚的谢意。

黄世忠　叶丰滢
2024年5月于厦门国家会计学院

目 录

第一篇 历史沿革与基本理论分析

第二篇 国际准则与欧盟准则研究

第三篇 气候披露与漂绿行为研究

第四篇　最佳实践与典型案例分析

第五篇　中国准则制定战略与挑战

附　录

第一篇

历史沿革与基本理论分析

如果从联合国全球契约组织（UNGC）2005 年发表的《在乎者赢》率先提出 ESG 算起，ESG 的历史迄今只有短短的 19 年，无疑属于新生事物。但如果从中国传统文化的角度看，ESG 的理念早已有之。ESG 是 ISSB 准则和 ESRS 的主要规范对象。环境主题准则主要规范人与自然之间的关系；社会主题准则主要规范人与人之间的关系；治理主题准则主要涉及如何将环境主题和社会主题纳入企业的治理体系和治理机制中加以有效管理。在如何处理人与自然的关系上，早在 2000 多年前庄子就提出“天地与我并存，而万物与我为一”的理念，到了北宋，张载进一步将其概括为“天人合一”，主张人与自然和谐共生。《道德经》和《易经》也充满天人合一，人与自然和谐共生的思想。在如何处理人与人之间的关系上，2000 多年前的《礼记》就提出“天下大同”的理念，主张人与人之间和谐相处。将天人合一和天下大同的理念付诸实施的体制机制，从而促使经济、社会和环境达到浑然天成的境界，就是治理主题准则所关心的问题。可见，站在中国传统文化的角度，ESG 可理解为“天人合一，天下大同，浑然天成”。简而言之，ESG 的理念在中国传统文化中根深蒂固，早已嵌入中国文化基因。因此，在中国推广 ESG/可持续发展报告，不存在任何文化障碍。

此外，我们认为，ESG 的核心要义就是“敬天爱人，从善向善”。敬天告诫我们在处理人与自然的关系上，要敬畏自然、顺应自然、保护自然。爱人要求我们在处理人与人的关系上，秉持多样性、公正性和包容性原则，用爱心、同理心、怜悯心和人文心处理好人际关系。从善向善是 ESG 追求的目标，要求我们义利并举（Doing well and doing good），敬畏自然，爱护生命，努力构建环境友好型和社会担当型的大同世界。因此，拥戴和践行 ESG 理念，积极投身于可持续发展事业包括可持续披露准则的制定和实施，都是行善积德、功德无量的善举善行。从这个意义上说，喜欢 ESG 的都是好人！

ESG 既是社会文明的进阶之道，也是商业文明的进阶之道，需要公民和企业齐心协力，共同推动。作为公民的我们，要在衣食住行上身体力行践行 ESG 理念，努力做到绿色消费，低碳生活，互敬互爱，和谐相处。作为市场主体的企业，要在生产经营上认真践行 ESG 理念，努力做到绿色低碳，共创共享，在创造经济效益的同时，善尽环境责任和社会责任，做一个负责任、勇担当的企业公民。

ESG 和可持续发展理念的形成并非一朝一夕，更不是心血来潮，而是充满历史曲折和理论探索。本篇收录的 12 篇论文，旨在探讨 ESG 和可持续发展理念的历史沿革和基本理论。其中“可持续性和可持续发展的缘起和演进”一文对 Sustainability（可持续性）和 Sustainable Development（可持续发展）这两个 ESG/可持续发展报告终极目标的历史起源和沿革演进进行了深入考证。“ESG 理念与公司报告重构”一文在简要回溯 ESG 历史沿革的基础上，分析了全球报告倡议组织（GRI）、气候披露准则理事会（CDSB）、可持续发展会计准则委员会（SASB）、气候相关财务披露工作组（TCFD）、世界经济论坛（WEF）等国际专业团体致力于制定报告框架的历史演变，指出标准迥异的报告框架很快将由相对统一的 ESG/可持续披露准则所取代。“支撑 ESG 的三大理论支柱”一文系统阐述了可持续发展理论、经济外部性理论、企业社会责任理论的核心思想及其对 ESG/可持续发展报告的启示意义，指出这三大理论支柱与倡导商业向善、资本向善的 ESG 理念相契合，构成 ESG/可持续披露准则制定过程中可从中汲取丰富思想养分的理论基础。“生物多样性和生态系统保护的伦理之争——环境伦理学主要流派综述”一文对环境伦理学的主要流派进行了综述，分析了古典和开明的人类中心主义伦理观、动物解放和动物权利伦理观、生物中心主义伦理观、生态中心主义伦理观、环境协同主义伦理观等西方环境伦理学流派的主要观点及其对生物多样性和生态系统保护的启示意义。该文还分析了中国传统文化背景下的环境伦理观，说明儒家文化的环境伦理观属于开明的人类中心主义伦理观，而道家文化的环境伦理观更接近于环境协同主义伦理观。“ESG 视角下价值创造的三大变革”一文指出，伴随着 ESG 理念的勃兴，价值创造观念将发生三大变革：价值创造导向将从单元向多元转变，面向利益相关者的共享价值最大化将取代面向股东的价值最大化；价值创造范畴将从内涵向外延拓展，更加注重统筹兼顾经济价值、社会价值和环境价值；价值创造动因将从内部向外部延伸，社会和环境因素对价值创造能力的影响愈发重要。“ESG 报告基本假设初探”一文在系统分析会计主体假设、持续经营假设、会计分期假设和货币计量假设的历史形成、重要作用和存在不足的基础上，根据财务报告与 ESG 报告互补原则以及对经济环境与 ISSB 准则和 ESRS 的观察分析，归纳提出 ESG 报告的四大基本假设：外部性假设、适应性假设、前瞻性假设和多重性假设。而“可持续发展报告的目标设定研究”“可持续发展信息质量特征评述”“可持续发展报告的双重重要性原则评述”“重要性的不同理念及其评估与判断”和“可持续发展报告与财务报告的关联性分析”五篇论文则主要探讨与ESG/可持续发展报告概念框架相关的重大理论问题。第一篇的最后一篇论文“从CSR到ESG演进：文献回顾与未来展望”在对国内外CSR和ESG相关研究文献及其存在的不足进行综述的基础上，对ESG研究的未来趋势进行了展望。

可持续性和可持续发展的缘起和演进

黄世忠

【摘要】随着ESG报告的兴起，可持续性和可持续发展成为脍炙人口的热门术语，但这两个术语从何而来，有何区别，如何影响经济、社会和环境的发展，则值得认真探讨。本文的研究表明，可持续性源于森林永续利用观念，并延伸至经济、社会和环境等领域。在联合国50多年锲而不舍的推动下，可持续性逐步演进为可持续发展的理念，现已成为解决与经济发展相伴而生的社会问题和环境问题的思维范式和政策导向。可持续性与可持续发展既相互联系，又有所区别。可持续性与可持续发展均涉及经济增长、社会发展和环境保护的平衡问题，但可持续性侧重于经济增长、社会发展和环境保护的长期平衡，而可持续发展是实现经济、社会和环境可持续性的手段。对可持续性和可持续发展的历史溯源带给我们四点启示：可持续性是对森林永续利用观念的传承和发展；可持续发展理念呼唤线性经济向循环经济转型；可持续发展理念需要兼顾绿色转型和正义转型；高质量发展需要尽快树立包容性的可持续发展理念。

【关键词】可持续性；可持续发展；永续利用；ESG报告

可持续性（Sustainability）和可持续发展（Sustainable Development）是ESG（环境、社会和治理）报告准则的高频词，ESG报告准则要求相关市场主体披露可持续相关影响、风险和机遇信息，目的是促使其统筹兼顾经济、社会和环境的可持续性，推动经济、社会和环境的可持续发展。可持续发展理念既是制定ESG报告准则的理论基础，也是贯穿ESG报告的主题主线。从发展趋势看，公司报告正由单一的财务报告格局向财务报告与ESG报告并存的格局转变，再过三至五年，市场主体不编制和披露ESG报告，将犹如当下不编制财务报告一样难以想象。尽管ESG报告日益盛行，但奠定其理论基础的可持续性和可持续发展理念从何而来，去往何处，却不见得人尽皆知。鉴于此，本文首先从森林永续利用的角度回顾可持续性的缘起，其次介绍联合国将可持续性拓展为可持续发展理念的历程，最后分析可持续性与可持续发展的联系与区别，并提出四点启示意义。希望本文有助于读者了解可持续性与可持续发展理念的形成和发展，从而更好地编制、披露、分析和使用 ESG 报告。

一、森林过度砍伐与可持续性观念的形成

"Sustainability" 在中文里有不同的译法，有译为"可持续性"的，也有译为"可持续"的，还有译为"可持续发展"的。为了将其与"Sustainable Development"区别开来，本文将"Sustainability"译为可持续性。牛津英语词典对"Sustainability"有两种解释，一般语义的解释为"the ability to be maintained at a certain rate or level"，即保持在一定速率或水平的能力，而生态学语义的解释为"avoidance of the depletion of natural resources in order to maintain an ecological balance"，即避免自然资源的枯竭以保持生态平衡。后一种解释，将可持续性与自然资源和生态平衡直接联系在一起，与可持续性缘起森林学相呼应。学术研究表明，"Sustainability"最初是从德语"Nachhaltigkeit（可持续性）"一词翻译而来的，而"Nachhaltigkeit"又与森林永续利用（德语为 Wald Nachhaltig，英语为 Forest Sustained Yield）密切相关（Grober，2007；Schmithusen，2013）。以下以 Grober 和 Schmithusen 的研究为基础，介绍森林永续利用的形成、发展和传播历程。

森林永续利用的观念是人们对 17 世纪和 18 世纪英、法、德等欧洲国家对森林过度砍伐导致木材危机进行深刻反思后，于 1713 年由德国萨克森矿冶局局长汉斯·卡尔·冯·卡洛维茨（Hans Carl von Carlowitz，1645—1714）结合英、法、德三国的相关文献、法令和最佳实践进行凝练总结在其《林业经济学》（Sylvicultural Oeconomica）一书中提出的。森林永续利用的核心要义是：森林砍伐量不得多于复植量，唯有如此，才能确保对森林的连续、稳定和永续利用。森林永续利用的观念提出后，迅速被认可并在欧洲大陆推广运用，并经由德国人和英国人传播到美国、印度和缅甸等国家[①]，现已成为森林和林业可持续管理的"圣杯"，不仅使濒临枯竭的森林资源重现生机，而且为经济和生态协调发展、人与自然和谐共生提供启迪。

---

① 我国 2019 年修订的《森林法》也体现了森林永续利用的观念，该法第六条规定：国家以培育稳定、健康、优质、高效的森林生态系统为目标，对公益林和商品林实行分类经营管理，突出主导功能，发挥多种功能，实现森林资源永续利用。

卡洛维茨出版《林业经济学》并系统阐述森林永续利用观念，绝非突发奇想，而是有三个深层次原因，一是离不开其所处的时代背景，二是受益于英、法两国的研究成果和改革，三是来自其工作职责的深切感受。

卡洛维茨所处的时代正值工业革命的前夜，当时欧洲的采矿和冶炼业以及海上贸易已经相当发达，大量森林被过度和无序砍伐，用于铁、银等矿物的开采和冶炼以及造船，原来广袤的森林濒临枯竭。在18世纪60年代工业革命之前，薪柴是当时欧洲工业的主体能源，加上当时的欧洲列强为了争夺海上霸权，特别是17—18世纪为了争夺海上贸易主导权发生了四次英荷战争，木材遂成为重要的战略资源，大量用于建造军舰和商船。而在民用方面，房屋建造严重依赖于木材，餐饮制作离不开柴薪和木炭。当时森林资源在民用和商用的双重压力下，遭受前所未有的破坏，森林资源短缺成为困扰英、法、德等欧洲列强的重大发展问题。

在这种时代背景下，彼时的海上霸主大英帝国的皇家海军委员会开始关注森林资源短缺的影响问题。1662年，人才荟萃的英国皇家学会接受英国皇家海军上将的委托，研究如何建立缓解森林资源紧缺的长效机制。稀缺是创新之母。在英国国王侗臣、园林设计师、美术鉴赏家、英国皇家学会的主要创始人约翰·伊夫林（John Evelyn，1620—1706）的主导下，通过植树造林以缓解森林资源短缺的思路脱颖而出。1664年，伊夫林向国王查尔斯二世、英国皇家学会和社会公众呈献了《森林志》（Sylva）。《森林志》出版后，备受好评，成为17世纪英国最畅销的书籍之一，并在英国掀起了植树造林运动。《森林志》不仅严厉抨击英国当时对森林资源只索取不保护的做法，详细介绍了橡树、榆树、山毛榉、冬青树、冷杉等树木的种植、移植、修剪、砍伐的方法，呼吁大面积植树造林，而且介绍了法国和德国少数地方有序砍伐森林的最佳实践（将每片森林划分为80等份，每年只砍伐一等份，确保每等份的森林80年只砍伐一次，为树木留下足够的生长时间和空间）。此外，《森林志》还秉承负责和节俭的伦理观，呼吁对森林资源进行开发利用，应为子孙后代留足森林资源。可以看出，《森林志》不仅孕育着可持续发展的萌芽，而且体现了代际公平的原则，与1986年联合国从代际公平的角度对可持续发展进行定义不谋而合。值得一提的是，伊夫林提出的可持续利用森林资源的一些建议也难免存在时代局限性，譬如，他主张对英国本土的森林加以保护，并通过从北欧和北美进口木材以弥补木材缺口，体现了狭隘的国家利益观。但他反对利用海煤或其他煤炭作为主体能源，早在1661年就出版了《驱逐烟气》（Fumifugium）一书，分析煤炭这种化石燃料产生的烟气对环境和人类造成的危害，后来的伦敦大雾霾以及2021年在英国格拉斯哥召开的《联合国气候变化框架公约》第26次缔约方大会（COP 26）呼吁《巴黎协定》缔约国逐步减少

(Phase Down)[1] 煤炭的使用彰显了他的先见之明。

在法国，17 世纪和 18 世纪同样经历着只砍树不种树的做法，森林永续利用的观念尚未形成，加上不少官员、商人和民众出于私利大量盗伐皇家森林和公有树木，森林资源紧缺的问题同样存在。当时的法国也将森林资源视为与其他欧洲列强争夺霸权的战略资源，森林资源紧缺引起法国高层的重视。1661 年，路易十四国王任命财政大臣和海军国务大臣让·巴普蒂斯特·柯尔贝尔（Jean Baptiste Colbert, 1619—1683）负责改革法国的森林资源管理制度。柯尔贝尔警告，木材短缺将导致法国衰亡，为此他极力主张禁售皇家林木。认识到法国军舰和商船建造远远落后于英、荷两个国家，他建议优先确保造船业所需的橡木供应。在柯尔贝尔的推动下，法国 1662 年全面开展森林资源普查，并在此基础上于 1669 年颁布了《森林大法令》（Grande Ordonance Forestiere），从法治的角度对森林资源的开发利用作出规定：（1）严惩盗伐皇家林木、滥伐公有树木和森林纵火等行为；（2）禁伐未达最低树龄的树木；（3）任命专业人士取代不称职的官员负责森林资源的管理；（4）减少森林里的牧场；（5）重构木材销售制度；（6）强化对森林使用权的控制，取消民众自由获取柴火的权利。《森林大法令》也蕴含着对后代人负责的森林资源利用原则。《森林大法令》颁布 10 年后，法国濒临枯竭的森林资源逐步得到恢复，皇家木材销售收入大幅增长，在一定程度上缓解了建造凡尔赛宫等皇家奢华工程的财政压力[2]。与《森林志》出版后英国的做法相比，《森林大法令》的禁止性规定居多，鼓励地主、商人和民众植树的激励性举措稍显不足。

伊夫林的《森林志》和柯尔贝尔主导的《森林大法令》，无疑为卡洛维茨撰写《林业经济学》并提出森林永续利用观念提供了灵感和借鉴。卡洛维茨出身贵族世家，其家族世代为萨克森统治王朝经营管理森林和猎场以及木材水路运输。卡洛维茨出生和成长的城镇是当时德国最大的银矿开采和冶炼地，雇佣人数达上万人。银矿开采和冶炼导致林地被毁，对森林资源的过度开发利用触目惊心。卡洛维茨年轻时游历四方，见多识广。在伊夫林出版《森林志》一年后的 1665 年，恰逢柯尔贝尔大刀阔斧改革法国的森林资源管理制度，卡洛维茨开启了历时五年的欧洲之旅，足迹遍布欧洲南北，并在英国的伦敦和法国的巴黎长住，期间深受英、法两国森林资源改革思想的影响。

---

[1] COP 26 原来主张逐步淘汰（Phase Out）煤炭的使用，后遭印度等国的反对而改为逐步减少（Phase Down）。2023 年 11 月 30 日至 12 月 12 日在迪拜召开的 COP 28 对煤炭、石油和天然气等化石燃料是逐步淘汰还是逐步减少又争论不休。

[2] 柯尔贝尔颇具财经天赋，对税收技巧的描述堪称经典："向人民收税，就像拔天鹅的羽毛一样，关键是要尽可能地拔毛，但又不能让天鹅被痛到。"

回到萨克森后，卡洛维茨开始公务员生涯，担任萨克森矿冶局高级官员长达30多年，1713年被奥古斯特一世任命为萨克森矿冶局局长，并在当年出版了《林业经济学》。该书篇幅长达400页，警告欧洲尤其是萨克森普遍存在的滥伐森林现象将引发生态灾难（如水土流失、生态失衡、野生动物栖息地丧失等）和经济危机，并从多个角度剖析过度开发利用森林资源的深层次原因：农业耕种比林业种植更有利可图，导致伐树造地成风；短期行为盛行，只砍树不种树的陋习司空见惯，因为植树者在有生之年难以从植树过程中获益；错误认为森林资源取之不尽、用之不竭，导致木材大量浪费。卡洛维茨指出，诸如此类的短视行为和错误认知，将导致木材短缺和森林生态危机，最终危及萨克森地区赖以生存的采矿和冶炼业，甚至影响德国乃至整个欧洲经济的永续发展。为此，卡洛维茨在借鉴《森林志》和《森林大法令》的基础上，结合其丰富的矿冶和林业管理经验，在《林业经济学》一书中提出了一系列扭转森林资源濒临枯竭的务实建议，包括但不限于：（1）改善住房的保温效果以减少壁炉等取暖设施对木材的消耗；（2）设计和使用节约能源的冶炼炉以减少对木材的消耗；（3）寻找替代木材的新能源，如泥碳等化石燃料；（4）通过播种和种植野生树木培育新的森林；（5）经济节约地使用木材，杜绝浪费现象；（6）推行森林资源永续利用制度，森林砍伐量不得超过森林种植量，以确保对森林的连续、稳定和永续利用。

尽管森林资源永续利用的实践在《林业经济学》出版之前就已经存在，但首次提出并系统论述森林永续利用的观念、原理和方法的当属卡洛维茨，他也因此被林业界尊称为“森林永续利用观念之父”。卡洛维茨被公认是“可持续性”一词的发明者，这种源于森林业的永续利用，逐步演化为“可持续性”，为后人提出“可持续发展”观念奠定了思想基础。

森林永续利用观念提出后，通过德国林学院的系统教育和培训，不仅迅速推广到欧洲各国，而且随着时间推移逐步传播到美国。18世纪和19世纪美国的西部大开发，对森林的破坏相较于16—18世纪的欧洲有过之而无不及，“在各大州树木最丰富的地方，没有一英亩的联邦政府、州政府或私人林地受到系统化的森林管理……对于森林的常用词是取之不尽，用之不竭。浪费木材在当时被视为美德，而不是犯罪。伐木工将森林破坏视为正常，而放弃伐木致富机会则被看作傻瓜……至于永续利用，这样的想法从未进入过他们的脑海（Pinchot，1998）”。虽然美国政府1872年和1890年分别建立了黄石国家公园和优胜美地国家公园，对原始森林和野生动物进行保护，但在国家公园之外滥伐森林的现象已司空见惯。为了逆转这种大规模毁坏森林的趋势，卡尔·舒尔茨（Carl Schruz，1829—1906，出生于德国科隆，1877—1881任美国内政部部长）任命曾在汉洛威—慕尼黑普鲁士森林学院受训的森林学家伯纳德·费诺（Bernard

E. Fernow，1859—1923）出任美国第一任森林局局长，开始引入德国的森林永续利用制度。1898年，吉福德·肖平（Gifford Pinchot，1865—1946）接替费诺成为美国第二任森林局局长。肖平出生于法国，拜师出生于德国波恩后移居英国的迪特里希·布兰迪斯爵士（Sir Dietrich Brandis，世界著名的植物学家和森林学家，长期担任大英帝国派驻缅甸和印度的高级殖民官员，在改革和保护森林方面成就卓著，被誉为“热带森林之父”）。得益于布兰迪斯爵士传授德国、英国、法国、奥地利和瑞士等国保护和管理森林资源的宝贵经验和最佳实践，肖平大刀阔斧改革美国的森林管理制度，说服西奥多·罗斯福（Theodore Roosevelt）吸取“公地悲剧”的教训，开展以建设国家公园为主体的森林保育运动，以确保森林资源永续利用。肖平认为，森林保护的首要目标是善用（Wise Use），促使森林资源以最长的时间造福最多人的最大福祉，应当将森林的有效保护特别是防火以及森林的及时复植和更新作为公共必需品和公共责任。为了推行其森林改革理念，肖平家族还出资在耶鲁大学创立林学院，并亲自担任教授长达33年。肖平任内成绩斐然，1910年离任时美国的国有森林面积已经增加到1.72亿英亩，相当于美国1993年国有森林面积的90%。

可见，与欧洲一样，美国的森林保育运动也深受卡洛维茨率先提出的森林永续利用观念的影响。欧美的森林资源从濒临枯竭到重现生机，就是一部峰回路转的可持续发展史，让我们看到人类永续发展的希望。永续利用观念使欧美的森林起死回生，这雄辩地说明，正确的思想观念和合理的制度安排是实现经济和环境可持续性的关键。

二、从可持续性到可持续发展的历史演进

18世纪60年代瓦特发明蒸汽机并引发了工业革命后，煤炭逐渐取代薪柴成为新一代的主体能源，森林资源短缺得以缓解，但煤炭的大规模使用却带来了与森林资源枯竭一样的担忧。森林资源尽管生长缓慢，但毕竟是可再生资源，而煤炭这种化石燃料却属于不可再生能源。工业革命推动人类社会进入了机器大生产时代，煤炭同样面临着可持续利用的问题，若得不到有效解决，将导致比森林资源枯竭更加严重的经济社会问题。受森林资源永续利用观念的影响，早在1866年，英国著名的经济学家和逻辑学家威廉·斯坦利·杰文思（William Stanley Jevons，1835—1882）就发出警告，如果不节约煤炭资源，英国的煤炭储量将在100年后耗竭，从而削弱英国工业在世界上的主导地位。而在德国，有识之士也不断呼吁，煤炭这种不可再生能源来之不易，应倍加珍惜，理应尽可能提高其利用效率（Pisani，2006）。更为重要的是，煤炭不仅面

临着枯竭问题，而且造成环境污染问题，煤炭燃烧产生的大量二氧化碳和烟尘，对人类健康和环境危害极大。

1859 年，美国人德雷克在宾夕法尼亚州钻探出第一口油井，标志着近代石油工业的诞生，逐渐形成了从勘探、开采、炼制加工、储运到销售和使用的产业链。进入 20 世纪，伴随着汽车的普及，石油天然气的发展超越煤炭行业。与煤炭一样，石油天然气不仅面临着永续利用的问题，而且在生产和使用过程中产生大量温室气体排放。图 1 列示了 1750—2021 年全球化石燃料燃烧和工业生产的温室气体排放，从图 1 中可以看出，温室气体排放在过去 50 年呈快速上升势头，由此导致的环境污染和气候变化问题备受瞩目。环境资源引发的可持续性问题，再加上第二次世界大战后发达国家与发展中国家的发展差距扩大，矛盾加深，贫富分化和各种歧视等社会不公平现象突出，迫使越来越多的国家放弃传统的经济增长方式，尝试通过可持续发展这种新的范式来协调经济、社会和环境之间日益紧张的关系。

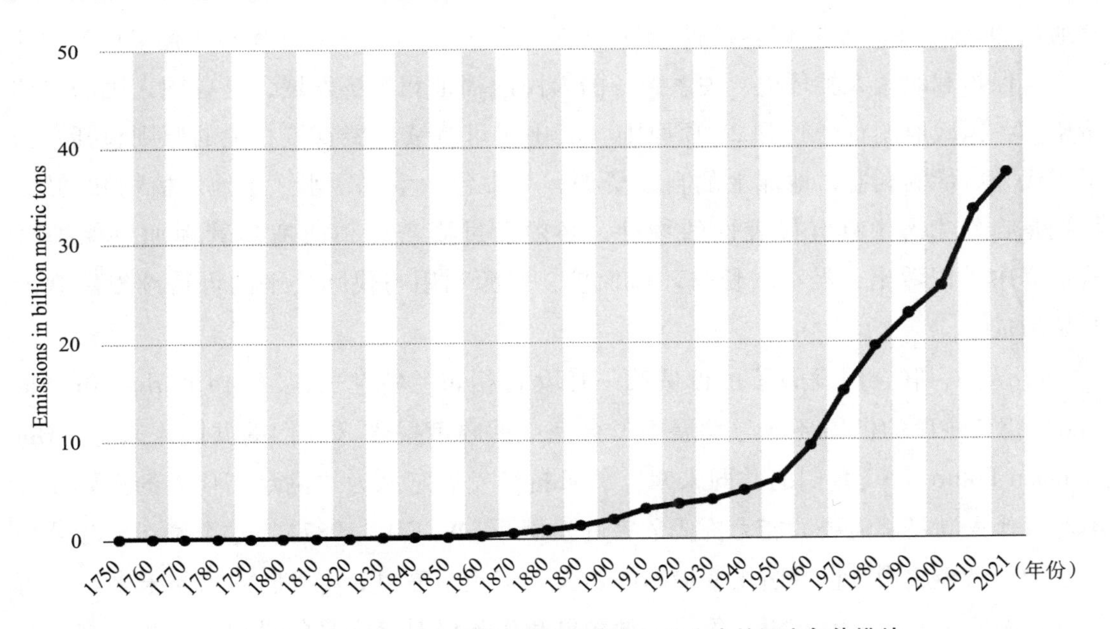

图 1　1750—2021 年全球化石燃料燃烧和工业生产的温室气体排放

资料来源：https：//www. statista. com/statistics/264699/wordwide – co2 – emissions。

从可持续性到可持续发展的演进，背后的推动力量有很多，既包括观念层面上的思想启蒙（如《寂静的春天》推动了环保立法；《增长的极限》使我们认识到现有的粮食生产、资源禀赋和生态环境不足以支撑快速的人口和经济增长，如果不改变现有的生产和生活方式，人类的可持续性将在 2100 年前终止；《我们的共同未来》加深了我们对代际公平的认识）（黄世忠，2021），也包括国际层面上的组织推动，如联合国、20国集团、7国集团、金融稳定理事会（FSB）、国际证监会组织（IOSCO），还包括技术层面上的标准制定，如全球报告倡议组织（GRI）、气候相关财务披露工作组（TCFD）、世界经济论坛（WEF）、已被国际财务报告准则基金会整体收编并整合到国际可持续准则理事会（ISSB）的气候披露准则理事会（CDSB）、可持续发展会计准则委员会（SASB）和国际整合报告理事会（IIRC）、以及欧洲财务报告咨询组（EFRAG）。但20世纪70年代以来，促进可持续性向可持续发展演进的最重要推手非联合国莫属。正是得益于联合国50多年坚持不懈的推动，可持续发展才日益被世界上大多数国家认可和推崇，逐渐成为促进经济、社会和环境协调发展的解决方案和主导理念。

1972年，在莫里斯·斯特朗（Maurice Strong，1929—2015，世界著名环保活动家，联合国环境规划署创署署长，七次当选联合国副秘书长）的推动下，联合国人类环境大会1972年在瑞典斯德哥尔摩召开，133个国家的1 300多名代表出席会议。大会通过的《联合国人类环境宣言》形成了7项共识（其中与可持续发展直接相关的共识为：保护和改善人类环境，关系到各国人民的福祉和经济发展，是各国人民的迫切希望和各国政府的责任）和26项原则（其中与可持续发展直接相关的原则包括：为了当代和后代的利益，地球上的自然资源，其中包括空气、水、土地、植物和动物，特别是自然生态中具有代表性的物种，必须通过周密计划或适当管理加以保护）。从宣言中可以看出，经济增长与环境保护、资源利用与代际公平的可持续发展观念开始形成。

1987年，联合国发布了由挪威第一任女首相布兰特兰夫人（Gro Harlem Brundtland）担任主席的世界环境与发展委员会完成的政策报告《我们的共同未来》（Our Common Future）。《我们的共同未来》将可持续发展定义为“满足当代人的需要而又不对后代人满足其需要的能力构成危害的发展[①]（WCED，1987），这个基于代际公平的定义，已经成为全世界引用率最高的定义。但也应看到，《我们的共同未来》对可持续发展所下的定义并非没有争议。学术界和实务界对该定义的批评主要集中在三个方面：一是对可持续发展的内涵界定较为抽象和模糊，导致各利益相关方都可声称其

① 英文原文为：sustainable development is development that meets the needs of the present without compromising the ability of future generation to meet their own needs。必须指出，可持续发展一词并非《我们的共同未来》首次提出。事实上，国际自然与自然资源保护联盟（IUCN）、联合国环境规划署（UNEP）和世界自然基金会（WWF）早在1980年发布的《世界自然资源保护大纲》（英文为：World Conservation Strategy：Living Resource Conservation for Sustainable Development，中文为：世界保护策略：为可持续发展保护生物资源）就已经提出可持续发展一词。但历史学家的研究表明，可持续发展一词是由芭芭拉·沃德（Barbara Ward，英国经济学家、环境与发展国际研究所创始人）于1972年率先提出的（Pisani，2006）。

行为符合可持续发展理念；二是将满足人类需要（Needs）凌驾于生态环境之上，对人类中心主义（Anthropocentrism）重视有余，对生态中心主义（Ecocentrism）重视不足，不利于人与自然和谐共生；三是缺乏衡量可持续发展的量化指标，难以在经济、社会和环境的政策制定中落地实施。尽管如此，《我们的共同未来》从10个方面阐述可持续发展理念还是给我们提供了有益的启示：（1）满足人类需要和对美好生活的向往是发展的主要目标，可持续发展要求满足人类的基本需要，并为人类向往更美好的生活提供机会；（2）可持续发展倡导将消费水平控制在生态环境可承受范围之内的价值观；（3）经济增长必须符合可持续发展的基本原则且不对他人进行剥削，可持续发展要求提高生产潜能和确保公平机会以满足人类需要；（4）可持续发展要求人口发展与日益变化的生态环境产出潜能保持和谐；（5）可持续发展要求遏制对资源过度开采从而危及后代人满足其基本需要的行为；（6）可持续发展要求人类不可危害支持地球生命的自然系统，包括大气、水、土壤和生物；（7）可持续发展要求世界各国确保公平获取有限的资源并通过技术手段缓解资源压力；（8）可持续发展要求合理使用可再生资源，防止过度开发和利用，控制不可再生资源的开发率，以免危及后代人的发展；（9）可持续发展要求对植物和动物加以保护，避免物种多样性的减少影响后代人的选择余地；（10）可持续发展要求将人类活动对空气、水和自然要素的负面影响最小化，以保持生态系统的完整性（黄世忠，2021）。这10个方面的可持续发展理念，涵盖经济、社会和环境的可持续性，并逐步形成可持续发展的三支柱体系。

1992年，同样是在莫里斯·斯特朗的组织协调下，堪称可持续发展史里程碑的联合国环境与发展大会在巴西里约热内卢召开，大会发表《里约宣言》①，通过了《联合国气候变化框架公约》（UNFCCC）和《生物多样性公约》（CBD）。这两个纲领性公约，为协调经济、社会和环境的可持续发展奠定了基础，2015年在巴黎召开的《联合国气候变化框架公约》第21次缔约方大会（COP 21）通过的《巴黎协定》和2021—2022年分两个阶段在昆明和蒙特利尔召开的《生物多样性公约》第15次缔约方大会（COP 15）通过的《昆明—蒙特利尔全球生物多样性框架》（以下简称《昆蒙框架》）均源自这两个公约。UNFCCC和CBD以及《巴黎协定》和《昆

① 1992年联合国环境与发展大会后，莫里斯·斯特朗联合一些著名的民间人士，从伦理学的角度在2000年起草和发布了《地球宪章》（Earth Chapter）。《地球宪章》由四大支柱（尊重和关爱生命共同体，生态完整性，社会和经济正义，民主、非暴力与和平）组成，呼吁将良知转化为行动，希望在所有人中激发一种新的全球相互依存感以及对整个人类大家庭、生命共同体和子孙后代福祉的责任感。在学术文献中，《地球宪章》经常与《里约宣言》相互混淆，其实这是两个不同的文件，一个是官方的，另一个是民间的，不可混为一谈。

蒙框架》对世界各国在应对气候变化和保护生物多样性过程中应承担的共同又有差别的国家自主贡献（NDCs）义务作出规定，为全人类在经济社会发展进程中应对气候变化和保护生物多样性提供根本遵循①。这次大会还通过了《21世纪议程》（Agenda 21），该议程由四大部分和78个方案领域组成：第一部分为可持续发展总体战略，涵盖18个方案领域；第二部为社会可持续发展，涵盖19个方案领域；第三部分为经济可持续发展，涵盖20个方案领域；第四部分为资源合理利用与环境保护，涵盖21个方案领域。由经济、社会和环境组成的可持续发展三支柱体系再次得到采纳。

如果说联合国在以上方面对可持续发展理念的推动主要侧重于什么是可持续发展和如何做到可持续发展，那么，2015年联合国发布的《2030可持续发展议程》则更加聚焦于可持续发展所要实现的目标，明确可持续发展去向何处的问题。由联合国提出并经193个国家表决通过的17个可持续发展目标（SDGs）（见图2），现已成为ESG报告或可持续发展报告经常引用的重要内容，因为这17个SDGs有助于ESG报告或可持续发展报告的使用者了解企业和金融机构的所作所为对全人类实现可持续发展目标作出哪些直接和间接的贡献。这17个SDGs与联合国2005年提出的ESG相互呼应，如图3所示。

图2 联合国提出的可持续发展目标

① 我国的“双碳”目标和生物多样性方针政策和法律法规，也在很大程度上体现了UNFCCC、CBD、《巴黎协定》和《昆蒙框架》的基本要求。

1. 无贫穷
2. 零饥饿
3. 良好健康与福祉
4. 优质教育
5. 性别平等
6. 清洁饮水和卫生设施
7. 经济适用的清洁能源
8. 体面工作和经济增长
9. 产业、创新和基础设施
10. 减少不平等
11. 可持续城市和社区
12. 负责任消费和生产
13. 气候行动
14. 水下生物
15. 陆地生物
16. 和平、正义与强大机构
17. 促进目标实现的伙伴关系

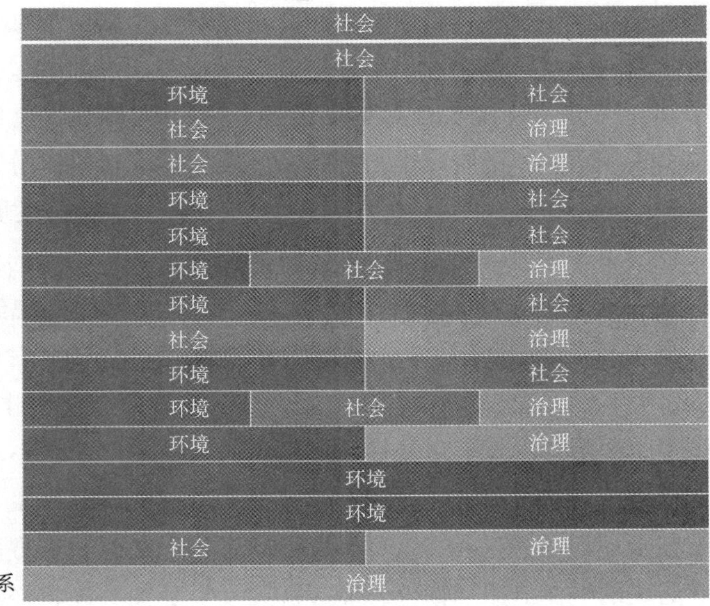

图 3　17 个 SDGs 与 ESG 的对应关系

联合国提出的可持续发展理念包括可持续发展意欲实现的目标，需要各利益相关方特别是企业和金融机构等市场主体脚踏实地加以践行。企业和金融机构的经营活动是否符合可持续发展理念，是否对实现 SDGs 作出贡献，需要通过系统性和结构化的方式予以呈现。在这种情况下，与财务报告相辅相成、相得益彰的 ESG 报告或可持续发展报告脱颖而出。20 多年来，ESG 报告或可持续发展报告得到大力发展，既应归功于联合国对可持续发展理念的积极倡导和推动，也应归功于 GRI、TCFD、WEF 等国际专业组织和 ISSB、EFRAG 等准则制定机构长期致力于制定有助于可持续发展理念落地实施的 ESG 或可持续披露准则。

三、总结与启示

本文对可持续性和可持续发展进行了历史溯源，从中可以看出，可持续性源于 17 世纪英、法两国对永续利用森林资源的担忧和关注，得益于 18 世纪卡洛维茨的系统总结和理论提升，再经由德国林学院的培训和传播，逐渐成为欧美广为接受的森林永续利用观念，为可持续性的提出奠定了理论和实践基础。经过联合国 50 多年的推动，可持续性逐渐演进为协调经济增长、社会发展和环境保护的可持续发展理念。

ISSB 指出，可持续性的概念通常与可持续发展相联系。联合国发布了可持续性定义、可持续发展目标和国际政策文告，识别了其认为应该考虑的可持续性重要事项，包括气候变化、生物多样性、海洋、荒漠化、人权等。因此，可持续性和可持续发展这两个术语广泛用于社会和生态社区，适用于当代和后代，这些术语还包括正义、健康、福利和保护等环境和社会领域的概念，以及对地球边界的认可（ISSB，2023）。虽然在日常用语中，可持续性与可持续发展并没有严格区分，但实际上它们既有联系又有区别。可持续性与可持续发展均涉及经济增长、社会发展和环境保护的平衡关系，但二者也存在着一些细微差别。可持续性是指达到可持续的状态，而可持续发展是指实现该状态的过程（Mensah，2019）。可持续发展旨在实现经济、社会和环境的可持续性，是实现可持续性的手段。此外，可持续性与可持续发展的其他差异包括：在范围方面，可持续性是一个比可持续发展更加宽泛的概念，侧重于经济、社会和环境的长期平衡，而可持续发展主要涉及满足当代人的需要而又不对后代人满足其需要的能力构成危害的发展过程；在时间框架方面，可持续性是一个长期概念，而可持续发展是寻求在短期和长期之间实现可持续性的过程；在侧重点方面，可持续性更加关注地球及其居民的整体健康和韧性，而可持续发展更加关注将经济、社会和环境因素纳入决策流程；在利益相关者方面，可持续性涉及地球上所有的人类、动物和生态系统，而可持续发展涉及受经济、社会和环境相关决策影响的具体利益相关方。

从可持续性演进到可持续发展理念，带给我们四点启示。

启示1：可持续性是对森林永续利用观念的传承和发展

可持续性源于森林学，但不限于森林学。随着时间的推移，森林永续利用观念背后蕴含的可持续性和可持续发展理念不仅延伸到整个环境生态学，而且广泛用于涉及公众福利和公共政策的社会学，甚至以节约集约利用资源为特征旨在实现资源最大利用效率的循环经济（Circular Economy）也在一定程度上继承了森林永续利用观念的衣钵。森林永续利用观念向生态环境、经济增长和社会发展领域延伸和拓展，既是对森林资源永续利用观念的传承，也是对森林资源永续利用观念的发展，标志着诞生时带有明显行业属性的可持续性向跨行业跨领域的普适性可持续发展理念的进化。时至今日，可持续发展理念已成为一种新的思维范式，为解决经济增长带来的社会问题和环境问题指明了新的方向，提供了新的路径。过去400多年欧洲林业从过度砍伐到严格保护的曲折历程，就是人类勇于探索和实践可持续发展理念的生动写照。从这个意义上说，无论是《世界自然资源保护大纲》还是《我们的共同未来》提出的可持续发展，以及联合国《2030可持续发展议程》提出的17个可持续发展目标，都是对人类探索和追求可持续性和可持续发展理念的传承、赓续和发展。

启示2：可持续发展理念呼唤线性经济向循环经济转型

工业革命以来，“获取—生产—废弃”的线性经济（Linear Economy）发展模式消

耗和浪费了大量的宝贵资源，有可能耗竭我们子孙后代赖以生存和发展的自然资源，不符合可持续发展理念。如果不改变这种不可持续的线性经济发展模式，到2030年我们需要1.5个地球的自然资源才能维持人类生存（WWF，2012），2050年我们需要三个地球的自然资源才能满足人类现有生活方式的需要（UN，2016）。线性经济不仅造成资源的极大浪费，而且产生大量温室气体排放、废弃物和污染，导致天气变化、生物多样性丧失和生态系统退化，长此以往，将危及人类的可持续发展。可持续发展理念呼唤人类寻找经济增长与资源脱钩、循环利用资源的绿色低碳发展模式，促使全球经济从资源粗放利用的线性经济向注重绿色低碳和资源集约节约利用的循环经济转型。线性经济发展模式在设计阶段从不考虑或极少考虑产品生命周期结束时的回收、处置和利用，而在循环经济发展模式下，企业将废弃物和污染作为改进设计缺陷的起点，任何产品的设计都要力争材料在产品使用寿命结束时重新回归经济系统，从而实现资源的重复利用和循环利用。按照循环经济理念设计产品，不仅可以从源头上减少废弃物的产生，而且可以实现废弃物的再利用，变废为宝。此外，循环经济还要求企业对产品简约包装，杜绝资源浪费，减少废弃物产生，否则，过度包装的产品将遭到有环保意识的消费者的抵制，从而使企业遭受转型风险，导致品牌受损，收入下降。

启示3：可持续发展理念需要兼顾绿色转型和正义转型

《巴黎协定》设定的1.5℃控温目标能否顺利实现，直接关系到全人类的可持续发展前景。应对气候变化、保护生物多样性和恢复生态系统，亟需改变能源结构，加快绿色转型，提高以水电、风电、光电、氢能和生物燃料为代表的可再生清洁能源的占比，促使煤炭、石油和天然气等化石燃料的逐步退出或逐步淘汰。能源转型是绿色低碳发展的关键，但也应认识到，减缓、控制甚至淘汰高污染、高排放行业和企业，在提升环境可持续性的同时，可能会给经济社会可持续性带来新的问题，如失业和增长问题，而“体面工作和经济增长”又是《2030可持续发展议程》提出的第8个可持续发展目标。可见，绿色转型与正义转型（Just Transition）有时是相互矛盾的政策目标，理应统筹兼顾。在推动绿色转型的过程中，应充分考虑正义转型的因素，避免特定群体为此付出高昂的代价。20世纪80年代，“正义转型”的概念开始出现，其核心要义是确保在绿色转型中最大限度保护所有人和所有社区的正当权益，确保没有一个人和一个社区被遗忘。国际劳工组织（ILO）将正义转型定义为：以对所有相关人员尽可能公平和包容的方式实现绿色转型，创造体面的工作机会，不让任何人掉队（UNEP，2022）。《巴黎协定》也明确指出，应对气候变化必须考虑发展优先事项，实现劳动力正义转型以及创造体面和高质量就业岗位。可见，只有在绿色转型中兼顾正义转型，为受影响的群体和社区提供缓释举措，创造新的就业和经济增长机会，绿色转型才具有广泛的社会基础，也才符合经济、社会和环境协调可持续发展的理念。

启示 4：高质量发展需要尽快树立包容性的可持续发展理念

高质量发展是时代的主旋律，可持续性是高质量发展的本质特征。要实现可持续的高质量发展，需要尽快树立包容性的可持续发展理念。在经济可持续性方面，包容性的可持续发展理念要求我们既要倡导人类中心主义观，也要吸纳生态中心主义观，强调不得以环境保护为由无视经济增长，也不得以牺牲生态环境片面追求经济增长，以确保经济发展有活力，主张改变经济发展评价方法，把能耗、排放和污染等环境成本考虑在内，倡导绿色 GDP，抵制棕色 GDP。在社会可持续性方面，包容性的可持续发展要求我们秉承人类中心主义观，主张公平性既是促进经济增长和环境保护目标得以实现的重要前提，更是社会发展的政策目标，应致力于构建消除贫困和饥饿、创造教育和工作机会、抵制种族和性别歧视、提供清洁饮水和卫生设施、构建和谐社会的公平社会环境。在环境可持续方面，包容性的可持续发展理念要求我们采纳改良的生态主义观，呼吁社会发展和经济增长充分考虑环境资源的承载力，必须抵制罔顾环境资源承载力的过度经济社会发展和对自然资源的掠夺性开采，鼓励在经济社会发展的同时反哺生态环境，加大对生态环境修复和保护的投入（黄世忠，2021）。

（原载于《财会月刊》2024 年第 1 期）

主要参考文献：

1. 黄世忠．支撑 ESG 的三大理论支柱［J］．财会月刊，2021（19）：3－11.

2. Grober，U. Deep Roots－A Conceptual History of "Sustainable Development"（Nachhaltigkeit）［EB/OL］. https：//www. nbn－resolving，org/urn：de：0168－ssoar－110771，2007.

3. ISSB. Basis of Conclusions on General Requirements for Disclosure of Sustainability－related Financial Information［EB/OL］. https：// www. ifrs. org，2023.

4. Mensah，J. Sustainable Development：Meaning，History，Principles，Pillars，and Implications for Human Action：Literature Review［EB/OL］. https：//www. doi. org/10.

5. Pinchot，C. Breaking New Ground. Commemorative Edition［M］. Inland Press，1998：27.

6. Pisani, J. D. Sustainable Development—Historical Roots of the Concept [J]. Environmental Sciences, 2006 (3): 83 -96.

7. Schmithusen, F. Three Hundred Years of Applied Sustainability in Forestry [EB/OL]. https: //www. fao. org/3/i3364e01. pdf, 2013.

8. WCED. Our Common Future [M]. Oxford University Press, 1987: 34 -44.

9. WWF. Living Planet Report 2012 [EB/OL]. www. worldwildlife. org, 2012.

10. UN. Responsible Consumption and Product: Why It Maters [EB/OL]. www. un. org, 2016.

ESG理念与公司报告重构

黄世忠

【摘要】可持续发展近年来成为经济社会的热点问题。企业要保持可持续发展，既需要关注其经营活动对环境和社会的影响，也需要建立健全治理机制。环境、社会和治理即ESG逐渐成为评价企业可持续发展能力的核心理念和框架体系。本文在简要回顾ESG历史沿革的基础上，分析ESG报告的发展现状和存在的突出问题，最后展望公司报告的发展趋势，分析ESG理念将如何重塑公司报告的架构，促使股东导向的财务报告与利益相关者导向的可持续发展报告相互融合。

【关键词】环境保护；社会责任；公司治理；ESG报告；可持续发展报告；公司报告

价值创造是企业的初心和使命，可持续发展（持续为股东为社会创造价值）是企业孜孜以求的愿景和目标。企业能否持续发展，既取决于企业经营自身的成本效益，也取决于企业经营派生的社会成本效益（即经济学上的外部性）。经过数十年的发展，用于评价企业成本效益的财务报告日臻完善，但用于评价企业经营的社会成本效益的报告体系仍处于探索阶段，导致现行公司报告不能客观、全面地反映企业经营的内外部效益，造成投资者、债权人和其他利益相关者难以有效评估企业可持续发展的机遇和风险。为此，学术界和实务界在过往几十年不断探寻各种破解之道，ESG（Environmental, Social and Governance，即环境、社会和治理）脱颖而出，日益成为评价可持续发展的分析框架。

一、ESG理念的历史沿革

ESG的历史沿革经历了21世纪之前的孕育阶段和21世纪以来的发展阶段，但

ESG 的概念直至 21 世纪初期才正式提出。

（一）21 世纪之前 ESG 的孕育阶段

ESG 的雏形可追溯至 1950s—1960s 一些宗教团体要求其信众和宗教基金不得投资与宗教伦理相冲突的赌博、色情、烟酒和军火等行业，由此催生了“伦理投资（Ethical Investment）”的萌芽（Wen，2021）。1960s—1970s，美国的民权运动和南非反种族隔离运动如火如荼，极大提升了投资界和企业界反对种族歧视和性别歧视、维护劳工权益的意识，并由此促进了“社会责任投资（SRI）”观念的形成。1970s—1980s，美国、加拿大掀起轰轰烈烈的环保运动，通过了严苛的环境立法，大量罔顾环境生态保护的采矿业纷纷倒闭，孕育了“可持续发展（sustainability）”的观念。1984 年美国可持续投资论坛（ISF）成立，1988 年英国梅林生态基金（Merlin Ecology Fund）成立，开启了“环境保护投资”实践（Wen，2021）。1989 年发生在阿拉斯加海域的“埃克森·瓦尔迪兹”号油轮重大漏油事件，埃克森美孚公司的股价重挫，进一步加深了对环境保护的认识。20 世纪 90 年代，可持续发展指数开始发布，为投资者选择重视环境保护、践行社会责任、提升治理能力的投资对象提供投资参考，代表性的指数包括摩根斯坦利国际资本 1990 年发布的多米尼 400 社会责任指数（Domini 400 Social Index，现已更名为 MSCI KLD 400 Social Index）和道琼斯公司 1999 年发布的可持续发展指数（DJSI）。1997 年，美国环境责任经济联盟（CERES）和联合国环境规划署联合发起成立了全球报告倡议组织（Global Reporting Initiative，GRI），总部设在荷兰阿姆斯特丹，成为世界首家制定可持续披露准则的独立组织。GRI 发布的准则是迄今企业编制和披露可持续发展报告最广泛采用的标准体系之一，代表企业针对其活动的经济、环境和社会影响进行系统和结构性报告的全球最佳实践，为投资者和其他利益相关者评价企业可持续发展的正面和负面影响提供了重要参照。

（二）21 世纪以来 ESG 的发展阶段

进入 21 世纪，ESG 理念日益深入人心，逐渐从区域性倡议阶段过渡到国际性合作阶段。2000 年，碳信息披露项目（CDP）在英国唐宁街 10 号成立，该组织致力于推动企业和政府减少温室气体（GHG）排放，保护水资源和森林资源，其发布的 GHG 排放信息披露准则颇具权威性，被众多企业和政府机构采纳。

2004 年，时任联合国秘书长的科菲·安南邀请 50 家世界顶级投资机构的首席执行官参加世界银行下属机构国际金融公司（IFC）和瑞士政府联合发起的 ESG 倡议，讨论如何在投融资活动中融入 ESG 因素。作为上述倡议的成果，2005 年，Ivo Knoepel 以总协调人的身份牵头完成了《在乎者赢》（Who Cares Wins）的研究报告，首次提出了 ESG 概念（Kell，2018），呼吁利益相关者将 ESG 因素纳入决策程序，如图 1 所示。2005 年，联合国基于《在乎者赢》和《佛瑞希菲尔德报告》（Freshfield Report）的研究成果，在纽约股票交易所发布了备受关注的负责任投资原则（Principles for Responsible Investment，PRI）。负责任投资原则具体包括六大原则：（1）将 ESG 纳入投资分析和决策过程；（2）作为积极的所有者将 ESG 纳入所有权政策和实践；（3）寻求被投资主体对 ESG 进行恰当披露；（4）推动投资界接受和执行负责任投资原则；（5）共同致力于提升负责任投资原则的执行效果；（6）报告负责任投资原则的执行活动和效果。迄今为止，来自 60 多个国家的管理资产总额超过 120 万亿美元的 4000 多家投资机构签署协议认可和支持联合国提出的负责任投资原则（见图 2）。可以说，联合国是 ESG 的最大倡导者和推动者，科菲·安南秘书也因此享有 ESG 之父的美誉。

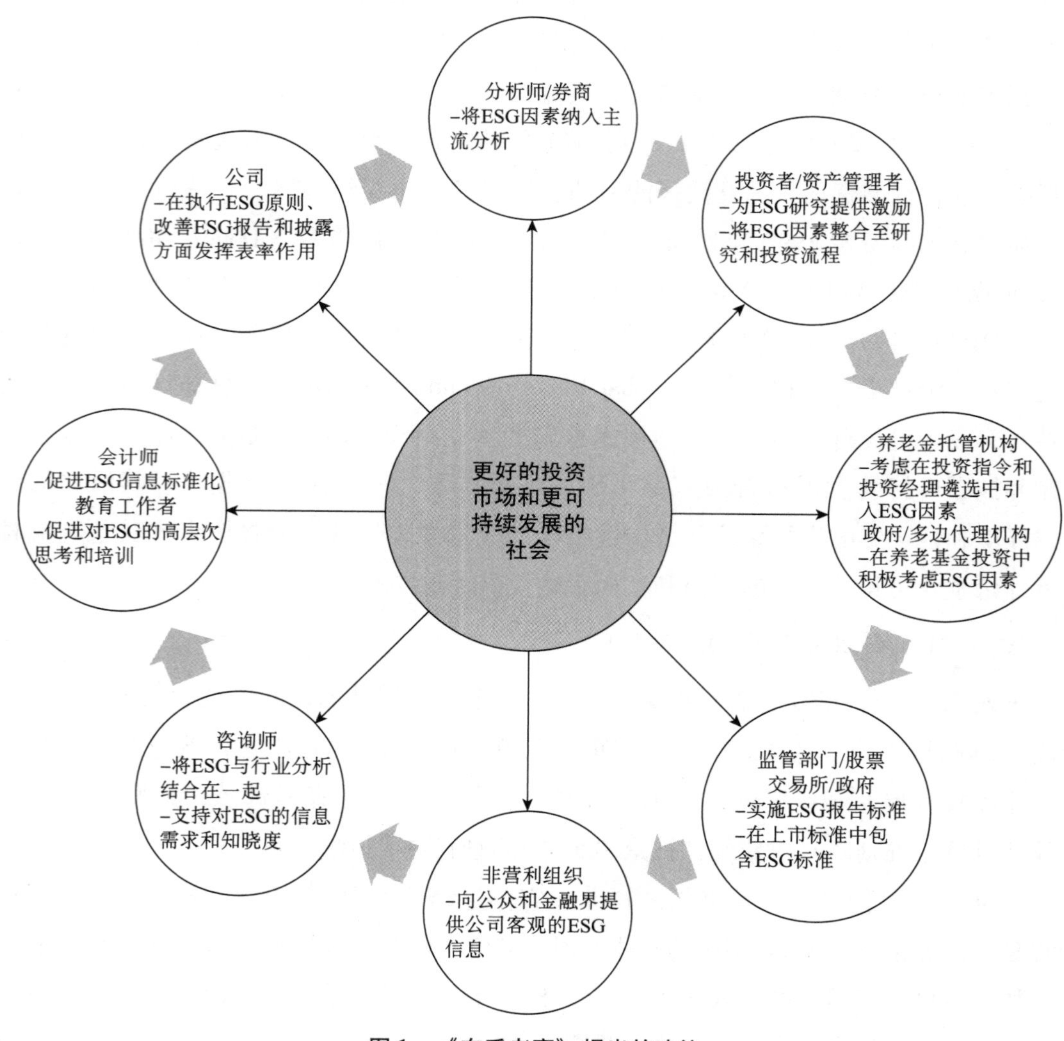

图 1　《在乎者赢》提出的建议

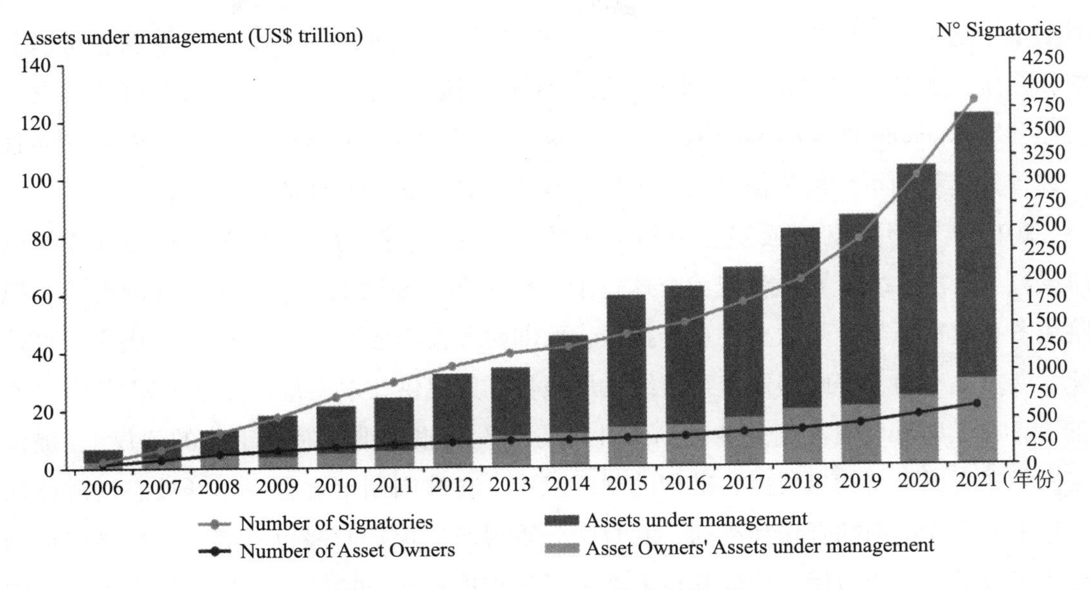

图 2 签署负责任投资原则的机构及其管理的资产规模

在2007年达沃斯世界经济论坛上，气候披露准则理事会（CDSB）成立，2010年发布了首份《气候变化披露框架》，并在2013年将披露框架覆盖的范围由气候变化和温室气体排放拓展至环境信息和自然资本。2011年，可持续发展会计准则委员会（SASB）在美国旧金山成立，其仿效财务会计准则委员会（FASB）和国际会计准则理事会（IASB）的治理框架和应循程序（Due Process），从事可持续发展会计准则①的制定工作，极大推动了ESG报告在美国的实施。SASB于2020年与国际整合报告理事会（IIRC）合并，成立价值报告基金会（The Value Reporting Foundation），进一步提升了这两个组织在可持续发展信息披露中的国际地位和影响力。2015年，金融稳定理事会（FSB，20国集团会议的执行机构）设立了气候相关财务披露工作组（TCFD），负责为企业披露应对气候变化信息提供指引，以降低不当信息披露导致资本市场对企业价值错误重估引发的资源错配风险（Akins，2020）。2016年，近200个国家和地区签署了《巴黎协定》，为全球应对气候变化擘画了蓝图。《巴黎协定》的主要目标是，将21世纪全球平均气温上升幅度控制在2℃以内，力争将全球气温上升控制在前工业化

① SASB将可持续性（sustainability）界定为公司保持和提升创造长期价值的能力；将可持续发展会计（sustainability accounting）界定为公司对其产品和服务所产生的环境和社会影响以及创造长期价值所需的环境资本和社会资本进行治理和管理。SASB准则旨在识别可能对特定行业代表性公司的经营业绩和财务状况产生影响的一套最低的可持续发展问题，使其能够以符合成本效益原则和决策有用的方式，利用现有的披露和报告机制在行业层面将公司业绩与利益相关者进行沟通。SASB认为，企业采用SASB准则对具有财务重要性的可持续发展信息进行识别、管理并与投资者进行沟通。SASB准则有利于企业改善透明度、风险观和业绩提升，通过鼓励报告可比、一致和具有财务重要性的可持续发展信息，SASB准则有助于投资者作出投资和投票决策。

时期水平之上 1.5℃以内。在 2017 年达沃斯世界经济论坛上，140 家世界著名跨国公司和金融机构签署了《反应性和负责任领导力协议》，赞同和支持联合国可持续发展目标（Sustainable Development Goals，SDGs），并在 2020 年发布了题为《迈向共同且一致指标体系的可持续价值创造报告》白皮书，提出了四支柱的报告框架。

2019 年 12 月，欧盟委员会公布了应对气候变化、推动可持续发展的《欧盟绿色协议》，确立了 2050 年欧洲成为全球首个"碳中和"地区的政策目标，并制定了实施路线图和政策框架。受欧盟委员会指派，欧洲财务报告咨询组（EFRAG）成立了可持续发展攻关小组，为欧盟制定可持续发展报告准则提供技术支持，并于 2021 年 2 月发布了《在欧盟开展具有相关性和动态性可持续发展报告准则制定工作的建议》，提议在三年内完成可持续发展报告准则的制定工作，在准则制定过程中以开放态度继续保持与相关国际组织的合作和趋同。欧盟十分重视环境保护和绿色发展，大部分成员国已经实现了碳达峰目标，预计其在未来三至五年里将在可持续发展报告的准则制定中取得突破性进展。

我国目前的二氧化碳排放量世界第一，单位 GDP 的二氧化碳排放量也高于发达国家，但工业革命以来我国二氧化碳累计排放量不及 OECD 国家的 1/3，人均二氧化碳排放量也低于美国且呈现下降趋势。西方国家不考虑工业化的历史，也不考虑人均排放量，对我国施加很大压力，既不公平，也不合理。尽管如此，中国作为负责任的大国，秉承人类命运共同体的理念，十分重视气候变化和减排工作，倡导包括绿色发展和可持续发展的高质量发展模式。2020 年 9 月，习近平总书记在第七十五届联合国大会一般性辩论上庄严宣布，我国将在 2030 年前实现碳达峰，努力在 2060 年前实现碳中和。2021 年 5 月，碳达峰碳中和工作领导小组成立，要求制定碳达峰碳中和的路线图和时间表。2021 年 7 月 16 日，全国碳排放权交易市场正式上线交易，标志着我国通过市场化机制推动碳达峰碳中和迈出了重要一步。"双碳"目标和实施路线图的确立，必将为我国的 ESG 报告或可持续发展报告注入强大的发展动力，公司报告迎来重大的改革发展机遇期。

二、ESG 报告的发展现状

经过多年的孕育和发展，ESG 报告或可持续发展报告[①]取得了实质性进展，在投

① ESG 报告和可持续发展报告虽然均致力于提供评价企业可持续发展能力的定量和定性信息，但侧重点有所不同。本文不对 ESG 报告和可持续发展报告作严格区分，根据不同情形，采用 ESG 报告或可持续发展报告的表述。

资界已蔚然成风。截至2018年年末，基于ESG理念进行投资决策的机构所管理的资产（AUM）已经超过20万亿美元（Kell，2018），黑石、贝莱德、淡马锡等专业投资机构已经将EGS作为投资组合选择的重要决策因素。世界上主要证券交易所也纷纷发布与ESG相关的规定，要求上市公司披露ESG报告、社会责任报告和可持续发展报告。毕马威（KPMG）发布的2020年可持续发展调查报告显示，52个被选取国家的百强企业中，80%公布了可持续发展报告（Wen，2021）。香港联交所自2015年起开始建议上市公司披露ESG信息，2020年7月将"建议披露"改为"不遵循就解释"，进一步强化了ESG的信息披露要求。我国对ESG的关注也与日俱增，100强公司中，有78家发布了可持续发展报告，1 129家A股上市公司在2020年披露了ESG报告或社会责任报告，约占全部A股上市公司的27%。因应环保趋势，中国证监会2021年5月发布了修订年报报告内容与格式的征求意见稿，要求重点排污上市公司披露具体的排污信息、防污染设施的建设和运行情况、建设项目环境影响评价等信息，并要求所有上市公司披露因环境问题受到的行政处罚。截至2021年5月31日，深沪A股上市公司共计4 319家。2021年以来，共有1 092家A股上市公司发布了2020年ESG报告，占全部A股上市公司的25.3%，其中641家沪市A股上市公司发布ESG报告，占比33.8%，451家深市A股上市公司发布ESG报告，占比18.6%（刘涛等，2021）。可以预见，我国的ESG报告或相关信息披露将与其他发达国家一样进入发展的快车道。

ESG报告或可持续发展报告日益受到重视，离不开各国证券监管部门、证券交易所、专业投资机构和上市公司的鼎力支持，也离不开GRI、SASB、WEF、TCFD和CDSB等区域性和国际性组织的不懈努力。这些组织不遗余力，致力于ESG报告或可持续发展报告的标准制定，形成了百花齐放、各具特色的倡议和规范，为推动ESG报告或可持续发展报告作出重大历史贡献。

（一）ESG报告的代表性框架

得益于GRI、SASB、WEF、TCFD、CDSB的不懈努力，ESG报告或可持续发展报告近30年来已经形成了一批代表性框架。尽管这些框架的构成要素不尽相同，但指导思想高度趋同，都是为了推动企业的可持续发展，促使企业通过完善治理机制妥善处理好其与环境和社会的相互关系。

1. GRI四模块准则体系

历经多年的修订和完善，GRI于2016年发布了GRI准则体系，从2018年起取代GRI指南4.0版本。GRI准则体系由相对独立但又相互关联的四大模块所组成，涵盖36项准则。这四大模块可进一步细分为通用准则（Universal Standards）和具体议题准则（Topic - specific Standards）两个层次，如图3所示。

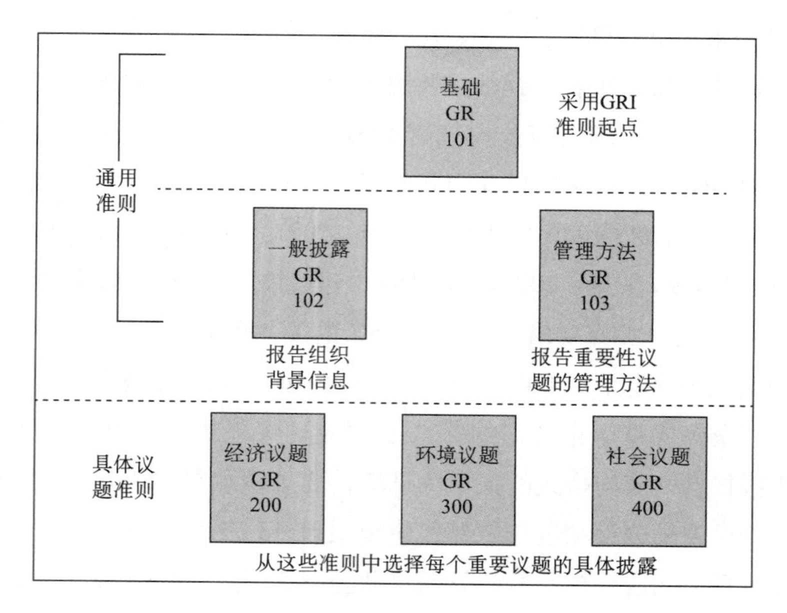

图3 GRI准则体系

在GRI准则体系中，具体议题准则为企业报告其经营活动产生的经济影响、环境影响和社会影响提供了参照和遵循，具体披露的规范要点如图4所示。

类别	经济议题	环境议题	
方面	• 经济业绩 • 市场表现 • 间接经济影响 • 采购惯例	• 材料耗用 • 用水情况 • 二氧化碳排放 • 产品与服务 • 物流交通 • 供应商环保评估	• 能源消耗 • 生物多样性 • 排放物和废品 • 环保遵循情况 • 总体影响 • 环保影响投诉机制

类别	社会议题			
子类别	雇佣惯例和体面工作	人　权	社　会	产品责任
方面	• 雇佣政策 • 劳资关系 • 职业健康和安全 • 教育培训 • 多样性与机会平等 • 男女同工同酬 • 供应商雇佣政策评估 • 雇佣政策投诉机制	• 投资政策 • 非歧视政策 • 参与工会和集体谈判自由 • 禁止童工和强迫劳动 • 社会保险参保情况 • 原住民权利 • 评估方法 • 供应商人权评估 • 人权投诉机制	• 社区关系 • 反腐败举措 • 公共政策 • 反不当竞争行为 • 社会责任履行情况 • 供应商社会影响评估 • 社会影响投诉机制	• 客户健康与产品安全 • 产品与服务标识 • 营销沟通 • 客户隐私保护 • 产品责任履行情况

图4 GRI具体议题准则规范要点

经过多年的宣传推动，GRI的准则体系日益受到大型机构的青睐，截至2018年年末，全球80%以上的最大公司采纳了GRI准则，其影响之大可见一斑。

2. SASB 五维度报告框架

虽然成立的时间晚于 GRI，但 SASB 在 ESG 报告或可持续发展报告会计准则制定方面取得的成效却毫不逊色，迄今已经发布了一份概念框架、覆盖 77 个行业的可持续发展会计准则①，每个准则从环境保护、社会资本、人力资本、商业模式及其创新、领导力和治理力五个维度，对企业的可持续发展报告进行规范，包括披露议题（Disclosure Topics）、会计指标（Accounting Metrics）、技术规程（Technical Protocols）和活动指标（Activity Metrics）。披露议题方面的规范，倡导企业披露可能构成重要信息的一套最低的行业特定可持续发展议题，并简要说明管理好或未管理好这些议题将如何影响价值创造。会计指标方面的规范，倡导企业提供一套旨在对各个议题进行计量的定量和定性会计指标。技术规程方面的规范，倡导企业附上一套规程，为每个会计指标的定义、范围、执行、编撰和呈报提供指引，这套规程旨在为第三方鉴证提供恰当的标准。活动指标方面的规范，倡导企业提供一套能够对企业规模进行量化的指标，旨在与会计指标一并使用，使其标准化和便于比较。SASB 的五维度报告框架如图 5 所示。

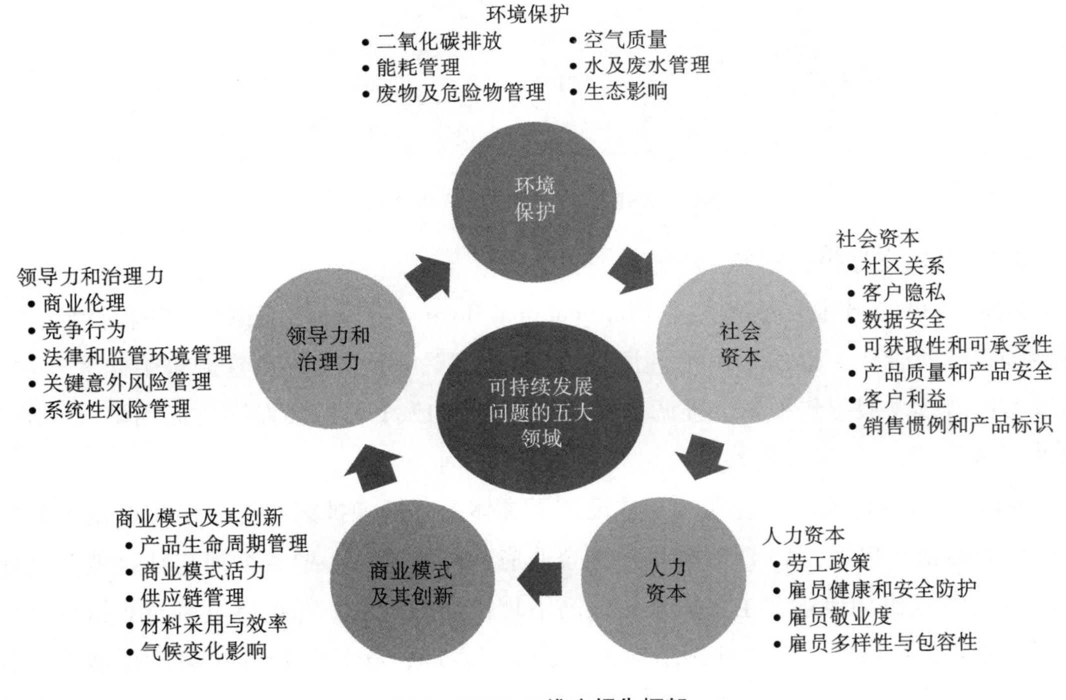

图 5　SASB 五维度报告框架

① 与 FASB 发布的强制性公认会计准则不同，SASB 发布的可持续发展会计准则属于自愿遵循的准则，企业可从 77 个可持续发展会计准则中选择适合其所属行业的一个或多个相关准则，有权自行决定哪些披露议题对企业具有财务重要性，有权自行决定以何种方式报告这些指标。

与其他 ESG 报告框架相比，SASB 发布的可持续发展会计准则（SAS）具有三个显著特点：一是在 2017 年发布了可持续发展报告概念框架①（见图 6），用于指导 SAS 的制定；二是正视行业差异，其所制定的 77 个准则对应 77 个不同行业，更具针对性和适用性；三是每个准则均设定会计指标和定性指标，更具可操作性和可验证性。

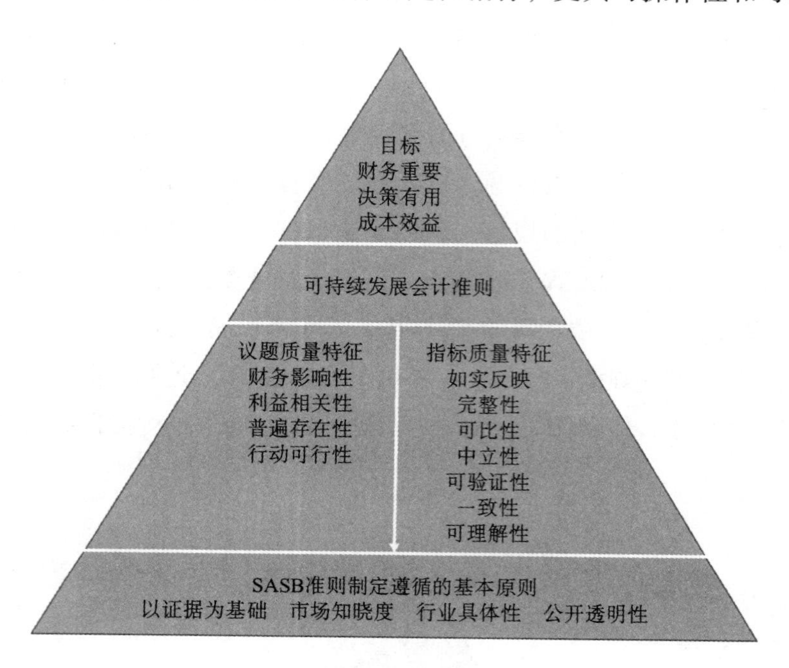

图 6　SASB 可持续发展报告概念框架

3. WEF 四支柱报告框架

WEF 下设的国际工商理事会（International Business Council，IBC）与国际"四大"会计师事务所合作，提出了由治理原则、保护星球、造福人民和营造繁荣四大支柱②组成的可持续发展报告框架，强调与联合国提出的 17 个可持续发展目标相契合。图 7 列示了 WEF 四支柱报告框架。

WEF 的报告框架还围绕四大支柱设定了具体的分析和披露指标。治理原则主要的分析和披露指标包括：（1）治理目标，企业应当阐释其核心业务如何与社会效益相连接；（2）治理机构质量，主要表现为最高治理机构的构成，如执行董事与非执行董事比例、独立董事占比、董事性别结构、董事履职表现、董事会 ESG 决策胜任能力、利

① 2020 年 8 月 28 日，SASB 发布了修订概念框架征求意见稿，围绕透明度基本原则、财务重要性定义、议题和指标质量特征的修订征求公众意见，征求意见截至 2020 年 12 月 31 日。EFRAG 最近也建议欧盟制定用于指导 ESG 报告或可持续发展报告准则的概念框架。

② 在这四大支柱中，治理原则的相关标准制定由德勤主导，保护星球的相关标准制定由普华主导，造福人民的相关标准制定由毕马威主导，营造繁荣的相关标准制定由安永主导。

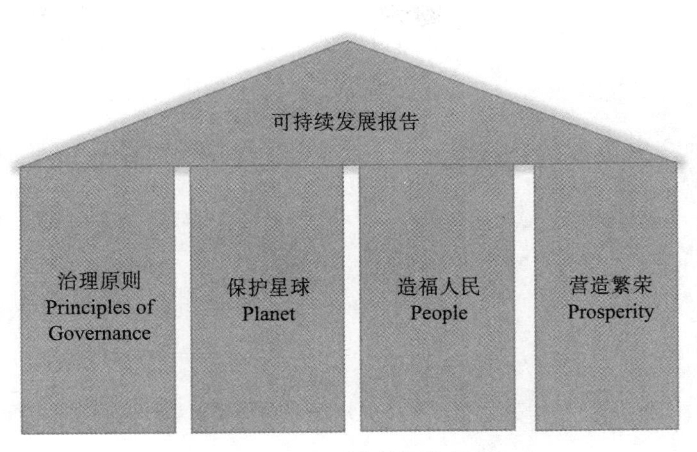

图7　WEF四支柱报告框架

益相关者在董事会中的代表性等；（3）与利益相关者互动，说明企业如何确定和报告可能影响利益相关者利益的重要议题；（4）伦理行为，如反腐败举措和腐败情况以及对不合乎伦理行为的内外部投诉机制；（5）风险与机遇监控，如将风险与机遇整合进企业流程、风险识别程序、主要风险因素、董事会的风险管理偏好、数据安全等。保护星球主要的分析和披露指标包括：（1）气候变化，如温室气体排放量（自身经营和上下游购销产生的二氧化碳排放量）、减排目标、举措和成效；（2）自然损失，主要指土地占用和生态影响，即整个供应链占用的土地和造成的生态影响；（3）淡水可获取性，企业经营及其上下游企业淡水耗用情况、在淡水供应紧张地区抽取和排放的淡水、水污染情况；（4）一次性塑料使用和固体废物处理。造福人民主要的分析和披露指标包括：（1）尊严与平等，如性别报酬平等、雇员多样性与包容性、禁止使用童工和强制劳动等；（2）健康福祉，如工伤事故、旷工率等；（3）教育培训，如提升员工应对未来挑战的培训课时、参与培训的性别结构、参与培训的员工人数和占比、对全职员工的教育培训支出等。营造繁荣的主要分析和披露指标包括：（1）就业与财富创造，含创造的就业数、净经济贡献（直接和间接创造的价值及其分配，如营业收入、营业成本、雇员工资福利、支付给资本提供者的利息和分红、上缴政府的税收减去政府补助）和净投资（资本支出减去折旧后的余额除以股份回购和股利支付之和）；（2）产品和服务创新，如研发投入强度以及满足社会可持续发展特定需求的投入占营业收入的比重；（3）社区关系与社会活力，如社区投资（以货币和实物赞助社区活动、慈善捐赠、从事公益活动的管理成本占比等）和税收缴纳情况（在经营地与注册地的流转税和所得税、公司内部交易产生的营业收入、转移定价政策等）。

4. TCFD四要素气候信息框架

2017年，TCFD发布了备受关注的《工作小组关于气候相关财务披露的建议书》，提出了由治理、战略、风险管理、指标和目标四大核心要素组成的框架，如图 8 所示。

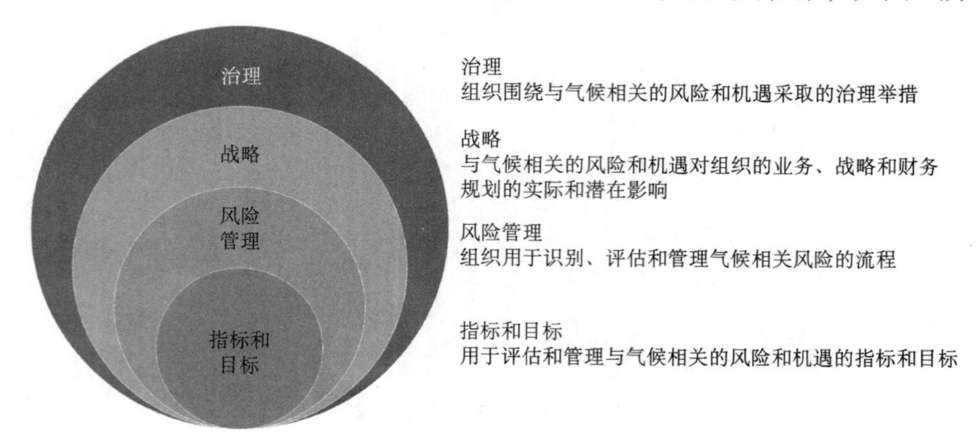

图 8　TCFD 气候信息披露框架

TCFD 的四要素气候信息披露框架十分注重气候变化的财务影响，并勾勒出图 9 列示的企业在应对气候变化转型过程中风险、机遇和财务影响之间的相互关系。此外，TCFD 还为如何分析与气候相关的各类风险和机遇的潜在财务影响提供了详细的释例，如表 1 和表 2 所示。值得说明的是，作为 FSB 的下设机构，TCFD 发布的信息披露指引尤其受到大型金融机构的重视，这些金融机构近年来大力发展绿色金融，没有按照 TCFD 指引披露气候相关信息的企业，将难以获得这些金融机构的信贷支持，因此 TCFD 的指引得到企业广泛遵循。TCFD 发布的《2020 年进展报告》显示，其信息披露指引得到 1 500 多家组织的认可和支持，其中包括总市值近 13 万亿美元的企业和管

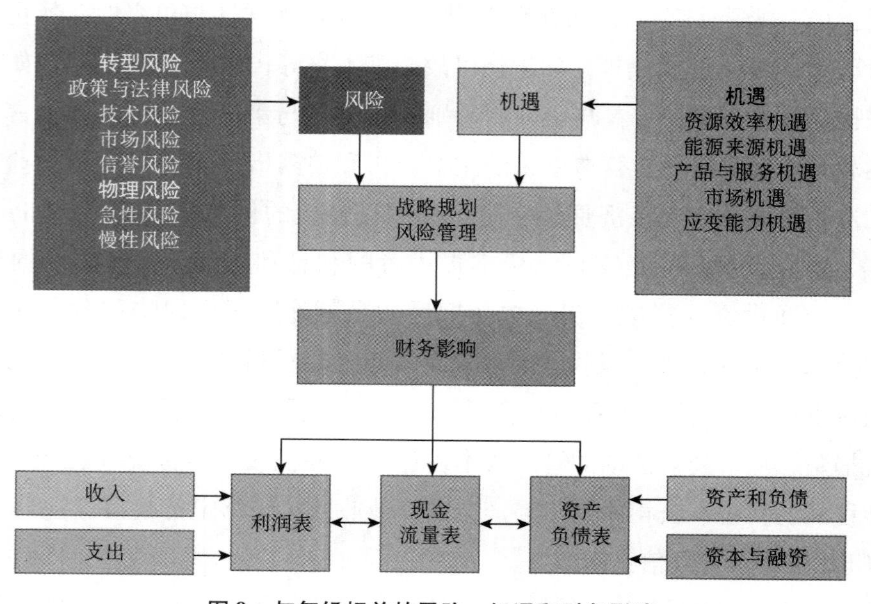

图 9　与气候相关的风险、机遇和财务影响

理资产超过150万亿美元的金融机构。但《2020年进展报告》也指出，资本市场对前后一致和相互可比的气候相关信息披露存在迫切需求，需要有更多的企业和机构披露符合TCFD指引的气候相关信息，目前气候变化对企业业务和战略的潜在财务影响的信息披露水平仍然较低。

表1　　气候相关风险的潜在财务影响

	气候相关风险	潜在财务影响
转型风险	政策与法律风险 —增加温室气体排放成本 —增大排放报告责任 —对现有产品和服务的禁令和监管 —诉讼风险暴露	—增加经营成本（如合规成本、保险费用等） —因政策变化导致资产注销、减值或资产提前退役 —因罚款和判决增加产品和服务成本或减少产品和服务需求
转型风险	技术风险 —以较低排放方案替换现有产品和服务 —对新技术投资失败 —采用更低排放技术的转型成本	—造成现有资产的注销和提前退役 —减少产品和服务的需求减少 —增加对新技术和替代技术的研发支出 —增加采用和实施新做法及新流程的成本
转型风险	市场风险 —消费者行为改变 —市场信号存在不确定性 —原材料成本增加	—消费者偏好改变降低对产品和服务的需求 —因投入价格上涨和产出要求变化导致生产成本增加 —能源成本发生突然和未预期变化 —收入减少导致收入结构和收入来源发生变化 —资产的重新定价（如化石燃料储量、土地和证券的重估值）
转型风险	信誉风险 —消费者偏好改变 —行业污名化 —利益相关者忧虑增加或负面反应	—产品和服务需求降低导致收入减少 —推迟审批和供应链中断导致生产能力下降造成收入减少 —难以吸引和留住员工和管理人员等负面影响导致收入减少 —资本可获取性降低
物理风险	急性风险 —极端气候（如台风和水灾）严重性增大	—运输困难和供应中断造成生产能力下降导致收入减少 —对员工产生负面影响导致收入减少成本增加 —现有资产注销和提前退役
物理风险	慢性风险 —降雨模式改变和极端气候变化 —平均气温上升 —海平面上升	—增加用水相关生产成本 —增加融资成本 —销售下降导致收入减少 —气候高风险地区导致资产保险费用增加

表 2　　气候相关机遇的潜在财务影响

气候相关机遇	潜在财务影响
能源效率机遇 —采用更加高效的交通运输模式 —采用更加高效的生产和分销流程 —使用循环利用的能源 —使用低耗能的房屋建筑物 —降低水资源的耗用	—降低经营成本（如降低能耗而增加收益或降低成本） —提高生产效率 —提升固定资产价值（如降低能耗） —有利于员工管理和规划从而降低成本
能源来源机遇 —使用低排放的能源 —利用受政策支持的能源激励 —使用新技术 —参与碳排放交易市场 —转向分散型的能源生产	—降低经营成本（如通过降低能耗和排放而削减成本） —规避化石燃料价格上涨风险 —降低温室气体排放风险，降低企业对碳排放成本变动的敏感性 —增加在低排放技术方面的投资回报 —提高资本可获取性（如享受绿色金融红利） —获取采用新能源声誉带来的旺盛产品和服务需求的好处
产品与服务机遇 —开发和扩大低排放的产品和服务 —提供应对气候变化和保险解决方案 —通过研发和创新开发新的产品或服务 —提高利用多元化规避气候风险的能力 —利用消费者偏好改变的机会	—通过对低排放产品和服务的旺盛需求增加收入 —通过提供应对气候变化解决方案增加收入 —利用消费者偏好改变带来的新机遇增加收入
市场机遇 —进入新市场 —利用公共部门的激励政策 —进入需要提供气候保险的新市场	—通过进入新兴市场（如与政府和开发银行合作）增加收入 —增加金融资产多元化（如投资于绿色债券和绿色基础设施）
应变能力机遇 —参与新能源项目 —使用高效能源 —资源替代和资源多样性	—通过应变规划提高市场估值 —提高供应链可靠性和在不同条件下进行运营的能力 —增加与能源应变计划相关新产品和新服务的收入

5. CDSB 环境与气候变化披露框架

与 TCFD 一样，CDSB 也侧重于环境和气候变化的信息披露。CDSB 要求企业在披露环境和气候变化信息时应遵循七个原则：相关性和重要性原则；如实披露原则；与主流报告相关联原则；一致性和可比性原则；清晰性和可理解性原则；可验证性原则；

前瞻性原则。以这七个原则为基础，CDSB 提出了如图 10 所示的环境与气候变化信息披露框架。

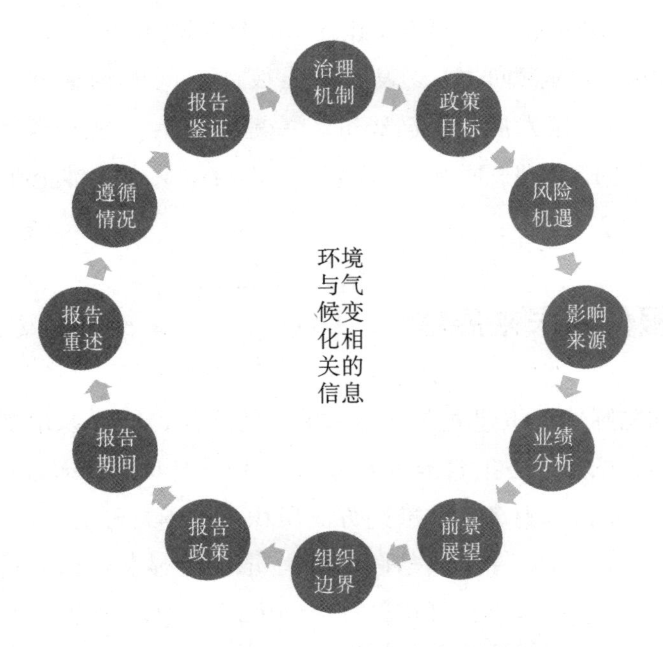

图 10　CDSB 环境与气候变化信息披露框架

与 TCFD 相比，CDSB 的信息披露原则性较强，操作性不高，特别是没有像 TCFD 那样提出一整套定性和定量相结合的指标体系，从而降低了其信息披露框架的被采用成效。但 CDSB 提出的可验证性原则和报告鉴证程序值得充分肯定，缺乏验证和鉴证机制，环境与气候变化相关信息的披露有可能沦为各取所需、报喜不报忧的公关宣传。

（二）ESG 报告存在的突出问题

上述五个代表性框架，对于 ESG 理念的普及推广和落地实施作出了重要贡献，为企业编制和披露可持续发展报告提供了有益的参照。但这些代表 ESG 报告最高水平的披露框架也存在一些问题，突出表现为：ESG 报告或可持续发展报告的标准制定机构之间缺乏协调机制，各有侧重、标准迥异。GRI 的四模块准则体系主要侧重于经济、环境和社会影响，对治理鲜有涉及，而 TCFD 的四要素信息披露框架和 CDSB 的环境与气候变化信息披露框架均专注于环境层面，不触及社会责任和公司治理层面，还不是严格意义上的 ESG 报告框架。相比之下，SASB 五维度报告框架和 WEF 四支柱报告框架的 ESG 构成要素最为齐全。由于标准不统一，造成按照不同框架提供的 ESG 报告缺乏一致性和可比性，这既加大了编制者的报告框架选择难度和遵循成本，也导致使用者无所适从，增大了其分析难度和分析成本。这些区域性和国际性组织在 ESG 标准制定方面各自为政、各行其是，这种做法本身就不环保，有悖于这些组织自己倡导的绿色低碳可持续发展理念，因而被广为诟病。

鉴于此，CDP、CDSB、GRI、IIRC 和 SASB 于 2020 年 9 月联合发表了《共同致力于构建综合公司报告的意向书》，表明加强彼此之间的沟通和协调的合作意向，承诺在 ESG 报告或可持续发展报告已经进入关键节点上，通过整合优势资源、降低标准差异等方式，以 ESG 理念重构公司报告的架构体系，助推企业和其他机构可持续发展。

三、公司报告的未来展望

上述区域性和国际性组织建立在自愿基础上的合作，能否取得预期效果目前还难以评估。相比之下，国际财务报告准则基金会（IFRS Foundation，以下简称“IFRS 基金会”）在建立高质量国际财务报告准则方面所积累的丰富经验、延揽的高素质人才、遵循的严谨和透明制定程序、推动采纳全球统一取得的显著成效，备受关注，颇受好评。为此，FSB、国际证监会组织（IOSCO）、国际会计师联合会（IFAC）等国际组织不断呼吁由 IFRS 基金会统一制定可持续发展报告准则，以终结目前 ESG 报告或可持续发展报告标准迥异的乱象（IFAC，2020）。2021 年 7 月 9 日至 10 日召开的二十国集团（G20）财长和央行行长会议，发布的会议公报旗帜鲜明地支持 IFRS 基金会制定可持续发展报告准则，这很可能成为催生公司报告重大变革的里程碑事件。

面对这种有利形势，IFRS 基金会顺势而为，于 2020 年成立工作小组，并在 2020 年 9 月发布了《可持续发展报告咨询书》。2021 年，IFRS 基金会发布《旨在支持设立国际可持续准则理事会制定 IFRS 可持续披露准则对国际财务报告准则基金会〈章程〉进行修改的建议》，拟成立与 IASB 平行的国际可持续准则理事会（ISSB），负责制定全球统一的可持续发展报告。得益于 G20、FSB、IOSCO 和 IFAC 等国际组织的支持，IFRS 基金会可望在 2021 年 11 月召开的联合国气候变化大会时正式宣布成立 ISSB，负责制定全球统一的国际可持续披露准则（International Sustainability Disclosure Standards，ISSB 准则）。ISSB 的成立和 ISSB 准则的发布，将促使标准各异的 ESG 报告和可持续发展报告趋于一致，推动公司报告框架体系的重构。未来的公司报告将由基于 IFRS 的财务报告和基于 ISSB 准则的可持续发展报告所组成。财务报告和可持续发展报告各有侧重，但又相互补充，前者提供的信息侧重于评价企业经营效益，后者提供的信息侧重于评价企业经营的社会成本效益，两者共同构成利益相关者评估企业可持续发展所面临的机遇与风险的信息基础，如图 11 所示。

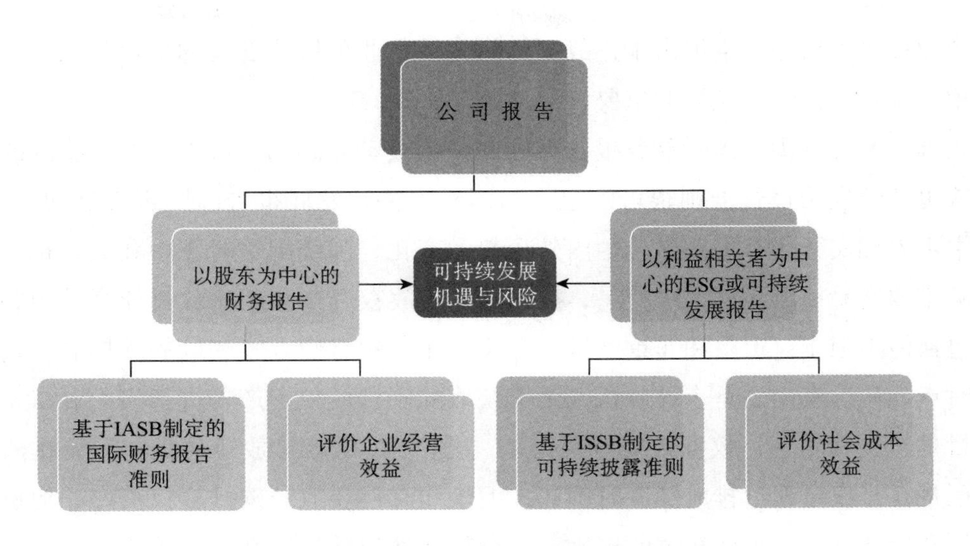

图 11　IFRS 基金会主导的公司报告未来框架

IFRS 基金会主导 ESG 报告或可持续发展报告准则的制定工作，尽管面临着如何应对主要经济体的博弈、如何协调与其他 ESG 标准制定者的关系、如何处理 IASB 和 ISSB 的关系、如何处理与市场力量的关系四大挑战（张为国，2021），但其发展前景仍被普遍看好。若顺利成立，ISSB 初期将主要聚焦于环境和气候变化议题，待这方面的准则制定取得进展后再转向社会责任和公司治理的准则制定。可以预计，ESG 报告或可持续发展报告准则的制定和实施，将催生公司报告的重大变革。公司报告将由传统的股东导向拓展为股东导向与利益相关者导向并重的框架体系。ESG 报告或可持续发展报告将遵循“双重重要性”（Double Materiality）原则，既关注 ESG 对企业可持续发展的影响，也关注企业经营对环境、社会和人类可持续发展的影响。仅仅依靠财务报告难以实现对上述双重影响的评估（特别是新经济时代对价值创造至关重要的很多关键驱动因素如数字资产和智慧资本没有在财务报告中体现，为此，有不少国际组织主张将这些驱动因素也纳入 ESG 报告或可持续发展报告）。可见，只有财务报告与可持续发展报告相互勾稽，相辅相成，才能推动企业和人类社会的可持续发展。

ESG 或持续发展理念越来越为世人所接受①，从善向善的氛围日益浓厚。可以预见，强调低耗能、低排放的发展模式，重视人与自然和谐共处的绿色发展理念，势必导致经济社会发展的制度安排发生根本变化。顺应产业结构调整，秉承绿色发展理念，

① 据央视财经 2021 年 7 月 11 日报道，埃克森美孚石油公司持有 0.02% 股份的秉持 ESG 理念的小股东团体成功拿下 12 个董事会席位的 3 个，其他股东将票投给这个小股东集团，希望以此推动该公司加速绿色发展、转型发展。同日，荷兰海牙法院发布裁决，要求世界最大石油公司壳牌公司在 2030 年之前将排放量控制在 2019 年的 45%。此外，欧洲石油公司纷纷采取“去石油化”战略，道达尔石油更名为道达尔能源，英国石油公司的英文缩写 BP 被赋予新的含义 Beyond Petroleum（超越石油）。

既给企业提供了机遇，也提出了挑战。如何评估企业可持续发展的机遇与风险，将成为财税、金融、会计等领域的重要议题。

我国的会计准则与国际财务报告准则保持持续动态趋同，可以推断，我国的ESG报告或可持续发展报告准则很可能也将与国际可持续发展报告准则实现趋同。因此，会计学术界和实务界有必要因应国内外形势的变化，围绕碳达峰碳中和的目标，结合全国碳排放交易市场正式上线交易，加强对碳排放权资产和碳排放负债会计问题的研究，包括但不限于：重点和非重点排放企业以无偿和有偿方式获取的碳排放权资产在什么时点确认、表内还是表外确认，无偿获取的碳排放权资产若进行表内确认，对应的科目是什么（负债、权益或损益科目），与此相关的碳排放负债是在开始排放时确认，还是在排放量超过排放额度时确认；无偿和有偿获取的碳排放权资产如何进行初始计量和后续计量，与此相关的碳排放负债如何选择计量属性；碳排放权资产和碳排放负债如何列报，碳排放权资产是归并至无形资产列报，还是作为单独项目列报。此外，ESG报告或可持续发展报告必须有理论基础加以支撑，需要会计学术界加强对诸如利益相关者理论、社会契约理论、企业社会责任理论[①]、可持续发展理论以及外部性理论等加以研究，唯有如此，才能为制定ESG报告或可持续发展报告概念框架提供理论依据。总之，加强与ESG报告或可持续发展报告相关理论和实际问题的研究，有助于我国尽快出台与环境和气候变化相关的会计规范，并在国际可持续发展报告准则制定过程中发出中国声音，贡献中国智慧。

（原载于《财会月刊》2021年第17期，略有增删）

主要参考文献：

1. 张为国．社会责任投资的衡量与管理：国际财务报告准则基金会将起的作用［OB/OL］．天职国际微信公众号，2021年7月21日．

2. 刘涛，陈雯，邹伟珊．A股上市公司2020年度ESG信息披露统计研究报告［R/OL］．商道纵横．www. syntao. com，2021.

3. Atkins B. Demystifying ESG：Its History & Current Status［R/OL］. Forbes. www. forbes. comd，2020.

① 例如，Archie B. Carroll教授提出的“CSR金字塔”理论，将企业的社会责任分为经济责任、法律责任、伦理责任和慈善责任，经济责任和法律责任属于应尽责任，伦理责任和慈善责任属于善尽责任。

4. CDSB. Framework for Reporting Environmental and Climate Change Information [R/OL]. www. cdsb. org, 2010.

5. Global Compact. Who Cares Wins [R/OL]. www. worldbank. org, 2005.

6. GRI. GRI Standards. www. globalreporting. org, 2016.

7. IFAC. Enhancing Corporate Reporting: the Way Forward. IFAC Calls for a New Sustainability Board alongside with the IASB. www. ifac. org, 2020

8. IFRS Foundation. Consultation Paper on Sustainability Reporting. www. ifrs. org, 2020.

9. IFRS Foundation. Exposure Draft. Proposed Targeted Amendments to the IFRS Foundation Constitution to Accommodate an International Sustainability Standards Board to Set IFRS Sustainability Standards. www. ifrs. org, 2021.

10. Kell G. The Remarkable Rise of ESG [OB/OL]. Forbes. www. forbes. com, 2018.

11. SASB. SASB Standards. www. sasb. org, 2020.

12. TCFD. Recommendations of the Task Forces on Climate – related Financial Disclosure. www. tcfd. org, 2017.

13. WEF. Toward Common Metrics and Consistent Reporting of Sustainable Value Creation. www. wef. org, 2020.

14. Wen V. ESG 通用概念演绎史（上）. ESG Academy 微信公众号，2021 年 2 月 19 日 .

支撑ESG的三大理论支柱

黄世忠

【摘要】随着投资者、债权人以及其他利益相关者对ESG的信息需求与日俱增，企业提供的ESG报告呈快速增长态势。在ESG报告日益成为评价可持续发展重要信息来源的背景下，有必要梳理和研究支撑ESG的理论流派及其核心要义。近年来，与ESG相关的著述越来越多，但对于构成ESG理论基础的著述并不多见。本文认为，可持续发展理论、经济外部性理论、企业社会责任理论是共同支撑ESG的三大理论支柱。本文旨在对这三大理论支柱的核心思想进行综述，并分析它们对ESG的启示意义。

【关键词】ESG；可持续发展理论；经济外部性理论；企业社会责任理论

任何一种方法论，缺乏理论支持，都难以令人信服且不可持续。ESG（Environmental，Social and Governance）作为评价企业可持续发展的一种方法论，也不例外。近年来，ESG日益成为热门话题，且有可能改变未来经济社会的发展方式，因此，探究其理论基础意义重大。尽管ESG直至2005年才由联合国发起的研究项目正式提出（黄世忠，2021），但支撑ESG的基础理论可谓源远流长，相关著述更是浩如烟海。本文在研读国内外相关文献的基础上，对支撑ESG的三大理论支柱进行综述，分析可持续发展理论、经济外部性理论和企业社会责任理论的核心思想及其对ESG的启示意义。

一、可持续发展理论及其对ESG的启示意义

ESG报告之所以经常被冠以可持续发展报告的名称，除了因为ESG报告旨在提供

可用于评价企业可持续发展的相关信息外，还因为ESG报告的诸多理念源自可持续发展理论。可持续发展理论萌芽于20世纪六七十年代，正式成形于1987年，经过30多年的发展日臻成熟，现已获得广泛的认可并为世人所接受。

（一）可持续发展理论的缘起和核心思想

可持续发展理论是人们在观念上对人类中心主义（Anthropocentrism）的思维模式带来的环境和社会问题不断反思，在行动上对过度工业化的警醒而逐渐形成的。在对待自然界的态度上，人类中心主义认为人类高于自然，具有改造自然、征服自然的神圣权利。因此，人类中心主义又被称为主宰论（Domination Theory）。人类中心主义最早可追溯至基督教义，该教义要求人类将其意志力施加于自然界并降伏之。这种人类高于自然的宗教思想后来与世俗的科学理性主义（Scientific - rationalism）相互交织在一起，进一步助长了人类中心主义。以培根、牛顿和笛卡尔为代表的科学理性主义者认为，地球这个星球就是为了人类的福祉和开发而存在的（Baker er al.，1997）。蒸汽机和电力的发明，极大提高了人类的生产力，西方国家步入了工业社会。在工业社会里，民众普遍认为，随着科学技术的发展，自然资源将取之不尽、用之不竭，物质主义和享乐主义大行其道。在工业化国家中，不断提高物质生活水平，成为消费者和政治家的主要追求，非工业化国家则将努力赶上工业化国家取得的成就作为经济和政治诉求。按GDP规模或人均GDP衡量的经济增长，成为成功与否的试金石。

人类中心主义的思维模式和日新月异的科技进步，导致工业革命以来人类为了提高物质生活水平过度开发和利用自然资源，造成空气污染、气候变化、淡水缺乏和物种灭绝等严重环境问题。1962年，美国海洋生物学家瑞秋·卡尔森（Rachel Carson）女士发表了《寂静的春天》，这部环境科普著作讲述DDT这种杀虫剂对鸟类和生态环境的极大危害，引起了社会公众对环境资源问题的关注，促使立法机构和监管部门对企业经营活动所产生的环境外部性进行干预，并催生了生态中心主义（Ecocentrism）的思维模式。与人类中心主义不同，生态中心主义认为人类并不高于自然，人类与其他生物一样，都是自然界的一个组成部分，一起组成生命共同体[①]。既然人类只是自然界的一部分，部分就不可能也不应该主宰整体。恰恰相反，人类的生存和发展离不开良好的生态环境，试图将人类的主宰地位施加于自然界并降伏之，不仅不自量力，而且是一种自我毁灭的有害行为。生态中心主义还认为，自然资源并非取之不尽用之

① 习近平总书记2020年4月10日在中央财经委员会第七次会议上的讲话中指出，人与自然是生命共同体，人类必须尊重自然、顺应自然、保护自然。

不竭，对自然资源的掠夺性开采和利用，将导致生态环境失衡、生物多样性减少，从而危及人类自身的生存[①]。过度的工业化、过快的人口增长、过分追求物质生活水平和经济增长，将耗竭地球环境的承载力。对地球环境负荷极限的关注，促使一批知识分子组成了“罗马俱乐部”，并于1972年发表了题为《增长的极限》的研究报告。该研究报告认为，人口和经济以指数的方式增长，而粮食、资源和环境则以算术的方式增长。以此为基础，该研究报告进而预测，未来一个世纪，伴随着人口的快速增长和经济需求的急剧膨胀，粮食短缺、资源耗竭、环境污染、生态破坏、生物多样性锐减将不可避免，唯一的出路是抑制人类的贪婪，保持经济的适度增长甚至零增长。《增长的极限》具有浓厚的生态主义色彩，其将生态环境与经济发展视为水火不相容的学术观点以及将环境保护置于比经济增长更优先地位的政策主张，招致广泛的批评和质疑。事实上，环境保护与经济增长不一定是非此即彼的冲突关系，辅以市场机制和管制措施，两者可以转化为相互兼容的共存关系。这种观点孕育了可持续发展的理念。可持续发展（Sustainable Development）这一术语最早出现在国际自然与自然资源保护联盟（International Union for Conservation of Nature and Natural Resources，IUCN）1980年发布的《世界保护策略》（World Conservation Strategy）。IUCN提出的保护策略旨在通过对生物资源（Living Resources）的保护实现可持续发展这一总体目标。美中不足的是，《世界保护策略》将主要关注点放在生态环境的可持续性上，并没有将可持续性与社会和经济问题有机联系在一起。

真正意义上的可持续发展理论是由联合国正式提出的。为了应对日益严重的环境和经济问题，探寻破解之道，联合国于1983年12月成立了世界环境与发展委员会（World Commission on Environment and Development，WCED），委员会主席由挪威首相布兰特兰夫人（Gro Harlem Brundtland）担任。经过三年多的不懈努力和世界各国的鼎力相助，WCED于1987年3月向联合国提交了《我们的共同未来》（Our Common Future），经第42届联合国大会辩论通过，1987年4月正式出版。《我们的共同未来》（亦称布兰特报告）一经发布，便在世界上产生了热烈反响，标志着可持续发展理论正式诞生。该报告由“共同关注”“共同挑战”和“共同努力”等三部分组成，将可持续发展理念贯穿其中。

作为一种政治妥协，WCED的报告虽然在总体上秉承了人类中心主义的思维模式，提出了需要的概念（Concept of Needs），主张将满足人类基本需要特别是世界上

① 习近平总书记2020年9月30日在联合国生物多样性峰会上的讲话中指出，当前，全球物种灭绝速度不断加快，生物多样性丧失和生态系统退化对人类生存和发展构成重大风险。

穷人的需要作为优先的政策目标，但也继承了生态中心主义的合理成分，提出了极限的概念（Concept of Limits），承认受限于技术发展水平和社会组织效率，环境难以满足当下和未来的需要，人类必须改变消费习惯以减轻不堪重负的生态环境承载力。

WCED 在报告的第二章中将可持续发展定义为“满足当代人的需要而又不对后代人满足其需要的能力构成危害的发展”（WCED，1987）。可以看出，WCED 是从代际公平（Intergenerational Equity）的角度对可持续发展进行定义。虽然 WCED 的定义获得广泛认可并被经常引用，但这不代表世界各国已经对可持续发展的定义达成高度共识。事实上，可持续发展还可以从代内公平（Intragenerational Equity）的角度，或者从社会、经济和环境协调发展的角度进行定义。后面这两个角度的定义，在 WCED 对可持续发展观念的论述中也得到了一定程度上的体现。WCED 对可持续发展观念的具体阐述主要包括十个方面：（1）满足人类需要和对美好生活的向往是发展的主要目标，可持续发展要求满足人类的基本需要，并为人类向往更美好的生活提供机会；（2）可持续发展倡导将消费水平控制在生态环境可承受范围之内的价值观；（3）经济增长必须符合可持续发展的基本原则且不对他人进行剥削，可持续发展要求提高生产潜能和确保公平机会以满足人类需要；（4）可持续发展要求人口发展与日益变化的生态环境产出潜能保持和谐；（5）可持续发展要求遏制对资源过度开采从而危及后代人满足其基本需要的行为；（6）可持续发展要求人类不可危害支持地球生命的自然系统，包括大气、水、土壤和生物；（7）可持续发展要求世界各国确保公平获取有限的资源并通过技术手段缓解资源压力；（8）可持续发展要求合理使用可再生资源，防止过度开发和利用，要控制不可再生资源的开发率，以免危及后代人的发展；（9）可持续发展要求对植物和动物加以保护，避免物种多样性的减少影响后代人的选择余地；（10）可持续发展要求将人类活动对空气、水和自然要素的负面影响最小化，以保持生态系统的完整性。

WCED 的政策主张，得到联合国、世界银行、欧盟等国际组织和大多数联合国成员国的广泛认可，成为可持续发展理论的重要基石。得益于 WCED 和其他国际组织的研究成果，联合国 2015 年 9 月在纽约总部召开了可持续发展峰会，193 个成员国在峰会上通过了《联合国 2030 年可持续发展议程》，提出了旨在指导各成员国解决 2015 年至 2030 年环境、社会和经济问题的 17 个可持续发展目标[①]，如图 1 所示。

① 2021 年 8 月 12 日，国务院新闻办公室发表了《全面建成小康社会：中国人权事业发展的光辉篇章》白皮书，指出中国提前 10 年实现了《联合国 2030 可持续发展议程》减贫目标，为全球减贫事业发展和人类发展作出了重大贡献。

图1　联合国提出的可持续发展目标

从以上的分析可以看出，联合国及其下属机构提出的可持续发展理论已经成为主流，其核心思想体现了包容性发展（Inclusive Development）的理念，要求统筹兼顾社会、经济和环境的可持续发展问题，如图2所示。包容性发展理念要求在社会可持续发展方面，秉承人类中心主义观，主张公平性既是促进经济增长和环境保护目标得以实现的重要前提，更是社会发展的政策目标，即致力于构建旨在消除贫困和饥饿、创

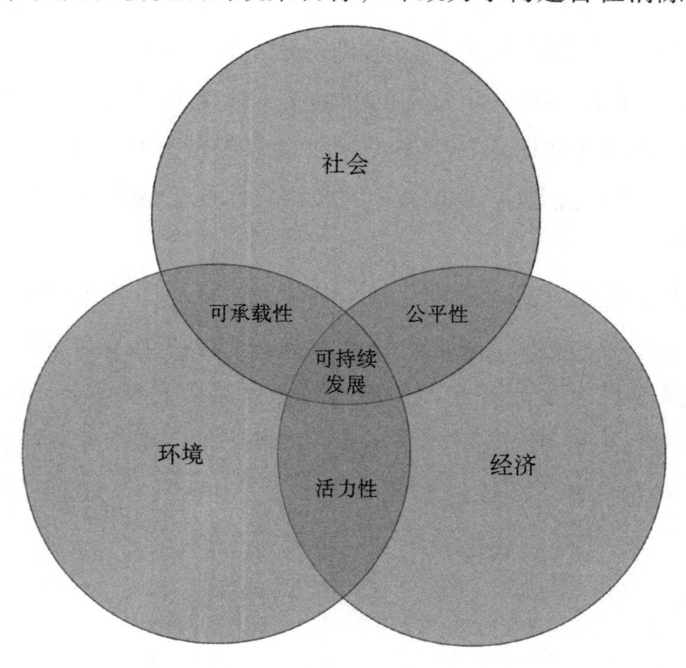

图2　社会、经济和环境的可持续发展

造教育和工作机会、抵制种族和性别歧视、提供清洁饮水和卫生设施、构建和谐社会的公平社会环境。包容性发展理念要求在经济可持续发展方面，既要倡导人类中心主义观，也要吸纳生态中心主义观，强调不得以环境保护为由无视经济增长，也不得以牺牲生态环境片面追求经济增长，这样才能永葆经济发展的活力。此外，高质量的经济增长应当是一种低碳、绿色的发展模式，评价经济发展质量的方法应当适当改变，把耗能、排放和污染等环境成本考虑在内。包容性发展理念要求在环境可持续发展方面，采纳改良的生态主义观，呼吁社会发展和经济增长应当充分考虑环境资源的承载力，必须抵制罔顾环境资源承载力的过度经济社会发展和对自然资源的掠夺性开采，鼓励在经济社会发展的同时反哺生态环境，加大对生态环境修复和保护的投入。

（二）可持续发展理论对 ESG 的启示意义

纵观不同国际组织提出的 ESG 倡议和主张，可以发现，绝大部分的 ESG 报告框架均将提供有助于利益相关者评估企业可持续发展的风险和机遇的信息作为 ESG 报告的主要目标，可持续发展理论对 ESG 的深远影响可见一斑。此外，很多 ESG 报告框架在指标体系设计思路上汲取了可持续发展理论的思想精髓，在社会和环境的可持续发展方面尤其如此。全球报告倡议组织（GRI）的四模块准则体系中，经济议题、环境议题和社会议题三大模块，在设计理念上与社会、经济和环境三位一体的可持续发展思想一脉相承。可持续发展会计准则委员会（SASB）的五维度报告框架中，环境保护、社会资本和人力资本三个维度的 17 个指标中，11 个指标均蕴含着社会和环境可持续发展的理念。世界经济论坛（WEF）的四支柱报告框架中，保护星球、造福人民和创造繁荣三大支柱均与 17 个联合国可持续发展目标相契合。气候相关财务披露工作组（TCFD）的四要素气候信息披露框架和气候披露准则理事会（CDSB）的环境与气候变化披露框架，聚焦于环境的可持续发展，没有涉及经济和社会的可持续发展，但它们在环境方面的主张和披露事项上，也与可持续发展理论保持高度契合。

值得说明的是，可持续发展理论中的经济议题在大多数 ESG 报告框架中都没有得到体现，只有 GRI 的四模块准则体系和 WEF 的四大支柱报告框架属于例外。究其原因，最有可能是设计者认为 ESG 报告是对财务报告的补充，而财务报告是评价经济议题的最佳载体。笔者认为，这种看法虽可理解，但不一定合理，因为 ESG 报告和财务报告对企业经营业绩及其可持续性的评价角度有所不同，前者侧重于从宏观（利益相关者）的角度评价企业的经营业绩及其可持续性，后者主要从微观（股东）的角度评价企业的经营业绩及其可持续性。

另外必须说明的是，ESG 报告框架中的 G（治理），并非通常意义上的公司治理，而是要求将环境议题和社会议题纳入治理体系、治理机制和治理决策之中，避免治理层过度专注于经济议题而忽略环境议题和社会议题。可持续发展理论一般不直接涉及具体的公司治理议题，但其政策建议通常都会要求政府或其他机构重视制度安排方面的变革和创新，确保治理层通过适当的程序和方法处理社会、经济和环境的可持续发展问题。从这个意义上说，ESG 报告中的 G 可视为贯彻实施可持续发展理论政策建议的一种机制。

二、经济外部性理论及其对 ESG 的启示意义

外部性（Externality）又称外部效应（External Effect）和溢出效应（Spillover Effect），是经济学的一个重要研究对象，为政府在市场机制之外对企业经营活动和信息披露（包括财务报告和 ESG 报告的信息披露）进行管制提供理论依据。与可持续发展理论相比，经济外部性理论历史悠久，且在 ESG 中的 E（环境）方面广泛运用，排污费的收取、碳排放权的交易、新能源汽车的补贴等领域都在不同程度上蕴含着经济外部性理论的思想。

（一）经济外部性理论的渊源和核心思想

市场经济的鼻祖亚当·斯密认为，自由经济制度鼓励和允许个体追求自身利益，每个个体关心和追求自身利益最大化，最终会形成对社会整体最好的结果（黄世忠，2019）。换言之，市场机制这只“看不见之手”能够高效协调经济活动、自动调节各方利益，促使社会整体利益最大化。然而，市场机制并非完美无缺，经济外部性导致市场价格不能反映生产的边际社会成本和边际社会效益引发市场失灵（Market Failure），就是最好的例证。经济外部性理论认为，单纯依靠市场机制难以实现资源的最优配置和社会利益的最大化。

学术文献通常将经济外部性理论的发展历程分为三大里程碑，并与三个最大的贡献者马歇尔（Alfred Marshall）、庇古（Arthur Cecil Pigou）和科斯（Ronald H. Coase）联系在一起。这三位经济学家在不同时期的著述，为经济外部性理论的丰富和发展奠定了坚实基础。

1890 年，马歇尔在《经济学原理》中率先提出了外部经济概念。马歇尔指出，我们可以将源自任何一种产品生产规模的经济划分为两种：取决于行业一般发展状况的经济[①]；

---

① 譬如，深圳的电子信息产业之所以引领全国，很大程度上得益于其拥有完整的电子信息产业链，从而大幅降低从业者的生产经营成本。为了享受较低生产经营成本，全国各地的电子信息企业就有更强烈的意愿到深圳投资设厂，从而形成良性循环。可见，深圳的电子信息产业存在马歇尔所说的外部经济。

取决于组织资源和管理效率的规模经济。我们可以将前者称为外部经济，后者称为内部经济（Adam，2005）。虽然马歇尔只是提出外部经济的概念，并没有明确提出外部性的概念，但经济学界普遍将外部经济视为外部性的雏形和源头。

1920 年，马歇尔的嫡传弟子庇古出版了《福利经济学》（The Economics of Welfare）一书，在马歇尔的外部经济基础上提出了经济外部性，将外部性问题的研究从外部因素对企业的影响效果转向企业或居民对其他企业或居民的影响效果（沈满洪、何灵巧，2002），标志着经济外部性理论正式诞生。庇古认为，只要边际私人净产值与边际社会净产值相互背离，就会产生经济外部性。套用边际成本和边际收益的术语，边际私人（包括个人和企业）成本小于边际社会成本时，就会存在负外部性（Negative Externality），即其他社会主体承担了本应由私人自己承担的成本，如化工厂环保标准不达标对周边企业和个人造成空气污染，而后者却不能从化工厂获得补偿；边际私人收益小于边际社会收益时，就会存在正外部性（Positive Externality），即其他社会主体无偿享受了本应由私人独享的收益，如企业的技术创新成果外溢，使其他企业技术水平得以整体提升。为此，庇古主张对边际私人成本小于边际社会成本的企业征税，对边际私人收益小于边际社会收益的企业补贴。通过这种形式的征税和补贴，就可以实现外部效应的内部化（徐桂华和杨定华，2004），尽可能使资源配置实现帕累托最优。庇古的这种政策主张后来被称为庇古税（Pigouvian Tax）。排污费的征收、环保税的开征，零排放汽车的补贴，均可视为庇古税，都可以从庇古的经济外部性著述中找到理论依据。

庇古关于经济外部性的观点也不乏质疑，最大挑战者来自科斯。1960 年，科斯针对经济外部性问题发表了《社会成本问题》（The Problem of Social Cost）一文，直指庇古税的弊端。该文以两个农场主为例，说明在产权明晰的情况下，两个农场主通过自愿协商，就可解决养牛农场主对粮食种植农场主的外部性问题（Coase，1960）。在此基础上，经济学家将科斯的论述提升为科斯定理[①]（Coase Theorem）。科斯定理指出，经济外部性并非必定是市场机制的必然结果，而是由于产权没有界定清晰。只要产权明晰，经济外部性问题就可以通过当事人之间签订契约或自愿协商予以解决。科斯认为，庇古税不见得是解决经济外部性的最优政策方案。在交易成本为零且产权可以明确界定的情况下，交易双方通过自愿协商便可实现最优化的资源配置，庇古税就没有存在的必要。在交易成本不为零的情况下，解决外部性问题必须诉诸以成本与效益分

① 科斯本人也承认，科斯定理并非由他提出，而是很多经济学家特别是诺贝尔经济学奖获得者 Joseph E. Stiglitz 根据科斯的“社会成本问题”等著述总结提炼形成的。

析为基础的行政干预，此时，庇古税可能是高效的制度安排，也有可能是低效的制度安排。如果采用的行政干预其成本小于效益，则庇古税不失为解决经济外部性的一种高效的制度安排，反之，庇古税就是一种低效甚至无效的制度安排。当然，科斯的经济外部性理论也存在两个显而易见的不足之处：（1）交易成本为零是理想化的假设，在现实世界中往往不成立。高昂的交易成本可能导致当事人之间的签约行为或自愿协商不可行或不经济；（2）产权能够清晰界定是科斯定理的一个重要前提，但生态环境方面的产权往往不清晰，在这种情况下，试图通过契约签订或自愿协商来解决生态环境的经济外部性问题不切实际。

（二）经济外部性理论对ESG的启示意义

经济外部性理论对ESG最直接的启示意义即第一个启示意义是，生态环境资源作为一种产权不明晰的公共物品（Public Goods），与此相关的问题不能完全依靠市场机制解决，而是需要借助政府进行干预和管制。干预和管制既可以是纯行政化的方式，如开征资源税、征收排污费或排放费、发放排污或排放配额，也可以是准市场化的方式，如设立碳排放权交易市场。不论是纯行政化的干预和管制，还是准市场化的干预和管制，都离不开市场主体充分披露环境信息，而ESG报告无疑是促使企业充分披露环境信息的重要政策选项。ESG报告提供的信息，不仅可以为行政干预和管制提供决策依据，而且可以大幅降低行政干预和管制的交易成本。

经济外部性理论对ESG的第二个启示意义是，ESG报告不仅应披露企业经营活动派生的负外部性，而且应当披露企业经营活动产生的正外部性。两者不可偏废，否则，资源优化配置将成为空谈。从经济学的角度看，对企业负外部性实施惩罚性政策，固然可以矫正企业在环境方面的外部性行为，但监督成本往往十分高昂，而对企业正外部性采取激励性政策，则可以更有效引导企业低碳发展、绿色转型，监督成本通常微不足道。

经济外部性理论对ESG的第三个启示意义是，必须明确界定环境方面的外部性空间范围，ESG报告才能全面、准确地披露温室气体排放量信息。也就是说，ESG报告准则应当明确是仅仅披露企业自身经营活动产生的直接温室气体排放，还是将披露范围扩大至整个供应链，涵盖企业经营活动直接和间接产生的温室气体排放。将温室气体排放限定在企业范围内，较易操作、披露成本较低且易于核查，但可能低估企业经营活动的温室气体排放量。反之，将温室气体排放扩大至整个供应链，虽可更加准确反映与企业活动相关的温室气体排放，但操作性较低、披露成本高昂且难以核查。

三、企业社会责任理论及其对 ESG 的启示意义

相对于 ESG 而言，企业社会责任（CSR）报告的历史更为久远。尽管 ESG 与 CSR 在理念和侧重点上不尽相同，但两者的内容存在交叉和重叠，且 ESG 报告深受企业社会责任理论的影响。因此，本文将企业社会责任理论视为支撑 ESG 的第三大理论支柱。

（一）企业社会责任理论的流派和核心思想

从企业应当对谁负责以及应承担什么社会责任的角度看，企业社会责任理论可大致分为股东至上主义（Stockholder Primacy）和利益相关者至上主义（Stakeholder Primacy）两大流派。梳理过去几十年的学术文献，可以发现股东至上主义经历了盛极而衰的发展过程，20 世纪 80 年代之后，股东至上主义不断式微，利益相关者至上主义强势崛起。

股东至上主义主张企业应当只对股东负责，企业唯一的社会责任就是努力实现利润最大化或股东价值最大化。股东至上主义的基本逻辑是，只有为企业提供股权资本的股东才享有企业的剩余控制权和剩余收益权，才有权以企业“主人”的身份参与企业的重大经营决策和分配决策。因此，企业无需对股东之外的其他利益相关者承担责任。伯尔（Adolf A. Berle）、哈特（Olive Hart）和弗里德曼（Milton Friedman）是股东至上主义的代表性人物。伯尔认为，企业存在的唯一目的在于为股东赚取利润，作为股东的受托人，企业管理层必须也只能对股东负责，要求企业的管理层为股东之外的其他利益群体负责，从根本上违背公司法的法则基础，并有可能导致企业失焦，有损股东利益，从长远看也不利于社会整体利益的提升。哈特主要从财产剩余索取权和决策剩余控制权的角度，论证股东至上主义契合权利与义务相匹配的产权制度安排。弗里德曼是股东至上主义的最大拥趸之一，1970 年，他在《纽约时报》发表了《企业的社会责任是增加利润》的文章，被视为拥戴股东至上主义的檄文。弗里德曼指出，在私有产权和自由市场体制中，企业只有一种社会责任，那就是在社会规则（包括法律法规和道德规范）框架下运用其资源，尽可能多地为股东赚取利润。在弗里德曼的眼里，那些鼓吹企业社会责任的人士其实是在赤裸裸地支持社会主义，损害了自由市场的基石（施东辉，2018）。

契约学派的代表性人物詹森（Michael C. Jensen）和麦克林（William H. Meckling）的加持，使股东至上主义更具学术色彩。与科斯一样，詹森和麦克林也认为契约关系

才是企业的本质。他们在《企业的理论：管理行为、代理成本和所有权结构》一文中，将企业定义为一种法律虚构（Legal Fictions）的组织，这种组织的职能是为个体之间的一组契约关系充当联结[①]（Jensen and Meckling，1976）。这里的个体既包括企业的各种生产要素所有者，也包括产出品的消费者。他们在论文中指出，如果将企业视为契约关系的联结，就不应过多关注企业是否应当承担社会责任，否则将产生严重误导。因为企业仅仅是一种法律虚构，通过复杂的程序，促使目标相互冲突的个体在契约关系框架里实现均衡。因此，詹森和麦克林认为，在所有权和经营权相分离的情况下，作为企业收益和财产的剩余索取者，股东作为委托人聘请经理人代理企业的经营管理，扮演代理人角色的企业管理层其职责是实现股东价值最大化。可见，詹森和麦克林从委托代理关系的视角，赋予股东至上主义新的理论依据。

股东至上主义加剧了20世纪80年代西方发达国家紧张的劳资关系，以股东价值最大化为名授予企业管理层巨额的股票期权激励进一步加剧了贫富差距，片面追求企业利益而罔顾生态环境保护招致社会公众的严厉批评，导致人们对股东至上主义进行深刻反思，最终促使利益相关者至上主义的崛起。可以说，利益相关者至上主义是在与股东至上主义的论战中产生的。利益相关者至上主义认为股东至上主义的价值观过于狭隘，过分强调资本雇佣劳动，从根本上否认了股东之外的其他利益相关者特别是人力资本对企业价值创造的重要贡献[②]。利益相关者至上主义坚称，不论是从伦理道德上看，还是从可持续发展上看，企业的管理层除了对股东负有创造价值的受托责任后，还应当对其他利益相关者负责。

利益相关者（Stakeholder）一词最早在1960年由斯坦福研究所提出，但对利益相关者理论进行系统论述的当属弗里曼（R. Edward Freeman）。1984年，弗里曼发表了具有重大影响的专著《战略管理：利益相关者方法》，将利益相关者定义为任何能够对一个组织的目标实现及其过程施加影响或受其影响的群体或个人（Freeman，1984），具体包括三类：所有者利益相关者（如股东以及持有股票的董事和经理）、经济依赖性利益相关者（如员工、债权人、供应商、消费者、竞争者、社区等）和社会利益相关者（如政府、媒体、特殊利益集团等）。2010年，弗里曼等在《利益相关者理论：最新动态》专著中，将利益相关者简化为主要利益相关者和次要利益相关者（Freeman et al.，2010）两类，如图3所示。

---

① 原文为：a nexus for a set of contracting relationships among individuals。

② 这个问题在新经济时代尤其突出。与重资产和财务资本密集型的工业企业不同，新经济企业具有轻资产和智慧资本密集的显著特征，人力资本对新经济企业价值创造的作用远甚于财务资本。

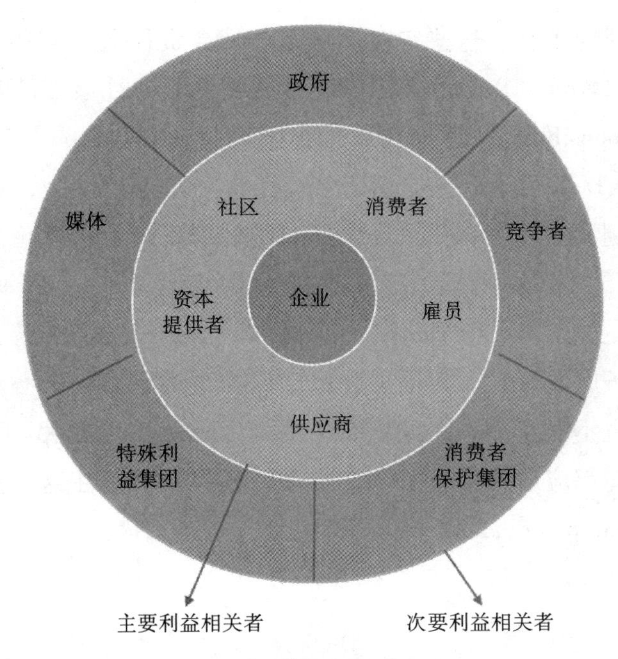

图 3　主要利益相关者和次要利益相关者

弗里曼等利益相关者至上主义学派认为，企业是不同利益相关者的集合体，企业的管理层应当同时兼顾股东和其他利益相关者的利益诉求，不仅应当对资本的主要提供者股东负责，而且应当对其他要素提供者和产品消费者等利益相关者负责。对股东之外的其他利益相关者承担的责任，理应纳入企业管理层的总体受托责任，构成广义上的企业社会责任。履行社会责任，既是企业的道义责任，也是企业吸引和维护战略资源的内在需要，只有股东的资本投入，没有其他利益相关者的要素投入和消费者的倾力支持，企业是不可能以可持续的方式为股东创造价值的。随着政府加强对环境的监管以及公众对股东至上主义的态度发生变化，利益相关者至上主义日益成为主流，企业界也被迫改变立场，宣称对企业社会责任的支持。这可以从“商业圆桌会议”1997 年对股东至上主义的拥抱到 2019 年转向对利益相关者至上主义的接纳看出端倪。1997 年“商业圆桌会议”在声明中指出，企业管理层和董事会的首要职责是为股东服务，其他利益相关者的利益只是衍生责任。而在 2019 年 8 月“商业圆桌会议”上，200 多家大公司的首席执行官在五项承诺（为客户创造价值；投资于我们的员工；以公平和合乎道德的方式与供应商打交道；支持我们工作的社区；为股东创造长期价值）中却将对股东的责任放在最后，态度转变之大耐人寻味。

利益相关者至上主义虽然主张企业也应当对股东之外的其他利益相关者承担社会责任，但并没有触及企业社会责任的边界问题，即企业具体应当承担哪些责任。庆幸的是，其他学者的研究填补了这些空白。在企业社会责任边界问题上，比较有代表性的观点包括卡罗尔（Archie B. Carroll）1991年提出的企业社会责任金字塔（Pyramid of Corporate Social Responsibility）理论和埃尔金顿（John Elkington）2004年提出的三重底线（Triple Bottom Line）理论。企业社会责任金字塔理论认为，企业的社会责任包括四个方面：赚取利润的经济责任；守法经营的法律责任；合乎伦理的伦理责任；乐善好施的慈善责任，如图4所示。三重底线分别代表Profit（利润，即财务业绩）、People（人类，即人力资本）和Planet（星球，即生态环境）。传统上，企业的管理层只关心经营利润这条底线，对人类福祉和星球保护这两条底线关心不够，这种做法既不合乎伦理规范，也不利于企业的可持续发展。因此，三重底线理论认为财务业绩、人力资本和生态环境都应成为企业的社会责任。只有同时关注这三重底线，才能确保企业可持续发展（Elkington，2004）。

慈善责任
——乐善好施
成为一个好企业
公民，向社区捐献资源

伦理责任——合乎伦理
以负责任的方式开展恰当、正义和
公平的经营活动，避免损害利益相
关者利益

法律责任——守法经营
法律是社会关于对与错的法规集成
企业经营活动必须在法律框架内开展

经济责任——赚取利润
几乎所有活动都建立在盈利的基础上

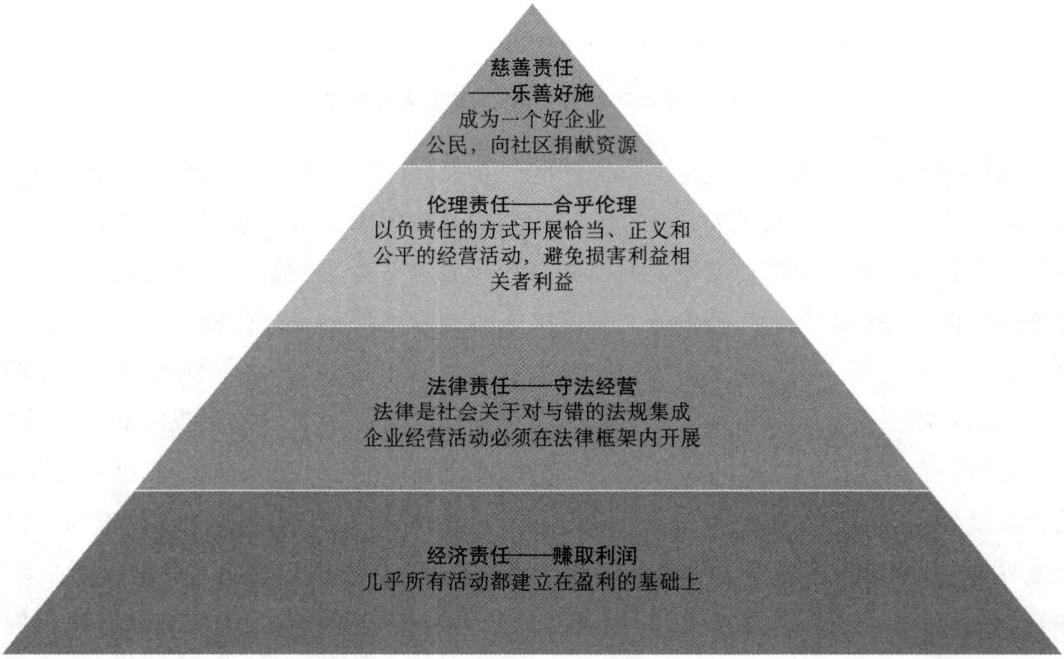

图4　Carroll企业社会责任金字塔

（二）企业社会责任理论对ESG的启示意义

企业社会责任理论对ESG极具启示意义。首先，企业社会责任思潮从股东至上主义转向利益相关者至上主义，为ESG理念的普及和发展奠定了坚实的理论基础，促使企业更加重视环境议题、社会议题和治理议题，为ESG报告的发展提供了良好的社会氛围，有助于企业统筹兼顾企业效益和社会效益，力争成为好企业公民。其次，利益

相关者至上主义日益盛行，促使企业治理层和管理层以前所未有的态度统筹兼顾股东和其他利益相关者的诉求，有可能催生企业治理结构的变革，将来企业董事会将会有更多的成员来自非股东的利益相关者，如员工代表、环保人士和消费者保护主义者等。最后，利益相关者至上主义的崛起，迫使企业除了提供财务报告外，还必须编制和提供以利益相关者为中心的 ESG 报告，以满足利益相关者评价企业是否有效履行社会责任的信息需求。

必须指出的是，企业社会责任理论所强调的社会责任是一个广义的概念，既包括企业对社会应承担的责任，也包括企业对社会所作出的贡献。因此，ESG 报告既应披露企业的社会责任，也应反映企业的社会贡献，但评价企业的社会贡献必须超越财务报告中狭隘的收益确定模式。传统上评价企业经营业绩采用的是“收入 - 成本 - 工资 - 利息 - 税收 = 利润”的微观利润表公式，这种带有浓厚股东至上主义色彩的收益确定模式，旨在最大化归属于股东的利润，有可能会牺牲其他要素提供者的利益。以利益相关者为导向的企业社会责任理论，要求企业以更加宏观的视角，重新审视企业为社会创造的价值及其分配。笔者在《解码华为的“知本主义”——基于财务分析的视角》一文中指出，利润表有微观和宏观之分，前者反映企业为股东创造的价值，后者反映企业为社会创造的价值。将微观利润表公式移项，便可推导出能够反映价值创造和价值分配的宏观利润表公式：收入 - 成本 = 工资费用 + 利息费用 + 税收费用 + 税后利润。该公式的左边，即收入减去除工资费用、利息费用和税收费用外的所有成本和费用，代表企业在一定会计期间为社会创造的价值总量，该公式的右边代表企业为社会创造的价值总量如何在人力资本提供者、债权资本提供者、公共服务提供者、股权资本提供者之间进行分配（黄世忠，2020）。笔者的这一看法与 WEF 的四大支柱报告框架异曲同工。WEF 在“创造繁荣”支柱中，要求在 ESG 报告中反映企业的净经济贡献，净经济贡献被界定为直接和间接创造的价值及其分配，如营业收入、营业成本、雇员工资福利、支付给资本提供者的利息和分红、上缴政府的税收减去政府补助。

总之，ESG 作为一种新理念、新方法，要确保其可持续发展，既需要技术层面上的应用研究，也需要学术层面上的理论建构。可持续发展理论、经济外部性理论和企业社会责任理论与倡导商业向善、资本向善的 ESG 理念相契合，是 ESG 可以从中汲取丰富思想养分的理论基础。当务之急是加快制定一套逻辑自洽的 ESG 报告概念框架，用于指导 ESG 报告准则的制定和实施。从长远看，则需要从博大精深的经济学、社会学、伦理学、环境学等学科中吸纳新思想、新思维，努力构建一套适合 ESG 的理论体系。

（原载于《财会月刊》2021 年第 19 期，略有增删）

主要参考文献：

1. 黄世忠．ESG理念与公司报告重构［J］．财会月刊，2021（17）：3－8.

2. 黄世忠．回归本源守住底线——审计失败的伦理学解释［J］．新会计，2019（10）：8－9.

3. 黄世忠．解码华为的“知本主义”——基于财务分析的视角［J］．财会月刊，2020（9）：3－7.

4. 沈满洪，何灵巧．外部性的分类及外部性理论的演化［J］．浙江大学学报（人文社会科学版），2002第32卷（1）：152－160.

5. 徐桂华，杨定华．外部性理论的演变与发展［J］．社会科学，2004（3）：26－30.

6. 施东辉．股东至上主义的终结［OB/OL］．澎湃新闻微信公众号，2019－12－09.

7. Adam，G. D. The Theory of Externality：Chronology and Taxonomy［R/OL］. www. researchgate. net，2005.

8. Baker，S.，Kousis，M.，Richardson，D.，and Young，S. Politics of Stainable Development. Taylor & Francis e－Library，2005：42－45.

9. Carroll. A. B. The Pyramid of Corporate Social Responsibility：Toward the Moral Management of Organizational Stakeholders［J］. Business Horizonz，1991：2－26.

10. Coase，R. H. The Problem of Social Cost［J］. The Journal of Law & Economics，1960. Vol.（10）：1－444.

11. Elkington，J. Enter the Triple Bottom Line［R/OL］. www. johnelkington. com/archive/TBL－elkington－chapter. pdf，2004.

12. Freeman，R. E. Strategic Management：A Stakeholder Approach［M］. Pitman Publishing Inc，1984：24－25.

13. Freeman，R. E.，Harrison，J.，Hicks，A.，Parman，B. and Colle，S. Stakeholder Theory：The State of the Art［M］. Cambridge University Press，2010：50－58.

14. Jensen，M. C，Meckling，W. H. The Theory of the Firm，Managerial Behavior，Agency Costs，and Ownership Structure［J］. Journal of Financial Economics，1976（3）：305－360.

15. WECD. Our Common Future［M］. Oxford University Press，1987：34－44.

生物多样性和生态系统保护的伦理之争
——环境伦理学主要流派综述

黄世忠

【摘要】 生物多样性丧失和生态系统退化日益加剧，迫使我们重新思考人与自然的关系，深刻反思人类中心主义伦理观的正当性，进而提出更有利于生物多样性和生态系统保护的非人类中心主义伦理观。生物多样性和生态系统关系到人类和其他地球居民的可持续发展，其保护成效在很大程度上取决于人类秉持何种环境伦理观。本文对环境伦理学的主要流派进行综述，分析古典和开明的人类中心主义伦理观、动物解放和动物权利伦理观、生物中心主义伦理观、生态中心主义伦理观、环境协同主义伦理观等西方环境伦理学流派的主要观点及其对生物多样性和生态系统保护的启示意义。本文还分析了中国传统文化背景下的环境伦理观，说明儒家文化的环境伦理观属于开明的人类中心主义伦理观，而道家文化的环境伦理观更接近于环境协同主义伦理观。本文的研究表明，生物多样性丧失和生态系统退化，表面上是经济发展与环境保护相互矛盾的产物，实质上是长期以来环境伦理观在调节人与自然关系时发生偏差的结果。唯有树立正确的环境伦理观，才能从根本上遏制生物多样性丧失和生态系统退化的势头，才能从机制上实现“天地人和”的永续发展，才能真正做到“万物各得其和以生，各得其养以成。”

【关键词】 生物多样性；生态系统；环境伦理学；人类中心主义伦理观；非人类中心主义伦理观；环境协同主义伦理观

一、引　言

世界经济论坛发布的《2023 全球风险报告》（第 18 版）显示，全球未来十年十大风险依次是：未能缓解气候变化、适应气候变化失败、自然灾害和极端天气、生物多样性丧失和生态系统崩溃、大规模非自愿移民、自然资源危机、社会凝聚力削弱和社会两极分化、广泛网络犯罪和网络不安全、地缘经济对抗、环境破坏事件（WEF，2023）。在经济、环境、地缘政治、社会和技术的十大风险中，环境风险占了六个，且前四大风险均为环境风险。世界经济论坛认为，人类干预对全球自然生态系统复杂而微妙的平衡产生了负面影响，而且可能导致连锁反应，未来十年里生物多样性丧失和生态系统崩溃等六大环境风险与社会经济风险相互作用，将形成一种危险的叠加风险组合，严重威胁人类和其他物种的健康状况，如图 1 所示。

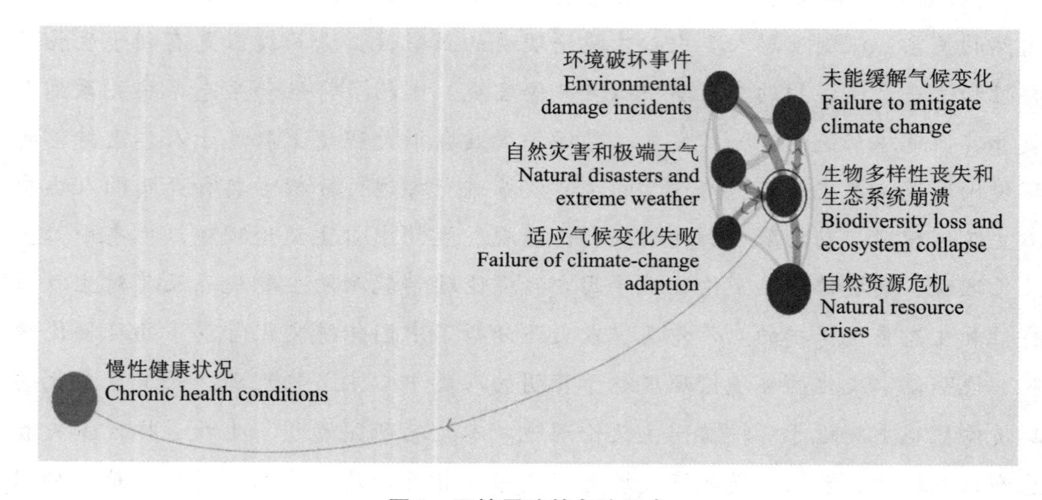

图 1　环境风险的危险组合

资料来源：https：//www. weform. org/publications/global - risks - report - 2023。

联合国生物多样性和生态系统服务政府间科学政策平台（IPBES）2019 年发布的《生物多样性和生态系统服务全球评估报告》印证了世界经济论坛的看法。该评估报告指出了生物多样性和生态系统保护面临的严峻挑战：1/3 的表层土壤已经退化，亚马逊的雨林过去 50 年减少了 17%，32% 的森林遭到严重破坏，85% 的湿地已经消失，55% 的海域被商业捕捞覆盖，33% 的鱼类被过度捕捞，50% 的珊瑚礁被毁灭，1970 年以来 70% 的淡水物种数量和 60% 的脊椎动物物种在减少，过去 10 年 41% 的已知昆虫物种已经减少。人类活动正在侵蚀生态系统根基，对陆地和海洋生态以及物种造成严

重破坏，大约有100万种动植物正遭受灭绝的风险，由人类活动引发的第六次物种大灭绝远超前五次物种大灭绝的程度（黄世忠，2022）。尽管如此，对生物多样性丧失和生态系统退化的重视程度远不及气候变化。气候披露准则理事会（CDSB）审阅了欧盟50家最大公司2020年按照非财务报告指令（NFRD）披露的报告，结果发现只有46%的公司披露了生物多样性信息，而披露气候变化信息的公司比例高达100%（CDSB，2021）。《中国上市公司ESG发展报告（2023年）》同样表明对生物多样性缺乏足够的关注，2022年只有15.1%的上市公司披露了生物多样性信息，而披露环境管理体系、水资源使用、能源利用、自然资源消耗与管理、有害排放与废弃物、气候变化应对等环境信息的上市公司占比分别为71.47%、45.26%、57.98%、38.24%、67.39%和22.82%（中国上市公司协会，2023）。为何环境风险如此突出？为何对生物多样性和生态系统保护缺乏应有的关注？表面上看，这是经济增长与环境保护之间的矛盾使然，深入分析后可以发现，这其实是人类长期秉持不正确的环境伦理观所致。

人类如何看待其与自然的关系，是否将道德责任和道德关怀延伸至其他物种和生态系统，终将影响到生物多样性和生态系统的保护，最终也必然对人类、其他物种和整个地球生态的可持续性和可持续发展产生深远影响。为此，本文通过梳理环境伦理学的主要流派，分析生物多样性和生态系统保护的伦理之争及其启示意义。

传统上，伦理学的范畴仅限于人与人以及个人与社会之间，对于应否将伦理学的范畴扩大至其他非人类物种甚至整个生态系统的争论由来已久。20世纪60年代以来，随着环境问题日益尖锐，人类不断反思生物多样性丧失和生态系统退化的根源所在，逐渐认识到现有的伦理观不利于生物多样性和生态系统保护，主张将伦理学的范畴延伸至其他非人类物种和整个生态系统的观点逐渐占了上方，并催生了环境伦理学（Environmental Ethics）。环境伦理学也称生态伦理学（Ecological Ethics），关注的是人与自然界的道德关系，支配这些关系的伦理原则决定了我们对地球自然环境和生活于其中的所有动植物的责任和义务（泰勒，2010）。环境伦理学的核心问题是如何看待人与自然的关系，焦点在于人类与其他物种是否平等、其他物种是否具有天赋权利、道德范畴应否延伸、物种具有哪些价值。对于这些问题的不同看法，形成了两种迥异的环境伦理观：人类中心主义（Anthropocentrism）伦理观和非人类中心主义（Non-anthropocentrism）伦理观。近年来，为了调和这两种针锋相对的伦理观，又派生了一种折衷的环境伦理观，即环境协同主义（Environmental Synergism）伦理观，如图2所示。

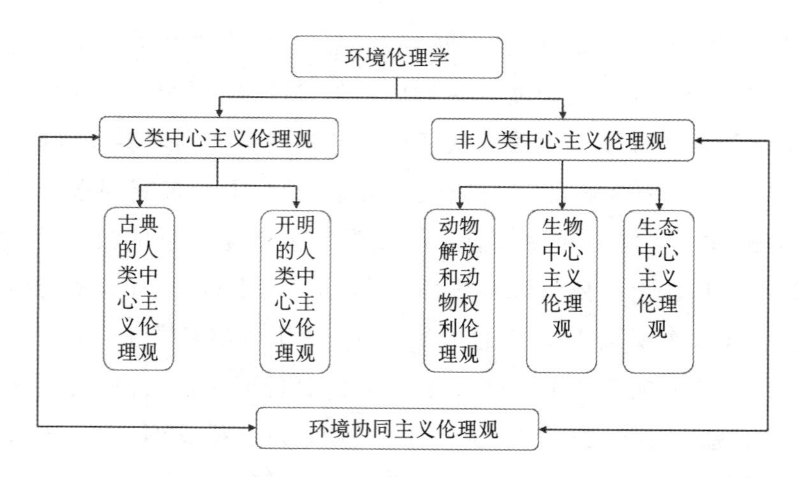

图2　环境伦理学的主要流派

二、人类中心主义伦理观

人类中心主义伦理观具体又可分为古典的人类中心主义伦理观和开明的人类中心主义伦理观。

（一）古典的人类中心主义伦理观

古典的人类中心主义伦理观是一种最为悠久和最具影响力的环境伦理观。在人与自然的关系上，这种伦理观把人类视为世界甚至宇宙的中心，认为人类在所有物种中居于绝对的主宰地位，具有改造自然、征服自然、统治自然的天赋权利；在物种等级的观念上，这种伦理观认为不同物种之间有贵贱之分，人类独立于自然并优越于自然界的其他生命和物种；在道德范畴的延伸上，这种伦理观认为人类理应是其他物种天然的道德代理人，道德范畴应仅限于人类，只有人类才有资格享受道德关怀，反对将道德范畴延伸至其他物种或生态系统，不应给予其他非人类生命道德关怀。在物种价值的看法上，这种伦理观认为只有人类才有内在价值（Intrinsic Value），其他物种和生态系统没有内在价值，只有工具价值（Instrumental Value），当它们可供人类利用或可造福人类时，它们才有价值可言。现在我们经常使用的一些术语如自然资源、自然资本、生态服务等，都是古典的人类中心主义伦理观的映射。

古典的人类中心主义伦理观，其最早的思想基础源自基督教的圣经。《圣经·创世纪》第一章有这样的一些叙述："上帝说，大地要生长出活物，各从其类；生长出牲畜、爬行的动物和野兽，各从其类。一切就这样。于是，上帝创造出野兽，各从其类，创造出牲畜，各从其类，创造出爬行动物，各从其类。上帝看了很满意。上帝说，我们要照着我们的形象，按我们的式样造人，并让他们统治海上的鱼、天空的鸟、地上爬行的各种牲畜和动物。于是，上帝按其形象创造了人，按上帝的形象创造了他自己；创造了男人和女人。上帝赐福他们，并对他们说，要生育繁衍，遍布大地，征服大地；要统治海里的鱼、天空的鸟和大地上的各种生物。”（转引自 Singer，1975）。可见，基督教赋予人类高于其他物种的神圣权利，为人类中心主义伦理观的确立提供了依据。

除了圣经外，2000 多年来，一些著名哲学家的论述也为古典的人类中心主义伦理观提供了理论基础。亚里士多德（Aristotle，公元前 384—公元前 322，希腊哲学家）在其《政治学》一书中指出：“植物为动物而存在，野兽为人类而存在，其中的家畜供人类役使和食用，野兽（无论如何其中大多数）是为了供人类食用或作为其他生活用品，如衣服和各种工具。”“由于自然不会毫无目的，或徒然无益，她创造的所有动物都是为了人类，这是千真万确的”（转引自 Singer，1975）。作为撰写了“真善美”三部曲的智者[①]和公认的思想家，亚里士多德对动植物的认知尚且如此偏执并充满人类中心主义的色彩，其他人对自然界的认知局限就更难以避免。同样地，被公认为西方近现代哲学重要奠基者的笛卡尔（René Descartes，1596—1650，法国哲学家、数学家和物理学家）也认为：“人类优越于动植物是因为人类既有肉体，又有灵魂或精神，而动植物只有肉体。正是人类的精神使得我们有理性和自由意志。如果没有精神，我们就只会是机械般行动的人，即只是有生理反应的机械装置。动物恰好是如此，因为它们只有物质实体，所以它们只有物质的属性。动物在本质上与无生命的物体没有什么区别。这一点也适用于植物。马、狗之类的动物感觉不到疼痛，因此，我们可以随意对待它们”（转引自泰勒，2010）。笛卡尔认为动植物没有疼痛感显然与现代科学相悖，存在的时代局限性显而易见，以此为由主张人类可以随意甚至残酷对待动物，经常被动物福祉保护主义者诟病。被视为继苏格拉底、柏拉图、亚里士多德之后西方最具影响力的思想家康德（Emmanuel Kant，1724—1804，德国哲学家、德国古典哲学创始人）也认为，动植物只有工具价值，没有内在价值，更不存在天赋价值（Inherent Value），不主张将道德范畴延伸到非人类的生物或其他生态系统。在其《伦理学讲义》中康德指出：“就动物而言，我们没有直接的义务。动物没有自我意识，仅仅是达到目的的手段，人才是目的”（转引自 Singer，1975）。与亚里士多德和笛卡尔一样，康德对动植物也带有明显的傲慢与偏见，人类中心主义伦理观跃然纸上。

古典的人类中心主义伦理观具有浓郁的生态沙文主义色彩，容易导致人类将自然

---

① 亚里士多德“真善美”的三部巨作分别为《物理学》《尼各马可伦理学》和《诗学》，《物理学》研究的是“真”，《尼各马可伦理学》（世界上第一部伦理学）研究的是“善”，《诗学》研究的是“美”。亚里士多德在公元前撰写的“真善美”三部巨作，奠定了当今的学科分类和人类认识的基本规范。

界的动植物视为可以任意索取的原材料仓库，或者以粗暴残忍的方式对待动植物。这种伦理观日益受到批判，甚至被认为是当今世界生物多样性丧失和生态系统退化的历史根源。20世纪中叶以来，伴随着经济社会的迅猛发展，人类也面临着空前严峻的生态危机，迫使学界从不同角度反思生态危机的根源。在这种背景下，林恩·怀特（Lynn White，Jr.，1907—1987，美国中世纪历史学家）1967年在《科学》杂志上发表了《我们的生态危机的历史根源》一文，指出“犹太-基督教的人类中心主义”是我们所面临的生态危机的历史根源。怀特认为，这种古典的人类中心主义构成了西方文明的信念和价值观基础，赋予人类为满足自己的欲望而征服和统治自然的神圣权利。此外，基督教将自然界的动植物视为没有生命和情感的资源，为人类毫无节制地掠夺自然资源合理化（White，1967）。

（二）开明的人类中心主义伦理观

为了弥补古典的人类中心主义伦理观对非人类物种缺乏道德关怀的缺陷，促使人类以更加文明的方式善待动植物，威廉·H. 默迪（William H. Murdy，1914—2000，美国生物学家）和布莱恩·G. 诺顿（Bryan G. Norton，1944年出生，美国哲学家）提出了开明的人类中心主义伦理观。

1975年，默迪在《科学》杂志上发表了《人类中心主义：一种现代版本》一文，将人类中心主义区分为前达尔文人类中心主义（Pre-Darwinian Anthropocentrism）与达尔文人类中心主义[①]（Darwinian Anthropocentrism），前者认为自然界的其他物种是为人类利益而存在的，后者则认为自然界的其他物种是为其自身利益而存在，物种的生存是一种优胜劣汰的自然选择（Murdy，1975）。以此为基础，默迪指出并非只有人类才是价值的源泉，自然界的事物也同时具有工具价值和内在价值，作为工具价值，它是按照自然物对于人种延续和良好存在等有益于人的特性而赋予的价值，作为内在价值，它是指自然物本身就是目的（徐雅芬，2009）。默迪提出的现代版本人类中心主义伦理观是对古典人类中心主义伦理观的发展，有利于人类以更加文明的方式善待自然界的动植物，因而属于开明的人类中心主义伦理观。

诺顿在《环境伦理学与弱式人类中心主义》中指出，古典的人类中心主义伦理观容易导致人类不惜代价甚至以残忍的方式向自然界索取动植物资源以满足其贪得无厌的需求。他认为，只从感性偏好（Felt Preference）出发，在处理人与自然的关系时，

---

① 达尔文（Charles Robert Darwin，1809—1882，英国生物学家，进化论奠基人）的《物种起源》表明，人类并不是上帝按神的形象创造并与动物分离的特殊创造物，人类本身也是动物，不见得比其他动物更高贵。此外，达尔文在《人类的由来》和《人与动物的情感》中进一步说明人类的道德意识起源于动物的社会性本能，证明人类与动物的情感生活在很多方面十分相似（Singer，1975）。

将满足人类短期利益和不受节制的需要作为至高无上的伦理价值观，称为强式人类中心主义（Strong Anthropocentrism）伦理观，而从感性偏好出发，经过理性评估后以满足人类长远利益和合理需要的深思熟虑偏好（Considered Preference）作为指导原则的伦理价值观，称为弱式人类中心主义（Weak Anthropocentrism）伦理观（Norton，1984）。弱式人类中心主义伦理观比较开明，这种伦理观基于人类自身利益和代际公平的出发点，主张将道德范畴扩大到非人类的自然存在物（动植物和非生命存在物），以更加文明的方式对待自然界的动植物。弱式人类中心主义伦理观在承认人类对自然界的主宰地位的基础上，主张对人类的利益和需要进行适当的限制，反对将人类非理性的利益和需要绝对化并无条件地凌驾于其他物种之上，认为自然界的存在物有其内在价值，而不仅仅具有工具价值。开明或弱式的人类中心主义伦理观尽管只是对古典或强式人类中心主义伦理的有限修正，但更有利于生物多样性和生态系统的保护，无疑是对人类中心主义伦理观的发展和跃升。

三、非人类中心主义伦理观

与人类中心主义伦理观不同，非人类中心主义伦理观秉持物种平等的观念，并不认为人类比其他物种更加高贵，而是将人类视为大自然众多物种中的平等一员，主张所有物种均具有天赋权利，人类不应是大自然的主宰者，而是与其他物种一起组成生命共同体（Community of Life），所有物种均有其内在价值，非人类物种的价值独立于其对人类的价值，因此作为智人（Homo Sapiens）的人类对其他物种和生态系统负有道德义务和责任。相较于人类中心主义伦理观，非人类中心主义伦理观更有利于对生物多样性和生态系统的保护。

非人类中心主义伦理观可大致分为三个流派：动物解放和动物权利（Animal Liberation and Animal Rights）伦理观、生物中心主义（Biocentrism）伦理观和生态中心主义（Ecocentrism）伦理观。

（一）动物解放和动物权利伦理观

叔本华（Arthur Schopenhauer，1788—1860，德国哲学家）说过，残忍对待动物的人，对待人也不会仁慈。林肯（Abraham Lincoln，1809—1865，美国总统）认为，上帝的创造物，即使是最低等的动物，皆是生命合唱团的一员，并直言不讳地表明他不喜欢只针对人类需要而不顾及猫、狗等动物的任何宗教。圣雄甘地（Mahandas K. Gandhi，1869—1948，印度国父）则尖锐地指出，一个国家的道德是否伟大，可以从其对待动物的态度上看出。三位伟人对动物的立场，折射出他们都是动物解放和动物权利伦理观的拥趸。

动物解放和动物权利伦理观的提出，其理论基础可以追溯到杰里米·边沁（Jeremy Bentham，1748—1832，英国哲学家、经济学家、社会改革家，功利主义哲学创始人）。针对人类虐待动物，边沁有感而发，在其《道德与立法原则导论》第 17 章中，他指出：其他动物可能获得只有暴君之手才会剥夺的那些权利的那一天或许会来到。法国人发现，皮肤黝黑不应成为放弃一个人的理由，而不重新考虑折磨者的反复无常。或许有一天人们会认识到，腿的数量、皮肤的绒毛、骶骨的消失都不足以成为让一个有感知能力的生命遭受被遗弃厄运的理由。还有什么别的理由划出这条不可逾越的界线？难道是推理的能力，或是话语能力吗？可是，一匹成年的马或狗，其理性和话语能力是出生一天、一周乃至一个月的婴儿所不能相比的。即便如此，那又怎样？问题不是它们能否推理或说话，而是它们能感受到痛苦吗？（转引自 Singer，1975）。

受到边沁关于动物有感受痛苦能力论断的启示，彼得·辛格（Peter Singer，生于 1946 年，澳大利亚哲学家，动物解放和动物权利学派的创始人之一）借鉴黑人和妇女争取平等权利解放运动的观点，在 1987 年出版了《动物解放》一书，在生物多样性保护进程中吹响了振聋发聩的号角，掀起了一场声势浩大的尊重动物权利、解放动物、保护和善待动物的运动。辛格认为，所有能够享受快乐或感受痛苦的生物，其利益都应该在任何影响它们的道德决策中加以考虑。此外，一种生物应该得到什么样的道德考虑，应当取决于其所拥有利益的性质（它能够享受什么样的快乐或感受什么样的痛苦），而不是它碰巧属于哪个物种（Singer，1987）。他认为，动物与人一样具有感受痛苦和享受快乐的能力，应当将道德关怀从人类扩大到动物身上，以改善动物的境遇。辛格极力反对工业化的动物饲养和动物试验，因为这会剥夺动物的五项基本权利（转身、梳毛、站立、躺下、伸展四肢的权利）。动物的这五项基本权利，与英国农场动物福利委员会 1967 提出的动物五项基本自由（5F）相契合，5F 分别为：Freedom from hunger and thirst（享有不受饥渴的自由）、Freedom from discomfort（享有舒适的自由）、Freedom from pain，injury and disease（享有不受痛苦、伤害和疾病的自由）、Freedom from fear and distress（享有生活无恐惧和悲伤的自由）、Freedom to express normal behavior（享有表达天性的自由）。辛格指出，唯有素食，才是动物解放的根本出路，为此，他极力倡导素食主义[①]，并身体力行。《动物解放》的最大贡献在于提出和论述物

① 达·芬奇（Leonardo Da Vinci，1452—1519，意大利著名画家、自然科学家、工程师）因关怀动物的痛苦而成为素食者，并因此受到朋友的嘲笑，但他毅然决然倡导和践行素食主义。

种歧视主义（Speciesism），即一种偏袒人类成员利益而压制其他物种利益的偏见或偏颇态度。在辛格看来，物种歧视主义与种族主义和性别歧视没有本质区别，应当将反对种族主义和性别歧视的平等原则延伸至动物解放和动物保护上。

动物解放和动物权利伦理观的另一个代表性人物是汤姆·雷根（Tom Rogan，1938—2016，美国哲学家、动物保护运动活动家）。1986年，雷根出版了《动物权利研究》，把动物权利运动与人权运动相提并论，主张把自由、平等和博爱的原则用到动物身上。雷根认为，动物与人类一样都是生命主体（Subject - of - a - life），拥有独立于人类的内在价值和天赋价值，因而拥有道德权利，包括享受快乐和免遭痛苦的权利，呼吁人类以尊重人权的逻辑对待动物，把人道主义扩展到动物身上，使它们享有被尊重的权利（Rogan，1986）。与辛格一样，雷根也吁请人类改变饮食习惯，拥抱素食主义。

以辛格和雷根为代表的动物解放和动物权利伦理观，追求三大政策目标：完全放弃将动物用于科学试验[①]；完全放弃商业性动物饲养；完全消除商业性和娱乐性狩猎和捕兽。这三大政策目标固然可以大幅提升动物的福祉和境遇，但却与人类福祉格格不入，既不利于人类的医学研究，也有损于畜牧业的生计来源。此外，辛格和雷根极力倡导的素食主义，虽有助于维护动物的生命权，但却忽略了植物也有生命的事实，也限制了人类选择饮食习惯的自由。

（二）生物中心主义伦理观

不同于动物解放和动物权利伦理观，生物中心主义伦理观将道德范畴从动物扩大到包括植物在内的所有生物。生物中心主义伦理观最具代表性人物非阿尔贝特·史怀哲（Albert Schweitzer，1876—1965，德国/法国哲学家，神学家、音乐家和医学家，1952年诺贝尔和平奖获得者）莫属。爱因斯坦曾说：“阿尔贝特·史怀哲是这个世纪最伟大的人物，像他那样理性地集善和对美的渴望于一身的人，我几乎没有发现过。”史怀哲30岁前从事哲学、神学和音乐的研究，成就斐然，30岁后毅然放弃功名，改学医学，在36岁时与其妻子远赴非洲加蓬，开设丛林医院，免费为穷人治疗疾病，直至去世并安葬在非洲。在非洲的救死扶伤，使史怀哲认识到生命的重要性，1963年发表了影响深远的著作《敬畏生命》（Reverence of Life），为生物中心主义伦理学奠定了思想基础。史怀哲认为，生命没有等级之分，敬畏生命的伦理否认高级和低级的、富有价值和缺少价值的区分，其据以判断的尺度是人的感受性，这是一个完全主观的尺

---

① 伏尔泰（Voltaire，1694—1778，法国启蒙思想家、哲学家）极力反对动物试验，认为这对于动物过于残忍，不符合人道主义精神。此外，他还指出，食用与我们自己类似的动物的血肉来营养我们，是一种野蛮的习俗。遗憾的是，他没有因此改变饮食习惯。可见，口腹之欲何穷之有，改变口腹之欲并非易事，需要很强的毅力。

度（傅华，2001）。史怀哲精辟地指出“善是保持生命、促进生命，使可发展的生命实现其最高价值，恶则是毁灭生命、伤害生命，压制生命的发展，这是必然的、普遍的、绝对的理论原则（史怀哲，1988）”。史怀哲强调，只涉及人际关系的伦理学是不完整的，不可能具有充分的伦理动能，敬畏生命的伦理学把道德关怀（如同情心）的范围从人类扩展到所有生物，具有完全不同于仅涉及人类的伦理学的深度、活力和动能，使我们与宇宙建立一种精神关系并成为新人。人类必须要做的敬畏生命本身就包括所有这些能想象的德行：爱、奉献、同情、同乐和共同追求。“如果我们摆脱自己的偏见，抛弃我们对其他生命的疏远性，与我们周围的生命休戚与共，那么我们就是道德的。只有这样，我们才是真正的人，只有这样，我们才会有一种特殊的，不会失去的、不断发展和方向明确的德性”（史怀哲，1988）。

生物中心主义伦理观的另一位卓越贡献者是保罗·沃伦·泰勒（Paul Warrant Taylor，1923—2015，美国哲学家，生物中心主义伦理学主要创始人）。1986 年，泰勒出版了《尊重自然：一种环境伦理学理论》著作，系统地阐述了以生命为中心的伦理观：人类并非天生优于其他生物，人类与其他生物一样，都是地球生命共同体的平等一员；人类与其他生物一起，构成了一个相互依赖的系统，每个生物生存和福利的好坏既取决于其所处物理环境的物理条件，也取决于它与其他生物的关系；所有生物都是作为目的的中心，因此每个生物都是以自身方式追求自身善的独特个体。泰勒提醒我们，从生物学的观点看，人类绝对依赖于地球生物圈的稳定和健全，而生物圈的稳定与健全却根本不依赖于人类。如果人类全部地、绝对地、最终地消失的话，那么，不仅地球生命共同体会继续存在，而且十有八九其福利还会得到提高（泰勒，2010）。

泰勒还提出环境伦理的四大义务规则：一是不伤害规则，不伤害自然环境中拥有自身善的任何实体，包括不杀害生物，不毁灭物种种群和生物共同体；二是不干涉规则，不限制个体生命生物的自由，不仅要对个体生物也要对整个生态系统和生物共同体采取“不干预”的政策；三是忠诚规则，不要打破野生动物对我们的信任，不要欺骗或误导任何能够被我们欺骗或误导的动物。违背忠诚规则的最明显、最常见的例子出现在狩猎、诱捕和钓鱼的活动中，背信弃义是高超的（成功的）狩猎、诱捕和钓鱼的关键所在；四是补偿正义规则，当道德主体受到道德代理人伤害的时候，理应重新恢复道德代理人和道德主体之间的正义平衡。为了公正解决人类与环境之间的冲突，泰勒主张人类应遵循五大优先原则：一是自卫原则，遇到危险或有害的生物时，允许道德代理人毁坏它们以保护自己；二是均衡原则，在野生动植物的基本利益与人类的非基本利益之间取得平衡；三是最小错误原则，将对野生动植物栖息地的破坏以及对环境的污染降低到最小程度，或避免故意导致野生动植物的死亡；四是分配正义原则，

当所有团体的利益都是基本的利益，而且存在着一种资源可以供这些团体的任何一个使用，那么每个团体必须被分配同等的份额；五是补偿正义原则，当不会对他人造成伤害的动植物受到了伤害时，就需要作出某种形式的补偿（泰勒，2010）。

不论是史怀哲的《敬畏生命》，还是泰勒的《尊重自然》，均十分重视生命的价值，均极力主张平等对待人类和其他物种的生命，均承认任何物种都拥有独立的内在价值和天赋权利。这种充分彰显平等思想的伦理观，特别有利于生物多样性保护。美中不足的是，这种伦理观只考虑有生命的物种，既未涉及非生命的生态系统，也没有从整体观的角度论述物种与生态系统之间的关系。

（三）生态中心主义伦理观

与生物中心主义伦理观相比，生态中心主义伦理观不仅将道德范畴从单个生物延伸到整个生态系统，而且更加强调生物与生态系统的相互关系和相互作用。大地伦理学（Land Ethics）、自然价值伦理学（Nature Ethics）和深层生态伦理学（Deep Ecological Ethics）构成了生态中心主义伦理观的三驾马车。

大地伦理学由奥尔多·利奥波德（Aldo Leopold，1887—1948，美国哲学家和生态学家）创立。利奥波德1947年出版了《沙乡年鉴》一书，该书的最后一章为“大地伦理学”，这里的大地包括土壤、水、植物和动物，可大致理解为整个自然界。在这一章中利奥波德提出了“大地共同体”（Community of Land）的概念，指出大地共同体的各个组成部分存在相互联系、相互依存的关系。有助于保持生物群落的完整、稳定和美丽的事情，就是正确的，反之就是错误的。这里的完整指生态系统的完整性、生物的多样性以及生态系统之间的协调性；稳定是指维持生态系统的复杂结构，使其发挥自我调节和自我更新的功能；美丽是指超越经济价值的更高的审美意识。因此，完整、稳定、美丽构成大地共同体顺畅运行的三大要素。保护大地共同体的完整、稳定和美丽是人类义不容辞的伦理义务。大地伦理学改变了人类至高无上的地位，使人类从自然界高贵的征服者变成自然界普通的参与者（利奥波德，2016）。

与生物中心主义相比，大地伦理学的进步性主要表现在两个方面，一是把道德范畴从生物群体扩展至整个大地共同体，二是对整体性的考虑甚于对个体的考虑，个体的重要性由其在生态系统中所发挥的功能所决定，明显不同于泰勒关于“每一个生物都拥有同等的天赋价值”的观点。大地伦理学要求人类摈弃对生物群体的功利主义价值观，不能因为缺少经济价值而贬低它们的价值，否则就会忽视那些缺乏经济价值但却对大地共同体健康运行至关重要的生物群体。

霍尔姆斯·罗尔斯顿（Holmes Rolston，生于1932年，美国哲学家、神学家）是自然价值伦理学的创始人，被誉为“生态整体主义伦理学之父”。他进一步发展了利奥波德的大地伦理学理论，在其1986年出版的《哲学走向荒野——环境伦理学》(Philosophy Gone Wild—Environmental Ethics)一书中提出了以构建人类内在价值与自然内在价值和谐共生的以自然价值为基础的环境伦理学。主张人类既是自然界的道德代理人，也是自然界的道德践行者，人类负有维护地球上所有生命形式的完整性和多样性的道义责任。他认为，没有人类，荒野照样存在，而没有荒野，人类就无法生存，荒野是价值之源。这一观点与泰勒的前述观点相契合。罗尔斯顿指出，自然界承载着10种价值：经济价值、生命支撑价值、消遣价值、科学价值、审美价值、生命价值、多样性与统一性价值、稳定性与自发性价值、辩证价值、宗教象征价值（罗尔斯顿，2000)。这些价值相互关联和交织，从而使自然本身拥有超越内在价值和工具价值的系统价值，应避免只从经济价值的角度狭隘地看待自然生态系统。为了所有生命和非生命存在物的利益，人类应当遵循自然规律并将其作为道德义务，人类对自然的改造理应是对自然的完整、稳定和美丽的补充，而不应是对自然的践踏。

深层生态伦理学是由阿恩·纳斯（Arne D. E. Naess，1912—2009，挪威哲学家和生态学家）在其《深层生态运动》一文中提出的。纳斯认为，不同于只关心人类利益属于人类中心主义的浅层生态伦理学（Shallow Ecological Ethics)，深层生态伦理学属于非人类中心主义，具有浓厚的整体主义色彩，关心所有生命和整个生态系统的福祉。浅层生态伦理学专注于生物多样丧失和生态系统退化的表面症结，而深层生态伦理学更加关注于生物多样性丧失和生态系统退化的社会、文化和人性的深层次根源。纳斯还进一步分析了深层生态伦理学与浅层生态伦理学之间存在的六大差别：在污染方面，浅层生态伦理学侧重于评估污染对人类的影响，而深层生态伦理学侧重于评估污染对所有物种生命和整个生态系统的影响；在资源方面，浅层生态伦理学看重资源对人类的价值，特别是当代人的价值，而深层生态伦理学则看重资源对所有生命的自身价值；在人口方面，浅层生态伦理学认为人口增长主要是发达国家的问题，而深层生态伦理学则认为人口增长是危及地球生命的主因；在文化多样性和恰当技术方面，浅层生态伦理学认为技术上向西方发达国家看齐导致温和的文化多样性，而深层生态伦理学则认为人类的文化多样性应当像生物丰富性和多样性一样；在大地与海洋伦理方面，浅层生态伦理学将碎片化的地貌、生态系统、河流和其他自然界视为人类的财产，生态保护更多从成本效益的角度分析，使社会成本和长期生态成本被忽略，而深层生态伦理学则认为地球资源不属于人类，人类只能用自然资源满足其基本需要；在教育和科技方面，浅层生态伦理学认为环境退化和资源耗竭要求加强对经济增长与环境保护的教育，注重在保护自然过程中发挥硬科技作用，深层生态伦理学则主张教育应侧

重于提高对整个生态系统敏感性，软科技（地方文化和全球合作）比硬科技更重要（Naess，1986）。

由上述三驾马车构成的生态中心主义伦理观，更加注重从整体主义的视角看待生物多样性和生态系统的内在价值和天赋价值，更加科学地从社会、文化和人性的角度探寻生物多样性丧失和生态系统退化的深层次原因，逐渐成为生物多样性和生态系统保护的主流伦理价值观。但也应认识到，生态中心主义伦理观将自然价值与人类价值等量齐观也招致不少批评，为了环境保护而罔顾经济增长，其极端性丝毫不亚于为了经济增长而无视环境保护的极端性。随着近年来经济增长与环境保护的矛盾日益加深，以动物解放和动物权利伦理观、生物中心主义伦理观和生态中心伦理观这三个流派为代表的非人类中心主义伦理观，与人类中心主义伦理观的对立日益尖锐，客观上需要寻找一种折衷的伦理观来调和二者的对立。

四、环境协同主义伦理观

为了调和人类中心主义伦理观和非人类中心主义伦理观，彼得·温茨（Peter S. Wenz，出生于1945年，美国哲学家，环境协同主义伦理学派创始人）提出了人与自然协同以及文化与环境协同的伦理观。温茨认为人类中心主义伦理学与非人类中心主义并非不可调和，在其著作《现代环境伦理》和论文《环境协同主义》中提出并系统论述了环境协同主义伦理观。这种折衷的环境伦理观吸收了人类中心主义伦理观与非人类中心主义观的合理内核，同时扬弃这两种伦理观的极端主张。他指出：非人类中心主义者宣称他们的观点能够促进人类的整体和长远福利，这一点是没有问题的，但他们却错误地否认人类中心主义价值观能够可靠地支持非人类中心主义的目标，而人类中心主义则正确地宣称价值转化的人类中心主义其实也支持非人类中心主义的目标，但错误地拒绝了对非人类中心主义价值的明确诉求（Wenz，2002）。温茨认为，环境协同主义伦理观综合了人类中心主义和非人类中心主义的合理成分，强调人类不应该以征服者的态度对待自然，而应该尊重自然，人类与自然是一个整体，二者不是对立关系，而是共生关系（Wenz，2002）。

环境协同主义伦理观试图打破人类中心主义伦理观与非人类中心主义伦理观的二元对立局面，既考虑了人类中心主义伦理观的立场，也考虑了非人类中心主义伦理观的立场，超越了两者的对立，把两者看成是环境协同的两个方面（泰勒，2010）。这种伦理观认为非人类中心主义伦理观重视生物多样性促使人类的长期福利最大化，与人类中心主义伦理观重视人类的福祉是相互协同的，而人类中心主义伦理观出于人类自身利益所采取的很多举措（如应对气候变化和倡导循环经济）也有助于缓解生物多样性丧失和生态系统退化，因而与非人类中心主义伦理观重视对自然界的保护也是相互协同的。温茨认为，违背尊重人的环境政策和实践也同样破坏了自然生态系统功能的完整、稳定和美丽。

除了重视人与自然的协同问题外，温茨还十分重视文化与环境的协同问题，他认为生态环境问题的背后往往潜藏着深层次的社会文化根源。为此，他主张从多元文化的角度探讨生态伦理。“基于文化层面的思考，温茨认为，在消费主义批判的基础上，环境协同论综合人类中心主义与非人类中心主义的文化观念，以便从根本上确立多元文化的立场，就此主张尊重各种不同文化与观念，这也是环境协同论思想在文化领域的延伸，而且这种观念有助于保护生物多样性以及‘从属地位的群体’的利益（贾向桐和刘琬舒，2022）”。

概而言之，将多元文化的人类中心主义与非人类中心主义结合在一起的伦理观，为调和生物多样性和生态系统保护与最大限度增进人类长期福祉的冲突提供了一种终极的解决思路。“当人们对非人类自然本身加以关怀时，作为一个整体的人类才会获益最佳”，“人类的繁荣兴旺通常与健康的生态系统以及受保护的生物多样性密不可分”（Wenz，2000）。泰勒十分赞赏温茨的环境协同主义伦理观，他认为按照这种伦理观制定与经济增长、能源、农业、运输和人口控制相关的公共政策，将促使人类从肆意掠夺自然资源的状态向尊重自然的状态转变。这不是乌托邦，而是人与自然和谐共生的伦理理想，即人与自然和谐生活的世界秩序，这里的和谐是指人类价值与自然生态系统中动植物福利的平衡（泰勒，2010）。

五、中国传统文化的环境伦理观

中国文化博大精深，伦理观念源远流长。儒家文化和道家文化很早就从不同角度论述了环境伦理。前述的德国哲学家史怀哲对中国传统文化情有独钟，颇有研究，其撰写的著作《中国思想史》特别推崇中国的伦理思想。他指出“作为一种高度发达的伦理思想，中国伦理对人与人之间的行为提出很高要求，并且赋予爱应当涵盖生灵及万物的内涵。这种先进性和巨大的成果还来源于中国伦理采取的正确对待生命及世界的观点……中国思想让我们认识到，不仅是所有人，而且甚至所有的生命都彼此相连，因此人不仅要对他人，而且也要对其他生灵怀有一颗仁慈的心”（梁世和，2012）。

（一）儒家文化的环境伦理观

儒家文化在处理人与自然的关系上，秉持的是开明的人类中心主义伦理观。这既

与儒家文化的等级观念有关，也与儒家文化的仁爱思想有关。儒家文化推崇尊君权、父权、夫权，君臣父子夫妻之间，尊卑贵贱，各有其位，等级森严，不容僭越，有悖于 ESG 倡导的 DEI（多样性、公平性和包容性）原则。这种等级观念延伸到环境伦理学，往往将人类置于至高无上的地位，凌驾于其他物种之上。从这个意义上说，儒家文化的环境伦理观无疑属于人类中心主义伦理观。但儒家文化的仁爱思想，又使其倡导人们善待其他生物，因此，儒家文化的生态伦理观明显更接近于开明的人类中心主义伦理观。任俊华和李朝远指出："儒家从现实主义的人生态度出发，强调万物莫贵于人，突出了人在天地间的主体地位，在人与万物的关系上所持的态度显然是人类中心主义的，但是在坚持'人为贵'的立场上，如何对待事物，如何处理人与自然的关系，儒家却与西方的功利型人类中心主义截然不同，可称为仁爱型人类中心主义。"（任俊华和李朝远，2019）。

笔者认同这种观点。从孔子到朱熹等大儒的论述中，均可以看出道德范畴的极大延伸。孔子的"一日克己复礼，天下归仁焉"思想，彰显了仁爱由人及物的精神；孟子的"亲亲而仁民，仁民而爱物"倡议，主张将人际伦理和道德关怀延伸到天地万物之间；荀子的"不夭其生，不绝其长"观点，传承了西周时期朴素的自然保育观念，公元前 1100 多年前的《逸周书·文传解》告诫人们："山林非时，不升斤斧，以成草木之长；川泽非时，不入网罟，以成鱼鳖之长；不麛不卵，以成鸟兽之长，畋渔以时，童不夭胎，马不驰骛，土不失宜"，说明生物多样性保护的观念在中国早已有之[①]；董仲舒认为"质于爱民，以下至于鸟兽昆虫莫不爱。不爱，奚足以为人?"将对其他物种加以爱护和保护的主张描述得淋漓尽致；程颢的"仁者以天地万物为一体"以及朱熹的"仁者天地生物之心"和王阳明的"仁者以天地万物为一体，使有一物失所，便是吾仁有未尽处"更是道尽了中国传统文化尊重自然存在物的悠久历史。此外，早在战国时期《中庸》就提出了"万物并育而不相害，道并行而不相悖"的观念，其中蕴含的和合之道，昭示着"天人合一，人与自然和谐共生"的环境伦理观。

（二）道家文化的环境伦理观

尽管儒家的"天人合一，人与自然和谐共生"的环境伦理观与前述的环境协同主义伦理观异曲同工，但更加接近于环境协同主义伦理观的，当属道家文化，而不是儒家文化。《道德经》第 25 章指出"故道大、天大、地大、人亦大。域中有四大，而人居其一焉"，可见，老子早就认为天地万物皆平等，人类只是自然界的普通一员，并非天生比其他物种优越。而《庄子齐物论》则提出"天地与我并生，而万物与我为

① 子曰：钓而不纲，弋不射宿（论语·述而），同样具有朴素的保育思想和对动物的仁爱之心。

一”的主张，这就是“天人合一”的原始出处[①]。《庄子·外篇·秋水》还指出“以道观之，物无贵贱；以物观之，自贵而相贱；以俗观之，贵贱不在自己”，揭示出众生平等的思想。

基于对老子和庄子生态思想的深邃论述，任俊华和李朝远提出了老庄文化的伦理观属于超人类中心主义伦理观的观点。他们指出，老子提出了“人法地、地法天、天法道，道法自然”和“道常无为而无不为”的无为型超人类中心主义生态伦理观，进而提出“天大、地大、人亦大”的生态平等观，以及“天网恢恢”的生态整体观和“知常曰明”的生态爱护观，把人看作是大自然的一部分，大自然由“道、天、地、人”四“大”所构成。庄子继承了老子的生态思想，提出了“至德之世”的生态道德理想、“物我同一”的生态伦理情怀、“万物不伤”的生态爱护观念（任俊华和李朝远，2019）。这充分说明，以老庄文化为代表的道家伦理观并不认为人类的利益与大自然的利益是不可调和的，恰恰相反，人与自然完全可以和谐相处，人类中心主义伦理观和非人类中心主义伦理观可以在道家文化之中寻找到重叠性共识。

六、结束语

生物多样性丧失和生态系统退化，表面上是经济发展与环境保护相互矛盾的产物，实际上是长期以来环境伦理观在调节人与自然关系时发生偏差的结果。建立有助于解决生物多样性丧失和生态系统退化问题的长效机制，必须重塑环境伦理观。一是正确处理人与自然的关系，克服人类根深蒂固的优越感，以众生平等的原则和大自然普通一员的身份对待其他物种和生态系统，树立敬畏生命、善待动物、尊重自然的生态伦理观，促使人类文明发展与生物多样性和生态系统保护并行不悖。二是端正对自然界的认识态度，谨记是自然界抚育了人类，离开自然界人类将难以生存，应避免“以身鉴物”而流于偏见，而应“以理鉴物”使自己与外物等同，诚如张载所言“人当平物我，合内外，如是以身鉴物便偏见，以天理中鉴则人与己皆见。”三是树立多元平等的价值观念，承认其他物种和生态系统具有独立于人类的天赋权利和内在价值，避免将人类利益绝对化并无条件凌驾于其他物种之上，坚决杜绝只向自然索取而不为自然付出的功利主义。四是扩大道德义务责任的范畴，人类作为大自然的唯一道德代理人，有义务将道德责任和道德关怀延伸至其他物种和生态系统，学会与自然和

① 但最早明确连用“天人合一”这四个字的则是北宋的张载，《正蒙·乾称篇》认为“儒者因明致诚，因诚至明，故天人合一，致诚而可以成圣，得天而未始遗人。”一般认为，“天人合一”的思想是庄子提出的，而“天人合一”的完整提法则归功于张载。

谐相处、共生共荣。五是矫正可持续发展不当定义，联合国对可持续发展的定义（满足当代人的需要而又不对后代人满足其需要的能力构成危害的发展）充满人类中心主义伦理观的色彩，只涉及代际公平，未考虑物种公平和生态平衡，应从环境协同主义伦理观的角度予以修正。

概而言之，唯有秉持“天人合一，人与自然和谐共生”的环境伦理观，摈弃罔顾环境保护和资源承载力的经济增长和过度追求物质享受的生活方式，致力于促进经济增长、社会发展和环境保护之间的和谐关系和协同效应，才能从根本上遏制生物多样性丧失和生态系统退化的势头，才能确保从机制上实现“天地人和”的永续发展，才能真正做到“万物各得其和以生，各得其养以成。”

（原载于《财会月刊》2024 年第 5 期，略有增删）

主要参考文献：

1. 傅华．西方生态伦理学研究概况（下）[J]．北京行政学院学报，2001（4）：85.

2. 黄世忠．第六次大灭绝背景下的信息披露——对欧盟《生物多样性和生态系统》准则的分析［J]．财会月刊，2022（14）：3 –11.

3. 贾向桐，刘琬舒．人类中心主义与非人类中心主义的重叠共识——析彼得·温茨的环境协同论［J]．陕西师范大学学报（哲学社会科学版）．2022 第 51 卷第 1 期：28 –36.

4. 利奥波德．沙乡年鉴［M]．李静滢，译．北京：中国画报出版社，2016.

5. 梁世和．史怀哲敬畏生命伦理与儒家伦理的融通［C]．2012 国际儒学论坛论文集，2012：423 –429.

6. 罗尔斯顿．哲学走向荒野——环境伦理学［M]．刘耳、叶平译．长春：吉林人民出版社，2000.

7. 任俊华，李朝远．人类中心主义和反人类中心主义——儒、道、佛之生态伦理思想比论［J]．伦理学，2019（1）：88 –92.

8. 史怀哲．敬畏生命［M]．陈泽环，译．上海：上海社会科学出版社，1988.

9. 泰勒．尊重自然：一种环境伦理学理论［M]．雷毅、李小重、高山，译．北京：首都师范大学出版社，2010.

10. 徐雅芬．西方生态伦理学研究的回溯与展望［J]．外国社会科学，2009（3）：4 –11.

11. 中国上市公司协会．中国上市公司 ESG 发展报告（2023 年）电子版第 47 页．

12. CDSB. Application Guidance for Biodiversity - related Disclosure [EB/OL]. www. cdsb. net, 2021.

13. Murdy, W. H. Anthropocentrism: A Moder Version [J]. Science, New Series, Vol. 187, No. 4182, 1975 (1168 - 1172).

14. Naess, A. The Deep Ecology Movement: Some Philosophical Aspects [M]. In A. Drengson & H. Glasser (Eds.), Selected Works of Arne Naess, the Netherland.: Sprinter, 1986.

15. Norton, B. G. Environmental Ethics and Weak Anthropochentrism [J]. Environmental Ethics. Volume 6. Issue 2, Summer 1984: 132 - 148.

16. Rogan, T. The Case for Animal Rigts. in M. W. Fox & L. D. Mickley (Eds.), Advances in Animal Welfare Science 1986 (pp. 179 - 189). Washington, DC: The Humane Society of the United States.

17. Singer, P. Animal Liberation [M]. London. The Bodley Head, 1975.

18. WEF. The Global Risks Report 2033 18th Edition [EB/OL]. www. weforum. org/publications/global - risks - report - 2023, January 2023.

19. Wenz, P. S. Environmental Synergism [J]. Environmental Ethics, 2002, 24 (4): 389 - 408.

20. Wenz, P. S. Environmental Ethics Today [M]. Oxford University Press, 2000.

21. White, L., Jr. The Historical Roots of Our Ecological Crisis [J]. Science, New Series, Vol. 155. 1967: 1203 - 1207.

ESG 视角下价值创造的三大变革

黄世忠

【摘要】ESG 作为一种兼顾经济、社会和环境可持续发展的从善向善理念，影响极其深远，激发反思，促进变革。传统上，财务管理基于股东至上主义，投资、融资、分配和评价均以能否为股东创造价值为依归。这种以股东为导向的价值创造与倡导利益相关者至上主义的 ESG 理念格格不入，亟待变革创新。伴随着 ESG 的勃兴，价值创造的观念将发生三大变革：价值创造导向将从单元向多元转变，共享价值最大化将取代股东价值最大化；价值创造范畴将从内涵向外延拓展，更加注重统筹兼顾经济价值、社会价值和环境价值；价值创造动因将从内部向外部延伸，社会和环境因素对价值创造能力的影响日趋明显。价值创造的观念变革契合 ESG 理念，要求企业相应改进投资、融资、分配和评价决策，进一步提升可持续发展能力。

【关键词】ESG；可持续发展；价值创造；共享价值；经济价值；环境价值；社会价值

价值创造（Value Creation）是企业存在的正当性，这是毋庸置疑的共识，但为谁创造价值、创造什么价值、如何创造价值，却见仁见智，颇具争议。为谁创造价值涉及股东利益与其他利益相关者利益的取舍，创造什么价值涉及经济价值与环境价值、社会价值的权衡，如何创造价值涉及商业模式的抉择和价值动因的分析。传统财务管理视角下对这些问题的看法与 ESG 视角下的看法大相径庭，形成了不同的价值创造观念。本文基于 ESG 的视角，分析价值创造的观念变革及其对财务管理创新发展的启示意义。

一、价值创造导向从单元向多元转变

在企业应当为谁创造价值的问题上，股东至上主义（Stockholder Primacy）与利益相关者至上主义（Stakeholder Primacy）的看法迥然不同，前者认为企业应为股东创造价值，全力维护股东利益，后者则主张企业应为利益相关者创造共享价值（Shared Value），合理均衡各方利益。借助哈佛大学塞拉芬（George Serafeim）教授等的分析方法，股东价值与其他利益相关者价值的取舍可通过图1予以展示（Serafeim et al.，2019）。在图1中，A型企业比B型企业更倾向于维护股东的利益，房地产企业就是典型的例子。譬如，万科股份2020年实现的税后利润高达593亿元，占其为社会创造的总价值[①]的44.86%。但股东2020年只为万科股份提供3 498亿元的资金，而购房者2020年以预付购房款的方式向万科股份提供的资金却高达6 307亿元（高于股东、银行和债券持有者投入的5 505亿元）。可见，万科股份在价值创造中秉承的是股东至上主义，明显偏向维护股东的利益，而不是购房者这一最大资金提供者的利益。相比A型企业，图1中的B型企业更加维护其他利益相关者的利益，典型的例子是华为，华为2020年支付给员工的工资福利高达1 661亿元，占其为社会创造的总价值的67.5%，而归属于股东（有资格持股的高管和员工）的税后利润却只有646亿元，占其为社会创造的总价值的26.3%。可见，华为在价值创造中秉承的是利益相关者至上主义，折射出“按知分配”而不是“按资分配”的理念。

图1中的A型企业奉行的是传统财务管理中为股东创造最大价值的信条，而图1中的B型企业则更加关注为股东之外的其他利益相关者创造价值。哪一种类型的企业更加合理不能一概而论，取决于企业的价值创造主要依靠股东还是其他利益相关者投入的要素。万科股份属于典型的高杠杆企业，其价值创造主要依靠购房者的资金投入，而不是股东的资本投入，按理其应更多地维护购房者的利益，而不是股东的利益。华为作为高科技企业，其价值创造主要依靠员工投入的人力资本而不是股东投入的财务资本，因此在价值创造中更多维护员工的利益而不是股东的利益，有助于其吸引人才和留住人才，显然合乎情理。

股东价值最大化的传统财务管理理念，与ESG倡导的统筹兼顾股东价值和其他利益相关者价值的理念相背离。ESG理论认为，企业创造价值既需要股东的资本投入，也需要债权人的资金投入和员工的人力资本投入，当然也离不开政府提供的公共服务

---

① 创造的总价值等于营业收入减去除了工资福利、利息支出和税收支出之外的所有其他成本费用后的余额。

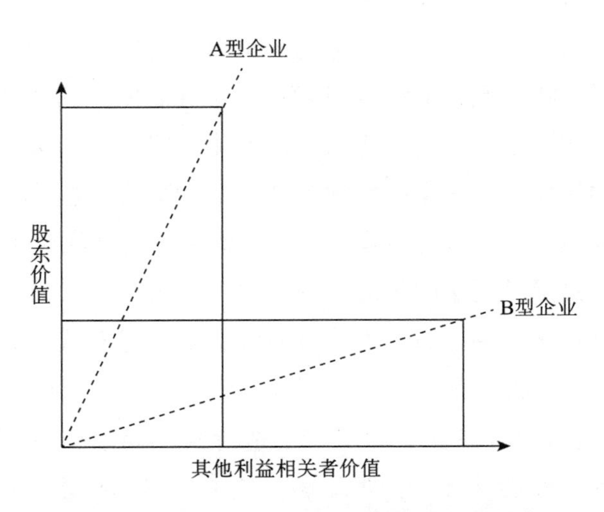

图 1　股东价值与其他利益相关者价值的取舍

以及供应商和客户的支持和配合。在 ESG 理论看来，企业存在的目的不仅仅是为股东创造价值，而应当是为所有利益相关者创造共享价值（Shared Value），必须在股东和其他利益相关者之间寻求一种合理的均衡，如图 2 所示。当图 2 中虚线的斜率为 45 度时，股东价值与其他利益相关者价值实现了最优耦合，企业处于天时地利人和的环境，对可持续发展最为有利。

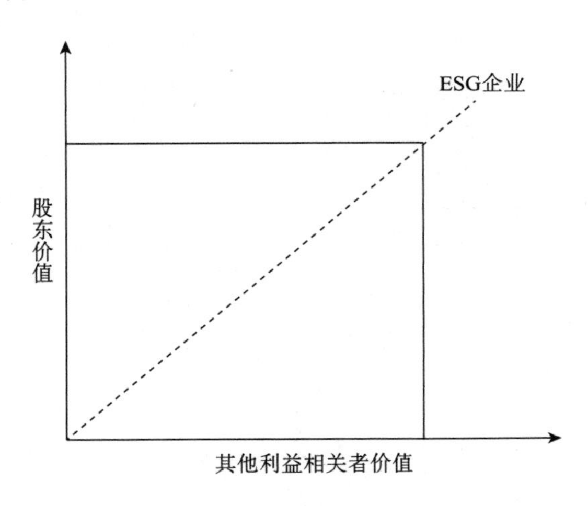

图 2　ESG 倡导的共享价值创造

但必须说明的是，最优耦合只是一种理想的状态，在现实中往往可望不可及，因为其他利益相关者的利益诉求各异，既难以量化，也不易汇总。图 2 采用简化的方法把债权人、供应商、员工、社区和政府等利益相关者的利益诉求高度抽象并加以汇总，在现实中难以做到。股东价值与其他利益相关者价值的取舍，归根结底是效率与公平的权衡，只能保持相对均衡，难以做到绝对均衡。效率是价值创造的源泉，公平是价值分配的原则。过分追求公平，将削弱企业的价值创造能力，价值分配将成为无源之水。反之，罔顾公平，将降低其他利益相关者参与价值创造的意愿。因此，比较现实的做法是效率优先，兼顾公平。将企业利润最大化或股东价值最大化作为价值创造的目标函数，如果这种目标的实现是以牺牲其他利益相关者利益为代价的，则有违公平原则，可能降低其他利益相关者与企业的合作意愿，进而降低企业的可持续发展能力，从长远看是损害而不是提升股东的价值。

以弗里德曼（Militon Friedman）为代表的股东至上主义认为，在私有产权和自由市场经济中，尽可能多地为股东赚取利润，是企业唯一的社会责任（Friedman，1970）。因此，企业管理层应专注于为股东创造价值，其他利益相关方不应将社会责任强加于企业，否则可能导致管理失焦，使企业管理层无所适从。以弗里曼（R. Edward Freeman）为代表的利益相关者至上主义则认为，过分聚焦于为股东创造价值有可能诱使企业管理层牺牲其他利益相关者的利益以换取股东价值最大化目标的实现（Freeman，1984），不符合帕累托最优（Pareto Optimality）的价值创造理念。图3以直观的方式对此加以说明。

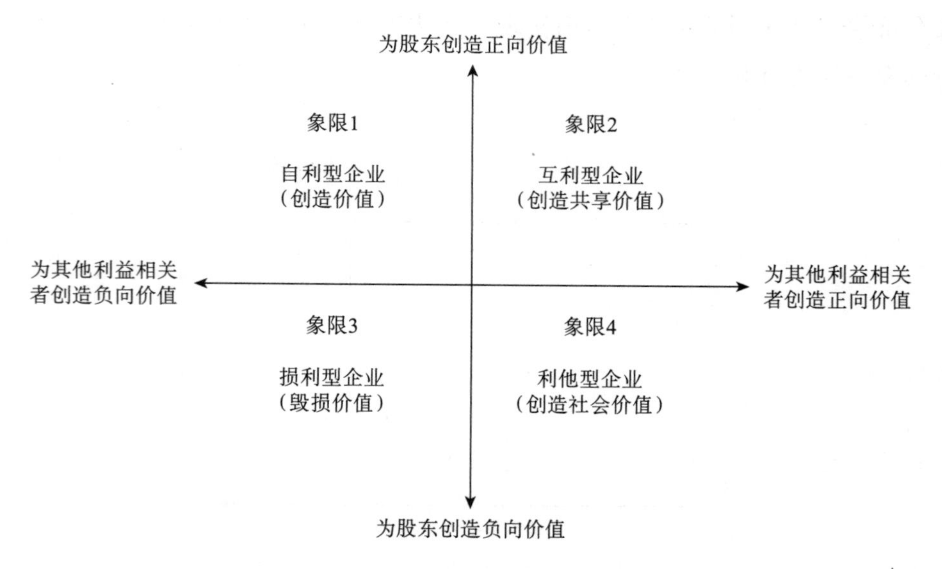

图3　企业创造价值的不同导向

图3从价值创造效果（分为正向和负向）和价值创造归属（股东和其他利益相关者）两个维度，将企业划分为自利型、互利型、损利型和利他型四种企业类型。象限1的自利型企业，如烟草、白酒、奢侈品等企业，尽管可以为股东创造不菲的价值，也能为政府带来丰厚的税收，但却可能带来诸如疾病、粮食浪费、生物多样性减少等消极的社会和环境影响，可谓损人利己，并非ESG视角下的好企业。象限

3 的损利型企业，如高耗能、高污染、高排放、低效益的濒临破产倒闭企业，既毁损股东价值，还损害其他利益相关者，可以说是损人不利己，在企业层面、社会层面和环境层面均没有存在的价值。象限 4 的利他型企业，如地铁、公交、救灾、粮食储备等公益性企业，虽造福于其他利益相关者，却不能为股东创造价值，是典型的损己利人。美中不足的是，这类企业财务活力堪忧，可持续发展前景存在不确定性。象限 2 的互利型企业，如信息技术、新能源、新材料、环保和旅游等绩优企业，较好地兼顾了股东和其他利益相关者的利益，真正做到了互惠互利，是 ESG 视角下最理想的企业。这类企业遭遇社会和环境方面的“黑天鹅”或“灰犀牛”风险事件的概率较小，且能够对社会和环境产生积极影响，更可能得到股东和其他利益相关方的认可，容易获取他们的资源投入或其他方式的支持，可持续发展前景较好。

概言之，ESG 理念摈弃股东至上主义这种狭隘的价值创造观，采纳视野更加宽广的利益相关者至上主义价值创造观，努力实现从价值创造向共享价值创造的升华，使各利益相关方分享企业发展的成果。创造共享价值的观点由哈佛大学竞争战略大师波特（Michael Porter）教授和哈佛大学肯尼迪政府学院高级研究员克莱默（Mark Kramer）率先提出。2006 年，他们在《哈佛商业评论》上发表了《战略与社会：竞争优势与企业社会责任的联结》一文，对共享价值进行了初步探讨。2011 年，他们又在《哈佛商业评论》上发表了《创造共享价值：如何改造资本主义并释放创新和增长浪潮》一文，对创造共享价值进行了全面论述。他们将共享价值定义为在提高企业竞争力的同时改善企业经营所处社区的经济和社会条件的经营实践（Porter and Kramer, 2011）。他们指出，考虑社会和环境影响的利润与不考虑这两方面影响的利润不能等量齐观，创造共享价值旨在建构将社会进步与经济进步联系在一起的桥梁。只有企业效益与社会效益都得到提升，才是真正意义上的创造共享价值，不考虑社会效益的企业效益提升，充其量只是创造价值，而不是创造共享价值。

必须说明的是，创造共享价值秉承的是“做蛋糕”（Pie Growing）而非“分蛋糕”（Pie Splitting）的观念。这种观念认为股东与其他利益相关者之间的关系不是非此即彼、此消彼长的关系，而是相互依存、互惠共赢的关系。其逻辑基础是：创造共享价值促使企业致力于构建利益共同体，妥善处理好股东与其他利益相关方的利益关系，通过利益均沾而不是一家独享的价值分配机制，调动包括股东在内的各相关方的积极性，促使他们投入更多的资源和要素或购买更多的产品和服务，共同做大企业的价值蛋糕，增大各利益相关方的价值总量，从而实现合作共赢的可持续发展目标。

二、价值创造范畴从内涵向外延拓展

尽管ESG和可持续发展理论的影响日甚，传统的财务管理仍然以狭隘的观念看待价值创造，主要关注显性的经济价值，较少关注隐性的社会价值和环境价值。相比之下，ESG视角下的价值创造，视野更加开阔，倡导共享价值创造的理念，主张企业既要重视经济价值创造，也要关注在经济价值创造过程中对社会和环境的正面影响和负面影响。换言之，ESG视角下的价值创造范畴从显性的内涵经济价值向外延的社会价值和环境价值拓展，如图4所示。

图4　财务管理视角下与ESG视角下的不同价值创造范畴

企业的价值创造范畴从经济价值拓展至社会价值和环境价值，其理论渊源可以追溯至英国可持续发展咨询大师埃尔金顿（John Elkington）于20世纪90年代创立的“三重底线”理论。“三重底线”（Triple Bottom Line）一词最早由埃尔金顿在《迈向可持续发展的公司：可持续发展的三赢企业战略》一文中提出，1997年他出版了在商界和政界产生广泛影响的畅销书《使用刀叉的野蛮人——21世纪企业的三重底线》，对“三重底线”加以更加深入和系统的阐述，形成了“三重底线”理论体系。“三重底线”包括经济底线（Economic Bottom Line）、社会底线（Social Bottom Line）和环境底线（Environmental Bottom Line）。经济底线是指企业创造经济价值的能力，通常表述为获取利润（Profit）的能力，社会底线是指企业必须关心公平正义问题，重视人类（People）发展特别是人力资本的开发，环境底线是指企业必须选择环境友好型的发展方式，努力将其经营活动对地球（Planet）的不利影响降至最低。因此，“三重底线”理论有时也被称为“3P”（Profit、People、Planet）理论。传统上，企业的管理层只关心利润这条底线，对人类福祉和地球保护这两条底线关注不够，这种做法既不合乎伦理规范，也不利于企业的可持续发展。“三重底线”理论认为，只有通过同时创造经济价值、社会价值和环境价值的方式为社会进步作出贡献的企业，才是可持续发展的企业（Elkington，1994；1997）。

“三重底线”理论极大拓展了价值创造的范畴，有助于缓解传统价值创造观过度聚焦于经济价值所造成的经济、社会和环境发展不充分、不协调问题。将价值创造范畴局限于经济价值，将为股东创造经济价值设定为财务管理的唯一目标，容易诱发机会主义和短视行为，滋生罔顾外部性的道德风险，带来违反公平正义、危害人类生存发展等严重社会问题和环境问题，导致社会公众对企业正当性（Legitimacy）的质疑。“资本主义制度正遭受严厉批评。近年来，企业日益被视为引发社会、环境和经济问题的罪魁祸首，人们认为企业的繁荣是以牺牲社会公众的利益为代价的”（Porter and Kramer，2011）。片面追逐企业利润最大化和股东价值最大化滋生的社会、环境和经济问题，往往招致社会公众和消费者的不满，形成对企业的负面看法，迫使政府对企业经营活动进行干预和管制，最终增大企业的合规成本，加剧企业可持续发展的不确定性。正是基于这样的认识，为股东创造价值的观念才逐步被为利益相关方创造共享价值的观念所取代。从“创造价值”到“创造共享价值”，尽管只是两字之差，却蕴藏着价值观的嬗变。创造共享价值的观念契合 ESG 和可持续发展理论的价值主张。这种价值主张要求企业将价值创造的范畴由经济价值延展至社会价值和环境价值，兼顾各利益相关方的正当利益诉求。企业应当秉持共享价值原则，提高社会责任和环境保护意识，在创造经济价值的同时，创造社会和环境价值。

传统财务管理视角下的经济价值，不是以利润为基础，就是以市值为基础。以利润为基础的经济价值通常表述为经济增加值（EVA），约定俗成的看法是 EVA 大于零代表企业为股东创造了价值，EVA 小于零代表企业不仅没有为股东创造价值，反而使股东的价值减损。以市值为基础的经济价值通常表述为企业股票市值的升降，普遍的看法是剔除系统性风险因素后，股票市值上升代表资本市场看好企业的价值创造和可持续发展前景，反之，则代表资本市场不看好企业的价值创造和可持续发展前景。不论是利润还是市值，都是基于企业股东的视角，因为两者都归属于股东。这种价值创造范畴的视野过于狭隘，存在的不足是显而易见的，即忽略了企业经营的外部性（Externality），包括正外部性和负外部性。正外部性是指企业为社会创造的正向价值以及企业对生态环境改善所作出的贡献，负外部性是指企业对社会创造的负向价值以及企业对生态环境的破坏。

财务管理主要将利润作为衡量价值创造的尺度。遗憾的是，以利润为基础的价值创造视野不够开阔，只能反映企业为股东创造的价值，而不能反映企业为社会创造的真实价值。为此，不少学者提出了改进建议，王化成（2000）提出了广义财务论，干胜道等（2016）提出了“四E”财务理论[①]框架，笔者也提出了将微观利润表拓展为宏观利润表的观点，即：收入－成本＝工资福利＋利息费用＋税收费用＋税后利润（黄世忠，2020）。该等式的左边将收入减去除工资、利息、税收外的所有成本和费用，代表企业在一定会计期间为社会创造的经济价值总量，等式的右边代表企业创造的社会价值如何在员工、债权人、政府和股东等利益相关方之间分配。无独有偶，达沃斯论坛国际工商理事会也主张在ESG报告中反映企业对社会的净经济贡献。净经济贡献是指企业为社会直接和间接创造的价值总量及其分配情况，即：营业收入－营业成本＋工资福利＋利息＋股利＋税收－政府补贴＝净经济贡献（WEF，2020）。必须指出的是，按照这些方法确定的经济价值，还不能反映企业为社会创造的全部价值，因为企业为供应商、客户间接创造的经济价值，企业通过技术研发创新和商业模式创新带来的社会进步，以及企业向慈善机构的捐赠、对文体活动的赞助、对所在社区的支持尚未得到反映。所有这些都构成企业弥足珍贵的社会价值，有必要通过ESG或可持续发展报告予以充分反映，以证明企业存在的社会正当性。同时，ESG或可持续发展报告也要求企业充分披露其经营活动可能给社会带来的负面价值，如性别歧视、侵犯人权、行贿受贿、偷税漏税、工伤事故、隐私泄露、数据滥用、压榨员工、垄断经营、价格欺诈、店大欺客、恶意圈钱、违规招标、不讲信用、财务舞弊、内控松懈、管理涣散、治理不力、职务侵占、劳资关系恶化、社区关系紧张、损害少数股东权益、侵犯知识产权、提供假冒伪劣产品等。这些负面社会价值极易使企业遭受声誉风险，招致监管处罚，降低员工士气，损害客户关系，从而影响企业的可持续发展。

与社会价值一样，环境价值也包括正面价值和负面价值。正面的环境价值是指企业秉承绿色发展理念，倡导循环经济，通过改进工艺流程、避免过度包装、加大环保投入、使用清洁能源、集约用地、节约用水等方式，降低能耗，减少排放，致力构建环境友好型、环保担当型企业的行为。正面的环境价值还包括企业利用其影响力，督促其上下游企业减少温室气体排放。负面的环境价值是指企业缺乏环保意识，罔顾环保规定，粗放经营，导致高能耗、高排放、高用地、高用水等环境不友好、环保不担

---

① “四E”财务是指Efficiency Finance（效率财务）、Equitable Finance（公平财务）、Ethical Finance（道德财务）和Environment Finance（环境财务）。

当行为。负面的环境价值还包括企业单位经济增加值的温室气体排放量超过社会平均水平的行为。地球是人类共同家园，良好的生态环境是人类和企业可持续发展的基础，保护和改善生态环境是每个公民和每家企业义不容辞的责任。对生态环境的态度和行动，折射出企业是否属于负责任、勇担当的企业公民。这显然也是评估企业可持续发展能力的重要因素。因此，国际上主流的ESG或可持续发展报告框架均要求企业披露环境信息，揭示企业经营活动所派生的环境正外部性和负外部性。企业在经营活动中如果置环境价值于不顾，不仅谈不上创造共享价值，而且可能沦为败德行为。罔顾环保价值的败德行为，很容易遭到有责任感的客户和消费者的唾弃，使企业丧失商机，有正义感的人才也不齿与这种企业为伍，使企业流失人才。更重要的是，罔顾环保价值的败德行为极易招致环保问责风险，严重的可能危及企业的持续经营。

可见，ESG或可持续发展理论要求企业将价值创造范畴由显性的经济价值延展至隐性的社会价值和环境价值。唯有如此，企业才能真正做到创造共享价值，才能拥有更大的可持续发展机会。可以预见，伴随着价值创造范畴的延展以及价值创造向共享价值创造的转变，财务管理也将逐步过渡到包容性财务管理（Inclusive Financial Management）。包容性财务管理要求企业在价值创造过程中统筹兼顾显性的经济价值和隐性的社会价值和环境价值，如图5所示，不得以牺牲社会价值和环境价值为代价片面追求企业的经济价值最大化，也不得以社会公平和环境保护为由无视企业的经济效益，唯有如此，才能永葆企业的可持续发展活力。进入新经济时代，智慧资本在价值创造中发挥的作用远超有形资产和财务资本，但传统的财务管理仍然奉有形资产和财

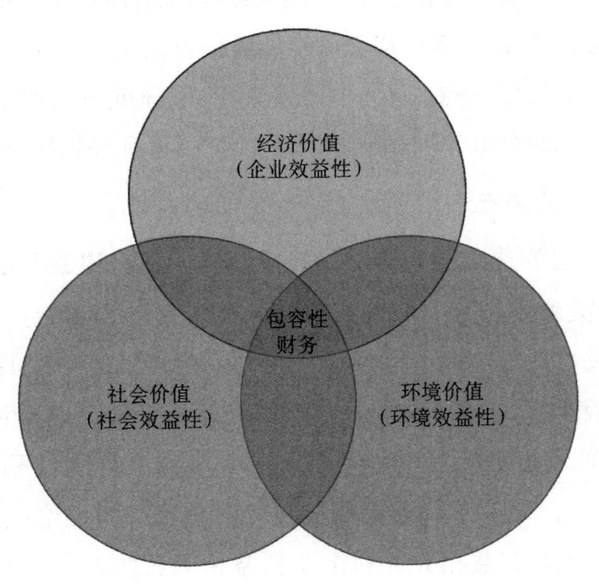

图5　兼顾经济价值、社会价值和环境价值的包容性财务

务资本为圭臬，资本预算、资本结构和资本成本继续成为财务管理的重心，而无形资产（如数据资产、客户关系、研发创新等）和智慧资本（如人力资本、结构资本和关系资本）在财务管理中却被边缘化。因此，包容性财务管理除了统筹兼顾经济价值、社会价值和环境价值外，也应妥善处理好有形资产与无形资产、财务资本与智慧资本的关系，更多地研究无形资产和智慧资本的确认、计量和管理问题。

考虑到我国过去的粗放式发展留下大量“环境欠债”，温室气体排放居高不下，当下的包容性财务管理尤其需要格外重视环境财务，将环境约束和环境影响融入投资、融资、分配和评价决策中，强化生态环境信息的确认、计量和披露，加大对环境保护和绿色转型的资源投入，通过提升资源利用效率、使用可再生能源等方式，努力将企业经营形成的环境负外部性转化为环境正外部性。

三、价值创造动因从内部向外部演化

如何创造价值涉及对价值动因（Value Drivers）的分析。传统的财务管理倾向于从内部分析价值动因，而ESG视角下的财务管理主张更多地从外部挖掘有助于企业持续创造共享价值的动因，认为有必要根据双重重要性（Double Materiality）原则，评估价值创造所采用的商业模式如何受到社会和环境的影响以及如何影响社会和环境。

近年来，基于ESG或可持续发展理论对价值创造动因进行分析的研究日益增多。概而言之，主要包括四种不同视角：（1）基于利益相关者至上主义的分析视角；（2）基于整合报告框架的分析视角；（3）基于可持续价值创造的分析视角；（4）基于共享价值创造的分析视角。尽管侧重点有所不同，但这四种分析视角均主张从外部角度透视价值动因，都认为可持续的共享价值创造深受社会因素和环境因素的影响。

（一）基于利益相关者至上主义视角的价值动因分析

1984年，美国明尼苏达大学的弗里曼教授发表了利益相关者至上主义的开山之作《战略管理：利益相关者方法》，将利益相关者定义为任何能够对一个组织的目标实现及其过程施加影响或受其影响的群体或个人（Freeman，1984），具体包括三类：所有者利益相关者（如股东以及持有股票的董事和经理）、经济依赖性利益相关者（如员工、债权人、供应商、消费者、竞争者、社区等）和社会利益相关者（如政府、媒体、特殊利益集团等）。2010年，弗里曼等在《利益相关者理论：最新动态》专著中，将利益相关者简化为主要利益相关者和次要利益相关者两大类，前者包括股东、债权人、员工、供应商、客户和社区，后者包括政府、竞争者、消费者保护集团、特殊利

益集团（如环保团体消费者权益保护集团）、媒体等（Freeman et al.，2010）。

利益相关者至上主义认为股东至上主义的价值观过于狭隘，过分强调资本在价值创造中的作用，从根本上否认了股东之外的其他利益相关者特别是人力资本对企业价值创造的重要贡献（黄世忠，2021）。弗里曼等利益相关者至上主义主张，只有承认利益相关者在价值创造中所扮演的重要角色，统筹兼顾股东和其他利益相关者正当的利益诉求，企业才能调动利益相关者的积极性，促使他们投入各自的比较优势资源参与价值创造，以确保企业的可持续发展。因此，利益相关者参与（Stakeholder Engagement）及其利益协调理所当然成为不容忽视的价值动因。利益相关者关系管理在价值创造中至关重要，分析他们的利益诉求和风险偏好，协调他们之间的利益冲突，是企业治理层和管理层责无旁贷的工作重心，且必须融入企业的经营目标、竞争战略、商业模式、业绩评价之中。图 6 展示了企业价值创造与利益相关者之间的互动关系。

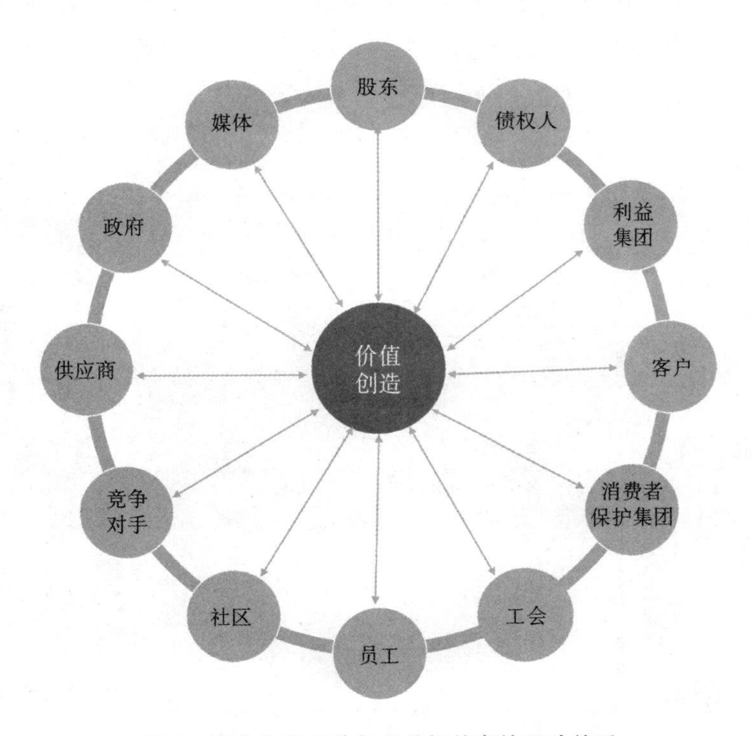

图 6　企业价值创造与利益相关者的互动关系

资料来源：Freeman（1984）。

将利益相关者关系视为价值动因并加以积极管理，其雏形可追溯至管理实践中的各种关系管理，如投资者关系管理（IRM）、客户关系管理（CRM）、员工关系管理（ERM）、政府关系管理（GRM）等。尽管这类关系管理与利益相关者关系管理（SRM）都认为妥善处理好各方关系有利于企业的价值创造，但前者更多是从企业利润最大化或股东价值最大化的角度出发，而不是从利益相关者价值最大化的角度考虑。相比之下，利益相关者关系管理更加注重对企业、股东和不同利益相关者的经济利益进行权衡，倡导利益均沾而不是一方独享，因而更符合 ESG 或可持续发展理念。

（二）基于整合报告框架视角的价值动因分析

近年来，财务报告的篇幅越来越长，披露的信息越来越多，但投资者等信息使用者特别是机构投资者仍然认为财务报告主题主线不突出，不能清晰说明企业的价值创造。为了克服财务报告不能反映价值创造的弊端，监管机构、投资者、公司界、准则制定者、会计专业团体、学术界和非营利组织在 2010 年发起设立了国际整合报告理事会（IIRC）。2013 年，IIRC 首次发布了《整合报告框架》（Integrated Reporting Framework），并于 2021 年 1 月进行了修订。整合报告框架旨在反映所有对企业持续创造价值能力产生重大影响的因素，支持企业统筹兼顾短期、中期和长期价值创造的整合思维、决策和行动。IIRC 认为，价值创造是一个投入产出的过程，是企业与外部环境和投入资本相互作用的结果，如图 7 所示。

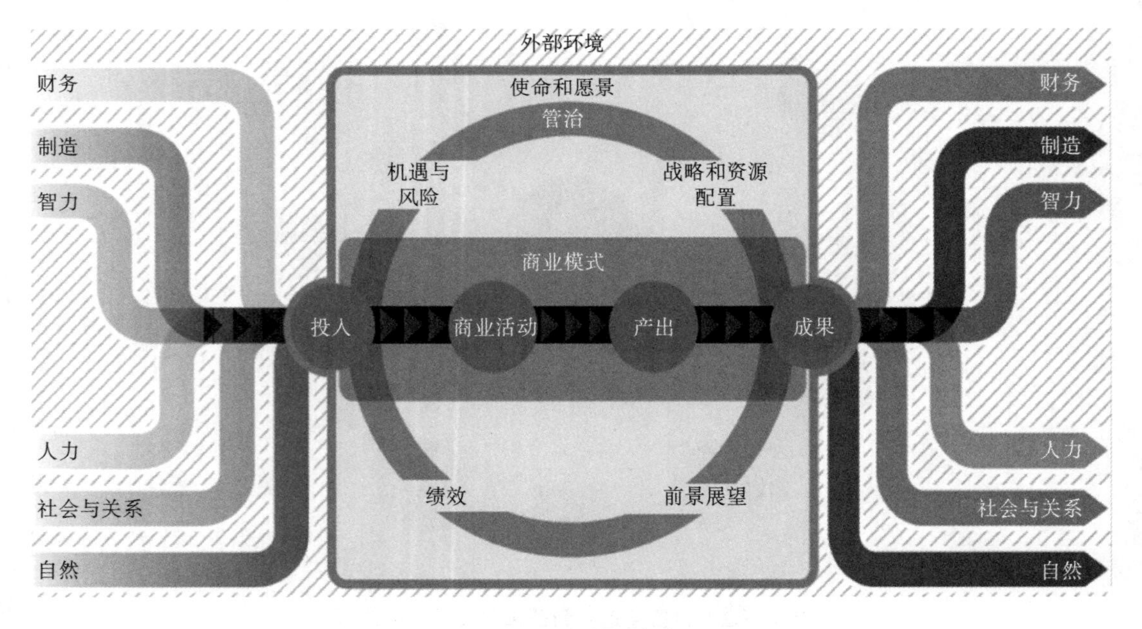

图 7　企业价值创造过程

资料来源：IIRC（2021）。

从图 7 以及整合报告框架可以看出，IIRC 将投入资本、利益相关者关系和商业模式视为企业持续创造价值的动因。投入资本是指用于价值创造的六种资本，包括财务资本（Financial Capital）、制造资本（Manufactured Capital）、智力资本（Intellectual

Capital)、人力资本(Human Capital)、社会与关系资本(Social and Relationship Capital)以及自然资本(Natural Capital)。这六种投入资本是由投资者和债权人、供应商、员工、社区、政府部门等利益相关者投入的，离开利益相关者的这六种投入资本，企业的价值创造将无以为继，利益相关者关系管理在价值创造中发挥着不可或缺的作用。IIRC 指出，价值不是仅靠企业独自创造或在企业内部创造的，而是通过企业与利益相关者的互动关系创造的。因此，整合报告应披露企业如何在决策行动、绩效评价以及持续沟通中了解、考虑并回应关键利益相关者的正当利益诉求。IIRC 将商业模式定义为组织为了实现其战略目标，在短期、中期和长期创造价值，通过经营活动将投入转化为产出和成果的系统。如何创造价值、如何交付价值、如何使股东和其他利益相关者获取价值，是商业模式的核心要义。IIRC 认为商业模式在价值创造过程中居于核心地位，因此，整合报告要求企业清晰说明其商业模式由哪些要素构成、外部环境如何影响其商业模式的有效性以及其商业模式如何对社会和环境产生影响。

IIRC 的整合报告框架主要由三个基本概念(为企业和其他利益相关者创造价值、资本、价值创造过程)、七个指导原则(聚焦战略和未来导向、信息连通性、利益相关者关系、重要性、简洁性、可靠性和完整性、一致性和可比性)和八个内容要素(组织概述和外部环境、公司治理、商业模式、风险与机遇、战略与资源配置、绩效、前景展望、编制和列报基础)等部分所组成。整合报告框架以价值创造作为主题和主线，是国际专业组织中对价值创造和价值动因分析最为透彻的权威标准，迄今已在 70 多个国家采用。为了更好应对贫富分化、气候变化等社会和环境问题，在可持续发展和无形价值日趋重要的背景下，IIRC 积极回应资本市场关于简化和统一 ESG 报告框架的呼声，于 2020 年 11 月宣布与可持续发展会计准则委员会(SASB)合并，并在 2021 年 6 月正式成立了价值报告基金会(Value Reporting Foundation)，继续致力于价值创造报告和可持续发展报告标准的制定和推广。IIRC 虽然在投入资本中提到自然资本(包括)，但没有涉及生态环境保护和气候变化应对，而环境保护恰恰是 SASB 五维度报告框架的重要着力点，位列第一个维度。SASB 报告框架的其余四个维度分别是社会资本、人力资本、商业模式及其创新、领导能力和治理能力，与 IIRC 的综合报告框架高度重叠。可见，IIRC 与 SASB 合并成立价值报告基金会，既有共同理念的基础，还有优势互补的考虑。

(三)基于可持续价值创造视角的价值动因分析

可持续价值创造(Sustainable Value Creation)的理念最早由美国的两位学者哈特(Stuart L. Hart)和米尔斯坦(Mark B. Milstein)在《创造可持续价值》一文中提出

（Hart and Milstein，2003）。该文提出了由清洁技术（Clean Technology）、可持续发展愿景（Sustainability Vision）、污染防治（Pollution Prevention）和产品经管责任（Product Stewardship）四大战略所组成的可持续价值创造模式，如图8所示。从图8中可以看出，可持续价值创造模式将清洁技术、可持续发展愿景①、污染防治和产品经管责任均视为价值动因。他们认为，关注和解决这些问题，既有利于企业为股东创造价值，也有助于推动社会和环境的可持续发展。在图8的四大战略中，清洁技术战略和污染防治战略旨在解决生态环境保护问题，可持续发展愿景战略旨在解决社会公平正义问题，而产品经管责任战略则同时关注社会公平正义问题和生态环境问题。

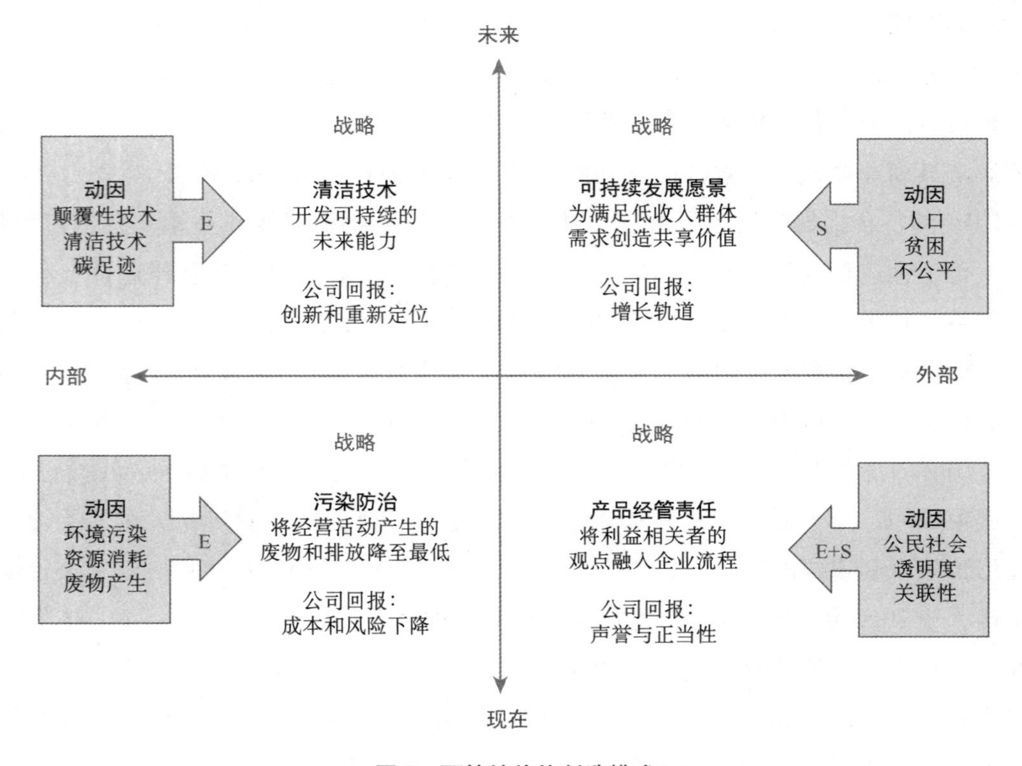

图8　可持续价值创造模式

资料来源：Hart和Milstein（2003）。

哈特和米尔斯坦认为，基因组技术、仿生技术、信息技术、纳米技术、可再生能源技术等颠覆性技术，为企业特别是使用化石燃料等高耗能、高排放企业和使用有毒

① 2021年，澳大利亚的梅赫拉（Asoke Rocky Mehera）、伊斯兰（Sardar Islam）和坎南（Selvi Kannan）根据哈特和米尔斯坦的可持续价值理论以及波特和克莱默的共享价值论，出版了《可持续和共享价值创造：组织成功的创新战略》专著，用于分析澳大利亚商业银行的可持续价值创造和共享价值创造。在这部专著中，三位学者将可持续发展愿景战略改称为可持续创新战略（Mehera et al.，2021）

材料企业面向未来环保要求的技术能力建设创造了新的机遇。企业实施清洁技术（如清洁能源技术、碳捕捉和碳存储技术、智能电网技术等）战略，实施绿色跨越（Green Leap）行动，可促使其管理层持续关注技术创新和商业模式创新，在日趋严格的环保新政下重新定位产品和市场，确立比较竞争优势，抢得发展先机，可持续价值由此而生。

与工业化相伴而生的环境污染、资源消耗、废物产生，在造成气候变化、资源枯竭、生物多样性减少等环境问题的同时，也为有环保意识、注重环保治理和生态效率（Eco - Efficiency）的企业提供了创造可持续价值的机会。通过开发运用新能源、改进工艺流程、优化供应链管理、增加环保投入、提高资源利用效率等方式实施污染防治战略，企业就可节能降耗，减少碳足迹（Carbon Footprint），将经营活动产生的废物和温室气体排放降至最低，据以降低环境成本和环境风险。

可持续发展愿景战略是指企业不应当无视处于财富（或收入）金字塔底层的贫困群体的需求，而应秉持公平正义原则，以创新的方式（如借助小额贷款、定向采购、服务外包等提高贫困群体的支付能力）向他们提供买得起的简单实用的产品和服务，通过满足他们尚未得到满足的巨大需求寻找新的商机。普拉哈拉德（C. K. Prahalad）在《金字塔底层的财富：通过利润消除贫困》这部在商界和政界引起巨大反响的著作中，提出了“行善赚钱”的创新主张：如果我们不再把贫困群体看作受害者或负担，而把他们视为有活力、有创造力的企业家和有价值意识的消费者，一个崭新的机会之窗就会打开（Prahalad，2005）。他认为，日收入在2美元以下的40亿贫困人口将是下一轮全球贸易和经济繁荣的发动机。满足这些低收入贫困群体的需求必须诉诸技术创新、产品和服务创新以及商业模式创新，将形成无尽的创新之源（宜家和拼多多取得的商业成功，印证了普拉哈拉德睿智的洞见）。他提出用创新的经济发展方式解决不公平、非人性的社会问题的政策主张，被誉为消除贫困的“共同创造（Co - Creation）”解决方案，得到可持续价值创造模式和共享价值创造模式的认可和采纳。

产品经管责任战略是指企业本着对客户、对社会和对环境负责的原则，实行产品全生命周期管理，在研发、设计、生产、销售、使用、退出和处置等各个环节，提高透明度，积极听取和回应供应商、消费者、监管者、当地社区、环保团体等的呼声和诉求，致力于提供优质、安全、无公害、低污染的产品和服务。在社会公众日益重视质量、安全和环保的社会环境下，制定和实施产品经管责任战略，树立环保友好型、社会担当型的负责任企业公民形象，有助于提高企业产品的吸引力和声誉度，实现企业、社会和环境三方共赢。

（四）基于共享价值创造视角的价值动因分析

波特和克莱默 2011 年提出的共享价值创造模式，如图 9 所示，将重新构想产品和市场（Reconceiving Products and Services）、重新定义价值链的生产效率（Redefining Productivity in the Value Chain）、促进当地产业集群发展（Enabling Local Cluster Development）视为创造共享价值的动因。共享价值创造模式旨在促使企业价值创造与社会进步和环境改善相得益彰，既能打开新的市场空间，又能寻找新的发展方式，为企业满足新的市场需求、提高经营效率、实现差异化发展提供了新的思路。共享价值创造模式契合 ESG 或可持续发展理念，为经济、社会和环境的和谐发展提供了新的选项，沃尔玛、雀巢咖啡、强生等众多跨国公司已付诸实践，并取得了显著成效。

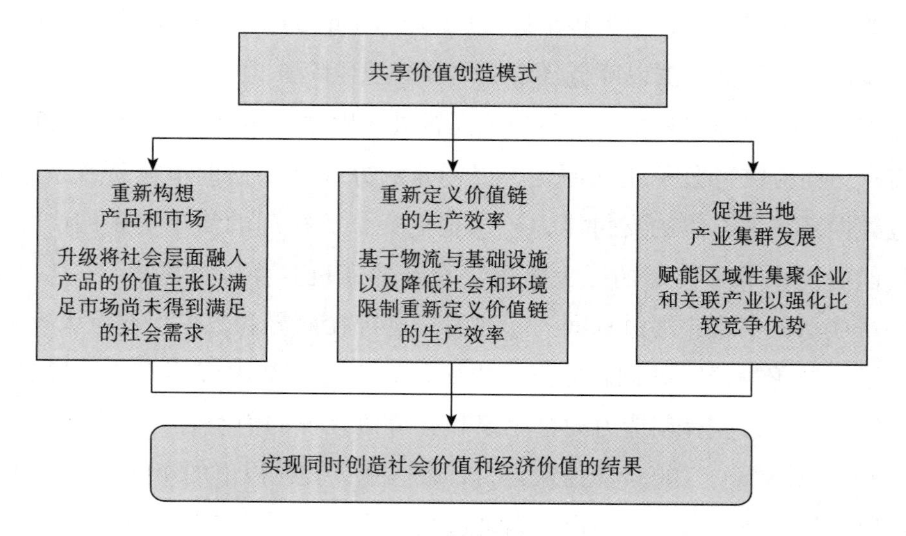

图 9　共享价值创造模式

资料来源：Porter 和 Kramer（2011）。

波特和克莱默指出，需求变化和环保要求蕴藏着对医疗保健、改善住房、均衡营养、照顾老人、保护环境等巨大需求。过去数十年，企业一直尝试分析和制造需求，但却经常忽略这些尚未得到满足的巨大需求。此外，他们认为普拉哈拉德提出的金字塔底层潜藏着巨大商机的观点，在发达国家和发展中国家都适应，企业家有必要针对这部分贫困群体重新构想产品和市场，在寻找新商机的同时促使社会更加公平、更有人性。为此，波特和克莱默建议企业深入分析其产品和服务是否已经包含或可能包括所有的社会需求、社会效益和社会危害。社会需求并非一成不变，而是随着技术进步、商业模式和人口结构的变化而变化，持续研究社会需求，有助于企业重新构想产品和市场。即使是在传统的市场中，重视对社会需求的分析，企业也能够找到重新定位其产品和市场的机会，发现过去被忽视的市场所蕴藏的潜力。

价值链的生产效率受到社会和环境问题的影响在所难免，对社会和环境构成危害的外部性如产品过度包装和温室气体排放，通常也会增加企业的成本、恶化企业的经营环境。波特和克莱默认为，促进社会进步和改善生态环境与提升企业价值链的生产效率并不矛盾。通过使用先进的技术，环境污染通常会大幅减少，而增加的成本很可能微乎其微。此外，提高资源利用率、流程效率和质量水平，企业甚至还能节省成本。为此，他们建议企业重新审视在价值链生产效率方面存在的似是而非的观点。例如，在供应链管理中实行全球集中采购政策，在提高议价能力、降低采购成本的同时，却带来货运成本上升和碳排放剧增。英国零售巨头玛莎百货（Mark & Spencer）认识到这个问题后，果断终止了在一个半球采购商品再运到另一个半球销售的做法，此举既可节省大量成本，还可大幅减少碳排放，备受消费者和环保主义者的好评。雀巢咖啡通过调整采购流程，与非洲一些贫穷国家的咖啡豆种植户密切合作，向他们提供咖啡豆种植建议和银行贷款担保，帮助他们获取咖啡苗、杀虫剂和化肥等投入要素，对品质较好的咖啡豆提高收购价格，大幅提高了咖啡豆种植户改善品质的积极性。这种不是靠片面压价，而是帮助供应商提高品质的互惠互利做法，促使雀巢咖啡的奈斯派索（Nespresso）事业部在过去十几年保持了超过30%的增长率。又如，随着物流成本不断降低、信息流动日益加快，产品市场全球化日益明显，一些企业认为经营选择不再重要，成本成了经营选择的最重要因素。殊不知，这种做法可能导致企业的制造场所日益分散，不仅降低生产效率，增大协调成本，而且会增加企业的能源成本和排放成本。沃尔玛公司的食品部通过增加向公司仓库附近的当地农场采购量，不仅节省大量的运输成本，减少碳排放量，而且通过小批量多频率进货，降低了库存成本。再如，在员工待遇方面，过分控制薪资水平、消减福利待遇和实施离岸外包，既会挫伤员工士气，导致员工生产力和凝聚力下降，也不符合联合国关于体面工作和经济增长的可持续发展目标，有损企业形象。相反，给予员工足以维持生活的工资福利待遇，给予他们应有的技能培训，关心他们的身心健康，尽管会增加人工成本，但员工生产力和凝聚力提升带来的益处往往超过额外的人工支出。强生公司2002年至2008年通过帮助员工戒烟和其他健康计划，不仅提高了员工的健康水平和工作效率，而且节省了2.5亿美元的医保费用。

在社会分工日益精细的时代背景下，没有哪一家企业能够完全做到自给自足，企业的价值创造力或多或少受到配套企业的影响。支持当地产业集群发展，既是帮助当地改善营商环境和经济发展，也是提升企业运营效率、降低经营成本、规避供应链中断风险的明智之举。闻名遐迩的硅谷信息技术产业集群和深圳电子信息产业集群，足以证明促进当地产业集群发展是企业创造共享价值的关键动因。波特和克莱默认为，要促进当地产业集群的发展，企业必须首先客观分析物流、供应商、分销商、消费者等经营环节以及市场组织、人力资源、教育培训、健康医疗、用水用电、贷款获取、产权保护、法治水平等营商环境存在的比较优势和薄弱环节，然后评估在促进当地产业集群发展过程中，哪些领域是企业的影响力和着力点，哪些领域必须依靠政府的政策支持，哪些领域需要与外界合作才能更具成本效益。

波特和克莱默关于重新构想产品和市场、重新定义价值链的生产效率、促进当地产业集群发展的观点和思路富有启发性，分析的诸多精辟案例颇具说服力，为企业创造共享价值、促进经济、社会和环境的可持续发展提供了新思维，指明了新方向，值得借鉴、尝试和推广。

四、结论与启示

本文的分析表明，ESG视角下的价值创造将在观念上发生三大变革：价值创造导向将从股东至上主义向利益相关者至上主义转变，更具包容性的共享价值创造将逐步取代排他性的价值创造；价值范畴将从经济价值向社会价值和环境价值延展，统筹兼顾经济、社会和环境影响的可持续发展理念将更加深入人心；价值动因将从内部挖掘向外部协同演化，价值创造的机遇与风险将在更大程度上取决于企业与社会和环境关系的互动。

价值创造观念的变革将对传统财务产生深远的影响，呼吁传统的财务管理向包容性财务管理转变。在包容性财务管理框架下，投资、融资、分配和评价等财务管理职能的理念也将发生潜移默化的改变。投资决策将更加重视绿色发展理念，资本支出将向低能耗低排放的领域倾斜，无形资产和智慧资本的配置将比有形资产和财务资本的配置更受关注，社会和环境效益及风险将日益成为对外投资的重要考虑。融资决策将深受绿色金融的影响，资本获取和资本成本将在更大程度上依存于企业在经济、社会和环境上的可持续发展能力，ESG或可持续发展报告信息质量将在融资效果中扮演日趋重要的角色。分配决策将更加注重股东和其他利益相关方的统筹兼顾，效率优先、兼顾公平原则在财务分配中将得到更好体现，更多的盈余将被留存并用于弥补“环保欠债”和绿色转型。企业利润最大化或股东价值最大化将与业绩评价渐行渐远，并逐步被利益相关者价值最大化所取代，业绩评价将更加关注可持续价值和共享价值的创造。

价值创造的观念变革在为财务管理创新发展提供机遇的同时，也提出了挑战。最

大的挑战莫过于财务人员如何将ESG或可持续发展的理念和方法融入投资决策、融资决策、分配决策和评价决策，如何将难以量化的社会和环境价值与易于量化的经济价值有机地融合到财务决策中，如何协调股东与其他利益相关者的利益冲突。笔者认为，从善向善是ESG的核心理念，基于ESG理念的价值创造和财务管理变革尽管困难重重，但只要财务人员择善而从，向善而行，行必能至！

（原载于《财务研究》2021年第6期，略有修改。该文获得《财务研究》2021年度“十佳论文”评审第一名，并于2024年入选首批“哲学社会科学主文献”。首批“哲学社会科学主文献”遴选范围为2013—2022年的约400万篇哲学社会科学领域公开发表的学术论文，覆盖哲学社会科学25个一级学科、107个二级学科和综合交叉学科，邀请全国范围内1 312名专家进行评审，共遴选出20 621篇文献进入首批主文献，入选比例不足1%。）

主要参考文献：

1. 干胜道，陈冉，王满．“四E”财务理论框架初探［J］．财会通讯，2016（10）：5－9.

2. 黄世忠．解码华为的“知本主义”——基于财务分析的视角［J］．财会月刊，2020（9）：3－7.

3. 黄世忠．支撑ESG的三大理论支柱［J］．财会月刊，2021（19）：3－10.

4. 王化成．论财务管理的理论结构［J］．财会月刊，2000（4）：2－7.

5. Elkington, J. Towards the Sustainable Corportaion: Win－Win－Win Business Strategies for Sustainable Development［J］. California Management Review, 1994, 36（3）: 90－100.

6. Elkington, J. Cannibals With Forks: The Triple bottom Line of 21st Century Business［M］. Capstone Publishing Limited, 1997: 69－96.

7. Freeman, R. E. Strategic Management: A Stakeholder Approach［M］. Boston: Pitman Publishing Inc., 1984: 24－25.

8. Freeman, R. E., Harrison, J., Hicks, A., Parman, B., Colle, S. Stakeholder Theory: The State of The Art［M］. Cambridge: Cambridge University Press, 2010: 50－58.

9. Friedman, M. The Social Responsibility of Business Is To Increase Its Profits［J］. New York Times Magazine, 1970, 6（1）: 1－6.

10. Hart, S. L. , Milstein, M. B. Creating Sustainable Value [J]. Academy of Management Excutive, 2003, 17 (2): 56 - 69.

11. Mehera, A. R. , Islam, S. M. , Kannan, S. Sustainable and Shared Value Creation: Innovative Strategies for Organizational Success [M]. Nova Science Publisher, 2021: 9 - 34.

12. Porter, M. E. , Kramer, M. R. Creating Shared Value: How to Reinvent Capitalism and Unleash a Wave of Innovation and Growth [J]. Harvard Business Review, 2011 (1 - 2): 62 - 77.

13. Prahalad, C. K. The Fortune at the Bottom of the Pyramid [J]. Pearson Education, Inc. , 2005: 1 - 22.

14. Serafeim, G. , Zochowski, T. R. , Downing, J. Impact - Weighted Financial Accounts: The Missing Piece for an Impact Economy [R/OL]. www. hbs. edu/impact - weighted - accounts, 2019.

15. WEF. Toward Common Metrics and Consistent Reporting of Sustainable Value Creation [R/OL]. www. wef. org, 2020.

ESG 报告基本假设初探

黄世忠　叶丰滢

【摘要】会计主体假设、持续经营假设、会计分期假设和货币计量假设这四大会计假设构成了财务会计的基石，对于确认、计量和报告意义重大，但也存在不容小觑的局限性，突出表现为会计主体假设回避了企业经营的外部性、持续经营假设忽略了企业对环境和社会的适应性、会计分期假设制约了财务信息的前瞻性、货币计量假设限制了计量上的多元性。四大会计假设的局限性导致以此为基础的财务报告不能满足投资者和其他利益相关者日益增长的多元信息需求，促使学术界和实务界寻找救赎之道。经过不懈探索，ESG 报告脱颖而出，有望在相当程度上弥补四大会计假设引发的财务报告缺陷，与财务报告共同形成相互补充、相得益彰的公司报告体系。本文系统论述四大会计假设的局限性，并尝试根据互补原则及对经济环境与国际财务报告可持续披露准则和欧洲可持续发展报告准则的观察分析，归纳提出 ESG 报告的四大基本假设：外部性假设、适应性假设、前瞻性假设和多重性假设。本文的研究旨在为 ESG 报告概念框架的发展和 ESG 报告准则的制定提供理论指导，使 ESG 报告披露的信息有助于投资者和其他利益相关者更加全面准确地评估企业对环境和社会的影响以及环境和社会因素对企业发展前景的影响。

【关键词】会计假设；ESG 报告；外部性假设；适应性假设；前瞻性假设；多重性假设

一、问题的提出

20 世纪 70 年代以来，以会计目标为起点、以概念框架为基础的会计准则制定模式日益成为主流，以会计假设为起点、以会计原则为基础的会计准则制定模式日渐式微。但这并不意味着会计假设无关紧要，恰恰相反，会计假设[①]（特别是国际公认的四大会计假设——会计主体假设、持续经营假设、会计分期假设和货币计量假设）以明示或隐含的方式将财务会计的环境特征嵌入概念框架和根据概念框架制定的会计准则中，构成确认、计量的前提和基础，堪称财务会计和财务报告的理论根基[②]。离开四大会计假设的支撑，财务报告的高楼大厦将分崩离析，不复存在。

但一个不容忽视的事实是，数十年来，尽管以美国财务会计准则委员会（FASB）和国际会计准则理事会（IASB）为代表的准则制定机构不遗余力地修订会计准则和概念框架，但财务会计和财务报告仍旧存在诸多问题。例如，一项资产只有当其预期盈利能力下降至出现损失时，财务会计和财务报告才会考虑对其计提减值，以反映资产盈利能力下降的风险。在减值计提之前，存在许多潜在的盈利能力下降的阶段，尽管对投资者和其他报告使用者而言这可能是极有价值的信息，但财务会计和财务报告并没有考虑这些阶段的情况[③]。又如，企业有时可以确定某些业务风险的存在且判断其一旦发生极可能对企业价值产生重大负面影响，但由于该风险发生的可能性很小或发生概率、定量影响难以评估，财务会计和财务报告会因其并不是一种现时义务而选择无视[④]。再如，企业内部创造的无形资产（如由人力资本、关系资本和组织资本构成的智慧资本）已成为知识经济时代企业价值创造的关键驱动因素，它们往往代表企业价值的主要部分，甚至远远超过财务报告体现的净资产价值，但因为不符合确认和计量标准而无法被确认为资产和资本。正因为如此，财务报告披露的信息对投资者决策的有用性和相关性在过去半个多世纪里快速且持续的恶化，近二十年还有加速恶化的迹象（Lev and Gu，2016）。

---

① 在英文学术文献中，假设最常用的表述是 postulate 和 assumption，在中文里一般翻译成假设或假定。Postulate 的英文解释是：a proposition that is accepted as true in order to provide a basis for logical reasoning，即为逻辑推理提供基础的被接受为真的主张。Assumption 的英文解释是：a statement that is assumed to be true and from which a conclusion can be drawn，即被假定为真并可据以得出结论的声明。葛家澍教授将 postulate 翻译为假设，而将 assumption 翻译为假定，但英文文献并没有对这两个术语作严格的区分。例如，Paton（1922）在“Accounting Theory：With Special Reference to Corporate Enterprises”中首次提出会计假设时用的是 postulate，但 Paton 和 Littleton（1940）在“An Introduction to Corporate Accounting Standards”中探讨会计假设时又改用 assumption。又如，Moonitz（1961）在第 1 号会计研究文集“The Basic Postulates of Accounting”中，引用了 AICPA 研究项目特别委员会对 postulate 的定义：Postulates are few in number and are the basic assumptions on which principles rest，即假设是为数不多且构成原则基础的基本假设。本文对 postulate 和 assumption 不作区分，按惯例均翻译为假设。

② “会计基本假设构成了财务会计与报告的基础，高度概况了财务会计（会计核算）的环境特征。”（葛家澍，2002）

③ 这种情况一直到金融工具准则要求采用预期信用损失模型计提减值才得到局部改进，一般经营性资产的减值计提仍然遵循前述逻辑。

④ 比如在现阶段企业免费或廉价地使用自然资本不会使其承担负债，因为没有或只有有限的现金流出，但在未来可能转变为高昂的进入成本或无法获得自然资本的结果，这属于可能对企业价值产生重大负面影响的可持续发展风险，财务会计和财务报告对此却没有考虑。

对上述现象的溯源研究大多指向一个共同的原因——大量影响企业价值和投资者决策的事项无法或尚未被财务报告严密的概念体系和确认、计量标准所捕捉（EFRAG，2021），这构成了财务报告难以克服的先天不足。若为弥补这些不足贸然对基本概念做重大改革，如超出主体可辨认和可控制的范畴确认资产，或超出主体的承诺确认负债，或扩大公允价值的使用范围，都会给财务报告增加大量的不确定性，并在报告使用者对报告内容和对现金流量的理解之间制造鸿沟。即便不通过确认和计量，单纯增加财务报表附注的内容，过载的信息披露也可能混淆报表为尊的基本逻辑，从而模糊财务报告的目标。在这种情况下，探索通过其他报告体系弥补财务报告的不足成为最为合理的选择。

经过学术界和实务界的不懈探索，包括整合报告、无形资源报告、ESG（环境、社会、治理）报告或可持续发展报告[①]（以下简称“ESG 报告”）等补充报告形式应运而生。其中 ESG 报告包括企业 ESG 相关问题重要影响、风险和机遇的信息，旨在反映企业对环境和社会的重要影响以及环境和社会问题对企业发展、财务业绩和财务状况的重要影响。2023 年 6 月和 7 月，国际可持续准则理事会（ISSB）和欧盟委员会（EC）相继发布 ESG 相关披露准则，从目前的态势看，ESG 报告已然从众多补充报告中脱颖而出，有望与财务报告共同形成相互补充、相得益彰的公司报告体系[②]。

从财务报告发展历程看，一个报告体系要想持续有生命力地存续，需要一套连贯、协调且内在一致的理论体系作为指导。财务报告理论体系由财务报告准则、财务报告概念框架和作为这两者根基的会计基本假设所组成。同理，ESG 报告的发展也需要一套类似的理论体系，其中最根本的便是基本假设。鉴于编制 ESG 报告的使命是弥补财务报告的不足，本文尝试从支撑财务报告的四大会计假设出发，分析其导致的财务报告的不足之处，进而根据互补原则及对经济环境与 ESG 报告准则和实务的观察与归纳，探索支撑 ESG 报告的基本假设。本文所研究的 ESG 报告基本假设构成指导 ESG 报告概念框架与 ESG 报告准则制定的逻辑标准，为评价 ESG 报告的信息质量提供基本尺度。

二、会计主体假设的不足与外部性假设的提出

会计主体假设（Accounting Entity Assumption）的雏形可以追溯至 14 世纪，但真正

① 目前，国际上主流的可持续披露准则制定机构对可持续信息披露的概念界定并不相同，而 ESG 报告（ESG Report）或可持续发展报告（Sustainability Report）是学术界和实务界泛用的有关这类信息披露的名称，它们从概念上并没有被严格地区分，广义上都是指有助于利益相关者了解和评估企业可持续发展前景的报告体系。

② 但完全指望通过 ESG 报告弥补财务报告的所有缺陷并不现实，因此整合报告、无形资源报告等其他形式的报告仍有存在的价值，有待继续探索。

形成是在 19 世纪 80 年代（利特尔顿，1933[①]）。中世纪合伙企业的簿记就已经把合伙人的事务与合伙企业的事务区分开来，以明确不同合伙人之间的权利和义务。基于会计主体假设的簿记和会计，为入伙和退伙提供了必要的财务信息。佩顿和利特尔顿在《公司会计准则导论》中指出，会计主体假设将企业视为具有单独权利并且与其资本提供者区分开来的主体或机构，账户和报表是会计主体而不是业主、合伙人、投资者或其他相关当事方或集团的账户和报表。他们主张，无论是公司制企业还是非公司制企业均应强调会计主体假设。出于管理需要和权益保护的考虑，即使企业业主或合伙人不需要采取正式的法律行动即可将企业收益据为所有，也应将经营收益视为企业的收益（Paton and Littleton，1940）。

会计主体假设真正被普遍接受和应用，应归功于股份公司这种先进企业组织形式的出现。得益于可转让股份（Transferrable Shares）的创新设计，股份公司的所有权分散化成为常态，这反过来促使经营权与所有权的分离，会计主体假设的重要性更加凸显。股份公司本身具有独立的主体地位，享有自己的权利，承担自己的义务，在宣布发放股利之前，股份公司的收益并不会自动等同于股东的收益，只有宣布发放股利时，股份公司才需要确认股东对这部分收益的要求权。基于会计主体假设的考虑，佩顿和利特尔顿建议从企业资产的角度定义资产、负债、净资产、收入、成本、利润、利得和损失：资产是企业待摊销的成本[②]；负债是企业的负资产；净资产是资产减去负债后的余额；收入代表企业的经营成果，是按可望从客户处收取的金额计量的新增资产；成本代表企业的经营努力，是对企业资产的摊销；经营成果减去经营努力等于企业的利润；利得和损失是企业资产的变动，而不是业主、合伙人和股东资产的变动（Paton and Littleton，1940）。

佩顿和利特尔顿将会计主体假设视为财务会计基本假设的基石，在四大会计假设中居于首位。本文认为，会计主体假设的重要性可以从宏观和微观两个层面诠释。在宏观层面，会计主体假设界定了财务会计和财务报告的空间范围，将会计主体与市场、其他主体及主体的所有者严格区分开来，为明晰产权关系、强化经管责任奠定了基础。在微观层面，会计主体假设明确了资产、负债、所有者权益、收入、费用、净收益等财务会计基本要素的空间归属，使会计核算、报表编制和信息披露聚焦于特定主体，使投资者、债权人和其他外部信息使用者能够获取用于评价企业财务状况、经营成果

① 引自《1900 年前会计的演进》（Accounting Evolution to 1900），该书系利特尔顿（A. C. Littleton）根据其博士论文修改扩充而成，1933 年由美国会计师协会（AIA）出版。本文引用的是宋晓明等翻译的立信会计出版社在 2014 年出版的中文版。

② 这里的资产应是指生产性资产，非生产性资产特别是金融资产显然不属于企业待摊销的成本。

和现金流量的有意义的财务信息，据以作出投资、信贷和其他决策，并使董事会和管理层等内部信息使用者能够获取用于评价企业经营效益和财务风险的有意义的财务信息，据以作出管控、奖惩和其他管理决策。

但在肯定会计主体假设积极作用的同时，我们也应认识到会计主体假设导致的财务报告的不足，最典型的便是未能反映企业经营活动所派生的外部性（Externality）。

1890 年，马歇尔（Alfred Marshall）在其著作《经济学原理》中提出了外部经济的概念，分析外部因素对企业的影响，这构成外部性理论的雏形。1920 年，马歇尔的嫡传弟子庇古（Arthur Cecil Pigou）出版了《福利经济学》，在外部经济的基础上正式提出了外部性，将外部性问题的研究从外部因素对企业的影响效果转向企业或居民对其他企业或居民的影响效果（沈满洪和何灵巧，2022）。庇古认为，边际私人（包括个人和企业）成本小于边际社会成本时，就会存在负外部性，即其他社会主体承担了本应由私人承担的成本；边际私人收益小于边际社会效益时，就会存在正外部性，即其他社会主体无偿享受了本应由私人独享的收益（黄世忠，2021）。

可见，早期的外部性研究侧重于分析外部因素对企业的影响，而后期的外部性研究则主要关注企业对外部的影响。会计主体假设将会计核算和报表编制的范围限定在特定会计主体之内，固然提高了财务会计和财务报告的可操作性，但却回避了企业经营活动（包括企业自身的经营活动和在价值链上下游的活动，下同）的外部性。从外部因素对企业影响的角度，那些具有环境和社会重要性的外部因素可能一开始对企业只是未知的风险，而后演变为某种道德困境，继而进化为可见的风险（或机遇），最后才通过会计要素的定义及严格的确认计量标准逐步转变为或有资产和或有负债，预计负债，直至资产和负债。从本质上，这是一个外部性内部化的过程，但这一过程一方面可能时间漫长，另一方面难免存在信息漏斗效应，即相当一部分环境和社会因素对企业的影响因无法通过确认和计量标准而被排除在会计主体的财务报告之外。从企业对外部影响的角度，特别是企业对环境和社会的影响，囿于会计主体假设的限制，除非相关事项满足要素定义和确认计量标准，否则全然不在财务报告的反映范围之内。

外部性不仅影响了企业的可持续发展，而且影响了环境和社会的可持续发展。回避外部性问题的财务报告所提供的信息既不利于投资者和债权人等资本提供者评估企业的可持续发展前景，也不利于监管部门、客户、供应商、员工和环保团体等利益相关者评估企业对环境和社会的有利或不利影响。投资者和其他利益相关者对这两方面的信息需求，客观上催生了 ESG 报告。

为此，本文认为，为弥补会计主体假设导致财务报告对外部性反映不足的问题，ESG 报告必须建立在外部性假设（Externality Assumption）的基础上。外部性假设是对企业既受外部因素影响又对外部产生影响这一客观事实的高度概括。外部性假设要求企业将正外部性和负外部性作为ESG报告的对象（Subject Matter），与财务报告以对经济资源的权利和义务及其变动作为对象形成鲜明的对比。基于外部性假设，ESG报告可以打破会计主体假设把报告范围限定在会计主体范围之内的桎梏，将报告边界从会计主体延伸至企业的价值链（Value Chain），以反映企业经营活动受环境和社会等外部因素的影响及企业经营活动对环境和社会等外部因素的影响[①]。

从ESG报告披露准则和披露实践观察，影响（包括积极影响和消极影响）已然成为ESG报告的关键词，凸显ESG报告对外部性问题的高度关注。ISSB 2023年6月发布的国际财务报告可持续披露准则（以下简称"ISSB准则"）基于财务重要性原则，将识别、评估和管理可持续发展相关风险和机遇（Sustainability - related Risks and Opportunities）作为准则的关键点，要求企业披露环境和社会因素及其应对对企业当期和预期（包括短期、中期和长期）的财务影响。譬如，《可持续相关财务信息披露一般要求》（IFRS S1）要求企业披露所有重要可持续相关风险和机遇对企业发展前景（集中体现为现金流量、融资渠道和资本成本）的影响，《气候相关披露》（IFRS S2）要求企业披露所有重要气候相关风险和机遇对企业发展前景的影响。可见，ISSB要求企业的ESG报告侧重反映外部环境因素和社会因素对企业的影响[②]（ISSB，2023）。

EC在对欧洲财务报告咨询组（EFRAG）起草、制定的欧洲可持续发展报告准则（ESRS）审查修改[③]后于2023年7月发布了第一批12个ESRS，基于双重重要性原则的ESRS要求企业识别可持续发展相关影响、风险和机遇（Sustainability - related Impacts，Risks and Opportunities），实质上是要求企业披露对环境与社会的当期和预期影响（包括短期、中期和长期）以及环境与社会因素对企业的当期和预期财务影响（包括短期、中期和长期）。譬如，《气候变化》（ESRS E1）要求企业披露的信息应有助于利益相关者了解企业对气候变化的积极和消极的实际或预期重要影响，以及源自企业对气候变化的影响与依赖的重要风险和机遇对企业短期、中期和长期的财务影响。

---

① 必须说明的是，会计主体假设最初只涉及法人主体，后来逐步扩大到合并主体。不论是法人主体还是合并主体，在界定财务报告边界时主要是基于控制权（包括经营控制权和财务控制权）的理念。而建立外部性假设的意义在于，企业在界定ESG报告边界时，不仅应考虑控制权，还应考虑业务关系，以便报告边界既包括法人主体或合并主体，又涵盖基于业务关系而不是控制关系的价值链上下游主体，全面综合地反映企业经营活动所产生的所有外部性问题，便于使用者评估企业与环境和社会相关的风险（如物理风险和转型风险）和机遇。

② 但IFRS S2提出企业应披露其自身经营活动产生的范围1、范围2温室气体排放，以及参与价值链上下游活动产生的范围3温室气体排放（包括企业在上游购买原材料和固定资产产生的排放，以及在下游销售商品和该商品在使用、退出、回收和处置环节产生的温室气体排放），这又明显涉及企业经营对外部（生态环境）的影响。

③ 根据《公司可持续发展报告指令》（CSRD）的规定，EC授权非官方机构EFRAG起草、制定ESRS，但EFRAG无权发布ESRS，必须将其起草、制定的ESRS提交EC审查和发布。

《污染》（ESRS E2）要求企业披露的信息应有助于利益相关者了解企业对空气、水、土壤污染的积极和消极的实际或预期重要影响，以及源自企业对污染的影响与依赖的重要风险和机遇对企业短期、中期和长期的财务影响。《水和海洋资源》（ESRS E3）要求企业披露的信息应有助于利益相关者了解企业对水和海洋资源的积极和消极的实际或预期重要影响，以及源自企业对水与海洋资源的影响与依赖的重要风险和机遇对企业短期、中期和长期的财务影响。《生物多样性和生态系统》（ESRS E4）要求企业披露的信息应有助于利益相关者了解企业对生物多样性和生态系统产生的积极和消极的实际或预期重要影响，包括其对生物多样性丧失和生态系统退化的影响程度，以及源自企业对生物多样性和生态系统的影响与依赖的重要风险和机遇对企业短期、中期和长期的财务影响。《资源利用和循环经济》（ESRS E5）要求企业披露的信息应有助于利益相关者了解对资源利用产生的积极和消极的实际和预期重要影响，包括资源效率、避免资源耗竭、可持续资源采购和可再生资源利用，以及源自企业对资源利用和循环经济的影响与依赖的重要风险和机遇对企业短期、中期和长期的财务影响。《自己的劳动力》（ESRS S1）要求企业披露的信息应有助于利益相关者了解企业对自己的劳动力产生的积极和消极的实际或预期重要影响，以及源自企业对自己的劳动力的影响与依赖的重要风险和机遇对企业短期、中期和长期的财务影响。《价值链中的工人》（ESRS S2）要求企业披露的信息应有助于利益相关者了解企业对其价值链中的工人产生的积极和消极的实际或预期重要影响，以及源自对价值链中的工人的影响与依赖的重要风险和机遇对企业短期、中期和长期的财务影响。《受影响的社区》（ESRS S3）要求企业披露的信息应有助于利益相关者了解企业对最有可能出现与最重要的社区产生的积极和消极的实际或预期重要影响，以及源自企业对受影响社区的影响与依赖的重大风险和机遇对企业短期、中期和长期的财务影响。《消费者与终端用户》（ESRS S4）要求企业披露的信息应有助于利益相关者了解企业对消费者和终端用户产生的积极和消极的实际或预期重要影响，以及源自企业对消费者和终端用户的影响与依赖的重要风险和机遇对企业短期、中期和长期的财务影响（EC，2023）。

整体来看，外部性是 ISSB 准则和 ESRS 最主要的反映对象，ISSB 准则和 ESRS 对影响（无论是财务重要性的影响还是影响重要性的影响）的关注，有助于企业的业绩观从专注内部经济效益拓展至关注外部环境效益和社会效益，也有助于投资者和其他利益相关者更加全面、客观地评价企业的业绩。尤其是 ESRS 的 5 个环境主题准则和 4 个社会主题准则的大部分披露条款都涉及企业自身经营活动和价值链上下游活动对环境和社会的影响，明确将 ESG 报告的边界从会计主体拓展至价值链，充分彰显了外部性假设在 ESG 报告中的核心地位。

三、持续经营假设的不足与适应性假设的提出

作为财务会计和财务报告的第二个基本假设，持续经营假设（Going - concern Assumption）产生的时代背景可追溯至17世纪英国的大型贸易公司（Littleton and Zimmerman，1962）。1600年，兰开斯特爵士（Sr. James Lancaster）与其他伦敦商人获得伊丽莎白一世的皇家特许，成立东印度公司。东印度公司后来发展成集贸易、政治、军事、司法于一体的残酷殖民组织，也是鸦片战争幕后的罪魁祸首，但却在会计发展进程中为持续经营假设的提出作出了独特的贡献。

在东印度公司成立之前，企业曾被视为可根据其业主或合伙人的意愿随时终止的商业冒险，但东印度公司的出现打破了这种认知。东印度公司拥有大量的码头和船只等永久性资产（Permanent Assets），这些资产体量巨大，独资或合伙的企业组织形式已无法为其提供充足的融资支持，东印度公司因此采用了联合股份公司（Join - stock Company）的组织形式。但早期的东印度公司虽名为联合股份公司，发行的却是可终止股份（Terminable Shares），它会在一次商业冒险或航海后进行分红和退股，在下一次冒险和航海前再重新募集股份，每一次的投资者都不尽相同。而为了将永久性资产在新老投资者之间进行转让，必须经常对其进行估值，频繁发生股份交易和重估值使东印度公司饱受困扰。直至1657年东印度公司获得发行可转让股份（Transferable Shares）的特许，这种困境才得到解决。该特许权要求东印度公司在股份发行满七年后进行重估值，随后每三年年末再估值一次，以此估值为基础，任何一位股东都有权将自己的位置转让给另一位想加入公司的人（利特尔顿，1933）。至此，可终止股份开始被可转让股份所取代。后来联合股份公司因受南海泡沫事件的影响在100多年里停滞不前，直到工业革命后才起死回生。1844年，英国通过了《联合股份公司法》（The Joint Stock Companies Act），正式确立了股份可自由转让的制度，发行可转让股份不再需要获得特许。可转让股份的制度设计解决了股份公司资产永久性与股权短期性的矛盾，促使企业经营从合伙制思维转向公司制思维，企业不再被视为因所有者变动而必须终止的主体，而是被视为不受所有者变动影响的持续经营主体，持续经营假设应运而生。

佩顿和利特尔顿认为，尽管企业破产、清算时有发生，但清算并非常态，持续经营才是常态。因此，除非存在相反的证据，否则会计人员应当假设企业将持续经营下去。

持续经营假设对于会计核算和报表编制至关重要。如果持续经营假设成立，则表

明企业持有的资产（特别是固定资产）将用于正常的生产经营活动，而不是为了出售，负债也将在正常经营活动中陆续到期、有序清偿，而不是集中到期、全部清偿。在这种情况下，资产和负债按历史成本计量合乎逻辑。此外，待摊和预提、存货成本分期结转、固定资产定期折旧、无形资产定期摊销，流动资产（负债）与非流动资产（负债）划分等，也都离不开持续经营假设的支持。

持续经营假设高度概括了企业经营的特征，在大多数情况下与企业的实际情况相吻合，但这并不等于报表的编制和审计可以不对企业的持续经营能力进行评估。在现行会计实务中，对企业持续经营能力的评估通常从财务角度出发，极少从战略和商业模式对环境和社会因素适应性的角度评估，这可能造成严重的评估结果偏差。历史上就存在许多企业因不适应新的环境和社会政策变化、技术变革、市场变化等而倒闭的前车之鉴。1962 年，卡尔森（Rachel Carson）出版了震动美国政界和商界的科普小说《寂静的春天》，极大推动了美国的环保立法。到了 20 世纪 70 年代，随着美国环保法规的实施，很多适应不了新环保法规的中小采矿企业纷纷倒闭。这些过去发生的不适应新的环境和社会政策的企业倒闭事件，将来有可能重演。2015 年通过的《巴黎协定》提出 1.5℃的控温目标后，各国纷纷制定在 2050 年实现净零排放的环境目标。为了适应全球向净零排放经济转型，2022 年 6 月欧盟 27 国环境部长就欧洲议会提出的燃油车禁售规定达成共识，欧洲议会遂于 2023 年 2 月以 340 票赞成、279 票反对和 21 票弃权通过了 2035 年起在欧盟境内禁售燃油车的议案。此项新规一旦付诸实施，奔驰、宝马、雷诺等汽车生产厂商如果不能调整其战略和商业模式以适应新的环境政策，其持续经营将戛然而止。此外，更具环保和公平意识的 Z 世代正在迅速崛起，在战略和商业模式上不能适应绿色低碳发展、生物多样性和生态系统保护的企业，以及不能秉持 DEI（多样性、公正性、包容性）原则公平对待种族、性别、供应商、客户和社区的企业，其产品或将受到 Z 世代的抵制，遭受巨大的市场风险和声誉风险，从而危及其持续经营能力。

简言之，时至今日，企业能否持续经营并不完全取决于财务因素，而是日益受到环境和社会因素尤其是政策因素的影响。因此，本文认为适应性假设（Resilience Assumption）是 ESG 报告蕴含的另一个基本假设。这里的适应性假设是指 ESG 报告应披露企业的战略和商业模式对不断变化的环境和社会因素的适应性。在绿色低碳转型和社会公平正义转型的时代背景下，适应性假设的提出意义重大。基于适应性假设的 ESG 报告可以弥补财务报告忽视环境及社会风险和机遇的不足，企业只有因应环境和社会转型的需要，适时调整其经营战略和商业模式，在价值创造过程中统筹兼顾 ESE（经济、社会、环境）价值，才能在不断变化的外部环境下保持其持续经营能力。ESG

报告披露适应性信息有助于投资者和其他利益相关者评估企业是否采取适当措施促使其经营战略和商业模式适应社会公众和监管部门对气候变化、污染防治、水和海洋资源利用、生物多样性和生态环境保护、循环经济、员工权益、消费者和社区关系管理等主题的关切和要求，在财务视角之外，从环境和社会视角进一步审视和评估企业的可持续发展前景。

适应性假设在 ISSB 发布的 IFRS S1、IFRS S2 中得到明显的体现。IFRS S1 第 41 段要求："主体应披露信息，使通用目的财务报告使用者了解主体适应可持续发展相关风险产生的不确定性的能力。主体应披露其战略和商业模式对可持续发展相关风险适应性的定性和定量（如适用）分析，包括分析的方式和时间范围。提供定量信息时，主体可披露单一数字或区间范围。"第 42 段进一步提出，"其他可持续披露准则可具体规定企业应当提供的特定可持续相关风险适应性信息类别以及如何对此作出披露，包括是否需要开展情景分析。"IFRS S2 第 22 段要求："主体应考虑已识别的气候相关风险和机遇，披露有助于通用目的财务报告使用者了解主体的战略和商业模式对气候相关变化、发展或不确定性的适应性的信息。主体应采用与其具体情况相称的气候相关情景分析评估气候适应性。提供定量信息时，主体可提供单一金额或金额区间。具体地说，主体应披露：（1）对报告日气候适应性的评估，该评估应有助于通用目的财务报告使用者了解企业的适应性评估对战略和商业模式的影响，包括企业如何应对气候相关情景分析识别的影响，主体评估气候适应性时考虑的重大不确定性领域，以及主体在短期、中期和长期调整或使其战略和商业模式适应气候变化的能力，包括主体现有财务资源应对气候相关情景分析所识别影响（含应对气候相关风险和利用气候相关机遇）的可获性和灵活性，主体重新配置、重新购买、更新或退役现有资产的能力，主体当前或计划的投资对气候适应性所作出相关缓释、适应和利用气候相关机遇的影响；（2）是否以及如何开展气候相关情景分析。"

适应性假设在 EC 发布的第一批 ESRS 中同样得到体现。《一般披露》（ESRS 2）第 48 段要求企业披露其战略和商业模式在应对重要可持续发展风险和利用重要可持续发展机遇方面的适应性。企业应披露定性和定量（如适用）的适应性分析情况，包括适应性分析是如何开展的，涵盖的时间范围等。以定量方式开展适应性分析时，影响金额可以按单一金额或区间金额表示。根据 ESRS 2 的总体要求，其他 ESRS 也提出了相应的披露要求，较为详细的如 ESRS E1 第 19 段要求企业披露其战略和商业模式应对气候相关风险的适应性，包括适应性分析的范围、适应性分析如何及何时开展以及适应性分析的结果（含运用气候情景分析的结果）。又如 ESRS E4 第 12 段要求企业披露的信息应有助于使用者了解企业的战略和商业模式对生物多样性和生态系统的适应性

以及企业的战略与商业模式是否与生物多样性和生态系统所在地、所在国和全球目标相容（Compatibility）。第 13 段进一步要求企业描述其战略和商业模式对生物多样性和生态系统的适应性，包括：现行商业模式和战略对生物多样性和生态系统相关物理风险、转型风险、系统性风险的适应性评估；企业针对经营活动开展适应性分析的范围；适应性分析所做的假设；适应性分析涵盖的时间范围；适应性分析的结果；利益相关者的参与情况等。

ISSB 准则和 ESRS 的上述披露要求都是适应性假设在 ESG 报告准则中具体应用的体现。企业开展适应性评估并披露与此相关的信息，对于使用者了解企业的战略和商业模式能否适应气候变化、生物多样性和生态系统保护等环境政策至关重要，对于使用者评估企业的可持续发展前景进而评估企业的持续经营能力必不可少，对单纯从财务层面评估持续经营能力形成了必要的补充，拓展了持续经营能力评估的范围和内涵。

四、会计分期假设的不足与前瞻性假设的提出

地球围绕太阳公转一周，不仅导致季节变化，而且慢慢使人类养成按年结算的习惯，财政年度和会计年度就是例证。但会计分期的理念并非完全自然产生，而是与人类经济活动的复杂性和企业组织形式的嬗变有关。中世纪出现合伙企业后，为了便于入伙和退伙，对合伙企业的账务进行期末调整的惯例逐渐形成，与会计分期假设（Accounting Period Assumption）相关的应计和递延项目随之产生。利特尔顿和齐默尔曼在《会计理论：延续与变革》中指出一些应计和递延项目最早出现的时间：预付租金（1299 年）；未付雇员薪资（1304 年）；未付税收负债（1324 年）；应计利息（1466 年）；预估分支机构利润（1466 年）；预计坏账（1494 年）。但他们认为，真正促进会计分期假设发展的重要因素是永久性资本、可转让股份制度和持续经营的性质。哥伦布发现新大陆后，西班牙、葡萄牙、荷兰和英国涌现出大量的合伙贸易企业，这些企业拥有船队和码头等永久性资产，客观上需要与之相适应的永久性资本。前述东印度公司于 1657 年率先发行的可转让股份到 1844 年被《联合股份公司法》合法化和制度化，企业不仅能够筹措到永久性资本，而且不必因为所有者的变动而终止，促使持续经营常态化。为方便持续经营企业的所有者定期了解企业的财务状况和经营业绩，会计分期的需求开始出现。因此，佩顿、利特尔顿、穆尼兹、葛家澍等学者都认为会计分期假设是持续经营假设的衍生假设。如果持续经营假设不成立，会计分期假设将不复存在。正因为将企业视为持续经营的主体，才有必要按月度、季度和年度等时间单元，将企业的持续经营长河截取若干会计期间，以便投资者、债权人等信息使

用者及时了解企业在特定报告期间的经营业绩、现金流量和特定期报告期末的财务状况（黄世忠，2020）。

会计分期假设的出现促使传统的现金收付制向现代的权责发生制转变。为便于业绩评价和利润分配，收益确定逐渐成为财务会计的重心，资本性支出与收益性支出的划分、待摊和预提的应用、长期资产的折旧和摊销、收入的实现、收入与成本的配比、资本与收益的区分、定期财务报告的披露等日益成为财务会计的关注点，由此也引发了估计和判断的应用和滥用、相关性与可靠性的争论等问题。为了解决这些问题，会计界制定了与此相关的大量且繁琐的确认、计量和报告规则并不断加以修订。可以说，财务会计和会计准则的复杂性很大程度上源自会计分期。

除复杂性外，会计分期假设造成的更大的问题是限制了财务信息的前瞻性。虽然一定期间内的确认、计量和报告必须考虑期后事项的影响，但对期后事项涵盖的时间跨度十分有限，这使财务报告回溯历史的成分远大于展望前景的成分。会计准则要求对未来现金流量进行预估的那些节点，如资产减值测算中有关可收回金额的估计、预计负债的重估等，是财务会计为数不多的利用前瞻性信息证实或修改初始确认计量的资产和负债的领域。然而，对投资者和其他利益相关者而言，在评估企业的可持续发展前景时，既需要历史性信息，更需要前瞻性信息。而会计分期假设，加上严格的确认、计量和报告规则，导致财务报告无法提供投资者和其他利益相关者所需要的充足的前瞻性信息，这对肩负弥补财务报告不足使命的ESG报告提出了相应的要求。

因此，本文认为，ESG报告蕴含了前瞻性假设（Forward - looking Assumption），这无疑是ESG报告区别于财务报告的又一个显著特征。所谓前瞻性假设，是指ESG报告必须披露有助于投资者和其他利益相关者评估重要的可持续发展相关风险和机遇在短期、中期和长期对企业发展前景产生影响的前瞻性信息。按照EC发布的《一般要求》（ESRS 1）第77段的规定，短期指财务报表涵盖的期间，中期指财务报告期结束后至5年，长期指5年以上。ISSB发布的IFRS S1虽然没有对短期、中期和长期进行定义，但要求企业在ESG报告中说明其如何定义短期、中期和长期，并鼓励企业在披露短期、中期和长期的影响时，能够与2030年和2050年缓解气候变化、保护生物多样性和生态环境的里程碑目标相互联系在一起。

纵观ISSB准则和ESRS，可以发现前瞻性假设已经得到广泛应用。ISSB发布的IFRS S1第34段要求："主体应披露有助于使用者了解下列两方面的信息：（1）可持续相关风险和机遇对主体报告期的财务状况、财务业绩和现金流量的影响（当期财务影响）；（2）可持续相关风险和机遇在短期、中期和长期对主体的财务状况、财务业绩和现金流量的预期影响，并考虑如何将可持续相关风险和机遇纳入主体的财务规划中（预期财务影响）。”对于预期财务影响，第 35 段进一步要求主体披露预期财务状况影响，包括投资和处置计划（如资本支出、重大收购和撤资、合营、业务转型、创新、新业务领域和资产报废等的计划）与实施战略的计划资金来源，以及预期财务业绩影响。同样地，ISSB 在 IFRS S2 也提出几乎一模一样的披露要求，唯一的差别是把“可持续相关重大风险和机遇”的表述替换为“气候相关重大风险和机遇”。

EC 发布的第一批 ESRS 同样要求企业披露前瞻性信息，典型如 5 个环境主题准则。ESRS E1 在第 64 段至第 67 段要求企业披露有助于使用者了解重要物理风险和转型风险如何在短期、中期和长期对其财务状况、经营业绩和现金流量产生影响的信息，以及如何在财务上受益于气候相关重要机遇的信息，包括在不考虑气候变化适应/减缓行动的情况下，短期、中期和长期暴露于重大物理风险/转型风险之下的资产金额和比例；气候变化适应/减缓行动解决的暴露于重大物理风险/转型风险之下的资产比例；暴露于重大物理风险之下的重要资产的地理位置；按能源效率等级分类的不动产类资产账面价值；短期、中期和长期暴露于重大物理风险之下的业务活动净收入的金额和比例等。ESRS E2 在第 36 段至第 41 段要求企业披露对源自污染相关影响与依赖的重要风险和机遇的预期财务影响，包括在短期、中期和长期对企业财务状况、财务业绩和现金流量可能产生的影响，具体包括包含环保关注物质（substances of concern）和高关注物质（substances of very high concern）的产品或服务净收入占比、报告期发生的与重大事故有关的经营和资本性支出、计提的环境保护和补救费负债等。ESRS E3 在第 30 段至第 33 段要求企业披露其对源自水与海洋资源相关影响与依赖的重要风险和机遇的预期财务影响，包括在短期、中期和长期对企业财务状况、财务业绩和现金流量可能产生的影响。ESRS E4 第 42 段至第 45 段要求企业披露其对源自生物多样性和生态系统相关影响与依赖的重要风险和机遇的预期财务影响，包括在短期、中期和长期对企业财务状况、财务业绩和现金流量可能产生的影响。ESRS E5 第 41 段至第 43 段要求企业披露其对源自资源利用和循环经济相关影响与依赖的重要风险和机遇的预期财务影响，包括在短期、中期和长期对企业财务状况、财务业绩和现金流量可能产生的影响[①]。值得一提的是，ESRS 之所以要求披露气候变化、污染、水与海洋资源、生物多样性和生态系统、资源利用和循环经济在短期、中期和长期的预期财务影响，主要是考虑到这些预期财务影响在报告日可能不符合财务报表的确认标准而未能在财

① 此外，IFRS S2 和 ESRS E1 这两个气候主题准则均要求企业开展气候情景分析以识别气候相关风险和机遇，评估经营战略和商业模式的气候适应性和预期财务影响。气候情景通常时间跨度极长，所采用的模型具有十分明显的前瞻性，能够帮助生成预期财务影响信息，以弥补企业仅提供当期财务影响信息的不足。

务报告中得到反映，披露这些信息可以对《欧盟分类法》所要求提供的信息加以补充，以弥补财务信息对环境影响反映严重滞后的不足。这也彰显了ESG报告作为财务报告补充报告的使命，充分体现前瞻性假设在ESRS中的具体应用。因为除非对现行会计准则进行颠覆性修改，否则环境和社会对企业的预期影响不可能反映在企业的财务报告中。在这种情况下，以不受确认、计量和报告规则限制的ESG报告反映这类预期影响，不失为现实可行的解决方案。

五、货币计量假设的不足与多重性假设的提出

在我国，货币有近5 000年的历史。在西方，公元前630年希腊城邦也开始使用铸币，但直至中世纪交换经济（Exchange Economy）得到长足发展后货币才被会计广泛用作计量单位。利特尔顿认为，书写艺术、算术、私有财产、货币（货币经济）、信用、商业、资本共同构成了复式簿记产生的前提条件，但在将所有财产及产权交易按货币这一相同因素予以简化之前，簿记是不必要的（利特尔顿，1933）。可见，货币计量作为会计计量的共同尺度，是交换经济发展到一定阶段的产物。在交换经济中，企业生产的商品不是为了自己使用，而是为了交换。为了提高商品交换的效率，降低交易成本，人们将货币作为交换媒介和“价值标准”或“价值尺度”，货币结算成为商品交换的常态，对商品交换的对价进行货币计量，遂成为会计的一项重要职能。会计人员必须对特定企业的经济活动提供相关信息，而这些经济活动主要由与其他企业的交换交易所组成，因此，会计的基本对象是交换活动所涉及的计量对价（Measured Consideration），特别是与获取服务（成本、费用）和提供服务（收入、收益）相关的计量对价（Paton and Littleton，1940）。

从理论上说，除了货币计量外，还存在许多非货币计量，但建立在复式簿记基础之上以反映交换活动为主要职能的会计，只能以货币作为主要计量尺度。试想，如果会计不是以货币而是以实物作为计量尺度，复式簿记的平衡机制将难以建立，不同性质的交易、事项和情况将难以汇总、分解、对比和分析，据此提供的信息的可比性和有用性将大打折扣。因此，货币计量是会计信息区别于其他信息的显著特征。尽管其他种类的数据（如生产报告数据和市场统计数据）也被管理层使用，但会计与其他内部数据提供职能的区别在于，会计数据主要按货币方式表述，而其他数据主要按定量方式表述（Moonitz，1961）。

货币计量假设（Monetary Measurement Assumption）包含两层含义：一是会计以货币作为主要计量尺度，二是作为计量尺度的货币币值保持稳定。以货币作为会计主要

计量尺度的优点是可以对不同性质的交易、事项和情况进行加减、分解和比较，缺点是一些对企业价值创造或环境及社会产生重大影响的经济活动因无法采用货币计量而未能在财务报告中得到反映，而这些方面的信息对于投资者和其他利益相关者评估企业的核心竞争力和可持续发展前景却至关重要。假定币值稳定的优点是会计核算和报表编制无需考虑物价变动的影响，易于操作，缺点是币值稳定是一种理想化的状态，受利率、税率和汇率及物价变动等诸多宏观因素的影响，币值不稳定往往比币值稳定更加符合客观事实。

为克服货币计量假设的上述缺点，ESG 报告有必要突破货币计量的限制，采用多重计量尺度。因此，本文认为，多重性假设（Multiplicity Assumption）是 ESG 报告蕴含的第四个基本假设。所谓多重性假设，是指企业在编制和披露 ESG 报告时，既可以货币作为计量尺度，也可以非货币作为计量尺度，甚至定性描述也可以采用，关键看企业习惯如何表达 ESG 相关影响、风险和机遇，如何确定影响、风险和机遇评估所需的精度水平和输出值。只要能够如实、贴切地反映企业对环境和社会的影响及环境和社会对企业的影响，包括货币计量、非货币计量和定性描述在内的记述语言都是可接受的。如温室气体排放以吨二氧化碳当量作为计量单位，能源消耗以千瓦时、度或清洁能源占比等作为计量单位，因为采用这些计量尺度计量的信息能够满足 ESG 报告信息使用者的需求。另有一些环境主题，如生物多样性和生态系统保护，采用实物计量比采用货币计量更有意义。譬如，对大熊猫等稀有物种的保护成果，就不能也不应该采用货币计量。还有一些社会主题，如员工权益保护的成果（包括工作场所的安全和健康保障、公平对待不同性别和种族的员工等）、社区关系、客户权益和个人隐私等，也不宜采用货币计量，只能采用实物计量等非货币性计量方式。

值得说明的是，多重性假设并不排斥在 ESG 报告中采用货币计量。理论界和实务界都不乏将企业的环境影响和社会影响予以货币化的尝试。哈佛大学塞拉芬教授（George Serafeim）带领的团队已经在构建影响力加权财务账户（Impact - weighted Financial Accounts）方面取得不小进展。台积电根据 ISO 14008《环境影响及相关环境因素的货币估值》，基于福利经济学中的支付意愿、受偿意愿、货币时间价值、价值转移等概念，编制并披露了“环境损益分析报告”，将其经营活动（包括价值链活动）所产生的温室气体排放、水资源耗用、空气污染和废弃物等环境外部性货币化为财务影响（黄世忠，2022）。这些尝试值得肯定和鼓励。可以说，在 ESG 报告中没有最好的计量方式，只有最适合描述某个特定可持续发展相关风险和机遇及其影响的计量方式。唯有多重计量才能提高 ESG 报告的信息含量，以最大限度满足利益相关者评估环境和社会因素对企业可持续发展前景产生影响的信息需求[①]。

多重性假设在ISSB准则和ESRS中均得到广泛运用。首先，不论是ISSB发布的IFRS S2还是EC发布的环境主题准则，均要求企业披露与《巴黎协定》相适应的转型计划，而转型计划涉及的指标如温室气体减排主要采用非货币计量。其次，EC发布的社会主题准则提出的披露要求大多以定性信息为主、定量信息为辅，且绝大部分的定量信息以非货币计量。譬如，ESRS S1第2段要求企业披露：（1）工作条件，包括保障就业、工作时间、适当的工资、社会对话、结社自由、集体谈判、工作与生活平衡、健康与安全等；（2）平等待遇和机会，包括性别平等和同工同酬、培训与技能开发、残障人员雇佣与包容、工作场所暴力和骚扰抑制举措、多样性等；（3）其他工作相关权利，包括禁用童工、提供住房、保护隐私等。第48段至第52段要求企业披露雇员特征，包括员工总数的性别和国别构成、按性别划分的固定工、临时工及无保障小时工的员工比例、全职和兼职员工比例、报告期离职人数和离职率等。ESRS S2第2段也提出类似的披露要求。最后，EC发布的治理主题准则要求披露的信息也以非货币计量为主。譬如，《商业操守》（ESRS G1）第22段至第26段要求企业披露报告期因腐败或贿赂被定罪的人数和罚款金额，以及企业反腐败反贿赂的具体举措，可以披露报告期已确认的腐败或贿赂事件的数量和性质、已确认的自己的工人因腐败或贿赂事件而被解雇或纪律处分的事件数量、已确认的合作伙伴因腐败或贿赂事件而终止合同或未续签合同的事件数量、企业或自己的员工遭到腐败或贿赂指控的案件的具体细节和结果等。与此相似，第27段至第30段要求企业披露其发挥政治影响包括参与游说活动等方面的信息。第31段至第33段要求企业披露支付惯例方面的信息，特别是对中小企业逾期付款的信息。

上述ESG主题的披露要求中，非货币计量的信息占据绝大部分。非货币计量在可持续披露准则的广泛应用，表明兼顾货币计量和非货币计量的多重性假设是对ESG报告计量事实的客观描述。基于多重计量假设形成的ESG报告信息，有助于使用者从多重计量视角了解企业对环境和社会的影响以及企业受环境和社会的影响，是对财务报告信息的有益补充和提升。

---

① 值得一提的是，国际整合报告理事会（IIRC）和世界经济论坛（WEF）下设的国际工商理事会（IBC）等组织还建议将难以货币计量因而不符合会计确认和计量标准的价值创造驱动因素（如创意设计、品牌影响、数字资源、创新能力、团队合作、企业文化、人力资本、结构资本和关系资本等）也纳入ESG报告的披露范围，以弥补财务报告的不足。本文认为，这方面的建议值得可持续披露准则制定机构关注和重视。当然这属于可持续披露准则主题选择的范畴，本文不做详细阐述。

六、结论与启示

经过工业革命和交换经济的洗礼，根植于股份公司的沃土，复式簿记逐渐进化为现代财务会计。以会计假设和概念框架为理论指导、以权责发生制和会计准则为实务基础的财务报告体系，为资源配置决策、受托责任评价和经济利益分配提供了相关、可靠、可比的财务信息，是市场经济不可或缺的制度安排，其有用性和重要性毋庸置疑。另外，囿于四大会计假设及严格的确认和计量标准，财务报告确实存在诸多被使用者诟病的问题，会计准则的持续修订与发展或许能够解决其中的一部分，剩下的则属于财务报告的先天不足。鉴于财务报告已经发展到一个相对稳定的阶段并被广为接受，通过其自我革新突破性疗愈先天不足的概率不高，探索补充报告形式遂成为务实之选。

在投资者和其他利益相关者的呼吁下，在企业对各种补充报告不断试错之后，ESG 报告脱颖而出，肩负起弥补财务报告先天不足之使命，也正因如此，财务报告与 ESG 报告存在着紧密的关联性（Connectivity）。既然是补充报告，对 ESG 报告的定位应是与财务报告相互补充、相得益彰的报告体系，不可与财务报告混淆在一起，损害财务报告本体的独立性和完整性，这一点必须在 ESG 报告准则及其概念框架的制定过程中严格遵守。目前来看，在世界范围内启动统一的 ESG 报告准则制定工作的几个主流机构中，只有 EFRAG 和 EC 明确采取上述立场①。EFRAG 的工作人员在题为“关于财务重要性的方法”（Approach to Financial Materiality）的研究报告中指出，“财务报告没能捕捉或尚未捕捉的财务相关信息应归入可持续相关披露的范畴。主体实施可持续相关披露的潜在目标是促成财务报告和可持续发展报告相互结合从而形成无缝且全面的财务相关公司报告。”财务报告信息质量的提升应通过提供明确的内容“锚点”，创造一个将财务报告与可持续发展报告无缝对接的信息双向传输通道（EFRAG，2021）。上述观点被 EFRAG 充分吸收并在其后拟定 ESRS 的过程中严格遵守。对此，本文完全赞同。

明确 ESG 报告的定位后，另外一个关键的问题是，作为一个报告体系要想长久有生命力地发展，必须有一套理论体系对其进行支撑。参考现行财务报告理论体系，ESG 报告理论体系的上层也应是报告准则，下层是概念框架，底层则是隐性支撑概念框架和报告准则的基本假设。对于 ESG 报告准则，目前还处于制定的初级阶段。会计

① 相比之下，ISSB 将可持续发展相关财务信息披露作为财务报告的组成部分，这种做法本文并不认同。

界为了完善会计核算和报表编制积累了丰富的财务报告准则制定经验，可供新生的ISSB、EFRAG等ESG报告准则制定机构借鉴。对于概念框架，EFRAG截至目前的动作意图比较明显，已经发布了《双重重要性》（ESRG 1）、《信息质量特征》（ESRG 2）、《时间范围》（ESRG 3）、《报告边界与层级》（ESGR 4）、《欧盟与国际一致性》（ESRG 5）和《关联性》（ESRG 5）5份概念指引讨论稿，拟在此基础上制定ESG报告概念框架，这种做法值得赞赏[①]。至于基本假设，出于ESG报告作为财务报告补充报告的性质判断，基本假设应能为这种互补关系提供概念原点，以便其延伸和拓展，从而有力托起概念框架和报告准则。

依从上述思路，本文从识别财务会计基本假设导致的财务报告的不足出发，根据互补原则及对经济环境与ESG报告准则和实务的观察和归纳，相应提出ESG报告的四大基本假设：外部性假设、适应性假设、前瞻性假设和多重性假设。本文的研究表明，上述四大基本假设已经明确地体现在ISSB和EC业已发布的ISSB准则和ESRS之中。对其进行识别、归纳和总结，有助于为ESG报告概念框架的发展和ESG报告准则的制定提供理论指导，使ESG报告披露的信息有助于投资者和其他利益相关者更加全面准确地评估企业对环境和社会的影响，以及环境因素和社会因素对企业发展前景的影响。

ESG报告的编制和披露实践方兴未艾。开展由基本假设、概念框架和主题准则所组成的ESG报告基础理论研究，对于提高ESG报告信息质量，厘清财务报告与ESG报告的相互关系至关重要。本文通过系统剖析四大会计基本假设的不足，提出可望弥补这些不足的ESG报告四大基本假设，为构建ESG报告概念框架和制定ESG报告准则提供理论基础，亦填补这一领域的研究空白。

（原载于《会计研究》2023年第5期）

主要参考文献：

1. 葛家澍．关于财务会计基本假设的重新思考［J］．会计研究，2002（1）：5－10.
2. 黄世忠．支撑ESG的三大理论支柱［J］．财会月刊，2021（19）：3－11.

---

① 相比之下，ISSB是否制定ESG报告概念框架尚不明确。但ISSB发布IFRS S1时在附件C列举了“有用可持续发展相关财务信息”的质量特征，包括由相关性、重要性、如实反映构成的基础性质量特征，以及由可比性、可验证性、及时性、可理解性构成的提升性质量特征。这些质量特征绝大部分照搬财务报告概念框架，显然与ISSB将可持续发展信息定位于财务报告组成部分的立场有关。本文认为，ESG报告毕竟不同于财务报告，包含大量未经会计确认和计量的前瞻性信息和定性信息，将财务报告概念框架中的信息质量特征套用到ESG报告的做法值得商榷。

3. 黄世忠．新经济对财务会计的影响分析［J］．财会月刊，2020（7）：3－9.

4. 黄世忠．台积电的绩优与隐忧——ESG视角下的业绩观［J］．财会月刊，2022（18）：3－8.

5. 黄世忠，叶丰滢．可持续发展报告与财务报告的关联性分析［J］．财会月刊，2023（5）：3－9.

6. 利特尔顿．1900年前会计的演进［M］．宋小明等，译．上海：立信会计出版社，2014：176－197.

7. 沈满洪，何灵巧．外部性的分类及外部性理论的演化［J］．浙江大学学报（人文社会科学版），2022（1）：152－160.

8. EC. Commission Delegated Regulation of 31. 7. 2023.

9. EFRAG. ESRG 1 Double Materiality Conceptual Guidelines for Standard－setting (Working Paper), 2021：21－31.

10. ISSB. IFRS S1 General Requirements for Disclosure of Sustainable－related Financial Information, 2023.

11. Lev, B., Gu, F. The End of Accounting and the Path forward for Investors and Managers［M］. John Wiley & Sons, Inc, 2016：29－39.

12. Littleton, A. C., Zimmerman, V. K. Accounting Theory：Continuity and Change［M］. Prentice－Hall, Inc, 1962：49－71.

13. Moonitz, M. The Basic Postulates of Accounting. American Institute of Certified Public Accountants, 1961：1－55.

14. Paton, W. A. Accounting Theory：With Special Reference to the Corporate Enterprise［M］. Scholars Book Co, 1922：471－499.

15. Paton, W. A., Littleton, A. C. An Introduction to Corporate Accounting Standards. American Accounting Association, 1940：7－23.

可持续发展报告的目标设定研究

叶丰滢　黄世忠

【摘要】本文从主要使用者、报告范围和报告作用三个维度对比分析了国际财务报告可持续披露准则（ISSB准则），欧洲可持续发展报告准则（ESRS），以及GRI可持续发展报告准则（GRI准则）这三大代表性可持续发展报告准则提出的可持续发展报告目标。本文的研究表明，ISSB准则和GRI准则的主要使用者群体和报告范围高度互补，而ESRS自成一体，可视为前二者的集成。为了实现可持续发展报告所秉承的敬天爱人、从善向善的初心使命，准则制定机构必须淡化股东至上主义治理模式，采纳利益相关者至上主义治理模式，既要披露具有财务重要性的可持续发展信息，以满足投资者评价企业价值受环境和社会影响的信息需求，也要披露具有影响重要性的可持续发展信息，以满足利益相关者评价企业环境影响和社会影响的信息需求。唯有如此，才能构建名副其实的可持续发展报告准则体系，推动联合国可持续发展目标和《巴黎协定》的实现，促进经济、环境和社会的全面、和谐和永续发展。

【关键词】可持续发展报告；主要使用者；报告范围；报告作用；股东至上主义；利益相关者至上主义

财务报告严密的确认、计量标准最大程度保证了财务报表入表信息的表述方式和质量，却也屏蔽了大量对使用者决策有用的信息，这催生了发展其补充报告的需求。经过漫长的市场孕育和竞争抉择，可持续发展报告脱颖而出，肩负起财务报告补充报告的角色。在过去两年里，主流的可持续发展报告框架在交互融合中快速发展，逐渐形成了三大极具代表性的报告准则——国际可持续准则理事会（ISSB）发布的国际财务报告可持续披露准则（ISSB准则），欧洲财务报告咨询组（EFRAG）起草的欧洲可持续发展报告准则（ESRS），以及全球报告倡议组织（GRI）发布的GRI可持续发展报告准则（GRI准则）。

从财务报告准则的发展历程看，报告目标的设定至关重要，它是财务报告体系一系列概念和原则的逻辑原点，对财务报告概念框架和财务报告准则的构建起到提纲挈领的作用。同理，可持续发展报告的目标设定也是ISSB、EFRAG和GRI必须慎重考虑的焦点问题。ISSB在ISSB准则第1号《可持续相关财务信息披露一般要求》（S1）征求意见稿中提出的目标是“披露对通用目的财务报告主要使用者评估企业价值和决定是否向主体提供资源有用的可持续发展相关重大风险和机遇的信息。”EFRAG依据欧盟委员会发布的《公司可持续发展报告指令》（CSRD）制定ESRS，CSRD提出可持续发展报告的目标是报告有助于“理解企业对可持续发展事项的影响，以及理解可持续发展事项如何影响企业发展、业绩和地位的必要信息。”GRI在GRI准则系列的简介部分提出使用GRI准则编制可持续发展报告的目标是“为组织如何为或旨在为可持续发展作出贡献提供透明度。”从上述目标设定来看，ISSB、EFRAG、GRI的观点不尽相同，折射出股东至上主义（Stockholder Primacy）和利益相关者至上主义（Stakeholder Primacy）对不同准则制定机构的差异化影响。

仿效对财务报告目标的解构，我们认为可持续发展报告的目标应当回答三个基本问题：一是向谁提供信息，即报告主要使用者（Primary Users）的问题；二是提供哪些信息，即报告范围的问题；三是提供信息做什么，即报告作用的问题。本文从主要使用者、报告范围和报告作用这三个维度出发，辨析目前三大可持续发展报告准则体系目标设定的合理性及其背后的原因，并就可持续发展报告准则体系的未来发展提出我们的意见和建议。

一、可持续发展报告的主要使用者

主要使用者是可持续发展报告的核心目标受众，是确定报告目标至关重要的第一步。S1征求意见稿将可持续发展相关财务信息的主要使用者直接等同于财务报告主要使用者，即现行和潜在投资者、债权人和其他借款人，S1及其他ISSB准则的制定主要考虑投资者和其他市场参与者的信息需求。之所以如此界定，与ISSB的职能定位密切相关。ISSB与国际会计准则理事会（IASB）同属国际财务报告准则基金会（IFRS基金会），该基金会是一个非营利性公共利益组织，因此其下属的ISSB和IASB发布的准则均不具有法规属性，其正当性和权威性主要来自国际组织和相关国家的承认和背书，比如IASB制定的国际财务报告准则（IFRS）在过去二十年世界范围内的快速普及主要是得益于IOSCO的承认和背书（黄世忠，2022）。IFRS基金会明确将“使投资者和其他市场参与者作出明智的经济决策；减少资金提供者和受托人之间的信息差距；帮助投资者识别全球机遇和风险从而改善资本配置”作为使命，要求IASB和ISSB以投资者需求为中心开展准则制定工作，若ISSB偏离上述使命，其发布ISSB准则的正当性将遭到质疑，ISSB准则能否得到IOSCO的承认和背书也将成为疑问[①]。因此，从主观意愿上ISSB并不重视投资者和其他市场参与者以外的其他报告使用者，为此，它先入为主地从为投资者和其他市场参与者评估企业价值提供其所需要而财务报告又缺乏的信息的角度出发制定ISSB准则，按照ISSB准则披露的信息也被定位为财务报告的组成部分。换言之，ISSB制定ISSB准则的逻辑是：从使命出发先确定主要使用者，再按照主要使用者的信息需求制定ISSB准则。上述逻辑看似自洽实则不然，报告主要使用者不应武断确定，应从所有利益相关者中遴选。站在ISSB的立场，遴选的标准可以包括IFRS基金会的使命，但更应考虑报告准则的普适性，以及利益相关者的正当信息需求。

IASB与美国会计准则委员会（FASB）在联合制定的2010版IFRS概念框架“第一章通用目的财务报告的目标”结论基础中指出，将财务报告主要使用者设定为现行和潜在投资者、债权人和其他借款人的原因有三：一是这些使用者对财务报告信息有着最急迫的需求且大部分无法直接要求主体提供信息；二是IASB和FASB的使命是服务资本市场参与者的信息需求，这要求它们不仅要重视现行资本市场参与者的需求，也要重视潜在资本市场参与者的需求；三是满足这些使用者需求的信息通常能同时满足股东至上公司治理模式下使用者的需求和利益相关者至上公司治理模式下使用者的需求。这三个理由之所以能够同时成立，是因为在财务报告体系下投资者和其他市场参与者的信息需求通常比其他利益相关者的信息需求更全面也更深入，也即投资者和其他市场参与者的信息需求能够覆盖（Overlap）其他利益相关者的信息需求，此时按“孰多”原则锚定投资者和其他市场参与者的需求提供信息既能够为“广泛的使用者作出经济决策提供有用的信息”（IASB，2018），也不违背IFRS基金会的使命。相比之下，ISSB制定的ISSB准则是未经确认、计量流程，囊括大量前瞻性信息和定性信息的明显有别于IFRS的另外一套准则体系，若ISSB强行忽略对其他利益相关者对可持续发展相关信息需求的考察与分析，仅从使命出发直接将财务报告主要使用者确定为可持续发展相关信息的主要使用者，则有为迎合资本市场参与者而牺牲其他利益相关者之嫌，其制定的ISSB准则体系对投资者和其他市场参与者以外的其他利益相关者

① IOSCO在ISSB制定ISSB准则的过程中全程以官方观察者的身份介入。

的有用性也将大打折扣。而一旦对主要使用者的定位有偏，ISSB 准则还可能因缺乏普适性而难以像 IFRS 一样发展成为国际通用的准则。

EFRAG 对主要使用者的界定迥然不同于 ISSB。EFRAG 依据 CSRD 制定 ESRS。CSRD 基于企业价值创造应包括企业和社会两个层面的立场，要求 EFRAG 在制定 ESRS 时应秉持利益相关者导向，确认利益相关者的信息诉求并作出反应（黄世忠，2021）。EFRAG 因此提出可持续发展报告的主要使用者是所有利益相关者，并将利益相关者定义为能够影响企业的决策和行动或受企业决策和行动影响的当事方。这个定义与利益相关者至上主义的鼻祖弗里曼（R. Edward Freeman）对利益相关者的定义如出一辙，弗里曼认为，利益相关者是指任何能够对一个组织的目标实现及其实施过程施加影响或受其影响的群体或个人（Freeman，1984）。利益相关者又可进一步分为两大类：一类是受影响利益相关者（Affected Stakeholders），包括利益受到或可能受到企业活动及其价值链活动有利或不利影响的群体或个人；第二类是可持续发展报告使用者，即与企业有利益关系的利益相关者（Stakeholders with an Interest in the Undertaking），具体又包括两个群体：一是现行和潜在的投资者、债权人和其他借款人（包括资产管理者、信贷机构和保险机构等）；二是政府当局、商业伙伴、工会和社会伙伴、民间社会组织和非政府组织等。

EFRAG 在 2022 年 1 月发布的第 1 号欧洲可持续发展报告概念指引（ESRG 1）《准则制定双重重要性指引》工作稿中详细论述了不同类型利益相关者的信息需求。根据 ESRG 1，受影响利益相关者的重点信息需求包括：企业活动及其价值链活动造成的不利影响或潜在不利影响；企业对上述影响的参与情况；企业为预防或减缓不利影响并最大化对人类或环境的有利影响所采取的政策、目标和行动，以及这些行动的效果。与企业有利益关系的利益相关者中，权益投资者（包括资产管理者）、银行和保险机构希望了解与自身活动（包括投资、融资、交易、保险等）相关的可持续发展事项带来的风险和机遇（包括长期的风险和机遇），以及这些活动对人类和环境的影响。政府当局、商业伙伴、工会和社会伙伴、民间社会组织和非政府组织等其他利益相关方则希望企业就其活动对人类和环境的影响承担更大的责任，因此，它们除了需要对人类和环境产生不利影响的具体事例信息外，还需要有助于评估企业与这种不利影响关联度的信息，以及企业是否及如何采取行动减少这种关联度的信息，也即需要企业价值链上的信息，以及潜在受影响利益相关者（包括价值链上的工人和社区）的信息。此外，它们还关注企业在其治理和业务实践中整合可持续发展战略和尽职调查的情况。比如，政府当局需要有助于评估各个企业在实现相关公共目标方面和政府采购方面进展情况的可持续发展信息；商业伙伴（特别是买家）需要可持续发展绩效信息，以设置自身可持续发展相关目标和指标并评估其实现情况；非政府组织和企业的社会伙伴需要了解并作出促进企业可持续发展决策的可持续发展信息；企业产品和服务的终端用户需要能够指导他们在可持续消费方面进行决策的可持续发展信息。

由 ESRG 1 的分析可知，在所有利益相关者群体中，受影响利益相关者的信息需求与现行和潜在投资者、债权人和其他借款人群体的信息需求存在明显差别，受影响利益相关者更关心企业经营对其造成的影响及应对，现行和潜在投资者、债权人和其他借款人则更关注可持续发展相关风险和机遇对企业经营造成的影响及应对。而包括政府当局、商业伙伴、工会和社会伙伴、民间社会组织和非政府组织在内的其他利益相关者群体，虽然基于各自的目标和使命信息需求不尽相同，但总体上更接近受影响利益相关者而非现行和潜在投资者、债权人和其他借款人。因此，我们得出两点结论，一是现行和潜在投资者、债权人和其他借款人的信息需求不能覆盖其他利益相关者的信息需求，甚至不是利益相关者的主要信息需求，无法扮演报告主要使用者的角色；二是几类利益相关者的信息需求几乎无法互相覆盖，可持续发展报告的主要使用者很难确定。依从 CSRD 尊重所有利益相关者信息需求的要求，ESRS 必须兼容并蓄。

GRI 界定的信息使用者为“任何组织”，既包括投资者等利益相关者，也包括除利益相关者以外的其他使用者，如学者和财务分析师等。GRI 指出，GRI 准则提供的信息应满足一个组织“所有类型使用者”的信息需求。表面上，GRI 界定的信息使用者群体最为宽泛，但值得注意的是，GRI 定义利益相关者为利益①受到或可能受到企业活动影响的个人或团体②，这一定义相当于 EFRAG 界定的受影响利益相关者（下文统称“受影响利益相关者”）。GRI 还将受影响利益相关者进一步分为两类，一类是利益已经受到影响的利益相关者（即已受影响利益相关者）和利益尚未受到影响但可能受到影响的利益相关者（即潜在受影响利益相关者）。例如，如果一个企业的活动导致了安全危险，由于危险而受伤的工人便是已受影响利益相关者，而尚未受伤但暴露于危险之中并可能受伤的工人是潜在受影响利益相关者。

GRI 十分强调企业应与受影响利益相关者接触以识别和管理其活动产生的正面和负面影响，对负面影响还应实施尽职调查，以预防、减轻那些实际和潜在的负面影响并为其负责。由于不是所有受影响利益相关者都会受到企业活动的影响，因此企业应识别与特定活动相关的受影响利益相关者［即相关（受影响）利益相关者］进行接触，在无法与所有相关（受影响）利益相关者直接接触的情况下，企业可以选择与可

---

① 利益相关者可以拥有不止一种利益，不是所有的利益都同等重要，也不是所有的利益都能够被同等对待。

② 常见利益相关者包括商业伙伴、民间社会组织、消费者、顾客、雇员和其他劳动者、政府、地方社区、非政府组织、股东和其他投资者、供应商、工会和弱势群体等。

靠的（受影响）利益相关者代表或代理组织（如非政府组织、工会）接触，以了解它们的需求。

从 GRI 对报告使用者的界定和相关要求可以看出，GRI 准则主要关注并锚定受影响利益相关者及其对企业活动影响的信息需求制定披露准则，投资者和其他市场参与者及其信息需求（尤其是外部环境和社会对企业影响的信息需求）以隐含的方式包括其中，未被单独强调。

表 1 概括了三大准则体系对报告主要使用者的界定。它们之间的差异折射出准则制定机构对股东至上主义和利益相关者至上主义这两种公司治理模式的不同取向。ISSB 奉行股东至上主义，基于代理理论的股东至上主义公司治理模式，专注于通过监督和激励机制，尽可能实现股东与管理层之间的利益耦合，董事会依照对全体股东的受托责任，以勤勉尽责的方式监督和激励管理层努力为股东托付的资产赚取最大化的回报。换言之，在股东至上主义公司治理模式下，企业的目标就是最大化股东价值，股东自然成为财务报告和可持续发展报告的主要使用者，满足股东对财务信息和可持续发展信息的需求理所当然成为财务报告和可持续发展报告的首要目标。GRI 准则和 ESRS 奉行利益相关者至上主义，利益相关者至上主义公司治理模式致力于通过协调各方（客户、员工、供应商、社区、政府、环保团体等）关系，促使公司公平对待各利益相关者的利益[①]，董事会不仅要对股东负责，也要对其他利益相关者负责，维护其正当利益。换言之，在利益相关者至上主义公司治理模式下，企业的目标是为所有利益相关者创造共享价值。在这种治理模式下，其他利益相关者与股东一样，都应当是财务报告和可持续发展报告的主要使用者，满足所有利益相关者而不仅仅是股东的信息需求，成为财务报告和可持续发展报告意欲实现的重要目标。

表 1　　　　三大可持续发展报告准则体系主要使用者对比

<table>
<tr><th>报告体系</th><th colspan="2">主要使用者</th></tr>
<tr><td>ISSB 准则</td><td colspan="2">现行和潜在投资者、债权人和其他借款人</td></tr>
<tr><td rowspan="3">ESRS</td><td colspan="2">受影响利益相关者</td></tr>
<tr><td rowspan="2">与企业有利益关系的利益相关者</td><td>现行和潜在投资者、债权人和其他借款人</td></tr>
<tr><td>其他与企业有利益关系的利益相关者</td></tr>
</table>

① 早在 1961 年，Moonitz 教授在第 1 号会计研究文集《会计的基本假设》就指出，财务报告过于聚焦于投资者的信息需求，忽略了其他利益相关者正当的信息需求，有违公平性原则，因为投资者的信息需求并不能囊括其他利益相关者的信息需求。基于公平性假设，他主张财务报告的目标设定视野应更加宽阔，既要满足投资者的信息需求，也要满足其他利益相关者的信息需求。财务报告的目标设定尚且如此，可持续发展报告的目标设定更应将主要使用者由投资者拓展至利益相关者，以满足利益相关者信息需求为依归。

续表

报告体系	主要使用者	
GRI	受影响利益相关者	已受影响利益相关者
		潜在受影响利益相关者
	除受影响利益相关者以外的其他使用者	

资料来源：S1 征求意见稿（2022）、ESRS1 征求意见稿（2022）、GRI 准则（2022）。

传统上，股东至上主义的公司治理模式在美国十分盛行，而利益相关者至上主义的公司治理模式则主要在欧洲和亚洲流行。但近年来，在员工、环保和消费者团体及监管部门的不断影响下，美国主流的公司治理模式正由股东至上主义向利益相关者至上主义转变（Rezaee，2021），最明显的例证是美国商业圆桌会议（Business Roundtable）关于公司目的的宣言发生了重大变化。1978 年以来，商业圆桌会议定期发布包括公司目的宣言在内的公司治理原则，虽也提及必须尊重客户、员工、社区等利益相关者的权益，但明确公司的主要目的是为股东创造价值。1997 年，为了应对来自公司掠夺者（Corporate Raiders）与日俱增的压力，商业圆桌会议甚至将公司的主要目的表述为“为其业主创造经济回报”，不再提及其他利益相关者。但近年来，强生等美国大企业的首席执行官（CEO）认为商业圆桌会议对公司目的的宣言不能准确反映美国公司及其 CEO 致力于为所有利益相关者创造价值的事实，为此，2019 年 8 月，美国 187 家最大上市公司的首席执行官联合署名发表了关于公司目的的宣言，指出公司的目标在于：（1）为客户提供价值，推动美国公司满足或超越客户期望；（2）投资于员工，为他们提供公平薪酬和重要福利，通过培训和教育帮助他们提升新技能以适应快速变化的世界，倡导多样性和包容性，维护他们的尊严，使他们受到尊重；（3）以公平和合乎伦理的方式与供应商打交道，与其成为良好的合作伙伴；（4）支持公司所在社区，尊重社区居民，保护社区环境；（5）为那些给公司发展和创新提供资本的股东创造长期价值，提高透明度和参与度（BRT，2019）。由此可见，商业圆桌会议曾长期将股东奉为圭臬，把股东利益放在首位，现在则将股东置于客户、员工、供应商和社区之后，更加重视这些其他利益相关者的利益，这足见美国公司治理模式由股东至上主义向利益相关者至上主义的重大转变。此外，世界经济论坛（WEF）也强烈推荐其下属的国际工商理事会（IBC）成员企业摈弃传统过时的股东至上主义，拥抱现代主流的利益相关者至上主义。综上所述，我们认为，在利益相关者至上主义日益成为主流公司治理模式的时代背景下，ISSB 准则继续将投资者和其他市场参与者作为可持续发展报告的主要使用者显得特别不合时宜，有必要向 ESRS 和 GRI 准则靠拢。

主要使用者及其信息需求直接决定了可持续发展报告的披露范围和内容，可以预

见，三大准则制定机构在主要使用者界定上的差异将导致它们定义的可持续发展报告披露范围和披露内容出现重大差异。

二、可持续发展报告的范围

可持续发展报告的范围界定决定可持续发展报告的内容边界，是报告目标的主体组成部分。S1 征求意见稿从财务报告主要使用者的信息需求出发，界定报告范围为“可持续发展相关财务信息”，即能够洞察影响企业价值的可持续发展相关风险和机遇的信息，这些信息为通用目的财务报告使用者评估主体商业模式及维持和发展商业模式的战略所依赖的资源和关系提供充分的基础。S1 征求意见稿要求企业披露的信息应考虑各种风险之间的相互联系，以及企业的资源和关系之间的相互作用，包括可持续发展相关风险和机遇如何相互联系和相互覆盖，以及通过这种联系和覆盖相互影响和扩大[①]。

至于为何将报告范围限定在可持续发展相关财务信息，ISSB 在 S1 征求意见稿的结论基础中指出，是为了“与面向更广泛的、更多利益相关方的可持续发展报告区分开来”，“从而减轻人们对 IFRS 基金会是否不再以投资者为中心的误解，同时明确 ISSB 准则不论从概念上还是从实务上都是对报告主体对人类、环境和经济的重大影响的补充而不是替代”（S1BC31，2022）。由此可见，ISSB 的目的是通过 ISSB 准则的信息披露规范有针对性地为股东和其他市场参与者群体补充财务报告之不足。

S1 征求意见稿有关报告范围的设定彰显浓厚的股东至上主义色彩，与报告主要使用者的设定能够相互呼应，但也存在明显的隐患，即忽略企业对人类、环境和经济的重大影响。世界环境与发展委员会在 1987 年发布的《我们共同的未来》中将可持续发展定义为“满足当代人的需要而又不对后代人满足其需要的能力构成危害的发展”，这个基于代际公平的定义应是每一个可持续发展披露准则制定机构必须正视的初心和使命。根据这一定义，ISSB 回避企业对外部环境和社会影响的准则制定思路明显“名不正，言不顺”，背离了可持续发展报告的初衷。为了给这种做法寻找正当性，S1 征求意见稿给出了一个略显狡黠的解释，大意是 ISSB 制定 ISSB 准则的目的仅是提供可持续发展相关披露的全球基准（Global Baseline），在 ISSB 准则设定的全球基准的基础上，各司法管辖区的准则制定机构可以自行“搭积木”，提出满足其他利益相关者需

---

① S1 征求意见稿特别强调，与可持续发展相关的财务信息只有在对企业价值评估具有重要意义时（即足够重大时）才需要披露。

求的披露要求（S1BC78－79，2022）。然而，一个显而易见的事实是，仅以投资者和其他市场参与者为主要使用者，以满足其信息需求为使命的准则制定机构制定的披露准则，因其受众和范围的限制，并不足以成为“披露大厦”的底层积木。从“搭积木”的角度，以“任何组织”、“所有类型的用户”为使用者，报告企业活动对经济、环境和人类重要影响的 GRI 准则似乎更适合扮演可持续发展报告底层积木的角色。

EFRAG 在 ESRG1 工作稿中提出可持续发展信息应包括两类：一类是由内到外产生重要影响的可持续发展信息，它们具有影响重要性（Impact Materiality）；另一类是由外到内产生重要影响的可持续发展信息，它们具有财务重要性（Financial Materiality）。具有影响重要性的信息集和具有财务重要性的信息集之间可能毫不相干（见图 1 非交集部分），也可能交互影响（见图 1 交集部分）。交互影响表现在两个方面：一是财务重要性可能导致影响重要性，如环境政策趋严迫使企业限制温室气体排放，而企业采取的减排措施反过来可能导致对外部环境的影响；二是影响重要性也可能导致财务重要性，如密集种植、滥用化肥等使农田生物多样性枯竭，这反过来直接影响田内作物产量，从而影响企业利润（俗称“回旋镖”效应）。ESRG1 提出可持续发展报告的范围应包括符合财务重要性标准或影响重要性标准，或同时符合这两个标准的可持续发展信息，如图 1 所示集合的并集。

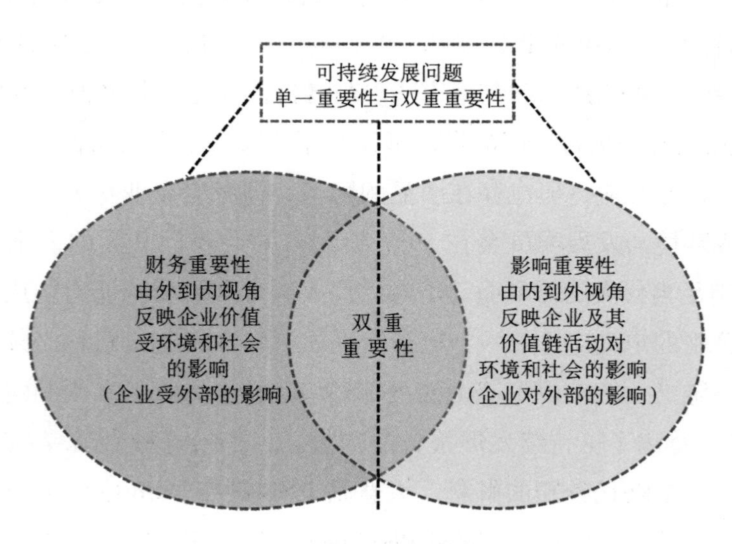

图 1　重要性示意图

ESRG1 工作稿有关可持续发展报告范围的阐述充分体现了利益相关者至上主义的思想，与其报告主要使用者的设定能够相互呼应，同时再次映衬出 S1 征求意见稿的潜在问题：S1 征求意见稿声称回避可能对环境和社会造成重大影响的可持续发展信息

（即具有影响重要性的信息），意味着披露范围被限制在具有财务重要性的信息集，最多包括图 1 中单纯具有财务重要性而没有影响重要性的信息，以及因“回旋镖”效应而同时具有影响重要性和财务重要性的信息。那些具有影响重要性而没有财务重要性的信息，如产生了由内到外影响却没有受到“回旋镖”效应冲击的经营活动，以及由财务重要性导致的影响重要性，如企业减排措施对环境和社会的影响（尤其是负面影响），将被排除在报告范围之外。不被报告的结果很可能是被选择性无视，最终导致企业以损害环境或社会为代价使自身利益最大化，产生难以评估的隐患。

GRI 认为，根据 GRI 准则进行报告应包括使企业能够全面了解其对经济、环境和人类最重大影响（包括对人权的影响①），以及企业如何管理这些影响的信息。这些影响可以是实际的或潜在的、正面的或负面的、短期的或长期的、有意的或无意的、可逆的或不可逆的，它表明企业对可持续发展的正面或负面的贡献。GRI 准则认为企业对经济的影响是指企业在地方、国家和全球层面上对经济体系的影响。一个企业可以通过其竞争实践、采购实践（包括要求供应商符合环保标准和社会标准的绿色采购和道德采购）及向政府缴纳税款等方式对经济产生影响。企业对环境的影响是指企业对生命体和非生命体的影响，包括空气、土地、水和生态系统。一个企业可以通过使用能源、土地、水和其他自然资源对环境产生影响。企业对人的影响指的是企业对个人和群体的影响，如社区、弱势群体或社会，包括企业对人权的影响。一个企业可以通过其雇佣实践（如支付给员工工资）、供应链（如供应商工人的工作条件），以及其产品和服务（如产品和服务的安全或可获取性）对人们产生影响。上述对经济、环境和人类的影响是相互关联的。例如，企业对经济和环境的影响可能会对人类及其人权产生影响。同样地，正面影响也可能导致负面影响，如一个企业对环境的正面影响可能会导致对人类及其人权产生负面影响，反之亦然。

GRI 准则有关可持续发展报告内容的阐述充分体现了受影响利益相关者至上思想，与其报告主要使用者的设定能够相互呼应。需要指出的是，若我们从 EFRAG 提出的数学集合角度观察 GRI 可持续发展报告的范围，与 ISSB 相反，GRI 似乎在有意回避对投资者和其他市场参与者重要的可能对企业价值造成重大影响的可持续发展信息（即具有财务重要性的信息集），而单方面侧重于具有影响重要性的信息集，也即图 1 中单纯具有影响重要性而没有财务重要性的信息，以及因财务重要性而具有影响重要性的信息。这种倾向在 GRI 准则连续修订后变得愈发明显，比如 2022 版 GRI 准则明确

① 之所以单独强调对人权的影响，是因为根据国际法，人权作为所有人的一项权利具有特殊地位，因此 GRI 认为企业可能产生的最严重影响是对人权产生负面影响。

指出，“投资者可以用 GRI 准则提供的信息评估组织的影响，以及组织如何将可持续发展整合到其业务战略和商业模式中，他们还可以利用这些信息识别与组织的影响相关的财务风险和机遇并评估其长期的成功。”

我们将此看成老牌可持续发展标准制定机构 GRI 最后的“抗争”。成立于 1997 年的 GRI 是全球首家可持续发展报告准则的制定机构，截至 2018 年，GRI 准则体系已经被全球超过 80% 的大企业广泛采用。但在 2021 年 11 月 ISSB 高举大旗各种吞并融合试图一统天下的形势下，坚持走与 ISSB 准则泾渭分明但互相补充的道路，似乎成为 GRI 准则维系自身存续和发展的必由之路。更何况以影响披露为核心的 GRI 准则从一开始便占据了可持续发展信息披露的道德高地，争取作为“可持续发展报告大厦”的底层积木，应该是 GRI 的努力方向。

表 2 用 EFRAG 定义的双重重要性对三大准则体系的报告范围进行了对比分析。由表 2 可知，三大准则的报告范围均与其主要使用者群体一一对应，是股东至上主义和所有利益相关者至上主义理念争锋的进一步延伸。ISSB 准则和 GRI 准则在报告范围上高度互补，而 ESRS 自成一体，类似于前二者的集成。

表 2　　三大可持续发展报告准则体系报告范围对比

<table>
<tr><th>报告体系</th><th colspan="2">主要使用者</th><th>报告范围</th></tr>
<tr><td>ISSB 准则</td><td colspan="2">现行和潜在投资者、债权人和其他借款人</td><td>具有财务重要性的信息</td></tr>
<tr><td rowspan="3">ESRS</td><td colspan="2">受影响利益相关者</td><td>具有影响重要性的信息</td></tr>
<tr><td rowspan="2">与企业有利益关系的利益相关者</td><td>现行和潜在投资者、债权人和其他借款人</td><td>具有财务重要性的信息</td></tr>
<tr><td>其他与企业有利益关系的利益相关者</td><td>具有双重重要性的信息</td></tr>
<tr><td rowspan="3">GRI</td><td rowspan="2">受影响利益相关者</td><td>已受影响利益相关者</td><td rowspan="3">具有影响重要性的信息</td></tr>
<tr><td>潜在受影响利益相关者</td></tr>
<tr><td colspan="2">除受影响利益相关者以外的其他使用者</td></tr>
</table>

资料来源：ESRS G1 工作稿（2022）。

三、可持续发展报告的作用

报告作用指明可持续发展报告的用途，是可持续发展目标设定的最后一块拼图。S1 征求意见稿提出，可持续发展相关财务信息披露的作用是提供评估企业价值的信息和决定是否向主体提供资源有用的信息。我们认为，ISSB 之所以将可持续发展相关财务信息披露与企业价值评估锚定在一起，与企业价值评估对未来现金流量预估的依赖有关。由于投资回报通常是用一段时间内支付的现金和收到的现金之比计算的，因此实务中绝大多数估值模型是通过将报告主体创造的现金流量进行贴现进行估值的[①]。财务分析师倾向于识别影响现金流的因素而后量化其影响，具有财务重要性的可持续发展相关风险和机遇是财务报告之外影响现金流量的关键因素，它们为主要使用者评估主体商业模式及维持和发展商业模式的战略所依赖的资源和关系提供充分的基础。从这个角度看，S1 征求意见稿将评估企业价值作为报告作用之一，与其报告主要使用者和报告范围的设定一脉相承。

然而，ISSB 也承认，S1 征求意见稿有关报告作用的表述也存在两个方面的问题。第一方面的问题是 S1 在附录 A 中定义“企业价值”为“主体的全部价值，是主体的权益价值（市场融资额）和净债务价值的总和”但这一定义：（1）与 S1 正文和结论基础部分的阐述明显不一致，S1 正文和结论基础部分更多地将企业价值等同于权益的价值，通过未来现金流量折现估值，因此关注未来现金流量的驱动因素及其影响的信息；（2）将权益价值等同于股票市值（Market Capitalization），这给一部分没有上市融资的非上市企业应用这一概念带来困扰；（3）主要使用者中的债权人和其他借款人可能并不关心对权益价值的评估；（4）与欧盟法律有关企业价值的定义不一致（ISSB，2022）。第二方面的问题是评估企业价值这一报告作用与向主体提供资源决策有用这一报告作用有重叠之嫌。IASB 和 FASB 在联合修订的 2010 版 IFRS 概念框架中将“评价管理层受托责任（Stewardship）”从财务报告目标中删除，仅保留“对资源配置决策有用”这一个报告作用，理由是在绝大多数情况下对资源配置决策有用的信息也对评价管理层的受托责任有用。IASB 在 2018 年版 IFRS 概念框架中进一步解释删除受托责任的原因是，评价管理层受托责任并非最终目的，而是资源配置决策的输入值，若二者并列，会引起不必要的混淆。按照财务报告目标表述“做减法”的修订思路，评估企业价值有关的信息与决定是否向主体提供资源有用的信息之间也存在前者包含于后者的关系，因为评估企业价值同样不是主要使用者使用可持续发展相关财务信息的最终目的，而是其作出购买、出售、持有权益工具和债务工具的决策，提供贷款和其他形式借款的决策，以及表决管理层影响主体经济资源使用的行动的决策的输入值。

鉴于上述问题，ISSB 决定从目标中删除“评估企业价值”的表述，使 S1 的目标与 IFRS 概念框架趋同。同时，考虑到前述评估企业价值有关的信息包含于对资源配置决策有用的信息，删除既可以避免将一些与评估企业价值无关但可能对使用者决策有用的信息排除在外，也不会对披露要求产生多大的影响，还能使目标

① 可能还有其他模型，但它们基本都是贴现现金流模型的简化版本或更务实的替代。

更为精炼[①]，这或许是 ISSB 在现行框架下的最佳选择了。但一个显而易见的事实是，如此设定完全偏离了联合国可持续发展的目标。虽然 ISSB 在 S1 征求意见稿的结论基础中极力对此进行辩解，指出 S1 征求意见稿使用的可持续性（Sustainability）概念是以联合国所称的可持续发展（Sustainable Development）概念为大背景的小概念，但二者之间巨大的差异使 ISSB 的解释显得苍白无力。

ESRS1 有关可持续发展报告作用的表述与众不同。由于 EFRAG 是依法（CSRD）制定 ESRS，所以如 ESRS1 在目标中提出的，其制定准则的作用是披露一份涵盖 2021 年4 月 CSRD 提案确定事项的可持续发展事项清单，包括按 ESRS 何时报告；如何遵循 CSRD 概念；何时披露政策、目标、行动和行动计划、资源；何时编制和列报可持续发展信息；可持续发展报告如何与公司报告中的其他部分相联系；在所有 ESRS 披露要求的基础上确定可持续发展说明书的结构。在满足 CSRD 要求的基础上，ESRS1 指出，企业报告重要的可持续发展信息是为了使可持续发展报告的使用者理解其对可持续发展事项的影响，以及可持续发展事项如何影响企业的发展、业绩和地位，即强调报告双重重要性的作用。

我们认为，对 ESRS 体系可持续发展报告作用的认知应上升到对 CSRD 作用的认知。2019 年 12 月，代表欧盟新的增长战略的《欧洲绿色协议》通过，欧盟委员会承诺修改《非财务报告指令》（NFRD）以帮助实现《欧洲绿色协议》订立的到 2050 年将欧盟转变为现代化、具有资源效率和竞争力的经济体，同时实现温室气体净零排放的战略目标。此外，《欧洲绿色协议》旨在保护、养护和加强欧盟的自然资本，保护公民的健康和福祉免受与环境有关的风险和影响；旨在使经济增长与资源使用脱钩，并确保欧盟所有地区和公民都参与到公正地向可持续发展经济体系的转型中来；旨在加强欧盟的社会市场经济，确保稳定、就业、增长和投资。CSRD 在上述一系列战略目标的指导下诞生，要求可持续发展报告应以所有利益相关者为主要使用者，应披露具有双重重要性的信息，为引导欧盟可持续发展宏观战略目标在微观经济主体的落地提供了宝贵原则。从这一角度，ESRS 体系可持续发展报告最终目的是实现一般意义上的联合国可持续发展理念。

GRI 指出，GRI 准则的作用是使企业能够公开披露其对经济、环境和人类的最重要影响，包括对人权的影响以及企业如何管理这些影响，这将提高企业影响的透明度，增强企业的责任。具体地说，按照 GRI 准则披露的信息对企业在制定目标或评估其政

---

① 在目标中删除“评估企业价值”的表述，不等于 S1 中不能出现“企业价值”这个术语，比如在阐明一些使用者会如何使用可持续发展相关财务信息（如评估企业价值），或在讨论未来现金流量和资本成本时，这仍然是一个合适的术语。

策和实践时决策有用，对受影响利益相关者和其他信息使用者了解企业应该报告的内容有用。受影响利益相关者还可以使用企业报告的信息来评估他们如何或可能如何受到企业活动的影响。除受影响利益相关者以外的使用者，如学者和财务分析师，也可以将按照 GRI 准则报告的信息用于诸如研究或对标分析等。总而言之，站在报告使用者的角度，GRI 准则的作用是对所有利益相关方决策有用。

另外，GRI 还明确说明其准则是基于权威的政府间文件对负责任商业行为的期望，如经济合作与发展组织（OECD）的《跨国企业指南》和联合国（UN）《企业与人权的指导原则》。因此，使用 GRI 准则报告的信息还可以帮助使用者评估企业是否达到了这些文件所规定的期望。可见，GRI 同样奉联合国等国际组织提出的可持续发展理念为目标。GRI 准则体系下可持续发展报告的最终目的也是实现一般意义上的可持续发展。

综上所述，从报告作用看，ISSB 准则仅以满足股东和其他市场参与者评估企业价值等资源配置行为决策有用为最终目的，而 ESRS 和 GRI 准则以实现人与社会和环境的可持续发展为报告最终目标，报告作用大小和格局的差异再一次反映了股东至上主义和利益相关者至上主义的理念差异。

四、结论与建议

本文介绍了 ISSB、EFRAG 和 GRI 发布的三大代表性可持续发展报告准则（或准则征求意见稿）有关目标的设定，我们的研究表明，ISSB 视投资者和其他市场参与者为报告主要使用者，从投资者和其他市场参与者的信息需求出发设定报告范围为可持续发展相关财务信息，按照 ISSB 准则披露的信息意在对投资者和其他市场参与者进行企业价值评估及其他资源配置决策有用。GRI 视受影响利益相关者为报告主要使用者，从受影响利益相关者的信息需求出发设定报告范围为对经济、环境和人类具有重要影响的可持续发展信息，按照 GRI 准则披露的信息意在对所有报告使用者决策有用，最终实现一般意义上的可持续发展。EFRAG 依从 CSRD 的要求，视受影响利益相关者和与企业有利益关系的利益相关者为报告主要使用者，从这两类利益相关者的信息需求出发设定报告范围为具有财务重要性或者影响重要性或者同时具有双重重要性的可持续发展信息，按照 ESRS 披露的信息意在遵守 CSRD，实现欧盟地区的可持续发展。总体而言，ISSB 准则和 GRI 准则的主要使用者群体和报告范围高度互补，而 ESRS 自成一体，类似于前二者的集成。股东至上主义和利益相关者至上主义这两种公司治理理念在可持续发展报告准则的制定中激烈交锋。

我们认为，在利益相关者至上主义至上日益成为主流的趋势下，ESRS 和 GRI 准则从长远看更有生命力。可持续发展报告作为与财务报告底层逻辑截然不同的另外一个报告体系，不必也不能与财务报告共享主要使用者群体。若可持续发展报告主要服务于投资者和其他市场参与者的需求，将从理论上严重偏离可持续发展信息披露的初衷——正视企业经营的外部性，关注所有利益相关者尤其是受影响利益相关者的利益。弗里曼指出，股东至上主义过分强调资本雇佣劳动，从根本上否认了人力资本对企业价值创造的重要贡献。他认为，企业是不同利益相关者的集合体，企业的管理层应当同时兼顾股东和其他利益相关者的利益诉求（黄世忠，2021）。到了知识经济时代，智慧资本（包括人力资本、结构资本和关系资本等）对企业价值创造的贡献远远甚于财务资本的贡献，近年来在大企业群体中，利益相关者至上主义的公司治理理念更是悄然占据上风。如前所述，商业圆桌会议对公司目的宣言的重大改变说明继续坚持股东至上主义俨然是一种主义不正确，唯有秉持利益相关者至上主义才能顺应生态文明和社会公平的民意，才能促使企业为客户、员工、供应商、社区和股东创造共享价值，推动经济、社会和环境的可持续发展。2021 年欧盟委员会颁布的 CSRD 更是明确采用利益相关者导向，要求 EFRAG 制定 ESRS 必须确认所有利益相关者的利益诉求并对其作出反应，这也使 ESRS 从诞生的那一刻就主义正确，发展方向清晰。从这点看，ISSB 若继续坚守股东至上主义，与其可持续发展准则制定机构的身份难免自相矛盾，这种矛盾在某种程度上将严重制约其准则的普适性和有用性。因此，对于 ISSB 及 IFRS 基金会而言，适时淡化股东至上主义，更好地统筹兼顾投资者和其他利益相关者的信息需求对 ISSB 自身及其制定的 ISSB 准则的可持续发展是当务之急。

在转换理念之余，鉴于 ISSB 准则与 GRI 准则的高度互补性，ISSB 若能完成对 GRI 的吸收合并[①]或许能够完满地解决所有问题。在技术层面，合并后 ISSB 仍能集中优势资源专注于制定具有财务重要性的可持续发展相关财务信息披露规则，为投资者和其他市场参与者弥补财务报告之不足，GRI 则专注于制定具有影响重要性的可持续发展相关信息的披露规则，为所有利益相关者尤其是受影响利益相关者弥补财务报告和其他公司报告之不足。ISSB 准则和 GRI 准则分别从不同角度规范可持续发展信息披露又相互关联，双方携手将建立起面向所有利益相关者，在内容上各有侧重且专业、有深度的全面的可持续发展报告准则体系，与欧盟采用的 ESRS 也能实现实质趋同，最终形成类似于 IFRS 的全球统一的国际可持续发展报告准则。如若不然，可以预见 ISSB

① ISSB 和 GRI 已经于 2022 年 3 月签订谅解备忘录，承诺将协调两套准则的制定进度及准则制定活动，这说明双方都认识到有必要进一步协调国际层面的可持续发展报告格局。

将永远面临着与 ESRS 和 GRI 的差异，以及罔顾外部性的指责，这对 ISSB 自身的发展和 ISSB 准则的未来发展都不是好事。

（原载于《财务研究》2023 年第 1 期，该文获评《财务研究》2023 年度“十佳论文”）

主要参考文献：

1. 黄世忠．可持续发展报告体系之争——ISSB 准则与 ESRS 的理念差异和后果分析［J］．财会月刊，2022（16）：3－10.

2. 黄世忠．谱写欧盟 ESG 报告新篇章——从 NFRD 到 CSRD 的评述［J］．财会月刊，2021（20）：16－23.

3. BRT. Statement on the Purpose of a Corporation ［EB/OL］. www. busienssroundtable. org，2019.

4. EC. Directive amending Directive 2013/34/EU，Directive 2004/109/EC，Directive 2006/43/EC and Regulation（EU） No 537/2014，as regards corporate sustainability reporting ［R］. www. europa. eu，2021.

5. EFRAG. ESRG 1 Double Materiality Conceptual Guidelines for Standard－setting（Working Paper）［EB/OL］. www. efrag. org，2022.

6. EFRAG. ESRS 1 General principles（Exposure Draft）［EB/OL］. www. efrag. org，2022.

7. IASB. Conceptual Framework for Financial Reporting Chapter 1—the Objective of General Purpose Financial Report ［S］. www. ifrs. org，2018.

8. ISSB. IFRS S1 General Requirements for Disclosure of Sustainable－related Financial Information（Exposure Draft）［EB/OL］. www. ifrs. org，2022.

9. ISSB. ISSB meeting Staff paper General Sustainability－related Disclosures ［EB/OL］. www. ifrs. org，2022.

10. Freeman，R. E. Strategic Management：A Stakeholder Approach ［M］. Pitman Publishing Inc，1984：24－25.

11. Rezaee，Z. Corporate Sustainability：Shareholder Primacy versus Stakeholder Primacy ［M］. Business Expert Press，2021：1－36.

可持续发展信息质量特征评述

黄世忠　叶丰滢

【摘要】2022年1月20日，欧洲可持续发展报告准则（ESRS）的制定机构欧洲财务报告咨询组（EFRAG）发布了第一批ESRG工作稿（Working Papers）。工作稿是介于样稿（Prototype）和征求意见稿（ED）之间的文件，在提交给ESRG项目任务组（PTF－ESRG）成员、PTF－ESRG审查小组以及专家工作组（EWG）辩论和讨论达成初步共识后，就可以ED的方式广泛征求公众意见。EFRAG公布的第一批7份ESRS工作稿，包括4份跨行业工作稿（战略与商业模式；可持续发展治理和组织；可持续发展重要影响、风险与机遇；政策、目标、行动计划和资源的界定）、1份专门议题工作稿（气候变化）和2份概念指引工作稿（双重重要性；信息质量特征）。本文对《信息质量特征》工作稿进行评述。首先介绍可持续发展信息的基础性质量特征，其次介绍可持续发展信息的提升性质量特征，最后分析EFRAG照搬财务报告概念框架信息质量特征的局限性，提出引入报告原则作为广义上的质量特征，有利于彰显可持续发展信息的特色，提高可持续发展信息的质量。

【关键词】可持续发展信息；信息质量特征；相关性；如实反映；可比性；可验证性；可理解性

信息质量特征是有用信息应当具备的特性，是概念框架不可或缺的组成部分，不仅有助于指导准则制定，也有助于编报者和使用者评估信息质量的优劣。自20世纪70年代初美国财务会计准则委员会（FASB）在财务报告概念框架中提出信息质量特征以来，财务信息应当具备的质量特征在会计界已成为共识，并被国际会计准则理事会（IASB）等准则制定机构广泛借鉴。对财务信息质量特征进行规范以指导会计准则

的制定已经成为惯例，并且产生溢出效应，在可持续发展报告准则的制定中被效仿。EFRAG 在 2022 年 1 月发布的《信息质量特征》概念指引工作稿中对可持续发展信息质量特征的界定，就深受 IASB《财务报告概念框架》提出的财务信息质量特征的影响。

IASB（2021）将财务信息质量特征分为基础性质量特征（Fundamental Qualitative Characteristics）和提升性质量特征（Enhancing Qualitative Characteristics），前者包括相关性、如实反映，后者包括可比性、可验证性、及时性、可理解性。EFRAG（2022）对可持续发展信息质量特征的界定从整体架构上与 IASB 高度相似（只是在具体表述上体现了可持续发展报告的特色），唯一的区别是，EFRAG 没有将及时性（Timeliness）作为提升性质量特征的构成要素。EFRAG 对此的解释是，"及时性虽然与信息质量有关，但 CRSD 的条款已经对其提出明确要求，因此本概念指引（《信息质量特征》工作稿）不再将其作为一个信息质量特征。"图 1 列示了 EFRAG 对可持续发展信息质量特征的划分框架。

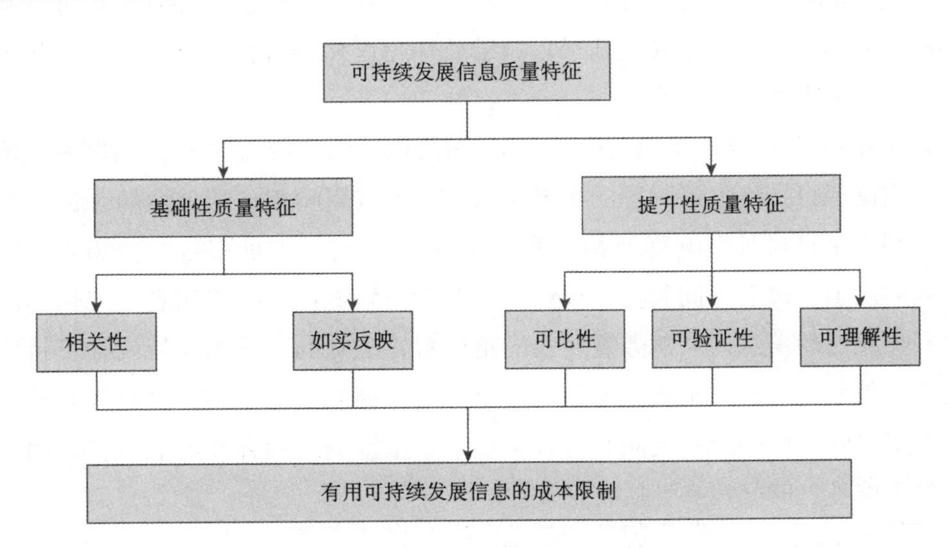

图 1 EFRAG 界定的可持续发展信息质量特征

一、可持续发展信息的基础性质量特征

可持续发展信息的基础性质量特征由相关性和如实反映这两个一级特征所组成，其中，相关性包括两个次级特征——预测价值和反馈价值；如实反映包括三个次级特征——完整性、中立性和准确性。

（一）相关性（Relevance）

当可持续发展信息对使用者基于双重重要性作出的评估和决策具有实质性影响时，该等信息就是相关的。如果可持续发展信息具有预测价值（Predictive Value）、证实价值（Confirmatory Value）或两者兼而有之，它便能够影响利益相关者的决策。具体地说，一项信息能够帮助利益相关者形成观点并评估未来结果时，该项信息具有预测价值。一项信息能够对以前报告的信息质量提供有价值的反馈时，该项信息具有证实价值。信息的预测价值与证实价值是相互关联的，因为一项信息可能同时具备这两种价值。按双重重要性评估的可持续发展问题，若有关其信息沟通是公开、透明和清晰的，这种披露就是相关的。为了提高相关性，企业在信息披露过程中应当对信息的斟酌性选择、语境和信息权重等因素加以考虑。相关性的程度受不确定性评估的影响而存在差异，故信息披露应当清楚说明不确定性的性质和程度。

相关性的指导意义在于，准则制定机构应当对其所要求的信息披露能够在多大程度上为利益相关者的决策提供有益洞察进行评估。这里的利益相关者是指可持续发展报告的所有使用者，而不论其是基于影响重要性角度使用报告，还是基于财务重要角度使用报告，或者两者兼而有之。

EFRAG认为，重要性是相关性的一个赋能因素。从影响重要性的角度看，准则制定机构应当确保可持续发展问题的重要性来自对消极影响相对严重性的评估（若是积极影响，则应来自对其影响程度和范围的评估）。可持续发展报告的使用者在所有可持续发展问题上代表着不同利益，聚焦于最严重的影响可确保使用者在评估和决策时获取具有相关性的信息。从财务重要性的角度看，准则制定机构应当确保可持续发展问题的重要性来自对其未来现金流量和企业价值可能影响的评估，且这种影响尚未在财务报表上反映。可持续发展问题与未来现金流量影响之间存在着关联性，因此必须对影响的可能性、时间线和性质特别关注。

（二）如实反映（Faithful Representation）

可持续发展信息应当如实反映其所描述的实际情况。在确定行业通用披露要求、行业特定披露要求以及明确企业特定披露要求的质量特征时，准则制定机构应当：（1）界定披露的范围和目标；（2）确保界定范围内的披露符合完整性（Completeness）、中立性（Neutrality）和准确性（Accuracy）三个特征。

完整性包括对可报告内容（含相关的介绍和解释）的所有重大方面进行描述。使用者要作出明智的决策必须获取所有必要的信息，因此在界定的报告边界内的所有相关内容、因素或议题都不应被遗漏。

中立性意味着可持续发展信息的选择和列报不带任何偏见。中立性应力求平衡，既要反映可持续发展有利和积极的方面，也要反映不利和消极的方面。准则制定机构应当避免完全或主要聚焦于负面的外部性。从影响重要性的角度看，消极的重要影响与积极的重要影响应被同等重视，从财务重要性的角度看，风险与机遇应被同等重视，避免高估或低估风险、机遇和影响。在不确定情况下作出判断或披露前瞻性信息时，保持应有的审慎（对假设小心谨慎且力求明确）有助于确保中立性。当可持续发展信息来自管理层的判断（如温室气体减排目标和计划）时，与这些决策的背景和条件相关的具体信息通常都是有用的。如果这种判断是在高度不确定性的情况下作出，从而可能对估计和结果产生影响，就应保持特别的审慎。信息不应被先验性地相互抵销或弥补（譬如将积极影响与消极影响相互消除或抵销），误导使用者的信息不具有中立性。当准则制定机构建议以净额的方式披露信息时，应当提供恰当的解释。

准确的信息意味着减少差错或重大错报的基本程序和内部控制已经付诸实施。凡是涉及估计的，必须清楚地强调估计可能存在的局限性。值得一提的是，只要披露恰当反映了企业意欲解决的可持续发展问题，即使不是十分精确的信息也可视为准确的信息。设计可持续发展披露要求时，准则制定机构应确保使用者能够获取准确的信息，特别应关注事实性信息的准确性、描述的精确性以及能够反映特定判断的程序、检查与制衡和其他支持性信息。

二、可持续发展信息的提升性质量特征

可比性、可验证性和可理解性是有助于提升相关且如实反映的信息有用性的质量特征。当某个现象存在两种描述方式（都能够提供同等相关的信息且都能够如实反映）时，提升性质量特征有助于确定何种描述方式更为合适。

（一）可比性（Comparability）

可持续发展信息的列报，应当建立在不同时期保持一致的基础上并尽可能使不同行业和同一个行业的企业之间可以相互比较。可比性质量，关乎将信息与特定参照点或前期所报告信息关联在一起的能力。参照点可以是目标、基准、行业标准、其他主体以及环境和社会组织的可比信息。不同时期的可比性要求企业和其他企业按前后一致的方式和方法对可持续发展问题进行报告，因此，报告的方案、采用的指标和报告的披露应当保持稳定，对于年度发生的变化，应当作出合理解释，只有新的报告政策预期可以提供更有用的信息时，变化才是合理的。当报告政策（用于报告和披露的方

式、方法、方案、指标）发生变化时，可比期间的相关数据必须按新的报告政策进行重述，且应当说明重述的方法。使用的指标应基于常用的记账单位。

对于一些定量信息，确定基年（Baseline Year）大有裨益。准则制定机构如果不确定基年，则应要求企业自行确定基年。除非企业根据前期或未来情况变化改变基年能更好反映某一特定现象，否则，基年应保持稳定。

相对数对于报告使用者是一种很有用的补充，但为了增进可比性，应优先报告绝对数和规范化的数据。

使用者需要比较不同企业之间的信息，不同报告主体之间具有可比性是假设面临相同事实模式的企业按相似的方式编制和报告信息，以便进行恰当的比较。为此，准则制定机构的规定应当足够明确，不应当允许一个企业与另一个企业存在重大差异。当准则制定机构允许多个不同方案时，应当提供解释。

对用于定量披露的计算方法提供明确的指南，有助于报告主体确保提供扎实和可重现的数据、信息和结果。准则制定机构起草指南时应当特别关注：（1）范围（如涵盖的经济活动、边界、目标业务单元、价值链等）；（2）使用的术语和定义；（3）计算，包括特定公式的计算方法、用于计算的参考工具、计算的基年及其理由、数据的具体来源、运用的方法论和假设等；（3）与其他可信和广泛认可标准的联接；（4）需要以基年作为参照的定量指标。

在不能选择单一方法的情况下，准则制定机构可以提供备选方案。但备选方案越少越好，而且应当要求企业说明选择特定方案的理由并提供备选信息，以提高可比性。在可持续发展的某些报告领域里，相关披露必须充分结合具体情景，这使得寻求报告主体之间的可比性显得不那么合理。这是因为解决不同的环境和社会影响需要不同的战略，报告进展情况也需要采用不同的目标、指标和阐述，将指标与所取得进展进行对比尤其如此。但如果这些信息符合相关性和其他信息质量标准，还应将其纳入披露准则，并应特别强调这些信息在不同报告期间必须保持一致性。

（二）可验证性（Verifiability）

如果可持续发展信息能够让使用者在决策中信任且在需要时被审计，则该信息就具有可验证性。可验证性关乎确保所列报信息和信息生成流程的可靠性。可靠性是指拥有合理专业知识的不同独立观察者能够得出相似结论并认为某一特定披露体现了如实反映的情况。如果信息可以追溯，该信息就是可验证的。可验证性是可持续发展报告能够审计的前提条件，因为它有助于获取发表审计意见（基于不同的保证水平）所需的恰当证据。为了确保可验证性，企业必须执行恰当的信息生成流程，建立内部控制和合适的组织机构，以评估哪部分报告或信息随时可供验证。

准则制定机构应当识别和界定可持续发展报告的对象，在某些情况下还应当界定行业特定标准，以确保所有假设、数据汇编、方法和附加说明（无论其格式如何）足够透明、被充分记录且具有可回溯性，以实现信息的可验证性。为此，准则制定机构应当要求企业就运用的基本假设、程序和方法提供背景信息，以确保可持续发展信息按可验证的方式披露。

（三）可理解性（Understandability）

可持续发展信息应当以清晰且简洁的方式列报，便于使用者理解。可理解的信息能够让所有（有学识的）预期使用者随时辨认可持续发展报告以直截了当的方式披露的要点，直截了当的方式包括清晰和合乎逻辑的布局，以及易于理解的信息呈报方式，可有效概述双重重要性下的重要方面并引起使用者的关注。

为了做到简洁，可持续发展信息的披露必须：（1）避免泛泛而谈的信息，有时亦称“模板化”信息，这些信息没有针对企业个体；（2）避免重复性的信息，包括重复财务报表已提供的信息；（3）使用明确的语言和结构清晰的句子和段落。

最清晰的披露形式取决于信息的性质，有时可包括表格、图表、图解以及叙述性文本。如果使用图表和图解，可能还需要提供额外的文字说明或表格，以免模糊了重要细节。此外，对报告期间发生变化的信息，与未发生变化或只发生微小变化的信息加以区分（如突出强调自上个报告期以来发生变化的与可持续发展相关的治理和风险管理程序的特点），将有助于提升信息的清晰性。此外，简洁的披露应当只包括重要的信息。

一些可持续发展问题具有固有的复杂性，按可理解的方式进行列报颇具挑战。在这种情况下，企业应当尽可能清晰地呈报这些复杂的信息，不能为了便于理解而把这些复杂信息排除在报告之外，否则将影响报告的完整性并可能产生误导。

可持续发展信息披露的完整性、清晰性和可比性有赖于将相关信息作为一个连贯的整体进行列报。为了确保可持续发展相关信息披露的连贯性，信息应当以能够解释上下文和相关信息片段关系的方式呈报。可理解信息的列报应当尽可能契合具体情景，保持平衡，并与可持续发展报告以及公司报告提供的其他信息保持一致。此外，列报顺序对于提升信息的可理解性至关重要。

有相关财务报表信息支撑的披露能够得到最好的理解。如果财务报表所讨论的可持续发展相关风险与机遇对可持续发展报告有影响，企业应当将使用者评估这些影响的必要信息纳入可持续发展报告，并提供财务报告与可持续发展报告的关联性说明

（包括必要的调节表和两个报告一致性的声明）。

企业评估信息是否对可持续发展报告重要时，不应忽略可从其他来源公开获取的信息。数字化流程也应被视为获取披露信息的捷径，不存在不当的误解风险。

对于定量信息，不应允许以净额或相互对抵的方式列报，因为这样做通常无助于对基础事实的理解。以总额的方式列报是确保透明度的前提条件。

信息的等级、颗粒度和专业性应该与用户的需求和期望相一致。可持续发展报告所使用的语言不应过于专业，为此，准则制定机构应当先行对相关术语进行定义，在术语汇编里予以标准化并作简要解释。如果对准则的理解需要特定资格（如要求使用者能够通过可持续发展报告之外的来源了解业务和行业的努力是合理的、具有对可持续发展问题的洞见力等），准则制定机构必须予以说明。

三、可持续发展信息质量特征评述

EFRAG坦承可持续发展信息质量特征的提出受到财务报告信息质量特征的启发并与之完全兼容，但这种做法是否契合可持续发展报告大量运用前瞻性信息和定性信息的特点，值得深思。此外，为了彰显可持续发展报告的特色，是否有必要借鉴GRI、IIRC、SASB和TCFD等报告框架的做法，将报告原则引入《信息质量特征》概念指引，也值得探讨。

（一）信息质量特征的适用性分析

EFRAG认为，《信息质量特征》概念指引与IASB的财务信息质量特征保持高度兼容，有利于促进全球公司报告（由财务报告和可持续发展报告共同组成）实现趋同乃至保持一致。这种出发点虽然值得肯定，但与EFRAG将可持续发展报告定位为独立于财务报告的立场相悖。ISSB将可持续发展信息定位为财务报告的组成部分，财务信息与可持续发展信息采用相同的质量特征无可厚非。而EFRAG对可持续发展报告的定位明显有别于ISSB，在这种情况下强行要求可持续发展信息具备与财务报告完全相同的质量特征，就显得不合时宜了。

我们认为，可持续发展报告毕竟不同于财务报告，前者包含的前瞻性信息和定性信息远多于后者，对影响性的聚焦程度也远高于后者，照搬财务信息的质量特征并套用于可持续发展报告，产生不适症在所难免。

首先，可持续发展报告要求披露的前瞻性信息（Forward - looking Information），时间跨度可长达数年，难以完全符合《信息质量特征》概念指引提出的质量要求。例

如，按照双重重要性原则的规定，企业既要披露气候变化对企业战略和商业模式的影响，评估气候变化在短期、中期和长期对企业财务业绩、现金流量和企业价值的影响，也要披露企业经营活动（含价值链上的活动）对气候变化的影响，评估企业的温室气体减排计划是否与《巴黎协定》在本世纪将气温上升控制在工业革命前的1.5℃以内的目标相吻合。时间跨度如此之长的前瞻性信息，涉及大量的估计和判断、预测（Forecast）和预估（Projection），存在着极大的不确定性，既不完整，也不中立，更谈不上准确，要做到如实反映难乎其难。此外，这种前瞻性信息带有浓郁的个性化特点（譬如气候变化的相关风险或机遇与企业经营所在国家或地区的环保政策、行业特点以及企业自身的商业模式、能耗结构、低碳转型等诸多因素密切相关），可比性缺失，可验证性极低，可理解性不高。缺乏如此之多的信息质量特征，前瞻性信息的相关性令人生疑。

其次，可持续发展报告的定性信息（Qualitative Information），如对ESG治理机制、气候变化应对、绿色转型评估、公平正义维护等文字叙述和文本呈现，涉及企业治理层和管理层的价值主张、经营理念、管理意图、风险偏好、稳健程度等诸多主观因素，难以判断其是否如实反映，评估其是否具有相关性、可比性和可验证性谈何容易。

最后，EFRAG秉持的双重重要性原则要求可持续发展报告的信息披露聚焦于企业对环境和社会的影响以及企业受环境和社会的影响。影响是可持续发展报告最重要的关键词，影响评估是可持续发展报告的主题主线，影响信息（Impact Information）构成可持续发展报告的核心。影响评估的信息质量，既受企业内部因素的影响，也受企业外部因素的影响，既有客观的成分，也有主观的成分，还受未来发展趋势的影响，要求企业可持续发展报告披露的影响评估信息符合相关性、如实反映、可比性、可验证性和可理解性等质量特征，无异于苛求，将陷企业于可望不可及的窘境。

以上分析表明，将财务报告的信息质量特征全盘照搬到可持续发展报告，不仅将造成“水土不服”，而且会带来难以企及的高门槛。我们认为，比较合理的做法是，在借鉴财务信息质量特征框架的同时，应针对可持续发展报告的特点，凝练出若干能够彰显可持续发展报告特色的报告原则。

（二）可持续发展信息的报告原则

为了帮助EFRAG更好地制定可持续发展报告概念框架，欧洲报告实验室于2021年2月发布了题为《用于非财务信息准则制定的概念框架》的评估报告，其中相当一部分内容分析了欧盟《非财务报告指令》和GRI、IIRC、SASB和TCFD等主流报告框架提出的报告原则，建议EFRAG在制定概念框架时予以借鉴（European Reporting

Lab，2021）。下文介绍其中具有代表性的5个报告框架的报告原则。

欧盟《非财务报告指令》（NFRD）在非约束性的指南中提出了非财务报告的6个关键报告原则：（1）重要性原则，企业应披露重要信息；（2）公允、平衡和可理解原则，企业应合理考虑非财务信息的有利方面和不利方面，并以可理解的方式披露；（3）全面而简洁原则，企业披露的重要非财务信息应当全面反映其报告年度的情况，报告的信息应有足够的广度和深度，其中信息的深度则取决于其重要性。企业应当提供既有广度又有深度的信息，便于所有利益相关者了解其发展情况、业绩及其活动的影响情况。此外，非财务报告应简明扼要，避免列报不重要的信息；（4）战略性和前瞻性原则，非财务报告应当提供能够洞悉企业的商业模式、战略及其执行情况的信息，并解释这些信息在短期、中期和长期的影响；（5）利益相关者导向原则，企业应考虑所有利益相关者的信息需求，侧重于满足利益相关者作为一个整体的信息需求，而不是满足个别或非典型利益相关者的特殊需求或偏好；（6）一致性和连贯性原则，企业的非财务报告应当与管理报告的其他要素保持一致，并且与管理报告披露的信息保持清晰的联接。

GRI提出的10个报告原则可分为两类，一类是界定报告内容的原则，另一类是界定报告质量的原则。第一类报告原则包括：（1）利益相关者包容性原则，企业应当识别其利益相关者并解释如何回应其合理预期和关切；（2）可持续发展背景原则，企业应当在更广阔的可持续发展背景下报告其业绩，包括尚未在财务报告中反映的外部性；（3）重要性原则，企业的可持续发展报告应当涵盖重大的经济、环境和社会影响，或者对利益相关者评估和决策具有实质性影响的事项；（4）完整性原则，企业的可持续发展报告应当涵盖所有足以反映其经济、环境和社会影响且在其边界内的重要议题，便于利益相关者评估企业在报告期内取得的业绩。第二类报告原则包括：（1）准确性原则，报告的信息应当足够准确和详细，便于利益相关者评估企业的业绩；（2）平衡性原则，报告的信息应当同时反映企业业绩的积极方面和消极方面，便于利益相关者能够合理评估企业的总体业绩；（3）清晰性原则，企业应当以可理解和易理解的方式向利益相关者提供信息；（4）可比性原则，企业选择、汇编和报告信息的方法应当保持一致性，便于利益相关者分析不同时期的业绩变动情况并与其他企业进行比较；（5）可靠性原则，企业应当按照经得起检查的方式收集、记录、汇编、分析和报告信息，并建立相应的报告编制流程，以确定信息的质量和重要性；（6）及时性原则，企业应定期提供报告，使利益相关者能够及时获取作出明智决策所必需的信息。

IIRC提出的7个报告原则同样具有借鉴意义。这7个报告原则是：（1）战略聚焦

与未来导向原则，整合报告提供的信息应当有助于洞察企业战略、战略与企业在短期、中期和长期创造价值的关联性，并说明战略性资本的运用情况及影响；（2）信息关联性原则，整合报告应当反映影响企业价值创造能力的各种要素之间的组合、相互联系和相互依存的总体情况；（3）利益相关者关系原则，整合报告应当提供有助于洞悉企业与其主要利益相关者关系的性质和质量的信息，包括企业如何以及在多大程度上了解和考虑这些利益相关者的正当需求和利益；（4）重要性原则，整合报告应当披露能够在短期、中期和长期对企业创造价值能力产生实质性影响的信息；（5）简洁性原则，整合报告应当包含有助于了解企业的战略、治理、业绩和前景的背景信息，但不能充斥不相关的信息；（6）可靠性与完整性原则，整合报告应当以平衡的方式涵盖所有积极和消极的重要问题，且不存在重大差错；（7）一致性与可比性原则，整合报告的信息列报方式应当建立在前后一致的基础上，且能够与其他企业进行比较。

SASB 在制定可持续发展会计准则时十分注重概念框架的指导作用，其制定的概念框架在一众报告框架中也最为完整。SASB 认为，可持续发展会计准则的制定应当遵循证据导向性、市场知悉性、行业具体性和公开透明性 4 个基本原则。在此基础上，SASB 分别提出了规范指标质量的特征和指导议题选择的报告原则。对指标质量进行规范的 7 个特征包括如实反映、完整性、可比性、中立性、可验证性、一致性和可理解性，其定义与 FASB 概念框架中的相关定义非常接近。指导议题选择的 5 个报告原则是：（1）财务影响性原则，SASB 制定的准则应当有影响企业价值的潜力，根据研究和利益相关者的反馈，SASB 通过三个渠道（收入与成本、资产与负债、资本成本与风险特征）识别能够对企业经营和财务业绩产生影响的可持续发展议题；（2）投资者关注原则，SASB 认为，直接财务影响及风险、法律监管和政策驱动、行业管理和最佳实践及竞争驱动、可导致财务影响的利益相关者关切、创新机会 5 个影响因素，可能引起投资者的关注，应当作为可持续发展议题；（3）行业相关性原则，SASB 选择的议题应当具有行业系统性特征，代表整个行业的风险与机遇，适用于该行业的大多数企业；（4）企业可行性原则，SASB 应当评估能否将广泛的可持续发展趋势转化为在企业控制或影响范围内的行业特定议题；（5）利益相关者关切代表性原则，SASB 应当考虑投资者和发行者对每个披露议题能否存在共识，是否构成特定行业内大多数企业的重要信息。

TCFD 专注于气候相关的信息披露，提出企业在选择披露内容时应遵循 7 个报告原则，也颇具特色。这 7 个报告原则包括：（1）相关信息原则，企业应当提供气候相关风险与机遇对其市场、业务、投资策略、财务报表和未来现金流量潜在影响的具体信息；（2）具体性和完整性原则，企业的报告应当对下列事项（气候相关影响的潜在敞口、这种影响的潜在规模和性质、管理气候相关风险的治理和战略及流程、气候相关风险和机遇的管理业绩）提供全面的概述；（3）清晰性、平衡性和可理解性原则，信息披露的目的是沟通财务信息，以满足金融部门用户（如投资者、借款人、发行人等）的需求。清晰的沟通有利于使用者有效识别关键信息。信息披露应当在定性与定量信息之间、在风险和机遇之间保持恰当的平衡，恰当使用文本、数据和图表等呈报方式无偏地进行阐述。另外，信息披露在为老练的使用者提供足够细颗粒度的同时，也应考虑为不太专业的使用者提供便于理解的简洁信息；（4）一致性原则，信息披露应当在不同期间保持一致，以便使用者了解气候相关问题的发展和演变对企业业务的影响，为此，披露的信息列报应使用前后一致的格式、语言和指标，便于跨期比较；（5）可比性原则，同一个经济部门、行业或投资组合的信息披露应当具有可比性，便于对同一个部门或辖区内的不同企业的战略、业务活动、风险和业绩进行比较；（6）可靠性、可验证性和客观性原则，气候披露应当提供高质量的可靠信息，这种信息必须准确和中立。气候披露应当以报告信息可被验证的方式进行界定、收集、记录和分析，以确保其高质量。面向未来的披露总会涉及判断，企业应充分解释这些判断。披露应当尽可能以客观数据为基础并采用最新计量方法论，包括不断演进的行业惯例；（7）及时性原则，信息应当以及时的方式通过恰当的媒介提供给使用者或者予以更新，至少应当在主流财务报告的范围内以年度为基础进行披露。

表1对上述主流报告框架的报告原则与IASB财务信息质量特征和EFRAG可持续发展信息质量特征进行了对照总结。由表1结合前文阐述可知，EFRAG在起草《信息质量特征》概念指引时的思路应是，先强行与IASB概念框架财务信息质量特征趋同（包括区分基础性质量特征和提升性质量特征，以及拟定各个质量特征的次级特征等），再将现有主流报告框架已有报告原则按逻辑分门别类梳理至对应类别和层级的质量特征中。这种做法的好处是确保了与国际准则的完全兼容，弊端是现有主流报告框架中那些能够反映可持续发展报告特点但无法归类进财务信息质量特征的报告原则（如利益相关者导向、战略性、前瞻性和与其他财务信息之间的关联性等）统统被抛诸脑后。我们认为，这样的做法总体上弊大于利，并不可取。尤其是在EFRAG的公司报告体系中，财务报告与可持续发展报告是平行关系，可持续发展信息质量特征没有理由也没有必要与财务信息质量特征完全保持一致。如果EFRAG能在保留现有基础性和提升性质量特征分类的基础上，借鉴主流报告框架已有研究成果，提炼总结出普适性的报告原则，或许能够在指导可持续发展报告准则制定的过程中发挥更大的作用，对于企业披露高质量的可持续发展信息也会更有帮助。另外，特别值得一提的是，SASB以可持续发展报告必须遵循的基本原则为出发点，分别提出规范可持续发展指

标的质量特征和指导可持续发展议题选择的报告原则，建立由基本原则、质量特征和报告原则所组成的信息质量特征框架体系，这种三位一体的架构契合可持续发展报告的信息特点，彰显了可持续发展报告的信息特色，值得准则制定机构借鉴。

表 1　主流报告框架报告原则对照总结

NFRD	GRI	IIRC	SASB	TCFD	IASB	ESRG 2
利益相关者导向	利益相关者包容性	利益相关者关系	利益相关者关切代表性			
重要性	重要性	重要性	投资者关注	相关信息	相关性	相关性
全面性、平衡性	完整性、平衡性	完整性		完整性、平衡性	如实反映	如实反映
战略性、前瞻性		战略聚焦与未来导向				
	及时性			及时性	及时性	
可理解性、简洁性	清晰性	简洁性		清晰性、可理解性	可理解性	可理解性
	准确性、可靠性	可靠性		可靠性、可验证性	可验证性	可验证性
一致性	可比性	一致性、可比性	企业可行性	一致性、可比性	可比性	可比性
连贯性		信息关联性	财务影响性			

（原载于《财会月刊》2022 年第 11 期）

主要参考文献：

1. IASB. IFRS Standards. Conceptual Framework of Financial Reporting. IFRS Foundation，2021：A2. 4 – 2. 43.

2. EFRAG. ESRG 2 Characteristics of Information Quality［EB/OL］. www. efrag. org，January 2022.

3. European Reporting Lab. Conceptual Framework for Non – Financial Standard Setting［EB/OL］，February 2021.

可持续发展报告的双重重要性原则评述

黄世忠 叶丰滢

【摘要】 2022年1月20日，欧洲可持续发展报告准则（ESRS）的制定机构欧洲财务报告咨询组（EFRAG）发布了第一批ESRG工作稿（Working Papers）。工作稿是介于样稿（Prototype）和征求意见稿（ED）之间的文件，在提交给ESRG项目任务组（PTF－ESRG）成员、PTF－ESRG审查小组以及专家工作组（EWG）辩论和讨论达成初步共识后，就可以ED的方式广泛征求公众意见。EFRAG公布的第一批7份ESRS工作稿，包括4份跨行业工作稿（战略与商业模式；可持续发展治理和组织；可持续发展重要影响、风险与机遇；政策、目标、行动计划和资源的界定）、1份专门议题工作稿（气候变化）和2份概念指引工作稿（双重重要性；信息质量特征）。本文首先介绍《双重重要性》工作稿提出的相关概念，其次分析主流报告框架对重要性的差异化界定，并剖析单一重要性和双重重要性的利弊得失，最后简要说明可持续发展报告准则制定中必须遵循的九条重要性指引。

【关键词】 可持续发展报告；双重重要性；财务重要性；影响重要性

准则的制定离不开概念框架的指引，财务报告准则如此，可持续发展报告准则也不例外。概念框架是准则制定机构的“共同语言”，为其成员解决分歧、达成共识提供一个共同的理论基础，既有助于准则制定机构以前后一致的方式制定准则，也可为报表编报者在缺乏具体准则的情况下发挥专业判断提供理论依据。根据欧盟《公司可持续发展报告指令》（CSRD）提出的时间表和路线图，EFRAG将在2023年中期之前完成6份概念指引（Conceptual Guidelines）的起草工作，其中2022年中期前完成2份，2023年中期前完成4份（黄世忠，2021）。2022年1月，EFRAG发布了《双重重

要性》和《信息质量特征》两份概念指引的工作稿。本文对《双重重要性》工作稿进行解释和评述。

一、可持续发展报告中的重要性相关概念

不论是在财务报告领域，还是在可持续发展报告领域，重要性（Materiality）都是一个至关重要的概念，直接关系到哪些财务信息或可持续发展信息应当纳入报告范围。国际会计准则理事会（IASB）在《财务报告概念框架》中指出：通用目的财务报告提供了关于特定主体的财务信息，如果遗漏、错报或模糊某项信息合理预期会影响通用目的财务报告主要使用者基于这些报告所作出的决策，则该项信息具有重要性。换言之，重要性是基于个别主体财务报告信息涉及项目的性质或金额或两者兼而有之所体现出的对特定主体的相关性。因此，理事会不能为重要性制定一个统一的量化门槛或预先决定在特定情况下什么是重要的（IASB，2021）。IASB 对重要性的上述定义具有很高的权威性，得到广泛认可。与之不同的是，可持续发展报告领域里的重要性概念目前还缺乏权威的定义，不同国际组织基于自己的使命和目标制定的可持续发展报告框架针对不同的目标使用者，对重要性的定义也存在较大差异。总体而言，财务报告与可持续发展报告对重要性界定的侧重点有所不同，前者主要关注财务信息对使用者的决策影响，后者主要关注企业经营活动对环境和社会的影响，或者环境和社会议题对企业的影响。在可持续发展报告的意境下，重要性原则界定将特定信息纳入公司报告的标准，它反映了：（1）特定信息对其意欲描述或解释的现象的重要性；（2）特定信息满足利益相关者的需求和期望，以及帮助企业作出恰当决策的能力；（3）特定信息满足与公共利益相对应的透明度需求的能力。

（一）单一重要性与双重重要性

在财务报告领域，只有单一的重要性原则，财务信息是否具有重要性以其能否影响使用者的决策为唯一判断标准。而在可持续发展报告领域，基于不同的定义角度，重要性分为单一重要性（Single Materiality）原则和双重重要性（Double Materiality）原则。基于由外到内角度（Outside - in Perspective）对可持续发展报告的重要性进行定义，只考虑环境和社会议题对企业价值的影响，称为单一重要性原则或财务重要性（Financial Materiality）原则。国际可持续准则理事会（ISSB）秉持的就是单一重要性原则。而双重重要性原则同时从由外到内角度和由内到外角度（Inside - out Perspective）对重要性进行定义，既要考虑环境和社会议题对企业价值的影响，也要考虑企

业经营活动对环境和社会的影响，后者称为影响重要性（Impact Materiality）。可见，双重重要性是影响重要性和财务重要性的联合。一个可持续发展议题或一项信息符合影响重要性标准或财务重要性标准，或者同时符合这两个标准，均应被视为具有重要性的可持续发展问题，如图1所示，纳入企业治理层的决策范围和信息披露范围，准则制定机构必须对此提出信息披露要求。根据CSRD的要求，EFRAG制定ESRS时必须秉持双重重要性原则。由于EFRAG和ISSB制定可持续披露准则时遵循不同的重要性原则，导致这两套准则对可持续发展报告的定位和信息披露要求存在较大差异。

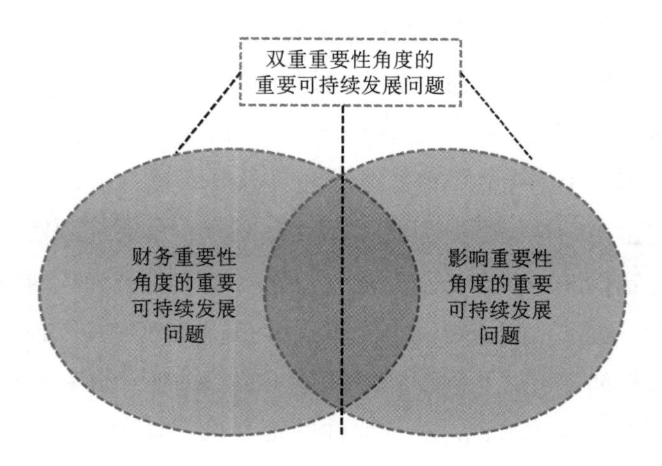

图1　可持续发展报告中的双重重要性

资料来源：EFRAG（2022）。

（二）影响重要性

影响重要性是特定经济部门或所有经济部门内与企业有关的一项可持续发展议题或信息所表现出的对环境和社会的影响特征。如果企业的经营活动将在短期、中期或长期内对环境和人类产生实际或潜在的重大影响，则与该影响相关的可持续发展议题或信息从影响角度就具有重要性。这种影响既包括企业直接引起的影响，也包括与企业价值链上下游“直接联系在一起”（Directly Linked to）的影响。EFRAG认为，企业经营活动、产品或服务产生的消极影响，如果是在其任何一层的商业关系中发生且发生于价值链的某一环节，则应视为与价值链“直接联系在一起”的影响。这种“直接联系在一起”的影响并不限于企业与其他企业之间的明显联系，因此并不局限于具有直接契约关系的情形（如直接外包）。值得注意的是，“直接联系在一起”的影响不同于区分温室气体排放范围的直接影响和间接影响。譬如，范围2和范围3的间接温室气体排放是与企业的经营活动、产品或服务“直接联系在一起”的，但如果企业商业伙伴的温室气体排放与企业的价值链无关，则其温室气体排放就没有与企业的经营活

动、产品或服务“直接联系在一起”，也不属于范围3的间接温室气体排放。综上所述，与企业经营活动、产品和服务或者与企业价值链相关的对环境和社会产生实际或潜在重大影响的可持续发展议题或信息，具有影响重要性。

（三）财务重要性

可持续发展报告意境下的财务重要性，是特定经济部门或所有经济部门内与企业有关的一项可持续发展议题或信息所表现出的财务影响特征。如果一项可持续发展议题触发了企业的财务影响，如形成了风险或机遇且将在短期、中期或长期影响/或可能影响未来现金流量和企业价值却尚未被即期财务报告所捕捉，则该项议题就具有财务重要性。这些风险和机遇可能源自过去事项或未来事项，既可能对已经在财务报告中确认的资产负债或可能因未来事项确认的资产负债的现金流量产生影响，也可能对虽有助于企业价值创造或价值保持但因不符合会计上对资产负债的定义或确认标准而未在财务报表中确认的要素的现金流量产生影响。未在财务报表中确认的要素在倡导多重资本法的报告框架下通常被称为“资本”，如整合报告（Integrated Reporting）框架下的智力资本、人力资本、社会和关系资本、自然资本等。在《双重重要性》工作稿中，EFRAG将财务影响的触发事件分为两类，第一类触发事件可能影响企业继续使用或获取生产过程所需资源的能力，第二类触发事件可能影响企业（以可接受条件）依靠生产过程所需商业关系的能力。

（四）影响重要性和财务重要性之间的关系①

由内到外的影响重要性与由外到内的财务重要性之间可能存在交互影响（图1交集部分），我们将EFRAG有关交互影响的描述概括为两种典型情形：情形一：财务重要性导致影响重要性。典型例子如气候变化迫使企业限制/降低温室气体排放，或调整商业模式以适应新的政策和市场情况，而减缓或适应措施的采用可能会引发由内到外的影响。EFRAG认为，这种相互作用容易被忽略，应予以特别关注。情形二：影响重要性导致财务重要性，即企业经营产生的由内到外的影响，使其自身暴露于显著的由外到内的影响中（俗称“反弹”或“回旋镖”效应）。譬如，对于一家农业企业而言，一块农田土地和生物多样性的枯竭可能会直接影响作物的产量，从而影响其财务利润。在这种情形下，企业通常有直接的动力减轻由内到外的影响。

当然，影响重要性和财务重要性之间也可能毫不相干（图1非交集部分）。比如，

① EFRAG工作组在2021年8月发表的关于财务重要性的研究成果中详细探讨了双重重要性两个部分之间的关系。这份研究成果不代表官方观点，但能够帮助理解双重重要性之间的复杂关系。

有的企业可能对气候变化仅仅负有限责任或根本没有任何责任，但其经营活动仍然会受到气候变化的严重影响（单向财务重要性）；又如，有的企业经营产生了由内到外的影响，但却没有受到“反弹”效应的冲击。这时企业往往会忽视相关问题，以损害环境或社会为代价，使其财务创造最大化（单向影响重要性）。从可持续发展报告的角度看，这种情况必须审慎对待，给予额外关注。

综上所述，基于影响重要性和财务重要性之间的数学并集关系，准则制定机构在操作时应对它们分开考虑同时合并斟酌。

（五）其他三个相关概念

除了影响重要性和财务重要性等相关概念外，在确定可持续发展议题的重要性时，还必须厘清可持续发展问题和议题（Sustainability Matters and Topics）、利益相关者（Stakeholders）、负面影响重要性参数（Parameters of Adverse Impact Materiality）三个概念。

可持续发展问题是指对人类和环境产生影响，或者给企业带来风险或机遇的特定层面的可持续发展事项。而“议题”或“子议题”是指准则制定机构拟起草的特定议题性准则所涉及的对象、主题、类型或关注领域。可持续发展议题是可持续发展问题的结构性分组，在最高结构层次上通常划分为环境议题、社会议题和治理议题。议题性准则将可持续发展议题和子议题进一步细化为具体的可持续发展披露要求。

利益相关者是指能够影响企业的决策和行动或受企业决策和行动影响的当事方。利益相关者主要可分为两类：（1）受影响利益相关者（Affected Stakeholders），即可能受到企业活动及其价值链积极或消极影响的利益相关者；（2）使用者，即对企业的可持续发展报告感兴趣的利益相关者，包括政府当局、商业伙伴、权益投资者（含资产管理者）和债权人（含资产管理者、信贷机构和保险机构）、民间社会组织、工会和社会伙伴等。可持续发展报告应当同时满足这两类利益相关者的信息需求。

对于负面（消极）的影响，重要性参数应当包括：实际消极影响的严重性，以及潜在消极影响的严重性和可能性。消极影响的严重性由影响的程度、范围、不可补救的特性所决定：（1）消极影响的程度取决于该影响是否导致企业未能遵循法律法规或者权威的政府间协定。譬如，如果一项消极影响导致对人权或工作中基本权利的侵害，或者导致未能遵循《联合国气候变化框架公约》和《巴黎协定》拟实现的温室气体减排规定，这种影响程度应视为较严重。（2）消极影响的范围与该影响的普

遍性有关。就环境影响而言，影响的范围可理解为环境被破坏的程度或地理边界。就人类影响而言，影响的范围可理解为受到消极影响的人数。（3）影响的可补救性涉及消极影响能否以及能在多大程度上得到补救，将环境或受影响的人群恢复到影响前的状态。简而言之，影响的程度、范围和不可补救性都会加剧消极影响的严重性，评估可持续发展议题是否具有重要性时，必须从这些影响的重要性参数出发进行考量。

二、对重要性的差异化界定及其影响分析

与会计准则制定机构对财务报告中的重要性取得高度共识不同，国际上主流报告框架对可持续发展报告中的重要性存在较大的认识差异，既有主张单一重要性原则的，也有坚持双重重要性原则的。

（一）重要性的不同界定

表1列示了国际上主流报告框架对重要性的差异化界定。

表1　　主流报告框架对重要性的界定

报告框架	制定机构的使命/目标	主要对象	重要性定义	重要性角度	重要议题确定方式
全球报告倡议组织（GRI）	通过透明度和公开对话，促进可持续发展的未来，使报告（环境和社会）影响成为世界上所有组织的共同惯例。作为世界上最广泛运用的可持续发展报告准则，我们致力于成为变革的催化剂	所有利益相关者	有潜力值得纳入可持续发展报告的相关议题，应是可合理预期能够反映组织对经济、环境和人类产生影响，或能够影响利益相关者决策的相关议题	人类和环境/影响重要性	报告主体（以广泛的指南为基础）
国际整合报告理事会（IIRC）	IIRC的目标是促进各方的繁荣并保护地球环境。IIRC的使命是在企业主流惯例内制定整合报告和整合思维，使其成为公共部门和私营部门的范式	财务资本提供者	整合报告应当披露将在短期、中期和长期对组织创造价值的能力产生重大影响的信息	财务重要性	报告主体（有限指南）

续表

报告框架	制定机构的使命/目标	主要对象	重要性定义	重要性角度	重要议题确定方式
可持续发展会计准则委员会（SASB）	SASB的使命是对ESG具有财务重要性的议题制定和完善分行业的具体披露准则，便于公司与其投资者就决策有用信息进行沟通	财务资本提供者	如果披露被遗漏的信息被理性投资者视为存在较大可能性将重大改变所获取信息的整体构成时，这种信息就是重要的。 如果遗漏、错误表述或不能清楚表述的议题将合理预期会影响使用者基于对财务业绩和企业价值的短期、中期和长期评估所作出的投资或信贷决策，该议题在财务上就是重要的	财务重要性	准则制定机构以经济部门为基础（基于历史证据）
联合国报告框架指导原则（UNGP）	建立一个开展业务互动时尊重人的尊严的世界	所有利益相关者	公司应当报告其重要的人权问题，即因为公司活动或商业关系而存在最严重消极影响的风险的突出人权问题	人类和环境/影响重要性	报告主体（有详细的重要性评估程序要求）
欧盟分类法（Taxonomy Regulation）	提供致力于环境保护和可持续发展活动的分类体系	财务资本提供者	—	人类和环境/影响重要性	第二层次的立法
气候相关财务披露工作组（TCFD）	提高重大气候相关业务风险的透明度；帮助组织在提供财务文件时评估气候相关风险是否重要	财务资本提供者	—	财务重要性	准则制定机构
生态管理与审核体系（EMAS）	让公众和利益团体了解一个组织对环保法律要求的遵循情况及其环境成效	所有利益相关者	环境报表应当包括一个组织的重大*环境方面和影响	人类和环境/影响重要性	准则制定机构
适应未来企业基准	为公司和投资者提供战略管理工具以评估、计量和管理其活动的影响	财务资本提供者和其他利益相关者	—	双重重要性	准则制定机构

续表

报告框架	制定机构的使命/目标	主要对象	重要性定义	重要性角度	重要议题确定方式
德国可持续法典	为可持续发展报告提供进入点，便于执行《非财务报告指令》和《联合国报告框架指导原则》	所有利益相关者	属于下列一种或一种以上的议题，应视为重要的可持续发展议题：（1）对经营活动、财务报表或公司状况带来机遇或风险的议题；（2）对经营活动、商业关系或产品及服务产生积极或消极影响的议题；（3）主要利益相关者认定的重要可持续发展议题	双重重要性	准则制定机构
自然资本规程（NCP）	对拟纳入企业决策的自然资本的影响及依赖进行辨认、计量、估值和披露	不明确	如果自然资本的价值作为一套决策信息的一部分有改变决策的潜力，自然资本的影响和依赖就是重要的	双重重要性	报告主体
可持续发展报告目标披露（SDGD）建议	辨认可为组织和社会长期价值创造的相关重要可持续发展风险和机遇	财务资本提供者和其他利益相关者	重要的可持续发展信息是指合理预期能够导致下列使用者的决策结论产生差异的信息：（1）关注组织对可持续发展目标在全球范围内的实现产生积极或消极影响的利益相关者；（2）关注为组织和社会长期创造价值能力的资本提供者	双重重要性	报告主体

* EMAS 在定义重要性时，使用的措辞是 Significance（重大性），而不是 Materiality（重要性），但两者的意思相近。

资料来源：European Reporting Lab（2021）。

（二）重要性差异化界定的影响

从表 1 可以看出，世界上主流的报告框架在界定可持续发展报告的重要性时，认识上存在较大的分歧。这种分歧既与制定这些报告框架的国际组织或机构设定的使命和目标有关，也与这些报告框架所针对的目标使用者有关。关注环境和社会影响并以利益相关者的信息需求为导向的国际组织和机构，通常从双重重要性原则的角度，将重要性界定为影响重要性和财务重要性，而关注环境和社会议题对企业价值的影响并以资本提供者的信息需求为导向的国际组织或机构，则从单一重要性原则的角度，将重要性影响界定为财务重要性。

界定重要性的不同角度，直接影响了可持续发展报告的定位和内容。

从单一重要性原则的角度界定财务重要性，准则制定机构倾向于将可持续发展报告所披露的信息定位为财务报告的组成部分，聚焦于披露有助于资本提供者评估环境议题（如气候变化和生物多样性等）和社会议题（如劳资关系和社区关系等）对企业价值影响的信息，如气候相关风险与机遇及其在短期、中期和长期对企业财务业绩和现金流量的影响。单一重要性原则的底层逻辑是，环境和社会的可持续发展离不开资本市场为企业绿色转型提供资金支持[①]，且企业的可持续发展也离不开对公平正义等社会议题的关切。将重要性聚焦于财务重要性，便于投资者从可持续发展报告中获取有助于评估企业在环境和社会议题上的可持续性，引导他们将资金投向具有可持续发展前景的企业，进而促进经济、环境和社会的可持续发展。根据单一重要性原则，可持续发展相关信息往往被视为财务报告的组成部分。这种定位的不足之处是，可持续发展报告包含大量定性信息和前瞻性信息，将其作为财务报告的组成部分，与传统的会计理论相悖，因为这些定性信息和前瞻性信息并未经过会计程序的确认和计量。此外，将经过会计程序确认和计量的定量信息和历史性信息与未经过会计程序确认和计量的定性信息和前瞻性信息均纳入财务报告范畴，不仅破坏了财务报告的严谨性，而且淡化了财务报告的货币计量属性，增大了财务报告的审计和使用难度。

而从双重重要性原则的角度界定影响重要性和财务重要性，准则制定机构更有可能将可持续发展报告所披露的信息定位独立于财务报告的信息，要求企业既要披露其经营活动对环境和社会的影响，即基于由内到外角度的影响重用性，也要披露环境和社会议题对企业价值的影响，即基于由外到内角度的财务重用性。双重重要性原则的底层逻辑是，企业既受外部影响，又对外部产生影响，只有同时关注影响的双重性，并将与双重影响相关的信息均纳入可持续发展报告，投资者才能评估环境和社会议题如何影响企业价值，其他利益相关者才能评估企业经营活动对环境和社会是产生积极影响还是消极影响。基于双重重要性原则，将可持续发展报告定位为独立于财务报告的单独报告，更加契合会计理论，使公司报告（由财务报告和可持续发展报告共同组

① 根据《联合国气候变化框架公约》的相关研究，2050 年前约需要投入 125 万亿美元的资金才有望在全球范围内实现净零排放，确保企业和社会低碳转型、绿色发展。

成）的脉络更加清晰，既可避免将经过会计程序确认和计量的财务信息与未经过会计程序确认和计量的可持续发展信息混为一谈，又可促使财务信息与可持续发展信息相互补充、相得益彰。双重重要性原则的不足之处是加大了企业的信息披露难度。在其他条件保持相同的情况下，披露影响重要性比披露财务重要性的难度大得多，需要更多的估计和判断，存在更多的不确定性。

相较于 ISSB 所采纳的单一重要性原则，我们更赞同 EFRAG 所秉持的双重重要性原则。我们认为，提供可持续发展报告的初衷是为了确保环境和社会的可持续发展，而不仅仅是为了满足资本提供者评估环境和社会议题如何影响企业价值的信息需求。以双重重要性原则制定可持续披露准则，可使企业的信息披露视野更加宏大，促使其努力成为环境友好型和社会担当型的良好企业公民，推动人类社会的可持续发展。

三、准则制定必须遵循的九条重要性指引

EFRAG 认为，ESRS 的制定必须秉持双重重要性原则，唯有如此，才能遵循 CSRD 的法定要求，确保 ESRS 的高质量。为此，ESRG 1《双重重要性》就 EFRAG 在制定 ESRS 过程中如何恰当运用重要性原则提出了九条指引。

指引 1：同等重要性

在重要性评估过程中，准则制定机构应当给予影响重要性和财务重要性同等的重视，二者不可偏废。准则制定机构应当从影响角度和财务角度独立评估每个可持续发展议题的重要性，任何一个议题如果具有影响重要性或财务重要性，或两者兼而有之，均应视为重要的可持续发展议题，如图 2 所示。

值得注意的是，影响重要性与财务重要性的评估相互交织、相互依存。作为起点，一般应先对影响重要性进行评估，因为影响重要性可能转化为短期、中期和长期的财务影响，从而具有财务重要性。同样地，不论可持续发展议题是否具有实际和潜在的财务后果，企业都应当考虑其经营活动是否对环境和社会产生影响。还有一些可持续发展议题同时具有财务重要性和影响重要性，温室气体排放即是典型，这种情况需要准则制定机构双向考虑。

指引 2：可持续发展议题的辨认

在评估重要性之前，准则制定机构应当辨认可持续发展议题并将它们以结构化的方式划分为三个层次：第一层次为议题（Topics），包括环境、社会和治理（ESG）三类议题；第二层次为子议题（Sub - Topics），如减缓气候变化议题；第三层次为子子

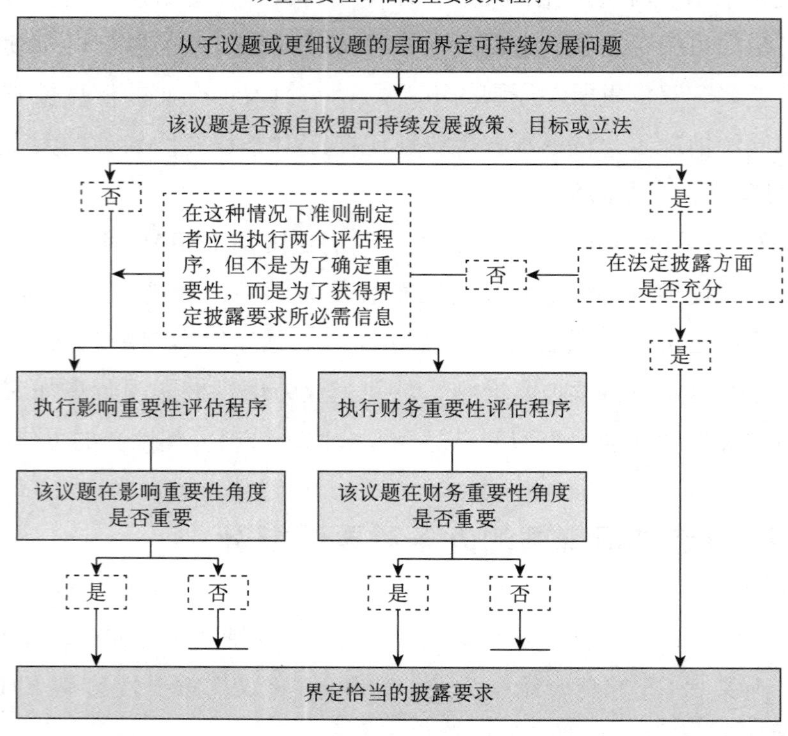

图2　可持续发展议题重要性评估程序

资料来源：EFRAG 2022。

议题（Sub - Sub - Topics），如能耗议题。辨认可持续发展议题时，准则制定机构应当：（1）充分考虑现行广泛应用的可持续发展报告框架的相关内容及其在实际执行中获取的经验教训；（2）广泛征求利益相关者对影响重要性议题和财务重要性议题的观点和意见，这里的利益相关者包括受影响利益相关者和使用者；（3）在选定的颗粒度层次上识别可持续发展议题所产生的特定风险、机遇和影响。

指引3：受影响利益相关者和使用者

对于每个已识别的可持续发展议题，准则制定机构还应当识别该议题所涉及的利益相关者和使用者及其信息需求，并以此作为确定议题重要性和制定相关披露要求的基础。重要性评估程序应当确保将可持续发展议题对所有受影响利益相关者的影响考虑在内，而不应仅仅考虑使用者的需求。受影响利益相关者是指其权利和利益受企业经营活动实际或潜在影响的各方。对于这类利益相关者而言，重要的信息包括：负面的实际影响或潜在影响，企业对这些影响采取的措施，企业的政策和目标、行动及这些行动在预防或减轻影响、最大化人类和环境成效方面的有效性。使用者也是利益相

关者，按其不同信息需求可分为两类：一类是权益投资者、金融机构和保险机构，另一类是监管部门、商业伙伴、非政府组织、社会伙伴和其他利益相关者（包括产品和服务的终端用户）。第一类使用者的信息需求与财务重要性议题关联更加密切，第二类使用者虽然也关心财务重要性议题，但其信息需求与影响重要性议题关联更加密切。

指引4：价值链和时间范围

可持续发展议题的重要性应当从整个价值链和时间范围进行评估。准则制定机构应当按照ESRG 4《报告层次和边界》的要求，确定可持续发展议题重要性评估的边界，按照ESRG 3《时间范围》的要求，确定评估可持续发展议题重要性的短期、中期和长期时间范围。

指引5：区分行业通用披露、行业特定披露和企业特定披露

准则制定机构在评估可持续发展议题的重要性时，既要考虑所有行业的共性，也要考虑不同行业和企业的差异。对于所有行业均具有重要性的可持续发展议题，准则制定机构应当提出适用于所有行业的企业的信息披露要求。对于只在特定行业才具有重要性的可持续发展议题，准则制定机构应当提出适用于这些特定行业的企业的信息披露要求。对于对特定行业相当一部分企业具有重要性的可持续发展议题，准则制定机构提出的信息披露要求应当赋予企业更大的自主权，使其根据具体情况确定重要的可持续发展议题及其相关信息披露。

指引6：未成熟议题的重要性

在某些情况下，一个特定的可持续发展议题可能被准则制定机构评估为具有重要性，但在当下无法决定具体的披露要求，以确保企业披露该议题有关政策效果的相关且可靠的信息。在这种情况下，准则制定机构一方面应当根据双重重要性原则从两个方面判断这些可持续发展问题是否具有重要性，另一方面应当认真评估对这些可持续发展问题提出强制性具体披露要求的可行性。

指引7：源自欧盟可持续发展政策、目标和立法的重要性

准则制定机构在评估可持续发展议题的重要性时，应当考虑欧盟层面和国际层面的可持续发展政策倡议所形成的报告义务。这种路径优先于从影响重要性和财务重要性角度对重要性的评估。对于CSRD列明的所有可持续发展问题、议题和子议题，均应假设对所有企业均具有重要性并纳入准则制定机构的重要性评估程序。准则制定机构还应当确保ESRS的披露要求与《可持续金融披露条例》（SFDR）保持一致性和互补性。此外，准则制定机构应当分析欧盟立法、公共政策、国际协定以

及与 CSRD 所涵盖子议题相关的欧盟公开赞同的准则和承诺，以明确相关的报告目标。

指引 8：拟执行的影响重要性评估程序

准则制定机构评估影响重要性的程序包括五个步骤：（1）明确所评估可持续发展议题的定义；（2）对可持续发展议题影响重要性的参数（影响程度、影响范围、可补救性等）进行评估，并分别进行量化打分，打分表如表 2 所示。准则制定机构可以使用介于表中显示的指示性分数之间的分数，譬如，对一个影响范围非常“广泛”但还没有达到“全球/全部”等级的事项可以将其影响范围得分评为 4.5 分。（3）确定所分析议题的初步影响重要性。将第二步骤三个参数的量化得分相加作为相关议题初步影响重要性的替代指标，若加总分大于等于 12 分，将其划分为极重大（Critical）；若加总分大于等于 10 分但小于 12 分，将其划分为重大（Significant）；若加总分大于等于 8 分但小于 10 分，将其划分为重要（Important）；若加总分大于等于 5 分但小于 8 分，将其划分为具有参考性（Informative）；若加总分小于 5 分，将其划分为极小（Minimal）。（4）对第二步骤和第三步骤的结果进行再判断，以确定所分析议题的重要性评估是否恰当。潜在影响发生的概率是再判断时应考虑的重要参数，必要时准则制定机构应咨询特定议题专家的意见。判断完毕后，如果确定评估结果为极重要、重大或重要，即可从影响重要性的角度将某个可持续发展问题认定为对所有企业具有重要性，从而结束影响重要性的评估。如果评估结果为具有参考性或极小，继续执行第五步骤。（5）就特定可持续发展议题针对各个经济部门再次执行第二、第三和第四步骤的评估。评估结果将帮助准则制定机构最终确定该可持续性议题从影响重要性的角度对哪些特定经济部门是重要的，需要制定适用于该经济部门的披露准则。

表 2　　可持续发展议题影响三大重要性参数等级及分值

影响程度	量化打分	影响范围	量化打分	可补救性	量化打分
无	0	无	0	很容易补救	0
极小	1	有限	1	短期内相对容易补救	1
轻度	2	集中	2	可努力补救（需要时间和成本）	2
中度	3	中度	3	难以补救或需要在中期内补救	3
高度	4	广泛	4	很难补救或需要在长期内补救	4
十分严重	5	全球/全部	5	无法补救	5

资料来源：整理自 EFRAG ESRG 1《双重重要性》工作稿。

指引9：拟执行的财务重要性评估程序

准则制定机构评估财务重要性的程序包括四个步骤：（1）明确所评估可持续发展议题的定义；（2）评估财务影响的两类触发事件并识别重要的财务影响。为评估企业能否持续使用其生产过程所必须的资源这一触发事件，准则制定机构应充分考虑定价与毛利、资源的市场和可用供给、资源的退化和剩余使用寿命/维护或重建的能力成本、政策/监管限制等因素，并在此基础上对该触发事件的重要性进行分档打分（见表3）；为评估企业能否按照目前的方式持续依赖其生产过程所必须的关系这一触发事件，准则制定机构应充分考虑金融机构和金融资本的提供者、供应链（包括承包商）、客户（竞争/道德行为、隐私、满意度、产品对健康的影响、市场营销和沟通、产品安全），包括品牌和声誉的后果、外部利益相关者、更广泛的社会/社区，包括对企业产生的负外部性的容忍等因素，并在此基础上对该触发事件的重要性进行分档打分（见表3）。值得一提的是，由于触发事件与企业的商业模式息息相关，对其重要性的评估必须结合对在短期、中期或长期内对企业价值有影响（或可能有影响）的ESG因素（各类“资本”）进行识别。另外，与影响重要性的评估类似，准则制定机构可以使用介于表2中显示的指示性分数之间的分数进行打分。（3）确定每个可持续发展议题的财务重要性。财务重要性由第二步骤中两个触发事件的评分结果孰高来定。高分值为4分的，划分为极重大；高分值为3分的，划分为重大；高分值为2分的，划分为重要；高分值为1分的，划分为具有参考性；高分值为0分的，划分为极小。如果财务重要性被划分为极重大、重大或重要，那么该可持续发展议题的财务影响就是重要的，继续实施第四步骤。如果财务重要性被划分为具有参考性或极小，那么该可持续发展议题从财务角度就不重要，评估流程就此终止。（4）描绘每个重要财务影响的可能披露领域，以便设计披露要求。可能的披露领域包括：一是因过去事项已确认或可确认的资产负债对未来现金流量可能产生的积极或消极影响。这些资产负债虽已确认和可确认，但其未来现金流量的影响尚未在财务报表中报告；二是已确认资产或负债的来自未来可能的财务风险和机遇（可能对未来现金流产生积极或消极影响）的影响。因为不是源自过去的事项，所以它们对未来现金流量的影响尚未被确认；三是当前使用的有助于企业价值创造或价值保持的“资本”（如人力资本、关系资本和结构资本等）。这些“资本”不符合会计上对资产和负债的定义或确认标准，虽与过去事项有关，但尚未被确认；四是已运用的有助于企业价值创造或价值保持的“资本”与未来事件相关的预期变化。

表3　　对两类触发事件的分档打分表

资源使用连续性		对与资源使用连续性有关的资本类型打勾					
		财务资本	制造资本	自然资本	智力资本	人力资本	社会和关系资本
4	不可能使用，成本非常高昂，或在短期内无法获得						
3	短期内可能使用但成本高昂，中期内资源匮乏或成本非常高昂，长期不可能使用						
2	短期内可能有影响，中期内使用成本高昂，长期内使用成本非常高昂						
1	在短期、中期和长期内可能有影响						
0	短期、中期和长期内都没有影响						
对商业关系的依赖		对与商业关系依赖有关的资本类型打勾					
		财务资本	制造资本	自然资本	智慧资本	人力资本	社会和关系资本
4	目前或将来很可能会出现强烈的负面反应						
3	目前有负面反应，未来可能会出现强烈的负面反应						
2	目前有消极反应，将来可能会出现负面反应						
1	目前或将来有消极反应						
0	目前是中立的/没有反应的，将来可能会有反应						

资料来源：整理自EFRAG ESRG 1《双重重要性》工作稿。

以上九条指引具体详实可操作，虽然是针对准则制定机构评估重要性提出的，但对企业的治理层在决定需要将哪些重要的可持续发展议题纳入治理决策程序和信息披露范围，同样具有很高的借鉴和参考价值。对于可持续披露准则没有具体规范的领域，ESGR 1《双重重要性》可以帮助企业在编制可持续发展报告时更好地发挥专业判断，对于ESG评级机构和ESG鉴证机构也极具借鉴意义。

（原载于《财会月刊》2022年10期）

主要参考文献：

1. 黄世忠．谱写欧盟ESG报告新篇章——从NFRD到CSRD的评述［J］．财会月刊，2021（20）：16－23.

2. IASB. IFRS Standards. Conceptual Framework of Financial Reporting. IFRS Foundation, 2021: A26 - 2. 11.

3. EFRAG. ESRG 1 Double Materiality Conceptual Guidelines for Standard - setting [EB/OL]. www. efrag. org, January 2022.

4. European Reporting Lab. Proposals for a Relevant and Dynamic EU Sustainability Reporting Standard - setting [EB/OL]. www. efrag. org, February 2021.

重要性的不同理念及其评估与判断

叶丰滢　黄世忠

【摘要】本文探讨了财务报告和可持续发展报告中的重要性。本文的研究表明，重要性以对使用者决策有用为目标，是确保信息披露在个别主体层面保持相关性的关键因素。重要性的应用允许甚至鼓励个性化、动态化的判断方法和披露内容。在此基础上，财务报告和可持续发展报告中的财务重要性主要满足通用目的财务报告主要使用者的信息需求，二者互为补充，共同提供有助于评估企业价值的财务相关信息。而影响重要性主要满足受影响利益相关者的信息需求，旨在提供有助于评估企业经营外部性的可持续发展相关信息。影响重要性与财务重要性之间存在交互作用，识别和评估影响重要性是识别和评估财务重要性的必要前提。总体来看，兼顾影响重要性和财务重要性的双重重要性是可持续发展报告的最优选择，但对双重重要性的评估和披露亟需可持续披露准则制定机构制定完备的规则以指导企业具体操作。

【关键词】重要性；财务重要性；影响重要性；双重重要性

1953年，利特尔顿（A. C. Littleton）在《会计理论结构》一书中指出“充分披露所有重要和重大的会计信息是财务报表的一个重要规则”，这是重要性（Materiality）作为会计信息质量要求的雏形。此后，财务会计理论关于重要性的研究与关于财务报告目标和会计信息质量特征的研究一起构成概念框架的研究对象。作为财务报告中广泛使用的约束性概念，重要性在企业参照具体会计准则编制财务报表的过程中发挥着最后一道防线的作用——不重要的信息即便准则有要求也与使用者不相关，无需确认、计量和披露；重要的信息即便准则没有要求也因为与使用者决策相关而必须确认、计量和披露。近年来，随着企业价值创造理念的嬗变和利益相关者对可持续发展信息需求的增加，信息披露的范围不断扩张，重要性概念及其应用也在悄然改变。本文将研究背景从财务报告延伸至可持续发展报告[①]，递进探讨信息披露中重要性概念的应用。本文的研究旨在为企业通过重要性判断减少刻板或冗余披露，提高编报水平，提升报告质量提供思路和方法。

一、财务报告中的重要性

（一）重要性的定义

财务报告概念框架对重要性概念的研究始于 1980 年美国财务会计准则委员会（FASB）发布的第 2 号财务会计概念公告（SFAC No. 2）《会计信息质量特征》。SFAC No. 2 将重要性定义为“根据实际情况，如果会计信息的遗漏或错报很可能使依赖该信息的理性人的判断发生改变或对其产生影响，这种遗漏或错报程度就是重要的。”SFAC No. 2 认为重要性是对财务报告的一种约束，必须与会计信息质量特征（尤其是相关性和可靠性）放在一起考虑。准则制定机构无法给出普适的重要性标准，但会致力于在具体准则层面提供一些量化的重要性标准[②]以指导企业操作。国际会计准则委员会（IASC）在 1989 年发布的概念框架（1989 版 CF）《编制和列报财务报表的框架》中对重要性的论述与 SFAC No. 2 类似，但 1989 版 CF 认为重要性只是相关性的一个方面，与其他信息质量特征无关。

2010 年，国际会计准则理事会（IASB）与 FASB 联合修订概念框架（IASB 发布的称 2010 版 CF，FASB 发布的称 SFAC No. 8 - C1&C3[③]），将重要性定义为“如果遗漏、错报某个信息将影响财务报告使用者根据特定报告主体财务报告所作的决策，该信息就具有重要性。”在这次修订中，IASB 和 FASB 统一了对重要性的认知，一是重要性是相关性的一个方面，因为不重要的信息不会影响使用者的决策，二是重要性是个别主体层面的考虑，准则制定机构在制定具体准则时无法为重要性规定统一的量化阈值，也无法预先决定特定情况下什么是重要的。

---

① 目前国际上主流的可持续披露准则制定机构对可持续发展报告的概念界定并不相同，而可持续发展报告（Sustainability Report）或 ESG 报告（ESG Report）是学术界和实务界泛用的有关这一类型报告的名称，广义上都是指有助于利益相关者了解和评估企业可持续发展前景的报告体系，包括所有与环境、社会和治理事项的影响、风险和机遇有关的重要信息。可持续发展报告提供的信息应是对财务报告信息的辅助和补充，二者共同构成公司报告。本文所称可持续发展报告即采用此广义定义。

② SFAC No. 2 在附录 C 中针对部分准则规定给出了量化的重要性标准。

③ FASB 将联合概念框架成果以《财务报告概念框架第 1 章——通用目的财务报告的目标》（SFAC No. 8 - C1）和《财务报告概念框架第 3 章——有用财务信息的质量特征》（SFAC No. 8 - C3）的形式发布。

2018年，IASB再一次对概念框架进行修订（2018版CF），将重要性定义修改为“如果能够合理预期遗漏、错报或模糊某个信息将影响财务报告主要使用者根据特定报告主体财务报告所作的决策，该信息就具有重要性。”与2010版CF相比，2018版CF对重要性定义作出一个重大调整，即强调重要性是针对财务报告主要使用者（包括投资者、债权人和其他借款人）的概念，主体有关信息重要与否的决策旨在反映财务报告主要使用者而非其他使用者的需求①。同年，FASB也对SFAC No.8-C3进行了修订，但将重要性定义改回到SFAC No.2的版本。FASB解释“改回去”的理由是，SFAC No.2的定义与美国最高法院有关重要性的定义一致，也与公众公司会计监督委员会（PCAOB）和美国注册会计师协会（AICPA）的审计准则对重要性的定义一致。至此，IASB和FASB有关重要性的定义不再等效。与FASB在重要性定义上的差异也使IASB面临一个棘手问题，即国际财务报告准则（IFRS）中的要求（IASB认为具有重要性的信息）如果与司法管辖区当地法律法规的要求不一致该如何处理，IASB最终决定，承诺遵循IFRS的主体提供的信息不得少于IFRS的规定，即便当地法律法规允许主体不提供。但IFRS并不禁止主体披露当地法律法规要求的额外信息，即便IFRS认为这些信息不重要。由此可见，IASB希望IFRS的要求能够作为企业层面应用重要性概念的“最低标准”，继而叠加各司法管辖区法律法规的要求，这对IASB及其发布的IFRS而言确是当下的最优解。

综上所述，从财务报告概念框架有关重要性定义的演进过程可以看出，尽管IASB和FASB基于各自立场最终作出了不同的选择，但总体上，它们给出的重要性定义都强调重要性是个别主体层面确保信息相关性的一个方面，因此应该是个性化的。

（二）重要性的判断过程

与定义相比，重要性概念应用的更大难点在于企业究竟应如何在编制财务报表的过程中进行重要性判断。2017年9月，IASB发布了第2号IFRS实务公告《进行重要性的判断》（Making Materiality Judgement），旨在为报告主体依据IFRS编制通用目的财务报表时进行重要性判断提供指导。该实务公告提出了一个包含四个步骤的重要性过程（Materiality Process），描述主体如何在确认、计量、列报、披露的过程中评估信息是否重要，如图1所示。

步骤1：识别。即识别有可能是重要的信息。这个步骤首先应考虑具体会计准则的要求，因为IASB在制定准则时已经识别了预期应满足的各种主体的各种财务报告

---

① 除此之外，2018版CF对2010版CF重要性定义的其他两处修订包括：一是把“将影响”改为“合理预期……将影响”；二是把“遗漏、错报某个信息”改为“遗漏、错报或模糊某个信息”。

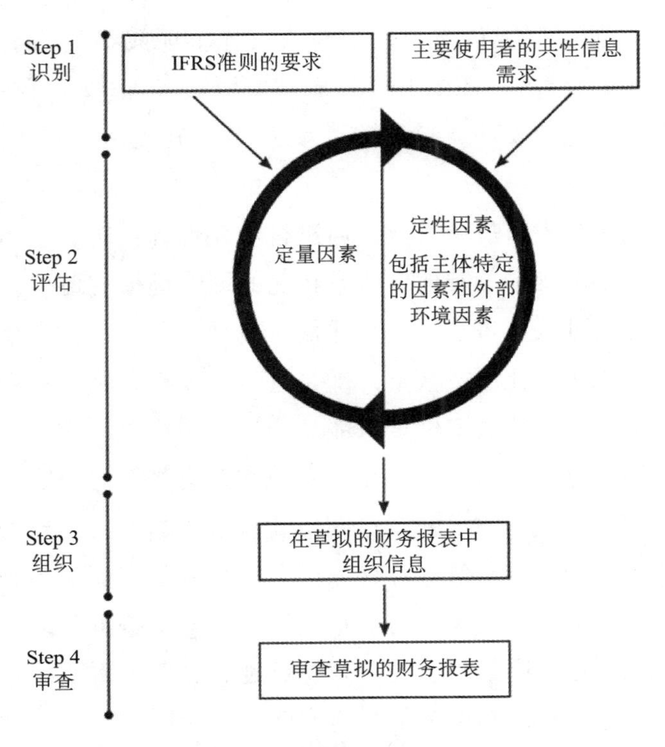

图1　重要性判断过程四个步骤

主要使用者在各种情况下的需要。其次是考虑准则没有规定的财务报告主要使用者的共性信息需求。在准则的要求之外，那些能够帮助财务报告主要使用者理解主体的交易、其他事项或状况对主体财务状况、财务业绩和现金流量影响的信息也应提供。总之，重要性过程的第一个步骤旨在输出一系列潜在重要的信息。

步骤2：评估。即评估步骤1识别的信息是否重要。在进行步骤2评估时，主体应考虑其财务报告主要使用者在根据财务报表作出向主体提供资源的决策时，是否合理预期会受到这些信息的影响。信息重要与否的判断可以基于事项的性质或规模或二者兼而有之，因此，判断可能涉及对定量因素或定性因素的考虑。

对定量因素的考虑指的是通过交易、其他事项或状况对主体财务状况、财务业绩和现金流量影响大小的度量来评估信息从数量上是否重要。主体进行评估时，不仅要考虑已确认项目的影响规模，还要考虑未确认项目（如或有负债或或有资产）的潜在影响规模。至于采用哪些报表项目或指标（常见如收入、利润、资产负债率、经营活动现金净流量等）进行度量因主体而异，取决于主体财务报告主要使用者关心哪些方面的信息。

对定性因素的考虑指的是通过交易、其他事项或状况的特征或交易、其他事项或状况所在外部环境的特征评估信息从性质上是否重要。主体进行评估时，不仅要考虑其自身特定的因素（如关联方的参与、交易或其他事项或状况的不常见或非标准特征、预期之外的趋势变化等），还要考虑外部环境因素（如主体所在的地理位置、所在行业、主体经营所处经济环境状况等）。实践中，上述两类定性因素通常应一并考虑。

重要性因素之间虽然没有等级之分，但进行重要性评估时，主体一般可先考虑定量因素。如果主体仅根据交易、其他事项或状况的影响规模就可以将某个信息判定为重大，就不需要根据其他因素进行进一步评估。在这种情况下，定量阈值（包括评估规模所用度量的特定水平、比率或数量）即是进行重要性判断的有用工具。当然定量评估并不总是可行的，一些非数字信息只能从定性的角度进行评估。一般而言，在综合定量因素和定性因素进行评估时，定性因素的存在会降低定量因素的阈值，也即定性因素越显著，达到重要性所要求的定量阈值就越低。当然，在有些情况下，即便存在定性因素，主体也会因为特定信息对财务报表的影响很小而认为其不重要。总体来看，主体可以根据一个或多个重要性因素确定某个信息是否重要。通常适用于某一特定项目的因素越多或者这些因素越重要，该项目越有可能是重要的。重要性过程的第二个步骤旨在输出一系列初步判定为重要的信息。

步骤3：组织。即以清晰、简洁的方式组织财务报表信息并向财务报告主要使用者传达。具体组织的原则包括：一是强调重要事项；二是根据主体自身的情况调整信息；三是尽可能简单、直接地描述交易、其他事项或状况，不遗漏重大信息，也不无谓地增加财务报表的篇幅；四是强调不同信息之间的关联；五是以适合信息类型的格式提供信息，如表格式或叙述式；六是以最大程度上提高各主体之间和各报告期间之间信息可比性的方式提供信息；七是避免或最小化财务报表不同部分信息的重复；八是确保重要的信息不会被不重要的信息所掩盖。重要性过程的第三个步骤旨在输出草拟的财务报表。

步骤4：审查。即审查草拟的财务报表，确定是否已识别所有重大的信息，是否以整套财务报表为基础，从各个角度和整体上考虑重要性。审查为主体“后退一步”提供了机会，使主体能够考虑其财务状况、财务业绩和现金流量的总体情况。在执行审查时，主体还可考虑如下因素：一是不同信息项之间的相关关系是否已被识别。若识别出信息之间存在新的关系，有可能导致某些信息升级为重要的信息；二是综合那些不重要的信息，评估把它们放在一起是否合理预期会影响财务报告主要使用者决策；三是财务报表中的信息是否以有效和可理解的方式被组织和传达，重要信息有无被掩盖；四是财务报表是否公允地反映了主体的财务状况、财务业绩和现金流量。审查可能导致主体在财务报表中提供额外的信息，或进一步分解已识别为重要的信息，或将不重要的信息从财务报表中删除以避免其掩盖重要信息，或在财务报表中确认新的信息。重要性过程的第四个步骤旨在输出最终的财务报表。

重要性过程的四个步骤不仅阐明了企业在编制财务报表的过程中如何进行重要信息的识别和评估，而且规范了评估的过程和结果表述，我们认为第2号IFRS实务公告对重要性过程的要求明确表明IASB希望企业破除“对照清单”式的思维模式，更大程度地运用判断。从过往经验看，不少企业非常机械地执行具体会计准则的要求，它们喜欢将准则的规定作为“对照清单”而非运用判断决定哪些信息是重要的，因为这么做可以更少地面临审计师、监管部门和财务报表使用者的诘责。第2号IFRS实务公告提出的重要性判断过程试图通过规范重要性判断流程的方式阻止“对照清单”现象的蔓延，比如重要性过程的第一个步骤就提出主体应对除准则规定之外的财务报告主要使用者的信息需求进行识别，这要求企业通过充分且持续的需求调研建立并更新这方面的知识；又如重要性过程的第二个步骤要求主体在运用定量因素评估重要性时应依从财务报告主要使用者的需求选择度量指标，这提示重要性因素可能随着时间的推移和财务报告主要使用者需求的变化而改变。按照第2号IFRS实务公告，如果企业判断其应用具体准则确认、计量要求的作用不重要，它可以不按准则的要求对该信息进行确认、计量；如果企业判断具体准则的披露要求导致的信息不重要，它可以不披露，即使具体准则中包含披露要求清单或“最低披露要求”；相反，如果企业财务报告主要使用者需要了解特定交易、其他事项和状况对主体财务状况、财务业绩和现金流量的影响，企业则必须考虑是否提供会计准则未规定的信息。

总体上，重要性过程的四个步骤将重要性的判断充分地下放到个别主体层面，体现出对特定主体财务报告主要使用者信息需求的尊重，对个性化、动态化的判断方法和披露内容的许可和鼓励。结合2018版CF的定义和第2号IFRS实务公告的实操规范，IASB基本构建了主体依据IFRS编制财务报告时应用重要性概念的理论闭环。

二、可持续发展报告中的重要性

近年来，以投资者为代表的财务报告使用者对有助于其预估企业未来现金流量从而评估企业价值的信息需求剧增。财务报告主要提供与过去的现金流量有关的信息，即便过去的现金流量是预测未来现金流量的关键起点和进行前瞻性分析的很好的“锚点”，但企业需要在环境和社会背景下开展创造现金流量的活动，而以财务报表为核心的财务报告体系受制于要素定义和确认计量规则，所能提供的有关外在环境和社会背景的潜在变化对未来现金流量影响的信息非常有限，特别是当企业面临的环境和社会背景演变迅速时，披露商业模式和战略对环境和社会背景变化的适应性才能满足投资者的需求。与此同时，随着2019年美国商业圆桌会议187家最大上市公司的CEO联名发表全新的《公司目的宣言》，以及欧盟委员会发布《欧洲绿色协议》，企业价值链上的利益相关者，尤其是利益可能受到企业活动及其价值链活动有利或不利影响的群体或个人（如客户、员工、供应商、社区、政府当局等），纷纷从幕后走到台前，主张自己在企业发展中的权益并提出相应的信息需求。上述两方面信息需求的汇集，在很大程度上促进了企业信息披露理念的嬗变，一种更加注重评估企业发展与外部的经济、环境和人类之间的影响与依赖关系的披露制度在实践中迅速崛起，这就是可持续发展报告（也称ESG报告）。

迄今为止，世界范围内形成了三大代表性的可持续披露准则制定机构：国际可持续准则理事会（ISSB）、欧洲财务报告咨询组（EFRAG）以及全球报告倡议组织（GRI）。由于理念差异，这三大准则制定机构制定的可持续披露准则对可持续发展报告究竟应披露什么重要信息的观点并不一致。下文分别论述它们对可持续发展报告中重要性概念及其应用的观点。

（一）财务重要性

ISSB是IFRS基金会于2021年11月成立的可持续披露准则制定机构，其制定的国际财务报告可持续披露准则（ISSB准则）明确以满足投资者等信息使用者为评估企业价值而产生的对可持续发展相关信息的需求为导向。截至目前，ISSB发布了《可持续相关财务信息披露一般要求》（S1）和《气候相关披露》（S2）两份ISSB准则征求意见稿。

首先，在S1征求意见稿中，ISSB将其意欲规范的信息类型定名为可持续相关财务信息（Sustainability - related Financial Information），并将其作为财务报告的组成部分，为财务报表信息提供辅助和补充。作为IASB的兄弟机构，出于与IASB制定的IFRS保持关联性和一致性等内在要求，ISSB认为ISSB准则应用的相关概念均应遵从财务报告概念框架和第1号国际会计准则（IAS 1）《财务报表列报》的相关规定，重要性也不例外。S1征求意见稿将可持续相关财务信息的重要性定义为“如果能够合理预期遗漏、错报或模糊可持续相关财务信息将影响通用目的财务报告主要使用者根据报告作出的决定，该可持续相关财务信息就具有重要性。”这一定义无疑是对2018版CF对财务报告的重要性定义的直接移植使用。其次，S1征求意见稿认为可持续相关财务信息的重要性是个别主体层面的，应在通用目的财务报告背景下基于事项的性质或规模或两者兼而有之进行判断，因此，对于ISSB准则规定的披露要求，如果企业判断不

重要，可以不披露；相反，如果ISSB准则规定的披露要求不足以满足通用目的财务报告主要使用者的信息需求，企业应考虑是否披露额外的信息。这一思路与概念框架、IAS 1，以及第2号IFRS实务公告的要求如出一辙。再次，S1征求意见稿指出，企业披露的可持续相关财务信息可能会随着环境和假设的变化及财务报告主要使用者需求的变化而变化，因此企业应运用判断识别什么是重要的信息，重要性判断应在每个报告日重复进行。这与第2号IFRS实务公告有关重要性过程的相关描述也完全一致。最后，S1征求意见稿提出，承诺遵循ISSB准则的主体提供的信息不得少于ISSB准则的规定，即便司法管辖区当地法律法规允许主体不提供。但ISSB准则并不禁止主体披露当地法律法规要求的额外的信息，即便ISSB准则认为这些信息并不重要。这表明ISSB试图将ISSB准则作为企业价值评估的全球基准（Global Baseline），继而叠加各司法管辖区的法律法规的要求，这与IASB对IFRS的定位思路也十分类似。综上所述，可持续相关财务信息的重要性本质上是财务报表重要性在可持续发展报告中的补充、延伸和扩大[①]，二者可以统称为财务重要性（Financial Materiality）。当可持续发展事项在短期、中期和长期内产生或可能产生对企业现金流量、业务发展、经营业绩、财务状况、资本成本或融资渠道重大影响的风险或机遇时，它就具有财务重要性。这些风险和机遇可能源自过去的事项或未来的事项，既可能对已经在财务报表中确认的资产负债或可能因未来事项确认的资产负债产生影响，也可能对虽有助于现金流量创造及企业发展但因不符合会计上资产负债的定义和确认标准而未在财务报表中确认的价值创造要素（在倡导多重资本法的报告框架下通常称之为“资本”，包括人力资本、关系资本、组织资本、智慧资本等）产生影响。

至于如何在可持续相关财务信息披露中应用重要性判断，S1征求意见稿提供的操作指导非常有限，也无具体披露要求[②]，仅在说明性指南（S1IG）中进行了粗略说明。S1IG强调了如下环节：一是明确披露目标，可持续相关财务信息披露的目标是披露对通用目的财务报告主要使用者评估企业价值和决定是否向主体提供资源有用的可持续发展相关重大风险和机遇的信息。二是确定财务报告主要使用者的共性信息需求，评估信息是否合理预期会影响财务报告主要使用者的决策，需要主体考虑信息使用者的特点，同时也要考虑主体自身的情况。S1IG建议主体分别识别三类财务报告主要使用者（投资者、债权人、其他借款人）的信息需求，以确定一组有待满足的共性信息需

① 可持续发展事项的财务重要性不限于企业合并范围能够控制的事项，还包括与合并范围之外的其他企业/利益相关者的业务关系导致的重大风险和机遇。

② S1征求意见稿在风险管理部分仅要求披露主体识别重大可持续发展相关风险和机遇的过程，没有要求披露评估重大可持续相关财务信息或重要性判断的过程。

求组合。这意味着主体有可能排除某一类使用者的特定信息需求。三是结合定量因素和定性因素进行重要性判断，由于重要性判断是个别主体层面的，经主体判断为重要的信息预计应能提供有关主体的经营惯例和实际情况，以及评估主体如何影响与依赖可持续发展相关风险和机遇的重要信息。

尽管S1IG引用了第2号IFRS实务公告的部分语言表述以示两者之间的关联和一致，但它显然没有如第2号IFRS实务公告那样提供一个清晰的重要性判断过程，不利于企业对照理解如何在可持续相关财务信息披露中应用重要性判断。而可持续相关财务信息披露中的重要性判断明显与财务报表中的重要性判断不同，前者不受财务会计确认计量规则的制约，需要披露大量前瞻性和定性的信息，且需要与企业价值评估的目标紧密联系在一起，因此ISSB确有必要对企业提供详尽辅导①。在这方面，同样要求披露财务重要性信息的EFRAG在提交给欧盟委员会审批的欧洲可持续发展报告准则（ESRS）第1号《一般要求》（ESRS1）和第2号《一般披露》（ESRS2）中做了明确规定，值得ISSB借鉴参考。

ESRS 1认为，财务重要性评估的起点是识别影响或可能影响企业业务发展、经营业绩和财务状况的风险和机遇（风险、机遇分开考虑），继而决定哪些已识别风险和机遇对于可持续发展报告是重要的。财务重要性评估要结合风险和机遇发生的可能性和短期、中期、长期内财务影响的潜在规模（采用合适的阈值判断），并且基于可能出现的情景/预测，考虑从如下途径源起的可持续发展事项：一是未来事项发生后可能影响现金流量产生潜力的潜在情况。比如从资产角度，一项资产只有当企业预期其盈利能力下降至出现损失时，财务会计和财务报告才会考虑企业商业模式导致的资产盈利能力下降的风险从而计提资产减值损失。在计提减值损失之前，资产存在许多盈利

① 2022年12月，ISSB职员召开的关于S1和S2征求意见的反馈讨论会建议ISSB修订S1IG，对如何在可持续相关财务信息披露中应用重要性判断提供更为详尽的指导。ISSB职员建议采用两个步骤的判断方法，以明确可持续发展相关风险和机遇的识别与重要性评估之间的相互作用和关系。第一个步骤是识别可持续发展相关风险和机遇并提供有关如下内容的信息：主体的可持续发展风险和机遇源于主体对资源的依赖及其对资源的影响，以及其所维护的可能受到这些影响与依赖正面或负面影响的关系。如果能够合理预期某个可持续发展相关风险和机遇将在短期、中期或长期内影响主体的商业模式、战略、现金流量、融资渠道或资本成本，它就可能是重要的可持续相关财务信息。关于此类风险和机遇的信息可以合理预期影响通用目的财务报告使用者根据该信息所作的决策。第二个步骤是识别和评估重要的可持续相关财务信息并予以披露：识别能够洞察主体面临的可持续发展相关风险和机遇的可持续相关财务信息，为通用目的财务报告使用者评估主体的商业模式及维持和发展该模式的战略所依赖的资源和关系提供充分的基础。在评估第一个步骤识别的有关主体可持续相关风险和机遇的信息是否重要时，主体需要考虑其财务报告主要使用者在根据这些信息决策向主体提供资源时，是否合理预期会受到这些信息的影响。ISSB职员认为上述两步法展示了一种合乎逻辑的遵循S1征求意见稿的方式，有助于主体降低执行成本并提高可比性。但我们认为其对可持续相关财务信息重要性判断的指引作用仍旧有限，尤其是如何与第2号IFRS实务公告提出的重要性过程保持关联和一致，管理层判断如何结合特定主体层面的环境，如何考虑财务报告主要使用者及其决策，如何根据不确定的结果作出判断，如何陈述判断的结果并审查等尚缺乏明晰的指引。

能力潜在下降（或上升）的阶段，尽管这些阶段的现金流量变化从财务视角是非常有价值的信息，却为财务报表所忽视，理应作为具有财务重要性的可持续发展事项。又如从负债角度，任何风险只要不是过去的事项的后果或与过去的事项无关，都不必确认负债。但许多业务无法将一些发生的可能性很小或定量影响难以评估的风险排除在外，这些风险一旦发生，就会导致重大现金流出。这些风险的潜在财务影响也属于具有财务重要性的可持续发展事项。二是在财务会计和财务报告中未被确认为资产但对财务业绩有重大影响的"资本"。比如企业内部创造的无形资产是许多企业的关键"资本"，如人力资本、关系资本、组织资本、智慧资本等，它们往往代表企业价值的关键驱动因素，其价值远远超过财务报表体现的净资产，但因为不符合确认的概念标准而无法被确认为资产，与之相关的成本除少数外大多被列支为费用。而与这些内部创建的无形资产相比，企业收购其他企业却可以将同样性质的资产确认为商誉，这显然是财务报告中的一个悖论。因此，上述"资本"的存量情况也属于具有财务重要性的可持续发展事项。三是未来可能对上述"资本"的演变产生影响的事项。由于上述"资本"无法被确认，与这些"资本"有关的潜在现金流量的变化（如机遇带来的正向变化或风险带来的负向变化）同样没有得到财务会计和财务报告的反映，因此，与这些"资本"的流量有关的情况也是具有财务重要性的可持续发展事项。

除 ESRS 1 对财务重要性的识别和评估进行规定外，ESRS 2 还明确要求披露财务重要性识别和评估的过程，包括识别可持续发展相关风险和机遇的过程和评估其重要性的过程，具体包括：（1）描述财务重要性判断过程应用的方法和假设。（2）概述用于识别、评估具有或可能具有财务影响的可持续发展相关的风险和机遇并排定其优先顺序的过程，包括企业如何评估与之相关的可能性和影响（如使用的定性因素、定量阈值和其他标准），如何排定可持续发展相关风险与其他类型风险的优先顺序（包括使用的风险评估工具）。（3）解释如何决定与重大可持续发展相关风险和机遇有关的重要信息，包括使用的阈值，如何执行 ESRS 1 的相关规定等。披露还应包括企业使用的输入参数（如数据来源、覆盖的经营范围和使用的假设等细节）。（4）描述重要性评估的治理流程，包括：决策的组织和过程及相关的内部控制程序；识别、评估与管理风险和机遇的流程在多大程度上融入企业整体的风险管理流程；与上一个报告期相比流程是否发生变化、流程最后一次修订的时点，以及未来何时对重要性评估进行重新审查等。

（二）影响重要性

与 ISSB 侧重于财务重要性的准则思路形成鲜明对比，为满足利益相关者对评估企业活动及其在价值链上下游的活动造成影响的信息需求，GRI 制定的 GRI 可持续发展报告准则（GRI 准则）明确以反映企业经营的外部影响为立足点。如果企业的经营活动将在短期、中期或长期内对环境和人类产生实际或潜在的重大影响，则与该影响相关的可持续发展事项从影响角度就具有重要性（Impact Materiality）。具有影响重要性的信息从内容上既包括企业直接引起的影响，也包括与企业直接联系在一起的影响（与通过其业务关系开展的自身经营、产品和服务直接联系在一起）[①]。总体来说，对环境和人类的影响包括了与环境、社会及其治理（ESG）事项相关的影响。

2022 年 9 月，GRI 发布 2021 版《第 1 号通用准则——基础》（GRI 1），将重要的可持续发展议题（Material Topics）界定为“那些组织应优先报告的对经济、环境和人类（包括人权）产生最重大影响的议题”，包括反腐败、职业健康和安全、水和废水等。某个议题的影响可以涵盖经济或环境或人类的某一个方面，也可以涵盖多个方面。GRI 准则的做法是将影响按议题分组，以帮助企业报告与同一议题相关的多种影响。

至于企业层面应如何确定产生重大影响的议题，GRI 在 2022 年 9 月发布的 2021 版《第 3 号通用准则——重要议题》（GRI 3）中进行了详细说明，整个判断过程包括四个步骤，如图 2 所示。

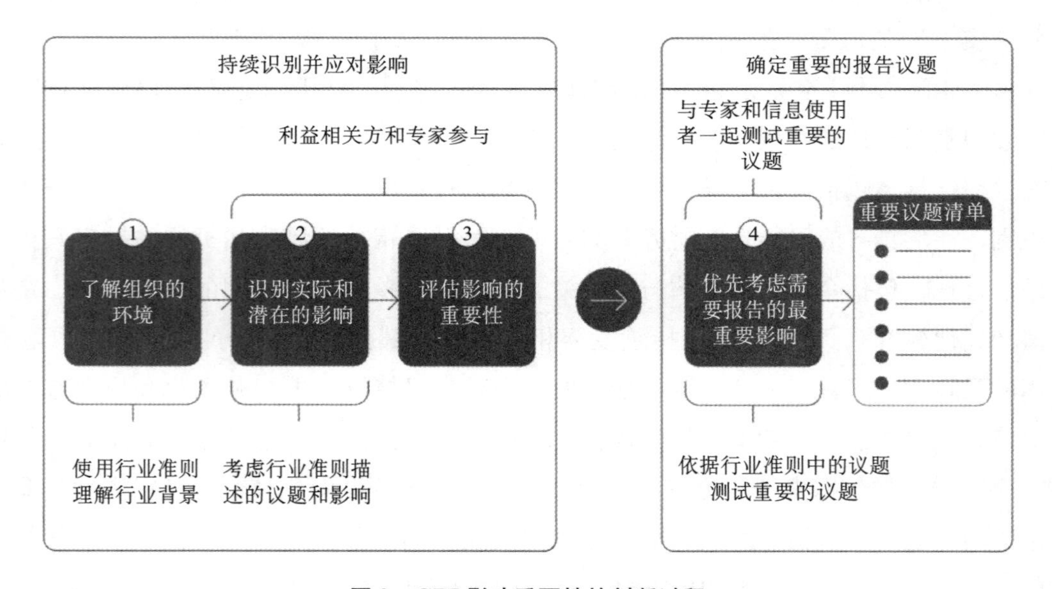

图 2　GRI 影响重要性的判断过程

步骤 1：了解组织的环境。在这一步骤中，组织应对其活动、业务关系、发生活动和关系的可持续发展环境及利益相关者进行概述，以便为组织识别其实际和潜在影

① 业务关系不止于合同关系，还包括企业价值链上下游的关系。

响提供关键信息。组织应考虑其控制或拥有利益关系（包括少数利益关系）的所有主体（如子公司、联营企业、附属公司）的活动、业务关系、可持续发展环境和利益相关者。

组织应考虑的活动包括：组织的目标、价值观或使命、商业模式和战略；活动的类型和地理位置；产品和服务的类型及市场；所在行业及特征；不同类型的员工人数及其人口统计学特征；非员工工人数量及工作由组织控制的工人数量，包括工人的类型，他们与组织的合同关系、他们所从事的工作等。组织应考虑的业务关系包括：与业务合作伙伴的关系；与价值链上主体的关系；与其经营、产品或服务直接联系在一起的其他主体的关系。组织应考虑这些关系的类型、性质、相关活动发生的地理位置，以及与其有业务关系的主体所从事的活动的类型。组织应考虑的可持续发展环境包括：与组织所处行业相关的地方、区域和全球层面的经济、环境、人权和其他社会挑战；预期应遵守的权威政府间协定；预期应遵守的法律法规。组织还应列出利益相关者的完整名单，常见利益相关者包括业务伙伴、公民社会组织、消费者、客户、雇员和其他工人、政府、地方社区、非政府组织、股东和其他投资者、供应商、工会和弱势群体等。在确定利益相关者时，组织应确保识别与其没有直接关系的个人或团体（如供应链上的工人、与组织经营地距离较远的社区等），以及那些无法表达其观点但其利益受到或可能受到组织活动影响的人群（如后世子孙）。组织可以根据每个活动、项目、产品或服务等绘制不同的利益相关者列表。

步骤2：识别实际和潜在的影响。在这一步骤中，组织应识别其通过经营活动和业务关系对经济、环境和人类的实际和潜在影响，包括对人权的影响。实际影响是指已经发生的影响，潜在影响是指可能发生但尚未发生的影响。具体地说，影响又可分为负面影响和正面影响、短期影响和长期影响、预期影响和非预期影响、可逆影响和不可逆影响等。随着组织的经营活动、业务关系和可持续发展环境的变化，影响也会变化，因此组织应持续评估并更新其影响。

为识别影响，组织可以使用不同来源的信息，包括组织自身或第三方对其对经济、环境和人类的影响（包括对人权的影响）进行评估的信息，以及法律审查、反腐败合规管理系统、财务审计、职业健康和安全检查、股东文件等来源的信息。组织还可以利用申诉机制、企业风险管理系统收集的信息，以及新闻机构、民间社会组织等外部来源的信息。此外，组织应尽量了解利益相关者的关注点并咨询内部和外部的专家以识别影响。

在本步骤中，组织要考虑GRI行业准则描述的影响并决定这些影响是否适用。如果组织可用于识别其影响的资源有限，首先应识别负面影响而后识别正面影响，以确保其遵守适用的法律、法规和权威的政府间协定。负面影响和正面影响不能相互抵销。比如企业在某个地区建设了一个可再生能源工厂，这虽然有助于减少这个地区对化石燃料的依赖，解决一些社区可再生能源供应不足的问题，但如果企业未经当地原住民的同意就将其从居住地迁出，这种负面影响就应当进行及时处理和补救，不能以正面影响来补偿。

步骤3：评估影响的重要性。组织可能会识别出许多实际和潜在的影响，因此需要进一步评估已识别影响的重要性以排定其优先顺序。排定优先顺序有利于组织采取行动应对影响，以及确定用于报告的重要议题。评估影响重要性的方法包括定量分析和定性分析，同样需要组织与利益相关者和业务伙伴沟通并咨询相关的内部或外部专家。

对负面影响的重要性评估根据《联合国商业与人权指导原则》和《经合组织跨国企业准则》等国际协定中规定的可持续发展尽职调查程序进行。对于负面影响，实际的负面影响的重要性取决于影响的严重程度（Severity）；潜在的负面影响的重要性取决于影响的严重程度和可能性（Likelihood）（二者的结合被称为“风险”）。实际或潜在负面影响的严重程度由如下三个因素决定：一是规模（Scale），即影响有多重大。规模一般取决于影响是否导致组织不遵守法律法规或权威的政府间协定。比如，如果某个负面影响导致侵犯人权或相关人员在工作中的基本权利或违反《巴黎协议》，这种影响的规模可以被认为是重大的。规模还可能取决于影响发生的环境。比如，将水从面临用水压力大的地区抽走，与将水从水资源丰富、足以满足用水者和生态系统需求的地区抽走相比，前者的影响规模会更大。二是范围（Scope），即影响范围有多大。对环境的影响范围可以理解为环境遭到破坏的范围（地理范围），对人类的影响范围可以理解为受到负面影响的人数。三是不可补救性（Irremediable Character），即这些负面影响是否以及在多大程度上可以得到补救。上述三个特征中的任何一个都可能造成严重的负面影响，但更多时候这些特征之间是相互依赖的——影响的规模或范围越大，其补救措施就越少。在可能对人权产生负面影响的情况下，影响的严重程度优先于其可能性。潜在的负面影响的可能性指的是影响发生的可能性。影响发生的可能性可以定性或定量地衡量或确定，它可以用一般术语（如非常有可能、很可能等）或数学上的概率（如10%）或给定时间段内的频率（如每三年一次）进行描述。

对于正面影响，实际的正面影响的重要性取决于影响的规模和范围，而潜在的正面影响的重要性取决于影响的规模、范围和可能性。正面影响的规模是指影响有多利他，范围是指影响有广泛或可能有多广泛，如受影响或可能受影响的人数或环境资源

情况。潜在的正面影响的可能性的定义和衡量方法与前述潜在负面影响的可能性一致。

步骤 4：优先考虑需要报告的最重要影响。在这一步骤中，为了确定应报告的重要议题，组织一般应先将影响按某些议题分组，再根据影响的重要性排定优先顺序，形成从高到低的重要性优先级。然后，组织需要确定一个分界点或阈值（从那些具有最高优先级的议题开始），以决定它应重点报告哪些影响。为了增进透明度，组织可以提供优先级排序的可视化表示，显示其已确定议题的初始列表和它为报告设置的分界点或阈值。

组织应根据其适用的 GRI 行业准则中的议题测试其对重要议题的选择，以确保不会忽视任何对其所属行业具有重要意义的议题。组织还应与对其了解或对其所在行业了解并与对某个或某些重要议题有研究的潜在信息使用者和专家（包括学者、顾问、投资者、律师、国家机构和非政府组织等）一起测试重要议题的选择，这有助于验证其设置的报告分界点或阈值的合理性。上述测试过程将产生组织的重要议题清单。组织的最高治理机构或高级管理人员应负责审查并批准重要议题清单。

GRI 制定的上述有关影响重要性的判断过程后来被同样要求披露影响重要性的 EFRAG 全盘吸收，体现在 ESRS 1 附录 B 中，作为确定影响重要性的建议流程。ESRS 2 还包括了对影响重要性识别和评估过程的披露要求，包括识别重大影响的过程和评估其重要性的过程，具体包括：（1）描述影响重要性判断过程应用的方法和假设。（2）概述用于识别、评估企业对人类和环境的潜在或实际影响并排定其优先顺序的过程，包括：企业是否以及如何因为负面影响风险的增加而特别关注某个领域；是否以及如何审查企业因自身活动或业务关系所牵涉的影响；是否以及如何与受影响利益相关者和外部专家协商，以了解利益相关者可能受到怎样的影响；是否以及如何根据相对严重程度和可能性排定负面影响优先顺序，根据相对规模、范围和可能性排定正面影响优先顺序。（3）描述重要性评估的治理流程，包括：决策的组织和过程及相关的内部控制程序；识别、评估和管理影响的流程在多大程度上融入企业整体的风险管理流程；与上一个报告期相比流程是否发生变化、流程最后一次修订的时点，以及未来何时对重要性评估进行重新审查等。

（三）双重重要性

为同时满足以投资者为代表的信息使用者为评估企业价值而产生的对可持续发展相关信息的需求及其他利益相关者对评估企业活动及其在价值链上下游活动造成的环境和社会影响的信息需求，EFRAG 在其起草的 ESRS 中倡导企业应面向所有利益相关者，披露所有与 ESG 事项有关的影响、风险和机遇的重要信息。

欧盟委员会是上述思路的发起者。2021 年 4 月，欧盟委员会发布《公司可持续发展报告指令》（CSRD）征求意见稿，2022 年 11 月，欧盟理事会正式批准了 CSRD。CSRD 授权 EFRAG 起草 ESRS，同时提出 ESRS 应秉持所有利益相关者导向，按照双重重要性（Double - materiality）原则制定。首先，可持续发展报告应服务于所有利益相关者的信息需求。所有利益相关者被分为两类：第一类是受影响的利益相关者（Affected Stakeholders），包括利益受到或可能受到企业活动及其价值链活动有利或不利影响的群体或个人；第二类是可持续发展报告使用者，即与企业有利益关系的利益相关者（Stakeholders with an Interest in the Undertaking），包括财务报告主要使用者（现行和潜在的投资者、债权人和其他借款人），以及政府当局、商业伙伴、工会和社会伙伴、民间社会组织和非政府组织等其他利益相关者（ESRS 1，2022）。由于两类利益相关者的信息需求几乎无法互相覆盖，可持续发展报告不能像财务报告那样确定所谓的主要使用者（Primary Users）。根据 CSRD 的规定，ESRS 应对所有利益相关者的信息需求兼容并蓄。其次，可持续发展报告中应用的重要性应包括双重重要性。所谓双重重要性指的是企业在可持续发展报告中既要从由内到外的视角报告其经营活动对人类和环境的重要影响，也要从由外到内的视角报告各种可持续发展事项对企业的重要影响，前者即前述具有影响重要性（Impact Materiality）的信息，后者即前述具有财务重要性（Financial Materiality）的信息。当可持续发展事项符合影响重要性的标准或财务重要性的标准或同时符合这两个重要性的标准时，它就是重要的，就应该在可持续发展报告中披露，如图 3 所示。在 ESRS 下，可持续发展报告不是财务报告的组成部分，而是与财务报告互为补充，与财务报告共同构成公司报告。

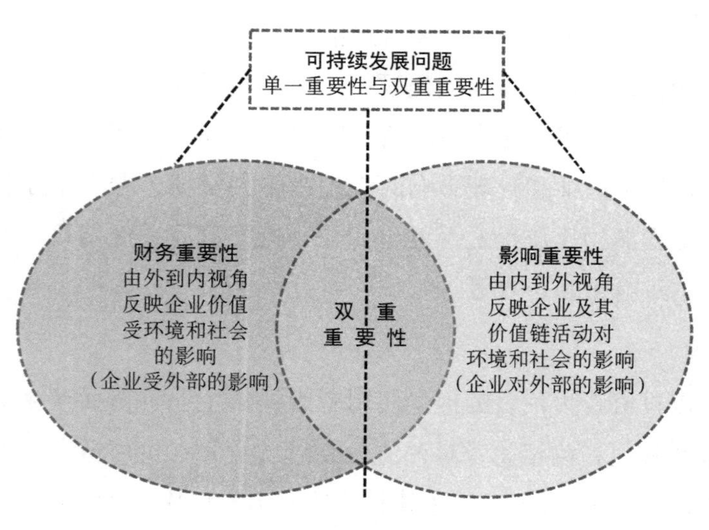

图 3 双重重要性示意图

ESRS 1 正文第三部分详细阐述了双重重要性之间的关系及评估要点：影响重要性和财务重要性相互关联、相互依赖，企业应对它们分别考量[①]。通常来说，评估应从影响重要性开始。一个具有影响重要性的可持续发展事项基于其在短期、中期或长期内对企业现金流量、业务发展、经营业绩和财务状况的影响，可能从一开始就具有财务重要性，也可能当其与投资者相关时才具有财务重要性，无论其是否具有财务重要性，造成的影响都应从影响重要性的角度予以捕捉。在识别和评估企业价值链中的这些影响、风险和机遇以确定它们的重要性时，企业应根据经营活动的性质、业务关系、地理位置或其他相关风险因素，重点关注它们可能出现的领域。

综上所述，ISSB 准则、GRI 准则和 ESRS 基于不同的报告使用者定位，采用不同的重要性理念。但值得说明的是，GRI 其实也是双重重要性的拥趸。2019 年，欧盟委员会在《非财务报告指南：关于报告气候相关信息的补充》中第一次提出双重重要性的概念时，GRI 就立刻表示认同。2021 年，GRI 发布了亚当斯教授（Carol A. Adams）主笔的有关如何在 GRI 准则下应用双重重要性概念的研究报告，亚当斯等通过对前期学术文献的梳理，论述如何在可持续发展报告中应用双重重要性。该研究报告的核心观点有二：一是从不同利益相关者群体的角度识别和披露重大的可持续发展事项十分重要。双重重要性概念的每一个方向都需要根据利益相关者的利益单独加以考量。二是企业总是倾向于优先考虑财务重要性，但鼓励这种做法的报告制度不利于人类和环境的可持续发展，而且在 ESG 理念得到越来越多认同的情况下，这种报告制度也不利于企业的长期财务成功。因此，在应用双重重要性原则时，企业应先评估双重重要性的外部影响部分，后识别对企业及其利益相关者具有财务重要性的信息子集才是更为妥当的做法。

概括地说，对于可持续发展报告中的重要性，目前是两种理念之争：一种是 ISSB 坚持的单一财务重要性，另一种是 EFRAG 倡导的双重重要性。从披露要求观察，即便是 ISSB 与 EFRAG 都认为应当披露的具有财务重要性的信息，双方的理解也存在微妙的差异：ISSB 认为财务重要性源于主体对资源和关系（即前述各种“资本”）的影响与依赖。其中依赖导致财务重要性容易理解，影响导致财务重要性系出于反弹效应，即主体活动对资源和关系的影响反弹形成了对主体的重要财务影响，比如企业活动对当地社区的负面影响可能会使其遭到更严格的政府监管并面临罚款或信誉受损，招聘成本增加等。在 ISSB 看来，在企业主体层面专注于具有财务重要性的可持续发展相关风险和机遇（包括已入表和未入表）的治理和管理足矣，既能服务于财务报告主要使

---

① 企业对能够以合理价格和质量获取的自然和社会依赖的考虑，应独立于其对这些资源影响的考虑。

用者的信息需求，也是对联合国可持续发展目标的践行。至于未反弹的影响，S1 征求意见稿未做具体披露要求和解释，这暗含几种可能性：一是其默认所有影响都会反弹（或迟或早），所以认为专注财务重要性的维度即可；二是其认为不是所有影响都会反弹，但未反弹的影响不重要从而与财务报告主要使用者不相关，无需理会；三是其认为不是所有影响都会反弹，但未反弹的影响不属于财务相关信息从而无法归入财务相关信息披露的范畴，不必理会。不论是哪一种，按照单一财务重要性的口径，对具有影响重要性的信息的反映不能说完全没有，但在内容上肯定是或多或少有所缺失的。

EFRAG 同样认为财务重要性源于主体对资源的依赖①和影响反弹。对于影响反弹的路径，EFRAG 在 ESRS 的先导性研究报告《财务重要性的路径》中进行过十分详细的描述：那些具有影响重要性的 ESG 因素可能一开始对企业只是未知的风险，而后演变为某种道德对话或困境讨论，继而进化为可见的可持续发展相关风险和机遇，然后逐步通过会计规则转变为或有资产和或有负债，预计负债，直至资产和负债。本质上，这是一个外部性内部化的过程，但这一过程一则可能耗时漫长，二则势必存在漏斗效应，因此，按照 EFRAG 的理论，未反弹的影响总是存在的，忽视这些影响可能导致企业以损害环境和社会为代价实现其财务价值创造最大化。从可持续发展报告的角度，这种情况必须审慎对待，给予额外关注（EFRAG，2021）。此外，双重重要性之间的交互作用不仅表现为影响重要性反弹形成财务重要性，财务重要性也可能导致影响重要性，比如环境政策趋严迫使企业限制温室气体排放，而企业采取的减排措施反过来可能导致对外部环境的影响，若不关注和披露应对措施的外部性，对联合国可持续发展目标的实践无疑是伤害。因此，EFRAG 认为，影响重要性和财务重要性应当分别评估，遵循先影响重要性，后财务重要性的顺序，既能帮助企业准确把握源于影响反弹的财务重要性，亦不会忽略可能由财务重要性的应对引发的外部性。

我们认为 EFRAG 在可持续发展报告中对重要性的应用规定可谓集目前相关研究之大成，最大的理论优越性表现在以下三个方面：一是双重重要性要求分别考察影响重要性和财务重要性，这能够使企业正视自身在经济、环境和社会的可持续发展中承担的责任和义务，避免单一财务重要性对“是否所有影响都会反弹”，“如果不是，未反弹的影响是否可以被忽略”这类问题进行尴尬论证，构筑真正的可持续发展相关信息披露的“全球基线”。二是双重重要性要求先评估影响重要性，后评估财务重要性，

① 依赖会以两种可能的方式触发财务重要性：一是它们可能会影响企业持续使用或获取其业务流程中所需资源的能力，以及这些资源的质量和定价；二是它们可能会影响企业在可接受的条件下依赖其业务流程中所需关系的能力。

这能够避免由会计准则制定机构制定影响重要性信息披露规则是否僭越其职能的质疑[①]。三是从征求意见稿到正式稿，EFRAG 对财务重要性及其应用的披露要求设计十分注重与 S1、S2 征求意见稿，以及美国证监会的气候信息披露新规尽可能保持趋同，对影响重要性及其应用的披露要求设计特别注重吸收 GRI 的最新研究成果。从整体上看，ESRS 兼容并蓄，既满足投资者等资本市场参与者对企业价值评估的信息需求，也满足受影响利益相关者对企业经营外部性的信息需求，最重要的是，它顺应了企业价值创造理念从投资者单极经济利益最大化到利益相关者多极共享价值最大化的转变趋势。因此，我们认为在可持续发展报告应用重要性概念时，双重重要性理念具有无可争议的理论优越性，值得所有可持续披露准则制定机构学习和借鉴，也值得所有企业主体在编制和披露可持续发展报告时参考。

三、结论与建议

重要性是财务信息和可持续发展信息披露领域的一把标尺，应用重要性的目标是筛选出对使用者决策相关的重要信息。不论是 FASB、IASB，还是后来的 ISSB、EFRAG 等，准则制定机构其实在制定具体准则的过程中已经履行尽职调查程序针对具体议题进行了重要性判断，但时至今日，绝大多数企业对重要性的认知还停留在机械地执行准则要求的层面，并没有意识到在特定主体层面仍然需要用好重要性标尺，以服务于使用者的信息需求。当信息披露从财务报告拓展到可持续发展报告后，提升企业主体层面对重要性的认知更加迫在眉睫，因为可持续发展信息未经会计上确认、计量规则的过滤，且建立在企业对未来的预期之上，包含大量前瞻性和定性描述的信息。对于此类信息披露，若企业仍旧机械执行准则要求，为了披露而披露，不仅徒增成本负担，无法提升其对环境和社会议题的治理和管理水平，而且披露结果也不能给使用者带来真实有用的信息。

本文详细探讨了财务报告和可持续发展报告中不同的重要性理念。本文的研究表明，财务报告中的财务重要性和可持续发展报告中的财务重要性主要满足通用目的财务报告主要使用者的信息需求，后者重点围绕前者的力所不及，捕捉并反映企业价值创造过程中未被财务报表接纳的各种价值创造因素在短期、中期和长期的重大财务影响，与前者互为补充。而可持续发展报告中的影响重要性主要捕捉并反映企业经营活动在短期、中期和长期对经济、环境和社会的重要影响。影响重要性与财务重要性之

---

① 具有影响重要性的信息鉴于其信息内容和表述方式可能不被认为是财务相关信息。

间存在交互作用，对影响重要性的识别、评估和披露有助于对财务重要性的溯源和应对追踪。综合来看，双重重要性是可持续发展报告对重要性进行应用的最优选择。

在重要性评估上，不论是财务报告中的财务重要性评估还是可持续发展报告中的双重重要性评估，都应以满足使用者的信息需求为目标。财务报告信息和可持续发展报告中具有财务重要性的信息（可持续发展相关财务信息）主要服务于通用目的财务报告主要使用者的信息需求，因此其重要性评估更多地应与通用目的财务报告主要使用者进行接触，征询其已意见，了解其需求。可持续发展报告中具有影响重要性的信息服务于所有利益相关者的信息需求，尤其是受影响利益相关者的信息需求，因此其重要性评估应邀请所有利益相关者尤其是受影响利益相关者深度参与。受影响利益相关者涉猎面广泛，甚至包括自然等沉默的利益相关者，对它们的需求企业也应恪尽尽职调查程序，利用各种生态数据、物种保护数据等进行评估。另外，由于处理的信息性质和规则的差异，可持续发展报告双重重要性的评估程序与财务报告重要性的评估程序存在显著差别，亟需准则制定机构制定完备的评估和披露规则以指导企业具体操作。

（原载于《财会月刊 2023 年第 4 期）

主要参考文献：

1. 黄世忠，叶丰滢．可持续发展报告的双重重要性原则评述［J］. 财会月刊，2022（10）：12－19.

2. Carol A. Adams etc. The double－materiality concept Application and issues［EB/OL］. www. globalreporting. org，2021.

3. EC. Directive amending Directive 2013/34/EU，Directive 2004/109/EC，Directive 2006/43/EC and Regulation（EU） No 537/2014，as regards corporate sustainability reporting［S］. www. europa. eu，2021.

4. EFRAG. ESRG 1 Double Materiality Conceptual Guidelines for Standard－setting（Working Paper）［EB/OL］. www. efrag. org，2022.

5. EFRAG. ESRS 1 General principles［S］. www. efrag. org，2022.

6. FASB. Statement of Financial Accounting Concepts No. 2 Qualitative Characteristics of Accounting Information［EB/OL］. www. fasb. org，1980.

7. FASB. Statement of Financial Accounting Concepts No. 8 Conceptual Framework for

Financial Reporting Chapter 3, Qualitative Characteristics of Useful Financial Information [EB/OL]. www. fasb. org, 2010.

8. FASB. Statement of Financial Accounting Concepts No. 8 Conceptual Framework for Financial Reporting As Amended Chapter 3, Qualitative Characteristics of Useful Financial Information [S]. www. fasb. org, 2018.

9. GRI. GRI 3: Material Topics 2021 [EB/OL]. www. globalreporting. org, 2022.

10. IASB. Conceptual Framework for Financial Reporting Chapter 2 Qualitative Characteristics of Useful Financial Information [S]. www. ifrs. org, 2018.

11. IASB. IFRS Practice Statement 2 Making Materiality Judgements [EB/OL]. www. ifrs. org, 2017.

12. ISSB. IFRS S1 General Requirements for Disclosure of Sustainable - related Financial Information (Exposure Draft) [EB/OL]. www. ifrs. org, 2022.

13. ISSB. ISSB meeting Staff paper General Sustainability - related Disclosures Fundamental Concepts [EB/OL]. www. ifrs. org, 2022.

可持续发展报告与财务报告的关联性分析

黄世忠　叶丰滢

【摘要】可持续发展报告与财务报告之间是否关联以及如何关联，既是使用者颇感困惑的问题，也是准则制定机构重点关注的议题。本文首先从国际财务报告准则和可持续披露准则的视角，分析可持续发展报告与财务报告之间存在的交集关系，其次从财务报告的边界和局限的角度，分析可持续发展报告与财务报告之间的互补关系，最后从交集关系和互补关系出发，分析可持续发展报告与财务报告的关联路径并提出三点启示。本文的研究表明，增强可持续发展报告与财务报告之间的关联性，可以极大提升公司报告体系的整体性和耦合性，发挥可持续发展报告与财务报告的比较优势和叠加效应，帮助使用者更加全面、系统地了解和评估企业的可持续发展前景和价值创造能力。

【关键词】可持续发展报告；财务报告；关联性；交集关系；互补关系；关联路径

一、引　言

在很多人看来，可持续发展报告与财务报告毫不相干，两者服务的对象有别，遵循的规则不同，反映的信息迥异，甚至有观点认为可持续发展报告不应是会计界关心关注的问题。这种看法与事实大相径庭。只要细读可持续披露准则和财务报告准则就会发现，可持续发展报告与财务报告貌似彼此独立实则关系密切，它们既存在着交集关系（Overlapping Relationship），也存在着互补关系（Complementary and Supplementary Relationship）。正是这些关联关系（Connectivity Relationship）使可持续发展报告得以与财务报告一起共同构成兼具整体性（Holisticality）和耦合性（Coherence）的公司报告体系。

时至今日，可持续发展报告与财务报告的关联性问题已经成为信息使用者和准则制定机构共同关注的重点问题。站在信息使用者的立场，增进对可持续发展报告与财务报告交集关系和互补关系的认识，寻找两者相互关联的锚定点，可以避免其片面和孤立地看待可持续发展报告或财务报告，更好地了解企业如何创造价值、保持价值或毁损价值。站在准则制定机构的立场，将可持续发展报告与财务报告关联起来，可提高可持续信息的有用性、相关性和连贯性。同样地，将财务报告与可持续发展报告关联起来，也可提高财务信息的有用性、相关性和连贯性（EFARG，2021）。此外，增强可持续发展报告与财务报告的关联性，还可使可持续信息与财务信息交互对照、相互呼应，促使两者互为补充、相得益彰，避免各说各话甚至相互矛盾。在可持续披露准则制定议程咨询中，不少反馈意见建议国际可持续准则理事会（ISSB）和欧洲财务报告咨询组（EFRAG）尽早将可持续发展报告与财务报告的关联性列入下一步的准则制定议程。2022 年 9 月在会计准则制定机构国际论坛（IFASS）的闭幕会上，IFASS 主席在征询下一步讨论的问题时，不少论坛成员也表示应将 ISSB 制定的国际财务报告可持续披露准则（ISSB 准则）与国际会计准则理事会（IASB）制定的国际财务报告准则（IFRS）的关联性作为重点议题，关联性问题的重要性可见一斑。

二、可持续发展报告与财务报告的交集关系

可持续发展报告与财务报告之所以存在交集关系，源自两者均关注由外到内视角（Outside – in Perspective）下的财务重要性（Financial Materiality），ISSB 准则、EFRAG 起草的欧洲可持续发展报告准则（ESRS）和 IFRS 都以明示或隐含的方式要求企业披露或确认 ESG（环境、社会和治理）事项的财务影响。一个 ESG 事项，与之有关的治理、战略应对、风险管理及其潜在财务影响反映在可持续发展报告中，而如果该 ESG 事项符合财务会计的确认和计量规则，其实际财务影响还会被财务报告所捕获，反映在当期财务报表上，从而与可持续发展报告的内容形成交集。譬如，可持续发展报告要求企业披露范围 1、范围 2 和范围 3 温室气体排放，如果企业的年度温室气体排放超过环保部门规定的标准，不得不购买碳排放额度，则当期财务报表应确认和计量环保支出，此时可持续发展报告披露的温室气体排放信息就与财务报告中的环保支出信息形成交集关系。又如，企业在可持续发展报告中确定了在 2050 年实现净零排放的目标，制定并实施了包括使用新能源和淘汰高碳排放生产设施的绿色低碳转型方案，企业由此在当年大幅增加了对绿色资产和活跃资产的资本性支出，缩短了棕色资产的使

用年限并加快了搁浅资产[1]的淘汰步伐，这些举措导致的资产变动、融资需求、折旧金额、减值计提、处置损失等反映在当期财务报表上，由此与可持续发展报告披露的向净零排放转型的举措形成交集关系。再如，可持续发展报告显示企业遭受了与气候变化相关的重大物理风险和转型风险，重大物理风险导致企业当期资产毁损、保费增加，重大转型风险致使企业提供的高碳排放产品和服务受到环保意识浓厚的客户抵制而使其当期营业收入锐减，这些在当期财务报表中已确认的财务影响会形成与可持续发展报告披露的重大物理风险和转型风险识别、评估和应对相关信息的交集关系。

概言之，可持续发展报告披露的 ESG 事项，只要符合 IFRS 规定的确认和计量标准，即使具体准则没有明确提及该 ESG 事项，企业也必须根据 IFRS 的原则导向精神在当期财务报表中予以反映，从而形成财务报告与可持续发展报告的交集关系。因此，财务报告绝非不对 ESG 事项进行反映。事实上，会计准则制定机构早在 ISSB 准则和 ESRS 制定前就不断提示企业应对其经营环境中面临的重要 ESG 事项给予足够的关注和考量。澳大利亚会计准则理事会（AASB）和澳大利亚审计与鉴证准则理事会（AuASB）在 2019 年 4 月联合发布了《新兴风险披露》报告，要求运用 AASB/IASB 第 2 号实务公告评估财务报表重要性，提示企业和注册会计师在编制和审计财务报表时充分考虑气候相关风险的影响（AASB and AuASB，2019）。受此启发，IASB 理事 Nick Anderson 于 2019 年 11 月发表了《国际财务报告准则与气候相关披露》一文，指出 IFRS 虽然没有直接提及气候变化，但 IFRS 的原则导向要求企业在运用 IFRS 时必须反映气候风险和其他新兴风险。在此文中，Nick Anderson 初步说明了在运用 IAS1《财务报表列报》、IAS36《资产减值》、IAS16《不动产、厂房和设备》、IAS37《准备、或有负债和或有资产》、IAS38《无形资产》、IFRS13《公允价值计量》、IFRS9《金融工具》、IFRS7《金融工具披露》时如何将气候风险和其他新兴风险考虑在内（Anderson，2019）。2020 年 11 月，IASB 以这篇文章为蓝本发布教育材料《气候相关事项对财务报表的影响》，辅导企业在运用 6 个 IAS（IAS1、IAS2《存货》、IAS12《所得税》、IAS16、IAS36 和 IAS37、）和 4 个 IFRS（IFRS7、IFRS9、IFRS13、IFRS17《保险合同》）时如何考虑气候风险的财务影响（IASB，2020）。2020 年 12 月，气候披露准则理事会（CDSB）在 Anderson 文章的基础上发布《气候会计：将气候相关事项整合

---

[1] 绿色资产（Green Assets）是指温室气体排放、能耗、处置和回收符合环保要求的资产，棕色资产（Brown Assets）是指能耗、温室气体排放、处置和回收不符合环保标准的资产。活跃资产（Active Assets）是指能耗和温室气体排放符合环保标准因而得以正常使用的资产，搁浅资产（Stranded Assets）是指能耗和温室气体排放不符合环保标准不得不在使用寿命期内被搁置的资产。搁浅资产一词由碳追踪倡议行动组织（CTI）在 2017 年首次提出，目的是提醒利益相关者关注企业不采取绿色低碳转型的不利财务后果。

进财务报告》，结合案例讲解了气候相关风险对应用 IAS1、IAS37、IAS36 和 IAS16 的影响（CDSB，2020）。叶丰滢和蔡华玲（2021）结合上述文献资料详细分析了气候变化相关物理风险和转型风险的若干关键会计影响①，指出 ISSB 准则与 IFRS 看似泾渭分明，实则紧密相连，互为补充，并主张依据 ISSB 准则的信息披露和依据 IFRS 的财务报告应当相互对照、交叉索引（叶丰滢、蔡华玲，2021）。2021 年 12 月，CDSB 联合毕马威会计师事务所再次发布《气候会计：将气候相关事项整合进财务报告》的补充材料，讲解气候相关风险对应用 IFRS16《租赁》、IFRS2《股份支付》、IAS19《雇员福利》、IFRS15《源自与客户合同的收入》、IFRS6《矿产资源的勘探和评估》、IAS41《农业》的影响（CDSB，2021）。

与上述基于单个会计准则分析气候变化的会计影响不同，EFRAG 和英国会计准则背书委员会（UKEB）② 另辟蹊径，从更加综合的角度帮助企业厘清如何在财务报告中反映 ESG 事项。2021 年 9 月，EFRAG 发布的《财务信息与非财务信息之间的相互关联》研究报告在附录 2A 中选取销售、废弃物、碳排放、采购、投资、人力资源、管理层和关联方、权益投资及联营企业和合营安排、监管部门及银行等贷款提供者和非控制权益 9 个方面的关键交易或事项，详细分析了每个方面的交易或事项涉及的 IAS 和 IFRS 所包含和所排除的 ESG 事项，总共涉及 10 个 IAS 和 5 个 IFRS（EFRAG，2021）。2022 年 12 月，UKEB 秘书处应 IFASS 的请求，在加拿大会计准则理事会的协助下，发布了《可持续披露与财务报告之间的关联性》讨论稿，识别出可持续披露与财务报告的 9 个主要关联主题，包括 IASB 和 ISSB 准则的差异和关联、概念框架、资产、负债、公允价值计量、披露、其他考虑、管理层评论、现场测试等（UKEB，2022）。值得关注的是，对于上述关联主题，UKEB 的报告除要求 IASB 和 ISSB 对一些内容给予更加明确的指导外，还提出了一些值得 IASB 认真考虑的问题。譬如，应对气候变化风险或利用气候变化机遇的部分支出（如提高机器设备和运输车辆的能源利用效率或降低其碳排放的支出等），对于减缓环境气候变化、促进环境的可持续发展意义重大，具有明显的环境价值，但不一定能够带来经济价值或带来的经济价值具有重大不确定性，因而不符合 IFRS 对资产的确认和计量要求而不能资本化为资产，这不利于调动企业投资于气候变化的积极性，IASB 有必要考虑是否因应全球向净零排放转

---

① 包括气候相关风险对：（1）折旧计算的影响；（2）资产减值损失计提的影响；（3）预计负债计提的影响；（4）存货的影响；（5）递延所得税资产确认的影响；（6）金融工具核算的影响；（7）金融工具披露的影响；（8）公允价值计量的影响；（9）保险合同的影响；（10）财务报表列报与披露的综合影响等。

② 英国会计准则背书委员会（UK Accounting Standards Endorsement Board，UKEB）是依照《2021 国际会计准则（职能授权）（脱欧）规定》于 2021 年 5 月设立的专门机构，其主要职责是根据英国国务大臣的授权代表英国影响 IF-RS 的制定、决定是否采纳 IFRS 以及支持和维护英国公司报告框架。

型的趋势，相应修改资产的确认和计量规则，以便激励企业加大应对气候变化的投资力度。又如碳积分（可交易的碳排放权配额），对其获取、消耗、交易、清缴等如何在财务报表中确认和计量，迄今为止，IASB 没有出台明确的规定。近年来，许多国家和地区碳排放权交易市场发展迅猛，大量公司参与交易，碳积分的会计处理和披露亟待 IASB 在无形资产准则的修订中加以考量①。

上述研究报告显示，约 1/3 的 IAS 和 IFRS 与可持续发展报告的 ESG 事项交叉重叠，雄辩地证明了可持续发展报告与财务报告所反映的内容存在着交集关系。当交集关系成立时，可持续发展报告与财务报告之间建立了直接关联（Direct Connectivity），典型表现形式包括以下两种：一是可持续发展报告披露的信息与财务报告提供的信息可以相互勾稽。比如可持续发展报告披露的非财务信息能够在财务报表或总账数据中找到对应的当期“结果”，如前述绿色转型方案带来的企业资产结构、融资结构的变化，以及折旧计提、减值计提等会计处理。又如可持续发展报告披露的部分指标和目标以财务报表或总账数据为输入值或输出值，如 ESRS E1《气候变化》要求企业披露基于净营业收入计算的能源强度（Energy Intensity，即能源消耗总量与净营业收入的比值）和温室气体强度（GHG Intensity，即温室气体排放总量与净营业收入的比值）（EFRAG，2022）。二是可持续发展报告与财务报告的编制采用相同的假设，比如可持续发展报告对气候相关重大风险的评估所运用的情景分析同时用于财务报告对长期资产使用寿命的估计和减值测试。

总而言之，针对同一个 ESG 事项，可持续发展报告和财务报告基于不同的准则从不同的角度以不同的方式加以体现，二者之间的交集关系及由此产生的直接关联有利于多层次、立体化地展示企业价值创造的逻辑和能力。

三、可持续发展报告与财务报告的互补关系

虽然可持续发展报告与财务报告因交集关系而存在不少重叠，但必须看到两者的差异多于相似，否则也就不需要另起炉灶编制可持续发展报告了。但两者的差异并非风马牛不相及，而是有着明显的互补关系，这也是可持续发展报告源起的重要原因之一。

基于严谨的概念框架，建立在严格的确认和计量标准上、设定明确的界限（Limits）

---

① 总之，UKEB 建议 IASB 在无形资产等项目上应加大与 ISSB 的合作力度，以明确相关事项在财务报告和可持续发展报告规范范围的界限。

和边界（Boundary）的财务报告经过数十年的发展日臻成熟，特别是IASB和美国财务会计准则委员会（FASB）自2008年全球性金融危机以来对五大准则（公允价值、金融工具、收入、租赁、保险合同）开展了大刀阔斧的改革后，编制者和使用者均迫切渴望准则进入一个冷静期。对此，IASB和FASB从善如流，明显放慢了新准则的出台和旧准则的修订节奏。与此同时，气候变化、污染、水与海洋资源、生物多样性和生态系统、资源利用和循环经济等环境议题，劳资关系、供应商关系、社区关系和客户关系等社会议题，以及商业操守、腐败与贿赂等治理议题日益引起利益相关者的关注，对能够统筹兼顾经济价值、社会价值和环境价值，确保经济、社会和环境（ESE）可持续发展的信息需求激增。面对全球向净零排放经济和社会正义转型新出现的信息需求，财务报告难堪重任，旨在弥补财务报告不足并对其进行补充、以反映ESG信息为主要内容的可持续发展报告应运而生。

总体而言，财务报告至少存在着以下5个方面的不足，使其难以胜任提供事关经济、社会和环境可持续发展信息的重任，这为可持续发展报告的生长提供了空间。

（一）以投资者为导向的财务报告难以满足其他利益相关者的信息需求

现行的通用目的财务报告将投资者等资本提供者确定为主要使用者（Primary Users），以满足他们的信息需求为导向。IASB等准则制定机构声称提供给投资者的信息通常也能够满足其他利益相关者的信息需求，但事实并非如此。现行财务报告侧重提供经营业绩、财务状况和现金流量等财务信息，这些财务信息虽然有助于投资者和债权人作出投资和信贷决策以及评价管理层的受托责任，但未必契合客户、员工、供应商、社区、环保团体、监管部门等其他利益相关者的信息需求。近两年来，随着新经济和知识经济的崛起，企业价值创造对财务资本的依赖显著降低，对智慧资本（包括人力资本、结构资本和关系资本）的依赖不断增强，这使股东至上主义（Stockholder Primacy）日渐式微，利益相关者至上（Stakeholder Primacy）主义日益盛行。2019年美国商业圆桌会议（BRT）187家大企业签署的《公司目的宣言》和世界经济论坛（WEF）国际工商理事会（IBC）倡导的利益相关者资本主义（Stakeholder Capitalism）均说明股东至上主义正向利益相关者至上主义转变，再加上其他利益相关者权益意识的觉醒，公平对待所有利益相关者信息需求，提供有助于利益相关者评估经济、社会和环境可持续发展信息的呼声日高。面对利益相关者至上主义的崛起，寄希望于以投资者为导向、体系封闭且成熟的财务报告作出根本性改变不切实际，可持续发展报告以财务报告补充报告的形式出现，顺应了变化趋势，可以担负起满足利益相关者新的信息需求的重任。在目前世界范围内主流的可持续披露准则中，欧盟的ESRS和全球报告倡议组织（GRI）的GRI准则均明确不再将投资者作为报告主要使用者，而是以满足所有利益相关者的信息需求为导向。即便是ISSB因为受到国际财务报告基金会服务资本市场职责的限制仍然坚持以投资者需求为导向，但ISSB将ISSB准则定位为全球基准（Global Baseline），各国可以根据需要添加面向其他利益相关者的信息。由此可见，以广大利益相关者为导向的可持续发展报告能够顺应形势的变化，弥补主要面向投资者的财务报告的不足。

（二）秉持财务重要性的财务报告难以满足利益相关者评估外部性的需求

现行的通用目的财务报告秉持由外到内的财务重要性，企业经营活动对环境和社会的影响除非产生反弹效应（如碳排放超标或污染严重被处罚或被勒令停产从而转化为财务重要性），否则得不到反映，这不利于利益相关者评估企业经营活动产生的外部性（Externality），以及企业创造、维持或毁损的环境价值和社会价值。相比之下，基于由内到外（Inside - out Perspective）视角反映影响重要性（Impact Materiality）的可持续发展报告（如GRI的ESG报告框架）或者基于双重重要性（Double Materiality）视角既反映影响重要性也反映财务重要性的可持续发展报告（如欧盟的可持续发展报告）更有利于利益相关者评估企业经营活动对环境和社会的积极或消极影响，弥补财务报告外部性反映不足的缺陷。值得说明的是，随着负责任投资理念的兴起，即使是投资者也需要企业经营活动对环境和社会影响的信息，因为存在严重的负面环境和社会外部性的企业不仅可能给投资者的投资带来巨大的不确定性，也不符合他们的投资理念。

（三）囿于确认和计量规则严格约束的财务报告不能及时反映ESG事项

现行的通用目的财务报告根据严格的确认和计量规则反映企业的交易、事项和情况，只有符合报表要素定义且能够可靠确认和计量的交易、事项和情况才可纳入财务报告之内。严格的确认和计量规则在提高财务信息严谨性的同时，也导致大量有助评估企业可持续发展前景的ESG事项不能入表反映。以资产为例，IASB在2018版概念框架中将资产定义为“主体因为过去事项而控制的现时经济资源，经济资源是指有潜力产生经济利益的权利。”根据这一定义，社会议题中至关重要的人力资本、关系管理（包括供应商关系、劳资关系、客户关系、社区关系、政商关系等）及创新能力因不符合资产定义中对控制的要求，或者与之相关的经济利益难以可靠计量而被排除在财务报告之外。同样地，IASB在2018版概念框架中将负债定义为“主体因过去事项导致的转移经济资源的现实义务。”根据这一定义，很多ESG事项（如温室气体排放超标和生物多样性保护不力）尚不构成现时义务（顶多是推定义务），经济资源的流

出尚未发生或尚不能确定是否会发生，且需要转移多少经济资源也难以可靠计量。而随着未来环保和社会立法的强化，这些 ESG 事项可能由推定义务转化为法定义务从而对企业的可持续发展前景产生重大影响。庆幸的是，可持续发展报告不受严格的确认和计量规则的约束，可以比财务报告更加及时地披露 ESG 事项对企业可持续发展可能造成的潜在影响。

（四）依赖复式簿记的财务报告导致企业很多内部自创资源得不到反映

现行的通用目的财务报告高度依赖于 1494 年 Luca Pacioli 发明的复式簿记。复式簿记在反映企业活动来踪去迹和增强三大报表勾稽关系的同时，也束缚了企业确认内部自创资源的能力。在知识经济和数字经济时代，智慧资本和数字资产对于企业以可持续方式创造价值至关重要，其作用甚至远超财务资本和物质资源，但迄今尚未能在财务报告中得到反映。究其原因，除了不符合资产定义和难以计量外，“有借必有贷、借贷必相等”的复式簿记规则也是一个重要原因，因为在借记内部自创的智慧资本和数字资产的同时，企业往往难以找到令人信服的贷方科目。而可持续发展报告不受复式簿记的羁绊，可以对这些内部自创资源进行定量或定性分析和披露，便于利益相关者了解这些内部自创资源对企业可持续发展前景的影响。

（五）以控制为基础的财务报告使财务信息不能覆盖价值链上下游活动

现行的通用目的财务报告以控制权（Right of Control）作为报告边界（Reporting Boundary）的确定基础，将母公司和受其控制的子公司纳入合并报表编制范围之内。以控制权为基础将报告边界由法律主体延伸至报告主体是一大进步，值得肯定，但仍有不足之处，突出表现为未能覆盖到只有业务关系（Business Relationship）而没有控制关系（Controlling Relationship）的价值链上下游活动。企业能否可持续发展，既受母公司及其控制的子公司经营活动的影响，也受企业价值链上下游供应商和客户经营活动的影响。如果价值链上的供应商和客户不能实现环境和社会的可持续发展，企业自身的可持续发展也会受到直接或间接的不利影响。因此，不同于财务报告，可持续发展报告从业务关系的角度以价值链（Value Chain）而不是控制权作为报告边界的确定基础，从而将报告边界扩大至价值链上下游企业的经营活动。这种做法的最大好处是有助于价值链中居于主导地位的企业发挥其影响力督促其上下游的企业节能减排和处理好各种社会关系，进而促进经济、社会和环境的可持续发展。

出于对财务报告不足的针对性弥补，可持续发展报告能够披露很多在财务报告中得不到反映的可持续信息，包括但不限于：（1）企业的产品和服务对环境和社会的正外部性或负外部性；（2）企业的技术创新和人才培养对社会的溢出效应；（3）企业对生物多样性和生态环境保护不力；（4）企业对水和海洋资源的过度依赖；（5）企业对自然资源不当利用和对循环经济漠然处之；（6）企业对员工权益、性别和种族歧视关注不够；（7）企业对供应商违反碳排放规定和侵害员工权益监督不力；（8）企业对商业操守以及反腐败反贿赂重视不够；（9）企业对智慧资本和数字资产管理不严；（10）气候变化对企业可持续发展构成的中长期风险和机遇。

可见，可持续发展报告与财务报告反映的很多内容各不相同，没有交集，但两者并不会因此而毫不相关。譬如，企业在可持续发展报告中评估其在未来面临重大的温室气体排放和生物多样性保护风险，这两类风险尽管对当期财务报告尚未产生影响，但企业的产品和服务未来可能会遭到环保意识和动物福祉意识较强的消费者抵制，从而对企业未来的经营业绩和现金流量产生消极影响。从这个例子可以看出，针对某一个ESG事项，可持续发展报告披露的非财务信息和潜在财务影响信息有待财务报告在未来期间通过实际财务影响予以检验。可持续发展报告以前瞻性弥补了财务报告的滞后性，从而使两者跨越时间维度建立间接关联（Indirect Connectivity）。

间接关联的典型表现形式包括两种：一是可持续发展报告披露的信息与影响未来期间财务报告的未来事项有关；二是可持续发展报告披露的信息与尚未被财务报告确认和计量的当期活动有关。间接关联的存在也足以说明，由内到外的影响重要性假以时日可能转化为由外到内的财务重要性，这种反弹效应（Rebound Effect）也称为动态重要性（Dynamic Materiality），正是可持续发展报告与财务报告形成间接关联的重要机理。

四、可持续发展报告与财务报告的关联路径

可持续发展报告与财务报告的关联路径可分为直接关联路径和间接关联路径，前者适用于具有交集关系的ESG事项，后者适用于具有互补关系的ESG事项。不论是直接关联路径还是间接关联路径，均需要找到恰当的锚定点（Anchor Points），通过相互调节（Reconciliation）和交叉索引（Cross Reference）等方式，使可持续发展报告与财务报告相互对照、前后呼应。

（一）可持续发展报告与财务报告的直接关联路径

报告内容的交集关系为可持续发展报告与财务报告提供了直接关联的路径。不论是将可持续发展报告披露的信息与财务报告提供的财务信息进行相互勾稽，还是运用相同的假设，直接关联路径的目标是实现两个报告信息的相互调节、交叉索引。

相互调节主要用于将可持续发展报告中的绿色低碳转型相关信息与财务报告的相关数据进行调节。例如，企业可在财务报告或管理层报告中按“绿色业务收入 + 其他业务收入 = 营业收入总额”的方式对当期的营业收入进行调节，按“绿色资产 + 棕色资产 = 资产总额”或“活跃资产 + 搁浅资产 = 资产总额”的方式对期末资产总额进行调节，按“新能源资本支出 + 传统能源资本支出 + 其他资本支出 = 资本支出总额”的方式对当期的资本支出总额进行调节，按“绿色采购 + 非绿色采购 = 采购总额”的方式对当期的原材料和固定资产采购总额进行调节。

较之于相互调节，交叉索引更易操作，因而运用更加广泛。以气候变化为例，如果可持续发展报告认为气候相关风险对企业的影响具有财务重要性，企业可在其可持续发展报告和财务报告或管理层报告中以交叉索引的方式说明气候相关风险如何对其财务报表的编制产生影响，包括但不限于：（1）对持续经营假设的影响，与气候变化相关的重大物理风险和转型风险是否影响当期报表编制所依据的持续经营假设；（2）对估计和判断的影响，与气候变化相关的重大物理风险和转型风险是否影响当期报表编制对固定资产、无形资产和商誉等长期资产使用寿命、残值率、可回收金额、减值准备，以及与 ESG 事项相关的准备、负债、或有负债的确认和计量所作出的估计和判断；（3）对资产结构的影响，与气候变化相关的重大物理风险和转型风险是否导致当期的绿色资产与棕色资产、活跃资产与搁浅资产比例结构的变化；（4）对资本结构和融资需求的影响，与气候变化相关的重大物理风险和转型风险及其应对是否导致融资需求变化从而影响企业当期的资本结构和融资能力；（5）对收入和成本结构的影响，与气候变化相关的重大物理风险和转型风险是否导致当期营业收入结构（如来自绿色低碳业务收入的增减）和成本结构（如能源转型和道德采购导致的成本费用增减）的变动；（6）对现金流量结构的影响，应对气候相关重大物理风险和转型风险的资本支出和融资方案是否影响当期投资活动和融资活动的现金流量结构，与气候相关的重大转型风险是否影响当期经营活动的现金流量结构。必须说明的是，不论是 ISSB 准则还是 ESRS 均要求企业披露气候变化相关风险和机遇在短期、中期和长期内对企业的财务影响。按照 ESRS 的规定，短期是指财务报告涵盖的期间，中期是指短期结束的五年内，长期为五年以上。因此，可持续发展报告披露的气候变化相关风险和机遇的短期财务影响必须与当期财务报告相互勾稽，而中期和长期的财务影响涉及间接关联，若金额重大且已经制定相应的应对计划，当期财务报告也必须通过交叉索引等方式予以披露。

（二）可持续发展报告与财务报告的间接关联路径

如果可持续发展报告与财务报告没有相互交集，不存在直接关联关系而是存在间接关联关系，就需要寻找恰当的锚定点，以结构化的方式在两者之间建立间接关联路径。EFRAG在《财务信息与非财务信息之间的相互关联》研究报告中，在回顾气候相关财务披露工作组（TCFD）、GRI、可持续发展会计准则委员会（SASB）、国际整合报告理事会（IIRC）和CDSB等国际专业机构倡导的做法的基础上，总结出实践中行之有效的7种间接关联路径。

1. 价值创造/财务业绩、资产和负债分析。以定性的方式解释企业对ESG事项的管理如何影响其未来的价值创造，或如何影响其未来的财务业绩、资产和负债。这种前瞻性分析，有助于可持续发展报告与财务报告建立间接关联关系。

2. 通过情景分析量化气候变化的风险和机遇。这包括按不同气候情景计算潜在的财务影响（对收入、支出、资产、负债、资本和融资的影响），并说明因采取了应对举措确保了经营战略和商业模式的适应性。如果对潜在情景有相应的科学指南，情景分析的方法亦可延展至气候变化之外的其他ESG议题。

3. 定量或定性影响估值分析。计算企业经营活动对经济、社会和环境外部性影响的社会货币价值，并解释这将如何以反弹效应的方式影响其现在和未来的商业模式，以及企业将如何减少负外部性和改善正外部性。如果定量分析难以做到，也可以定性的方式分析企业经营活动所产生的外部性影响。

4. 额外资本披露。按照IIRC的整合报告框架，披露企业经营活动和产出对六种资本（财务资本、制造资本、智慧资本、人力资本、社会和关系资本、自然资本）产生的内部和外部影响，包括积极的影响和消极的影响。

5. 风险量化。通过各种风险模型量化可能影响企业业绩的ESG风险。若确有困难，也可采用定性分析。

6. 非财务目标。披露非财务指标并以定量或定性的方式解释这些指标对企业业绩和环境、社会的可能财务影响。

7. 将ESG指标变动与财务业绩进行量化关联。计算ESG指标变动的财务影响，如员工敬业度的1%变动能带来多少的经营收益。

必须说明的是，一些ESG事项可能导致可持续发展报告与财务报告同时存在着直接关联关系和间接关联关系，此时就需要同时运用到直接关联路径和间接关联路径。比如，假设A企业的可持续发展报告将温室气体排放评估为重大的ESG事项，并宣布将在2050年实现净零排放，所采取的措施主要包括：（1）大幅减少企业自身经营活动和价值链上下游活动的温室气体排放，剩余部分通过碳移除或碳抵销的方式予以解决；（2）通过避免碳税和提高能源效率节省成本费用；（3）开发零碳排放产品和服务维持或增加未来营业收入。这个重大的ESG事项使可持续发展报告与财务报告同时存

在直接关联和间接关联，企业可通过直接关联路径在财务报告或管理层评论披露：（1）当期提高能源效率的资本性支出和成本费用；（2）当期节约的能耗支出；（3）当期来自零碳排放业务的营业收入；（4）能源转型对当期高能耗资产折旧或减值的影响。此外，企业还可通过间接关联路径在财务报告或管理层报告中披露：（1）以定性的方式解释净零排放计划将如何对企业的中长期业务发展、经营业绩、财务状况、现金流量、资本结构和融资能力产生影响；（2）以恰当的量化方法（如情景分析）分析净零排放计划未来的投资总额、业务增长和成本节约。

除了建立直接和间接关联路径外，关联信息在什么位置披露也颇为重要。可供选择的位置包括：管理层报告、财务报表附注、公司年报、单独报告和额外报告。目前，ISSB 和 EFRAG 正在考虑将关联性纳入准则制定议程，预计不久就会对关联信息的披露位置作出规定。

此外，选择恰当的可持续发展报告披露位置，也有助于增强其与财务报告的关联性。一种方案是在管理层报告中披露，好处是可以整合可持续发展报告与财务报告，提升可持续信息的相关性，促使两个报告讲述企业的“完整故事”，也有助于监管部门强化对这两个报告的监管。这种做法的难处在于两个报告针对的主要使用者和秉持的重要性原则可能存在不一致，从而导致信息不平衡，资本市场参与者对管理层报告中的可持续发展信息的关注度可能不如其他利益相关者从而觉得管理层报告信息超载，而其他利益相关者对管理层报告中的财务信息的关注度可能不如资本市场参与者从而也觉得管理层报告信息超载。另一种方案是在单独报告中披露，好处是不必顾虑两个报告在主要使用者和重要性原则方面存在的差异，避免管理层报告过于冗长。缺点是可能导致使用者误以为可持续发展报告不如财务报告重要且不会对企业业绩产生重要影响，当可持续发展报告公布日期迟于财务报告公布日期时，这种看法尤其明显。这或许是 ISSB 准则和 ESRS 均要求可持续发展报告与财务报告同时披露的原因。

五、结论与启示

可持续发展报告与财务报告各有侧重，两者提供的信息既有交集关系，也有互补关系。交集关系源自可持续发展报告和财务报告均基于由外到内角度对环境和社会议题财务影响的关注，互补关系既源自可持续发展报告和财务报告秉持的不同重要性原则，也源自可持续发展报告对财务会计确认和计量的超脱。交集关系为可持续发展报告和财务报告提供了直接的关联路径，企业可对可持续发展信息和财务信息相互调节或交叉索引，而互补关系则意味着企业可以在可持续发展报告与财务报告之间建立锚定点，以间接关联的方式解释环境和社会议题的财务含义，如气候变化物理风险和转型风险在短期、中期和长期对企业发展、经营业绩、财务状况、现金流量、资本成本和融资需求产生的影响。增强可持续发展报告与财务报告之间的关联性，可极大提升公司报告体系的整体性和耦合性，避免使用者误以为可持续发展报告和财务报告是两个毫不相干的独立报告。

本文的分析带来三点启示：

1. 关联性问题既是一个重要的实务问题，也是一个重要的理论问题，有必要上升到概念框架层面。关联性问题看似仅仅是一个操作层面的重要实务问题，实则涉及一系列基础性的重大理论问题，包括如何确定两个报告的主要使用者、如何协调两个报告的不同目标、如何确立两个报告的重要性原则、如何明确两个报告的信息质量特征、如何建立两个报告的关联机制、如何界定两个报告的报告边界、如何衔接两个报告的信息披露等。这些重大理论问题，不是准则层面可以解决的，必须上升到概念框架层面进行探讨。正因如此，EFRAG 将关联性与双重重要性、信息质量特征、时间范围、报告边界与层级、欧盟与国际一致性并列为六大概念指引项目，拟在概念指引发布实施后时机成熟时再将其整合为概念框架。准则的制定和实施离不开概念框架的指导，会计准则如此，可持续披露准则也不例外。EFRAG 的做法值得肯定。相比之下，ISSB 迄今为止对是否制定概念框架语焉不详。如果 ISSB 最终决定制定独立的概念框架或者与 IASB 联手制定财务报告与可持续发展报告联合概念框架，关联性无疑应作为概念框架的重要内容之一。

2. 关联性问题需要会计准则制定机构与可持续披露准则制定机构通力合作才能有效予以破解。可持续发展报告与财务报告既有交集关系，又有互补关系，只有在两者之间建立有效的关联机制，明确关联路径，两个报告才能真正相互补充、相得益彰。要破解关联性的重大实务和理论问题，需要 IASB 和 ISSB/EFRAG 通力合作，形成合力。IASB 有必要通过修改准则或发布指南的方式，明确要求企业在财务报告中对可持续发展报告中披露的重大 ESG 事项进行呼应和说明，ISSB 和 EFRAG 也有必要充分考虑其制定的 ISSB 准则和 ESRS 对 IFRS 的潜在影响。在关联信息的披露位置上，管理层报告是一个比较理想的载体，IASB 正在修订国际财务报告准则第 1 号实务公告《管理层评论》（Management Commentary），但该公告不应由 IASB 独立修订，否则这份实务公告披露的内容可能与可持续发展报告造成不必要的重叠甚至冲突。这份实务公告最好由 IASB、ISSB 和 EFRAG 根据可持续披露准则的最新进展和未来趋势进行充分酝酿讨论，由 IASB 和 ISSB 联合发布，EFRAG 也可据此制定相应的实务公告再提请欧盟

委员会发布。

3. 使用者需要更新观念，从全局性和互补性的角度看待可持续发展报告与财务报告之间的关联关系。全局性是指可持续发展报告与财务报告共同构成有助于利益相关者了解和评估企业可持续发展前景的公司报告体系。企业的可持续发展前景，既取决于企业创造经济价值的能力，也取决于企业创造环境价值和社会价值的能力；既取决于企业短期的财务业绩，也取决于企业对可持续发展相关风险和机遇的有效治理所带来的长期可持续发展的财务业绩。有效的可持续发展前景评估，要求使用者同时运用财务信息和可持续发展信息，缺一不可。互补性是指可持续发展报告与财务报告各有所长、各有所短，不可偏废。财务报告结构严谨、成熟可靠且应用广泛，这些特点是可持续发展报告不能媲美的，而可持续发展报告灵活开放、活跃变化且视野宽阔，这些特征也是财务报告不能相提并论的。正因为如此，两个报告不能相互替代，只能相互补充。有效的报表分析，要求使用者尽可能利用可持续发展报告交叉分析财务报告，评估企业的经营业绩及其成长性是否会因环境和社会问题而存在不确定性。同样地，有效的可持续发展前景分析，也要求使用者尽可能利用财务报告交叉分析可持续发展报告，评估企业的 ESG 治理及其成效是否会因财务和业绩压力而受到重大掣肘。使用者只有从全局性和互补性的角度看待这两个报告之间的关联关系，最大限度地综合利用这两个报告的信息，企业耗费大量人力物力提供的财务报告和可持续发展报告才有可能符合成本效益原则。

（原载于《财会月刊》2023 年第 5 期）

主要参考文献：

1. 叶丰滢，蔡华玲．气候相关风险的会计影响分析［J］．财会月刊，2021（23）：155 – 160.

2. AASB and AuASB. Climate – related and Other Emerging Risks Disclosure：Assessing Financial Statement Materiality Using AASB/IASB Practice Statement 2［EB/OL］. www. aasb. gov. au，2019 – 04.

3. Anderson，N. IFRS Standards and Climate – related Disclosures［EB/OL］. www. ifra. org，2019 – 11.

4. CDSB. Accounting for Climate Change：Integrating Climate – related Matters into Financial Reporting［EB/OL］. www. cdsb. net，2020 – 12.

5. CDSB. Accounting for Climate Change: Integrating Climate – related Matters into Financial Reporting Supplementary paper 2 [EB/OL]. www.cdsb.net, 2021 – 12.

6. EFRAG. ESRS E1 Climate Change [EB/OL]. www.efrag.org, 2022 – 12.

7. EFRAG. Interconnection between Financial and Non – Financial Information [EB/OL]. www.efrag.org, 2021 – 02.

8. IASB. Effects of Climate – related Materials on Financial Statement [EB/OL]. www.ifrs.org, 2020 – 12.

9. UKEB Staff Paper. Connectivity between Sustainability Disclosure and Financial Reporting [EB/OL]. www.endorsement – board.uk, 2022 – 12.

从 CSR 到 ESG 的演进：文献回顾与未来展望

李 诗 黄世忠

【摘要】ESG 是 CSR 发展到一定阶段后受外部因素的影响进化而成的，没有 CSR 的百年探索，就没有今天的 ESG。本文由三部分组成。第一部分从核心理念、使用者导向、报告目标、报告标准、披露性质、信息特性、披露时间、与治理的关联、与战略和商业模式的关联、与风险管理的关联、指标与目标、鉴证要求 12 个方面分析 CSR 与 ESG 的差异。第二部分从 CSR 和 ESG 的度量、影响因素和经济后果的角度，回顾 CSR 与 ESG 的学术文献和主要研究结论。第三部分简要分析 CSR 和 ESG 研究存在的不足及其原因，并从六个方面展望未来的研究趋势。期望本文对 ESG 的后续研究有所助益。

【关键词】CSR；ESG；气候变化；碳排放；可持续发展

20 世纪 80 年代以来，经济社会和环境的可持续发展备受各界的关切，CSR（Corporate Social Responsibility，企业社会责任）和 ESG（Environmental，Social and Governance，环境、社会和治理）这两个缩略语变得脍炙人口，已然成为学术界的热门研究话题。CSR 和 ESG 有何联系与区别，这两个领域的研究进展如何，既是学术界关心的问题，也是本文希望回答的问题。

一、CSR 到 ESG 的发展路径

尽管 CSR 和 ESG 都涉及可持续发展问题，但两者的侧重点有所不同。本部分首先回顾 CSR 到 ESG 的演进之路，其次分析 CSR 与 ESG 的异同点，为下一部分的文献评述提供背景资料。

（一）CSR理念的历史沿革

一直以来，人们对CSR这一概念的开创者到底是美国的Clark还是英国的Sheldon争论不休。Clark（1916）和Sheldon（1923）均认为企业的责任超越赚取利润，但都未对CSR作出明确定义。Sheldon在《管理哲学》一书中提出企业的责任是在追求自身利润的同时改善社区的利益。此后，虽然经历了Berle和Dodd长达20多年的辩论，但CSR的概念并没有发生大的变化。直至1953年，Bowen在《商人的社会责任》一书中给出了较为严谨的CSR定义。Bowen认为，大企业有能力在各个方面影响公民的生活，理应履行更大的社会责任，因此他将CSR定义为商人满足社会目标和价值而采取的政策、计划和行动。

早期学术界更多是从伦理角度对CSR进行定义的，以至于到现在CSR还留有强烈的伦理和慈善印记。Yang和Guo（2014）将CSR概念的发展脉络分为五个阶段。第一阶段是20世纪60年代，CSR概念基本保持伦理导向。譬如，Frederick（1960）提出，CSR是在个人和企业利益之外履行公众期望并提升社会经济福利的行为。第二阶段是20世纪70年代，CSR概念呈现差异化和多样性。Johnson（1971）认为，对社会负责的企业应当考虑员工、供应商、经销商、当地社区和国家的多重利益，而不应仅仅考虑为股东赚取利润。美国经济发展委员会（1971）则在《工商企业的社会责任》报告中提出CSR由三个圈组成，内圈代表企业的基本责任，如促进经济增长、创造工作机会和提供产品等经济职能，中圈代表在经济职能之外对不断变化的社会价值和优先事项的认识和行动，如环境保护、客户知情权、公平对待员工等，外圈代表企业改善社会环境的责任，如消除贫困和防止都市衰败等。除此之外，这个时期还出现了开明的自利（Enlightened Self - interest）、好邻居等CSR新概念。第三阶段是20世纪80年代，CSR概念进入成熟期。最具代表性的是Freeman于1984年出版了利益相关者理论的开山之作《战略管理：利益相关者方法》，指出企业的成功有赖于其对利益相关者的管理能力，并将利益相关者定义为任何能够对组织目标实现施加影响或受其影响的群体或个人。Freeman的利益相关者理论被视为是对Friedman为代表的股东中心主义的否定，后者主张企业只应当对股东负责，企业的唯一责任就是为股东赚取利润，而前者则将企业视为不同利益相关者的利益集合体，认为企业的责任理应是利益相关者利益最大化，而不应是股东利益最大化（黄世忠，2021c）。利益相关者理论的提出，使CSR由概念向理论演化。第四阶段是20世纪90年代至21世纪初，CSR概念开始呈现管理导向。这一时期，除了Carroll（1991）提出著名的企业社会责任金字塔理论（从底层到顶层依次为经济责任、法律责任、伦理责任和慈善责任）和Elkington

(1997) 提出的三重底线理论（经济底线、环境底线和社会底线）外，更多学者呼吁将 CSR 纳入企业的整体战略管理框架中。第五阶段是 21 世纪初期之后，CSR 概念逐步向可持续发展和企业公民（Corporate Citizenship）的方向演变。这一时期的 CSR 概念日益受到国际组织标准制定的影响，更加重视 CSR 在可持续发展中的作用，并最终汇入日趋成为主流的 ESG 或可持续发展报告范畴。

（二）从 CSR 到 ESG 的进阶

与有着百年历史的 CSR 不同，ESG 是一个新生事物，从正式提出至今不到 20 年。2004 年 1 月，时任联合国秘书长的科菲·安南邀请全球 50 家大型金融机构的首席执行官参加联合国全球契约组织（UN Global Compact）、国际金融公司（IFC）和瑞士政府联合举行的会议，会议倡议金融机构将环境因素、社会因素和治理因素纳入投融资决策中。作为该倡议的成果，2005 年联合国发布了《在乎者赢》（Who Cares Wins）报告，首次提出了 ESG 概念。ESG 从诞生起就继承了 CSR 的部分基因，没有 CSR 历经的百年探索，就没有今天的 ESG。ESG 概念的提出可视为 CSR 的进阶，是 CSR 发展到一定阶段因外部因素的变化逐渐形成的。促使 CSR 进阶为 ESG 的外部因素主要来自三方面：一是联合国对环境保护和可持续发展的积极推动，二是资本市场对 ESG 信息的强大需求，三是国际组织对 ESG 标准制定的不懈尝试。

出于对经济、社会和环境发展不充分、不协调的关切，联合国从 20 世纪 70 年代起就开始推动经济社会发展和环境问题的解决。1972 年联合国第一次人类环境会议在瑞典首都斯德哥尔摩召开，1973 年联合国环境规划署（UNEP）成立。1983 年 12 月联合国成立了世界环境与发展委员会（WCED），委员会主席由时任挪威首相的布兰特兰夫人担任。经过三年多的不懈努力，WCED 于 1987 年向联合国提交了题为《我们的共同未来》的研究报告，正式提出并定义了可持续发展概念。《我们的共同未来》将可持续发展定义为“满足当代人的需要而又不对后代人满足其需要的能力构成危害的发展”（WCED，1987）。1992 年 6 月，联合国环境与发展大会在巴西里约热内卢举行，大会通过了《里约环境与发展宣言》，150 多个国家①在大会上签署了《生物多样性公约》和《气候变化框架公约》等重要文件。2000 年，全球最大的可持续发展倡议组织——联合国全球契约组织成立。2005 年联合国发布了《在乎者赢》的研究报告，首次提出了 ESG 概念。2006 年联合国发布了《负责任投资原则》。2015 年 9 月在联合国纽约总部召开的可持续发展峰会上，193 个成员国通过了《联合国 2030 年可持续发展议程》，制定了 17 项可持续发展目标（SDGs）。2015 年 12 月在巴黎召开的第 21 届联

① 截至目前，已有 196 个缔约方签署了公约，其中包括 195 个国家和 1 个整体缔约的欧盟。

合国气候变化大会上通过了《巴黎协定》，提出将21世纪全球气温上升控制在工业革命前的2℃以内、力争1.5℃以内的控温目标，以减缓气候变化，确保人类的可持续发展。联合国经过多年的不懈努力，使世界各国和社会公众日益意识到ESG报告是确保可持续发展的重要基础和制度安排，推动了带有浓厚伦理和慈善色彩的CSR向聚焦于经济、社会和环境可持续发展的ESG演进。

《巴黎协定》签署以来，经济社会向低碳转型和绿色发展已然成为共识。在这种背景下，资本市场形成了对可持续发展特别是ESG信息的强大需求，带有自愿披露性质的CSR报告已经无法满足资本市场的需要，客观上导致了CSR的式微和ESG的崛起。

CSR进阶为ESG，离不开国际组织对ESG标准制定的积极参与。1997年，总部设在荷兰阿姆斯特丹的全球报告倡议组织（GRI）成立，提出了四模块准则体系（通用准则模块、经济议题模块、环境议题模块和社会议题模块），成为迄今企业界运用最广泛的ESG报告框架[①]。2007年，总部设在英国伦敦的气候披露准则理事会（CDSB）成立，提出了基于7个原则和12个要素的气候变化信息披露框架。2011年，总部设在美国旧金山的可持续发展会计准则委员会（SASB）成立，发布了涵盖11个经济部门77个行业的可持续发展会计准则。2015年，根据二十国集团财长和央行行长会议的要求，金融稳定理事会（FSB）成立了气候相关财务披露工作组（TCFD），提出了由4个核心内容（治理、战略、风险管理、指标与目标）和11项披露要求组成的TCFD框架，成为气候相关信息披露运用最为广泛的规范[②]。GRI、CDSB、SASB和TCFD发布的报告标准，成为推动ESG报告发展的重要技术力量，加速了CSR向ESG的演进，并促使ESG从概念和理念落地为ESG或可持续发展报告。但GRI、CDSB、SASB和TCFD的标准各不相同，权威性不足，不仅增加了企业和金融机构的编报成本，也加大了使用者的分析成本。为此，二十国集团、国际证监会组织（IOSCO）、国际会计师联合会（IFAC）等国际组织呼吁尽快改变ESG或可持续发展报告标准林立的局面，尽快制定更具权威性和一致性的国际准则。继2021年4月欧盟委员会授权欧洲财务报告咨询组（EFRAG）制定欧洲可持续发展报告准则（ESRS）后，国际财务报告准则基金会2021年11月在英国格拉斯哥召开的第26届联合国气候变化大会上宣布成立国际可持续准则理事会（ISSB），负责制定国际财务报告可持续披露准则

① KPMG的研究显示，2020年N100（由全球52个国家和地区各自收入排名前100家企业共5 200家企业组成）中的67%和G250（全球收入最高的250家企业）中的73%均采用GRI报告框架。

② SEC的研究表明，截至2021年10月，全球超过2 600家市值达25万亿美元的上市公司和1 069家管理194万亿美元的金融机构在气候信息披露方面采用了TCFD框架。

（ISSB 准则）。2022 年，EFRAG 发布了 13 份 ESRS 工作稿，ISSB 发布了《可持续相关财务信息披露一般要求》和《气候相关披露》征求意见稿，美国证监会（SEC）也发布了气候信息披露新规。至此，ESG 或可持续发展报告的标准制定形成了国际、欧盟和美国三足鼎立的格局，标志着 CSR 时代的终结和 ESG 时代的到来。

（三）CSR 与 ESG 的异同分析

从上述分析可以看出，CSR 与 ESG 的核心内涵是一致的，那就是在为股东创造价值、赚取利润的同时，承担起对员工、消费者、环境、社区等利益相关方的责任。CSR 和 ESG 都不同程度地以利益相关者理论为基础，引导企业在经济利益之外关注环境绩效和社会绩效。

ESG 是在 CSR 的基础上发展起来的，但随着时间的推移，两者的差异也日益显现。在核心理念上，CSR 概念虽然不断演进，但本质上依然带有明显的伦理和慈善烙印，尽责行善（Doing Good）堪称 CSR 的核心要义。而 ESG 更加注重义利并举（Doing Well and Doing Good），既关注把企业做好，为股东或利益相关者创造价值，确保企业的可持续发展，也关注企业对环境和社会的影响以及环境和社会对企业的影响。在可持续披露准则中，企业对环境和社会的影响称为影响重要性（Impact Materiality），环境和社会对企业的影响称为财务重要性（Financial Materiality）。目前，ISSB 和 SEC 秉持的是单一重要性原则，聚焦于环境和社会对企业的财务影响，而 EFRAG 秉承的则是双重重要性原则，同时关注影响重要性和财务重要性，企业既要披露其对环境和社会的影响，也要披露环境和社会对企业的影响。

表 1 从核心理念等 12 个方面对 CSR 报告和 ESG 或可持续发展报告进行了对比，从中可以看出二者之间存在的差异。

表 1　　CSR 报告与 ESG 或可持续发展报告的对比

项目	CSR 报告	ESG 或可持续发展报告	
		单一重要性	双重重要性
核心理念	尽责行善	义利并举	义利并举
使用者导向	利益相关者导向	投资者导向	投资者和其他利益相关者导向
报告目标	社会责任履行情况	受外部的影响	受外部的影响和对外部的影响
报告标准	缺乏统一规范	从报告框架到披露准则	从报告框架到报告准则
披露性质	自愿披露	从自愿披露到强制披露	从自愿披露到强制披露
信息特性	非财务信息	财务报告的组成部分	公司报告的组成部分
披露时间	自行选择	与财务报告一起披露	与公司报告一起披露
与治理的关联	松散的关联	嵌入治理机制和治理程序	嵌入治理机制和治理程序

续表

项目	CSR 报告	ESG 或可持续发展报告	
		单一重要性	双重重要性
与战略和商业模式的关联	有关联但不密切	评估可持续发展相关风险和机遇对战略和商业模式的影响	评估可持续发展相关风险和机遇对战略和商业模式的影响，以及企业战略和商业模式对可持续发展相关风险和机遇的影响
与风险管理的关联	通常未纳入企业风险管理（ERM）流程	评估和管理可持续发展相关风险，纳入 ERM 流程	评估和管理可持续发展相关风险，纳入 ERM 流程
指标与目标	没有明确规定	规定了必须披露的行业通用指标与行业专业指标	规定了必须披露的行业通用指标与行业专业指标
鉴证要求	没有鉴证要求	从自愿鉴证到强制鉴证	从自愿鉴证到强制鉴证

二、CSR 和 ESG 文献回顾与评述

CSR 和 ESG 涉及经济学、管理学、社会学、环境学和法学等多个学科，经过数十年的发展，CSR 和 ESG 相关学术文献浩如烟海。对 CSR 和 ESG 文献进行全面系统的回顾是一个庞大的系统工程，我们尝试从度量、影响因素和经济后果三个角度，聚焦于财务与会计领域，对 CSR 和 ESG 相关文献进行回顾，并作简要评述。

（一）CSR 文献回顾与评述

学术界基于不同的研究视角，在过去数十年里对 CSR 进行了艰辛的探索，丰富了 CSR 的理论体系，拓展了我们对 CSR 的认识。

1. CSR 度量方面的研究

现有研究对 CSR 的度量主要有五种方法，分别是指数法、声誉评分法、内容分析法、社会责任会计法和慈善捐赠法。

指数法。指数法应用最为广泛（Richardson and Welker，2001；Haniffa and Cooke，2005；汤亚莉等，2006），其计算过程如下：（1）将企业披露的 CSR 信息分成环境与自然、能源消耗、员工、产品与服务、社区参与等几个大类；（2）将以上几大类细分为小类，如环境与自然可细分为污染控制、环境恢复、废旧原料回收、环保产品、环境披露等小类，并将每个小类分为定性描述和定量描述两种情况，分别予以赋值。一般的赋值方法是，未提及上述分类计 0 分，定性描述以上内容计 1 分，定性与定量描述皆有计 2 分（李志斌和章铁生，2017）；（3）加总各小类的得分，该得分即为某企业的 CSR 披露指数。

声誉评分法。声誉评分法通过问卷调查的形式，由被调查人（如专家学者、公众、商学院学生等）对问卷中各个企业的不同指标（如相关政策落实情况和社会表现等）进行打分，最后计算各企业的总得分和声誉分值（Cochran and Wood，1984）。这种调查方法高度依赖于被调查者从各个渠道（如企业网站、年度报告、CSR 报告及报纸、杂志、公众号、微博等大众媒体）获取并甄别相关信息的能力，亦受企业规模、知名度、创办年限、所处行业、问卷调查者自身经历等因素的影响。一般声誉评分法研究的样本公司数量局限在 30—40 个，因为涉及的主观判断较多，样本量太大会对问卷分析质量带来负面效应。

内容分析法。该方法对企业 CSR 披露信息进行分析，实操性强，经常被用于大样本研究。一种做法是根据这些披露报告的字数、句数甚至页数来度量某企业的 CSR 披露质量，一般认为，披露的字、句、页数越多，质量越高（Abbott and Monsen，1979）。另一种做法则与近年来兴起的文本分析法类似，搜索特定词汇出现的频率、特定问题表达的方式等。该研究方法的缺点是，若单纯以某一数量作为衡量指标，过于笼统；若以特定字、句反映企业对某一问题的披露质量，则工作量巨大，而且在界定信息的具体分类时不够客观，容易引起争议。

社会责任会计法。这种方法将企业的社会责任信息分为社会资产、社会负债、社会成本、社会收益四大类，按照会计确认、计量与披露的要求编制相关的社会责任活动报表。例如，德国 Stage 与美国 ABT 公司都曾编制社会和财务资产负债表、社会和财务利润表（Epstein et al.，1976；Dierkes，1979）。该方法未能普及的原因在于，缺乏统一的标准度量企业的社会资产、社会负债、社会成本、社会收益、社会贡献率等，可比性和客观性较弱。

慈善捐赠法。这种方法以企业的慈善捐赠金额作为度量指标，但由于企业慈善捐赠的目的可能并不单纯（高勇强等，2012），因此该方法饱受诟病。

2. CSR 影响因素方面的研究

（1）微观企业因素。研究表明，影响企业社会责任的微观因素主要包括高管背景特征、股权结构及财务状况三个方面。在高管背景特征方面，高管的承诺和参与对企业的社会责任表现起到了积极的信号作用（Greening and Gray，1994；Ramus and Steger，2000）。李冬伟和吴菁（2017）以中国社科院企业社会责任研究中心发布的社会责任 100 强上市公司作为研究对象，发现高管团队的社会资本异质性、任期异质性和教育专业异质性均对 CSR 绩效有显著的正向影响。此外，已有研究还发现高管非常规变更（陈丽蓉等，2015）、高管持股（王海妹等，2014）、政治关联（贾明和张喆，2010）、宗教信仰（王文龙等，2015）、种族特征（Haniffa and Cooke，2005）、海外背景（文雯和宋建波，2017）等对于CSR均有重要影响。在股权结构方面，Zahra等（1993）发现，CSR履行情况与管理层持股比例正相关。因为管理层持股有助于弱化代理问题，使管理层更加用心地为企业谋发展、创收益，以更长远的视角履行社会责任。吕立伟（2006）研究表明，CSR执行力与公司股权结构显著相关，国有股东持股比例越大的企业对税收、环境等社会责任的承担力越强，出现违法行为的可能性也越低。在财务状况方面，Waddock和Graves（1997）发现企业财务状况越好，其履行社会责任的积极性与认真度也就越高。刘晋飞（2013）、钱爱民和朱大鹏（2017）亦发现，企业的经营状况越好，经济效益和盈利能力越高，就越有可能给予CSR更多的资源和关注。

（2）中观市场因素。影响CSR的中观市场因素主要包括市场竞争和行业类型两个方面。在市场竞争方面，Baron（2006）认为，可以把CSR作为区分市场中两个相似企业发展能力的一种工具，市场竞争将促使企业履行CSR。但也有学者持反对意见，Elhauge（2005）认为，从利他性的观点看，履行CSR意味着企业要拿出自身的利益去无偿帮助社会，担负了本不该由它们支出的成本，大量资本的支出而无利益的收入，将使企业不能在市场竞争中取得优势，所以企业不会积极履行社会责任。在行业类型方面，由于高污染行业更容易出现环境与安全问题，关于CSR话题的讨论也更加频繁。李百兴等（2018）认为媒体更加关注高风险企业，并且该关注程度和CSR的履行程度显著正相关。

（3）宏观因素。Catalao－Lopes等（2016）发现，企业在经济形势不佳的情况下会选择减少在CSR方面的支出，CSR与所在国家的GDP存在正相关关系。冯丽艳等（2016）则认为，积极履行CSR对企业的健康发展大有裨益，特别是在经济下行时，优秀的CSR表现可以减少企业发展的风险，使企业能够更好面对经济不稳定形势的冲击。

3. CSR经济后果方面的研究

（1）CSR对资本市场表现的影响。Mishra（2015）追踪了美国上市公司15年来的公司价值，发现市场会给予企业CSR表现相当高的溢价。张海燕和朱文静（2018）亦发现，企业的CSR绩效不仅会在短期内提高企业价值，还会通过影响企业社会形象的方式使企业的长期价值得到提升。在资本市场表现方面，Anderson和Frankle（1980）认为，良好的CSR表现是公司传递给市场的积极信号，通常这类公司的系统性风险较低，股东权益报酬率较高，也就是说，公司越积极地履行CSR，其股价收益越高。李映红（2021）研究发现，CSR与A股市场股价波动风险间呈现显著的负相关关系，企业积极履行CSR将降低其股价波动的风险。对企业融资的影响方面，Goss和Roberts

（2011）通过大数据分析发现，银行和金融机构对企业收取的贷款利息随着企业 CSR 表现的提升而下降，从降低融资成本的角度出发，企业应当积极承担自身的社会责任。李姝和谢晓嫣（2014）认为，具有良好 CSR 表现的企业，更容易得到政府的青睐，进而较易获得银行的资金支持。

（2）CSR 对财务绩效的影响。朱乃平等（2014）发现企业的 CSR 表现与长期财务绩效正相关，但与短期财务绩效的关系不显著。张兆国等（2013）选取 5 年沪市 A 股上市公司的 CSR 评分与剔除盈余管理后的财务指标作为研究数据，发现滞后一期的 CSR 对当期的财务绩效有显著正向影响。Wulfson（2001）通过层次分析法对样本企业的 CSR 履行情况进行评价，并且以销售增长率、净资产收益率和销售利润率表征财务绩效，研究发现，优秀的 CSR 表现对公司财务绩效有积极的影响。但也有学者认为，CSR 与财务绩效之间的关联性不大，如 McWilliams 和 Siegel（2001）发现虽然积极履行 CSR 的公司比不履行 CSR 的公司承担了更高的成本，但它们的利润率相同。无独有偶，刘长翠和孔晓婷（2006）以上交所上市的企业为样本，分析 CSR 表现与主营业务收入增长率、资产负债率等财务指标间的关系，得出不存在明显相关关系的结论。

综上所述，经过长期的演变与发展，CSR 理论体系愈趋成熟与完善，企业 CSR 报告披露率呈明显增长趋势。以 A 股上市公司为例，2009—2018 年的十年间，CSR 报告披露数量增长 1.29 倍，2009 年仅 371 家企业披露 CSR 报告，2018 年为 851 家，年均新增 48 家。与此同时，CSR 报告披露质量却出现明显瓶颈。润灵环球责任评级（RKS）的评级结果显示，2014—2018 年的五年间，A 股上市公司的 CSR 评级平均在 40—42.5 分徘徊。在理论研究方面，由于缺乏统一客观的量化标准，导致实证研究以相关性研究为主，而非深入的因果关系研究。且受限于数据的可得性，多数研究依赖于大型企业的数据，因此研究结论往往存在偏差，容易出现与实际情况相悖的现象。无论是理论界还是实务界，都在呼吁新理念、新框架的出现。

（二）ESG 文献回顾与评述

早期的 ESG 研究大多是从 CSR 的角度出发的，因此难以将两者进行准确的区分。21 世纪以来，ESG 理念的脱颖而出与全球掀起轰轰烈烈的环保运动、环境立法密不可分（黄世忠，2021a），各国纷纷提出了碳达峰甚至净零排放的目标。ESG 目前的主要关注点是 E，而 E 又聚焦于碳排放，以下主要从碳信息披露的度量、影响因素和经济后果这三个角度对国内外有关碳信息披露与财务和会计的行为研究进行述评。

1. 企业碳信息披露的度量研究

企业碳信息披露的度量方法主要有问卷调查法和内容分析法。

问卷调查法围绕碳信息披露调查的目标，设计相关问卷发放给被调查企业，随后回收、整理和分析问卷，获取有效信息，以鉴别企业碳信息披露的广度和深度。这其中最具影响力和权威性的应用项目是由伦敦关注气候变化组织自发建立的碳信息披露项目（CDP）。2002年以来，CDP每年致函主要工业国家的大型企业，邀请他们参与问卷调查，获邀企业可以选择回答问卷并允许答案公开，或拒绝参与问卷调查，由此观察各国企业参与温室气体信息披露的自愿性和主动性，并以此度量各国的披露现状。该问卷主要包含以下四个议题：低碳战略（碳风险管理、低碳发展机遇、碳管理战略、碳减排目标）；温室气体排放核算（碳核算方法、碳排放的直接核算、碳排放的间接核算）；碳减排的治理（责任、个人绩效、沟通）；全球气候治理（气候变化的责任分担、总体和个体的减排成效、国际气候治理机制）。CDP根据企业的回答状况赋予不同的分值，最终汇总得到企业碳信息披露指数。虽然CDP试图形成公司应对气候变化、碳交易和碳风险方面的信息披露标准，以弥补没有碳排放权交易会计准则规范的缺陷，但同时也由于没有准则的约束，其有效性一直饱受质疑。Hassel等（2005）利用CDP问卷调查信息度量瑞典上市公司的环境绩效，发现该指标与上市公司市值显著负相关，由此对CDP的信息可比性、决策有用性提出质疑，认为即使有经验的证券投资分析师也很难依据CDP数据得出可靠的结论，如果项目无法提供具有可比性的信息，投资者无法衡量气候变化对当前及未来投资的影响，则CDP无足轻重。此外，虽然中国企业参与CDP问卷的回复率逐年提高，但与西方发达国家相比，参与热情依然较低，且不同行业参与CDP的程度差异很大，例如信息类行业积极性最高，能耗高的行业积极性最低。因此，以CDP的调查结果作为中国企业碳信息披露水平的计量方法未必可靠。综上所述，本文认为，如果在实证研究中运用问卷调查的方法对碳信息披露水平进行衡量，应该更多考虑现实情况，如对我国企业的适用性，以及我国企业对该问卷的认知感和认同感等。

内容分析法被广泛应用在自愿性碳信息披露研究中，该方法根据研究需要设计分析维度和类别，确定每个项目的分值或数值，并对公司已公开的各类报告或文件进行总体评价。Comyns和Figge（2015）基于七个维度（准确性、完整性、一致性、可信度、相关性、及时性和透明度）构建了碳信息披露质量指数。王仲兵和靳晓超（2013）则从定量信息、减排战略和目标、减排管理、减排核算、资金投入和政府补贴五个方面构建碳信息披露指标。陈华等（2013）基于决策有用性理论，认为我国企业碳信息主要应从六个方面进行披露：企业碳排放有关的风险、机遇及应对战略与方针政策，企业碳排放量，企业实施的碳减排举措与绩效，企业碳交易，碳信息审计鉴证，以及其他相关碳信息。同时，该文结合我国上市公司碳信息自愿披露情况，采用打分法分别从显著性、量化性、时间性三个维度对企业碳信息质量予以评价，发现我国企业碳信息披露存在结构散乱、行业差异较大、披露数量与质量不对称等特点。综上所述，在自愿性信息披露的研究中，采用内容分析法度量信息披露水平有助于将企业的碳信息披露水平转化为可以量化的数值，便于实证研究的展开。但是，目前我国上市公司碳信息披露仅为 CSR 或 ESG 报告中环境信息的组成部分，且没有明确的定量披露要求，再加上内容分析法在设计评价指标时存在主观性，因此降低了企业碳信息披露评价结果的客观性、有效性和可比性。

2. 企业碳信息披露的影响因素研究

（1）宏观政策因素。在政策制度方面，Freedman 和 Jaggi（2005）基于化学、石油、天然气、能源、汽车和意外伤害保险六大行业的 120 家上市公司的年度报告、环境报告和网站披露信息构建加权与非加权披露指数，发现已签署《京都议定书》的国家或地区的公司具有更高的污染和温室气体披露指数。Luo 等（2012）通过考察全球 500 强公司应对气候变化挑战的碳披露战略，探讨宏观政策如何影响自愿碳披露水平与碳排放绩效之间的关系，发现签署《京都议定书》、环境监管体系更加严格、采用普通法国家的公司更有可能披露碳信息。Alrazi 等（2016）使用综合披露指数来衡量 35 个国家 205 家发电公司的碳排放披露和整体环境披露的质量，研究表明，在对环境有高度承诺和有碳排放交易制度的国家中，公司可能会披露更加全面的环境信息。Tang 和 Luo（2016）发现拥有碳排放交易制度国家的企业碳信息透明度更高，并且该效应随着环境监管力度的增强而增强。在非正式制度方面，Luo 和 Tang（2016）研究发现权力距离、不确定性规避、个人主义和长期取向等文化维度与企业披露碳信息的倾向显著相关。

（2）市场因素。企业外部的市场运行机制也会对企业碳信息披露产生显著影响。在市场竞争方面，Ott 等（2017）通过对 60 个国家或地区的相关公司数据进行实证分析，发现市场竞争压力可能会影响企业自愿披露碳排放活动，当公司所在行业的可替代性较强或所在市场规模较大时，公司会面临更大的市场竞争压力，更不愿意提供额外的信息给竞争对手，因而更不可能对 CDP 问卷调查进行回应。在要素市场方面，现有研究发现在碳密集型行业，企业往往比其他行业披露更多的碳信息，因为它们面临更高的监管压力（Rankin et al.，2011；Choi et al.，2013；Chu et al.，2013）。对于政府机构监管的影响，研究发现各国政府及证券交易所对碳信息披露的规定与企业自愿披露碳排放信息的决策正相关（Cowan and Deegan，2011；De Aguiar and Bebbington，2014；Tauringana and Chithambo，2015；Liu et al.，2017）。此外，还有学者聚焦于非政府组织等外部利益相关者，Liesen 等（2015）以 2005—2009 年自愿披露温室气体排放的欧盟公司为样本进行实证检验，发现非政府组织和公众等外部利益相关者也是企业碳排放信息披露的影响因素，即企业为了缓解来自外部利益相关者的压力，会更愿意披露温室气体排放报告，但该研究同时指出外部利益相关者只会对企业温室气体排放披露的存在与否有影响，至于温室气体排放报告的完整性则需要强制披露制度进行规范。

（3）公司特征因素。以下主要从公司的公司治理、盈利能力、负债率、增长机会等方面来讨论公司内部因素对企业碳信息披露决策和质量的影响。

在公司治理方面，研究普遍发现，董事会中女性董事的比例与碳信息披露质量之间存在显著的正相关关系（Liao et al.，2015；Elsayih et al.，2018；Hollindale et al.，2019）。Liao 等（2015）、Elsayih 等（2018）发现，聘请更多独立董事或设立环境委员会，会提升上市公司的生态透明倾向，进而提高企业的碳信息披露质量。Bui 等（2020）发现提高向董事会报告的频率和碳报告的时间范围会显著改善碳信息披露。此外，关于管理层持股的影响，Tauringana and Chithambo（2015）以伦敦证券交易所 FTSE 350 指数的 215 家公司在 2008—2011 年温室气体披露情况为研究对象，发现董事所有权与公司碳信息披露意愿呈负相关关系，因为环境投资回报存在较高的不确定性，拥有较高所有权的董事更不愿意开展包括碳披露在内的节能减排活动。但是，也有研究得出相反的结论。Elsayih 等（2018）使用澳大利亚公司的样本，发现管理层所有权与企业碳信息披露之间存在正相关关系，因为管理层所有权的提高解决了管理层和股东之间的代理问题，管理层更有意愿就气候变化等问题与股东进行沟通。

在盈利能力方面，大多数研究表明，公司盈利能力与碳信息披露之间存在正相关关系，因为更高的盈利能力增加了公司可利用的财务资源，并允许公司在节能减排和碳信息披露方面加大投资。例如，Ott 等（2017）发现公司是否积极回应 CDP 问卷调查与资产回报率之间存在正相关关系。但是，也有研究发现，盈利能力对公司碳信息披露的意愿或质量没有显著的影响（Freedman and Jaggi，2005；Luo et al.，2013）。

在负债率方面，已有研究同样未能得出一致结论。Tang 和 Luo（2016）基于 243 家全球 500 强企业的样本，考察了债权人的关注对企业生态透明度的影响，结果表明高杠杆公司往往会披露更多的气候相关信息。但也有文献发现，企业负债率与碳信息披露之间没有相关关系（Freedman and Jaggi，2005；Luo et al.，2012；Liesen et al.，2015）。

在增长机会方面，Luo 等（2013）研究表明，具有高增长机会的公司不太可能进行碳披露，可能的原因是当公司的财务目标优先于环境目标时，它们会将更少的资源

用于减少碳排放，因此不愿进行碳信息披露。

3. 企业碳信息披露的经济后果研究

在企业碳信息披露的经济后果研究领域，已有文献分析了碳信息披露对财务绩效、公司价值以及资本市场的影响。

（1）财务绩效与企业价值。现有研究普遍发现，碳排放信息披露与企业财务绩效显著相关。Siddique 等（2021）以跨国公司为样本，考察了碳披露、碳绩效和企业财务绩效之间的关系，结果表明碳披露会在短期对财务业绩产生负面影响，但是在长期对财务业绩产生正面影响。Luo 等（2021）以世界 500 强企业的碳披露项目报告为研究样本，发现在非碳密集型行业，企业碳信息披露能够显著促进当期和下一期的财务绩效。温素彬与周鎏鎏（2017）研究发现碳信息披露对资产收益率与净资产收益率均具有促进作用，媒体关注在其中起中介作用。

对于碳排放信息披露与企业价值的关系研究，Matsumura 等（2014）发现，平均而言，公司每增加 1 000 吨碳排放，公司价值就会减少 212 000 美元，并且披露碳排放的公司价值中位数比可比的未披露公司高约 23 亿美元。该研究结论表明金融市场的估值中既包括碳排放水平，也包括碳披露行为。闫海洲与陈百助（2017）从监管规制的角度出发，发现处于高碳排放行业的企业，碳信息披露更有利于提升企业市场价值。李慧云等（2016）、符少燕和李慧云（2018）得出碳信息披露与企业价值呈现 U 型关系的结论，其中环境监管具有调节作用。杜湘红与伍奕玲（2016）的研究发现，在碳信息披露对企业价值产生正面影响的过程中，投资者决策起到了部分中介作用，即碳信息披露一部分直接对企业价值产生正向驱动作用，另一部分先作用于投资者决策，然后再对企业价值产生正向驱动作用。

（2）资本市场反应。已有研究发现，不同制度背景下的资本市场对碳排放信息披露的反应存在差异。Ziegler 等（2011）发现，在欧洲和美国市场，气候变化披露水平较高的公司股票表现更好。但是，Lee（2015）考察了韩国资本市场对钢铁行业自愿碳信息披露的反应，发现市场可能对企业的碳披露作出负面反应，这意味着投资者将碳披露视为坏消息，担心企业在应对全球变暖时面临额外的成本，他们还发现公司可以在碳披露之前通过媒体定期发布碳新闻来缓解碳披露带来的负面市场冲击。此外，Krishnamurti 和 Velayutham（2018）认为，如果碳信息披露质量较高，股票波动率会降低，股票流动性会增加。Borghei 等（2018）也通过研究碳披露对股票波动率和买卖价差的影响支持了 Krishnamurti 和 Velayutham（2018）的结论。Schiemann 和 Sakhel（2019）发现碳信息披露能降低买卖价差。

三、CSR和ESG研究的不足与展望

通过上述文献梳理和综述可知，国内外学术界围绕CSR和ESG（特别是碳信息披露）的研究呈现出百花齐放、百家争鸣的生动局面，为推动CSR报告和ESG报告的发展和完善作出了贡献。由于CSR报告披露的定性信息远多于定量信息，ESG报告披露的定量信息虽然多于CSR报告，但CSR报告和ESG报告目前仍缺乏统一的规范和标准，ISSB准则、ESRS和SEC信息披露规则目前还处于起草制定阶段，加上企业CSR报告和ESG报告基本上还处于自愿披露阶段且极少接受第三方的独立鉴证，因此CSR和ESG报告的信息质量普遍不高，据此开展的实证研究，质量难免不受影响。此外，侧重于影响因素、经济后果和资本市场反应的ESG实证研究，尽管在不同程度上揭示了ESG信息与企业特征、企业价值和股价反应之间的相关关系，但能够论证它们之间因果关系的研究并不多见。ESG学术研究的另一个不足是存在一定程度上的“漂绿”现象，突出表现为借ESG研究之名行超额回报研究之实（黄世忠，2022）。已有成千上万的学者探索ESG投资与阿尔法系数之间的关系，但只有极少数学者真正关心ESG投资是否对社会责任和生态环境产生积极影响（Pucker，2021）。这种过分关注ESG投资与超额回报之间的相关关系而忽略了社会公平正义与生态环境保护的学术研究，背离了ESG理念的初衷。如果学术界将更多精力用于研究ESG投资的社会影响和环境影响及其作用机理，教育和引导负责任的投资者更多地关心关注其投资对社会公平正义和生态环境保护的影响，将有助于促进经济社会和环境的可持续发展。

我们认为，随着可持续披露准则的陆续出台和鉴证机制的逐步引入，ESG信息质量将大幅提高，企业价值创造理念将发生巨大变革（黄世忠，2021b），这为提升ESG研究质量提供了难得的契机，围绕ESG的学术研究将更加丰富多彩，并呈现以下六大趋势。

第一，ESG领域的研究将日益呈现出多学科交叉融合趋势。宏观经济政策、法律制度、社会文化、人口、环境、金融市场、国际贸易、公司治理、技术创新、战略管理、人力资源等因素都可能影响企业的ESG信息披露，进而影响企业价值、财务绩效与资本市场表现。这是财务与会计研究领域正在发生的“大变局”，亟需学术界进行更加深入的、具有开创性的研究。

第二，与可持续披露准则相关的基础理论研究将备受关注。当前，ESRS与ISSB准则代表ESG或可持续发展报告的两大准则体系，ESRS基于双重重要性原则将ESG或可持续发展报告视为独立于财务报告的单独报告，并与财务报告一起构成公司报

告；而 ISSB 准则则基于单一重要性原则，并将 ESG 或可持续发展信息视为财务报告的组成部分。这两种不同定位背后折射出不同的基本理论，因此，重要性、信息质量特征、报告边界、关联性等属于 ESG 报告概念框架范畴的研究亟待突破，以更好地制定和实施 ESG 报告准则。

第三，可持续披露准则的政策研究将吸引学术界的参与。可持续披露准则是 ESG 报告的重要基础和制度安排。与会计准则一样，可持续披露准则同样具有经济后果，甚至可能具有大于会计准则的经济后果。因此，世界各国必将围绕可持续披露准则进行博弈，学术界参与到可持续披露准则的政策研究中，有助于准则制定机构更好地了解这些准则的成本效益和经济后果，提高 ESG 信息披露的针对性和适用性。

第四，ESG 信息披露的作用机理和效果分析将愈发重要。ESG 信息披露是手段而不是目的，按照 ISSB 准则、ESRS 披露的 ESG 信息或按照 SEC 新规披露的气候信息，通过何种机理作用于生态环境保护和社会公平正义的改善，是否真正促进环境问题和社会问题的解决，事关企业乃至全人类的可持续发展。学术研究如果能够在这些方面取得突破，将比单纯的相关性分析更具理论和实践价值。

第五，ESG 领域的研究将呈现本土化与国际化相结合的特征。ESG 信息披露高度依赖宏观政策法规、社会经济现状甚至是文化背景差异，国外的研究结论在中国不一定成立，因此，需要扎根于我国国情，探寻具有本土化特征和规律的 ESG 信息披露理论，探讨我国企业在 ESG 特别是碳信息披露过程中面临的问题和解决措施，形成具有科学价值的理论成果，这样方可既指导我国实现“双碳目标”，又为我国参与国际准则的制定提供有价值的政策依据。

第六，ESG 信息披露研究将从相关性分析拓展至实质性论题。现有的 ESG 研究尚处于起步阶段，在很多问题上有待进一步拓展和延伸。一方面，关于资源配置效率对企业节能减碳的影响，目前的文献偏重于外部市场资源配置效率的视角，例如市场竞争、国际贸易、外部投资者等，但是对于绿色债券以及企业内部资本市场效率对碳信息披露的影响，则鲜有涉及。另一方面，在经济发展正处于绿色转型的时代背景下，人们对于微观企业因素如何影响企业碳信息披露的认识还不够深入。现有研究主要基于财务特征、信息披露、公司治理、股权结构、能源战略、技术创新、人力资源等因素进行研究，但是对于供应链管理、高管薪酬、碳信息披露敏感度、高管股权激励如何影响企业碳信息披露，其作用机理是什么，所披露的碳信息能否影响企业未来的业绩，研究甚少，有待加强。

（原载于《财务研究》2022 年第 4 期）

主要参考文献：

1. 陈华，王海燕，荆新．中国企业碳信息披露：内容界定、计量方法和现状研究［J］．会计研究，2013（12）：18－24＋96.

2. 陈丽蓉，韩彬，杨兴龙．企业社会责任与高管变更交互影响研究——基于A股上市公司的经验证据［J］．会计研究，2015（8）：57－64＋97.

3. 杜湘红，伍奕玲．基于投资者决策的碳信息披露对企业价值的影响研究［J］．软科学，2016，30（9）：112－116.

4. 冯丽艳，肖翔，程小可．社会责任对企业风险的影响效应——基于我国经济环境的分析［J］．南开管理评论，2016，19（6）：141－154.

5. 符少燕，李慧云．碳信息披露的价值效应：环境监管的调节作用［J］．统计研究，2018，35（9）：92－102.

6. 高勇强，陈亚静，张云均．“红领巾”还是“绿领巾”：民营企业慈善捐赠动机研究［J］．管理世界，2012（8）：106－114＋146.

7. 黄世忠．ESG报告的“漂绿”与“反漂绿”［J］．财会月刊，2022（1）：3－11.

8. 黄世忠．ESG理念与公司报告重构［J］．财会月刊，2021a（20）：16－23.

9. 黄世忠．ESG视角下价值创造的三大变革［J］．财务研究，2021b（6）：3－14.

10. 黄世忠．支撑ESG的三大理论支柱［J］．财会月刊，2021c（19）：3－11.

11. 贾明，张喆．高管的政治关联影响公司慈善行为吗？［J］．管理世界，2010（4）：99－113＋187.

12. 李百兴，王博，卿小权．企业社会责任履行、媒体监督与财务绩效研究——基于A股重污染行业的经验数据［J］．会计研究，2018（7）：64－71.

13. 李冬伟，吴菁．高管团队异质性对企业社会绩效的影响［J］．管理评论，2017，29（12）：84－93.

14. 李慧云，符少燕，高鹏．媒体关注、碳信息披露与企业价值［J］．统计研究，2016，33（9）：63－69.

15. 李姝，谢晓嫣．民营企业的社会责任、政治关联与债务融资——来自中国资本市场的经验证据［J］．南开管理评论，2014，17（6）：30－40＋95.

16. 李映红．企业社会责任对股价波动的影响研究［J］．会计师，2021（4）：10－11.

17. 李志斌，章铁生．内部控制、产权性质与社会责任信息披露——来自中国上市公司的经验证据［J］. 会计研究，2017（10）：86－92＋97.

18. 刘长翠，孔晓婷．社会责任会计信息披露的实证研究——来自沪市2002—2004年度的经验数据［J］. 会计研究，2006（10）：36－43＋95.

19. 吕立伟．企业税收保值信息披露与社会责任履行的实证分析［J］. 财会通讯（学术版），2006（8）：119－121＋125.

20. 钱爱民，朱大鹏．企业财务状况质量与社会责任动机：基于信号传递理论的分析［J］财务研究，2017（3）：3－13.

21. 汤亚莉，陈自力，刘星，李文红．我国上市公司环境信息披露状况及影响因素的实证研究［J］. 管理世界，2006（1）：158－159.

22. 王海妹，吕晓静，林晚发．外资参股和高管、机构持股对企业社会责任的影响——基于中国A股上市公司的实证研究［J］. 会计研究，2014（8）：81－87＋97.

23. 王文龙，焦捷，金占明，孟涛，朱斌．企业主宗教信仰与企业慈善捐赠［J］. 清华大学学报（自然科学版），2015，55（4）：443－451.

24. 王仲兵，靳晓超．碳信息披露与企业价值相关性研究［J］. 宏观经济研究，2013（1）：86－90.

25. 温素彬，周鎏鎏．企业碳信息披露对财务绩效的影响机理——媒体治理的“倒U型”调节作用［J］. 管理评论，2017，29（11）：183－195.

26. 文雯，宋建波．高管海外背景与企业社会责任［J］. 管理科学，2017，30（2）：119－131.

27. 闫海洲，陈百助．气候变化、环境规制与公司碳排放信息披露的价值［J］. 金融研究，2017（6）：142－158.

28. 张海燕，朱文静．股权特征、社会责任与企业价值的关系测度［J］. 企业经济，2018，37（5）：49－55.

29. 张兆国，靳小翠，李庚秦．企业社会责任与财务绩效之间交互跨期影响实证研究［J］. 会计研究，2013（8）：32－39＋96.

30. 朱乃平，朱丽，孔玉生，沈阳．技术创新投入、社会责任承担对财务绩效的协同影响研究［J］. 会计研究，2014（2）：57－63＋95.

31. Abbott，W. F.，Monsen，R. J. On the Measurement of Corporate Social Responsibility：Self－Reported Disclosures as a Method of Measuring Corporate Social Involvement［J］. The Academy of Management Journal，1979，22（3）：501－515.

32. Alrazi，B.，De Villiers，C.，Van Staden，C. J. The Environmental Disclosures of the Electricity Generation Industry：A Global Perspective［J］. Accounting and Business

Research, 2016, 46 (6): 665 – 701.

33. Anderson, J. C., Frankle, A. W. Voluntary Social Reporting: An ISO – Beta Portfolio Analysis [J]. Accounting Review, 1980 (55): 467 – 479.

34. Baron, D. A Positive Theory of Moral Management, Social Pressure, and Corporate Social Performance [D]. Research Papers, Stanford University, Graduate School of Business, 2006.

35. Borghei, Z., Leung, P., Guthrie, J. Does Voluntary Greenhouse Gas Emissions Disclosure Reduce Information Asymmetry? Australian Evidence [J]. Afro – Asian Journal of Finance and Accounting, 2018, 8 (2): 123 – 147.

36. Bowen, H. Social Responsibilities of the Businessman [M]. New York: Harper & Row, 1953.

37. Bui, B., Houqe, M. N., Zaman, M. Climate Governance Effects on Carbon Disclosure and Performance [J]. The British Accounting Review, 2020, 52 (2).

38. Carroll, A. B. The Pyramid of Corporate Social Responsibility: Toward the Moral Management of Organizational Stakeholders [J]. Business Horizons, 1991, 34 (4): 39 – 48.

39. Catalao – Lopes, M., Pina, J. P., Branca, A. S. Social Responsibility, Corporate Giving and the Tide [J]. Management Decision, 2016, 54 (9): 2294 – 2309.

40. Choi, B. B., Lee, D., Psaros, J. An Analysis of Australian Company Carbon Emission Disclosures [J]. Pacific Accounting Review, 2013, 25 (1): 58 – 79.

41. Chu, C. I., Chatterjee, B., Brown, A. The Current Status of Greenhouse Gas Reporting by Chinese Companies: A Test of Legitimacy Theory [J]. Managerial Auditing Journal, 2012 (28): 114 – 139.

42. Clark J. M. The Changing Basis of Economic Responsibility [J]. Journal of Political Economy, 1916, 24 (3): 209 – 229.

43. Cochran, P. L., Wood, R. A. Corporate Social Responsibility and Financial Performance [J]. The Academy of Management Journal, 1984, 27 (1): 42 – 56.

44. Committee of Economic Development. Social Responsibility of Business Corporations [R]. New York: Research and Business Policy Committee, 1971.

45. Comyns, B., Figge, F. Greenhouse Gas Reporting Quality in the Oil and Gas Industry: A Longitudinal Study Using the Typology of "Search", "Experience" and "Credence" Information [J]. Accounting, Auditing & Accountability Journal, 2015 (28): 403 – 433.

46. Cowan, S., Deegan, C. Corporate Disclosure Reactions to Australia's First National Emission Reporting Scheme [J]. Accounting & Finance, 2011, 51 (2): 409-436.

47. De Aguiar, T. R. S., Bebbington, J. Disclosure on Climate Change: Analysing the UK ETS Effects [J]. Accounting Forum, 2014, 38 (4): 227-240.

48. Dierkes, M. Corporate Social Reporting in Germany: Conceptual Developments and Practical Experience [J]. Accounting, Organizations and Society, 1979 (4): 87-107.

49. Elhauge, E. Sacrificing Corporate Profits in the Public Interest [J]. New York University Law Review, 2005, 80 (3): 733-869.

50. Elkington, J. Cannibals with Forks: The Triple Line of 21st Century Business [M]. Capstone Publishing Limited, 1997.

51. Elsayih, J., Tang, Q., Lan, Y. C. Corporate Governance and Carbon Transparency: Australian Experience [J]. Accounting Research Journal, 2018, 31 (3): 405-422.

52. Epstein, M., Flamholtz, E., McDonough, J. J. Corporate Social Accounting in the United States of America: State of the Art and Future Prospects [J]. Accounting, Organizations and Society, 1976 (1): 23-42.

53. Frederic, W. C. The Growing Concern over Social Responsibility [J]. California Management Review, 1960 (2): 54-61.

54. Freedman, M., Jaggi, B. Global Warming, Commitment to the Kyoto Protocol, and Accounting Disclosures by the Largest Global Public Firms From Polluting Industries [J]. The International Journal of Accounting, 2005 (40): 215-232.

55. Goss, A., Roberts, G. S. The Impact of Corporate Social Responsibility on the Cost of Bank Loans [J]. Journal of Banking and Finance, 2011, 35 (7): 1794-1810.

56. Greening, D. W., Gray, B. Testing a Model of Organizational Response to Social and Political Issues [J]. The Academy of Management Journal, 1994, 37 (3): 467-498.

57. Haniffa, R., Cooke, T. The Impact of Culture and Governance on Corporate Social Reporting [J]. Journal of Accounting and Public Policy, 2005, 24 (5): 391-430.

58. Hassel, L., Nilsson, H., Nyquist, S. The Value Relevance of Environmental Performance [J]. European Accounting Review, 2005 (14): 41-61.

59. Hillman, A. J., Keim, G. D. Stakeholder Value, Stakeholder Management, and Social Issue: What's the Bottom Line [J]. Strategic Management Journal, 2001, 22 (2): 122-138.

60. Hollindale, J., Kent, P., Routledge, J., Chapple, L. Women on Boards and

Greenhouse Gas Emission Disclosures [J]. Accounting & Finance, 2019, 59 (1): 277 - 308.

61. Johnson, H. L. A Berkeley View of Business and Society [J]. California Management Review, 1971, 16 (2): 95 - 100.

62. Krishnamurti, C., Velayutham, E. The Influence of Board Committee Structures on Voluntary Disclosure of Greenhouse Gas Emissions: Australian Evidence [J]. Pacific - Basin Finance Journal, 2018 (50): 65 - 81.

63. Lee, K. H. Drivers and Barriers to Energy Efficiency Management for Sustainable Development [J]. Sustainable Development, 2015, 23 (1): 16 - 25.

64. Liao, L., Luo, L., Tang, Q. Gender Diversity, Board Independence, Environmental Committee and Greenhouse Gas Disclosure [J]. The British Accounting Review, 2015, 47 (4): 409 - 424.

65. Liesen, A., Hoepner, A. G., Patten, D. M., Figge, F. Does Stakeholder Pressure Influence Corporate GHG Emissions Reporting? Empirical Evidence From Europe [J]. Accounting, Auditing & Accountability Journal, 2015, 28 (7): 1047 - 1074.

66. Liu, Z., Abhayawansa, S., Jubb, C., Perera, L. Regulatory Impact on Voluntary Climate Change - Related Reporting by Australian Government - Owned Corporations [J]. Financial Accountability & Management, 2017 (33): 264 - 283.

67. Luo, L., Lan, Y. C., Tang, Q. Corporate Incentives to Disclose Carbon Information: Evidence from the CDP Global 500 Report [J]. Journal of International Financial Management & Accounting, 2012, 23 (2): 93 - 120.

68. Luo, L., Tang, Q. Corporate Governance and Carbon Performance: Role of Carbon Strategy and Awareness of Climate Risk [J]. Accounting & Finance, 2021, 61 (2): 2891 - 2934.

69. Luo, L., Tang, Q. Does National Culture Influence Corporate Carbon Disclosure Propensity? [J]. Journal of International Accounting Research, 2016, 15 (1): 17 - 47.

70. Luo, L., Tang, Q., Lan, Y. C. Comparison of Propensity for Carbon Disclosure between Developing and Developed Countries: A Resource Constraint Perspective [J]. Accounting Research Journal, 2013, 26 (1): 6 - 34.

71. Matsumura, E. M., Prakash, R., Vera - Muñoz, S. C. Firm - Value Effects of Carbon Emissions and Carbon Disclosures [J]. The Accounting Review, 2014, 89 (2): 695 - 724.

72. Mc Williams, A., Siegel, D. Corporate Social Responsibility: A Theory of the Firm Perspective [J]. Academy of Management Review, 2001 (26): 117 – 127.

73. Mishra, D. R. Post – innovation CSR Performance and Firm Value [J]. Journal of Business Ethics, 2017, 140 (2): 285 – 306.

74. Ott, C., Schiemann, F., Günther, T. Disentangling the Determinants of the Response and the Publication Decisions: The Case of the Carbon Disclosure Project [J]. Journal of Accounting and Public Policy, 2016, 36 (1): 14 – 33.

75. Ramus, C. A., Steger, U. The Roles of Supervisory Support Behaviors and Environmental Policy in Employee "Ecoinitiatives" at Leading – Edge European Companies [J]. Academy of Management Journal, 2000 (43): 605 – 626.

76. Rankin, M., Windsor, C., Wahyuni, D. An Investigation of Voluntary Corporate Greenhouse Gas Emissions Reporting in a Market Governance System [J]. Accounting, Auditing & Accountability Journal, 2011, 24 (8): 1037 – 1070.

77. Richardson, A. J., Welker, M. Social Disclosure, Financial Disclosure and the Cost of Equity Capital [J]. Accounting, Organizations and Society, 2001 (26): 597 – 616.

78. Schiemann, F., Sakhel, A. Carbon Disclosure, Contextual Factors, and Information Asymmetry: The Case of Physical Risk Reporting [J]. European Accounting Review, 2019, 28 (4): 791 – 818.

79. Sheldon, O. The Philosophy of Management [M]. London: Sir Isaac Pitman and Sons Ltd, 1924.

80. Siddique, M. A., Akhtaruzzaman, M., Rashid, A., Hammami, H. Carbon Disclosure, Carbon Performance and Financial Performance: International Evidence [J]. International Review of Financial Analysis, 2021 (75).

81. Tang, Q., Luo, L. Corporate Ecological Transparency: Theories and Empirical Evidence [J]. Asian Review of Accounting, 2016, 24 (4): 498 – 524.

82. Tauringana, V., Chithambo, L. The Effect of DEFRA Guidance on Greenhouse Gas Disclosure [J]. The British Accounting Review, 2015, 47 (4): 425 – 444.

83. Waddock, S. A., Graves, S. B. The Corporate Social Performance – Financial Performance Link [J]. Strategic Management Journal, 1997, 18 (4): 303 – 319.

84. WCED. Our Common Future [M]. Oxford: Oxford University Press, 1987.

85. Wulfson, M. The Ethics of Corporate Social Responsibility and Philanthropic Ventures [J]. Journal of Business Ethics, 2001, 29 (1/2): 135 – 145.

86. Yang, L., Guo, Z. Evolution of CSR Concepts in the West and China [J]. International Review of Management and Business Research, 2014, 3 (2): 819 - 826.

87. Zahra, S. A., Oviatt, B. M., Minyard, K. Effects of Corporate Ownership and Board Structure on Corporate Social Responsibility and Financial Performance [J]. Academy of Management Best Papers Proceedings, 1993 (1): 336 - 340.

88. Ziegler, A., Busch, T., Hoffmann, V. H. Disclosed Corporate Responses to Climate Change and Stock Performance: An International Empirical Analysis [J]. Energy Economics, 2011, 33 (6): 1283 - 1294.

第二篇

国际准则与欧盟准则研究

ESG/可持续发展报告的规范方式可分为两个阶段：报告框架阶段和报告准则阶段。报告框架阶段最显著的特征莫过于用于规范 ESG/可持续发展报告的标准林立、可比性低，与报告准则阶段标准统一、可比性高的特征形成鲜明对比。根据 Carrots & Sticks 在 2020 年的研究，60 个国家采用了 614 个 ESG/可持续披露标准，包括 266 个自愿披露标准和 348 个强制披露标准，而 Reporting Exchange 在 2023 年的研究更是发现全球的可持续披露准则多达 1 195 个，包括 215 个自愿披露标准和 980 个强制披露标准[①]。用于规范 ESG/可持续发展报告的框架林立、标准迥异，不仅让编报者无所适从，增加了信息披露成本，而且给使用者造成困惑，降低了信息披露可比性。包括应对气候变化在内的 ESG 事项，直接关系到人类的可持续发展问题。面对如此重大的问题，与此相关的信息披露没有理由各行其是，披露标准亟待统一。

为此，20 国集团及其执行机构金融稳定理事会（FSB）、7 国集团、国际证监会组织（IOSCO）以及国际会计师联合会（IFAC）呼吁由国际财务报告准则基金会（IFRS Foundation）尽快建立一套高质量的全球性可持续披露准则，以扭转 ESG/可持续信息披露“政出多门”、乱象丛生的局面。之所以选择国际财务报告准则基金会承担此重任，是因为基金会及其下属的国际会计准则理事会（IASB）通过 20 多年不懈的努力，建立了一套得到 IOSCO 认可在 100 多个国家和地区实施的高质量全球会计准则，其在制定国际准则的经验、能力、资源和声誉可望外溢和惠及全球性可持续披露准则的制定，由其制定可持续披露准则，众望所归。面对国际组织的吁请，国际财务报告准则基金会经过审慎评估，从善如流，于 2021 年 11 月 3 日在英国格拉斯哥召开的《联合国气候变化框架公约》第 26 次缔约方大会（COP 26）上隆重宣布成立国际可持续准

① 引自 ISSB Effect Analysis of IFRS S1 and IFRS S2. P20。

则理事会（ISSB），开创了由 IASB 负责制定国际财务报告准则（以下简称“IASB 准则”）和由 ISSB 负责制定国际财务报告可持续披露准则（以下简称“ISSB 准则”）的历史性新格局。

得益于 TCFD、GRI、CDSB、SASB 等国际专业团体和 IOSCO 等国际组织的加持，ISSB 成立三个月后即于 2022 年 3 月发布了两份 ISSB 准则征求意见稿——《可持续相关财务信息披露一般要求》（IFRS S1）和《气候相关披露》（IFRS S2），在 120 天之内广泛征求全球利益相关方的意见，截至 2022 年 7 月 31 日，共收到 1 400 多份反馈意见。经过对反馈意见认真斟酌和反复修改，ISSB 于 2023 年 6 月 26 日正式发布了 IFRS S1 和 IFRS S2，并于 2022 年 7 月 25 日获得 IOSCO 的权威背书（Endorsement）。IFRS S1 和 IFRS S2 的发布，在 ESG/可持续发展报告发展史上具有里程碑意义，必将载入史册。

与 ISSB 准则并驾齐驱、具有同等历史意义的是欧洲可持续发展报告准则（ESRS）的制定和发布。与 ISSB 准则依靠 IOSCO 背书获取权威性不同，ESRS 的权威性来自其法律强制性。在推动可持续发展报告的发展上，欧盟采取的是立法先行的做法。2021 年 4 月，欧盟委员会（EC）发布了《公司可持续发展报告指令》（CSRD）征求意见稿，广泛征求 26 个成员国的意见。2022 年 6 月 30 日，CSRD 得到成员国的认可，2022 年 11 月 10 日，欧洲议会 525 票赞成、60 票反对和 28 票弃权，通过了 CSRD，正式取代 2014 年 10 月 22 日发布的《非财务报告条例》（NFRD），要求 5 万多家在欧盟的企业编制和披露可持续发展报告。

考虑到 ESRS 的制定涉及大量技术性问题，CSRD 准许 EC 授权欧洲财务报告咨询组（EFRAG）这一民间专业机构起草和制定 ESRS，再提请 EC 审查、批准和发布，开启了欧盟可持续发展报告准则制定的“公私合营”新模式。2022 年 3 月，EFRAG 提交了第一批 ESRS 征求意见稿，2023 年 7 月 31 日，EC 修改和批准了 EFRAG 提交的第一批 12 份 ESRS，2023 年 12 月 22 日，欧盟官方文告（Official Journal of the European Union）正式发布了第一批 ESRS，要求在欧盟的企业 2025 年必须按照这些 ESRS 编制和披露 2024 年度的可持续发展报告。

CSRD 获得通过和 ESRS 发布实施，无疑是欧洲可持续发展报告发展进程中的两大里程碑事件，对于推动欧盟经济、社会和环境的可持续发展意义非凡，与 ISSB 准则一起构成了编制和披露 ESG/可持续发展报告的两大权威规范。

为了系统回顾 ISSB 准则和 ESRS 的制定历程，分析这两大权威可持续披露/报告准则的制定背景、主要特点、披露要求和启示意义，本篇收录了 20 篇论文。第一篇至第三篇论文分别介绍 ISSB 准则的制定背景和进程，深入分析 ISSB 准则征求意见稿和

正式稿的披露要求并就其难点热点和困难挑战进行系统评述。第四篇至第九篇论文着重介绍 ESRS 的出台背景、气候披露准则和生物多样性准则征求意见稿的披露要求，并作简要的趋同分析。第十篇至第二十篇论文对欧盟正式发布的第一批 12 份 ESRS 进行系统解读，并指出这些 ESRS 对我国制定可持续披露准则的启示意义。

国际财务报告可持续披露准则新动向

黄世忠

【摘要】 本文在简要介绍技术工作准备小组成立背景和工作成果的基础上，基于国际可持续准则理事会发布的声明和《技术准备工作组项目成果摘要》，从准则导向、准则定位、准则架构、准则要素、概念框架、路径选择等角度，透析即将发布的国际财务报告可持续披露准则的六大动向，最后分析国际可持续准则理事会面临的六大挑战。

【关键词】 可持续披露准则；准则导向；准则定位；准则架构；准则要素；概念框架；路径选择

2021 年 11 月 3 日，国际财务报告准则基金会（IFRS Foundation）在《联合国气候变化框架公约》第 26 次缔约方大会（COP 26）期间宣布成立国际可持续准则理事会（International Sustainability Standards Board，ISSB），负责制定国际财务报告可持续披露准则（IFRS Sustainability Disclosure Standards，以下简称“ISSB 准则”）。与此同时，国际财务报告准则基金会还在其官网上发布了《技术准备工作组项目成果摘要》（Summary of the Technical Readiness Working Group's Programme of Work），旨在让各利益相关者了解 ISSB 准则的前期技术准备进展情况。虽然《技术准备工作组项目成果摘要》提出的建议最终不一定能够都被 ISSB 所采纳，而且“可持续相关财务信息披露一般要求”和“气候相关披露”两份样稿（Prototype）尚未经过“应循程序”（Due Process），但从中可以窥见 ISSB 准则的雏形和方向。

一、技术准备工作组的成立背景及工作成果

2021 年 2 月 24 日，国际证监会组织（IOSCO）向媒体发布声明，指出急需制定一

套全球一致、可比和可靠的可持续披露准则，并宣布支持在国际财务报告准则基金会下设立国际可持续准则理事会。为了响应 IOSCO 的声明，同时基于 2020 年征询的反馈意见，国际财务报告准则基金会 2021 年 3 月 8 日宣布成立“技术准备工作组”（Technical Readiness Working Group，TRWG）。TRWG 由国际会计准则理事会（IASB）、气候披露准则理事会（CDSB）、金融稳定理事会（FSB）下属的气候相关财务披露工作组（TCFD）、价值报告基金会[①]（VRF）、世界经济论坛（WEF）及“计量利益相关者资本主义倡议”五个国际专业组织所组成，目的是整合和利用这些国际组织的技术资源和工作成果，为拟成立的 ISSB 制定和发布 ISSB 准则提供前期准备和技术建议，以便 ISSB 成立后能够从公众利益的角度尽快制定一套综合性的高质量可持续披露全球基准性准则（a Comprehensive Global Baseline of High - quality Sustainability Disclosure Standards）。

2021 年 3 月成立以来，TRWG 高效运作，卓有成效，至 11 月 3 日已经形成 8 项已交付、可交付和拟交付研究成果，如表 1 所示。

表 1　　TRWG 已经和准备交付的 8 项研究成果

序号	状 态	研究成果名称
1	已交付	可持续相关财务信息披露一般要求（一般要求披露样稿）
2	已交付	气候相关披露（气候样稿）
3	可交付	准则制定概念指引
4	可交付	准则架构
5	拟交付	影响准则制定议程的其他项目
6	拟交付	应循程序特征
7	拟交付	数字化战略
8	拟交付	国际会计准则理事会与国际可持续准则理事会之间的关联

TRWG 的研究工作计划和相关成果交付是根据国际财务报告准则基金会制定的目标，经过五个国际专业组织的通力协作优化完成的。已经发布的两份样稿是建立在 TRWG 成员单位数十年工作成果基础上的，包括从这些工作成果中形成的了解市场需求（Market - informed）且经过市场检验（Market - tested）的工具和资源。具体地说，气候样稿和一般要求披露样稿是以碳披露项目（CDP）、CDSB、全球报告倡议组织（GRI）、IIRC 和 SASB 在 2020 年 12 月联合发布的《企业价值报告》（Reporting on En-

① 2020 年 11 月，国际整合报告理事会（IIRC）与可持续发展会计准则委员会（SASB）宣布合并成立价值报告基金会（Value Reporting Foundation，VRF）的意向，2021 年 6 月，VRF 正式成立。VRF 和 CDSB 于 2021 年 11 月 3 日被国际财务报告准则基金会吸收合并，成为 ISSB 的一部分。

terprise Value）为蓝本，在吸纳 TCFD 四要素气候信息披露框架和 IOSCO 技术专家组意见的基础上草拟的。这两份样稿和其他六份可交付或拟交付的成果，作为 ISSB 的工作起点，使 ISSB 能够以此为基础尽快发布与气候变化相关专项议题的征求意见稿，并为 ISSB 制定其他可持续披露准则提供参照。

二、ISSB 准则值得关注的六大动向

从国际财务报告准则基金会 2021 年以来发布的一系列声明特别是 2021 年 3 月 8 日发布的声明和 11 月 3 日发布的《技术准备工作组项目成果摘要》，可以窥见 ISSB 准则值得关注的六大动向。

（一）ISSB 准则的企业价值导向

2021 年 3 月 8 日国际财务报告准则基金会发布的声明，为拟成立的 ISSB 规划了战略方向。ISSB 制定的 ISSB 准则将以企业价值（Enterprise Value）为导向，提供有助于投资者和债权人作出企业价值评估决策的重要信息，尤其是气候变化对企业价值产生影响的信息。ISSB 准则的企业价值导向，深受前述《企业价值报告》的影响。《企业价值报告》认为，可持续相关财务信息披露有助于投资者和债权人了解企业价值的创造或侵蚀。可持续相关财务信息披露有别于可持续发展报告，后者旨在反映企业对环境、人类和经济的重大影响。《企业价值报告》认为，可持续相关财务信息披露与可持续发展报告尽管侧重点有所不同，但它们是相互关联的概念，享有共同的方法论，共同构成综合公司报告的重要组成部分，如图 1 所示。

从图 1 可以看出，可持续相关财务信息披露的范畴小于可持续发展报告，且其秉持的单一重要性（即环境和社会因素对企业价值的重要影响）不同于可持续发展报告秉持的双重重要性（Double Materiality），后者既要反映环境和社会因素对企业的重要影响，也要反映企业经营活动对环境和社会的重要影响。此外，可持续相关财务信息披露主要面向投资者和债权人等特定使用者，远小于可持续发展报告的使用者群体。

（二）ISSB 准则的财务报告定位

从国际财务报告准则基金会发布的《可持续相关财务信息披露一般要求》样稿可以看出，可持续相关财务信息披露的目标在于向通用目的财务报告使用者提供关于报告主体面临的与可持续发展相关的重要风险与机遇的有用信息，以便于他们决定是否向该主体提供资源。决定是否向报告主体提供资源时，使用者需要了解与可持续发展相关的风险和机遇如何影响该主体未来现金流量的金额、时间和不确定性，据以对企

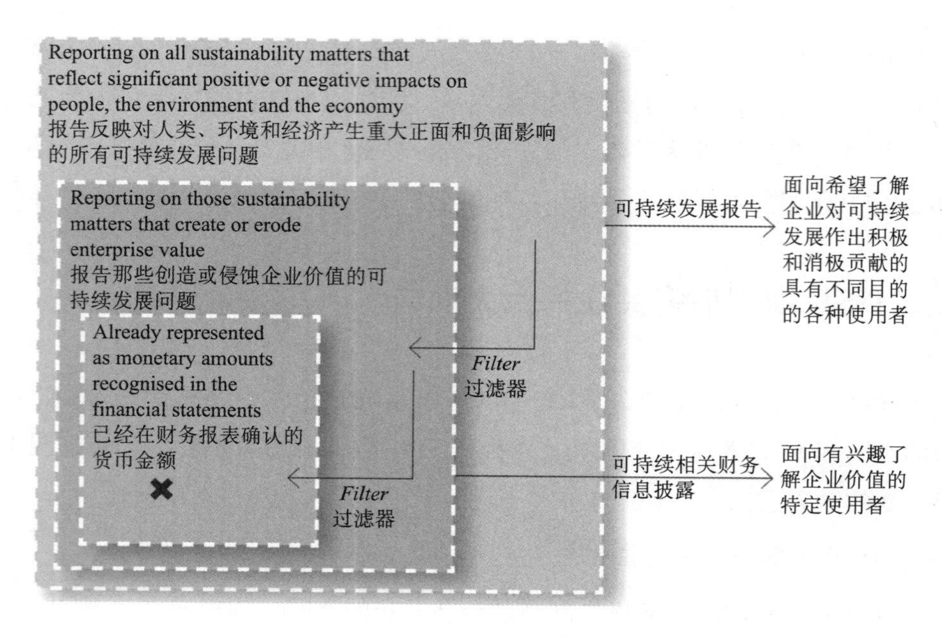

图1　综合公司报告

资料来源：CDP et al.（2021）。

业价值作出恰当的评估。因此，报告主体的通用目的财务报告应当对可持续发展相关风险和机遇进行完整、中立和准确的描述，以帮助通用目的财务报告使用者预测该报告主体短期、中期和长期现金流量的金额、时间和不确定性，便于使用者对企业价值进行有根据的评估。可持续相关财务信息既可以是与财务报表包括的货币金额有关，也可以是比财务报表所包括内容更加宽泛的信息。

可见，国际财务报告准则基金会将可持续相关财务信息披露定位为财务报告的一个有机组成部分。《可持续相关财务信息披露一般要求》样稿建议ISSB将ISSB准则所要求披露的信息作为报告主体通用目的财务报告的一部分，报告主体披露的可持续相关财务信息应当与其披露的财务报表期间保持一致，且至少每12个月报告一次。至于报告渠道，该样稿建议ISSB不作硬性规定，可持续相关财务信息既可以在管理层评论[①]（Management Commentary）中披露，也可以在财务报告的其他部分披露。无论在财务报告的哪个部分披露，报告主体应当清楚说明与可持续相关财务信息披露相关联的财务报表。

增加了可持续相关财务信息披露后，财务报告的体系结构在内容上更加丰富，在准则上由单一规范变为双重规范，如图2所示。

① 管理层评论的其他名称包括管理层分析与讨论（MD&A）、经营与财务回顾（Operating and Financial Review）、整合报告（Integrated Report）、战略报告（Strategic Report）等。

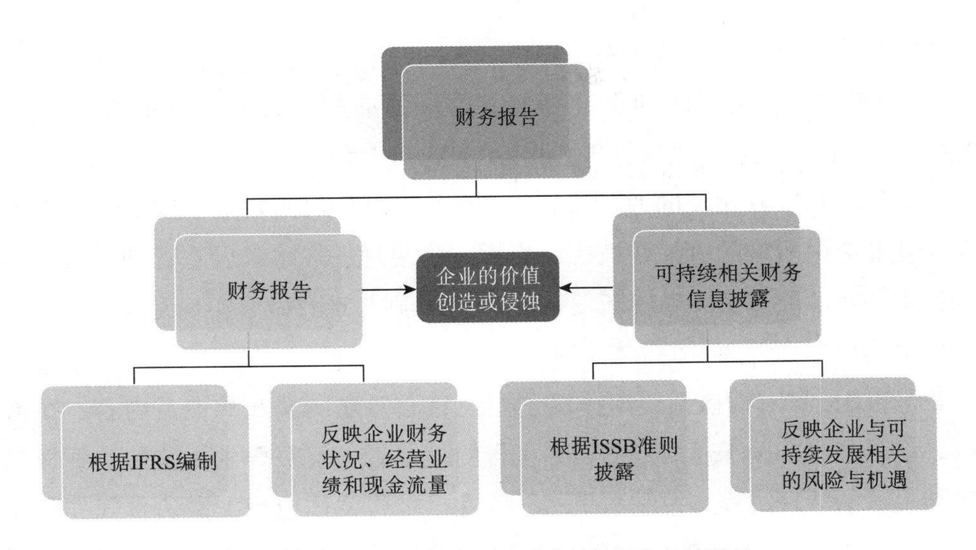

图2　基于 IFRS 和 ISSB 准则的财务报告体系结构

（三）ISSB 准则的架构体系

TRWG 可交付的第四份研究成果，为 ISSB 勾勒出了 ISSB 准则的架构体系。TRWG 建议的 ISSB 准则架构由三类准则和四大要素所组成。三类准则包括列报准则（如可持续相关财务信息披露一般要求，类似于第 1 号国际会计准则《财务报表列报》）、通用议题准则（如气候相关披露准则，适用于所有行业）和行业议题准则（如煤炭开采行业、石油天然气行业的特定披露要求，这部分内容将充分利用 SASB 发布的涵盖 77 个行业的可持续发展会计准则的研究成果）。四大要素则完全借鉴 TCFD 的四要素气候信息披露框架，包括治理、战略、风险管理、指标与目标。图 3 列示了 ISSB 准则的架构体系。

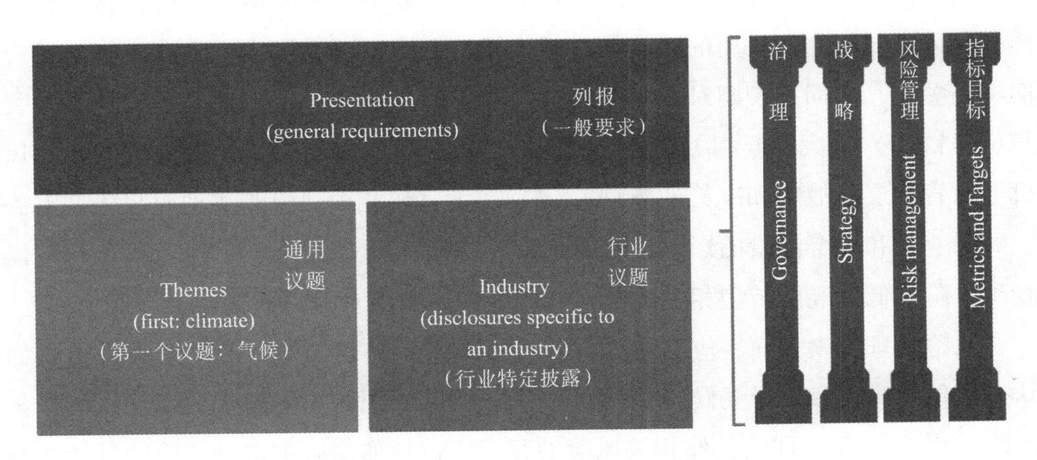

图3　TRWG 建议采用的 ISSB 准则架构体系

资料来源：IFRS Foundation（2021）。

（四）ISSB准则的四大核心要素

TRWG建议ISSB制定的列报准则、通用议题准则和行业议题准则至少应包含TCFD倡导的治理、战略、风险管理、指标与目标四大核心要素。这是因为ISSB成立初期将优先制定与气候相关的通用议题准则，而TCFD的四要素气候信息披露框架备受大型企业和金融机构的青睐并被广泛应用，将治理、战略、风险管理、指标与目标确定为准则的核心要素，有助于新发布的ISSB准则与现有做法实现无缝对接，可降低编制者的披露成本和使用者的分析成本。

《气候相关披露》样稿系统地诠释了四大核心要素所涉及的披露内容。在治理要素方面，应当披露有助于通用目的财务报告的使用者了解报告主体监控和管理气候相关风险与机遇的治理过程、控制和程序。为此，报告主体应当披露负责气候相关风险与机遇的治理机构以及管理层在管理气候相关风险与机遇中所扮演的角色，包括：（1）负责气候相关风险与机遇的治理机构；（2）该治理机构在气候相关风险与机遇方面的责任如何在职权范围、董事会职责权限和其他相关政策中予以反映；（3）治理机构如何确保获取恰当的技术和能力去监督为应对气候相关风险与机遇而制定的战略；（4）确保治理机构及其委员会知晓气候相关风险与机遇问题的程序和频率；（5）治理机构及其委员会监督报告主体的战略、重大交易决策、风险管理政策时如何考虑气候相关风险与机遇；（6）治理机构如何监督管理层应对气候相关风险与机遇的指标制定和进展情况；（7）管理层在评估和管理气候相关风险与机遇中扮演何种角色，治理机构如何在监督管理层发挥应有作用。

在战略要素方面，应当披露有助于通用目的财务报告的使用者了解报告主体应对气候相关风险与机遇所采用的战略，包括该报告主体对以下事项的评估：（1）可合理预期将在短期、中期和长期对商业模式、战略和现金流量产生影响的重大气候相关风险与机遇；（2）重大气候相关风险与机遇对商业模式的影响；（3）重大气候相关风险与机遇对管理层的战略和决策的影响；（4）重大气候相关风险与机遇对报告期财务状况、财务业绩和现金流量的影响，以及短期、中期和长期的预期影响；（5）与气候变化物理风险和低碳经济转型相关的重大气候相关风险应对战略的韧性。

在风险管理要素方面，应当披露有助于通用财务报告的使用者了解报告主体如何辨认、评估、管理和缓释气候相关风险。为此，报告主体应当描述：（1）辨认气候相关风险的程序；（2）评估气候相关风险的程序，包括如何确定这种风险的可能性和影响程度、相对于其他风险如何将气候风险作为优先考虑、选用了哪些重要投入参数、与上一个报告期相比是否改变了与气候相关风险的程序；（3）有助于了解每个重大气候相关风险是如何监控、管理和缓释的信息；（4）这些气候相关风险的辨认、评估和管理程序在多大程度上以及如何融入企业的总体风险管理程序。

在指标与目标方面，应当披露有助于通用目的财务报告的使用者了解报告主体管理重大气候相关风险与机遇的实际表现。为此，报告主体应披露：（1）跨行业指标；（2）以行业为基础的指标；（3）管理层缓释或适应气候相关风险和最大化气候相关机遇所制定的目标；（4）董事会或管理层用于计量实现上述目标进展情况所采用的其他业绩指标。其中，跨行业指标包括：温室气体排放，按《温室气体规程》计量的表述为公吨二氧化碳当量的范围 1、范围 2 和范围 3 的排放量；转型风险，遭受转型风险的资产和业务活动的金额及百分比；物理风险，遭受物理风险的资产和业务活动的金额及百分比；气候相关机遇，按金额及百分比表述的与气候相关机遇相一致的那部分收入、资产和业务活动；资本配置，按报告货币表述的用于应对气候相关风险与机遇的资本支出、融资和投资金额；内部碳价格，用于主体内部的每公吨温室气体排放价格，包括如何将内部碳价用于决策；薪酬机制，按报告货币表述的高级管理层当期薪酬中受气候相关因素影响的百分比和金额。

必须说明的是，治理、战略、风险管理、指标与目标将成为 ISSB 制定的披露准则的必备要素，但披露准则并不局限于这四个要素。譬如，《可持续相关财务信息披露一般要求》样稿除了包括这四大要素外，还包括比较信息、报告频率、报告渠道、辨别相关财务报表、运用财务数据和假设、公允反映、估计和结果不确定性来源、差错、遵循声明、生效日期等内容。

（五）ISSB 准则的概念框架制定

高质量的准则制定和运用离不开概念框架的指引，ISSB 准则也不例外。TRWG 主张以循序渐进的方式制定概念框架。TRWG 建议 ISSB 优先制定两个方面的概念指引（Conceptual Guidelines）。一是从编制者的角度制定相关的概念指引，这种概念指引既可用于帮助编制者在没有适用准则的情况下判断如何以前后一致的方式采用 ESG 或可持续发展现有报告框架披露可持续发展相关财务信息，也可用于帮助编制者更加全面准确地理解 ISSB 准则。二是从 ISSB 的角度制定概念指引，用于指导 ISSB 以逻辑严谨、前后一致的方式制定高质量的 ISSB 准则。待这两方面的概念指引成熟后，再合并成一套用于指导 ISSB 准则制定和运用的概念框架（Conceptual Framework）。与 IFRS 的概念框架一样，ISSB 准则的概念框架既不构成准则的一部分，也不具有准则的地位，概念框架不得凌驾于 ISSB 准则及其要求之上，但有些概念框架在制定 ISSB 准则过程中经过重复讨论和推敲，有可能升格为具体的要求，犹如重要性概念在 IASB 的概念框架制定过程中被反复提及和讨论，最终被融入第 1 号国际会计准则《财务报表列报》中。

TRWG 认为，考虑到 IASB 的概念框架与 ISSB 的概念框架可通过相同的使用者和共同的目标联合在一起，如图 4 所示，IASB 概念框架中的一些行之有效的相关概念指引可直接用于或稍作调整即可用于 ISSB 准则的概念框架，并建议 ISSB 指定概念指引时尽可能吸纳 IASB 概念框架的合理成分。鉴于此，TRWG 在《可持续相关财务信息披露一般要求》样稿的附录四中，参照 IASB 概念框架的做法将有用的可持续相关财务信息的质量特征分为基础性质量特征（Fundamental Qualitative Characteristics）和提升性质量特征（Enhancing Qualitative Characteristics）。基础性质量特征包括相关性（Relevance）、如实反映（Fair Representation）和重要性（Materiality），提升性质量特征包括可比性（Comparability）、可验证性（Verifiability）、及时性（Timeliness）和可理解性（Understandability）。不论是基础性质量特征，还是提升性质量特征，在表述上与 IASB 概念框架具有很高的相似度。

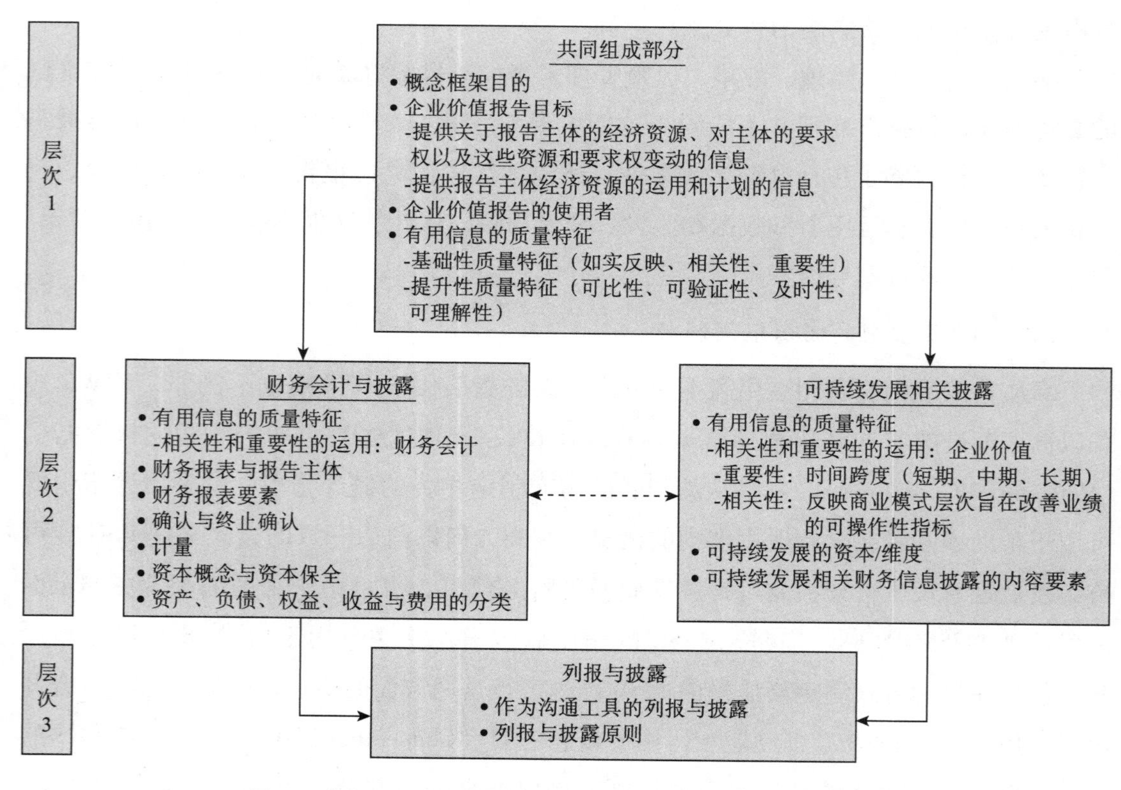

图 4 《企业价值报告》建议的 IASB 和 ISSB 联合概念框架

资料来源：CDP et al.（2021）。

（六）ISSB准则的制定路径选择

首先，ISSB准则将选择模块化的制定模式（Building Block Approach）。通过与主要国家准则制定机构和国际专业组织的合作，ISSB将以模块化的方式发布一致和可比的可持续披露全球基准性准则，各个国家可以这些基准性准则模块为基础，根据需要添加各自的额外要求。其次，ISSB准则的制定将遵循气候优先的原则，前期优先制定与气候变化相关的信息披露准则，再将准则制定范围逐渐扩大至与ESG相关的其他议题。再次，ISSB准则的制定也将与IFRS一样严格遵守国际财务报告准则基金会制定的应循程序，在坚持透明度原则、全面和公允咨询原则、受托责任原则的基础上，过渡时期可赋予ISSB更大的程序灵活性，以便对一些紧迫问题作出更迅速的反应。最后，ISSB准则的制定也将充分考虑数字化问题，将借鉴IFRS的做法，对ISSB准则提供数字化分类法（Digital Taxonomy），并充分利用TRWG成员单位在数字化方面积累的经验，为企业和金融机构如何利用信息技术提升ISSB准则的运用效率提供指引。

三、ISSB面临的六大挑战

通过合并CDSB和VRF，整合其技术力量和人力资源，堪称国际财务报告准则基金会的高招。这一重大创新举措，加上寻求GRI、TCFD和WEF等国际专业组织的大力支持，使ISSB制定一套全球性高质量ISSB准则的前景一片光明。但新成立的ISSB也面临以下六个方面的挑战：

挑战1：ISSB与主要经济体之间的关系

离开世界主要经济体的支持，任何国际性标准都将名不符实。欧盟已经先于国际财务报告基金会宣布自行制定欧盟可持续发展报告准则（ESRS），美国证监会（SEC）对成立ISSB态度暧昧，中国和日本相对比较积极。因此，如何协调和处理与欧盟、美国、中国和日本等主要经济体的关系，寻求它们的支持，是ISSB必须直面的一大挑战。新成立的ISSB似应将如何应对这一挑战作为优先事项。

挑战2：ISSB与CDSB和VRF合并后的整合问题

吸收合并CDSB和VRF，极大提升了ISSB的技术实力和人力资源，避免ISSB从零开始，将极大加速ISSB准则的制定和发布工作进程，值得充分肯定。但与其他并购一样，吸收合并CDSB和VRF后如何对这两个组织的理念、文化、技术、人员等进行整合，将是ISSB面临的最迫切的挑战。新成立的ISSB有必要明确对CDSB和VRF进行整合的路线图和时间表。此外，与IASB集中办公不同，ISSB在多个国家设立办公室，如何协调不同办公室的运作、提高效率、节约成本也是ISSB必须面对的一个挑战。如何处理好与CDSB和VRF齐名甚至历史更悠久、影响更广泛的其他国际组织如GRI和TCFD（目前大部分企业和金融机构采用GRI和TCFD的报告框架）的关系，也是ISSB面临的挑战之一。ISSB成立后，有必要加强与GRI和TCFD的沟通协调，寻求它们在技术方面的更大支持，但也要坚决抵制不同国际专业组织"兜售"其不合理的工作成果，避免ISSB准则沦为不同国际专业组织工作成果的大杂烩。

挑战3：ISSB与IASB的协同问题

IFRS和ISSB准则均构成编报财务报告的基础，如何在两者之间建立关联性（Connectivity），无疑也是ISSB即将面临的一大挑战。为此，TRWG建议ISSB在国际财务报告基金会的协调下，尽快与IASB建立一种相互协调、相互配合的工作机制，包括：（1）治理机制和章程安排；（2）技术人员和运作支持等操作性问题解决方案；（3）IASB和ISSB的职责范围、概念与要求的协调、两个理事会的协同等。

挑战4：ISSB的代表性问题

ISSB及其相关咨询机构在人选方面，在专业水准优先的前提下，应充分考虑不同区域、不同经济体、不同专业背景的代表性，唯有如此，其制定和发布的ISSB准则才具有可操作性、认可度和生命力。从TRWG发布的《可持续相关财务信息披露一般要求》和《气候相关披露》两份样稿来看，发达国家中的大型企业和金融机构遵循这些规定应该没有太大问题，但发达国家的中小企业和发展中国家的企业和金融机构采纳这些披露准则，预计将面临较大困难，遵循成本将十分高昂。究其原因，这两份样稿的起草者对中小企业和发展中国家的情况了解不够。进入征求意见阶段，披露准则的可操作性将成为焦点问题。

挑战5：ISSB与金融机构的协调问题

随着绿色金融日益兴盛，金融机构成为ESG报告和可持续发展报告的最主要使用者，也是可持续发展报告的最主要推动力量。ISSB发布的ISSB准则能否满足金融机构对ESG和可持续发展的信息需求，将成为检验ISSB准则是否高质量的重要标准。发达国家的金融机构为了推行绿色金融对ESG和可持续发展的信息需求远高于ISSB所倾向的可持续发展相关财务信息披露。如何协调这种需求落差，也是ISSB面对的一大挑战。为此，ISSB有必要加强与金融机构的沟通，更多听取它们的意见和建议。

挑战6：ISSB与鉴证机构的协调问题

高质量的ISSB准则离不开会计师事务所或其他独立第三方的鉴证支持，否则，可持续发展相关财务信息披露将沦落为公关噱头，漂绿（Greenwashing）现象将不可避

免。为此，ISSB 在制定 ISSB 准则时应充分征求国际会计师联合会（IFAC）和国际审计与鉴证准则理事会（IAASB）等专业机构的意见，制定的 ISSB 准则应考虑可鉴证性。从 TRWG 交付的两份样稿来看，可持续发展相关财务信息披露包含大量的前瞻性信息（Forward - looking Information）和定性信息（Qualitative Information），如气候变化对企业短期、中期和长期财务状况、经营业绩和现金流量的预期影响，要对这些前瞻性信息和定性信息进行鉴证，充满挑战，困难不小。

（原载于《财会月刊》2021 年第 24 期）

主要参考文献：

1. CDP，CDSB，GRI，IIRC and SASB. Reporting on Enterprise Value：Illustrated with a Prototype Climate - related Financial Disclosure Standard [OL/R]. https：//29kjwb3armds2g3gi4lq2sx1 - wpengine. netdna - ssl. com，December 2020.

2. IFRS Foundation. Summary of the Technical Readiness Working Group's Programme of Work [OL/R]. www. ifrg. org，2021 - 11 - 03.

3. IFRS Foundation. General Requirements for Disclosure of Sustainability - related Financial Information Prototype [OL/R]. www. ifrg. org，2021 - 11 - 03.

4. IFRS Foundation. Climate - related Disclosures Prototype [OL/R]. www. ifrs. org，2021 - 11 - 03.

ISSB征求意见稿的分析和评述

黄世忠

【摘要】2022年3月31日，国际可持续准则理事会（ISSB）发布了《可持续相关财务信息披露一般要求》（以下简称《一般要求》）和《气候相关披露》（以下简称《气候披露》）的征求意见稿，向投资者和其他利益相关者广泛征求意见和建议。这两份征求意见稿的发布，标志着国际财务报告可持续披露准则（以下简称“ISSB准则”）的制定渐入佳境，一套综合性全球基准的可持续披露准则呼之欲出。为了帮助对ESG或可持续发展报告感兴趣的读者了解这两份征求意见稿的主要内容，本文首先分析ISSB征求意见稿与技术准备工作组（TRWG）样稿的主要差异，其次概述征求意见稿的披露要求和邀请评论的主要问题，最后对征求意见稿进行简要评述。

【关键词】可持续发展；气候变化；治理；战略；风险管理；指标和目标

一、征求意见稿与样稿的主要差异

两份征求意见稿以2021年11月TRWG向ISSB提交的准则样稿为基础。相较于样稿，两份征求意见稿均发生的两个变化是：（1）增加了评论邀请和结论基础的内容；（2）用了更多的标示（Signposting），如《一般要求》征求意见稿引入了更多的标示以引导报告主体在识别可持续发展相关风险和机遇时参照行业特定披露议题，《气候披露》征求意见稿增加了行业特定要求的披露议题与识别气候相关风险和机遇之间的连接，以及行业通用指标与行业特定指标之间的连接。

《一般要求》征求意见稿的其他5个变化包括：（1）在定义和术语方面，企业价值（Enterprise Value）的定义更加精确，报告边界（Reporting Boundary）改为报告主体（Reporting Entity），关联性（Connectivity）改为关联信息（Connected Information），报告渠道（Reporting Channel）改为信息位置（Location of Information）；（2）在层级方面，增加了如何识别可持续发展相关风险和机遇的指引，以及在缺乏具体 ISSB 准则时如何进行披露的具体指引，如参照可持续发展会计准则委员会（SASB）的准则、ISSB 非强制性文件［如气候披露准则理事会（CDSB）应用指引］、行业惯例、其他准则制定机构的文件等；（3）在指标与目标方面，简化了指标的类别，即 ISSB 准则要求的指标（行业通用和行业特定指标）、通过指引等层级识别的指标、主体使用的其他指标；（4）在公允反映方面，要求主体在识别重大的可持续发展相关风险或机遇时必须披露所运用的相关 ISSB 准则或 SASB 特定行业准则；（5）在示例性指引方面，增加了运用不同层级指引的例子。

《气候披露》征求意见稿的其他 6 个主要变化包括：（1）在转型计划和碳抵销方面，要求主体披露排放目标在多大程度上依赖碳抵销、碳抵销是否经过第三方验证或认证、采用何种碳抵销（基于自然与基于技术的解决方案、基于碳移除的碳抵销和基于碳避免的碳抵销）；（2）在气候韧性和情景分析方面，要求主体评估气候韧性时必须运用气候相关情景分析，在无法开展气候韧性分析时，征求意见稿还为主体采用替代方法或技术评估气候韧性提供了更清晰的指引；（3）在财务影响和预期影响方面，更新了气候相关风险和机遇对主体财务状况、财务业绩和现金流量产生影响的评估要求，主体可提供按单一金额或区间金额表述的定量信息，若做不到，则应提供定性信息；（4）在风险管理方面，明确要求将气候相关机遇纳入主体的风险管理流程；（5）在行业通用指标方面，更新了行业通用指标，以便与气候相关财务披露工作组（TCFD）的建议保持一致，并扩大了温室气体排放的披露范围，主体应当分别披露整个合并会计集团（母公司及其子公司）与联营企业、合营企业、未合并子公司或未纳入合并会计集团联属企业的范围 1 和范围 2 温室气体排放，将联营企业、合营企业、未合并子公司或未纳入合并会计集团的联属企业温室气体排放计入温室气体排放总量的方法（如《温室气体规程》规定的权益比例法或经营控制法），计量中包括的范围 3 类别及主体对该类别所包含价值链计量基础的解释；（6）在行业特定指标方面，将一些管辖区常用的指标和工具提升至国际通用指标层面，引入了与融资排放（Financed Emission）相关的披露议题。

除了上述变动外，ISSB 发布的这两份征求意见稿与 TRWG 起草的两份样稿基本保持一致。

二、征求意见稿的主要内容

（一）《一般要求》征求意见稿的披露要求

《一般要求》征求意见稿提出了可持续相关财务信息披露的一整套核心内容（Core Content），确定了可持续相关财务信息的综合基准。（1）为了遵循征求意见稿建议的要求，主体必须披露其面临的所有重大（Significant）可持续发展相关风险和机遇的重要（Material）信息，重要性（Materiality）必须从通用目的财务报告使用者评估企业价值（Enterprise Value）所必需的可持续相关财务信息的角度进行判断；（2）企业价值是主体的权益和净债务的总价值，反映了对短期、中期和长期未来现金流量的金额、时间分布和不确定性的预期以及归属于这些现金流量的价值；（3）评估企业价值的相关信息比财务报表报告的信息更加广泛，包括与评估企业价值相关的企业对人类、环境和经济产生影响和形成依赖的信息；（4）《一般要求》征求意见稿建议披露的信息以及ISSB准则要求的其他信息，必须作为通用目的财务报告的一部分予以披露，并且与财务报表同时公布。

《一般要求》征求意见稿要求主体披露的可持续相关财务信息应当以计量、监控和管理重大可持续相关风险和机遇所采用的治理、战略、风险管理、指标和目标等核心内容为中心。这一做法与TCFD四要素框架相一致，但TCFD框架聚焦于气候，ISSB把TCFD框架扩大到所有与可持续发展相关的风险和机遇。

在治理方面，可持续相关财务信息披露的目标在于帮助通用目的财务报告使用者了解主体监控和管理重大可持续发展相关风险与机遇的治理过程、控制和程序。为了实现这一目标，主体应当披露：（1）负责监督可持续发展相关风险和机遇的机构或个人；（2）该机构与可持续发展相关风险和机遇的职责如何反映在主体的职责范围、董事会职责权限和其他政策中；（3）该机构如何确保获得恰当的技术和能力去监督为应对可持续发展相关风险和机遇而制定的战略；（4）该机构及其委员会（审计、风险或其他委员会）被告知可持续发展相关风险和战略的方式和频率；（5）该机构及其委员会在监督主体的战略、重大交易决策和风险管理政策时如何考虑可持续发展相关风险和机遇，包括任何必要的对取舍关系的评估和对不确定性的敏感性分析；（6）该机构及其委员会如何监督重大可持续发展相关风险和机遇的目标制定、如何监控目标的实现进度，包括相关业绩指标是否以及如何与薪酬政策联系在一起；（7）管理层在评估和管理可持续发展相关风险和机遇中的角色，包括这种角色如何授权给特定的管理岗

位或委员会以及如何监督该管理岗位或委员会。

在战略方面，可持续相关财务信息披露的目标在于帮助通用目的财务报告使用者了解主体应对重大的可持续发展相关风险与机遇所采用的战略。为了实现这一目标，主体应当披露：（1）可合理预期将在短期、中期和长期对主体的商业模式、战略、现金流量、融资获取及其资本成本产生影响的重大可持续发展相关风险和机遇；（2）重大的可持续发展相关风险和机遇对其商业模式和价值链的影响；（3）重大的可持续发展相关风险和机遇对其战略和决策的影响；（4）重大的可持续发展相关风险和机遇对报告期间内财务状况、财务业绩和现金流量的影响及其在短期、中期和长期的预期影响，包括可持续发展相关风险和机遇如何纳入主体的财务规划；（5）主体的战略（包括商业模式）在应对重大可持续发展相关风险方面的气候韧性。征求意见稿还就上述五个方面的信息披露提出细化的要求，以提高准则的可操作性。

在风险管理方面，可持续相关财务信息披露的目标在于帮助通用目的财务报告使用者了解主体识别、评估和管理可持续发展相关风险和机遇的程序，这方面的披露有助于使用者评估这些程序是否融入主体的整体风险管理程序、评价主体总体的风险概况和风险管理程序。为了实现这一目标，主体应当披露：（1）用于识别可持续发展相关风险和机遇的程序；（2）用于风险管理的程序，包括如何评估可持续发展相关风险的可能性和影响、如何将可持续发展相关风险作为比其他风险更优先事项、如何确定投入参数、与上个报告期相比风险管理程序是否发生变化；（3）用于识别、评估和将可持续发展相关机遇作为优先事项的程序；（4）用于监控和管理可持续发展相关风险和机遇的程序；（5）可持续发展相关风险的识别、评估和管理程序在多大程度上以及如何纳入主体的总体风险管理程序；（6）可持续发展相关机遇的识别、评估和管理程序在多大程度上以及如何纳入主体的总体管理程序。

在指标和目标方面，可持续相关财务信息披露的目标在于帮助通用目的财务报告使用者了解主体计量、监控和管理重大的可持续发展相关风险和机遇。这方面的披露也有助于使用者了解主体如何评估业绩，包括了解所制定目标的完成进度。指标包括其他 ISSB 准则所识别的指标、通过其他来源识别的指标以及主体制定的指标。主体应当说明用于计量和监管其活动的指标在可持续发展相关风险和机遇方面是否与其商业模式相一致。

除了披露上述四个核心领域的信息外，《一般要求》征求意见稿还参照第 1 号国际会计准则《财务报表列报》和第 8 号国际会计准则《会计政策、会计估计与差错变更》的做法，在一般特征（General Features）部分，就报告主体、关联信息、公允反映、重要性、可比信息、报告频率、信息位置、估计来源和结果不确定性、差错、遵循声明和生效日期提出原则性要求。

报告主体（Reporting Entity）

《一般要求》征求意见稿要求主体的可持续相关财务信息披露在报告主体方面与其通用财务报告的报告主体保持一致，如果主体是一个集团公司，母公司及其子公司就应当是合并财务报表的报告主体，也应当是可持续相关财务信息披露的报告主体。但必须说明的是，可持续相关财务信息的报告事项会超过报告主体。《一般要求》征求意见稿要求主体披露涵盖整个价值链的可持续发展相关风险和机遇的重要信息。征求意见稿将价值链定义为“与企业商业模式相关的全部活动、资源和关系以及企业经营所处的外部环境”。相关活动、资源和关系包括：与主体经营相关的活动、资源和关系，如人力资源；与供应、营销和分销渠道有关的活动、资源和关系，如购买的材料和服务、销售和交付的产品和服务；主体经营所处的融资环境、地理环境、地缘政治环境和监管环境。

关联信息（Connected Information）

《一般要求》征求意见稿从两个方面对关联信息提出披露要求：一是提供有助于投资者评估主体不同可持续发展相关风险和机遇之间相互关联的信息。譬如，主体因排放标准和能源效率达不到所在国的环保要求而遭到其主要客户的警告，若不能在规定时间内做到环保达标，其主要客户将终止与主体的商业关系。面对这一气候变化带来的重大转型风险，主体的董事会和管理层决定在2030年前实现能源转型，100%使用可再生能源，大幅降低其产品在整个生命周期的能耗以适应低碳经济时代的客户需求。对此，该主体应当披露这种气候风险与气候机遇之间存在的关联性，分析气候相关风险和机遇之间的相互影响和相互作用关系，评估气候相关风险和机遇对该主体商业模式、经营战略和业务活动的影响；二是提供可持续发展相关财务信息如何与财务报表信息相互关联的信息。譬如，主体的董事会和管理层为了降低温室气体排放，决定将全部柴油车辆改为电动车辆。对此，该主体应当说明这个应对气候变化的治理决策和战略举措将与财务报表信息产生什么样的关联性，如现有柴油车辆的使用寿命是否因此缩短，是否会发生减值，购置电动车辆需要多少资本性支出、资金来源如何筹措等。

公允反映（Fair Presentation）

公允反映是指运用《一般要求》征求意见稿所提出的原则如实反映有关可持续发展相关风险和机遇的信息。运用可持续披露准则并在必要时作额外的披露，就假定可持续发展相关信息披露实现了公允反映。公允反映要求主体披露的信息必须具有相关性、如实反映、可比性、可验证性、及时性和可理解性等质量特征。为了识别重大的

可持续发展相关风险和机遇以及与此相关的指标和目标，主体应当采用ISSB准则。《一般要求》还可能要求主体在确定披露议题时考虑SASB行业特定准则、ISSB非强制性指引（如CDSB关于水资源和生物多样性相关披露的应用指引）以及其他准则制定机构最新公布的规定。在特定可持续发展相关风险和机遇缺少相应的ISSB准则时，《一般要求》征求意见稿要求主体运用判断，以识别与投资者决策需求相关的信息披露。

重要性（Materiality）

《一般要求》征求意见稿要求主体披露有助于通用财务报告的使用者了解可持续发展相关风险和机遇的重要信息，与此有关的不重要信息可以不披露。如果遗漏、错报或隐藏某项信息合理预期会影响通用目的财务报告主要使用者基于这些信息所作出的决策，则该项可持续相关财务信息就是重要的。《一般要求》征求意见稿对重要性的定义完全照搬IASB财务报告概念框架的定义，这是因为ISSB将可持续相关财务信息视为通用财务报告的一个组成部分。从可持续发展报告的角度看，重要性分为单一重要性（Single Materiality）原则和双重重要性（Double Materiality）原则。从由外到内角度（Outside－in Perspective）对可持续发展报告的重要性进行定义，只考虑环境和社会议题对企业价值的影响，称为单一重要性原则或财务重要性（Financial Materiality）原则。同时从由外到内角度和由内到外角度（Inside－out Perspective）对重要性进行定义，既考虑环境和社会议题对企业价值的影响，也考虑主体经营活动对环境和社会的影响，称为双重重要性。可见，双重重要性是财务重要性和影响重要性（Impact Materiality）的联合。单一重要性以投资者为导向，双重重要性则以利益相关者为导向。ISSB秉持的是单一重要性原则，只关注可能对主体的财务状况、财务业绩、现金流量和企业价值产生影响的可持续发展相关风险和机遇的重要信息，与欧洲财务报告咨询组（EFRAG）制定欧洲可持续发展报告准则（ESRS）所秉持的双重重要性原则形成强烈的反差。

可比信息（Comparative Information）

《一般要求》征求意见稿要求主体本期披露的所有可持续发展相关指标必须与前期披露的指标保持可比性。如果叙述性和描述信息对于了解本期的可持续相关财务信息具有相关性，主体还应披露这方面的可比信息。可持续发展相关指标涉及大量的估计，如果本期对前期指标的估计进行更新，则应对前期披露的指标进行重述并解释修改前期估计的理由。如果对不同期间的可比信息进行调整不切实际，主体必须对此事实加以披露。

报告频率（Frequency of Reporting）

《一般要求》征求意见稿要求主体的可持续相关财务信息披露应当与其相关的财

务报表同时报告，报告所涵盖的期间应当与其相关的财务报表保持一致。基于时间和成本的考虑，中期报告的可持续相关财务信息披露通常比年度报告更加浓缩，但ISSB并不禁止而是鼓励主体在中期报告中按本准则的规定公布一套完整的可持续相关财务信息披露。对于在报告期后和披露之前发生的交易或其他事项，若不披露可合理预期将会影响通用财务报告使用者根据该报告所作出的决策，主体应予以披露。

信息位置（Location of Information）

《一般要求》征求意见稿仅要求将可持续相关财务信息作为通用财务报告的一部分予以披露，而没有对信息的披露位置作出具体规定。如果管理层评论（Management Commentary）构成通用财务报告的一部分，则主体可在管理层评论中披露可持续相关财务信息。与管理层评论类似的其他名称包括管理层讨论与分析（MD&A）、经营和财务回顾（Operating and Financial Review）、整合报告（Integrated Report）、战略报告（Strategic Report）等，可持续相关财务信息也可以在这些部分披露。主体可以整合的方式披露可持续相关财务信息，而不一定按准则列示的顺序分别披露，但应提供交叉索引，便于使用者查阅。

估计来源和结果不确定性（Sources of Estimation and Outcome Uncertainty）

如果可持续发展相关指标无法可靠计量，只能估计，就会产生计量的不确定性。运用合理的估计在编报可持续发展相关指标时必不可少，这并不会削弱这种信息的有用性。即使是高度的计量不确定性也不见得会妨碍估计提供有用的信息。主体应当识别具有重大估计不确定性的指标，披露这些估计不确定性的来源和性质以及影响估计不确定性的因素。

差错（Errors）

主体应当对前期资料的错误进行重述，除非这样做不切实际。前期差错是指主体在前期的可持续发展相关财务信息披露中存在的遗漏和错报，包括计算错误的影响、误用指标和目标定义、对事实的疏忽、误解或舞弊等。前期差错源自主体未能使用或错误使用前期通用财务报告发布时可获取的可靠信息，而这种信息在进行可持续相关财务信息披露时可合理预期应可获取或应予考虑。对于前期差错，主体应当披露差错的性质和更正情况。

遵循声明（Statement of Compliance）

主体的可持续相关财务信息披露若遵循了可持续披露准则的所有相关要求，就应包括一份明确和无保留的遵循声明。如果当地的法律法规禁止披露某些信息，《一般要求》征求意见稿对此提供了救济条款。利用该救济条款并不妨碍主体声称其遵循了可持续披露准则，但必须进行必要的说明。

生效日期（Effective Date）

《一般要求》征求意见稿未对生效日期作出规定，将在征求相关意见后待准则正式发布时予以规定。

值得一提的是，《一般要求》征求意见稿还以附录的方式，对有用的可持续相关财务信息的质量特征提出要求，包括相关性（具有预测价值或证实价值，或兼而有之）和如实反映（必须完整、中立和免于差错）等基础性质量特征以及可比性、可验证性、及时性和可理解性等提升性质量特征。

（二）《气候披露》征求意见稿的披露要求

《气候披露》征求意见稿同样采纳了TCFD的四要素框架，如表1所示，要求主体从治理、战略、风险管理、指标和目标等角度披露气候相关财务信息。

表1　TCFD的四大建议和11项披露要求

四大建议（四大主题领域或四大核心要素）			
治理	战略	风险管理	指标与目标
披露组织对气候相关风险和机遇的治理	披露气候相关风险和机遇对组织的业务、战略和财务规划的影响	披露组织如何识别、评估和管理气候相关风险	披露组织评估和管理气候相关风险和机遇所使用的指标和目标
11项披露要求			
1. 描述董事会对气候相关风险和机遇的监督情况	3. 描述组织识别的短期、中期和长期气候相关风险和机遇	6. 描述组织识别和评估气候相关风险的程序	9. 披露组织按照其战略和风险管理程序评估气候相关风险和机遇所使用的指标
2. 描述管理层在评估和管理气候相关风险和机遇中所扮演的角色	4. 描述气候相关风险和战略对组织的业务、战略和财务规划的影响	7. 描述组织管理气候相关风险的程序	10. 披露范围1、范围2和范围3（如适用）的温室气体排放及相关风险
	5. 描述组织考虑不同气候情景（包括2℃或更低气温上升的情景）下的战略韧性	8. 描述识别、评估和管理气候相关风险的程序如何融入组织的整体风险管理	11. 描述组织管理气候相关风险和机遇所使用的目标以及目标实现情况

在治理方面，气候相关财务信息披露的目标在于帮助通用目的财务报告的使用者了解主体监控和管理气候相关风险和机遇的治理过程、控制和程序。为了实现这一目标，主体应当披露监督气候相关风险和机遇的治理机构以及管理层在管理气候相关风险与机遇中所扮演的角色，包括：（1）负责监督气候相关风险和机遇的机构及个人；（2）该机构在气候相关风险和机遇方面的责任如何在职权范围、董事会职责权限和其

他相关政策中予以反映；（3）该机构如何确保获取恰当的技术和能力去监督为应对气候相关风险和机遇而制定的战略；（4）该机构及其委员会如何被告知气候相关风险和机遇；（5）治理机构及其委员会监督主体的战略、重大交易决策、风险管理政策时如何考虑气候相关风险和机遇，包括任何必要的对取舍关系的评估和对不确定的敏感分析；（6）该机构如何监督管理层应对气候相关风险和机遇的指标制定和目标实现进度，包括这方面的业绩指标是否以及如何与薪酬政策联系在一起；（6）管理层在评估和管理气候相关风险与机遇时承当何种角色，这种角色是否授权给特定管理岗位或委员会，如何对该管理岗位或委员会进行监督，是否建立相应的气候相关风险和机遇的控制程序和管理程序，是否将控制程序和管理程序纳入其他相关的内部职能。

在战略方面，气候相关财务信息披露的目标在于帮助通用目的财务报告的使用者了解主体应对气候相关风险和机遇所采用的战略。为了实现这一目标，主体应当披露：（1）可合理预期将在短期、中期和长期对商业模式、战略、现金流量、融资获取和资本成本产生影响的重大气候相关风险和机遇；（2）重大气候相关风险和机遇对商业模式和价值链的影响；（3）重大气候相关风险和机遇对管理层的战略和决策（包括转型计划）的影响；（4）重大气候相关风险和机遇对报告期财务状况、财务业绩和现金流量的影响，以及短期、中期和长期的预期影响，包括气候相关风险和机遇如何纳入财务规划；（5）主体的战略（包括商业模式）在应对重大物理风险和重大转型风险方面的气候韧性。《气候披露》征求意见稿还围绕上述五个方面，细化了气候相关财务信息的披露要求，在四大核心内容中占据最长的篇幅。

在风险管理方面，气候相关财务信息披露的目标在于帮助通用目的财务报告的使用者了解主体如何辨认、评估、管理和缓释气候相关风险。为了实现这一目标，主体应当披露：（1）识别气候相关风险和机遇的程序；（2）评估气候相关风险的程序，包括如何确定这种风险的可能性和影响程度、相对于其他风险如何将气候风险作为优先考虑、选用了哪些重要投入参数、与上一个报告期相比是否改变了与气候相关风险的程序；（3）识别、评估和将气候相关机遇确定为优先事项的程序；（4）用于监控和管理气候相关风险（包括相关政策）和机遇（包括相关政策）的程序；（5）气候相关风险的识别、评估和管理程序在多大程度上以及如何融入企业的总体风险管理程序；（6）气候相关机遇的识别、评估和管理程序在多大程度上以及如何融入企业的总体管理程序。

在指标与目标方面，气候相关财务信息披露的目标在于帮助通用目的财务报告的使用者了解主体管理重大气候相关风险和机遇的实际表现。为了实现这一目标，主体应当披露：（1）跨行业指标，这些指标对所有主体都是相关的，而不论其所在行业和商业模式是否相同；（2）以行业为基础的指标，这些指标与同一行业的主体或者在商业模式和主要活动方面存在共同特点的主体的披露议题有关，且对这些主体是相关的；（3）董事会和管理层用于计量实现所定目标进度的其他指标；（4）主体缓释或适应气候相关风险和最大化气候相关机遇所制定的目标。

在披露跨行业指标时，主体应当披露 7 个类别的气候相关和目标。（1）温室气体排放，包括：①按《温室气体规程——企业核算与报告标准（2004）》（以下简称《温室气体规程》计量的表述为公吨二氧化碳当量的范围 1、范围 2 和范围 3 的排放总量；②按公吨二氧化碳当量表述的每单位产出的范围 1、范围 2 和范围 3 排放密度；③合并会计集团（母公司和子公司）和联营企业、合营企业、未合并子公司、未纳入合并会计集团的附属企业的范围 1 和范围 2 排放量；④将联营企业、合营企业、未合并子公司或未纳入合并会计集团的附属企业温室气体排放包括在内的方法（如《温室气体规程》所规定的权益比例法或经营控制法）；⑤主体选择该方法的理由，选择的方法如何与披露目标联系在一起；⑥范围 3 的排放应当包括上游和下游的排放、包括在范围 3 的排放种类、价值链排放的计量基础、将排放排除在本条款之外的理由。（2）转型风险，易受转型风险影响的资产或业务活动的金额和百分比；（3）物理风险，易受物理风险影响的资产或业务活动的金额和百分比。（4）气候相关机遇，与气候相关机遇相一致的资产或业务活动的金额和百分比。（5）资本配置，用于气候相关风险和机遇的资本支出、融资和投资。（6）内部碳定价，主体用于评估其排放成本的每吨温室气体排放价格，并解释主体如何将内部碳定价用于决策（如投资决策、转移定价和情景分析）。（7）薪酬政策，高管当期薪酬中与气候相关报酬的百分比以及气候相关报酬如何纳入高管薪酬方案。

《气候披露》征求意见稿尽管与 TCFD 框架高度趋同，但存在三种形式上的差别。一是用不同的措辞表述同样的信息，二是要求披露更细颗粒度的信息，三是与 TCFD 总体建议保持一致但与 TCFD 指南存在重大差别。为此，ISSB 还通过一个附件，将《气候披露》的披露要求与 TCFD 总体建议作了详细的对比分析。除此之外，《气候披露》征求意见稿还通过长达 642 页的附件提出了特定行业披露要求，这些特定行业涵盖了消费品部门、采掘和矿物加工部门、金融部门、食品饮料部门、保健部门、基础设施部门、可再生和新兴能源部门、资源加工部门、技术和通信部门、服务部门、交通运输部门的 68 个细化行业。这些披露要求主要运用 SASB 已有的研究成果，目的是提高气候相关财务信息披露的针对性和适用性。

（三）邀请评论的主要问题

两份征求意见稿主要就 34 个问题邀请投资者和其他利益相关者加以评论，投资者和其他利益相关者可以在 2022 年 7 月 29 日之前以各种形式，对这两份征求意见稿发表评论、提出意见和建议并阐明相关理由。

《一般要求》征求意见稿就 17 个问题邀请投资者和其他利益相关者进行评论：（1）总体方法；（2）准则目标；（3）准则范围；（4）核心内容；（5）报告主体；（6）关联信息；（7）公允反映；（8）重要性定义；（9）报告频率；（10）信息位置；（11）可比信息；（12）遵循声明；（13）生效日期；（14）全球基准；（15）数字化报告；（16）成本效益与可能影响；（17）其他评论。

《气候披露》征求意见稿同样就 17 个问题邀请投资者和其他利益相关者进行评论，这 17 个问题是：（1）征求意见稿目标；（2）治理；（3）气候相关风险和机遇的识别；（4）企业价值链中气候相关风险和机遇的集中度；（5）转型计划与碳抵销；（6）当期和预期影响；（7）气候韧性；（8）风险管理；（9）行业通用指标类别和温室气体排放；（10）目标；（11）行业特定要求；（12）成本效益与可能影响；（13）可验证性与可执行性；（14）生效日期；（15）数字化报告；（16）全球基准；（17）其他评论。

三、对征求意见稿的简要评述

2021 年 11 月 3 日，国际财务报告准则基金会（IFRS Foundation）在《联合国气候变化框架公约》第 26 次缔约方大会（COP 26）上正式宣布成立 ISSB，负责制定 ISSB 准则，这在 ESG 或可持续发展报告发展史上具有里程碑意义。成立四个月后，ISSB 如期发布了《一般要求》和《气候披露》两份征求意见稿，速度之快前所未有。这既得益于国际会计准则理事会（IASB）、CDSB、TCFD、价值报告基金会（VRF）和世界经济论坛（WEF）的代表组成 TRWG 为 ISSB 提供了高质量样稿，也归功于 ISSB 吸收兼并了 CDSB 以及由 SASB 和国际整合报告理事会（IIRC）合并而成的 VRF。CDSB、SASB 和 IIRC 长期深耕环境、社会和治理（ESG）领域的标准制定，在气候变化和可持续发展的信息披露方面积累了丰富经验、延揽了大量人才，形成了丰硕成果。ISSB 通过整合 CDSB、SASB 和 IIRC 的智力资源，再加上与 TCFD 和 GRI（全球报告倡议组织）建立了紧密的战略合作关系，为其制定 ISSB 准则奠定了良好的基础。ISSB 的诞生可谓恰逢其时，世界各国对气候变化和社会问题空前关注，20 国集团及金融稳定委员会（FSB）、国际证监会组织（IOSCO）、国际会计师联合会（IFAC）等国际组织强烈呼吁建立一套高质量的全球可持续披露准则，既催生了 ISSB，也为其营造了良好的工作氛围。两份征求意见稿在 ISSB 的委员遴选尚未完成就绕过准则制定的应循程序

（Due Process）予以发布，足以说明发布ISSB准则的紧迫性。

总体而言，这两份征求意见稿的质量都很高，均充分吸收了TCFD、GRI、CDSB、VAF等国际组织多年来的研究成果和应用经验，在建立一套综合性全球基准的可持续披露准则进程上开了一个好局，值得肯定。但《一般要求》和《气候披露》征求意见稿也存在着不少需要明确的问题，一旦转化为正式的准则将面临不少挑战。

（一）全球基准

在征求意见稿概要（Exposure Draft Snapshot）中，ISSB指出《一般要求》和《气候披露》一旦正式发布，将成为可持续发展信息披露的综合性全球基准（Comprehensive Global Baseline）。全球基准是否可理解为ISSB所发布的准则只是起点，世界各国可在此基础上增加更多的披露要求，但不得低于ISSB准则所规定的披露要求。对此，ISSB有必要进一步明确。这对于世界各国是完全采纳（Full Adoption）还是保持趋同（Convergence），或者是以ISSB准则为基础制定本国的可持续披露准则至关重要。

（二）适用范围

《一般要求》和《气候披露》征求意见稿需要进一步明确准则适用的对象，是适用于所有企业，还是仅适用于公用利益主体（PIE）？如果仅适用于公共利益主体，是适用于所有规模的公共利益主体，还是适用于一定规模以上的公共利益主体？中小企业和中小公共利益主体要遵循这两个准则，不论在治理能力还是在技术能力上均面临巨大挑战，也不一定符合成本效益原则。此外，金融机构同时扮演着可持续发展信息的披露者和使用者的角色，其在信息披露方面的要求和做法与企业存在较大差异，但这两份征求意见稿并未对金融机构如何披露可持续相关财务信息特别是融资排放的核算和报告作出详细的规定，可能会给金融机构造成困惑。简言之，ISSB需要明确这两个准则是否适用于中小企业和金融机构。

（三）准则定位

《一般要求》的定位不是十分清晰。从征求意见稿来看，《一般要求》在整个ISSB准则体系中似乎起到提纲挈领的作用，为后续准则的制定提供了框架性指导，治理、战略、风险管理、指标和目标构成了各个可持续披露准则的核心内容，这从《气候披露》征求意见稿就可以看出来。这四个核心内容是借鉴TCFD框架而来的，但TCFD只涉及气候变化议题，对于社会议题是否适用仍有待观察。此外，《一般要求》还以附件（ISSB特别声明附件是准则一个不可或缺的组成部分且与准则具有同等效力）的方式，对有用的可持续相关财务信息所应具备的质量特征提出要求，给人《一般要求》兼具概念框架的印象。这是否意味着有了《一般要求》ISSB就不再制定概括框架了？对此，ISSB应予以明确。

（四）质量特征

《一般要求》在附件中提出的可持续相关财务信息的质量特征，基本照搬IASB财务报告概念框架的相关内容。笔者认为，可持续相关财务信息毕竟不同于财务信息，前者包含的前瞻性信息和定性信息远多于后者，对影响性的聚焦程度也远高于后者，照搬财务信息的质量特征并套用于可持续相关财务信息，产生不适症在所难免。首先，可持续相关财务信息包含大量的前瞻性信息，时间跨度可长达数年甚至数十年，难以完全符合附录C《有用的可持续相关财务信息的质量特征》所提出的要求。譬如，按照《气候披露》征求意见稿的要求，主体应当披露气候相关风险和机遇对其战略和商业模式的影响，评估气候相关风险和机遇在短期、中期和长期对其财务状况、财务业绩、现金流量和企业价值的影响。时间跨度如此之长的前瞻性信息，涉及大量的估计和判断、预测和预估，存在着极大的不确定性，既不完整，也不中立，更谈不上准确，要做到如实反映难乎其难。此外，这种前瞻性信息带有浓郁的个性化特点（譬如气候变化的相关风险和机遇与主体经营所在国家或地区的环保政策、行业特点以及主体自身的商业模式、能耗结构、低碳转型等诸多因素密切相关），可比性缺失，可验证性极低，可理解性不高。缺乏如此之多的信息质量特征，前瞻性信息的相关性令人生疑。其次，可持续相关财务信息包含大量的定性信息，如环境议题和社会议题治理机制、气候变化应对、绿色转型评估、社会公平维护等文字叙述和文本呈现，涉及治理层和管理层的价值主张、经营理念、管理意图、风险偏好、稳健程度等诸多主观因素，难以判断其是否如实反映，评估其是否具有相关性、可比性和可验证性谈何容易。最后，影响评估是可持续相关财务信息的主题主线，影响信息（Impact Information）构成可持续发展报告的核心。影响评估的信息质量，既受主体内部因素的影响，也受主体外部因素的影响，既有客观的成分，也有主观的成分，还受未来发展趋势的影响，要求主体可持续发展报告披露的影响信息符合相关性、如实反映、可比性、可验证性和可理解性等质量特征，无异于苛求，将陷主体于可望不可及的窘境（黄世忠、叶丰滢，2022）。

（五）信息性质

《一般要求》征求意见稿将可持续相关财务信息定位为财务报告的组成部分。这种做法显然受到TCFD的影响，也与ISSB以满足资本市场信息需求为导向的价值主张密切相关。但可持续相关财务信息具有前瞻性和定性描述的性质，绝大部分不符合会计确认标准，在计量上存在着诸多重大不确定性，因而尚未反映在财务报表及其附注

上。将这类信息作为财务报告的组成部分，在会计理论上存在重大瑕疵，甚至“可持续相关财务信息”的提法都值得商榷，“可持续相关信息”更为确切。笔者更赞赏EFRAG将可持续发展报告作为独立于财务报告的做法。

（六）重要性

《一般要求》第9段重要性（Materiality）只提及财务重要性（Financial Materiality），而没有提及影响重要性（Impact Materiality），与EFRAG所秉持的双重重要性（Double Materiality）存在明显差异，不利于可持续发展报告的国际趋同，建议ISSB重新斟酌。此外，《一般要求》第56段至第62段关于重要性的定义和确定方法完全照搬财务报告中的重要性概念，是否适合可持续相关信息的披露，值得商榷。建议ISSB借鉴EFRAG的做法，结合可持续相关信息的特点，单独就重要性制定概念指引。

（七）报告频率

由于ISSB将可持续相关财务信息视为财务报告的组成部分，因此要求主体的可持续发展信息在报告频率上与财务报告保持一致，与主体的财务报表同时披露。与财务报告具有成熟的底层数据系统不同，绝大多数的企业尚未建立可持续相关财务信息底层数据的收集、分析、验证和报告系统，笔者认为可持续相关财务信息的披露仅限于年报比较合适，要求在季报和半年报披露不切实际。笔者查阅了微软公司和汇丰银行等ESG或可持续发展报告，发现它们的一些温室气体排放数据存在着一年的时滞，而这也是很多主流ESG或可持续发展报告框架所允许的，原因是收集、核算、验证和报告温室气体排放数据的难度远甚于财务数据。鉴于可持续发展报告的底层数据收集系统还很不健全，温室气体排放数据尤其如此，建议ISSB对主体建立健全温室气体排放底层数据的收集、统计、分析、验证和报告系统提出更加明确的要求。

（八）可持续发展问题的治理和战略

如果将可持续相关信息界定为财务报告的组成部分，《一般要求》第13段就应明确董事会及其审计委员会应对可持续相关财务信息的披露负责，而不应含糊其辞。如果将可持续相关信息界定为独立于财务报告的独立信息披露，则可赋予企业更大的自主选择权，由其决定由什么样的治理机构及其下属委员会负责可持续相关风险和机遇的督导。此外，第13段对可持续发展治理的7项披露要求中，仅在第7项要求企业描述管理层在评估和管理可持续发展相关风险和机遇中的角色，有弱化管理层作用之嫌。与发达国家不同，很多新兴市场经济国家存在比较普遍的强管理层弱董事会的现象。建议ISSB考虑新兴市场经济国家的公司治理特点和治理实际，倡导董事会督导管理层主导的做法，鼓励企业构建由董事会和管理层齐抓共管、职责分明的可持续发展治理机制。

《一般要求》这部分的标题虽冠以战略（Strategy）的名称，但第14段至第24段却涉及大量的商业模式（Business Model）内容。虽然这是借鉴TCFD的做法，但改为战略和商业模式更为确切，EFRAG就是采用此做法，而没有机械地照搬TCFD的表述方式。

此外，这部分的内容很可能与ISSB发布的《管理层评论》（Management Commentary）征求意见稿的内容重叠，建议ISSB与IASB做好衔接工作。

（九）核算标准

《气候披露》征求意见稿要求按照世界资源研究所（WRI）和世界可持续发展工商理事会（WBSCD）制定的《温室气体规程》核算范围1、范围2和范围3的温室气体排放。《温室气体规程》规定的核算标准可能与很多国家现行的温室气体排放核算标准存在差异。譬如，我国的国家发展改革委2013年以来陆续发布了24个行业的《企业温室气体排放核算方法和报告指南》、生态环境部2021年12月也发布了《企业环境信息依法披露管理办法》和《企业环境信息依法披露格式准则》，这些与温室气体排放有关的规定适用于核算和报告企业直接控制的生产场所和设施所产生的温室气体排放，较少涉及或不涉及范围3的温室气体排放。因此，我国有必要进一步考虑《气候披露》征求意见稿所规定的温室气体排放核算标准是否具有可操作性和适用性，是直接采用该规程，还是以该规程为基础制定适合我国企业的温室气体排放核算和报告标准。

（十）融资排放

金融机构的温室气体排放以融资排放（Financed Emission）为主。气候披露项目（CDP）对管理总额为109万亿美元的332家金融机构的研究显示，这些金融机构的融资排放比经营排放（Operational Emissions）多出700倍以上（CDP，2020）。譬如，荷兰银行、汇丰银行和招商银行2020年的融资排放占全部温室气体排放的比例分别为99.99%、99.23%和99.03%。目前融资排放主要依据碳核算金融联盟（PCAF）制定的《全球金融业温室气体排放核算和报告标准》进行核算和披露，但不同金融机构披露的融资排放口径差异较大，ISSB有必要针对金融机构的温室气体排放特点，对融资排放覆盖的范围提出要求。我国有必要针对金融机构的温室气体排放特点，鼓励有条件的金融机构参照PCAF制定的标准披露融资排放及其核算口径、数据来源和所用假设。

（原载于《新会计》2022年第4期）

主要参考文献：

1. 黄世忠，叶丰滢．可持续发展报告信息质量特征评述［J］．财会月刊，2022（11）．

2. CDP. The Time to Green Finance—CDP Financial Services Disclosure Report 2020［EB/OL］. www. cdp. net，February 2021.

3. ISSB. Exposure Draft IFRS S1 General Requirements for Disclosure of Sustainability - related Financial Information［EB/OL］. www. ifrs. org，March 2022.

4. ISSB. Exposure Draft IFRS S2 Climate - related Disclosure［EB/OL］. www. ifrs. org，March 2022.

5. ISSB. Exposure Draft Snapshot［EB/OL］. www. ifrs. org，March 2022.

6. ISSB. Comparison Draft IFRS S1 General Requirements for Disclosure of Sustainability - related Financial Information and Draft IFRS S2 Climate - related Disclosure with the Technical Readiness Working Group Prototype［EB/OL］. www. ifrs. org，March 2022.

7. ISSB. Comparison Draft IFRS S2 Climate - related Disclosure with the TCFD Recommendations［EB/OL］. www. ifrs. org，March 2022.

ISSB 第 1 号和第 2 号准则综述

黄世忠　王鹏程

【摘要】本文在系统介绍第 1 号和第 2 号国际财务报告可持续披露准则的规范内容和披露要求的基础上，从投资者导向、单一重要性、全球性基准、争议性定位、关联性信息、相称性机制、例外性豁免、相互操作性等角度，凝练和评述了国际财务报告可持续披露准则的鲜明特点，希望有助于增进对这两个最新可持续披露准则的了解和应用。

【关键词】可持续披露准则；可持续发展相关风险和机遇；气候相关风险和机遇

2023 年 6 月 26 日，国际可持续准则理事会（ISSB）正式发布了国际财务报告可持续披露准则第 1 号《可持续相关财务信息披露一般要求》（IFRS S1）和第 2 号《气候相关披露》（IFRS S2）。IFRS S1 和 IFRS S2（以下统称 ISSB 准则）的发布，标志着可持续发展报告进入新纪元，堪称可持续发展报告的里程碑事件，是实现绿色低碳转型和社会公平正义转型的重大基础设施建设，对于推动经济、社会和环境的可持续发展意义重大，必将载入可持续发展报告的史册。

IFRS S1 和 IFRS S2 的征求意见稿 2022 年 3 月正式发布，向全世界利益相关方广泛征求意见。截至 2022 年 7 月末，共收到来自欧美等发达国家和中国等新兴市场经济国家以及欧洲财务报告咨询组（EFRAG）、全球报告倡议组织（GRI）、气候相关财务披露工作组（TCFD）等国际组织 1 425 份反馈意见。在此基础上，ISSB 及其技术团队根据这些反馈意见对征求意见稿进行反复研究、修改和完善，耗时一年三个月后终于正式发布，主体应从 2024 年 1 月 1 日起的年度报告期间内开始执行。

一、IFRS S1 的规范内容和披露要求

ISSB 对 IFRS S1 征求意见稿的体系结构进行了重新梳理，将原来的核心内容和一般特征这两个部分拆分为概念基础（包括公允反映、报告主体、重要性、关联信息）、核心内容、一般要求（新增指引来源）以及判断、不确定性和差错四大部分，逻辑条理更加清晰。正式发布的 IFRS S1 由七个部分所组成，包括：目标；范围；概念基础；核心内容；一般要求；判断、不确定性和差错；附录。

（一）目标

IFRS S1 的目标是要求主体披露其关于可持续发展相关风险和机遇的信息，这些信息有助于通用目的财务报告主要使用者作出向主体提供资源的决策。可持续发展相关风险和机遇的信息之所以对现有和潜在投资者、贷款人和其他债权人等通用目的财务报告主要使用者有用，是因为主体在短期、中期和长期产生现金流量的能力与该主体与其整个价值链中的利益相关方、社会、经济乃至自然环境之间的互动密不可分。主体及其整个价值链中的资源和关系共同构成了一个相互依存的系统，主体在此系统中经营。主体对这些资源和关系的依赖以及对这些资源和关系的影响产生了主体的可持续发展相关风险和机遇。

（二）范围

IFRS S1 明确，主体应在根据国际财务报告可持续披露准则（ISSB 准则）进行可持续相关财务信息披露时采用该准则。准则使用的术语适用于以营利为目的的主体，包括公共部门的经营性主体。私营或公共部门中从事非营利活动的主体应用准则时，可能需要对特定信息项目的表述加以修订。

（三）概念基础

IFRS S1 提出了四个概念基础（Conceptual Foundations），包括公允反映、重要性、报告主体和关联信息。

1. 公允反映。公允反映要求披露可合理预期会影响主体发展前景的可持续发展相关风险和机遇的相关信息（即相关性）以及根据准则中规定的原则如实反映。为实现如实反映，主体应完整、中立、准确地描述这些可持续发展相关风险和机遇。公允反映还要求主体披露可比、可验证、及时和可理解的信息。ISSB 将可持续相关财务信息披露定位为财务报告的组成部分，因此将国际会计准则理事会（IASB）《财务报告概念框架》的两个基础性质量特征（相关性和如实反映）和四个提升性质量特征（可

比性、可验证性、及时性和可理解性）直接引入，作为可持续相关财务信息的质量特征①。

2. 重要性。主体应披露可持续发展相关风险和机遇的重要信息。在可持续相关财务信息披露的背景下，如果漏报、错报或掩盖一项信息可以合理预期将影响通用目的财务报告主要使用者基于这些报告（包括财务报表和可持续相关财务信息披露）作出的决策，该信息就是重要的。可见，IFRS S1 关于重要性的表述，完全借鉴国际财务报告准则（IFRS）的相关定义。

3. 报告主体。可持续相关财务信息披露应与相关通用目的财务报表的报告主体相同。根据 IFRS 编制的合并财务报表将母公司及其子公司作为单一报告主体，因此，主体的可持续相关财务信息披露也应当将母公司及其子公司作为报告主体，便于通用目的财务报告使用者了解其可持续发展相关风险和机遇在短期、中期和长期对母公司及其子公司现金流量、融资渠道和资本成本的影响。

4. 关联信息。主体应提供有助于通用目的财务报告使用者理解下列类型的关联信息：（1）信息各项目之间的联系，例如各种可合理预期会影响主体发展前景的可持续发展相关风险和机遇之间的联系；（2）主体提供的信息之间的联系，包括主体可持续相关财务信息披露的内部（如治理、战略、风险管理以及指标和目标）之间的联系以及主体可持续相关财务信息披露、通用目的财务报表以及主体发布的其他通用目的财务报告之间的联系。

（四）核心内容

除非 ISSB 准则允许或在特定情况下要求另有要求，否则，主体应当提供与治理、战略、风险管理、指标与目标相关的信息。

1. 治理。在治理方面，可持续相关财务信息披露的目标是能够使通用目的财务报告使用者了解主体用于监控、管理和监督可持续发展相关风险和机遇的治理流程、控制措施和程序。为了实现这一目标，主体应披露：（1）负责监督可持续发展相关风险和机遇的治理机构（董事会、委员会或其他同等治理机构）或个人，包括：如何在职权范围、授权、角色描述和其他相关政策中体现适用于这些机构或个人的可持续发展相关风险和机遇的责任；该机构或个人如何确保已获得或将开发用于监督应对可持续发展相关风险和机遇所制定战略的适当技能和胜任能力；该机构或个人获悉可持续发

① EFRAG 发布的 ESRS 1 征求意见稿，除了提出两个基础性质量特征（相关性和如实反映）和三个提升性质量特征（可比性、可验证性和可理解性）外，还针对可持续发展报告的特点，提出了其他三个质量特征：战略聚焦和未来导向性（Strategic Focus and Future Orientation）；利益相关者包容性（Stakeholder Inclusiveness）；信息关联性（Information Connectivity）。

展相关风险和机遇的方式和频率；该机构或个人在监督主体的战略、重大交易决策、风险管理流程和相关政策时如何考虑可持续发展相关风险和机遇；该机构或个人如何监控有关可持续发展相关风险和机遇的目标的设定并监控实现目标的进展情况，是否将相关绩效指标纳入薪酬政策以及如何纳入；（2）管理层在用于监控、管理和监督可持续发展相关风险和机遇的治理流程、控制措施和程序中所扮演的角色，包括该角色是否被授权给特定的管理层人员或管理层委员会，如何对该人员或委员会进行监督以及管理层是否运用控制措施和程序支持对可持续发展相关风险和机遇的监督，如果是，如何将这些控制措施和程序与其他内部职能进行整合。

2. 战略。在战略方面，可持续相关财务信息披露的目标是能够使通用目的财务报告使用者了解主体管理可持续发展相关风险和机遇的战略。为此，主体应披露以下信息使通用目的财务报告使用者能够了解：（1）可合理预期会影响主体发展前景的可持续发展相关风险和机遇；（2）可持续发展相关风险和机遇对主体商业模式和价值链的当前影响和预期影响；（3）可持续发展相关风险和机遇对主体战略和决策的影响；（4）可持续发展相关风险和机遇对主体报告期间的财务状况、财务业绩和现金流量的影响，对主体短期、中期和长期财务状况、财务业绩和现金流量的预期影响，以及主体如何将这些可持续发展相关风险和机遇纳入财务规划中；（5）主体的战略及其商业模式对可持续发展相关风险的韧性。

具体地说，在可持续发展相关风险和机遇方面，主体应：（1）描述可合理预期会影响主体发展前景的可持续发展相关风险和机遇；（2）说明可合理预期会影响主体发展前景的可持续发展相关风险和机遇的时间范围；（3）解释主体如何定义“短期”“中期”和“长期”，以及这些定义如何与主体用于战略决策的计划时间范围相关联。

在商业模式和价值链方面，主体应：（1）描述可持续发展相关风险和机遇对主体商业模式及其价值链的当前和预期影响；（2）描述主体的价值链中可持续发展相关风险和机遇集中在哪些领域（如地理区域、设施、资产类型或分销渠道）。

在战略和决策方面，主体应披露：（1）在其战略和决策中如何或预期将如何对可持续发展相关风险和机遇作出反应；（2）在之前报告期间披露的计划的进展情况，包括定量和定性信息；（3）对可持续发展相关风险和机遇之间抉择的考虑（例如，在决定新业务部门的选址时，主体可能已经考虑这些业务对环境的影响以及将在社区中创造的就业机会）。

在财务状况、财务业绩和现金流量方面，主体应披露的定性和定量信息包括：（1）可持续发展相关风险和机遇如何影响主体报告期间的财务状况、财务业绩和现金流量；（2）将在下一年度报告期间内导致财务报表报告的资产和负债账面价值发生重要调整风险的已识别可持续发展相关风险和机遇；（3）基于主体管理可持续发展相关风险和机遇的战略，在考虑了投资和处置计划以及为实施战略而规划资金来源后，主体预计其财务状况在短期、中期或长期将如何变化；（4）基于主体管理可持续发展相关风险和机遇的战略，主体预计其财务业绩和现金流量在短期、中期或长期将如何变化。提供定量信息时，主体可以披露单个数值或区间范围。披露可持续发展相关风险和机遇的预期财务影响时，主体应：（1）利用报告日无需付出过度成本或努力即可获得的所有合理且有依据的信息；（2）采用与主体可用于编制该披露的技能、能力和资源相匹配的方法。出现以下情况时，主体无需提供可持续发展相关风险或机遇当前和预期财务影响的定量信息：（1）影响无法单独识别；（2）估计这些影响涉及的计量不确定性很高，导致量化信息不具有用性。此外，如果主体不具备提供可持续发展相关风险或机遇的定量信息的技能、能力或资源，则无需提供有关这些预期财务影响的定量信息。如果确定其无需提供可持续发展相关风险或机遇当前或预期财务影响的定量信息，则主体应：（1）解释其未提供定量信息的原因；（2）提供这些财务影响的定性信息，包括识别相关财务报表中可能受该等可持续发展相关风险或机遇影响的行项目、总计和小计；（3）提供有关该等可持续发展相关风险或机遇财务影响的汇总定量信息以及其他因素，除非主体确定该汇总定量信息不具有用性。

在韧性方面，主体应披露其与可持续发展相关风险有关的战略和商业模式的韧性分析，该分析可以是定性的，也可以是定量的，包括有关评估方法和时间范围的信息。提供定量信息时，主体可以披露单个数值或区间范围。

3. 风险管理。在风险管理方面，可持续相关财务信息披露的目标是能够使通用目的财务报告使用者：（1）了解主体识别、评估、优先考虑和监控可持续发展相关风险和机遇的流程，包括这些流程是否以及如何融入并影响主体的整体风险管理；（2）评估主体的总体风险状况和整体风险管理流程。为了实现上述目标，主体应当披露：（1）用于识别、评估、优先考虑和监控可持续发展相关风险的流程和相关政策，包括：主体使用的输入值和参数；是否和如何运用情景分析帮助识别可持续发展相关风险；如何评估这些风险影响的可能性、量级和性质；相较于其他类型的风险，主体是否以及如何考虑可持续发展相关风险的优先级别；如何监控可持续发展相关风险；与前一报告期间相比，主体是否改变了所使用的流程以及如何改变；（2）主体用于识别、评估、优先考虑和监控可持续发展相关风险和机遇的流程；（3）识别、评估、优先考虑和监控可持续发展相关风险和机遇的流程在多大程度上以及如何融入并影响主体的整体风险管理流程。

4. 指标与目标。在指标与目标方面，可持续相关财务信息披露的目标是能够使通

用目的财务报告使用者了解主体在可持续发展相关风险和机遇方面的业绩，包括其在实现目标方面取得的进展。目标包括主体设定的目标或法律法规要求主体实现的目标。对每项可合理预期会影响主体发展前景的可持续发展相关风险和机遇，主体应披露：（1）适用的ISSB准则要求披露的指标；（2）主体使用的用于衡量和监控的指标，包括主体的可持续发展相关风险或机遇以及主体在这些风险或机遇方面的业绩。特定可持续发展相关风险或机遇缺少相关ISSB准则时，主体应采用可持续发展会计准则委员会（SASB）、气候披露准则理事会（CDSB）、其他准则制定机构制定的最新文告以及在相同行业或地理区域经营的主体所披露的信息（包括指标）以确定指标和目标的披露。主体还应说明：如何定义指标（包括该指标是绝对值，还是表现为与另一指标有关的相对值）；是否由第三方对该指标报告的数值进行验证，如果是，由哪方验证；用于计算该指标的方法和计算中的输入值，包括所用方法的局限性和作出的重大假设。如果披露的指标不是来源于ISSB准则，主体应披露该来源。主体应披露其为监控实现战略目标的进展而设定的目标，以及法律法规要求其实现的目标的信息。对于每个目标，主体应披露：（1）用于设定目标和监控目标实现进展的指标；（2）主体设定或被要求实现的具体定量或定性目标；（3）目标的适用期间；（4）衡量进展的基准期间；（5）阶段性目标或中期目标；（6）每个目标实现的业绩情况以及对业绩趋势或变化的分析；（7）对目标的修订以及对修订的解释。

（五）一般要求

IFRS S1提出的一般要求包括：指引来源、披露位置、报告时间、可比信息、合规声明。

1. 指引来源。在识别可合理预期会影响主体发展前景的可持续发展相关风险和机遇时，主体应参考ISSB准则。此外，主体应参考SASB准则中的披露主题并考虑其适用性。主体还可以参考下列来源并考虑其适用性：（1）CDSB框架应用指引之水资源和生物多样性相关披露要求；（2）旨在满足通用目的财务报告使用者信息需求的其他准则制定机构制定的最新文告；（3）在相同行业或地理区域经营的主体识别的可持续发展相关风险和机遇。为此，主体应披露：（1）进行可持续相关财务信息披露时应用的具体准则、文告、行业实务或其他指引来源；（2）与编制可持续相关财务信息披露相关联的行业，行业的确定可能来源于ISSB准则、SASB准则或其他指引。

2. 披露位置。主体应将ISSB准则要求披露的信息作为其通用目的财务报告的一部分。可持续相关财务信息可在通用目的财务报告的不同位置进行披露，具体取决于主体适用的法规或其他要求。当管理层评论作为主体通用目的财务报告的一部分时，可持续相关财务信息可在管理层评论或类似报告中披露。管理层评论或类似报告是很多司法管辖区要求提供的报告，“管理层报告”“管理层讨论与分析”“业务回顾和财务回顾”“整合报告”和“战略报告”等不同名称的报告都可能被理解为管理层评论或包含管理层评论。

3. 报告时间。主体应在发布相关财务报表的同时披露可持续相关财务信息。可持续相关财务信息披露涵盖的报告期间应与相关财务报表相同。当主体变更其报告期截止日，并且在长于或短于一年的期间内披露可持续相关财务信息时，主体应披露：（1）可持续相关财务信息披露涵盖的期间；（2）使用更长或更短期间的原因；（3）可持续相关财务信息披露中列报的数值并不完全可比的事实。

4. 可比信息。除非其他ISSB准则另行允许或有特别要求，针对报告期间披露的所有数值，主体应提供上一期间的可比信息。如果此类信息有助于了解报告期间的可持续相关财务信息披露，主体还应披露叙述性和描述性的可持续相关财务信息的可比信息。

5. 合规声明。主体的可持续相关财务信息披露符合ISSB准则的所有要求时，主体应提供明确且无保留的合规声明。除非符合ISSB准则的所有要求，否则主体不得声明其可持续相关财务信息披露符合ISSB准则。如果当地法律法规禁止主体披露ISSB准则所要求的信息，该准则豁免主体披露该等信息。如果ISSB准则要求披露的可持续相关机遇的信息具有商业敏感性，该准则也豁免主体披露该等信息。但利用上述豁免条款并不妨碍主体声称其遵守了ISSB准则。

（六）判断、不确定性和差错

1. 判断。主体应披露能够使通用目的财务报告使用者了解在编制可持续相关财务信息披露过程中作出的对所披露信息具有最重大影响的判断的相关信息。在编制可持续相关财务信息披露的过程中，主体需要作出多项判断，这些判断可能会对主体可持续相关财务信息披露中报告的信息产生重大影响。例如，主体通常在以下方面作出判断：（1）识别可合理预期会影响主体发展前景的可持续发展相关风险和机遇；（2）确定适用的指引来源；（3）识别可持续相关财务信息披露中的重要信息；（4）评估事件或情况变化是否重大，是否需要重新评估主体价值链中的可持续发展相关风险和机遇。

2. 计量不确定性。主体应披露能够使通用目的财务报告使用者了解影响可持续相关财务信息披露中报告数值的最重大不确定性的信息。为此，主体应：（1）识别已披露的受高度计量不确定性影响的数值；（2）披露已识别数值的计量不确定性来源（如数值对未来事件结果、计量技术或来源于主体对供应链上数据可得性和质量的依赖）

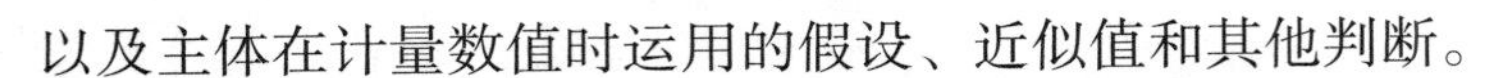
以及主体在计量数值时运用的假设、近似值和其他判断。

3. 差错。除非不可行，主体应通过重述前期比较金额来更正重要的前期差错。前期差错是指主体在其一个或多个前期的可持续相关财务信息披露中因未能使用或误用以下可靠信息而导致的漏报或错报：（1）在上述期间授权发布可持续相关财务信息披露时可获取的可靠信息；（2）在进行披露时可以合理预期已获得并加以考虑的可靠信息。

（七）附录

IFRS S1 包含五个附录，这五个附录是 IFRS S1 的组成部分，与该准则其他部分具有同等效力。

附录 1 对商业模式、披露主题、通用目的财务报告、ISSB 准则、不切实可行、重要信息、通用目的财务报告主要使用者、报告主体、情景分析、可持续相关财务信息披露、通用目的财务报告使用者、价值链等术语进行了定义。附录 2 为应用指南，从可持续发展相关风险与机遇、重要性、报告主体、关联信息、交叉索引信息、中期报告、比较信息等方面提供详细的指南，以支持主体对 IFRS S1 的应用。附录 3 为指引来源，为主体在识别可合理预期会影响主体发展前景的可持续发展相关风险或机遇需要披露的信息（包括指标）时，如何参考全球报告倡议组织准则（GRI 准则）和欧洲可持续发展报告准则（ESRS）提供额外的来源指引。附录 4 对有用的可持续相关财务信息必须具备的基础性质量特征（相关性和如实反映）和提升性质量特征（可比性、可验证性、及时性和可理解性）提供详细的说明和指引。附录 5 为生效日期和过渡条款。在生效日期方面，明确主体自 2024 年 1 月 1 日或以后日期开始的年度报告期间采用该准则，允许提前采用。在过渡条款方面，一是规定对于首次执行日前的任何期间，主体无需披露可比信息。二是规定采用该准则的第一个年度报告期间，允许主体在发布相关通用目的财务报表之后报告其可持续相关财务信息。

二、IFRS S2 的规范内容和披露要求

IFRS S2 由目标、范围、核心内容和附录四部分组成。

（一）目标

IFRS S2 的目标是要求主体披露气候相关风险和机遇的信息，该等信息有助于通用目的财务报告主要使用者作出向主体提供资源的决策。IFRS S2 要求披露的气候相关风险和机遇，可合理预期将对主体短期、中期或长期的现金流量、融资渠道及资本

成本产生影响。

（二）范围

IFRS S2 适用于：（1）主体面临的气候相关风险，包括气候相关物理风险以及气候相关转型风险；（2）主体面临的气候相关机遇。不能合理预期会影响主体短期、中期或长期发展前景的气候相关风险和机遇，不适用于该准则。

（三）核心内容

1. 治理。在治理方面，气候相关财务披露的目标是能够使通用目的财务报告使用者了解主体用于监控、管理和监督气候相关风险和机遇时的治理流程、控制措施和程序。为了实现这一目标，主体应当披露：（1）负责监督气候相关风险和机遇的治理机构（包括董事会、委员会或其他同等治理机构）或个人，具体包括：如何在职权范围、授权、角色描述和其他相关政策中体现适用于这些机构或个人的气候相关风险和机遇的责任；该机构或个人如何确保已获得或将开发用于监督应对气候相关风险和机遇所制定战略的适当技能和胜任能力；该机构或个人获悉气候相关风险和机遇的方式和频率；该机构或个人在监督主体的战略、重大交易决策、风险管理流程和相关政策时，如何考虑气候相关风险和机遇，包括其是否对这些风险和机遇进行权衡；该机构或个人如何监督有关气候相关风险和机遇的目标制定并监控实现这些目标的进展情况，是否将相关绩效指标纳入薪酬政策以及如何纳入；（2）管理层在监控、管理和监督气候相关风险和机遇的治理流程、控制措施和程序中的角色，包括该角色是否授权给特定的管理层人员或管理层委员会，如何对这些管理人员或管理层委员会进行监督以及管理层是否运用控制措施和程序监督气候相关风险和机遇。如果是，如何将这些控制措施和程序与其他内部职能整合。

2. 战略。在战略方面，气候相关财务披露的目标是能够使通用目的财务报告使用者了解主体管理气候相关风险和机遇的战略。为此，主体应披露以下信息便于通用目的财务报告使用者了解：（1）可合理预期会影响主体发展前景的气候相关风险和机遇；（2）气候相关风险和机遇对主体商业模式和价值链的当前影响和预期影响；（3）气候相关风险和机遇对主体战略和决策的影响，包括气候相关转型计划；（4）气候相关风险和机遇对主体报告期间的财务状况、财务业绩和现金流量的影响，对主体短期、中期和长期财务状况、财务业绩和现金流量的预期影响，以及主体如何将这些气候相关风险和机遇纳入财务规划；（5）主体的战略及其商业模式对气候相关风险的韧性。

在气候相关风险和机遇方面，主体应：（1）描述可合理预期会影响主体发展前景的气候相关风险和机遇；（2）针对已识别的每项气候风险，解释主体是将其认定为气候相关物理风险还是认定为气候相关转型风险；（3）针对主体识别的每项气候相关风险或机遇，明确其可合理预期产生影响的时间范围；（3）解释主体如何定义“短期”“中期”和“长期”，以及这些定义如何与主体用于战略决策的计划时间范围相关联。

在商业模式和价值链方面，主体应：（1）描述气候相关风险和机遇对主体商业模式及其价值链的当前和预期影响；（2）描述在主体的价值链中气候相关风险和机遇集中在哪些领域（如地理区域、设施和资产类别）。

在战略和决策方面，主体应披露：（1）在其战略和决策中如何应对或预期必须如何应对气候相关风险和机遇的信息，包括计划如何实现其设定的气候相关目标以及法律法规要求其实现的目标。具体包括：主体商业模式的当前和预期变化，包括如何配置资源以应对气候相关风险和机遇（例如，这些变化可能包括管理或停止碳、能源和水密集型业务的计划；因需求或供应链变化导致的资源配置；与资本支出或追加研发支出相关的业务发展导致的资源配置；以及收购或撤资）；当前和预期的直接缓解措施和适应措施（例如，通过改变生产工艺或设备、搬迁设施、劳动力调整或产品规格）；当前和预期的间接缓解措施和适应措施（例如，通过与客户和供应链合作）；主体的气候相关转型计划，包括制订计划时使用的关键假设以及主体在转型时所依赖的因素；主体拟如何实现气候相关目标，包括温室气体排放目标；（2）主体目前或计划如何为气候相关风险和机遇应对活动配置资源的信息；（3）以前报告期间披露的气候相关风险和机遇应对计划的进展情况，包括定量和定性信息。

在财务状况、财务业绩和现金流量方面，主体应披露的定性和定量信息包括：（1）气候相关风险和机遇如何影响主体报告期间的财务状况、财务业绩和现金流量；（2）将在下一年度报告期间内导致财务报表报告的资产和负债账面价值发生重要调整风险的已识别气候相关风险和机遇；（3）基于主体管理气候相关风险和机遇的战略，在考虑了投资和处置计划以及为实施战略而规划的资金来源后，主体预计其财务状况在短期、中期或长期将如何变化；（4）基于主体管理气候相关风险和机遇的战略，主体预计其财务业绩和现金流量在短期、中期或长期将如何变化。提供定量信息时，主体可以披露单个数值或区间范围。编制关于气候相关风险和机遇的预期财务影响的披露时，主体应：（1）利用报告日无须付出过度成本或努力即可获得的所有合理且有依据的信息；（2）采用与主体可用于编制该披露的技能、能力和资源相匹配的方法。出现以下情况时，主体无需提供有关相关风险或机遇当前和预期财务影响的定量信息：（1）影响无法单独识别；（2）估计这些影响涉及的计量不确定性很高，导致量化信息不具有用性。此外，如果主体不具备提供有关可持续发展相关风险或机遇的定量信息的技能、能力或资源，则无需提供有关这些预期财务影响的定量信息。如果确定其无需提供有关气候相关风险或机遇的当前或预期财务影响的定量信息，则主体应解释其未能提供定量信息的原因并提供这些财务影响的定性信息。

在气候韧性方面，主体应披露：（1）对报告日气候韧性的评估，该评估应帮助使用者了解韧性评估对战略和商业模式的影响，评估气候韧性时考虑的重大不确定性领域，主体在短期、中期和长期调整其战略和商业模式以适应气候变化的能力，包括：主体现有财务资源在应对气候相关风险和利用气候相关机遇时的可获性和灵活性；主体重新配置现有资产、调整现有资产用途、升级或停用现有资产的能力；主体当前或计划的投资对缓解、适应气候相关风险或对与气候韧性相关机遇的影响；（2）如何以及何时进行气候相关情景分析，包括：① 使用的输入值信息（主体用于分析的气候相关情景，以及这些情景的来源；分析是否包括一系列多样的气候相关情景；使用的气候相关情景是与气候相关转型风险相关还是与气候相关物理风险相关；主体使用的情景中，是否有与最新气候变化国际协议相一致的气候相关情景；主体决定选择的气候相关情景有助于评估主体对气候相关变化、发展或不确定性的韧性的原因；主体在分析中使用的时间范围；主体在分析中使用的业务范围）；② 主体在分析中作出的关键假设（主体经营所在司法管辖区的气候相关政策；宏观经济形势；国家或区域层面的变量，例如自然资源的可获性、当地天气模式、人口构成、土地使用情况和基础设施、能源使用和组合；技术发展）；③ 气候相关情景分析覆盖的报告期间。

3. 风险管理。在风险管理方面，气候相关财务披露的目标是能够使通用目的财务报告使用者了解主体识别、评估、优先考虑和监控气候相关风险和机遇的流程，包括这些流程是否以及如何融入并影响主体的整体风险管理流程。为实现此目标，主体应披露：（1）主体用于识别、评估、优先考虑和监控气候相关风险的流程和相关政策，包括：主体使用的输入值和参数；主体是否以及如何运用气候相关情景分析帮助识别气候相关风险；主体如何评估这些风险影响的可能性、量级和性质；相较于其他类型的风险，主体是否以及如何考虑气候相关风险的优先级别；主体如何监控气候相关风险；与前一报告期间相比，主体是否以及如何改变所使用的流程；（2）主体用于识别、评估、优先考虑和监控气候相关机遇的流程，包括主体是否以及如何运用气候相关情景分析帮助识别气候相关机遇；（3）主体在多大程度上以及如何将识别、评估、优先考虑和监控气候相关风险和机遇的流程融入并影响整体风险管理流程。

4. 指标与目标。在指标与目标方面，气候相关财务披露的目标是能够使通用目的财务报告使用者了解主体在气候相关风险和机遇方面的业绩，包括其实现气候相关目标所取得的进展。目标包括主体设定的目标和法律法规要求主体实现的目标。为实现此目标，主体应披露：（1）与跨行业指标类别相关的信息；（2）与特定商业模式、经

济活动和表明主体参与某一行业的共同特征相关的特定行业指标；（3）主体为缓解或适应气候相关风险，或最大程度利用气候相关机遇而设定的目标，以及法律法规要求主体实现的目标，包括治理机构或管理层用于计量实现这些目标的进展的指标。

在跨行业指标方面，主体应披露：（1）温室气体，具体包括：①报告期间产生的温室气体绝对排放总量（以二氧化碳当量公吨数表示）并分别列示范围1、范围2和范围3的温室气体排放；②主体应按照《温室气体规程：企业核算与报告标准（2004年）》计量其温室气体排放量，除非各司法管辖区当局或主体上市的交易所要求采用不同的方法计量温室气体排放；③用于计量温室气体排放量的方法，如用于计量其温室气体排放量的方法、输入值和假设及其原因以及报告期间对计量方法、输入值和假设作出的变更及原因；④将范围1和范围2温室气体排放量分解为合并集团以及未纳入合并范围的其他被投资方（如联营企业、合营企业及未合并子公司）的排放量；⑤按位置法核算的范围2温室气体排放量，并提供相关合同工具的信息；⑥根据《温室气体规程：公司价值链（范围3）核算与报告准则（2011年）》，披露范围3温室气体排放计量中包括的类别。如果主体的活动包括资产管理、商业银行或保险，应披露类别15温室气体排放或与其投资（融资排放）相关的额外信息；（2）气候相关转型风险，即易受气候相关转型风险影响的资产或业务活动的数量、金额和百分比；（3）气候相关物理风险，即易受气候相关物理风险影响的资产或业务活动的数量、金额和百分比；（4）气候相关机遇，即与气候相关机遇相关的资产或业务活动的数量、金额和百分比；（5）资本配置，即为应对气候相关风险和机遇而发生的资本支出、融资或投资的金额；（6）内部碳定价，并解释在决策中是否及如何应用碳定价以及内部用于评估排放成本的每公吨温室气体排放的价格；⑦薪酬，应披露主体在决定高级管理人员薪酬时是否及如何考虑气候相关因素，以及与气候相关因素挂钩的当期确认的高级管理人员薪酬百分比。

在气候相关目标方面，主体应披露：（1）用于设定目标的指标；（2）设定目标的目的（如以缓解、适应或符合科学碳目标倡议的要求）；（3）目标所适用的主体部分（目标是适用于整个主体还是仅适用于主体的一部分，如特定业务单元或特定地理区域）；（4）目标的适用期间；（5）衡量进展的基准期间；（6）阶段性目标或中期目标；（7）如果为定量目标，该目标是绝对目标还是强度目标；（8）设定目标时如何将最新气候变化国际协议（包括该协议产生的司法管辖区承诺）考虑在内。此外，主体还应披露其如何设定和复核每个目标以及如何监控每个目标实现进展的信息，包括：（1）目标及设定目标的方法是否经第三方验证；（2）主体复核目标的流程；（3）用于监控目标实现进展的指标；（4）对目标的修订以及对修订的解释。

（四）附录

IFRS S2包含三个附录，这些附录与IFRS S2正文具有同等效力。附录1对商业模式、披露主题、通用目的财务报告、通用目的财务报告主要使用者、价值链等术语进行定义。附录2是应用指南，对气候韧性、温室气体、跨行业指标类别以及气候相关目标等方面提供详细的指南，以支持主体对IFRS S2的应用。附录3为生效日期和过渡条款，规定主体自2024年1月1日或以后日期开始的年度报告开始采用IFRS S2，主体首次采用IFRS S2的第一个报告期内无需披露可比信息，可以使用以下一种或两种过渡性豁免：（1）如果在该准则首次执行日之前的年度报告期间内，主体使用了《温室气体规程：企业核算与报告标准（2004年）》以外的温室气体排放计量方法，主体可以继续使用该方法；（2）主体无须披露范围3温室气体排放，如果主体从事资产管理、商业银行或保险活动，无需披露与融资排放相关的额外信息。

三、IFRS S1和IFRS S2的主要特点评述

从IFRS S1和IFRS S2的规范内容和披露要求可以看出，ISSB准则相较于GRI准则和ESRS具有以下八个鲜明特点。增强对这八个特点的认识，有助于主体对这两个准则的实施应用。

（一）投资者导向

IFRS S1和IFRS S2以满足投资者对可持续发展相关信息的需求为导向，致力于为资本市场提供全球一致的可持续披露的基线准则，与GRI准则和ESRS以满足利益相关者对可持续发展相关信息的导向形成鲜明的对比。ISSB由国际财务报告准则基金会（IFRS基金会）设立，其制定的ISSB准则必须符合IFRS基金会章程对使命的规定。IFRS的使命是通过IASB和ISSB制定高质量、可理解、可执行的全球公认会计准则和可持续披露准则。作为一个非营利的公共利益组织，IFRS基金会下属的IASB所制定的IFRS其权威性主要来自国际证监会组织（IOSCO）的背书，ISSB最新发布的ISSB准则其权威性同样需要IOSCO的背书。因此，ISSB制定的ISSB准则以投资者为导向，完全符合IFRS基金会服务资本市场的立场和定位。可以预见，上市公司和金融机构将成为ISSB准则的主要应用场景。上市公司和金融机构将按照ISSB制定的以投资者为导向的ISSB准则披露与可持续发展相关的信息，有助于投资者了解其所投资或拟投资的上市公司和金融机构与可持续发展相关的风险和机遇，进而评估投资对象的可持续发展前景。相比之下，GRI准则和ESRS的视野更加宏大，旨在满足所有利益相关者对

可持续发展相关信息的需求。这里所说的利益相关者可进一步分为两类：第一类是受影响的利益相关者（Affected Stakeholders），包括利益受到或可能受到企业活动及其价值链活动有利或不利影响的群体或个人，如客户、员工、供应商、社区等；第二类是可持续发展报告使用者，即与企业有利益关系的利益相关者（Stakeholders With an Interest in the Undertaking），具体又包括两个群体，一是现行和潜在的投资者、债权人和其他借款人（如资产管理者、信贷机构和保险机构等），二是政府部门、商业伙伴、工会和社会伙伴、民间社会组织和非政府组织等（叶丰滢、黄世忠，2023）。由此可见，由于在主要使用者的设定上存在差异，以投资者为导向的ISSB准则其所要求披露的可持续发展相关信息不一定能够满足其他利益相关者的信息需求，在满足使用者的信息需求方面逊色于GRI准则和ESRS。

（二）单一重要性

不同于财务报告只有单一重要性，可持续发展报告意境下的重要性可分为单一重要性（Single Materiality）和双重重要性（Double Materiality），其中单一重要性又可进一步分为财务重要性（Financial Materiality）和影响重要性（Impact Materiality）。ISSB准则秉持的是财务重要性概念，要求披露主体受环境和社会的影响。相比之下，GRI准则则坚持影响重要性概念，要求披露主体对环境和社会的影响，而ESRS则采纳双重重要性概念，既要求披露主体对环境和社会的影响，也要求披露主体受环境和社会的影响。由于秉持不同的重要性概念，ISSB准则、GRI准则和ESRS的披露要求也因此存在较大差异，其中ESRS的披露要求最为全面和广泛。ISSB选择财务重要性与其以投资者为导向的立场一脉相承，目的是促使主体提供的可持续发展相关信息有助于投资者评估环境因素和社会因素对其已投资或拟投资的上市公司和金融机构发展前景的影响。财务重要性的底层逻辑是，环境和社会的可持续发展离不开资本市场为企业绿色转型提供资金支持，也离不开对公平正义等社会议题的关切。将重要性聚焦于财务重要性，便于投资者从可持续发展报告中获取有助于评价企业在环境和社会议题上的可持续性，引导他们将资金投向具有可持续发展前景的企业，进而促进经济、社会和环境的可持续发展。同样地，EFRAG选择双重重要性也与其以所有利益相关者为导向的立场相契合。双重重要性的底层逻辑是，企业既受环境和社会的影响，又对环境和社会产生影响，只有同时关注影响的双重性，并将与双重影响相关的信息均纳入可持续发展报告，投资者才能评估环境和社会议题如何影响企业的发展前景，其他利益相关者才能评估企业经营活动对环境和社会是产生积极影响还是消极影响（黄世忠、叶丰滢，2022）。基于对使用者的差异化定位，ISSB准则和ESRS选择不同的重要性概念，导致准则中的关键词也存在差异：风险和机遇（Risks and Opportunities，RO）是ISSB准则的关键词，而影响、风险和机遇（Impacts，Risk and Opportunities，IRO）则成为ESRS的关键词。RO体现的是财务重要性的概念，而IRO展示的则是双重重要性的概念。EFRAG可持续发展报告理事会对IRO作出的诠释是：对所有环境因素（气候变化、水与海洋资源、生物多样性及生态系统、循环经济、污染）的影响以及来自所有与环境因素相关风险和机遇的影响；对企业整个生态系统（劳动力、价值链工人、受影响社区、消费者和终端用户）中所有与人相关因素的影响以及来自所有与人相关因素风险和机遇的影响。

（三）全球性基准

ISSB将ISSB准则定位为全球性基准（Global Baseline）。全球性基准旨在作为披露要求的综合基础，提供旨在满足通用目的财务报告使用者需求的可比的、符合成本效益原则的、有助于决策的可持续相关财务信息披露。这将有助于各司法管辖区根据这一共同基准制定披露要求。IFRS S1旨在适应主体经营所在的司法管辖区的法律法规，这些法律法规对披露信息的文件、格式和结构作出不同的规定。各主体可以自由报告符合司法管辖区监管要求和公共政策目标的其他必要信息以及ISSB准则要求的信息。ISSB认为，为了便于比较，全球性基准在主体的可持续相关财务信息披露中清晰可见是很重要的。IFRS S1和IFRS S2允许额外披露，前提是这些额外披露不会掩盖ISSB准则要求的披露内容。可见，全球性基准意味着主体可以在ISSB准则基础上做加法，但不得做减法。ISSB将ISSB准则定位为全球性基准，不失为明智之举，既可提高ISSB准则在不同国家和地区的适用性，主体可以在ISSB准则的基础上添加其所在司法管辖区的额外披露要求，又可缓解因选择不同重要性概念的冲突，已经按照GRI准则或将按ESRS提供可持续发展相关信息披露的主体可以在ISSB准则的基础上添加其他利益相关者所需要的具有影响重要性的可持续发展相关信息。将ISSB准则定位为全球性基准的策略，无疑将极大提高ISSB准则的全球适用性。

（四）争议性定位

在可持续发展报告与财务报告的相互关系方面，存在两种不同的定位方式。一是包含式定位，将可持续发展报告的相关信息定位为财务报告的一个组成部分，即可持续发展相关信息与财务报表信息共同构成财务报告。二是平行式定位，将可持续发展报告定位为与财务报告相互平行的独立报告，两者共同构成公司报告。ISSB认为，按照ISSB准则进行的可持续相关财务信息披露与按照IFRS编制的财务报表都是财务报告不可或缺的组成部分，而EFRAG则认为，按照ESRS编报的可持续发展报告与按照

IFRS 编制的财务报告共同构成公司报告。ISSB 将可持续相关财务信息披露定位为财务报告的组成部分，虽然契合其以投资者为导向和以财务重要性为基础的立场，但这样的定位却颇具争议性。这是因为可持续相关财务信息披露包含的绝大部分信息因不符合报表要素定义和难以用货币可靠计量而未经会计程序确认和计量，且充斥着大量定性信息和前瞻性信息。将这些未经确认和计量且严重依赖定性和前景分析的信息作为财务报告的组成部分，既有悖于会计学理，也不利于实务操作，主体可能因此误以为编制可持续发展报告是财务部门分内之事。本文认为，EFRAG 将可持续发展相关信息定位为独立于财务报告并与财务报告共同构成公司报告的做法更加合乎逻辑。

（五）关联性信息

IFRS S1 要求主体提供关联性信息，以便使用者更好地了解通用目的财务报告中各种类型信息之间的关系，并深入洞察信息相关项目之间的关系（如各种可持续发展相关的风险和机遇之间的关联）。主体还需解释可持续发展相关风险和机遇之间的实际和潜在关系和抉择，例如，主体可以解释环境风险如何影响其声誉或经营能力，以及研发应对这些风险的新产品如何影响员工构成或财务业绩。此外，主体还应当以交叉索引等方式说明可持续发展相关信息与财务信息之间的关联性，例如，主体若在可持续相关财务信息披露中识别了重大的气候转型风险，则应说明当期的财务报表是否以及在何处反映这些转型风险对其资产和负债、收入和成本的影响。提供关联性信息，增强可持续相关财务信息披露之间及其与财务报告信息披露的关联性，有助于通用目的财务报告使用者从整体和综合的角度了解和评价企业的可持续发展前景。为了增强关联性，IFRS S1 要求主体的可持续相关财务信息披露与其财务报告同时披露。同时披露还可避免使用者误以为可持续相关财务信息的重要性不如财务报表披露的信息。

（六）相称性机制

在征求意见阶段，虽然大多数反馈者赞同这两项准则的披露要求，但不少反馈者同时建议 ISSB 应认真考虑主体满足这些披露要求的能力和准备程度，一些主体因资源限制（建立和维护满足披露要求的信息系统和流程相对其规模成本较高）、数据可获性（高质量的外部数据在一些行业、市场和价值链环节中的可获性较低，且这些数据与主体的商业模式和经营活动性质密切相关）和专家可获性（一些主体可能难以吸引遵循准则所需要人员和人才），可能无法全面遵守 IFRS S1 和 IFRS S2 的披露要求。为了应对这些挑战，ISSB 在可持续发展相关风险和机遇的识别、情景分析的开展、预期财务影响的评估、价值链范围的确定、范围3温室气体核算、准则首次应用年度可比信息的提供等方面引入了相称性（Proportionality）机制，包括“无需付出过度成本或努力即可获得所有合理且有依据的信息”的概念以及在技能、能力和资源是否相匹配的考虑。引入相称性机制，不仅有助于减轻主体的披露负担，而且有助于主体以符合成本效益原则的方式应用ISSB准则，值得肯定。

（七）例外性豁免

ISRS S1和IFRS S2分别在合规声明和温室气体核算标准方面提供了例外性豁免。在合规声明方面，只有在可持续相关财务信息披露符合ISSB准则的所有要求时，主体才可作出明确和无保留的合规声明，但如果当地法律法规禁止主体披露ISSB准则要求的信息，IFRS S1豁免主体披露此等信息。此外，如果ISSB准则要求披露的可持续发展相关机遇信息具有商业敏感性，IFRS S1豁免主体披露此等信息。但利用这两个豁免并不妨碍主体声称遵循了ISSB准则。提供这两个例外性豁免尽管体现了ISSB对当地法律法规和主体保守商业秘密的尊重，但与主体只有符合ISSB准则的所有披露要求才可作出合规声明的规定相互矛盾。在温室气体核算方面，如果司法管辖区当局或主体上市的交易所要求使用不同的方法计量温室气体排放，则IFRS S2豁免主体按照《温室气体规程：企业核算与报告标准（2004年）》计量温室气体排放的要求。这个例外性豁免规定，尽管可避免ISSB准则在计量温室气体排放上与主体所在地的规定相冲突，但可能导致不同国家的主体披露的温室气体排放信息缺乏可比性。

（八）相互操作性

在征求意见阶段，不少反馈者强烈呼吁增强ISSB准则与各司法管辖区的要求特别是ESRS和美国证监会（SEC）气候披露新规的相互操作性（Interoperability）。为了提高ISSB准则与其他可持续发展报告框架和标准的相互操作性，IFRS基金会采取的主要措施包括：与EFRAG和GRI保持畅通的协调合作机制；成立司法管辖区工作组（JWG）和可持续披露准则咨询论坛（SSAF）；引入TCFD框架作为ISSB准则的核心内容；对价值链进行更加严谨的界定；以发展前景取代难以达成共识的企业价值。这些举措提高了ISSB准则与GRI准则和ESRS的相互操作性，减轻了编报者的负担，备受好评。值得说明的是，欧盟委员会要求EFRAG制定的ESRS必须按照《公司可持续发展报告条例》（CSRD）的规定与ISSB发布的准则相协调。EFRAG评估后认为，遵循了ESRS 1（一般要求）、ESRS 2（一般披露）和ESRS E1（气候变化）就自动符合了IFRS S1和IFRS S2的要求，但遵循了IFRS S1和IFRS S2却不完全符合ESRS 1、ESRS 2和ESRS E1的要求，因为这三份ESRS包含了许多关于影响重要性信息的披露要求，而 IFRS S1 和 IFRS S 却没有类似的披露要求。

（原载于《财务与会计》2023 年第 14 期）

主要参考文献：

1. 黄世忠，叶丰滢．可持续发展报告的双重重要性原则评述［J］．财会月刊，2022（10）：12－19.

2. 叶丰滢，黄世忠．可持续发展报告的目标设定研究［J］．财务研究，2023（1）：15－25.

3. EFRAG. Draft ESRS 1 General Requirement［EB/OL］. www. efrag. org，March 2022.

4. EFRAG. Draft ESRS 2 General Disclosures［EB/OL］. www. efrag. org，March 2022.

5. EFRAG. Draft ESRS E1 Climate Change［EB/OL］. www. efrag. org，March 2022.

6. ISSB. IFRS S1 General Requirements for Disclosure of Sustainability－related Financial Information［EB/OL］. www. ifrs. org，June 2023.

7. ISSB. IFRS S2 Climate－related Disclosures［EB/OL］. www. ifrs. org，June 2023.

谱写欧盟 ESG 报告新篇章
——从 NFRD 到 CSRD 的评述

黄世忠

【摘要】得益于独特的发展模式和高标准的环保政策，欧盟早已实现碳达峰，正在向 2050 年的碳中和目标迈进。与此相适应，欧盟十分重视与 ESG 报告相关的立法工作和政策规划，近期发布了《公司可持续发展报告指令》，拟取代《非财务报告指令》。本文认为，《公司可持续发展报告指令》将成为欧盟 ESG 报告发展史上的里程碑，不仅将改写欧盟 ESG 报告过度依赖外来标准的历史，而且将重塑可持续发展报告准则制定的格局，进一步奠定欧盟引领世界的地位，在发展模式、立法推动、绿色金融、准则制定、概念框架、鉴证机制等方面留给我们诸多启示。

【关键词】ESG；准则制定；概念框架；绿色金融；鉴证机制

2021 年 4 月，欧盟委员会（EC）发布了《公司可持续发展报告指令》（Corporate Sustainability Reporting Directive，CSRD）的征求意见稿，拟取代其在 2014 年 10 月发布的《非财务报告指令》（Non – Financial Reporting Directive，NFRD）。CSRD 征求意见稿预计将顺利获得欧洲议会的批准，这标志着欧盟的 ESG 报告将发生质的变化，编制理念将从社会责任拓展至可持续发展，标准制定将从被动采纳转向自主制定，报告编制将从多重标准走向统一规范，编制范围将从局部试点转为大幅扩大，审计鉴证将从简单检查升格为有限鉴证，从而为欧盟在 ESG 报告方面进一步引领全球奠定坚实的法律和技术基础。本文在回顾 NFRD 规范要点和不足之处的基础上，分析 CSRD 的重大变革和潜在影响，并总结 CSRD 的重大启示意义。

一、NFRD 的规范要点和不足之处

NFRD 的出台与联合国倡议密切相关。2012 年 6 月，联合国可持续发展大会（又称“里约 + 20”峰会）在巴西里约热内卢召开，并发表了题为《我们期望的未来》（The Future We Want）的大会宣言（以下简称“里约宣言”）。与会的各国代表和国际组织在里约宣言中重申对可持续发展的承诺，以确保当代人和后代人能够拥有在经济上、社会上和环境上可持续发展的未来。为了落实里约宣言的要求，欧盟更新了 2011—2014 年战略，以推动成员国相关主体履行其在可持续发展方面的企业社会责任（CSR）[①]。该战略要求企业在与利益相关者密切磋商的基础上，制定将社会、环境、伦理、人权和消费者利益等问题融入其经营活动和核心战略的程序，以便：（1）为其业主/股东、其他利益相关者和社会创造最大化的共享价值（Shared Value）；（2）识别、防范和化解潜在的不利影响。

（一）NFRD 的规范要点

欧盟于 2014 年 10 月 22 日通过了 NFRD，要求其成员国将其转化为法律，以报告企业是否实现上述两个目标。为了减轻中小企业的负担，NFRD 仅适用于员工超过 500 人的大型公共利益主体（Public Interest Entity），包括上市公司、银行、保险公司和各成员国认定的涉及公用利益的其他企业。NFRD 要求大型公共利益主体从 2018 年起编报非财务报告，与年度财务报告一并报送和披露，据以使利益相关者了解企业的发展情况、经营业绩、财务状况及其经营活动对社会和环境的影响。为了提高欧盟范围内非财务信息披露的一致性和可比性，NFRD 主要从以下八个方面进行规范（EC，2014）：

（1）非财务报告应对企业的商业模式进行描述，说明企业如何创造和保持长期价值，包括营商环境、组织结构、所处市场、经营目标、发展战略以及影响未来发展的趋势和因素；

（2）非财务报告至少应涵盖环境问题、社会和员工相关问题、尊重人权以及反腐败和贿赂问题；

（3）非财务报告应说明企业对上述问题所采取的政策、所取得的成效和所面临的风险，并将其纳入管理报告中；

（4）非财务报告应说明企业对上述问题所采取的尽职调查程序，包括在合乎比例

① 欧盟将 CSR 定义为“企业对社会的影响责任”，以促进可问责的、透明的和负责的商业行为和可持续增长。

原则的情况下，对供应链和服务外包启动的尽职调查程序，以识别、防范和化解现有和潜在的不利影响；

（5）在环境问题方面，非财务报告应详细说明企业经营活动在目前和可预见将来对环境的影响，以及对健康和安全的影响、可再生和不可再生能源使用情况、温室气体排放情况、水资源使用和空气污染情况。在社会和员工相关问题方面，非财务报告应包括性别平等、世界劳工组织主要规定执行情况、工作条件、员工知情权、尊重工会权利、与当地社区就健康和安全举行对话、社区保护和发展等信息。在人权以及反腐败和贿赂问题方面，非财务报告应包括防止侵犯人权、反腐败和行贿所采用的政策工具等信息；

（6）非财务报告应披露企业行政机构、管理机构和监督机构成员的多样性信息，如年龄结构、教育背景、性别构成和专业背景等，董事会应确保治理层和管理层成员的多样性，使他们能够对企业现有事务、长期风险和机遇获取不同观点，避免群体思维（Group Thinking）；

（7）非财务报告信息的编报，可以采用国别报告框架、欧盟通用报告框架（如生态管理和审计方案）或国际组织报告框架，如联合国全球契约（UN Global Compact）框架，联合国保护、尊重和缓解人权问题框架，经合组织（OECD）跨国公司指引，国际劳工组织关于跨国企业和社会政策三方原则宣言，全球报告倡议组织（GRI）报告框架等，但必须在报告中说明所依据的报告框架。

（8）法定审计师必须检查企业是否按 NFRD 的规定提供非财务信息，但不要求对非财务报告的内容进行鉴证。

欧盟委员会 2020 年 11 月发布的《NFRD 研究报告》表明：自 2018 年以来，直接在 NFRD 适用范围之内的公共利益主体只有 1 956 家（其中包括 1 604 家上市公司、278 家银行和 74 家保险公司）；但若将各成员国通过会计指令和 NFRD 转化为所在国法律而涉及的企业计算在内，按照 NFRD 的要求提供非财务报告的企业高达 11 500 家，另有约 9 000 家其他共同利益主体和大型非公共利益主体自愿提供非财务报告。1 956 家受 NFRD 直接规范的公共利益主体在编报非财务报告过程中发生了约 3. 41 亿欧元的管理成本，其中首次执行当年发生的管理成本为 2. 04 亿元，后续年度为 1. 37 亿欧元。西班牙和意大利等少数成员国在将 NFRD 转化为本国法律时，要求企业对非财务报告进行鉴证，较大型企业的鉴证费用介于 6. 8 万欧元至 21. 2 万欧元之间，平均约 10 万欧元，较小企业的鉴证费用介于 2. 8 万欧元至 4. 2 万欧元之间，平均约 3 万欧元。该研究报告还发现，NFRD 促使大多数企业发生行为改变（EC, 2020），主要表现为：增进了对环境问题、社会和员工相关问题、尊重人权以及反

腐败和贿赂问题的理解和重视；设计了非财务报告编报和审批的内控程序；调整了相关内部政策和管理程序；将非财务风险融入了企业战略；修改对企业主要业务产生直接影响的政策。

（二）NFRD 的不足之处

NFRD 为欧盟通过立法规范企业非财务报告开了先河，促进了 CSR 的发展，提高了企业的社会责任意识，对落实里约宣言作出了重要贡献。但 NFRD 也存在一些不足。主要包括：

（1）NFRD 没有对非财务报告的编报标准加以规范，企业各取所需，编报所依据的报告框架五花八门，既有参照国别报告框架，也有参照欧盟通用报告框架的，还有参照国际组织报告框架的，导致企业之间的非财务报告信息缺乏可比性，增加了利益相关者使用非财务报告信息的难度。

（2）NFRD 未对非财务报告的关键业绩指标（KPI）提出明确要求，企业在环境问题、社会和员工相关问题、尊重人权以及反腐败和贿赂问题方面披露的 KPI 取自不同的报告框架，甚至同一份非财务报告的 KPI 选自不同的报告框架，逻辑严谨性和信息可理解性不高。

（3）NFRD 未深入了解利益相关者的信息需求，企业披露的非财务报告信息与利益相关者需要的非财务报告信息存在较大差距，弱化了非财务报告信息的相关性。

（4）NFRD 对重要性提供的指南不够明确和具体，大部分企业编制非财务报告时对“双重重要性”（Double Materiality）缺乏应有的了解，非财务报告既不能准确反映环境因素（如气候变化）和社会因素（如员工权利和消费者保护）对企业价值创造的影响，也不能准确反映企业经营活动对环境和社会的影响，

（5）NFRD 不要求对非财务报告进行鉴证，温室气体排放等信息的真实性难以验证，可靠性较低，粉饰美化现象较为普遍。

（6）NFRD 的利益相关者导向不够突出，未要求企业实施利益相关者参与（Stakeholder Engagement）程序，导致企业提供的非财务报告过多地迎合股东而不是其他利益相关者的信息需求。

（7）NFRD 对治理的要求失焦，只要求披露治理层和管理层成员的多样性，而没有要求将环境议题和社会议题纳入治理体系和治理决策中。

（8）NFRD 豁免了中小企业提供非财务报告的责任，虽然减轻了它们的负担，但不利于它们从日益重视绿色金融的投资机构和商业银行获取投资和贷款，也不利于实现绿色发展和可持续发展的转型升级。

二、CSRD 的重大变革和潜在影响

NFRD 存在的上述不足，使其难以满足近年来利益相关者对高质量 ESG 报告信息与日俱增的需求，再加以下三个方面的原因，最终促使欧盟决定出台 CSRD，以取代与形势发展不相适应的 NFRD。首先，NFRD 颁布以来，联合国在 2015 年通过了《2030 年可持续发展议程》，提出了 17 个可持续发展目标（SDGs），2016 年近 200 个国家和地区签署了《巴黎协定》，国际环境的变化要求欧盟采取切实举措推动辖区内的企业在 ESG 方面履行更多的责任。其次，NFRD 颁布以来，欧盟陆续颁布了《可持续金融披露条例》（Sustainable Finance Disclosure Regulation）、《分类条例》（Taxonomy Regulation）、《绿色债券标准》（Green Bond Standard）以及《欧盟绿色协议》（EU Green Deal）等旨在促进经济社会可持续发展的法律法规，对 NFRD 小修小补难以适应对 ESG 提出更高要求的法律环境，迫使欧盟另起炉灶，高标准制定新的可持续发展报告准则。最后，NFRD 颁布以来，国际组织在推动 ESG 报告方面取得突破性进展，尤其是 GRI 于 2016 年发布的四模块准则体系和 TCFD 在 2017 年发布的四要素披露框架认可度很高（黄世忠，2021），被欧盟企业广泛采用，通过与这些国际组织的合作，可以吸纳其最新的研究成果，使欧盟有条件制定更高标准的可持续发展报告准则。

（一）CSRD 的重大变革

从 CSRD 征求意见稿可以看出，欧盟的 ESG 报告将在以下六个方面发生重大变革。

（1）欧盟将开启独立自主制定可持续发展报告准则的新篇章。欧盟 ESG 报告缺乏统一规范、企业自行选择报告框架的历史将一去不复返，这将极大提高 ESG 报告的可比性和相关性。从这个意义上说，CSRD 将成为促进欧盟经济社会可持续发展的重要制度创新和制度安排。按照 CSRD 征求意见稿提出的时间表和路线图，如图 1 所示，欧盟可望在 2022 年中期发布第一批可持续发展报告准则，成为全球首个运用统一标准对 ESG 报告进行规范的发达经济体。

（2）欧盟将开启“公私合营”的准则制定新模式。欧洲财务报告咨询组（EFRAG）已经获得欧盟委员会的法律授权和经费支持，将负责制定适用于欧盟企业的可持续发展报告准则，其地位将从咨询机构升格为准则制定机构，其职能将从将国际财务报告准则（IFRS）评议延伸至欧洲可持续发展报告准则（ESRS）的制定。EFRAG 已经应欧盟委员会的要求，修改其章程、充实其人员，全力以赴从事可持续发展报告准则的起草工作，第一批准则初稿可望在 2022 年上半年提交专家委员会审议。

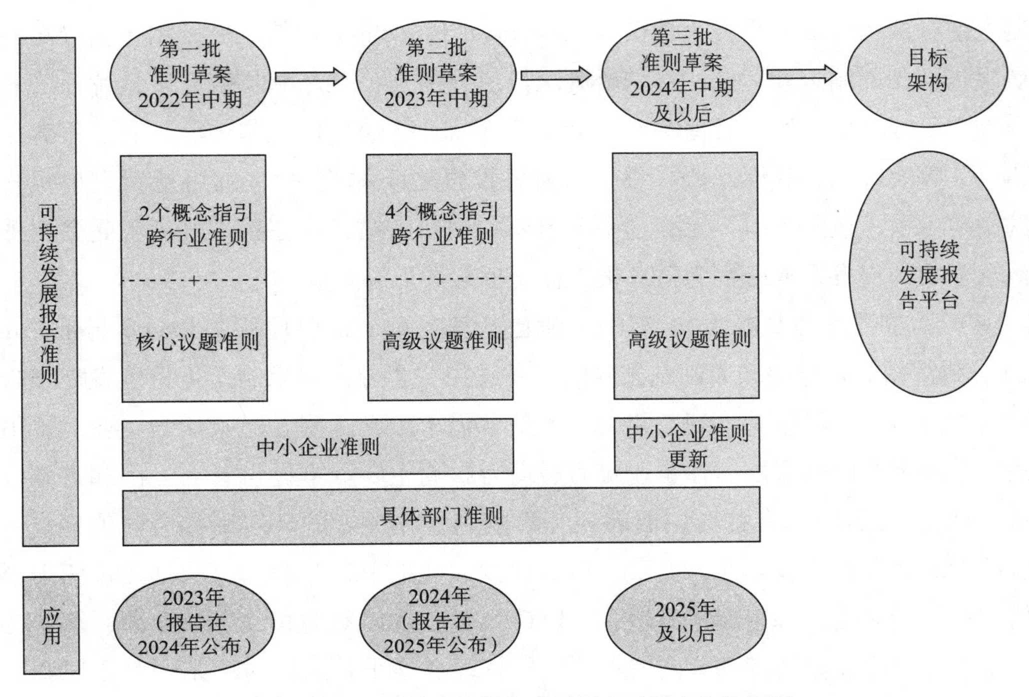

图1　欧盟可持续发展报告准则制定时间表和路线图

资料来源：EFFAG，2021。

此外，根据欧盟委员会的要求，EFRAG 在 2020 年 2 月向欧盟委员会提交了《关于相关和动态的欧盟可持续发展报告准则制定的建议》，提出了 54 条政策建议，勾勒出欧盟 ESG 报告的顶层设计蓝图，其中最引人注目的建议之一是可持续发展报告准则的“三三制”架构（三个层次、三个领域和三个议题），如图 2 所示。

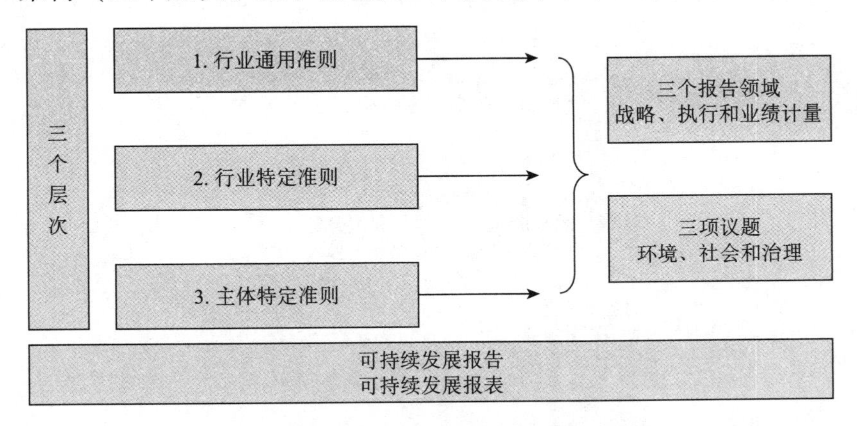

图2　欧盟可持续发展报告准则体系架构

资料来源：EFRAG，2021。

（3）欧盟将同步制定用于指导可持续发展报告准则制定工作的概念指引。EFRAG 虽然没有明确提出制定概念框架（Conceptual Framework）的设想，但主张在 2023 年中期之前分两批完成六个概念指引（Conceptual Guidelines）的制定，用于指导可持续发展报告准则的制定和运用。这六个概念指引分别是公共产品、信息质量特征（相关性、如实反映、可比性、可理解性、可靠性/可验证性）、回顾与前瞻信息、报告层级和边界、重要性、关联性（ESG报告与财务报告之间的关联）。在可持续发展报告准则的制定中引入概念指引，无疑是一项重要的创新举措，这在很大程度上是受财务报告概念框架的启发，亦可视为财务报告概念框架的外溢效应。

（4）欧盟可持续发展报告准则的制定将遵循两个首要原则（Overarching Principles）：利益相关者导向和原则基础导向。利益相关者导向要求制定可持续发展报告准则时应充分考虑并尽量满足利益相关者的信息需求。在欧盟，通常认为企业对价值创造的贡献表现在两个层面，在企业层面表现为影响主要资本提供者的经济和财务价值创造（或价值毁损），在社会层面表现为影响利益相关者的环境和社会价值创造。在承认两者之间存在着差异性、关联性和依存性的前提下，企业的目标是实现两个层面价值创造的最大化。基于这样的理念，ESG报告必须以利益相关者为导向，承认并对其诉求作出反应。原则基础导向要求制定可持续发展报告准则时应采用基于原则的方法而不是基于规则的方法，因为原则基础导向契合欧盟的立法环境，但为了确保ESG报告的可比性，CSRD对披露事项提出较为详细的要求。

（5）欧盟可持续发展报告准则的制定将秉持“双重重要性”立场。CSRD要求企业在判断哪些ESG重要事项需要披露时，既要考虑对价值创造产生影响的可持续发展事项，也要考虑报告主体对环境和人类产生重大影响的可持续发展事项，前者称为财务重要性（Financial Materiality），后者称为影响重要性（Impact Materiality），如图3所示。

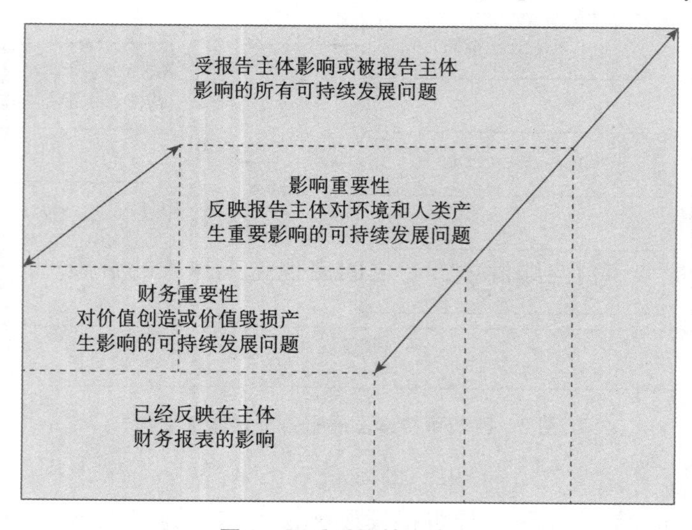

图3　双重重要性示意图

资料来源：EFFAG，2021。

（6）欧盟将以循序渐进的方式引入 ESG 报告鉴证机制，在形成统一的可持续发展报告准则之前要求企业聘请法定审计师或其他独立机构对 ESG 报告进行鉴证并提供有限保证（Limited Assurance），待形成统一的可持续发展报告准则后再要求对 ESG 报告提供合理保证（Reasonable Assurance）的鉴证。欧盟通过立法的形式正式引入独立的鉴证机制，旨在解决被广为诟病的 ESG 报告可靠性不高的问题，有助于遏制企业夸大环境保护投入和成效或隐瞒其经营活动对环境造成的不利影响。

（二）CSRD 的潜在影响

CSRD 将在欧盟内部和外部产生深远影响。

1. 在欧盟内部，CSRD 的影响主要表现在三个方面：

（1）需要提供 ESG 报告的范围将大幅扩大。CSRD 要求所有大型企业和上市公司都必须提供 ESG 报告，但中小型上市公司可以有三年的过渡期。大型企业被界定为满足三个标准中的两个者：资产总额超过 2 000 万欧元；收入超过 4 000 万欧元；年度员工平均人数超过 250 人。据测算，将有 5 万家欧盟企业符合 CSRD 的新规，比 NFRD 的适用范围扩大一倍多。针对扩大 ESG 报告编报范围是否会增加企业负担的问题，欧盟委员会工作人员提供的 CSRD 影响评估报告显示，可持续性发展报告准则的实施将给编制者带来 12 亿欧元的一次性成本和约 36 亿欧元的年度再发性成本，但采用统一的可持续发展报告准则可降低企业选用不同报告框架的成本，由此可为每家企业节省 2. 42 万欧元至 4. 17 万欧元的成本。此外，实施可持续发展报告准则预计还将使各成员国增加 35. 5 亿欧元的管理成本以及每年约 5 亿欧元的数字化平台开发和维护费。

（2）无形资源等将正式纳入 ESG 报告。随着新经济的崛起，企业的价值创造和可持续发展能力越来越倚重于研究开发、创意设计、人才培养、专利申请、网络更新、收据收集、市场开拓、客户维护、品牌建设、流程优化等无形资源（黄世忠，2020），但受限于财务会计的确认、计量和报告规则，这些无形资源往往没有在财务报表上体现，导致企业的股票市值与账面净资产之间出现越来越大的背离。为此，不少投资者和其他利益相关者呼吁将这些表外的无形资源纳入 ESG 报告的范畴。CSRD 回应了这种诉求，要求企业在 ESG 报告中披露可能影响价值创造和可持续发展的无形资源，特别是知识产权、技术专利、客户关系、数字资产和人力资本等。

（3）ESG 报告的边界将进一步延伸。企业在确定具有财务重要性和影响重要性的可持续发展事项时，将不再局限于传统的以控制力和影响力为基础的报告主体边界，而必须从整个产品和服务价值链的角度评价其受到外部的影响和对外部的影响。譬如，温室气体排放量的披露，不仅应考虑企业本身的排放，还应考虑其经营活动带来上游（材料采购）和下游（产品消费）的排放①。

2. 在欧盟外部，CSRD 的影响主要表现为可持续发展报告准则制定的世界格局将被重塑。CSRD 堪称欧盟 ESG 报告发展史上的里程碑，不仅将改写欧盟 ESG 报告过度依赖外来标准的历史，而且将形成 ESG 标准制定三足鼎立的格局，即国际可持续准则理事会（ISSB）发布的国际准则、欧盟发布的区域准则和美国发布的国别准则同时并存。对于应否设立 ISSB 的问题，美国持观望甚至反对态度。2021 年 7 月，美国证券交易委员会（SEC）委员 Hester M. Pierce 致信国际财务报告准则（IFRS）基金会，对 IFRS 基金会拟修改章程并设立 ISSB 发布国际可持续披露准则的做法表示反对，理由是会计准则不同于可持续披露准则，设立 ISSB 不利于基金会聚焦于中心工作，拟议中的章程修改可能削弱 ISSB 的完整性（Pierce，2021）。美国对设立 ISSB 的态度耐人寻味，意味着美国可能自行制定可持续披露准则。欧盟过去一直是 IFRS 基金会最坚定的支持者和最慷慨的捐款者，但是 IFRS 基金会行动迟缓，且人力和财力有限，其制定的国际可持续披露准则不一定能够满足欧盟的要求，因此欧盟转而与其他国际组织合作。尽管如此，在可持续披露准则的国际趋同方面，欧盟持开放态度，将继续与包括 ISSB 在内的国际组织保持合作。

三、欧盟在 ESG 报告方面的启示

CSRD 催生了可持续发展报告准则的重大变革，将进一步确立欧盟在 ESG 报告方面引领世界的地位，留给我们诸多启示。

（一）发展模式奠定了欧盟 ESG 报告的引领地位

欧盟之所以在 ESG 报告方面引领世界，与其经济社会发展模式密切相关。欧盟早已进入后工业化时代，2020 年大部分成员国服务业增加值占 GDP 的比重均超过 60%（如德国、法国、意大利、西班牙、荷兰分别为 63.59%、71.03%、66.75%、67.54%和 69.59%），已经脱离欧盟的英国，其服务业增加值占 GDP 的比重更是高达 72.79%。相对于制造业为主的经济体而言，服务业主导的经济体其温室气体排放量较

① 世界资源研究所（WRI）和世界可持续发展工商理事会（WBCSD）2004 年公布的《温室气体规程：企业核算与报告标准》（The Greenhouse Gas Protocol：A Corporate Accounting and Reporting Standard，GHGP），将企业的温室气体排放划分为三个范围：范围 1（Scope 1）是企业直接排放的温室气体，范围 2（Scope 2）是企业购买的自用电力排放的温室气体，范围 3（Scope 3）是与企业经营活动相关的其他温室气体排放。范围 1 的排放来源由企业所有或控制，范围 2 属于企业耗用电力的间接排放，排放源不完全由企业控制，范围 3 的排放来源不由企业所有或控制。

少。得益于这种独特的经济发展模式，欧盟成员国和英国在 20 世纪 90 年代就已经实现了碳达峰。根据联合国环境规划署（UNEP）发布的《2020 年排放差距报告》，在全球六大温室气体排放国或排放地区中，2019 年欧盟和英国每万美元 GDP 产生的温室气体排放量最低，且人均排放量仅高于印度，如表 1 所示。正因为如此，欧盟才有底气大力推动 ESG 报告的发展。

表 1　　全球六大温室气体排放国（地区）

国家或地区	温室气体排放		GDP		每万美元 GDP 排放量（吨）	人均排放量（吨）
	二氧化碳当量（亿吨）	占全世界比例	总量（万亿美元）	占全世界比例		
中国	140	26.7%	14.36	16.36%	9.75	10.00
美国	66	12.6%	21.43	24.42%	3.08	20.06
欧盟和英国	43	8.2%	18.41	20.98%	2.34	7.42
印度	37	7.1%	2.87	3.27%	12.89	2.71
俄罗斯	25	4.8%	1.70	1.94%	14.71	17.01
日本	14	2.7%	5.08	5.79%	2.75	11.11

资料来源：根据联合国环境规划署《2020 年排放差距报告》和国际货币基金组织数据库整理。

必须说明的是，UNEP 的温室气体碳排放量是以国别为基础计算的。这种算法没有考虑国际分工和国际贸易对温室气体碳排放量的影响，其科学性和合理性值得进一步商榷。UNEP 也承认，若从生产和消费合并计算的角度计算，美国、欧盟和日本等发达国家的温室气体排放量将大幅上升（UNEP，2020）。由此可见，之所以中国温室气体排放量全球最多，与中国是世界最大制造国有关，发达国家通过生产外包和货物进口等方式将本应在其国家排放的温室气体转嫁给中国。换言之，中国替发达国家背负了相当一部分的温室气体排放。此外，从历史角度看，1751—2017 年我国累计排放量仅占全世界的 12.7%，而美国和欧盟分别为 25% 和 22%（Our Worldin Data，2019）。

（二）立法推动是明确 ESG 报告责任的规制力量

ESG 报告涉及的环境议题和社会议题，具有明显的经济外部性，仅仅依靠市场力量和企业自觉难以解决由此带来的市场衰败问题，必须通过立法手段，颁布法律法规，才能矫正企业经营行为，促使企业减少负外部性。在环境和社会方面存在负外部性的企业，通常不会自愿披露，只有通过法律法规，明确其 ESG 的报告责任，才能强制这些企业披露它们的经营活动对环境和社会造成的负面影响，促使它们提高环保意识，改善社区关系，尊重员工和消费者等利益相关者的正当权益。

欧盟在 ESG 报告方面引领世界，其中的一个重要原因是重视立法的推动作用。过去十多年欧盟与 ESG 相关的立法包括：2007 年通过《股东权指令》，对代理投票等公司治理进行规范；2014 年通过《非财务报告指令》，要求企业披露环境、社会和员工、人权以及反腐败和贿赂等信息；2016 年修订《专业退休服务机构的活动及监管》，要求对外披露 ESG 议题信息；2017 年修订《股东权指令》，要求股东参与企业的 ESG 议题；2018 年启动《欧盟分类条例》征求意见，并在 2019 年对欧盟分类条例在可持续金融领域应用条款进行说明；2019 年颁布《欧洲绿色协议》，确立了 2050 年实现碳中和的政策目标，同年还年颁布了《可持续金融披露条例》（已于2021 年3 月10 日起生效），要求金融机构说明其投资和信贷对环境可持续发展“不造成重大损害”。2020 年正式通过《欧盟分类条例》，从环境可持续发展的角度，构建了经济活动的分类体系，以确保经济活动对气候和环境产生积极影响；2021 年 4 月欧盟委员会一致同意就《可持续发展报告指令》征求意见，2021 年 6 月批准了《气候法案》，要求成员国在 2030 年前将温室气体排放量在 1990 年水平的基础上再削减 55%。特别难能可贵的是，欧盟的指令和条例获得欧洲议会通过后需要各国将其转化为本国法律，程序繁琐，耗时冗长，过去十多年能够在 ESG 方面如此密集立法，实属不易。

（三）绿色金融是推动 ESG 报告的市场力量

ESG 报告的发展，既需要立法规制，也需要市场力量。绿色金融（Green Finance）在欧盟的迅猛发展，无疑是推动欧盟 ESG 报告引领世界的最重要市场力量。从某种意义上说，欧盟在 ESG 报告方面引领世界，是欧盟绿色金融引领全球的必然结果。2018 年，欧盟制定了《可持续金融行动计划》（Action Plan on Sustainable Finance），提出了十大行动要点：为可持续发展经济活动建立欧盟分类体系；为绿色金融产品建立标准和标签；促进对可持续发展项目的投资；将可持续发展纳入融资方案；确立可持续发展标准；将 ESG 等可持续发展因素纳入评级和市场研究；明确机构投资者和资产管理人在 ESG 方面的责任；将 ESG 因素融入资本要求监管；加强 ESG 信息披露和会计准则制定；提升企业可持续发展治理能力并抑制资本市场短期行为。为了落实该行动计划，2019 年欧盟颁布了适用于金融市场参与者、财务咨询公司和金融产品的《可持续金融披露条例》，从机构层面和产品层面对影响可持续发展的 ESG 因素提出披露要求，夯实了欧盟绿色金融的发展基础。

绿色金融的发展具有双重意义。一是绿色金融有助于将金融资本导向环境和社会友好型的具有可持续发展潜力的行业和企业，降低金融机构在 ESG 方面的风险暴露，进而促进金融机构自身的可持续发展；二是绿色金融有助于防止金融资本流向在环境和社会方面不可持续的行业和企业，对于改善生态环境、增进社会和谐具有积极作用，

从而促进经济社会的可持续发展，即以资本向善推动商业向善。换言之，绿色金融的初衷是金融机构出于自身防范风险的自利行为，但在自利过程中提升了亚当·斯密所说的社会整体利益，可谓"存利己之心行利他之事"。绿色金融蕴涵着风险防范和资本向善的理念，在金融界深入人心，因此，金融界在世界各国已成为ESG报告的最热心支持者和最坚定推动者，欧盟更是如此。

金融机构同时扮演着ESG报告编制者和使用者的双重角色，在ESG报告发展进程中发挥着十分独特的作用。同时，金融机构在ESG报告方面也面临着独特的挑战：一是金融机构本身虽然对生态环境的直接影响有限，但通过其金融产品和金融服务对环境和社会的间接影响却十分巨大。如何反映这些间接影响，对金融机构颇具挑战性。二是金融机构是企业ESG报告的最大使用者，ESG报告质量直接影响其实施绿色金融战略的成效。如何甄别ESG报告的信息质量，已然成为金融机构的新挑战。

（四）准则制定是确保ESG报告质量的前置条件

相对于财务报告，ESG报告的质量迄今为止乏善可陈，根本原因在于ESG报告的编制缺乏高质量准则的支撑。经过数十年的艰辛探索，会计界已经为财务报告的编制和披露制定了比较成熟和完整的准则体系。与此相反，ESG报告尚处于初期发展阶段，目前只有少数国家和国际组织提供ESG报告框架。这些报告框架具有鲜明的尝试性特点，成熟性和有效性均有待检验。此外，这些报告框架的普适性和强制性与财务报告准则相去甚远。

如果说财务报告准则是经济发展必不可少的游戏规则，那么可持续披露准则就是经济社会可持续发展不可或缺的基础设施。缺少ESG报告准则，支撑经济社会可持续发展的基础将很不牢固。因此，应当把可持续披露准则的制定工作上升到战略高度，把提升ESG报告质量视为提升商业文明的重大举措。欧盟在这方面开了先河，ISSB紧随其后，必将带动其他国家和地区加快准则制定步伐，对于大幅提升ESG报告质量极具引领作用。

基于准则制定的ESG报告质量得到明显改善后，接下来的问题是ESG报告如何与财务报告相互融合，以便于利益相关者更加有效地评价企业的可持续发展能力。财务报告与ESG报告同属公司报告，但两者目前尚未融合，既有交叉，也有空隙，缺乏连贯性，降低了财务报告和ESG报告的信息功效。对此，EFRAG提出两种解决方案：一种解决方案是在ESG报告中设立锚定点（Anchor Point），通过相互调节或交叉索引的方式，使其与财务报告相关联；另一种解决方案是财务报告应充分考虑ESG报告的锚定点，要求企业提供与ESG相关的前瞻性估计或风险披露。而哈佛大学的Serafeim

教授等则提出另一种野心勃勃的终极解决方案，试图通过“加权影响财务账户”（Impact - Weighted Financial Accounts），将ESG的影响货币化为一系列财务指标，以实现ESG报告与财务报告的彻底融合（Serafeim et al.，2019）。

（五）概念框架是制定ESG报告规则的理论基础

财务会计发展史表明，一套逻辑自洽、结构严谨、前后一贯的概念框架对于制定高质量的财务报告准则至关重要，也有助于准则实施中的专业判断。可持续披露准则制定工作刚刚起步，有必要且完全可以从财务报告概念框架的制定中汲取经验。ESG报告概念框架的内容至少应该包括：ESG报告的使用者及其信息需求；ESG报告的目标；ESG报告的信息质量特征；可持续披露准则制定应遵循的原则等（黄世忠，2021）。此外，可持续披露准则应当在结论基础中说明该准则的规定是否与概念框架保持一致。

可持续发展会计准则委员会（SASB）于2017年2月发布了《概念框架和程序规则》并在2020年进行修订，成为全世界用于指导可持续披露准则制定的首份概念框架。该份概念框架将ESG报告的目标界定为财务重要性、决策有用性和成本效益性，报告议题的选择必须符合财务影响性、利益相关性、普遍存在性、行动可行性等质量特征，指标体系的构建必须符合如实反映、完整性、可比性、中立性、可验证性、一致性和可理解性等质量特征，可持续披露准则的制定必须遵循以证据为基础、市场知晓度、行业针对性和公开透明性等基本原则。如前所述，EFRAG计划在2023年中期分两批完成六个概念指引，用于指导可持续披露准则的制定工作。SASB和EFRAG在概念框架方面的开创性工作，必将产生溢出效应，为ISSB和其他可持续披露准则制定机构提供借鉴。

（六）独立鉴证是提高ESG报告信誉的增信机制

如同财务报告需要鉴证以提高可信度一样，ESG报告同样需要鉴证来增信。笔者研读了国内外不少ESG报告，发现粉饰美化或避重就轻的“漂绿”（Greenwashing）现象比较普遍。“漂绿”一词最早出现于1986年，由美国环保主义者Jay Wsterveld提出（王菲和童桐，2020），后因绿色和平组织发表《绿色和平“漂绿”指南》而闻名。牛津词典将“漂绿”定义为散布虚假信息以向公众展示对环境负责的形象。企业的“漂绿”行为是指对社会和环境造成消极影响的企业通过不实信息披露和公关宣传制造对环境和社会友好的假象，以保持或扩大其市场份额或市场支配力。最经典、最经常被引用的“漂绿”案例非LVMH集团莫属，该集团旗下的奢侈品牌LV包等系列产品饱受动物福利主义者的抨击，为了扭转负面形象，LVMH集团推迟LV包上市时间，

开展“漂绿”公关宣传，声称其用低耗油量的海运替代高耗油量的空运，制作过程中禁用胶水，减少纸包装等。结果，LV包等系列产品的业绩不降反升。类似LV的“漂绿”行为不仅在企业界普遍存在，在金融界也是司空见惯。近年来，绿色金融风靡世界，贴上绿色金融标签成为时尚，但言过其实者众，名副其实者寡。从某种意义上说，2019年欧盟发布《可持续金融披露条例》，其中的一个重要目的就是抑制金融“漂绿”行为。ESG报告的“漂绿”现象之所以比较普遍，归根结底是缺少鉴证机制。唯有引入独立鉴证的增信机制，才能从根本上杜绝ESG报告的“漂绿”现象。

ESG报告尚未引入独立的鉴证机制，最重要的原因是可持续披露准则和鉴证准则尚未形成。离开可持续披露准则，独立鉴证将无以为继，甚至沦为主观臆断。同样地，离开ESG鉴证准则，独立鉴证将名不副实，甚至沦为“漂绿”帮凶。引入ESG报告的独立鉴证机制，必须加快鉴证准则的制定步伐。尽管国际审计与鉴证准则理事会（IAASB）已经在2012年制定了《国际鉴证业务准则第3410号——温室气体排放报告鉴证业务》，北京注册会计师协会近期也就碳排放鉴证业务发布了专家提示，中注协也将颁布温室气体报告鉴证准则提上日程，但这些还不是真正意义上的ESG鉴证准则。随着经济社会可持续发展日益成为关注重点，在ESG报告领域引入独立鉴证这种增信机制为期不远，这给注册会计师界带来机遇的同时也提出了挑战。为此，国际会计师联合会（IFAC）呼吁加快制定ESG鉴证准则，加强能力建设和人才储备，为ESG报告提供鉴证服务做好准备。

（原载于《财会月刊》2021年第20期）

主要参考文献：

1. 黄世忠. 新经济对财务会计的影响与启示［J］. 财会月刊，2020（7）：3－6.

2. 黄世忠. ESG理念与公司报告重构［J］. 财会月刊，2021（17）：3－10.

3. 王菲，童桐. 从西方到本土：企业“漂绿”行为的语境、实践与边界［J］. 国际新闻界，2020（7）：32－38.

4. EC. Directive2014/95/EU of the European Parliament and of the Council. www.europa. eu，October 2014.

5. EC. Study on the Non－Financial Reporting Directive. www. europa. eu，November 2020.

6. EFRAG. Proposals for a Relevant and Dynamic EU Sustainability Reporting Standard－

Setting [R/OL]. www. efrag. org, February 2021.

7. OurWorldinData. Who Has Contributed Most to Global CO_2 Emissions? And Who Emits the Most CO_2 Today [R/OL]. www. ourworldindata. org, January 28, 2019.

8. Pierce, H. M. Statement on the IFRS Foundation's Proposed Constitutional Amendments.

9. Serafeim, G., Zochowski, T. R., and Downing, J. Impact – Weighted Financial Accounts: The Missing Piece for an Impact Economy [R/OL]. www. hbs. edu/impact – weighted – accounts, 2019.

10. UNEP. Emissions Gap Report [R/OL]. www. unep. org, December 9, 2020.

可持续发展报告迈入新纪元
——CSRD和ESRS最新动态分析

黄世忠

【摘要】2022年11月28日，欧盟理事会正式批准了《公司可持续发展报告指令》（CSRD），为欧洲可持续发展报告准则（ESRS）的制定和实施奠定了坚实的法律基础。2022年11月22日，欧洲财务报告咨询组（EFRAG）将第一批12个ESRS提交给欧盟委员会审批，可望在2023年上半年获批为正式的ESRS。CSRD获得通过和ESRS提交审批，堪称欧洲可持续发展报告发展进程中的两大里程碑事件，对于推动欧盟经济、社会和环境的可持续发展意义非凡。本文首先分析CSRD的出台背景和主要规定，其次介绍EFRAG提交欧盟委员会审批的第一批ESRS的披露要求，最后概述第一批ESRS的成本效益。

【关键词】可持续发展报告；可持续发展报告准则；成本效益分析

一、引　言

1916年，美国学者克拉克在《变化中的经济责任基础》一文中首先提出了企业社会责任（CSR）的概念，2005年联合国发表了《在乎者赢》研究报告，率先提出了ESG（环境、社会和治理）的理念，标志着CSR报告时代向ESG报告时代演进。如果说2005年是ESG报告的元年，那么2022年可视为可持续发展报告[①]的元年，因为

① ESG报告与可持续发展报告（Sustainability Report）均关注ESE（经济、社会、环境）的可持续发展，这是两者的联系，两者的差别在于，ESG是可持续发展报告的核心披露内容，但不是全部内容。无论是ESRS还是ISSB准则都要求将有助于企业价值创造和可持续发展但不符合会计确认和计量标准因而被排除在财务报表之外的知识产权、智慧资本、技术诀窍、创新能力、数字资产等无形资本纳入可持续发展报告的披露范围。可见，可持续发展报告的范畴大于ESG报告。

EFRAG和国际可持续准则理事会（ISSB）分别发布了ESRS征求意见稿和国际财务报告可持续披露准则（ISSB准则）征求意见稿。第一批ESRS征求意见稿已提交欧盟委员会审批，可望在2023年上半年获批为正式准则，ISSB也将在2023年上半年发布两份正式的ISSB准则。ESRS和ISSB准则的正式发布，预示着ESG报告时代的终结和可持续发展报告时代的到来，2023年我们将见证可持续发展报告迈入新纪元。

与ISSB采用搭积木方式分阶段制定ISSB准则不同，EFRAG根据CSRD的要求采用一步到位的方式，制定面向所有利益相关者的ESRS。由于秉持双重重要性原则，并最大限度与ISSB准则相互协调，按照ESRS编制和披露可持续发展报告，既符合CSRD的披露要求，也符合ISSB准则的披露要求。换言之，ESRS的披露要求高于ISSB准则，ISSB准则提出的披露要求在ESRS中几乎都得到体现，而ESRS提出的披露要求特别是与影响重要性相关的披露要求，在ISSB准则中则不一定得到体现。ESRS和ISSB准则作为可持续发展报告领域的两大准则体系，各具特色，各有利弊。本文分析CSRD和ESRS的最新动态，希望学界和业界在关注ISSB准则的同时，也持续关注格局更高、视野更宽的ESRS。

二、CSRD的出台背景和重要规定

2019年12月，欧盟委员会通过了《欧盟绿色协议》。作为欧盟的新增长战略，该协议旨在：（1）促进欧盟转型为现代的具有竞争力的资源效率型经济体，并在2050年实现净零排放；（2）保护、保存和提升欧盟的自然资本，保护其公民的健康和福祉免受环境风险的影响；（3）促使经济增长与资源利用脱钩，确保欧盟所有地区和居民参与到迈向可持续经济体系的社会正义转型，做到没有一个人、没有一个地区被遗弃。《欧盟绿色协议》要求重新审查2013年制定的《非财务报告指令》（NFRD）能否实现上述政策目标。此外，根据2020年3月的《欧洲气候法》，欧盟委员会建议将2050年实现净零排放作为欧盟的法律约束。最后，根据《欧洲2030年生物多样性战略》，欧盟还应致力于实现在2050年确保生态系统得到恢复、具有韧性和得到充分保护的目标。针对这些变化，欧盟委员会经过审查评估后得出结论，NFRD存在严重不足，特别是NFRD允许企业自行选择国际专业组织发布的标准和框架导致企业之间的非财务信息缺乏可比性（黄世忠，2021），已经不能适应NFRD生效以来欧盟根据《巴黎协定》和联合国《2030年可持续发展议程》提出的17个可持续发展目标制定的《欧盟绿色协议》《分类条例》和《可持续金融披露条例》等旨在实现净零排放目标以及保护生物多样性和生态系统的环境和社会政策，国际专业组织既有的ESG（环境、社会

和治理）准则或报告框架也满足不了欧盟法律和相关政策对可持续发展信息披露的需要，因此有必要制定一个新的指令取代过时的 NFRD，作为欧盟制定 ESRS 的法律基础，以便对欧盟所有成员国的企业（这里所指的企业，其英文为 Undertaking，是一个广义的企业概念，既包括狭义的企业，也包括银行和保险等金融机构，下同）编制和披露可持续发展报告进行与时俱进的规范。

为此，欧盟委员会 2021 年 4 月 21 日发布了 CSRD 草案，广泛征求成员国的意见。该草案是《欧盟绿色协议》和实施可持续金融议程一揽子方案的一部分。欧盟委员会认为，CSRD 将填补现有可持续发展信息披露规则的空隙，金融市场需要获取可靠、相关和可比的 ESG 信息，以促使更多的民间资本为绿色转型和社会转型提供资金融通，推动欧盟向可持续经济体系转型。2022 年 2 月 24 日，欧盟成员国一致同意欧盟委员会在 CSRD 上的立场。2022 年 6 月 21 日，欧盟理事会和欧洲议会就 CSRD 达成临时协议，并在 2022 年 6 月 30 日获得欧洲成员国的认可。2022 年 11 月 10 日，欧洲议会以 525 票赞成、60 票反对和 28 票弃权，通过了 CSRD。2022 年 11 月 28 日，欧盟理事会正式批准了 CSRD，经欧洲议会主席和欧盟理事会主席签署发布后，欧盟成员国必须在 18 个月内付诸实施。

CSRD 授权 EFRAG 以专业咨询机构的身份制定 ESRS，再提交欧盟委员会审批和发布。EFRAG 制定 ERSRS 时，必须严格遵循 CSRD 对可持续发展报告的信息披露要求。在 CSRD 长达 149 页的文件中，最核心的信息披露规定体现在 19a 条款中。该条款要求企业在其管理报告中披露有助于利益相关者了解其对环境、社会、人权和治理等可持续发展问题（Sustainability Matters）的影响所必需的信息（即具有影响重要性的信息）以及有助于利益相关者了解可持续发展问题如何影响企业的业务发展、经营业绩和财务状况所必需的信息（即具有财务重要性的信息）。上述基于双重重要性原则的信息披露应：（1）描述企业的商业模式和战略，包括商业模式和战略对可持续发展问题相关风险的韧性、与可持续发展问题相关的风险和机遇、确保企业战略和商业模式适应《巴黎协定》1.5℃ 控温目标的财务和投资计划、企业战略如何考虑利益相关者的利益和可持续发展问题的影响、企业如何实施应对可持续发展问题的战略等；（2）描述企业制定的与可持续发展问题相关的目标（如 2030 年和 2050 年温室气体减排目标）以及这些目标的实现进度，并说明这些目标的制定是否基于科学的证据；（3）描述行政、管理和监督机构在可持续发展问题方面所扮演的角色及其经验和技能；（4）描述企业在可持续发展方面的政策；（5）说明行政、管理和监督机构成员的激励计划如何与可持续发展问题相联系；（6）描述企业与可持续发展问题相关的尽职调查、企业自身经营活动及其价值链活动产生的实际和潜在不利影响以及防止、减轻和缓释这些不利影响所采取的行动和成效；（7）描述企业与可持续发展问题相关的重要风险，包括企业对这些可持续发展问题的依赖程度以及企业如何管理这些风险；（8）披露与上述七个方面相关的指标。此外，CSRD 还要求：（1）可持续发展报告信息披露应同时涵盖企业自身的经营活动及其价值链活动；（2）可持续发展报告的编制和披露必须遵循 ESRS；（3）企业的管理层应在适当层次上就可持续发展问题知会工人代表并就如何获取相关信息以及获取手段与他们进行讨论。

CSRD 在 29b 条款中对 ESRS 必须涵盖的 ESG 议题提出了明确的要求（EFRAG，2022a）。在环境议题上，CSRD 明确要求 ESRS 必须涵盖五个方面：（1）气候变化缓释（包括范围 1、范围 2 和范围 3 温室气体排放）以及气候变化应对；（2）水和海洋资源；（3）资源利用和循环经济；（4）污染；（5）生物多样性和生态系统。在社会和人权议题上，CSRD 明确要求 ESRS 必须涵盖三个方面：（1）平等待遇和机会，包括性别平等和同工同酬、培训和技能开发、对残疾人的雇佣和包容、对工作场所暴力和骚扰采取的举措以及员工多样性等；（2）工作条件，包括有保障的就业、工作时间、充足薪资、社会对话、自由结社、工会组织、集体谈判（含集体谈判协议所覆盖的工人比例、工人的信息、知情权和参与权等）、工作与生活平衡、健康与安全等；（3）尊重国际人权法案、联合国以及其他核心人权公约（包括联合国残疾人权利公约、联合国原住民权利宣言、国际劳工组织工作场所基本原则和权利宣言、国际劳工组织基本公约、欧洲保护人权和基本自由公约、欧洲社会宪章以及欧盟基本权利宪章等）所确定的人权、基本自由、民主原则和标准。在治理议题上，CSRD 明确要求 ESRS 必须涵盖五个方面：（1）行政、管理和监督机构在可持续发展问题方面所扮演的角色、成员构成以及履职所需要的经验和技能；（2）与可持续发展报告和决策程序相关的内部控制和风险管理制度的主要特征；（3）商业伦理与企业文化，包括反腐败和反贿赂、对吹哨人和动物福祉的保护；（4）企业施加政治影响的活动和承诺，包括游说活动；（5）对受企业活动影响的客户、供应商和社区开展的关系管理及质量，包括付款惯例，特别是对中小企业的延迟付款。此外，CSRS 在 29b 条款中还强调 ESRS 的制定必须最大限度地与全球性的可持续发展报告准则制定行动以及自然资本核算、温室气体核算、负责任商业操守、企业社会责任和可持续发展的现行标准和框架相互协调，提高可持续发展报告准则之间的互用性（Interoperability），以减轻企业按照不同标准或框架进行多重报告的负担。

NFRD 只适用于员工人数在 500 人以上的大型公共利益主体，如上市公司、银行和保险公司，截至 2020 年年末，共有 1 956 家大型公共利益主体按照 NFRD 的要求披露非财务报告信息，但若将各成员国通过会计指令和 NFRD 转化为所在国法律涉及的

企业计算在内，则按照 NFRD 的要求提供非财务报告信息的主体多达 11 700 家。相比之下，CSRD 的适用范围更加广泛，涵盖三类主体：（1）大型企业（不论其是否为上市公司），满足以下三个标准（资产总额超过 2 000 万欧元；净营业额超过 4 000 万欧元；会计年度内员工人数超过 250 人）中的两个即视为大型企业；（2）所有在欧盟监管市场上市的企业，包括上市的中小企业，但不包括上市的微型企业；（3）在欧盟创造 1.5 亿欧元净营业额且在欧盟设有子公司或分支机构的非欧盟企业。根据上述规定，CSRD 适用于约 5 万家在欧盟的企业。CSRD 对不同适用对象采取分批实施的方案：（1）已受 NFRD 约束的大型公共利益主体（员工人数超过 500 人），从 2025 年起按照 CSRD 的要求披露其 2024 会计年度的可持续发展报告；（2）不受 NFRD 约束的大型公司，从 2026 年起按照 CSRD 的要求披露其 2025 会计年度的可持续发展报告；（3）上市的中小企业、小型非复杂信贷机构和内部保险公司[①]，从 2027 年起按照 CSRD 的要求披露其 2026 会计年度的可持续发展报告；（4）在欧盟设有子公司或分支机构的净营业额超过 1.5 亿欧元的非欧盟企业，从 2028 年起按照 CSRD 的要求披露其 2027 会计年度的可持续发展报告。

CSRD 适用范围广，内容复杂，从提出到正式通过只用了 19 个月的时间，足见欧盟对可持续发展的高度重视。CSRD 是 EFRAG 制定 ESRS 的法源，EFRAG 按照 CSRD 制定的 ESRS 具有法律强制性，在执行层面上是 ISSB 制定的 ISSB 准则所不能相媲美的。CSRD 顺利通过，为 EFRAG 制定 ESRS 提供了根本遵循，奠定了 ESRS 的法律基础，在欧盟可持续发展报告发展进程中具有里程碑意义。

三、第一批 ESRS 的主要披露要求

为了根据 CSRD 的授权更加高效和科学地制定 ESRS，EFRAG 在 2021 年 9 月成立可持续发展报告专家组（EFRAG SR TEG），为项目任务组（EFRAG PTF）起草 ESRS 提供技术支持，2022 年 3 月成立可持续发展报告理事会（EFRAG SRB），负责制定 ESRS。2022 年 4 月，EFRAG 发布 13 个 ESRS 征求意见稿，在 2022 年 8 月 8 日前广泛征求各方意见。在对反馈意见进行充分讨论并开展 16 次调查研究的基础上，2022 年 11 月 22 日 EFRAG 将第一批 12 个 ESRS[②]（如表 1 所示，其中与环境议题相关的准则

① 内部保险公司的英文为 Captive Insurance Company，是指由一个集团公司或从事相同业务的行业协会设立的主要为集团或行业内部企业承保部分或全部风险，以替代外部保险市场的一种专业保险公司。

② 2022 年 4 月发布的 13 个 ESRS 征求意见稿中，ESRS G1《治理、风险管理和内部控制》的内容被整合至 ESRS 1，故提交欧盟委员会审批的第一批 ESRS 只有 12 个。

多达5个，凸显了环境议题在ESG中的优先性和紧迫性）提交给欧盟委员会审批。根据CSRD的规定，第一批ESRS必须在2023年上半年经欧盟委员会审批后正式发布。

表1　EFRAG提交给欧盟委员会审批的第一批ESRS

序号	准则代码	准则名称
1	ESRS 1	一般要求（General Requirements）
2	ESRS 2	一般披露（General Disclosures）
3	ESRS E1	气候变化（Climate Change）
4	ESRS E2	污染（Pollution）
5	ESRS E3	水和海洋资源（Water and Marine Resources）
6	ESRS E4	生物多样性和生态系统（Biodiversity and Ecosystems）
7	ESRS E5	资源利用和循环经济（Resource Use and Circular Economy）
8	ESRS S1	自己的劳动力（Own Workforce）
9	ESRS S2	价值链中的工人（Workers in the Value Chain）
10	ESRS S3	受影响的社区（Affected Communities）
11	ESRS S4	消费者与终端用户（Consumers and End Users）
12	ESRS G1	商业操守（Business Conduct）

与ESRS征求意见稿相比，EFRAG提交欧盟委员审批的第一批ESRS有三个显著变化。一是最大限度地将ISSB准则和其他国际标准的披露要求考虑在内，改为采用气候相关财务披露工作组（TCFD）的结构体系（“治理—战略—风险管理—指标与目标”），以便与ISSB发布的ISSB准则结构体系保持一致，在诸如财务重用性、价值链等关键观念、定义和披露要求上，尽可能与ISSB准则相互协调。由于秉持不同的重要性原则，再加上必须遵循CSRD的要求，ESRS不可避免地与ISSB准则存在一些差异，但ERRAG SRB认为按ESRS编制的可持续发展报告完全能够满足ISSB准则的披露要求。此外，EFFAG还与全球报告倡议组织（GRI）保持顺畅沟通和深度合作，确保ESRS最大限度地体现GRI准则的规范内容和关键概念。二是在重要性评估中采用更加简单实用的重要性评估原则，企业只要按CSRD的规定报告所有强制性披露要求，对影响重要性和财务重要性及其交叉部分进行评估，提供所有重要议题信息，即视为符合ESRS对重要性评估的要求。三是大幅降低披露要求，披露要求从征求意见稿的136项减至审批稿的82项，减幅达到40%，大大减轻了企业的披露负担。

以下简要介绍EFRAG提交欧盟委员会审批的第一批12个ESRS的主要规定和披露要求。

ESRS 1：《一般要求》。ESRS 1提纲挈领，对可持续发展报告的重大基本问题进行

规范，分为十部分。第一部分要求企业按照 ESRS 披露 ESG 问题的影响、风险和机遇的重要信息，将 ESRS 分为行业通用准则、议题准则和主体特定披露三类，并对 ESRS 2 要求披露的政策、行动、指标、目标四个披露内容进行定义。第二部分要求企业编制的可持续发展报告信息必须符合两个基础性质量特征（相关性、如实反映）和三个提升性质量特征（可比性、可验证性、可理解性）。第三部分要求企业以双重重要性作为可持续发展报告的披露基础，并对重要性评估程序、重要问题、重要信息、双重重要性、影响重要性和财务重要性进行定义和解释。第四部分要求企业遵循尽职调查程序，说明企业如何识别、防止、缓释和处理其业务活动对环境和人类产生的实际或潜在消极影响。第五部分对企业报告其自身活动和价值链活动提出原则性要求，并对如何使用行业平均数和替代指标进行规范。第六部分对报告期间、过去与现在和未来的连接、相较于基年的进展报告以及短期、中期和长期的定义①进行规范和界定。第七部分规范可持续发展信息的编制和列报，对比较信息列报、估计和结果不确定来源、报告期后事项更新、前期差错报告、合并报告和子公司豁免以及知识产权、技术诀窍或创新结果的信息披露提出要求。第八部分要求企业在管理报告中把可持续发展信息与其他信息进行适当的区分，并对可持续发展报表②的结构和内容加以规范。第九部分对可持续发展相关信息与公司报告其他部分的内容以及关联信息提出基本要求。第十部分为过渡条款，实施 ESRS 三年内若不能获取价值链相关信息，企业必须说明其所作出的努力、不能获取价值链信息的原因以及在未来获取价值链信息的计划，如果中小企业构成价值链的一部分，可以有三年的过渡期，但从第四年起必须获取价值链的中小企业相关信息（ESRS 1，2022）

ESRS 2：《一般披露》。ESRS 2 对其他 ESRS 均涉及的治理、战略、风险管理、指标与目标应当披露的内容作出一般规定，由五部分组成。第一部分提出两项编制基础披露要求，企业必须披露：（1）可持续发展报表的编制基础；（2）特定信息，包括时间范围界定、价值链估计、估计和结果不确定性来源、可持续发展信息编制和列报变动、前期差错报告、来自当地立法或公认可持续发展报告公告的披露要求等。第二部分提出五项治理披露要求，企业必须披露：（1）行政、管理和监督机构的作用，包括人员构成、与可持续发展问题相关的专业知识和技能；（2）提供给行政、管理和监督机构的信息以及这些机构处理的可持续发展问题；（3）可持续发展相关绩效与报酬方案的整合情况；（4）可持续发展尽职调查声明；（5）对可持续发展报告的风险管理和

① 短期为财务报告涵盖的期间，中期为短期结束日的五年内，长期为五年以上。

② 原文为 Sustainability Statements，即在管理报告中按照 CSRD 和 ESRS 的要求编制和列报的可持续发展问题（Sustainable Matters）。

内部控制。第三部分提出三项战略方面的披露要求，企业必须披露：（1）市场地位、战略、商业模式和价值链；（2）利益相关者的利益及看法；（3）与可持续发展相关的重要影响、风险和机遇及其与战略和商业模式的相互作用。第四部分对影响、风险和机遇的管理提出三项披露要求，企业必须披露：（1）重要性评估程序，包括识别和评估重要影响、风险和机遇的程序；（2）可持续发展相关的机遇；（3）与可持续发展相关的政策、行动及其内容。第五部分为指标与目标，企业必须披露：（1）与可持续发展问题相关的指标；（2）如何通过目标追踪可持续发展相关政策和行动所取得的效果（ESRS 2，2022）。

ESRS E1：《气候变化》。ESRS E1 的主要目标是帮助利益相关者了解企业如何影响气候变化（包括重大的实际或潜在的积极和消极影响）以及气候变化相关风险和机遇在短期、中期和长期对企业的财务影响。ESRS E1 提出了九项披露要求（ESRS E1，2022），企业必须披露：（1）缓释气候变化的转型计划；（2）与缓释和适应气候变化相关的政策；（3）与气候变化政策相关的行动和配置的资源；（4）与缓释和适应气候变化相关的目标；（5）能源消耗和能源结构；（6）范围 1、范围 2、范围 3 排放和温室气体排放总量；（7）通过碳信用融资的温室气体移除和缓释项目；（8）内部碳定价；（9）重大的物理风险和转型风险以及气候相关机遇的潜在财务影响。

ESRS E2：《污染》。ESRS E2 的主要目标是帮助利益相关者了解企业如何对空气、水和土壤产生重要的实际或潜在的积极和消极影响以及与污染相关的重要风险和机遇在短期、中期和长期对企业的财务影响。ESRS E2 提出了六项披露要求（ESRS E2，2022），企业必须披露：（1）与污染相关的政策；（2）对污染所采取的行动和配置的资源；（3）制定的与污染相关的目标；（4）生产、采购和销售过程产生的污染物，包括对空气、水和土壤的污染；（5）生产、使用、配送、商业化以及进出口等环节产生的可能影响健康的有害物或高度有害物；（6）与污染影响有关的重要风险和机遇的潜在财务影响。

ESRS E3：《水和海洋资源》。ESRS E3 的主要目标是帮助利益相关者了解企业对水和海洋资源产生的实际或潜在的积极和消极影响以及与水和海洋资源相关的重要风险和机遇在短期、中期和长期对企业的财务影响。ESRS E3 提出了五项披露要求（ESRS E3，2022），企业必须披露：（1）对重要的水与海洋资源相关影响、风险和机遇进行管理的政策；（2）对水和海洋资源采取的行动和配置的资源；（3）在水和海洋资源方面制定的目标；（4）与重要影响、风险和机遇相关的水资源消耗情况；（5）与水和海洋资源影响相关的重要风险和机遇的潜在财务影响。

ESRS E4：《生物多样性和生态系统》。ESRS E4 的主要目标是帮助利益相关者了

解企业如何影响生物多样性和生态系统（包括重要的实际和潜在的积极和消极影响）以及与生物多样性和生态系统相关的重要风险和机遇在短期、中期和长期对企业的财务影响。ESRS E4 提出了 6 项披露要求（ESRS E4，2022），企业必须披露：（1）确保其商业模式和战略与“2020 年后全球生物多样性框架”关于到 2030 年无净丧失、2030 年后净增长、2050 年完全恢复的目标相一致的转型计划；（2）对生物多样性和生态系统的重要影响、风险和机遇进行管理的政策；（3）对生物多样性和生态系统采取的行动和配置的资源；（4）在生物多样性和生态系统方面制定的目标；（5）与生物多样性和生态系统变化相关的影响指标；（6）与生物多样性和生态系统相关的影响、风险和机遇的潜在财务影响。

ESRS E5：《资源利用和循环经济》。ESRS E5 的主要目标是帮助利益相关者了解企业如何影响资源利用（包括不可再生资源的消耗与可再生资源的再造，与此相关的重要实际或潜在的积极和消极影响）以及与资源利用和循环经济相关的重要风险和机遇在短期、中期和长期对企业的财务影响。ESRS E5 提出了六项披露要求（ESRS E5，2022），企业必须披露：（1）对资源利用和循环经济相关重要影响、风险和机遇进行管理的政策；（2）对资源利用和循环经济采取的行动和配置的资源；（3）在资源利用和循环经济方面制定的目标；（4）重要的资源流入；（5）重要的资源流出，包括废弃物的流出；（6）与资源利用和循环经济相关的影响、风险和机遇的潜在财务影响。

ESRS S1：《自己的劳动力》。ESRS S1 的主要目标是帮助利益相关者了解企业如何影响其自己的劳动力（包括重要的实际或潜在的积极和消极影响）以及与自己的劳动力相关的重要风险和机遇在短期、中期和长期对企业的财务影响。ESRS S1 提出了十七项披露要求（ESRS S1，2022），企业必须披露：（1）对自己的劳动力的重要影响以及相关风险和机遇进行管理的政策及其内容；（2）就其对自己的劳动力产生的实际和潜在影响与工人和工人代表开展对话的一般程序；（3）缓解对自己的劳动力的消极影响的程序以及为工人提出关切所提供的渠道；（4）对自己的劳动力的重要消极影响采取的行动、缓释重要风险和创造重要机遇的做法以及这些行动和做法取得的成效；（5）管理重要的消极影响、促进积极影响以及管理重要的风险和机遇制定的目标；（6）雇员的特征；（7）自己的劳动力中非雇员的特征；（8）集体谈判和社会对话；（9）雇员多样性指标；（10）充足的工资；（11）社会保障；（12）自己的劳动力中的残疾人比例；（13）培训和技能开发指标；（14）健康和安全指标；（15）工作与生活平衡指标；（16）薪酬指标（包括薪酬差距和总薪酬）；（17）安全事故、投诉以及严重的人权影响和事故。

ESRS S2：《价值链中的工人》。ESRS S2 的主要目标是帮助利益相关者了解企业如何影响其价值链中的工人（包括重要的实际或潜在的积极和消极影响）以及与价值链中的工人相关的重要风险和机遇在短期、中期和长期对企业的财务影响。ESRS S2 提出了 5 项披露要求（ESRS E2，2022），企业必须披露：（1）管理价值链中工人的重要影响以及相关风险和机遇的政策及其内容；（2）就其对价值链中的工人产生的实际和潜在影响与工人和工人代表开展对话的一般程序；（3）缓解对价值链中工人的消极影响的程序以及为价值链中的工人提出关切所提供的渠道；（4）对价值链中的工人的重要消极影响采取的行动、缓释重要风险和创造机遇的做法以及这些行动和做法取得的成效；（5）管理重要的消极影响、促进积极影响以及管理重要的风险和机遇的目标。

ESRS S3：《受影响的社区》。ESRS S3 的主要目标是帮助利益相关者了解企业在哪些领域对社区产生影响（包括重要的实际或潜在的积极和消极影响）以及与受影响的社区相关的重要风险和机遇在短期、中期和长期对企业的财务影响。ESRS S3 提出了五项披露要求（ESRS S3，2022），企业必须披露：（1）对社区的重要影响以及相关风险和机遇进行管理的政策及其内容；（2）就其对社区的实际和潜在重要影响与社区及其代表开展对话的一般程序；（3）缓解对社区的重要消极影响的程序以及为社区提出关切所提供的渠道；（4）对社区的重要消极影响采取的行动、缓解重要风险和创造重要机遇的做法以及这些行动和做法取得的成效；（5）与管理重要消极影响、促进积极影响以及管理重要风险和机遇相关的目标。

ESRS S4：《消费者与终端用户》。ESRS S4 的主要目标是帮助利益相关者了解企业如何影响消费者和终端用户（包括重要的实际或潜在的积极和消极影响）以及与消费者和终端用户相关的重要风险在短期、中期和长期对企业的财务影响。ESRS S4 提出了五项披露要求（ESRS S4，2022），企业必须披露：（1）对其产品和（或）服务对消费者和终端用户的重要影响以及相关的重要风险和机遇进行管理的政策及其内容；（2）就其实际和潜在的重要影响与消费者和终端用户及其代表开展对话的一般程序；（3）减轻对消费者和终端用户重要消极影响的程序以及为消费者和终端用户提出关切所提供的渠道；（4）对消费者和最终终端用户的重要消极影响采取的行动、缓释重要风险和创造重要机遇的做法以及这些行动和做法取得的成效；（5）与管理重要消极影响、促进积极影响以及管理重要风险和机遇相关的目标。

ESRS G1：《商业操守》。ESRS G1 的主要目标是帮助利益相关者了解企业在商业操守方面的战略、做法、程序和成效，并按 CSRD 的要求对企业文化、供应商关系管理、反腐败与贿赂、游说等政治参与、保护吹哨者、动物福祉、付款惯例等方面进行规范。ESRS G1 提出了六项披露要求（ESRS G1，2022），企业必须披露：（1）建立、开发和促进企业文化的倡议行动以及在商业操守方面制定的政策；（2）对供应商关系

和价值链影响进行管理的信息；（3）防范、发现、调查和应对与腐败和贿赂相关事件投诉的制度以及与此相关的培训；（4）报告期间得到证实的腐败和贿赂事件的相关信息；（5）与政治影响相关的活动和承诺，包括游说及其重要影响；（6）付款惯例特别是对中小企业的延迟付款惯例。

四、第一批 ESRS 的成本效益分析

根据 CSRD 的规定，EFRAG 将 ESRS 提交给欧盟委员会审批时必须附送成本效益分析。为此，EFRAG 通过公开招标的方式，聘请欧洲政策研究中心（CEPS）及其合作方 Milieu 法律与政策咨询公司对 EFRAG 第一批 12 个 ESRS 开展成本效益分析。CEPS 和 Milieu 通过问卷调查的方式，采用标准成本的方法，对第一批 ESRS 的直接成本（主要包括一次性和经常性的管理成本①和鉴证成本）和间接成本（包括涓滴效应、诉讼成本、国际竞争力影响）进行定量和定性分析，对直接效益（包括成本节约、可能的协同效应和效率）和间接效益（包括行为改变、改善可持续发展能力）则主要进行定性分析。第一批 ESRS 的成本效益分析表明，平均每家公司的管理成本如表 2 所示。

表 2　　**第一批 ESRS 预计的管理成本**　　单位：万欧元

项目	上市公司		非上市公司	
	一次性成本	经常性成本	一次性成本	经常性成本
受 NFRD 约束的公司：				
——平均每家管理成本	28.7	31.9	12.3	12.8
其中：自身成本	13.6	17.3	5.8	7.5
外部成本	15.1	14.6	6.5	6.3
——管理成本占营业额比例	0.007%	0.008%	0.014%	0.015%
不受 NFRD 约束的公司：				
——平均每家管理成本	14.6	16.2	3.6	4.0
其中：自身成本	6.9	8.8	1.7	2.2
外部成本	7.7	7.4	1.9	1.8
——管理成本占营业额比例	0.008%	0.009%	0.011%	0.013%

资料来源：EFRAG，2022b。

① 管理成本（Administrative Costs）主要包括但不限于编制成本。

依据表2成本数据测算，第一批ESRS的递增管理成本总额约为36亿欧元，其中一次性管理成本总额为17亿欧元，经常性管理成本总额为19亿欧元。在经常性管理成本总额中，气候变化准则的管理成本所占比例最高，如表3所示。

表3　不同ESRS占经常性管理成本总额的比例

准则编号	准则名称	准则占经常性管理成本比例
ESRS 2	一般披露	9.6%
ESRS E1	气候变化	27.5%
ESRS E2	污染	8.8%
ESRS E3	水和海洋资源	7.8%
ESRS E4	生物多样性和生态系统	11.1%
ESRS E5	资源利用和循环经济	9.4%
ESRS S1	自己的劳动力	9.4%
ESRS S2	价值链中的工人	9.8%
ESRS S3	受影响的社区	2.1%
ESRS S4	消费者与终端用户	2.1%
ESRS G2	商业操守	2.4%
合　计		100.0%

资料来源：EFRAG，2022b。

值得指出的是，在第一批ESRS提出的82项披露要求中，表4所列示的10项披露要求其管理成本占全部管理成本的比例高达37.2%，其中9项披露要求与环境信息披露相关，环境信息披露的艰巨性和复杂性由此可见一斑。

表4　占全部管理成本最高比例的10项披露要求

序号	披露要求	占比
1	E1-6　范围1、范围2、范围3排放以及温室气体排放总量	8.4%
2	S2-2　与价值链中的工人就影响进行对话的程序	6.5%
3	E1-9　重要物理风险和转型风险以及气候相关机遇的潜在财务影响	5.3%
4	E1-7　通过碳积分融资的温室气体移除和缓释项目	3.5%
5	E4-5　与生物多样性和生态系统变化相关的影响指标	2.5%
6	E2-6　与污染相关的影响、风险和机遇的潜在财务影响	2.4%
7	E1-3　与缓释和适应气候变化政策相关的行动和配置的资源	2.3%

续表

序号	披露要求	占比
8	E1－4　与气候变化缓释和适应相关的目标	2.2%
9	E5－5　资源流出	2.2%
10	E5－3　与资源利用和循环经济相关的行动计划和资源配置	1.9%
合　计		37.2%

资料来源：EFRAG，2022b。

为了防止“漂绿”，确保可持续发展报告的信息质量，CSRD 要求企业在 2026 年 10 月 1 日前对其发布的可持续发展报告提供有限保证（Limited Assurance）的鉴证，在 2029 年 10 月 1 日前过渡到提供合理保证（Reasonable Assurance）的鉴证，这无疑会增加企业执行 ESRS 的鉴证成本。表 5 列示了第一批 ESRS 预期的最低和最高鉴证成本。

表 5　　第一批 ESRS 预计的鉴证成本　　单位：万欧元

项目	上市公司		非上市公司	
	一次性成本	经常性成本	一次性成本	经常性成本
受 NFRD 约束的公司：				
——每家有限保证鉴证成本				
最低成本	10.8	36.0	4.7	15.5
最高成本	16.2	54.0	7.0	23.3
——每家合理保证鉴证成本				
最低成本	24.6	82.1	10.6	35.4
最高成本	39.4	131.1	17.0	56.6
不受 NFRD 约束的公司：				
——每家有限保证鉴证成本				
最低成本	5.5	18.3	1.3	4.5
最高成本	8.2	27.5	2.0	6.7
——每家合理保证鉴证成本				
最低成本	12.5	41.7	3.1	10.2
最高成本	20.0	66.8	4.9	16.3

资料来源：EFRAG，2022b。

依据表5的成本数据测算，第一批ESRS的鉴证总成本介于100.31亿—180.05亿欧元，其中合理保证的鉴证总成本介于65.45亿—127.75亿欧元，明显高于管理成本，但鉴证总成本占营业额的比例介于0.1161%—0.122%，并不算很高。

对于其他间接成本，譬如按照ESRS披露可持续发展报告是否会降低企业的国际竞争力，72%被调查企业认为披露可持续发展报告对国际竞争力将产生积极影响，19%认为没有产生影响，只有9%认为会产生消极影响。

与成本相比，效益往往更难量化，即使可以量化可靠性也不高。因此，CEPS主要采用较为粗略的定量分析方法，测算采用第一批ESRS可望带来的成本节约。企业按照ESRS披露可持续发展报告，可降低其向ESG数据商、评级机构、金融机构和非政府组织提供可持续发展信息的成本，节约的成本为管理成本的5%—24%。在提供给ESG评级机构方面，受NFRD约束的上市公司和非上市公司，平均每家预计可节省的成本分别为8.9万欧元和3.9万欧元，而不受NFRD约束的上市公司和非上市公司，平均每家可节省的成本分别为4.6万欧元和1.1万欧元。此外，企业按照ESRS披露可持续发展报告，可帮助投资者、非政府组织和其他使用者节省这方面信息的获取成本，但具体节省多少难以量化。按ESRS披露可持续发展报告，还可为企业带来其他间接效益，促使企业改变行为（如更加重视环保和资源使用效率、更加重视清洁能源的使用等）、降低环境风险和社会风险从而提升企业的可持续发展能力，但因难以量化，CEPS只在成本效益分析报告中提供定性分析信息。

依据上述分析报告，EFRAG得出了第一批ESRS符合成本效益原则的结论，并且强调随着经验积累，学习曲线将发生变化，企业执行ESRS的成本可望大幅下降。必须指出的是，不论是会计准则还是可持续披露准则，对其成本效益进行分析均极具挑战性。准则的成本和效益（特别是间接的成本和效益）难以可靠量化，深受主观判断的影响，编制者往往有夸大成本低估效益的倾向，而准则制定者通常倾向于夸大收益低估成本。只有在准则实施一段时间后，通过实施后评估（PIR）才能对准则的成本效益作出更切合实际的分析。

笔者认为，可持续披露准则作为一种重要的制度安排，有助于利益相关者了解和评估企业对环境和社会的影响以及企业受环境和社会的影响，只要成本与效益不存在严重的比例失衡，就值得推广实施。在事关人类可持续发展的问题上，成本效益只能是约束条件，而不应成为必要条件。过多地考虑企业披露可持续发展信息的成本，对企业的负面环境影响和社会影响视而不见，可能导致生态环境恶化、生物多样性丧失、社会不公平加剧等一系列问题，从长远来看必定得不偿失。反之，要求企业按照可持续披露准则披露其环境和社会影响，进而促进企业的行为改变，推动企业统筹兼顾经济价值、社会价值和环境价值，不论是对企业还是对人类的可持续发展都是利大于弊的善举。

（原载于《财会月刊》2023 年第 1 期，被《中国社会科学文摘》2023 年第 4 期转载）

主要参考文献：

1. 黄世忠．谱写欧盟 ESG 报告新篇章——从 NFRD 到 CSRD 的评述［J］．财会月刊，2021（20）：16 - 22.

2. Clark，J. M. The Changing Basis of Economic Responsibility ［J］． Journal of Political Economy. 1916，24（3）：209 - 229.

3. EFRAG. 2022a. Draft European Sustainability Reporting Standards Appendix Ⅱ—CSRD requirements for the development of sustainability reporting standards and their coverage by the draft ESRS ［EB/OL］． www. efrag. org，November 2022.

4. ESRS 1. General Requirements ［EB/OL］． www. efrag. org，November 2022.

5. ESRS 2. General Disclosures ［EB/OL］． www. efrag. org，November 2022.

6. ESRS E1. Climate Change ［EB/OL］． www. efrag. org，November 2022.

7. ESRS E2. Pollution ［EB/OL］． www. efrag，org，November 2022.

8. ESRS E3. Water and Marine Resources ［EB/OL］． www. efrag. org，November 2022.

9. ESRS E4. Biodiversity and Ecosystems ［EB/OL］． www. efrag. org，November 2022.

10. ESRS E5. Resource Use and Circular Economy ［EB/OL］． www. efrag. org，November 2022.

11. ESRS S1. Own Workforce ［EB/OL］． www. efrag. org，November 2022.

12. ESRS S2. Workers in the Value Chain ［EB/OL］． www. efrag. org，November 2022.

13. ESRS S3. Affected Communities ［EB/OL］． www. efrag. org，November 2022.

14. ESRS S4. Consumers and End Users ［EB/OL］． www. efrag. org，November 2022.

15. ESRS G1. Business Conduct ［EB/OL］． www. efrag. org，November 2022.

16. EFRAG. 2022b. Draft European Sustainability Reporting Standards Cost - benefit analysis of the First Set of draft ESRS prepared by CEPS and Milieu ［EB/OL］． www. efrag. org，November 2022.

ESRS 制定路径和企业采用路径探讨

叶丰滢　黄世忠

【摘要】本文探讨了欧洲可持续发展报告准则（ESRS）的制定路径和企业的采用路径。本文的研究表明，ESRS 的制定路径充分体现了法规优先、兼容并包的思想。在准则体系上，ESRS 采用“总—分”结构，作为“分支”的主题准则和行业特定准则是基于双重重要性原则的筛选并充分考虑利益相关者意见的结果。企业采用 ESRS 的路径则体现了沿价值链评估可持续发展事项，基于双重重要性原则确定应采用的准则，基于个体相关性确定应采用的披露要求，针对管理重要影响、风险和机遇的政策、行动、指标和目标进行重点披露的思路和做法。在此基础上总结出对我国可持续披露准则制定和我国企业执行可持续发展事项重要性评估的启示。

【关键词】欧洲可持续发展报告准则；重要性；双重重要性；价值链

2023 年 7 月 31 日，欧盟委员会（EC）正式发布了由欧洲财务报告咨询组（EFRAG）起草的首批 12 个欧洲可持续发展报告准则（ESRS），包括 2 个跨领域交叉准则和 10 项环境、社会、治理（ESG）主题准则，构成了初具规模的可持续发展报告准则体系。2 个跨领域交叉准则分别为《ESRS 第 1 号——一般要求》（ESRS 1）和《ESRS 第 2 号——一般披露》（ESRS 2）。10 个主题准则包括 5 个环境主题准则［《ESRS 第 E1 号——气候变化》（ESRS E1）、《ESRS 第 E2 号——污染》（ESRS E2）、《ESRS 第 E3 号——水和海洋资源》（ESRS E3）、《ESRS 第 E4 号——生物多样性和生态系统》（ESRS E4）、《ESRS 第 E5 号——资源利用和循环经济》（ESRS E5）］、4 个社会主题准则［《ESRS 第 S1 号——自己的劳动力》（ESRS S1）、《ESRS 第 S2 号——价值链中的工人》（ESRS S2）、《ESRS 第 S3 号——受影响的社区》（ESRS S3）、《ESRS 第 S4

号——消费者与终端用户》（ESRS S4）]；1 个治理主题准则 [《ESRS 第 G1 号——商业操守》（ESRS G1）]。作为平行于财务报告准则的另一套准则，ESRS 用于指导欧盟地区企业编制可持续发展报告，旨在帮助使用者了解企业对环境和社会的重要影响与依赖以及由此产生的重要风险和机遇。不同于国际可持续准则理事会（ISSB）遵循应询程序（Due Process）制定准则的路径，ESRS 遵循依法制定的路径且因应可持续发展信息披露的特点在准则制定过程中和企业采用过程中均引入双重重要性原则对可持续发展事项进行评估和筛选。本文在简要介绍 ESRS 的制定路径和企业对 ESRS 的采用路径基础上，总结了其特点以及对我国可持续披露准则制定的启示。

一、ESRS 制定路径

2022 年 1 月，EFRAG 在发布的“准则制定双重重要性指引”（征求意见稿）中首次提出可持续发展报告准则制定的方法论（以下简称“方法论”，见图 1）。该方法论所倡导的四步流程在此后一年半的准则制定过程中得到完全贯彻。下文结合已经发布的第一批 ESRS 详细分析方法论要求的准则制定机构在各个步骤的主要工作。

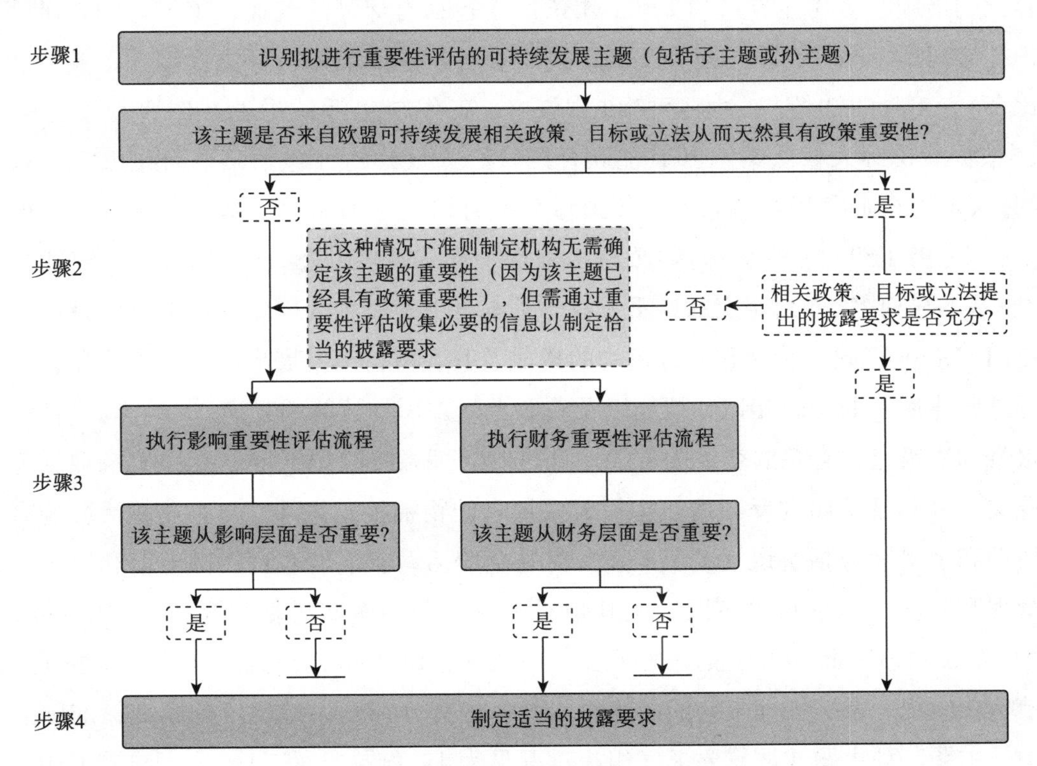

图 1　基于双重重要性的准则制定决策过程

资料来源：EFRAG 议程咨询文件 07.02（2022）。

（一）步骤一：识别拟议的可持续发展主题（Topics）、子主题（Sub - topics）和孙主题（Sub - sub - topics）[统称为可持续发展事项（Sustainability Matters）]

可持续发展主题、子主题和孙主题（不是所有的子主题都有孙主题，孙主题仅在适当时罗列）是在可持续发展主题准则的背景下使用的术语，是对可持续发展事项的结构化组织。可持续发展事项是可持续发展的某个特定维度，在此维度下企业对人或环境产生影响或导致企业的风险或机遇（EFRAG，2022）。

方法论提出准则制定机构可通过多种途径识别可持续发展主题（包括子主题、孙主题），其中最主要的一条途径是参照 ESRS 的法源《公司可持续发展报告指令》（CSRD）的要求直接确定。CSRD 第 29b 条规定了企业可持续发展报告应披露的可持续发展因素（Sustainability Factors）。这些因素分为环境因素、社会和人权因素以及治理因素三大类。其中环境因素包括：（1）气候变化减缓（包括范围 1、范围 2 和范围 3 温室气体排放）；（2）水和海洋资源；（3）资源利用与循环经济；（4）污染；（5）生物多样性和生态系统。社会和人权因素包括：（1）人人平等的待遇和机遇（包括性别平等和同工同酬、培训和技能发展、残疾人就业和包容、在工作场所防止暴力和骚扰的措施、多样性等）；（2）工作条件［包括有保障的就业，工作时间，足额工资，社会对话，结社自由，建立工会，集体谈判（包括集体谈判协议涵盖企业劳动力的比率），工人的知情权、协商权和参与权，工作与生活的平衡，健康与安全等］；（3）根据《国际人权法案》和其他联合国核心人权公约（包括《联合国残疾人权利公约》《联合国原住民权利宣言》《国际劳工组织关于工作中的基本原则和权利的宣言》《国际劳工组织基本公约》《欧洲人权保护和基本自由公约》《欧洲社会宪章》和《欧盟基本权利宪章》）制定的尊重人权、基本自由和民主的原则和标准。治理因素包括：（1）企业行政、管理和监督机构的构成及其在可持续发展事项方面的作用，其在发挥这些作用上的专门知识和技能以及获取专门知识和技能的渠道；（2）与可持续发展报告和决策过程有关的企业内部控制和风险管理系统的主要特点；（3）商业道德和企业文化（包括反腐败反贿赂、举报人保护和动物福祉）；（4）与企业政治影响有关的活动和承诺（包括游说活动）；（5）对受企业活动影响的客户、供应商和社区关系的管理和质量（包括付款实践，尤其是对中小企业的逾期付款问题）（EC，2022）。从 EC 发布的第一批 10 个主题准则观察，一方面，EFRAG 对上述可持续发展事项进行了结构化组织，重新梳理了它们的逻辑层级并将其分别作为特定可持续披露准则的主题、子主题、孙主题或披露要求（组织过程见表 1，结果见表 2）。这意味着 CSRD 提到的所有可持续发展事项均被消化吸收，从客观上达成了 ESRS 遵循 CSRD 制定的立

法要求，依法制定准则的路径清晰可见。需要注意的是，CSRD 将可持续发展因素分类为环境因素、社会和人权因素以及治理因素，但 ESRS 将可持续发展主题的大类调整为环境（E）主题、社会（S）主题和治理（G）主题。调整的原因有两个方面，一是如此组织更具有逻辑性，环境（E）维度关注地球上的自然资源和除人类生命以外的其他生命形式；社会（S）维度关注人类生命的各个方面，从个人到社区；治理（G）维度关注企业，即报告主体本身。二是如此组织也最务实，因为此前已有相当一部分企业发布过 ESG 报告，若可持续披露准则也采用这种组织形式更容易被使用者和企业接受。另一方面，第一批 10 个主题准则识别的可持续发展主题（包括子主题、孙主题）明显又不止包括 CSRD 要求的可持续发展事项，如 ESRS S3 及 ESRS S4 的主题、子主题和孙主题都不是源自 CSRD，这涉及识别可持续发展主题（包括子主题、孙主题）的另外两种途径。根据方法论，除了直接法源 CSRD 外，准则制定机构还应充分考虑现行披露实践中广泛应用的可持续发展报告框架的相关内容及其在实际执行中获取的经验教训，同时广泛征求利益相关者（包括在特定可持续发展事项的影响重要性或财务重要性方面具有专业知识的人士）的观点和意见，这两项举措能保证 ESRS 涵盖的可持续发展事项更加全面和公允。此外，准则制定机构还应尝试在不同颗粒度层级上（拟议主题、子主题、孙主题）确定是否存在相关影响、风险和机遇（IRO），这是确保拟议可持续发展事项是否成立的举措之一。

表 1　　CSRD 的要求与 ESRS 主题准则主题的对应关系

CSRD 可持续发展因素	ESRS 主题准则主题
环境因素	环境主题
1. 气候变化减缓（包括范围 1、范围 2 和范围 3 温室气体排放）	作为 ESRS E1 的子主题
2. 水和海洋资源	作为 ESRS E3 的主题
3. 资源利用和循环经济	作为 ESRS E5 的主题
4. 污染	作为 ESRS E2 的主题
5. 生物多样性和生态系统	作为 ESRE E4 的主题
社会和人权因素	社会主题
1. 人人平等的待遇和机遇	作为 ESRS S1、S2 的子主题，其包含的内容则作为孙主题
2. 工作条件	
3. 根据《国际人权法案》和其他联合国核心人权公约制定的尊重人权、基本自由和民主的原则和标准	作为 ESRS S1、S2、S3、S4 的披露要求

续表

CSRD 可持续发展因素	ESRS 主题准则主题
治理因素	治理主题
1. 企业行政、管理和监督机构的构成及其在可持续发展事项方面的作用	作为 ESRS 2 的披露要求
2. 与可持续发展报告和决策过程有关的企业内部控制和风险管理系统的主要特点	
3. 商业道德和企业文化	这两项及其包含的内容均作为 ESRS G1 的子主题
4. 与发挥企业政治影响有关的活动和承诺（包括游说活动）	
5. 客户、供应商、社区关系管理	供应商关系管理作为 ESRS G1 的子主题，客户和社区关系管理作为 ESRS S3 和 ESRS S4 的披露要求

资料来源：作者整理。

表 2　　ESRS 1 应用要求 AR 16 提出主题准则应涵盖的可持续发展事项

主题准则	主题准则涵盖的可持续发展事项		
	主题	子主题	孙主题
ESRS E1	气候变化	1. 气候变化适应；2. 气候变化减缓；3. 能源	
ESRS E2	污染	1. 空气污染；2. 水污染；3. 土壤污染；4. 活生物和食物污染；5. 关注物质；6. 高关注物质；7. 微塑料	
ESRS E3	水和海洋资源	1. 水；2. 海洋资源	1. 水消耗；2. 水取用；3. 水排放；4. 水排海；5. 海洋资源的攫取和利用
ESRS E4	生物多样性和生态系统	1. 生物多样性丧失的直接影响驱动因素	1. 气候变化；2. 土地使用改变、淡水使用改变和海域利用改变；3. 直接采集；4. 外来侵入物种；5. 污染；6. 其他
		2. 对物种状况的影响	1. 物种种群规模；2. 物种全球灭绝风险
		3. 对生态系统范围和条件的影响	1. 土地退化；2. 荒漠化；3. 土壤封盖
		4. 对生态系统服务的影响与依赖	
ESRS E5	资源利用和循环经济	1. 资源流入，包括资源利用；2. 与产品和服务相关的资源流出；3. 废弃物	

续表

主题准则	主题准则涵盖的可持续发展事项		
	主题	子主题	孙主题
ESRS S1	自己的劳动力	1. 工作条件	1. 有保障就业；2. 工作时长；3. 足额工资；4. 社会对话；5. 结社自由、成立工会以及工人的知情权、协商权和参与权；6. 集体谈判，包括集体协议所涵盖的工人比率；7. 工作与生活平衡；8. 健康与安全
		2. 平等待遇和机会	1. 性别平等和同工同酬；2. 培训和技能开发；3. 雇佣和对残障人士的包容；4. 抵制工作场所暴力和骚扰举措；5. 多样性
		3. 其他与工作相关的权利	1. 童工；2. 强迫劳动；3. 充足住房；4. 隐私
ESRS S2	价值链中的工人	1. 工作条件	1. 有保障就业；2. 工作时长；3. 足额工资；4. 社会对话；5. 结社自由，包括成立工会；6. 集体谈判；7. 工作与生活平衡；8. 健康与安全
		2. 平等待遇和机会	1. 性别平等和同工同酬；2. 培训和技能开发；3. 雇佣和对残障人士的包容；4. 抵制工作场所暴力和骚扰举措；5. 多样性
		3. 其他与工作相关的权利	1. 童工；2. 强迫劳动；3. 充足住房；4. 隐私
ESRS S3	受影响的社区	1. 社区的经济、社会和文化权利	1. 充足住房；2. 充足食物；3. 水与卫生；4. 土地相关影响；5. 安全相关影响
		2. 社区的民事与政治权利	1. 言论自由；2. 集会自由；3. 对人权捍卫者的影响
		3. 原住民的权利	1. 免费和事前的知情权；2. 自主决策；3. 文化权利
ESRS S4	消费者与终端用户	1. 消费者和终端用户与信息相关的影响	1. 隐私；2. 言论自由；3. 接触（有质量的）信息
		2. 消费者和终端用户的人身安全	1. 健康与安全；2. 人身安全；3. 儿童保护
		3. 对消费者和终端用户的包容性	1. 无歧视；2. 对产品和服务的接触；3. 负责任的营销

续表

主题准则	主题准则涵盖的可持续发展事项		
	主题	子主题	孙主题
ESRS G1	商业操守	1. 企业文化；2. 吹哨人保护；3. 动物福祉；4. 政治参与；5. 供应商关系管理，包括付款惯例	
		6. 腐败与贿赂	1. 发现与防范，包括相关培训；2. 腐败与贿赂事件

资料来源：EC ESRS 1 附录 A《应用要求》(2023)。

（二）步骤二：分析步骤一识别的可持续发展主题（包括子主题、孙主题）是否与其他欧盟政策、目标或立法相关

在立法方面，欧盟规范企业可持续发展信息披露的法律除 CSRD 外，主要还有《可持续金融披露条例》(SFDR)、《资本要求条例》(CCR)、《用作金融工具和金融合同基准或衡量投资基金绩效指数条例》(Benchmark Regulation)、《欧洲气候法案》(EU Climate Law) 等。若特定可持续发展事项与欧盟政策、目标或立法相关，应进一步分析这些政策、目标或立法是否提出有关该可持续发展事项的充分的报告要求。如果是，准则制定机构应据以制定适当的披露要求；如果不是，准则制定机构应将该可持续发展事项汇入步骤三进行双重重要性评估，收集与此有关的必要信息并据以制定适当的披露要求［在这种情况下准则制定机构无需确定该主题的重要性（因为该主题已经具有政策重要性），但需通过重要性评估收集必要的信息以制定恰当的披露要求］。这个步骤的目的是确保全面涵盖欧盟地区的政策、目标和法律规定的已识别可持续发展主题（包括子主题、孙主题）的应报告信息。

（三）步骤三：对于步骤一识别的可持续发展主题（包括子主题、孙主题）中与欧盟政策、目标或立法不相关的，准则制定机构需额外进行两项评估

一是影响重要性评估。准则制定机构可从影响规模（Scale of Impact）、影响范围（Scope of Impact）、影响的可补救性（Remediability of Impact）这三个维度对影响重要性进行量化打分。二是财务重要性评估，准则制定机构可从资源使用的连续性（Continuation of Use of Resources）以及对关系的依赖（Reliance on Relationships）两个维度对财务重要性进行量化打分。已识别的可持续发展主题若能通过双重重要性评估被判断为重要（具有政策重要性的主题天然重要，无需进行双重重要性评估），即可作为特定可持续披露准则的主题（具体准则一般也依此可持续发展的主题命名），子主题

或孙主题若能够通过双重重要性评估被判断为重要，则可用于帮助制定该可持续披露准则的披露要求。这充分体现了“主题—子主题—孙主题—披露要求”的准则落地路径。

准则制定机构在实施该步骤时应注意：一是评估时应给予影响重要性和财务重要性同等重视且一般应先评估影响重要性；二是评估应覆盖整条价值链和所有时间范围（短期、中期、长期）；三是评估时应判断特定可持续发展主题是对所有行业绝大多数企业都重要，还是对特定行业绝大多数企业重要，抑或是仅仅对特定企业个体重要，这三个层面的评估属于递进关系。对所有行业绝大多数企业重要的可持续发展主题最终形成行业通用准则［Sector - agnostic Standards，包括跨领域交叉准则（Cross - cutting standards）、主题准则（Topical standards）］，对特定行业绝大多数企业重要的可持续发展主题形成行业特定准则（Sector - specific Standards）［跨领域交叉准则（Cross - cutting standards）、主题准则（Topical standards）和行业特定准则（Sector - specific standards）］，而仅仅对企业个体重要的可持续发展主题（包括子主题和孙主题）则由企业自行披露。

（四）步骤四：针对步骤二识别的与欧盟政策、目标或立法相关的可持续发展主题（包括子主题和孙主题）以及经过步骤三的双重重要性评估识别为重要的可持续发展主题（包括子主题和孙主题）制定适当的披露要求

通过观察已发布的第一批 12 项 ESRS 可以发现，ESRS 整体披露要求设计呈如下突出特点：一是区分一般披露要求与特定披露要求。ESRS 2 提出适用于所有可持续发展主题和所有行业的一般披露要求，其他主题准则或行业特定准则只针对特定主题或特定行业提出特定披露要求。值得一提的是，特定披露要求中的一部分属于在一般披露要求的基础上提出额外披露要求，需要企业结合 ESRS 2 与相关主题准则或行业特定准则的相关披露要求（以下简称“结合披露要求”）进行披露。表 3 列示了 EC 发布的第一批 10 项主题准则中的结合披露要求。无论企业对特定可持续发展事项重要性评估的结果如何，都应根据 ESRS 2 的一般披露要求进行信息披露，同时视重要性评估的结果针对重要的可持续发展事项根据适用的主题准则或行业特定准则的相关披露要求进行信息披露。这种“总—分”结构的好处是一般披露准则与其他主题准则和行业特定准则之间呈相互独立（准则层面）又相互交融（部分披露要求层面）的关系，后者不必重复前者的共性要求，能够更好地聚焦特定主题或特定行业的情况，同时在局部后者又是前者的延续和细化，二者共同服务于披露目标。二是 ESRS 1 统一界定 ESRS 四大核心报告领域——治理、战略、IRO 管理、指标和目标，这四大核心报告领域源自气

候相关财务信息披露工作组（TCFD）的框架，也与ISSB制定的可持续披露准则的报告领域保持一致。但ESRS的独特之处在于在ESRS 2中就IRO管理、指标和目标这两个报告领域专门针对防范、减缓和修复实际以及潜在重要影响，处理重要风险、把握重要机遇的政策（P）、行动（A）、指标（M）和目标（T）提出最低披露要求（MDR，包括MDR－P、MDR－A、MDR－M、MDR－T），以模块化的方式强调重要IRO管理的规划、过程和结果的披露，这既是遵循CSRD的规定，也为其他ESRS相关内容的规定提供了统一的可参考的基础，还可避免企业披露重要IRO管理情况时五花八门，方便使用者在阅读时定位和理解相关内容。三是ESRS的披露要求区分为应披露（Shall Disclose）和可披露（May Disclose）两类，前者属于强制披露要求，后者属于自愿披露要求。强制披露要求增强了重要信息的可比性，通过适当校准（如规范报告范围、价值链及其他编报细节），甚至有望获得高水平的可比性。而自愿披露要求除了能够鼓励良好的披露实践，也增强了自愿披露信息的相关性，且可避免自愿披露的信息过载。

表3　　ESRS 2与主题准则结合披露要求概况

序号	ESRS 2 披露要求	包含左列额外要求的主题准则披露要求
1	披露要求GOV－1：行政、管理和监督机构的作用	ESRS G1（第5段）
2	披露要求GOV－3：将可持续发展相关业绩融入激励方案	ESRS E1（第13段）
3	披露要求SBM－2：利益相关者的利益和观点	ESRS S1（第12段）、ESRS S2（第9段）、ESRS S3（第7段）、ESRS S4（第8段）
4	披露要求SBM－3：重要的IRO及其与战略和商业模式的相互作用	ESRS E1（第18、第19段）、ESRS E4（第16段）、ESRS S1（第13—第16段）、ESRS S2（第10—第13段）、ESRS S3（第8—第11段）、ESRS S4（第9—第12段）
5	披露要求IRO－1：描述识别和评估重要IRO的流程	ESRS E1（第20、第21段）、ESRS E2（第11段）、ESRS E3（第8段）、ESRS E4（第17—第19段）、ESRS E5（第11段）、ESRS G1（第6段）

资料来源：EC ESRS 2附录C（2023）。

二、企业对ESRS的采用路径

就像企业执行会计准则时对交易或事项按照其适用的会计准则相关规定进行确认

计量披露一样，企业执行可持续披露准则时也要对与自身经营活动和上下游价值链活动相关的重要可持续发展事项按照其适用的可持续披露准则相关披露要求进行信息披露。这一过程涉及三个关键问题：一是如何识别与自身经营活动或上下游价值链活动有关的可持续发展事项？二是如何评估已识别可持续发展事项的重要性？三是如何对已识别重要可持续发展事项根据其适用的具体准则披露要求进行报告？

ESRS 的披露要求和应用要求都没有对企业识别和评估可持续发展事项的流程作出规定，这是因为没有一个流程能够适用于各种类型的经济活动、组织结构、运营地点或所有企业的上下游价值链，因此企业应当根据自身特定的事实和情况设计自己的流程。2023 年 10 月，EFRAG 发布 3 份 ESRS 应用指南（征求意见稿）（ESRS IG1—3），其中 ESRS IG1 列示了企业层面基于双重重要性的 ESRS 执行参考步骤（见图 2）。以下结合已经发布的第一批 ESRS 详细说明企业在各个步骤的主要做法。

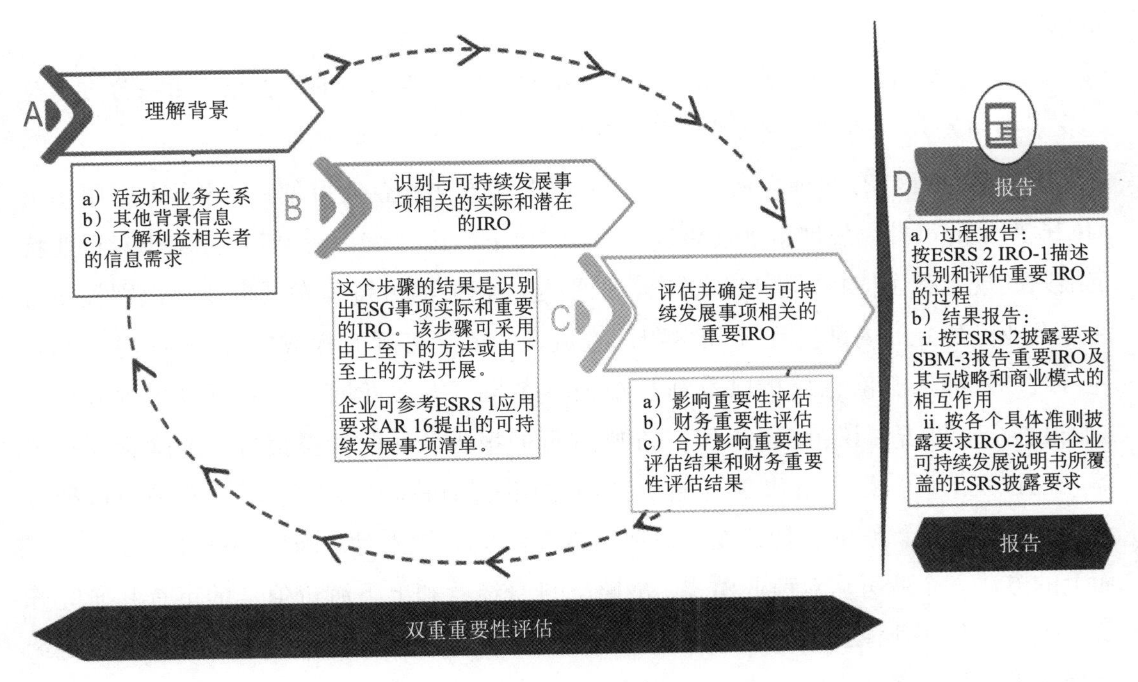

图 2　基于双重重要性的准则执行流程

资料来源：EFRAG ESRS IG1（2023）。

（一）步骤 A：复盘企业活动和业务关系的背景，了解关键受影响利益相关者的信息需求，旨在为步骤 B 提供重要输入值

为复盘企业活动和业务关系的背景，企业可考虑：（1）分析业务计划、战略、财

务报表以及提供给投资者的其他信息；（2）企业活动、产品和服务以及这些活动的地理位置；（3）将企业的业务关系和上下游价值链相互映射，包括确定业务关系的类型和性质；（4）确定报告范围（从自身经营到上下游价值链）；（5）其他［包括分析企业相关法律和监管格局、公开发表的信息（媒体报告、同行信息、现有行业特定标准、关于可持续发展趋势的其他出版物和科学论文等）］。

为识别受企业自身经营和上下游价值链活动影响的利益相关者及其观点和诉求，进而定位关键受影响利益相关者（Key Affected Stakeholders），企业可考虑：（1）分析现有的利益相关者参与计划。（2）将企业活动和业务关系与受影响利益相关者相互映射。在某些情况下，企业可能识别出与特定活动、产品或服务相关的特定利益相关者群体，这有助于在特定可持续发展事项相关准则执行中优先考虑其诉求。（3）界定利益相关者在重要性评估的哪些阶段参与，比如利益相关者可在确定重要可持续发展事项清单时参与，也可在影响重要性评估阶段参与（帮助评估影响的规模、范围等）。

（二）步骤B：识别可持续发展事项及其实际和潜在的IRO，旨在输出一份可持续发展事项相关IRO的“长清单”以便步骤C做进一步评估和分析

步骤B的开展有两种方法：一是自上而下的方法。企业可使用ESRS 1应用要求AR 16列示的可持续发展事项清单（见表2，以下简称“表2清单”）并基于对行业特定准则的规定和主体特定事项的考虑，识别与之相关的可持续发展事项。识别程序可通过企业已建立的内部流程（如尽职调查流程、风险管理流程或申诉机制等）开展，还可通过外部来源信息分析以及利益相关者参与等方式开展。企业也可从现有报告［如根据全球报告倡议组织（GRI）准则进行的报告、尽职调查报告、风险管理报告等］已识别的可持续发展事项开始识别与之相关的可持续发展事项。若采用这种方式，企业应将所识别的可持续发展事项与表2清单进行比对，确保完整性。二是自下而上的方法。企业可从对商业模式、战略、自身经营和上下游价值链的审查和研究开始，先确定与商业模式和战略有关的IRO清单，再将该清单与涵盖这些IRO的可持续发展事项清单联系在一起。

在上述两种方法中，EFRAG认为自上而下的方法通常对那些首次编制可持续发展报告且尚未制定完整的报告路线图的企业有效。不论采用何种方法，企业识别出的可持续发展事项“长清单”都应按表2清单的结构进行汇总（如果企业平时对某些可持续发展事项使用的术语与表2清单不一致，到汇总阶段应协调一致），同时确定每个已识别可持续发展事项相关的IRO，为后续重要性评估做准备。

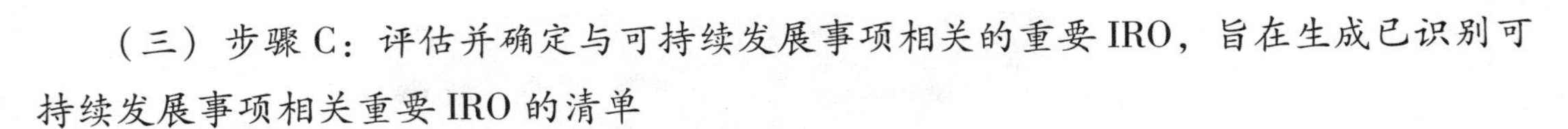

（三）步骤C：评估并确定与可持续发展事项相关的重要IRO，旨在生成已识别可持续发展事项相关重要IRO的清单

该步骤是重要性评估流程的最后一个步骤，基于双重重要性的评估一般从影响重要性评估开始。企业应采用ESRS 1规定的客观标准（见表4），设置适当的定量或定性阈值评估消极和积极的实际和潜在影响的重要性（图3列示了严重程度定性评估的模板，图4列示了潜在影响评估时对严重程度和可能性的综合考量）。企业在进行影响重要性评估时，应注意以下两个问题：一是影响是指企业对人和环境的影响，也即对利益相关者的影响，因此评估过程中关键利益相关者的参与至关重要，他们可帮助评估、验证并确保重大影响（尤其是消极影响）清单的完整性。二是消极影响与积极影响应分别评估，不能相互抵销。

表4　　影响评估的标准

	影响			
	消极影响		积极影响	
	实际影响	潜在影响	实际影响	潜在影响
评估标准	1. 严重程度	1. 严重程度	1. 严重程度	1. 严重程度
	1.1 规模*	1.1 规模*	1.1 规模*	1.1 规模*
	1.2 范围**	1.2 范围**	1.2 范围**	1.2 范围**
	1.3 不可补救性***	1.3 不可补救性***		2. 可能性
		2. 可能性		

注：*影响有多重大；

**影响范围有多大；

***影响是否以及在多大程度上不能得到补救。严重程度的三个特征中任何一个都可能造成严重的影响，但这些特征往往是相互依赖的。

资料来源：EC ESRS 1（2023）。

负面影响	严重程度评估			重要性结论
	规模	范围	不可补救性	
影响1				不重要
影响2				重要
影响3				重要
……				……
影响N				重要

颜色代表：

低		中		高

图3　定性影响评估示意图

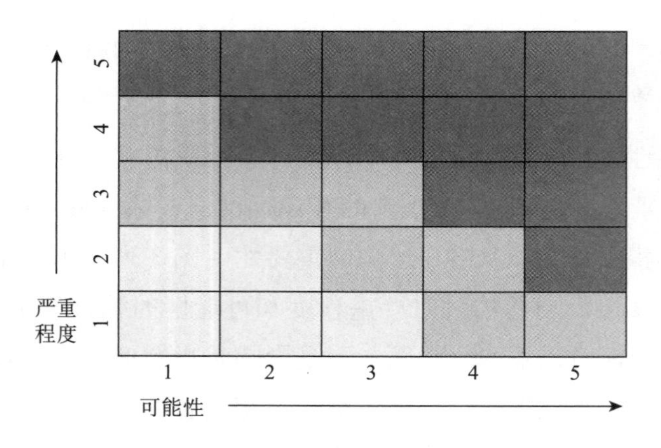

图 4　影响重要性评估矩阵

ESRS 和 ISSB 准则对财务重要性的定义一致（如果可以合理预期漏报、错报或模糊一项信息将影响通用目的财务报告主要使用者根据可持续相关财务信息所作的决策，该信息就具有重要性），都借鉴了财务报告重要性的定义（如果可以合理预期漏报、错报或模糊一项信息将影响通用目的财务报告主要使用者根据财务报告所作的决策，该信息就具有重要性）。所以可持续发展报告的财务重要性本质上是财务报告重要性在可持续发展报告中的补充、延伸和扩大（叶丰滢和黄世忠，2023）。财务重要性的评估也应采用 ESRS 1 规定的客观标准——财务影响发生的可能性和潜在规模，设置适当的定量或定性阈值评估短期、中期和长期财务影响的重要性。企业可使用财务业绩、财务状况、现金流量、资本可获取性和资本成本等不同维度的财务影响设计定量或定性阈值。另外，企业可将已识别可持续发展相关风险和机遇与其现有风险管理流程涉及的风险和机遇进行比较，如果后者包含前者，可直接采用现有风险管理流程对该特定可持续发展相关风险和机遇可能性和潜在规模的评估结果。企业在进行财务重要性评估时，也需考虑利益相关者参与，比如企业的业务部门可与企业的投资者和其他金融合作伙伴一起评估、验证并确保重要风险和机遇清单的完整性。

值得说明的是，企业在进行重要性评估时应充分认识到可持续发展报告重要性与财务报告重要性之间除是否包括影响重要性以外的重要差异：一是财务报告在确定合并报表层面的重要性时必须剔除集团公司的内部交易，而可持续发展报告在确定合并报表层面的重要性时不能剔除集团公司的内部交易，子公司层面所有重要 IRO 都应被囊括。二是财务报告重要性评估只考虑合并报表范围，而可持续发展报告重要性评估超越合并报表范围而延伸至与企业经营活动相关的上下游价值链业务关系。这意味着如果企业的投资对象是企业价值链的参与者（如供应商或客户），企业对与之有关的重要 IRO 的评估应基于与这些参与者的业务关系而不管在合并财务报表中对其是如何进行会计处理的。只有投资对象不是企业价值链的参与者（仅仅是投资对象）时，企业对与之有关的重要 IRO 的评估才基于与这些参与者的投资关系。三是财务报告按投资比例核算对联营企业、合营企业、非合并子公司（投资性主体）以及并非通过主体方式达成的共同经营等投资对象的财务影响（通过权益法或比例合并法），而可持续发展报告则按经营控制权法将上述投资对象所产生的各类排放 100% 包括在报告范围内而不管对这些对象的投资比例如何。四是财务报告重要性评估的时间范围显著小于可持续发展报告重要性评估的时间范围，后者既要考虑当期的对外影响和对内的财务影响，还要考虑预期（包括短期、中期和长期）影响和财务影响。合并影响重要性评估和财务重要性评估的结果，即可获得可持续发展事项相关重要 IRO 清单。

（四）步骤 D：报告

对于通过重要性评估确定是重要的可持续披露事项，企业应根据与该事项有关的主题准则或行业特定准则的披露要求（包括应用要求）进行信息披露。如果该事项尚未被主题准则或行业特定准则覆盖或虽已覆盖但规定不够充分，企业应进行额外的主体特定披露。

至于企业应对外报告具体披露要求规定的哪些信息（应披露哪些重要信息），应运用相关性原则进行判断。信息的相关性表现在两个方面：一是该信息相对于其描述的可持续发展事项的重要性。二是该信息对使用者（包括通用财务报告主要使用者和重点关注企业影响的信息使用者）的决策有用性。一般而言，对使用者决策有用的信息相对于其描述的可持续发展事项都是重要的。按照 ESRS 1，如果信息与管理重要 IRO 的政策（P）、行动（A）、目标（T）相关，即属于对使用者决策有用的重要信息，企业应根据 ESRS 2 规定的最低披露要求（MDR - P、MDR - A、MDR - T）结合相关主题准则或行业特定准则的具体披露要求进行信息披露（若企业尚未采取 PAT，应披露此情况并报告其制定这些 PAT 的时间规划）。如果信息与管理重要 IRO 的指标（M）相关，企业应先根据相关性原则判断具体披露要求［包括数据点（Data Points），指某个披露要求的叙述性子要素］的规定是否与其相关从而属于重要信息需要披露。若相关，企业应根据 ESRS 2 规定的最低披露要求（MDR - M）结合相关主题准则或行业特定准则的具体披露要求进行信息披露；若不相关，则无需披露。

在完成上述所有步骤后，企业应根据 ESRS 2 IRO - 1“描述识别和评估重要 IRO 的流程”报告特定可持续发展事项重要性评估的过程（结合表 3 相关主题准则规定）；根据 ESRS 2 SBM - 3“重要 IRO 及其与战略和商业模式的相互作用”报告重要可持续发展事项重要性评估的结果（结合表 3 相关主题准则规定）；根据 ESRS 2 IRO - 2“企业可持续发展说明书所覆盖的ESRS披露要求”报告评估结果为不重要而被省略的可持续发展主题以及评估结果为重要的可持续发展主题适用的相关主题准则披露要求清单。

三、结论与启示

本文对ESRS的制定路径和企业对ESRS的采用路径进行了分析，通过梳理EFRAG有关ESRS制定的方法论可以看出：(1) ESRS的主题（包括子主题和孙主题）乃至披露要求主要从欧盟政策、目标、立法中来，对政策、目标、立法的相关规定做到不缺不漏、内容全覆盖；(2) ESRS的主题（包括子主题和孙主题）还来源于广泛应用的可持续发展报告框架和广大的利益相关者的意见建议，做到掇菁撷华、统筹兼顾；(3) 准则制定机构并非凭空创造准则，而是对披露实践中各种来源的规定依从“主题—子主题—孙主题—具体披露要求”的逻辑进行结构化组织从而生成准则。

上述ESRS的制定路径给我国制定可持续披露准则以启发。我国在ESG领域已制定了数十部法律法规，这些法律法规理应成为我国制定可持续披露准则的法源和依据，可持续披露准则应当尽可能将这些法律法规的精神实质细化为最低披露要求。同时，我国制定可持续披露准则时也可充分吸收国际上现行披露实践中行之有效且适用于我国的可持续披露框架相关内容。唯有如此，才能使我国制定的可持续披露准则真正做到既彰显特色又兼收并蓄。

此外，通过梳理企业采用ESRS的路径可以看出：(1) 企业对可持续发展事项的识别应覆盖包括上下游价值链的所有经营活动。(2) 重要性评估是针对特定可持续发展事项相关IRO的，但准则只规定IRO评估的原则性标准且强调关键利益相关者对这一过程的参与，并未规定评估的方法、参数、阈值、假设等，企业可充分运用主体层面的判断。(3) 重要性评估决定特定可持续发展事项是否适用具体主题准则或行业特定准则及相关披露要求。不重要的可持续发展事项企业可不适用具体准则，不相关（从而不重要）的信息企业可不适用具体披露要求。

值得一提的是，企业层面的重要性评估属于可反驳的推定（Rebuttable Presumption）。允许企业通过重要性评估确定适用的准则及披露要求，这是尊重企业根据实际情况行使可反驳推定的权利，但也有人担心重要性评估会因此成为企业的“逃跑路径”（企业借此不采用相关准则或相关披露要求），ESRS采取的保障措施是：(1) 不论重要性评估的结果如何，企业都应根据ESRS 2的一般披露要求进行信息披露。这旨

在确保基本的可比信息。（2）强调重要性评估过程的披露。不论重要性评估的结果如何，企业都应根据 ESRS 2 IRO－1 描述识别和评估重要 IRO 的流程。对气候变化、污染、水和海洋资源、生物多样性和生态系统、资源利用和循环经济这 5 个环境主题以及商业操守这个治理主题，企业还需结合 ESRS E1、ESRS E2、ESRS E3、ESRS E4、ESRS E5 和 ESRS G1 “与 ESRS 2 IRO－1 相关的披露要求” 对重要性评估过程进行额外披露。这旨在确保企业不随意操纵可持续发展主题（尤其是关键主题）的重要性评估过程从而逃避披露。（3）强调对不重要的评估结果的论证。如果企业认为气候变化主题不重要并因此省略 ESRS E1 规定的所有披露要求，应详细解释与气候变化相关的重要性评估的结果，包括对气候变化在未来变得重要的情况作出前瞻性分析。如果企业认为除气候变化以外的其他可持续发展主题不重要并因此省略相关主题准则规定的所有披露要求，也需简要解释与该主题相关的重要性评估的结果。这依然是在确保企业不得随意回避相关主题（尤其是气候变化主题）的披露义务。上述做法亦给我国企业执行可持续发展事项重要性评估以启发。

（原载于《财务与会计》2024 年第 8 期）

主要参考文献：

1. 叶丰滢，黄世忠．财务报告与可持续发展报告中的重要性及其应用［J］．财会月刊，2023（4）：3－11.

2. EC. Directive（EU）2022/2464 of the European Parliament and of the Council of 14 December 2022 amending Regulation（EU） No 537/2014, Directive 2004/109/EC, Directive 2006/43/EC and Directive 2013/34/EU, as regards corporate sustainability reporting［R/OL］. www. europa. eu, 2022.

3. EC. ESRS 1 General Requirements［EB/OL］. http://finance. europa. eu, 2023.

4. EC. ESRS 2 General Disclosures［EB/OL］. http://finance. europa. edu, 2023.

5. EFRAG. ESRS 1 General Requirements Basis for conclusions［EB/OL］. https://www. efrag. org, 2023.

6. EFRAG. ESRS 2 General Disclosures Basis for conclusions［EB/OL］. https://www. efrag. org, 2023.

7. EFRAG.［Draft］IG 1: Implementation Guidance for the Materiality Assessment［EB/OL］. https://www. efrag. org, 2023.

8. EFRAG. [Draft] IG 2：Implementation Guidance for Value Chain [EB/OL]. https：//www. efrag. org，2023.

9. EFRAG. ESRG 1 Double Materiality Conceptual Guidelines for Standard - setting [EB/OL]. www. efrag. org，2022.

10. EFRAG. Proposed Methodology for Determining Material Topics in Sector - specific ESRS [EB/OL]. https：//www. efrag. org，2022.

ISSB 准则与 ESRS 的理念差异和后果分析

黄世忠

【摘要】 国际财务报告可持续披露准则（以下简称“ISSB 准则”）与欧洲可持续发展报告准则（以下简称“ESRS”）构成了当今世界的两大可持续披露准则体系。这两大准则体系不仅在技术细节上存在诸多差异，而且在基本理念上也存在重大差异。本文从准则属性、政策目标、重要事项、信息定位和报告边界五个方面，深刻分析了 ISSB 准则与 ESRS 的理念差异及其制度背景，并探讨这两大准则体系的理念差异可能产生的四个意外后果，包括 ISSB 准则可能得不到欧盟的认可和背书、ISSB 准则难以实现标准统一性和信息可比性的政策目标、ISSB 准则难以成为推动可持续发展的政策工具、ESRS 可能使欧盟企业处于不利的竞争地位。

【关键词】 准则属性；使用者导向；重要性；信息定位；报告边界；意外后果

国际可持续准则理事会（ISSB）、欧洲财务报告咨询组（EFRAG）和美国证监会（SEC）近期相继发布了可持续披露准则的征求意见稿（Exposure Draft，ED），在 ESG 或可持续发展报告领域初步形成了三足鼎立的格局，但 SEC 发布的 ED 仅涉及气候相关披露，且尚未就其他可持续披露准则的制定和实施阐明立场，因此，可持续披露准则两大体系目前由 ISSB 制定的国际财务报告可持续披露准则（ISSB 准则）和 EFRAG 制定的欧洲可持续发展报告准则（ESRS）所组成。毋庸置疑，ISSB 准则和 ESRS 将成为推动 ESG 或可持续性信息披露朝着规范化方向发展的最重要推动力量，对于促进经济、社会和环境的可持续发展意义重大。但由于 ISSB 和 EFRAG 制定可持续披露准则的正当性（Legitimacy）来源迥异，秉承的重大理念分歧较大，导致这两大准则体系存在诸多差异，如果不加以协调，尽快消弭差异，20 国集团（G20）、金融稳定理事会（ISB）、国际证监会组织（IOSCO）、国际会计师联合会（IFAC）等国际组织以及投资者和其他利益相关者寄予厚望的建立一套全球统一的可持续披露准则体系将难以实现。

消弭差异的前提是辨识差异及其原因。将ISSB制定的《可持续相关财务信息披露一般要求》（以下简称《一般要求》）和《气候相关披露》以及EFRAG制定的《一般要求》和《气候变化》进行对比分析，可以发现ISSB准则和ESRS之间存在的一些明显差异，既有细节规定方面的差异，也有基本理念方面的差异。本文侧重于对准则属性和基本理念的差异分析，包括理念差异衍生的后果分析。

一、准则属性的差异分析

与会计准则一样，可持续披露准则在性质上亦可分为法规属性与非法规属性。ISSB发布的ISSB准则和IASB发布的国际财务报告准则（IFRS）均不具有法规属性，其正当性和权威性主要来自国际组织和相关国家的认可（Recognition）和背书（Endorsement）。2001年以来，得益于IOSCO等国际组织对国际财务报告基金会（IFRS Foundation，以下简称“IFRS基金会”）的认可和欧盟（EU）对IFRS的支持，IFRS的正当性得以承认，权威性显著提高。离开了IOSCO和EU的认可和背书，IFRS的正当性和权威性将黯然失色。与此类似，IFRS基金会成立ISSB负责制定ISSB准则，其正当性同样来自G20、IOSCO和IFAC等国际组织的认可和背书，也在很大程度上得益于IASB成功制定一套全球性会计准则的溢出效应。另外，ISSB制定ISSB准则的正当性并非没有争议。2020年，IFRS基金会就应否由其成立专门机构制定可持续披露准则发布了《可持续发展报告咨询文件》（Consultation Paper on Sustainability Reporting，CPSR），广泛征求意见。虽然赞成意见居多，但也不乏反对意见[①]，学术界尤其如此。英国Durham大学的Adams和Mueller教授分析了来自20个国家74个学术组织的104位学者对该咨询文件的39份反馈意见，结果发现只有11份（占28.2%）反馈意见支持IFRS基金会制定可持续披露准则，多达28份（占71.2%）反馈意见反对IFRS基金会制定可持续披露准则，主要理由包括：（1）应否由IFRS基金会制定可持续披露准则缺乏充分论证，没有充分证据表明IFRS基金会制定可持续披露准则的正当性优于全球报告倡议组织（GRI）等国际组织；（2）IFRS基金会缺乏制定可持续披露准则所

① 例如，美国证监会委员Peirce女士2021年7月发表了公开信，对IFRS基金会应否涉入可持续披露准则的制定提出质疑，其主要理由是会计准则与可持续披露准则存在着本质差异，IFRS基金会不应超越其职责范围和胜任能力贸然卷入可持续披露准则的制定工作（SEC，2021）。

需要的胜任能力和相关经验；(3) 其他准则制定者特别是 GRI 已经与投资者、各国政府和其他利益相关者建立了重要的工作关系网并保持了良好的合作关系，在这方面 IF-RS 基金会不见得有比较优势（Adams and Mueller，2022）。更重要的是，不同于 IFRS 得到 EU 的支持，ISSB 准则能否得到 EU 的支持现在还是未知数。考虑 EU 独立制定 ESRS 且其基本理念与 ISSB 准则存在较大差异，ISSB 准则得到 EU 支持的前景不容乐观。如果 ISSB 准则缺乏 EU 的支持而不能在 EU 成员国采用，其将难以成为名副其实的国际准则，权威性存疑。

与 ISSB 准则相反，ESRS 则具有法规属性。首先，根据欧盟的《公司可持续发展报告指令》(CSRD) 的规定，EFRAG 获得欧盟委员会（EC）的授权负责 ESRS 的具体制定工作，但制定的 ESRS 须经 EC 批准并由 EC 发布。2001 年成立的 EFRAG 原本只是一个非关方的专业组织，主要向 EC 在决定是否采纳 IFRS 的过程提供专业技术和咨询意见，2020 年 6 月，EC 邀请 EFRAG 成立工作小组，同年 9 月敦请 EFRAG 改革治理结构为制定 ESRS 做好组织准备。2021 年 3 月，EFRAG 成立了两个委员，财务报告委员（FRB）继续履行向 EC 提供应否采纳 IFRS 的技术咨询，可持续发展报告委员会（SRB）负责根据 EC 的授权起草和制定 ERSF。2021 年 4 月，EC 依据 CSRD 正式授权 EFRAG 制定 ESRS，并提供资金支持。自此，EFRAG 具有兼具技术咨询和准则制定的双重职能。这种“公私合营”的准则制定模式，既赋予 EFRAG 制定 ESRS 的正当性，又提升了 ERSG 的权威性和专业性，在体制机制上颇具创新性。其次，根据 CSRD 的要求，ESRS 一经发布，成员国有义务在规定的时间内将 ESRS 转化为本国的法规并要求适用对象遵照执行，可见 ESRS 在执行层面的强制性是 ISSB 准则所不能企及的，后者没有强制性，各国可自愿选择是否执行。最后，CSRD 是 EFRAG 制定 ESRS 的法源，EFRAG 据此制定的 ESRS 及其提出的披露要求必须符合 CSRD 的规定，CSRD 对可持续发展报告准则提出的要求和规定，EFFAG 必须将其作为符合重要性原则的事项，落实到 ESRS 的具体披露要求中。EFRAG 在《一般要求》中还明确提出企业必须遵循 CSRD 关于信息质量、双重重要性、边界和价值链、时间范围和尽职调查等概念要求。

准则属性的差异，导致 ESRS 与 ISSB 准则存在迥异的约束性。ESRS 的法规属性，使 ESRS 具有刚性约束。在可持续声明（Sustainability Statements）方面，EFRAG 在《一般要求》中要求，企业只有遵守了 ESRS 所有适用的披露要求（包括行业通用、行业特定和企业特定的披露要求），才能宣称其遵守了 ESRS。换言之，对 ESRS 的遵循属于“一刀切”的刚性要求，EU 成员国及其企业没有自由选择的余地。相比之下，由于 ISSB 准则制定缺少法源支持，ISSB 明智地将 ISSB 准则定位为综合性全球基准底线（Comprehensive Global Baseline），赋予各国较大的选择权，各国可根据实际情况在基准底线的基础上增加额外的披露要求。ISSB虽然没有明确说明各国能否在基准底线的基础上减少披露要求，但《一般要求》在“合规声明”（Statement of Compliance）部分却规定，如果当地法律法规禁止企业披露ISSB准则所要求的信息，则免除企业披露该等信息的责任，但这并不妨碍使用这一豁免条款的企业声称其遵守了ISSB准则。在合规声明作出如此宽松的豁免规定，存在较大争议，有损ISSB准则的权威性。假设一个国家禁止企业披露温室气体排放，导致企业未能按照《气候相关披露》准则的要求披露范围1、范围2和范围3的温室气体排放，在这种情况下，若企业还能够声称其遵守了ISSB准则，那就匪夷所思了。为了维护ISSB准则的权威性和一致性，ISSB有必要对合规声明中的豁免规定增加限制性条款，说明如果因当地法律禁止导致企业未能披露具有重要性的可持续事项，就不能声称其遵循了ISSB准则。

二、政策目标的差异分析

可持续披露准则制定机构设定的政策目标，既涉及使用者导向，也涉及是否试图改变企业行为。ISSB和EFRAG在这两个方面存在显著差异。

ISSB制定ISSB准则具有典型的反应性特点。从历史上看，IFRS成为国际准则且在140多个国家和地区具有普遍适用性，背后最重要的推手非IOSCO莫属，主要得益于IOSCO对IFRS基金会的支持和对IASB所发布的IFRS的认可和背书。作为资本市场监管者的国际组织，IOSCO对上市公司和金融机构具有巨大的影响力，其对IFRS的态度直接关系到IFRS的权威性和适用性。2005年EU决定采纳IFRS在一定程度上与IOSCO对IFRS的认可和背书有关。既然IFRS基金会的地位和IFRS的权威主要来自IOSCO的认可和背书，IFRS基金会自然会以满足资本市场的信息需求为己任，并通过其章程要求IASB制定的IFRS必须以投资者为导向。从近期发展上看，ISSB的成立和ISSB准则的制定，与IFRS如出一辙，均离不开IOSCO的认可和背书。2015年以来，G20和IASB对气候变化可能影响金融稳定性表达严重关切，这反过来促使IOSCO更加关注气候变化等可持续发展议题对企业价值的影响，希望上市公司和其他公共利益主体在现有财务信息披露的基础上披露更多的可持续发展相关信息。尽管上市公司和其他公共利益主体近年来披露的可持续发展相关信息日益增多，但由于缺乏统一的ESG或可持续披露准则，不同上市公司和其他公共利益主体披露的可持续发展相关信息缺乏可比性，既加大了披露成本，也让投资者等信息适用者无所适从。资本市场要求规范可持续发展相关信息披露的呼声日盛，对此，IOSCO希望IFRS利用其制定全球性会计准则的丰富经验和行之有效的治理机制和应循程序，肩负起制定全球性可持续

披露准则的重任。2021 年 3 月，IOSCO 支持 IFRS 基金会设立技术准备工作组（TRWG）为拟成立的 ISSB 提供技术准备，并指派其来自证券界的技术专家组（TEG）支持 TRWG 开展工作。2021 年 6 月，IOSCO 发表报告正式明确其支持 IFRS 基金会成立 ISSB 的政策，并指出："为了指导 IFRS 基金会的工作最大限度实现证券监管者的目标，IOSCO 深化了与 IFRS 基金会的合作（IOSCO，2021）。"

面对制定全球统一的可持续披露准则的有利形势和 IOSCO 前所未有的支持，IFRS 基金会审时度势，顺势而为，于 2021 年 11 月成立了平行于 IASB 的 ISSB，负责制定 ISSB 准则。鉴于 ISSB 准则的制定和实施离不开 IOSCO 的认可和背书，IFRS 基金会理所当然要求 ISSB 制定的 ISSB 准则必须以投资者为导向，聚焦于提供有助于投资者评估企业价值的可持续发展相关财务信息。IFRS 基金会设定以投资者为导向、以评估企业价值为重心的政策目标，迎合了 IOSCO 的目标偏好，进而得到 IOSCO 的继续认可和背书，以提高其制定 ISSB 准则的正当性和权威性。为了实现这一政策目标，同时也为了弥补其缺乏制定可持续披露准则经验和能力不足的短板，IFRS 基金会寻找 ISSB 的合作伙伴时，优先选择了价值报告基金会（VRF）和气候披露准则理事会（CDSB）。VRF 于 2020 年 11 月由美国的可持续发展会计准则委员会（SASB）和国际整合报告理事会（IIRC）合并而成，2021 年 11 月 VRF 和 CDSB 被 ISSB 吸收兼并。在发布 ESG 或可持续发展信息披露标准的国际组织中，SASB 和 IIRC 在企业界的影响力显然不及 GRI，CDSB 在气候信息披露方面的影响力也逊色于气候相关财务披露工作组（TCFD），但 SASB、IIRC 和 CDSB 也是以投资者为导向和聚焦于企业价值，与 IFRS 基金会的政策目标相吻合，将理念相同或相近的 SASB、IIRC 和 CDSB 吸收兼并，既可大幅提升 ISSB 制定 ISSB 准则的胜任能力，又可在利用它们的工作成果时免除理念冲突的后顾之忧，不失为明智之举。但 IFRS 基金会在理念上过于求同而忽略存异，可能带来本文最后一部分所分析的意外后果。

如前所述，EFRAG 制定 ESRS 的正当性和权威性来自 EC 的授权和 CSRD 的规定，因此，EFRAG 设定的政策目标必然以 EC 的可持续发展目标和 CSRD 的立法宗旨为依归。EC 对可持续发展的关注可追溯至其在 2001 年所发布的欧盟绿皮书，EU 成员国的政府有责任积极制定公共政策，督促公共利益主体履行企业社会责任（CSR）和公司受托责任（Corporate Accountability）。自此之后，欧盟陆续制定了一系列旨在推动可持续发展的法律法规，如 2007 年的《股东权指令》、2014 年的《非财务报告条例》（NFRD）、2019 年的《欧盟绿色协议》和《可持续金融披露条例》、2020 年的《欧盟分类条例》以及 2021 年的 CSRD。虽然这些法律法规在不同程度上推动了可持续发展报告在欧盟的发展，但直接催生 ESRS 的制定当属 CSRD。2021 年 4 月，EC 发布了

CSRD，取代了2014年10月发布的NFRD。根据CSRD的规定，EFRAG制定ESRS必须遵循两个首要原则（Overarching Principles）：利益相关者导向和原则导向，其中的利益相关者导向要求制定ESRS时应当充分考虑并尽量满足利益相关者的信息需求（黄世忠，2021），而不能仅仅考虑投资者的信息需求或以投资者的信息需求为优先。CSRD将投资者、非政府组织、社会合作伙伴以及其他利益相关者作为可持续发展报告的主要使用者，且没有给予投资者任何优先待遇（Giner and Vilchez，2022）。CSRD是EFRAG制定ESRS的法源，满足利益相关者评估企业可持续发展相关风险和机遇的信息需求理所当然成为EFRAG设定的政策目标。换言之，ESRS选择了更加宽泛的利益相关者作为使用者导向，完全是CSRD的规定使然，而ISSB准则选择了狭隘的投资者作为使用者导向，是深受IOSCO政策偏好影响的结果。正因为秉持利益相关者导向，EFRAG从一开始就选择了同样以利益相关者为导向的GRI作为其战略合作伙伴，而不会选择在理念上与其相悖的VFR或CDSB。

在制定可持续披露准则时是否寻求改变企业行为方面，ISSB准则与ESRS也存在明显的差异。作为一个非官方的国际组织，IFRS基金会历来秉持中立原则，要求IASB制定的IFRS不应试图改变企业行为，而是如实披露相关信息，让投资者自行判断是否诉诸改变企业行为的行动。诚如时任IASB主席Hoogervors和IFRS基金会受托人委员会主席Prada指出的，IFRS基金会迄今为止从未尝试通过IFRS改变企业行为，而是致力于制定描述经济现实而不是重塑经济现实的准则（Hoogervorst and Prada，2015）。他们还以巴塞尔委员会的资本要求和IFRS为例对此进行解释，前者要求银行应当拥有多少资本，而后者仅仅是为了反映银行实际上拥有多少资本而设计的。从ISSB发布的《一般要求》和《气候相关披露》征求意见稿可以看出，IFRS基金会过去要求IASB保持不试图改变企业行为的中立态度，同样适用于ISSB制定的ISSB准则。也就是说，ISSB应致力于能够如实反映企业价值受环境和社会影响的ISSB准则，而不应通过ISSB准则去试图改变企业的可持续发展行为。相比之下，EFRAG制定的ISSB准则蕴涵着寻求改变企业可持续发展行为的政策目标，通过披露企业对环境和社会的影响以及企业受环境和社会的影响，促使企业成为环境友好型、社会担当型的企业公民，进行促进经济、社会和环境的可持续发展。EFRAG将改变企业的可持续发展行为嵌入其政策目标，目的是更好实现CSRD等法律法规的立法意图。

三、重要事项的差异分析

与财务报告一样，可持续发展报告不需要“事无巨细”、“面面俱到”，而需要

“抓大放小”、“突出重点”，聚焦于披露重要的环境、社会和治理事项（以下简称“ESG 事项”）。为此，企业需要确定哪些 ESG 事项是重要的，哪些 ESG 事项是不重要的，由此就产生了重要性的确定问题。在可持续发展报告领域，ESG 事项是否具有重要性，可以从两个视角确定：基于外到内的视角（Outside - in Perspective），只考虑 ESG 事项对企业价值的影响，称为财务重要性（Financial Materiality）；基于由内到外的视角（Inside - out Perspective），只考虑企业（包括其价值链）活动对环境和社会的影响，称为影响重要性（Impact Materiality）。财务重要性和影响重要性均属于单一重要性（Single Materiality），因为它们都基于单一的视角。同时基于由外到内和由内到外的视角，既考虑企业受环境和社会的影响，也考虑企业对环境和社会的影响，称为双重重要性（Double Materiality）。可见，可持续发展报告领域的重要性比财务报告领域的重要性更加纷繁复杂，因为前者需要考虑财务之外的影响和更多利益相关者的利益，而后者只需要考虑财务影响和投资者的利益。

由于 IFRS 基金会以满足投资者评估企业价值为政策目标，故要求 ISSB 在制定 ISSB 准则时选择侧重于财务影响的单一重要性，聚焦于要求企业披露可能对企业价值产生影响的可持续发展相关风险和机遇，极少考虑甚至不考虑要求企业披露其自身和价值链活动对环境和社会的影响。IFRS 基金会在 2020 年发表的 CPSR 对选择单一重要性阐述的理由是，双重重要性将极大增加（准则制定）任务的复杂性，可能会影响或耽误准则的采纳（IFRS Foundation，2020）。IFRS 基金会作出的这一战略决策，与 IASB 侧重于财务重要性相一致，这在 IASB 发布的《管理层评论》（Management Commentary）征求意见中得到体现。该征求意见稿指出：“如果一项信息影响了对主体的现金流量前景或管理层对主体资源的经营责任，即管理层有效率和有效果地使用和保护主体资源的评估，进而影响投资者和债权人的决策，则该项信息就是重要的（IFRS Foundation，2021）。

学术界对于 IFRS 基金会秉持侧重于财务影响的单一重要性立场，赞成和反对的意见都有，但反对意见多于赞成意见。前述的 Adams 和 Mueller 的研究表明，对 CPSR 提供反馈意见的学者中，71.2% 反对 IFRS 基金会所秉持的单一重要性立场，主要理由包括：（1）单一重要性有违很多国家的政府对联合国可持续发展目标（UN SDGs）作出的承诺；（2）财务重要性并不能满足投资的信息需求，双重重要性确有必要；（3）单一重要性将助长企业的短期主义，导致企业忽略负外部性、滋生漂绿或漂洗 SDG 行为；（4）单一重要性有悖于持续经营原则。即使是对 IFRS 基金会单一重要性持赞同意见的学者，也认为双重重要性仍然是可取的，但他们对于 IFRS 应否采纳双重重要性的看法不一。

在确定可持续发展报告重点内容方面，EFRAG秉持的双重重要性明显有别于IFRS基金会的单一重要性立场。EFRAG认为，在评估和确定哪些可持续发展相关影响、风险和机遇（SRIRO）具有重要性时，企业应当考虑的首先是影响重要性，其次才是财务重要性。EFRAG秉持的这种观点是为了与CSRD的规定保持一致。根据CSRD的规定，企业应当报告有助于可持续发展报告使用者了解企业对可持续发展事项（Sustainability Matters）的影响以及可持续发展事项如何影响企业的发展前景、经营业绩和财务状况。如前所述，CSRD是EFRAG制定ESRS的法源，CSRD提出的包括双重重要性在内的法律要求，EFRAG只能遵守，不得逾越。必须说明的是，双重重要性并非CSRD首次提出，2014年EC制定的NFRD就提出了双重重要性的要求，而且将影响重要性放在第一位，足见欧盟早就对企业活动的环境和社会影响表达关切。CSRD虽然是为了取代NFRD，但并没有全盘否定NFRD，而是合理继承了其合理成分，双重重要性就属于合理的规定。

笔者认为，要求企业披露可持续发展相关信息，总体目标是为了促进经济、社会和环境（ESE）的可持续发展，而不仅仅是为了便于投资者评估可持续发展问题对企业价值的影响。从这个意义上，EFRAG依照CSRD的规定采纳双重重要性，比ISSB采纳单一重要性格局更大，更加契合编制和披露ESG或可持续发展报告的初衷——促进ESE可持续发展。ISSB采纳单一重要性，格局不够大，甚至有将ESG或可持续发展报告庸俗化之虞。

另一点值得说明的是，单一重要性和双重重要性之间的关系并非相互排斥，而是相互影响。2021年EFRAG提出以相关和动态的方式制定ESRS的建议中就指出了影响重要性具有“反弹效应”（Rebound Effect）或“飞镖效应”（Boomerang Effect），即企业影响了环境和社会，这种影响随后会反弹至企业的战略和商业模式，进而影响企业的价值。从这个意义上讲，影响重要性和财务重要性之间存在一种互动关系，“它们创造或侵蚀企业价值的程度在不同时期可能发生改变，这就是所谓的‘动态重要性’（Dynamic Materiality）”（EFARG，2021）。从动态重要性的角度看，EFRAG采纳双重重要性更加合理，因为在当期具有影响重要而没有采用重要性的可持续发展事项，在嗣后期间可能转化为影响重要性的事项。只披露具有财务重要性而不披露具有影响重要性的可持续发展事项，既不利于利益相关者评估企业对环境和社会产生的影响，也不利于投资者评估可能对企业价值产生影响的可持续发展事项。这就是很多学者认为IFRS采纳的单一财务重要性不能满足投资者信息需求的一个重要原因。

四、信息定位的差异分析

准则制定机构对单一重要性和双重重要性的选择，不仅影响到对重要可持续发展事项的评估，而且影响到对可持续发展报告的定位。从单一重要性原则的角度界定财务重要性，准则制定机构倾向于将可持续发展报告所披露的信息定位为财务报告的组成部分，而从双重重要性原则的角度界定影响重要性和和财务重要性，准则制定机构更有可能将可持续发展报告所披露的信息定位为独立于财务报告的信息（黄世忠、叶丰滢，2022）。ISSB 选择了单一的财务重要性原则，因而将可持续发展报告披露的信息定位为财务报告的组成部分，如图 1 所示。基于这样的定位，ISSB 将可持续发展报告披露的信息统称为“可持续发展相关财务信息（Sustainability – related Financial Information）”，而 EFRAG 选择了监管影响重要性和财务重要性的双重重要性原则，故将可持续发展报告披露的行为定位独立于财务报告的信息，如图 2 所示。基于这样的定位，EFRAG 将可持续发展报告披露的信息统称为“可持续发展相关信息（Sustainability – related Information）”。

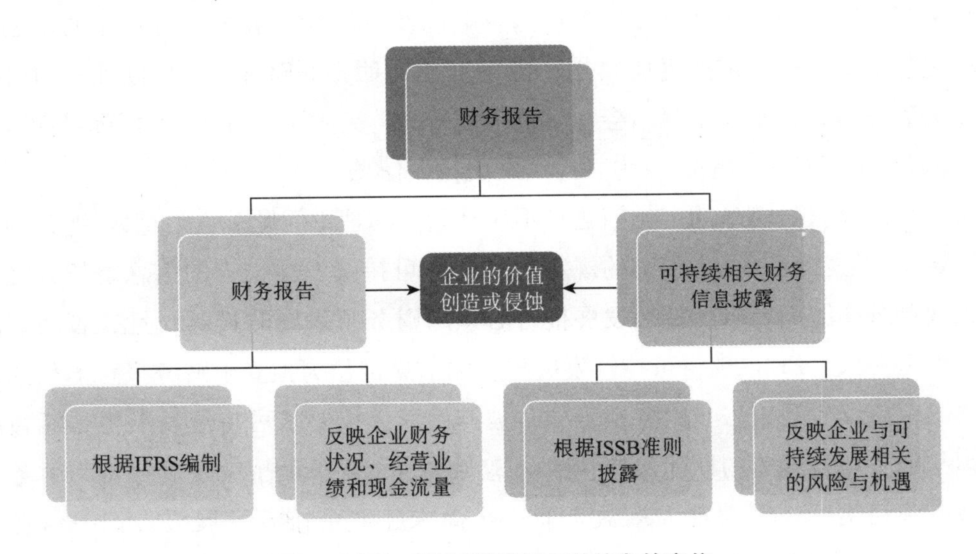

图 1　ISSB 对可持续发展相关信息的定位

笔者认为，EFRAG 对可持续发展报告披露信息的定位更加精准和合理，更加符合会计界对财务信息与非财务信息的认知。财务信息是指经过会计程序确认、计量和报告的信息，而非财务信息是指未经过会计程序确认、计量和报告的信息。财务信息是借助货币计量的定量化历史信息，而非财务信息通常未经货币计量，主要以实物计量的方式表现，既可以是定量化的历史信息，也可以是定性化的前瞻信息。可持续发展

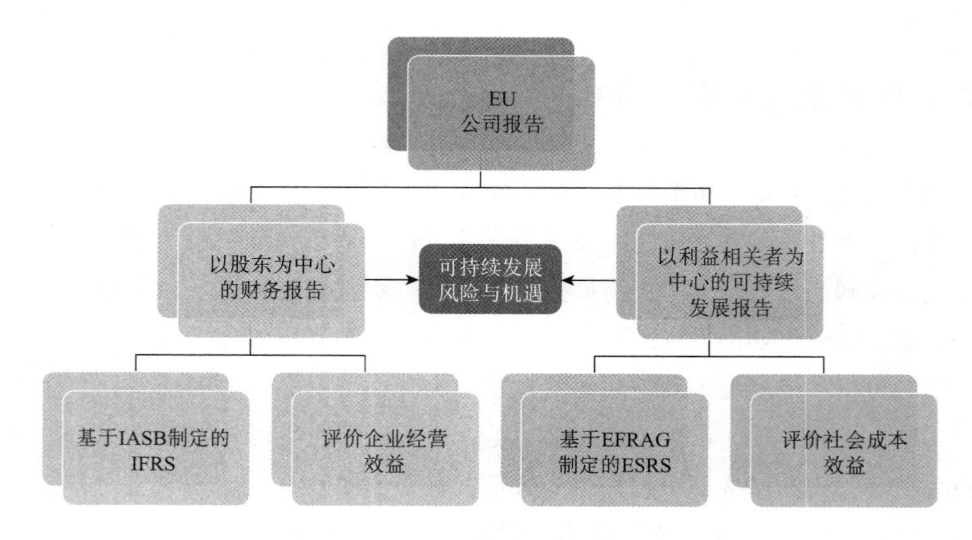

图 2　EFRAG 对可持续发展相关信息的定位

报告披露的绝大部分信息未经会计程序的确认、计量和报告，包含着大量非货币计量的定性化前瞻信息，明显属于非财务信息的范畴。EFRAG 将这些信息定位为独立于财务报告的非财务信息，建构了由财务报告与可持续发展报告所组成的公司报告，便于利益相关者评估企业对可持续发展事项的影响以及可持续发展事项对企业的影响，逻辑脉络更加清晰，理论依据更加充分。而 ISSB 将明明是非财务信息生硬地称为可持续发展相关财务信息，不仅牵强附会，而且于理不通，突破了会计界对财务信息的认知，有必要借鉴 EFRAG 的做法，改为可持续发展相关信息。

可持续发展报告信息的定位问题，不仅是重大的理论问题，也是重大的实务问题，首先，定位问题涉及对报告频率的规定。ISSB 将可持续发展报告的信息定位为财务报告的组成部分，因而要求可持续发展报告必须与财务报表同时披露，且二者涵盖的期间应当保持一致。EFRAG 将可持续发展报告的信息定位为独立于财务报告的信息，故没有要求可持续发展报告与财务报告同时披露，而仅仅要求可持续发展报告涵盖的期间必须与财务报告涵盖的期间保持一致。笔者认为，要求可持续发展报告与财务报告同时披露不切实际，因为绝大多数企业迄今尚未建立可持续发展报告相关信息的收集、验证、分析和报告系统。可持续发展相关信息仅限于年报比较合适。其次，定位问题直接影响到由企业的哪个部门主导可持续发展报告的编制和披露。如果将可持续发展报告的信息定位为财务报告的组成部分，编制和披露可持续发展报告的责任通常由财务部门承担，但可持续发展报告披露的绝大部分信息既超出了财务信息的范畴，也超越了财务部门的胜任能力，由财务部门主导可持续发展报告的编制和披露工作，可能弱化了董事会、高管层以及业务部门对可持续发展报告的重视程度，不利于企业

编制和披露高质量的可持续发展报告。反之，如果将可持续发展报告的信息定位为独立于财务报告的非财务信息，反而有助于增强董事会、高管层和业务部门对可持续发展报告的重视程度，促使董事会和高管层组织协调更具胜任能力的业务部门负责可持续发展报告的编制和披露工作，更有可能形成高质量的可持续发展报告。最后，定位问题影响到治理职责的划分，如果将可持续发展报告的信息定位为财务报告的组成部分，治理职责通常划归审计委员会，可能因此弱化对可持续发展相关风险和机遇的治理。反之，如果将可持续发展报告的信息定位为独立于财务报告的非财务信息，治理职责更有可能划归发展战略委员会或风险管理委员会，毋庸置疑，发展战略委员会或风险管理委员会显然比审计委员会更有助于强化对可持续发展相关风险和机遇的治理。

五、报告边界的差异分析

可持续发展报告边界的确定，是以财务控制（Financial Control）为基础，还是以可持续发展控制（Sustainability Control）为基础，也是一个重要的理念问题。或许因为对可持续发展报告的不同信息定位，ISSB 和 EFRAG 使用的术语也存在差异。ISSB 使用的术语是报告主体（Reporting Entity），而 EFRAG 使用的术语则是报告边界（Reporting Boundary）。报告主体蕴涵着财务控制的理念，报告边界则同时蕴涵着财务控制理念和经营控制理念。

ISSB 在《一般要求》征求意见稿中要求可持续相关财务信息披露的报告主体必须与通用财务报表的报告主体保持一致，例如，如果报告主体是企业集团，合并范围将包括母公司及其子公司，因此，该主体的可持续相关财务信息披露应使通用目的财务报告使用者能够评估母公司及其子公司的企业价值。在报告主体部分对该准则第 2 段关于“主体应披露其面临的所有可持续相关重大风险和机遇的重要信息”作了进一步解释，指出这些风险和机遇与活动、互动的关系以及主体价值链周围的资源使用相关，包括：（1）主体及其供应商的雇佣行为、与其销售的产品包装相关的废弃物，或可能扰乱其供应链的事件；（2）主体控制的资产（如依赖于稀缺水资源的生产设施）；（3）主体控制的投资，包括对联营企业和合营企业的投资（如对合营企业的温室气体排放活动提供了融资）；（4）融资来源（ISSB，2022）。ISSB 的上述解释虽然将报告主体延伸至价值链，但列举的四种价值链主要还是基于财务控制的理念，而不是可持续发展控制的理念。

相比之下，EFRAG 在确定报告边界时更多地体现了可持续发展控制的理念。可持续发展控制理念同时从组织边界（Organizational Boundary）和经营边界（Operational

Boundary）两个维度界定可持续发展事项的报告边界。组织边界的确定基于财务控制理念，与合并报表保持一致，从横向角度将企业控制的子公司、合营企业的可持续发展事项纳入报告范围。经营边界的确定基于经营控制理念，超过合并报表范围，从纵向角度将价值链的上下游企业的可持续发展事项纳入报告范围。EFARG在确定报告边界时之所以采纳比ISSB更加宽泛的可持续发展控制理念，既与CSRD的要求有关，也与其密切而合作的GRI的理念保持一致。具体地说，EFRAG在《一般要求》征求意见稿中要求企业在确定可持续发展报告的报告边界时，应当将财务报表边界延展至价值链的上下游企业。采用权益法核算的联营企业和合营企业视为价值链上下游企业的组成部分，采用比例合并核算的主体视为合并报表的组成部分。EFARG认为，报告边界扩大至价值链，将与企业有直接和间接业务关系的企业的影响、风险和机遇信息进行整合，既有助于可持续发展报告使用者了解企业对环境和社会的重要影响，也有助于他们了解可持续发展相关风险和机遇如何影响企业的发展前景、经营业绩和财务状况，还有助于形成一套完整的符合信息质量特征的可持续发展相关信息（EFRAG，2022）。此外，EFRAG还要求企业在确定可持续发展事项的影响重要性时，不应局限于直接控制，而应考虑企业（包括企业自身的经营活动、产品和服务、价值链的上下游活动）与这些影响相互关联的所有证据以及这些影响的相对严重性。在确定财务重要性时，企业不应局限于在企业控制范围内的可持续发展事项，而应超越财务报告的范围，将可能对企业创造价值产生重大影响的其他企业和利益相关方的风险和机遇的因素考虑在内。

将报告边界延伸至价值链的上下游企业，这是财务报告与可持续发展报告的最显著差别之一，目的是鼓励企业（特别是大企业）充分发挥其在价值链中的影响力，督促其上下游企业节能减排和低碳发展，善待供应商、员工、客户和其他利益当事人，善尽环保责任和社会责任，最终推动企业及其价值链的上下游企业为经济、社会和环境的可持续发展作贡献。但也认识到，将报告边界延伸至价值链的上下游企业，也会带来数据难以获取和验证等操作性问题，当企业在价值链中的影响力有限，或者企业在经营方面对上下游企业有较大依赖时尤其如此。

六、理念差异的后果分析

如前所述，IFRS基金会修改章程扩大职责范围，成立ISSB制定ISSB准则，目的是在可持续发展报告方面建立一套综合性的全球基准底线，在很大程度上也是对IOSCO、IFAC等国际组织和投资者要去改变目前报告框架林立、报告标准不一、可比

性缺失局面的诉求而匆促作出的反应性制度安排。但由于与 EFRAG 在准则制定理念上存在重大差异，ISSB 能否实现其政策目标，不辜负 IOSCO 和 IFAC 等国际组织和投资者的厚望，仍有待时间检验。笔者认为，ISSB 与 EFRAG 的重大理念差异，可能导致以下的意外后果（Unintended Consequences）。

首先，ISSB 准则与 ESRS 不仅准则属性迥异，而且在使用者导向、重要性原则、信息定位和报告边界等方面存在着重大理念差异，预计 ISSB 准则难以像 IFRS 得到欧盟的认可和背书。离开欧盟的认可和背书，ISSB 准则难以成为名副其实的国际准则。在缺少欧盟支持的情况下，除非得到美国、中国和日本三大经济体的背书和采用，否则 ISSB 准则的权威性和适用性将大打折扣。而从目前情况看，美国、中国和日本对 ISSB 准则的态度尚不明朗，存在较大不确定性。2005 年以来 IFRS 在成为全球性准则方面取得长足进步，其中的一个重要原因是获得欧盟的认可和背书。此外，欧盟至今仍然是 IFRS 基金会的最大资金资助者，还通过 EFRAG 为 IFRS 的制定、修订和完善提供技术支持。时过境迁，欧盟已经开始独立制定 ESRS，要期望欧盟像过去那样支持 IFRS 来支持 ISSB 准则，可能性极小，ISSB 制定 ISSB 准则将比 IASB 制定 IFRS 面临更大的困难和挑战。

其次，理念差异将严重阻碍 ISSB 准则和 ESRS 两大准则体系的协调和趋同，IOSCO 和 IFAC 等国际组织和投资者寄予厚望的提高可持续发展报告标准一致性和信息可比性的目标恐难以实现。特别是，ISSB 和 EFRAG 各自都选择了理念相近的国际专业组织作为其战略合作伙伴，ISSB、IIRC、CDSB、GRI 和 TCFD 这些造成可持续发展报告标准差异的国际专业组织，势必以不同方式继续对 ISSB 准则和 ESRS 施加影响，过去五大框架体系造成的差异有可能转换为 ISSB 准则和 ESRS 两大准则体系的差异。如果这两大准则体系的差异长期得不到消弭，提高可持续发展报告标准一致性和信息可比性的希望就会落空。2008 年全球性金融危机发生后，G20 和 ISB 要求 IASB 和 FASB 协调国际准则和美国准则之间的差异并大幅降低金融工具的复杂性，虽经过多年尝试，国际准则和美国准则的差异依然故我，IASB 和 FASB 不得不忍痛放弃趋同努力，而金融资产的减值虽然以预期损失模型（ELM）取代了已发生损失模型（ILM），但金融工具的复杂性不降反升。IASB 和 FASB 在准则趋同和降低金融工具复杂性的尝试归于失败，根本原因在于理念差异。技术差异易于解决和趋同，理念差异的解决和趋同困难重重。IASB 和 FASB 的殷鉴不远，但愿 ISSB 和 EFRAG 能够从中吸取教训，努力消除理念差异。

再次，理念差异有可能导致 ISSB 准则成为一种纯技术标准，难以成为推动经济、社会和环境可持续发展的政策工具。如前所述，EFRAG 基于利益相关者导向和双重重要性等理念，通过ESRS对企业提出更加严格的可持续发展相关信息披露要求，试图改变企业行为，促使企业成为环保友好型、社会担当型的企业公民，进而推动经济、社会和环境的可持续发展。如果ISSB不转变观念，继续坚持与可持续发展报告初衷相悖的投资者导向和财务重要性等理念，其所制定的ISSB准则有可能沦为帮助投资者评估企业价值的技术工具，而不是推动经济、社会和环境可持续发展的政策工具，其对监管部门和其他利益相关方的效用将极其有限，最终不利于ISSB准则的推广和应用。

最后，如果ISSB和EFRAG不能消除理念差异，将形成ISSB准则和ESRS两大准则体系长期并存的格局，可能导致欧盟企业与非欧盟企业之间的不公平竞争，使欧盟企业处于竞争劣势，具有潜在的经济后果。ISSB准则和ESRS这两大准则体系宽严不一，ESRS的要求远高于ISSB准则，ESRS的遵循成本预计将远大于ISSB准则，从而使欧盟企业处于不利的竞争地位。作为一种救济，不排除欧盟对采用ISSB准则的非欧盟企业开征更重的碳关税，这反过来又会引发其他国家的报复，从而对国际贸易和跨国投资产生负面影响。2021年6月，欧盟提出了建立碳边境调整机制（CABM）的法案，CABM俗称“碳关税”。2022年6月，该法案获得通过，将对钢铁、铝制品、水泥、化肥、电力、有机化学品、塑料等高碳排放产品行业征收额外的二氧化碳排放税。同月，美国民主党参议员也向参议院金融委员会提交了《清洁竞争法案》，建议对减排不力的国家出口到美国的商品按照相应碳排放量征税。可以预计，碳排放越来越敏感，可持续发展准则的经济后果将日益显现，围绕着碳排放核算和报告标准的博弈将愈发激烈。

（原载于《财会月刊》2022年第16期）

主要参考文献：

1. 黄世忠．谱写欧盟ESG报告新篇章——从NFRD到CSRD的评述［J］．财会月刊，2021（20）：16－23.

2. 黄世忠，叶丰滢．可持续发展报告的双重重要性原则评述［J］．财会月刊，2020（10）：12－19.

3. SEC. Statement on the IFRS Foundation's Proposed Constitutional Amendments Relating to Sustainability Standards［EB/OL］. www. sec. gov，July 1，2021.

4. Adams，C. A. and Mueller，F. Academics and Policymakers at Odds：The Case of the IFRS Foundation Trustee's Consultation Paper on Sustainability Reporting［EB/OL］.

www. emerald. com, April 2022.

5. IOSCO. Report on Sustainability – related Issuer Disclosure. Final Report [EB/OL]. www. iosco. org, June 2021.

6. Giner, B. and Vilchez, M. L. A Commentary on The "New" Institutional Actors in Sustainability Reporting Stanndard – setting: A Eruopean Perspective [EB/OL]. www. emerald. com, March 2022.

7. Hoogervorst, H. and Prada, M. Working in the Public Interest: the IFRS Foundation and IASB [EB/OL]. www. ifra. org, 2015.

8. IFRS Foundation. Consultation Paper on Sustainability Reporting [EB/OL]. www. ifra. org, 2020.

9. IFRS Foundation. Management Commentary. Comments to be Received by 23 November 2021 [EB/OL]. www. ifrs. org, 2021.

10. EFRAG. Proposals for a Relevant and Dynamic EU Sustainability Reporting Standard – setting [EB/OL]. www. efrag. org, 2021.

11. ISSB. Exposure Draft. IFRS S1 General Requirements for Disclosure of Sustainability – related Financial Information [EB/OL]. www. ifrs. org, March 2022.

12. EFRAG. Exposure Draft. ESRS 1 General Principles [EB/OL]. www. efrag. org, April 2022.

欧盟《气候变化》工作稿的披露要求与趋同分析

黄世忠　叶丰滢

【摘要】2022年1月20日，欧洲可持续发展报告准则（ESRS）的制定机构欧洲财务报告咨询组（EFRAG）发布了第一批ESRS工作稿（Working Papers）。工作稿是介于样稿（Prototype）和征求意见稿（ED）之间的文件，在提交给ESRG项目任务组（PTF－ESRG）成员、PTF－ESRG审查小组以及专家工作组（EWG）辩论和讨论达成初步共识后，就可以ED的方式广泛征求公众意见。EFRAG公布的第一批ESRS工作稿共7份，包括4份跨行业工作稿（战略与商业模式；可持续发展治理和组织；可持续发展重要影响、风险与机遇；政策、目标、行动计划和资源的界定）、1份专门议题工作稿（气候变化）和2份概念指引工作稿（双重重要性；信息质量特征）。本文介绍《气候变化》工作稿提出的披露要求，分析其与国际财务报告可持续披露准则《气候相关披露》样稿和其他国际报告框架的趋同情况，并作简要评述。

【关键词】气候变化；温室气体排放；风险；机遇；披露要求；趋同

联合国政府间气候变化专门委员会（IPCC）在2018年发布的《全球变暖1.5℃特别报告》中指出，如果不将全球气温上升控制在比工业革命前高1.5℃以内并在2050年实现净零排放，人类将错失避免灾难性气候崩溃（Climate Breakdown）的最佳时机（IPCC，2018）。2021年IPCC在《第六次评估报告》中进一步证实，气候变化（Climate Change）正在影响地球上的各个地区，并通过极端天气、严重干旱和森林大火等形式让我们感受到其与日俱增的影响（IPCC，2021）。气候变化已经对全人类的可持

续发展构成最严重的威胁，也对高碳企业和不能适应低碳绿色转型的企业产生重大冲击，因此，充分披露气候变化相关信息，有助于利益相关者评估企业经营活动对气候变化的影响和气候变化对企业经营活动的影响，促使企业低碳转型和绿色发展。作为《巴黎协定》签署方，欧盟十分重视气候变化，并通过《公司可持续发展报告指令》（CSRD）要求欧盟企业披露气候变化相关信息。为此，EFRAG 根据 CRSD 的要求，参照 ISDS 相关样稿和气候相关财务披露工作组（TCFD）、全球报告倡议组织（GRI）等国际报告框架的有关要求，发布了第一份环境方面的 ESRS《气候变化》（Climate Change）工作稿。本文对该工作稿的披露要求进行分析和评述。

一、披露要求

《气候变化》工作稿从三个方面对欧盟企业提出 23 项具体披露要求。

首先，在战略和商业模式、治理和组织、影响与风险和机遇方面，《气候变化》工作稿提出了 6 项披露要求：

披露要求 1：与《巴黎协定》相一致的转型计划

企业必须披露确保其商业模式和战略与向碳中和经济转型及将全球气温上升控制在《巴黎协定》规定的 1.5℃之内相兼容的计划，包括：（1）在自身经营活动和价值链中减少温室气体排放的短期和长期目标，并解释这些目标是否与将全球变暖控制在 1.5℃之内的目标相一致；（2）温室气体减排目标和气候变化缓解行动计划，解释已识别的脱碳工具和计划的关键行动，包括采用的新技术；（3）解释为支持转型计划的实施而动用的财务资源；（4）关键资产和产品的锁定温室气体排放（Locked - in Emission），分析其是否及如何危及温室气体减排目标的实现并带来转型风险，以及对高温室气体排放和能耗密集型资产和产品进行管理的计划；（5）解释企业的经济活动如何与欧盟《授权法案》条款关于向气候中和（Climate Neutral）经济转型的相关条款保持一致，包括未来经济活动与欧盟《分类条例》（Taxonomy Regulation）保持一致的计划；（6）解释转型计划如何嵌入企业整体商业模式并保持一致；（7）解释转型计划实施进展。

披露要求 2：战略和商业模式应对主要气候相关转型风险和物理风险的韧性

企业应当披露其战略和商业模式应对主要气候相关转型风险和物理风险韧性方面的信息，包括：（1）韧性分析（Resilience Analysis）的范围，特别是其自身经营活动和价值链的韧性分析，以及韧性分析所涵盖的主要气候相关转型风险和物理风险；（2）韧性分析如何开展，包括是否按不同的气候情景进行分析，采用了哪些气候情景

（原因、来源和关键假设），分析的时间跨度；（3）韧性分析的结构。

披露要求3：气候相关目标及业绩指标与薪酬方案的关系

企业应当披露是否及如何将气候相关目标与业绩指标融入薪酬方案，包括：（1）气候相关业绩指标是否及如何纳入企业的薪酬方案；（2）如何将温室气体减排目标与薪酬方案相挂钩。

披露要求4：内部碳定价方案

企业应当披露所运用的内部碳定价方案是否及如何支持其气候相关决策，包括：（1）描述企业是否及如何运用内部碳定价方案，如用于资本支出和研发投资决策的影子价格、内部碳费或对影响业务单元或经营分部结果的资金调配（将资金从高排放主体转移至低排放主体）以及其他方法；（2）内部碳定价方案的具体运用范围（活动、区域、主体等）；（3）各种方案使用的碳价格及其关键假设；（4）这些方案大致覆盖的当年温室气体排放量。

披露要求5：识别气候相关影响、风险与机遇的流程

企业应当披露气候相关影响、气候相关物理风险与机遇、气候相关转型风险与机遇的识别和评估流程，对于因其重要性而被企业最高治理机构列为优先项目并直接监测的气候相关影响、风险与机遇，还应描述与之相关的识别流程。

披露要求6：重要的气候相关影响、风险与机遇

企业应当披露气候相关影响、气候相关物理风险与机遇、气候相关转型风险与机遇。上述披露应当依靠气候相关影响、风险与机遇的识别和评估流程所获得的结果。

其次，在政策、目标、行动计划和资源方面，《气候变化》工作稿提出了4项披露要求：

披露要求7：缓解和适应气候变化的管理政策

企业应当分别披露缓解气候变化的政策和适应气候变化的政策，包括：（1）概述其政策（包括一般目标）；（2）描述这些政策的范围，包括自身的经营活动、价值链活动以及其他商业关系；（3）描述责任的分解，包括企业所有经营层面执行这些政策的监督责任；（4）描述企业通过执行诸如TCFD或科学碳目标倡议（SBTi）行动组织的政策而承诺遵循的第三方规范；（5）描述在执行这些政策时如何考虑利益相关者的利益。

披露要求8：缓解和适应气候变化的可计量目标

企业应披露其所采用的气候相关目标，包括：（1）各个目标的意图（如温室气体减排、净零排放、物理和转型风险的缓解、资本支出的增加、其他意图等）以及各个目标如何嵌入企业的气候相关政策；（2）目标的范围及其在组织边界、地理边界或活

动方面的局限性；（3）用于计量进展情况的基准值和基准年份；（4）实现目标的时间框架和预期目标值，包括里程碑或中期目标；（5）用于设定目标的方法论和重要假设，包括情景假设以及与科学方法论的一致性；（6）在设定时间跨度内目标或方法论和假设的变动，解释变动的理由及其对可比性的影响；（7）设定目标的总体进展情况，包括进展情况是否与最初计划目标相一致，进行趋势分析，或解释企业为实现这些目标而发生的重大业绩变动。

本项披露要求还应包括范围1、范围2和范围3的温室气体减排目标。除此之外，企业还应：（1）解释不同脱碳工具（如电气化及运用可再生能源、提高能源和资源效率、缩短产品排放周期等）对实现减排目标的预期贡献；（2）呈报目标期间的减排信息（最好是五年滚动期间的减排信息，至少应包含2030年和2050年的目标值）；（3）呈报目标期间将气温上升控制在1.5℃内的气候情景信息，若不能获得此等信息，则应提供欧盟设定的2030年实现温室气体减排55%目标的信息。

如果企业尚未采用符合本项要求的气候相关目标，企业应披露：（1）是否及将在何时采用该等目标；（2）没有计划采纳该等目标的原因；（3）在缺少具体气候相关计划的情况下如何计量减排进展情况；（4）在缓解和适应气候变化方面的进展情况。

披露要求9：缓解和适应气候变化的行动计划

企业应当披露缓解和应对气候变化的行动计划，包括：（1）报告期间采取的关键行动和制订的未来行动计划，涵盖自身的经营活动和价值链活动；（2）拟实施关键行动的期间；（3）各个关键行动的预期结果和对实现气候目标（气候变化缓解计划、温室气体减排）的贡献；（4）行动方案变动的解释和有助于了解各个关键行动的解释。

披露要求10：配置于缓解和适应气候变化行动计划的资源

企业应当披露配置于缓解和适应气候变化行动计划的财务资源和其他资源，包括：（1）实施行动计划所需的资源；（2）这些资源如何与财务报表列示的最相关金额的相互调节。

最后，在业绩计量方面，《气候变化》工作稿提出8项强制性披露要求、4项选择性披露要求和1项与欧盟分类法相关的强制性披露要求。

披露要求11：能耗及结构

企业必须披露其能耗信息，包括：（1）来自不可再生能源的能耗总量，并分解为来自煤炭及煤炭产品的燃料消耗、来自原油及石油产品的燃料消耗、来自天然气的燃料消耗、来自其他不可再生能源的燃料消耗、来自核能的消耗、从不可再生能源购买或取得的电力、热气、蒸汽和冷气的消耗；（2）来自可再生能源的能耗总量，并分解为可再生能源的消耗、从可再生能源购买或取得的电力、热气、蒸汽和冷却物的消耗、自产的非燃料可再生能源的消耗等。

披露要求 12：能耗强度

企业应当披露高气候影响部门相关活动的单位营业额能耗信息。单位营业额能耗信息应当按单位货币额兆瓦时的方式列示。净营业额应当与财务报表列示的最相关金额相互调节。

披露要求 13：范围 1 温室气体排放

企业应当披露按吨二氧化碳当量表述的范围 1 温室气体排放总量，包括：（1）按吨二氧化碳表述的范围 1 温室气体排放总量；（2）范围 1 温室气体排放占受管制排放交易方案的百分比。

披露要求 14：范围 2 温室气体排放

企业应当披露按吨二氧化碳当量表述的间接能源范围 2 温室气体排放量，包括：（1）以地区为基础的按吨二氧化碳当量表述的范围 2 温室气体排放总量；（2）以市场为基础的按吨二氧化碳当量表述的范围 2 温室气体排放总量。

披露要求 15：范围 3 温室气体排放

企业应当披露按吨二氧化碳当量表述的间接范围 3 温室气体排放总量，包括来自范围 3 重要类别的温室气体排放，并分解为上游采购货物的温室气体排放、下游销售产品的温室气体排放、货物运输的温室气体排放、公务差旅的温室气体排放和财务投资的温室气体排放。

披露要求 16：温室气体排放总量

企业应当披露按吨二氧化碳当量表述的温室气体排放总量，排放总量应等于范围 1、范围 2 和范围 3 的温室气体排放量的合计数，并分解为以地区和以市场为基础的排放量。

选择性披露要求 17：温室气体移除

企业可披露按吨二氧化碳当量表述的自身经营活动和价值链产生的温室气体移除量。若选择披露此项信息，企业应当描述这种移除是以自然还是以地理为基础，或兼而有之，并提供移除所运用的技术细节、计算假设、方法和框架。

选择性披露要求 18：价值链之外的温室气体排放缓解项目的融资安排

企业可披露价值链之外的温室气体排放缓解项目的融资安排。若企业选择披露此项信息，应包括：（1）购买的按吨二氧化碳当量表述的碳抵销量；（2）出售的按吨二氧化碳当量表述的碳抵销量；（3）对所用质量标准和完成碳抵销标准的描述。

选择性披露要求 19：产品和服务已避免的温室气体排放

企业可披露按吨二氧化碳当量表述的产品和服务已避免的温室气体排放估计量。若企业选择披露此项信息，应当提供：（1）作出的假设；（2）估计可比影响所使用的数据来源和所采用的方法；（3）与其他（非温室气体）环境影响如何权衡取舍。

披露要求 20：温室气体排放强度

企业应提供按吨二氧化碳当量表述的单位货币营业额温室气体排放量，以及净营业额与财务报表列示的最相关金额的相互调节。

披露要求 21：物理风险的财务敞口

企业应当披露其物理风险的财务敞口。企业应当提供其主要气候相关物理风险可能如何影响未来的经营业绩、财务状况和发展情况的信息，包括暴露在物理风险之下的资产金额、暴露在物理风险之下的营业额占比。企业还应当将这些资产金额和营业额占比与财务报表列示的最相关金额相互调节。

披露要求 22：转型风险的财务敞口

企业应当披露其对转型风险的财务敞口。企业应当提供其主要气候相关转型风险可能如何影响未来的财务状况（在短期、中期和长期内暴露在转型风险下的资产金额，可能在短期、中期和长期内确认的负债金额）和财务业绩（暴露在转型风险下的营业额占比）的信息。

分类法披露要求 23：气候变化分类法要求之外缓解气候变化和适应气候变化有关的财务机遇

企业应提供方便信息使用者全面了解与缓解气候变化和适应气候变化有关的财务机遇的信息，作为分类法相关要求的补充。如果企业进行此项披露，应包括低碳产品和服务的市场规模评估，或短期、中期和长期的适应解决方案，解释如何设定这些方案、如何估计财务金额，以及作出了哪些关键假设。

二、趋同分析

在《气候变化》工作稿的结论基础部分，EFRAG 将披露要求逐条与 CSRD、TCFD 等国际报告框架，以及 TRWG 发布的《气候相关披露》样稿（TRWG，2021）进行对比分析，说明《气候变化》工作稿的披露要求总体上保持了国际趋同，如表 1 所示。

表1 《气候变化》工作稿的国际趋同

披露要求	CSRD 具体要求	国际报告框架	《气候相关披露》样稿
披露要求1	19a，2.（a）（iii）	TCFD 指南*，战略披露（b）	披露8
披露要求2	19a，2.（a）（iii）	TCFD 报告**，战略披露（c）	披露10
披露要求3	19a，2.（e）	TCFD 报告，指标目标披露（a）	披露13
披露要求4	—	TCFD 报告，指标与目标披露（a）；CDP*** C11.3	披露13（f）
披露要求5	19a，2.（e）	TCFD 报告，风险管理披露（a）；CDP C2.1	披露11（a）（b）
披露要求6	19a.2.（e）（ii）（f）	TCFD 报告，战略披露（a）；CDP C2.3.4	披露6
披露要求7	19a.2.（d）	TCFD 报告，风险管理披露（b）	披露11（c）
披露要求8	19a.2.（d）	TCFD 报告，指标与目标披露（c）；CDP C4.1a.b.c；SBTi	披露12（c）（d） 披露15
披露要求9	19a.2.（e）（iii）	TCFD 报告，战略披露（b）	披露8（a）（iv）（v）
披露要求10	—	TCFD 报告，战略披露（b）；TCFD 指南，气候相关指标类别；CDP C3.1，C3.4	披露8（d） 披露9（b）（c）
披露要求11	—	GRI 302－1；CDP C8.2	—
披露要求12	—	GRI 302－3	—
披露要求13	—	TCFD 指南，气候相关指标类别；GRI 305－1；CDP C6.1，C5.1，C5.2	披露13（a）
披露要求14	—	TCFD 指南，气候相关指标类别；GRI 305－2；CDP C6.2.C6.3，C5.1，C5.2	披露13（a）
披露要求15	—	TCFD 指南，气候相关指标类别；GRI 305－3；CDP C6.5，C5.2	披露13（a）
披露要求16	—	TCFD 指南，气候相关指标类别；GRI 305－1，2，3；CDP C6.1，2，3，5，C5.1.2	披露13（a）
披露要求17	背景陈述41	—	—
披露要求18	背景陈述41	GRI305－5	披露8（a）（i）（vi）
披露要求19	—	—	—
披露要求20	—	TCFD 指南，气候相关指标类别；GRI 305－4；CDP C6.10	披露13（a）
披露要求21	—	TCFD 指南，气候相关指标类别	披露13（c）
披露要求22	—	TCFD 指南，气候相关指标类别	披露13（b）
披露要求23	—	TCFD 指南，气候相关指标类别	披露13（d）

注：* TCFD《指标、目标与转型计划指南（2021）》；** TCFD《最终报告建议》（2017）》；*** CDP《问卷（2021）》

资料来源：根据《气候变化》工作稿整理。

与其他 ESRS 工作稿主要借鉴 GRI 报告框架不同，《气候变化》工作稿主要借鉴 TCFD 报告框架及指南。这是因为 TCFD 报告框架主要聚焦于气候变化议题，内容最细

致（除了《最终报告建议》和《指标、目标与转型计划指南》外，TCFD 还就情景分析、风险整合管理等发布补充指南，并提供了大量的报告模板和数据库，对气候变化相关的物理风险和转型风险及其财务影响的分析也最系统和具体），应用也最广（TCFD 报告框架是近年来在企业和金融机构的气候相关信息披露中应用最广泛的框架）。但《气候变化》工作稿中与 TFCD 报告框架相比也存在差异，主要表现在：一是 TCFD 报告框架按照四要素（治理、战略、风险管理、指标和目标）展开规则制定，但《气候变化》工作稿却是按照 ESRS 2《战略与商业模式》，ESRS 3《可持续发展治理和组织》，ESRS 4《可持续发展重要影响、风险和机遇》，ESRS 5《政策、目标、行动计划和资源的界定》这四个跨行业内容准则的顺序和相关要求展开披露要求制定；二是在表 1《气候变化》工作稿披露要求与 TCFD 报告框架及指南规定的直接对比中，披露要求 11、12、17、18、19 与 TCFD 对应内容的差异较大，前二者系参考了 GRI 的相关规定，后三者则属于选择性披露要求。由此可见，EFRAG 在制定《气候变化》工作稿时并不唯 TCFD 报告框架，始终秉持兼容并蓄的开放思路。

而对比《气候变化》工作稿与 ISSB《气候相关披露》样稿可知，两份准则在趋同的基础上也有差异，主要表现在：一是 ISSB《气候相关披露》样稿主要关注的是气候变化对企业价值的影响，但《气候变化》工作稿更加强调双重重要性（Double Materiality）原则，既要求披露气候变化对企业经营活动的影响，也要求披露企业经营活动对气候变化的影响。这主要是两份准则制定机构的立场差异导致的，ISSB 立足于资本市场信息需求制定准则，信息对以股东为主的利益相关者的相关性和有用性是 ISSB 唯一看重的，EFRAG 则依据欧盟 CSRD 法条及相关法规制定准则，而双重重要性正是 CSRD 所坚持的一个重要原则。二是在表 1《气候变化》工作稿披露要求与《气候相关披露》样稿披露规则的直接对比中，披露要求 11、12、17、19 与《气候相关披露》样稿对应内容的差异较大，这与两份准则的制定思路不同有关。根据前文，《气候变化》工作稿在 TCFD 框架及指南的基础上仍注意对 GRI 等其他国际报告框架相关内容的兼容并蓄，而《气候相关披露》样稿则直接架构在 TCFD 报告框架之上，只考虑在 TCFD 建议的内容上调整完善。

三、简要评述

气候变化是可持续发展的最重要和最迫切的议题，被 EFRAG 和 ISSB 列为最优先的议程。欧盟无论是在立法层面，还是在操作层面，对气候变化的信息披露要求均领先于其他国家和地区，因此，EFRAG 制定的《气候变化》工作稿在披露要求和应用指南的规定上，总体比《气候相关披露》样稿更加严格和具体。但我们认为，即便遵循《气候变化》工作稿的披露要求披露，欧盟企业仍然面临着不少挑战，主要表现在三个方面：一是温室气体减排目标的制定缺乏科学的基础；二是物理风险与转型风险的评估需要大量的估计和判断；三是范围3温室气体排放的核算困难不小。

在温室气体减排目标的制定方面，《气候变化》工作稿要求目标制定应以科学为基础，但什么是基于科学的目标仍然是一个有争议的问题。国际上有不少组织（如联合国气候变化框架公约零排放竞赛、SBTi①、CDP、国际标准化组织ISO等）都在研究企业层面如何界定和评估“气候中和”（Climate Neutrality）和“净零排放”（Net Zero Emissions）这两个概念。2021年10月，SBTi发布了《SBTi公司净零排放标准》（SBTi，2021），这是世界上第一个净零排放的标准，但根据这一标准，迄今为止，全球只有7家企业的净零排放目标符合标准，现阶段不少欧盟企业对外承诺了净零排放的目标，但可信度存疑，有“漂绿”之嫌。究其原因，SBTi认为是这些企业制定的温室气体减排目标没有与实现路径相互关联。或许是认识到这个不足，EFRAG在《气候变化》工作稿的应用指南中，建议欧盟企业按照路径图或轨迹图的方式披露温室气体减排的短期（2030年前）（见图1）和长期（2030—2050年）目标。路径图能够显示所有减排点和数据，在现有情况和未来目标之间架设了桥梁，也体现了目标的分解。

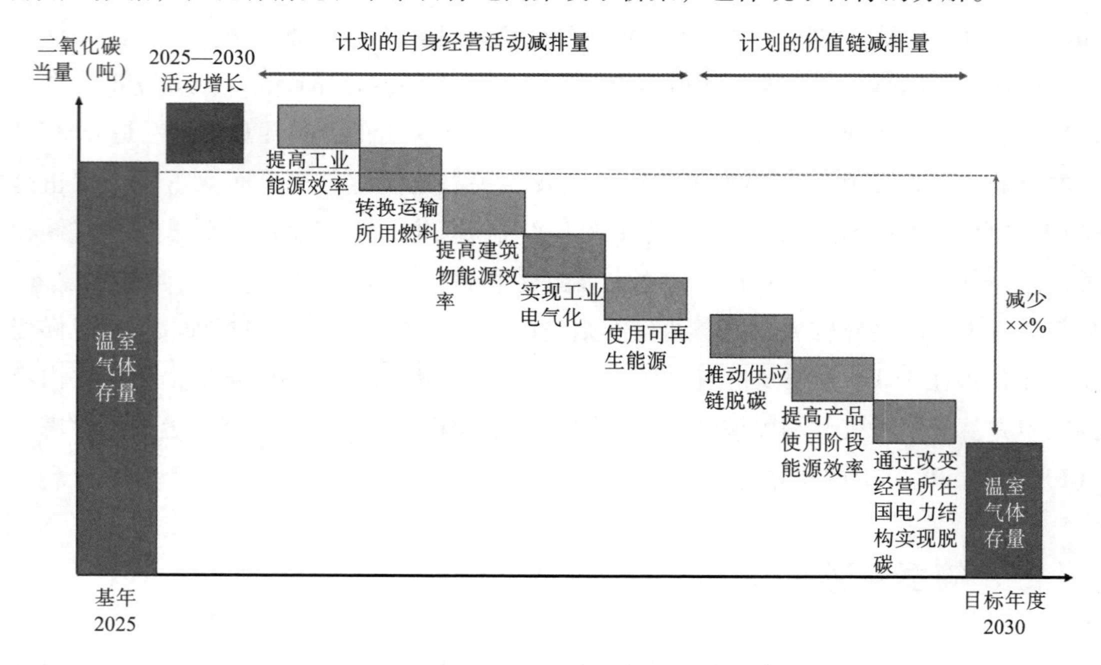

图1　以科学为基础的温室气体减排目标

① SBTi是由CDP、联合国全球契约组织（UNGC）、世界资源研究所（WRI）和世界自然基金会（WWF）联合发起的组织，致力于帮助企业以气候科学为基础制定符合《巴黎协定》1.5℃控温目标的温室气体减排目标。

在物理风险与转型风险的评估方面，从EFRAG建议的披露方式和内容（详见表2和表3）可以看出，其试图规范重大气候相关物理风险和转型风险的识别流程——企业应从TCFD划分的风险类型明细出发，结合气候情景和自身业务活动，分析相关风险发生的可能性、规模和持续时间，最后遴选出重要的气候相关风险。流程的明确有利于企业操作，但对如何选择气候情景、如何将气候情景与企业业务活动相结合进行考虑（包括从何以及如何获取数据、需要获取哪些数据、如何进行专业判断等）这两个风险识别和评估中的难点问题，《气候变化》工作稿并没有给出更加具体的说明，只是在应用指南中建议企业参考TCFD“在披露气候相关风险和机遇中使用情景分析”技术指南，对非金融企业，还建议其参考TCFD“非金融公司情景分析指南”。然而，根据TCFD“在披露气候相关风险和机遇中使用情景分析”技术指南，复杂情景分析技术至少还要三年到五年的时间才能发展成熟，因此，对欧盟企业而言，很长一段时间内依然面临着必须操作情景分析而情景分析又难以操作的固有矛盾，这在很大程度上影响气候相关信息披露的可靠性。

表2　　EFRAG建议的物理风险评估披露格式

TCFD划分的气候相关物理风险类型	描述评估物理风险重要性水平的流程（如运用的气候情景；标注企业活动地域分布；分析物理风险发生的可能性、规模和持续时间）	描述企业重要的气候相关物理风险
急性的物理风险		
极端气候事件（如台风和洪水）严重程度增加		
慢性的物理风险		
降雨模式的改变		
平均气温的上升		
海平面的上升		

表3　　EFRAG建议的转型风险评估披露格式

TCFD划分的气候相关转型风险类型	描述评估转型风险重要性水平的流程（如运用的气候情景；过滤不利于缓解气候变化的活动；分析转型分析发生的可能性、规模和持续时间）	描述企业重要的气候相关转型风险
政策与法律风险		
温室气体排放代价提高		
排放报告义务加强		
对现有产品和服务的授权和管理		
诉讼敞口		

续表

TCFD 划分的气候相关转型风险类型	描述评估转型风险重要性水平的流程（如运用的气候情景；过滤不利于缓解气候变化的活动；分析转型分析发生的可能性、规模和持续时间）	描述企业重要的气候相关转型风险
技术风险		
低排放方案替代现有产品和服务		
对新技术投资失败		
转型至低排放技术的成本		
市场风险		
客户行为改变		
市场信号不确定		
原材料成本增加		
信誉风险		
消费者偏好改变		
所属经济部门被污名化		
利益相关者关切增长		
利益相关者负面反馈		

在温室气体排放披露方面，《气候变化》工作稿将范围3温室气体排放纳入披露要求，这一规定与《气候相关披露》样稿一致，但与TCFD报告框架不同（TCFD报告框架只是建议“如果可能，披露范围3排放”），而核算范围3排放的难度不小。根据世界资源研究所（WRI）和世界可持续发展工商理事会（WBCSD）颁布的《温室气体规程》，范围3的排放是指企业未拥有或未控制的资源产生的与价值链相关的间接温室气体排放，包括向上游采购货物和向下游销售产品产生的温室气体排放。将范围3温室气体排放量计入温室气体排放总量有其合理性，CDP的研究表明，供应链的温室气体排放量是其自身经营活动排放量的11.4倍（CDP，2021），若不披露和计入范围3排放，将严重低估企业的温室气体排放量，但范围3的排放不受或不完全受企业的控制，且企业往往难以获取价值链中上下游企业的准确排放数据，要对上下游企业施加影响促使它们降低温室气体排放量更是困难重重，而一旦核算过程无法完全透明，或数据来源有疑问，范围3排放的可比性将大打折扣，甚至可能失去其作为重要排放指标要求企业披露的意义。

上述三个挑战若不能得到有效化解，《气候变化》准则的实施效果将大打折扣，披露的气候相关信息质量将难以保证。较早披露气候变化信息的欧盟企业尚且如此，其他国家和地区的企业面临的困难和挑战可想而知。

最后，气候变化带来的也不全是风险，对于低排放和低能耗的环境友好型企业，

气候变化带来的机遇甚于风险。如何评估和利用气候变化相关的机遇，也是利益相关者所关心的，但《气候变化》工作稿对这方面的披露要求语焉不详，不能不说是一大缺憾。

（原载于《财会月刊》2022 年第 9 期）

主要参考文献：

1. IPCC. Special Report on Global Warming of 1.5℃ [EB/OL]. www.ipcc.ch, 2018.

2. IPCC. Sixth Assessment Report [EB/OL]. www.ipcc.ch, 2021.

3. EFRAG. ESRS E1 Climate Change Working Paper [EB/OL]. www.efrag.org, 2022.

4. TRWG. Climate – related Disclosure Prototype [EB/OL]. www.ifrs.org, 2021.

5. SBTi. SBTi Corporate Net – Zero Standard [EB/OL]. www.sciencebasedtarget.org, 2021.

6. CDP. Engaging The Chain: Driving Speed and Scale. CDP Global Supply Report 2021 [EB/OL]. www.carbondislosureproject.net, 2021.

第六次大灭绝背景下的信息披露
——对欧盟《生物多样性和生态系统》征求意见稿的分析

黄世忠

【摘要】生物多样性和生态系统是ESG或可持续发展报告准则的重要领域。2022年4月，欧洲财务报告咨询组（EFRAG）发布了E4号欧盟可持续发展报告准则《生物多样性和生态系统》（ESRS 4 Biodiversity and Ecosystems，简称ESRS E4准则）征求意见稿，这是继《气候变化》准则后环境议题的又一重要准则制定活动，若顺利通过欧盟委员会的审查并实施，这将成为世界上第一个生物多样性和生态系统的区域性准则，在可持续发展报告准则方面具有里程碑意义。本文第一部分分析了该准则征求意见稿的出台背景，指出生物多样性和生态系统面临的严峻形势及其对于人类社会可持续发展的影响，概述国际社会在联合国主导下致力于实现的生物多样性和生态系统保护目标。第二部分从三个方面介绍该准则征求意见稿提出的10项披露要求，从中可以看出生物多样性和生态系统信息披露充满的挑战性。最后一部分是总结与启示，指出该准则可望产生的溢出效应可助力全球范围内生物多样性和生态系统的保护、修复和恢复，并从影响重要性、地点特定性和准则操作性等方面总结三点启示。

【关键词】生物多样性；生态系统；机遇与风险；披露要求；可持续发展

一、出台背景分析

《生物多样性和生态系统》征求意见稿的出台，既与生物多样性和生态系统面临的严峻形势有关系，也与欧盟致力于实现保护生物多样性和生态系统的国际公约所规

定的目标分不开。

（一）生物多样性和生态系统面临的严峻形势

地球是人类和其他物种的共同家园，这个家园理应由丰富多彩的物种群体和精妙复杂的生态系统所构成，才能形成人与自然和谐共生的可持续发展格局。人类活动最终依存于生态系统，嵌入自然之中，而不是游离于自然之外（Dasgupta，2021）。人类和企业的可持续发展离不开生态系统服务（Ecosystem Services），包括供给服务（如大自然提供的淡水、木材、能源等）、调节和维护服务（如空气过滤、水净化、洪水控制等）和文化服务（如审美、旅游、娱乐等）。联合国2018年发布的《沙姆沙伊赫宣言》指出，生物多样性和生态系统是地球所有各种生命的基础设施，不仅在提供自然服务方面至关重要，而且是经济发展和可持续发展的重要根基，生物多样性和生态系统丧失将对人类健康产生消极影响（EFRAG，2022）。世界经济论坛（WEF）的研究报告显示，全球15%的GDP（约13万亿美元）在中等程度上依赖于自然界的馈赠，37%的GDP（约31万亿美元）高度依赖于自然界的馈赠，这两项合计44万亿美元，占全球84.75万亿美元GDP的一半以上。此外，全世界21亿人的生计有赖于生态系统的有效管理和生态系统的可持续性（WEF，2020）。

但人类活动特别是工业社会里企业的经营活动对土地、淡水和海洋资源的过度开发和利用，以及人类活动造成的气候变化、环境污染和物种入侵等，却对人类赖以生存和发展的生物多样性和生态系统造成严重的破坏，植物、哺乳动物、鱼类和其他物种灭绝率是物种灭绝背景率[①]的1 000倍，野生哺乳动物总数比1900年的历史记录下降了82%（Pimm et al.，2014），被科学家称为“生物毁灭”已经达到了第六次大灭绝的程度（Ceballos et al.，2017）。Ceballos等对27 600种陆地脊椎动物物种的样本进行研究，并对1900年至2015年的177种哺乳动物的数量进行了详细分析，结果发现，陆地脊椎动物的数量减少了32%，177种哺乳动物的数量减少幅度超过了32%，40%的哺乳动物减少幅度超过80%。联合国生物多样性和生态系统服务政府间科学与政策平台（IPBES）在《生物多样性与生态系统服务全球评估报告》中尖锐指出，人类活动正在侵蚀生态系统根基，对陆地和海洋生态以及物种造成严重破坏（见图1），大约有100万种动植物物种遭受灭绝的风险，由人类活动引发的第六次大灭绝远远超过前五次大灭绝的程度。

---

① Pimm等学者将没有人类活动影响的物种灭绝率称为物种灭绝背景率（Background Rate of Species Extinction），他们主要根据化石记录、分子进化学以及多样性数据，确定的物种灭绝背景率为每百万物种年灭绝0.1，即0.1E/MSY。他们采用群组分析法（Cohort Analysis）得出的研究结果是，在人类活动的影响下，物种灭绝率已经达到100E/MSY。

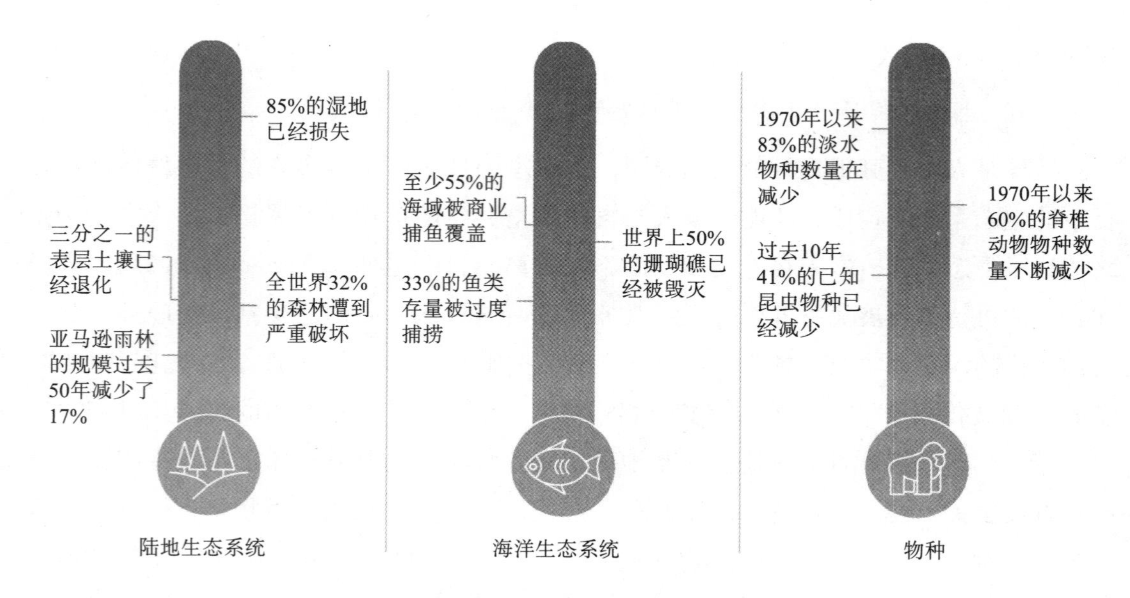

图 1　人类活动导致生物多样性和生态环境恶化

资料来源：IPBES（2019）。

生物多样性与生态系统相互强化，生态系统的退化加剧了生物多样性的丧失和物种数量的减少，而生物多样性丧失反过来又加剧了生态环境退化。基于大量严谨的科学研究，很多科学家认为“生物圈完整性（Biosphere Integrity）”的地球限度已经被突破，有可能引发灾难性的环境变化。生物多样性丧失和生态系统退化，已成为仅次于气候变化的第二大环境问题。《2020 后全球生物多样性框架》指出，虽然经过不断努力，生物多样性仍然在全球范围内继续恶化，如果一切照旧，这种情况预计将持续下去甚至变得更糟（UNEP，2021）。

生物多样性丧失和生态系统退化将对经济社会发展产生影响，既给企业带来风险，也给企业带来机遇，但对于绝大多数企业而言，风险大于机遇。自然相关财务披露工作组（Taskforce on Nature - related Financial Disclosures，TNFD）总结了生物多样性和生态系统影响企业发展的作用机理，如图 2 所示。

（二）保护生物多样性和生态系统国际公约致力实现的目标

面对生物多样性丧失和生态系统退化日益严峻的形势，国际社会在有识之士的呼吁下开始警醒，督促各国政府采取行动保护生物多样性和生态系统，促使人与自然和谐共生的可持续发展。在这方面，联合国居功至伟，莫里斯·斯特朗（Maurice Strong）功不可没。莫里斯·斯特朗是全世界当之无愧的环保领袖，七次当选联合国副秘书长，联合国环境规划署（UNEP）创始人和首任署长。在他的精心筹划下，联合国人类环境会议（又称首届“地球峰会”）1972 年 6 月在瑞典斯德哥尔摩召开。在

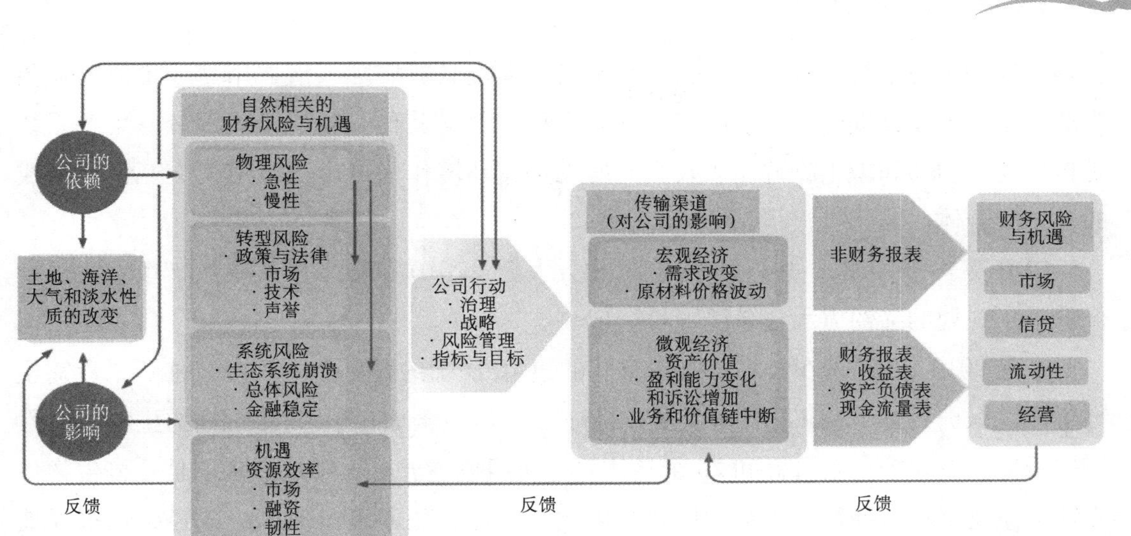

图 2 生物多样性和生态系统对企业产生影响的作用机理

资料来源：TNFD（2022）。

他的斡旋下，中国派代表团参加此次峰会，这也是中华人民共和国重返联合国后首次参加的国际会议。这次“地球峰会”是世界环保史上的一个重要里程碑，首次将环境问题提到国际议事日程上来，开创世界各国携手治理环境问题的先河。20 年后的 1992 年 6 月，莫里斯·斯特朗担任联合国环境与发展大会秘书长，协调组织 118 个国家元首、178 个国家的 1.5 万名代表参加了在里约热内卢召开的联合国环境与发展大会，签署了《里约宣言》，通过了《气候变化框架公约》和《生物多样性公约》等一系列重要文件，为缓解气候变化、保护生物多样性和改善生态环境奠定了制度框架。

1992 年 6 月通过的《生物多样性公约》（Convention on Biological Diversity，CBD），是人类历史上第一部旨在保护生物多样性和生态系统的国际性公约，共有 196 个缔约方签署了该公约，是迄今为止签署国家最多的国际环境公约，其意义不亚于同年通过的《气候变化框架公约》和 2015 年通过的旨在缓解全球气温上升的《巴黎协定》。CBD 开启了世界各国携手保护生物多样性和生态系统的先河，确立了由缔约方大会主导的议事和决策机制，缔约方大会每两年召开一次，共商保护生物多样性和生态系统大计。CBD 的目标在于保护生物多样性、可持续使用其组成部分以及公平和平等分享利用遗传资源所带来的益处，包括恰当获取遗传资源、恰当转移相关技术、恰当提供资金。CBD 还对生物多样性、生物资源和生态系统等术语进行界定。生物多样性是指来自陆地、海洋和其他水生生态系统等所有来源的生物体的变异性及其所构成的生态综合体，包括物种内部、物种之间和生态系统的多样性，可大致分为基因多样性、物种多样性和生态系统多样性。生物资源是指对人类具有实际或潜在用途或价值的遗传资源、生物体或其部分、生物群体或生态系统中任何其他生物的组成部分。生态系统是指植物、动物和微生物群体以及它们的无生命环境作为一个功能单位交互作用形成的动态复合体。

CBD 签署 30 年来，共召开 15 次缔约方大会，2010 年以来两次聚焦于生物多样性保护十年规划的缔约方大会备受瞩目。

一是 2010 年 10 月在日本名古屋召开的第 10 次缔约方大会。大会通过了“爱知生物多样性保护目标”（以下简称“爱知目标”），这是全球首个 10 年规划的生物多样性保护目标，由 5 个战略目标和 20 个具体目标所组成。五个战略目标分别是：将生物多样性主流化至政府和社会决策中以解决生物多样性丧失的根本成因；减轻生物多样性的压力并促进生物资源的可持续利用；通过保护生态系统、物种和遗传多样性改善生物多样性境况；增进生物多样性和生态系统服务的福祉；通过参与式规划、知识管理和能力建设提高保护工作的实施效果。具体指标中最受关注的量化指标包括：到 2020 年，所有自然栖息地包括森林的丧失率减少 50%，在可能的情况下将丧失率降至零，栖息地退化和碎片化显著降低；到 2020 年，所有鱼类、无脊椎动物和水生植物得到可持续、合法和基于生态系统法进行管理和利用，避免鱼类过度捕捞，对濒临枯竭的物种制订恢复计划并采取恢复措施，渔业不再对受威胁的物种和脆弱的生态系统产生负面影响，渔业对资源、物种和生态系统的影响维持在安全的生态界限之内；到 2020 年，至少 17% 的陆地与内陆水域以及 10% 的海岸与海洋得到保护（CBD，2010）。2020 年 9 月，CBD 秘书处发布的评估报告显示，由于认识局限或受经济等条件限制，爱知目标中的 20 个具体目标没有一个完全实现，只有 6 个具体目标部分实现。令人欣慰的是，中国作为物种最为丰富的国家之一，履约情况好于其他国家，生态红线等创新实践为世界各国在保护生物多样性和改善生态环境方面贡献了中国智慧。但不可否认，我国实现向生态文明时代转型依然任重道远，生物多样性保护体制机制和法律政策体系尚不健全，评价考核和责任追究制度有待完善（周晋峰，2022）。

二是 2021 年 10 月在中国昆明召开的第 15 次缔约方大会（COP 15）①。习近平主

① 因受新冠疫情影响，COP 15 的未尽事宜于 2022 年在加拿大蒙特利尔召开的会议上继续讨论，并于 2022 年 12 月 19 日由缔约方通过了《昆明—蒙特利尔全球生物多样性框架》（Kunming – Montreal Global Biodiversity Framework，GBF）。GBF 堪称生物多样性保护领域的《巴黎协定》，提出了生物多样性保护 2050 年愿景和 2030 年使命，描绘了路线图和时间表。2050 年的愿景是建设一个与自然和谐相处的世界：“到 2050 年，生物多样性受到重视、得到保护、恢复及合理利用，维护生态系统服务，实现一个可持续的健康的地球，所有人都能共享重要惠益。”为了实现 2050 年的愿景，到 2030 年的使命是：“采取紧急行动停止和扭转生物多样性的丧失，使自然走上恢复之路，造福人民和地球，为此保护和可持续利用生物多样性，确保公正公平地分享利用遗传资源所产生的惠益，同时提供必要的手段。”

席发表了“共同构建地球生命共同体”的主旨演讲，重申了人与自然和谐共生的理念，呼吁我们要深怀对自然的敬畏之心，尊重自然、顺应自然、保护自然，构建人与自然和谐共生的地球家园，秉承“绿水青山就是金山银山”的理念，加快形成绿色发展方式，促进经济发展和环境保护双赢，构建经济与环境协同共进的地球家园。大会闭幕后发表的《昆明宣言》承诺，缔约方将确保制定、通过和实施一个有效的“2020年后全球生物多样性框架”，包括提供与《生物多样性公约》一致的必要的实施手段，以及适当的监测、报告和审查机制，以扭转当前生物多样性丧失趋势并确保最迟在2030年使生物多样性走上恢复之路，进而全面实现“人与自然和谐共生”的2050年愿景。《昆明宣言》中提到的“2020后全球生物多样性框架”，于2021年8月由CBD秘书处起草了初稿。该框架初稿基于变革理论，提出需要在全球、区域和国家层面采取紧急政策行动，以转变经济结构、建立社会和金融模式，使加剧生物多样丧失的趋势在今后10年（即到2030年）趋于稳定，并使自然生态系统在今后20年得以恢复，到2050年实现净改善，以实现《生物多样性公约》关于“到2050年与自然和谐相处”的愿景。为此，框架初稿在F部分提出了4个2050目标（Goal）和9个2030年里程碑（Milestone），其中第一个目标及其三个里程碑量化得最为具体。目标A：所有生态系统的完整性得到提升，自然生态系统的面积、连通性和完整性至少增加15%，支持所有健康和有韧性的物种种群，物种灭绝率至少降低10倍，所有分类和功能组的物种灭绝风险降低一半，野生和驯化物种的遗传多样性得到保护，所有物种内的遗传多样性至少保持90%。里程碑A1：自然系统的面积、连通性和完整性至少净增长5%。里程碑A2：灭绝率的增长被遏制或扭转，灭绝风险至少降低10%，受威胁物种的比例降低，物种种群的丰富度和分布得到提升或保持。里程碑A3：野生和驯化物种的遗传多样性得到保护，保持90%遗传多样性的物种比例得到增加。此外，框架初稿还提出了2030年减少生物多样性威胁的21个具体目标，其中的5个具体目标被量化。目标2：确保至少20%退化的淡水、海洋和陆地生态系统得到恢复。目标3：确保全球至少30%的陆地和海域，特别是对生物多样性及其对人类贡献特别重要的地区，通过有效和公平的管理等手段得到保育。目标6：管理外来入侵物种的引进路径，防止或至少减少90%的引入和定居率，控制或根除外来入侵物种以消除或减少其影响。目标7：减少各种来源的污染，使其降低至对生物多样性、生态系统功能和人类健康无害的水平，流失到环境中的营养物至少减少一半，杀虫剂至少减少2/3，消除塑料废物的弃放。目标8：将气候变化对生物多样性的影响最小化，以生态系统方法为基础，为缓释和适应气候变化作贡献，每年至少为全球气候缓释努力贡献10亿吨二氧化碳的减排，并避免所有缓释和适应举措对生物多样性产生消极影响（UNEP，2020）。

二、披露要求介绍

“2020 后全球生物多样性框架”预计不久就会顺利获得缔约方的批准，将成为未来 10 年乃至 30 年保护生物多样性和生态系统的重要国际环境标准。作为 CBD 签署方，欧盟历来十分重视对国际条约的履行。为此，欧盟基于 CBD 和“2020 后全球生物多样性框架”的目标、里程碑和指标，制定了《欧盟 2030 年生物多样性战略》，并对成员国提出了保护生物多样性和生态系统的奋斗目标：到 2030 年无净丧失（No Net Loss by 2030），2030 年后净增长（Net Gain from 2030），到 2050 年完全恢复（Full - recovery by 2050）。

为了促使企业对保护生物多样性和生态系统的重视，规范企业对生物多样性和生态系统的信息披露，便于利益相关者评估企业对生物多样性和生态系统的依赖和影响，EFRAG 在发布 ESRS E1《气候变化》征求意见稿的同时，发布了 ESRS E4《生物多样性和生态系统》征求意见稿。与其他 ESRS 的体例一样，该征求意见稿也是由目标、与其他 ESRS 的互动关系、披露要求三部分所组成，其中披露要求是核心内容，包括五个部分：一般、战略、治理和重要性评估；政策、目标、行动计划和资源；业绩计量；术语界定；应用指南。其中的应用指南虽然以附录的形式列示，但与准则正文具有同等效力。至于与 ESRS 一同发布的结论基础，则不具有准则效力。以下着重介绍该征求意见稿在三个重要方面对生物多样性和生态系统提出的 10 项披露要求。

（一）一般、战略、治理和重要性评估的披露要求

披露要求 E4 - 1：与“到 2030 年无净丧失、2030 年后净增长、到 2050 年完全恢复”目标相一致的转型计划

为了便于利益相关者了解企业的转型计划及其对生物多样性的保护和恢复是否与“到 2030 年无净丧失、2030 年后净增长、到 2050 年完全恢复”的目标一致，企业应当披露其转型计划以确保其商业模式和战略与该目标相兼容。转型计划不仅应当涵盖其自身经营活动，而且应当延伸至其上下游价值链。企业必须披露其行政、管理和监督机构是否已经批准该转型计划。

企业披露转型计划时，应概述生物多样性丧失的主要驱动因素以及潜在的缓释行动，缓释行动可分为不同等级，如避免、最小化、恢复和抵销等。此外，企业还应说明与生物多样性丧失和生态系统退化相关的路径依赖以及被锁定的资产和资源。转型计划还应包括用于计量“无净丧失/净增长”的指标和工具。

企业披露商业模式和战略是否与“到2030年无净丧失、2030年后净增长、到2050年完全恢复”的目标相兼容时，应描述其商业模式和战略在生物多样性和生态系统方面的韧性，评估生物多样性和生态系统相关的物理风险和转型风险，并说明其商业模式是否经过生物多样性和生态系统情景分析的验证。若经过验证，应披露情景分析所使用的情景、假设、时间范围和分析结果等。为此，企业可参考IPBES在2016年发布的《生物多样性和生态系统服务情景分析和模型的方法论评估报告》、全球生物模型、水风险过滤模型、ENCORE模型等情景分析工具。

企业识别与生物多样性和生态系统相关的影响、风险和机遇时，应当涵盖：(1) 生物多样性和生态系统的影响，包括物种和生态系统的现状；(2) 影响生物多样性丧失和退化的驱动因素；(3) 短期、中期和长期对生物多样性和生态系统的依赖；(4) 短期、中期和长期与生物多样性和生态系统相关的物理风险和机遇；(5) 短期、中期和长期与生物多样性和生态系统相关的转转型风险和机遇；(6) 企业导致的系统性风险。

影响和依赖重要性应当按地理经营场所的地点和原材料来源进行评估。如果企业自身的经营活动或上下游价值链对生物多样性和生态系统具有高影响性，或者企业依赖的原材料、自然资源或生态系统服务被中断或可能被中断，则物理经营场所地点的影响就具有重要性。如果企业自身的经营活动或上下游价值链对原材料及其生态系统具有高影响性，或者企业依赖的原材料生产或与其相关的生态系统服务被中断或可能被中断，则原材料的影响具有重要性。

评估生物多样性和生态系统的影响时，企业至少应当考虑生物多样性和生态系统对受威胁物种、受保护区域、关键生物多样性区域的影响。

如果企业因尚未采纳与“到2030年无净丧失、2030年后净增长、到2050年完全恢复”的目标相一致的转型计划而无法披露上述信息，企业必须对这种情况进行披露，并提供尚未采纳这种转型计划的理由，企业可说明其拟在什么时间范围内准备好这种转型计划。

（二）政策、目标、行动计划和资源的披露要求

披露要求E4-2：管理生物多样性和生态系统执行的政策

企业应当披露与生物多样性和生态系统相关的政策，以便利益相关者了解企业在多大程度上采取政策以解决实际或潜在消极影响的防范、缓释和补救问题以及对生物多样性和生态系统的保护和恢复。披露这些政策还有助于利益相关者了解企业如何监督和管理因影响和依赖而产生的与生物多样性和生态系统相关的重要影响、风险和机

遇，以及企业如何制定“到2030年无净丧失、2030年后净增长、到2050年完全恢复”的战略。

企业应说明其制定的政策旨在解决以下哪些问题：（1）生物多样性和生态系统的重要影响；（2）导致重要生物多样性丧失的驱动因素；（3）重要的依赖以及重要的物理和转型风险和机遇；（4）生物多样性友好型的生产、消费和原材料采购；（5）就生物多样性和生态系统与供应商开展的互动和筛选；（6）与依赖和影响相关的生物多样性和生态系统的社会后果；（7）其他。

披露上述（1）和（2）时，企业应当说明这些政策如何使企业：在自身经营活动和上下游价值链中避免对生物多样性和生态系统的消极影响；将无法避免的生物多样性和生态系统消极影响减少和降低至最低水平；在遭遇无法避免和最小化影响的情况下恢复和修复退化的生态系统或恢复清理后的生态系统；以抵销的方式弥补剩余影响；缓解重要生物多样性丧失的驱动因素。披露上述（4）时，企业应当说明所采取的政策如何使企业：在获得第三方验证的情况下生产、采购和耗用原材料；确保原材料的生产、采购和耗用的可追溯性；来自生态系统的生产、采购和耗用得到有效管理或提升了生物多样性的条件。披露上述（6）时，企业提供的信息应包括：使用遗传资源的好处得到公正和公平分享；接触遗传资源获得相关部门的事先知情同意（Prior Informed Consent）；接触与原住民或当地社区持有的遗传资源相关的传统知识获得事先知情同意；对当地和原住民社区权利的保护，尤其应认识到许多原住民和当地社区的传统生活方式密切依存于生物资源，与保护生物多样性和对其组成部分的可持续利用相关的利益应当与他们公平分享。

企业可说明其采取的上述政策如何与联合国的第2、6、12、14和15个可持续发展目标（SDG）、“2020后全球生物多样性框架”以及其他与生物多样性和生态系统相关的国际公约相联系。

披露要求E4－3：生物多样性和生态系统的可计量目标

企业应当披露其采用的与生物多样性和生态系统相关的目标，以便利益相关者了解企业拟定的目标如何支持其生物多样性和生态系统政策以及处理与此相关的重要影响、依赖、风险和机遇。为此，企业应披露的目标包括：（1）对生物多样性和生态系统的重要影响；（2）生物多样性和生态系统丧失的重要驱动因素。（3）对生物多样性和生态系统的重要依赖；（4）重要的物理和转型风险。

披露上述（1）时，企业披露的目标应包括：避免生物多样性和生态系统丧失；减少和将生物多样性和生态系统丧失最小化；恢复和修复生物多样性和生态系统。披露上述（1）和（3）时，企业披露的目标可包括：避免受关注或有灭绝风险原材料的

生产、采购和消耗；减少和将受关注或有灭迹风险原材料的生产、采购和消耗最小化；减少对受关注或有灭绝风险的原材料的绝对需求；增加对受关注或有灭绝风险原材料的经认证的生物多样性友好型的生产和采购；增加受关注或有灭绝风险原材料的非认证生物多样性友好型的生产和采购。

披露要求 E4 -4：生物多样性和生态系统行动计划

企业应当披露其与生物多样性和生态系统相关的行动和行动计划以及实现其政策目标和指标的资源配置，以增加企业为实现生物多样性和生态系统相关目标以及管理相关风险和机遇已经采取和计划采取的关键行动的透明度。

对于每个行动计划或独立行动，企业应描述：（1）行动覆盖的地理范围，包括对地理边界或活动局限性的解释；（2）独立行动或行动计划涉及的利益相关者名单以及他们如何参与行动或行动计划、受独立行动或行动计划积极和消极影响的利益相关者名单以及他们如何受到影响，包括对当地社区、小住户、原住民群体、妇女、穷人、被边缘化及脆弱群体和个人的影响或为他们创造的福利；（3）每个行动或行动计划拟解决的主要影响；（4）按缓释战略（避免、减少和最小化、恢复和修复）划分的行动；（5）相较于其他可能行动选择特定行动的理由解释；（6）对行动是属于一次性行动还是系统性做法进行解释；（7）行动是个别的还是集体的，对于集体行动应解释其作用；（8）行动取得成功在多大程度上是取决于企业还是取决于支持行动的其他企业；（8）关键行动是否会引发重大的可持续发展不利影响的简要评估。

（三）业绩计量的披露要求

披露要求 E4 -5：压力指标

企业应当报告压力指标，以便利益相关者了解企业将对生物多样性、生态系统服务和基本生态系统产生确信无疑影响的重要影响驱动因素。这些压力指标应包括但不限于土地利用或栖息地变化、气候变化、污染、自然资源的利用和开发以及入侵物种。

如果土地利用或栖息地变化或退化被企业评估为生物多样性和生态系统服务丧失的重大影响驱动因素，企业应当报告与土地使用或栖息地变化或退化相关的压力指标。土地利用或栖息变化或退化包括土地覆被的转换（如砍伐森林或采矿）、生态系统管理或农业生态系统的改变（如强化农业管理或森林收成），或者地貌空间结构的改变（如栖息地碎片化、生态系统连通性变化）。

如果气候变化被企业评估为生物多样性和生态系统服务丧失的重大影响驱动因素，企业应当按照 ESRS E1 的要求报告与气候变化相关的压力指标。

如果污染被企业评估为生物多样性和生态系统服务丧失的重大影响驱动因素，企业应当按照ESRS E2的要求报告与污染相关的压力指标，但不限于ESRS E2所覆盖的污染源。

如果自然资源的利用和开发被企业评估为生物多样性和生态系统服务丧失的重要影响驱动因素，企业应当按照ESRS E3对水资源利用和ESRS E5对利用和开发自然资源的要求报告与自然资源的利用和开发相关的压力指标，但不限于ESRS E3和ESRS E5所涵盖的自然资源。

如果入侵物种被企业评估为生物多样性和生态系统服务丧失的重要影响驱动因素，企业应当报告与入侵物种控制和消除相关的压力指标。

如果企业识别了生物多样性和生态系统服务丧失的其他重要影响驱动因素，企业应当报告与这些重要影响驱动因素相关的压力指标。

披露要求E4－6：影响指标

企业应当按照重要地理地点和（或）重要原材料报告重要的与生物多样性和生态系统相关的影响指标，以便利益相关者了解企业在“无净丧失和净增长”方面的进展情况，包括生物多样性的抵销如何融入计量方法。

上述影响指标应当包括对物种和生态系统影响评估的描述，特别是：（1）报告对物种的影响时，企业应当考虑群体规模和灭绝风险，以便评估单一物种群体的健康状况及其对人类诱发和自然发生的变化的适应性；（2）报告对生态系统的影响时，企业应当考虑条件、程度和功能，以便评估生态系统的总体健康状况。

披露要求E4－7：反应指标

企业应当披露其反应指标，以便利益相关者了解企业采取最小化、修复或恢复生物多样性和生态系统等举措对已识别重要地理场所和（或）原材料的重要影响。

反应指标的例子包括：（1）企业直接或间接控制的受保护或被恢复栖息地的面积和地点，在恢复栖息地方面取得的成绩是否经过独立的外部专家认可；（2）报告期末处于永久保护状态的土地地域；（3）报告期末处于保护状态的土地地域；（4）重新创建的环境表层（通过管理层的行动创造原先不存在的栖息地）；（5）增加生物透明度的项目和场所的百分比（如安装鱼类通道或野生动物走廊）。

选择性披露要求E4－8：生物多样性友好型的消耗和生产指标

企业可披露其生物多样性友好型的消耗和生产指标，以便利益相关者了解企业哪些原材料的消耗和生产符合生物多样性友好型的标准。

为此，企业可披露：（1）经第三方认证的原材料使用清单及其数量占生产和消耗总数的百分比；（2）可溯源至工厂或种植园的原材料供应数量及百分比；（3）来自受管理从而提升了生物多样性条件的生态系统的原材料数量及百分比，受管理是指生物

多样性水平及其增长或丧失得到定期监控和报告。

选择性披露要求 E4－9：生物多样性抵销

企业可披露在价值链内外对生物多样性和生态系统缓释项目所采取的行动、开发情况和融资支持，便于利益相关者了解企业在多大程度上开发和投资于生物多样性保护项目以弥补其价值链内外无法避免、无法减少或消除、无法最小化的生物多样性丧失。

抵销生物多样性消极影响的信息应包括：（1）抵销的目的和所采用的关键业绩指标；（2）以货币单位表示的与生物多样性抵销相关的资金投入（直接和间接成本）；（3）对抵销的描述，包括生物多样性抵销所涉及地域、类型（如保育、恢复等）、质量标准和其他标准。

披露要求 E4－10：生物多样性相关影响、风险和机遇的潜在财务影响

企业应当披露源自生物多样性相关影响和依赖的风险和机遇所产生的潜在财务影响，便于利益相关者了解企业生物多样性相关影响、风险和机遇在短期、中期和长期对企业发展、财务状况和经营业绩、创造价值能力的影响。

披露该等信息时，企业应当考虑这些潜在财务影响在报告日可能不满足在财务报表反映的确认标准。这类不符合会计确认标准的信息，是《欧盟分类条例》所要求的补充信息。企业在这方面的披露可包括对短期、中期和长期遭受生物多样性和生态系统风险的相关产品和服务的市场规模评估，并解释如何界定这些遭受风险的产品和服务、如何估计财务金额以及使用哪些关键假设。

三、总结与启示

虽然生物多样性丧失和生态环境退化已成为严重的环境问题，但企业对其重视程度远不如气候变化，突出表现为与此相关的信息披露逊色于气候信息披露。气候披露准则理事会（CDSB）审阅了欧盟最大 50 家公司 2020 年按照非财务报告指令（NFRD）披露的报告，结果发现只有 46% 的公司在其报告中提供了生物多样性信息，而披露气候变化信息的高达 100%。此外，只有 10% 的公司披露了生物多样性的指标，而披露温室气体排放和水资源指标的公司比例却高达 100% 和 90%（CDSB，2021）。欧盟在生物多样性和生态系统保护方面处于世界领先地位，其辖区内的大企业在生物多样性和生态系统的信息披露尚且如此，其他地区和较小规模企业的信息披露可想而知。可见，生物多样性和生态系统的信息披露任重道远。《生物多样性和生态系统》准则付诸实施后，有望从根本上扭转这方面信息披露严重滞后的局面。欧盟的《生物多样性和生态系统》准则是世界上首个强制性的区域性准则，可望得到其他国家和地区的借鉴，其产生的溢出效应将助力全球范围内生物多样性和生态系统的保护、恢复和修复行动。

欧盟制定《生物多样性和生态系统》准则的思路，至少给予我们三点启示。

（一）影响重要性甚于财务重要性

纵观《生物多样性和生态系统》准则正文、应用指南和结论基础，可以发现该准则通篇贯穿着影响重要性甚于财务重要性的思想。在10项披露要求中，有8项披露要求主要聚焦于披露企业经营活动及其价值链对生物多样性和生态系统的影响，只有2项披露要求侧重于披露生物多样性和生态系统对企业的财务影响，其中第10项为强制披露要求，而第8项为选择性披露要求，第10项披露要求言简意赅，篇幅有限，应用指南和结论基础均为对该项披露要求作进一步补充、说明和拓展。可见，该准则对由内到外的影响重要性（Inside - out Impact Materiality）的重视程度远远超过对由外到内的财务重要性（Outside - in Financial Materiality）的重视程度。

根据欧盟《公司可持续发展报告指令》（CSRD）的要求，EFRAG在制定ESRS时必须秉持双重重要性（Double Materiality）原则，与国际可持续准则理事会（ISSB）秉持的单一重要性（Single Materiality）原则形成鲜明的对比。相较于ISSB所秉持的单一重要性原则，我们更赞同EFRAG所秉持的双重重要性原则，因为提供可持续发展报告的初衷是为了确保环境和社会的可持续发展，而不仅仅是为了满足资本提供者评估环境和社会议题如何影响企业价值的信息需求（黄世忠、叶丰滢，2022）。就生物多样性和生态系统而言，准则制定的出发点和信息披露的着力点首先应当放在影响重要性上，其次才应当放在财务重要性上，这正是EFRAG的做法。ISSB如果不放弃单一重要性的立场，完全从单一重要性的角度制定生物多样性和生态系统准则，可以想象所制定的准则将本末倒置、重心失焦，而且会与ESRS存在巨大差异。生物多样性和生态系统准则如此，气候变化、污染、水和海洋资源、资源利用和循环经济亦然。

值得庆幸的是，2022年3月24日ISSB与全球报告倡议组织（GRI）签署了合作协议。虽然ISSB和GRI均秉持单一重要性原则，但GRI秉持的是单一的影响重要性原则，明显有悖于ISSB单一的财务影响重要性原则。但愿与GRI的战略合作能够淡化或对冲ISSB的单一财务重要性思维，促使其制定的可持续发展披露准则更加契合ESG或可持续发展报告的初心和使命。

（二）地点特定性甚于企业总体性

CDSB在《生物多样性相关披露应用指南》中总结出了生物多样性信息披露必须

考虑的6个特征：空间维度（Spatial Dimension）、时间维度（Time Dimension）、多重特质（Multi－faceted Qualities）、相互连通性（Interconnectivity）、参与和合作（Engagement and Collaboration）、方法论（Methodologies）。其中的空间维度特征是指生物多样性的依赖、影响、风险和机遇具有地点特定性（Location Specific）。某一特定地点与生物多样性相关的地理境况不仅关系到该地区的生物多样性状况，包括现行生态系统和物种、保护地状态和生物多样性价值，而且关系到该地区生物多样性的基础设施、社会条件（包括社区传统和生计）、经济条件（如与自然相关的生产力、就业和收入）、治理与管制、地缘政治（跨国界的生态地区）和合作行动。譬如，与一个地区鱼类过度捕捞相关的风险与当地就业和收入对生态系统的依赖程度以及社区传统、捕鱼设施和技术、管制和合作活动密切相关。换言之，同等规模的生物多样性丧失和生态系统退化，在物种丰富度性和生态脆弱性存在重大差异的不同地区可以产生重大的差异性影响。

正是出于对地点特定性的考虑，《生物多样性和生态系统》准则征求意见稿要求企业按地理经营场所（包括工厂和工地等）的地点以及原材料的生产、采购和消耗来源地评估与生物多样性和生态系统相关的影响和依赖重要性。按地点评估的重要性即使占企业整体生产经营活动很小的一部分，也应视为具有重要性。譬如，在卡梅隆导演的电影《阿凡达》中，2154年因地球环境恶化、资源匮乏，人类组建了资源开发公司到资源丰饶的潘多拉星球开采矿物，由此造成的对潘多拉星球的生态系统破坏对于人类毫无影响，但却可能给潘多拉星球的原住民带来灭绝风险。因此，根据《生物多样性和生态系统》准则的要求，此事项必须评估为具有影响重要性的事项并予以披露。

除了重要性评估外，《生物多样性和生态系统》准则征求意见稿的第2项至第8项披露要求在不同程度上要求企业披露的信息必须考虑地理经营场所和原材料来源的地点因素，地点特定性的重要性可见一斑。值得注意的是，该准则征求意见稿要求企业对地点特定性的考虑，不应仅限于企业自身的经营活动，而应延伸到企业的上下游价值链，目的是促使企业发挥其在价值链中的影响力，督促其上下游合作伙伴关注和保护生物多样性和生态系统。

（三）准则操作性甚于准则原则性

生物多样性包括基因多样性、物种多样性和生态系统多样性。物种多样性具有“肉眼可见”的显性特点，而基因多样性和生态系统多样性则具有“肉眼不可见”的隐性特点，因此，基因多样性和生态系统多样性丧失往往不像物种多样性丧失那样引起我们的关注。这说明，生物多样性和生态系统具有很强的专业性。与此相关的准则制定，不应过于原则导向，否则操作性堪忧。换言之，针对气候变化、生物多样性和生态系统这类专业性很强的准则制定，不宜过分偏重于原则导向，而应注重原则导向与规则导向的有机结合。

EFRAG 在制定 ESRS 时，原则导向与规则导向结合得非常好。以《生物多样性和生态系统》和《气候变化》为例，这两个准则的正文分别只有 9 页和 10 页，但应用指南却长达 19 页和 25 页。EFRAG 的这种做法值得肯定和借鉴，对于企业比较生疏而专业性又很强的环境和气候相关准则，只有在准则正文之外提供比较详尽的应用指南，准则才具有可操作性。

正是意识到生物多样性和生态系统具有很高的专业性，而企业对此又十分生疏，EFRAG 在应用指南和结论基础中建议企业在信息披露过程中可参考国际专业组织的情景分析方法和其他评估方法。在结论基础部分，EFRAG 特别推崇 TNFD 的 LEAP（Locate，Evaluate，Assess and Prepare）分析框架（见图 3），建议企业参照该分析框架寻找企业与生物多样性和生态系统的连接，评价企业对生物多样性和生态系统的依赖和影响，评估企业与生物多样性和生态系统的重要风险与机遇，准备好企业应对生物多样性和生态系统保护的举措和报告机制。

（原载于《财会月刊》2022 年第 14 期）

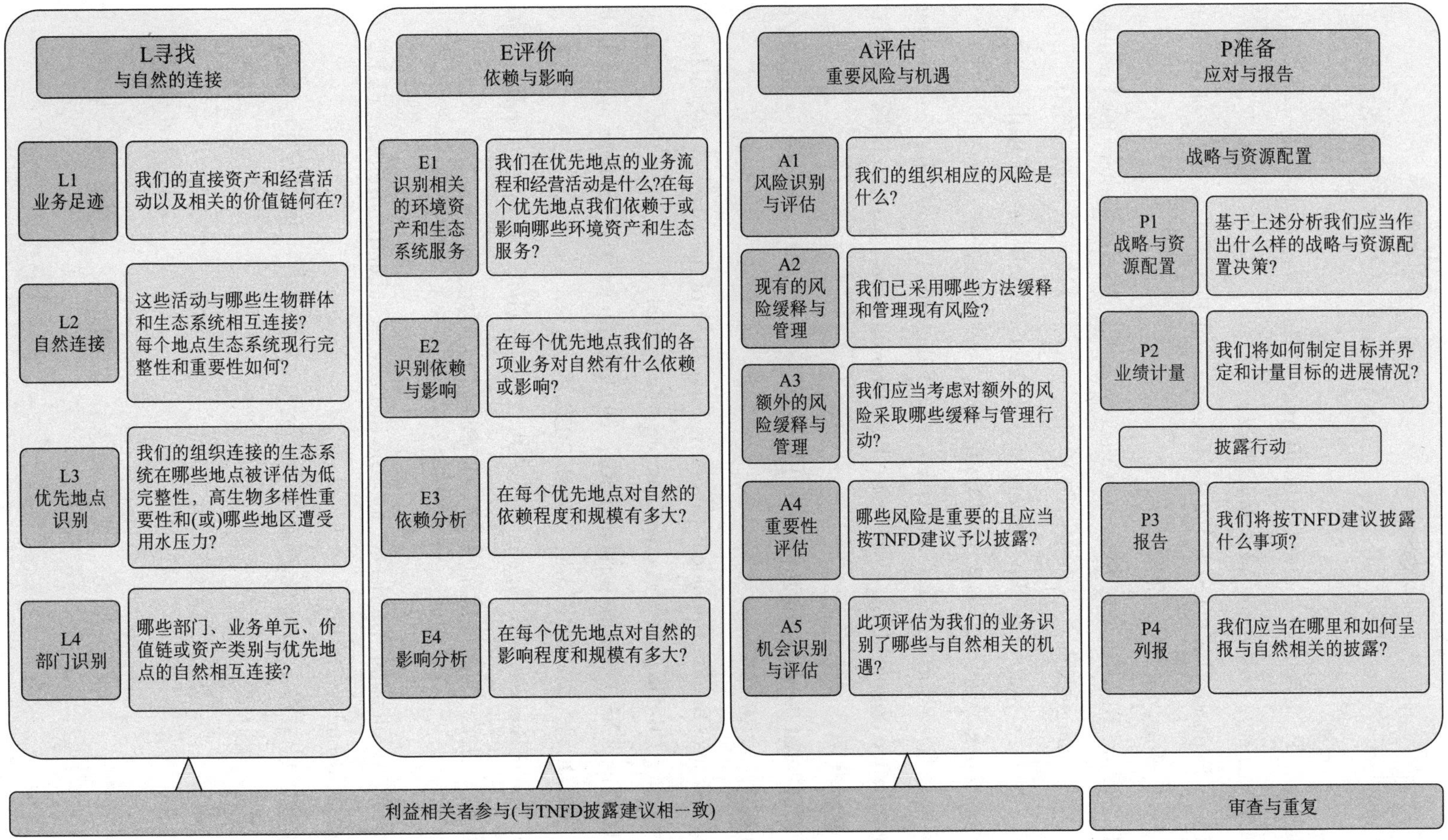

L寻找
与自然的连接

L1
业务足迹

我们的直接资产和经营活动以及相关的价值链何在?

L2
自然连接

这些活动与哪些生物群体和生态系统相互连接?
每个地点生态系统现行完整性和重要性如何?

L3
优先地点
识别

我们的组织连接的生态系统在哪些地点被评估为低完整性，高生物多样性重要性和(或)哪些地区遭受用水压力?

L4
部门识别

哪些部门、业务单元、价值链或资产类别与优先地点的自然相互连接?

E评价
依赖与影响

E1
识别相关的环境资产和生态系统服务

我们在优先地点的业务流程和经营活动是什么?在每个优先地点我们依赖于或影响哪些环境资产和生态服务?

E2
识别依赖与影响

在每个优先地点我们的各项业务对自然有什么依赖或影响?

E3
依赖分析

在每个优先地点对自然的依赖程度和规模有多大?

E4
影响分析

在每个优先地点对自然的影响程度和规模有多大?

A评估
重要风险与机遇

A1
风险识别与评估

我们的组织相应的风险是什么?

A2
现有的风险缓释与管理

我们已采用哪些方法缓释和管理现有风险?

A3
额外的风险缓释与管理

我们应当考虑对额外的风险采取哪些缓释与管理行动?

A4
重要性评估

哪些风险是重要的且应当按TNFD建议予以披露?

A5
机会识别与评估

此项评估为我们的业务识别了哪些与自然相关的机遇?

P准备
应对与报告

战略与资源配置

P1
战略与资源配置

基于上述分析我们应当作出什么样的战略与资源配置决策?

P2
业绩计量

我们将如何制定目标并界定和计量目标的进展情况?

披露行动

P3
报告

我们将按TNFD建议披露什么事项?

P4
列报

我们应当在哪里和如何呈报与自然相关的披露?

利益相关者参与(与TNFD披露建议相一致)

审查与重复

图 3 LEAP 分析框架

资料来源:TNFD(2022)。

主要参考文献：

1. Dasgupta, P. The Economy of Biodiversity: The Dasgupta Review [EB/OL]. (London HM Treasury). www. gov. uk, May 2021.

2. EFRAG. Exposure Draft ESRS E4 Biodiversity and Ecosystems. Basis of Conclusions [EB/OL]. www. efrag. org, May 2022.

3. WEF. Nature Risk Rising: Why the Crisis Engulfing Nature Matters for Business and the Economy. New Nature Economy Series [EB/OL]. www. weforum. org, 2020.

4. Pimm, S. L., et al. The Biodiversity of Species and Their Rate of Extinction, Distribution, and Protection [J]. Science, 2014 Vol. 344: 987 –996.

5. Ceballos, G., Ehrlich, P. and Dirzo, R. Biological Annihilation via the Ongoing Sixth Mass Extinction Signaled by Vertebrate Population Losses and Declines [EB/OL]. www. pnas. org, 2017.

6. IPBES. Global Assessment Report on Biodiversity and Ecosystem Services [EB/OL]. www. ipbes. net, May 2020.

7. UNEP. Convention on Biological Diversity. First Draft of the Post –2020 Global Biodiversity Framework [EB/OL]. www. unep. un. org, July 2021.

8. TNFD. The TNFD Nature – related Risk & Opportunity Management and Disclosure Framework [EB/OL]. www. tnfd. org, March 2022.

9. CBD. Aichi Biodiversity Targets [EB/OL]. www. cbd, un. org, October 2010.

10. 周晋峰．生态文明时代的生物多样性保护理念变革［J］．学术前沿，2022（2）：16 –25.

11. CDSB. Application Guidance for Biodiversity – related Disclosure [EB/OL]. www. cdsb. net, November 2021.

12. 黄世忠，叶丰滢．可持续发展报告的双重重要性原则评述［J］．财会月刊，2022（10）：12 –19.

ESRS 1《一般要求》解读

黄世忠　叶丰滢

【摘要】欧盟委员会2023年7月31日发布了第一批12个欧洲可持续发展报告准则，包括2个跨领域交叉准则和10个环境、社会和治理主题准则。这是继国际可持续准则理事会（ISSB）2023年6月26日发布两份国际财务报告可持续披露准则后可持续发展报告准则发展进程中将载入史册的里程碑事件，对于推动经济、社会和环境的可持续发展意义非凡。为了帮助读者全面了解ESRS，笔者对这12个ESRS进行系统的分析和解读。本文在简要介绍欧洲可持续发展报告准则总体目标的基础上，从十个方面对第1号欧洲可持续发展报告准则《一般要求》进行解读，并分析其与第1号国际财务报告可持续披露准则《可持续相关财务信息披露一般要求》的主要差异，最后总结欧洲可持续发展报告准则的特点和对我国准则制定的启示意义。

【关键词】欧洲可持续发展报告准则；可持续发展相关影响、风险和机遇；双重重要性；可持续发展说明书

一、引言

2022年11月22日，欧洲财务报告咨询组（EFRAG）将其依据《公司可持续发展报告指令》（CSRD）起草和制定的首批12份欧洲可持续发展报告准则（ESRS）提交欧盟委员会（EC）审批，经过8个月的审批和征求意见，EC于2023年7月31日正式发布了首批12个ESRS，包括2个通用准则和10个主题准则（其中环境准则5个，社会准则4个，治理准则1个），如表1所示。

表1　　欧盟委员会通过的第一批欧洲可持续发展报告准则

准则类别	准则编号	准则名称
通用准则	ESRS 1	《一般要求》(General Requirements)
	ESRS 2	《一般披露》(General Disclosures)
环境准则	ESRS E1	《气候变化》(Climate Change)
	ESRS E2	《污染》(Pollution)
	ESRS E3	《水和海洋资源》(Water and Marine Resources)
	ESRS E4	《生物多样性和生态系统》(Biodiversity and Ecosystems)
	ESRS E5	《资源利用和循环经济》(Resource Use and Circular Economy)
社会准则	ESRS S1	《自己的劳动力》(Own Workforce)
	ESRS S2	《价值链中的工人》(Workers in the Value Chain)
	ESRS S3	《受影响的社区》(Affected Communities)
	ESRS S4	《消费者与终端用户》(Consumers and End - user)
治理准则	ESRS G1	《商业操守》(Business Conduct)

资料来源：EC ESRS 1 (2023)。

ESRS 1开宗明义地指出，ESRS的目标在于规范企业按照欧洲议会和欧洲理事会第2013/34/EU号《会计指令》和第EU2022/2463号《公司可持续发展报告指令》(CSRD)的要求披露可持续发展信息，包括ESG相关可持续发展问题（Sustainability Matters）重要影响、风险和机遇（Impacts, Risks and Opportunities, IRO）的信息。按照ESRS披露的信息，应有助于可持续发展说明书（Sustainability Statement）的使用者了解企业对环境和社会的重要影响以及可持续发展问题对企业发展、财务业绩和财务状况的重要影响。

就ESRS 1而言，其具体目标在于帮助使用者了解ESRS的体系结构、起草惯例、基础概念以及按《会计指令》和CSRD编报可持续发展信息的一般要求。

除了阐述ESRS的总体目标和ESRS 1的具体目标外，ESRS 1分十章对ESRS的制定和编报进行概要性说明。本文对ESRS 1的主要规定予以介绍，并将其与国际可持续准则理事会（ISSB）发布的第1号国际财务报告可持续披露准则《可持续相关财务信息披露一般要求》(IFRS S1）进行对比，总结其特点和对我国准则制定的启示意义。

二、ESRS的类别、报告领域和起草惯例

ESRS 1第一章阐述了ESRS的体系结构、核心报告领域和最低披露要求，并对起草过程使用的一些术语作出解释。

（一）ESRS 的类别

ESRS 包括三个类别，分别是跨领域交叉准则（Cross - cutting Standards）、ESG 主题准则（ESG Topical Standards）和行业特定准则（Sector - Specific Standards）[①]。

跨领域交叉准则包括 ESRS 1 和 ESRS 2，适用于 ESG 主题准则和行业特定准则涵盖的所有可持续发展问题。ESRS 1 描述 ESRS 的体系结构，解释起草惯例和基础概念，提出编报可持续发展信息的一般要求，但不涉及具体的披露要求。ESRS 2 则对企业应当提供的治理、战略、IRO、指标和目标等报告领域涉及的所有重要可持续发展问题的信息提出通用性披露要求。ESRS 1 与 ESRS 2 合在一起类似于 IFRS S1，涵盖 ESRS 体系编报和披露的一般原则，具有提纲挈领、统驭全局的作用[②]。

ESG 主题准则包括特定的可持续发展主题的具体披露要求，是对 ESRS 2 提出的通用性披露要求的补充。ESG 主题准则按主题—子主题—孙主题的逻辑对涵盖的 ESG 相关主题进行结构化组织，如表 2 所示，以支持企业对可持续发展问题的重要性评估。相比之下，ISSB 准则目前只有第 2 号国际财务报告可持续披露准则《气候相关披露》（IFRS S2）一个主题准则，其他主题准则还在征求意见的过程中。

表 2　　ESG 主题准则涵盖的主题、子主题和孙主题

主题准则	主题准则涵盖的可持续发展对象		
	主题	子主题	孙主题
ESRS E1	气候变化	• 气候变化适应 • 气候变化减缓 • 能源	
ESRS E2	污染	• 空气污染 • 水污染 • 土壤污染 • 活生物和食物污染 • 关注物质 • 高关注物质 • 微塑料	

① 跨领域交叉准则和 ESG 主题准则均属于不分行业的准则（Sector - agnostic Standards），适用于所有行业的企业，因此也被称为行业通用准则，而行业特定准则仅适用于特定行业的企业。

② ESRS 之所以就一般披露单设准则，应是为避免具体主题准则和行业特定准则大量重复一些高度相近的披露要求，使准则条款更精炼。例如目前的两个 ISSB 准则中，第 2 号国际财务报告可持续披露准则《气候相关披露》（IFRS S2）就大量重复 IFRS S1 对治理、战略、风险管理、指标和目标的披露要求。

续表

主题准则	主题准则涵盖的可持续发展对象		
	主题	子主题	孙主题
ESRS E3	水和海洋资源	• 水 • 海洋资源	• 水消耗 • 水取用 • 水排放 • 水排海 • 海洋资源的攫取和利用
ESRS E4	生物多样性和生态系统	• 生物多样性丧失的直接影响驱动因素	• 气候变化 • 土地使用改变、淡水使用改变和海域利用改变 • 直接采集 • 外来侵入物种 • 污染 • 其他
		• 对物种状况的影响	• 物种种群规模 • 物种全球灭绝风险
		• 对生态系统范围和条件的影响	• 土地退化 • 荒漠化 • 土壤封盖
		• 对生态系统服务的影响和依赖	
ESRS E5	资源利用和循环经济	• 资源流入，包括资源利用 • 与产品和服务相关的资源流出 • 废弃物	
ESRS S1	自己的劳动力	• 工作条件	• 有保障就业 • 工作时长 • 足额工资 • 社会对话 • 结社自由、成立工会以及工人的知情权、协商权和参与权 • 集体谈判，包括集体协议所涵盖的工人比率 • 工作与生活平衡 • 健康与安全

续表

主题准则	主题准则涵盖的可持续发展对象		
	主题	子主题	孙主题
ESRS S1	自己的劳动力	• 平等待遇和机会	• 性别平等和同工同酬 • 培训和技能开发 • 雇佣和对残障人士的包容 • 抵制工作场所暴力和骚扰举措 • 多样性
		• 其他与工作相关的权利	• 童工 • 强迫劳动 • 充足住房 • 隐私
ESRS S2	价值链中的工人	• 工作条件	• 有保障就业 • 工作时长 • 足额工资 • 社会对话 • 结社自由，包括成立工会 • 集体谈判 • 工作与生活平衡 • 健康与安全
		• 平等待遇和机会	• 性别平等和同工同酬 • 培训和技能开发 • 雇佣和对残障人士的包容 • 抵制工作场所暴力和骚扰举措 • 多样性
		• 其他与工作相关的权利	• 童工 • 强迫劳动 • 充足住房 • 隐私
ESRS S3	受影响的社区	• 社区的经济、社会和文化权利	• 充足住房 • 充足食物 • 水与卫生 • 土地相关影响 • 安全相关影响
		• 社区的民事与政治权利	• 言论自由 • 集会自由 • 对人权捍卫者的影响

续表

主题准则	主题准则涵盖的可持续发展对象		
	主题	子主题	孙主题
ESRS S3	受影响的社区	• 原住民的权利	• 免费和事前的知情权 • 自主决策 • 文化权利
ESRS S4	消费者与终端用户	• 消费者和终端用户与信息相关的影响	• 隐私 • 言论自由 • 访问（有质量的）信息
		• 消费者和终端用户的人身安全	• 健康与安全 • 人身安全 • 儿童保护
		• 对消费者和终端用户的包容性	• 无歧视 • 对产品和服务的接触 • 负责任的营销
ESRS G1	商业操守	• 企业文化 • 吹哨人保护 • 动物福祉 • 政治参与 • 供应商关系管理，包括付款惯例	
		• 腐败与贿赂	• 发现与防范，包括相关培训 • 腐败与贿赂事件

资料来源：EC ESRS 1 附录 A《应用要求》（2023）。

行业特定准则用于解决未被主题准则覆盖或覆盖的颗粒度不够细但对特定行业的所有企业可能是重要的 IRO 问题。行业特定准则具有多主题的特点，并尽可能涵盖所在行业最相关的主题，旨在提高同一行业可持续发展信息披露的可比性。迄今为止，EFRAG 已经起草制定的行业特定准则征求意见稿包括：采矿、采石和采煤行业准则、石油天然气行业准则、道路交通行业准则、农业和农场及渔业行业准则。相比而言，ISSB 准则不包括行业特定准则，但由于 ISSB 吸收合并了可持续发展会计准则委员会（SASB），ISSB 准则在制定时充分利用了 SASB 的分行业准则。比如，IFRS S1 要求企业识别可持续发展相关风险和机遇时必须参考 SASB 分行业准则，SASB 分行业准则还

是制定 IFRS S2 行业指南的基础[①]。

（二）报告领域及政策、行动、指标和目标的最低披露要求

ESRS 1 规定，ESRS 2 的一般披露要求以及主题准则和行业特定准则的披露要求均按治理、战略、IRO 管理、指标与目标四个报告领域进行组织。在治理领域，企业应披露治理程序以及用于监控、管理和监督 IRO 的控制措施和流程。在战略领域，企业应披露其战略和商业模式与重要 IRO 的相互作用情况，包括企业如何应对这些 IRO。在 IRO 管理领域，企业应披露识别 IRO 并评估其重要性的流程以及通过政策和行动管理重要的可持续发展问题的流程。在指标和目标领域，企业应披露其管理 IRO 的进展情况，包括制定的目标以及目标的实现进度。此外，ESRS 2 还针对管理重要可持续发展问题的政策和行动以及与重要可持续发展问题相关的指标和目标提出最低披露要求（Minimum Disclosure Requirement，MDR）。对于这些 MDR，无论重要性评估的结果如何，企业都必须按 MDR 对政策、行动、指标和目标进行披露。

ESRS 1 四大报告领域及其披露内容的设计借鉴了气候相关财务披露工作组（TCFD）的四支柱框架，与 ISSB 准则一致，旨在提高互操作性（Interoperability）。只是因为遵循双重重要性原则，四大报告领域及其披露内容明确增加了有关影响的披露要求。但 ESRS 针对应对政策、行动、指标和目标的 MDR 设计则主要是为了不偏离欧盟法规的规定以及与 ISSB 准则和 GRI 准则的关键要求保持一致，属于其独创。

（三）起草惯例

在所有 ESRS 里，“影响”（Impacts）这一术语是指通过影响重要性评估识别的与企业经营活动相关联的积极和消极的可持续发展相关影响。影响包括实际的影响和潜在的未来影响。“风险和机遇”（Risks and Opportunities，RO）这一术语是指企业通过财务重要性评估识别的可持续发展相关财务风险和机遇，包括来自对自然、人类和社会资源的依赖而产生的风险和机遇。这两个术语结合在一起称为 IRO，是 ESRS 应用的最重要术语，凸显 ESRS 秉持双重重要性的特色，与 ISSB 准则基于财务重要性而使用的 RO 术语形成鲜明的对比。

ESRS 将拟披露的信息通过“披露要求”（Disclosure Requirement）进行结构化组织。每项披露要求由一个或多个不同的数据点所组成。“数据点”（Datapoints）这一术语是指某个披露要求的叙述性子要素。除了披露要求外，多数 ESRS 还包含“应用要求”（Application Requirements）。应用要求旨在对披露要求提供更具操作性的细化支

① ISSB 还承诺未来会持续地把 SASB 所使用的基于行业的方法嵌入其准则制定的过程中，但会对 SASB 准则进行修改，使其更加适应国际场景。

持，与 ESRS 的其他部分具有同等效力。这一设计与 ISSB 准则雷同。ISSB 准则也包含披露要求和应用要求，但将应用要求称为应用指南（Application Guidance），应用指南以准则正文附录的形式呈现，与准则的其他部分具有同等效力。

此外，在 ESRS 起草过程中，EFRAG 使用“应披露”（Shall Disclose）和“可披露”（May Disclose）这两个不同术语来区分企业对信息披露的不同程度责任。“应披露”指的是对某项要求或数据点作出强制性披露的规定，而“可披露”指的是自愿性披露的规定，旨在鼓励和推广良好的披露惯例。ISSB 准则也使用这两个术语，但 ISSB 准则使用“可披露”术语的地方主要是为“应披露”内容的具体形式等提供选择。

三、信息质量特征

ESRS 1 第二章阐述编制可持续发展报告必须具备的信息质量特征，包括基础性质量特征和提升性质量特征。

（一）基础性信息质量特征

ESRS 1 提出两个基础性信息质量特征、分别是相关性（Relevance）和如实反映（Faithful Representation）。

在双重重要性视角下，可持续发展信息若导致使用者的决策产生差别，该信息就具有相关性。如果可持续发展信息同时具有预测价值（信息可以作为使用者预测未来结果的输入值）和（或）证实价值（信息能够提供反馈从而证实或改变对原先的评估）时，该信息就可能影响使用者的决策，从而具有相关性。

如实反映要求可持续发展信息必须是完整（Complete）、中立（Neutral）和准确（Accurate）的。完整描述应提供有助于使用者了解重要 IRO 所必需的信息，包括企业的战略、风险管理和治理如何应对 IRO，以及用于制定目标和计量业绩的指标。中立描述要求在选择或披露可持续发展信息时不带偏见，尽可能做到平衡反映有利/积极和不利/消极的方面。比如基于影响重要性视角的消极和积极的重要影响以及基于财务重要性视角的重要风险和机遇均应受到同等重视。又如在描述目标或计划这类前瞻性信息时，应同时披露愿景和阻碍愿景实现的因素。中立性还包括谨慎性。谨慎性意味着机遇不应被夸大、风险不能被低估，同样地，机遇也不应被低估、风险也不能被夸大。准确描述并不要求可持续发展信息的各个方面都绝对精确。所谓准确的信息仅意味着企业已经采取足够的流程和内控以避免重要差错或重要错报，因此企业在披露估计信息时，应强调其可能的限制和相关的不确定性。信息的性质及其所处理问题的性质决定了所需要和可获得信息的准确度和影响信息准确性的因素。

（二）提升性信息质量特征

ESRS 1 提出的提升性信息质量特征包括可比性（Comparability）、可验证性（Verifiability）和可理解性（Understandability）。

如果可续发展信息可以与企业前期提供的信息以及与其他企业特别是同一行业其他企业提供的信息进行比较，该信息就具有可比性。可比性不同于一致性，后者是指针对可持续发展问题在前后各期采用相同的做法或方法。一致性有助于实现可比性的目标，但不能与可比性直接划等号。可比性也不是统一性。可持续发展信息的可比性不会因为使不同的事物看起来相似而增强，正如其不会因为使相同的事物看起来不同而增强一样。

如果可持续发展信息能够与该信息本身或得出该信息的输入值相互印证，该信息就具有可验证性。可验证性有助于增强使用者对完整、中立和准确描述的信心。它意味着知悉情况且相互独立的观察者能够就特定描述是否属于如实反映达成共识，这里的共识不一定是完全一致的看法。一些可持续发展信息以解释性信息或前瞻性信息的形式披露，企业对这类信息可通过如实陈述事实基础（如企业的战略、计划和风险分析等）的方式支持披露。

如果可持续发展信息清晰且简洁，该信息就具有可理解性。可理解性有助于理性且知情的使用者迅速理解企业提供的可持续发展信息。披露的清晰度可通过将报告期间内变动的信息与相对保持不变的信息区分开来的方式加强，披露的简洁度可通过避免使用“模板”信息、避免不必要的信息重复、使用清晰的语言以及结构良好的句子和段落的方式实现。可理解性还有赖于以连贯的方式呈现整体性信息，以及与财务报表中列报或披露的相关信息建立适当联系。

ESRS 1 提出的可持续发展报告信息质量特征与 IFRS S1 提出的可持续发展相关财务信息质量特征大同小异，主要差别有两点：一是 IFRS S1 在提升性信息质量特征的构成要素中包括了及时性（Timeliness）而 ESRS 1 没有。主要原因是包含可持续发展信息的管理层报告什么时候发布是欧盟《会计指令》规定的，ESRS 不做规定；二是 IFRS S1 仅从财务重要性的角度阐述这些信息质量特征，而 ESRS 1 增加了影响重要性角度的阐述，紧扣双重重要性进行阐述。

不论是 ESRS 1 还是 IFRS S1，其提出的基础性信息质量特征和提升性信息质量特征均是参考财务报告概念框架但置于可持续发展报告的意境下加以阐述的。本文认为 ISSB 准则将可持续发展相关财务信息披露定位为财务报告的组成部分，照搬财务报告概念框架的信息质量特征可以理解，但 ESRS 将可持续发展报告定位为独立于财务报告的单独报告，照搬财务报告概念框架的质量特征令人费解。事实上，EFRAG 在起草 ESRS 1 征求意见稿时曾提出另外四个质量特征：战略聚焦性（Strategic Focus）、未来导向性（Future Orientation）、利益相关者包容性（Stakeholder Inclusiveness）和信息关联性（Information Connectivity）。这四个信息质量特征出自国际整合报告理事会（IIRC）提出的整合报告编制指导原则，也契合可持续发展信息的特点，适用于可持续发展报告的编制。遗憾的是，正式发布的 ESRS 1 为了保持与 IFRS S1 的互操作性，没有保留这四个信息质量特征。

四、作为可持续发展信息披露基础的双重重要性

ESRS 1 第三章涵盖七个方面的内容，从不同角度阐述双重重要性在可持续发展信息披露中的基础性地位，充分彰显 ESRS 有别于 ISSB 准则的特色和要求。

（一）利益相关者及其与重要性评估程序的相关性

ESRS 1 将利益相关者分为两类：受影响的利益相关者（Affected Stakeholders）和可持续发展说明书的使用者（Users of Sustainability Statements）。受影响的利益相关者是指其利益受到或可能受到企业活动及其在价值链中直接和间接业务关系积极或消极影响的个人和群体。可持续发展说明书的使用者是指通用目的财务报告的主要使用者（现有和潜在的投资者、债权人和其他借款人，包括资产管理者、信贷机构、保险企业）以及其他使用者，包括企业的业务伙伴、工会和社会伙伴以及非政府组织、政府、分析师和学者。ESRS 1 指出，在企业持续不断的尽职调查和可持续发展重要性评估中，受影响的利益相关者的参与处于核心地位，有助于识别和评估企业对他们产生的实际和潜在的消极影响，进而为企业识别重要影响的评估程序提供依据。

（二）重要问题和信息的重要性

开展重要性评估对于企业识别拟报告的 IRO 十分必要，按照 ESRS 的要求开展重要性评估是可持续发展报告活动的起点。如前所述，表 2 列示了按主题、子主题和孙主题分类的可持续发展问题，可作为企业重要性评估的起点。ESRS 1 的附录 E 列示了重用性评估的流程，如图 1 所示。不论重要性评估结果如何，企业都应披露 ESRS 2 所要求的信息以及 ESRS 2 附录 C 所列示六个主题准则（包括 ESRS E1、ESRS E2、ESRS E3、ESRS E4、ESRS E5 和 ESRS G1）规定的与 ESRS 2 相关的披露要求 IRO－1“描述识别和评估重要 IRO 的流程”所要求的信息。

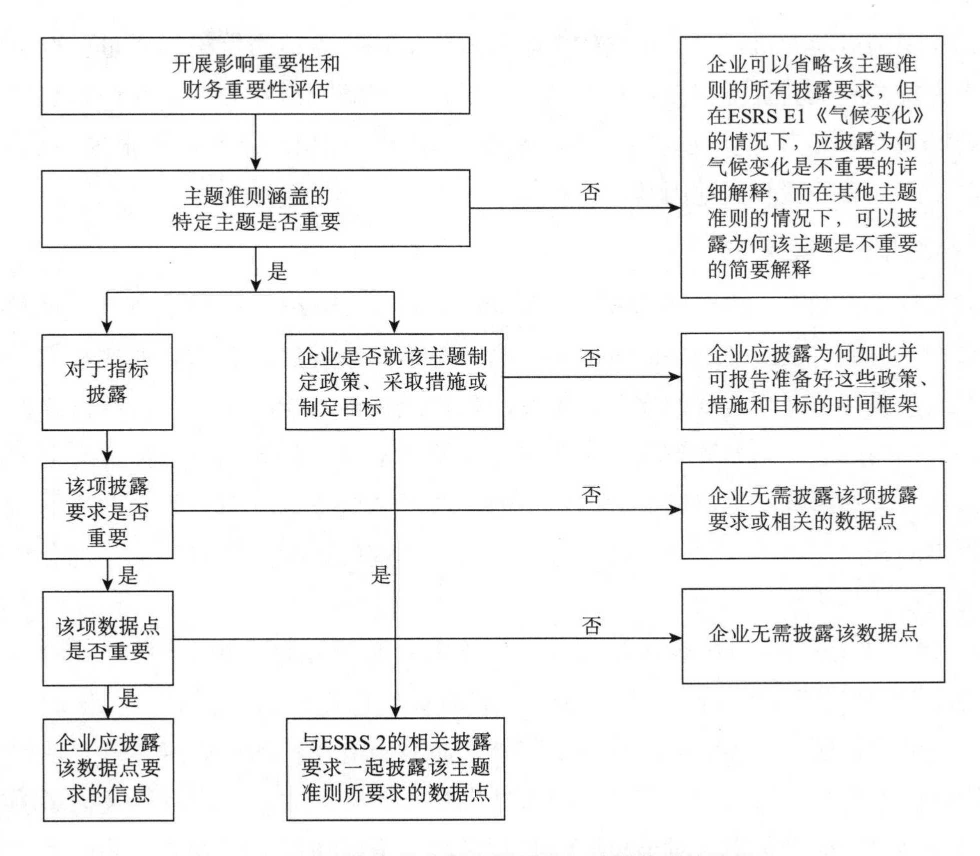

图 1　确定特定信息是否需要纳入披露范围的流程

资料来源：ESRS 1 附录 E（2023）。

从图 1 可以看出，重要性评估是确定可持续发展信息披露的前提，引入重要性的门槛，符合成本效益原则，既可减轻编报者的压力，也可提升信息披露的相关性，因为不重要的信息对于使用者不但没有任何用处，甚至可能造成信息过载，分散其注意力。

（三）双重重要性

CSRD 要求 ESRS 的制定必须以双重重要性（Double Materiality）为基础，既要考虑影响重要性（Impact Materiality），也要考虑财务重要性（Financial Materiality）。ESRS 认为影响重要性和财务重要性相互关联，评估时应考虑两者之间的互相依赖。一般而言，重要性评估的起点是对影响的评估。当某种可持续发展的影响可以合理预期将在短期、中期和长期影响企业的财务状况、财务业绩、现金流量、融资能力和资本成本时，该项影响从一开始就可能具有财务重要性或将逐步变得具有财务重要性。在识别影响时，企业应注意从影响重要性的角度去捕捉，不管其是否具有财务重要性。

同理，在识别风险和机遇时，企业应考虑其如何依赖于以适当价格和质量获取自然资源、人力资源和社会资源，而不必考虑企业对这些资源的潜在影响。在识别和评估价值链的IRO以确定其重要性时，企业应聚焦于IRO可能出现的领域，根据活动性质、业务关系、地理位置和其他因素进行判断。

（四）影响重要性

影响重要性基于由内到外的视角（Inside - out Perspective），评估企业是否对社会和环境产生影响。从由内到外的视角看，当某个可持续发展问题与企业在短期、中期和长期对人或环境产生重要的实际或潜在的积极或消极影响有关时，该可持续发展问题就是重要的问题。影响既包括与企业自身经营活动有关的影响，也包括与上下游价值链活动有关的影响，价值链活动可以是通过产品和服务以及业务关系产生的，而不限于直接的合同关系。从这个意义上说，对人或环境的影响包括对环境、社会和治理等相关问题的影响。

ESRS 1认为，《联合国企业与人权指导原则》和《经合组织跨国公司行为准则》界定的尽职调查程序可为企业评估消极影响的重要性提供依据。对于实际的消极影响，重要性评估应以该影响的严重性为基础，而对于潜在的消极影响，重要性评估应以该影响的严重性和可能性为基础。严重性应根据影响的大小、范围以及该影响的不可挽回性等因素综合确定。对于积极的实际影响，重要性评估应以该影响的大小和范围为基础，对于积极的潜在影响，重要性评估应以该影响的大小、范围和可能性为基础。

（五）财务重要性

可持续发展报告中的财务重要性范围是对用于确定哪些信息应当纳入企业财务报表的重用性范围的扩展。与财务报告中对重用性的定义一样，如果漏报、错报或隐瞒某项信息可合理预计将影响通用目的财务报告的主要使用者根据可持续发展声明书作出的决策，则该信息就是重要的。可持续发展报告意境下的财务重要性基于由外到内的视角（Outside - in Perspective），评估企业是否受社会和环境的影响。从由外到内的视角看，当某个可持续发展问题触发或可合理预期将触发对企业的财务影响时，该可持续发展问题就是重用的问题。当某个可持续发展问题产生的风险和机遇在短期、中期和长期对企业发展、财务状况、财务业绩、现金流量、融资能力和资本成本具有重要影响或可合理预期将具有重要影响时，就属于具有财务重要性的情况。可持续发展问题的财务重要性不限于企业控制范围内的问题，而是包括超越合并报表编制范围的业务关系所带来的重要风险和机遇的信息。对自然资源、人力资源和社会资源的依赖

是财务风险或机遇的来源。这种依赖可以两种方式触发财务风险和机遇：一是可能影响企业继续使用或获得经营活动所需资源的能力，以及这些资源的质量和价格；二是可能影响企业在经营活动中按可接受的条件依靠所需关系的能力。风险和机遇的重要性应当根据财务影响发生的可能性和潜在量级进行评估。

（六）处理可持续发展问题的行动产生的重要影响或风险

企业的重要性评估可能涉及企业因采取行动应对某个可持续发展问题而带来的IRO，因为这种行动可能对另一个或其他多个可持续发展问题产生重要的消极影响或造成重要风险。例如，涉及淘汰产品的生产脱碳行动计划可能对企业自己的劳动力造成重要的消极影响并因裁员赔付导致重要的风险。再如，汽车供应商聚焦于提供电动汽车的行动计划可能导致传统汽车部件生产出现搁浅资产（Stranded Assets）。出现这种情况时，企业应：（1）披露存在的重要消极影响或重要风险以及产生这些影响或风险的行动，并将其交叉索引到相关的主题；（2）按照与此相关的主题准则描述其如何应对重要的消极影响或重要风险。

（七）分解层次

为了便于恰当理解重要的IRO，企业应当按以下方式对报告信息进行分解：（1）当不同国家的重要IRO存在重大的差异且按高层次汇总信息会模糊关于IRO的重要信息时，企业应按国别对报告信息进行分解；（2）当重要的IRO高度依赖于某一特定地点或资产时，企业应按重要地点或资产对报告信息进行分解。

确定报告信息的分解层次时，企业应当考虑重要性评估所采用的分解方法。根据具体事实和情况，企业可能需要按子公司对报告信息进行分解。将不同层次的信息或同一层次不同地点的数据汇总时，企业应确保汇总的数据不会模糊解读该信息所需要的具体内容和背景。企业不得对性质不同的重要项目进行汇总。企业对呈报的信息按行业分解时，必须采用ESRS根据《非财务报告指令》确定的行业分类法。

对比ESRS 1和IFRS S1有关重要性的规定可以发现，二者都认为重要性是企业主体层面的相关性，需要判断确定，主要差异包括：（1）ESRS 1从双重重要性原则出发，主张ESRS准则的制定应面向广泛的利益相关者的信息需求，而IFRS S1则从财务重要性原则出发，主张ISSB准则的制定应面向财务报告主要使用者的信息需求。（2）在重要性评估方面，ESRS 1要求的双重重要性评估涵盖了IFRS S1要求的财务重要性评估。（3）无论重要性评估结果如何，ESRS相关准则都规定了一系列强制要求披露的数据点①，但ISSB准则并不要求企业披露不重要的信息。（4）在重要信息披露豁免方面，根据CSRD，欧盟成员国可以省略有偏见的信息，但这种情况下需要根据ESRS 2的要求进行特定披露。此外，ESRS还允许省略基于欧盟商业秘密定义的机密信息，而根据ISSB准则的规定，企业所在司法管辖区法律法规禁止披露相关信息时，企业可以省略这些信息。

五、尽职调查

ESRS 1第四章要求企业开展尽职调查，以更好地识别和评估IRO。尽职调查是企业识别、防范、减缓和核算其如何处理对环境和人产生的实际和潜在消极影响的程序，这里的消极影响既包括企业自身经营活动产生的消极影响，也包括企业通过产品和服务以及业务关系对价值链上下游活动产生的消极影响。尽职调查是一种因应内外变化而进行的持续不断的调研活动，可能触发企业战略、商业模式、经营活动（包括采购和销售活动）和业务关系的改变。ESRS 1未对尽职调查应遵循的程序提出具体要求，但规定企业必须按照《联合国企业与人权指导原则》和《经合组织跨国公司行为准则》开展尽职调查。这两个国际文书规定了尽职调查的一系列流程步骤，包括识别和评估消极影响，根据影响的严重性和可能性确定应对行动顺序等。正是这些步骤支撑起重要影响的评估，从而支撑起重要风险和机遇的识别和评估，因为重大风险和机遇通常是重要影响的产物。ESRS 2的一般披露要求以及ESG主题准则的一些具体披露要求均嵌入了尽职调查的内容。相比之下，已经发布的两个ISSB准则并未对识别风险和机遇及其重要性评估所涉及的尽职调查提出明确的要求。

六、价值链

与财务报告的编报范围仅限于合并会计主体不同，可持续发展报告的编报范围超越了合并会计主体，延伸至价值链，以防止企业通过外包、众包和建立联盟关系等方式规避温室气体排放等可持续发展信息的披露要求。ESRS 1第五章对价值链的相关披露作出规定。

（一）报告主体和价值链

可持续发展说明书的报告主体应当与财务报告的报告主体保持一致。如果报告主

① 这些数据点主要是为迎合金融机构依法创建数据基础架构的需要，以及保障披露内容具有最低的可比性。

体是需要编制合并报表的母公司，则可持续发展说明书应涵盖由该母公司及其控制的子公司组合的企业集团。在此基础上，可持续发展说明书提供的关于报告主体的信息应延伸至价值链，以便将企业通过直接和间接业务关系形成的上下游价值链活动的重要 IRO 信息包括在内。将报告主体的信息延伸以涵盖上下游价值链的重要 IRO 时，企业应利用尽职调查和重要性评估的结果，并符合其他 ESRS 对价值链的具体要求。ESRS 1 并不要求企业披露价值链中每个参与者的信息，而只要求将重要的上下游价值链信息包括在内。不同的可持续发展问题在与企业上下游价值链的不同部分联系在一起时会产生不同的重要性。在下列两种情况下，企业应将重要的价值链信息予以披露：（1）该信息有助于可持续发展说明书使用者了解企业的重要 IRO；（2）该信息有助于企业生成符合质量特征的一套信息。在确定重要的可持续发展问题到底产生于企业自身经营活动和上下游价值链的哪个层次时，企业应利用其根据双重重要性原则对 IRO 的评估结果。

当按权益法或比例合并法核算的合营或联营企业成为企业价值链的一部分时，企业应将这些合营或联营企业的信息包括在内。在这种情况下，确定影响指标时，合营或联营企业的数据不限于企业所持有的股份，而应考虑通过业务关系与企业的产品和服务相关联的影响。

（二）利用行业平均数和替代变量进行估计

企业获取必要的上下游价值链信息的能力取决于多种因素，如合同安排、对合并范围之外的经营施加控制的程度以及议价能力。企业无法对价值链上下游活动和业务关系施加控制时，获取价值链信息就颇具挑战性。此外，如果价值链上下游企业是不在 ESRS 适用范围内的中小企业和其他主体时，获取价值链信息更具挑战性。为此，ESRS 1 规定，在作出合理的努力后仍无法收集到价值链信息的情况下，企业应当利用合理的支持性信息（如行业平均数和替代变量）估计拟报告的信息。

在政策、行动和目标方面，如果这些政策、行动和目标涉及价值链的参与者，企业应将价值链参与者的信息包括在上下游价值链的信息里。在指标方面，很多情况下特别是环境问题方面可获取替代变量，企业无需从价值链上下游参与者（尤其是中小企业）处收集数据也可遵循报告要求，比如计算范围 3 温室气体排放就是如此。但不论如何，运用行业平均数和替代变量进行估计产生的信息必须满足可持续发展报告的信息质量特征。

ESRS 1 有关价值链的规定总体上与 ISSB 准则保持一致。ISSB 准则同样要求将可持续发展信息披露延伸至合并会计主体之外的价值链。差别在于，ESRS 1 要求同时将具有影响重要性和财务重要性的价值链信息包括在可持续发展说明书中，而ISSB准则主要关注价值链的财务影响信息。此外，ESRS 1鼓励企业在未能直接获取价值链信息的情况下利用行业平均数和替代变量进行估计，IFRS S1未见相关提法。

七、时间范围

ESRS 1第六章对可持续发展报告的时间范围作出规定。

（一）报告期间

企业可持续发展说明书的报告期间必须与财务报表的报告期间保持一致。

（二）联结过去、现在和未来

企业的可持续发展说明书应在回顾性信息与前瞻性信息之间建立适当的联结，便于使用者清楚地了解历史性信息如何与未来导向信息相互关联。

（三）报告相对于基年的进展

基年（Base Year）是企业确定的特定历史日期或期间，基年的信息应是企业可获取的可用于与后续年度进行比较的信息。除非相关报告要求已经明确规定如何报告进展情况，否则企业报告某一目标的进展情况时，应披露当期报告的数额与基年的比较信息。企业也可提供基年与报告期之间已实现的里程碑目标的历史信息，只要该信息是相关的。

（四）基于报告日对短期、中期和长期的定义

编制可持续发展说明书时，企业应采用以下时间间隔：（1）短期：企业采用的财务报表报告期间；（2）中期：短期结束后至5年；（3）长期：5年以上。如果影响或行动预期超过5年，企业应对长期时间范围进一步分解，以便为可持续发展说明书的使用者提供相关的信息。如果因为行业特殊性如现金流量和业务周期、资本投资期限导致上述对中期和长期的定义不符合企业的实际情况，无法提供相关的信息时，企业也可以采用不同的中期和长期定义并进行必要的说明。

相比之下，IFRS S1虽也要求可持续相关财务信息披露的报告期间与财务报表报告期间保持一致，但没有对短期、中期和长期的时间范围做统一界定，而是要求企业自行定义并披露。IFRS S1认为短期、中期和长期的时间范围完全可能因企业而异，具体取决于多种因素，包括特定行业的特征，如现金流量、投资和业务周期、所处行业常用的战略决策和资本配置的规划时长，以及使用者对该行业企业进行评估的时间范围等，因此不做统一界定。

八、可持续发展信息的编报

ESRS 1 第七章从八个方面对可持续发展信息的编制和列报进行规定。

（一）列报可比信息

企业应当披露可比信息，当期披露的所有定量指标和货币金额与前期披露的应当具有可比性。如果有助于理解当期的可持续发展说明书，企业还应披露叙述性的可比信息。如果企业披露的可比信息与前期存在差异，企业应披露：（1）前期报告数与修改后可比数之间的差异；（2）可比数的修改原因。为了实现与本期的可比性，有时修改以前一期或多期的数字不切实际（如前期可能未收集相关数据，无法进行计算），在这种情况下，企业应对此事实进行披露。如果 ESRS 要求企业披露超过一个比较期间的指标或数据点，企业应遵照执行。

（二）估计来源和结果不确定性

量化指标和货币金额（包括上下游价值链信息）无法直接计量只能估计时，就会产生计量不确定性。企业应披露有助于使用者了解可能对可持续发展说明书中的量化指标和货币金额产生影响的最重大的不确定性。使用合理的假设和估计（包括情景分析和敏感分析）是编制可持续发展相关信息不可或缺的组成部分，只要对这些假设和估计加以准确描述和解释，并不会削弱据此报告的信息的有用性。即使存在高度计量不确定性也不一定导致使用这些假设或估计无法提供符合质量特征的有用信息。

用于编制可持续发展说明书的数据和假设，应当尽可能与用于编制企业财务报表的相关财务数据和假设保持一致。

一些 ESRS 要求披露解释性信息，如对可能发生的具有不确定性结果的未来事件进行解释的信息。在判断可能发生的未来事件的信息是否重要时，企业应考虑：（1）该事件的潜在财务影响（可能的结果）；（2）可能发生的未来事件对人或环境影响的严重性和可能性；（3）所有可能的结果以及特定结果发生的可能性。评估可能结果时，企业应考虑所有相关事实和情况，包括那些低概率、高影响的结果综合在一起可能变得重要的情况。

（三）更新对期后事项的披露

在一些情况下，企业可能在报告期后与管理层报告批准发布前收到的新的信息，如果这些信息提供了有关报告期末存在状况的证据或有助于加深对报告期末存在状况的理解，企业应适时根据这些新的信息更新相关估计和可持续发展信息披露。如果这些信息提供了有关报告期后出现的重大交易、其他事项和状况的证据或有助于加深对这些交易、事项和状况的理解，企业应适时提供这些期后事项的解释性信息，说明期后事项的存在性、性质和潜在后果。

（四）可持续发展信息编报的变动

指标（包括用于制定目标和监控进展情况的指标）的定义和计算应当前后一致。当重新定义或替换一个指标或目标，或者识别出与前期已披露估计数有关的新信息且新信息提供了前期相关情况已经存在的证据时，企业应当提供重述后的比较数据，除非这样做不切实际。

（五）前期报告差错

企业应通过重述前期披露的比较数据更正前期的重要差错，除非这样做不切实际，但此要求不适用于采用 ESRS 的第一年。前期差错是指企业前一期或前几期的可持续发展说明书存在漏报和错报，这种差错是未能使用或错误使用以下信息造成的：（1）前一期或前几期包含可持续发展说明书的管理层报告授权发布时可用的可靠信息；（2）可合理预期能够取得并应在编制前一期或前几期可持续发展信息时予以考虑的可靠信息。前期报告差错包括：计算错误、指标或目标定义应用错误、忽略或误解事实、舞弊。

（六）合并报告与子公司豁免

在合并层面提供可持续发展说明书时，不论合并集团的法律结构如何，企业都应当从整个合并集团的角度对重要的 IRO 进行评估。企业应确保所有子公司均被覆盖，以便公平地对重要的 IRO 进行识别。

如果发现集团层面的重要 IRO 与一个或多个子公司层面的重要 IRO 存在重大差异，企业应对所涉及子公司的 IRO 进行充分说明。评估集团层面的重要 IRO 与一个或多个子公司层面的重要 IRO 之间的差异是否重大时，企业可考虑不同的情况，比如特定子公司所在的行业是否有别于集团的其他部分。

（七）保密及敏感信息以及与知识产权及专门知识或创新结果相关的信息

ESRS 不要求企业披露保密信息或敏感信息，即使这些信息是重要的。披露与战略、计划和行动有关的信息时，即使与知识产权、专门知识或创新成果相关的特定信息符合披露要求的目标，如果存在下列情况企业也可省略这些特定信息的披露：（1）该信息尚不为经常处理这类信息的圈内人士所知晓，也不是他们可轻易获得的，因而具有机密性；（2）因其机密性而具有商业价值；（3）企业已对其采取合理的保密措施。企业应尽所有努力保证，省略披露机密性信息或与知识产权、专门知识或创新成果相

关的特定信息，披露整体的相关性不会被破坏。

（八）对机遇的报告

报告机遇时，相关披露应包括有助于使用者了解该机遇是属于企业或整个行业的描述性信息。报告机遇时，企业应考虑拟披露信息的重要性，考虑的因素包括：（1）该机遇是否正在被利用并纳入其总体战略，还是仅仅是对企业或整个行业的一般性机遇；（2）在考虑计量所用假设以及由此产生的不确定性后，是否将定量计量该机遇的预期财务影响考虑在内。

上述八个方面有关可持续发展信息编报的规定与 IFRS S1 近乎一致。

九、可持续发展说明书的结构

ESRS 1 第八章对可持续发展说明书的结构作出规定，要求企业在管理层报告中披露可持续发展说明书。

（一）一般列报要求

按 ESRS 要求披露的可持续发展信息应与管理层报告披露的其他信息区分开来，并采用便于接触和理解的结构以及可供人工和机器阅读的格式列报。

（二）可持续发展说明书的内容和结构

企业应按 ESRS 1 第一章的要求在管理层报告的指定部分提供可持续发展说明书。披露的可持续发展说明书应包括依据欧洲议会和欧盟理事会《分类法》以及欧盟理事会《授权法》所规定内容和方式的相关披露且这部分内容应以可辨认的方式列示。与《分类法》界定的环境目标相关的披露也应当以可辨认的方式与可持续发展说明书环境信息部分一起列报。如果企业在可持续发展说明书中囊括来自其他法规或其他准则制定机构（如 ISSB 和 GRI）发布的公认可持续披露准则或框架（包括非强制性的指南和特定行业指南）的额外披露，则应清楚说明所依据的相关法规、准则或框架，并符合 ESRS 1 附录 B 规定的信息质量特征。

可持续发展说明书由四部分组成：一般信息、环境信息（包括《分类法》要求披露的环境信息）、社会信息和治理信息。当某一部分的信息包含另一部分的信息时，企业可以直接引用另一部分的信息，以避免重复。ESRS 1 的附录 F 列示了可持续发展说明书的格式，如图 2 所示。

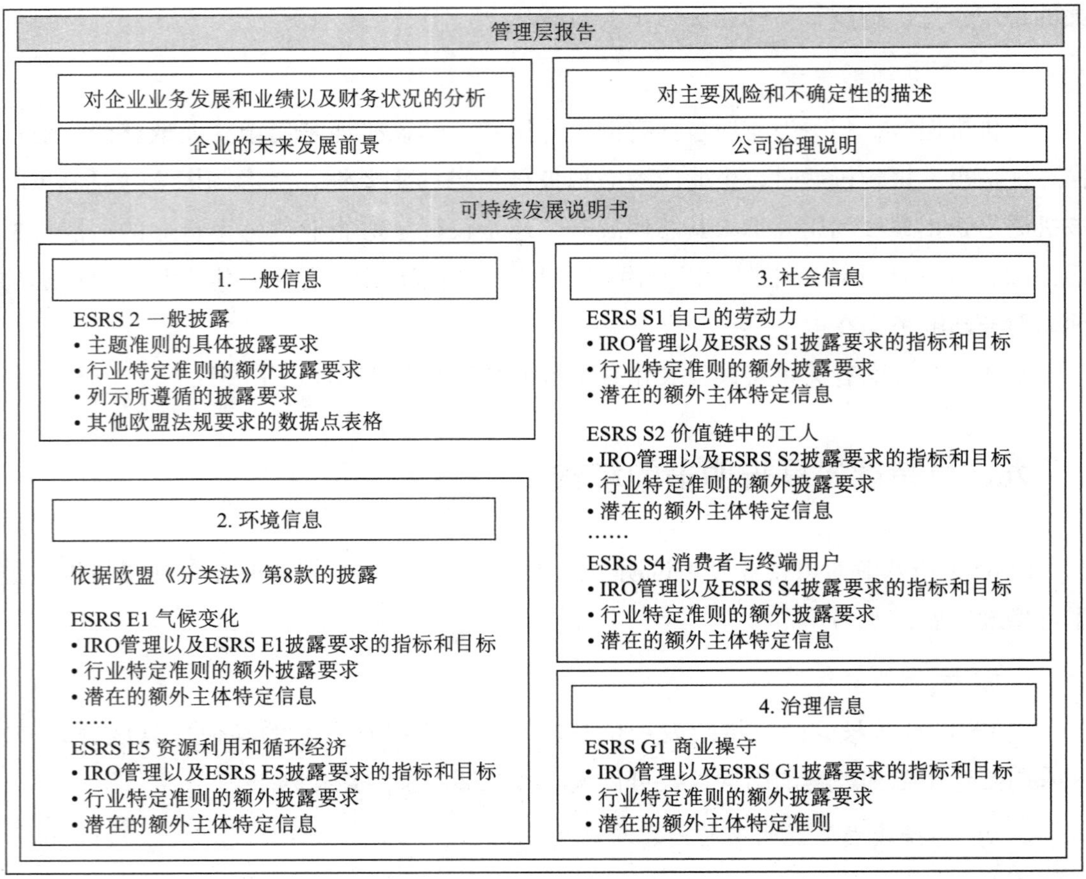

管理层报告

对企业业务发展和业绩以及财务状况的分析

企业的未来发展前景

对主要风险和不确定性的描述

公司治理说明

可持续发展说明书

1. 一般信息

ESRS 2 一般披露
- 主题准则的具体披露要求
- 行业特定准则的额外披露要求
- 列示所遵循的披露要求
- 其他欧盟法规要求的数据点表格

2. 环境信息

依据欧盟《分类法》第8款的披露

ESRS E1 气候变化
- IRO管理以及ESRS E1披露要求的指标和目标
- 行业特定准则的额外披露要求
- 潜在的额外主体特定信息

……

ESRS E5 资源利用和循环经济
- IRO管理以及ESRS E5披露要求的指标和目标
- 行业特定准则的额外披露要求
- 潜在的额外主体特定信息

3. 社会信息

ESRS S1 自己的劳动力
- IRO管理以及ESRS S1披露要求的指标和目标
- 行业特定准则的额外披露要求
- 潜在的额外主体特定信息

ESRS S2 价值链中的工人
- IRO管理以及ESRS S2披露要求的指标和目标
- 行业特定准则的额外披露要求
- 潜在的额外主体特定信息

……

ESRS S4 消费者与终端用户
- IRO管理以及ESRS S4披露要求的指标和目标
- 行业特定准则的额外披露要求
- 潜在的额外主体特定信息

4. 治理信息

ESRS G1 商业操守
- IRO管理以及ESRS G1披露要求的指标和目标
- 行业特定准则的额外披露要求
- 潜在的额外主体特定准则

图2　可持续发展说明书示例性格式

资料来源：ESRS 1 附录 E（2023）。

ESRS 1 对可持续发展说明书的位置和结构提出明确要求，而 IFRS S1 只规定可持续相关财务信息披露应作为财务报告的一部分，并未对其披露的位置和结构提出要求，企业可将其放在管理层评论或类似地方披露，只要能单独辨认即可。

十、与公司报告其他部分的联结和关联信息

ESRS 1 第九章要求企业提供有助于使用者了解可持续发展说明书中不同信息之间的关联性以及可持续发展说明书的信息与公司报告其他部分的信息之间的关联性信息。

（一）通过索引导入

ESRS 披露要求规定的信息包括数据点，可通过与下列信息的索引导入可持续发展说明书：（1）管理层报告的其他部分；（2）财务报表；（3）公司治理说明（如果

未作为管理层报告的一部分)；(4）欧洲议会和欧盟理事会第2007/36/EC号指令所要求的薪酬报告；(5）通用注册文件（EC第2017/1129号条例第9条)；(6）欧洲议会和欧盟理事会第575/2013号条例的公开披露（即第3支柱披露)。

（二）关联信息及其与财务报表的关联性

企业应描述不同信息之间的关系，将治理、战略和风险管理的叙述性信息与相关的指标和目标联结在一起。例如，提供关联信息时，企业可能需要解释其战略对财务报表或财务计划的影响或可能影响，或解释其战略如何与用于计量进展和业绩的指标和目标相互联系。此外，企业可能需要解释其对自然资源的利用和供应链变化如何放大、改变或降低重要的IRO，企业可能需要将该信息与对生产成本的当期或预期财务影响信息相联系，与减缓这些IRO的战略应对相联系，与新资产的相关投资相联系。企业还可能需要将叙述性信息与相关指标和目标以及财务报表信息相联系。描述联系的信息应当清晰简明。

ESRS 1将可持续发展信息与财务报表信息之间的关联性分为三种情形。第一种情形中，可持续发展说明书包含的超过重要性门槛的货币金额或其他定量数据点在财务报表中予以列报（即可持续发展说明书披露的信息与财务报表披露的信息之间存在直接关联性)，此时企业应提供与财务报表相关段落的索引，便于在该处能够找到相对应的信息。

第二种情形中，可持续发展说明书包含的超过重要性门槛的货币金额或其他定量数据点作为财务报表列报的货币金额或其他定量数据的合计数或一部分（即可持续发展说明书披露的信息与财务报表披露的信息之间存在间接关联性)，此时企业应解释可持续发展说明书的这些金额或数据点如何与财务报表列报的最相关金额相联系。此类披露应包括财务报表行项目或相关段落的索引，便于在该处找到对应的信息。在合适的情况下，企业可以提供调节表。

对于不属于上述两种情况的第三种情形，企业应基于重要性门槛，解释可持续发展说明书包括的重要数据、假设和定量信息与财务报表对应的数据、假设和定量信息的一致性。可持续发展说明书包含与财务报表列报的货币金额或其他定量信息相联系的货币金额或其他定量信息时，或者包含与财务报表列报的定性信息相联系的定性信息时，这种情况就可能会发生。比如，财务报表与可持续发展说明书列报同一个指标；又如，宏观经济趋势或商业预测被用于制定可持续发展说明书中的指标，同时也用于财务报表编制中资产可收回金额的估计、负债或预计负债金额的估计。

IFRS S1与ESRS 1一样强调关联性并将关联信息分为两种类型：类型一是与特定

可持续发展相关风险或机遇有关的各类信息之间的关联性，包括治理、战略和风险管理相关披露之间的关联性，以及定性信息与定量信息（如相关指标和目标以及财务报表信息）之间的关联性；类型二是不同可持续发展相关风险和机遇之间的关联性。比如，若企业对可持续发展相关风险和机遇实施一体化管理，则其应将相关治理整合披露，而非单独披露每一种可持续发展相关风险或机遇的治理。在此分类的基础上，IFRS S1 并未像 ESRS 1 那样特别强调可持续发展信息与财务报表信息之间不同的关联情形并对其做详细阐释。

十一、过渡条款

为了给企业更充裕的准备时间并减轻其披露负担，基于成本效益的考虑，ESRS 1 第十章为过渡期提供了一些救济条款。

（一）与企业特定披露相关的过渡条款

随着更多披露要求的提出，ESRS 涵盖的可持续发展问题将逐渐演变，特别是随着更多的行业特定准则被采纳，需要进行企业特定披露的情况将逐渐减少。因此，在确定是否提供企业特定披露时，企业在首次编制可持续发展说明书的三年里可采用过渡措施，优先考虑：（1）在报告里引入前期已经报告的企业特定披露，前提条件是这些企业特定披露符合 ESRS 1 第二章规定的信息质量特征；（2）利用现有的最佳实践和报告框架或准则（如 ISSB 以行业为基础的指南和 GRI 行业准则）提供适当的额外披露，作为对按 ESG 主题准则提供的信息披露的补充，以覆盖企业所在行业的重要的可持续发展问题。

（二）与价值链相关的过渡条款

在首次按 ESRS 提供可持续发展报告的三年里，在不能获取上下游价值链所有必要信息的情况下，企业应解释其为获取这些必要信息所作出的努力、未能获取的原因，以及在将来获取这些必要信息的计划。

考虑到从整个价值链参与者获取信息的困难，同时为了缓解价值链中中小企业的负担，在首次按 ESRS 提供可持续发展报告的三年里，企业根据 ESRS 2 和其他 ESRS 披露与政策、行动和目标相关的信息时，可将上下游价值链信息限制在可获取的已有信息（如企业已获取的信息以及从公开渠道就可获取的信息）。而在披露指标时，企业无需将上下游价值信息包括在内，除非是欧盟法律要求披露的数据点。首次按 ESRS 提供可持续发展报告的第四年起，企业必须将上下游价值链信息包括在内。

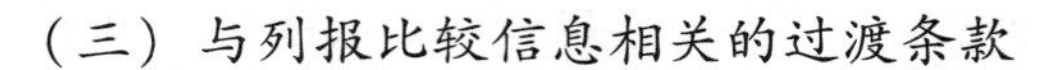

(三) 与列报比较信息相关的过渡条款

为便于首次采用 ESRS 1，企业按 ESRS 编制可持续发展说明书的第一年无需披露比较信息。

(四) 过渡条款：分阶段实施的披露要求清单

ESRS 1 在附录 C 中为 ESRS 的披露要求或数据点提供了分阶段实施的条款，企业按 ESRS 编制可持续发展说明书的第一年可忽略或不适用这些条款。例如，雇员人数超过 750 人的企业或集团在编制可持续发展说明书的第一年可忽略范围 3 排放和排放总量这两个数据点的披露。

ESRS 1 设定的过渡条款迎合了 IFRS S1 的相称性（Proportionality）原则，即企业披露信息应以无需付出过多的努力和成本为基本前提，并充分考虑其技能、能力和资源。对比来看，IFRS S1 的过渡条款主要集中在可持续相关财务信息披露的第一年，在披露时间点（允许企业在第一年的二季报或半年报[①]进行披露）和披露内容（允许企业在第一年只披露气候相关风险与机遇的信息）上提供救济，这与 ESRS 1 的过渡条款主要集中在可持续发展说明书披露的前三年，针对上下游价值链的信息获取和具体披露条款提供不同程度的救济思路不同。

十二、对我国准则制定的启示

本文对 ESRS 1 的披露要求进行了详细介绍并将其与 IFRS S1 的披露要求进行对比分析。本文认为 ESRS 1 折射出 ESRS 准则体系的两大突出特点，值得其他可持续披露准则制定机构借鉴：一是依法（CSRD）制定，在此基础上尽可能多地保持与 ISSB 准则以及 GRI 等报告框架在结构和内容上的互操作性。在结构上，ESRS 与 ISSB 准则一样都以 TCFD 框架为基础，但通过必要的调整体现 CSRD 要求的双重重要性[②]。在内容上，ESRS 采用的关键概念和定义（包括财务重要性和价值链等）都与 ISSB 准则趋同，但因应 CSRD 或其他欧盟法律的规定做适当修改和补充。因此，EFRAG（2022）认为遵循 ESRS 可以被认为也遵循 ISSB 准则，不必重复报告。除 ISSB 准则外，ESRS 还注意与 GRI 准则的兼容（如吸收制定影响重要性的条款），并在尽职调查方面依照 CSRD 尽可能考虑《联合国企业与人权指导原则》和《经合组织跨国公司行为准则》

① 如果企业并未被要求披露二季报或半年报，可持续相关财务信息披露的时间点不应晚于第一个报告年度开始后的九个月。

② 同时确保 ESRS 1 与 CSRD 要求涵盖的各个 ESG 主题准则之间的有效交互。

等国际文书。ISSB 一直倡导各司法管辖区准则制定机构以“搭积木”的方式应用其准则，ESRS 提供了一种应用样板，即在 CSRD 确立的双重重要性原则下，针对全体利益相关者的信息需求，构造以影响重要性信息为底层、兼顾双重重要性信息的准则体系，ISSB 准则被作为准则构造的“积木块”而非底层“积木”使用。这一准则制定思路逻辑自洽又兼容并蓄。

ESRS 在 ISSB 准则保持一致的基础上，大量补充 CSRD 和其他欧盟法律法规的要求（特别是影响重要性的信息披露要求），以满足其他利益相关者的信息需求。这种做法对我国制定可持续披露准则颇具借鉴意义。数据显示，2022 年在我国的 5 079 家 A 股上市公司中，已经自愿披露广义 ESG 报告（包括企业社会责任报告、ESG 报告和可持续发展报告）的上市公司多达 1 828 家，占比高达 36%。根据笔者的观察，这 1 828 家上市公司的 ESG 报告主要按照 GRI 准则编制和披露，侧重于反映影响重要性的信息。因此，我国在制定可持续披露准则时，可借鉴欧盟委员会和 EFRAG 制定 ESRS 的经验和做法，在 ISSB 准则这一全球基线标准的基础上，谨慎剥离与我国法律法规相抵触的披露要求条款，并适当补充能够反映影响重要性和中国特色的信息披露要求。按这种策略制定的可持续披露准则，既可与 ISSB 准则保持一致又符合中国国情且能够彰显中国特色，

二是在披露要求上分层，保障基本的可比性。不论是 ESRS 还是 ISSB 准则，都是在多个市场主流的自愿性可持续发展信息披露框架的基础上集成的①，加之可持续发展信息大多属于前瞻性信息，不确定性极大，因此即便抛却重要性不谈（重要性原则将导致企业主体层面对披露或不披露相关信息的不同判断），ESRS 或 ISSB 准则对这些披露框架的披露要求择优选用、兼容并蓄容易，但如何以及在多大程度上维系报告内容（包括报告内容内涵流程、控制、方法、参数、假设等数据点）的可比性却是一个难题。虽然从国际财务报告准则的制定经验来看，可比性不是一致性也不是统一性，且其仅是信息质量特征的一个方面，准则制定机构还需将其与其他信息质量特征尤其是基础性质量特征相互权衡，但是基本的纵向和横向可比一定是信息使用者对企业对外信息披露的诉求之一。在这方面，ESRS 提出了一种解题思路。ESRS 1 要求无论重要性评估结果如何，有一些披露要求企业必须遵循。这一类披露要求被称为 MDR。MDR 由 ESRS 2 和气候变化等少数几个专题准则提出，分别针对政策（MDR – P）、行动（MDR – A）、指标（MDR – M）和目标（MDR – T），涵盖欧盟法律规定以及 ISSB

① 这些披露框架在特定内容的规定上还可能“外挂”其他标准，比如 ESRS E1 和 IFRS S2 在温室气体排放计算上都“外挂”了《温室气体规程》这一国际标准。

准则和 GRI 准则的核心内容，旨在为使用者提供最低基本信息。企业在强制披露 MDR 要求信息的基础上，再通过稳健的重要性评估披露具有影响重要性或财务重要性或二者兼有的 ESG 主题信息或行业特定主题信息，以及企业自身认为具有重要性的额外的主题信息。如此分层的披露要求设计，能够保障企业针对重要可持续发展问题的应对（包括政策、行动、指标和目标）得到完整的展示，满足使用者对可持续发展信息的核心诉求。

（原载于《财会月刊》2023 年第 21 期）

主要参考文献：

1. EC. ESRS 1 General Requirements [EB/OL]. http://finance.europa.eu, 31 July, 2023.

2. ISSB. IFRS S1 General Requirements for Disclosure of Sustainable - related Financial Information [EB/OL]. www.ifrs.org, 26 June, 2023.

ESRS 2《一般披露》解读

黄世忠 叶丰滢

【摘要】欧盟委员会（EC）2023年7月31日发布了第一批12个欧洲可持续发展报告准则（ESRS），包括2个跨领域交叉准则以及10个环境、社会和治理主题准则。这是继国际可持续准则理事会（ISSB）2023年6月26日发布两份国际财务报告可持续披露准则后可持续发展报告准则发展进程中将载入史册的里程碑事件，对于推动经济、社会和环境的可持续发展意义非凡。为了帮助读者全面了解ESRS，笔者对这12个ESRS进行系统的分析和解读。本文从编制基础，治理，战略，影响、风险和机遇管理，指标和目标五个方面，对《欧洲可持续发展报告准则第2号——一般披露》（ESRS 2）进行解读，并指出其对我国可持续披露准则制定的启示意义。

【关键词】治理；战略；影响、风险和机遇管理；指标和目标

一、引言

与《欧洲可持续发展报告准则第1号——一般要求》（ESRS 1）一样，ESRS 2也属于行业通用准则，聚焦于对ESG主题准则均涉及的重要可持续发展问题提出总体披露要求，避免各个ESG主题准则在条文中重复这些共性要求。换言之，ESRS 2扮演了承前启后的角色，连接ESRS 1和其他ESRS，既确保ESRS 1一般要求的落地实施，又提高了其他ESRS的制定效率，避免连篇累牍[①]。ESRS 2的目标在于制定适用于所有

① 相比之下，《国际财务报告可持续披露准则第1号——可持续相关财务信息披露一般要求》（IFRS S1）对治理、战略、风险管理、指标和目标提出的一般披露要求，在《国际财务报告可持续披露准则第2号——气候相关披露》（IFRS S2）中几乎百分之百重复出现，只是将“可持续发展相关风险和机遇”替换为“气候相关风险和机遇”，显得十分累赘。

行业的企业和所有可持续发展主题的披露要求，涵盖 ESRS 1 第一章所界定的四大核心报告领域——治理，战略，影响、风险和机遇（Impacts，Risks and Opportunities，IRO）管理，指标和目标。企业根据 ESRS 2 提供可持续发展信息时，还应遵循 ESG 主题准则提出的具体披露要求（包括数据点）[①]。本文对 ESRS 2 的主要规定予以介绍并总结其特点和对我国制定可持续披露准则的启示意义。

二、编制基础

ESRS 2 在编制基础部分提出两个披露要求，分别是编制可持续发展说明书（Sustainability Statement）的一般基础以及与特定情况相关的披露。

披露要求 BP-1：编制可持续发展说明书的一般基础

企业应披露编制可持续发展说明书的一般基础。提出这一披露要求，是为了帮助使用者了解企业如何编制可持续发展说明书，包括合并范围，上下游价值链信息，是否选择省略与知识产权、专门知识和创新成果相关的信息以及与待定进展和谈判中事项相关的信息[②]。

企业应披露：（1）可持续发展说明书是以合并主体为基础还是以个别公司为基础编制；（2）对以合并主体为基础编制的可持续发展说明书，企业应确认其合并范围与财务报表合并范围保持一致，或说明报告主体无需编制合并财务报表或报告主体正在根据第 2013/34/EU 号《会计指令》第 48i 条的过渡条款编制合并可持续发展报告；（3）可持续发展说明书在多大程度上覆盖了企业的上下游价值链信息；（4）企业是否省略披露有关知识产权、专门知识和创新成果的信息；（5）欧盟成员国企业是否根据第 2013/34/EU 号《会计指令》第 19a（3）款和 29a（3）款的规定省略披露有关待定进展和谈判中事项相关的信息。

披露要求 BP-2：与特定情况相关的披露

企业应提供与特定情况相关的披露，便于使用者了解特定情况对可持续发展说明书编制的影响。特定情况包括：

（1）时间范围。企业定义的中期和长期时间范围若与 ESRS 1 的定义相背离，应

---

① ESRS 2 附录 C 详细列示了应与 ESRS 2 结合应用的各个 ESG 主题准则的披露要求。企业在应用附录 C 所列各个 ESG 主题准则的披露要求时，在任何情况下都必须将这些披露要求与 ESRS 2 提出的披露要求 IRO-1“描述识别重要 IRO 的流程”联系在一起说明，其他仅在可持续发展议题经重要性评估系重大时才应用。

② 这两方面的信息属于商业敏感信息，若披露将泄露企业的商业机密或有损企业利益，企业可依据 ESRS 和《会计指令》的相关条款选择省略这些信息的披露。

描述其对中期和长期时间范围的定义并说明采用这些定义的理由。

（2）对价值链的估计。指标包含利用间接来源（如行业平均数据或其他替代变量）估计上下游价值链数据时，企业应明确这些指标，描述这些指标的编制基础、准确性水平，以及在未来提高准确性拟采取的举措。

（3）估计来源和结果不确定性。根据 ESRS 1 第七章的规定，企业应识别具有高度不确定性的定量指标和货币金额。对于每个已识别的具有高度不确定性的定量指标和货币金额，企业应披露有关计量不确定性来源（如对未来事项结果的金额、计量技术或上下游价值链数据的可获取性和质量的依赖）的信息，以及为计量所做的假设、估算和判断。披露前瞻性信息时，企业可说明其认为这些信息具有不确定性。

（4）可持续发展信息的编制或列报变动。可持续发展信息的编制和列报与前期相比发生变动时，企业应：①解释变动和变动的原因，包括为何替换的指标能够提供更有用的信息。②披露修改后的比较数据，除非这样做不切实可行。若调整前一期或多期的比较信息不切实可行，企业应披露此事实。③披露前期数字与修改后的比较数字之间的差异。

（5）前期报告差错。企业发现前期重要差错时，应披露：①前期重要差错的性质；②在切实可行的范围内更正可持续发展说明书包括的各个期间的信息；③如果更正前期差错不切实可行，应解释导致这种状况的原因。

（6）来自其他法律或公认可持续发展报告准则或框架的披露。如果企业除提供 ESRS 要求的信息之外，还在其可持续发展说明书中包含其他法律要求披露的可持续发展信息或来自公认可持续发展报告准则和框架的信息，企业应披露这一事实，并提供相关准则或框架具体规定段落的准确索引。

（7）通过索引导入。企业通过索引导入信息时，应披露 ESRS 的披露要求清单，或者通过索引导入披露要求规定的具体数据点。

（8）根据 ESRS 1 附录 C 采用分阶段实施条款。截至资产负债表日的会计年度平均员工数未超过 750 人的企业或企业集团如果决定根据 ESRS 1 附录 C 省略披露 ESRS E4、ESRS S1、ESRS S2、ESRS S3 或 ESRS S4 所要求的信息，企业仍应披露这些准则所覆盖的可持续发展主题根据其重要性评估结果是否重要。如果这些主题被评估为重要，对于每个重要主题，企业应：①披露被评估为重要的可持续发展问题清单，并简要描述企业的商业模式和战略如何考虑与这些问题相关的影响；②简要描述对这些问题所制定的有时间限制的目标以及目标进展，与生物多样性和生态系统相关的目标是否基于确凿的科学证据；③简要描述与这些问题相关的政策；④简要描述采取哪些措施来识别、监控、防范、减缓、补救或消除这些问题的实际或潜在负面影响，以及这

些措施的成效；⑤披露与这些问题相关的指标。

三、治理

ESRS 2 的治理章节提出相关披露要求的目标在于，让使用者了解企业付诸实施的用于监控、管理和监督可持续发展问题的治理流程、控制和程序。

披露要求 GOV－1：行政、管理和监督机构的角色

企业应披露行政、管理和监督机构的构成情况，其所扮演的角色和承担的责任，以及如何获取与可持续发展问题相关的专业知识和技能。这项披露要求的目标是便于使用者了解：行政、管理和监督机构的构成情况和多样性；行政、管理和监督机构对管理重要 IRO 的流程进行监督时所扮演的角色和所承担的责任；行政、管理和监督机构在可持续发展问题方面的专业知识和技能以及如何获取这些专业知识和技能。

企业应披露下列与行政、管理和监督机构的成员构成情况和多样性有关的信息：(1) 执行成员和非执行成员的数量。(2) 员工和其他工人的代表。(3) 与企业所在行业、产品和服务相关的从业经验。(4) 性别比例和企业考虑的其他方面的多样性。董事会的性别多样性应按男女董事的平均比例计算。(5) 独立董事的比例。对于采用一元结构董事会的企业而言，该比例对应的是独立非执行董事的比例，对于采用双重结构董事会的企业而言，该比例对应的是监督机构独立成员的比例。

企业应披露下列与行政、管理和监督机构的角色和责任相关的信息：(1) 负责监督 IRO 的行政、管理和监督机构（如董事会专门委员会或类似机构）或个人。(2) 每个机构或个人对 IRO 的责任如何反映在企业的职责范围、董事会授权和其他政策里。(3) 对管理层在监控、管理和监督 IRO 的治理流程、控制和程序中所扮演角色的描述，包括：该角色是否被授权给特定管理层岗位或委员会以及如何对这些岗位或委员会进行监督；与行政、管理和监督机构报告条线相关的信息；是否将专门的控制和程序用于管理 IRO，若是，这些控制和程序如何融入其他内部职能。(4) 行政、管理和监督机构以及高级执行管理层如何监督重要 IRO 相关目标的制定，如何监控这些目标的进展情况。

企业的披露应描述行政、管理和治理机构如何确定是否已获得或将开发监督可持续发展问题的适当技能和专业知识，包括：(1) 这些机构作为一个整体直接拥有或可加以利用（如通过聘请专家或培训）的可持续发展相关专业知识；(2) 这些技能和专业知识如何与企业的重要 IRO 相关联。

披露要求 GOV－2：向行政、管理和监督机构提供的信息以及这些机构所处理的可持续发展问题

企业应披露其行政、管理和监督机构如何知悉可持续发展问题以及如何在报告期处理这些可持续发展问题。这项披露要求的目标是便于使用者理解行政、管理和监督机构获悉可持续发展问题的方式及其在报告期收到的信息和处理的问题，这反过来有助于使用者理解这些机构的成员是否充分知情以及能否发挥其作用。

企业应披露以下信息：（1）行政、管理和监督机构包括其相关委员会是否被告知、被谁告知重要的 IRO、被告知的频率，以及尽职调查的开展情况和为解决这些问题所采取的政策、行动、指标和目标的效果；（2）行政、管理和监督机构在监督企业的战略、主要交易决策和风险管理程序时如何考虑 IRO，包括这些机构是否就相关 IRO 的应对进行权衡抉择；（3）行政、管理和监督机构或其相关委员会在报告期处理的重要 IRO 清单。

披露要求 GOV－3：将可持续发展相关业绩融入激励方案

企业应披露将可持续发展相关业绩融入激励方案的信息。这项披露要求的目标是便于使用者了解向行政、管理和监督机构的成员提供的激励方案是否与可持续发展问题相联系。企业应披露以下将行政、管理和监督机构成员的激励方案和薪酬政策与可持续发展问题相联系的信息：（1）描述激励方案关键特点；（2）业绩评价是否与特定可持续发展相关目标和影响相挂钩，若是，与哪些目标和影响相挂钩；（3）是否以及如何考虑将可持续发展相关业绩指标作为业绩基准或者包含在薪酬政策里；（4）变动薪酬中有多大部分取决于可持续发展相关目标和影响；（5）在企业中的哪个层级批准和更新激励方案的条件。

披露要求 GOV－4：尽职调查声明

企业应在其可持续发展说明书中披露有关尽职调查程序的信息映射。这项披露要求的目标是便于使用者了解企业可持续发展问题的尽职调查程序。ESRS 1 第四章对尽职调查提出了要求，ESRS 2 进一步规定企业应提供相关的信息映射，解释其在可持续发展说明书中如何以及在何处对运用尽职调查程序的主要方面和步骤进行反映，以描述企业尽职调查的实际做法。必须说明的是，这一披露要求既不强制规定与尽职调查行动有关的具体行为要求，也不延伸或改变其他法律或条例对行政、管理和监督机构角色的规定。

披露要求 GOV－5：可持续发展报告的风险管理和内部控制

企业应披露与可持续发展报告流程相关的风险管理和内部控制的主要特点。这项披露要求的目标是便于使用者了解企业与可持续发展报告相关的风险管理和内部控制

流程。企业应披露以下信息：（1）与可持续发展报告相关的风险管理与内部控制程序和系统的范围、主要特征和构成要素；（2）所采用的风险评估方法，包括确定风险优先等级的方法；（3）已识别的主要风险及其缓释策略，包括相关的控制；（4）企业如何将风险评估和内部控制发现的问题融入相关内部职能和流程；（5）将风险评估和内部控制发现的问题定期向行政、管理和监督机构报告。

四、战略

ESRS 2 的战略章节提出有助于使用者了解以下情况的披露要求：企业与可持续发展问题相关或影响这些问题的战略要素、商业模式和价值链；企业的战略和商业模式如何考虑利益相关者的利益和观点；企业对重要 IRO 评估的结果，包括评估结果如何被其战略和商业模式所吸纳。

披露要求 SBM－1：战略、商业模式和价值链

企业应披露与可持续发展问题相关或影响这些问题的战略要素、商业模式和价值链。这项披露要求的目标是通过描述与可持续发展问题相关或影响可持续发展问题的总体战略的关键要素以及商业模式和价值链的关键要素，便于使用者了解企业对 IRO 的暴露程度及其在哪里产生。企业应披露以下信息：

（1）与可持续发展问题相关或影响可持续发展问题的总体战略关键因素信息：①描述所提供的重大产品和服务类别，包括报告期内的变动情况（是否提供新的产品和服务或淘汰一些产品和服务）；②描述服务的重要市场和客户群体，包括报告期内的变动情况（是否进入新的市场和获取新的客户群体或淘汰部分市场和客户群体）；③描述按地理区域划分的员工人数；④描述在特定市场被禁止的产品和服务（如适用且重要）。

（2）按 ESRS 的重要行业对财务报表中列报的收入进行分解，如果企业按《国际财务报告准则第 8 号——经营分部》在其财务报表中提供分部信息，则企业按行业分解的收入信息应尽可能与这些分部信息相互调节。如果欧盟成员国企业依据第 2013/34/EU 号《会计指令》可豁免披露规定的信息且企业采用了该豁免规定，则企业无需披露按行业分解的收入信息，但仍需列报所处的重要行业。

（3）列示上一段落之外的其他 ESRS 重要行业，如产生公司间收入的活动所属的重要行业或者与重要影响相关或可能相关的重要行业。对这些额外 ESRS 行业的识别方式应当与企业进行重要性评估和披露重要行业特定信息时对行业的识别方式保持一致。

（4）结合营业收入说明企业积极从事的化石燃料（包括煤、原油和天然气）板块业务、化工生产、有争议武器的生产以及烟草的种植和生产的情况（如适用）。

（5）按产品和服务的重要类别、客户类别、地理区域和利益相关者关系划分的可持续发展相关目标。

（6）对与可持续发展目标相关的现有产品和服务、重要市场和客户群体的评估。

（7）企业与可持续发展问题相关或影响可持续发展问题的战略要素，包括与可持续发展报告相关的挑战、拟付诸实施的关键解决方案或项目。

（8）对商业模式和价值链的描述，包括：①投入及其获取、开发和确保这些投入的方法；②产出及其以客户、投资者和其他利益相关者的现有和预期收益表述的产出；③上下游价值链的主要特征以及企业在价值链中的地位，包括对主要业务参与者（如关键供应商、客户、分销渠道和终端客户）及其与企业关系的描述。企业拥有多个价值链时，与此相关的披露应当涵盖关键的价值链。

披露要求 SBM－2：利益相关者的利益和观点

企业应披露如何在其战略和商业模式中考虑利益相关者的利益和观点。这项披露要求的目标是便于使用者了解利益相关者的利益和观点如何影响企业的战略和商业模式。

企业应披露以下概要性描述：

（1）利益相关者的参与情况，包括：企业的关键利益相关者；利益相关者是否参与以及哪一类利益相关者参与；如何组织利益相关者参与；参与的目的；企业如何对利益相关者参与结果进行考虑。

（2）企业基于尽职调查程序和重要性评估程序的分析，对与其战略和商业模式相关的利益相关者的利益及观点所作的了解。

（3）企业对其战略和商业模式的修正（如适用），包括：企业如何根据利益相关者的利益及观点修正或计划修正其战略和商业模式；计划采取的进一步措施和时间线；这些措施是否可能改变企业与利益相关者的关系以及利益相关者的观点。

（4）行政、管理和监督机构是否以及如何知悉受影响的利益相关者与企业可持续发展相关的观点和利益。

披露要求 SBM－3：重要的 IRO 及其与战略和商业模式的相互作用

企业应披露重要的 IRO 以及这些重要的 IRO 如何与企业的战略和商业模式相互作用。这项披露要求是便于使用者了解重要性评估产生的所有重要 IRO，以及这些重要 IRO 如何源自企业的战略和商业模式并触发战略和商业模式（包括资源分配）作出应对[1]。

---

① 企业应披露的与管理重要 IRO 相关的信息由 ESRS 主题准则和行业特定准则规定，并应与 ESRS 2 对政策、行动、指标和目标作出的最低披露要求一起应用。

企业应披露以下信息：

（1）对重要性评估涉及的重要 IRO 的简要描述，并说明这些重要 IRO 集中在其商业模式、自身经营活动和上下游价值链的哪些领域。

（2）重要 IRO 对其商业模式、价值链、战略和决策的当期影响和预期影响，以及对这些影响已经作出或计划作出的应对，包括战略和商业模式已经作出和计划作出的改变，这些改变是企业处理特定重要影响或风险，或者利用特定重要机遇所采取行动的一部分。

（3）对于企业造成的重要影响（或潜在影响），应说明：企业造成的重要消极和积极影响（或潜在影响）如何影响（或可能影响）人和环境；这些影响是否以及如何源自企业的战略和商业模式或与战略和商业模式相关联；这些影响可合理预期的时间范围；企业是否通过其经营活动或者因其业务关系而涉及这些重要的影响，描述这些经营活动或业务关系的性质。

（4）企业的重要风险和机遇对其财务状况、财务业绩和现金流量的当期财务影响，以及重要风险和机遇在下一个报告年度可能对财务报表报告的资产和负债账面值产生重要调整的重大风险。

（5）企业的重要风险和机遇在短期、中期和长期对其财务状况、财务业绩和现金流量的预期财务影响，包括这些影响合理预期的时间范围。这应包括考虑企业管理风险和机遇的战略，并考虑其投资和处置计划（如资本支出、重要收购和剥离、共同经营、业务转型和创新、新的业务领域和资产退役等）以及执行战略的资源来源后，企业预期其财务状况、财务业绩和现金流量将如何在短期、中期和长期发生变化。

（6）企业的战略和商业模式是否与处理重要影响和风险以及利用重要机遇的能力方面相适应。企业应披露适应性的定性分析，若适用，应披露适应性的定量分析，包括如何开展适应性分析以及适应性分析所采用的时间范围。提供定量分析信息时，企业可披露单一金额或金额区间。

（7）重要的 IRO 与前期相比的变动。

（8）对 ESRS 披露要求所涵盖的 IRO 和企业特定的额外披露所包括的 IRO 的说明。

五、影响、风险和机遇管理

ESRS 2 第四章分两个部分对 IRO 的管理提出披露要求：一是重要性评估程序；二是管理重要可持续发展问题的政策和行动。

（一）关于重要性评估流程的披露

ESRS 2 制定了有助于使用者了解企业识别重要 IRO 的流程以及重要性评估结果的披露要求。

披露要求 IRO－1：描述识别和评估重要 IRO 的流程

企业应披露其识别 IRO 以及评估哪些 IRO 是重要的流程。这项披露要求的目标是便于使用者了解企业通过哪些程序识别 IRO 和评估重要性[①]。

企业应披露以下信息：

（1）描述识别 IRO 流程所采用的方法和假设。

（2）概述识别、评估、优先处理和监控企业对人和环境产生潜在和实际影响的流程，包括：①这些流程是否以及如何聚焦于导致不利影响风险增加的特定活动、业务关系、地理区域或其他因素；②这些流程是否以及如何考虑企业通过自身经营活动或因业务关系而产生的影响；③这些流程是否以及如何向受影响的利益相关者咨询以了解他们可能受到何种影响，以及向外部专家咨询；④这些流程是否以及如何根据消极影响的严重程度和可能性对其进行优先处理，同时根据积极影响的规模、范围和可能性对其进行优先处理（如适用），以确定哪些可持续发展问题按照 ESRS 1 规定的定性和定量阈值及其他标准是重要的。

（3）概述用于识别、评估、优先处理和监控具有或可能具有财务影响的风险和机遇的流程，包括：①企业如何考虑影响和依赖与其所产生的风险和机遇之间的关联性；②企业如何评估所识别风险和机遇的可能性、规模和性质；③企业如何优先处理可持续发展相关风险和其他类型的风险，包括所使用的风险评估工具。

（4）描述决策流程以及相关内部控制程序。

（5）识别、评估和管理影响与风险的流程如何以及在多大程度上融入企业的整体风险管理流程，并用于评价企业的整体风险状况和风险管理流程。

（6）识别、评估与管理机遇的流程如何以及在多大程度上融入企业的整体管理流程。

（7）所使用的输入值参数（如数据来源、覆盖的经营范围、假设的细节等）。

（8）与前期相比这些流程是否以及如何发生变动，上次修改流程的时间以及重要性评估的未来修改日期。

披露要求 IRO－2：企业可持续发展说明书所覆盖的 ESRS 披露要求

企业应报告可持续发展说明书所遵循的披露要求。这项披露要求的目标是便于使

① 识别 IRO 并评估重要性是可持续发展说明书信息披露的基础。

用者了解在企业可持续发展说明书中的披露要求有哪些，以及因为重要性评估结果被认定为不重要而省略的主题有哪些。

企业应根据重要性评估的结果，提供编制可持续发展说明书所遵循的披露要求清单，包括在可持续发展说明书中能找到的相关披露的页码和段落，可通过内容索引的方式列报。企业还应提供其他欧盟法律要求披露的数据点列表，说明在可持续发展说明书中的什么地方可以找到这些数据点，包括被企业评估为不重要的数据点，也要在表格中标注为“不重要”。

如果企业得出气候变化不重要的结论因而省略 ESRS E1《气候变化》准则的所有披露要求，应详细解释气候变化重要性的评估结论，包括对气候变化在未来变得重要的情况下所作的前瞻性分析。

如果企业得出气候变化之外的主题不重要的结论因而省略相应 ESRS 的披露要求，可简要解释该主题重要性的评估结论。

企业应解释拟披露的与重要 IRO 相关的重要信息是如何确定的，包括所采用的阈值以及如何运用 ESRS 1 在“重要问题和信息重要性”部分所规定的标准。

（二）与政策和行动相关的最低披露要求

ESRS 2 对企业防范、减缓和修复实际与潜在重要影响以及处理重要风险或把握重要机遇（统称为“管理重要可持续发展问题”）的政策和行动信息提出最低披露要求（Minimum Disclosure Requirements，MDR），包括政策相关的 MDR（MDR－P）和行动相关的 MDR（MDR－A），进行这两项披露的目标是便于使用者了解企业应对重要 IRO 的政策和行动的具体情况。企业应将 MDR－P 和 MDR－A 结合特定主题准则和行业特定准则的披露要求加以应用[①]。

政策相关的最低披露要求 MDR－P：管理重要可持续发展问题所采取的政策

企业应披露其管理重要可持续发展问题所采取的政策，包括：（1）描述政策的关键内容，包括政策的一般目标、政策涉及哪些重要的 IRO 以及监控这些 IRO 的流程；（2）描述政策的范围（或政策排除的范围），包括所覆盖的业务活动、上下游价值链、地理区域、受影响的利益相关者群体；（3）说明企业组织中负责执行这些政策的最高管理层级；（4）描述制定政策时如何考虑关键利益相关者的利益；（5）说明企业是否以及如何将政策告知潜在的受影响的利益相关者以及需要帮助执行政策的利益相关者。

---

① 如果企业尚未对特定可持续发展问题采取政策和行动而未能披露相关 ESRS 所要求的政策和行动信息，企业应对此事实进行披露，提供未采取政策和行动的理由，并说明企业将在什么时间范围内采取政策和行动。

行动相关的最低披露要求 MDR－A：与重要可持续发展问题相关的行动和资源

在执行政策需要采取行动或综合行动计划以实现政策目标的情况下，或者在没有具体政策直接采取行动的情况下，企业应披露以下信息：（1）报告年度已采取和未来拟采取的关键行动清单、预期结果以及采取这些行动对实现政策目标的贡献几何；（2）关键行动的范围（如覆盖的经营活动、上下游价值链、地理区域和受影响的利益相关者群体）；（3）企业计划完成每个关键行动的时间范围；（4）向受到实际重大影响的群体提供救济帮助或合作所采取的关键行动；（5）前期披露的行动或行动计划进展情况的定量和定性分析。

在所采取的行动需要重大经营支出和资本支出的情况下，企业应：（1）描述现在和将来为行动计划配置的财务和其他资源种类，包括可持续金融工具的相关条款（如绿色债券、社会债券和绿色贷款、环境或社会目标）以及采取行动的能力或行动方案是否取决于特定的前提条件，如得到财政支持或取决于公共政策和市场开发；（2）提供当期财务资源的金额信息并解释这些金额如何与财务报表列报的最相关金额相联系；（3）提供未来财务资源的金额信息。

六、指标和目标

ESRS 2 第五章对企业披露每个重要可持续发展问题相关的指标和目标提出 MDR，包括指标相关的 MDR（MDR－M）和目标相关的 MDR（MDR－T），进行这两项披露的目标是便于使用者了解企业用于跟踪管理重要可持续发展问题行动效果的指标和目标（包括是否设定目标、目标进度等）。企业应将 MDR－M 和 MDR－T 结合特定主题准则的披露要求加以应用[①]。

指标相关的最低披露要求 MDR－M：与重要可持续发展问题相关的指标

企业应披露其用于评估重要 IRO 业绩和效果的所有指标。指标应包括 ESRS 规定的指标以及企业主体特定的指标，不论这些指标是来自其他途径还是企业自己制定的。

对于每个指标，企业应：（1）披露指标背后的方法和重大假设，包括所用方法的局限性；（2）披露指标的计量是否经过鉴证机构之外的其他外部机构验证；（3）采用有意义的、清晰且准确的名称和措辞对指标进行标注和定义；（4）使用财务报表列报的货币单位，前提是指标明确以货币作为计量单位。

---

① 如果企业因为尚未对特定可持续发展问题制定目标而无法披露 ESRS 主题准则所要求披露的目标信息，企业应对此事实进行披露，提供尚未制定目标的理由，并说明拟制定目标的时间范围。

目标相关的最低要求披露 MDR – T：通过目标追踪政策和行动的效果

企业应披露其为重要可持续发展问题制定的可计量的、以结果为导向的、有时限的、可评估进度的目标。对于每个目标的披露，应包括以下信息：（1）对目标与政策目标之间关系的描述；（2）拟实现的目标水平，包括该目标是绝对值还是相对值，以及采用何种计量单位；（3）目标的范围，包括所覆盖的企业活动、上下游价值链和地理区域；（4）用于计量目标进展情况的基准值和基年；（5）目标适用期间，包括里程碑或中期目标；（6）界定目标的方法和重大假设，包括选用的情景、数据来源与所在国、欧盟或国际政策目标的一致性，以及该目标如何考虑可持续发展的大局和产生影响地区的具体情况；（7）与环境相关的目标是否基于确凿的科学证据；（8）利益相关者是否以及如何参与每个重要可持续发展问题目标的制定；（9）特定时间范围内目标和相对应的指标或基本计量方法、重大假设、局限性、收集数据的来源和流程的任何变动，包括解释这些变动的合理性及其对可比性的影响；（10）目标的实现情况，包括该目标是如何被监控和审查的以及所使用指标的信息，目标的实现进度是否与最初的计划相一致，以及对企业目标实现情况的趋势或重大变动的分析。

如果企业尚未制定可计量的以结果为导向的目标，企业应披露：（1）是否计划制定这些目标以及在什么时间范围内制定，或者企业未计划制定目标的理由；（2）是否对重要可持续发展相关 IRO 的政策和行动效果进行跟踪，如果是，说明跟踪流程、拟实现的水平以及用于评价进展情况的定性或定量指标，包括用于计量进展情况的基期。

七、对我国准则制定的启示

与《国际财务报告可持续披露准则第 1 号——可持续相关财务信息披露一般要求》（IFRS S1）相比，ESRS 2 同样按照气候相关财务披露工作组（TCFD）的四支柱框架，分别就治理、战略、风险管理、指标和目标四大模块提出一般披露要求。总体上，ESRS 2 完整地覆盖了 IFRS S1 规定的披露内容，且基于双重重要性增加了有关影响的披露要求，这极大地增强了 ESRS 与 ISSB 准则的互操作性（Interoperability）。相较于 IFRS S1 原则化的规定（ISSB，2023），ESRS 2 在同类条款上提出的披露要求更加细致，强调相关流程、程序、控制等过程的详细披露，从某种程度上相当于帮助企业罗列出执行可持续发展报告准则所应进行的各种建章立制的操作清单。

颇具特色的 ESRS 2 对我国制定可持续披露准则至少有三点启示：

1. 将跨领域交叉准则一分为二的做法值得借鉴。与 IFRS S1 不同，EC 和欧洲财务报告咨询组（EFRAG）将跨领域交叉准则分拆为《一般要求》和《一般披露》两个准则。《一般要求》和《一般披露》各有侧重：前者主要描述 ESRS 的体系结构、解释起草惯例和基础概念，并对可持续发展报告的披露提出总体要求；后者主要围绕各个 ESG 主题准则都涉及的治理、战略、IRO 管理、指标和目标的信息披露提出共性要求，避免各个 ESG 主题准则不断重复这些要求，更好地聚焦具体主题的特定披露要求，更加精炼和流畅。ESRS 2 的这种做法对于我国制定可持续披露准则具有一定的借鉴意义，制定可持续披露基本准则时，可对治理、战略、IRO 管理、指标和目标的共性信息披露提出一般要求，只需简要说明企业还应当按基本准则的一般要求披露与该主题相关的治理、战略、IRO 管理、指标和目标的信息，而将主题准则聚焦于更具针对性的特定披露要求。

2. 在准则中设置最低披露要求 MDR 条款确有必要。ESRS 2 就应对重要 IRO 的政策、行动、指标和目标分别设置 MDR－P、MDR－A、MDR－M、MDR－T，以此与其他披露要求相区别。从对象上，MDR 针对重要 IRO 的应对，显示可持续发展报告对企业如何就影响与风险采取应对举措的高度重视。这可倒逼企业切实行动起来，否则面对 MDR 详尽细致的披露要求将无话可说，从而面临利益相关者和市场的质疑。从内容上，MDR 旨在规范企业如何根据 CSRD 和其他欧盟法规提供可持续发展相关信息，以满足法律法规和可持续发展说明书使用者的基本信息需求。与欧盟一样，我国在环境和社会主题领域已经制定了众多法律法规，这些法律法规对可持续发展提出的信息披露要求，理应作为企业最低的披露标准纳入可持续披露准则，转化为最低披露要求。

3. 强化与可持续发展报告相关的风险管理和内部控制披露有助于确保信息披露的质量。高质量的可持续发展信息披露离不开与之相关的风险管理和内部控制。为此，ESRS 2 在披露要求 GOV－5 中明确提出企业应披露与可持续发展报告程序相关的风险管理和内部控制的主要特点，便于使用者了解和评估企业对可持续发展信息披露的质量控制，判断企业制定的风险管理和内部控制政策及其实施能否有效防范“漂绿”现象和其他弄虚作假行为。此外，只有企业建立健全可持续发展报告相关的风险管理和内部控制机制，注册会计师或其他第三方对可持续发展报告进行独立鉴证才有制度基础。因此，我国在制定可持续披露准则时，应要求企业披露其是否已经制定和实施与可持续发展报告程序相关的风险管理和内部控制机制，如果尚未制定和实施，还应披露原因以及弥补这些不足的计划或时间表。

（原载于《财会月刊》2023 年第 22 期）

主要参考文献：

1. EC. ESRS 2 General Disclosures [EB/OL]. http://finance.europa.eu, 2023a-07-31.

2. EC. ESRS 1 General Requirements [EB/OL]. http://finance.europa.eu, 2023b-07-31.

3. ISSB. IFRS S1 General Requirements for Disclosure of Sustainable-related Financial Information [EB/OL]. www.ifrs.org, 2023-06-26.

ESRS E1《气候变化》解读

黄世忠　叶丰滢

【摘要】 欧盟委员会2023年7月31日发布了第一批12个欧洲可持续发展报告准则（ESRS），包括2个跨领域交叉准则和10个环境、社会和治理主题准则。这是继国际可持续准则理事会2023年6月26日发布两份国际财务报告可持续披露准则后可持续发展报告准则发展进程中将载入史册的里程碑事件，对于推动经济、社会和环境的可持续发展意义非凡。为了帮助读者全面了解ESRS，笔者对这12个ESRS进行系统的分析和解读。本文从准则目标、与其他准则的关系、核心内容（治理，战略，影响、风险和机遇管理，指标和目标）披露要求三个方面，对第E1号欧洲可持续发展报告准则《气候变化》进行解读，简要分析其与第2号国际财务报告可持续披露准则《气候相关披露》的主要差异，并提出对我国准则制定的启示意义。

【关键词】 气候变化；气候影响、风险和机遇；气候适应性；温室气体排放

一、引言

气候变化已然成为威胁人类和其他物种可持续发展的头号问题，备受瞩目，是国际政治经济舞台上为数不多的最容易形成共识的话题。与国际可持续准则理事会（ISSB）一样，欧盟委员会（EC）和欧洲财务报告咨询组（EFRAG）也秉持“气候优先但不限于气候”的准则制定原则，气候变化遂成为EC发布的五个环境主题准则中的第一个准则。第2号欧洲可持续发展报告准则（ESRS 2）《一般披露》规定，如果企业通过重要性评估得出气候变化主题不具有重要性的结论，应对此结论作出详细的解释，而得出其他主题不具有重要性的结论，则仅需要作出简要的解释。另外，即便

在过渡期内，企业也要优先披露与气候变化相关的信息。所有这些均凸显 EC 和 EFRAG 对《气候变化》准则的重视。

二、准则目标

第 E1 号欧洲可持续发展报告准则（ESRS E1）《气候变化》旨在明确披露要求，从而帮助可持续发展说明书（Sustainability Statement）的使用者理解：（1）企业如何影响气候变化，包括积极和消极、实际和潜在的重要影响；（2）企业在过去、现在和将来根据《巴黎协定》（或最新气候变化协定）所作出的与全球 1.5℃控温目标相匹配的减缓气候变化的努力；（3）企业的战略和商业模式适应向可持续发展经济转型的计划和能力及其对全球 1.5℃控温目标的贡献；（4）企业为防范、减缓或修复实际或潜在的消极影响以及处理风险和机遇所采取的其他行动和行动后果；（5）企业对气候变化的影响和依赖所产生的重要风险和机遇的性质、类型和程度，以及企业如何管理这些重要风险和机遇；（6）企业对气候变化的影响和依赖所产生的风险和机遇在短期、中期和长期的财务影响。ESRS E1 的披露要求还考虑了欧盟相关立法的规定，如欧盟气候法、气候基准条例、可持续金融披露条例、欧盟分类法、欧洲银行监管局支柱 3 等。

ESRS E1 主要涵盖与“气候变化减缓”和“气候变化适应”有关的可持续发展问题，也在与气候变化相关的范围内涵盖能源相关的问题。“气候变化减缓”与企业根据《巴黎协定》将全球平均气温上升控制在比工业革命前高 1.5℃所作出的努力有关。ESRS E1 涵盖但不限于二氧化碳、甲烷、氧化亚氮、氢氟碳化物、全氟碳化物、二氟化硫、三氟化氮七种温室气体的披露要求，也涉及企业如何处理其温室气体排放以及相关转型风险的披露要求。“气候变化适应”与企业对实际和预期气候变化作出调整的流程有关，涵盖了可导致物理风险的气候相关危害及其为减少这些风险所采取的适应性措施的披露要求，也涵盖了由气候相关危害适应性措施所产生的转型风险的披露要求。与能源相关的披露要求涵盖所有类型的能源生产和消费。

三、与其他 ESRS 的相互作用

在其他气体排放中，臭氧层消耗物、氮氧化物和硫氧化物虽与气候变化有关，但包括在 ESRS E2《污染》的披露要求中。

向碳中和经济转型可能对人产生的影响包括在 ESRS S1《自己的劳动力》、ESRS

S2《价值链中的工人》、ESRS S3《受影响的社区》和ESRS S4《消费者与终端客户》等准则的披露要求中。

气候变化减缓和适应与ESRS E3《水和海洋资源》、ESRS E4《生物多样性和生态系统》涉及的主题密切相关。对于ESRS E1应用要求第11段“气候相关危害表”例示的水资源，源自水和海洋相关危害的急性和慢性物理风险，通过ESRS E1的披露要求予以规范。气候变化导致的生物多样性丧失和生态系统退化，则通过ESRS E4的披露要求予以规范。

ESRS E1还要求企业将其与ESRS 1《一般要求》和ESRS 2《一般披露》一并阅读和应用。

四、披露要求

与气候变化相关的治理、战略、IRO（影响、风险和机遇）管理、指标和目标的披露要求应当遵循ESRS 2第二章（治理）、第三章（战略）和第四章（IRO管理）的规定，并与ESRS E1提出的其他披露要求在可持续发展说明书一起列示。

（一）治理

与ESRS 2 GOV－3“将可持续发展业绩融入激励方案”相关的披露要求

企业应披露行政、管理和监督机构成员的薪酬体系是否以及如何考虑气候相关因素，包括是否按温室气体减排目标评价他们的业绩，以及当期确认的薪酬中与气候相关的百分比，并解释考虑气候相关因素的薪酬包括哪些内容。

（二）战略

披露要求E1－1：针对气候变化减缓的转型计划

企业应披露其针对气候变化减缓的转型计划。该项披露要求的目标是便于使用者了解企业过去、现在和将来为了确保其战略和商业模式与向可持续发展经济转型以及与巴黎协定将全球气温上升控制在1.5℃内以在2025年实现碳中和相一致所作出的减缓努力。

企业披露的转型计划信息应包括：（1）参考温室气体减排目标，解释企业的目标如何与《巴黎协定》规定的全球1.5℃控温目标相一致；（2）参考温室气体减排目标与气候变化减缓行动，解释已确定的脱碳工具和已计划的关键行动，包括改变企业产品和服务组合、在自身经营活动或上下游价值链采用新技术；（3）参考气候变化减缓行动，解释并量化用于支持转型计划的投资和融资，说明与欧盟分类法相一致的资本

支出和资本支出计划中的关键业绩指标；（4）定性评估企业关键资产和产品的锁定温室气体排放（Locked - in GHG Emissions），并解释这些锁定排放是否以及如何危及企业的温室气体减排目标、增加转型风险，若适用，还应解释企业管理温室气体密集型和能源密集型资产和产品的计划；（5）对于经济活动被欧盟分类法关于气候适应或减缓授权条例所覆盖的企业，解释为了使其经济活动（营业收入、资本支出、经营支出）与第2021/2139号授权条例规定的标准保持一致而制订的目标或计划；（6）若适用，披露报告期投资于煤炭、石油和天然气相关经济活动的资本支出金额；（7）披露企业是否被排除在欧盟旨在与《巴黎协定》相一致的气候基准条例之外；（8）解释转型计划如何嵌入并与企业总体业务战略和融资计划相一致；（9）转型计划是否经过行政、管理和监督机构批准；（10）解释企业执行转型计划的进展情况。

企业如果还没有准备好转型计划，应指出这一事实并说明将在什么时候采用转型计划。

与ESRS 2 SBM - 3“重要IRO及其与战略和商业模式的相互作用”相关的披露要求

企业应解释已识别的每个重要气候相关风险，并说明企业将这种风险视为气候相关物理风险还是气候相关转型风险。

企业应描述其战略和商业模式对气候变化的适应性，包括：（1）适应性分析（Resilience Analysis）的范围；（2）如何以及何时开展适应性分析，并参考ESRS 2披露要求IRO - 1及相关应用要求段落，披露使用的气候情景分析；（3）适应性分析的结果，包括使用情景分析的结果。

（三）IRO管理

与ESRS 2 IRO - 1相关的披露要求：描述用于识别和评估重要气候相关IRO的流程

企业应描述用于识别和评估重要气候相关IRO的流程，包括与以下事项相关的流程：（1）识别和评估气候变化的影响，特别是企业温室气体排放的影响；（2）识别和评估企业自身经营活动和上下游价值链活动的气候相关物理风险，特别是识别气候相关危害（至少应考虑高排放的气候情景）并评估资产和业务活动对这些气候相关危害（已对企业造成物理风险）的风险暴露和敏感性，评估时可考虑危害的可能性、规模和持续时长，以及企业经营活动和供应链的地理坐标；（3）识别和评估自身经营活动和上下游价值链活动的气候相关转型风险和机遇，特别是识别气候相关转型风险事件（至少应考虑一个与全球1.5℃控温目标相一致的气候情景）并评估资产和业务活动对这些气候相关事件（已对企业造成转型风险）的风险暴露和敏感性，评估时可考虑事件的可能性、规模和持续时长。

披露上述信息时，企业应解释其如何运用气候情景分析（包括气候情景的范围）为识别和评估短期、中期和长期的物理风险和转型风险以及机遇提供依据。

披露要求 E1－2：与气候变化减缓和适应相关的政策

企业应描述其采取的管理重要 IRO 的气候变化减缓和适应政策。该项披露要求的目标是便于使用者了解企业的减缓和适应政策在多大程度上涵盖了重要 IRO 的识别、评估、管理和修复，披露应包括企业已付诸实施的政策，且这些政策必须根据 ESRS 2 MDR－P“管理重要可持续发展问题所采取的政策”的披露要求进行披露。

企业应说明其政策是否解决以下领域的问题：（1）气候变化减缓；（2）气候变化适应；（3）能源效率；（4）可再生能源部署；（5）其他。

披露要求 E1－3：与气候变化政策相关的行动和资源

企业应披露气候变化减缓和适应行动以及为采取这些行动而配置的资源。该项披露要求的目标是便于使用者了解企业为实现气候相关政策的目的和目标已经采取和计划采取的关键行动。

对与气候变化减缓和适应相关的行动和资源的描述，应当遵循 ESRS 2 MDR－A“与重要可持续发展问题相关的行动和资源”所提出的原则。除此之外，企业还应：（1）在列示报告期间已采取和未来期间计划采取的关键行动时，按脱碳工具（包括基于自然的解决方案）列报气候变化减缓行动；（2）在描述气候变化减缓行动的结果时，应包括已实现和预期实现的温室气体减排情况；（3）将已经采取和计划采取的行动所要求的资本支出和经营支出的重大金额与财务报表行项目或附注、欧盟第 2021/2178 号授权条例要求的关键业绩指标，以及该条例所要求的资本支出计划联系在一起。

（四）指标与目标

披露要求 E1－4：与气候变化减缓和适应相关的目标

企业应披露其制定的气候相关目标①。这项披露要求的目标是便于使用者了解企业为支持其气候变化的减缓和适应政策以及处理重要的气候相关 IRO 而制定的目标。ESRS E1 还要求企业披露其是否以及如何制定用于管理重要气候相关 IRO 的温室气体减排目标，诸如可再生能源部署、能源效率、气候变化适应性、物理和转型风险减缓等方面的的目标。

① 对气候相关目标的披露，应遵循 ESRS 2 MDR－T“通过目标跟踪政策和行动的效果”的要求。

如果企业已经制订了温室气体减排目标，企业应按如下规则披露：

（1）温室气体减排目标按绝对值（按吨二氧化碳当量或基年排放的百分比）披露，如相关，还应按强度值披露。（2）温室气体减排目标应按范围1、范围2和范围3披露（分别或合并披露）。如果合并披露温室气体减排目标，企业应说明减排目标包括哪些排放范围、各个排放范围的减排比例和数量。企业还应解释如何确保这些目标与其温室气体盘查边界保持一致。此外，温室气体减排目标应是针对总排放的减排目标，不应包括以碳移除（Carbon Removal）、碳信用（Carbon Credits）或避免排放等手段实现的温室气体减排目标。（3）企业应披露现行的基年和基准值，并从2030年后每五年对其温室气体减排目标的基年设定加以更新。企业还可披露在现有基年前减排目标的实现进度，前提是这些信息与ESRE E1的要求相一致。（4）温室气体减排目标至少应包括2030年的目标值，若可能，还应包括2050年的目标值。从2030年起，目标值应每五年重新确定。（5）企业应说明温室气体减排目标是否以科学为基础且与全球1.5℃控温目标相匹配。企业应说明确定这些目标采用了哪些框架和方法，包括是否利用行业减碳路径推导目标，以什么样的气候和政策情景为基础制定目标，以及目标是否经过外部鉴证。作为制定温室气体减排目标关键假设的一部分，企业还应解释其如何考虑未来发展情况（如销售量变化、客户偏好和需求改变、立法因素和新技术等）以及这些发展情况如何影响其温室气体排放和温室气体减排。（6）企业应描述其预期的脱碳工具及其对实现温室气体减排目标的整体贡献（如能源或材料效率及其消耗减少、燃料改变、可再生能源使用、产品和流程的淘汰或替代等）。

披露要求E1－5：能源消耗和结构

企业应披露有关能源消耗和结构的信息。这项披露要求的目标是便于使用者了解企业按绝对值表述的能源消耗总量，能源效率改善、对煤炭和石油天然气相关活动的风险暴露，以及可再生能源在总体能源结构中的比例。

企业应披露与其自身经营活动相关的按兆瓦时表示的能源消耗总量，并分解为：（1）来自化石的能源消耗总量；（2）来自核能的能源消耗总量；（3）来自可再生来源的能源消耗总量，进一步分解为：①生物质能燃料、生物燃料、生物气体、可再生氢能在内的可再生来源的燃料消耗；②外购的可再生电力、热能、蒸汽；③自造的非燃料可再生能源消耗；（4）在高气候影响行业开展经营业务的企业，还应将其能源消耗总量分解为：①来自煤炭和煤炭产品的能源消耗；②来自原油和石油产品的能源消耗；③来自天然气的能源消耗；④来自其他化石来源的能源消耗；⑤外购的来自化石能源的电力、热气、蒸汽或冷气的能源消耗。

此外，在适用的情况下，企业应按兆瓦时对非可再生能源和可再生能源的生产进行分解和披露。

基于净收入的能源强度。企业应披露与高气候影响行业经营活动有关的能源强度（单位营业收入的能源消耗总量）信息，其中的能源消耗总量和营业收入只包括高气候影响行业的活动。企业应对计算上述能源强度所使用的高气候影响行业进行具体说明，并应披露能源强度与财务报表中来自高气候影响行业活动的相关净收入行项目或附注之间的调节。

披露要求 E1－6：范围 1、范围 2、范围 3 总排放和温室气体排放总量

企业应按吨二氧化碳当量披露其范围 1 总排放、范围 2 总排放、范围 3 总排放、温室气体排放总量。披露范围 1 总排放的目标是便于使用者了解企业对气候变化的直接影响以及范围 1 总排放占受排放交易机制管制的温室气体排放总量的比例。披露范围 2 总排放的目标是便于使用者了解企业能源消耗对气候变化的间接影响，不论能源是外购还是以其他方式获取的。披露范围 3 总排放的目标是便于使用者了解企业在范围 1 和范围 2 之外的上下游价值链发生的温室气体排放。对许多企业而言，范围 3 总排放可能是其温室气体排放总量的主要构成，是转型风险的重要驱动因素。披露温室气体排放总量的目标是便于使用者整体了解企业的温室气体排放，以及这些排放是发生在其自身经营活动还是发生在上下游价值链。披露温室气体排放总量是根据企业气候相关目标和欧盟政策目标计量温室气体减排进度的前提条件。

披露上述温室气体排放信息时，企业应参考 ESRS 1 的相关规定。原则上说，企业的联营企业或合营企业的温室气体排放数据是上下游价值链排放的一部分，且不局限于企业所持有的权益比例。对于联营企业、合营企业、非合并子公司（投资性主体）以及共同经营（如共同控制的经营和资产），企业应按照经营控制法将其温室气体排放包括在内。对报告主体构成情况和上下游价值链的界定发生重大变动的情况，企业应披露这些变动并解释其对不同年度报告的温室气体排放可比性的影响（如对当期与前期温室气体排放可比性的影响）。

对范围 1 总排放的披露应包括：（1）按吨二氧化碳当量列示的范围 1 总排放；（2）范围 1 总排放受排放交易机制管制的百分比。

对范围 2 总排放的披露应包括：（1）按吨二氧化碳当量列示的基于地点法的范围 2 总排放；（2）按吨二氧化碳当量列示的基于市场法的范围 2 总排放。

按上述要求披露范围 1 和范围 2 总排放时，企业应将这些信息进一步分解为：（1）合并会计主体（包括母公司和子公司）的排放；（2）未全部纳入合并财务报表但企业拥有经营控制权的被投资企业（如联营企业、合营企业、未合并子公司以及共同经营）的排放。

对范围3总排放的披露应包括按吨二氧化碳当量列示的每个重要范围3类别（如企业优先考虑的范围3类别）的温室气体排放。

企业披露的温室气体排放总量应等于范围1、范围2和范围3总排放的和。温室气体排放总量还应分解为基于范围2地点法和市场法的温室气体排放总量进行披露。

基于净收入的温室气体强度。企业应披露其温室气体排放强度，即按吨二氧化碳当量列示的每单位净营业收入的温室气体排放总量，其中净营业收入应能与财务报表相关行项目和附注中的净营业收入金额相互调节。

披露要求E1-7：温室气体移除和通过碳信用融通的温室气体减缓项目

企业应披露：（1）来自其自身经营活动的温室气体移除和封存项目或对上下游价值链作出贡献的温室气体移除和封存项目移除或封存的温室气体，按吨二氧化碳当量列示；（2）在价值链之外，其通过或有意通过购买碳信用予以融通的气候减缓项目减少或移除的温室气体排放量。这项披露要求的目标是便于使用者了解：①企业从大气层中永久移除或积极支持从大气层中移除温室气体以实现净零排放目标的行动；②企业已经从自愿性市场购买或有意购买的用于支持其净零排放目标的碳信用规模和质量。

关于温室气体移除和封存的披露若适用，应包括：（1）按吨二氧化碳当量列示的温室气体移除和封存总量，按企业自身经营活动和上下游价值链活动对移除和封存总量进行分解和披露，并按移除活动进一步细分；（2）企业所采用的计算假设、方法和框架。

关于碳信用的披露若适用，应包括：（1）报告期在企业价值链之外经公认的质量标准验证和抵销的按吨二氧化碳当量列示的碳信用总量；（2）拟在未来期间抵销的企业价值链之外的按吨二氧化碳当量列示的碳信用总量，不论是否对其已有合同安排。

在披露总的温室气体减排目标之外还披露净零排放目标的情况下，企业应解释净零排放目标的范围、方法和框架以及剩余温室气体排放如何予以中和，如移除自身经营活动和上下游价值的排放。

在企业公开声称利用碳信用实现碳中和的情况下，应解释：（1）所声称的碳中和是否以及如何与温室气体减排目标相配套；（2）所声称的碳中和以及对碳信用的依赖是否以及如何既不妨碍也不减轻温室气体减排目标（若适用也可以是净零排放目标）的实现；（3）所用的碳信用的可行度和完整度，包括指出所参考的公认质量标准。

披露要求E1-8：内部碳定价

企业应披露是否采用内部碳定价计划，若采用，应说明这些计划如何支持其决策和激励气候相关政策和目标的执行。披露的信息应包括：（1）内部碳定价计划的种类，如应用于资本支出或研究开发投资决策的影子价格、内部碳费用或内部碳基金；

（2）碳定价的具体应用范围，如活动、地理区域和主体等；（3）各种类型计划所采用的碳价格以及确定碳价格的关键假设，包括所采用碳价格的来源以及选择这些碳价格的原因。企业可披露碳价格的计算方法，包括在多大程度上使用科学的指引以及这些方法的未来发展如何与基于科学的碳定价轨迹相联系；（4）当年大概有多少范围1、范围2和范围3（若适用）温室气体排放（按吨二氧化碳当量列示）被这些碳定价计划所覆盖，以及碳定价计划所覆盖的各个范围的排放占各个范围总体温室气体排放的比例。

披露要求E1－9：重要物理风险和转型风险及潜在气候相关机遇的预期财务影响

企业应披露：（1）重要物理风险的预期财务影响；（2）重要转型风险的预期财务影响；（3）重要气候相关机遇的潜在收益。这些信息是对ESRS 2 SBM－3所要求的当期财务影响信息的补充。要求披露重要物理风险和转型风险的预期财务影响，其目标是便于使用者了解这些风险如何对（或预期会对）企业短期、中期和长期的财务状况、财务业绩和现金流量产生影响。企业应利用适应性分析所采用的情景分析的结果，评估重大物理风险和转型风险的预期财务影响。要求披露追求重大气候相关机遇的潜力，其目标是便于使用者了解企业如何从重要的气候相关机遇获取财务利益，这项披露要求与欧盟第2021/2178号授权条例的关键业绩指标相互补充。

企业应披露的重要物理风险的预期财务影响包括：（1）考虑气候变化适应行动之前，短期、中期和长期遭受重要物理风险的资产金额和比例，这些资产金额还应按急性风险和慢性风险分解；（2）气候变化适应行动处理的遭受重要物理风险的资产比例；（3）遭受重要物理风险的重大资产所处的位置；（4）短期、中期和长期遭受重要物理风险的业务活动净收入金额和比例。

企业应披露的重要转型风险的预期财务影响包括：（1）考虑气候减缓行动之前，短期、中期和长期遭受重要转型风险的资产金额和比例；（2）气候减缓行动处理的遭受重要转型风险的资产比例；（3）按能源效率类型分解的企业不动产账面价值；（4）财务报表短期、中期和长期可能将会确认的负债；（5）短期、中期和长期遭受重要转型风险的业务活动净收入（包括来自从事煤炭、石油和天然气相关活动的企业客户的净收入）金额和比例。

企业应披露将下列事项与财务报表相关行项目或报表附注相调节的信息：（1）遭受重要物理风险的重大资产和净收入金额；（2）遭受重要转型风险的重大资产、负债和净收入金额。

披露追求气候相关机遇的潜力时，企业应考虑：（1）气候变化减缓和适应行动的预期成本节约；（2）低碳产品和服务或适应方案的潜在市场规模或净收入预期变动。

来自机遇的量化财务影响如不符合 ESRS 1 附录 B 提出的有用信息质量特征，企业可不必披露。

五、ESRS E1 与 IFRS S2 的差异分析

EC 发布的 ESRS 尽可能与 ISSB 准则保持一致，以提高这两套准则之间的相互操作性，但 ESRS 的制定必须遵循 CSRD 和其他欧盟法律法规的要求，因此，ESRS E1 与 IFRS S2 在保持总体趋同的情况下也存在一些差异。

最大的差异在重要性方面。ESRS E1 根据 CSRD 关于双重重要性的要求，在治理、战略、IRO 管理、指标和目标等模块的披露要求中兼顾了具有影响重要性和财务重要性的 IRO 信息且始终将影响（I）置于风险和机遇（RO）之前，用了大量篇幅对具有影响重要性的信息披露作出规定，对具有财务重要性的信息披露规定更多的是针对影响反弹或影响应对[①]。相比之下，IFRS S2 主要聚焦于具有财务重要性的气候相关风险和机遇（RO）的信息，对具有影响重要性的信息披露规定不多，涉及影响重要性的少数披露要求也主要是为了配合具有财务重要性的信息披露。

此外，在战略模块，ESRS E1 十分强调转型计划的披露，明确规定转型计划应包括的 10 个方面的具体内容。企业必须根据温室气体减排目标，结合具体的脱碳行动，解释制定的转型计划及其执行所配套的资源和资源来源。重点排放行业的企业还被要求做更进一步的细致披露。而 IFRS S2 对转型计划的披露要求相对原则化，只要求企业说明转型计划以及制定相关的关键假设和实施所依赖的关系。

在 IRO 管理模块，ESRS E1 的披露要求包括了 IRO 管理的流程、计划和行动，但 IFRS S2 的披露要求只包括 RO 管理的流程，对管理情况（包括计划和行动）的披露要求放在战略模块中。

指标与目标模块是 ESRS E1 规定的重点和落脚点。这一模块的披露要求集合了企业气候相关风险管理过程和结果所涉及的所有重要量化参数，与 IFRS S2 的区别主要表现在：（1）ESRS E1 只要求披露行业通用气候相关指标，未涉及行业特定气候相关指标，而 IFRS S2 除了要求披露行业通用气候相关指标外，还要求企业参考可持续发展会计准则委员会（SASB）的准则披露所在行业的特定指标。这与 ISSB 吸收合并 SASB 及其前期研究成果不无关系。（2）ESRS E1 要求企业披露能源消耗和结构以及能源消耗强度，而 IFRS S2 不要求企业披露与此相关的信息。这与两个准则的目标差

---

① 根据 ESRS 1，重要风险和机遇（RO）通常是重要影响（I）的产物。

异有关，ESRS E1 明确在气候变化相关的范围内涵盖能源相关问题，而 IFRS S2 则没有此目的。（3）ESRS E1 的应用要求（与 ESRS E1 正文具有同等效力）和 IFRS S1 都要求企业根据世界资源研究所（WRI）和世界可持续发展工商理事会（WBSCD）发布的《温室气体规程》核算和报告温室气体排放，但 IFRS S2 规定如果企业所在司法管辖区当局或上市地证券交易所要求使用不同的温室气体核算和报告方法，可豁免按照《温室气体规程》核算和报告温室气体，而 ESRS E1 则未提供这方面的豁免，甚至过去采用 ISO 14064－1 核算和报告温室气体的企业，仍应按照《温室气体规程》重新确定报告边界。此外，ESRS E1 要求企业必须采用经营控制法确定组织边界，同时采用地点法和市场法核算范围 2 排放，而 IFRS S2 则从全球各个司法管辖区的披露实践差异和披露成本考虑，没有规定组织边界的确定方法，允许企业自由选择，且对范围 2 排放只要求按地点法核算。（4）ESRS E1 要求企业披露温室气体排放强度，而 IFRS S2 不要求企业披露与此相关的信息。原因是 ISSB 认为虽然排放强度指标对使用者有用，但只有当企业使用相同的分母计算排放强度时，强度指标才具备横向可比性，而分母的计算往往取决于多个因素，包括企业经营所处的行业、商业模式以及用户偏好等，无法统一。（5）ESRS E1 要求必须以量化指标的形式披露气候相关风险的当期和预期财务影响①，而 IFRS S2 明确企业在准备有关预期财务影响的信息时，应在不付出不当成本或努力的情况下，使用在报告日可获得的所有合理和可支持的信息，并且采用与企业可获得的编报相关技能、能力和资源相称的方法。这一规定实际上认可了定量信息和定性信息的并存。当预期财务影响无法单独辨认，或估计影响涉及的计量不确定性极高、导致定量信息不具有有用性，或企业不具备提供定量信息的技能、能力或资源时，企业可以提供定性的预期财务影响信息并解释原因。

六、对我国准则制定的启示

近年来，受全球疫情、地缘政治和宏观经济金融形势的影响，我国企业尤其是出口型企业面临严峻的外部环境，生存成为相当一部分企业的首要问题。在这种形势下，本就对气候相关风险了解有限的企业更可能认为识别、评估和管理此类风险并非必要，能省则省。

事实上，气候相关风险尤其是转型风险具有超乎想象的广泛性，任何因经济社会

① ESRS E1 对气候相关机遇预期财务影响的披露网开一面，规定当气候相关机遇的定量预期财务影响不符合信息质量特征时，可不披露定量信息。

向低碳经济转型导致的政策、法律、技术和市场变化都可归为转型风险，且极容易通过供应链传导。比如ESRS适用于欧盟境内所有规模以上的企业，这些大企业对ESRS E1的执行带来的减碳压力势必通过供应链传导到与之有业务往来的我国企业。又如欧盟碳边境调节机制（CBAM）已正式出台，将针对产品内嵌排放征收碳关税[①]，欧盟还有不少针对特定产业或行业产品碳足迹限制的政策法规将逐步出台。若我国企业无法有效应对这些转型风险，除了会增加相关税费成本，上游的采购能力或下游的交付能力也可能受到影响，从而损害企业经营利润甚至危害企业的持续经营能力。因此即便单纯从潜在财务影响的角度看，我国企业尤其是出口型企业或欧盟企业供应链上的企业也应快速投入气候相关风险的识别、评估和应对之中。本文将企业为管理气候相关风险应采取的关键行动归结为碳盘查、风险管理流程建设和目标设定三个方面，完成这些方面的任务，企业应能构建起气候相关风险管理体系基础框架，真正迈入绿色低碳的可持续发展行列。

（一）管理气候相关风险的首要任务——碳盘查

碳核算和碳资产管理是ESRS E1和IFRS S2共同要求披露的重点内容，而碳盘查则是企业进行碳相关信息披露的首要环节。目前，国内企业在这方面的基础设施建设还比较薄弱。截至2023年6月，有超1 700家A股上市公司披露了2022年度的ESG报告，占A股上市公司总数的约30%，但进行碳信息披露的仅500余家（鼎力，2023）。从已经进行碳信息披露的案例观察，虽然大部分企业计算并披露了范围1和范围2排放，但碳排放核算依据差异大，对组织边界和经营边界设定、核算方法等重要内容或未提及或语焉不详，这意味着即便是已经进行碳信息披露的企业，碳盘查工作也可能是依托外部第三方完成，真正构建完备的数据收集、分析和报告系统以及数据内控系统的少之又少。另外，由于缺乏供应链上下游企业的数据支撑，极少企业进行范围3排放的披露。由此可见，若企业开展气候相关信息披露，碳盘查将是颇具挑战性的领域。

碳盘查根据盘查对象的不同可分为组织层面的盘查、项目层面的盘查和产品层面的盘查，三个层面的碳盘查涉及的时间长度和空间范围各有不同。从现有实践观察，成功的碳盘查几乎都以数字化和物联网为基础，一方面跟踪能耗，另一方面核算排放，ESRS E1的披露要求架构[②]也印证了这一逻辑的正确性。碳盘查的主要工作包括但不限于：（1）明确组织边界，识别哪些单位应纳入核算范围；（2）明确经营边界，识别

---

① 美国的清洁竞争法案（CCA）草案也已发布，拟针对产品超过美国同类产品平均排放的部分征收碳关税。

② ESRS E1既要求披露能耗，也要求披露排放。

主要排放源和业务活动；（3）明确碳盘查标准、计算方法和相关参数（如排放因子）来源；（4）构建碳盘查核算系统，该系统应能连接业务系统获取相关数据。无法直接取数的，可由企业导入相应的原始单据抓取数据。完善的碳盘查核算系统还应能支持鉴证机构的核验。只有建设完备的碳盘查系统，开展全面、细致的碳盘查和碳核算，企业才有可能针对性地实施碳资产管理乃至气候相关风险管理。

（二）管理气候相关风险的核心任务——建立气候相关风险管理流程链条

COSO的《企业风险管理框架——战略与业绩的整合》提出企业应遵循“识别风险—评估固有风险—提出风险应对战略—评估目标剩余风险—实施具体风险应对措施—评估实际剩余风险”的流程，循环往复开展风险识别、评估和应对。针对气候相关风险管理，不论是ESRS E1还是IFRS S2，均要求企业建立上述流程思维并付诸实践，对外披露与之有关的过程和结果。

从国内企业ESG报告披露情况观察，已经深刻洞察转型风险的企业（典型如制造出口企业、外企供应链上的企业、供应链链主企业等），在完成碳盘查后，通常直接规划并实施减碳行动。实践中的减碳路径主要包括：节能降耗；扩大可再生能源的使用；购买绿电或绿证；运用碳配额交易或碳信用实施碳抵销[①]。企业减碳通常以前三个路径为主，无法通过前三个路径实现完全中和的剩余排放，才通过第四个路径予以抵销。上述思路完全符合ESRS E1通过披露要求所倡导的减碳逻辑。少数在减碳实践上表现优良的企业已有能力将具体做法商业化，输出给同行业乃至跨行业的其他企业，创新盈利模式。但比照ESRS E1和IFRS S2，即便是已经成功走上减碳道路的企业仍然存在以下几个突出的问题：（1）虽能意识到转型风险（完成风险识别），但大多忽略风险评估和风险排序，直接开展风险应对[②]。如果企业不进行科学的风险评估和风险排序，则容易在风险应对阶段产生盲目现象，无法根据评估和排序的结果选择合适的风险应对策略并相应地投入资源。气候相关风险管理也容易与其他风险管理脱节，无法融入企业整体风险管理。近几年我国电力行业加速转型导致新能源装机突飞猛进，甚至出现阶段性产能过剩，这也从一个侧面折射出大部分企业对可再生能源部署的扭曲认知，仅将其视为一档风口生意而非根据自身经营和上下游价值链实际情况实施风险应对；（2）普遍忽略风险应对措施财务影响（包括当期财务影响和预期财务影响）的评估。应对措施财务影响是对气候相关风险应对战略的货币化前瞻性预测，是ESRS E1和IFRS S2要求的重要输出值，对可持续发展信息的使用者来讲意义重大。

---

① 少数企业的碳抵销路径可能还涉及碳捕捉和碳封存等碳移除技术的应用。

② 即便已披露开展风险评估的，从披露结果来看，更多呈现的是定性的判断，为披露而披露的嫌疑大。

应对措施财务影响包括财务状况影响、财务业绩影响和现金流量的影响。结合前述四条减碳路径，财务状况影响主要包括企业各个减碳路径所规划的投资和资产处置计划及其资金来源，财务业绩影响和现金流量影响主要包括各个减碳路径的实施对收入、成本、费用以及现金流量的影响。在这方面，国内企业目前基本未见以特定风险为单位的完整量化披露；（3）缺乏碳资产管理的意识和行动。碳资产管理以碳盘查为前提，通常包括碳配额管理、碳信用管理和内部碳定价等内容，且相互之间关联密切。我国全国性碳市场起步不久，目前只涵盖八个重点排放行业，需要管理碳配额的企业有限，碳市场的价格发现机制有待进一步挖掘。即便是重点排放行业的企业，很多也缺少对碳配额的系统调配、对碳信用开发的整体规划，在资本支出或研究开发投资决策中运用碳定价的更是少之又少，与 ESRS E1 有关碳信用和碳定价披露要求背后隐含的实践要求差距巨大。

鉴于上述问题，企业首先应从认识气候相关风险（包括急性和慢性物理风险以及转型风险）开始，通过适配企业技术、能力和资源的方法识别风险，将风险归入风险清单（或作为单独的风险类型，或作为驱动因素归入现有风险类型）。其次，制定风险评估标准和风险排序标准，选择风险严重程度衡量指标，采用适配企业技术、能力和资源的方法评估风险、排定风险应对优先顺序。再次，根据风险评估和风险排序的结果制定风险应对策略，实施风险应对策略，评估风险应对的影响（尤其是财务影响）[①]。最后，以碳盘查系统为基础，以风险管理流程为依托，构建包括配额管理、碳信用管理、碳定价管理，乃至碳封存和碳捕捉管理在内的碳资产管理系统，并逐步在重大资本支出、研发投入决策以及资产减值测试中使用内部碳定价。

（三）管理气候相关风险的重点任务——设定气候相关目标

ESRS E1 的 9 项披露要求中超过一半集中在指标和目标模块，IFRS S2 也要求披露企业为减轻或适应气候相关风险、利用气候相关机遇而设定的气候相关目标，包括治理层和管理层用于衡量目标完成进度的指标。目标是对企业气候相关风险应对战略规划的高度概括，对外披露气候相关目标能够表明企业的气候雄心，对企业执行气候战略规划也是一种无形的鞭策。

从国内企业 ESG 报告披露情况观察，已经制定气候相关目标的企业在目标制定上主要依从外部要求（如相关部委的规定），缺乏结合外部要求和内在需求，同时经过

① 值得一提的是，气候相关风险自被识别归入风险清单之后，即是企业整体风险的一分子。无论是风险评估、排序或应对，都不能脱离其他类型的已识别风险。唯有如此，才能达到将气候相关风险纳入企业整体风险管理流程的目的。

科学论证的目标制订过程，包括对目标基于科学方法的测算和推演、达成目标路径的描绘和分解指标等，与 ESRS E1 和 IFRS S2 要求的差距较大。为此，企业应结合最新国际气候变化协议、国家气候战略和产业政策以及企业面临的气候相关风险的具体情况，基于科学方法测算和推演气候目标。一些国际倡议组织能够帮助企业完成科学碳目标的设定，如由全球环境信息研究中心（CDP）、联合国全球契约组织（UNGC）、世界资源研究所（WRI）和世界自然基金会（WWF）共同发起的科学碳目标倡议（SBTi）。SBTi 提供了关于科学设定碳减排目标的过程指导和资源支持，并能够独立评估和核准企业设定的目标，为企业制定科学气候相关目标提供了工具和背书。

本文认为，以上三个方面是企业实施气候相关风险管理之根本，能够帮助企业搭建气候相关风险管理的大致框架。至于 ESRS E1 和 IFRS S2 要求的其他的一些难点内容，如气候适应性分析、情景分析等，则是属于大框架之上的“术”，企业可沿学习曲线循序渐进。目前，国内有明确减碳需求的企业，应迅速行动起来，在管理气候相关风险的道路上迈开艰难但必要的第一步，才有可能正面迎接即将到来的强制气候信息披露所带来的转型风险的巨大挑战。

（原载于《财会月刊》2023 年第 23 期）

主要参考文献：

1. EC. ESRS 1 General Requirements [EB/OL]. http://finance.europa.eu, 31 July, 2023.

2. EC. ESRS 2 General Disclosures [EB/OL]. http://finance.europa.eu, 31 July, 2023.

3. EC. ESRS E1 Climate Change [EB/OL]. http://finance.europa.edu, 31 July, 2023.

4. ISSB. IFRS S1 General Requirements for Disclosure of Sustainability – related Financial Information [EB/OL]. www.ifrs.org, 26 June, 2023.

5. ISSB. IFRS S2 Climate – related Disclosures [EB/OL]. www.ifrs.org, 26 June, 2023.

ESRS E2《污染》解读

黄世忠 叶丰滢

【摘要】欧盟委员会（EC）2023年7月31日发布了第一批12个欧洲可持续发展报告准则，包括2个跨领域交叉准则和10个环境、社会和治理主题准则。这是继国际可持续准则理事会（ISSB）2023年6月26日发布两份国际财务报告可持续披露准则后可持续发展报告准则发展进程中将载入史册的里程碑事件，对于推动经济、社会和环境的可持续发展意义非凡。为了帮助读者全面了解欧洲可持续发展报告准则（ESRS），笔者对这12个ESRS进行系统的分析和解读。本文从准则目标、与其他准则的关系、核心内容（治理，战略，影响、风险和机遇管理，指标和目标）披露要求三个方面，对第E2号欧洲可持续发展报告准则《污染》（ESRS E2）进行解读并提出对我国制定和执行污染准则的启示意义。

【关键词】污染；空气污染；水污染；土壤污染；污染影响、风险和机遇

一、引言

清新的空气、清洁的水体、净洁的土壤，既是百姓关切、社会关注，又是发展之基、治污之要。空气污染、水污染和土壤污染若得不到有效控制，将严重影响人类的生活质量和可持续发展前景，也会危及生物多样性和生态系统。制定与污染相关信息披露的准则，有助于可持续发展报告使用者了解企业自身经营活动及其价值链活动对空气、水和土壤的污染影响以及企业与污染相关的风险和机遇。EC和欧洲财务报告咨询组（EFRAG）将污染作为第一批五个环境主题准则之一，足见其重要性。

二、准则目标

ESRS E2 旨在对便于可持续发展说明书的使用者了解以下事项作出具体规定：（1）企业如何对空气、水和土壤的污染产生影响，包括积极和消极、实际和潜在的重要影响；（2）企业防范或减缓实际或潜在的消极影响以及处理风险和机遇所采取的行动及其结果；（3）企业战略和商业模式适应向可持续经济转型以及防范、控制和消除污染的计划和能力。这既是为了创造一个零污染的无毒环境，也是为了支持欧盟“迈向空气、水和土壤零污染”的行动计划；（4）企业与污染相关的影响和依赖以及防范、控制、消除或减少污染所产生的重要风险和机遇的性质、类型和程度，包括这些重大风险和机遇从法规应用的何处产生以及企业如何管理它们；（5）企业对污染的影响和依赖所产生的重要风险和机遇在短期、中期和长期的财务影响。

ESRS E2 对空气污染、水污染、土壤污染、关注物质（包括高关注物质）等可持续发展问题提出披露要求。空气污染是指企业对空气的排放（室内和室外）以及防范、控制和减少这种排放。水污染是指企业对水的排放以及防范、控制和减少这种排放。土壤污染是指企业对土壤的排放以及防范、控制和减少这种排放。关注物质（Substance of Concern）涵盖企业对关注物质包括高关注物质（Substance of Very High Concern）的生产、使用、分销或商业化。与关注物质相关的披露要求旨在帮助使用者了解企业与这类物质相关的实际或潜在影响，并考虑对这类物质使用、分销和商业化的可能限制。

三、与其他 ESRS 的相互作用

污染主题与气候变化、水与海洋资源、生物多样性以及循环经济等环境子主题密切相关。为了提供对重要污染的全面审视，其他环境准则也覆盖了与污染有关的披露要求：ESRS E1《气候变化》涉及二氧化碳、甲烷、氧化亚氮、氢氟碳化物、全氟碳化物、二氟化硫、三氟化氮七种温室气体空气污染的披露要求。ESRS E3《水和海洋资源》涉及水消耗（特别是遭受水风险地区的水消耗）、水循环和水储存的披露要求，包括企业对所使用海洋资源的负责任管理，对与海洋资源相关的商品（如砾石、深海矿物、海鲜）的管理。该准则主要针对因企业活动对水与海洋资源（包括微塑料）的污染而产生的消极影响。ESRS E4《生物多样性和生态系统》涉及生态系统和物种。污染作为生物多样性丧失的直接驱动因素，相关披露要求由该准则规定。ESRS E5

《资源利用和循环经济》主要涉及向避免开采不可再生能源转型以及防止废弃物（包括废弃物导致的污染）产生的做法。企业的污染相关影响可能牵连人和社区。企业因污染产生的对受影响的社区的重要消极影响，相关披露要求通过 ESRS S2《受影响的社区》予以规范。

与其他主题准则一样，ESRS E2 要求企业将其与 ESRS 1《一般要求》和 ESRS 2《一般披露》一并阅读和应用。

四、披露要求

ESRS E2 从影响、风险和机遇管理以及指标和目标两个方面，对企业披露污染相关信息提出要求。

（一）影响、风险和机遇（IRO）管理[①]

与 ESRS 2 相关的披露要求 IRO –1：描述识别和评估重要污染相关 IRO 的流程

企业应描述识别和评估重要 IRO 的流程，并提供以下信息：（1）是否对其经营场所和业务活动进行审查以识别其自身经营活动和上下游价值链中与污染相关的实际和潜在的 IRO，若进行了审查，应说明审查所用方法、假设和工具；（2）是否以及如何开展协商，特别是与受影响的社区进行协商。

企业对污染主题进行重要性评估时，既要考虑其自身经营活动中的污染问题，也要考虑上下游价值链中的污染问题。ESRS E2 的应用要求推荐了 LEAP 方法进行重要性评估，包括 Locate（定位）、Evaluate（评价）、Assess（评估）、Prepare（准备）四个阶段，各个阶段的主要任务如下：

阶段 1：定位企业自身经营活动和上下游价值链与自然发生关系的接口。企业可考虑：（1）资产、经营及其整个价值链上下游活动直接发生的场所；（2）水排放、土壤排放和空气排放发生的场所；（3）与这些排放相关或与微塑料、关注物质和高关注物质的生产、使用、分销、商业化和进出口相关的行业或业务单元。

阶段 2：评价企业每个重要场所、行业或业务单元对污染的影响和依赖，包括评估对环境影响和对人类健康影响的严重性和可能性。

阶段 3：评估重要的风险和机遇。这个阶段的评估以阶段 1 和阶段 2 的结果为基础，企业可以：（1）识别其自身经营活动和上下游价值链的四类转型风险和机遇，包

① ESRS E2 有关 IRO 的披露要求应当与 ESRS 2《一般披露》第四章关于影响、风险和机遇（IRO）的披露要求一并阅读和报告。

括：政策与法律风险和机遇（如规章政策的出台、面临制裁和诉讼、报告义务加强）；技术风险和机遇（如以低影响产品或服务替代原产品或服务以摆脱关注物质）；市场风险和机遇（如供需和融资变化、市场波动、某些物质成本增加）；声誉风险和机遇（如组织在污染防范和控制方面的作用改变了社会、客户或社区的看法）；（2）识别物理风险，如清洁水源获取的突然中断、酸雨或其他污染事故；（3）识别与污染防范和控制相关的机遇，包括：资源效率机遇（如减少污染物质使用数量或提高生产过程效率以最小化影响）；市场机遇（如多样化业务活动）；财务机遇（如获取绿色基金、绿色债券或绿色贷款）；韧性机遇（如通过创新或技术多样化所用物质并控制排放）；声誉机遇（如采取积极主动的风险管理从而与利益相关者保持良好的关系）。

阶段4：准备和报告重要性评估的结果。企业应考虑披露：（1）其自身经营活动和上下游价值链中污染严重的场所清单；（2）与污染导致的重要 IRO 相关的业务活动清单。

披露要求 E2－1：与污染相关的政策

企业应描述其采用的管理与污染防范和控制相关重要 IRO 的政策。这项披露要求的目标是便于使用者了解企业所采取的政策在多大程度上解决了污染相关重要 IRO 的识别、评估、管理和补救问题。企业应根据 ESRS 2 披露要求 MDR－P“管理重要可持续发展问题所采取的政策”的规定，说明其已付诸实施的管理污染相关重要 IRO 的政策。

企业应说明其政策是否以及如何处理以下重要问题：

（1）减缓、防范和控制空气、水和土壤污染相关的消极影响；

（2）替换和尽可能减少使用关注物质，逐步退出使用高关注物质，特别是在非必需的社会使用和消费品中减少对这些物质的使用；

（3）避免事故和紧急情况，如果万一出现，控制和降低其对人和环境的影响。

披露要求 E2－2：与污染相关的行动和资源

企业应披露其与污染相关的行动以及为采取这些行动所配置的资源。这项披露要求的目标是便于使用者了解企业为实现其与污染相关的政策目标已采取或拟采取的关键行动。企业应根据 ESRS 2 披露要求 MDR－A“与重要可持续发展问题相关的行动和资源”的规定描述行动和资源。

除了披露 ESRS 2 披露要求 MDR－A 所规定的信息外，企业还可具体说明所采取的行动和所配置的资源属于以下哪个层级的减缓：（1）避免污染，包括逐步退出对有害材料或化合物的使用（源头污染防范）；（2）减少污染，包括：逐步退出对特定材料或化合物的使用；满足执法要求，如采用可获得的最佳技术，或者满足欧盟分类法

及其授权法案关于污染防范和控制“不造成危害”（污染最小化）的标准；（3）恢复、革新和改造已发生污染的生态环境（控制正常活动和事故的影响）。

（二）指标与目标

披露要求 E2－3：与污染相关的目标

企业应披露其已制定的与污染相关的目标。这项披露要求的目标是便于使用者了解企业为支持污染相关政策，应对污染相关 IRO 而制定的目标。企业应根据 ESRS 2 披露要求 MDR－T“通过目标追踪政策和行动的效果”描述目标。

企业披露与污染相关的目标时，应说明其目标是否以及如何与下列事项相联系：（1）空气污染物及其具体负荷；（2）水排放及其具体负荷；（3）土壤污染及其具体负荷；（4）关注物质和高关注物质。

除了披露 ESRS 2 披露要求 MDR－T 所规定的信息外，企业还可具体说明制定目标时是否考虑各种生态阈值（如生物圈完整性、臭氧层消耗、大气气溶胶负荷、土壤贫化、海洋酸化）和主体特定地点。若已考虑，企业可具体说明：（1）已确定的生态阈值以及用于确定这些阈值的方法论；（2）这些阈值是否属于主体特定阈值，如果是，它们是如何确定的；（3）企业内部如何分摊已确定的生态阈值的责任。

作为背景信息，企业应具体说明其所制定和呈报的目标是强制性的还是自愿性的。

披露要求 E2－4：空气、水和土壤的污染

企业应披露其自身经营活动排放的污染物以及产生或使用的微塑料。这项披露要求的目标是便于使用者了解企业在其自身经营活动中向空气、水和土壤排放污染物以及产生或使用微塑料的情况。

企业应披露：（1）欧洲议会和欧盟委员会第 166/2006 号条例附件 2 列示的向空气、水和土壤排放的每一项污染物的数量，除了 ESRS E1《气候变化》要求披露的温室气体排放；（2）产生或使用的微塑料的数量。这里的数量是指企业具有财务控制权和经营控制权的设施（且排放量超过第 166/2006 号条例附件 2 所规定阈值）所产生的排放合并数。

企业应在其披露的信息中描述：（1）不同时期的变化；（2）计量方法；（3）收集污染相关核算和报告数据的流程，包括需要的数据类型和信息来源。

选择非直接计量的次优方法量化排放量时，企业应简要说明选择次优方法的原因。企业若采用估计，则应披露作为估计基础的标准、行业研究或来源，以及可能的不确定性程度和反映计量不确定性的估计范围。ESRS E2 在应用要求中对计量污染物排放可采用的方法进行了排序，分别是：（1）直接测量排放，即通过使用公认的连续监测系统（如AMS自动测量系统）直接测量排放、污水或其他污染物；（2）定期测量；（3）根据特定场所数据计算；（4）根据公开的污染因子计算；（5）估计。

披露要求E2－5：关注物质和高关注物质

企业应披露关于关注物质和高关注物质的生产、使用、分销、商业化以及进出口的信息，而不论这些物质是单独存在，还是以混合物或物品的形式存在。这项披露要求的目标是便于使用者了解企业通过关注物质和高关注物质对健康和环境的影响，也有助于使用者了解企业的重要风险和机遇，包括暴露于这些物质的风险以及来自监管变化的风险。

按照上述要求披露的信息应包括企业产生或用于生产或采购的关注物质的总量，以及作为排放物、产品、产品或服务的一部分离开企业设施的关注物质总量，并按主要危害种类对关注物质进行分类。

企业应单独列报高关注物质相关的信息。

披露要求E2－6：重要污染相关风险和机遇的预期财务影响

企业应披露重要污染相关风险和机遇的预期财务影响，这是在ESRS 2披露要求SBM－3（企业应披露对报告期财务状况、财务业绩和现金流量的当期财务影响）的基础上额外要求披露的信息。这项披露要求的目标是便于使用者了解：（1）来自污染相关影响和依赖的重要风险的预期财务影响，包括这些风险如何在短期、中期和长期对企业的财务状况、财务业绩和现金流量产生重要的影响；（2）与污染防范和控制相关的重要机遇的预期财务影响。

企业应披露：（1）考虑污染相关行动前按货币量化的预期财务影响。在可能需要付出过度成本或努力才可实现量化披露的情况下，亦可提供预期财务影响的定性信息。对于来自机遇的财务影响，若披露的信息不符合ESRS 1附录B规范的信息质量特征，可不予以量化；（2）对所考虑的影响、与之相关联的影响以及它们可能发生的时间范围的描述；（3）量化预期财务影响所使用的关键假设，以及这些假设的来源和不确定性程度。

披露的预期财务影响应包括：（1）属于关注物质的产品和服务或包含关注物质的产品和服务的净收入比例，属于高关注物质的产品和服务或包含高关注物质的产品和服务的净收入比例；（2）报告期发生的与重大事故（包括生产过程因供应链或自身经营中断而导致的污染）和填埋污染物相关的经营支出和资本支出，包括消除和修复空气、水和土壤污染的成本以及环境保护成本，损害赔偿费用（如支付给监管机构或政府当局的罚款）等；（3）预提的环境保护和修复成本准备金，如修复受污染的工地、复垦填埋地、移除现有生产或储存工地的环境污染物和采取类似举措的成本。

企业还应披露相关的背景信息，包括描述对环境具有消极影响且预期将在短期、中期和长期对企业的财务状况、财务业绩和现金流量产生消极影响的与污染相关的重大事故和填埋物。

五、对我国准则制定的启示

坚持精准治污、科学治污、依法治污，持续打好以解决大气、水、土壤污染等突出问题为重点的蓝天、碧水、净土保卫战，是我国生态文明建设的重大方针政策。实现这一重大方针政策，需要制定和实施污染披露准则。ESRS 2 对我国污染披露准则的制定和实施具有启示意义。

（一）对准则制定的启示

ESRS 2 污染主题准则对准则制定带来至少三点启示：

（1）确定制定模式是单独制定还是合并制定。ESRS E2 采用单独制定的模式。这种模式的好处是聚焦污染主题，规则有针对性，缺点是污染主题涉猎面广泛且可能与其他环境或社会主题互为因果，因此准则制定机构必须事前厘清其与其他主题准则尤其是其他环境主题准则之间的关系①，企业在执行时也需仔细辨认相关内容适用的披露规则。ISSB 目前来看有可能采取合并制定的模式。在 2023 年 5 月 ISSB 发布征求意见的拟议准则制定项目中，“生物多样性、生态系统和生态系统服务（BEES）”项目作为一个大的潜在项目出现。BEES 项目根据生物多样性和生态系统服务政府间科学政策平台（IPBES）识别的自然变化主要驱动因素分为五个子主题：水资源（包括淡水和海洋资源以及生态系统的使用）、土地使用和土地使用的变化（包括森林砍伐）、污染（包括向空气、水和土壤的排放）、资源开发（包括材料采购和循环经济）、外来入侵物种。如果该项目作为一个大准则项目启动，污染主题将作为子主题包含其中。这种模式的好处是将所有造成 BEES 丧失的直接驱动因素相关风险和机遇放在一个准则中进行规范，避免就不同子主题制定准则而导致的界限不清、适用不明问题，缺点是准则内容可能过于繁杂，且 BEES 有关子主题的分类与 ESRS 五个环境主题分类不尽相同，而 ESRS 制定在前，BEES 与五个 ESRS 之间的协调问题也要在制定准则时予以考虑。

（2）确定双重重要性的准则制定方向。污染是企业经营活动（包括自身经营活动

---

① ESRS E2 在“与其他 ESRS 的相互作用”部分就该准则与气候变化、水和海洋资源、生物多样性和生态系统、资源利用和循环经济、受影响的社区等其他主题准则进行了区分，划定各自规范的范围，避免重复、遗漏或发生冲突。

和上下游价值链活动）造成的最明显的负外部性，备受受影响的利益相关者（诸如社会公众尤其是直接受影响的社区和居民、监管部门和环保团体等）的关注，因此，污染准则理应从影响重要性的角度出发，要求企业披露其自身经营活动和上下游价值链活动所造成的重要环境影响和社会影响，以及企业是否和如何从治理、战略、商业模式和风险管理的角度对污染进行防范、控制、消除或减少，而不论污染影响是否反弹带来财务重要性。至于投资者、债权人等利益相关者，他们主要关心的是污染相关业务的规模和规模变动、企业应对污染的政策和行动的实际和预期财务影响。因此，污染准则也应从财务重要性的角度，要求企业披露污染如何影响企业的收入成本（如减少高污染的业务和产品导致收入的减少，或控制污染的举措而增加的成本费用支出）、资产负债（如污染治理导致棕色资产和搁浅资产的增加，或者形成了或有环境负债）以及现金流量（如控制污染的资本支出计划和融资计划带来的现金流量变动）。此外，在污染监管日趋严格、消费者对污染产品日益抵制的情况下，污染准则还应要求企业披露转型风险对其可持续经营能力的影响。

（3）基于法律法规提出披露要求。为了保护和改善环境，世界各国都在不同程度上针对减少和防止污染制定法律法规，对企业生产经营活动造成的污染作出限制性规定。对于欧盟立法明确涉及的污染相关规定，ESRS E2 将其吸纳作为强制披露要求，这种做法值得学习借鉴。党的十八大以来，我国深入实施大气、水、土壤污染防治三大行动计划，先后制定、修订和实施了水污染防治法、大气污染防治法、水污染防治法、土壤污染防治法、固体废物污染环境防治法、噪声污染防治法、放射性污染防治法以及相关实施细则，从法治的角度为打好蓝天、碧水、净土保卫战保驾护航。我国制定污染准则时，可借鉴 ESRS 的做法，将这些防治污染法律法规的相关要求转化为披露要求，促使企业依法履行与污染防治相关的披露义务。

（二）对企业执行的启示

ESRS 的五个环境主题准则中，除了 ESRS E1 是针对气候相关 IRO 的，包括 ESRS E2 在内的其他四个准则皆是针对自然相关 IRO 的。为此，EFRAG 在起草这四个准则时特别建议企业参考自然相关财务披露工作组（TNFD）提出的 LEAP 法进行 IRO 识别和评估。

LEAP 法有两大特点：一是以定位企业与自然发生关系的接口地点为前提。自然相关的 IRO 与企业自身经营活动和上下游价值链活动所处的地点密切相关，对企业而言，包括其办公、生产场所和产品生命周期所覆盖的地理位置；对金融机构而言，包括其提供融资或保险的对象所在的地理位置。按照 LEAP 法，企业应在准确定位经营

活动和价值链活动所处地点的基础上，再寻求了解活动地点周围的影响范围（通常影响范围比活动地点范围要大），识别受影响的生物群落和生态系统。由此可见“定位”这一步骤至关重要。但“定位”对企业资产管理和业务管理的颗粒度提出很高的要求。TNFD（2023）建议企业可先使用内部资产级数据确定自身经营所在的地点，这一部分相对容易做到，可先试先行，同时积极与上下游的供应商和客户①对话，取得其价值链活动所在地点的数据。一般而言，中小企业的价值链与自然的接口地点较少，但大型跨国公司和全球性金融机构可能通过价值链活动在数千个地点与自然发生关系。在这种复杂的情况下，企业通常难以一次性准确定位每一个与自然接口的地点，因此需要每年开展尽职调查，完善更新数据。只有准确“定位”，才能为“评价”和“评估”阶段提供可视、可追溯、可分析的数据集，支持科学的自然相关 IRO 的识别和评估。

二是秉持重要风险和机遇源于重要影响和依赖的理念，要求企业先评估影响和依赖的重要性，再评估风险和机遇的重要性（财务重要性）。根据 TNFD（2023）的观点，企业今天对自然的影响可能决定明天对自然的依赖，以及未来生产商品、提供服务的能力，并最终产生现金流量的变化。对自然的消极影响将侵蚀自然的健康和复原力及其提供生态系统服务的能力，相反，对自然的健康和复原力作出积极贡献，则可以确保和加强企业及其价值链合作伙伴所依赖的生态系统服务的流畅性。因此，对企业而言，对其赖以创造价值的环境和生态系统实施影响重要性评估总应优先于财务重要性评估，这与前文分析的污染主题准则应以影响重要性为主兼顾双重重要性的理念完全吻合。

2023 年 9 月，TNFD 利用在纽约举行的联合国大会讨论气候变化等环境议题的机会正式发布了 TNFD 建议，提出了 TNFD 环境信息披露框架。TNFD 环境信息披露框架借鉴了 TCFD 框架，提出 14 项披露要求（见图 1），建议企业根据该披露框架披露自然相关环境信息。TNFD 同时公布了 LEAP 法的 1.0 版本，定位、评价、评估、准备四个阶段的主要步骤如表 1 所示，企业可按图索骥开展自然相关 IRO 的识别和评估。

① 企业对其具有中度到重度影响和依赖的价值链对象。

治理	战略	风险与影响管理	指标与目标
披露组织对自然相关依赖、影响、风险和机遇的治理	披露自然相关依赖、影响、风险和机遇对组织的商业模式、战略和财务规划的影响，若这样的信息是重要的	描述组织用于识别、评估、优先考虑、监控自然相关依赖、影响、风险和机遇的程序	披露用于评估和管理重要自然相关依赖、影响、风险和机遇的指标与目标
建议披露	建议披露	建议披露	建议披露
A. 描述董事会对自然相关依赖、影响、风险和机遇的监督。 B. 描述管理层在评估和管理自然相关依赖、影响、风险和机遇中所扮演的角色。 C. 描述组织在对自然相关依赖、影响、风险和机遇进行评估和应对时组织就原住民、当地社区、其他受影响的利益相关者所采取的人权政策、参与活动以及董事会对管理层的监督	A. 描述组织识别的短期、中期和长期与自然相关的依赖、影响、风险和机遇。 B. 描述自然相关依赖、影响、风险和机遇对组织的商业模式、价值链、战略和财务规划的影响以及准备就绪的转型计划或分析。 C. 描述在考虑不同情景后组织的战略对自然相关依赖、影响、风险和机遇的韧性。 D. 描述组织直接经营活动（若可能还应包括上下游价值活动）的资产和活动所处的位置，这些位置应符合优先位置的标准	A(i). 描述组织识别、评估、优先考虑其直接经营活动与自然相关依赖、影响、风险和机遇的程序。 A(ii). 描述组织识别、评估、优先考虑其上下游价值链活动与自然相关的依赖、影响、风险和机遇的程序。 B. 描述管理自然相关依赖、影响、风险和机遇的程序。 C. 描述组织识别、评估、优先考虑和监控自然相关风险的程序如何融入组织的整体风险管理程序，以及如何为整体风险管理提供依据	A. 披露组织用于评估和管理重要自然相关风险和机遇的指标，这些指标应与战略和风险管理程序相一致。 B. 披露组织用于评估对自然的依赖和影响的指标。 C. 描述组织用于管理自然相关依赖、影响、风险和机遇的目标以及这些目标的实现情况

图1　TNFD环境信息披露框架

资料来源：TNFD（2023）。

表1　LEAP法四阶段示意

Locate定位	Evaluate评价	Assess评估	Prepare准备
L1：商业模式和价值链的跨度	E1：识别环境资产、生态系统服务和影响驱动因素	A1：识别风险和机遇	P1：战略和资源配置计划
L2：依赖和影响筛查	E2：识别依赖和影响	A2：调整现有风险减缓和风险机遇管理	P2：目标设定和绩效管理
L3：与自然的接口	E3：依赖和影响计量	A3：风险和机遇计量与排序	P3：报告
L4：与生态敏感区的接口	E4：影响重要性评估	A4：风险和机遇重要性评估	P4：列示

资料来源：TNFD（2023）。

（原载于《财会月刊》2024年第2期）

主要参考文献：

1. EC. ESRS 1 General Requirements [EB/OL]. http：//finance. europa. eu，31 July，2023.

2. EC. ESRS 2 General Disclosures [EB/OL]. http：//finance. europa. eu，31 July，2023.

3. EC. ESRS E2 Pollution [EB/OL]. http：//finance. europa. edu，31 July，2023.

4. TNFD. Guidance on the identification and assessment of nature related issues：The LEAP approach [EB/OL]. https：//tnfd. global，September 2023.

ESRS E3《水和海洋资源》解读

黄世忠　叶丰滢

【摘要】 欧盟委员会（EC）2023年7月31日发布了第一批12个欧洲可持续发展报告准则（ESRS），包括2个跨领域交叉准则和10个环境、社会和治理主题准则。这是继国际可持续准则理事会（ISSB）2023年6月26日发布两份国际财务报告可持续披露准则后可持续发展报告准则发展进程中将载入史册的里程碑事件，对于推动经济、社会和环境的可持续发展意义非凡。为了帮助读者全面了解ESRS，笔者对这12个ESRS进行系统的分析和解读。本文从准则目标、与其他准则的关系、核心内容（治理，战略，影响、风险和机遇管理，指标和目标）披露要求三个方面，对第E3号欧洲可持续发展报告准则《水和海洋资源》（ESRS E3）进行解读，并总结其对我国准则制定的三点启示意义。

【关键词】 水资源；海洋之源；水和海洋资源相关影响、风险和机遇

一、引言

水是维持生命的基本要素，但在全球范围内，水尤其是淡水是一种十分稀缺的资源。虽然70%的地球表面被水覆盖（相当于3.26亿兆加仑的水），但97%的水都是咸水，不能饮用。在剩余的3%淡水中，2/3以上以雪、冰川和极地冰盖的形式被封盖，仅有不到1%的淡水可以从降雨以及河流和湖泊中获取（WEF，2023）。《2023年联合国世界水发展报告》指出，过去40年全球用水量以每年约1%的速度增长，预计直至2050年全球用水量仍将以类似的速度增长。由于物理性缺水，在加上淡水污染的加速和蔓延，水资源短缺正逐渐成为区域性问题。受气候变化影响，即使是在水资源总量丰沛地区（如中非、东亚和南美等部分地区），季节性缺水情况也在进一步加剧，而

在水资源已经短缺的地区（如中东和非洲的荒漠和草原地区），缺水将更加严重。平均而言，全球约有 10% 的人口生活在高度或严重缺水的国家（UN，2023）。与水资源一样，海洋资源也十分重要。科学研究表明，生命起源于海洋，海洋里具有丰富的水资源，虽然大部分不能饮用，但全球水循环系统影响着气候变化。此外，海洋里还有丰富的生物和矿藏资源，人类的经济发展离不开这些海洋资源。正因为水与海洋资源的利用和保护对于全球经济社会的可持续发展意义重大，EC 和欧盟委员会以及欧洲财务报告咨询组（EFRAG）将水和海洋资源纳入第一批的五个环境主题准则之中。

二、准则目标

ESRS E3《水和海洋资源》的目标在于提出披露要求以帮助可持续发展说明书的使用者了解下列事项：（1）企业如何影响水与海洋资源，包括重要的积极和消极的实际或潜在影响；（2）为防范或减缓重要的实际或潜在的消极影响、保护水与海洋资源，以及减少水消耗、处理风险和机遇所采取的行动及其效果；（3）企业是否、如何以及在多大程度上对欧洲绿色新政致力于实现的新鲜空气、清洁水源、健康土壤、生物多样性，以及蓝色经济和渔业部门的可持续发展作出贡献。企业应考虑如下法规或倡议：欧洲议会和欧洲理事会第 2000/60/EC 号指令《欧盟水框架指令》、第 2008/56/EC 号指令《欧盟海洋战略框架指令》、第 2014/89/EU 号指令《欧盟海上空间规划指令》、联合国可持续发展目标（尤其是关于清洁水与卫生设施、水下生物的目标）的考虑，以及全球环境极限（如生态圈完整性、海洋酸化、淡水使用、生物地球化学流等）；（4）企业的战略和商业模式适应于促进可持续水利用（以对现有水资源的长期保护为基础）以及保护水生生态系统、恢复淡水和海洋栖息地的计划和能力；（5）企业对水与海洋资源的影响和依赖所产生的重要风险和机遇的性质、类型和程度，以及如何管理这些风险和机遇；（6）企业对水与海洋资源的影响和依赖所产生的风险和机遇对企业短期、中期和长期的财务影响。

ESRS E3 对水和海洋资源相关内容提出披露要求。在水资源方面，该准则涵盖地表水和地下水，包括与企业的经营活动、产品和服务的水消耗以及取水和排水相关的披露要求。在海洋资源方面，该准则覆盖海洋资源的开采和利用以及与此相关的经济活动。

三、与其他 ESRS 的相互作用

水与海洋资源主题与气候变化、污染、生物多样性以及循环经济等环境子主题密切相关。为了全面审视重要的水与海洋资源，其他环境准则覆盖了与水和海洋资源相关的以下披露要求：

ESRS E1《气候变化》主要涉及因气候变化导致或加剧的水与海洋相关危害所带来的急性和慢性物理风险，包括水温上升、降水模式改变和降水类型（降雨、冰雹、冰霜）改变、降水或水文异常、海洋酸化、海水入侵、海平面上升、干旱、水资源压力、强降水、洪水和冰湖溃决。

ESRS E2《污染》主要涉及水排放，包括海洋排放、使用和产生微塑料。

ESRS E4《生物多样性和生态系统》主要涉及对淡水水生生态系统以及海洋的保护、可持续利用和影响。

ESRS E5《资源利用和循环经济》主要涉及废弃物（包括塑料）管理，以及向提取不可再生废水资源转型，减少塑料使用和废水循环。

企业对水与海洋资源的影响还会影响人和社区。企业因水与海洋资源相关影响而对受影响的社区产生的重要消极影响，通过ESRS S3《受影响的社区》予以规范。

ESRS E3同样要求企业将其与ESRS 1《一般要求》和ESRS 2《一般披露》一并阅读和应用。

四、披露要求

ESRS E3从影响、风险和机遇以及指标和目标两个方面，对企业披露水与海洋资源相关信息提出要求。

（一）影响、风险和机遇（IRO）管理①

与ESRS 2相关的披露要求IRO－1：描述识别和评估重要水与海洋资源相关的IRO

企业应描述识别和评估重要IRO的程序，并提供以下信息：（1）是否对其资产和活动进行审查以识别其自身经营活动和上下游价值链中与水与海洋资源相关的实际和潜在的IRO。若进行了审查，应说明审查所用方法、假设和工具；（2）是否以及如何开展协商，特别是与受影响社区的协商。

企业对水与海洋资源主题进行重要性评估时，既要考虑其自身经营活动中的水与海洋资源问题，也要考虑上下游价值链中的水与海洋资源问题。与ESRS E2一样，

① ESRS E3有关IRO的披露要求应当与ESRS 2《一般披露》第四章关于影响、风险和机遇（IRO）的披露要求一并阅读和报告。

ESRE E3 应用要求同样推荐了自然相关财务披露工作组（TNFD）提出的 LEAP 方法进行重要性评估。LEAP 法包括 Locate（定位）、Evaluate（评价）、Assess（评估）、Prepare（准备）四个阶段，各个阶段的主要任务如下：

阶段 1：定位企业面临水风险的区域，以及与海洋资源接口的区域，这些区域可能对企业自身经营活动和上下游价值链产生重要的影响和依赖。企业可考虑：（1）资产、经营及其整个价值链上下游活动直接发生的场所；（2）遭受水风险的场所，包括高水压力地区；（3）在上述地点与水和海洋资源发生关系的行业或业务单元。

阶段 2：评价企业通过阶段 1 定位的场所对水与海洋资源的影响和依赖，包括：识别导致对环境资产和生态系统服务影响和依赖的业务流程和活动；识别整个价值链中与水和海洋资源相关的影响和依赖；评估对水与海洋资源积极或消极影响的严重性和可能性。ESRS E3 建议企业识别影响和依赖时参考生态系统服务国际通用分类法（CICES）。针对依赖识别，企业可主要考虑其是否依赖关键海洋资源相关商品（如砾石、海鲜等）。

阶段 3：评估重要的风险和机遇。这个阶段的评估以阶段 1 和阶段 2 的结果为基础，企业可以：（1）识别其自身经营活动和上下游价值链中的四类转型风险和机遇，包括：政策与法律风险和机遇（如规章政策的出台、无效治理导致的水体或海洋资源退化、面临制裁和诉讼、报告义务增强）；技术风险和机遇（如产品和服务向更低影响的方向迭代、技术向更高效和更清洁的方向转型、新的监测技术出现、水净化、防洪技术）；市场风险和机遇（如供需和融资变化、水或海洋资源市场的波动性或成本增加）；声誉风险和机遇（如组织对水与海洋资源的影响改变了社会、客户或社区的看法）；系统性风险（如海洋生态系统崩溃的风险以及关键自然系统不再发生作用的风险）；（2）识别物理风险，包括水数量（缺水或面临用水压力）、水质量、水基础设施衰退或不能获得某些海洋资源相关商品导致不能在特定地区继续经营；（3）识别机遇，包括资源效率机遇（如向水与海洋资源需求更少更有效的服务和流程转型）、市场机遇（如减少开发资源密集型的产品和服务、多样化业务活动）、财务机遇（如获得绿色基金、绿色债券或绿色贷款）、韧性机遇（如多样化水与海洋资源和业务活动、投资于绿色基础设施和基于自然的解决方案、采用循环再利用机制以减少对水或海洋资源的依赖）、声誉机遇（如因积极主动管理自然相关风险而成为某些供应商或客户的首选合作伙伴）。

阶段 4：准备和报告重要性评估的结果。企业可考虑披露：（1）其自身经营活动和上下游价值链中水成为重要问题的场所清单；（2）企业所使用的对海洋水域的良好环境状况以及海洋资源保护具有重要性的海洋资源相关商品清单；（3）与水和海洋资源重要 IRO 相关的行业或分部的清单。

披露要求 E3-1：与水和海洋资源相关的政策

企业应描述其采用的管理与水和海洋资源相关重要 IRO 的政策。这项披露要求的目标是便于使用者了解企业所采取的政策在多大程度上解决了水与海洋资源相关重要 IRO 的识别、评估、管理和补救问题。企业应按照 ESRS 2 披露要求 MDR-P“管理重要可持续发展问题所采取的政策”的规定，说明其已付诸实施的管理水与海洋资源相关重要 IRO 的政策。

企业应说明其政策是否以及如何处理以下重要问题：（1）水管理情况，包括其自身经营活动中对水和海洋资源的使用和来源、迈向更可持续水来源的水处理、经营活动水污染的防范和降低；（2）从解决水相关问题和保护海洋资源的角度设计的产品和服务；（3）在自身经营活动和上下游价值链的水风险地区减少重要水消耗的承诺。

如果企业至少有一个经营场所处于高用水压力地区且尚未采取相应的政策，企业应对此情况作出说明并解释尚未采取政策的原因。企业还可披露拟采取政策的时间范围。

企业应具体说明其是否已经采取与可持续海洋相关的政策或做法。

披露要求 E3-2：与水和海洋资源相关的行动和资源

企业应披露其与水和海洋资源相关的行动以及为采取这些行动所配置的资源。这项披露要求的目标是便于使用者了解企业为实现其与水和海洋资源相关的政策目标已采取或拟采取的关键行动。

企业应根据 ESRS 2 披露要求 MDR-A“与重要可持续发展问题相关的行动和资源”的规定描述行动和资源。除此之外，企业还可具体说明其已采取或拟采取的行动属于哪个减缓层级、所采取行动将资源配置于以下哪个方面：（1）避免对水和海洋资源的使用；（2）减少对水和海洋资源的使用，如通过更有效率的手段减少使用水和海洋资源；（3）水开垦和再利用；（4）水生生态系统和水体的恢复和再生。

企业应具体说明对处于水风险地区包括高用水压力地区的活动所采取的行动和所配置的资源。

（二）指标与目标

披露要求 E3-3：与水和海洋资源相关的目标

企业应披露其已制定的与水和海洋资源相关的目标。这项披露要求的目标是便于使用者了解企业为支持水和海洋相关政策，应对水和海洋资源相关 IRO 而制定的目标。企业应根据 ESRS 2 披露要求 MDR-T“通过目标追踪政策和行动的效果”描述目标。

企业披露与水和海洋资源相关的目标时，应说明其目标是否以及如何与下列事项相联系：（1）遭受水风险地区相关的重要 IRO 的管理，包括水质改善；（2）对海洋资源重要 IRO 的负责任管理，包括企业所使用的海洋相关商品（如砾石、深海矿物、海鲜）的性质和数量；（3）减少耗水量，包括解释这些目标如何与遭受水风险的地区（包括高用水压力的地区）相关联。

除了披露 ESRS 2 披露要求 MDR – T 所规定的信息外，企业还可具体说明制定目标时是否考虑生态阈值[①]和主体特定地点。若已考虑，企业可具体说明：（1）已确定的生态阈值以及用于确定这些阈值的方法论；（2）这些阈值是否属于主体特定阈值，如果是，它们是如何确定的；（3）企业内部如何分配已确定的生态阈值的责任。

作为背景信息，企业应具体说明其所制定和呈报的目标是强制性的还是自愿性的。

披露要求 E3 – 4：耗水量

企业应披露其与重要 IRO 相关的耗水量信息。这项披露要求的目标是便于使用者了解企业的耗水量以及水目标的进展情况。

企业应披露的其自身经营活动的耗水量信息包括：（1）总耗水量（按立方米表示）；（2）遭受水风险地区包括高用水压力地区的总耗水量（按立方米表示）；（3）循环利用的总水量（按立方米表示）；（4）储水总量及其变动（按立方米表示）；（5）与上述四项相关的必要背景信息，包括各流域的水质量和数量、水数据如何收集，诸如采用的标准、方法论和假设，包括这些信息是否通过计算、估计、模型估算而得还是通过直接测量而得，以及企业为收集数据所采取的方法，如使用的行业特定因子等。

企业应提供关于水强度的信息：以自身经营活动单位净收入的总耗水量（即每百万欧元净收入消耗多少立方米的水）表示。

披露要求 E3 – 5：重要水与海洋资源相关风险和机遇的预期财务影响

企业应披露重要水与海洋资源相关风险和机遇的预期财务影响，这是在 ESRS 2 披露要求 SBM – 3（企业应披露对报告期财务状况、财务业绩和现金流量的当期财务影响）的基础上额外要求披露的信息。这项披露要求的目标是便于使用者了解：（1）来自水与海洋资源相关影响和依赖的重要风险的预期财务影响，包括这些风险如何在短期、中期和长期对企业的财务状况、财务业绩和现金流量产生重要的影响；（2）水与海洋资源相关的重要机遇的预期财务影响。企业应披露：（1）考虑水与海洋资源相关行动前按货币量化的预期财务影响。在可能需要付出过度成本或努力才可实现量化披

---

① 超过生态系统所能承受的外界压力，使其无法通过自我调控机制恢复平衡，从而导致生态系统崩溃的限度称为生态阈值。

露的情况下，亦可提供预期财务影响的定性信息。对于来自机遇的财务影响，若披露的信息不符合 ESRS 1 附件 B 规范的信息质量特征，可不予以量化；（2）对所考虑的影响、与之相关的影响和依赖以及它们可能发生的时间范围的描述；（3）量化预期财务影响所使用的关键假设，以及这些假设的来源和不确定性程度。

五、对我国准则制定的启示

ESRS E5 对我国可持续披露准则的制定至少带来以下三个方面的启示意义。

（一）明确水与海洋资源准则的制定形式以及与其他环境主题准则的边界

我国若制定水与海洋资源准则，首先应当明确水与海洋资源是合并在一个准则规范，还是通过两个准则分别规范。目前我国对水资源和海洋资源的保护是分别立法，与水资源相关的立法主要包括《水法》《防洪法》《水污染防治法》和《水土保持法》，与海洋资源相关的立法主要包括《海洋环境保护法》和《海岛保护法》。本文认为，水资源与海洋资源宜分别制定披露准则，主要原因有二：一是水资源涉及面很广，几乎所有行业和市场主体都离不开水资源，而海洋资源可能只与特定行业（如渔业、海运和临港工业）和特定企业有关；二是水资源披露应侧重于要求企业披露耗水、循环用水、储水和缺水应对等情况，而海洋资源披露则更加聚焦于企业对海洋资源的依赖、开发和利用，二者不尽相同。

其次，水与海洋资源准则与气候变化、污染、生物多样性和循环经济等环境主题准则存在交叉重叠。需要厘清的潜在交叉领域主要包括水排放、水资源循环利用等，如水排放是通过《污染》准则规范，还是通过《水和海洋资源》准则规范，水资源循环利用是通过《资源利用和循环经济》准则规范，还是通过《水和海洋资源》准则规范。

（二）重点强调高水风险区域的披露

重要性评估是 ESRS 下可持续发展报告编制的起点。比如，在执行 ESRS E3 时，企业应先通过 LEAP 法评估该主题准则涵盖的相关主题是否重要，如果是，则需按照 ESRS 2 和 ESRS E3 进行详细披露，否则只需根据 ESRS 2 进行披露并描述其识别和评估水与海洋资源相关 IRO 的流程即可[①]。换言之，以重要性为漏斗，业务类型与披露

---

① 根据 ESRS 1，无论重要性评估的结果如何，企业都应披露 ESRS 2《一般披露》要求的信息以及 ESRS 2 附录 C 要求的各个主题准则中与 ESRS 2 相关披露要求相关联的信息。比如，对 ESRS E1、E2、E3、E4、E5 和 ESRS G1 这六个主题准则而言，ESRS 2 附录 C 要求披露与 ESRS 2 披露要求 IRO－1 相关联的信息（即描述识别和评估 IRO 的流程）。

主题关联度不同的企业天然可以实现差异化披露。鉴于此，具体主题准则在进行披露要求设计时，理应针对相关主题重要 IRO 的应对。ESRS E3 特别强调的一个重要 IRO 与遭受水风险的场所包括高水压力地区有关。企业应单独披露遭受水风险包括高用水压力地区的 IRO，采取的相关政策、行动、指标和目标，以及耗水总量和强度，以区别于其他披露。这种差异化的披露要求值得借鉴。在缺水地区与非缺水地区经营的企业，面临不同的水风险。在缺水地区经营的企业，其面临的水风险显然高于在非缺水地区经营的企业，不仅可能导致更大的财务影响，而且可能会因为耗水问题影响到所在地区其他利益相关者的利益（如对周边居民饮水和用水的影响）。对于这类企业而言，其与水资源相关的影响和风险及其应对的信息披露，就应成为重中之重。反之，对于在非缺水地区经营的企业，这方面的信息披露就不是特别重要。

（三）水与海洋资源准则应同时披露耗水总量和耗水强度信息

耗水总量和耗水强度因行业不同而存在重大差异，折射出不同行业的企业对水资源的不同影响程度和依赖程度，对于使用者评估企业的水影响和水风险都是不可或缺的重要信息。我国实施水资源消耗总量和消耗强度双控行动，根据《国家节水行动方案》和《实行最严格水资源管理制度考核办法》的相关要求，水利部会同国家发展改革委组织制定了各省、自治区、直辖市“十四五”用水总量和用水强度双控目标，到 2025 年全国用水总量控制在 6 400 亿立方米以内，万元国内生产总值用水量、万元工业增加值用水量分别比 2020 年降低 16% 左右和 16%。因此，我国若制定水与海洋资源准则，应同时要求企业披露耗水总量和耗水强度的信息，并应要求企业说明是否存在因耗水总量或耗水强度超标而被相关部门处罚，是否及时淘汰高耗水的设备、工艺和产品，是否采取切实有效的措施推动水资源利用方式进一步向集约节约方式转变等内容。

（原载于《财会月刊》2024 年第 3 期）

主要参考文献：

1. EC. ESRS 1 General Requirements [EB/OL]. http://finance.europa.eu, 31 July, 2023.

2. EC. ESRS 2 General Disclosures [EB/OL]. http://finance.europa.eu, 31 July, 2023.

3. EC. ESRS E3 Water and Marine Resources [EB/OL]. http://finance.europa.eu, 31 July, 2023.

4. WEF. How much water do we really have? A look at the global freshwater distribution [EB/OL]. www.weforum.org, 25 July, 2023.

5. UN. The United Nations World Water Development Report [EB/OL]. www.unwater.org, 15 March 2023.

ESRS E4《生物多样性和生态系统》解读

黄世忠　叶丰滢

【摘要】欧盟委员会2023年7月31日发布了第一批12个欧洲可持续发展报告准则（ESRS），包括2个跨领域交叉准则和10个环境、社会和治理主题准则。这是继国际可持续披露准则理事会（ISSB）2023年6月26日发布两份国际财务报告可持续披露准则后可持续发展报告准则发展进程中将载入史册的里程碑事件，对于推动经济、社会和环境的可持续发展意义非凡。为了帮助读者全面了解ESRS，笔者对这12个ESRS进行系统的分析和解读。本文从准则目标、与其他准则的关系、核心内容（治理，战略，影响、风险和机遇管理，指标和目标）披露要求三个方面，对第E4号欧洲可持续发展报告准则《生物多样性和生态系统》（ESRS E4）进行解读并提出对我国制定生物多样性与生态系统准则的启示意义。

【关键词】生物多样性；生态系统；影响；风险与报酬

一、引言

地球是人类与其他生物共同生活的家园，人类与其他生物一起构成地球神奇而精妙的生态系统，离开其他生物，人类在这个生态系统里难以独善其身。因此，生物多样性[①]和生态系统是地球生命共同体的血脉和根基，关系人类福祉，是人类赖以生存

① 生物多样性（Biodiversity或Biological Diversity）是美国野生生物学家和保育家雷蒙德·R. 达斯曼（Ramond R. Dasman）1968年在《一个不同类型的国度》一书中率先提出的生态术语，包括遗传多样性（Genetic Diversity）、物种多样性（Species Diversity）和生态系统多样性（Ecosystem Diversity）。我国国务院新闻办公室2021年10月发表的《中国的生物多样性保护》白皮书指出，生物多样性是生物（动物、植物、微生物）与环境形成的生态复合体以及与此相关的各种生态过程的总和，包括生态系统、物种和基因三个层次。

和发展的基础。世界经济论坛的研究表明，全球一半以上的 GDP 依赖于自然界的馈赠，全世界 21 亿人口的生计有赖于生态系统的有效管理和可持续发展（WEF，2020）。然而，对人类和企业可持续发展至关重要的生物多样性与生态系统却在遭受前所未有的挑战和危机。联合国生物多样性和生态系统服务政府间科学政策平台（IPBES）在一份评估报告中指出，人类活动正在侵蚀生态系统根基，对陆地和海洋生态以及物种造成严重破坏，约 100 万种动植物面临灭绝的风险，人类过度追求经济增长和物质享受引发的第六次物种大灭绝的程度远超前五次大灭绝①（黄世忠，2022）。在世界经济论坛发布的《2022 全球风险报告》列举的未来十年十大风险中，生物多样性丧失位列第三大风险（WEF，2022）。可见，应对生物多样性丧失和生态系统退化迫在眉睫。基于此，欧盟将生物多样性和生态系统作为第一批五大环境准则之一。同样地，ISSB 在准则制定议程咨询中，多数反馈意见也呼吁将生物多样性与生态系统及生态系统服务（Biodiversity，Ecosystem and Ecosystem Services，BEES）作为 ISSB 准则制定的优先议程。

二、准则目标

ESRS E4《生物多样性②和生态系统》对企业与陆地、淡水和海洋栖息地、生态系统及其动植物物种的关系（包括物种内部、物种之间以及生态系统之间的多样性及其与原住民和受影响社区的相互关系）提出披露要求。ESRS E4 的目标在于帮助可持续发展说明书的使用者了解下列事项：（1）企业如何对生物多样性与生态系统产生重要的实际或潜在的积极和消极影响，包括企业对生物多样性丧失和生态系统退化驱动因素的影响程度；（2）为防范或减缓重要的实际或潜在的消极影响、保护和恢复生物多样性与生态系统，以及处理与此相关的风险和机遇所采取的行动及其效果；（3）企业调整其战略和商业模式适应以下方面的计划和能力：①尊重与生态圈完整性和土地系统改变有关的地球边界③；②昆明—蒙特利尔全球生物多样性框架的愿景及相关目标；③欧盟 2030 生物多样性战略相关规定；④欧洲议会和欧盟理事会第 2009/147/EC 号指令以及欧盟理事会第 92/43/EEC 号指令《欧盟鸟类及栖息地指令》；⑤欧洲议会和欧

① 前五次大灭绝与人类无关，那时还没有人类。

② ESRS E4 所使用的生物多样性（Biodiversity 或 Biological Diversity）一词，是指各种来源的生物（包括陆地、淡水、海洋和其他水生生态系统的生物）之间以及它们所组成的生态综合体之间的差异性。

③ 地球边界（Planetary Boundaries）的概念 2009 年由德国波茨坦气候影响研究所（PIK）首次提出，旨在为人类定义一种安全的操作空间，对全球的可持续发展政策制定产生广泛的影响。地球边界具体包括九个边界：气候变化边界、新兴污染物边界、平流层臭氧消耗边界、大气气溶胶负荷边界、海洋酸化边界、生物地球化学循环边界、淡水使用边界、土地系统改变边界、生态圈完整性边界。人类一旦越过了某个地球边界，将会导致地球进入危险的状态。

盟理事会第2008/56/EC号指令《海洋战略框架指令》；（4）企业与生物多样性和生态系统相关的重要风险、依赖和机遇的性质、类型和程度，以及企业如何管理这些风险、依赖和机遇；（5）企业对生物多样性和生态系统的影响和依赖所产生的风险和机遇对企业短期、中期和长期的财务影响。

三、与其他ESRS的相互作用

生物多样性和生态系统与其他环境问题联系密切。生物多样性和生态系统变化的最直接驱动因素是气候变化、污染、土地使用变化、淡水使用变化、海水使用变化、生物体直接开发利用和外来物种入侵。上述驱动因素中，除了气候变化和污染由ESRS E1和ESRS E2予以规范外，剩下的皆由ESRS E4规范。

为获得对生物多样性和生态系统重要影响和依赖的全面了解，使用者应将ESRS E4的披露要求与其他环境主题准则的披露要求一起阅读理解。其他环境主题准则所涵盖的相关披露要求包括：ESRS E1《气候变化》主要涉及温室气体排放和能源资源（能源消耗）；ESRS E2《污染》主要涉及空气、水和土壤的污染；ESRS E3《水和海洋资源》主要涉及水资源（水消耗）和海洋资源；ESRS E5《资源利用和循环经济》主要涉及从开采不可再生资源转型以及实施防止废弃物产生（包括废弃物产生的污染）的做法。

企业对生物多样性和生态系统的影响还会影响人和社区。按照ESRS E4报告生物多样性和生态系统变化对受影响社区的重要消极影响时，企业应考虑ESRS S3《受影响的社区》的要求。

ESRS E4要求企业将其与ESRS 1《一般要求》和ESRS 2《一般披露》一并阅读和应用。

四、披露要求

ESRS E4从战略、影响和风险及机遇、指标和目标三个方面，对企业披露生物多样性和生态系统相关信息提出要求。

（一）战略

披露要求E4－1：在战略和商业模式中对生物多样性和生态系统的考虑和转型计划

企业应披露其对生物多样性和生态系统的影响、依赖、风险和机遇如何产生以及其战略和商业模式如何适应。这项披露要求的目标是便于使用者了解企业的战略和商业模式对生物多样性和生态系统的适应性，以及企业的战略和商业模式与相关地区、国家和全球与生物多样性和生态系统有关的公共政策目标的适配性。

有关企业战略和商业模式对生物多样性和生态系统适应性的描述应包括：（1）现有商业模式和战略对生物多样性和生态系统相关物理风险、转型风险和系统风险的适应性评估；（2）对企业自身经营活动和上下游价值链进行适应性分析的范围以及适应性分析所考虑的风险；（3）所做的关键假设；（4）采用的时间范围；（5）适应性分析的结果；（6）利益相关者的参与情况，包括是否在合适的情况下请原住民和了解当地情况的人士参与①。

企业可披露其旨在改进商业模式和战略并最终与昆明—蒙特利尔全球生物多样性框架的愿景及相关目标、欧盟2030生物多样性战略以及尊重与生物圈完整性和土地系统改变相关的地球边界保持一致的转型计划，披露时可索引欧盟2030生物多样性战略相关目标和联合国可持续发展相关目标。ESRS E4的应用要求进一步引导企业在披露转型计划时：（1）解释其将如何调整战略和商业模式以改善并最终实现与相关地方、国家和全球公共政策目标的一致；（2）解释其自身运营中应对上下游价值链已识别重要影响的措施；（3）解释其战略与转型计划的相互作用；（4）解释其为应对生物多样性和生态系统影响驱动因素所作的贡献及可能的减缓行动；（5）量化并说明其支持转型计划实施的投资和资金（可参考欧盟授权法有关资本支出计划的披露要求）；（6）如果企业的经济活动属于欧盟分类法生物多样性条例所覆盖的经济活动，解释其为使经济活动（收入、资本支出）与这些条例规定的标准相一致而制订的目标或计划；（7）解释其是否将生物多样性抵销作为转型计划的一部分，如果是，计划在哪里使用抵销，总体转型计划在多大程度上使用抵销，以及是否考虑减缓层级等；（8）解释其如何管理转型计划的实施和更新过程；（9）解释其如何衡量进展，包括所用指标和方法；（10）说明企业行政、管理和监督机构是否批准了转型计划；（11）说明当前的挑战和限制，起草重大影响领域应对计划。

披露要求SBM－3：重要影响、风险和机遇（IRO）及其与战略和商业模式的相互作用

企业应披露：（1）自身经营的重要场所清单，包括在其经营控制之下的具有重要IRO的场所。企业应按以下方式披露这些场所：①说明对生物多样性敏感区域产生消极影响的活动；②提供按照已识别影响和依赖以及其所处地区生态状况（参照特定的

① 如果上述披露要求规定的信息已作为ESRS 2披露要求SBM－3的一部分披露，企业可直接索引相关披露内容。

生态系统基线水平）分类的场所清单；③说明受影响的生物多样性敏感区域，以便使用者能够确定活动开展的地点和负责的监管当局；（2）是否已识别关于土地退化、沙漠化和土壤封盖等重要消极影响；（3）是否开展影响濒危物种的经营活动。

（二）IRO 管理

与 ESRS 2 相关的披露要求 IRO－1：描述识别和评估与生物多样性和生态系统相关的影响、风险、依赖和机遇

企业应描述识别和评估重要影响、风险、依赖和机遇的程序，并提供以下信息：（1）是否以及如何识别和评估对自身经营场所和上下游价值链生物多样性和生态系统的实际和潜在影响，包括所采用的评估标准；（2）是否以及如何识别和评估其自身经营场所和上下游价值链对生物多样性和生态系统及其服务的依赖，包括所采用的评估标准，以及该评估是否包括中断或可能中断的生态系统服务；（3）是否以及如何识别和评估与生物多样性和生态系统相关的转型风险和物理风险，包括所采用的基于影响和依赖的评估标准；（4）是否以及如何考虑系统性风险；（5）是否以及如何与受影响的社区就共享生物资源和生态系统的可持续性评估进行磋商，特别是：①某个特定场所、原材料生产或采购可能对生物多样性和生态系统产生消极影响时，企业应识别具有或可能具有消极影响的特定场所、原材料生产或采购对受影响的社区的影响；②受影响的社区可能受到影响时，企业应披露这些社区如何参与到重要性评估中；③关于在自身经营活动中与受影响社区相关的生态系统服务的影响，企业应说明如何避免消极影响。如果这些消极影响不可避免，企业可说明将影响最小化的计划以及拟采取的旨在保持重点生态系统服务的价值和功能的减缓措施。

ESRS E4 应用要求提出，企业在评估生物多样性和生态系统在自身运营及其上下游价值链中的重要性时，可按照自然相关财务信息披露工作组（TNFD）的 LEAP 法的前三个阶段［Locate（定位）、Evaluate（评价）和 Access（评估）］实施。各个阶段的主要任务如下：

阶段 1：定位企业与生物多样性和生态系统交互的地点。为实现准确定位，企业可考虑：（1）列出与企业业务活动相关的直接资产、经营和上下游价值链场所清单；（2）列出与清单所列场所相联系的生物群落和生态系统；（3）确定每个场所生物多样性和生态系统的完整性和重要性；（4）列出位于生物多样性敏感区域或附近的场所清单；（5）确定哪些经营分部、业务单元、价值链或资产类别在上述场所与生物多样性和生态系统相交互。企业可选择按原材料生产地或来源地统计采购或销售的原材料重量（以吨为单位）的方式反映这种交互。

阶段2：评价企业对阶段1所定位场所生物多样性和生态系统的实际或潜在的影响和依赖。企业可考虑：（1）识别与生物多样性和生态系统交互的业务流程和活动；（2）识别实际和潜在的影响和依赖；（3）说明对生物多样性和生态系统影响的规模、等级、发生频率、时间范围。企业可披露：①供应商设施位于风险易发地区的百分比；②向设施位于风险易发地区的供应商进行采购所发生支出的百分比；（4）说明对生物多样性和生态系统依赖的规模和等级，包括对原材料、自然资源和生态系统服务的依赖性。企业可参考诸如生态系统服务共同国际分类（CICES）的分类。

阶段3：基于第一阶段和第二阶段的结果，评估企业面临的重要风险和机遇。企业可考虑如下三种风险类型：（1）物理风险，包括急性物理风险和慢性物理风险；（2）转型风险，包括政策与法律风险、技术风险、市场风险和声誉风险；（3）系统性风险，包括生态系统崩溃从而导致关键自然系统不再正常运行的风险、与生物多样性丧失对投资组合中转型风险和物理风险水平基本影响有关的综合风险、传染风险（因某些公司或金融机构未能考虑生物多样性相关风险而导致的财务困难外溢至整个经济体系的风险）。

企业可披露是否以及如何利用生物多样性和生态系统情景分析为识别和评估短期、中期和长期的重要风险和机遇提供依据。如果企业已经采取此类情景分析，可披露：（1）为何选择所考虑的情景；（2）所考虑的情景如何根据不断变化的条件和趋势进行更新；（3）所考虑的情景是否以权威政府间机构（如生物多样性公约相关机构）的预期和科学共识（如IPBES的评估）为依据。

企业应特别披露：（1）其是否在生物多样性敏感区域拥有经营场所，与这些场所相关的活动是否导致自然和物种栖息地恶化以及对指定保护区的物种造成干扰从而对这些生物多样性敏感区域产生消极影响；（2）其是否认为有必要实施生物多样性缓解措施，如欧洲议会和欧盟理事会关于保护野生鸟类的第2009/147/EC号指令、欧盟理事会关于保护自然栖息地和野生动植物的第92/43/EEC号指令、欧洲议会和欧盟理事会关于公共和私营项目环境影响评估的第2011/92/EU号指令所确定的缓解措施。对于在欧盟之外国家的活动，披露其是否认为有必要实施相关国家规定或国际标准（如国际金融公司绩效标准6“生物多样性保护和生物自然资源可持续管理”）确定应采取的缓解措施。

披露要求E4－2：与生物多样性和生态系统相关的政策

企业应描述其为管理与生物多样性和生态系统相关的重要影响、风险、依赖和机遇所采取的政策。这项披露要求的目标是便于使用者了解企业所采取的政策在多大程度上解决了生物多样性和生态系统相关影响、风险、依赖和机遇的识别、评估、管理

和补救问题。

企业应按照 ESRS 2 披露要求 MDR－P“管理重要可持续发展问题所采取的政策”的规定，说明其已采取的管理生物多样性和生态系统相关重要影响、风险、依赖和机遇的政策。除此之外，企业还应说明其生物多样性和生态系统政策是否以及如何：（1）与重要性评估情况相关联；（2）与生物多样性和生态系统的重要影响相关联；（3）与重要依赖和重要物理风险和转型风险相关联；（4）对其价值链上的生物多样性和生态系统具有重要实际或潜在影响的产品、部件和原材料提供可溯源的支持；（5）通过定期监测和报告生物多样性状况和损益，解决能够维持或加强生物多样性条件的生态系统的生产、采购或消费问题；（6）解决生物多样性和生态系统相关影响的社会后果。

企业应特别披露其是否已经采取如下政策：（1）生物多样性和生态系统保护政策，涵盖在生物多样性敏感区或附近拥有、租赁或管理的经营场所；（2）可持续的土地或农业实践或政策；（3）可持续的海洋和海域实践或政策；（4）解决森林砍伐问题的政策。

披露要求 E4－3：与生物多样性和生态系统相关的行动和资源

企业应披露其与生物多样性和生态系统相关的行动以及为采取这些行动所配置的资源。这项披露要求的目标是便于使用者了解企业为实现其生物多样性和生态系统政策目标已经采取和拟采取的关键行动。企业应根据 ESRS 2 披露要求 MDR－A“与重要可持续发展问题相关的行动和资源”的规定描述关键行动和资源。

除此之外，（1）企业可披露其已采取或拟采取的行动属于减缓层级中的哪个层级（避免、最小化、恢复和复原、补偿或抵销）；（2）企业应披露其所采取的行动是否使用生物多样性抵销，如果使用了生物多样性抵销，企业应提供如下信息：抵销的目的及采用的关键业绩指标；按货币单位表述的生物多样性抵销财务影响（直接和间接成本）；抵销的描述（包括地区、种类、采用的质量指标、生物多样性抵销所遵循的标准等）；（3）企业应描述其是否以及如何将当地情况和原住民相关讯息以及基于自然的解决方案融入生物多样性和生态系统相关行动。

（三）指标与目标

披露要求 E4－4：与生物多样性和生态系统相关的目标

企业应披露其已制定的与生物多样性和生态系统相关的目标。这项披露要求的目标是便于使用者了解企业为支持生物多样性和生态系统政策，应对与此相关的重要影响、依赖、风险和机遇而制定的目标。企业应根据 ESRS 2 披露要求 MDR－T“通过目标追踪政策和行动的效果”描述目标。

企业描述的目标应包括以下信息：（1）制定目标时是否采用生态阈值并将其影响在企业内分摊，如果是，企业应具体说明：已确定的生态阈值[①]以及用于确定阈值的方法；该阈值是否为企业特定阈值，如果是，这些阈值是如何确定的；企业内部如何分摊已确定的生态阈值；（2）该目标是否以昆明—蒙特利尔全球生物多样性框架、欧盟2030生物多样性战略相关要求以及其他生物多样性和生态系统国家政策和立法为依据或与其相一致；（3）企业如何在其自身经营活动和上下游价值链中识别与生物多样性和生态系统的影响、依赖、风险和机遇相关的目标；（4）该目标的地理范围（如相关）；（5）企业制定的目标是否包含生物多样性抵销；（6）目标可分摊至哪个减缓层级（如避免、最小化、恢复和复原、补偿或抵销）。

ESRS E4 的应用要求建议企业按表1的格式披露重要影响相关的目标，同时提及与生物多样性和生态系统相关的可计量的目标包括：（1）企业直接或间接控制的受保护或恢复的栖息地的规模及位置，以及恢复措施是否获得独立外部专业人士的核准；（2）在原本并非栖息地的地方重新创建栖息地；（3）生态完整性得到改善的项目/场所数量或百分比。

表1　目标披露格式

根据减缓层级确定的目标类型	基线值和基年	目标值和地理范围			相关政策或立法
		2025	2030	到2050	
避免					
最小化					
恢复和复原					
补偿或抵销					

资料来源：ESRS E4。

披露要求 E4-5：与生物多样性和生态系统相关的影响指标

企业应报告与生物多样性和生态系统重要影响相关的指标。这项披露要求的目标是便于使用者了解企业对在生物多样性和生态系统变化重要性评估中被识别为重要的影响所采取行动的表现情况。

如果企业已确定在生物多样性敏感区或其附近有产生消极影响的经营场所，企业应披露在保护区或关键生物多样性区域拥有、租赁或管理的场所数量和面积（按公顷

① 超过生态系统所能承受的外界压力，使其无法通过自我调控机制恢复平衡，从而导致生态系统崩溃的限度称为生态阈值。

表示）。

如果企业已识别出与土地使用变化相关的重要影响，或者对生态系统范围和条件的影响，企业可披露按生命周期评估的土地使用情况。

如果企业判断其直接导致土地使用变化、淡水使用变化和海水使用变化的影响因素，应报告相关指标。可披露的指标包括：（1）地表覆盖（如森林砍伐或采矿）随时间推移（如以1年或5年为单位）的转换；（2）生态系统管理（如通过强化农业管理、运用更好管理实践或森林采伐）随时间推移（如以1年或5年为单位）的变化；（3）地貌空间结构的变化（如栖息地碎片化、生态系统连接性的变化）；（4）生态系统结构连接性（如基于物理特征的栖息地渗透性和栖息地斑块的布局）的变化；（5）功能连接性（如基因或个体在陆地、淡水和海域环境中迁移的能力如何）。

如果企业判断其有意或无意直接导致引入外来入侵物种，企业可披露其用于管理外来入侵物种引入和扩散的路径指标以及外来入侵物种可能带来的风险指标。

如果企业已确定与物种状态相关的重要影响，企业可报告相关指标。报告时，企业：（1）可参阅 ESRS E1、ESRS E2、ESRS E3 和 ESRS E5 的相关披露要求；（2）考虑种群大小、特定生态系统的范围以及灭绝风险，这些方面为单一物种群体健康状况以及其对人为因素和自然变化的相对韧性提供启示；（3）披露计量特定地区某一物种个体数量变化的指标；（4）披露计量物种灭绝风险的指标，这些指标计量对物种的威胁状况以及经营活动和压力如何影响威胁状况以及濒危物种栖息地的变化（作为反映企业对当地种群灭绝风险影响的替代变量）。

如果企业已识别与生态系统相关的重要影响：（1）在生态系统范围方面，企业可披露用于计量特定生态系统所覆盖地区的指标而不必考虑这些地区质量评估的情况。例如，森林覆盖是对特定类型生态系统范围的计量，但这一指标并未考虑该生态系统的状况，即森林覆盖指标仅提供森林覆盖的面积而不必描述森林内的物种多样性；（2）在生态系统状况方面，企业可披露用于计量生态系统质量（相较于事先确定的参考状态）的指标、用于计量特定生态系统内部的多种物种而不是该生态系统内单一物种个体数量的指标（如科学确定的物种丰富度指标[①]）；（3）反映生态系统状况结构的指标，如栖息地的连接性。

披露要求 E4－6：重要的生物多样性和生态系统相关风险和机遇的预期财务影响

企业应披露重要生物多样性和生系统相关风险和机遇的预期财务影响，这是在

① 该指标参照首个报告期的状态和昆明—蒙特利尔全球生物多样性框架概述的目标状态对生态系统内（本地）物种构成的发展程度进行计量。

ESRS 2 披露要求 SBM－3（企业应披露对报告期财务状况、财务业绩和现金流量的当期财务影响）的基础上额外要求披露的信息。这项披露要求的目标是便于使用者了解：（1）来自生物多样性和生态系统相关影响和依赖的重要风险的预期财务影响，包括这些风险如何在短期、中期和长期对企业的财务状况、财务业绩和现金流量产生重要的影响；（2）生物多样性和生态系统相关的重要机遇的预期财务影响。

企业应披露：（1）考虑生物多样性和生态系统相关行动前按货币量化的预期财务影响。在可能需要付出过度成本或努力才可实现量化披露的情况下，亦可提供预期财务影响的定性信息。对于来自机遇的财务影响，若披露的信息不符合 ESRS 1 附件 B 规范的信息质量特征，可不予以量化；（2）对所考虑影响、与之相关影响和依赖的以及它们可能发生的时间范围的描述；（3）量化预期财务影响所使用的关键假设，以及这些假设的来源和不确定性程度。

五、对我国准则制定的启示

近年来，我国在生物多样性和生态系统保护方面成效显著，举世公认。我国已成为世界上生物多样性最丰富的国家之一，通过构建以国家公园为主体的自然保护地体系，我国有记录的陆生脊椎动物有 2 900 多种，占全球种类总数的 10% 以上，高等植物 3.6 万余种，数量居全球第三（丰寿炎，2021），为应对全球生物多样性挑战贡献了中国智慧和中国力量。我国积极参与生物多样性国际治理，2022 年通过的昆明—蒙特利尔全球生物多样性框架为今后直至 2030 年乃至更长一段时期的全球生物多样性治理擘画了新的蓝图。在此良好基础之上，我国可借鉴 ESRS E4，着手制定与相关国际准则保持一致又符合中国国情且能够彰显中国特色的生物多样性与生态系统准则。ESRS E4 对我国制定生物多样性与生态系统准则带来至少以下三点启示意义。

（一）补足生物多样性和生态系统保护相关信息披露的短板

与气候变化等环境主题相比，生物多样性和生态系统的信息披露明显不足。气候披露准则理事会（CDSB）审阅了欧盟最大 50 家公司 2020 年按照非财务报告指令（NFRD）披露的报告，结果发现，只有 46% 的公司在其报告中提供生物多样性信息，而披露气候变化相关信息的公司比例高达 100%。此外，只有 10% 的公司披露生物多样性的指标，而披露温室气体排放和水资源指标的公司比例分别高达 100% 和 90%（CDSB，2021）。中国上市公司协会的研究报告表明，2022 年在我国公布 ESG 报告的上市公司中，披露环境管理体系、水资源利用、能源利用、自然资源消耗与管理、有

害排放与废弃物、气候变化应对信息的比例分别为71.47%、45.26%、57.98%、38.24%、67.39%和22.82%，而披露生物多样性信息公司的比例只有15.11%（中国上市公司协会，2023）。鉴于生物多样性和生态系统是仅次于气候变化的突出问题，我国在制定生物多样性相关信息披露准则时，应重申生物多样性保护的重要性，并借鉴ESRS E4的做法，要求企业和金融机构按照《昆明—蒙特利尔全球生物多样性框架》的规定（特别是第15个行动目标的规定）披露生物多样性相关信息。第15个行动目标要求各缔约国采取法律、行政或政策措施，鼓励和推动企业和金融机构：（1）定期监测、评估和透明地披露其面临的生物多样性风险、对生物多样性的依赖程度和影响，包括要求所有大型跨国公司和金融机构披露其运营、供应链和价值链以及投资组合对生物多样性的影响和依赖；（2）向消费者提供所需信息，促进生物资源的可持续消费模式；（3）遵守生物资源获取和惠益分享要求并就此提出报告。这三项信息披露要求，目的是逐步减少对生物多样性的不利影响，增加有利影响，减少企业和金融机构的生物多样性相关风险，促进企业和金融机构采取有助于保护生物多样性的可持续生产模式。

（二）兼顾影响、依赖、风险和机遇全流程的识别和评估

在五个环境主题准则中，ESRS E4是唯一一个明确将IRO扩展为IDRO（影响、依赖、风险和机遇）的准则[①]，其中影响（Impact）和依赖（Dependence）是两个关键词，它们是风险和机遇的来源。影响是指企业活动（包括自身经营活动和上下游价值链活动）对生物多样性丧失和生态系统退化造成的直接或间接的影响，ESRS E4的大部分条款围绕这方面进行设计，要求企业披露具有影响重要性的外部性信息（指标部分更是只要求披露影响指标），充分彰显ESRS对企业经营对生物多样性和生态系统造成的负外部性的高度关注。唯有如此，才能督促企业及时采取措施，充分降低负面影响（包括避免、最小化、恢复和复原、补偿或抵销等），同时也引导投资者远离对生物多样性和生态系统构成重大危害的企业。

依赖是指企业活动对生物资源和生态系统服务的倚重。与影响相比，依赖是更直接的具有财务重要性的风险和机遇的来源[②]。比如，ESRS E4的应用要求建议企业列报企业在各个关键生态区采购原料的绝对数量和相对数量，进而评价依赖的规模和等级。这一要求通过量化企业对关键生态系统服务的依赖程度，为后续风险和机遇的识

① ESRS E3的披露要求中与海洋资源有关的部分也要求披露依赖，主要针对关键海洋资源相关商品。但从准则条目上，ESRS E3并未将依赖管理上升至IRO管理同样的高度。

② 根据双重重要性原则，影响反弹才会形成财务重要性，而依赖直接导致财务重要性（叶丰滢和黄世忠，2023）。

别与评估，包括预期财务影响的估算提供重要的关联性信息。

总之，为人类福祉计，生物多样性和生态系统是所有企业经营都必须高度重视的资源和关系，其准则制定应用双重重要性原则具有天然的正当性和必要性。ESRS E4对影响、依赖、风险和机遇递进地提出披露要求，可以促使企业通过信息披露串联起外部性内部化的关键过程和结果，提供对所有利益相关者决策有用的信息。若生物多样性和生态系统准则制定只关注财务重要性而不关注影响重要性，可能导致企业只有在影响反弹或依赖造成实际或潜在重大财务影响时才会针对性地采取政策、行动、指标和目标，从而错失治理的最佳时机，对生物群落和生态环境造成不可逆的伤害。因此，我国在制定生物多样性和生态系统准则时应尽量避免这一倾向，以免重心失焦甚至本末倒置。

（三）重点强调关键生物多样性区域的披露

关键生物多样性区域（Key Biodiversity Areas，KBA）又称生物多样性敏感区域（Biodiversity Sensitive Areas，BSA），是ESRS E4要求企业特别关注的重点对象。KBA或BSA类似于我国的生态保护红线，我国将具有生物多样性保护等生态功能极重要区域和生态极脆弱区域划入生态保护红线，进行严格保护。与大多数环境主题准则一样，生物多样性与生态系统准则在空间维度上具有地点特定性（Location Specific）的特点，即企业对生物多样性和生态系统服务的影响、依赖、风险和机遇因其经营场所所处区域不同而存在重大差异。因此，ESRS E4将KBA或BSA确定为准则针对的重点。企业在通过LEAP法识别出与生物多样性和生态系统相关的重要影响、依赖、风险和机遇后，应单独披露KBA或BSA地区的影响、依赖、风险和机遇与战略的相互作用，采取的相关政策、行动、影响指标和目标，以区别于其他披露。一个被ESRS E4特别强调的影响指标是企业是否在KBA或BSA范围内或附近拥有、租赁或管理经营场所以及具体数量和面积。我国制定生物多样性与生态系统准则时，可借鉴ESRS E4这一做法，着重要求企业披露是否在生态保护红线内或附近拥有或租赁经营场所。对在生态保护红线内运营的企业，应特别提出信息披露要求。

（原载于《财会月刊》2024年第4期）

主要参考文献：

1. 黄世忠．第六次大灭绝背景下的信息披露——对欧盟《生物多样性和生态系

统》准则的分析［J］. 财会月刊，2022（14）：3－11.

2. 丰寿炎. 保护生物多样性的中国智慧［N］. 光明日报，2021 年 10 月 10 日第 4 版.

3. EC. ESRS 1 General Requirements［EB/OL］. http：//finance. europa. eu，31 July，2023.

4. EC. ESRS 2 General Disclosures［EB/OL］. http：//finance. europa. eu，31 July，2023.

5. EC. ESRS E4 Biodiversity and Ecosystems［EB/OL］. http：//finance. europa. eu，31 July，2023.

6. TNFD. The TNFD Nature－related Risk & Opportunity Management and Disclosure Framework［EB/OL］. www. tnfd. org，2022.

7. TNFD. Recommendations on the Taskforce on Nature－related Financial Disclosures［EB/OL］. www. tnfd. org，2023.

8. WEF. Nature Risk Rising：Why the Crisis Engulfing Nature Matters for Business and the Economy［EB/OL］. www. weforum. org，2020.

ESRS E5《资源利用和循环经济》解读

黄世忠　叶丰滢

【摘要】欧盟委员会（EC）2023年7月31日发布了第一批12个欧洲可持续发展报告准则（ESRS），包括2个跨领域交叉准则和10个环境、社会和治理主题准则。这是继国际可持续准则理事会（ISSB）2023年6月26日发布两份国际财务报告可持续披露准则后可持续发展报告准则发展进程中将载入史册的里程碑事件，对于推动经济、社会和环境的可持续发展意义非凡。为了帮助读者全面了解ESRS，笔者对这12个ESRS进行系统的分析和解读。本文从准则目标、与其他准则的关系、核心内容（治理，战略，影响、风险和机遇管理，指标和目标）披露要求三个方面，对第E5号欧洲可持续发展报告准则《资源利用和循环经济》（ESRS E5）进行解读，并总结其对我国准则制定的三点启示意义。

【关键词】资源利用；资源利用相关影响、风险和机遇；循环经济

一、引言

1972年，麻省理工大学梅多斯教授在罗马俱乐部的资助下发表了题为《增长的极限》的研究报告，从经济、人口、粮食、环境、资源等角度分析和预测人类的可持续发展前景，得出的主要结论是：如果不改变现有的生产和生活方式，伴随着人口的快速增长和经济需求的急剧膨胀，粮食短缺、环境污染、资源耗竭将不可避免，人类的可持续发展最多只能延续到2100年。1987年，联合国发表了布兰特兰夫人领衔的具有划时代意义的研究报告《我们的共同未来》，将可持续发展定义为“满足当代人的需要而又不对后代人满足其需要的能力构成危害的发展”，并倡导全世界提高资源利用效率、大力发展循环经济，不要把我们子孙后代的资源耗竭（黄世忠，2021）。世

界自然基金会2012年发布的《地球活力报告》指出，如果不对生产和生活方式作出改变，到2030年我们将需要1.5个地球的资源才能维持人类生存（WWF，2012）。联合国在解释第12个可持续发展目标（SDG）“负责任的消费和生产”时进一步指出，2050年全球人口预计将达到96亿，到时我们需要三个地球的自然资源才能满足人类现有生活方式的需求（UN，2016）。这些研究报告尽管侧重点和角度不同，但都强调了集约节约利用资源、发展循环经济对于经济、社会和环境可持续发展的重要性。

工业革命以来，“获取—生产—废弃”的线性经济（Linear Economy）发展模式不仅消耗和浪费大量的资源，而且产生严重的温室气体排放、废物和污染，长此以往将难以为继，亟待寻求经济增长与资源脱钩的绿色低碳、循环利用资源的发展模式。经过多年探索和实践，从资源粗放利用的线性经济向资源集约利用的循环经济（Circular Economy）转型已成为新的发展趋势。为了推动经济发展模式的转型，欧盟2015年通过了一系列立法和政策举措，统称为欧盟《循环经济行动计划》（CEAP），2021年又通过《公司可持续发展报告指令》（CSRD）明确要求可持续发展报告准则环境主题准则必须包括资源利用与循环经济。本文简介ESRS E5《资源利用和循环经济》的主要规定，总结其特点和对我国制定可持续披露准则的启示意义。

二、准则目标

资源利用是环境影响（如气候变化、污染、水与海洋资源和生物多样性）的主要驱动因素。循环经济是倡导在采掘、加工、生产、消费、废物管理中对资源进行可持续利用的经济体系。这样的经济体系带来多重环境益处，特别是减少材料和能源消耗、降低大气排放（温室气体和其他污染物）、限制取水和排水以及再造有助于抑制生物多样性影响的自然生态。ESRS E5的目标在于提出披露要求以帮助可持续发展说明书的使用者了解下列事项：（1）企业如何影响资源利用，包括资源效率、避免资源耗竭、可持续采购和可再生资源利用（统称为“资源利用与循环经济”）的重要的实际或潜在的积极和消极影响；（2）为防范或减缓资源利用的重要的实际或潜在的消极影响所采取的行动及其效果，包括为了促使经济增长与材料使用脱钩、处理风险和机遇所采取的举措；（3）企业使其战略和商业模式与循环经济原则保持一致的计划和能力，包括但不限于最小化废物、保持产品材料和其他资源的价值处于最高价值水平并提升它们在生产和消费过程中的效用；（4）企业对资源利用与循环经济的影响和依赖所产生的重要风险和机遇的性质、类型和程度，以及企业如何管理这些风险和机遇；（5）企业对资源利用与循环经济的影响和依赖所产生的风险和机遇对企业短期、中期和长期的财务影响。

基于上述目标，ESRS E5 对“资源利用”和“循环经济”提出披露要求，特别是针对资源流入、资源流出和废物提出披露要求。其中“循环经济”是指尽可能长时间地保持产品、材料和其他资源的价值，提升其在生产和消费中的效用以便减少其使用对环境的影响，同时通过废物分层在其生命周期中最小化废物和危险物质排放的经济系统。循环经济的目标是通过建立一个允许耐用性、最佳利用或重复利用、翻新、再制造、循环和养分循环的系统，最大化并保持技术和生物资源、产品和材料的价值。

ESRS E5 建立在相关的欧盟立法框架和政策的基础上，包括欧盟《循环经济行动计划》、欧洲议会和欧盟理事会第 2008/98/EC 号《废物框架指令》以及欧盟产业战略。

三、与其他 ESRS 的相互作用

除 ESRS E5 外，为全面概述可能对资源利用与循环经济具有重要性的环境问题，另有相关披露要求通过以下其他环境主题准则予以规范：（1）ESRS E1《气候变化》主要涉及温室气体排放和能源资源（能源消耗）的披露要求；（2）ESRS E2《污染》主要涉及向水、空气和土壤的排放以及关注物质的披露要求；（3）ESRS E3《水和海洋资源》主要涉及水资源（水消耗）和海洋资源的披露要求；（4）ESRS E4《生物多样性和生态系统》主要涉及生态系统、物种和原材料的披露要求。

企业与资源利用和循环经济相关的影响，特别是废物相关影响还会对人和社区产生影响。资源利用和循环经济对受影响社区的影响，其披露要求通过 ESRS S3《受影响的社区》予以规范。资源利用的效用和循环有助于提升竞争力和经济福祉。

ESRS E5 应当与 ESRS 1《一般要求》和 ESRS 2《一般披露》一并阅读和应用。

四、披露要求

ESRS E5 从影响、风险和机遇管理以及指标和目标两个方面，对企业披露资源利用与循环经济相关信息提出要求。

（一）影响、风险和机遇（IRO）管理①

与 ESRS 2 相关的披露要求 IRO－1：描述识别和评估重要资源利用与循环经济相关的 IRO

企业应描述识别和评估与资源利用和循环经济（特别是资源流入、资源流出和废

① 本部分的披露要求应当与 ESRS 2 第四章“影响、风险和机遇管理”的披露要求一并阅读和报告。

物）相关的重要 IRO 的程序，并提供以下信息：（1）是否对其资产和活动进行审查以识别其自身经营活动和上下游价值链中与资源利用和循环经济相关的实际和潜在的 IRO。若进行了审查，应说明审查所用的方法、假设和工具；（2）是否以及如何开展协商，特别是与受影响社区进行协商。ESRS E5 的应用要求同样推荐了自然相关财务披露工作组（TNFD）提出的 LEAP 法进行重要性评估。

披露要求 E5－1：与资源利用和循环经济相关的政策

企业应描述其为管理与资源利用和循环经济相关重要 IRO 所采取的政策。这项披露要求的目标是便于使用者了解企业所采取的政策在多大程度上解决了资源利用和循环经济相关重要 IRO 的识别、评估、管理和补救问题。企业应按照 ESRS 2 披露要求 MDR－P“管理重要可持续发展问题所采取的政策”的规定，说明其已付诸实施的管理资源利用和循环经济相关重要 IRO 的政策。

概而言之，企业应说明其政策是否以及如何处理以下重要问题：（1）向摆脱对原始资源（Virgin Resources）的依赖转型，包括二次资源（回收物）利用的相对增长；（2）可持续采购和可再生资源的利用。

企业制定的政策应能应对其自身经营和上下游价值链的重要 IRO。

披露要求 E5－2：与资源利用和循环经济相关的行动和资源

企业应披露其与资源利用和循环经济相关的行动以及为采取这些行动所配置的资源。这项披露要求的目标是便于使用者了解企业为实现其与资源利用和循环经济相关的政策目标已采取或拟采取的关键行动。

企业对资源利用和循环经济相关行动和资源配置的描述应当遵循 ESRS 2 披露要求 MDR－A“与重要可持续发展问题相关的行动和资源”的规定。除此之外，企业还可具体说明其采取的行动和资源配置是否以及如何涵盖以下方面：（1）提高技术和生物材料以及水资源利用的效率，特别是欧盟“原材料信息系统”列示的关键原材料和稀土的资源效率；（2）提高对二次原料（回收物）的利用率；（3）运用循环设计，促使产品耐用性的提高和最佳利用，以及对重复利用、修理、翻新、再制造、再利用和循环的更高效率；（4）运用循环商业惯例，如价值保持行动（维护、修理、翻新、再制造、部件回收、升级和逆向物流、闭环系统、二手零售）、价值最大化行动（产品—服务系统、协作和共享经济商业模式）、寿命终止行动（循环、升级再造、延长生产者责任）以及系统效率行动（工业共生）；（5）为防止企业上下游价值链废物产生所采取的行动；（6）与废物分层相一致的废物管理优化。

（二）指标与目标

披露要求 E5－3：与资源利用和循环经济相关的目标

企业应披露其已制定的与资源利用和循环经济相关的目标。这项披露要求的目标是便于使用者了解企业为支持资源利用和循环经济相关政策以及应对相关重要 IRO 而制定的目标。企业对目标的描述应包含 ESRS 2 披露要求 MDR－T“通过目标追踪政策和行动的效果”所规定的信息披露要求。

企业对目标的描述应当包含目标是否以及如何与资源流入和流出（包括废物、产品和材料）相联系，具体地说，是否与下列事项相联系：（1）循环产品设计（包括诸如耐用性、可拆除性、可维修性、可循环性）的增加；（2）循环材料利用率的增加；（3）主要原材料使用最小化；（4）可持续采购和对可再生资源的利用（与级联原理相一致）；（5）废物管理，包括为恰当处理做准备；（6）与资源利用或循环经济相关的其他事项。

企业应具体说明其目标与废物分层的哪个层级相关联。

除了披露 ESRS 2 披露要求 MDR－T 所要求的信息外，企业可具体说明制定目标时是否考虑生态阈值和主体特定地点，如果已考虑，企业可具体说明：（1）已确定的生态阈值以及用于确定这些阈值的方法；（2）这些阈值是否属于主体特定阈值，如果是，它们是如何确定的；（3）企业内部如何分摊已确定的生态阈值的责任。

作为背景信息的一部分，企业应具体说明其已制定和列报的目标是强制性（立法所要求的）的还是自愿性的。

披露要求 E5－4：资源流入

企业应披露与其重要 IRO 相关的资源流入信息，包括产品（含包装）和材料（应具体说明关键原材料和稀土）、企业自身经营和价值链上下游使用的水和厂场、设备、财产等。这项披露要求的目标是便于使用者了解企业自身经营和上下游价值链的资源利用情况。

企业将资源流入评估为重要的可持续发展问题时，应当披露报告期间按吨或公斤表示的用于制造产品和提供服务的下列材料信息：（1）报告期间使用的产品、技术和生物材料的总重量；（2）用于制造企业产品和服务（含包装）的可持续采购的生物材料（以及非能源用途的生物燃料）百分比，并提供所使用认证方法和级联原理运用的信息；（3）用于制造企业产品和服务（含包装）所使用的二次再利用或回收部件、二次中间产品和二手材料的绝对值和百分比。

企业应提供用于计算上述数据的方法论信息，应具体说明这些数据是来自直接计

量还是估计，并披露所使用的关键假设。

披露要求 E5－5：资源流出

企业应披露与重要 IRO 相关的资源流出（包括废物）信息。这项披露要求的目标是便于使用者了解：（1）企业如何通过设计秉持循环经济原则的产品和材料以及通过提升或最大化产品、材料和废物处理在初次使用后再循环利用的程度对循环经济作出贡献；（2）企业的废物减量和废物管理战略，以及企业在多大程度上了解其自身活动中用前废物是如何管理的。

在产品和材料方面，企业应描述其生产流程产出的并依据循环原则（包括耐用性、重复利用性、可修复性、可拆除性、再制造性、可翻修性、可循环性、生物周期再循环性，或者通过其他循环商业模式最优化产品或材料的利用）设计的关键产品和材料。对于重要的资源流出，企业应披露：（1）企业投放市场产品的预期耐用性，以产品组为单位对比行业平均的预期耐用性；（2）可修复性的产品，尽可能按公认的评级系统予以划分；（3）产品及其包装中可循环成分的比率。

在废物方面，企业应披露自身活动产生的按吨或公斤表示的废物总量信息，包括：（1）产生的废物总量；（2）处置中转移的废物总重量，按危险废物与非危险废物分解，同时按准备再利用、循环和其他回收方式分解；（3）按不同废物处置类型（包括焚烧、填埋、其他处置方式）处置的重量和废物处置总重量，并按危险废物与非危险废物分解；（4）不可循环利用的废物总量和百分比。

披露废物的构成时，企业应具体说明：（1）与所在行业或经营活动相关的废物流（如采矿业的尾矿、消费电子业的电子废物、农业或酒店服务业的食物垃圾）；（2）废物中存在的物质（如生物质、金属、非金属矿物、塑料、纺织品、关键原材料和稀土）。

企业还应披露其产生的危险废物和放射性废物总量，放射性废物按欧洲原子能共同体理事会指令第2011/70/号进行界定。

企业应提供用于计算上述数据的方法论作为背景信息，特别是按循环原则确定和分类的产品的标准和假设。企业应具体说明这些数据是来自直接计量还是估计，并披露所采用的关键假设。

披露要求 E5－6：重要资源利用和循环经济相关风险和机遇的预期财务影响

企业应披露来自资源利用和循环经济的重要风险和机遇的预期财务影响，这是在 ESRS 2 披露要求 SBM－3（企业应披露对报告期财务状况、财务业绩和现金流量的当期财务影响）的基础上额外要求披露的信息。这项披露要求的目标是便于使用者了解：（1）来自资源利用和循环经济相关影响和依赖的重要风险的预期财务影响，包括这些风险如何在短期、中期和长期对企业的财务状况、财务业绩和现金流量产生重要的影响；（2）与资源利用和循环经济相关的重要机遇的预期财务影响。

企业应披露：（1）考虑资源利用和循环经济相关行动前按货币量化的预期财务影响。在不付出过度成本或努力就无法实现量化披露的情况下，亦可提供预期财务影响的定性信息。对于来自机遇的财务影响，若披露的信息不符合 ESRS 1 附件 B 规范的信息质量特征，可不予以量化；（2）对所考虑的影响、与之相关的影响和依赖以及它们可能发生的时间范围的描述；（3）量化预期财务影响所使用的关键假设，以及这些假设的来源和不确定性程度。

五、对我国准则制定的启示

线性经济对资源的低效利用不仅产生大量温室气体排放，导致气温上升，极端天气频发，生物多样性丧失和生态系统退化，而且将耗竭我们子孙后代赖以生存和发展的自然资源，不可持续，亟待向注重绿色低碳和资源集约利用的净零排放循环经济转型。制定资源利用与循环经济披露准则，要求企业披露资源利用效率和循环经济成效的信息，可倒逼企业改变生产方式，扭转资源线性流动的方式，促使资源循环流动、重复利用，也使那些具有资源意识的商业行为得到推崇和推广。从这个意义上讲，ESRS E5 的发布实施可谓恰逢其时，意义重大。ESRS E5 对我国可持续披露准则的制定至少存在以下三个方面的启示意义。

（一）资源利用与循环经济披露准则应考虑我国立法规定和政策

如前所述，ESRS E5 是基于《循环经济行动计划》和《废物框架指令》等欧盟环境立法框架和政策制定的，并将其中的相关法律条款通过该准则转化为对企业的信息披露要求。这种做法值得我国制定相关可持续披露准则时借鉴。2021 年国家发展改革委印发的《“十四五”循环经济发展规划》指出，随着我国经济快速发展，资源能源需求刚性增长，同时我国一些主要资源对外依存度高，供需矛盾突出，资源能源利用效率总体上仍然不高，大量生产、大量消耗、大量排放的生产方式尚未根本扭转，资源安全面临较大压力。发展循环经济、提高资源利用效率和再生资源利用水平的需求十分迫切，且空间巨大。2005 年，国务院对循环经济的内涵作出解释，认为循环经济是运用生态学规律来指导人类社会的经济活动，是以资源的高效利用和循环利用为核心，以“减量化、再利用、再循环”为原则，以低消耗、低排放、高效率为基本特征的社会生产和再生产范式，其实质是以尽可能少的资源消耗和尽可能小的环境代价实

现最大的发展效益。为了从法律角度为循环经济发展保驾护航，2008 年全国人大常委会制定了《中华人民共和国循环经济促进法》（以下简称《循环经济促进法》）并于 2018 年进行了修正。《循环经济促进法》将循环经济定义为在生产、流通和消费等过程中进行的减量化、再利用、资源化活动的总称。减量化是指在生产、流通和消费等过程中减少资源消耗和废物产生。再利用是指将废物直接作为产品或者经修复、翻新、再制造后继续作为产品使用，或者将废物的全部或者部分作为其他产品的部件予以使用。资源化是指将废物直接作为原料进行利用或者对废物进行再生利用。《循环经济促进法》从减量化、再利用和资源化的角度对资源利用和循环经济作出了规定，这些规定为我国制定资源利用和循环经济披露准则奠定了法律基础，我国应当以此为基础，充分借鉴吸收 ESRS E5 或 ISSB 今后制定的相关准则的做法，对企业的资源利用和循环经济提出披露要求，促使企业更加集约节约利用资源，大力发展循环经济，推动我国从线性经济向循环经济转型。另外，《循环经济促进法》针对基本管理制度的第十五条对生产者责任延伸做了原则性规定，要求生产列入强制回收名录的产品或者包装物的企业，必须对废弃的产品或者包装物负责回收；对其中可以利用的，由各该企业负责利用；对因不具备技术经济条件而不适合利用的，由各该生产企业负责无害化处置。这项生产者责任延伸规定，旨在促使生产企业更加重视废物或包装物的收集、分选、回收等后端处理，促使其在设计和生产阶段充分考虑减量、重复利用、回收再生等因素。对于符合生产者责任延伸规定的企业，我国制定的资源利用和循环经济披露准则理应强制要求其披露对废物或者包装物的回收和利用情况。

（二）资源利用与循环经济披露准则应强调设计对废物的影响

在现有“获取—制造—废弃”的线性经济发展模式下，企业以不同方式获取材料，用它们制造产品，在消费后将其视为废物丢弃，由此产生大量的废物和污染。可见，设计是资源环境问题的症结所在。“产品对环境的影响 80% 取决于设计”①（EC，2009）。而在循环经济发展模式下，企业可以通过逆向工程的方式，将废物和污染作为设计缺陷进行重新思考，任何产品的设计都要力争材料在产品使用寿命结束时重新回归经济系统，从而实现从资源粗放利用、单向利用向重复利用、循环利用的转变。从这个意义上说，设计也可以是资源环境问题的解决之道。不同于传统的设计理念，循环设计理念不仅注重产品及其包装的设计，而且在设计上将资源的高效利用和循环

① 工信部、发改委、环境部 2013 年发布的《关于开展工业产品生态设计的指导意见》也指出，研究表明，80% 的资源消耗和环境影响取决于产品设计阶段，在设计阶段，充分考虑现有技术条件、原材料保障等因素，优化解决各个环节资源环境问题，可以最大限度实现资源节约，从源头上减少环境污染。

利用贯穿产品的整个生命周期和价值链，从而在制造、物流、使用到回收等各个阶段都可减少资源消耗、废物产生和环境污染。正是基于这样的考虑，ESRS E5 特别要求企业披露与循环产品设计相关的信息，便于使用者了解其产品的耐用性、可拆除性、可维修性、可循环性，进而评估企业资源利用效率以及对废物的有效治理和控制。我国的《循环经济促进法》也十分重视通过优化设计减少企业在生产、流通和消费等过程中的资源消耗和废物产生。该法第十九条规定："从事工艺、设备、产品及包装物设计，应当按照减少资源消耗和废物产生的要求，优先选择采用易回收、易拆解、无毒无害或者低毒低害的材料和设计方案，并应当符合有关国家标准的强制要求。……设计产品包装物应当执行产品包装标准，防止过度包装造成资源浪费和环境污染。"这些对产品设计的法律要求，理应通过资源利用与循环经济披露准则转化为对企业的信息披露要求，促使企业转变废物处理观念，实现从末端治理转向源头控制，努力做到资源消耗和废物产生的减量化。

（三）资源利用与循环经济披露准则应平衡风险与机遇信息披露

与其他环境主题准则一样，ESRS E5 更加强调对资源利用与循环经济相关风险的信息披露，而对资源利用和循环经济相关机遇的信息披露则提供了例外原则，即相关机遇的披露如果涉及商业机密或者因计量存在重大不确定性从而不符合信息质量特征，可不予披露。这种对环境相关风险和机遇的不对称性信息披露要求，不能不说是 ESRS 的一大不足。本文认为，制定可持续披露准则时，应秉持平衡性原则，要求企业同时披露可持续发展相关风险和机遇，而不应以商业机密或计量不确定性为由对风险和机遇提出差异化披露要求。因为风险同样也存在着商业机密和计量不确定性问题，但却不能因此豁免披露，单方面对机遇实行此差异化披露要求缺乏逻辑基础。事实上，以 ESRS E5 为例，使用者既需要了解资源利用和循环经济相关的风险，也需要了解与此相关的机遇。资源利用与循环经济蕴藏着巨大商机。2025 年之前，转型为循环经济每年可节省 1 万亿美元的材料、避免 1 亿吨材料的浪费（EMF，2018），到 2030 年，全球可创造 4.5 万亿美元的经济收益（Lacy et al.，2020）。面对循环经济广阔的发展前景，不同企业利用这些机遇的能力和前景存在较大差异，披露与此相关的信息，其作用丝毫不逊色于风险信息，没有理由向使用者屏蔽这方面的信息。此外，从会计准则的制定经验看，以商业机密为由不披露特定信息，最终被证明是行不通的。比如美国早期的公认会计准则不要求企业披露营业收入和营业成本的信息，理由是当时营业收入和营业成本被视为商业机密，披露这些信息有损企业的竞争力。时过境迁，现在不披露营业收入和营业成本信息的做法已经销声匿迹。因此，制定资源利用与循环经济披露准则时，应明确机遇信息与风险信息具有同等重要性，规定企业不得以商业机密为由逃避披露机遇相关重要信息的披露责任。

（原载于《财会月刊》2024 年第 6 期）

主要参考文献：

1. 黄世忠．支撑 ESG 的三大理论支柱［J］．财会月刊，2021（19）：3－10.

2. World Wildlife Fund. Living Planet Report 2012 ［EB/OL］. www. worldwildlife. org，2012.

3. United Nation. Responsible Consumption and Product：Why it Matters［EB/OL］. www. un. org，2016.

4. EC. ESRS E5 Resource Use and Circular Economy［EB/OL］. http：//finance. europa. eu，31 July，2023.

5. EC. ESRS 1 General Requirements［EB/OL］. http：//finance. europa. eu，31 July，2023.

6. EC. ESRS 2 General Disclosures［EB/OL］. http：//finance. europa. eu，31 July，2023.

7. EC. Eco－design for Energy Using Product［EB/OL］. www. commisson. europa. eu，2009.

8. EC. ESRS E5 Resource Use and Circular Economy［EB/OL］. http：//finance. europa. eu，31 July，2023.

9. Ellen MacArthur Foundation. The Circular Economy Opportunity for Urban & Industrial Innovation in China［EB/OL］. www. ellenmacarthurfoundation. org，2019.

10. Lacy，P.，Long，J. and Spindler：The Circular Economy Handbook：Realizing the Circular Advantage［J］. Springer Nature，2022.

ESRS S1《自己的劳动力》和 ESRS S2《价值链中的工人》解读

叶丰滢　黄世忠

【摘要】欧盟委员会（EC）2023年7月31日发布了第一批12个欧洲可持续发展报告准则（ESRS），包括2个跨领域交叉准则和10个环境、社会和治理主题准则。这是继国际可持续准则理事会（ISSB）2023年6月26日发布两份国际财务报告可持续披露准则后可持续发展报告准则发展进程中将载入史册的里程碑事件，对于推动经济、社会和环境的可持续发展意义非凡。为了帮助读者全面了解ESRS，笔者对这12个ESRS进行系统的分析和解读。本文从准则目标、与其他准则的关系、核心内容（战略，影响、风险和机遇管理，指标和目标）披露要求三个方面，对第S1号欧洲可持续发展报告准则《自己的劳动力》（ESRS S1）和第S2号欧洲可持续发展报告准则《价值链中的工人》（ESRS S2）进行解读，并总结其对我国准则制定的若干启示意义。

【关键词】自己的劳动力；价值链中的工人；人权；人力资本

一、引言

劳动力是维系社会经济运行及市场主体生产经营所必备的五大生产要素之一，也是企业为利益相关者创造共享价值的主要源泉。企业与劳动力之间存在相互影响和相互依赖的关系。比如，一个以利润最大化为价值主张的企业可能倾向于提供低成本的产品或服务，致力于快速交付，尽可能地将库存风险转移给供应商，这些做法无形中会给企业自己的劳动力带来压力，同时对价值链上的劳动力产生连锁影响。又如，新

冠疫情暴发期间，大量依赖临时工的企业，可能迫使自己的劳动力在生病时继续工作，从而进一步加剧疾病的传播。影响和依赖滋生风险或机遇。随着媒体报道和消费者偏好转向采购更合理或更可持续的产品或服务，上述以利润最大化为价值主张的企业可能面临与利用不保证工作时长的劳动力或低技能、低收入的劳动力相关的声誉风险和业务机会风险。供应商在极端的价格压力下也可能转包生产，加大原料质量下降风险，并拉长供应链，导致能见度和可控性下降，风险也相应增大。而上述大量依赖临时工的企业不仅自身可能面临严重的持续经营的风险，其行为甚至还可能造成重大的供应链中断。上述种种凸显围绕劳动力（包括企业自己的劳动力和价值链上的劳动力）权益保护制定可持续披露准则的必要性。

欧盟2021年通过的《公司可持续发展报告指令》（CSRD）明确要求可持续发展报告准则中的社会主题准则必须涵盖平等待遇和机会、工作条件、人权、基本自由、民主原则和标准等因素，这些因素无一不与劳动力有关。ESRS S1《自己的劳动力》和ESRS S2《价值链中的工人》因应CSRD的要求，以双重重要性为原则，关注企业对劳动力的影响以及由企业对劳动力的影响和依赖引发的风险和机遇。本文对这两个准则的主要规定予以介绍，并总结其特点和对我国制定可持续披露准则的启示意义。

二、准则目标

ESRS S1所称“自己的劳动力（Own Workforce）”包括两类，一类是“雇员（Employees）”，即与企业有雇佣关系的人员，另一类是“非雇员（Non-employees）”，既包括通过合同为企业提供劳动力的人员（“自我雇佣人员，Self-employed People”），也包括主要从事提供就业服务的企业（如劳务公司）派遣的人员。

ESRS S2涵盖企业上下游价值链中所有受到或可能受到企业自身运营和价值链相关重大影响（包括通过企业的产品或服务以及业务关系施加的影响）的工人，即没有被ESRS S1《自己的劳动力》覆盖的劳动力，比如在企业工作场所工作的外包服务的工人（如第三方餐饮或保安）；按照与企业的合约，运用供应商的工作方法、在供应商场地工作的供应商的工人；从企业购买货物或服务的“下游”主体的工人；按照与企业的合约，在企业控制的工作地点定期维修供应商设备（如复印机）的设备供应商的工人；供应链前端负责提炼原料然后加工成企业产品零部件的工人。

ESRS S1和ESRS S2的目标在于提出披露要求以帮助可持续发展说明书的使用者理解企业对自己的劳动力/价值链中工人的重要影响以及相关重要风险和机遇，包括：（1）企业如何影响自己的劳动力/价值链中的工人，包括重要的实际或潜在的积极和消极影响；（2）企业为防范、减缓或补救重要的实际或潜在的消极影响所采取的行动及其效果；（3）企业对自己的劳动力/价值链中的工人的影响和依赖所产生的重要风险和机遇的性质、类型和程度，以及企业如何管理这些风险和机遇；（4）企业对自己的劳动力/价值链中的工人的影响和依赖所产生的重要风险和机遇对企业短期、中期和长期的财务影响。

ESRS S1 的另一个目标在于帮助使用者了解企业在多大程度上符合或遵守国际和欧洲人权文书和公约，包括《国际人权法案》《联合国工商企业与人权指导原则》《经合组织跨国企业指南》《国际劳工组织关于工作中的基本原则和权利的宣言》《国际劳工组织基本公约》《联合国残疾人公约》《欧洲人权公约》以及修订后的《欧洲社会宪章》《欧盟基本权利宪章》，欧洲社会权利支柱和欧盟立法（包括欧盟劳工法）所规定的欧盟政策优先事项。

基于上述目标，ESRS S1 和 ESRS S2 都要求企业解释其为识别和管理与自己的劳动力/价值链中的工人有关的重要实际和潜在影响所采取的一般方法，包括：（1）工作条件，如安全就业、工作时间、足额工资、社会对话、结社自由（包括设立工会、交流信息、咨询和工人的参与权）、集体谈判（集体谈判协议涵盖的企业劳动力比率）、工作生活平衡、健康和安全等；（2）平等的待遇和机会，如男女平等同工同酬、培训和技能发展、残疾人就业、打击工作场所暴力和骚扰的措施、多元性等；（3）其他工作相关的权利，如童工、强制劳动、充足住房、隐私等。

此外，ESRS S1 和 ESRS S2 还要求解释企业对自己的劳动力/价值链中的工人的影响和依赖如何为企业创造重要风险或机遇。比如，企业对雇用和提拔女性的歧视会减少其获得合格劳工的机会并损害其声誉；相反，在劳动力和高管层中增加女性代表的政策可以产生积极的影响，如增加合格劳动力的数量并改善企业声誉。又如，对价值链中的工人的消极影响可能导致客户拒绝购买企业产品或产品被扣押从而导致企业运营中断、声誉受损；相反，尊重工人的权利、积极支持工人的计划可以带来商业机会，如更可靠的供应或扩大未来消费者基础。

为帮助使用者理解企业员工结构并为其他披露提供背景信息，企业还应描述自己的劳动力（包括雇员和非雇员）的关键特征。

三、与其他 ESRS 的相互作用

ESRS S1 和 ESRS S2 应当与 ESRS 1《一般要求》和 ESRS 2《一般披露》一并阅读和应用。

ESRS S1 和 ESRS S2 还应当与 ESRS S3《受影响的社区》、ESRS S4《消费者与终端客户》一并阅读和应用。按照 ESRS S1 编制的报告应与按照 ESRS S2 编制的报告保持一致、连贯，在相关的情况下相互关联，反之亦然，以确保报告的有效性。

四、披露要求

ESRS S1 和 ESRS S2 从战略，重要影响、风险和机遇（IRO）管理，指标和目标三个方面对企业自己的劳动力和价值链中的工人提出披露要求。

（一）战略[①]

与 ESRS 2 相关的披露要求 SBM－2：利益相关者的利益和观点

企业自己的劳动力/价值链中的工人是受影响的利益相关者的关键群体。企业应根据 ESRS 2 SBM－2 披露自己的劳动力/价值链中的工人的利益、观点和权利如何受到企业的重要影响，包括企业如何尊重其人权、告知其战略和商业模式等。针对自己的劳动力，还应披露自己的劳动力的利益、观点和权利如何在企业战略和商业模式中加以考虑。

与 ESRS 2 相关的披露要求 SBM－3：重要 IRO 及其与战略和商业模式的相互作用

企业应根据 ESRS 2 SBM－3 披露已识别的对自己的劳动力/价值链中的工人的实际和潜在的重要影响：（1）是否以及如何源于战略和商业模式或与战略和商业模式相联系；是否以及如何影响并帮助调整企业的战略和商业模式。（2）企业对自己的劳动力/价值链中的工人的影响和依赖产生的重要风险和机遇与其战略和商业模式之间的关系。

企业应披露所有可能受到其重要影响的自己的劳动力/价值链中的工人是否包括在按照 ESRS 2 披露的范围内。重要影响指与企业自身的经营及价值链有关的影响，包括通过产品或服务以及通过业务关系造成的影响。

此外，针对自己的劳动力，企业还应提供以下信息：（1）简要描述受到其经营重要影响的雇员和非雇员的类型，具体说明他们是雇员、自我雇佣人员还是主要提供就业服务的企业提供的人员；（2）在存在重要消极影响的情况下，披露该影响是否在企业的经营环境中具有广泛性或系统性（如在欧盟以外的特定国家或地区是否存在雇佣童工、强迫或强制劳动的情况），还是与个别事故有关（如工业事故或石油泄漏）；

① 本部分的披露要求应与 ESRS 2 有关“战略”（SBM）的披露要求一并阅读。披露结果除 SBM－3“重要影响、风险和机遇及其与战略和商业模式的相互关系”外应当按照 ESRS 2 列报。SBM－3 企业可以选择依据主题准则列报。

(3) 在存在重要积极影响的情况下，简要描述产生积极影响的活动，受到积极影响或可能受到积极影响的雇员和非雇员的类型。企业还可披露积极影响是否发生在具体国家或地区；(4) 企业因对自己的劳动力的影响和依赖而产生的重要风险和机遇；(5) 企业为减少对环境的消极影响、实现更绿色和气候中和的经营而制订的转型计划可能对自己的劳动力产生的重要影响，包括企业根据国际协议减少碳排放的计划和行动对自己的劳动力造成的影响的信息。IRO包括重组和失业，以及创造就业机会和学习新技能或提升旧技能所带来的机遇；(6) 存在强迫或强制劳动重要风险的经营活动类型（如制造工厂），或经营活动存在这类风险的国家或地理区域；(7) 存在童工重大风险的经营作业的类型（如制造工厂），或经营活动存在这类风险的国家或地理区域。

针对价值链中的工人，企业应提供以下信息：(1) 简要描述受到企业的产品或服务以及企业经营或价值链上的业务关系重要影响的价值链中的工人的类型，具体说明他们是否属于：①在企业现场工作但不属于企业自己的劳动力的工人（非雇员、非自我雇佣人员、也非主要提供就业服务的企业提供的人员）；②企业上游价值链主体工作的工人（如从事金属或矿石开采的工人，从事农作物收割的工人，或从事精炼、制造及其他加工形式的工人）；③企业下游价值链主体工作的工人（如为物流或分销商工作的工人、为加盟商工作的工人、为零售商工作的工人）；④合营企业或参与报告工作的特殊目的主体工作的工人；⑤在上述类别或其他类别中特别容易受到消极影响的工人，如工会会员、流动工人、居家工人、女性工人或青年工人；(2) 存在重大童工和强迫或强制劳动风险的价值链中的工人所处的地理区域（按国家或其他地理层级列报）或相关的商品；(3) 在存在重要消极影响的情况下，披露该影响是否在企业的经营环境或采购和其他业务关系中具有广泛性或系统性（如在特定国家或地区的特定商品供应链上存在雇佣童工、强迫或强制劳动的情况），还是仅与个别事故有关（如工业事故或石油泄漏）或与个别业务关系有关。这包括考虑向更绿色和气候中和的经营转型可能对价值链中的工人产生的影响。潜在的影响包括与创新和改组、关闭矿山、加大向可持续经济转型所需矿物的开采、太阳能板生产等有关的影响；(4) 在存在重要积极影响的情况下，简要描述产生积极影响的活动（包括在“公正转型”背景下为劳动力提供诸如新增岗位和提升技能方面的机会），以及受到积极影响或可能受到积极影响的价值链中的工人的类型。企业还可披露积极影响是否发生在哪些具体的国家或地区；(5) 因对价值链中的工人的影响和依赖而产生的重要风险和机遇。

企业在描述受到或可能受到消极影响的主要雇员/价值链中的工人类型时，应基于重要性评估，披露其是否以及如何了解具有特定特征的人员、在特定环境中工作的人员或可能暴露在更大伤害风险之下的从事特定活动的人员。

企业应披露其对自己的劳动力/价值链中的工人的影响和依赖所产生的重要风险和机遇哪些与特定人群（如特定年龄组或在特定工厂或国家工作的人员）有关，而不是与所有自己的劳动力/价值链中的工人有关（如适用）。

（二）重要 IRO 管理[①]

披露要求 S1－1：与自己的劳动力/价值链中的工人相关的政策

企业应描述其采用的管理自己的劳动力/价值链中的工人相关重要 IRO 的政策。这项披露要求的目标是便于使用者了解企业的政策在多大程度上解决自己的劳动力/价值链中的工人相关重要 IRO 的识别、评估、管理和缓解。企业应按照 ESRS 2 披露要求 MDR－P“管理重要可持续发展问题所采取的政策”的规定披露信息，并说明其采取的政策是针对特定的自己的劳动力/价值链中的工人群体，还是针对所有的自己的劳动力/价值链中的工人。

企业应描述其与自己的劳动力/价值链中的工人相关的人权政策承诺，包括监督其对《联合国工商企业与人权指导原则》《国际劳工组织关于工作中的基本原则和权利的宣言》和《经合组织跨国企业指南》等国际文书遵循情况的流程和机制。披露时，企业应聚焦重要事项，包括与以下方面有关的通用做法：（1）如何尊重人权，包括自己的劳动力/价值链中的工人的劳工权；（2）如何让自己的劳动力/价值链中的工人参与的相关流程和机制；（3）缓解人权影响所采取的措施。

企业应披露其有关自己的劳动力/价值链中的工人的政策是否以及如何与相关国际公认文书包括《联合国工商企业与人权指导原则》保持一致。针对价值链中的工人，企业应披露在其上下游价值链中已经报告的与价值链中的工人有关的不尊重《联合国工商企业与人权指导原则》《国际劳工组织关于工作中的基本原则和权利的宣言》和《经合组织跨国企业指南》案例的恶劣程度及其性质（如适用）。

企业应声明其有关自己的劳动力/价值链中的工人的政策是否明确涉及人口贩卖、强迫或强制劳动和童工问题。针对自己的劳动力，企业应声明其是否制定工作场所事故预防政策或管理系统。企业应披露：（1）是否制定具体政策以减少歧视、骚扰，促进机会平等，增加多样性和包容性；（2）有关歧视的政策是否特别覆盖以下方面：种族和民族出身、肤色、性别、性取向、性别认同、残疾、年龄、宗教、政治观点、民族出身或社会出身，以及欧盟条例和国家法律所涵盖的其他形式的歧视[②]；（3）是否

---

① 本部分的披露要求应当与 ESRS 2 第四章“影响、风险和机遇管理”的披露要求一并阅读和报告。

② 歧视可能出现在各种与工作有关的活动中，包括就业机会、特定职业、培训和职业指导以及社会保障，还可能出现在涉及就业条款和条件的时候，如招聘、薪酬、工作和休息时间、带薪休假、生育保护、任期保障、工作分配、绩效评估和晋升、培训机会、晋升前景、职业安全和健康、终止就业。

针对自己的劳动力中特别容易受伤害的群体制定与包容性或积极行动有关的具体政策承诺，如果有，这些承诺是什么；（4）是否以及如何通过具体流程实施这些政策，以确保一旦发现歧视就能阻止、减轻和采取行动，从而在总体上促进多样性和包容性。针对价值链中的工人，企业还应声明其是否制定有供应商行为准则。

披露要求S1－2：与自己的劳动力/价值链中的工人和工人代表就影响进行沟通的流程

企业应披露与自己的劳动力/价值链中的工人和工人代表就企业对其影响进行沟通的流程。这项披露要求的目标是便于使用者了解企业如何与自己的劳动力/价值链中的工人和工人代表就正在影响（或可能影响）他们的重要的实际或潜在的积极或消极影响进行沟通，以作为尽职调查程序的一部分，以及企业是否和如何在决策流程中考虑自己的劳动力/价值链中的工人的观点。

企业应披露自己的劳动力/价值链中的工人的观点是否以及如何影响其旨在管理对自己的劳动力/价值链中的工人的实际和潜在影响的决策或活动，包括解释：（1）自己的劳动力/价值链中的工人或工人代表是否直接参与沟通，或有了解情况的可靠代理参与沟通；（2）参与沟通的阶段、类型和频率；（3）企业中负责确保这种参与沟通的职能部门和最高管理层角色，以及将结果反馈企业的方式；（4）企业与工人代表签订的有关尊重其自己的劳动力/价值链中的工人人权的全球性框架协议[①]或其他协议（如适用），包括说明该协议如何使企业洞察自己的劳动力/价值链中的工人的观点；（5）企业如何评估自己的劳动力/价值链中的工人参与沟通的有效性（如适用），包括评估导致的协议或结果。

企业应披露其为深入了解自己的劳动力/价值链中的工人中特别容易受到影响或被边缘化的人群（如女性、移民、残疾人等）的观点而采取的步骤（如适用）。

如果企业因为尚未采取使自己的劳动力/价值链中的工人参与沟通的政策而无法披露上述信息，它应披露这一事实，同时披露制定相关流程的时间规划。

披露要求S1－3：缓解消极影响的流程以及供自己的劳动力/价值链中的工人表达关切的渠道

企业应披露其已采取的旨在缓解对自己的劳动力/价值链中的工人消极影响的流程，供自己的劳动力/价值链中的工人表达关切的渠道以及解决问题的渠道。这项披露要求的目标是为了便于使用者了解企业自己的劳动力/价值链中的工人提出关切和需

---

① 全球框架协议（GFA）的作用是在跨国企业和全球工会联合会之间建立一种持续的关系，以确保该企业在其经营的每个国家都遵守同样的标准。

求的正式渠道，企业支持在工作场所提供这些渠道（如投诉机制）的做法，以及企业如何与相关人员一起跟进提出的问题和这些渠道的有效性。

企业应披露其已采取的与如下流程相关的信息：（1）企业对自己的劳动力/价值链中的工人造成重要消极影响或促成重要消极影响时，其提供或有助于缓解影响的一般做法和流程，包括企业是否以及如何评估所采取缓解举措的有效性；（2）企业为自己的劳动力/价值链中的工人设置的直接向企业提出关切或需求并使其得到解决的具体渠道，包括这些渠道是否由企业本身建立还是参与第三方机制①；（3）企业是否设有与雇员事务有关的申诉或投诉处理机制；（4）企业支持或要求在自己的劳动力/价值链中的工人的工作场所提供上述渠道的流程；（5）企业如何跟踪和监督提出的问题及其应对，如何确保渠道的有效性，包括让作为潜在使用者的利益相关方参与。

企业应披露其是否以及如何评估自己的劳动力/价值链中的工人是否了解并信任这些制度和流程，以此作为其提出关切或需求并得到解决的方式。此外，企业还应披露其是否制定了保护使用这些政策的人员（包括工人代表）免遭报复的政策②。

如果企业因尚未建立为自己的劳动力/价值链中的工人提出关切的渠道或不能支持在自己的劳动力/价值链中的工人的工作场所提供这种渠道从而无法披露上述信息，它应披露这一事实，同时披露建设相关流程的时间规划。

披露要求 S1 -4：针对自己的劳动力/价值链中的工人的重要影响所采取的行动，管理与自己的劳动力/价值链中的工人相关重要风险、追求与自己的劳动力/价值链中的工人相关重要机遇的做法，以及上述行动的效果

企业应披露其如何采取行动应对与自己的劳动力/价值链中的工人相关的重要消极和积极影响，管理重要风险、追求重要机遇，以及这些行动的有效性。这项披露要求的目标有二：一是便于使用者了解企业旨在防范、减轻和缓解对自己的劳动力/价值链中的工人的重要消极影响、实现重要积极影响的行动和倡议；二是便于使用者了解企业应对与自己的劳动力/价值链中的工人相关重要风险、追求重要机遇的方式。

企业应按照 ESRS 2 披露要求 MDR - A“与重要可持续发展事项相关的行动和资源”的规定披露信息。

针对与自己的劳动力/价值链中的工人相关的重要影响，企业应披露：（1）为防范或减轻对自己的劳动力/价值链中的工人的重要消极影响而采取或拟采取或正在实施的行动；（2）是否以及如何采取行动以缓解实际的重要影响；（3）旨在对自己的劳

---

① 第三方机制包括由政府、非政府组织、行业协会和其他合作倡议运作的机制。

② 如果该信息按照 ESRS G1 -1《商业行为》披露，企业可索引相关披露。

动力/价值链中的工人实施积极影响的其他行动和倡议；（4）如何追踪并评估这些行动和倡议在为自己的劳动力/价值链中的工人提供预期成果方面的有效性。如果企业通过设定目标评估行动的有效性，应考虑 ESRS 2 披露要求 MDR－T“跟踪政策和行动的有效性”的规定。企业还应披露：（1）通过何种流程确定对自己的劳动力/价值链中的工人特定实际或潜在影响所应采取的必要且适当的行动；（2）针对价值链中的工人的特定重要消极影响所采取的行动方式，包括与采购或其他内部实践有关的行动、让价值链上的主体参与其中的能力建设或其他形式的活动，以及与行业同行或其他相关方合作行动的方式等；（3）如何确保在发生重要消极影响时提供有助于缓解这些影响的流程以及其实施和结果的有效性。

针对与自己的劳动力/价值链中的工人相关的重要风险和机遇，企业应披露：（1）计划或正在实施什么行动以减轻因对自己的劳动力/价值链中的工人的影响和依赖产生的重要风险，以及如何在实践中跟踪其有效性；（2）计划或正在实施什么行动以追求与自己的劳动力/价值链中的工人相关的重要机遇。如果企业通过设定目标评估行动的有效性，应考虑 ESRS 2 披露要求 MDR－T“跟踪政策和行动的有效性”的规定。

企业应披露其是否以及如何确保其做法（包括采购、销售和数据使用方面的做法）不会对自己的劳动力/价值链中的工人造成重要消极影响或加剧重要消极影响，包括披露在预防或减轻重要消极影响与其他业务压力之间出现紧张关系时采取的做法。

企业应披露其为管理重要影响以及让使用者了解其如何管理重要影响而配置的资源。

（三）指标与目标

披露要求 S1－5：管理重要消极影响、促进积极影响以及管理重要风险和机遇的目标

企业应披露其制定的与减少对自己的劳动力/价值链中的工人的消极影响、促进对自己的劳动力/价值链中的工人的积极影响以及管理与自己的劳动力/价值链中的工人相关的重要风险和机遇有关的具有时间限制和结果导向的目标[①]。这项披露要求的目标是为了便于使用者了解企业在多大程度上使用具有时间限制和结果导向的目标驱动并衡量对自己的劳动力/价值链中的工人重要消极影响的解决、重要积极影响的促进、相关重要风险和机遇的管理及其进展。企业对目标的描述应包含 ESRS 2 披露要求

① 企业为减少对自己的劳动力的消极影响、促进对自己的劳动力的积极影响以及管理与自己的劳动力相关的重要风险和机遇而设定的目标可能相同，也可能不同。比如让非雇员达到某一恰当工资水平的目标既可以减少对非雇员的影响，也可以减少其产出的质量和可靠性相关的风险。

MDR－T“通过目标追踪政策和行动的效果”所要求的信息。

企业应披露目标制定的过程，包括是否以及如何在设定目标、按照目标跟踪业绩、识别教训和改进方面让自己的劳动力/价值链中的工人或工人代表直接参与。

从披露要求S1－6开始的披露要求，ESRS S1针对自己的劳动力提出披露指标，而对于价值链中的工人，ESRS S2尚未制定类似的披露指标①。

披露要求S1－6：企业雇员的特征

企业应披露自己的劳动力中雇员的关键特征。这项披露要求的目标是帮助使用者了解企业的雇佣做法，包括雇佣实践产生的影响的范围和性质，从而更好地理解其他披露要求提供的信息。按这项披露要求提供的信息还可作为其他披露要求规定的定量指标的计算基础。

企业应根据ESRS 2在战略模块按地理区域披露雇员人数，此外，企业还应披露：（1）雇员总人数，并按性别、国别进行明细披露。按性别进行明细披露时，应注意欧盟的一些成员国允许合法登记第三性别，通常是中立的性别，登记第三性别的雇员应被归类为“其他”。如雇员未登记性别，则应被归类为“未报告”②。按国别进行明细披露时，只需披露企业有重要雇佣关系的国家（定义为拥有超过50个雇员或雇员数超过雇员总数10%的国家，下同）及对应的雇员人数③；（2）正式雇员总人数、临时雇员总人数和不保证工作时长的雇员总人数④，并分别按性别进行明细披露；（3）报告期内离职雇员总人数⑤和报告期内的雇员流动率；（4）编制数据所用方法和假设，包括是否以全职雇员人数为统计口径，是否在报告期结束时以整个报告期间的平均人数作为统计口径还是使用其他方法⑥；（5）使用者了解数据所需的背景信息（如适用）。比如，如果临时雇员总人数占比较大，可能表明企业雇员缺乏就业保障，但如果是雇员自愿的选择，就意味着工作场所的灵活性，为此企业应披露相关背景信息以帮助使用者作出判断。

企业还可以：（1）按地区对正式雇员总人数、临时雇员总人数和不保证工作时长

---

① ESRS S3和ESRS S4也存在同样的问题。EFRAG的解释是，ESRS S2、ESRS S3和ESRS S4都与价值链有关，价值链的具体事实和情况在帮助制定恰当且有意义的指标方面发挥着决定性作用，而不同企业所处价值链不同，不好一概而论，故拟在未来制定行业特定准则以及拓展其他主题准则时再做考虑。

② 其他要求按性别进行明细披露的注意事项与此相同。

③ 企业披露的信息应能与财务报表中的相关数字交叉索引。

④ 由于不同国家对永久雇员、临时雇员、不保证工作时长的雇员、全职雇员、兼职雇员的定义有所不同，如果企业在多个国家拥有雇员，应根据雇员所在国家法律的定义计算国家级数据，然后将国家级数据加总计算总人数，不必考虑不同国家法律定义的差异。

⑤ 包括自愿离职和因解雇、退休或在职死亡而离职的雇员总人数。

⑥ ESRS S1的应用要求建议使用平均数，因为平均数考虑了报告期间的人数波动。

的雇员总人数进行明细披露；（2）披露全职雇员人数，并按性别和地点进行明细披露；（3）披露兼职雇员人数，并按性别和地区进行明细披露。

披露要求 S1－7：企业自己的劳动力中非雇员的特征

企业应披露自己的劳动力中非雇员的关键特征①。这项披露要求的目标与 S1－6 相同，同时也有助于使用者了解企业对非雇员的依赖程度。

企业应披露：（1）非雇员总人数；（2）编制数据所用方法和假设，包括非雇员总人数是否以全职非雇员人数作为统计口径，是否在报告期结束时以整个报告期间的平均非雇员人数作为统计口径或者使用其他方法②；（3）使用者了解数据所需的背景信息（如适用）。

企业还可披露最常见的非雇员类型、他们与企业的关系以及他们从事的工作类型。

如果缺乏数据，企业应采用估计的数据并对此进行说明，同时描述估计的基础。

披露要求 S1－8：集体谈判的覆盖范围和社会对话

企业应披露其雇员的工作条件和雇佣条件在多大程度上受到集体谈判协议的决定或影响，以及其雇员在多大程度上被欧洲经济区（EEA）和欧洲一级的社会对话所代表。这项披露要求的目标是便于使用者了解企业自己的劳动力被集体谈判协议和社会对话覆盖的范围。

企业应披露如下与集体谈判相关的信息：（1）集体谈判协议所覆盖的雇员数③占雇员总人数的百分比；（2）企业在 EEA 内是否有集体谈判协议。如果有，针对每个有重要雇佣的国家，披露集体谈判协议所覆盖的雇员人数占该国雇员总人数的百分比；（3）企业在 EEA 之外的地区是否有集体谈判协议。如果有，针对每个有重要雇佣的地区，披露集体谈判协议所覆盖的雇员人数占该地区雇员总人数的百分比。

对于未被集体谈判协议覆盖的雇员，企业可披露是否根据覆盖其他雇员的集体谈判协议或根据其他企业的集体谈判协议确定他们的工作条件和雇佣条件。企业还可披露其非雇员的工作条件和雇佣条件在多大程度上受到集体谈判协议的决定或影响，包括对集体谈判协议对非雇员的覆盖率作出估计。

企业应披露如下与社会对话相关的信息：（1）工人代表所覆盖的全球雇员的百分比，按企业有重要雇佣关系的 EEA 国家国别列示；（2）其雇员与欧洲劳资协议会（EWC）、欧洲工人协会（SE）理事会或欧洲工人联合会（SCE）代表达成的所有协议。

---

① 如果企业自己的劳动力中没有非雇员，则这项披露要求对企业不重要，陈述此事实即可。

② ESRS S1 的应用要求建议使用平均数，因为平均数考虑了报告期间的人数波动。

③ 如果雇员被不止一个集体谈判协议所覆盖，只报告一次。

ESRS S1 应用要求列出集体谈判覆盖范围和社会对话的报告模板如表 1 所示。

表 1　集体谈判覆盖范围和社会对话的报告模板

覆盖率	集体谈判覆盖范围		社会对话
	雇员 – EEA（针对拥有超过 50 个雇员或拥有雇员数量超过雇员总数 10% 的国家）	雇员 – 非 EEA（对拥有超过 50 个雇员或拥有雇员数量超过雇员总数的 10% 的地区进行估计）	工作场所代表（仅限 EEA，针对拥有超过 50 个雇员或拥有雇员数量超过雇员总数 10% 的国家）
0 ~ 20%		地区 A	
20% ~ 40%	国家 A	地区 B	
40% ~ 60%	国家 B		国家 A
60% ~ 80%			国家 B
80% ~ 100%			

资料来源：ESRS S1（2023）。

披露要求 S1 – 9：多样性指标

企业应披露高管层的性别分布和员工的年龄分布。这项披露要求的目标是便于使用者了解高管层的性别差异和员工的年龄差异。

企业应披露：（1）高管层中不同性别的人数和百分比；（2）员工按如下年龄段的分布情况：30 岁以下、30 岁到 50 岁、50 岁以上。

披露要求 S1 – 10：足额工资

企业应披露其是否对所有雇员支付了足额的工资。如果是，披露这一事实即可；如果不是，企业应披露未获得足额工资的雇员所在的国家以及这些国家的雇员中未获得足额工资的雇员的百分比。这项披露要求的目标是便于使用者了解企业的所有雇员是否都能根据其适用的标准获得足额工资。

企业还可按本披露要求披露非雇员的有关情况。

披露要求 S1 – 11：社会保障

企业应披露其雇员因重大生活事件（包括生病需要医疗护理、失业、工伤和后天残疾、亲子假、退休等）导致收入损失时是否能够通过社会项目或企业提供的福利计划享有社会保障[①]，如果不能，还应披露缺乏社会保障的雇员所在的国家，以及这些国家中缺乏保障的雇员类型并指出他们在哪一种重大生活事件上缺乏保障。这项披露

① 社会保障是指为重大生活事件提供医疗保健和收入支助而采取的措施。

要求的目标是便于使用者了解企业的所有雇员是否均能享有社会保障以免受重大生活事件造成的收入损失，以及了解在社会保障方面情况欠佳的国家。

企业还可按本披露要求披露非雇员的有关情况。

披露要求 S1－12：残疾人

企业应披露其雇员中残疾人的比例。这项披露要求的目标是便于使用者了解企业的雇员队伍在多大程度上包容残疾人。企业应提供便于使用者了解其提供的数据以及数据编制方法所需的背景信息，如企业经营所在的不同国家对残疾人的不同法律定义对统计口径的影响。

企业还可按性别明细披露雇员中残疾人的比例。

披露要求 S1－13：培训和技能发展指标

企业应披露其在多大程度上向雇员提供培训和技能发展。这项披露要求的目标是便于使用者了解在后续职业发展背景下，企业为雇员提供的旨在提升其技能和后续就业能力的与培训和技能发展相关的活动。

企业应披露：（1）参与定期举行的绩效和职业发展审查评估的雇员百分比并按性别进行明细披露；（2）每个雇员的平均培训小时数并按性别进行明细披露。企业还可按雇员类别披露上述内容，或披露向非雇员提供的培训和技能发展的情况。

披露要求 S1－14：健康和安全指标

企业应披露其健康和安全管理体系在多大程度上覆盖自己的劳动力以及自己的劳动力工伤、工作相关疾病[①]和相关死亡事件的数量。此外，它还应披露在企业场所工作的其他工人因工伤和工作相关疾病造成的死亡人数。这项披露要求的目标是便于使用者了解企业为防止工伤而建立的健康和安全管理系统的覆盖范围、质量和表现。

企业应披露如下信息：（1）根据法律要求和受认可的标准或指南，企业的健康和安全管理体系覆盖的自己的劳动力的百分比并按雇员和非雇员进行明细披露；（2）因工伤和工作相关疾病造成的死亡人数并按雇员和非雇员进行明细披露。该项信息还应被报告给在企业场所工作的其他工人，如在企业场所工作的价值链中的工人；（3）有记录的工作相关事故的数量和比率并按雇员和非雇员进行明细披露；（4）有记录的雇员发生工作相关疾病的病例数[②]；（5）雇员因工伤、工作事故死亡、工作相关疾病和相关死亡所损失的工作天数[③]。

---

① 工作相关疾病包括由工作条件或工作实践引起或加重的急性、慢性或反复出现的健康问题。ESRS S1 应用指南指出工作相关疾病至少应包括国际劳动组织职业病清单所列的情况。

② 可能受到数据收集的法律限制。

③ 损失的工作天数应算头算尾，另外，受影响个人无法安排工作的天数（包括周末、节假日）都应计算在内。

企业还可报告有记录的非雇员发生工作相关疾病的病例数，以及非雇员因工伤、工作事故死亡、工作相关疾病和工作相关疾病导致死亡所损失的工作天数。此外，企业还可披露经内部审计和/或外部审计或认证的根据法律要求和受认可的标准或指南建立的健康和安全管理体系覆盖的自己的劳动力的百分比。

披露要求 S1-15：工作与生活平衡指标

企业应披露其雇员在多大程度上获得家庭假（Family-related Leave）的休假权。家庭假指国家法律或集体协议规定的产假、陪产假、育儿假和护理假。这项披露要求的目标是便于使用者了解企业雇员以性别平等的方式享受家庭假的权利和实际情况，这是工作与生活平衡的一个方面。

企业应披露：（1）有资格休家庭假的雇员百分比。如果企业所有雇员都有权通过社会政策或集体谈判获得家庭假，披露这一事实即可；（2）有资格休家庭假的雇员中实际休假的百分比并按性别进行明细披露。

披露要求 S1-16：薪酬指标（薪酬差距和薪酬总额）

企业应披露男女雇员薪酬差距的百分比，以及薪酬最高的雇员的个人薪酬与雇员薪酬中位数的比率。这项披露要求的目标是便于使用者了解男女雇员之间薪酬差距的程度，洞察企业内部薪酬的不平等程度以及是否存在广泛的薪酬差距。

企业应披露：（1）性别薪酬差距，即男女雇员平均薪酬水平的差异，以男性雇员平均薪酬水平的百分比表示。ESRS S1 应用要求提供可供参考的计算公式为：$\frac{\text{男性雇员小时工资总额平均数}-\text{女性雇员小时工资总额平均数}}{\text{男性雇员小时工资总额平均数}}\times 100\%$；（2）薪酬最高的雇员的个人年薪与所有雇员年薪中位数的比率。ESRS S1 应用要求提供可供参考的计算公式为：$\frac{\text{薪酬最高的雇员的个人年薪}}{\text{所有雇员(剔除薪酬最高的雇员)年薪中位数}}\times 100\%$，其中年薪包括底薪、现金福利、非现金福利和所有其他年度长期激励公允价值之和；（3）使用者理解数据所需的背景信息（如适用）[①]、数据是如何编制的，以及需要考虑的基础数据的其他变化。

披露性别薪酬差距时，企业可按雇员类别、国别、部门进行分类披露，还可按雇员类别进一步从普通基本工资、补充薪酬或可变薪酬等维度进行明细披露。

披露薪酬最高的雇员的个人薪酬与雇员薪酬中位数的比率时，企业可报告根据国别购买力差异调整后的相关参数并说明计算所用方法。

---

① 比如，薪酬比率可能受到企业的规模（如收入、雇员数量）、所处行业、员工战略（如对外包工人或兼职雇员的依赖、高度自动化）或币值波动的影响。

披露要求 S1 – 17：突发事件、投诉和严重的人权影响

企业应披露报告期内自己的劳动力发生的与工作相关的事故、投诉、严重人权影响事件的数量，以及相关重要罚款、制裁或赔偿。这项披露要求的目标是便于使用者了解工作相关事故和严重人权影响事件在多大程度上影响企业自己的劳动力。

企业应基于性别、种族或民族出身、国籍、宗教或信仰、残疾、年龄、性取向披露与工作相关的歧视事件，或报告期内涉及内部和外部利益相关者的其他形式的歧视，包括作为一种特定形式的歧视而发生的骚扰事件。具体地说，企业应披露：（1）报告期内报告的包括骚扰在内的歧视事件的总数；（2）通过企业为自己的劳动力设置的渠道（包括申诉机制）提交的投诉的数量；（3）因上述事件和投诉造成的罚款、处罚和损害赔偿的总金额。企业应披露此总金额与财务报表最相关金额的勾稽关系；（4）使用者理解数据所需的背景信息（如适用）以及这些数据是如何编制的。

对已查明的严重人权事件（如强迫或强制劳动、贩卖人口或童工），企业还应披露如下信息：（1）报告期内与企业自己的劳动力相关的严重人权事件的数量，并指出其中有多少是不尊重《联合国工商企业与人权指导原则》《国际劳工组织关于工作中的基本原则和权利的宣言》和《经合组织跨国企业指南》的。如果不存在此类事件，企业也应对此事实进行说明；（2）上述事件的罚款、处罚和损害赔偿的总金额。企业应披露此总金额与财务报表最相关金额的勾稽关系。

五、对我国准则制定的启示

知识经济时代，劳动力要素是引领企业价值创造最关键的驱动因素之一，企业如何管理和投资自己的劳动力、积极影响价值链上的劳动力将直接影响其长期创造和交付价值的能力，由此可见以劳动力为主题制定可持续披露准则的必要性和重要性。ESRS S1 和 ESRS S2 对我国可持续披露准则的制定至少存在以下几个方面的启示意义。

（一）整合人权和人力资源两方面的内容

欧洲财务报告咨询组（EFRAG）认为，可持续发展报告中的社会主题本质关乎人，包括作为个人的人、作为群体的人以及整个社会中的人，其中与企业主体有关的最典型的四类人是：企业自己的劳动力、价值链上的劳动力、受影响的社区、客户和终端用户，他们是受企业影响的利益相关者中的关键群体，ESRS 遂以此作为社会主题准则的四大主题（EFRAG，2022）。其中，ESRS S1 针对企业自己的劳动力（包括雇员和非雇员），ESRS S2 针对企业价值链上的劳动力，要求企业披露自己的劳动力/

价值链中的劳动力相关影响、风险和机遇及其治理和管理，其披露要求整体覆盖了对劳动力基本权利（人权）的关切以及对劳动力价值创造（人力资本）的关切。

人权（Human Rights）是指每个人生而为人所应享有的基本权利和自由，不分国籍、性别、民族或种族、肤色、宗教、语言或任何其他身份（UN，1948）。这些普世权利包括最基本的权利（如生命权），也包括使生命有意义的权利（如获取粮食的权利、接受教育的权利、工作的权利、健康的权利、自由权等）。人权体现在工作中的劳动力身上即劳工权（Labor Rights），包括可能对人产生负面影响的一些典型问题，如健康和安全（工作场所和其他地方）、隐私（涉及数据和其他）、不歧视（通常通过多样性和包容性项目在组织环境中解决）、气候变化和更广泛的环境危害对人造成的影响等（EFRAG，2022）。因此，人权代表着一个门槛，一般而言，越过这个门槛，影响将恶劣到破坏人的基本尊严和平等，也即一旦出现人权问题，影响就很可能是重大的，并很可能在短期、中期或长期给企业带来重大风险。人力资本（Human Capital）是指促进创造个人、社会和经济福祉的人的知识、技能、胜任力和品性（Social and Human Capitals Coalition，2019）。人力资本管理通常涉及如下方面的内容：劳动力的构成；劳动力的稳定性；多样性、公平性及包容性（DEI）；培训和发展；健康、安全和福祉；雇员和合同工的薪酬等（ISSB，2023）。上述方面可能以不同的方式对劳动力造成影响并反弹形成风险或机遇，从而驱动价值创造或价值侵蚀。比如，企业制定的促进 DEI 的战略可以帮助吸引和留住高质量、有才华的劳动力，从而促进有效设计、营销、产品和服务提供，加强社区关系，增强创新和识别风险的能力。又如，关注并努力提升雇员的健康、安全和福祉有助于提高生产力、减少劳动力流动以及节约成本。再如，严重依赖“替代”劳动力（临时雇员，包括那些受雇于“零工经济”的劳动力）会使企业滋生法律和监管风险。

ISSB 在 2023 年 5 月发布的优先议题征询中，将人权和人力资本并列为两大潜在的大项目，但也指出在考虑主体直接控制的劳动力（即自己的劳动力）和价值链中的劳动力时，两者存在重叠联系。比如，如果企业未支付最低保障工资、雇佣童工、强迫或强制劳动，限制工人结社自由，企业雇员的人权将受到侵犯，其劳动生产力也将因此下降甚至出现离职潮，人力资本将被侵蚀，企业将可能遭到抗议、消费者抵制、被供应商暂停业务关系，面临诉讼罚款，声誉受损市值下跌，甚至被吊销经营执照终止经营。由此可见，人权和人力资本虽然是两个不同的主题，但它们在相关重要 IRO 以及对企业价值创造方式和路径的影响方面存在大量重叠，尤其在消极影响方面。因此，若以劳动力（无论是企业自己的劳动力还是价值链上的劳动力）为对象制定准则，将人权和人力资本相关内容合并要求能够体现两者之间的强关联性，同时回避因为这种强关联性所导致的规则界限划分困难的问题。这提供了社会准则制定的一种思路。当然，从ISSB发布的优先议题征询看，其奉行的是另外一种思路，即分别制定人权相关准则和人力资源相关准则（原因是投资者对这两个主题的信息都感兴趣）。若如此，准则制定时的一大挑战就是如何厘清两个主题之间的界限和联系[①]。

（二）依从权威国际文书制定披露要求

与环境主题ESRS一样，ESRS S1和ESRS S2也是依法制定[主要依据CSRD、《可持续金融披露条例》（SFDR）、《欧盟分类法》等]，其独特之处在于，披露要求中的相当一部分来自"法上之法"——国际和欧洲人权领域的各大权威文书，包括联合国发布的核心人权公约（如《国际人权法案》《联合国残疾人公约》《联合国原住民权利宣言》《国际劳工组织基本公约》以及《国际劳工组织关于工作中的基本原则和权利的宣言》）、明确适用于企业主体的重要人权公约（如《联合国工商企业与人权指导原则》《经合组织跨国企业指南》），以及欧洲发布的《欧洲人权公约》、修订的《欧洲社会宪章》和《欧盟基本权利宪章》等。

上述文书因制定者的层级不同、适用范围不同、制定时间不同，内容上存在交叉重叠。比如，《联合国工商企业与人权指导原则》（2011）指出，企业尊重人权的责任在最低限度上可理解为是尊重两大国际文书所载明的各项基本原则，一是国际人权法案[包括《世界人权宣言》（1948）以及《经济、社会及文化权利国际公约》（1966）和《公民及政治权利国际公约》（1966）这两项公约]规定的人人有权享有的公民、政治、经济、社会和文化的各项权利[②]；二是《国际劳工组织关于工作中的基本原则和权利的宣言》（2022）提出的五项核心原则，包括保障结社自由和参与集体谈判的有效权利、消除一切形式的强迫或强制劳动、有效废除童工、消除雇佣和职业中的歧视以及保障安全和健康的工作环境。除上述两大国际文书提出的原则外，《联合国工商企业与人权指导原则》（2011）还指出企业可视不同情况考虑一些补充原则，比如

---

① 从优先议程征询的反馈来看，许多关键利益相关者也认为应合并制定人权和人力资源准则，否则将导致割裂和市场困惑，甚至加强现有的一些错误看法，如认为人力资本只与企业自己的劳动力有关，而人权只与价值链中的劳动力有关。

② 《经济、社会及文化权利国际公约》提出的人权包括免受歧视、男女平权、生命权、免遭酷刑、免受奴役、人身自由和安全权、在拘留中受到人道待遇的权利、行动自由、非公民免遭任意驱逐的自由、获得公正审判的权利、法律面前获得承认的权利、隐私权、宗教和信仰自由、表达自由、和平集会权、结社自由、结婚和建立家庭的权利、儿童获得出生登记和国籍的权利、参与公共事务的权利、法律面前平等的权利、少数群体权利。《公民及政治权利国际公约》提出的人权包括免受歧视、男女平权、工作权、选择和接受工作的自由、享受公正和有利工作条件的权利、组织工会的权利、罢工权、社会保障权、母亲在生产前后获得特殊保护的权利、儿童免受社会和经济剥削的自由、适当生活水准权、免受饥饿、健康权、受教育权、父母为子女选择学校的自由、参加文化生活的权利、享受科学利益的权利、作者从作品中获得精神和物质利益的权利、从事科学研究和创造性活动的自由。

尊重那些特别需要关注的特定群体或个人（如原住民、女性、特定民族或种族、特定宗教、少数语言、儿童、残疾人、移民及其家庭成员等）的人权，因为其可能对这些群体或个人产生消极影响。

CSRD 要求 ESRS 劳动力相关主题准则覆盖三个方面的内容：工作条件、公平待遇和机会、其他工作相关权利。其中其他工作相关权利即指尊重人权、基本自由和民主原则以及国际和欧洲相关权威人权文书制定的标准。ESRS 1《一般要求》将这三方面的内容进一步结构化为自己的劳动力和价值链中的工人准则所应涵盖的三个子主题和十七个孙主题（见表 2）。ESRS S1 再按照 ESRS 1 的要求，围绕三个子主题和十七个孙主题开展自己的劳动力/价值链中的工人相关战略、重要 IRO 管理、指标和目标的披露要求设计。这充分展示了“权威人权公约—法律制度—可持续发展报告一般准则—可持续发展报告具体准则披露要求”的准则制定思路，从逻辑上承上启下、顶天立地，颇具特色。我国制定社会主题准则时，在不违背我国相关法律法规的情况下可适当借鉴。

表 2　　ESRS 1 对劳动力主题的分类

<table>
<tr><td rowspan="3">自己的劳动力/价值链中的劳动力</td><td>工作条件</td><td>● 有保障就业
● 工作时长
● 足够的工资
● 社会对话
● 结社自由、成立工会以及工人的知情权、协商权和参与权
● 集体谈判，包括集体协议所涵盖的工人比率
● 工作与生活平衡
● 健康与安全</td></tr>
<tr><td>公平待遇和机会</td><td>● 性别平等和同工同酬
● 培训和技能开发
● 雇佣和对残障人士的包容
● 抵制工作场所暴力和骚扰的举措
● 多样性</td></tr>
<tr><td>其他工作相关权利</td><td>● 童工
● 强迫劳动
● 充足住房
● 隐私</td></tr>
</table>

资料来源：ESRS 1。

（三）系统设计人力资本管理关键业绩指标体系

长期以来，人力资本因不符合会计上有关资产要素的定义和确认计量条件而被财务报表拒之门外。在知识经济时代，这种信息缺位对投资者评估企业人力资本的价值，管理者提升人力资本的管理水平，劳动力个体知悉自身的合法权益是否得到满足等造成巨大的困扰。EFRAG 在起草 ESRS S1 和 ESRS S2 时，站在大量前期研究的基础上，对人力资本管理的信息披露进行了大胆尝试①。以 ESRS S1 为例②，该准则的 17 项披露要求中有 13 项集中在指标和目标模块，其中指标相关的披露要求有 12 项，每一项都包含若干个指标，应披露指标共计 40 个。观察这一指标体系，其设计思路具有如下突出的特点：

（1）糅合反映人权和人力资本要素，综合展示人力资本的存量和流量。ESRS S1 要求的应披露指标绝大多数都有“正负极”，“负极”反映对自己的劳动力的负面影响（主要包括人权相关问题的影响），“正极”反映对自己的劳动力的正面影响。如果指标计算值达到甚至越过“负极”，人力资本将遭到侵蚀，而指标计算值在“正极”方向越大，人力资本的价值创造能力就越强，这完美糅合了人权和人力资本要素，实现了二者的对立统一。换言之，如果我们用类似财务资本的观念从存量和流量两个维度看待人力资本，每一个指标的计算值都展示了某个具体维度的人力资本的存量（综合指标体系即企业人力资本的总体“厚度”），不同报告期间指标值的变化展示了某个具体维度人力资本的流量（综合指标体系即人力资本的总体变化）。一旦企业按照准则规定的统一的指标体系进行披露，还将迅速形成相关指标的均值、中位数、最大值、最小值等统计数据，不同企业人力资本的质量将能够迅速地得以分辨。

（2）在指标设计上贯彻全面、简洁的原则。ESRS S1 在指标设计上贯彻了两个原则：①全面。40 个应披露指标全面覆盖了 ESRS 1 要求的劳动力相关三个子主题和十七个孙主题的内容，多维度体现企业通过雇佣实践与自己的劳动力发生关系（相互影响和依赖）的过程和结果；②简洁。表 3 显示，40 个应披露指标中绝大多数为非货币化计量的指标，少数为定性指标，个别为货币化计量的指标。本文认为，ESRS S1 之所以在定性、非货币化计量和货币化计量这三类指标中更多地选择非货币化计量的指标作为人力资本存量的载体，可能的考虑包括：一是货币化计量的财务影响主要由财务报告披露。人力资本货币化计量的影响（财务影响）最典型表现为工资福利费等职工薪酬。一般而言，报告期企业的职工薪酬已体现为期间费用并在报表附注中分类披露。

① ESRS S1 和 ESRS S2 在制定时除了依从国际和欧洲人权领域的权威文书外，还参考借鉴了有关无形资源报告的学术研究，以及可持续披露领域的知名报告框架或准则［包括全球报告倡议组织（GRI）的准则、国际整合报告委员会（IIRC）发布的综合报告框架、联合国指导原则报告框架、可持续发展会计准则委员会（SASB）和气候披露准则理事会（CDSB）发布的相关披露准则等］提出的类似事项的披露要求（EFRAG，2022）。

② 由于都以劳动力为对象，ESRS S1 和 ESRS S2 的披露要求高度重合，其中 ESRS S1 因为面向企业雇员或有直接契约关系的非雇员，在二者中更为重要也更有代表性。

只有个别特定维度的具体财务影响，如报告期因突然事件、投诉和严重的人权影响导致的罚款、处罚和损害赔偿的金额，因该绝对值能够直观表明企业恶突事件的影响大小及处理代价，ESRS S1 就要求企业单独披露，即便相关数据已汇总入期间费用。另外，企业对人力资本的中期、长期的财务性投资存在高度不确定性，除非相关措施已有针对性的财务规划，否则很难预计其财务影响，所以 ESRS S1 未像五个环境主题准则那样在指标和目标模块强制规定应披露的预期财务影响的代表性指标，给企业留足了空间①。二是企业对劳动力影响的治理和相关风险与机遇的管理主要体现为非货币化计量的指标和定性指标。比如工资薪酬是货币化计量的，但是平均薪酬水平是否适当是定性的二元指标（是或否），男女雇员的平均薪酬水平差距、最高薪酬雇员与所有雇员薪酬中位数的比率是非货币化计量的量化指标，这两个指标对说明企业劳动力是否秉持 DEI 原则意义重大。三是非货币化计量的指标能够更好地迎合非专业信息使用者的需求。无论是财务报告还是可持续发展报告，最大受众都是非专业的信息使用者（如中小投资者），ESRS S1 还有一大受众是企业自己的劳动力本身，这一群体也是典型的非专业信息使用者，他们显然都倾向于简单易理解的信息。ESRS S1 要求的非货币化计量的指标全部简单易算，与定性信息相比，在可获取性（包括获取方式和获取成本）、客观可验证以及进展跟踪等方面具有明显优势，且披露非货币化计量的指标并不排斥机构投资者等专业信息使用者结合其他数据、运用各种算法对指标结果进行更为复杂的以估值或其他为目的加工处理。

表 3　　ESRS S1 指标性质分类统计

定性指标	非货币性计量指标	货币化计量指标
7	31	2
合计 40		

综上所述，ESRS S1 试图通过一组指标体系系统反映企业对劳动力相关事项的影响及其治理成效以及劳动力相关风险和机遇及其管理成效，企业若能围绕这些关键业绩指标开展自己的劳动力的治理和管理，应能较好地保护劳动力的人权同时促进人力资本增值。公开的信息披露还将使广大的利益相关者受益，如为企业自己的劳动力知悉和争取自身的权益提供数据支撑，为投资者进行企业价值评估提供全新的视角和信

① ESRS 2 披露要求 SBM－3“重要影响、风险和机遇及其与战略和商业模式的相互关系”明确提出企业应当披露可持续发展相关风险和机遇的预期财务影响，五个环境主题准则则在 ESRS 2 SBM－3 的基础上，又提出特定环境主题预期财务影响的具体代表性指标作为额外要求。但 ESRS S1 不仅未要求披露预期财务影响的具体代表性指标，在“与 ESRS 2 相关的披露要求 SBM－3”披露中还允许企业可以不执行 ESRS 2 SBM－3，即忽略对预期财务影响的披露。

息。因此，本文认为ESRS S1构建的指标体系整体是值得肯定和借鉴的。

（四）个别指标或可提升相关性

高质量指标设定的SMART原则认为，有效指标通常应具备五大特征：一是明确性（Specific），即指标应直截了当反映被衡量内容，不受其他因素影响，且反映的信息应易于理解和交流；二是可计量性（Measurable），即指标应客观、可验证、可靠且能够被清晰计量；三是可实现性（Attainable），指标及其计量单位的收集不能不切实际（如过于耗时或昂贵），且应对环境变化敏感；四是相关性（Relevant），即指标应反映有意义的信息，应能捕捉预期结果的本质，与预期结果或影响相关；五是时限性（Time - bound），即指标应能在一个设定的时间段内以期望的频率跟踪进度（Social and Human Capital Coalition，2019）。以SMART原则衡量ESRS S1的35个应披露指标，它们在明确性、可计量性、可实现性、相关性、时限性方面都有较好的表现。其中相关性方面的重要支持证据包括全新的《公司宗旨宣言》。2019年8月，近200家美国最大上市公司的CEO联合署名发表了新《公司宗旨宣言》，宣布公司应为所有利益相关者（包括客户、雇员、供应商、企业经营所在的社区、股东）创造长期价值。参与联署的企业作出一系列承诺，其中排名第二的承诺即投资于雇员，首先是为雇员提供公平的薪酬和重要福利，也包括通过培训和教育帮助他们提升技能以适应快速变化的世界，其次是促进多样性和包容性，维护雇员的尊严，使他们受到尊重。这些理念完全包含于ESRS S1要求的披露指标之中。

但本文也认为，ESRS S1要求的个别披露指标从相关性方面或仍有补强的空间。比如，S1 - 13“培训和技能发展指标”要求披露雇员的平均培训时数以便使用者了解雇员的专业成长度。智慧资本的提出者托马斯·斯图尔特在这方面有不同的观点。斯图尔特（1997）归纳人力资本的成长路径有二：一是组织更多地利用雇员的知识。这要求组织最大程度地减少不动脑筋的工作、无意义的文书、消耗性的内斗以及建设实践社区（Community of Practice）[①]，其中建设实践社区被认为是这条路径的最佳实践。实践社区是一群专业人士通过面对共同的问题、共同追求解决方案而非正式地联系在一起展示并交换他们各自知识储备的场所。实践社区是人力资本的车间，发挥两大作用——知识转移和创新。雇员加入某个实践社区并留下来是因为有东西可以学习，有东西可以贡献，与任何其他无关。如果企业内部存在这样的实践社区，管理层只需识

① 与诸多认为人力资本是雇员在离开时可以带走的知识、技能和经验的观点不同，斯图尔特的视角独特，他认为有价值的新创意和新技术其实并不被企业所有，也不被个人所有，而是属于孕育它们的实践社区。活跃的实践社区不会出现在企业的组织架构图上，但却是促使人力资本增值的最佳土壤。

别它们的存在和重要性，给他们所需的资源，“施肥但不干涉农事”即可。实践社区越是被建设成为自由分享想法的安全平台，人力资本的增值潜力就越大。因此，从信息披露的角度，有关实践社区是否存在，若存在，其数量、规模和运作情况应是对使用者有用的有关人力资本的信息。二是让更多的雇员了解更多对组织有用的知识。企业有义务帮助雇员定位他们所必须的专业知识和技能，雇员也有责任发现并学习他们未知但必要的专业知识和技能或者提升已知且必要的专业知识和技能（这些是真正形成资产的才能），但怎么学习包括学习日程安排，主动权应在雇员手里。因此，从信息披露的角度，一段时间内汇总的雇员的学习数据，包括学习范围、速度、优势领域、薄弱领域等，远比培训时数和培训花费这样的数据更能展示人力资本的发展状况，更为使用者所关切。

又如，劳动力是企业的资源但劳动力本身难以被控制或拥有，为确保企业从人力资本的增值中获益，一个简单的方法是让雇员和企业之间建立一种交叉所有的关系，这就是雇员持股受到推崇的原因。越是知识密集型的企业，雇员持股率通常越高。因此，从信息披露的角度，企业计划在短期、中期、长期内实施的包括股权激励在内的薪酬制度或类似的奖惩制度的情况（除财务报告已报告情况）也应是对使用者有用的有关人力资本的信息，也可考虑作为相关披露指标。

（原载于《财会月刊》2024 年第 7 期）

主要参考文献：

1. 黄世忠．从资本主义到智本主义——智慧资本的崛起［J］．新会计，2020（5）．

2. Business Roundtable. Statement on the Purpose of a Corporation［EB/OL］. https：//purpose. businessroundtable. org，August 19，2019.

3. EC. Directive amending Directive 2013/34/EU，Directive 2004/109/EC，Directive 2006/43/EC and Regulation（EU）No 537/2014，as regards corporate sustainability reporting［R］. www. europa. eu，2021.

4. EC. ESRS 1 General Requirements［EB/OL］. http：//finance. europa. eu，31 July，2023.

5. EC. ESRS S1 Own Workforce［EB/OL］. http：//finance. europa. eu，31 July，2023.

6. EFRAG. ESRS S1 Own Workforce Basis for conclusions [EB/OL]. https://www.efrag.org, March 2023.

7. EFRAG. Academic Report: A Literature Review on the Reporting of Intangibles. www.efrag.org, 2020.

8. ISSB. ISSB Consultation on Agenda Priorities. www.ifrs.org, May 2023.

9. ISSB. ISSB Consultation on Agenda Priorities Feedback Summary. www.ifrs.org, December 2023.

10. Thomas A. Stewart. Intellectual Capital: The New Wealth of Organizations [J]. London: Nicholas Brealey, 1997.

11. UN. Guiding Principles on Business and Human Rights Implementing the United Nations "Protect, Respect and Remedy" Framework [EB/OL]. www.ohchr.org, 2011.

ESRS S3《受影响的社区》解读

叶丰滢　黄世忠

【摘要】欧盟委员会（EC）2023年7月31日发布了第一批12个欧洲可持续发展报告准则（ESRS），包括2个跨领域交叉准则和10个环境、社会和治理主题准则。这是继国际可持续准则理事会（ISSB）2023年6月26日发布两份国际财务报告可持续披露准则后可持续发展报告准则发展进程中将载入史册的里程碑事件，对于推动经济、社会和环境的可持续发展意义非凡。为了帮助读者全面了解ESRS，笔者对这12个ESRS进行系统的分析和解读。本文从准则目标、与其他准则的关系、核心内容（治理，战略，影响、风险和机遇管理，指标和目标）披露要求三个方面，对第S3号欧洲可持续发展报告准则《受影响的社区》（ESRS S3）进行解读，并总结其对我国准则制定的三点启示意义。

【关键词】受影响的社区；社会和人力资本；影响和依赖；风险和机遇

一、引言

企业自身的经营活动及其在上下游价值链的采购或销售相关活动有赖于相关社区的资源和关系，而这些活动也会对相关社区产生直接或间接的影响。比如，企业在水资源紧张的地区作业和取水，可能对所在社区公民获得清洁饮用水的权利产生消极影响；又如，企业在原住民社区投资可再生能源项目，如果企业没有恰当地与原住民协商，会侵犯其自由、事先和知情同意权，从而影响其自决权以及自由追求经济、社会和文化发展的权利；再如，企业因废弃物管理不善产生污染，造成一定范围内社区公民与健康有关的问题或影响他们的生活水准，如果这种影响与低收入社区和有色人种社区有关，又会进一步对经济正义和环境种族主义产生消极影响。

综合以上，企业对受影响的社区的影响可能涉及复杂的政治、经济、环境、社会问题。而影响和依赖相辅相成，积极影响可能培植更值得依赖的社区关系、更顺畅的资源利用，甚至为企业创造机遇；消极影响则可能削弱原有的社区关系、无法正常使用社区资源，从而造成重大风险甚至可能动摇企业持续经营的根基。因此基于可持续发展的考虑，企业理应高度重视对关联社区的影响，努力维持良好的关系。ESRS S3选择受影响的社区为切入点，关注企业对受影响的社区的影响和依赖以及由此引发的风险和机遇。本文对ESRS S3《受影响的社区》的主要披露规定予以介绍，并总结其特点和对我国制定可持续披露准则的启示意义。

二、准则目标

ESRS S3的目标在于提出披露要求以帮助可持续发展说明书的使用者理解企业通过产品或服务以及业务关系对与自身经营和价值链有关的受影响的社区的重要影响以及相关重要风险和机遇，包括：（1）在影响最可能存在和最严重的区域，企业如何影响社区，包括重要的实际或潜在的积极和消极影响；（2）企业为防范、减缓或补救重要的实际或潜在的消极影响所采取的行动及其效果；（3）企业对受影响的社区的影响和依赖所产生的重要风险和机遇的性质、类型和程度，以及企业如何管理这些风险和机遇；（4）企业对受影响的社区的影响和依赖所产生的重要风险和机遇对企业短期、中期和长期的财务影响。

基于上述目标，ESRS S3要求企业解释其为识别和管理下列与受影响的社区有关的重要实际和潜在影响所采取的一般做法，包括：（1）社区的经济、社会和文化权利（比如充足的住房、充足的食物、水和卫生设施、土地相关的影响和安全相关的影响等）；（2）社区的公民权利和政治权利（比如言论自由、集会自由、对人权维护者的影响等）；（3）原住民的特殊权利［比如自由、事先和知情同意权（The Right to Free, Prior and Informed Consent, FPIC）、自决权、文化权等］。此外，ESRS S3还要求解释企业对受影响的社区的影响和依赖如何为企业创造重要风险或机遇。比如，与受影响的社区的消极关系可能会扰乱企业自身的经营或使其声誉受损，而建设性的关系则可以带来商业利益，诸如稳定、无冲突的经营并且更容易在当地招聘员工。

三、与其他ESRS的相互作用

当企业根据ESRS 2《一般披露》要求的重要性评估过程识别出受影响的社区相关

重要影响以及重要风险和机遇时，即适用 ESRS S3。

ESRS S3 应当与 ESRS 1《一般要求》、ESRS 2《一般披露》、ESRS S1《自己的劳动力》、ESRS S2《价值链中的工人》、ESRS S4《消费者与终端客户》一并阅读和应用。

四、披露要求

ESRS S3 从战略、影响及风险和机遇管理、指标与目标三个方面提出披露要求。

（一）战略[①]

与 ESRS 2 相关的披露要求 SBM－2：利益相关者的利益和观点

受影响的社区是受影响的利益相关者的关键群体。企业应根据 ESRS 2 SBM－2 披露受影响的社区的利益、观点和权利如何受到企业的重要影响，包括企业如何尊重其人权、告知其战略和商业模式。

与 ESRS 2 相关的披露要求 SBM－3：重要影响、风险和机遇（IRO）及其与战略和商业模式的相互作用

企业应根据 ESRS 2 SBM－3 披露已识别的对受影响的社区的实际和潜在的重要影响：（1）是否以及如何源于战略和商业模式或与战略和商业模式相联系；是否以及如何影响并促使调整企业的战略和商业模式；（2）企业对受影响的社区的影响和依赖产生的重要风险和机遇与其战略和商业模式之间的关系。

企业应披露所有可能受到其重要影响的受影响的社区是否包括在按照 ESRS 2 进行的披露的范围内。重要影响指与企业自身的经营及价值链有关的影响，包括通过产品或服务以及通过业务关系造成的影响。此外，企业还应提供以下信息：（1）简要描述受到其经营或上下游价值链重要影响的受影响的社区的类型，具体说明它们是否属于：①在企业的经营场所、工厂、设施或其他实体经营场所周围生活或工作的社区，或受上述场所活动影响（如下游水污染）的更偏远的社区；②企业价值链上的社区（比如受供应商设施运营影响的社区、受物流或分销商活动影响的社区等）；③位于价值链上下游终端的社区（比如位于金属或矿物采掘点的社区、位于商品收割点的社区、位于废弃物或回收场周围的社区等）；④原住民社区；（2）在存在重要消极影响的情况下，披露该影响是否在企业的经营环境或采购和其他业务关系中具有广泛性或

① 本部分的披露要求应与 ESRS 2 有关“战略”（SBM）的披露要求一并阅读。披露结果除 SBM－3“重要影响、风险和机遇及其与战略和商业模式的相互关系”外应当按照 ESRS 2 列报。SBM－3 企业可以选择依据主题准则列报。

系统性（比如在高度工业化地区边缘人口的健康和生活质量均受到影响），还是仅与企业自身经营中的个别事故有关（比如有毒废弃物泄漏影响社区获取清洁饮用水）或与企业个别业务关系有关（比如社区对企业经营进行和平抗议但遭到企业安保部门的暴力回应）。这包括考虑向更绿色和气候中和的经营转型可能对受影响的社区产生的影响，潜在影响包括与创新和改组、关闭矿山、加大向可持续经济转型所需矿物的开采、太阳能板生产等有关的影响；（3）在存在重要积极影响的情况下，简要描述产生积极影响的活动（比如支持更多新形式的当地生计的能力建设），以及受到积极影响或可能受到积极影响的受影响的社区的类型。企业还可披露积极影响是否发生在具体国家或地区；（4）因对受影响的社区的影响和依赖而产生的重要风险和机遇。

企业在描述受到或可能受到消极影响的受影响的社区的主要类型时，应基于重要性评估，披露其是否以及如何了解具有特定特征的受影响的社区，或在特定环境中生活的社区，或可能暴露在企业特定活动造成的更大伤害风险之下的社区。

企业应披露其对受影响的社区的影响和依赖所产生的重要风险和机遇哪些与特定受影响的社区群体有关，而不是与所有受影响的社区有关（如适用）。

（二）重要IRO管理

披露要求S3－1：与受影响的社区相关的政策

企业应描述其采用的管理受影响的社区相关重要IRO的政策。这项披露要求的目标是便于使用者了解企业的政策在多大程度上解决受影响的社区相关重要IRO的识别、评估、管理和修复。企业应按照ESRS 2披露要求MDR－P“管理重要可持续发展问题所采取的政策”的规定披露信息，并说明其采取的政策是针对特定的受影响的社区群体，还是针对所有的受影响的社区。

企业应披露预防和解决对原住民影响的有关政策规章。

企业应描述其与受影响的社区相关的人权政策承诺，包括监督其对《联合国工商企业与人权指导原则》《国际劳工组织关于工作中的基本原则和权利的宣言》《经合组织跨国企业指南》等国际文书遵循情况的流程和机制。披露时企业应聚焦重要事项，包括与以下方面有关的通用做法：（1）如何尊重社区的人权，特别是原住民的人权；（2）如何让受影响的社区参与相关流程和机制；（3）为修复人权影响所采取的措施。

企业应披露其有关受影响的社区的政策是否以及如何与有关社区和原住民的国际公认文书包括《联合国工商企业与人权指导原则》保持一致。企业应披露在其自身经营和上下游价值链中已经报告的与受影响的社区有关的不尊重《联合国工商企业与人权指导原则》《国际劳工组织关于工作中的基本原则和权利的宣言》和《经合组织跨

国企业指南》案例的恶劣程度及性质（如适用）。

政策可以采取独立的社区政策的形式，也可以包含在更宽泛的文件（如道德准则或已经按照其他 ESRS 披露的一般可持续性政策）中。在这些情况下，企业应提供准确的交叉索引以明确政策中满足 S3－1 披露要求的部分。

披露要求 S3－2：与受影响的社区就影响进行沟通的流程

企业应披露与受影响的社区和其代表就企业对其造成的实际和潜在影响进行沟通的流程。这项披露要求的目标是便于使用者了解企业是否以及如何与受影响的社区及其合法代表或可信的代理就正在影响（或可能影响）他们的重要的实际或潜在的积极或消极影响进行沟通，以此作为尽职调查程序的一部分，以及企业是否和如何在决策流程中考虑受影响的社区的观点。

企业应披露受影响的社区的观点是否以及如何影响其旨在管理对受影响的社区的实际和潜在影响的决策或活动，包括解释：（1）受影响的社区及其合法代表是否直接参与，或有可信的代理前来了解具体情况；（2）参与的阶段、类型和频率；（3）企业中负责确保这种参与的职能部门和最高管理层角色，以及将结果反馈企业的方式；（4）企业如何评估受影响的社区参与的有效性（如适用），包括评估导致的协议或结果（如果有）。

企业应披露其为深入了解受影响的社区中特别容易受到影响或被边缘化的群体以及特定群体（如妇女或女童群体）的观点而采取的步骤（如适用）。

如果受影响的社区是原住民社区，企业还应披露其如何考虑并确保尊重原住民的特定权利，包括与如下方面有关的 FPIC：（1）原住民的文化、知识、宗教和精神财产；（2）影响原住民土地和领地的活动；（3）影响原住民的立法或行政措施。对于原住民参与的情况，企业还应披露是否以及如何就参与的方式与原住民进行协商（如共同设计参与议程、类型和时间等）。

如果企业因为尚未采取使受影响的社区参与的政策而无法披露上述信息，它应披露这一事实，同时披露建立相关流程的时间规划。

披露要求 S3－3：修复消极影响的流程以及提高受影响的社区关切的渠道

企业应描述其已制定或参与制定的旨在修复对受影响的社区消极影响的流程，为受影响的社区提供的表达关切的渠道以及解决问题的渠道。这项披露要求的目标是便于使用者了解受影响的社区表达关切的正式渠道，企业通过其业务关系支持这些渠道有用性的途径（如申诉机制），以及企业如何与这些社区一起跟进提出的问题和这些渠道的有效性。

企业应披露其已采取的如下流程相关的信息：（1）企业对受影响的社区造成或促

使重要消极影响时，其提供或促使补救的一般做法和流程，包括企业是否以及如何评估所提供补救的有效性；（2）企业为受影响的社区设置的直接向企业提出关切或需求并使其得到解决的具体渠道，包括这些渠道是否由企业本身建立还是通过第三方机制[①]参与；（3）企业通过业务关系支持上述渠道有用性的流程；（4）企业如何跟踪和监督提出的问题及其应对，如何确保渠道的有效性，包括让作为潜在使用者的利益相关方参与。

企业应披露其是否以及如何评估受影响的社区是否了解并信任这些制度和流程，以此作为其提出关切或需求并得到解决的方式。此外，企业还应披露其是否制定了保护使用它们的个人免遭报复的政策[②]。

如果企业因尚未建立受影响的社区提出问题的渠道或不能通过业务关系支持这种渠道的可用性从而无法披露上述信息，它应披露这一事实，同时披露建立相关流程的时间规划。

披露要求 S3 -4：针对受影响的社区的重要影响所采取的行动，管理与受影响的社区相关重要风险、追求与受影响的社区相关重要机遇的做法，以及上述行动的效用

企业应披露其如何采取行动应对与受影响的社区相关的重要消极和积极影响，管理重要风险、追求重要机遇，以及这些行动的有效性。这项披露要求的目标有二：一是便于使用者了解企业旨在防范、减轻和修复对受影响的社区的重要消极影响、实现重要积极影响的行动和倡议；二是便于使用者了解企业应对与受影响的社区相关重要风险、追求重要机遇的方式。

企业应按照 ESRS 2 披露要求 MDR - A“与重要可持续发展事项相关的行动和资源”的规定披露信息。

针对与受影响的社区相关的重要影响，企业应披露：（1）为防范或减轻对受影响的社区的重要消极影响而采取或计划采取或正在实施的行动；（2）是否以及如何采取行动以对实际重要影响进行补救；（3）旨在对受影响的社区实施积极影响的其他行动和倡议；（4）如何追踪并评估这些行动和倡议在为受影响的社区提供预期成果方面的有效性。如果企业通过设定目标评估行动的有效性，应考虑 ESRS 2 披露要求 MDR - T“跟踪政策和行动的有效性”的规定。企业还应披露：（1）通过何种流程确定对受影响的社区的特定实际或潜在影响所应采取的必要且适当的行动；（2）针对对受影响的社区的特定重要消极影响所采取的行动方式，包括与其自身在土地征用、规划和建设、

---

① 第三方机制包括由政府、非政府组织、行业协会和其他合作倡议运作的机制。
② 如果该信息按照 ESRS G1 - 1《商业行为》披露，企业可索引相关披露。

运营或关闭方面的做法有关的行动，以及是否需要更广泛的行业行动或与其他相关方的合作行动；（3）如何确保在发生重要消极影响时提供或促使补救的流程是可用的，并且其实施和结果是有效的。

针对与受影响的社区相关的重要风险和机遇，企业应披露：（1）计划或正在实施什么行动以减轻因对受影响的社区的影响和依赖产生的重要风险，以及如何在实践中跟踪其有效性；（2）计划或正在实施什么行动以追求与受影响的社区相关的重要机遇。

企业应披露其是否以及如何采取行动以避免其做法（包括相关的规划、土地征用和开发、融资、原材料开采或生产、自然资源的使用和环境影响的管理等）导致或加剧对受影响的社区的重要消极影响，包括披露在预防或减轻重要消极影响与其他业务压力之间出现紧张关系时采取的做法。

企业还应披露是否报告了与受影响的社区相关的严重人权问题和事件，并披露这些情况（如适用）。

企业应披露其为管理重要影响以及让使用者了解其如何管理重要影响而配置的资源。

（三）指标与目标

披露要求 S3 -5：管理重要消极影响、推进积极影响以及管理重要风险和机遇的目标

企业应披露其制定的与减少对受影响的社区的消极影响、促进对受影响的社区的积极影响，以及管理与受影响的社区相关的重要风险和机遇有关的具有时间限制和结果导向的目标。这项披露要求的目标是便于使用者了解企业在多大程度上使用具有时间限制和结果导向的目标驱动并衡量对受影响的社区重要消极影响的解决、重要积极影响的推进、相关重要风险和机遇的管理及其进展。企业对这些目标的描述应包含 ESRS 2 披露要求 MDR - T“通过目标追踪政策和行动的效果”所要求的信息。

企业应披露目标制定的过程，包括是否以及如何在设定目标、按照目标跟踪业绩、识别教训和改进方面让受影响的社区及其合法代表或可信的代理参与。

五、对我国准则制定的启示

受影响的社区是企业经营外部性的典型载体，不仅范围宽广，而且影响涉及广泛的经济、社会、环境（ESE）问题，ESRS S3 尝试对这一主题进行规范，有助于促使企业改善社区关系，尽可能减少对受影响社区的消极影响，促进对受影响社区的积极影响。该准则对我国制定可持续披露准则至少存在以下三个方面的启示意义。

（一）清晰界定受影响的社区

ESRS S3 曾在征求意见后因应反馈意见对其主题进行了两处修订，一是明确界定受影响的社区的范围；二是明确受影响的社区包括实际和潜在受影响的原住民。

ESRS S3 在征求意见稿中曾混用“受影响的社区（Affected Communities）”和“当地社区（Local Communities）”这两个术语［后者系全球报告倡议组织（GRI）准则所用的术语］，但 GRI 所称“当地社区”是指生活或工作在已经或可能受企业活动影响的地区（包括毗邻企业经营场所以及远离组织经营场所）的个人或个人群体，而 EFRAG 所称“受影响的社区”是指生活或工作在同一地区的已经或可能受到企业经营活动或其在上下游价值链活动影响的个人或个人群体（EFRAG，2022）。换言之，ESRS S3 的范围不仅包括当地社区，而且包括已经或可能受企业价值链活动影响的任何地点的社区。本文认为，从充分反映企业活动对社会的影响和依赖以及由此产生的风险和机遇的角度看，EFRAG 对 ESRS S3 主题内涵的明确无疑是正确的。但理论上企业通过经营活动和价值链活动影响的社区数量众多，所以企业在进行 IRO 识别、评估和应对时需要进行重要性评估以使其政策、行动和披露聚焦于重要的受影响的社区。ESRS S3 应用要求指出，企业可从受影响的社区是否具有特定特征、是否处于特定环境、是否暴露于企业的高风险活动等维度开展重要性评估。比如某受影响的社区在地理上和经济上与外界隔绝，它将特别容易受到传染病的影响，特别不容易获得社会服务，并因此特别依赖于企业建立的基础设施。另外，一些受影响的社区构成复杂，企业还应考虑不同特征的叠加影响。比如种族、社会经济地位、移民和性别等特征的叠加可能会对特定受影响社区或特定受影响社区的局部造成放大的消极影响。

对原住民特殊权益的影响是 ESRS E3 特别强调的披露内容。原住民（Indigenous Peoples）一般包括两类群体：一是独立国家中的部落人民（Tribal Peoples），他们的社会、文化和经济条件有别于国家社会的其他部分，且完全或部分受习俗或传统或特殊法律法规的管制；二是独立国家中在战争、殖民或目前国家边界确立时居住在该国或该国所属地理区域的人口的后裔，他们部分或全部保留了自己的社会、经济、文化和政治机构（不论其法律地位如何）（ILO，1989）。联合国于 2007 年通过《联合国原住民权利宣言》（UNDRIP），详细阐述了原住民在国际法和政策中的权利，制定了承认、保护和促进这些权利的最低标准。UNDRIP 探讨的原住民的权利包括个人权利和集体

权利、文化权利与身份认同，以及受教育权、健康权、就业权、语言权和其他权利（UN，2007）。从 ESRS S3 的披露要求设计看，其特别关注原住民的三种权利，一是FPIC，二是自决权（Self - Determination），三是文化权（Cultural Rights），尤其是FPIC。FPIC 允许原住民在任何时候对可能影响其领地的项目表示同意、拒绝或撤回同意，允许原住民参与谈判，决定项目的设计、实施、监测和评估，因此 FPIC 是原住民拥有的所有其他权利的保障。EFRAG 称单独强调原住民是《公司可持续发展报告指令》（CSRD）的要求，也与 GRI 的准则规定趋同（EFRAG，2022），但本文认为，虽然原住民是公认的弱势群体，但公认的弱势群体不止原住民，还包括女性、难民、残疾人等，他们的人权也受到相关国际法的高度关注，因此单独强调原住民似有失偏颇。而若准则腾出空间逐步将所有弱势群体纳入，似乎又对受影响的社区这个主题有所失焦。本文总体更倾向于聚焦受影响的社区。社区一般指拥有共同的位置、利益或目标的个人群体，因此基于同质化假设将其作为一个关键受影响利益相关方应是适当的。而且以受影响的社区为对象也不排斥企业对社区内的各种弱势群体实施尽职调查，确定政策行动，披露相关信息。从原则导向的角度，这似乎是更佳的选择。鉴于目前ESRS S3 的规定，我国到国外从事经营或投资活动的企业，应特别关注原住民的权利问题和相关的信息披露，以最大限度地降低其经营活动和上下游价值链活动可能派生的社会风险。

（二）社会资本与受影响的社区的披露

2015 年，在联合国提出 17 个可持续发展目标（SDGs）之后，由 200 多家跨国公司首席执行官领导的世界可持续发展工商理事会（WBCSD）成立，致力于加快推进SDGs 的实现。WBCSD 认为企业应向更可持续经济转型，需要其治理层和管理层在决策时充分掌握除财务信息以外的环境信息和社会信息，其中环境信息与企业影响和依赖的自然资本（Natural Capital）有关，社会信息与企业影响和依赖的社会资本有关。为此，WBCSD 先后牵头成立自然资本联盟（Natural Capital Coalition）与社会和人力资本联盟（Social and Human Capital Coalition），这两个联盟分别于 2016 年和2019 年发布《自然资本规程》（Natural Capital Protocol）和《社会和人力资本规程》（Social and Human Capital Protocol），提出计量和评估自然资本和社会资本的通用框架和步骤。

《社会和人力资本规程》（以下简称《规程》）界定社会资本为（由人构成的）网络及其共同的规范、价值观和认知；界定人力资本（Human Capital）为个人的知识、技能、胜任能力和品性。由于二者难以切割，故合称社会和人力资本。企业对社会和人力资本的影响可以描述为企业的行动或决策对生活在社会中的人的福祉[①]（包括能力、关系、健康等）的持续变化作出积极或消极贡献的程度。积极影响对社会而言是收益，消极影响对社会而言是成本。影响可能反弹形成实际或潜在的风险和机遇。比如，一些企业因违反法律法规处置含有毒害性物质的污染物而遭到处罚甚至终止经营。当然影响也可能不反弹，那就仅仅是外部性问题，即企业对社会和人力资本的影响以及由此产生的社会收益或社会成本只波及企业以外的方面，企业既不会因为积极影响得到补偿也不会因为消极影响受到惩罚，没有可感知的内部后果。比如，未触及法律法规的噪声扰邻、废水倾倒等。除影响外，所有企业也都依赖于社会和人力资本。依赖也会产生实际或潜在的风险和机遇。比如一些企业严重依赖当地社区的资源并因此依赖于与这些社区的良好关系。综上所述，依赖、风险和机遇都基于且影响和改变社会和人力资本的存量，因此需要重点关注。

ESRS 的四个社会主题准则都关注企业对社会和人力资本的影响和依赖以及与此有关的风险和机遇。其中 ESRS S1 针对与企业有契约关系的服务于企业自身经营的人群（自己的劳动力），ESRS S2、ESRS S4 针对与企业有业务关系的上下游价值链上的人群（价值链上的劳动力、消费者和使用者），只有 ESRS S3 的对象（受影响的社区）可能与企业没有任何关系只是单纯受到企业自身经营活动和上下游价值链活动的直接或间接的影响。而且 ESRS S3 的战略、重要 IRO 管理、指标和目标三大模块的披露要求明显聚焦于影响及其治理和管理，这凸显了 ESRS 对社会资本变动及其应对的关注。换言之，按照 ESRS S3，即便企业对受影响的社区的影响没有反弹形成实际或潜在的风险和机遇，其战略和商业模式也需充分关注，及时对其进行识别、评估、管理和修复。不仅如此，考虑到受影响的社区完全可能不知道自己受到了何种影响以及受影响的程度，ESRS S3 还特别强调企业应履行告知义务，旨在引导企业建立健全与受影响的社区的沟通交流机制和渠道，以便受影响的社区及时感知影响、表达关切、跟踪影响管理和修复。

从整体来看，ESRS S3 秉持双重重要性原则但更侧重影响重要性，站在社会的大局敦促企业维护和加强社会资本，促使社会收益增加、社会成本降低，这有助于社会

---

① 2015 年，经济合作与发展组织（OECD）提出有关社会福祉（Well - being）的评估框架（以下简称“OECD 框架”），2018 年这一框架进行了更新并提供可供企业使用的衡量福祉的维度和指标。OECD 框架区分了当前福祉（Current Well - being）和确保未来福祉可持续的资源（Resources for Future Well - being），其中当前福祉被分为物质条件（Material Conditions）和生活质量（Quality of Life）两类。物质条件包括 3 个指标：收入和财富、工作和报酬、住房；生活质量包括 8 个指标：健康状况、工作和生活平衡、教育和技能、公民参与和治理、社会联系和治理、环境质量、个人安全、主观幸福感（由个人感知到的总体生活满意度）。上述指标是一组有关个人福利的非货币计量 KPI，企业影响并依赖于当前福祉的许多方面，并且在维持和增加未来福祉所依赖的资本存量方面也发挥着重要作用。

黏性（Social Cohesion）的形成——有黏性的社会状态为所有成员的福祉努力，反对孤立和边缘化，创造归属感，促进信任，为其成员提供向上流动（从较低的社会阶层上升到较高的社会阶层）的机会（Social and Human Capital Coalition，2019），这样的社会状态反过来也能让存续其间的企业更加成功。从这点来看，受影响社区准则侧重影响重要性无疑是正确且必要的，我国在制定相关社会主题准则时可适当参考借鉴。

（三）受影响的社区影响治理和相关风险与机遇管理的关键业绩指标

与 ESRS S1 和 ESRS S2 类似，ESRS S3 在制定时依从 CSRD 的规定，同时参考国际和欧洲人权领域的权威文书（如《联合国工商企业与人权指导原则》（UNGP）、《经合组织跨国企业指南》等）以及 GRI、气候披露准则理事会（CDSB）和 UNGP 报告框架的相关要求，但 ESRS S3 未在指标和目标模块规定应披露的受影响社区的具体指标（ESRS S2 和 ESRS S4 也没有规定对应社会主题应披露的具体指标）。EFRAG 的解释是，ESRS S2、ESRS S3 和 ESRS S4 都与价值链有关，价值链的具体事实和情况在帮助制定恰当且有意义的指标方面发挥着决定性作用，而不同企业所处价值链不同，不好一概而论，故拟在未来制定行业特定准则以及拓展其他主题准则时再做考虑（EFRAG，2022）。

本文认为指标是政策和行动结果的展示，准则提供相关主题的关键指标可以保障信息披露的可比性，必不可少。在准则尚未规定应披露的具体指标的情况下，企业在执行 ESRS S3 时仍然需要按照 ESRS 2 指标相关最低披露要求 MDR－M 的规定披露其制定的与受影响社区相关的指标。表 1 列示了 ESRS 1 给出的受影响的社区应包含的三个子主题和十一个孙主题，另外，根据 SDGs，与受影响的社区相关的 SDGs 包括：SDG 3—良好的健康和福祉；SDG 5—性别平等；SDG 8—体面的工作和经济增长；SDG 10—减少不平等（EC，2023），这些方面都可供企业在设计相关指标时参考。具体设计思路则可参考《社会和人力资本规程》提出的影响驱动因素和依赖的指标设计思路：

（1）将业务活动映射到影响驱动因素和依赖。企业可以沿价值链（生产、初级加工、二次加工、使用、寿命结束）梳理自己的业务，定位与各类业务相关的影响驱动因素和依赖。其中影响驱动因素可以是业务活动的输入值也可以是输出值，比如，企业开展某项培训活动，该项目所需的成本是输入值，获得培训的雇员的数量是输出值；又如，企业组织社区志愿服务，员工花在社区志愿服务活动上的工时是输入值，社区志愿服务活动的数量和类型是输出值。它们都可以成为指标的选择。

（2）确定适用的质量指标。确定的指标一般应是可量化的（可以是非货币化计量，也可以是货币化计量）。理想的指标应以一种简单可靠的方式反映活动或干预的状态，这意味着它必须是相关的、敏感的，拥有足够细的颗粒度以反映预期的干预程度。SMART 原则（S—明确性；M—可计量型；A—可获得性；R—相关性；T—时限性）被认为是衡量指标选择合适与否的金标准。

（3）选择平衡且透明的指标。这包括三个方面的要求，一是指标应能平衡地反映消极影响和积极影响。指标的算法包括所需参数的获取应切实可行；二是指标的计算方法应是透明可披露的；三是计算过程使用的假设应是透明可披露的。

（4）收集计量和估值所需的数据。数据包括主要数据和次要数据。主要数据指企业自行或委托外部机构专为特定评估收集的数据，包括内部业务数据和已报告的业务数据、从客户或供应商处收集的数据等。这些数据可通过调研、焦点小组访谈等形式收集。次要数据指企业为其他目的在其他时间收集的数据，包括公开发表的数据（如政府统计数据、第三方机构数据、来自雇主和企业组织的数据等）、以往评估的数据、审计项目的数据、使用数据模型推导出的估计数等。一般情况下，企业可结合使用主要数据和次要数据。

表 1　　ESRS 1 受影响的社区的子主题和孙主题

受影响的社区	社区的经济、社会和文化权利	➢ 充足住房 ➢ 充足食物 ➢ 水与卫生 ➢ 土地相关影响 ➢ 安全相关影响
	社区的民事与政治权利	➢ 言论自由 ➢ 集会自由 ➢ 对人权捍卫者的影响
	原住民的权利	➢ FPIC ➢ 自主决策权 ➢ 文化权利

资料来源：ESRS 1。

我国在制定与此相关的社会主题披露准则时，可参照上述做法，结合我国的相关法律法规和实际情况，提出与受影响社区相关 IRO 的关键业绩指标披露要求。

（原载于《财会月刊》2024 年第 8 期）

主要参考文献：

1. EC. Directive amending Directive 2013/34/EU, Directive 2004/109/EC, Directive 2006/43/EC and Regulation（EU）No 537/2014, as regards corporate sustainability reporting［R］. www. europa. eu, 2021.

2. EC. ESRS 1 General Requirements［EB/OL］. http://finance. europa. eu, 31 July, 2023.

3. EC. ESRS S3 Affected Communities［EB/OL］. http://finance. europa. eu, 31 July, 2023.

4. EFRAG. ESRS S3 Affected Communities Basis for Conclusions［EB/OL］. www. efrag. org, March 2023.

5. Social & Human Capital Coalition. Social & Human Capital Protocol［EB/OL］. https://capitalscoalition. org, 2019.

6. UN. UN Declaration on the Rights of Indigenous Peoples. www. ohchr. org, 2007.

ESRS S4《消费者与终端用户》解读

叶丰滢　黄世忠

【摘要】欧盟委员会（EC）2023年7月31日发布了第一批12个欧洲可持续发展报告准则（ESRS），包括2个跨领域交叉准则和10个环境、社会和治理主题准则。这是继国际可持续准则理事会（ISSB）2023年6月26日发布两份国际财务报告可持续披露准则后可持续发展报告准则发展进程中将载入史册的里程碑事件，对于推动经济、社会和环境的可持续发展意义非凡。为了帮助读者全面了解ESRS，笔者对这12个ESRS进行系统的分析和解读。本文从准则目标、与其他准则的关系、核心内容（战略，影响、风险和机遇管理、指标和目标）披露要求三个方面，对第S4号欧洲可持续发展报告准则《消费者与终端用户》（ESRS S4）进行解读，并总结其对我国可持续披露准则制定的三点启示意义。

【关键词】消费者；终端用户；影响和依赖

一、引言

消费者和终端用户是位于价值链末端的深受企业经营活动及其在价值链上下游活动影响的利益相关者。企业主要通过其产品和服务对消费者和终端用户施加影响。比如，企业提供的产品和服务的质量直接影响消费者和终端用户的使用体验，而在食品和健康等相关行业，企业产品和服务的质量甚至直接影响消费者和终端用户的安全健康和个人福祉。又如，企业提供的产品信息通常包括产品成分、使用方法、可能风险等，这些信息的准确性和完整性影响消费者和终端用户的知情权和选择权。除了产品和服务外，企业还可能通过其商业行为和企业文化影响消费者和终端用户，常见如通过广告、品牌宣传和市场活动等影响消费者和潜在消费者的价值观，以及影响他们的

生活方式和消费习惯。

企业对消费者和终端用户的影响通常会反弹形成重要风险和机遇。比如，企业提供的产品或服务若存在质量缺陷或安全隐患，可能导致召回、诉讼、损害赔偿等，这将对企业造成消极财务影响并侵害企业声誉。又如，如果企业虚假宣传或在供应链上存在不道德行为（如剥削劳工、使用童工、歧视妇女、破坏环境等），可能会受到监管机构的处罚，并导致消费者信任丧失甚至遭到消费者抵制等风险，消极财务影响也将接踵而至。

ESRS S4 尝试提出消费者和终端用户信息披露的标准化框架，这有助于促进企业对消费者和终端用户影响、风险和机遇的识别、评估、管理和修复，强化企业在市场透明度、产品和服务安全性与质量等方面的责任，促进消费者保护。同时，作为受影响的消费者和终端用户，获取企业根据 ESRS S4 披露的信息，从某种程度上也是一种消费者教育，有助于绿色消费和可持续消费的推广。本文对 ESRS S4 的主要披露规定予以介绍，并总结其特点和对我国可持续披露准则制定的启示意义。

二、准则目标

ESRS S4 的目标在于提出披露要求以帮助可持续发展说明书的使用者理解企业通过产品或服务以及业务关系对与自身经营和价值链有关的消费者和终端用户的重要影响以及相关重要风险和机遇，包括：（1）企业如何影响其产品或服务的消费者和终端用户，包括重要的实际或潜在的积极和消极影响；（2）企业为防范、减缓或补救重要的实际或潜在的消极影响、应对相关风险和机遇所采取的行动及其效果；（3）与企业对消费者和终端用户的影响和依赖有关的重要风险和机遇的性质、类型和程度，以及企业如何管理这些风险和机遇；（4）企业对消费者和终端用户的影响和依赖所产生的重要风险和机遇对企业短期、中期和长期的财务影响。

基于上述目标，ESRS S4 要求企业解释其为识别和管理对与其产品或服务有关的消费者和终端用户的重要实际和潜在影响所采取的一般做法，包括：（1）消费者和终端用户影响相关信息（如隐私、言论自由、获取高质量的信息等）；（2）消费者和终端用户的个人安全（如健康和安全、人身安全、儿童保护等）；（3）消费者和终端用户的社会包容度（如不歧视、平等获得产品和服务、负责任的市场营销等）。此外，ESRS S4 还要求解释企业对消费者和终端用户的影响和依赖如何为企业创造重要风险或机遇。比如，对企业产品或服务声誉的消极影响可能会损害其财务业绩，而对企业产品或服务的信任可以带来商业利益，如增加销售额或扩大未来的消费者基础。

消费者和终端用户非法使用或滥用企业产品或服务的情况不在 ESRS S4 规定的范围内。

三、与其他 ESRS 的相互作用

当企业根据 ESRS 2《一般披露》要求的重要性评估流程识别出消费者和终端用户相关重要影响以及重要风险和机遇时，即适用 ESRS S4。

ESRS S4 应当与 ESRS 1《一般要求》、ESRS 2《一般披露》、ESRS S1《自己的劳动力》、ESRS S2《价值链中的工人》、ESRS S3《受影响的社区》一并阅读和应用。

四、披露要求

ESRS S4 从战略，影响、风险和机遇，指标和目标三个方面对企业提出与消费者和终端用户相关的披露要求。

（一）战略[①]

与 ESRS 2 相关的披露要求 SBM－2：利益相关者的利益和观点

消费者和终端用户是受影响的利益相关者的关键群体。企业应根据 ESRS 2 SBM－2 披露消费者和终端用户的利益、观点和权利如何受到企业的重要影响，包括企业如何尊重他们的人权、告知其战略和商业模式。

与 ESRS 2 相关的披露要求 SBM－3：重要影响、风险和机遇（IRO）及其与战略和商业模式的相互作用

企业应根据 ESRS 2 SBM－3 披露已识别的对消费者和终端用户的实际和潜在的重要影响：（1）是否以及如何源于战略和商业模式或与战略和商业模式相联系；是否以及如何影响并帮助调整企业的战略和商业模式。（2）企业对消费者和终端用户的影响和依赖产生的重要风险和机遇与其战略和商业模式之间的关系。

企业应披露所有可能受到其重要影响的消费者和终端用户是否包括在按照 ESRS 2 进行的披露范围内。重要影响指与企业自身的经营及价值链有关的影响，包括通过产品或服务以及通过业务关系造成的影响。此外，企业还应提供以下信息：（1）简要描述受到其经营或上下游价值链重要影响的消费者和终端用户的类型，具体说明他们是

① 本部分的披露要求应与 ESRS 2 有关“战略”（SBM）的披露要求一并阅读。披露结果除 SBM－3“重要影响、风险和机遇及其与战略和商业模式的相互关系”外应当按照 ESRS 2 列报。SBM－3 企业可以选择依据主题准则列报。

否属于：①对人体具有固有的有害性或增加慢性疾病风险的产品的消费者和终端用户；②可能对隐私权、个人数据保护、言论自由和不受歧视等人权产生消极影响的服务的消费者和终端用户；③依赖准确和可获取的产品或服务相关信息（如手册和产品标签）以避免对产品或服务潜在破坏性使用的消费者和终端用户；④特别容易受到健康或隐私影响或营销和销售策略影响的消费者和终端用户，如儿童或财务脆弱的个人；（2）在存在重要消极影响的情况下，披露该影响是否在企业销售商品或提供服务的环境中具有广泛性或系统性（比如国家监管影响企业服务使用者的隐私），还是仅与个别事故有关（比如与特定产品有关的缺陷）或与企业个别业务关系有关（比如业务合作伙伴采用不恰当的针对年轻消费者的市场营销手段）；（3）在存在重要积极影响的情况下，简要描述产生积极影响的活动（比如为残疾人提供无障碍产品的设计），以及受到积极影响或可能受到积极影响的消费者和终端用户的类型。企业还可披露积极影响是否发生在具体国家或地区；（4）因对消费者和终端用户的影响和依赖而产生的重要风险和机遇。

企业在描述受到或可能受到消极影响的消费者和终端用户的主要类型时，应基于重要性评估，披露其是否以及如何了解具有特定特征的消费者和终端用户，或那些因使用特定产品或服务而可能暴露在更大伤害风险之下的消费者和终端用户。

企业应披露其对消费者和终端用户的影响和依赖所产生的重要风险和机遇哪些与特定消费者和终端用户群体（如特定年龄群体）有关，而不是与所有消费者和终端用户有关（如适用）。

（二）重要IRO管理

披露要求S4－1：与消费者和终端用户相关的政策

企业应描述其采用的管理消费者和终端用户相关重要IRO的政策。这项披露要求的目标是便于使用者了解企业的政策在多大程度上解决消费者和终端用户相关重要IRO的识别、评估、管理和修复。企业应按照ESRS 2披露要求MDR－P“管理重要可持续发展问题所采取的政策”的规定披露信息，并说明其采取的政策是针对特定的消费者和终端用户群体，还是针对所有的消费者和终端用户。

企业应描述其与消费者和终端用户相关的人权政策承诺，包括监督其对《联合国工商企业与人权指导原则》《国际劳工组织关于工作中的基本原则和权利的宣言》和《经合组织跨国企业指南》等国际文书遵循情况的流程和机制。披露时，企业应聚焦重要事项，包括与以下方面有关的通用方法：（1）如何尊重消费者和终端用户的人权；（2）如何让消费者和终端用户参与相关流程和机制；（3）为修复人权影响所采取的措施。

企业应披露其有关消费者和终端用户的政策是否以及如何与有关消费者和终端用户的国际公认文书包括《联合国工商企业与人权指导原则》保持一致。企业应披露在其下游价值链中已经报告的与消费者和终端用户有关的不尊重《联合国工商企业与人权指导原则》《国际劳工组织关于工作中的基本原则和权利的宣言》和《经合组织跨国企业指南》案例的恶劣程度及性质（如适用）。

披露要求S4－2：与消费者和终端用户就影响进行沟通的流程

企业应披露与消费者和终端用户及其代表就企业对其造成的实际和潜在影响进行沟通的流程。这项披露要求的目标是便于使用者了解企业是否以及如何与消费者和终端用户及其合法代表或可信的代理就正在影响（或可能影响）他们的重要的实际或潜在的积极或消极影响进行沟通，以此作为尽职调查程序的一部分，以及企业是否和如何在决策流程中考虑受消费者和终端用户的观点。

企业应披露消费者和终端用户的观点是否以及如何影响其旨在管理对消费者和终端用户的实际和潜在影响的决策或活动，包括解释：（1）受影响的消费者和终端用户及其合法代表是否直接参与，或有可信的代理前来了解具体情况；（2）参与的阶段、类型和频率；（3）企业中负责确保这种参与的职能部门和最高管理层角色，以及将结果反馈企业的方式；（4）企业如何评估消费者和终端用户参与的有效性（如适用），包括评估导致的协议或结果（如果有）。

企业应披露其为深入了解消费者和终端用户中特别容易受到影响或被边缘化的群体（如残疾人、儿童等）的观点而采取的步骤（如适用）。

如果企业因为尚未采取促使消费者和终端用户参与的政策而无法披露上述信息，它应披露这一事实，同时披露建立相关流程的时间规划。

披露要求S4－3：修复消极影响的流程以及让消费者和终端用户提出关切的渠道

企业应描述其已制定或参与制定的旨在修复对消费者和终端用户消极影响的流程，为消费者和终端用户提供表达关切的渠道以及解决问题的渠道。这项披露要求的目标是便于使用者了解消费者和终端用户表达关切的正式渠道，企业通过其业务关系支持这些渠道有用性的途径（如申诉机制），以及企业如何与这些消费者和终端用户一起跟进提出的问题和这些渠道的有效性。

企业应披露其已采取的如下流程相关的信息：（1）企业对消费者和终端用户造成或促成重要消极影响时，其提供或促使补救的一般做法和流程，包括企业是否以及如何评估所提供补救的有效性；（2）企业为消费者和终端用户设置的直接向企业提出关切或需求并使其得到解决的具体渠道，包括这些渠道是否由企业本身建立还是通过第

三方机制[①]参与；（3）企业通过业务关系支持或要求上述渠道有用性的流程；（4）企业如何跟踪和监督提出的问题及其应对，如何确保渠道的有效性，包括让作为潜在使用者的利益相关方参与。

企业应披露其是否以及如何评估消费者和终端用户是否了解并信任这些制度和流程，以此作为其提出关注或需求并得到解决的方式。此外，企业还应披露其是否制定了保护使用这些制度和流程的个人免遭报复的政策[②]。

如果企业因尚未建立消费者和终端用户提出问题的渠道或不能通过业务关系支持这种渠道的可用性从而无法披露上述信息，它应披露这一事实，同时披露建立相关流程的时间规划。

披露要求 S4-4：针对消费者和终端用户的重要影响所采取的行动，管理与消费者和终端用户相关重要风险、追求与消费者和终端用户相关重要机遇的方法，以及上述行动的效用

企业应披露其如何采取行动应对与消费者和终端用户相关的重要消极和积极影响，管理重要风险、追求重要机遇，以及这些行动的有效性。这项披露要求的目标有二：一是便于使用者了解企业旨在防范、减轻和修复对消费者和终端用户的重要消极影响、实现重要积极影响的行动和倡议；二是便于使用者了解企业应对与消费者和终端用户相关重要风险、追求重要机遇的方式。

企业应按照 ESRS 2 披露要求 MDR-A“与重要可持续发展事项相关的行动和资源”的规定披露信息。

针对与消费者和终端用户相关的重要影响，企业应披露：（1）为防范或减轻对消费者和终端用户的重要消极影响已经采取或计划采取或正在采取的行动；（2）是否以及如何采取行动以对实际重要影响进行补救；（3）旨在对消费者和终端用户施加积极影响的其他行动和倡议；（4）如何追踪并评估这些行动和倡议在为消费者和终端用户提供预期成果方面的有效性。如果企业通过设定目标评估行动的有效性，应考虑 ESRS 2 披露要求 MDR-T“跟踪政策和行动的有效性”的规定。企业还应披露：（1）通过何流程确定对消费者和终端用户的特定实际或潜在影响所应采取的必要且适当的行动；（2）针对消费者和终端用户的特定重要消极影响所采取的行动方式，包括在产品设计、营销或销售方面的行动，以及是否需要更广泛的行业行动或与其他相关方的合作行动；（3）如何确保在发生重要消极影响时提供或促使补救的流程是可用的，并且其

---

① 第三方机制包括由政府、非政府组织、行业协会和其他合作倡议运作的机制。

② 如果该信息按照 ESRS G1-1《商业行为》披露，企业可索引相关披露。

实施和结果是有效的。

针对与消费者和终端用户相关的重要风险和机遇，企业应披露：（1）计划或正在采取什么行动以减轻因对消费者和终端用户的影响和依赖产生的重要风险，以及如何在实践中跟踪其有效性；（2）计划或正在实施什么行动以追求与消费者和终端用户相关的重要机遇。

企业应披露其是否以及如何采取行动以避免其做法（如营销、销售和数据使用）导致或加剧对消费者和终端用户的重要消极影响，包括披露在预防或减轻重要消极影响与其他业务压力之间出现紧张关系时采取的做法。

企业还应披露是否出现与消费者和终端用户相关的严重人权问题和事件，并披露这些情况（如适用）。

企业应披露其为管理重要影响以及让使用者了解其如何管理重要影响而配置的资源。

（三）指标与目标

披露要求S4－5：管理重要消极影响、促进积极影响以及管理重要风险和机遇的目标

企业应披露其制定的与减少对消费者和终端用户的消极影响、促进对消费者和终端用户的积极影响以及管理与消费者和终端用户相关的重要风险和机遇有关的具有时间限制和结果导向的目标。这项披露要求的目标是便于使用者了解企业在多大程度上使用具有时间限制和结果导向的目标驱动并衡量对消费者和终端用户重要消极影响的解决、重要积极影响的促进、相关重要风险和机遇的管理及其进展。企业对目标的描述应包含ESRS 2披露要求MDR－T“通过目标追踪政策和行动的效果”所要求的信息。

企业应披露目标制定的过程，包括是否以及如何在设定目标、按照目标跟踪业绩、识别教训和改进方面让消费者和终端用户及其合法代表或可靠代理参与。

五、对我国准则制定的启示

ESRS S4是四个社会主题准则的最后一个，以价值链末端受影响的重要利益相关者——消费者和终端用户作为主题对象，关注企业的产品、服务以及相关商业行为对消费者和终端用户的影响及其相关风险和机遇的治理与管理情况。ESRS S4对我国可持续披露准则的制定至少存在三个方面的启示意义。

（一）消费者权益保护理应成为披露要求重点

市场经济中，经营者与消费者之间存在明显的信息不对称。经营者掌握着有关其产品和服务性状的优势信息，而消费者只掌握企业通过销售渠道向其披露的特定信息，信息不对称越严重，交易越容易不公平，此时契约自由将成为伤害信息弱势一方的工具（胡田野，2012）。因此各国历来注重从立法角度强化企业作为经营者的信息披露义务，防止企业利用信息优势不当牟利。以欧盟为例，2007 年欧盟颁布《基本权利宪章》，其中第 38 条提及消费者权利并明确其属于人权和社会因素的组成部分。2011 年欧盟颁布《消费者权益指令》，重点规范了消费者获取信息的权利和经营者提供信息的义务。

欧洲财务报告咨询组（EFRAG）从 ESRS 的三大法源［《公司可持续发展报告指令》（CSRD）、《可持续金融披露条例》（SFDR）、《欧盟分类法》］出发，提出 ESRS 社会主题准则应关注人的问题尤其是人权问题，原因是企业经营中的人权问题涉及其自身运营和上下游价值链造成的所有对人的消极影响，后果恶劣，充分披露有助于治已病、防未病。EFRAG 经评估后圈定四类典型受影响的人群，即企业自己的劳动力（ESRS S1）、价值链中的工人（ESRS S2）、受影响的社区（ESRS S3）以及消费者与终端用户（ESRS S4）。编写 ESRS S4 时，EFRAG 又进一步明确四类典型受影响的消费者和终端用户：一是有害产品的受众；二是有害服务的受众；三是高度依赖型受众；四是高度脆弱的受众。这四类受众是受企业产品或服务消极影响的典型消费者群体，所以在消费者相关重要 IRO 中，ESRS S4 很明显地侧重于消极影响的披露，这与其他几个社会主题准则的导向完全一致。

基于侧重影响披露的原则，ESRS S4 重点针对四类受影响消费者提出战略、重要 IRO 管理、指标和目标等方面的披露要求，聚焦于企业消费者保护的政策、行动、目标。此外，鉴于价值链末端的消费者和终端用户对消极影响感知的滞后性和不完整性，ESRS S4 还特别强调企业对告知义务的履行，意在引导企业建立健全沟通交流的渠道，以便受影响的消费者和终端用户能够及时全面了解影响、提出关切，监督企业的影响管理和修复。

EFRAG（2023）在 ESRS S4 的结论基础中表述了这样一种理念，即希望 ESRS S4 的披露要求设计能够达到一个合理的平衡，平衡的一边是利益相关者尤其是受影响的消费者能够因此获得有意义的与消费者相关的重要 IRO 信息，平衡的另一边是准则整体对企业是合理且可行的，充分考虑到收集和解释数据所需的时间和资源。如果准则制定机构确定某些披露要求将给企业带来额外的负担，这种负担应能够导致更相关和更可比的报告，能够诱导企业据此有效且有针对性地分配资源，直接服务于CSRD和国际与欧洲相关文书的目标（EFRAG，2023）。这一理念无可厚非，但可能也正因此导致ESRS S4遗留两个方面的问题：一是受制于价值链的复杂性，ESRS S4尚未规定消费者和终端用户相关应披露指标，拟待未来制定行业特定准则以及拓展其他主题准则时逐步考虑（EFRAG，2023）；二是聚焦消费者保护使ESRS S4忽略了相关的一项重要无形资源——客户资本情况的规定，而可持续发展报告本该为这类重要的无形资源提供充分的展示空间以满足以投资者为代表的信息使用者的迫切需求。我国制定与消费者和终端用户的可持续披露准则时，应认识ESRS S4存在的不足，聚焦于消费者权益保护的信息披露，而不应过于担心由此给企业带来的披露成本。

（二）合理设计消费者权益保护关键业绩指标

在ESRS的四个社会主题准则中，ESRS S1开了个好头，针对人力资本的典型载体——企业自己的劳动力制定了详细的应披露指标体系，但ESRS S2、ESRS S3和ESRS S4均未给出相关主题的应披露指标体系，留待后补（EFRAG，2023）。从ESRS S1应披露指标的设计思路观察，本文认为我国制定与消费者和终端用户披露准则设计应披露指标时，应考虑如下两个方面：一是披露指标应平衡反映消极影响和积极影响。典型如消费者满意度指标（通过调查获得有关消费者满意度的定性或定量评价）既能反映企业产品或服务对消费者和终端用户的消极影响（消费者和终端用户对企业产品或服务的整体感受差甚至其权益被侵害），也能反映企业产品或服务对消费者和终端用户的积极影响（消费者和终端用户对企业产品或服务的整体感受好、黏性大）。又如，品牌知名度指标（通过调查获得消费者对企业品牌的认识程度）既能反映企业品牌对消费者和终端用户的消极影响（品牌影响力低、购买意愿低），也能反映企业品牌对消费者和终端用户的积极影响（无论成本如何，消费者品牌购买意愿强烈）。二是结合使用定性指标、货币化计量指标、非货币化计量指标，侧重使用非货币化计量指标。首先，采用何指标取决于指标对使用者的有用性。相对而言，与消费者有关的货币化计量的财务影响与人力资本一样主要反映在期间财务报告中（如收入、现金流量在不同客群的分布），但一些特定维度的具体财务影响，典型如针对消费者和终端用户的特定重要消极影响所采取的具体政策或行动计划（或实际）的投入或支出，因其能够直观表明企业消费者保护的具体做法及后果，仍有在可持续发展报告中单独披露的必要。其次，企业对消费者和终端用户影响的治理和相关风险与机遇的管理也与人力资本一样更主要体现为非货币化计量的指标和定性指标，比如，大量实证研究采用的客户关系替代变量满意度、忠诚度（包括保留率、流失率等）等均是非货币化计

量的指标。最后，非货币化计量的指标还能较好地迎合非专业信息使用者的信息需求。

表1列示了ESRS 1给出的消费者和终端用户应包含的三个子主题和九个孙主题，这些方面主要与消费者权益及其保护有关，可供我国制定消费者和终端用户披露准则设计相关指标时参考。其中第一个子主题“与影响有关的信息”与企业数字化发展密切相关。数字化能够在很大程度上消弭企业和消费者之间的信息不对称。数字化程度越高的领域的消费者越有力量——这突出表现在现在的消费者往往能够深入了解经营者内部的情况（包括库存、物流等，甚至跟踪制造和研发的过程细节），不少还能通过互联网轻松地比价购物。信息共享消除了重复的信息处理，营造出企业与消费者之间的亲密关系。设想如果整条供应链是透明的，它就能够用最少的资源创造最大的价值。但伴随着数字化带来的供应链效能提升，企业与消费者之间交互的信息的质量和安全问题成为消费者权益保护的重点和难点，“与影响有关的信息”及其相关主题即聚焦这方面的内容。

表1　　ESRS 1消费者与终端用户的子主题和孙主题

主题	子主题	孙主题
消费者与终端用户	与影响有关的信息	➢ 隐私 ➢ 言论自由 ➢ 访问高质量的信息
	个人安全	➢ 健康与安全 ➢ 人身安全 ➢ 儿童保护
	社会包容性	➢ 无歧视 ➢ 平等获取产品和服务 ➢ 负责任的营销

资料来源：ESRS 1。

（三）清晰界定消费者、客户与客户资本

ESRS S4的主题对象是“消费者与终端用户”，但ESRS S4并没有像其他几个社会主题准则一样在正文的“准则目标”部分对主题对象进行明确的界定①，仅在结论基础附录的术语来源部分提到“消费者”（Consumers）一词采用的是欧盟《消费者权益指令》（2011）的定义，即为私人目的购买、消费或使用商品和服务的个人，其行为可能是为自己也可能是为他人，但一定不是为转售或其他商业目的。消费者包括实际

① ESRS S1、ESRS S2、ESRS S3均在“准则目标”模块对相关主题进行释义，ESRS S4却未在“准则目标”模块对“消费者与终端用户”这一主题进行释义，不得不说是个缺憾。

和潜在受影响的“终端用户”（End - Users）（EFRAG，2023）。这一定义与其他国际组织有关消费者的界定大致类似[①]。从该定义看，消费者的重要特征包括：（1）消费者是个人；（2）消费者未必为商品或服务支付对价（未必发生购买行为），他们可能只是单纯地使用商品或服务，此时消费者仅仅是终端用户（End - Users）；（3）消费者购买或使用商品或服务是出于私人目的。

与“消费者”相对应的是商业和会计语境下更经常出现的一个词——“客户”（Customer）。根据国际财务报告准则第 15 号《源自与客户合同的收入》附录 A 对“客户”的定义，客户通常是指与某一主体签订合同，通过支付对价以获取该主体日常活动产出的商品或服务的一方（IASB，2015）。从该定义看，客户的重要特征包括：（1）客户可能是个人也可能是组织；（2）客户通常为商品或服务支付对价；（3）客户获取商品或服务是基于合同，而合同的订立可能出于商业目的或私人目的或其他目的。所以从严格意义上讲，消费者和客户是两个交叉重叠但相互独立的概念。重叠发生在消费者为商品或服务支付对价时，此时他们成为企业的个人客户。

对消费者和客户的区分无论在商业上还是在会计上都具有重要意义。举例而言，像 Uber 这样的互联网平台型企业，它允许消费者免费使用其平台，但也因此认为消费者只是其平台的终端用户而不是客户，平台对其没有履约义务。在交易中 Uber 唯一的履约义务是将第三方合作伙伴与消费者关联起来，促使二者之间交易的完成。上述认定直接导致 Uber 认为自身在向消费者转移商品或服务前无法控制商品或服务因而认领代理人角色并在收入确认中采取净额法。

综上所述，在价值链上，消费者相较于客户是更末端的一个概念，消费者可能是客户也可能不是。ESRS S4 聚焦于消费者而不是客户，本文认为其范围略显狭窄。知识经济时代，智慧资本越来越成为推动组织长期价值创造和竞争力塑造的关键无形资源。智慧资本一般认为包括人力资本、结构资本和客户资本三个主要组成部分（Stewart，1997）。其中，客户资本（Customer Capital）是指企业与客户之间的持续的关系，它是三大资本项目中最具显性价值的，因为客户是企业收入和现金流入的贡献者[②]。客户资本信息披露意义重大，尤其是客户资本构成重要无形资源的企业。全面完整地披露相关信息可以从多个方面帮助利益相关者：投资者等市场参与者可以依据企业对

---

① 比如按照国际标准化组织（ISO）的定义，消费者是为私人目的购买或使用财产、产品或服务的普通公众中的个体成员（ISO，2011）。

② 客户资本还与人力资本、结构资本相互滋养。当雇员对自己在企业中的位置充满使命感，积极与客户互动并且了解客户的期望和重视的知识和技能时，企业的人力资本和客户资本将共同增长；而当企业与客户能够互相学习，分享专业知识，积极努力地建立非正式的轻松的互动关系时，结构资本和客户资本也将共同增长。

外披露的信息通过适当的估值模型评估企业客户资本的价值并决定后续资源配置①；客户作为直接受影响的利益相关者可以通过跟踪特定指标了解自身权益被尊重和爱护的情况；企业自身可以通过指标体系开展综合客户关系管理，包括更好地理解客户的需求，更好地与客户进行个性化地互动，更好地预测客户行为，从而优化相关战略和流程，增加长期价值。

财务会计和财务报告通过规定收入确认和计量相关原则以反映企业与客户签订的合同所产生的与收入和现金流量的性质、金额、时间和不确定性等有关的信息，这些信息与对应的客户或客户群体相联系能帮助从财务维度勾勒客户画像，描述客户资本的初始样貌（最典型如市场份额指标）。当然对客户资本管理而言，这还远远不够。本文综合客户资本管理相关文献罗列有关客户资本在忠诚度、满意度、留存率、盈利性等几个维度的关键业绩指标（KPIs），如表2所示。

表2　　　　常用客户资本衡量指标及其释义

关键业绩指标（KPIs）	指标含义	指标性质
客户满意度（Customer Satisfaction，CSAT）	衡量客户对产品或服务满意程度	定性或非货币化计量
客户投诉率和解决率（Customer Complaint Rate and Resolution Rate，CCRRR）	衡量一定时间内客户投诉数量的比率以及公司解决这些投诉的效率	非货币化计量
客户留存率（Customer Retention Rate，CRR）	衡量一定时间内保持忠诚的客户的比率	非货币化计量
客户流失率（Customer Churn Rate，CCR）	衡量一定时间内失去的客户的比例（该指标与客户留存率相对）	非货币化计量
净推荐值（Net Promoter Score，NPS）	衡量客户是否会向他人推荐企业产品或服务（反映客户忠诚度和品牌口碑的指标）	定性指标或非货币化计量
客户参与度（Customer Engagement，CE）	衡量客户与品牌互动（如社交媒体互动、网站访问等）的深度和频率	定性或非货币化计量
客户生命周期价值（Customer Lifetime Value，CLV）	估算客户在与企业关系持续期间所能带来的总利润	货币化计量
平均票据价值（Average Ticket Value，ATV）或平均购买金额（Average Purchase Amount，APA）	衡量单次交易中客户平均消费的金额	货币化计量
平均收入每用户（Average Revenue Per User，ARPU）	衡量一定时间内企业收入与活跃用户总数的比率，表示每位活跃用户带来的收入	货币化计量

① 客户资本的度量与评估是现在客户资本研究的热点问题，已开发众多估值模型和工具。

续表

关键业绩指标（KPIs）	指标含义	指标性质
获客成本（Customer Acquisition Cost, CAC）	衡量获取新客户所需的平均成本	货币化计量
平均购买频率（Average Purchase Frequency, APF）	衡量客户在一定时间内购买产品或服务的平均频次	非货币化计量
重复购买率（Repeat Purchase Rate, RPR）	衡量现有客户重复购买产品或服务的比率	非货币化计量
增值销售（Upsell）与交叉销售（Cross－sell）比率	衡量公司向现有客户成功销售更高级产品或其他额外产品的比率	非货币化计量

资料来源：作者整理。

表 2 所列 KPIs 包括定性指标、货币化计量指标和非货币化计量指标，一些指标之间还存在明显的关联关系，一个指标的变化往往会对其他指标造成连锁反应。简单的连锁反应如客户满意度（CSAT）与净推荐值（NPS）相关联（满意的客户更有可能成为推荐者），CSAT 与客户留存率（CRR）相关联（满意的客户更有可能继续使用企业的产品或服务，从而直接提高客户留存率）。而像客户生命周期价值（CLV）这样的综合性指标关联情况更为复杂，比如 CLV 与 CSAT、NPS、CRR 都相关联（满意度和推荐意愿高的客户往往在其生命周期中对企业的贡献更大；而客户留存时间越长，客户生命周期价值也会随之增加，因为客户将在更长的时间内为企业贡献收益），另外，CLV 还明确地受到获客成本（CAC）和平均票据价值（ATV）/平均购买金额（APA）以及平均收入每用户（ARPU）的影响。一般而言，在判断采用哪些 KPIs 衡量消费者权益及其保护以及客户资本存量及其管理情况时，企业需考虑适用的法律法规的要求、所在行业标准、具体客群行为特征以及利益相关者的需求和期望。

综上所述，我国制定与消费者和终端用户有关的可持续披露准则时，除了 ESRS S4 外，还可参考现行广泛应用的可持续发展报告框架相关内容及其执行中的经验教训，以及广大利益相关者的意见建议，审慎确定这类准则的主体、子主题、孙主题和最终披露要求。若能以此为契机将企业下游受影响的利益相关者中的消费者和终端用户这类弱势群体，以及促进企业价值创造的重要无形资源客户资本一并纳入准则范畴，厘清它们之间的关系，确定与之有关的披露指标，对投资者、消费者和终端用户、客户等利益相关者以及企业自身都大有裨益。

（原载于《财会月刊》2024 年第 9 期）

主要参考文献：

1. 胡田野．最新欧盟消费者权益指令的解读与借鉴［J］．河北法学，2012（12）．

2. EC. Directive amending Directive 2013/34/EU, Directive 2004/109/EC, Directive 2006/43/EC and Regulation（EU）No 537/2014, as regards corporate sustainability reporting［R］. www. europa. eu, 2021.

3. EC. Directive 2011/83/EU of the European Parliament and of the Council of 25 October 2011 on consumer rights［R］. www. europa. eu, 2011.

4. EC. ESRS 1 General Requirements［EB/OL］. http：//finance. europa. eu, 31 July, 2023.

5. EC. ESRS S4 Consumers and End – Users［EB/OL］. http：//finance. europa. eu, 31 July, 2023.

6. EFRAG. ESRS S4 Consumers and End – Users Basis for Conclusions［EB/OL］. www. efrag. org, March 2023.

7. Social & Human Capital Coalition. Social & Human Capital Protocol［EB/OL］. https：//capitalscoalition. org, 2019.

8. Thomas A. Stewart. Intellectual Capital：The New Wealth of Organizations［M］. London：Nicholas Brealey, 1997.

ESRS G1《商业操守》解读

叶丰滢　黄世忠

【摘要】欧盟委员会（EC）2023年7月31日发布了第一批12个欧洲可持续发展报告准则（ESRS），包括2个跨领域交叉准则和10个环境、社会和治理主题准则。这是继国际可持续准则理事会（ISSB）2023年6月26日发布两份国际财务报告可持续披露准则后可持续发展报告准则发展进程中将载入史册的里程碑事件，对于推动经济、社会和环境的可持续发展意义非凡。为了帮助读者全面了解ESRS，笔者对这12个ESRS进行系统的分析和解读。本文从准则目标、与其他准则的关系、核心内容（治理，影响、风险和机遇管理，指标和目标）披露要求三个方面，对第G1号欧洲可持续发展报告准则《商业操守》（ESRS G1）进行解读，并分析其对我国可持续披露准则制定的三点启示意义。

【关键词】商业道德与企业文化；供应商关系管理；政治参与

一、引言

商业操守是企业一系列行为规范和活动约束的总称。合乎道德的商业操守能够支撑透明、可持续的业务实践，指导企业在有效运营的同时尊重环境，尊重雇员、客户、社区、供应商等社会主体从而惠及所有利益相关者，因此商业操守是企业长期成功的基石，对塑造社会营商环境至关重要。常见的商业操守事项如企业文化、供应商关系管理、反腐败和反贿赂、政治参与和游说、举报人保护、动物福祉、付款惯例等。它们看似分散零碎，实则都属于企业的治理要素。针对这些治理要素制定并采取妥当的政策和行动，建立目标、制定业绩跟踪指标，有助于避免法律纠纷，减少潜在的法律成本，良好的商业操守还可以帮助企业建立与供应商、客户、政府部门等的健康关系，

增强品牌声誉，吸引投资者和合作伙伴，促进可持续发展。欧盟发布的 ESRS G1 尝试提出有关企业商业操守信息披露的标准化框架，便于投资者和其他利益相关者根据这些可比的信息比较和分析企业的治理绩效。本文对 ESRS G1《商业操守》的主要规定予以介绍，并总结其特点和对我国可持续披露准则制定的启示意义。

二、准则目标

ESRS G1 的目标在于对企业提出披露要求以帮助可持续发展说明书的使用者理解企业在商业操守方面的战略和做法、流程和程序以及相关表现。该准则重点关注如下商业操守（或商业操守事项）：（1）商业道德和企业文化，包括反腐败和反贿赂、举报人保护、动物福祉等；（2）供应商关系管理，包括付款实践，特别是对中小型企业（SMEs）的逾期付款；（3）与发挥政治影响有关的企业活动和承诺，包括游说活动。

三、与其他 ESRS 的相互作用

ESRS G1 有关一般披露以及影响、风险和机遇（IRO）管理，指标和目标的内容应当与 ESRS 1《一般要求》、ESRS 2《一般披露》一并阅读和应用。

四、披露要求[①]

ESRS G1 从治理、IRO 管理、指标和目标三个方面对企业的商业操守政策和实践提出披露要求。

（一）治理

与“ESRS 2 GOV－1 行政、管理和监督机构的作用”有关的披露要求

企业披露有关行政、管理和监督机构作用的信息时，应包括如下两个方面的内容：（1）与商业操守有关的行政、管理和监督机构的作用；（2）行政、管理和监督机构在商业操守方面的专业知识。

---

① 该准则治理模块和 IRO 管理模块的两条披露要求应与 ESRS 2 有关“治理（GOV）”、“战略（SBM）”和“IRO 管理”的披露要求一并阅读。

（二）IRO 管理

与“ESRS 2 IRO－1 描述识别和评估重要 IRO 的流程”有关的披露要求

描述与商业操守事项有关的重要 IRO 的识别过程时，企业应披露该过程中使用的所有标准。

披露要求 G1－1：商业操守政策和公司文化

企业应披露有关商业操守事项的政策，以及如何培育企业文化（包括如何建立、发展、促进和评估其企业文化）。该项披露要求的目标是便于使用者了解企业的政策在多大程度上解决商业操守事项相关重要 IRO 的识别、评估、管理和补救，以及了解企业文化培育的方法。

企业披露有关商业操守事项的政策时，应包括：（1）描述识别、报告和调查有关非法行为或违反企业行为守则（或类似内部规定）行为的机制，以及这一机制是否包括来自内部和外部利益相关者的报告；（2）如果企业没有制定符合《联合国反腐败公约》的反腐败或反贿赂政策，应说明此情况并说明其是否有计划制定这方面的政策以及制定的时间表；（3）企业如何保护举报人，包括：①建立内部举报渠道的细节，如企业是否向其员工提供信息和培训，如何指定接收举报的员工并对其进行培训等；②根据欧盟适用法律转换指令制定的保护作为举报人的自己的劳动力免遭报复的举措；（4）如果企业没有制定保护举报人的政策，应说明此情况并说明其是否有计划制定这方面的政策以及制定的时间表[①]；（5）除了根据欧盟适用法律转换指令对举报人报告采取行动的程序外，企业是否另设程序及时、独立、客观地调查商业操守事件（包括腐败和贿赂事件）；（6）企业是否制定有关动物福祉方面的政策（如适用）；（7）有关商业操守内部培训的政策，包括目标受众、覆盖频率和深度；（8）企业内部最有可能发生腐败和贿赂风险的职能部门。

披露要求 G1－2：供应商关系管理

企业应提供有关供应商关系管理及其对供应链的影响信息。这项披露要求的目标是便于使用者了解企业对其采购流程的管理，包括与供应商有关的公平行为。

企业应说明其防止逾期付款（特别是对中小企业逾期付款）的政策。

披露供应商关系管理及其对价值链的影响时，应包括如下信息：（1）企业处理与供应商关系的做法，包括如何考虑与供应链相关的风险以及如何考虑可持续发展事项的影响；（2）遴选供应商时是否以及如何考虑社会和环境标准。

---

① 受欧盟国家法律转换指令法条约束的企业或与举报人保护有关的法律法条约束的企业，只需声明其受到这些法律要求的约束即可。

披露要求 G1－3：预防和侦查腐败和贿赂

企业应提供与反映其用以预防和发现、调查以及应对与腐败和贿赂有关指控或事件的制度相关的信息。这项披露要求的目标是为企业预防、发现和处理腐败与贿赂指控的关键程序提供透明度。

企业应披露：（1）预防、发现和处理腐败贿赂指控或事件的流程；（2）调查人员或调查委员会是否独立于涉事管理链；（3）向行政、管理和监督机构报告结果（如果有）的流程。如果企业尚未设置上述流程，它应披露这一事实并披露其设置计划（如适用）。

企业应披露为自己的劳动力提供的反腐败和反贿赂培训，包括：（1）企业提供或要求的反腐败和反贿赂培训方案的性质、范围和深度；（2）培训方案所涵盖的风险职能部门的比例；（3）对行政、管理和监督机构的成员提供培训的程度。

企业应披露为内部人或供应商提供的信息，包括企业如何将其政策传达给相关人员等以确保他们获知政策并理解其影响。

（三）指标和目标

披露要求 G1－4：腐败或贿赂事件

企业应提供报告期内有关腐败或贿赂事件①的信息。这项披露要求的目标是提高报告期内的腐败或贿赂相关事件及其处理结果的透明度。

企业应披露：（1）违反反腐败和反贿赂法的人数和罚款金额；（2）为处理违反反腐败和反贿赂的程序和标准而采取的行动。

企业应披露：（1）已确认的腐败或贿赂事件的总数和性质；（2）已确认的腐败或贿赂事件中自己的劳动力因此被解雇或受到纪律处分的事件数量；（3）已确认的腐败或贿赂事件中业务伙伴因此终止或未续签合同的事件数量；（4）本报告期内针对企业及其自己的劳动力的腐败或贿赂相关公共法律案件的细节以及这些案件的结果，包括前几年就已经发生但结果在本报告期内才确定的案件。

披露要求 G1－5：政治影响力和游说活动

企业应提供与发挥其政治影响有关的活动和承诺的信息，包括与其重要 IRO 有关的游说活动。这项披露要求的目标是提高企业通过政治献金发挥其政治影响的活动和承诺的透明度，包括游说活动的类型和目的。

企业应披露：（1）行政、管理和监督机构中负责监督此类活动的代表（如适用）；（2）对于财务或实物政治献金，披露按国家或地理地区以及按收款人或受益人类型统

---

① 披露要求所指腐败或贿赂事件包括企业或其雇员直接参与其中的涉及价值链参与者的事件。

计的企业直接或间接捐助[①]的政治献金的总货币价值。对于实物政治献金，企业还要披露如何估计其货币价值（如适用）；（3）游说活动的主要议题和企业的主要立场。这应包括解释企业在这些议题上的立场如何考虑根据 ESRS 2 重要性评估确定的重要 IRO；（4）如果企业在欧盟透明度登记系统（EU Transparency Register）上注册或在所在成员国同等透明度登系统上注册，应披露这些注册信息以及注册号。

企业还应披露在报告期内任命的在此前 2 年在公共管理（包括监管机构）中担任同等职位[②]的行政、管理和监督机构成员的情况信息。

披露要求 G1－6：付款惯例

企业应提供有关其付款惯例的信息，尤其是对 SMEs 逾期付款相关的信息。这项披露要求的目标是帮助使用者洞察企业的合同支付条款及其在付款方面的表现，尤其是企业的付款条款（特别是对 SMEs 逾期付款的条款）如何影响 SMEs。

企业应披露：（1）企业支付发票的平均时间，自合同或法定付款期限开始之日起算，按天计；（2）标准付款条件（可按主要供应商类别描述，具体到天数），以及与这些标准付款条件一致的付款百分比；（3）目前拖欠支付的法律诉讼数量；（4）为提供充分背景信息所必需的补充信息。如果企业使用代表性抽样计算支付发票的平均时间，应说明这一事实并简要说明所使用的方法。

五、对我国准则制定的启示

商业操守信息披露有助于提高企业对有道德的商业操守重要性的认知，并促进企业采取措施改善其商业操守，这对经济、社会和环境具有明确的正反馈效应。ESRS G1 对我国可持续披露准则制定具有以下三点启示。

（一）治理主题准则的构建逻辑

ESRS 最重要的法源欧盟《公司可持续发展报告指令》（CSRD）要求企业披露如下与治理要素有关的可持续发展信息：一是企业行政、管理和监督机构的组成及其在可持续事项方面的作用，其在发挥这些作用上的专门知识和技能以及获取专门知识和技能的渠道；二是与可持续发展报告和决策过程有关的企业内部控制和风险管理系统的主要特点；三是商业道德和企业文化，包括反腐败、反贿赂、举报人保护和动物福

① 间接捐助指的是通过说客或慈善机构等中介组织提供的政治献金，或向与特定政党有联系或支持特定政党的智库或行业协会等组织提供的支持。

② 在判断是否“同等职位”时，企业应考虑各种因素，包括责任水平和所承担的活动的范围。

祉；四是与发挥企业政治影响有关的活动和承诺，包括游说活动；五是对受企业活动影响的客户、供应商和社区关系的管理和质量，包括付款惯例，尤其是对 SMEs 的逾期付款做法。上述五个方面的治理要素中，第一点在 ESRS 2“治理”模块“披露要求 GOV－1：行政、管理和监督机构的角色”中已有规定，第二点在 ESRS 2“治理”模块“披露要求 GOV－5：可持续发展报告的风险管理和内部控制”中已有规定，所有执行 ESRS 的企业均应按照上述规定披露相关治理要素的情况。第三点、第四点在 ESRS 2 和其他社会主题准则中尚未有规定。第五点中企业与客户和受影响社区关系的管理和质量在 ESRS S3 和 ESRS S4 中有不同程度的体现，但与供应商关系的管理和质量在其他社会主题准则中尚未有规定。鉴于以上，ESRS G1 制定时的思路显然是对五个治理要素中尚未由 ESRS 2 和其他 ESRS 规定的第三点、第四点和第五点中的供应商关系管理进行汇总规定。因此，尽管 ESRS G1 是第一批 ESRS 中唯一一个治理主题准则，但它的发布基本满足了 CSRD 对治理要素的披露要求。

有别于 CSRD 采用的“商业道德（Business Ethics）”这一术语，欧洲财务报告咨询组（EFRAG）在起草 ESRS G1 时经斟酌采用了一个更中性的词“商业操守（Business Conduct）”作为主题[①]。ESRS G1 所指商业操守主要包括：反腐败、反贿赂、举报人保护和动物福祉。在这些商业操守中，动物保护是特定行业或特定企业才会涉及的治理主题。比如，一些涉及动物使用的企业（如农业、制药或化妆品行业企业）建立动物福祉（Animal Welfare）标准旨在确保动物受到人道待遇，减少不必要的痛苦或压力。反腐败和反贿赂则几乎为所有企业所关注。同时鉴于举报是典型的揭露腐败和贿赂行迹的方式，举报人保护也与这两项密切相关。ESRS G1 提出《联合国反腐败公约》作为企业内部反腐败和反贿赂政策制定所应依从的基本准则，提出欧盟适用法律转换指令作为举报人保护政策制定所应依从的基本准则，这体现了可持续发展报告准则披露要求对权威国际公约和法律法规的尊重和兼容。我国在制定可持续披露准则时，可借鉴 ESRS G1 的思路，特别是举报人保护机制的信息披露规定。此外，我国的很多企业特别是大中型国有企业成立了纪检监察部门，也有能力依照 ESRS G1 的要求，披露反腐败反贿赂的政策、流程和效果。

（二）供应商关系管理

供应商关系管理（Supplier Relationship Management）是企业采购管理和供应链管理的关键部分。一般而言，它涉及从潜在供应商评估开始到建立和维护与现有供应商

① 至于企业文化（Corporate Culture），它通过价值观和信念来表达目标，通过共同的假设和群体规范（如价值观、使命宣言或行为准则）指导企业的活动。企业文化是企业商业操守的逻辑向导。

关系的一系列活动。实施供应商关系管理的目的是实现高性价采购，同时维护企业与供应商之间长期健康可持续地互利共赢。由于供应商关系管理相关内容并未在 ESRS 社会主题准则中体现，EFRAG 因应 CSRD 的规定将其纳入 ESRS G1 的披露要求之中。

ESRS G1 在应用要求部分提出企业应披露的供应商关系管理相关内容包括：（1）企业的具体做法（包括避免或尽量减少对其供应链中断影响的活动）如何支持其战略和风险管理；（2）企业是否以及如何对负责采购/供应链的人员进行与供应商接触与对话之类的培训，企业对其采购人员采取的激励措施，包括这些措施是否涉及价格、质量或可持续发展因素等；（3）企业是否以及如何审查和评价供应商的社会和环境绩效；（4）企业是否在其供应链中包括本地供应商和具有资格认证的供应商；（5）企业应对脆弱供应商（指面临重大经济、环境和社会风险的供应商）的做法；（6）企业与供应商沟通、管理供应商关系的目标和行动；（7）企业如何评估上述实践的结果，是否采用供应商访问、审计或调查等方式。

在供应商关系管理中，ESRS G1 特别强调披露企业对供应商的付款惯例，尤其是对 SMEs 是否存在逾期付款，如果是，这些条款如何影响 SMEs。值得一提的是，在拟定付款实践应披露指标时，EFRAG 先是调研中小企业组，采纳了受访小组最推崇的两个指标（企业支付发票的平均时间以及企业的标准付款条件）作为应披露指标。在准则草案征求意见后，又将反馈意见提到的“与标准付款条件相一致的付款百分比的信息”纳入应披露指标范畴。最后，为最大限度地减少企业负担且增加披露信息的价值，调整规则要求企业按主要供应商类别提供汇总形式的信息即可。整个规则制定思路秉持双重重要性原则（影响重要性当先），体现了对受影响的利益相关者尤其是弱势的受影响的利益相关者利益的高度关注，同时权衡披露的成本效益。ESRS G1 在这些方面的信息披露规定，可供我国在制定可持续披露准则时借鉴，特别应强调企业披露其是否在供应链管理中制定和实施绿色采购政策（如要求供应商符合温室气体排放、生物多样性和生态系统保护、污染、水和海洋资源、资源利用和循环经济等环境法律法规和最佳实践）和道德采购政策（如要求供应商善待员工、社区、客户和用户、尊重人权、禁止歧视等）。

（三）政治参与和相关风险

在西方的政治生态中，很多企业尤其是大型企业十分关心塑造商业环境（主要表现为税收、奖励、规则和监管条例等形式）的政治格局。而在政府监管框架中，为确保规定公平合理，倾听受监管者的意见也是其中的重要一环。这导致二者在政策制定和修订层面产生交互。这种交互可能滋生不当影响的风险，尤其是当二者之间存在频

繁的互动、人员交换和财务往来时。因此企业有义务向利益相关者充分披露其掌握的政治关系和互动可能造成的风险。ESRS G1 要求企业披露时区分其发挥影响的两种方式——政治献金（Political Contribution）和游说活动（Lobbying Activities）。ESRS G1 的应用指南定义政治献金为企业直接向政党、其当选代表或寻求政治职位的人提供的财务或实物支持。其中财务支持包括捐款、贷款、赞助、服务的预付款、购买筹款活动的门票和其他类似的做法；实物支持包括广告、设施使用、设计和印刷、捐赠设备、提供董事会成员资格、雇佣当选的政治家或公职人员或为其提供咨询工作等。游说活动则是指影响政策或立法的制定或实施，或影响政府、政府机构、监管机构、欧盟机构、团体、办事处或标准制定者的决策过程的活动。此类活动包括但不限于：组织或参加会议、活动；协助/参与公众咨询、听证会或其他类似活动；组织传播活动、平台、网络、基层活动；透明度登记规则所涵盖的活动，编写政策和立场文件、民意调查、调查、公开信和研究工作等（EC，2023）。鉴于游说活动的对象和立场相对政治献金的不确定性，ESRS G1 要求披露企业参加的游说活动所涵盖的主题及企业在这些主题上的立场，因为利益相关者希望了解企业的公开立场与游说活动立场之间的一致性程度。

对政治事业的直接或间接捐款还可能带来腐败风险，因为它们可能被用来对政治进程施加不当影响。为此，许多西方国家都制定有法律法规限制企业为竞选目的对政党和候选人的支出。为了尽可能全面，同时避免绕过现有规定，ESRS G1 要求企业披露时应包括通过中介机构间接提供的捐款。人员交换还可能导致人们相信存在利益冲突或公共政策的不当影响。因此，ESRS G1 要求披露有关在任命前 2 年内担任公共行政同等职位的行政、管理和监督机构人员的任命信息。

我国的政治体制与西方大不相同，政治献金和游说活动难有生长的土壤。但企业与政府监管部门之间的人员“旋转门”仍然是客观存在的，故 ESRS G1 政治参与部分的个别条款有一定的参考价值，对于在国外经营和投资的企业尤其如此。

（原载于《财会月刊》2024 年第 10 期）

主要参考文献：

1. EC. Directive amending Directive 2013/34/EU, Directive 2004/109/EC, Directive 2006/43/EC and Regulation（EU）No 537/2014, as regards corporate sustainability reporting［R］. www. europa. eu，2021.

2. EC. ESRS 2 General Disclosure [EB/OL]. http://finance.europa.eu, 31 July, 2023.

3. EC. ESRS G1 Business Conduct [EB/OL]. http://finance.europa.eu, 31 July, 2023.

4. EFRAG. ESRS G1 Business Conduct Basis for Conclusions [EB/OL]. www.efrag.org, March 2023.

第三篇

气候披露与漂绿行为研究

联合国政府间气候变化专门委员会（IPCC）的研究表明，如果全球平均气温比工业革命前平均气温上升 2℃，全球 99% 的珊瑚礁将消失，8% 的脊椎动物将灭绝，16% 的植物将死亡，水资源将极度匮乏，极端天气将频繁发生。如果全球平均气温上升超过 5℃，海平面将上升 25 米，地球的整体环境将被完全破坏，人类和其他物种将面临生存危机。应对气候变化已成为关系人类和地球可持续发展的重大问题，是国际政治经济舞台上比较容易达成的共识性议题。

2022 年 7 月号《经济学人》的封面文章“ESG——三个字母救不了地球（ESG——Three Letters that won't save the Planet）”深刻指出，ESG 的 E（环境）主题、S（社会）主题和 G（治理）主题并非具有同等紧迫性，环境主题才是最为迫切的议题，而温室气体排放（GHG Emission）又是环境主题的重中之重，主张优先解决环境信息披露特别是温室气体信息披露问题，以应对日益严重的气候变化问题，确保人类的可持续发展。对此，我们深以为然。2024 年 3 月，世界经济论坛（WEF）发布的《全球风险报告》（第 19 版）指出了全球未来十年十大风险，其中的环境风险高达五个，包括排名第 1 名至第 4 名的风险极端天气事件、地球系统临界变化、生物多样性丧失和生态系统崩溃，以及排名第 10 的风险——污染，足见环境问题特别是气候变化问题的严重性。

应对包括气候变化的环境问题，不可能依靠单个或少数国家单打独斗，而是需要世界范围内的协调行动。为此，2015 年 11 月 30 日至 12 月 11 日在巴黎召开了第 21 届《联合国气候变化框架公约》第 21 次缔约方大会（COP 21）暨《京都协议书》第 11 次缔约方大会。2015 年 12 月 12 日，196 个缔约方（195 个国家加上欧盟）一致通过了应对气候变化的纲领性文件——《巴黎协定》，要求缔约方严格控制温室气体排放，以实现将本世纪全球平均气温上升幅度控制在工业革命前平均气温的 2℃以内，力争控制在 1.5℃以内的控温目标。2016 年 4 月 22 日，近 200 个缔约方的代表在纽约联合国总部签署了《巴黎协定》，正式提出了在 2050 年实现净零排放（Net - zero Emission）的宏大目标。

《巴黎协定》控温目标的实现，既需要在国家层面改变能源结构[①]，大力发展可再生能源，也有赖于企业和金融机构等市场主体节能减排，绿色低碳转型发展。为此，披露温室气体排放等气候相关信息，有助于利益相关者了解和评估市场主体的自身经营活动和价值链上下游活动对环境产生的影响（包括正外部性和负外部性）以及日趋严苛的气候政策对企业发展前景（现金流量、融资成本和融资渠道）产生的影响，进而对市场主体的治理结构、经营战略、商业模式和风险管理能否适应气候变化从而保持可持续发展作出判断。

基于此考虑，本篇收录了七篇与气候披露和漂绿行为有关的论文。第一篇论文系统介绍了温室气体核算和报告的标准体系，包括世界资源研究所（WRI）和世界可持续发展工商理事会（WBCSD）制定的《温室气体规程》体系、国际标准组织（ISO）制定的 14064 标准体系以及碳核算金融联盟（PCAF）制定的《全球金融业温室气体核算和报告标准》，并对温室气体核算和报告的适用标准、范围 3 排放和合并范围三大焦点问题进行了深入分析。第二篇论文全面解读了美国证监交易管理委员会（SEC）在 2022 年 3 月发布的气候披露新规征求意见稿，尽管 2024 年 3 月 6 日 SEC 最终发布的气候披露新规与该征求意见稿相比，披露要求大幅降低，但并不影响该文的价值，从征求意见稿到最终规则的变化，可以窥见美国政界和利益相关者围绕应对气候变化及其相关信息披露展开的激烈博弈。第三篇论文在阐述金融机构在气候信息披露中扮演的双重角色（既是气候信息的披露者，也是气候信息的使用者）的基础上，深入分析金融机构披露气候信息（特别是融资排放）所面临的挑战和机遇。第四篇至第六篇论文分别探讨了气候财务风险的识别与评估、碳排放权会计的历史沿革和发展展望以及气候相关风险的会计分析。第七篇论文触及 ESG 报告中愈演愈烈的“漂绿（Green Washing)”行为，既介绍了“漂绿”的缘起及其在企业界、金融界和学术界的表现形式，也剖析了“漂绿”的外因和内容，还从推动立法、统一标准、强制披露、独立鉴证、数字赋能和能力建设六个角度提出抑制“漂绿”的政策建议。

---

① 2021 年 11 月 30 日至 12 月 12 日在英国格拉斯哥召开的 COP 26 以及 2023 年 11 月 6 日至 20 日在埃及沙姆沙伊赫召开的 COP 27，缔约方围绕煤炭、石油和天然气等化石燃料应逐步淘汰（Phase Out）还是逐步减少（Phase Down）争论不休，难以达成共识，直至 2023 年 11 月 30 日至 12 月 12 日在阿拉伯联合酋长国迪拜召开的 COP 28 经过艰辛的谈判，最终达成转型脱离化石燃料（Transition Away from Fossil Fuels）的历史性决定，让我们看到了通过能源转型应对气候变化的希望。

温室气体核算和报告标准体系及其焦点问题分析

黄世忠　叶丰滢

【摘要】企业及其价值链活动产生了大量的温室气体排放，导致全球气温上升，引发天气变化，若不加以抑制，将危及经济社会的可持续发展。在全球向净零排放转型过程中，如何核算和报告企业的温室气体排放已成为制定ESG或可持续发展报告准则的关注点。本文在介绍国际通行的温室气体核算和报告标准体系的基础上，围绕国际可持续准则理事会（ISSB）发布的第2号国际财务报告可持续披露准则（IFRS S2）《气候相关披露》征求意见稿的反馈情况，分析温室气体核算和报告的标准适用、范围3排放和合并范围三大焦点问题。

【关键词】温室气体；核算和报告标准；环境信息；披露要求

一、问题的提出

2022年7月，《经济学人》发表了题为“ESG——三个字母救不了地球”的封面文章，指出ESG（环境、社会和治理）这三个字母已经变成花式宣传且极具争议的缩略语，主张ESG应浓缩为E，这里的E不是泛指Environment（环境），而是特指Emissions（排放），即温室气体排放。这个观点引人注目，引发不少共鸣。我们认为，ESG中的S和G属于柔性议题，具有明显的社会属性，世界各国难以形成共识，而ESG中的E属于刚性议题，技术属性大于社会属性，在《联合国气候变化框架公约》及《巴黎协定》等具有约束力的国际条约下世界各国更有可能达成共识。ESG中的E议题涉及面很广（如气候变化、空气污染、水与海洋资源、生物多样性和生态系统、资源利用和循环经济等)，其中如何减少温室气体排放以减缓气候变化是目前国际社会高度关切的最迫切的可持续发展问题。

温室气体排放产生温室气体效应，导致气候变化，引发生物多样性丧失和生态系统退化，对经济社会的可持续发展构成严重威胁[①]。为了抑制温室气体排放带来的气候变化问题，2015 年 12 月在巴黎召开的第 21 届联合国气候大会通过了《巴黎协定》，2016 年近 200 个国家和欧盟委员会签署了该协定，达成了将本世纪的气温上升控制在工业革命前平均温度 1.5℃以内的控温目标，签署方有义务节能减排为实现控温目标作自主贡献。《巴黎协定》签署以来，联合国环境规划署（UNEP）每年都发布《排放差距报告》，评估温室气体减排进度是否足以实现本世纪的控温目标。2022 年 10 月 27 日，UNEP 发布的《2022 排放差距报告》显示，2021 年全球温室气体排放总量高达 528 亿吨二氧化碳当量[②]，比 2020 年和 2019 年有所反弹，世界各国的温室气体减排情况与《巴黎协定》制定的目标仍有很大差距（UNEP，2022）。

气候变化备受国际社会瞩目，与此相关的温室气体核算和报告问题自然也成为制定可持续披露准则的重点规范对象。2022 年 3 月，ISSB 发布了两份 ISDS 征求意见稿，其中第二份即为《气候相关披露》，要求企业必须按世界资源研究所（WRI）和世界可持续发展工商理事会（WBCSD）发布的《温室气体规程》核算和披露范围 1、范围 2 和范围 3 排放，凸显了温室气体核算和报告问题在可持续披露准则中的重要性。2022 年 10 月，ISSB 在深入分析世界各国利益相关者反馈意见的基础上，在蒙特利尔召开理事会，维持了准则征求意见稿对温室气体核算方法和披露要求的规定。

本文的研究针对温室气体核算和报告，首先介绍温室气体核算和报告的国际通用标准体系，然后基于对 ISSB 发布的《气候相关披露》的反馈意见，分析温室气体核算和报告的三大焦点问题，以期对我国企业和金融机构提高环境相关信息披露质量有所助益。

二、温室气体核算和报告国际通用标准体系

温室气体的核算和报告标准体系有宏观、中观和微观之分，如图 1 所示。宏观的

---

① 2022 年 5 月，世界经济论坛发布的《2022 全球风险报告》指出了未来十年十大风险，即气候行动失败、极端天气、生物多样性丧失、社会凝集力侵蚀、生计危机、传染性疾病、人为环境破环、自然资源危机、债务危机、地缘政治经济危机（WEF，2022）。未来十年十大风险中，与环境相关的风险多达五项，且前三大风险均为环境相关风险，凸显了环境问题的严重性。

② 其中中国、美国、欧盟 27 国、印度、印度尼西亚、巴西、俄罗斯以及国际运输产生的温室气体排放占全球温室气体排放总量的 55%，20 国集团成员的排放占比高达 75%。

标准体系适用于国家层面的温室气体核算和报告，最具代表性的标准是联合国政府间气候变化专门委员会（IPCC[①]）制定的《国家温室气体清单指南》，中观的标准体系适用于城市层面的温室气体核算和报告，最具代表性的标准是UNEP、联合国人类居住区规划署（UN Habitat）和世界银行（WB）联合发布的《城市温室气体排放国际标准》，微观的标准体系适用于企业层面的温室气体核算和报告，最具代表性的当属WRI和WBCSD制定的《温室气体规程》系列标准。本文聚焦于微观层面的温室气体核算和报告标准，不涉及宏观和中观层面的温室气体核算和报告标准。

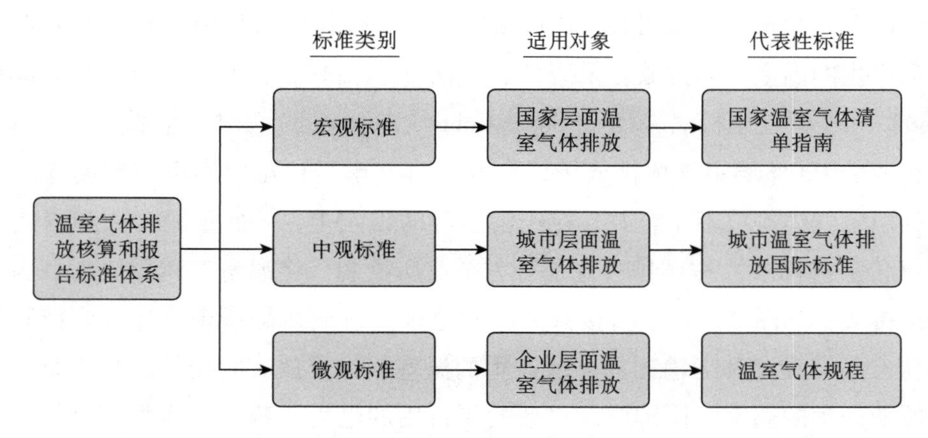

图1　温室气体排放核算和报告标准体系

（一）WRI和WBCSD的温室气体核算和报告标准

WRI和WBCSD制定的《温室气体规程》系列标准是国际上最广为接受和普遍运用的温室气体核算和报告标准，已经被ISSB制定的IFRS S2、欧洲财务报告咨询组（EFRAG）制定的欧洲可持续发展报告准则（ESRS）以及美国证监会（SEC）制定的气候信息披露新规所采纳。《温室气体规程》系列标准包括：《温室气体规程——企业核算与报告标准》（2004修订版，以下简称《企业标准》）；《温室气体规程——公司价值链（范围3）核算和报告标准》（2011发布，以下简称《价值链标准》）；《温室气体规程——项目核算》（2005发布，以下简称《项目标准》）；《温室气体规程——产品生命周期核算和报告标准》（2011发布，以下简称《产品标准》）。此外，WRI和WBCSD还发布了《温室气体规程——范围2指南》（2015）和《温室气体规程——范围3排放计算技术指南》（2013）。

① IPCC于1988年由世界气象组织（WMO）和UNEP合作成立，其195个成员来自联合国和WMO的成员国。IPCC的宗旨是为各国政府制定气候政策或进行气候谈判提供科学信息和技术支持。成立以来，IPCC迄今已经发布了六次影响巨大的气候评估报告，并发布了国家温室气体清单指引（Guidelines on National Greenhouse Gas Inventories）。

《企业标准》在2001年9月首次发布，2004年根据实施情况进行修订，对《京都协定》规定的二氧化碳（CO_2）、甲烷（CH_4）、氧化亚氮（N_2O）、氢氟碳化物（HFCs）、全氟化碳（PFCs）和六氟化硫（SF_6）等六种温室气体①的核算和报告进行规范（WRI and WBCSD，2004）。设定组织边界（Organizational Boundaries）和经营边界（Operational Boundaries）是《企业标准》最具特色的重要规范内容。在组织边界的设定上，《企业标准》要求采用股权比例法（Equity Share Approach）或控制权法（Control Approach）对企业的子公司、关联公司、联营企业、合营企业、附属公司的温室气体排放予以合并和报告。采用股权比例法时，企业按持股权比例核算其参股控股企业经营活动产生的温室气体排放。采用控制权法［包括财务控制权法（Financial Control Approach）和经营控制权法（Operational Control Approach）］时，企业对经营活动受其控制的企业的100%温室气体排放予以合并，对其享受权益但不享有控制权的经营活动产生的温室气体排放不予合并。在经营边界的设定上，《企业标准》和以此为基础制定的《价值链标准》按照排放源是否为企业所控制，将温室气体排放划分为直接排放和间接排放，如图2所示。直接排放亦称范围1排放，是指企业拥有或控制的排放源（如生产经营设施和运输工具）所产生的温室气体排放。间接排放是指企业不能控制的排放源产生的温室气体排放，包括购买自用的电力、蒸汽、暖气、冷气产生的温室气体排放（即范围2排放）以及企业价值链产生的温室气体排放（即范围3排放），如价值链上游活动产生的8个类别（购买产品和服务、资本货物、燃料和能源相关活动、运输和配送、经营产生的废弃物、商务旅行、员工通勤、租赁资产）温室气体排放和价值链下游活动产生的7个类别（运输和配送、处理出售货物、使用出售货物、处置出售货物、租赁资产、特许经营、投资）温室气体排放。

与《企业标准》和《价值链标准》相比，《项目标准》和《产品标准》涵盖面比较窄。《项目标准》从缓解气候变化项目的层面，提供如何量化和报告温室气体排放的原则、概念和方法，旨在提高项目层面温室气体核算和报告的可信度、透明度和可比性。《项目标准》由两大部分组成，第一部分为背景、概念和原则，包括导言、关键气体项目核算概念、温室气体项目核算政策因素、温室气体核算原则四个章节，第二部分为温室气体减排的核算和报告，包括设定温室气体评估边界、选择基线程序、辨识基线候选对象、估计基线排放——具体项目程序、估计基线排放——绩效标准程序、监控和量化温室气体减排、报告温室气体减排等七个章节（WRI and WBCSD，

① 《巴黎协定》后来增加了第七种温室气体，即三氟化氮（NF_3），因此ISSB发布的《气候相关披露》征求意见稿也将要求披露的温室气体排放由六种增至七种。

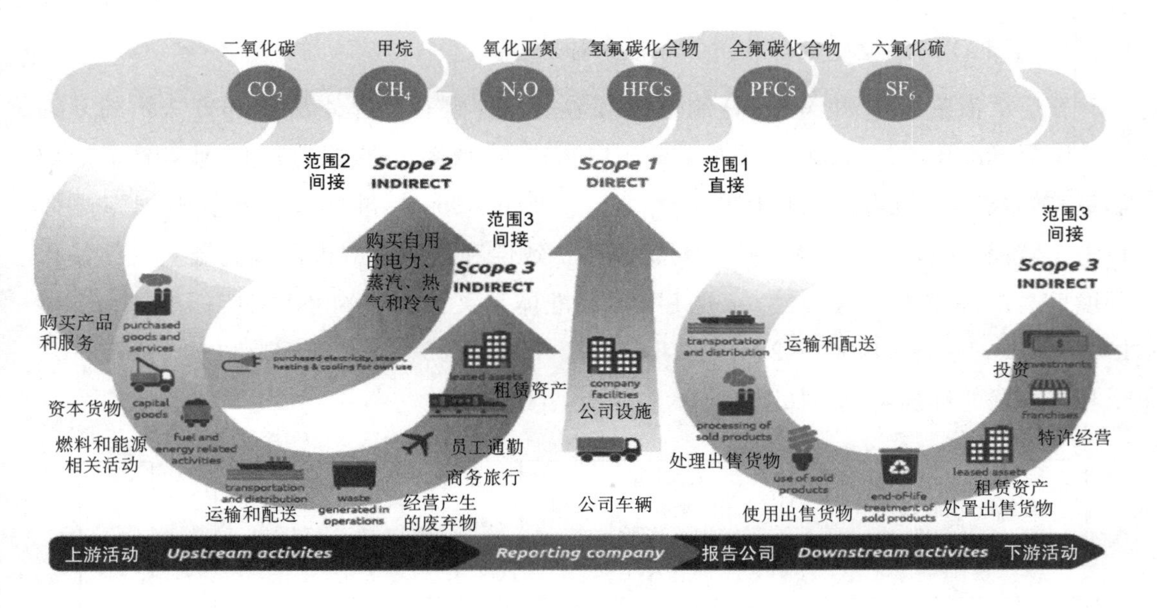

图 2　范围 1、范围 2 和范围 3 排放

资料来源：WRI 和 WBCSD，2011。

2005）。企业编制 ESG 或可持续发展报告涉及温室气体减排项目的信息披露时，或者为了获得绿色金融或转型金融支持向金融机构提供特定项目的温室气体减排信息时，必须按《项目标准》的要求进行核算和报告。

《产品标准》建立在产品全生命周期理念的基础上，旨在为企业如何量化和报告特定产品的温室气体排放清单①和温室气体移除提出披露要求和技术指引，要求企业在研发、设计、生产、销售、使用和处置等各个环节，充分考虑温室气体排放因素。《产品标准》由 11 个章节所组成，分别是导言，界定企业目标、步骤和要求概要，产品生命周期温室气体核算和报告原则，产品生命周期温室气体核算基础，制定产品温室气体排放清单，设定边界，收集数据和评估数据质量，温室气体分摊，评估不确定性，计算排放清单结果、鉴证、报告，设定减排目标和跟踪排放清单变化（WRI and WBCSD，2011）。《产品标准》提出的产品全生命周期理念与《价值链标准》提出的价值链理念既相互联系，又各有侧重，前者专注于规范企业特定产品的温室气体核算和报告，后者聚焦于规范企业经营边界的温室气体核算和报告。两者结合在一起有助于投资者和消费者等利益相关者以更加综合和全面的视角审视和评估价值链所蕴含的气候转型风险。

① 温室气体排放清单的英文为 GHG Inventory，有时也翻译为温室气体盘查。

（二）ISO的温室气体排放核算和报告标准

在广泛借鉴WRI和WBCSD制定的《温室气体规程》基本原则和方法论的基础上，国际标准化组织（ISO）颁布了ISO 14060标准体系，迄今已成为企业和产品层面温室气体核算和报告的通用国际标准之一。ISO 14060标准体系旨在提升温室气体计量、监控、报告、验证和核证的可信度、一致性和透明度，进而提高温室气体量化环境信息的完整性和真实性。ISO 14060标准体系又称ISO 14060家族标准体系，由ISO 14064－1、ISO 14064－2、ISO 14064－3、ISO 14065、ISO 16066和ISO 14067等六个相互关联的标准组成，如图3所示。

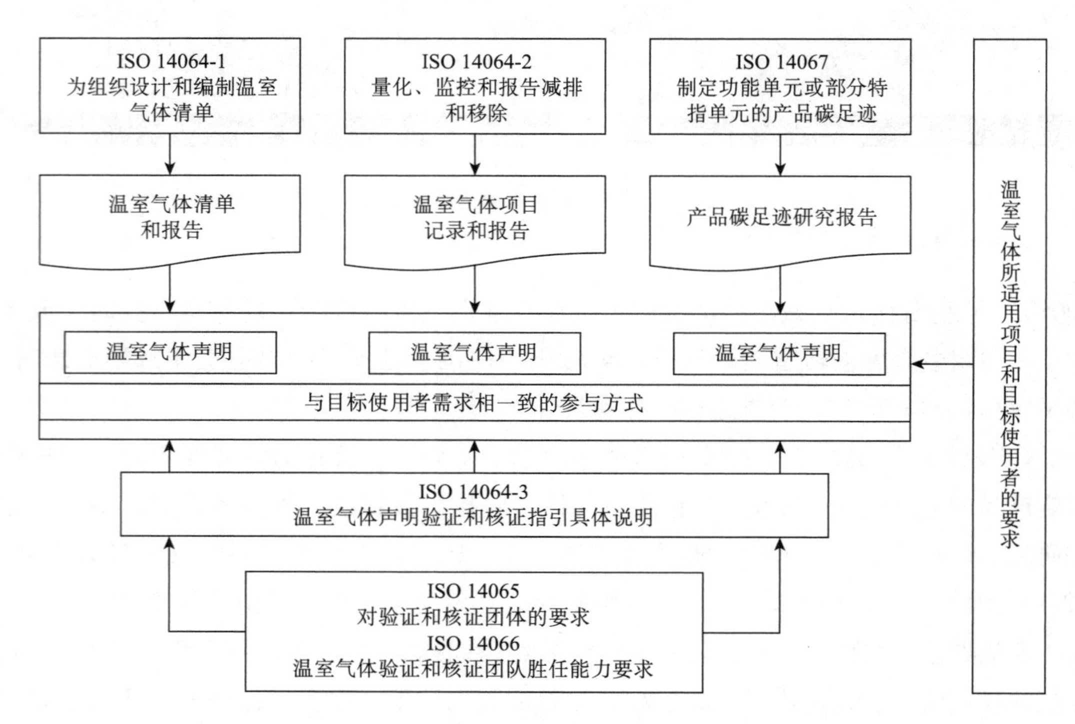

图3　14060家族标准体系之间的相关关系

资料来源：ISO 2018。

上述标准中，ISO 14064－1与WRI和WBCSD制定的《企业标准》非常类似，主要规范的内容包括核算和报告原则[①]、温室气体清单边界、温室气体排放和移除量化、缓释活动、温室气体清单质量管理、温室气体报告、验证活动中组织作用等。在2006

① ISO 14064要求企业核算和报告温室气体排放必须遵循相关性、完整性、一致性、准确性、透明性五个原则，与WRI和WBCSD的《企业标准》提出的五个原则完全一致。此外，PCAF在《金融行业全球温室气体核算和报告标准》中提出的五个原则同样与《企业标准》的五个原则完全一致，这主要是因为ISO和PCAF制定的温室气体核算和报告标准大量借鉴《企业标准》。

年版的 ISO 14064－1 中，温室气体排放源被划分为三个类别，分别是直接温室气体排放、能源间接温室气体排放和其他间接温室气体排放，对应于《企业标准》的范围 1、范围 2 和范围 3 排放，但在 2018 年版的 ISO 14064－1 中，温室气体排放源被进一步细化为六个类别，分别是直接温室气体排放和移除、来自输入能源的间接温室气体排放、来自运输的间接温室气体排放、来自组织使用产品的间接温室气体排放、与使用组织产品相关的间接温室气体排放、来自其他来源的间接温室气体排放。此外，ISO 14060 标准体系还对温室气体鉴证团体及其胜任能力进行了规范，弥补了《温室气体规程》在这些方面的缺失。

（三）PCAF 的温室气体排放核算和报告标准

与《企业标准》和 ISO 14060 标准体系适用于各行各业不同，碳核算金融联盟[①]（PCAF）制定的《全球金融业温室气体核算和报告标准》仅适用于金融业的温室气体核算和报告。PCAF 标准聚焦于金融机构范围 3 的融资排放[②]（Financed Emissions），因为融资排放在金融机构温室气体排放总量中占据绝对主导地位。气候披露项目（CDP）对管理 109 万亿美元资产的 332 家金融机构调研后，发表了题为《绿色金融恰逢其时——2020 金融服务业披露报告》的研究报告显示，范围 3 融资排放比金融机构范围 1 和范围 2 的经营排放（Operational Emissions）高出 700 倍以上（CDP，2020）。

与 ISO 14060 标准体系一样，《全球金融业温室气体核算和报告标准》也是以 WRI 和 WBCSD 的《温室气体规程》系列标准为基础，将其基本原则、理念和方法细化运用到金融机构的上市股权和公司债券、企业贷款和非上市公司股权、项目融资、商业地产、住房抵押贷款、汽车贷款等六种金融产品的温室气体核算和报告。以发放企业贷款为例，金融机构的融资排放＝归因因子×贷款企业的温室气体排放，其中归因因子＝金融机构贷款金额÷贷款企业的负债和权益价值，贷款企业的温室气体排放既可根据企业自行披露的数据计算，也可根据 PCAF 数据库、政府部门数据库、第三方机构或金融机构自己建立的数据库间接推算（黄世忠，2022）。

鉴于温室气体的数据质量备受关注，PCAF 根据数据来源的不确定性程度，将温室气体排放的数据质量分为五个等级（等级 1 的数据来源不确定程度最低，数据质量最高，等级 5 的数据来源不确定性最高，数据质量最低）。表 1 以企业贷款为列，说明数据质量的划分方法。

---

① PCAF 2015 年由荷兰金融机构发起设立，其成员现已遍及数十个国家。

② “融资排放”一词适用于银行金融机构，投行、基金、券商等非银行金融机构通过承销、投资和咨询等方式协助企业融资，将协助融资占资产总额的比重乘以企业的温室气体排放，得出的结果称为协助融资排放（Facilitated E-missions）。

表1　　企业贷款相关温室气体数据质量

<table>
<tr><th>数据质量</th><th colspan="2">估算融资排放的备选方法</th><th>何时采用备选方法</th></tr>
<tr><td>等级1</td><td rowspan="2">备选方法1：
企业报告的排放</td><td>1a</td><td>贷款数量以及企业的债务和权益总额已知；经验证的排放量可获取</td></tr>
<tr><td rowspan="2">等级2</td><td>1b</td><td>贷款数量以及企业的债务和权益总额已知；未经验证的排放量可获取</td></tr>
<tr><td rowspan="2">备选方法2：
以实物活动为基础的排放</td><td>2a</td><td>贷款数量以及企业的债务和权益总额已知；企业报告的排放量不能获取；排放量按企业能源消耗的主要活动数据和与此相关的排放因子计算</td></tr>
<tr><td>等级3</td><td>2b</td><td>贷款数量以及企业的债务和权益总额已知；企业报告的排放量未能获取；排放量按企业生产的主要活动数据和与此相关的排放因子计算</td></tr>
<tr><td>等级4</td><td rowspan="3">备选方法3：
以经济活动为基础的排放</td><td>3a</td><td>贷款数量、企业的债务和权益总额以及营业收入已知；所在经济部门的单位收入排放因子已知</td></tr>
<tr><td rowspan="2">等级5</td><td>3b</td><td>贷款数量已知；所在经济部门的单位资产排放因子已知</td></tr>
<tr><td>3c</td><td>贷款数量已知；所在经济部门的单位收入排放因子和资产周转率已知</td></tr>
</table>

资料来源：PCAF，2020。

三、温室气体核算和报告三大焦点问题

2022年3月，ISSB发布了《气候相关披露》征求意见稿，截至征求意见结束时（7月29日），共收到编制者、公共利益集团、投资者、会计审计专业团体、准则制定机构、学术界、监管部门和政策制定者等利益相关方约700份意见反馈。这些反馈意见总体上对《气候相关披露》征求意见稿持肯定态度，但也对一些条款提出不同意见，其中涉及温室气体核算和报告的包括适用标准、范围3排放、合并范围三大焦点问题。

（一）适用标准问题

与EFRAG和SEC的气候信息披露要求一样，ISSB发布的《气候相关披露》征求意见稿也要求企业根据WRI和WBCSD发布的《温室气体规程》核算和报告范围1、范围2和范围3的温室气体排放。对此，绝大多数反馈意见表示赞成，主要理由包括：（1）《温室气体规程》是迄今为止国际上最广泛运用的温室气体核算和报告标准，具有较高的权威性和信誉度；（2）要求企业和金融机构统一采用《温室气体规程》，将显著提高温室气体信息披露的可比性，便于投资者和其他利益相关者评估企业和金融机构的气候变化相关风险和机遇；（3）发达国家的企业和金融机构在过往的自愿性气候信息披露中对《温室气体规程》比较认可和熟悉，继续沿用该标准可大幅节省遵循和披露成本，符合成本效益原则。

但也有一些反馈意见对《气候相关披露》要求以《温室气体规程》作为唯一的温室气体核算和报告标准提出异议，主要理由包括：（1）《温室气体规程》可能与企业和金融机构所在管辖区的温室气体规程核算和报告标准存在差异，强制要求采用《温室气体规程》可能导致企业和金融机构无所适从，一些企业和金融机构为了同时满足《气候相关披露》准则和当地监管要求，不得不进行双重披露，大大加重披露负担；（2）WRI 和 WBCSD 并非官方机构，其制定和发布的《温室气体规程》在权威性方面存疑，且发布的时间较为久远，在更新和维护上存在着不确定性；（3）ISSB 在《气候相关披露》中直接引用第三方发布的《温室气体规程》在修订、更新和维护方面存在一定的风险性，因为第三方标准不在 ISSB 的控制范围之内且不符合 ISSB 的应询程序。另外，只引用《温室气体规程》而不引用 ISO 14064 或 PCAF 标准，显失公平，因为后两者尽管运用程度不及前者，但毕竟在气候信息披露实务中的运用也比较广泛。

针对《气候相关披露》征求意见稿的不同意见，ISSB 在 2020 年 10 月召开理事会进行深入分析和评估，理事会所有成员一致同意维持采用《温室气体规程》的要求，11 月的理事会再次重申此初步决定，同时考虑提供对特定情况提供救济条款。11 月的理事会还明确了《温室气体规程》的适用版本，即 2004 年的《企业标准》和 2011 年的《价值链标准》。对理事会作出的初步决定，我们表示赞同。我们认为，要求企业和金融机构统一采用《温室气体规程》核算和报告温室气体排放，除了可以提高可比性外，还可抑制企业和金融机构通过选择不同的适用标准进行“漂绿”，也可为温室气体信息披露的独立鉴证提供共同基础，甚至可为将来解决“碳关税”纠纷提供仲裁标准。同时我们也提出如下两点建议：一是既然决定采用“外挂”第三方标准的做法，ISSB 应与 WRI 和 WBCSD 加强合作，促使它们及时修订和更新温室气体核算和报告标准，并对企业和金融机构运用《温室气体规程》提供更有针对性的指引。此外，基于公平性考虑，ISSB 似可考虑在《气候相关披露》准则中适当提及 ISO 14064 和 PACF 标准，因为从历史沿革的角度看，后面这两个标准均可视为《温室气体规程》的衍生标准，其理念和方法与《温室气体规程》并没有实质性的差异。二是 ISSB 应制定明确的流程规则规定“外挂”第三方标准的具体做法，包括在《气候相关披露》准则中标明引用的《温室气体规程》等第三方标准的版本，并说明如果引用的第三方标准发生版本更新应如何处理。ISSB 在版本更新时若参照 IFRS 应询程序手册要求的流程，标准流程最短要 120 天，简化流程最短也要 30 天，因此 ISSB 必须慎重考虑在第三方标准发生版本更新而 ISSB 尚未走完相应更新应询程序流程的时间段内企业进行信息披露应参照何标准的问题，因为这种差异很有可能导致不同企业同一报告期间的温室气体排放计算参照的标准不可比。

（二）范围3排放问题

《气候相关披露》征求意见稿要求企业和金融机构核算和披露范围3排放，对此，大多数反馈意见表示赞同，认为此举有助于投资者和其他利益相关者更加全面和系统地了解和评估企业和金融机构所面临的气候转型风险。范围3排放在一些企业（特别是供应链企业[①]）和金融机构的温室气体排放总量中占据很高的比例，如果不披露范围3排放将严重误导投资者和其他利益相关者对气候转型风险的评估，也不利于投资者和其他利益相关者评估企业和金融机构的经营战略和商业模式在向净零排放转型过程中的适应性。

但也有一些反馈意见特别是来自新兴经济体国家的反馈意见对披露范围3排放表达不同意见，主要反对理由包括：（1）企业和金融机构难以从其直接控制之外的价值链成员单位处获取可靠的高质量范围3排放数据；（2）核算和报告范围3排放将给价值链中的企业增加不当的负担，中小企业尤其如此；（3）企业与其价值链上下游企业的财务报告期间和温室气体核算方法不一定相同，在这种情况下难以对范围3排放进行汇总和报告；（4）很多企业和金融机构尚未开发或还在开发范围3排放的计量和披露方法，且范围3排放的计量和披露严重依赖于估计和假设，因此难以获取范围3排放的计量数据，即使能够获取，也不一定真实、准确和可比；（5）范围3排放与财务报表同时披露对企业和金融机构压力巨大，这一方面是因为范围3排放计算复杂且耗时，另一方面，从数据收集的角度，价值链上数据的收集也需要时间，也即企业和金融机构获取数据的时间不会早于价值链上企业计算出各自范围1和范围2排放的时间。（6）范围3排放的有用性可能因为价值链中不同企业的重复计算而降低。因此，不少反馈者希望ISSB澄清范围3排放的报告边界，并就企业和金融机构如何确定范围3排放的层级提供进一步的指引。还有一些反馈者赞成披露范围3排放，但希望ISSB提供安全港规则条款，主张采用逐步实施法（Phrase - in Approach），而不宜采用一步到位和一刀切的做法。

针对各方的反馈意见，2022年10月ISSB召开会议讨论后同意维持征求意见稿关于范围3排放的披露要求，但也接受了反馈者提出的增加进一步指引、提供安全港规则条款和采用逐步实施法的意见和建议。2022年11月的理事会重审保留要求企业按照《价值链标准》核算和报告范围3排放的初步决定，并表示将对备受关注的范围3排放数据获取和数据质量进一步斟酌。

---

① CDP发布的《扩链：驱动速度和范围——2021全球供应链报告》显示，供应链企业范围3的温室气体排放比范围1和范围2排放平均高出11.4倍（CDP，2022）。

我们赞成 ISSB 要求企业和金融机构核算和报告范围 3 排放的主张，因为：（1）范围 3 排放数据对于投资者和其他利益相关者有效评估企业和金融机构的气候转型风险至关重要，企业和金融机构的气候转型风险不仅受到其范围 1 和范围 2 排放的影响，而且深受范围 3 排放的影响，缺少范围 3 排放数据，气候转型风险的评估将难以做到系统和全面；（2）要求披露范围 3 排放，可促使企业和金融机构发挥其在价值链中的影响力，督促其上下游企业节能减排，助力《巴黎协定》控温目标的实现，若不要求披露范围 3 排放，在供应链中居于主导地位的企业和金融机构督促其上下游企业降低温室气体排放的动力将会严重缺失；（3）外包、众包和联盟等经营战略已在很多企业广泛运用，只有要求披露范围 3 排放，才能避免采用这些经营战略的企业低估其温室气体排放，杜绝企业通过外部、众包和联盟战略规避温室气体排放的披露责任；（4）对于供应链企业和金融机构而言，范围 3 排放远比范围 1 和范围 2 更加重要，如果不要求披露范围 3 排放，而只披露范围 1 和范围 2 排放，将会出现“抓小放大”的披露窘境，不符合 ESG 报告中的重要性原则。同时，我们也承认范围 3 排放的核算和报告颇具挑战性，为此，ISSB 首先有必要提供进一步的操作指引，可参照 PCAF 的做法，将范围 3 排数划分为不同的质量等级，以便投资者和其他利益相关者对范围 3 排放的数据质量作出判断。其次，ISSB 应允许范围 3 的披露时间晚于《气候相关披露》其他规定的披露时间，比如，可参考美国证监会气候披露新规的做法，允许企业和金融机构在执行《气候相关披露》准则后延迟一年执行范围 3 排放的相关披露要求。最后，范围 3 排放的披露涉及大量的估计和不确定性，容易引起法律纠纷或诉讼，ISSB 确有必要提供相关的安全港保护条款，除非有明确证据证明企业和金融机构披露的范围 3 排放缺乏依据或者出于恶意，否则不应将不准确的范围 3 排放披露视为欺诈性披露，以解除企业和金融机构对范围 3 排放披露风险的后顾之忧。

（三）合并范围问题

ISSB 发布的《可持续发展相关财务信息披露一般要求》征求意见稿明确规定，可持续发展相关财务信息披露应当与相关通用目的财务报表的报告主体保持一致。为此，《气候相关披露》征求意见稿相应要求企业分别披露合并会计集团（母公司及其子公司）以及合并会计集团未包含的联营企业、合营企业、未合并子公司或附属企业的范围 1 和范围 2 排放。此外，《气候相关披露》还要求企业披露将合并会计集团之外的联营企业、合营企业、未合并子公司或附属企业范围 1 和范围 2 排放纳入企业披露范围所采用的方法（《企业标准》的权益比例法或经营控制法）。

从以上规定可以看出，《气候相关披露》对温室气体合并范围的要求比财务报表的合并范围更加宽泛，因为国际会计准则理事会（IASB）的合并报表准则并不要求企业披露联营企业、合营企业和未合并子公司或附属企业的营业收入等信息。对于ISSB采用比合并报表更加宽泛的温室气体合并范围的规定，投资者和其他利益相关者的反馈意见总体上采取赞成的态度，为数不多的不同意见主要包括：（1）对联营企业和合营企业的控制力较弱，要获取其准确和可靠的温室气体排放数据具有很大挑战性和实际困难；（2）如果两家或两家以上的企业对同一家合营企业享有权益但采用不同的合并方法，如A企业采用权益比例法而B企业采用控制权法，可能导致对该合营企业温室气体排放量的重复计算，因为在财务控制权法或经营控制法下，B企业将合营企业的全部温室气体予以合并，而不是按股权比例合并。

对于上述不同意见，迄今为止，ISSB尚未作出明确的答复。我们认为，上述关于温室气体合并范围的不同意见，具有一定的合理性。如果因控制权或影响力不足导致企业未能获取其联营企业和合营企业温室气体排放的可靠和准确数据，ISSB似可提供更大的灵活性。可供选择的方案，一是将这两类企业的温室气体排放作为自愿性披露而不是强制性披露，二是免除企业对这两类企业温室气体排放的披露义务，但可要求企业披露未能获取相关温室气体排数数据的原因。至于重复计算合营企业温室气体排放量的问题，虽说核算投资排放的目的是促成被投资单位减排[①]，从企业个体的角度看排放核算不必太在乎重复计算，甚至越多重复计算效果越好（因为有越多的投资方在促成这个被投资单位减排），但因为在碳排放权交易具有强制性或者政府对企业设置碳排放配额的情况下，重复计算有可能产生经济后果，ISSB有必要与WRI和WBCSD共同研究，探索尽量避免重复计算的思路和方法。

值得说明的是，无论是合营企业的范围1和范围2排放，还是价值链中的范围3排放，要完全避免重复计算是非常困难的。一些反馈者担心重复计算可能会对国际气候谈判中国家自主贡献的温室气体减排目标产生影响。我们认为这种担心可以理解，但大可不必。如前所述，温室气体核算和报告标准可分为宏观、中观和微观三个层次。温室气体减排自主贡献的国际气候谈判通常采用宏观层面的标准，即IPCC发布的《国家温室气体清单指南》，该指南采用的是自上而下而不是自下而上的核算方法，主要通过一个国家的能源消耗、GDP等经济活动指标以及排放因子推算该国的温室气体排放总量，因此企业层面的温室气体排放重复计算通常不会影响国际气候谈判中的国家自主贡献减排目标，即使有影响也微不足道，可以忽略不计。

① 股权比例可被看成是投资方对被投资单位的减排影响力。

四、结论与建议

本文的分析表明，温室气体排放是ESG或可持续发展报告的核心问题，其核算和报告标准是可持续发展披露准则必须重点关注的领域。目前ISSB、EFRAG和SEC在气候相关披露的规范中均主张采纳WRI和WBCSD发布的《温室气体规程》，且在征求意见中得到多数反馈者的支持，认为此举可提高温室气体排放数据的可比性，但直接引用第三方机构制定的温室气体核算和报告标准也引起一些争议，值得ISSB等准则机构认真斟酌和权衡。如何处理好温室气体核算和报告的国际通用标准和国别特定标准之间的关系，需要准则制定机构与各国政策制定部门进行进一步的沟通和协调。唯有如此，ISSB等准则制定机构发布的气候相关披露要求才能有效落地实施，才能促使企业和金融机构向净零排放转型。

国家发展改革委员会参照IPCC相关规定，2013年以来陆续发布了24个行业的《企业温室气体排放核算方法与报告指南》，生态环境部2021年以来也印发了《企业环境信息依法披露管理办法》和《企业环境信息依法披露格式准则》，为企业核算和披露温室气体排放提供了政策依据。这些指南、管理办法和准则尽管在理念上、总体上接近于国际通行的温室气体核算和报告标准，但核算口径及具体做法与《温室气体规程》还存在不少差异，范围3排放的核算和报告标准尤其如此。为了积极稳妥推进碳达峰碳中和，同时也为了在将来更好地应对欧盟及其他国家和地区开征碳关税，建议相关部门根据ISSB和EFRAG发布的气候相关披露最新动态，适时制定、修订我国企业层面的温室气体核算报告标准，使其既符合我国实际情况，又符合国际通行标准。

范围3排放的强制性披露是大势所趋，对于投资者和其他利益相关者有效评估企业和金融机构的气候转型风险至关重要。此外，温室气体排放的合并范围比财务报表的合并范围更加宽泛。所有这些，对于温室气体核算和披露实践尚处于起步阶段的我国企业和金融机构带来很大挑战，突出表现为我国大多数企业和金融机构尚未建立温室气体排放的底层数据收集、验证和分析系统，对范围3和联营企业、合营企业、未纳入合并范围的子公司或附属企业的温室气体披露还比较陌生。为此，建议主管部门和监管部门充分重视与温室气体核算和报告相关的能力建设问题，强化对董事、监事和高管对气候相关披露特别是温室气体核算和报告标准的培训，使其确实承担起治理、管理气候风险和机遇的职责。此外，为了参照《气候相关披露》准则披露范围1、范围2和范围3的温室气体排放，企业和金融机构及其行业协会有必要尽快建立温室气体数据库，提供有关活动水平数据和切合我国能源结构和能源效率的排放因子数据，并利用人工智能、区块链、云计算、大数据、物联网等技术，不断提高温室气体核算和报告的数字化水平。

温室气体排放属于典型的外部性问题，在实施排放配额的情况下具有严重的经济后果，企业和金融机构可能因此滋生“漂绿”动机。为了确保气候相关信息的披露质量，引进对温室气体排放核算和报告的鉴证机制至关重要。欧盟拟在 ESRS 正式发布实施后要求对包括温室气体排放在内的可持续发展报告进行强制鉴证，并要求鉴证报告从有限保证逐渐过渡到合理保证。欧盟这种增信做法值得其他国家借鉴。我们认为，独立性和胜任能力是温室气体鉴证的关键。在独立性方面，注册会计师因受职业道德的强约束，必须严格遵循独立性规定，由会计师事务所对温室气体进行鉴证，明显优于第三方专业机构。但在胜任能力方面，会计师事务所可能逊色于第三方专业机构。因此，在实务工作中，一些企业和金融机构聘请气候工程咨询公司等第三方专业机构对温室气体进行鉴证，同时聘请会计师事务所对 ESG 或可持续发展报告的其他内容进行鉴证。从理论上说，这种同时聘请两家机构进行鉴证的做法，虽可发挥会计师事务所的独立性优势，也可弥补会计师事务所的胜任能力劣势，但无疑会增加企业和金融机构的沟通协调和披露成本，因而只能视为权宜之计。从长远看，唯有在加快温室气体鉴证准则制定的同时，加大对注册会计师温室气体鉴证能力的培训力度，帮助其积累知识和提升胜任能力，帮助会计师事务所储备人才、才能从根本上确保温室气体的高质量鉴证。

（原载于《财会月刊》2023 年第 1 期）

主要参考文献：

1. 黄世忠．金融机构气候信息披露的挑战与机遇［J］．金融会计，2022（4）：5 -9.

2. CDP. CDP Global Supply Chain Report 2021—Enhancing the Chain：Driving Speed and Scale［EB/OL］. www. cdp. net，2022.

3. CDP. The Time to Green Finance—CDP Financial Services Disclosure Report［EB/OL］. www. cde. net，2020.

4. ISO. 1SO 14064 -1 Second Edition 2018 -12［EB/OL］. www. iso. org，2018.

5. PCAF. The Global GHG Accounting & Reporting Standard for the Financial Industry［EB/OL］. www. carbonaccountingfinancials. com，2020.

6. WEF. Global Risk 2022 [EB/OL]. www. weforum. org, 2022.

7. WRI and WBCSD. The Greenhouse Gas Protocol—A Corporate Accounting and Reporting Standard (Revised Edition) [EB/OL]. www. wri. org, 2004.

8. WRI and WBCSD. The Greenhouse Gas Protocol—Corporate Value Chain (Scope 3) Accounting and Reporting Standard [EB/OL]. www. wri. org, 2011.

9. WRI and WBCSD. The Greenhouse Gas Protocol—The GHG Protocol for Project Accounting [EB/OL]. www. wri. org, 2005.

10. WRI and WECSD. The Greenhouse Gas Protocol—Product Life Cycle Accounting and Reporting Standard [EB/OL]. www. wri. org, 2011.

11. UNEP. Emissions Gap Report [EB/OL]. www. unep. org, 2022.

SEC气候信息披露新规解读与分析

叶丰滢　黄世忠

【摘要】 美国证监会（SEC）近期发布了气候相关信息披露的提案，参照气候相关财务披露工作组（TCFD）框架和《温室气体规程》，建议在相关法规中增加气候相关信息披露并公开征求意见。至此，气候相关信息披露呈现国际可持续准则理事会（ISSB）、欧盟和美国三足鼎立的局面。本文对SEC提出的气候信息披露新规进行解读和趋同分析并做简要评述，以期对海外上市企业的气候相关信息披露有所启示。

【关键词】 气候相关风险；温室气体排放；非财务信息披露；财务信息披露

2022年3月21日，SEC发布了题为《面向投资者的气候相关信息披露的提升和标准化》的提案（以下简称“SEC提案”），就修订《证券法》《证券交易法》以及《非财务信息披露内容与格式条例》（S－K）和《财务信息披露内容与格式条例》（S－X），要求公开发行证券的注册人在注册报告书和年报中披露气候相关信息公开征求意见。SEC提案的发布，一举扭转了美国气候相关信息披露严重滞后于欧盟和国际准则的局面，被视为拜登政府对特朗普政府消极应对气候变化的重大政策调整，将对在美上市企业的信息披露产生深远影响。本文首先介绍SEC提案的主要披露要求，其次将其与ISSB发布的《气候相关披露》征求意见稿（以下简称“S2ED”）和欧洲财务报告咨询组（EFRAG）发布的《气候变化》工作稿（以下简称“E1WP”）进行趋同分析，最后对SEC提案进行简要评述，以期对海外上市企业的气候相关信息披露有所启示。

一、SEC 提案的主要披露要求

SEC 提案长达 510 页，由引言、讨论、邀请评论和经济分析四部分组成，从非财务和财务两个角度对气候相关信息披露提出要求（SEC，2022）。

（一）非财务信息的披露要求

SEC 提案借鉴 TCFD 框架的四大核心内容（战略、治理、风险管理、指标和目标）和《温室气体规程：企业核算与报告标准》（以下简称《温室气体规程》）的相关规定，对注册人披露与气候相关的非财务信息提出五个方面的要求。

1. 概念方面的披露要求。SEC 提案借鉴 TCFD 框架对气候相关风险的定义，将气候相关风险界定为气候相关条件和事件对注册人合并财务报表、业务运营或整个价值链（与经营相关的上游和下游活动）的实际或潜在负面影响。SEC 提案要求注册人明确已识别的气候相关风险是物理风险还是转型风险。如果是物理风险，注册人应描述风险的性质（急性风险还是慢性风险），以及受物理风险影响的资产、业务流程和经营场所的地理位置。如果是转型风险，注册人应描述转型风险的性质，包括其是否与监管、技术、市场、责任、声誉或其他转型相关因素有关，以及这些因素如何影响注册人。

气候相关风险对注册人业务和合并财务报表的影响可能在短期、中期或长期表现出来，因此对风险影响的时间范围进行界定十分重要。为了方便注册人灵活选择最适合其特定情况的时间范围，SEC 提案未对短期、中期、长期的具体时长进行统一规定，但要求注册人说明如何确定风险影响的时间范围，包括如何考虑或重新评估资产的预期使用寿命及计划程序和气候目标的时间范围等。

在重要性的确定方面，SEC 提案要求注册人根据气候相关事件或活动在短期、中期和长期发生的概率和潜在规模对已识别的气候相关风险是否重要进行判断。为提高透明度，注册人需要披露重要性的评估过程。SEC 提案未对重要性进行阈值界定，并指出美国是判例法国家，有关重要性的判断因案而异并遵从最高法院的判例，一般应从定量和定性两个维度，通过发生的可能性和潜在规模或对注册人的重要程度进行考量。

2. 战略方面的披露要求。SEC 提案要求披露已识别的气候相关风险如何影响或可能影响注册人的战略、商业模式和前景，包括对注册人业务经营的影响、对产品或服务的影响、对价值链中供应商和其他方的影响、对减缓或适应气候相关风险的行动方案的影响、对研发支出的影响及其他重大变化和影响等。SEC提案要求注册人披露如何将上述已识别的影响作为其战略、商业模式和资本配置的一部分。此外，注册人还应披露目前和未来如何将气候相关风险融入商业模式或战略，以及如何调配资源去缓释气候相关风险。

上述披露除了应以注册人界定的风险影响时间范围为基础外，还应与财务信息披露（气候相关的财务报表指标）及目标披露联系在一起。比如，货运公司预期监管或政策变化倾向于支持使用低排放设备，它可能需要分析其旧设备的减值损失或提前报废损失。又如，汽车制造商拟改进装配线制造较低排放的车辆以满足新的法规标准或满足不断变化的消费需求，此时它可能需要分析运营成本或资本支出是否增加。对于这些影响中已经按照现行会计准则在合并财务报表中体现的部分（如货运公司的减值损失和报废损失、汽车制造商当期的资本性支出），SEC提案要求注册人结合财务信息披露的三类指标分类说明；对于尚未在合并财务报表中体现的部分（如汽车制造商中长期内预计的资本性支出、收入增加等），SEC提案同样要求注册人进行讨论和说明。

如果注册人将碳抵销和可再生能源积分（REC）作为净零排放战略的一部分，则应披露碳抵销和REC在气候相关风险业务战略中发挥的作用，便于使用者评估潜在风险和财务影响。一些注册人可能使用碳抵销和REC作为其实现温室气体减排目标的主要手段，这些注册人短期内不会产生太多的费用，但长期内会持续产生购买碳抵销和REC的费用。如果市场对碳抵销和REC的需求发生较大变动，还会导致注册人使用碳抵销和REC的成本变化，因此必须予以披露，披露内容包括：碳抵销所代表的碳减排量或产生的可再生能源量、碳抵销和REC的来源、对潜在项目的描述、有关碳抵销和REC的注册或其他认证情况、碳抵销和REC的成本等。

如果注册人在应对气候相关风险的战略中使用内部碳定价，SEC提案要求披露：以每吨二氧化碳当量（CO_2e）为单位，按注册人报告货币计量的单位价格、总价格、总价格依据的二氧化碳排放量的计量边界，以及选择应用内部碳定价的依据。此外，SEC提案还要求注册人披露如何利用内部碳定价评估和管理气候相关风险。如果注册人使用多个价格，应逐一披露并说明使用不同价格的原因。

SEC提案要求注册人描述其业务战略在应对气候相关风险方面的韧性，便于使用者评估气候相关风险对注册人业务和合并财务报表的影响。注册人需要说明使用的分析工具，如情景分析。如果注册人采用情景分析，需要披露所考虑的气候情景，包括参数、假设和分析方法的选择，以及每种情景对注册人业务战略的预计财务影响等定量和定性信息。值得一提的是，如果注册人对上述事项的讨论涉及基于未来相关事件假设的预测性或其他前瞻性声明，相关披露内容在满足其他法定条件的情况下适用于

《美国私人证券诉讼改革法案》（PSLRA）“安全港”规则所提供的保护。

3. 治理方面的披露要求。SEC 提案要求注册人披露：董事会对气候相关风险的监督及管理层在识别和管理这些风险中所发挥的作用。在董事会监督方面要求披露：董事会负责监督气候相关风险的机构和个人及其专业能力；董事会关于气候相关风险的议事程序和频率；董事会是否和如何将气候相关风险作为注册人业务战略和风险管理以及财务监督的一部分予以考虑；董事会是否和如何制定气候相关目标以及如何监督这些目标的进度等。在管理层识别和管理方面要求披露：管理层在识别和管理气候相关风险方面的作用，哪些管理岗位或委员会负责识别和管理气候相关风险，是否拥有必要的专业知识；确保相关管理岗位或委员会获知和监控气候相关风险的程序；管理岗位或委员会是否向董事会汇报气候相关风险、报告频率如何等。

虽然上述披露要求与 TCFD 框架类似，但在如下三个方面，SEC 提案的披露要求略微有别于 TCFD 建议的治理披露内容：（1）在董事会成员和管理层成员是否具备气候相关风险专业知识的披露要求中，强调相关信息披露应足够细致，以充分描述董事会成员或管理层成员掌握的专业知识的性质；（2）在有关管理层中是否有特定的岗位或委员会负责监测和评估特定气候相关风险的披露要求中，特别强调应披露管理层在多大程度上依赖内部工作人员或第三方气候顾问的专业知识评估气候相关风险并实施相关行动计划；（3）没有要求将气候治理的关键业绩指标（KPI）与管理层薪酬相联系。SEC 认为注册人有可能采取其他的激励方式，而现有薪酬政策披露框架已经涵盖与之相关的内容，故无须作额外的要求。

4. 风险管理方面的披露要求。SEC 提案要求注册人披露识别、评估和管理气候相关风险的流程，以及这些流程是否被纳入注册人整体管理系统或流程。其中，识别和评估气候相关风险的具体披露要求包括：如何确定气候相关风险相对于其他风险的重要性；在识别气候相关风险时如何考虑现行和潜在的监管或政策要求；在评估转型风险时如何考虑客户或交易对手偏好改变、技术变化或市场价格变化；如何确定气候相关风险的重要性，包括如何评估已识别的气候相关风险的潜在规模和范围。管理气候相关风险的具体披露要求包括：注册人如何决定是否减轻、接受或适应某个特定的风险；如何确定气候相关风险处理的优先顺序；如何确定缓释高优先级别的风险等。

此外，SEC 提案还要求注册人披露转型计划。通过转型计划以降低或适应气候相关风险，是不少注册人气候相关风险管理的重要组成部分，在注册人经营所在管辖区已承诺根据《巴黎协定》减少温室气体排放的情况下尤其如此。如果注册人拟定了转型计划，应说明其计划如何降低或适应物理风险和转型风险，用于识别、管理物理风险及转型风险的相关指标和目标也应一并披露。尤其是用以应对转型风险的转型计划，注册人应披露该计划如何降低或适应下列转型风险：限制温室气体排放或限制高温室气体足迹产品的法律法规或政策，要求保护具有高保育价值的土地或自然资产的法律法规或政策，碳税征收政策，消费者、投资者、员工和交易对手方需求或偏好的改变等。

5. 指标与目标方面的披露要求。如果注册人已设定任何与气候相关的目标或目的，SEC 提案要求注册人提供关于这些目标或目的的相关信息，包括：目标中包括的活动和排放量范围；计量单位（目标是绝对数还是基于强度的相对数）；界定实现目标的时间范围及该时间范围是否与有关气候条约、法律法规、政策或组织所确定的一个或多个目标相一致；界定基准时间周期和基准排放，根据这些界定可以为多个目标设定一致的基准年并跟踪目标的进展；注册人设定的其他临时目标；注册人打算如何实现与气候相关的目标或目的。

在温室气体排放披露方面，SEC 提案要求：分别披露范围 1 和范围 2 排放的排放量和排放强度；如果范围 3 排放是重要的，或者注册人制定的温室气体减排目标包括了范围 3 排放，则应披露范围 3 排放的排放量和排放强度。此外，SEC 提案还要求注册人对范围 1、范围 2、范围 3 排放按照温室气体的七个组成成分（二氧化碳、甲烷、氧化亚氮、氢氟碳化合物、全氟碳化合物、六氟化硫、一氧化二氮）进行明细披露，统一使用 CO_2e 为计量单位，不得剔除购买或自行创造的碳抵销。披露时，注册人应提供历史期间数据，比较报告期间应与合并财务报表报告期间保持相同。

（1）温室气体排放量。SEC 提案有关范围 1、范围 2 和范围 3 排放的定义与《温室气体规程》基本相似：范围 1 排放是指注册人拥有或控制的经营活动产生的直接温室气体排放；范围 2 排放是指注册人拥有或控制的经营活动所耗用的电力、蒸汽、加热或冷却所产生的间接温室气体排放；范围 3 排放是指未包括在注册人范围 2 排放中的发生在其价值链上下游活动中的所有间接温室气体排放。

如果披露范围 3 排放，注册人必须确定可能产生范围 3 排放的上游或下游活动类别并分类别披露。可能产生范围 3 排放的上游活动类别包括：购买商品或服务、生产资料、未在范围 1 或范围 2 核算的业务活动的燃料和能源消耗、采购的商品原材料和其他投入的运输与分销、经营过程的废弃物、员工商务差旅、员工通勤、与已购买或取得的商品或服务相关的租赁资产等。可能产生范围 3 排放的下游活动类别包括：运输和分销已售产品货物或其他产出、由第三方处理的已售商品、由第三方使用的已售产品、由第三方实施的已售产品终止使用处理、与出售或处置商品或服务相关的租赁资产、特许经营、对外投资等。

SEC 提案没有为范围 3 排放是否重要设计定量的阈值，而是采用《证券法》对重要性的界定并遵从最高法院的判例。一般而言，如果注册人判断理性投资者在进行投资决策时很可能认为范围 3 排放是重要的，它就具有重要性。

如果披露范围 3 排放，注册人还应描述计量所用的数据来源，具体包括：由价值链中各方报告的排放数据及这些报告是否经注册人或第三方核实；由价值链中各方报告的与特定活动有关的数据；来源于经济研究、已发布的数据库、政府统计、行业协会、价值链之外的其他第三方数据。披露数据来源的目的是帮助投资者评估注册人范围 3 排放披露的可靠性和准确性。

（2）温室气体排放强度。除了要求披露温室气体排放量外，SEC 提案还要求披露范围 1 和范围 2 的排放强度。如果需要披露范围 3 排放，注册人还应单独披露范围 3 的排放强度。SEC 提案将温室气体排放强度定义为单位经济价值的温室气体排放影响，要求注册人披露单位收入的二氧化碳排放和单位生产产品的二氧化碳排放。如果注册人在报告期间没有收入，则应采用其他财务指标（如总资产）进行计量并解释为何采用该指标。如果注册人在报告期间没有生产产品，则应根据其业务性质（如数据处理能力、产品销量或产品占用的空间数量等），采用其他经济产出指标进行计量并解释为何采用该指标。

（3）温室气体排放计量方法和相关工具。SEC 提案要求披露用以计算温室气体排放指标的计量方法，以及使用的重要输入值和重要假设。计量方法包括组织边界、经营边界、计算方法和计算工具等内容。

组织边界是注册人拥有或控制的业务边界。SEC 提案要求注册人在计算所有范围的排放时必须使用相同的组织边界，且组织边界一经确定应一以贯之地应用。在如何判断组织边界这一重要问题上，SEC 提案的观点是应用公认会计原则（GAAP）进行判断，与合并财务报表范围保持一致，也即 100% 确认所有并表子公司的排放，按投资比例确认权益法核算的被投资单位的排放，按投资比例确认比例合并单位的排放。未并表子公司、未按权益法核算的被投资单位以及未按比例合并的单位无须确认其排放。

经营边界是组织边界内的排放源，分为直接排放源和间接排放源。其中直接排放源通常包括四大类：一是固定设备（排放来自锅炉、熔炉、燃烧器、涡轮机、加热器和焚烧炉中的燃料燃烧）；二是运输设备（排放来自汽车、卡车、公共汽车、火车、飞机、船只和其他运输工具的燃料燃烧）；三是制造过程（排放来自物理或化学过程，如水泥制造中的煅烧过程或化石燃料加工的催化裂化过程会产生二氧化碳，铝冶炼过程会产生全氟碳化合物排放）；四是逃逸性排放源（从接头、密封件、填料、垫片、煤堆、污水处理、坑、冷却塔、气体处理设施中产生的设备泄漏，以及其他无意排放）。SEC提案要求注册人在披露排放源时应说明确定排放源的方法，描述其为计算范围1排放如何确定直接排放源，为计算范围2排放如何确定间接排放源。

除了确定组织边界和业务边界，注册人还需要选择温室气体排放的计算方法。一般而言，通过监测浓度和流量直接测量某个排放源的温室气体排放能够得到最精确的排放数据，但直接监测的成本比较高昂，一种广为接受的计算方法是将公布的排放因子应用于某一特定排放源消耗的已购燃料。不论选择使用什么样的排放因子，注册人必须确定排放因子及其来源。选择了计算方法（直接监测或应用排放因子）后，注册人应先决定需要收集哪些数据以及如何进行相关的计算，而后再收集、计算并报告公司层面的温室气体排放量。

（二）财务信息的披露要求

气候风险作为一种潜在的中长期风险因素一直被企业期间财务报告所忽略，SEC提案正视这一问题的存在，要求注册人在财务报表附注中披露气候相关的财务报表指标，包括财务影响指标、支出指标、财务估计和假设三类。这三类指标将作为注册人财务报表的一部分接受注册会计师审计，归属于财务报告内部控制范畴。在进行披露时，注册人应提供历史期间数据，比较报告期间应与合并财务报表的报告期间保持相同。

1. 财务影响指标。SEC提案指出，气候相关风险包括恶劣天气事件（如洪水、干旱、野火、极端气温、海平面上升等）、其他自然条件、转型活动和已识别的气候风险（包括已识别的物理风险和已识别的转型风险）四类；进一步归纳，又可以分为气候相关事件（包括恶劣天气事件、其他自然条件和已识别的物理风险）和转型活动（包括已识别的转型风险）两大类。SEC提案要求注册人至少应披露每一大类风险对其合并财务报表行项目（Line Item）的负面影响合计和正面影响合计，除非正、负面影响绝对值合计低于指定的阈值（相关项目合并财务报表金额的1%[①]）。

SEC提案通过举例的方式说明了两大类风险可能对合并财务报表哪些行项目产生何种影响。比如，气候相关事件对合并财务报表行项目的可能影响包括：因业务运营或供应链中断导致收入或成本变化；减值损失的计提和资产账面价值的变动（如存货、无形资产、固定资产等资产因暴露在洪水、干旱、野火、极端气温、海平面上升等恶劣天气条件下而计提减值）；因恶劣天气事件影响导致或有损失或准备的变化

① SEC认为，与原则导向的规定相比，制定1%这样一个阈值，既能为注册人提供一个明确的标准，减少此类信息被漏报的风险，还能促进纵向和横向的可比性和一致性。

（如环境准备或贷款损失拨备的计提）；由于洪水或野火造成的预期保险损失的变化。转型活动对合并财务报表行项目的潜在影响包括：由于新的排放定价或规定导致销售合同亏损引发收入或成本变动；由于原材料运输等上游成本的变化导致经营活动、投资活动、融资活动现金流量的变化；暴露于转型活动中的资产预计使用寿命减少或净残值变动导致资产账面价值变化；金融工具利息支出的变化，如发行债券的利率水平与气候相关目标挂钩，如果某些目标没有实现，利率就会上升。

2. 支出指标。SEC 提案要求注册人将报告期间的支出分为费用化支出和资本化支出两类，分别披露每一类支出受气候相关事件正面和负面影响的金额，以及受转型活动影响的金额，除非影响金额低于指定的阈值（1%）。注册人应选取与计算财务影响指标时相同的气候相关事件和转型活动进行分析和计算。

3. 财务估计和假设。SEC 提案要求注册人披露用于编制合并财务报表的估计和假设，包括是否受到与气候相关事件有关的风险和不确定性的影响，是否受到转型活动的影响，以及是否受到与向低碳经济转型或与其披露的气候相关目标有关的风险和不确定性的影响。如果是，注册人应定性描述这些事件/活动/转型或目标如何影响其编制财务报表时所使用的估计和假设。比如，与转型至低排放产品或活动有关的气候相关事件会影响注册人的资产价值并导致资产减值，这反过来影响注册人计算长期有形资产的折旧费用或弃置费用负债时的假设。又如，注册人宣布了一项气候相关目标或承诺（如到 2040 年实现净零排放），这意味着其在目标年度前必须退役相关资产，因而必须对这些资产折旧年限的估计进行调整。常见的受气候相关风险影响的财务报表估计和假设还包括：某些资产的估计残值、某些资产的估计使用寿命、用于减值计算的预计财务信息、或有损失估计、准备金估计（如环境准备或贷款损失准备）、信用风险估计、某些资产的公允价值计量和商品价格假设等。

二、SEC 提案的趋同分析

在可持续发展信息披露中，气候相关披露被列为最优先级别的项目，ISSB 和 EFRAG 均将其作为可持续发展准则体系的首个具体准则，SEC 目前也只关注气候相关披露，尚未涉及其他可持续发展报告议题，其重要程度可见一斑。

（一）三份披露标准之间的趋同

对比三份气候信息披露准则初稿可知，无论是 SEC 提案还是 S2ED（ISSB，2022）或 E1WP（EFRAG，2021），均以 TCFD 框架为蓝本（因为 TCFD 框架是迄今为止受认可度最高、运用最广泛的气候信息披露框架①，欧美公司运用多年也最为熟悉，采纳TCFD框架可有效降低企业的遵循成本和使用者的分析成本），以《温室气体规程》为基础（因为该规程是世界范围内最为通用的温室气体核算和报告规范，统一采用该规程，可确保不同企业披露的温室气体排放具有横向可比性，也便于使用者评估温室气体排放的财务影响），这两方面的高度趋同将显著提高气候相关信息的可比性，对于实现《巴黎协定》的控温目标意义重大。

（二）三份披露标准之间的差别

1. 关于披露目标。SEC和ISSB基本沿袭TCFD框架的思路，坚持资本市场导向，将气候相关披露视为财务信息披露的一部分，秉持单一重要性原则（气候信息披露具有财务重要性）。只不过由于角色定位不同，SEC提案明确其主要目标是“保护投资者，维护公平、有序和有效的市场，促进资本形成”，而S2ED的主要目标则聚焦于“帮助通用目的财务报告使用者评估重要气候相关风险和机遇对企业价值的影响”。与这二者相比，EFRAG拥有相对更高的站位和视角。E1WP秉持双重重要性原则（既要披露具有财务重要性的气候信息，也要披露具有影响重要性的气候信息），认为气候相关风险和机遇的治理与管理应涉及更广泛的问题且受制于各种监管机制和承诺，因此，促进气候相关信息披露的目的除了帮助使用者估值，更重要的是监督企业解决气候相关问题。

2. 关于披露规则设计思路。虽然SEC提案、S2ED和E1WP都建立在TCFD框架之上，但SEC提案对治理、战略、风险管理、指标与目标等TCFD框架四要素的披露要求远不及S2ED和E1WP细致，甚至比TCFD框架建议的披露内容还要简洁、粗放，与此同时，SEC提案对气候相关风险对当期合并财务报表的影响却制定了十分细致的规则导向的规定（包括影响阈值、披露流程、指标计算方法、列报格式和信息提供时间等），旨在提升此类信息披露的一致性和可比性。因此，虽然SEC提案同时涉及S-K和S-X的修订，但落脚点显然在后者。与之相比，虽然S2ED也要求披露重大气候相关风险和机遇对即期财务报表的影响，E1WP甚至要求披露暴露于物理风险和转型风险之下的即期资产负债敞口和营业额敞口，但相关规定远不如SEC提案细致，也即在非财务信息披露与财务信息披露之间，ISSB和EFRAG的落脚点均在前者，这是抛却单一重要性和双重重要性的理论之争后，SEC提案与S2ED、E1WP在制定思路上的

① 截至2021年10月，全球超过2 600家市值达25万亿美元的上市公司表达了对TCFD框架的支持，1 069家管理194万亿美元资产的金融机构也对TCFD框架予以支持，英国、新西兰、瑞士和欧盟在提出强制性气候披露时也有意采纳TCFD框架，七国集团财政部和央行均公开支持TCFD框架。

重大差别。这一思路的优点有二：一是务实、可操作性强，且有大量的前期研究作为支撑。美国财务会计准则委员会（FASB）于2021年3月发布了工作人员教育白皮书《环境、社会和治理事项与财务会计准则的交集》。国际财务报告准则理事会（IASB）早在2020年11月就对气候相关事项发布教育材料《气候相关事项对财务报表的影响》，阐述了如何运用原则导向的国际会计准则的相关规定反映气候风险。气候披露准则委员会（CDSB）也在2020年底和2021年底两次发布《气候会计——整合气候相关事项入财务报表》报告，结合案例详细讲解了气候相关风险对IAS 1、IAS 37、IAS 36、IAS 16等多个国际会计准则的影响（叶丰滢、蔡华玲，2021）。二是凸显气候相关风险的即期报表影响能够迎合投资者的信息需求。为避免气候相关风险对当期合并财务报表的影响"淹没"在财务信息披露的"汪洋大海"中，充分提升气候风险与财务信息之间的关联性，SEC提案要求注册人在合并财务报表附注中单独披露与气候相关的三类财务报表指标，集中反映气候相关风险对当期合并财务报表的影响，并明确要求这些信息披露需要接受注册会计师的审计。上述思路彰显了SEC双管齐下但力求在现行会计准则框架内充分反映气候风险影响以迎合资本市场需求的设想。

3. 关于规则制定者的立场。作为证券监管机构，SEC除了维护投资者和交易者的合法权益，还要维护注册人的正当权益，这与主要服务于投资者信息需求的ISSB有所差别，与主要服务于广义利益相关者（受影响利益相关者和其他使用者）信息需求的EFRAG有明显差别。这种差别体现在SEC提案用了132页的篇幅对披露要求的预计经济效应影响进行论证，对注册人的披露成本予以充分考虑，最终反映在披露要求上SEC提案与S2ED和E1WP在以下八个方面具有较大差别：

（1）SEC提案聚焦于气候相关风险，未要求披露气候相关机遇。对于气候相关机遇及其影响，注册人可以披露也可以不披露，带有选择性色彩。SEC认为这可以减轻注册人因被要求披露特定商业机遇而可能产生的反竞争担忧。相较而言，无论是S2ED还是E1WP都秉持的兼顾风险和机遇的平衡原则，没有偏废气候相关机遇的规定。

（2）SEC提案在对气候相关风险对商业模式、战略和前景的影响制定披露规则时，要求注册人如果使用碳抵销和REC、内部碳定价、情景分析等机制或工具，应进行相应的披露。这意味着如果注册人没有使用上述机制或工具，可以不用披露。理由是这些机制或工具有些企业没有使用（如一些企业没有使用碳抵销和REC），有些企业无法使用（如碳定价，目前很多企业没有跟踪这类信息或缺乏定价所需的有效碳市场；又如情景分析，开展情景分析的成本高昂、技术手段复杂，很多企业做不到）。因此，将披露要求限于使用这些机制或工具的注册人，是既迎合投资者需求又照拂注册人权益的务实决定。相较而言，S2ED对碳抵销和内部碳定价有明确的披露要求，对情景分析提出与SEC提案基本相同的“有能力实施便披露”的规定，而E1WP对上述机制和工具一概要求披露，而且披露规定十分详尽，这或许与欧盟强力推进气候中和的决心有关。

（3）SEC提案要求注册人披露其如何定义气候相关风险可能影响的时间范围，包括短期、中期、长期等时间范围概念，但没有对这些时间范围进行统一界定，便于注册人灵活选择最适合其特定情况的时间范围。这一规定与S2ED相同，但与E1WP不同。E1WP为了迎合欧盟统一的气候目标（2030年减排55%，2050年实现气候中和），也出于增进可比性的考虑，明确规定如果企业披露减排目标，目标年份应为2030年和2050年，且应从2025年到2050年每5年设立一个里程碑。

（4）SEC提案没有要求注册人披露能源结构和能耗强度，与S2ED保持一致，但与E1WP存在重大差异。E1WP在第11、12项披露要求中明确规定企业必须披露：来自不可再生能源的能耗总量，并分解为来自煤炭及煤炭产品的燃料消耗、来自原油及石油产品的燃料消耗、来自天然气的燃料消耗、来自其他不可再生能源的燃料消耗、来自核能的消耗、从不可再生能源购买或取得的电力、热气、蒸汽和冷气的消耗等；来自可再生能源的能耗总量，并分解为可再生能源的消耗、从可再生能源购买或取得的电力、热气、蒸汽和冷却物的消耗、自产的非燃料可再生能源的消耗等。此外，企业还应当披露高气候影响部门相关活动的单位营业额的能耗信息（黄世忠、叶丰滢，2022）。能源结构和能耗强度信息有助于投资者和其他利益相关方评估企业的转型风险，在这方面，EFRAG的做法值得借鉴。

（5）SEC提案要求对注册人有关气候相关风险对于当期合并财务报表影响的披露进行审计，但为注册人有关气候相关风险对远期（短期、中期、长期）财务状况和业绩影响的预测性或前瞻性披露提供“安全港”规则保护。这种向后保护投资者、向前保护编制者的有针对性的“双重保护”在S2ED和E1WP中都没有出现。

（6）SEC提案明确指出，注册人披露其气候相关的目标或目的不应被解释为注册人的承诺或保证。在某种程度上，注册人关于气候相关目标或目的的表述将构成前瞻性声明，依据PSLRA适用“安全港”规则的保护。此外，有关气候相关目标或目的的设定，SEC提案还特别指出，一些公司可能在不知道如何实现目标的情况下就设定了目标，也即已设定目标或目的的公司未必对如何实现这些目标或目的有清晰具体的计划。这些公司可能打算随着时间推移逐步制定战略，或者等到新技术出现有助于其实现目标时再制定具体的战略。这种情况下重要的是让投资者了解注册人制定和实施计划的过程和进展。SEC提案所表达的这种目标不等于承诺，实现目标的战略和计划可能动态演进的思想也是S2ED和E1WP所没有的。

（7）SEC 提案要求注册人按规模、分阶段循序渐进推进气候相关信息披露工作。具体地说，如果 SEC 提案于 2022 年 12 月生效且注册人的财务年度结束于 12 月 31 日，除范围 3 排放披露外，大型加速申报人应于 2023 财年开始执行提案，加速申报人和非加速申报人推迟一年执行，较小报告公司（SRC）再推迟一年执行。这种务实的做法 S2ED 和 E1WP 都缺少，值得二者借鉴。

对于范围 3 排放，SEC 提案还提出了有条件披露的要求。SEC 认为，就美国资本市场的注册人而言，计算范围 1 和范围 2 排放的数据来源可靠，计算方法成熟；但计算范围 3 排放困难不小，主要表现在注册人可能很难从其价值链中的供应商和其他第三方获取业务活动的数据，即便获取，也很难验证其准确性。此外，注册人在计算过程中还可能严重依赖估计和假设，部分注册人价值链规模大、复杂程度高，更是大大增加了计算范围 3 排放的难度。但与此同时，资本市场投资者又存在对范围 3 排放的信息需求，因为范围 3 排放可以向投资者展示企业面临的气候相关风险（尤其是转型风险）并可能对注册人的业务运营和相关财务业绩产生重大影响。对于一些行业和企业而言，范围 3 排放占总排放量的比例特别高。譬如，碳信息披露项目（CDP）对管理了 109 万亿美元的 332 家金融机构的研究表明，融资排放（Financed Emissions）比经营排放（Operational Emissions）多出 700 倍以上（CDP，2020）。又如，CDP 的 2021 年供应链报告显示，CDP 供应链计划的 207 家大型成员企业，其供应链的温室气体排放比这些企业的经营排放高出 11.4 倍（CDP，2022）。因此，对于金融业和供应链企业而言，不披露范围 3 排放显然不合理。

为平衡报告范围 3 排放的困难和需求，SEC 提案规定：当且仅当范围 3 排放是重大的或者注册人设定的温室气体减排目标包括范围 3 排放时，才需要披露范围 3 排放。在此基础上，SEC 提案还为注册人提供一些额外的“优惠”披露政策：一是根据美国《证券法》的有关规定，为范围 3 排放提供有针对性的“安全港”规则的保护。注册人对范围 3 排放的披露将被视为非欺诈性声明，除非有证据表明该声明是在没有合理依据的情况下作出或者是非善意披露。二是豁免 SRC 披露范围 3 排放。SEC 提案认为，SRC 为披露范围 3 所进行的数据收集、验证或其他相关活动将发生更为高昂的成本，而且许多属于固定投入。与其投资者对范围 3 排放的信息需求相比，成本负担过于沉重。三是延迟范围 3 排放的披露日期。所有注册人，无论其规模大小，在开始执行 SEC 提案后，都有额外一年的时间延迟执行范围 3 排放的披露要求。

此外，对于所有范围的温室气体排放计算，SEC 提案允许注册人在无法合理获得实际报告数据的情况下，对其四季度的温室气体排放进行合理估计，并结合前三季度的实际排放确定温室气体排放数据，只要在随后的申报中及时披露第四季度使用的估算值与实际确定的温室气体排放数据之间的重大差异即可。

SEC 提案的上述规定充分体现了对投资者信息需求的尊重、对注册人信息披露难处的体谅，以及对二者的权衡。相比之下，S2ED 和 E1WP 没有区分企业规模、分不同阶段推进披露工作的规定，对范围 3 排放，二者也都强制要求企业披露，没有豁免小规模企业披露的条款，更没有延迟执行范围 3 排放披露的规定。

（8）与对范围 3 排放的宽松态度相比，SEC 提案对范围 1 和范围 2 排放的披露要求则严格得多，突出表现为要求对范围 1 和范围 2 排放实施鉴证并对鉴证报告提供商的资质等内容进行详细规定①。而截至目前，ISSB 和 EFRAG 对气候相关信息披露尚没有强制实施鉴证的要求和具体规定。值得一提的是，SEC 提案并没有对范围 1 和范围 2 排放的鉴证一刀切，而是给出了按企业规模、分多个阶段提供不同程度保证的制度安排，显示出 SEC 对注册人的体谅。

三、简要评述

SEC、ISSB 和 EFRAG 基于不同的理念和出发点，制定的气候相关披露准则或规则总体上互相兼容，但详略程度不一，侧重点各不相同。欧盟基于地缘政治考量，推进净零排放的决心最为强烈，反映在准则的制定上，EFRAG 已经形成了包含类概念框架、类基本准则和具体准则在内的体系完备的可持续发展报告准则体系。具体准则条款侧重对治理、管理的要求，侧重对目标的制定、实现方式和进度监督的反映，整体标准从高从严且附带详细可操作的应用指南，彰显其通过严格的披露标准倒逼欧盟企业加速能源转型的准则制定思路。ISSB 基于国际准则制定者的身份，制定的 S2ED 更为原则导向，但这也导致不少重要规定缺乏详细的应用指引。气候相关信息披露与仰仗确认、计量程序作为护城河的财务报表信息披露不同，若可操作性欠缺，披露信息的可比性、可理解性都将大打折扣，对使用者的相关性也存疑。另外，从 E1WP 和 S2ED 来看，一个共同点是在非财务信息披露与财务信息披露之间更加强调前者，在即期信息和前瞻信息之间更加强调后者。对于非财务信息与财务信息之间的关联，E1WP 相对更为看重，而 S2ED 在财务影响的披露要求部分只字不提与财务报表的关联性，这或许与其已经有 IFRS 体系为气候相关信息确认计量披露提供原则的通道有关。相比而言，SEC 推进气候治理的决心同样坚定，这点仅从其要求对范围 1、范围 2 排放实施鉴证即可见一斑。作为证券监管机构，SEC 在整体信息披露规则的设计上考

① SEC 提案没有要求对范围 3 排放实施鉴证。

虑更加周全和务实，就气候相关非财务信息和财务信息披露进行了充分的成本效益论证，披露规则既维护投资者的利益也关照注册人的权益，对非财务信息的披露要求相对粗放，且但凡涉及预测性、前瞻性、第三方渠道的信息一律依法为注册人提供“安全港”规则的保护，对财务信息的披露要求则十分详尽细致且要求注册会计师审计。此外，SEC 提案对气候相关信息披露还采用了分企业规模、分阶段推进的思路，整体思路实际可行。

当然，如果从执行角度考察这三份披露标准，也存在一些共同的难题。

首先，出于执行成本、人才储备等因素的考量，气候相关信息披露所依托的 TCFD 框架和《温室气体规程》这两份基础性规范在新兴市场经济体企业以及中小企业是否适用有待进一步观察和论证。

其次，在财务影响披露层面，如何识别与企业相关的重要气候相关风险和机遇并评估其影响，以及如何量化已识别风险和机遇当期及前瞻性（短期、中期和长期）的财务影响，是企业无法回避的两大难题：（1）气候相关风险和机遇的识别和影响评估是紧密关联的两个流程。三份披露标准中，SEC 提案和 S2ED 对上述流程的执行指导十分有限，给出最详细指导的是 E1WP。针对物理风险，E1WP 要求从危害分类清单推导，并通过可能性、规模和持续时间几个维度评估相关风险对企业财务影响的重要性；针对转型风险，E1WP 要求根据与《巴黎协定》相一致的气候情景筛选转型风险事件，并基于严重性原则（规模、范围、可补救性）和可能性原则判断相关转型风险对企业财务和业务的重要性。对于如何评估重要性，EFRAG 也在《双重重要性概念指引》中给出了可供参考的量化打分表，不可谓不细致。但 E1WP 要求企业一开始就要结合气候情景筛选风险事件，无疑大大提高了对识别和评估工作的要求。对照现行披露实践，有关转型风险的识别和评估，考虑监管或政策要求进行识别，结合技术与市场变化等进行评估是相对务实且应用广泛的方法。比如，苹果公司成立专门的环境、产品和运营团队负责跟踪企业运营所在地区（国家和州一级）拟议或最近颁布的能源政策带来的风险和机遇并提供应对建议。该团队负责评估能源政策变化是否会干扰苹果对可再生能源选择或价格合理的电力的市场准入，或通过增加/减少可再生能源成本或电力关税税率的方式对苹果产生财务影响，继而通过衡量苹果业务对相关政策重要性的暴露程度评估财务影响的重要性。这一做法可圈可点。有关物理风险的识别和评估较之转型风险难度大得多。现行实践中，识别和评估物理风险一般要先确定企业资产所在的地理位置及相关信息，再借助该地理区域可能遭受的特定物理风险的风险评估工具进行分析。但对绝大多数企业而言，一则难以获取单项资产层级的数据，二则对能够使用的风险评估工具情况往往知之甚少，这也是为什么已经开展气候相关信息披露的企业对物理风险和机遇进行分析的远远少于对转型风险和机遇进行分析的主要原因（TCFD，2021）。（2）对于如何量化已识别风险和机遇的当期及前瞻性财务影响，三份披露标准中 SEC 提案对当期量化财务影响的规定是截至目前最切实可操作的，甚至不惜一刀切规定了财务影响重要性的阈值，SEC 提案也没有对量化前瞻性财务影响做具体的要求。即便如此，企业在操作层面仍然面临形形色色的问题。比如，有企业认为按照国际会计准则进行减值测算时预估现金流的年限与预计气候相关风险的年限不同，企业难以将中远期气候因素纳入减值测算之中。还有企业认为将估计的政治经济、技术进步等诸多因素的即期和前瞻性影响全数归咎于气候相关风险和机遇的财务影响有失偏颇。此外，前瞻性影响分析使用的工具、气候情景的选择和应用、选择的情景与业务规划的时间范围可能不一致等也是企业必须直面的难题。

最后，在温室气体排放披露层面，除了公认的范围 3 排放的计算，还有两大执行难题：（1）如何界定范围 1 和范围 2 排放的核算边界。目前三个披露标准的规定各不相同，E1WP 尚未对范围 1 和范围 2 排放核算边界进行明确界定[①]，S2ED 对核算对象的类型做了规定但没有规定每一类核算对象的具体核算方法，而是放开让主体按照《温室气体规程》选择核算方法。但《温室气体规程》规定了权益比例法和控制法（包括财务控制法和经营控制法）等多种不同的排放核算方法，这意味着，在其他主体中投资比例相同的两个主体，可能因为选择的核算方法不同而报告不同的温室气体排放量，不仅重复计算在所难免，信息披露的可比性也将大打折扣。而 SEC 提案直接锁定并表子公司按控制法 100% 确认排放，采用权益法核算的投资按权益比例法确认排放，除此之外的投资不必确认排放。不可否认，如此规定大大增强了信息披露的可比性，但强行套用会计上权益法的应用边界界定排放边界的做法理论依据存疑，难以令人信服。（2）如何界定温室气体排放披露的时间。温室气体排放披露需要一套成熟的底层气候信息收集系统且信息获取可能有一定的时滞（因为部分信息依赖第三方来源的数据），因此要求气候相关信息与财务报告特别是季报一起披露，对绝大部分企业来说显然不切实际，SEC 提案建议第四季度排放先按预估数披露也不是一个理想的解决方案。

（原载于《财会月刊》2022 年第 12 期）

① EFRAG 尚未发布阐述报表边界和层次的概念指引，目前只在《一般规定》工作稿中有关于报告边界的粗略描述，即可持续发展报告边界必须与财务报告边界保持一致。另外，采用比例合并的企业应按合并比例作为报告边界内的一部分，而采用权益法核算的联营企业和合营企业则视为价值链上下游的一部分。

主要参考文献：

1. 黄世忠，叶丰滢.《气候变化》的披露要求与趋同分析［J］. 财会月刊，2022（9）：3 -11.

2. 叶丰滢，蔡华玲. 气候相关风险的会计影响分析［J］. 财会月刊，2021（23）：155 - 160.

3. CDP. The Time to Green Finance——CDP Financial Services Disclosure Report 2020［EB/OL］. www. cdp. net，2021.

4. CDP. CDP Global Supply Chain Report 2021［EB/OL］. www. cdp. net，2022.

5. EFRAG. ESRS E1 Climate Change Working Paper［EB/OL］. www. efrag. org，2022.

6. ISSB. Climate - related Disclosure ED［EB/OL］. www. ifrs. org，2022.

7. SEC. The Enhancement and Standardization of Climate - Related Disclosures for Investors［EB/OL］. https：//www. sec. gov，2022.

8. TCFD. 2021 Status Report［EB/OL］. www. tcfd. org，2021.

金融机构气候信息披露的挑战与机遇

黄世忠

【摘要】在碳中和的时代背景下，金融机构在促进低碳转型和绿色发展过程中同时扮演着气候信息披露的提供者和使用者的双重角色，气候信息披露关系到金融机构自身的绿色转型和对企业绿色发展的赋能，既有挑战，也有机遇。本文首先从低碳转型的资金供需角度介绍金融机构在赋能绿色发展方面所发挥的核心作用及其在气候信息披露中同时扮演提供者和使用者的双重角色，其次从融资排放所需数据的可获性和可靠性、碳减排目标制定、治理机构能力建设等角度分析双重角色给金融机构带来的气候信息披露挑战，最后从准则制定、强制披露和反漂绿等角度阐述国际趋同为金融机构孕育的气候信息披露机遇。

【关键词】金融机构；绿色金融；气候信息披露；温室气体；经营排放；融资排放

一、金融机构在应对气候变化中的双重角色

气温上升导致海平面上升、森林火灾和极端天气等诸多危害，对经济、环境和社会的可持续发展构成严重威胁。联合国政府间气候变化专门委员会（IPCC）2022年2月28日发布了长达3 675页的评估报告，指出气候变化影响比预期更加广泛和严重，警告人类若不加大温室气体减排力度，改变气温上升的机会窗口将很快关闭。联合国秘书长古特雷斯将这份评估报告称为“人类痛苦的地图集，是对失败的气候领导力的严厉指控（Levin et al.，2022）。”为了人类的可持续发展，加速低碳转型、重构净零排放的经济体系势在必行。

净零排放的经济体系不可能一蹴而就，既需要改变生产生活方式，也需要撬动金

融资本为低碳转型提供资金支持。联合国气候行动与融资特使、英格兰银行前行长马克·卡尼（Mark Carney）认为，实现净零排放目标，全球在未来30年内至少需要投入100万亿美元至130万亿美元的资金。我国要实现“双碳目标”，同样需要投入不菲的资金，未来30年至40年，我国对绿色低碳的投资需求介于139万亿元至487万亿元（北京绿色金融与可持续发展研究院课题组，2021）。面对低碳转型如此巨额的资金需求，金融机构不应也不会缺席。2021年11月在英国格拉斯哥召开的《联合国气候变化框架公约》第26次缔约方大会（COP 26）的“融资日”上，来自45个国家管理130万亿美元资产的450多家金融机构组成的“格拉斯哥净零金融联盟（GFANZ）”承诺为低碳转型提供融资和投资，致力于实现《巴黎协定》提出本世纪将全球气温上升控制在工业革命前1.5℃内的控温目标。作为经济社会发展的最大资金提供者，金融机构有义务也有能力在低碳转型和绿色发展方面发挥独特的核心作用。离开金融机构的资金支持，低碳转型和绿色发展如果不是纸上谈兵，就是缘木求鱼。从这个意义上说，金融机构肩负着加速自身低碳转型和通过投融资赋能企业绿色发展的双重责任。

低碳转型为金融机构大力发展绿色金融提供了千载难逢的契机。发展绿色金融具有双重意义：一是绿色金融有助于将金融资本导向环境友好型、环保担当型的行业和企业，压减棕色资产（Brown Assets）[①] 规模，降低气候风险敞口，防范绿天鹅风险[②]（Green Swan Risk），进而推动金融机构自身的可持续发展，促进金融稳定；二是绿色金融有助于防止金融资本流向高耗能、高污染、高排放等环境不友好、环保不担当的行业和企业，实现《巴黎协定》的控温目标，进而促进经济社会低碳转型和绿色发展，实现人与自然和谐共生。

绿色金融的发展高度依赖于可持续发展报告提供高质量的气候信息。金融机构研发绿色金融产品、优化绿色投融资组合、开展气候情景分析、评估气候风险敞口评估等，都离不开其值链中交易对手提供高质量的环境信息，尤其是温室气体排放信息。相较于其他经济部门或行业，金融机构历来都是可持续发展报告的最重要使用者，其

---

① 2021年3月1日颁布的《深圳经济特区绿色金融条例》将棕色资产定义为特定会计主体在高污染、高碳（高耗能）和高耗水等非资源节约型、非环境友好型经济活动中形成的，能以货币计量，预期能够带来确定收益的资产。北京绿色金融与可持续发展研究院院长马骏则认为，所谓棕色资产，主要包括高碳资产，如中国碳市场将要覆盖的领域，包括火电、钢铁、建材、有色金属、石化、造纸等行业，未来肯定要放在棕色资产的界定范围之内。

② 绿天鹅风险是指气候变化可能对金融机构甚至金融稳定性产生重大影响的风险。2020年1月，国际清算银行（BIS）发表了Bolton等撰写的专著《绿天鹅——气候变化时代的央行和金融稳定》，对绿天鹅风险及其监管启示进行深入探讨，绿天鹅风险遂与黑天鹅风险一样成为金融界的热门术语。绿天鹅风险具有类似于黑天鹅风险的三个特征（肥尾分布性、不可预测性和非线性、影响价值极端性），因此有时亦称气候黑天鹅风险（Climate Black Swan Risk）。但绿天鹅风险也有三个不同于黑天鹅风险的特征：物理和转型风险发生概率高于黑天鹅风险、气候变化的灾难性影响高于大多数系统性金融风险、气候变化的复杂性比黑天鹅风险更高阶（Bolton et al.，2020）。

对高质量气候信息的渴望和需求，成为推动世界各国可持续发展报告发展的重要力量。根据欧洲财务报告咨询组（EFRAG）2022年1月发布的《信息质量特征》概念指引工作稿，高质量气候信息可界定为具有相关性（包括预测价值和反馈价值）和如实表述（包括完整性、中立性和准确性）等基础性质量特征和可比性、可验证性、可理解性和及时性等提升性质量特征的气候信息。

金融机构在可持续发展报告中同时扮演着编制者和使用者的双重角色（European Reporting Lab，2021）。作为编制者，金融机构有义务充分披露可持续发展信息，便于利益相关者对其可持续发展能力进行评估。作为使用者，金融机构有权利从其投融资业务所涉及的客户获取可持续发展信息，以便对其投融资客户的可持续发展前景进行评估。气候变化已成为社会公众的重要关切，气候信息（特别是温室气体排放信息）披露理应成为可持续发展报告的最重要内容。因此，金融机构既是气候信息披露的提供者，也是气候信息披露的使用者。作为气候信息披露的提供者，金融机构必须履行其温室气体排放情况、减排目标、减排实效等环境信息的披露义务，为利益相关者评估金融机构的环境影响提供有用的信息。作为气候信息披露的使用者，金融机构需要从其贷款和投资客户获取温室气体排放、脱碳行动方案、能源结构转型、节能减排效果等环境信息，以便评估气候变化对其客户的经营战略、商业模式、经营业绩、财务状况、现金流量和企业价值的影响，为防范和缓释气候风险提供决策依据。

金融机构在气候信息披露方面所扮演的双重角色，使其承担了比企业更多的环境责任，面临着比企业更大的挑战。正因如此，不论是国际可持续准则理事会（ISSB）在制定国际财务报告可持续披露准则，还是EFRAG在制定欧洲可持续发展报告准则（ESRS）时都认为，必须充分考虑金融机构在应对气候变化中扮演的双重角色，提出的气候信息披露要求应当契合金融机构的特点，既要考虑其信息披露的特殊性，也要顾及其信息披露的挑战性。唯有如此，才能促使金融机构提供和获取高质量的环境信息特别是温室气体排放信息，便于利益相关者评估金融机构实现净零排放目标和助力实体经济低碳转型所取得的成效和不足。

二、双重角色带来的气候信息披露挑战

作为气候信息披露的提供者，金融机构在温室气体排放方面的核算和披露口径远大于企业，既要核算和披露金融机构自身经营业务产生的温室气体排放，即经营排放（Operational Emissions），又要核算和披露其投资和融资组合产生的温室气体排放，即融资排放（Financed Emissions）。汇丰银行在其2021年年报中用图1高度概括了温室

气体排放的核算和披露口径，在金融业颇具代表性。

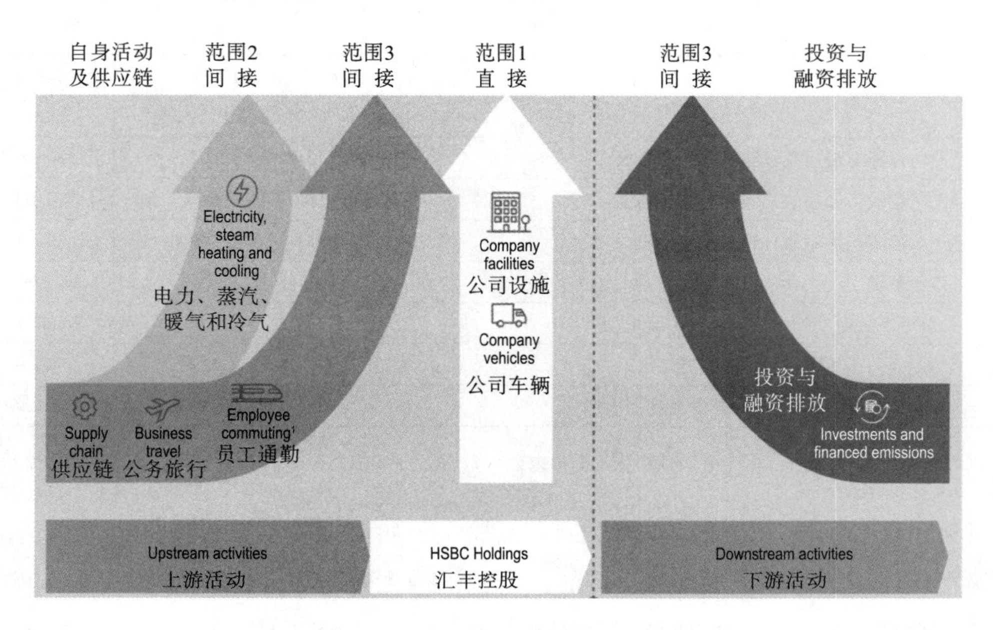

图 1　汇丰银行温室气体排放的核算和披露口径

资料来源：汇丰银行 2021 年年报。

图 1 虚线的左边代表汇丰银行自身经营业务及其供应链产生的温室气体排放，虚线的右边代表汇丰银行的投资及融资组合产生的温室气体排放。按照世界资源研究所（WRI）和世界可持续发展工商理事会（WBCSD）制定的《温室气体规程：企业核算与报告标准》（2024），温室气体排放的核算和披露口径应涵盖金融机构自身活动和供应链产生的所有温室气体排放，包括范围 1 的直接排放和范围 2 及范围 3 的间接排放。范围 1 的直接排放是指金融机构拥有和控制的资源所产生的温室气体排放，主要包括其拥有或控制的设施和车辆所产生的温室气体排放。范围 2 和范围 3 的温室气体排放与金融机构的价值链有关，其中范围 2 的间接排放是指金融机构购买并用于其经营活动中的电力、蒸汽、暖气和冷气所产生的温室气体排放，范围 3 的间接排放包括价值链上游活动和下游活动所产生的温室气体排放。

与企业相比，金融机构温室气体排放的最显著特点是间接排放远多于直接排放，价值链下游活动的融资排放尤其如此。碳信息披露项目（CDP）对管理 109 万亿美元的 332 家金融机构的研究显示，融资排放比经营排放多出 700 倍（CDP 2020）。表 1 列示了荷兰银行、汇丰银行和招商银行的温室气体排放结构。从表 1 中可以看出，融资排放在这三家银行的温室气体排放总量中所占比例均超过 99%，经营性排放所占比例微不足道，几乎可以忽略不计。

表 1 荷兰银行、汇丰银行和招商银行的温室气体排放量及结构

单位：万吨温室气体当量

	荷兰银行（2020 年）	汇丰银行（2021 年）	招商银行（2020 年）
范围 1 温室气体排放（经营排放）	0.598	2.2	0.16
范围 2 温室气体排放（经营排放）	0.340	30.7	8.64
范围 3 温室气体排放（经营排放）	3 236.30	4 590.0	898.19
其中：价值链上游活动的温室气体排放（经营排放）	0.15	—	—
价值链下游活动的温室气体排放（融资排放）	3 237.15	4 590.0	898.19
温室气体排放总量	3 237.24	4 622.9	906.99
融资排放占温室气体排放总量的比例	99.99%	99.23%	99.03%

资料来源：根据荷兰银行 2020 年 ESG 报告、汇丰银行 2021 年年报和招商银行 2020 年环境信息披露报告整理。

可见，金融机构气候信息披露的最大挑战在于如何准确核算其价值链下游活动产生的温室气体排放，即融资排放。目前，金融机构主要采用碳核算金融联盟（PCAF）制定的《全球金融业温室气体核算和报告标准》[①]（Global GHG Accounting and Reporting Standard for the Financial Industry）核算融资排放，涵盖上市股权和公司债券、企业贷款和非上市股权、项目融资、商业地产、住房抵押贷款、汽车贷款六种金融产品的温室气体排放。融资排放 = 归因因子 × 贷款（投资）企业的温室气体排放，其中归因因子 = 金融机构贷款（投资）金额 ÷ 贷款（投资）企业的负债和权益价值，贷款（投资）企业的温室气体排放既可以根据企业自行披露的温室气体排数据直接计算，也可以根据 PCAF 数据库（主要包括排放因子、经济活动数据、实物活动数据等）、政府部门数据库、第三方机构或金融机构自己建立的数据库间接推算。归因因子的计算简单易行，最具挑战性的是贷款（投资）企业温室气体排放数据的可获性不高、可靠性存疑。

在数据的可获取性方面，由于温室气体排放目前在绝大多数国家仍处于自愿披露阶段，强制披露的要求尚不多见，且自愿披露温室气体的贷款（投资）企业以大型企业居多，中小企业鲜有披露，导致金融机构难以获取与披露融资排放所必需的温室气体排放数据。因此，很多金融机构只得通过 PCAF、政府部门、第三方或自建的数据

① 碳核算金融联盟（The Partnership for Carbon Accounting Financials，PCAF）于 2015 年由荷兰的金融机构发起设立，2018 年其成员扩展至北美，2019 年成为全球联盟，其宗旨是为金融机构评估和披露其投融资业务的温室气体排放提供技术支持。PCAF 制定的《全球金融业温室气体核算和报告标准》得到 WRI 和 WBCSD 的认可，并与《温室气体规程》保持一致，但更契合金融机构的特点。PCAF 披露的数据显示，迄今全世界管理 63.1 万亿美元的 230 家金融机构采用该标准核算和披露融资排放（PCAF，2021）。

库间接推算贷款（投资）企业的温室气体排放，不仅成本高，而且质量低。

在数据的可靠性方面，即使是大型企业披露的温室气体排放，质量上也是参差不齐，可验证性和可比性均较低。究其原因：一是大部分企业尚未建立温室气体底层数据的收集、记录、验证和报告程序，一些企业甚至将温室气体排放数据的核算外包给第三方；二是目前可持续发展报告的编制框架林立，披露标准迥异，有些企业甚至在同一份可持续发展报告运用了多种编制框架和披露标准；三是多数企业尚未聘请独立的第三方对可持续发展报告进行鉴证，一些企业虽然提供温室气体排放的鉴证报告，但鉴证报告通常只提供有限保证（Limited Assurance），提供合理保证（Reasonable Assurance）的鉴证报告极为罕见。按照 PCAF 的规定，如果金融机构不能直接获得企业的温室气体排放数据，在披露融资排放时可通过外部或内部数据库间接推算。但不同数库获取或推算企业温室气体排放量所运用的业务活动量和方法论（特别是排放因子的确定）存在较大差异，降低了不同行业或同一行业不同企业之间的数据可比性。可比性较低的另一个原因是不同金融机构核算融资排放的范围存在较大差异。譬如，汇丰影响核算的融资排放只涵盖石油和天然气、电力和公用事业两个行业，而招商银行只核算满足三个条件（有贷款余额、能获取财务报表数据和能收集到可靠碳排放数据）的高碳行业、火电行业和水泥行业部分客户的融资排放。

除了披露经营排放和融资排放信息外，按照气候相关财务披露工作组（TCFD）以及 ISSB 和 EFRAG 参照 TCFD 四要素（治理、战略、风险管理、指标和目标）框架制定的 ISDS 和 ESRS，金融机构还必须制定并披露与《巴黎协定》相一致的温室气体减排目标。科学碳目标倡议（SBTi）行动组织的研究表明，绝大多数的企业和金融机构制定的温室气体减排目标没有与实现路径联系在一起，与《SBTi 公司净零排放标准》的要求相去甚远。温室气体减排目标制定不科学，将导致利益相关者难以有效评估金融机构能否顺利实现净零排放。此外，按照 TCFD、ISSB 和 EFRAG 的要求，金融机构必须评估并披露与气候变化相关的风险、机遇和影响，包括物理风险（Physical Risk）和转型风险（Transition Risk）及其对财务业绩、现金流量和企业价值的影响。这些风险评估包含大量的前瞻性信息和定性信息，涉及金融机构治理层和管理层大量的估计和判断，存在很高的不确定性。披露这些不确定性的信息极具挑战，改进这方面的信息披露质量尚需时日。另外，按照 TCFD、ISSB 和 EFRAG 的要求，金融机构的最高治理层对气候变化的应对战略、行动方案、效果评估、信息披露等负最终责任，这就要求治理层必须拥有气候和环境方面的专业知识和胜任能力。纽约大学斯特恩可持续发展中心的研究发现，美国前 100 家大型公司的 1 188 位董事中，只有 0.3% 的董事具备气候或水资源方面的专业知识。可见，金融机构治理层在气候相关方面的能力建设任重而道远。

作为气候信息披露的使用者，金融机构不论是围绕气候风险开展情景分析和压力测试，还是研发绿色金融产品，或者构建与绿色转型相适应的信贷和投资组合，都需要获取其贷款和投资客户大量的气候相关信息。因此，金融机构对可持续发展报告的信息需求最为强烈，高质量的可持续发展报告关系到金融机构的风险管理、产品创新和绿色发展。遗憾的是，ISSB 制定的 ISSB 准则和 EFRAG 制定的 ESRS 尚处于初期阶段，全球性或区域性的高质量可持续披露准则尚未形成，这无疑对于经营机构与贷款和投资客户遍布世界各地的金融机构获取相关、可靠的气候信息构成重大挑战。

最后，与绿色金融相伴而生的漂绿问题也是金融机构气候信息披露的一大挑战。近年来，冠以绿色信贷、绿色债券、绿色保险、绿色投资、绿色基金的金融产品呈爆炸性增长趋势，但在碳减排等环保绩效的宣传上，名副其实者寡，夸大其词者众，根本原因在于缺乏对绿色金融产品和绿色金融机构的精确界定。如何在金融机构的气候信息披露中抑制这种漂绿行为，防止劣币驱逐良币，是监管部门、准则制定者、可持续发展报告准则制定者必须直面的问题。

三、国际趋同孕育的气候信息披露机遇

气候信息披露面临诸多挑战，庆幸的是，机会之窗已悄然开启。地球是人类的共同家园，人类活动向大气层排放的大量温室气体，导致气温上升，带来气候变化，威胁着人类赖以生存和发展的共同家园。社会公众对气候变化与日俱增的关切，倡导绿色发展保护地球家园的共识，为金融机构的气候信息披露营造了良好的社会氛围，提供了强大动力。在此背景下，国际组织和专业机构顺势而为，围绕气候变化的准则制定和制度安排，加大了国际趋同力度，为气候信息披露孕育了勃勃生机，金融机构迎来了推动和改进气候信息披露的难得机遇。

1. 明显加快的国际趋同步伐，为金融机构的气候信息披露提供了统一的呈报基础。

迄今为止，不同国际组织发布的包括气候信息在内的可报告框架和披露标准存在较大差异，给资本市场造成较大困惑，要求不同报告框架和披露标准实现更高连贯性、一致性和可比性的呼声强烈。为了回应利益相关者的诉求，碳信息披露项目（CDP）、气候披露准则理事会（CDSB）、财务会计准则委员会（FASB）、全球报告倡议组织（GRI）、国际会计准则理事会（IASB）、国际标准化组织（ISO）和可持续发展会计准则委员会（SASB）七个国际组织于2017 年6 月联合发起成立了公司报告对话（Corporate Reporting Dialogue，CRD）组织。2019 年9 月 CRD 发布了《推动气候相关报告的

一致性》，分析了CDP、CDSB、GRI、IIRC和SASB五个国际报告框架在气候相关信息披露方面与TCFD框架的异同点，对于存在的差异，这五个国际报告框架承诺以TCFD的框架为范本，进行必要的修改和完善，以最大限度实现气候信息披露的国际趋同。可以预见，TCFD框架将成为气候信息披露的范式，这将为金融机构披露气候信息提供日趋统一的技术标准。

相较于前述国际组织致力于将气候信息披露统一到TCFD框架上的自发行动，EFRAG和ISSB加快制定可持续发展报告的区域性和国际性准则，对于促进金融机构的气候信息披露更具深远意义。

2021年4月欧盟委员会（EC）发布的《公司可持续发展报告指令》（CSRD）授权EFRAG负责制定ESRS，所有大型企业和上市公司都必须据此编制和披露可持续发展报告。按照制定ESRS的路线图和时间表，EFRAG将在2024年完成5个环境报告准则，包括气候变化、污染、水与海洋资源、生物多样性与生态系统、循环经济。其中的气候变化报告准则工作稿已于2022年1月发布，从战略与商业模式、治理和组织、风险和机遇及影响评估三个方面，对低碳转型计划的制定、战略和商业模式应对气候变化的韧性、气候目标与薪酬方案的挂钩、内部碳价格的制定、辨认气候风险与机遇的流程、气候影响的披露、缓解和适应气候变化的方案（包括政策和目标、行动计划、资源配置）、能源消耗的结构和强度、范围1至范围3温室气体的排放、温室气体的移除、气候融资的安排、物理风险和转型风险的财务暴露等气候领域提出了23个具体的信息披露要求（黄世忠、叶丰滢，2022）。这23项气候信息披露要求，既与TCFD框架和ISSB气候相关披露样稿的要求保持趋同，也体现了CSRD的立法特色，对于规范和改进欧盟企业和金融机构的气候信息披露将产生立竿见影的促进作用。

顺应20国集团（G20）、金融稳定理事会（FSB）、国际证监会组织（IOSCO）和国际会计师联合会（IFAC）等国际组织关于制定全球统一的高质量可持续披露准则的要求，2022年11月国际财务报告准则基金会（IFRS Foundation）在格拉斯哥召开的第26次气候峰会上宣布，通过吸收合并CDSB和价值报告基金会[①]（VRF）方式成立了ISSB，负责制定国际财务报告可持续披露准则。为了应对日益严峻的气候变化挑战，ISSB将优先制定与气候变化相关的披露准则，并在2021年11月发布了《可持续发展相关财务信息披露一般要求》和《气候相关披露》两份准则样稿。其中的《气候相关披露》样稿借鉴了TCFD四要素框架，涵盖了准则目标，使用范围，治理披露，经营

① 价值报告基金会（Value Reporting Foundation）于2020年11月由SASB和国际整合报告理事会（IIRC）宣布合并组建，并于2021年6月正式成立，目的是提高这两个组织在可持续发展报告中的国际地位，彰显其在可持续发展报告和整合报告方面的专业影响力。

战略、商业模式和前景展望，风险管理，指标和目标披露六个部分的内容及两个附录，附录A定义了样稿使用的术语，附录B借鉴SASB的前期研究成果提供了69个行业具体的气候信息披露指引。这份准则样稿近期将以征求意见稿的形式发布，在此基础上再发布正式的准则。《气候相关披露》准则将在世界范围内产生广泛且深刻的影响，为企业和金融机构的气候信息披露提供根本遵循。

可以预见，EFRAG制定的区域性气候信息报告准则和ISSB制定的国际性气候信息披露准则将彻底终结气候信息披露框架林立、标准迥异的乱象，企业和金融机构的气候信息披露质量将得到根本改善，困扰金融机构多年的气候信息难以获取、气候信息质量低下的问题有望得到有效的破解。

2. 日趋严格的强制披露要求，为金融机构的气候信息披露奠定了坚实的法规基础。

气候变化引发了社会公众、环保组织、监管部门、投资者和债权人等利益相关者的空前关切。企业和金融机构气候信息的自愿披露，已经无法适应这种关切，通过法律法规和行政规章促使自愿披露向强制披露转变的趋势愈发明显。

在欧洲，即将由欧盟委员会正式通过的CSRD，要求其成员国将CSRD的要求（包括气候信息披露要求）转化为本国的法律，这将开启欧盟以立法形式强制披露气候信息的先河。CSRD适用于所有大型企业和上市公司。大型企业被界定为满足三个标准中的两个：（1）资产总额超过2 000万欧元；（2）营业收入超过4 000万欧元；（3）年度员工平均人数超过250人。上市公司既包括大型上市公司，也包括中小型上市公司，但后者可以有三年的过渡期。据测算，将有超过5万家的欧盟企业和金融机构必须按CSRD的要求（包括其授权EFRAG通过ESRS提出的要求）披露气候信息。

在我国，虽然目前还没有对气候信息披露进行规范的法律法规，但国家相关部委发布的与气候相关的规定和指引，也具有准强制披露的成分。国家发展改革委参照IPCC相关规定，2013年以来陆续发布了24个行业的《企业温室气体排放核算方法和报告指南》。2021年12月，生态环境部印发了《企业环境信息依法披露管理办法》和《企业环境信息依法披露格式准则》，为企业披露包括温室气体排放在内的环境信息提供了政策依据，要求企业通过发行股票、债券、存托凭证、中期票据、短期融资、资产证券化、银行贷款等形式进行融资的，应当披露融资所投项目应对气候变化、保护生态环境等信息。与国家发展改革委的指南相比，生态环境部的这两项规定属于依法披露事项，强制披露的成分十分浓厚。此外，环境信息已成为证监会新股发行中的重点审查对象，重污染行业上市公司的环境信息也是证监会的重点监管对象。2016年，中国人民银行、财政部等七部委发布的《关于构建绿色金融体系的指导意见》也明确提出要“逐步建立和完善上市公司和发债企业强制性环境信息披露制度”。总之，环

境信息的强制披露大势所趋，为时不远。

国内外日趋严格的强制性环境信息披露要求，将大幅提高融资排放所需数据的可获性和可靠性，从而减少金融机构对外部数据库的依赖，提高环境信息的披露效率，降低环境信息的披露成本。笔者认为，温室气体排放具有明显的公共产品属性，通过法律法规或行政规章要求企业和金融机构强制披露与此相关的气候信息有其正当性，是缓解或消除企业经营外部性的必要制度安排。

3. 备受关注的漂绿与反漂绿，为金融机构的气候信息披露筑牢了可靠的制度基础。

大量的学术研究表明，ESG（环境、社会和治理）评级不仅影响了上市公司和金融机构的企业形象和投资回报，而且关系到它们的融资能力和融资成本。为了获得较高的 ESG 评价，对可持续发展信息（尤其是环境信息）进行漂绿已成为心照不宣的数字游戏，且有愈演愈烈的趋势。漂绿现象的普遍存在，严重削弱了利益相关者对气候信息披露的信任，妨碍了《巴黎协定》控温目标的实现，因而备受资本市场和监管部门的关注，客观上促进了反漂绿制度安排的建立和完善。

在企业界，漂绿主要表现为在可持续发展报告中对环境信息进行选择性披露，报喜不报忧、只谈环境绩效淡化环境问题的现象比较突出。笔者分析了国内外不少可持续发展报告，发现粉饰、漂绿现象较为普遍。如果企业和金融机构披露的可持续发展报告没有水分，净零排放早已实现。漂绿的根本原因在于对可持续发展报告缺乏鉴证机制。因此，要求对可持续发展报告特别是其中的温室气体排放进行鉴证的呼声日盛。为此，CSRD 已要求欧盟企业和金融机构的可持续发展报告必须提供由独立第三方出具的鉴证报告。在还没有实施可持续发展报告强制鉴证制度的国家和地区，越来越多的大型企业和金融机构自愿引入鉴证机制，披露独立第三方对可持续发展报告的鉴证信息。笔者认为，引入鉴证机制，即便是有限保证的鉴证，也可在一定程度上抑制企业的漂绿行为，倒逼企业和金融机构提高气候信息披露质量。

在金融界，漂绿主要表现为：（1）在绿色金融的宣传上夸大其词，对绿色信贷、绿色债券、绿色保险和绿色基金缺乏严格的界定或界定标准不统一，造成许多冠以绿色标签的金融机构和金融产品名不副实；（2）夸大绿色金融产品的环保绩效，或者环保绩效缺乏令人信服的证据支撑；（3）言行不一，从事有悖于可持续发展理念的投融资业务（黄世忠，2022）。为了抑制金融领域的漂绿行为，欧盟制定了《分类法》，对企业和金融机构的经济活动是否符合绿色标准予以界定，出台了《可持续金融披露条例》（SFDR），从金融机构层面和金融产品层面对可持续发展的 ESG 因素提出严格的披露要求，防止对绿色金融的滥用。研究显示，欧盟的《分类法》和 SFOR 颁布后，欧洲冠以 ESG 和可持续发展等名称的基金规模下降了超过 2 万亿欧元，立法对漂绿的震慑作用由此可见一斑。在我国,《关于构建绿色金融体系的指导意见》《银行业金融机构绿色金融评价方案》《绿色债券支持项目目录(2021 年版)和《绿色投资指引(试行)》等规定的发布实施,筑牢了防范气候信息漂绿的制度基础,对于绿色金融的规范发展意义重大。

本文的分析表明,金融机构在防范和应对气候变化方面发挥着不可或缺的关键作用,在气候信息披露方面同时扮演着提供者和使用者的双重角色,既面临诸多挑战,也存在不少机遇。随着国际趋同步伐的加快,挑战大于机遇的被动局面将被逆转,金融机构的气候信息披露将迎来机遇大于挑战的曙光。

(原载于《金融会计》2022 年第 4 期,该文获得《金融会计》杂志 2022 年优秀论文一等奖)

主要参考文献:

1. 北京绿色金融与可持续发展研究院课题组 . 碳中和背景下的绿色金融路线图研究 [EB/OL]. www. ifs. net. cn, 2021. 12.

2. 黄世忠,叶丰滢 . 气候变化的披露要求与趋同分析 [C]. 工作论文 .

3. 黄世忠 . ESG 报告的“漂绿”与反“漂率”[J]. 财会月刊,2022 (1):3 – 11.

4. Levin K. , Boehm S. and Carter R. 6 Big Findings from the IPCC 2022 Report on Climate Impacts, Adaptability and Vulnerability [EB/OL]. www. wri. org, February 22, 2022.

5. Bolton P. , Despres M. , Samma F. and Svartzman R. The Green Swan [M]. Bank for International Settlements, 2020: 3 – 18.

6. CDP. The Time to Green Finance——CDP Financial Services Disclosure Report 2020 [EB/OL]. www. cdp. net.

7. European Reporting Lab. Proposals for a Relevant and Dynamic EU Sustainability Reporting Standard – Setting [EB/OL]. www. efrag. org, February 2021.

8. PCAF. The Global GHG Accounting and Reporting Standard for the Financial Industry [EB/OL]. www. carbonaccountingfinancials. com, November 2021.

碳中和背景下财务风险的识别与评估

黄世忠　叶丰滢　李　诗

【摘要】 为了实现碳中和目标，很多国家出台了降低温室气体排放的政策，促使企业低碳转型和绿色发展，这在给企业带来绿色发展机遇的同时，也加大了企业的转型风险，并衍生出碳排放财务风险。如何在碳中和背景下评估碳排放财务风险，是企业必须直面的问题。本文基于TCFD的框架，首先分析碳中和背景下企业遭遇的转型风险类型及其潜在财务影响，其次介绍可用于捕捉和计量碳排放财务风险的“碳商”法，最后就如何提升“碳商”法运用效果提出建议。

【关键词】 碳达峰；碳中和；温室气体排放；财务风险

温室气体排放导致全球气温上升和气候变化，为了应对气候问题，确保人类可持续发展，2015年12月在巴黎召开的第21届联合国气候大会通过了《巴黎协定》，2016年4月近200个国家和欧盟在纽约联合国总部签署了《巴黎协定》，为人类擘画了在2050年全球实现碳中和的宏伟蓝图。2020年9月，习近平主席在第75届联合国大会一般性辩论上向全世界庄严宣布，我国将力争在2030年前实现碳达峰，在2060年前实现碳中和。“双碳”目标的提出，将极大促进我国企业更加积极主动地选择低碳转型和绿色发展战略。而低碳转型和绿色发展，在为企业提供巨大商机的同时，也带来一定的风险。基于可持续发展的需要，企业有必要估算温室气体排放量，制定减排路线图和时间表，合理评估碳排放财务风险，并据此制定相应的投资、融资和分配政策。本文首先简要分析碳排放控制政策对企业造成的潜在财务风险，其次介绍如何运用“碳商”法捕捉和评估企业的碳排放财务风险，最后就企业如何有效运用“碳商”法提出建议。

一、温室气体排放的财务风险

温室气体（Greenhouse Gas，GHG）是指任何会吸收并释放红外线辐射且长期滞留在大气层中的气体。并非所有温室气体都是有害的，如水蒸气（H_2O），但二氧化碳（CO_2）、甲烷（CH_4）、氧化亚氮（N_2O）、氢氟碳化合物（HFCs）、（全氟碳化合物（PFCs）、六氟化硫（SF_6）六种温室气体已被科学研究证明会导致气温升高，是全球气温上升的罪魁祸首，被《京都协定》和《巴黎协定》纳入排放控制范围。有研究认为，如果全球平均气温上升2℃，全球99%的珊瑚礁都将消失，8%的动物将灭绝，水资源将极度匮乏，极端气候将频繁发生。如果全球平均气温上升5℃，地球的整体环境将被完全破坏，甚至有可能引发生物大灭绝（安永，2021）。为此，《巴黎协定》要求严控上述六种温室气体排放，将本世纪全球平均气温上升幅度控制在2℃以内。

为了防止气候变化，《巴黎协定》缔约方纷纷制定和实施日趋严厉的温室气体排放控制政策，掀起了经济社会发展方式的广泛变革，在带来机遇的同时也带来了风险。美国财政部长耶伦指出："气候变化是一种现存威胁，气候变化本身及其应对政策都会带来影响，导致资产被搁置和资产价格、信贷风险等大幅变动，从而严重影响整个金融系统。这些都是真实的风险。"（Warmbrodt，2021）。可见，气候变化本身和应对气候变化的政策都将带来严重的风险，金融稳定理事会下设的气候相关财务披露工作组（Task Force on Climate - related Financial Disclosures，TCFD）将前者视为物理风险（Physical Risk），将后者视为转型风险（Transitional Risk）。本文主要探讨与转型风险相关的财务风险。

在日趋严苛的温室气体排放控制政策下，企业除了选择低碳转型外别无他法。企业在低碳转型过程中遭遇的风险称为转型风险。转型风险可分为四类：政策及法律风险、技术风险、市场风险和信誉风险（TCFD，2017）。这四种转型风险最终都可能衍生出财务风险，对企业未来的财务状况、经营业绩和现金流量产生深远的影响，是碳中和背景下财务管理必须高度重视的新问题。

政策及法律风险主要表现为：加大对企业温室气体排放的管制；增大企业编报温室气体排放报告的责任；限制或禁止企业现有高碳排放产品和服务的生产和销售；对违反碳排放规定的企业提出法律诉讼等。政策及法律风险衍生出的财务风险主要包括：加大温室气体排放的合规成本，如改造工艺流程、改变采购政策、增加环保投入、接受排放检查等而增加的经营成本；加大温室气体排放的资产风险，如排放超标的资产被搁置、注销、提前退役或计提减值损失；加大温室气体排放的经营风险，如不符

合排放标准的产品和服务被迫退出市场而发生的损失；加大温室气体排放的诉讼风险，如排放不达标而被环保部门或环保团体提起诉讼而发生的损失。

技术风险主要表现为：以更低温室气体排放的生产技术和设备替换现有生产技术和设备；以颠覆性方案替代现有高碳排放产品和服务；对可降低温室气体排放的新技术投资失败；采用更低温室气体排放的新技术导致生产效率降低。技术风险可能导致的潜在财务风险主要包括：造成现有资产被闲置或提前退役，资产的有效经济寿命大幅降低；市场对现有高碳排放产品和服务的需求减少，现有产品和服务的生命周期大幅缩短；新技术和替代技术的研发支出和资本支出增加，企业自由现金流量减少；采用新做法、新流程的成本增加，包括系统调整和人员培训成本等。

市场风险主要表现为：抵制高碳排放产品和服务的消费行为改变；市场信号存在不确定；原材料成本增加；供应链中断或重大调整。市场风险可能引发的财务风险主要包括：消费者提高环保意识抵制或降低对企业高碳排放产品和服务的需求，导致企业营业收入和现金流量下降；投入成本上升和产出的环保要求导致生产成本增加，企业的经营利润降低；能源成本发生突然或超预期的变化，导致企业经营业绩大幅波动；营业收入减少，收入结构和收入来源发生不利变化；核心资产发生不利的重新定价，如石油和煤矿储量的价值减损、土地和证券组合的估值下调等。

信誉风险主要包括：消费者、供应商和社会公众对高碳排放企业形成负面看法；企业所在行业被污名化；利益相关者对高碳排放企业的持续经营能力存有疑虑。信誉风险可能带来的潜在财务风险主要包括：市场对高碳排放产品和服务的需求下降，导致企业的营业收入、经营利润和现金流量恶化；供应链中断或供货不足致使生产能力不足，造成经营业绩下降；难以吸引和留住有环保责任感的管理人员和员工，导致人工成本增加；降低资本可获取性，增加资本成本。

简而言之，转型风险给企业特别是碳密集（Carbon－intensive）型行业（如石化、煤炭、航空、汽车、建筑等行业）的企业带来了巨大的资产减值风险，进而影响到企业的持续经营能力。改造或者迭代碳密集型资产需要大量的资本性投入，这意味着企业未来必须在保持股东可接受的盈利水平和投资回报的同时，顶住经营利润下降、现金流量波动等财务风险，才能顺利过渡到碳中和的状态。而这是绝大多数企业现有的商业模式没有考虑到的。因此，世界上主流的 ESG 报告框架均要求企业将这些与气候相关的财务风险作为公司治理议题，纳入治理和管理决策程序，积极应对，有效管理，以提升企业和生态环境的可持续发展能力。

二、计量财务风险的“碳商”法

管理大师戴明（W. Edwards Deming）曾说：“我们信仰上帝，其他都必须拿数据证明[①]”“你无法管理你不能计量的东西[②]”。戴明的这两句箴言说明了用数据说话、靠计量管理的重要性。经营管理如此，财务风险管理尤甚。温室气体排放控制政策给企业带来的转型风险是显而易见的，对企业的经营业绩、现金流量和财务状况造成的潜在影响也是不说自明的，但碳排放财务风险如何计量，却颇费思量。学术界和实务界对此进行了艰辛探索，试图破解。“碳商”法横空出世，就是艰辛探索的一个回报。

“碳商（Carbon Quotient，CQ）”这一术语由罗杰斯（Greg Rogers）和罗斯（Samantha Ross）在《碳商：净零排放会计》一文中提出并注册成商标。“碳商”法（CQ Analytics）是一种旨在帮助企业、会计人员和资本市场计量与气候相关财务风险的新方法（Rogers & Ross，2021）。这种方法简单实用，紧扣《巴黎协定》提出的2050年碳中和目标，利用经审计的会计数据和具有可验证性的温室气体排放数据，采用假设式情景分析（“What if” Scenario Analysis），建构了一个能够捕捉企业实现碳中和目标进程中全部财务风险的分析框架，具体计算公式为：

$$碳商=\frac{未实现碳费用}{碳排放资产总额}$$

“碳商”法的操作原理如下：

首先，计算企业持有的长期有形资产在其剩余使用年限内预计可能产生的温室气体排放量，据以确定分子的数量基数“未实现排放（Unrealized Emissions）”。其中，长期资产的剩余使用年限取自会计记录，即长期资产的剩余可折旧年限，若企业采用加速折旧法，则应将剩余折旧年限调整为剩余使用年限。长期资产在剩余使用年限内的“未实现排放”根据世界可持续发展企业理事会（World Business Council for Sustainable Development，WBCSD）和世界资源研究所（World Resources Institute，WRI）发布的《温室气体规程》测度[③]。

其次，将“未实现排放”货币化为“未实现碳费用（Unrealized Carbon Expense）”，算法是将“未实现排放”乘以全球范围内从大气层移除每吨温室气体当量

---

① 原文为：In God we trust，all others must bring data。

② 原文为：You can't manage what you don't measure。

③ 该核算规程是在世界范围内广泛应用的测度企业层级温室气体排放量的方法体系，详细设定了企业温室气体排放库存的编报过程。根据碳信息披露项目（CDP）持续多年的问卷调查，超过90%参与问卷填写的财富500强企业依据 WBCSD 和 WRI 的温室气体核算规程报告它们的温室气体排放数据。

的预计成本。罗杰斯和罗斯指出，根据美国全国科学、工程和医学科学院2019年的一项研究，从大气层中移除每吨二氧化碳的直接成本如能控制在100美元或更少，便是经济可行的。假设每吨二氧化碳的移除成本为100美元，将“未实现排放”乘以100美元即可得出“未实现碳费用”。据此计算的“未实现碳费用”作为长期资产的备抵账户，犹如累计折旧一样[①]。而实施碳中和政策前企业已发生的碳排放乘以100美元，则作为一项或有负债（Contingent Liability），即企业因损害环境获取不当得利（Unjust Enrichment）而在将来可能面临诉讼赔付的潜在义务。

最后，根据“未实现碳费用”的计算结果，测算温室气体排放的财务影响程度。一是测算温室气体排放对企业净资产的影响，重新计算企业调整了碳排放风险后的股东权益，以评估碳排放风险对企业净资产的侵蚀程度；二是测算温室气体排放对企业净利润的影响，重新计算企业调整了碳排放风险后的关键业绩指标，如每股收益（EPS）和息税折旧及摊销前利润（EBITDA）等指标，以评估碳排放风险对企业盈利能力的影响程度；三是测算温室气体排放对企业长期资产的影响，重新计算企业调整了排放风险后的长期资产净值，以评估碳排放风险对企业长期资产价值的负面作用。如果将“碳商”计算公式用于产生温室气体排放的单项长期资产，即可判断该项资产蕴含的减值比例。

上述调整测算能够充分揭露企业面临的碳排放财务风险。比如，根据联合国环境规划署（UNEP）披露，我国2019年度的温室气体排放约为140亿吨二氧化碳当量，能源活动二氧化碳占我国温室气体总排放的80%左右（解振华，2021），由此产生的二氧化碳约112亿吨，其中80%来自煤炭，约89.6吨。按每吨二氧化碳移除费用100美元估算，2019年与煤炭相关的“未实现碳费用”高达8 960亿美元，而2019年我国煤炭行业实现的利润总额只有2 830亿元，约合410亿美元，不及同期“未实现碳费用”的5%。不考虑碳排放风险的财务业绩与考虑碳排放风险的模拟业绩可谓天壤之别[②]！

罗杰斯和罗斯认为，“碳商”法既可向前追溯亦可向后预测企业温室气体排放的财务风险。向前追溯的碳排放财务风险告诫企业在温室气体排放方面存在的历史欠债，向后预测的碳排放财务风险提醒企业实现碳中和目标所需要付出的经济代价。无论是向前追溯还是向后预测，目的都是反映尚未在财务报告中反映的企业经营的负外部性。与其他试图量化气候相关财务风险的尝试，如哈佛大学塞拉芬（George Sarafeim）提出的“加权影响财务账户（Impacted Weighted Accounts）”相比，“碳商”

---

① 必须指出，“碳商”法计算的“未实现碳损失”仅在表外调整和披露，并不需要像累计折旧一样在表内确认。

② 而这还不包括实现碳中和的额外资本支出。《巴黎协定》在2.1条款（C）中指出，各国应致力于投入有助于降低温室气体排放以及与气候适应性发展相一致的资金。据经合组织估算，2030年前为了实现《巴黎协定》目标，全世界每年需要投入6.9万亿美元的资金（OECD，2017）。可见，实现碳中和的代价不菲。

法的最大优点是实用、客观，原理简单易懂，所需数据易于获取，没有任何主观假设或者复杂的“黑匣子”方法掺杂其中。更重要的是，“碳商”法无需对现有会计准则和财务报告进行任何改革，而是以经过审计的财务报告为基础，经过模拟调整（Pro Forma Adjustment）和表外披露，即可向投资者和其他利益相关者清晰反映企业温室气体排放可能带来的财务风险及其对企业财务状况、经营成果和资产价值的影响程度。此外，企业还可根据从现在到2050年实现碳中和的逐年减排任务与逐年减排表现，制作渐近曲线（Asymptotic Cure）图，二者之间的差异直观地反映了企业的减值风险。

当然，“碳商”法也并非无可挑剔。首先，“碳商”以产生温室气体排放的长期有形资产为计算基础，将导致碳排放量的严重低估。根据WBCSD和WRI发布的《温室气体规程》（2021修订版），企业的温室气体排放应该涵盖其整个价值链，具体包括3个范围，如图1所示，范围1是企业拥有或控制的资源产生的直接排放，范围2是企业消费的电力资源产生的间接排放，范围3是企业未拥有或未能控制的资源产生的间接排放，主要是企业的价值链产生的排放。“碳商”法显然只能反映范围1和范围2的一部分温室气体排放，而无法反映范围3的温室气体排放。其次，“碳商”计算公式以碳排放资产作为分母，计算各项资产的温室气体排放量时必须借助于直接计量法，显然不符合成本效益原则。最后，“碳商”法所用的温室气体排放参数虽可通过间接计量法（主要通过消耗的各种能源按一定比例折算）予以验证，但若未经独立鉴证，容易产生“漂绿（Greenwashing）”行为。尽管存在这些不足，但瑕不掩瑜，“碳商”法在目前阶段不失为评估和管理碳排放财务风险的一种创新工具。

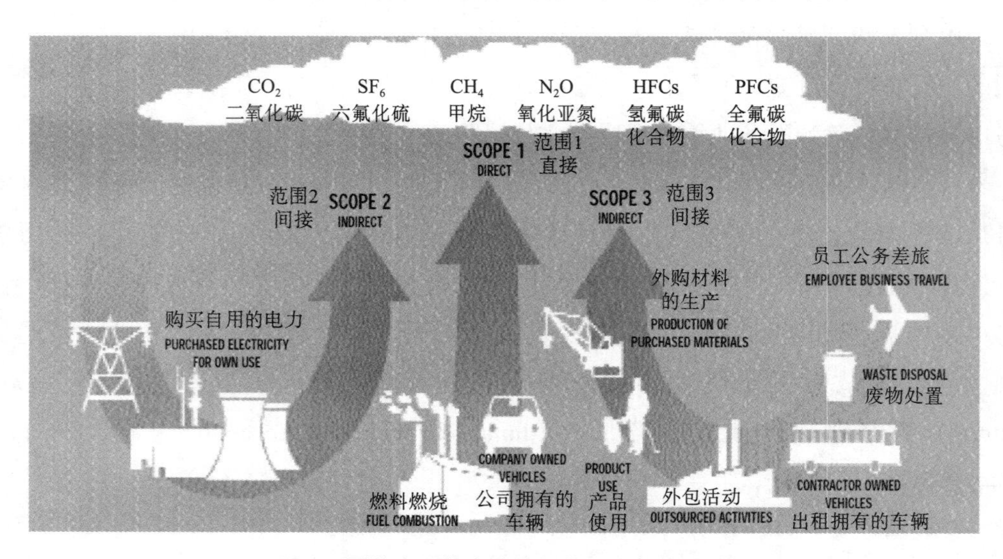

图1　覆盖企业整个价值链的温室气体排放

资料来源：WBCSD & WRI（2021）。

三、采用“碳商”法的相关建议

准确计量企业的温室气体排放是实现碳中和的前提，也是防止企业“漂绿”行为的基础。“碳商”法不仅为企业提供了这样的前提和基础，而且为企业评估和管理碳排放财务风险提供了简易方法，为企业与投资者等利益相关者沟通碳排放财务风险提供了实用工具。我们认为，将“碳商”法付诸实施，关键是做好以下四个方面的工作。

（一）全面评估涉及转型风险的资产项目，正确把握表内确认与表外披露的界限

2019 年，国际会计准则理事会（IASB）发布了一份文件，旨在澄清现有国际财务报告准则要求如何解决重大气候变化风险和其他新出现的问题。这份文件以及国际财务报告基金会（IFRS Foundation）2020 发布的与此相关的其他文件均认为，企业应根据第 1 号国际会计准则《财务报表列报》、第 16 号国际会计准则《不动产、厂房和设备》、第 36 号国际会计准则《资产减值》、第 37 号国际会计准则《准备、或有负债和或有资产》以及第 9 号国际财务报告准则《金融工具》和第 13 号国际财务报告准则《公允价值计量》等，将与温室气体排放和气候变化相关的问题纳入财务报告的编报中。如果这些问题具有重要性且能够量化，则应在表内确认，如果不能量化，则应在财务报表附注或者管理层讨论与分析（MD&A）中披露。鉴于与碳中和相关的气候问题通常存在重大不确定性，IASB 还要求企业披露其在评估物理风险和转型风险时所运用的情景分析模型及其假设（IFRS Foundation，2019）。上述要求旨在满足投资者关于将气候相关问题融入财务报告的需求，以提升透明度，使投资者能够评估气候变化及其应对政策对企业财务状况、经营业绩和现金流量的潜在影响。根据气候披露准则理事会（CDSB）的观察，将气候相关问题融入财务报告的做法已经开始。2020 年 1—3 季度，包括英国石油公司、西巴亚雷普索尔（Repsol）石油公司、荷兰壳牌石油公司、法国道达尔石油公司在内的化石能源生产商就计提了 900 亿美元的资产减值损失，这既有新冠疫情影响的因素，也有基于碳中和政策影响的考虑（CDSB，2020）。按照 IASB 的要求向投资者提供有助于评估温室气体排放财务影响的信息，企业必须采用定量和定性的方式评估碳排放财务风险，“碳商”法显然可以派上用场。“碳商”法为企业遵循 IASB 的相关要求提供了计量手段，IASB 的相关要求反过来又为“碳商”法提供了应用场景。

（二）财务人员必须知悉温室气体排放量的计算方法，为合理评估碳排放财务风险奠定基础

“未实现排放”的测算准确与否，直接关系到“碳商”法运用的有效性，为此，

财务人员必须知晓国内外通用的温室气体排放计算方法和折算标准。国际上可供参考借鉴的包括 IPCC 制定的方法和标准以及前述的《温室气体规程》，两者均主张企业估算的温室气体排放量应涵盖整个价值链，并为直接排放的范围 1 和间接排放的范围 2 和范围 3 如何计算碳排放量提供了详细的指南。在国内，国家发展改革委员参照国际通用标准，结合我国实际情况，迄今分三批发布了涵盖24 个行业的《温室气体核算方法与报告指南》，这是我国企业运用“碳商”法评估碳排放财务风险时可以直接遵循的权威标准。

（三）企业治理层和管理层应高度重视气候相关问题，并制定相应内控政策

如前所述，气候相关问题存在诸多的重大不确定性，其所衍生的财务风险，在评估和管理上涉及大量的估计和判断。只有企业董事会和管理层高度重视并将其纳入决策程序中，建立健全与碳排放财务风险评估相关的内控政策和审批流程，运用“碳商”法才能发挥其应有的功效。

（四）有条件的企业应实施碳排放鉴证，以提高其温室气体排放信息的公信力

国内外的研究表明，ESG 报告特别是温室气体排放信息的质量普遍不高，“漂绿”现象普遍存在，其中的一个重要原因是缺乏独立的鉴证机制（黄世忠，2021）。实现碳达峰碳中和，事关人类和企业的可持续发展，如实报告温室气体排放是企业义不容辞的责任，在绿色金融影响力日趋重要的背景下，温室气体排放信息的质量直接关系到企业能否获得金融机构的资金支持以及资金成本的高低。因此，有条件的企业特别是碳密集型（Carbon－intensive）企业，应该聘请注册会计师等独立第三方对温室气体排放进行鉴证。这种鉴证既可提高企业温室气体排放信息的公信力，又可提升“碳商”法的运用效果，为企业更加可靠地评估和更加有效地管理碳排放财务风险提供额外保障。

（原载于《财会月刊》2021 年第 22 期）

主要参考文献：

1. 安永．一本书读懂碳中和［M］．北京：机械工业出版社，2021 L3－5.

2. 黄世忠．谱写欧盟 ESG 报告新篇章——从 NFRD 到 CSRD 的评述［J］．财会月刊，2021（20）：16－23.

3. 解振华．解读我国双碳路径的 10 个方面［OB/OL］．中国企业家俱乐部微信公

众号，2021. 10. 3.

4. CDSB. Accounting for Climate：Integrating Climate – related Matters into Financial Reporting ［OL/R］. www. cdsb. org，2020.

5. IFRS Foundation. IFRS Standards and Climate – related Disclosure ［OL/R］. www. cdn. ifrs. org，2019.

6. OECD. Investing in Climate，Investing in Growth ［OL/R］. www. oecd – ilibrary. com，2017.

7. Rogers，G. and Ross，S. Carbon Quotient：Accounting for Net Zero ［OB/OL］. www. ifac. org，June 3，2021.

8. TCFD. Recommendations of the Task Forces on Climate – related Financial Disclosure ［OL/R］. www. tcfd. org，2017.

9. Warnbrodt，Z. Yellen vows to set up Treasury team to focus on climate，in victory for advocates ［OL/R］. www. politico. com，2021.

10. WBCSD & WRI. The Greenhouse Gas Protocol：A Corporate Accounting and Reporting Standard（Revised Edition）［OL/R］. www. ghgprotocol. org，2021.

碳排放权会计的历史沿革与发展展望

叶丰滢　黄世忠　郭绪琴　蔡锦瑜

【摘要】本文从温室气体管控的总体思路出发，针对碳排放权交易机制的“总量控制与交易”模式，梳理并评述IASB及我国相关会计处理规定，同时展望了该领域会计规则建设的前景。本文通过研究建议：免费配额应作为一项新的资产确认，其贷方配额负债是一项有条件的预计负债，在报告期内按实际排放量摊销，由排放负债代替，期末若有节余，作为与日常活动有关的政府补助计入其他收益。碳排放交易相关资产负债一律采用公允价值计量，公允价值变动计入当期损益。

【关键词】碳排放权交易机制；总量控制与交易模式；配额资产；配额负债；排放负债

一、引言

温室气体是一种产权不明晰的公共产品，根据经济外部性理论，与这类产品相关的问题不能完全依赖市场机制解决，需要政府进行干预和管制（黄世忠，2021）。站在政府的立场，干预与管制碳排放的总体思路是给原本毫无成本的排放行为施加成本，以促使社会主体（尤其是重点排放企业）重视排放行为，将排放成本视同生产成本加以控制和监督。而且，从经济学的角度，政府只能循序渐进地实施管控，以便企业的排放行为缓慢地体现为成本。如果操之过急，导致重点排放企业现有的生产系统、供给系统以及能源使用系统在短时间内承受过于剧烈的冲击，可能迫使企业提高商品或服务的定价以向客户转嫁这些新增成本（Cook，2009），这样就偏离了管控的目标，因此，管控政策的选择至关重要。常见的经济管控政策大体可分为两类：一类是管控

商品的价格，使需求量跟随价格变动而变动，又称价格工具（Price Instrument），另一类是管控商品的总需求量，由市场决定价格，又称数量工具（Quantitative Instrument）。在碳排放领域，代表性的价格工具是碳税，代表性的数量工具是碳排放权交易机制。尽管一些经济学家通过对比不同类型管控政策的边际成本和效益，认为价格工具比数量工具更为有效（Hepburn，2006），但现实中，各国各地区具体采用何种政策进行排放管控并非完全由经济因素决定，而是取决于政府的治理思路和政府间协议的规定。

可以观察到的事实是，碳排放权交易机制比碳税应用更早也更广泛。主流的碳排放权交易机制进一步又可分为两种，一种是“底线与积分（Base Line and Credit）”模式，另一种是“总量控制与交易（Cap and Trade）”模式。二者最大的差别在于：在“底线与积分”模式下，企业只有在政府划定的“底线”之下进行排放才会被授予“积分”，这些“积分”可以在碳市场上交易，出售给那些超“底线”排放的企业；而在“总量控制与交易”模式下，政府分配给企业的免费排放配额从一开始就是可交易的。企业可以抓住市场机遇，先行出售可能超过其预期剩余数量的配额，再在其后通过优惠的价格将其买回以获取利润，只要保证在次年清缴时有足够的配额履约即可。相比之下，“总量控制与交易”模式比“底线与积分”模式更灵活，但对市场机制的要求也更高。

识别并解析有关碳排放的具体管控政策非常重要，因为会计处理针对的是企业因应不同管控政策而实施的具体行为。在现有财务会计概念框架下，价格工具碳税的应用不会引发新的会计处理问题，但数量工具碳排放交易机制的应用引发了诸多亟待解决的会计问题。下文简要梳理并评述 IASB 及我国有关碳排放权交易的会计处理规定，并在此基础上展望该领域会计规则建设的前景。

二、碳排放权交易会计规则建设的历史沿革

欧盟原计划于2005 年1 月开始试运行基于“总量控制与交易”模式的碳排放权交易体系（EUETS），同一时点，欧盟上市公司开始执行国际会计准则，因此，欧盟早早就在催促 IASB 发布有关碳排放权交易的会计处理规定。2003 年 5 月，国际财务报告解释委员（IFRIC）发布了针对“总量控制与交易”模式的碳排放权交易会计处理草案，2004 年 12 月，IFRIC 正式发布《国际财务报告解释公告第 3 号——碳排放权》（IFRIC 3）。IFRIC 3 的主要观点如下：（1）无论是政府分配的配额还是从市场上购买的配额，企业均应作为资产（无形资产）确认，根据《国际会计准则第 38 号——无

形资产》（IAS 38）进行后续计量。其中，政府分配的配额以其取得日的公允价值入账。（2）对于政府分配的配额，企业应将支付的对价（如果有）与所获配额取得日公允价值之间的差额作为政府补助，根据《国际会计准则第20号——政府补助会计和政府援助的披露》（IAS 20）先确认递延收益，而后分期摊销计入损益。（3）实际排放温室气体时，企业应根据IAS 37预计负债、或有负债和或有资产准则确认一项预计负债（下文也称“排放负债”），该项负债始终以用以对其进行偿付的配额的市场价格（公允价值）计量。

但IFRIC 3在发布之后遭到了不少批评，主要体现在其会计处理设计出现了三个“不匹配”[①]：（1）计提排放负债的损益影响与摊销递延收益的损益影响不匹配。由于配额市场价格的变动，确认排放负债记录的成本费用，可能无法通过递延收益的分期摊销足额弥补。在企业没有超配额排放的情况下，出现这种损益后果对企业是不公平的。（2）配额市场价格变动对资产负债的影响不匹配。排放负债从年初开始不断累积，持续以用以对其进行偿付的配额的市场价格重新计量，但如果配额资产以历史成本进行后续计量[②]，配额市场价格变动将对其毫无影响，直至将其用于清缴时才会体现累计影响。即便配额资产以公允价值进行后续计量，由于企业是一次性获得配额，配额资产从确认伊始与从零开始累积的排放负债在数量上就有差异，因此报告期内配额市场价格变动对配额资产的影响与对排放负债的影响自然不一样。（3）配额市场价格变动对损益的影响不匹配。配额资产是流动资产，作为无形资产核算导致其即便以公允价值计量，公允价值变动也是计入权益，与直接按公允价值计量，公允价值变动体现在排放成本中的排放负债不一致。上述问题的存在意味着IFRIC 3有关碳排放权交易的会计处理设计没能形成好的逻辑闭环，最终这份解释公告在发布6个月后即被撤回，直到现在IASB再没有有关碳排放权交易会计处理的新的解释公告或会计准则出台。

与国际上碳排放权会计规则的发展轨迹类似，我国碳排放权会计规则的建设同样跟随着碳市场建设的步伐。2011年10月，国家发改委办公厅下发《关于开展碳排放权交易试点的工作通知》，批准北京、天津、上海、重庆、深圳、湖北、广东五市二省试点开展碳市场建设。截至2017年，有来自电力、钢铁、建筑材料、有色金属、化工、民航等多个领域的2 000多家企业在试点碳市场开展了碳排放权交易，履约率均接近百分之百，这促成了全国碳市场建设的启动。2021年7月16日，同样基于“总量控制与交易”模式的全国碳排放权交易市场正式上线交易。在全国统一的碳市场酝

① 观点整理自“Allan Cook. Emission rights: From costless activity to market operations [J]. Accounting, Organizations and Society. 2009 (3)”。

② IAS 38无形资产准则允许无形资产以历史成本或重估值模式（公允价值）进行后续计量。

酿及部署建设之际，我国财政部先是于2016年9月发布《碳排放权交易试点有关会计处理暂行规定（征求意见稿）》（以下简称《征求意见稿》），又于2019年12月发布《碳排放权交易有关会计处理暂行规定》（以下简称《暂行规定》）。

其中，2016年9月发布的《征求意见稿》的主要观点如下：（1）重点排放企业应将从市场上购买的配额作为一项新型资产加以确认（入账科目为“碳排放权”），但对政府分配的免费配额不做账务处理。（2）重点排放企业应在出售配额时，以及当期累计实际排放量超过出售后所剩配额时确认一项新型负债（入账科目为“应付碳排放权”），其中，因当期累计实际排放量超过剩余配额确认的“应付碳排放权”负债，借方记“制造费用”、“管理费用”等相关资产成本或费用科目。（3）“碳排放权”资产和“应付碳排放权”负债均采用公允价值进行初始计量和后续计量，公允价值变动计入当期损益。

《征求意见稿》是我国官方给出的第一份与碳排放权交易有关的会计处理意见。它要求企业对超配额排放部分确认成本费用，从会计层面约束了企业的排放行为，也迎合了碳排放管控的总体思路。但客观地说，《征求意见稿》在整体设计上还是存在一些问题，具体包括：

（1）承认有偿取得的配额是资产，但不承认无偿取得的配额是资产，这等于是认为有偿取得的配额和无偿取得的配额不具有同质性，而事实刚好相反——它们可以无差别地用于出售或清缴，不论是政府还是碳市场都没有区分配额的来源。

（2）在当期累计实际排放量超过出售后所剩配额时确认“应付碳排放权”负债（以下也称“净负债法”）有低估负债之嫌。财务报表（尤其是资产负债表）一贯严格控制净额列报资产负债，更何况碳排放负债存续的性态和企业持有多少配额其实并没有什么关系——配额不是非得用来偿付排放负债，也可以用来出售；它更不是政府对企业的欠款，与企业欠政府的排放负债没有对抵的理由。

（3）除了在当期累计实际排放量超过出售后所剩配额时确认“应付碳排放权”负债，《征求意见稿》还要求企业在履约前出售配额也确认“应付碳排放权”负债，这意味着出售的配额被作为超排负债进行了双重确认，但事实上，只有前者属于“需履约碳排放义务而应支付的碳排放权价值”①。

总体上，我们认为，净负债法在理论上存在缺陷，即便考虑到其相对简单，从务

---

① 如果改规定为：在出售配额时，以及当期累计实际排放量超过政府分配的免费配额和从市场上购买的配额之和时确认“应付碳排放权”负债，同时规定，如果报告期末企业当期累计实际排放量没有超过剩余配额，应将之前出售配额确认的负债转为投资收益，即便如此，仍然存在财务报表无法体现企业对免费配额的套利操作以及关联损益影响的问题。

实的角度选择应用该种方法，也最多将其应用于“底线与积分”模式。若将其用于“总量控制与交易”模式，明显忽略了“总量控制与交易”模式市场导向的推力以及买卖配额可能产生的各种复杂结果。虽然从我国包括全球碳市场建设的情况观察，初始构建的碳市场的活跃程度都不甚理想，但从长远来看，配额交易市场是各国政府为降低碳排放所尝试的各种举措中非常重要的一种，因此，对基于“总量控制与交易”模式的碳排放交易机制，净负债法这种会计处理思路其实应该被放弃。

在《征求意见稿》发布三年后，2019 年 12 月，我国财政部出台了《碳排放权交易有关会计处理暂行规定》。《暂行规定》走“极简风”，在延续《征求意见稿》只确认有偿取得的配额（改入账科目为“碳排放权资产”）、不确认政府分配的免费配额思路的基础上，进一步简化了碳排放权交易的会计处理，主要规定包括：（1）“碳排放权资产”科目采用历史成本进行初始计量和后续计量。（2）使用免费配额履约或对其进行注销均不做账务处理。（3）对于超额排放不再确认有关负债，待购入超排数量的配额履约清缴时，借方计入营业外支出。（4）出售免费配额时，直接按实际出售价款扣除相关税费后的金额贷记“营业外收入”科目。《暂行规定》简单、易理解、易操作，从无到有填补了我国碳排放权交易会计规则的空白，但其在整体设计上也存在一些问题，比如：与《征求意见稿》一样，存在对配额资产差别认定的问题。此外，《暂行规定》不要求确认排放负债或超排负债，仅在企业购入超排数量的配额清缴时直接记录“营业外支出”，这导致：①利润表损益跨期。超额排放年度产生的超排费用体现在购入配额清缴的年度。②资产负债表少记负债。直接忽视企业在报告期间产生的排放义务，产生表外负债问题。③超配额排放部分不再确认成本费用，而是记入“营业外支出”科目，对企业的约束力有所减弱[①]，在某种程度上也偏离了碳排放权管控的总体思路——让企业将排放成本视同生产成本予以管控。

三、碳排放权交易会计规则建设的未来展望

国际上，在 IFRIC 3 流产十年之后，2015 年 6 月，IASB 启动了“污染物定价机制”项目。该项目雄心壮志，试图涵盖各种污染物定价机制有关的会计问题。比如，在该项目的前期讨论中，IASB 对“底线与积分”模式和“总量控制与交易”模式进行了对比，并确定在制定会计规则时应考虑这些异同。但兼容并包的思路也导致这个

① 超排支出属于企业正常生产经营支出，应计入成本费用，影响企业毛利率或经营利润率。计入营业外支出，超排支出很可能被外部信息使用者视为非经常性损益。

项目从立项之后就进展缓慢。在 2021 年 9 月召开的会计准则制定机构国际论坛（IF-ASS）上，IASB 开始讨论是否要沿着这种大而全的思路继续下去，还是只针对碳市场交易机制，甚至只针对“总量控制与交易”模式推进后续工作。此外，如果市场上出现了新的交易机制①是否需要考虑，以及做市商和交易机制管理者的会计处理是否需要在项目中一并考虑，也是 IASB 在现阶段担忧的问题。IASB 的担忧是可以理解的。然而，远水解不了近渴，就我国而言，近十年来，从无到有建设发展起来的全国碳市场和日益增加的市场参与者都在呼唤高质量的会计标准。2020 年 9 月，习近平总书记在联合国大会一般性辩论上郑重宣布，我国将力争 2030 年前实现碳达峰、2060 年前实现碳中和，截至目前，针对“总量控制与交易”模式，这一国家层面重大战略的落地，也亟待有关方面健全法律法规和相关标准体系。因此，我们认为，在 IASB 碳排放权会计准则的制定尚无定期的情况下，我国准则制定机构应采用务实和积极的策略，基于国内目前应用的“总量控制与交易”市场机制，针对主要参与方——重点排放企业和投资机构，大胆先行一步，出台具体会计准则，既响应国家重大战略，同时也向 IASB 反向输出，推动“污染物定价机制”项目的研讨和规则制定。

截至目前，针对“总量控制与交易”模式，IASB 面向有关重点排放企业利益相关方的调查表明，如下会计问题是他们重点关注的：（1）如何对政府分配的免费配额和从市场上购买的配额进行确认和初始计量？（2）如何对持有的配额（无论是用以清缴还是用以投资目的）进行后续计量？（3）是否就偿付配额清缴排放确认一项负债？如果确认，什么时候确认？如何计量？（4）如何列报污染物定价机制产生的资产、负债、利得和费用？（5）如何披露相关污染物定价机制？（IASB，2021）。我们从上述问题中分离出递进的四个难点问题：一是政府分配的免费配额是否作为资产进行确认？二是如果免费配额作为资产确认，其借方科目和贷方科目分别是什么？三是如何反映配额与排放之间的关系？四是如何对所有相关资产负债进行后续计量？解决上述四个问题基本上可以妥善解决目前市场机制下碳排放权交易的会计处理设计，至于如何列报与披露则是第二层次应当考虑的。

1. 政府分配的免费配额是否作为资产进行确认？

虽然 IFRIC 3 已经被撤销，但我们认为，其对政府分配的免费配额是否是一项资产的论证仍旧是成立的。IFRIC 3 认为，政府分配的免费配额是由过去的事项（政府

① 按照 EUETS 的设想，更多的配额应该是逐步通过拍卖的方式分配给企业，而不是无偿分配给企业。有经济学家认为，将所有配额拿来拍卖且确保越早节约下来的配额越快被拍卖，是最有效的降低总体排放的方式。但也有经济学家认为，如果在配额分配上过快转向拍卖模式，极有可能产生相反的效果，即强迫企业转嫁成本给客户，而不是鼓励它们努力节能减排。因此，新的交易机制是否推出、何时推出目前难以判断。

分配）形成的，由企业拥有或控制（企业可自行决定它们的用途），且预期会给企业带来经济利益的资源（不论是用来偿付排放负债，还是在市场上出售都能为企业带来经济利益），因此，政府分配的免费配额符合财务会计概念框架关于资产的定义[①]，不能因为企业没有付出成本或其他对价就不将其确认为资产。

2. 配额资产的借方科目和贷方科目分别是什么？

IFRIC 3 曾经十分纠结配额资产的借方科目，即配额资产是什么类别的资产这个问题，这关系到碳排放权交易的会计处理与其他具体准则的衔接。最后的选择在金融工具与无形资产之间，IFRIC 认为配额资产不满足交易性金融资产的定义，却可以落在无形资产的定义范畴内，因此认定配额资产是无形资产，但这也遭至了无形资产的后续计量方法与排放负债后续计量方法不匹配的诟病。我们认为，从务实的角度，为快速解决配额资产的借方科目问题，可以将配额资产认定为是一项新型的资产，这样处理最大的好处是，能够自由地为配额资产设定其初始入账和后续计量的方法，只需要考虑账务处理本身是否能够形成好的逻辑闭环，而不用考虑与其他具体准则的衔接问题[②]。

配额资产确认后，紧接着的一个问题是其贷方科目的设定。这两种用途中，IFRIC 3 认为政府分配的免费配额属于政府无偿给予企业的经济支持，因此应作为政府补助，贷方确认递延收益，而后分期摊销计入各期损益。但根据前文的分析，递延收益的分期摊销很可能无法弥补排放负债计提产生的成本费用，这也引发了关于 IFRIC 3 最尖锐的批评。但是贷方如果不是递延收益又该是什么呢？2009 年，Allan Cook 在《碳排放权：从无成本行为到市场化运作》一文中提出了一种颇有见地的思路。Cook（2009）认为，在“总量控制与交易”模式下，企业持有的配额有两大用途，一种用途类似于“货币”，只要企业发生了排放行为，产生了排放负债，那么配额是唯一可以用来偿付排放负债的工具；另一种用途类似于“证券”，企业获取配额后可立即在市场中出售。这两种用途中，第一种用途是更基础的用途，该用途使企业按年从政府处获取一批免费配额这一事项看起来十分类似于企业每年从政府处获得一笔无息贷款。唯一不同的是，无息贷款的本金在到期日要如数归还，而如果企业能够将年度排放量成功控制在免费配额之下，免费配额与实际排放量之间的差额可以不用归还。从这个角度看，获取免费配额就像是企业承担了一笔有条件的负债（Conditional Liability）。比照企业直接从政府处取得无息贷款用以偿付排放负债的会计

---

① 财务会计概念框架（2018）认为，资产是由过去的事项形成的，由企业拥有或控制的，且预期会给企业带来经济利益的资源。

② 当然，这种带有权宜之计性质的处理方法在理论层面存在不足，削弱了资产类别分类的逻辑严谨性。

处理，Cook 设计了企业直接从政府处取得免费配额用以偿付排放负债的会计处理，具体见表 1。表 1 所列两种情况对排放负债的会计处理是相同的，均在实际发生排放时计提，在报告期内不断累积，直至下一报告期间被偿付。但在假设取得贷款直接偿付排放负债这种情况下，企业要做两笔支付，一笔相当于用政府给的无息贷款清偿排放负债，另一笔为到期归还政府贷款；而在取得配额偿付排放负债这种情况下，只会发生一笔支付——用配额资产偿付排放负债。配额负债不需要像贷款那样到期归还政府，只要企业在政府分配的免费配额之下进行排放，配额负债与排放负债之间就是此消彼长的关系，相当于每一当量的排放消耗等量的配额。

表 1　　　　配额负债的初始确认与终止确认

假设取得贷款偿付排放负债	取得配额偿付排放义务
借：银行存款 　　贷：借款	借：配额资产 　　贷：配额负债
借：成本费用 　　贷：排放负债	借：成本费用 　　贷：排放负债
借：排放负债 　　贷：银行存款	借：配额负债 　　贷：成本费用
借：借款 　　贷：银行存款	借：排放负债 　　贷：配额资产

我们赞同 Cook 配额资产的贷方科目是一项有条件的负债的观点，理由是：直到年度终了，企业全年累计实际排放量确系小于免费配额为止，配额资产的贷方都满足财务会计概念框架有关负债的定义①：它是企业因过去的事项形成的（这里“过去的事项”指的是获取免费配额这个事项），预计会导致经济利益流出（这里“经济利益流出”指的是企业必须偿付配额清缴排放）的现时义务（这里的“现时义务”可以理解为，企业在收到免费配额时就承担了偿付配额清缴排放的义务）。按照概念框架，负债体现的现时“义务”（Obligaition）不必一定是无条件的、可强制执行的，在有些情况下，也可以是有条件的，只要企业在当下没有实际能力避免（No Practical Ability to Avoid）经济利益的转移②即满足负债的特征。因此，企业收到免费配额这个事项会计处理的贷方应该是一项有条件的负债。进一步地，这个负债还有一个特征：它的偿付金额具有不确定性，因为其核算的配额数量和市场价格在不断发生变化。按照 IAS 37

① 财务会计概念框架（2018）认为，负债是企业因过去的事项形成的，预期会导致经济利益流出的现时义务。

② 虽然最终是否偿付配额清缴取决于企业未来采取的行动——其实际排放的情况，但不管企业最终是否将全年累计实际排放量控制在免费配额之下，它在当下没有实际能力避免偿付配额清缴排放这一义务。

预计负债、或有负债和或有资产准则，可以认为这项负债是一项有条件的预计负债。至报告期结束，若全年累计实际排放量小于免费配额这个条件被触发，配额资产对应的贷方科目配额负债将不再满足负债的特征，也即配额负债期末若有结余应被结转为当期利润。因此我们建议，企业初始确认后的配额负债转入“其他收益”，相当于企业通过自身一年的努力争取到一笔与日常活动有关的政府补助，控排有收益。

3. 如何反映配额与排放之间的关系？

在确认完配额资产和配额负债后，另外一个问题接踵而至：如何处理配额负债和排放负债之间的关系？根据表 1，按照 Cook 给出的思路，在企业产生实际排放后，配额负债将由排放负债代替，同时，配额负债的摊销将抵销排放负债计提产生的成本费用。我们认为，上述思路的实现有一个重要前提，即排放负债应以实际排放量为基础计提，同时配额负债以实际排放量为基础摊销。之前 IFRIC 3 要求排放负债以累计实际排放量为基础计提，先按累计实际排放量乘以用以对其进行偿付的配额的市场价格算出截至即期应承担的负债的总额，扣减前期已经确认的负债，得到即期应确认的排放负债[①]。如果延续这种方法计提排放负债，配额负债无论采用什么方法摊销，都无法与计提排放负债产生的成本费用相互抵销。而以实际排放量为基础计提排放负债、同时摊销配额负债，可以保证排放负债的增加与配额负债的减少从数量上先对齐，这是保证在免费排放配额内，配额负债的摊销能够完全抵销排放负债计提产生的成本费用的第一步。第二步，便是对齐两项负债的计量基础。历史成本显然不可取，因为两项负债初始确认的时点并不一致，公允价值（配额市场价格）无疑是更好的选择。综上所述，大致的会计处理逻辑是：企业按照实际排放量乘以即期配额市场价格计提排放负债，同时对配额负债采用相同的方法摊销，这样企业只要在免费配额之下进行排放便是“零成本”。但一旦免费配额用完，没有了配额负债摊销带来的抵销效应，计提排放负债产生的成本费用便会侵害企业期间利润。超配额排放越多，侵害越大。至次年清缴前，企业还须流出现金择机购入足够覆盖超排数量的配额，以履行清缴义务，超排成本凸显[②]。整体上看，这套会计处理思路能够实现将排放成本的外部性内部化，从而约束企业加强温室气体排放管理和配额管理的目标。

4. 如何对配额资产、配额负债和排放负债进行后续计量？

按照前文所述，配额负债和排放负债均应以公允价值进行后续计量，自然地，配额资产也必须采用相同的后续计量模式，这样，只要企业在政府分配的免费配额之内

---

① 这种方法其实混淆了排放成本和配额市场价格变动的损益影响。

② 相反，如果企业年度累计实际排放量小于免费配额，剩余的配额可以结转至下一报告期间使用或者出售获利，控排有效益。

进行温室气体排放，这两项负债公允价值变动[①]的和与配额资产按初始获得的免费配额总量乘以配额市场价格变动计算的公允价值变动也可相互抵销。加之前述配额负债摊销与排放负债计提产生的成本费用抵销效应，这意味着在不考虑其他因素的情况下，即便相关资产负债入表并以公允价值进行后续计量，对期间损益也几无影响。对严格控排的企业而言，这种损益后果是公平合理的。

当然，当有如下情况出现时，公允价值计量带来的公允价值变动的损益均衡即被打破：情况一，免费配额用完。当累计实际排放量超过免费配额之后，配额负债用完，排放负债和配额资产的公允价值变动无法对抵，在配额市场价格上升时会减少利润，在配额市场价格下降时会增加利润[②]。情况二，企业买卖碳排放权配额，使得持有的配额数量与累计实际排放量和剩余免费配额之和不相等。此时配额资产的公允价值变动无法与配额负债和排放负债的公允价值变动之和相抵销。当持有配额数量超过累计实际排放量和剩余免费配额之和时，配额市场价格上升会增加利润，配额市场价格下降会减少利润；当持有配额数量小于累计实际排放量和剩余免费配额之和时，配额市场价格上升会减少利润，配额市场价格下降会增加利润。

最后一个小问题，即配额资产、配额负债和排放负债的公允价值变动是计入损益还是权益？首先，基于对 IFRIC 3 的批评，相关资产负债的公允价值变动要么全部计入损益要么全部计入权益，以保证其影响相互匹配。其次，计入损益应该是更理想的选择，因为这三项资产负债从性质上应属于流动资产或流动负债[③]，配额资产还具有证券的性质，企业在获取后即可在市场中交易。

综合以上，我们认为，在上述会计处理设计下，基于“总量控制与交易”的碳排放权交易能够形成好的逻辑闭环。配额资产、配额负债和排放负债分别代表了三条相互独立又相互关联的核算线。其中，（1）配额资产追踪配额的增减变动。配额资产的核算十分类似于交易性金融资产，且受制于金融工具准则设定的交易性金融资产的核算规则（持有期间以公允价值计量且公允价值变动计入当期损益，即使被出售，累计的公允价值变动也不予以转回），企业可能买卖配额套利，但基本不可能买卖配额操纵利润。站在会计规则设计的角度，这便是好的规则。（2）配额负债追踪免费配额的获取和使用。配额负债的会计处理流程中，有一个十分讲究的步骤：由于实务中企业在某一报告期间通常是先发生实际排放，后获得政府分配的免费配额（见图 1），因

① 客观地说，这两笔负债的公允价值变动不易计算，因为它们的数量在不断发生着变化。每一次计提排放负债时，企业需要分别按照截至上一期间的累计实际排放量和剩余免费配额计算它们的公允价值变动。

② 对情况一的讨论不考虑其他因素，如买卖配额、获取国家核证自愿减排量和地方主管部门认可的减排量等情况。

③ 当然配额资产如果没有用完，递延至下一个报告期间使用，存在流动性延展的问题。

此，企业在配额负债初始确认后的第一时间应根据之前的累计实际排放量和配额现时市场价格（也是配额负债初始确认时的配额市场价格）一次性冲销一部分配额负债，同时冲减之前排放累计的成本或费用。当前期排放产生的损益总额对即期损益影响重大时，这种一次性对冲有可能会造成企业报告中期利润的波动[①]，具体影响有待案例研究。而如果企业不严格在确认配额负债后做这笔一次性冲销，而是择机冲销，还可能造成一段时间内两笔负债并存的不合理现象，随后一次性对冲导致的利润波动也可能演变为主观的利润操纵（在金额重要性水平足够大的情况下）[②]。（3）排放负债追踪实际排放情况。排放负债于实际发生时确认，发生多少记录多少，不断累积。至清缴时点，只要保证经核证的上一年度实际排放量应有足够数量的配额资产或减排指标予以清缴即可。

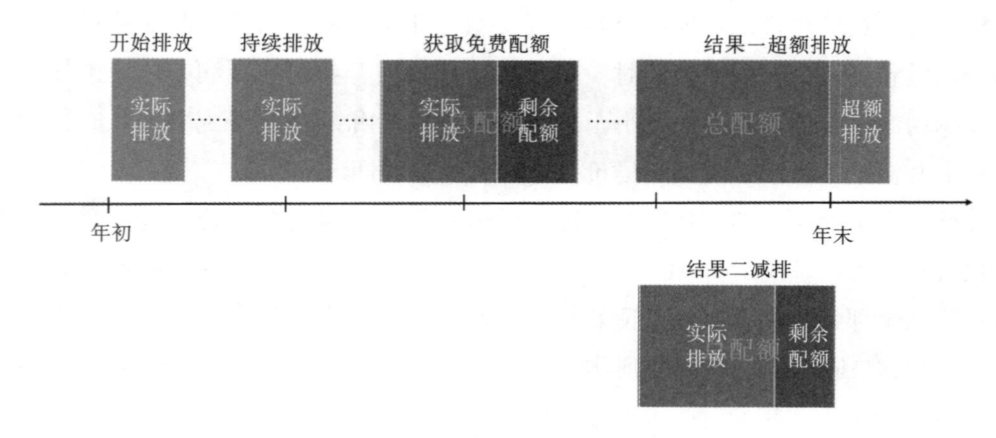

图 1　重点排放企业典型业务流程

四、结论

本文从碳排放管控的总体思路出发，针对“总量控制与交易”交易机制，梳理并评述 IASB 及我国相关会计处理规定，同时展望了该领域会计规则建设的前景。本文的主要观点包括：免费配额应该作为一项新的资产进行确认，其贷方配额负债是一项有条件的预计负债，报告期内在企业发生实际排放时按实际排放量摊销，并由排放负债代替，期末若有节余，作为与日常活动有关的政府补助计入其他收益。同时，配额资产、配额负债和排放负债均采用公允价值计量，公允价值变动计入当期损益，以此

①② 典型如企业在下半年才获得政府免费分配的碳排放权配额，则上半年因实际排放累计的损益影响将集中体现在下半年。

保证相关资产负债入表对企业报告期损益影响的合理性。

我们注意到，在双碳目标提出后，我国财政部会计准则委员会积极作为，2021 年 5 月底，其主导的咨询项目“绿色发展背景下的我国碳排放权交易会计准则的研究和制定”课题组发布了《绿色发展背景下的我国碳排放权交易会计准则研究》报告（以下简称“报告”）。报告基于服务国家绿色发展、助力碳市场和企业绿色发展以及引领国际会计标准建设的目标，在详尽梳理我国碳排放权交易制度的基础上，全面深入研究碳排放权交易的确认、计量和披露，起草了有关碳排放权会计准则的草案。这是我国官方主导的有关碳排放权会计研究的最新成果，也表明我国全新的碳排放权会计准则已经在路上。我们建议我国准则制定机构尽快出台碳排放权会计准则征求意见稿，助力碳市场建设和企业可持续发展，同时在相关国际准则的制定中发出响亮的中国声音。

（原载于《财会月刊》2021 年第 21 期）

主要参考文献：

1. Allan Cook. Emission rights：From costless activity to market operations ［J］. Accounting，Organizations and Society，2009（3）.

2. IASB. IFRIC 3—Emission Rights（withdrawn）［A］. www. iasb. org.

3. IASB. Conceptual Framework for Financial Reporting ［A］. The Annotated IFRS Standards 2020. London：IFRS Foundation，2020.

4. 财政部．关于征求《碳排放权交易试点有关会计处理暂行规定（征求意见稿）》意见的函．财办会〔2016〕41 号，2016－09－23.

5. 财政部．关于印发《碳排放权交易有关会计处理暂行规定》的通知．财会〔2019〕22 号，2019－12－16.

6. 财政部会计准则委员会咨询项目总报告“绿色发展背景下的我国碳排放权交易会计准则研究”精要版［A］. 2021－05－24.

7. 财政部会计准则委员会咨询项目《企业会计准则——碳排放权》（草案）［A］. 2021－05－25.

8. 黄世忠．支撑 ESG 的三大理论支柱［J］. 财会月刊，2020（17）.

9. 沈洪涛．碳排放权交易会计的国际模式与中国实践［J］. 财务与会计，2020（11）.

气候相关风险的会计影响分析

叶丰滢　蔡华玲

【摘要】本文结合IASB发布的气候相关事项对财务报表影响的系列教育材料，以及CDSB发布的“气候会计——在财务报告中整合气候相关事项”的报告，阐述气候相关事项的具体会计影响。本文的研究旨在揭示IASB运用现有IFRS准则中的原则反映气候风险的思路，同时为我国企业提示绿色发展转型潜在的财务风险和经营风险。

【关键词】气候相关因素；财务报表；折旧；减值；预计负债；财务报表披露

一、引言

气候变化是一个日益升温的话题，企业投资者和其他利益相关者也越来越重视气候相关事项对商业模式、财务状况、经营成果和现金流量产生的潜在影响。2019年11月，国际会计准则理事会（IASB）委员Nick Anderson执笔撰写“国际会计准则（IFRS）和气候相关披露”，阐述了如何运用原则导向的国际会计准则（IFRS）的相关规定反映气候风险和其他新兴风险[①]。一年之后，IASB以Anderson的文章为蓝本进行了扩充，发布教育材料“气候相关事项对财务报表的影响”。IASB（2020）指出，如下IFRS在应用时可能需要考虑气候相关事项的影响：《国际会计准则第1号——财务报表列报》（IAS 1）、《国际会计准则第2号——存货》（IAS 2）、《国际会计准则第12

① 这篇文章受到澳大利亚会计准则委员会（AASB），以及审计和鉴证委员会（AUASB）前期工作成果“气候相关风险和其他新兴风险披露”报告的启发。

号——所得税》（IAS 12）、《国际会计准则第 16 号——不动产、厂房和设备》（IAS 16）、《国际会计准则第 38 号——无形资产》（IAS 38）、《国际会计准则第 36 号——资产减值》（IAS 36）、《国际会计准则第 37 号——准备、或有负债与或有资产》（IAS 37）、《国际财务报告准则第 7 号——金融工具披露》（IFRS 7）、《国际财务报告准则第 9 号——金融工具》（IFRS 9）、《国际财务报告准则第 13 号——公允价值计量》（IFRS 13）、《国际财务报告准则第 17 号——保险合同》（IFRS 17）等[①]。2020 年年底，同样在 Anderson 文章的基础上，气候披露准则理事会（CDSB）发布报告《气候会计——在财务报告中整合气候相关事项》，结合案例详细讲解了气候相关事项对 IAS 1、IAS 37、IAS 36 和 IAS 16 这四个准则的影响，因为这几个准则与大多数企业有关，适用于一系列行业和地区，在应用这几个准则时是否考虑气候相关事项进行相应的确认计量披露可能对财务报表影响重大。CDSB 还表示，未来会考虑为更多的相关准则制定附加指南，鉴于其目前已经被新设立的国际可持续准则理事会（International Sustainability Standards Board，ISSB）合并，预计这一项工作将被移交给 ISSB。

本文结合上述材料，综述气候相关事项的具体会计影响，重点阐述气候风险对折旧计算、资产减值损失计提、预计负债计提、财务报表列报与披露的影响。本文的研究旨在揭示 IASB 运用现有 IFRS 准则中的原则反映气候相关问题的思路，同时为我国企业提示绿色发展转型中潜在的财务风险和经营风险。

二、气候相关事项对折旧计算的影响

IAS 16 要求企业对固定资产按期计提折旧，并列举了折旧计提的几种常见方法，包括直线法、余额递减法以及产量法。企业根据资产内含未来经济利益的预期消耗模式选择折旧方法，而不论企业选择何种折旧方法，预计使用年限和预计净残值率是基本绕不开的两个折旧计算参数。IAS 16 要求企业“至少在每个财务年度结束时评估一次固定资产的预计使用年限和预计净残值”[②]，气候相关的因素，诸如国家或地区颁布的相关政策法规、转型发展导致的资产类型过时配件难以获取、新的低碳技术的出现、消费者偏好的改变、碳税的实施等都可能对上述两大参数产生重大影响，进而成为资产发生减值的迹象。比如，2015 年，英国宣布到 2025 年关闭所有燃煤电厂，这导致

① IASB 也指出，上述准则清单并非穷举，也即清单之外可能还有其他准则在应用时需要考虑气候相关事项的影响，比如，职工薪酬准则有关设定受益计划负债的计量规定等。

② IAS 38 无形资产准则也有类似的规定，对于使用寿命有限的无形资产，企业至少在每个财务年度结束时对其摊销期和摊销方法进行评估。

英国国内燃煤电厂固定资产的使用年限被限制在10年之内，并引发了对其净残值和减值风险的重新评估，最终影响确认的折旧金额（CDSB，2020）。

可见，对碳密集型企业而言，一旦其公布实现碳中和目标的行动方案及时间表、路线图、施工图，即意味着企业必须对主要经营性长期资产的预计使用年限和预计净残值率进行重估。这类资产在碳密集型企业的资产总额中往往占据高重要性水平，预计使用年限的缩短和预计净残值率的降低很可能导致企业期间折旧费用激增，利润下降，在通往碳中和的长路上背负巨大的业绩下滑的压力。而这种潜在影响还被要求披露。固定资产预计使用年限和预计净残值率的变更属于会计估计变更，企业一旦作出变更决定，按照《国际会计准则第8号——会计政策、会计估计变更和会计差错更正》（IAS 8）的规定，必须披露“会计估计变更的性质和金额对变更所属报告期间的影响，以及对未来报告期间的预计影响”，包括对持续经营利润、税后利润以及每股收益的影响等。此外，如果企业认为折旧计算参数的估计存在重大不确定性，按照IAS 1，还须披露估计不确定性的来源及管理层用于确定参数的关键假设，并进行敏感性分析。

三、气候相关事项对资产减值损失计提的影响

根据IAS 36，企业“应在每个报告期末评估一项资产是否存在减值迹象，存在减值迹象的，要估计其可收回金额”，并在可收回金额低于账面价值时计提资产减值准备。IASB（2020）、CDSB（2020）及Nick Anderson（2019）都认为，气候相关事项会对资产减值损失的计提产生深刻影响。若企业在开展资产减值测试时不考虑重要气候相关风险的影响，许多资产项目（包括但不限于：矿藏资源类资产、固定资产、无形资产、使用权资产、商誉等）的账面价值都可能被高估，具体表现在：首先，气候相关事项会影响资产是否存在减值迹象的判断，某些气候相关风险很可能表明资产出现了减值迹象；其次，气候相关事项会影响资产或资产归属的现金产出单元未来现金流量的估计，从而直接影响可收回金额测算中资产使用中的价值（Value in Use）的计算[①]。

G20金融稳定理事会（FSB）下属的气候相关财务披露工作小组（TCFD）将气候相关风险区分为物理风险（Physical Risks）和转型风险（Transition Risks），其中，可能影响资产或资产归属的现金产出单元现金流量估算的气候相关风险包括了物理风险，以及预期消费者行为的变化（Expected Changes in Consumer Behaviors）、预期政府

---

① 可收回金额以资产或资产归属的现金产出单元的公允价值扣减预计处置费后的净额与其使用中的价值孰高计量。资产或资产归属的现金产出单元使用中的价值正是以预计未来现金流量的折现值计算。

行动的变化（Expected Government Action）这两个转型风险（CDSB，2020）。

（1）物理风险对现金流量估算的影响。物理风险又可分为急性物理风险和慢性物理风险。急性物理风险是指事件驱动的风险，比如极端天气事件（台风、洪水、森林火灾等）的严重程度或发生频率的变化等；慢性物理风险是指与气候模式的长期变化有关的风险，比如长期的气温上升、海平面上升、海水酸化等。如果上述风险因素被认为是资产发生减值的迹象，企业在进行使用中的价值测算时便需要在未来现金流量的预计中考虑这些因素的影响。值得一提的是，如果企业的生产成本会通过供应链传递，企业在估算未来现金流量时也要考虑与供应商有关的物理风险的影响。比如，企业主要供应商的原料工厂遭到极端恶劣天气的破坏而被迫发生迁址，该事件导致企业所需原料运输路程加长、价格上升，这种影响将通过价值链传递到企业产品生产线相关现金产出单元，导致现金流出增加。

（2）预期消费者行为的变化对现金流量估算的影响。企业对收入流和收入成长性的预期有可能因为消费者行为偏好的变化而变化。如果企业认为气候相关事项会影响消费者行为，从而导致其商品未来销售数量或销售价格发生变动，在估算未来现金流量时必须基于对气候相关事项导致的消费者行为变化的最佳估计。例如，随着消费者环保意识的觉醒，对产生高碳排放的商品的需求日益减少，对环保商品的需求日益增加，这会导致企业预计的未来收入分布及相关现金流量的变化。另外，与前述类似，企业的供应商也可能会因应社会期望的变化而作出经营策略的改变，从而导致企业成本相关现金流出的变化，这类因素在估算现金流量的时候也要考虑。

（3）预期政府行动的变化对现金流量估算的影响。企业在预估未来现金流量时还需要考虑遵守政府发布的新政策或新法规（如引入碳税、碳排放权交易机制、制定新的低碳排放标准等）的成本，以及不断增长的保险成本。CDSB（2020）认为，不能等到有关政策法规开始实施才将其影响纳入未来现金流量的估算中。只要企业的最佳估计是政府的立法或监管行动会对未来现金流量产生影响，那么即便政府行动的确切性质或形式尚不明确，在估算现金流量时也应包含预期的变化。

必须指出的是，现金流量预测本身是一项专业性极强的工作。IAS 36 对现金流量的估算进行了严格的原则管控，部分地方甚至出现了具体的规则要求。比如，其规定“估算时使用的预算和预测最长年限为 5 年，除非能够证明运用更长时间的预算或预测是合理的。[①]”这一规定切割了现金流量的估算区间，虽然给出了执行例外，但不超

① 在这段预测期之后的现金流量，企业“应使用稳定或递减的增长率进行估计，除非能够证明采用递增的增长率是合理的。”“使用的增长率不得超过其经营的产品、所在行业或所在国家或地区的长期平均增长率，除非能够证明更高的增长率是合理的。”

过5年的预测年限限制还是容易被误解为可以忽略重要气候风险的影响，因为气候风险通常被认为是遥远的长期风险。有鉴于此，在2021年9月召开的会计准则制定机构国际论坛（IFASS）上，IASB明确提出考虑打破资产使用中的价值测算时对现金流量预计的5年之限，让气候相关风险顺理成章地影响资产整个预计使用年限内的现金流量。

此外，IAS 36还要求企业披露资产减值相关的信息，其中，“用以确定报告期间资产或资产所属现金产出单元可收回金额的假设”也是要求的披露内容之一。对于商誉和其他无法预计使用年限的无形资产，有关估算假设的披露要求是强制性的，对于其他资产，IAS 36的措辞是“鼓励披露”。如果可收回金额是基于使用中的价值确定，有关估算假设的披露要求包括：一是影响可收回金额的关键假设；二是管理层决定每一关键假设的方法；三是现金流量预测的区间，如果超过5年，说明其合理性；四是预测区间之后现金流量的增长率，如果使用的增长率超过企业所在国家或市场的长期平均增长率，说明其合理性。IASB（2020）认为，虽然针对除商誉和其他无法预计使用年限的无形资产之外的其他资产的估算假设披露要求并非强制性，但如果气候相关风险对其使用中的价值（从而对可收回金额）的计算具有重大影响，这种披露就与财务报表使用者密切相关，最好体现。特别是如果减值资产属于矿产资源类的长期资产，投资者更需要了解矿业企业在决定应否继续勘探某些不可再生资源领域时是否考虑了气候相关风险的影响（Anderson，2019）。

四、气候相关事项对预计负债计提的影响

物理气候风险的变化速度和严重程度，以及伴随的转型风险，尤其是预期政府行动的变化，还可能经由IAS 37对企业的财务状况和经营成果产生影响，具体包括：

（1）引发对存量预计负债的重估。IAS 37要求企业“在每个报告期末对承担的预计负债进行重估，调整其金额以反映现行最佳估计”，气候相关的风险和不确定性很可能会影响存量预计负债的最佳估计。比如，企业为应对所在国家或地区颁布的减排管控措施而作出提前退役高排放资产（如煤矿井、油气井或核电站等）的决定，在缩减相关经营性长期资产折旧年限并对其加大减值计提力度之余，还可能需要重估与之有关的弃置费用负债。弃置费用负债以预计弃置活动产生的未来现金流出折现的方式计提，折旧年限的缩短将导致折现年限的缩短，弃置规则的趋严还可能导致未来现金流出的增加或折现率的变化，这些都会触发对存量预计弃置费用负债的重估，并在绝大多数情况下导致负债的增加。

（2）引发新的预计负债的计提。IAS 37 要求在如下三个条件同时满足的情况下确认一项预计负债：一是由于过去的事项导致企业具有法定或结构性的现时义务；二是该现时义务的履行很可能会导致包含有经济利益的资源流出；三是该义务的金额能够可靠地估计。气候相关的风险在如下情况下有可能会导致企业因满足预计负债的确认条件而新增计提预计负债：

①企业因气候相关法律法规的变化或自身承诺实施的环保行动而预提结构性负债。典型如石油公司在尚未开展环境立法的国家经营并造成污染，如果其明确对外承诺将负责清理所有由其生产经营造成的排放，即便当下企业没有法定的现时义务，也承担着结构性的现时义务，必须计提预计负债予以反映。

②企业因气候相关事项导致合同亏损（履行合同义务的不可避免的成本超过预期合同带来的经济利益）而预提负债。因气候相关事项导致的合同亏损典型如企业在原材料采购环节放弃采购低成本高排放的原料，转而采购高成本的环保原料，又如，绿色发展压力传导导致的大宗商品/原材料价格上涨或产成品价格下跌等。一份合同一旦被确认为是亏损合同，企业必须在所属报告期间反映全部的合同亏损，这同样涉及预计负债的新增计提。

③气候相关事项导致部分或有负债向预计负债转变。典型如油气管道等资产，之前由于其预计使用年限难以确定，企业没有计提与之有关的弃置费用负债。但在有关碳中和目标的时间表、路线图、施工图明确之后，企业很可能需要重新评估现有的情况并计提负债。如因污染活动导致的法律诉讼，作为一项现时义务，之前企业可能认为其导致经济利益流出的概率不大，但是在排放规则趋严后，其导致经济利益流出的概率大大增加，这种情况下，只要该义务的金额能够可靠地计量，企业也需要新增确认一项预计负债。

前述（1）和（2）主要涉及预计负债的计提和估计，IAS 37 还要求针对不同类型的预计负债披露如下内容：一是义务的性质和预计经济利益流出的时间；二是关于金额或流出时间不确定性的指示信号；三是预计偿付的金额。IAS 37 强调，必要时企业应披露有关未来事项的主要假设，这就包括企业在估计时是如何考虑气候相关风险的。

（3）引发新的或有负债的披露。物理气候风险和转型气候风险还可能导致企业新增披露或有负债，或重新披露存量或有负债的变化。比如，新的环境保护法出台，虽然企业是否违反法规还存在争议，其发生赔偿的概率低于 50%，但企业需要将相关事项作为或有负债进行披露。与预计负债的披露内容类似，或有负债的披露内容同样包括性质，以及预计的财务影响、关于金额或流出时间不确定性的指示信号、各种偿付发生的概率等。

五、气候相关事项的其他会计影响

（1）对存货期末计价的影响。气候相关事项可能会导致企业的产成品存货库存过时、销售价格下降，或半成品存货的完工成本增加。如果存货的成本不可收回，按照IAS 2的规定，需要计提存货跌价准备以将其账面价值减记至可变现净值。

（2）对递延所得税资产确认的影响。IAS 12要求企业对可抵扣暂时性差异及未使用的税收损失和退税确认递延所得税资产，前提是企业未来的应税利润足够抵减这些金额。气候相关事项可能会影响企业对未来应税利润的估计，并导致企业无法确认递延所得税资产，或终止确认之前确认的递延所得税资产。

（3）对金融工具核算的影响。气候相关事项可能通过多种方式影响金融工具的会计核算。例如，如果贷款合同存在将合同现金流与气候相关目标的实现联系起来的条款，对于贷款人而言，其在评估金融资产的合同条款是否为仅偿付本金和以未偿付本金为基础的利息时，就需要考虑上述条款，也即气候相关的目标可能会影响贷款人有关贷款的分类进而影响其后续计量[①]。

此外，与气候相关的问题还可能影响贷款人的信用损失敞口。IFRS 9要求采用预期信用损失模型计提金融资产的预期信用损失，预期信用损失模型应用时应使用所有能够以合理成本正常获取的合理且有依据的前瞻性的信息，与气候有关的事项很可能影响贷款人对金融工具信用风险自初始确认后是否显著增加的评估，并最终影响预期信用损失计量的金额。例如，突发的野火、洪水、环保政策和监管措施的变化可能会对借款人履行债务义务的能力产生负面影响，同时因为资产发生毁损或无法投保，借款人抵押物的价值也可能受到影响，这些都会导致金融工具信用风险显著增加。

（4）对金融工具披露的影响。IFRS 7要求企业披露持有的金融工具产生的风险的性质、程度，以及企业是如何管理这些风险的，以便财务报表使用者进行评估。气候相关的事项可能使企业暴露在与金融工具有关的风险之中，必须充分予以披露。比如，贷款人可能有必要披露气候相关事项对预期信用损失计量或信用风险集中度评估的影响；又如，基金公司、保险公司等权益工具投资的持有者可能有必要提供对投资按行业分类的信息，确定暴露于气候风险的行业，以反映投资的市场风险集中度。

（5）对公允价值计量的影响。气候相关事项可能影响财务报表中以公允价值计量的资产负债，比如，市场参与者对潜在气候相关立法的看法会影响资产负债的公允价

---

① 对于借款人而言，气候相关目标则会影响其对是否有必要从主合同中分离出嵌入式衍生工具的判断。

值。此外，气候相关事项还会影响公允价值计量的披露，尤其是使用重要的不可观察的输入值进行计量的分类为第三层次的公允价值的披露。IFRS 13 要求不可观察的输入值应反映市场参与者定价时所使用的假设，这就包括了气候相关风险的风险假设。对使用不可观察的输入值进行估值的持续的公允价值计量，企业还要进行敏感性分析，描述不可观察输入值的变动对公允价值计量结果的影响。

（6）对保险合同的影响。气候风险可能增加保险事故发生的频率或量级，也可能加速其发生。受到气候相关事项影响的保险事故包括但不限于业务中断、财产毁损、疾病和死亡等，因此，气候相关事项可能会影响保险合同负债计量的假设。此外，气候相关事项还可能影响依据 IFRS 17 进行的相关披露，包括重大判断和判断的变化，以及企业的风险敞口、风险集中度、如何管理风险和度量风险变量变化影响的敏感性分析。

六、气候相关事项对财务报表列报与披露的综合影响

根据 IAS 1，如果信息对以投资者为代表的财务报告使用者理解某些事实和情况的影响是必要的话，该信息即是相关的，即便其他 IFRS 准则没有要求提供这些信息，企业也必须考虑进行披露。这一规定为在 IFRS 体系内全面披露气候相关事项对企业财务状况、经营成果和现金流量的影响提供了兜底保障。CDSB（2020）认为，在 IAS 1 的框架结构内，气候相关事项主要影响财务报表两类信息的披露：一类是导致估计不确定的信息，另一类是其他具体准则没有要求提供但相关的信息。除此之外，还可能影响报表列报及持续经营假设这两个内容。

（1）导致估计不确定的信息。根据 IAS 1，如果企业对未来所做的假设存在导致下一财务年度内资产负债的账面价值发生重大调整的风险时，企业应披露与所做假设有关的信息，以及相关资产负债的性质和账面价值。CDSB（2020）从 IAS 1 的这一原则出发指出，如果企业针对气候变化影响所做的假设存在重大风险（将导致下一财务年度内资产负债的账面价值发生重大调整），进而影响投资者的决策，企业应当进行披露。比如，前述资产减值测试中有关未来现金流量的估计及固定资产弃置费用负债计提中有关弃置活动现金流出的最佳估计，在这些估计中，如果气候相关事项为影响估计值的相关假设制造了不确定性，必须充分披露。CDSB 建议的披露内容包括：

①已作出的关键假设、估计和判断。比如，从事原油天然气勘探、生产和销售的企业在 2020 年作出 2050 年实现碳中和的承诺后，它很可能需要修订从 2020 年开始的每一个五年发展规划，并基于承诺和规划修订有关可收回金额计算的关键假设，包括使用更低的天然气和石油价格，预计消费者对石油和天然气产品使用的下降，碳价格

的上升等，这可能导致这家企业在作出承诺之后的连续报告期间计提重大的资产减值损失，并确认新的环境负债。这种情况下，相关假设就必须全面予以披露。CDSB（2020）在披露示例中，甚至引导企业针对最重要的假设（如石油和天然气的价格）做表列示不同时间段、不同国家和地区的变动趋势，以方便投资者判断重大假设的差异对财务报表的潜在影响。

②对所使用的关键假设进行敏感性分析。关键假设的任何变化都可能显著影响下一财务年度内的资产、经营利润和收益，因此，管理层要进行敏感性分析。分析时不必考虑其他变量的抵销效应或企业其他计划变化的影响。

③不同气候情景下的假设和估计及其对财务数字的影响①。情景分析涵盖一系列具有不同假设的可能情景，企业在进行情景分析时使用的假设不一定与编制财务报表时使用的假设相同，但决策必须建立在基于管理层最佳估计的用于财务报表的假设之上，最终披露的内容应能完整展示分析和判断的过程。

（2）其他具体准则没有要求提供但相关的信息。IAS 1 规定，“当遵循 IFRS 的具体规定对于财务报表使用者理解企业财务状况、经营成果并不充分时，企业应进行额外的披露。”“附注应提供未在财务报表中列报，但对理解财务报表相关的信息。”CDSB（2020）认为，只要是合理预期能够影响投资者决策的信息就是相关的，应当披露。比如，如果同行业企业因为气候相关风险确认了重大资产减值，或者投资者公开要求提供这方面的信息，企业就需要在报表附注中解释是否以及如何在同类型资产的减值计算中考虑环境相关风险的影响，包括有关资产减值迹象的信息，以及在减值测试中用到的关键假设等。虽然如本文第三部分所述，IAS 36 仅仅是鼓励而非强制企业做这方面的披露，但这种情况下如果不披露，对投资者将存在重大误导，不符合 IAS 1 的原则。

（3）加项列报报表项目。IAS 1 允许企业在财务报表的标题项和小计项之外列报其他行项目，只要这种加项列报对理解企业财务状况、经营成果是相关的。这意味着，如果企业正在进行低碳转型，可以合理预计投资者将对财务状况、经营收益或损失的行项目分解感兴趣，这时如企业资产负债表或利润表主要项目能增加诸如“常规经营/绿色经营”、“高碳排/低碳排”、“绿色活动或产品”等明细行项目，将能很好地迎合投资者的需求。

（4）持续经营假设。IAS 1 要求管理者在编制财务报表时应对企业的持续经营能力进行评估。气候相关的风险会导致持续经营方面的问题，比如，太平洋通用电力公司就曾因为加州野火而破产。对许多企业来说，至少在短期内，气候相关风险的影响不足以

① 特别是如果这种分析已作为企业根据 TCFD 的建议编制的气候相关报告的一部分时。

显著到对持续经营假设产生重大影响，但随着时间的推移，持续经营的风险有可能就会暴露出来，特别是对那些碳密集型企业或面临重大物理气候风险的企业而言。因此，IAS 1 强调管理层在做企业持续经营能力的评估时应考虑所有关于未来的可用的信息，至少涵盖但不限于报告期结束后的 12 个月。另外，如果存在与事实和情况相关的重大不确定性，让人对企业持续经营能力产生重大怀疑时，企业也应披露这些不确定性。这意味着目前风险较大的一些行业的企业，如果不改变其战略和商业模式的话，需要持续地额外披露某些与气候相关的事项，因为这些事项对企业的持续经营能力是一种长期风险。

七、结论与建议

本文分析了气候相关事项的潜在会计影响，重点包括对固定资产折旧计算和披露的影响，对资产减值损失计提和披露的影响，对预计负债确认与披露的影响，以及对财务报表列报和披露的综合影响。总体上看，国际财务报告准则体系为在财务报告中确认计量和披露气候相关风险留出了原则通道。

随着经济社会的深度转型，资本市场投资者越来越欢迎企业披露针对气候相关事项的治理手段、风险管理流程以及业务战略等，并且希望能将企业披露的信息进行行业横向比较。响应这种需求，2021 年 11 月 3 日 ISSB 成立。作为 IASB 的兄弟机构，ISSB 将负责制定和发布 IFRS 可持续披露准则（IFRS Sustainability Disclosure Standards，以下简称“ISSB 准则”）。截至目前，ISSB 已经完成了《可持续相关财务信息披露一般要求》（General Requirements for Disclosure of Sustainability – related Financial Information）和《气候相关披露》（Climate – related Disclosure）两份准则初稿。其中，《气候相关披露》准则的主体内容就是试图将上述投资者希望的披露内容变成强制性的披露原则。新生的 ISSB 准则与 IFRS 看似泾渭分明，实则紧密相连、互为补充。ISSB 准则侧重于体现“过程”，陈述企业碳中和行动的依据及影响，IFRS 负责表现“结果”，将企业具体行动的经济后果通过确认计量披露原则渗透进三大报表和财务报告，最终形成行动方案、依据 ISSB 准则的披露和依据 IFRS 的财务报告相互对照、交叉索引的局面，让“无动于衷”的企业和“开空头支票”的企业无处遁形，随时准备接受资本市场负面情绪的处罚。

就我国而言，2021 年 10 月底，我国发布了《关于完整准确全面贯彻新发展理念做好碳达峰碳中和工作的意见》和《2030 年前碳达峰行动方案》，为碳达峰、碳中和这项重大工作进行了系统谋划、总体部署，此后还将陆续发布能源、工业、建筑、交通等重点领域和煤炭、电力、钢铁、水泥等重点行业的实施方案，出台科技、碳汇、财税、金融等保障措施，形成“1 + N”政策体系，明确时间表、路线图、施工图。在此背景下，如果我国的可持续发展报告准则也如企业会计准则一般采用国际趋同的方式制定（与ISSB准则趋同），在其发布实施之后，气候相关风险产生的会计影响很可能成为部分碳密集型企业无法承受之重，对经济社会则意味着转型之痛。为此，我们建议，从现在开始，各行各业各类企业尤其是碳密集型企业在根据要求设计自身有关双碳目标的行动方案，以及时间表、路线图、施工图的时候，对具体方案对财务报表的可能影响应进行详细测算，并评估其对企业未来短期、中期和长期财务状况、经营成果、现金流量，乃至持续经营能力的整体影响。这种事前评估将有助于企业在席卷而来的全球能源变革中做足心理建设，在国家和行业给出的大框架下量身定制适合自身的战略方案，并负责任地持续履行和详尽披露，有序推进能源转型。

（原载于《财会月刊》2021年第12期）

主要参考文献：

1. 黄世忠等．碳中和背景下财务风险的识别与评估［J］．财会月刊，2021（22）．

2. 黄世忠．可持续发展报告的里程碑——祝贺国际可持续准则理事会正式成立．云顶财说．2021.

3. 新华社．习近平向《联合国气候变化框架公约》第二十六次缔约方大会世界领导人峰会发表书面致辞．http：//www. news. cn/mrdx/2021－11/02/c_ 1310285732. htm.

4. CDSB. Accounting for Climate：Integrating Climate－related Matters into Financial Reporting［A］. www. cdsb. net/climateaccounting.

5. IFRS. Effects of Climate－related Matters on Financial Statements［A］. www. ifrs. org，2020.

6. Nick Anderson. IFRS Standards and Climate－related Disclosures［A］. www. ifrs. org，2019.

7. IASB. IAS 1 Presentation of Financial Statements. The Annotated IFRS Standards［M］. 2020.

8. IASB. IAS 37 Provisions, Contingent Liabilities and Contingent Assets. The Annotated IFRS Standards［M］. 2020.

9. IASB. IAS 36 Impairment of Assets. The Annotated IFRS Standards［M］. 2020.

10. IASB. IAS 16 Property, Plant and Equipment. The Annotated IFRS Standards［M］. 2020.

ESG报告的“漂绿”与反“漂绿”

黄世忠

【摘要】《巴黎协定》签订以来，社会公众对气候变化和可持续发展的关切与日俱增，ESG（环境、社会和治理）议题备受重视，ESG报告的强制性披露呼之欲出。伴随着ESG报告的演进，“漂绿”问题相应衍生。本文首先介绍“漂绿”的缘起及其在企业界、金融界和学术界的表现形式，在此基础上剖析企业和金融机构“漂绿”ESG报告的外因和内因，最后从推动立法、统一标准、强制披露、独立鉴证、数字赋能和能力建设六个方面提出治理和抑制“漂绿”的举措。本文认为，加强对“漂绿”的研究和治理，有助于提高ESG报告的质量，为全人类应对气候变化提供扎实的基础数据和信息。

【关键词】 ESG报告；温室气体排放；漂绿；反漂绿；治理；鉴证

一、引言

近年来，气候变化、绿色转型和可持续发展等术语热度不减，成为政界、商界、学界最脍炙人口的用语。与这些时髦用语相伴而生的是“漂绿”“漂蓝”和“漂粉”等复合名词的诞生。“漂绿”“漂蓝”和“漂粉”是从英文的“Whitewashing（漂白）”衍生而来的。“漂绿（Greenwashing）”是指企业和金融机构夸大环保议题方面的付出与成效的行为，在ESG报告或可持续发展报告中对环境保护和资源利用作出言过其实的承诺和披露。“漂蓝（Bluewashing）”是指企业和金融机构热衷于宣传成为联合国可持续发展目标（SDGs）和负责任投资原则（PRI）的签署机构但在经营、投资和融资过程中我行我素的行为，蓝色是联合国的标志性颜色，故称为“漂蓝”。“漂粉

(Pinkwashing)”是指企业和金融机构声称尊重和维护 LGBTQIA（女同性恋者、男同性恋者、双性恋者、变性者、疑性恋者、男女同体者、无性恋者）的权益而实际上对不同性取向的员工进行歧视的行为，粉红色为 LGBTQIA 的标志性颜色，故将这种行为称为“漂粉”。国际可持续准则理事会（International Sustainability Standards Board，ISSB）即将发布的国际财务报告可持续披露准则（IFRS Sustainability Disclosure Standards）前期将主要聚焦于与气候相关的准则，本文主要从 ESG 报告或可持续发展报告的角度，探讨“漂绿”的表现形式、“漂绿”的外因和内因以及“漂绿”的治理举措。

二、“漂绿”的缘起与形式

尽管“漂绿”现象最早出现在消费品市场和服务领域，但近年来已经蔓延至 ESG 报告或可持续发展报告，值得关注和警惕。

（一）“漂绿”的缘起

1986 年，美国环保主义者韦斯特维尔德（Jay Westerveld）去斐济旅游时对入住的度假酒店建议住客重复使用毛巾以节约用水和贡献环保的行为进行观察和思考，他注意到酒店一方面建议住客提高环保意识，另一方面却对毁坏林地建造酒店设施毫不在乎，据此，他认为酒店此举是以环保之名行节约经营成本之实，并把这种将追求经济利益粉饰为绿色义举的行为称为“漂绿”。“漂绿”一词由此而来，后因绿色和平组织发表的《“漂绿”指南》而闻名。“漂绿”用于指代企业在公关宣传、市场营销和信息披露中标榜其产品、服务和经营活动符合绿色、低碳、环保的标准而事实上却名不副实的行为。本文认为，任何以虚假、不实和失实的方式向公众展示对环境负责、试图树立环境友好型和资源节约型企业形象的行为和现象，均可称为“漂绿”。

2007 年，美国环保营销组织 Terra Choice 通过对大量与环保相关的消费品营销宣传和信息披露进行了深入的调查研究，发表了引起广泛关注的《漂绿六宗罪》，2019 年进一步扩充为《漂绿七宗罪》。“漂绿”七宗罪分别为：（1）以偏概全罪（Sin of the Hidden Trade－off），声称产品符合特定的狭义环保标准但避而不谈符合这种标准带来的其他环保危害，如企业声称为了环保用纸包装替代塑料包装，但却不提及包装用纸在生产过程中对森林的破坏和漂白过程中对环境的危害；（2）举证不足罪（Sin of No Proof），声称产品具有特定的环保特征但却不能提供相应的证据或第三方鉴证，如标榜产品为零添加或可循环，但却缺乏可信的证明材料；（3）含糊不清罪（Sin of Vagueness），声称产品具有某种环保特质但对这种环保特质的描述语焉不详或空泛含

混，如企业标榜其产品纯天然，但纯天然不见得就没有危害性，砷、铀、汞、甲醛等都是纯天然的，却对人体有害；（4）无关紧要罪（Sin of Irrelevance），声称产品具有的环保特质虽符合事实但却无关紧要，如洗衣粉企业宣称其出售的产品不含有磷的成分，但这种宣传或披露既无必要也不相关，因为法律法规早已明令禁止使用磷；（5）两害取其轻罪（Sin of Lesser of Two Evils），声称产品的某一特点符合环保标准但产品本身就是有害产品或污染源，如烟草企业宣称其产品为有机香烟，这虽是事实但却可能误导消费者，因为即使是有机香烟也是有害健康的，又如，汽车厂商宣称其运动跑车是节油型的，殊不知节油型的运动跑车也是高排放、高污染的；（6）撒点小谎罪（Sin of Fibbing），声称产品获某一环保组织认证而该产品根本不在认证范围之内或认证机构没有认证资格，如企业宣称其产品获“能源之星”[①]认证，而实际上该产品并不在“能源之星”的认证范围之列；（7）崇拜虚假标识罪（Sin of Worshiping False Labels），通过文字或标识为其产品贴上绿色环保的标签，如企业在其产品包装上印有法定环保认证机构之外的其他环保机构的认证标识。

随着消费者环保意识不断提高，不符合环保要求的产品会遭受抵制，因此企业受利益驱动对其产品宣传进行“漂绿”，这无疑将误导消费者，因此，TerraChoice 将“漂绿”定性为罪过并不为过。

（二）ESG 报告“漂绿”的表现形式

在 ESG 报告或可持续发展报告兴起之前，“漂绿”现象主要存在于市场营销领域，突出表现为虚假广告宣传。《巴黎协定》签署以来，世界各国纷纷制定碳达峰碳中和的路线图和时间表，大型企业和金融机构发布的 ESG 报告或可持续发展报告日益受到重视。在这种背景下，“漂绿”现象开始向气候相关信息披露的领域蔓延，突出变现为过分渲染企业在环境保护方面取得的成绩，蓄意隐瞒企业在生态环境方面的劣迹。就 ESG 报告或可持续发展报告而言，“漂绿”在企业界、金融界和学术界都不同程度存在。

在企业界，对碳排放相关数据和披露进行漂洗成为“漂绿”的主要表现形式。对此，斯坦福大学的尹（Soh Young In）博士和东京理工大学的舒马赫（Kim Schumacher）博士在《碳洗：与碳数据相关的一种新型 ESG 漂绿》（2021）一文中，将企业在碳排放方面的“漂绿”概括为十种表现形式：（1）发布的碳数据相关事前公告（包括净零排放目标、减碳承诺以及其他过于激进或缺乏文件记录的碳管理计划）与事后对碳排放进行计量、报告和验证水平不相称的现象，即脱碳计划与脱碳举措严重脱节现

① 能源之星（Energy Star）是美国能源部（DOE）和环保署（EPA）共同开发的对家用电器和电脑能耗的认证体系，旨在节能降耗，减少温室气体排放，促进可持续发展。

象；（2）释放无关紧要的道德信号，如发布植树活动信息以彰显碳意识，而这种植树努力对于降低企业整个碳足迹微不足道；（3）存在不充分、不完整、不一致的碳排放计量，包括缺乏对横跨整个供应链的业务项目、经营活动和各类资产重要碳排放数据的系统性收集；（4）制定定义模糊不清的碳排放指标，如使用措辞含糊、定义不清、方法隐晦的碳排放计量指标；（5）过度依赖碳抵销（Carbon Offsetting），即在制定减碳计划时在很大程度上依赖于碳抵销①的做法，使减碳目标充满投机性；（6）报告不充分、不完整或不一致，即碳排放报告缺乏重要数据披露、经常出现重大数据差异，或者使用不同的披露方法、格式或计量单位；（7）选择性披露，即基于进展预期或相关数据使用者的声誉影响，报告迥异的重要数据；（8）碎片化披露，把重要的不同组别的碳排放数据放在不同报告中披露或通过网站、博客等方式进行披露；（9）存在不充分、不完整或不一致的内部验证机制，对碳排放数据的收集和计算缺乏内部治理和数据鉴证机制；（10）存在不充分、不完整或不一致的外部验证机制，缺乏由合格和经过认证的鉴证机构对碳排放数据进行真正的独立验证。

笔者分析了中国上市公司协会编写的《上市公司ESG实践案例》（上下册）中的133家上市公司ESG案例，发现上述十种“漂绿”行为在我国上市公司的环境信息披露中不同程度存在，且选择性披露、报喜不报忧、只谈环境绩效不谈或淡化环境问题的现象比较突出。若不对企业的“漂绿”行为加以遏制，ESG报告或可持续发展报告有沦为公关宣传噱头的风险，误导环保部门对碳排放控制成效的判断，不利于我国有序实现“双碳”目标。

在金融界，“漂绿”的显著特点主要包括：（1）对绿色信贷、绿色债券、绿色保险和绿色基金缺乏严格的界定或界定标准不统一，不仅造成横向可比性极低，而且造成许多冠以绿色金融名号的金融机构和金融产品名不副实；（2）夸大绿色金融的环保绩效，或环保绩效缺乏令人信服的证据支撑；（3）言行不一，从事有悖于ESG和可持续发展理念的投融资业务。

根据媒体的报道，截至2021年一季度末，我国21家主要银行绿色信贷余额达12.5万亿元，居世界第一，占各项贷款的9.3%，21家主要银行绿色信贷每年可支持节约标准煤超过3亿吨，减排二氧化碳当量超过7亿吨（东方财富，2021）；根据气候债券倡议组织（CBI）数据，截至2020年年底，全球累计发行债券10 734亿美元，2016年至2020年我国绿色债券累计发行规模为1.2万亿元（赵洋，2021）；环境污染

---

① 碳抵销是指通过购买碳排放权额度或通过捐款、投资等方式支持植树造林并将其形成的碳汇（Carbon Sink）用于抵销企业经营活动产生的二氧化碳。笔者认为，碳抵销虽然有助于从整体上减少碳排放，但严格地说，碳抵销也可视为“漂绿“行为，不利于企业最大限度地降低其碳足迹（Carbon Footage）。

责任保险已覆盖重金属、石化、医药等20多个高风险行业（经济日报，2021）；截至2020年年末，欧洲、美国、加拿大、澳大利益和日本的可持续投资规模高达35.3万亿美元，截至2021年7月底，我国ESG基金规模约2 100亿元（王志锋、张帅，2021）。媒体的上述报道，在一定程度上存在着“漂绿”成分。首先，对绿色信贷、绿色债券、绿色保险和绿色基金缺乏统一和明晰的界定，迄今还没有统一的国际标准，在这种情况下将国内外的绿色金融规模直接对比，可比性存疑，似有“漂绿”之嫌；其次，各种绿色金融规模的统计数据缺乏独立验证，资金是否都投入绿色经济相关产业也缺乏独立鉴证。气候债券倡议组织（Climate Bonds Initiative）2021年5月发布的报告显示，2017年11月至2019年3月发行的绿色债券，虽然77%的发行者披露了资金用途，但只有59%的发行者披露了量化的项目环境影响；再次，追踪绿色金融环保绩效的信息收集系统尚未建立，评估方法还不完善，绿色金融的环保绩效缺乏可靠的证据支持，存在被“漂绿”的风险；最后，冠以绿色、ESG和可持续发展等名称的基金及其产品，存在较为普遍的名不副实的现象。《经济学人》对世界上最大20家ESG基金进行了分析，它们中的每只基金平均持有17家化石燃料企业的投资，有6只基金投资了美国最大的石油公司埃克森美孚，2只基金持有世界最大石油公司沙特阿美的股份，1只基金持有一家中国煤矿公司的股份。此外，ESG投资也谈不上是社会道德投资的先驱者，调查涉及的ESG基金不乏投资于赌博、酒类和烟草企业（经济学人，2021）。无独有偶，国内的相关研究也得出了与《经济学人》相类似的结论。在部分以可持续发展为主题的基金中，存在投资石化、化工、有色行业等与ESG、低碳及环保理念相悖的上市公司股票。其中，超过3/4（36只）的主题基金存在高碳投资情况。16只名称中包含“环保”的基金中，有15只基金存在高碳投资。很多资管公司对其投资组合影响气候变化和生态环境这一问题在意识和行动层面仍存在较大差距（资本绿镜，2021）。更为尴尬的是，不少自诩是ESG主题基金的公募产品，甚至将贵州茅台作为重仓股，与贵州茅台的ESG不断遭到MSCI降级形成鲜明的反差。根据21世纪经济报道记者的不完全统计，截至2021年年中报，已有易方达ESG责任投资股票基金、方正富邦ESG主题投资混合基金、南方ESG主题股票、摩根斯丹利华鑫ESG量化先行混合、华宝MSCI中国A股国际通ESG通用指数等多只公募产品重仓了贵州茅台（杨坪，2021）。

在学术界，“漂绿”主要表现为借ESG研究之名行超额回报研究之实。目前已有成千上万的学者在探索ESG投资与阿尔法系数之间的关系，但只有少数学者关心ESG投资是否会对社会责任和环境产生积极影响的问题（Pucker，2021）。这种过分关注ESG投资与超额回报之间的相关关系而忽略ESG投资能否真正影响和改善社会公平正义和生态环境的学术研究，背离了ESG研究的初衷。之所以倡导ESG理念和ESG投资，目的是改善社会公平正义，保护生态环境和应对气候变化，促进经济社会的可持续发展，而不仅仅是为了让投资获取更高的回报。须知，天下没有免费的午餐，公平对待员工、客户和供应商等利益相关者以构建一个更加公平正义的社会，使用清洁能源技术、减少温室气体排放、节约资源耗用以构建一个更加绿色和可持续的环境，是需要付出代价的，鱼和熊掌兼得对于ESG投资并非易事。基于ESG理念的投资首先应当考虑的是通过市场化手段发挥积极的社会和环境影响，其次才是获取合理的回报，而不是超额的回报。从这个意义上说，学术界将研究重心放在ESG投资的超额回报上而不是ESG投资能否产生社会和环境影响，如果不是本末倒置，就是投机取巧，甚至可以说是将ESG理念庸俗化，使ESG充满铜臭味。因此，将这种“伪ESG研究”视为“漂绿”行为并不过分。当然，如果学术研究能够证明ESG投资确实能够带来超额回报，据此引导更多资本配置于重视社会公平正义和生态环境保护的企业，还是可以间接促使经济社会的可持续发展[①]。可惜的是，ESG投资能否带来超额回报迄今尚无定论[②]。即使能够证明ESG投资具有更高的阿尔法系数，也未必就能解开ESG投资与更高回报之间的黑匣子，因为现有的实证研究只能证明两者之间的相关关系，而不能证明两者之间的因果关系。笔者认为，如果学术界将更多精力用于研究ESG投资的社会影响和环境影响及其作用机理，教育和引导负责任的投资者为改善社会公平正义和生态环境保护降低回报预期，无疑更有助于推动经济社会的可持续发展。

三、“漂绿”的外因与内因

“漂绿”现象普遍存在，削弱了ESG报告的公信力，成为阻碍ESG投资的一大“公害”。标准普尔发布的报告表明，超过44%的投资者在进行ESG投资时最大的顾虑就是“漂绿”，他们对企业和金融机构夸大环保绩效的行为深感担忧。因此，必须认真分析ESG报告“漂绿”的深层次原因，才能提出治理“漂绿”的系统性对策。

ESG报告“漂绿”现象日益突出，既有外因，也有内因，如图1所示。

---

① 遗憾的是，这种观点也不一定站得住脚。Pucker（2021）的研究表明，过去两年流入ESG基金的资金规模超过其他股票投资的1倍，但大气层的二氧化碳密度却创下了400年来最高纪录，极端气候频繁发生，说明目前ESG投资对环境的影响有限。

② 尽管为数不少的实证研究表明ESG基金的回报好于非ESG基金，但如果对ESG基金的投资组合进行深入分析，便会发现ESG基金的高回报大多来自对信息技术公司的投资，而不是来自与气候相关的投资（如清洁能源和可再生能源的投资）。MSCI对世界上20家最大ESG基金的投资组合进行的细分研究发现，谷歌、苹果等信息技术类公司是最常见的标配，过去几年信息技术板块股价大幅上涨，为这20家ESG基金带来不菲的收益，这才是ESG基金的投资回报优于非ESG基金的根本原因。

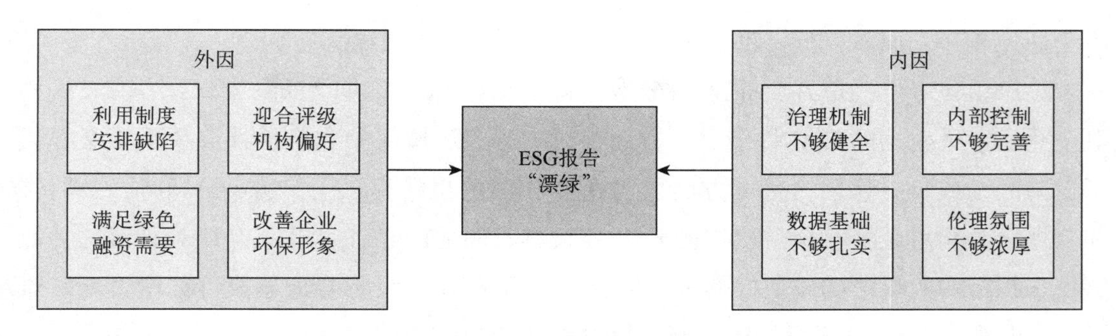

图1　ESG 报告“漂绿”的外因和内因

(一)“漂绿”的外因分析

ESG 报告“漂绿”的外因主要包括利用制度安排缺陷、迎合评级机构偏好、满足绿色融资需要、改善企业环保形象四个方面。

1. 制度安排缺陷使企业和金融机构的“漂绿”有机可乘。突出变现为：(1) ESG 报告的标准特别是与温室气体排放、淡水资源利用、资源循环使用有关的报告标准缺乏明确的统一规定，不同国际组织发布的 ESG 报告标准存在较大差异，企业和金融机构往往选择对自己最有利的报告标准，甚至出现同一家企业在同一份 ESG 报告中选用多个报告标准的现象。这也是促成 ISSB 成立的一大原因，ISSB 即将发布的国际可持续披露准则可望在一定程度上缓解这方面的问题，但难以彻底解决这一问题，因为 ISSB 准则预计将像国际财务报告准则（IFRS）一样采用原则导向，基于原则导向的 ISSB 准则需要大量的估计和判断，选择性披露等“漂绿”现象短期内难以根除；(2) ESG 报告迄今仍停留在自愿性披露阶段，强制性披露制度尚未建立[①]，导致不少棕色企业（Brown Firm，即高污染、高排放企业）选择不披露或少披露其经营活动对环境保护和气候变化的不利影响[②]；(3) ESG 报告尚未引入强制性的鉴证机制，企业和金融机构的“漂绿”不受独立第三方的制约，导致温室气体排放等环境数据失实，环境绩效被夸大；(4) 绝大多数国家尚未针对 ESG 报告“漂绿”进行立法，“漂绿”

① 值得欣慰的是，ESG 报告的强制性披露制度呼之欲出。2021 年 4 月，欧盟委员会（EC）发布了《公司可持续发展报告指令》（CSRD）征求意见稿，要求所有大型企业和上市公司都必须提供可持续发展报告，约有 5 万家欧盟企业必须按照 CSRD 的要求披露包括气候相关风险与机遇的信息（黄世忠，2021）。此外，英国政府从 2022 年 4 月起要求所有大型企业和有限责任合伙公司引入强制性气候变化报告规则，以取代之前的自愿披露制度。英国财务报告委员会（FRC）2021 年 11 月也发布了《财务报告准则第 102 号》的情况说明书，要求企业根据“双重重要性”原则，在财务报表中披露气候变化对编报主体的影响以及编报主体对气候变化的影响。

② 这方面最臭名昭著的“漂绿”例子非大众汽车排放门事件莫属。为了逃避英美等国关于汽车尾气排放的监管规定，大众汽车在部分柴油车安装了应对尾气排放检测的智能软件，在车检时车辆会秘密启动软件以示排气达标，而平时行驶时却大量排放严重超标的尾气，最高达美国法定标准的 40 倍。丑闻曝光后，大众汽车被迫召回 1 100 多万辆问题汽车，并被英美等国的监管部门处以高额罚款，迄今损失超过 300 亿欧元。

不受惩处或违规成本极低，助长了企业和金融机构的“漂绿”行为。

2. ESG 评级机构偏好为企业和金融机构的“漂绿”指明方向。MSCI 等评级机构对企业和金融机构的 ESG 评级，一方面为改善生态环境保护和维护社会公平正义提供了正向激励或负向惩罚，另一方面也为企业和金融机构提供了“漂绿”的强烈动机。知名评级机构对企业和金融机构的 ESG 评级具有明显的经济后果，高 ESG 评级往往能够带来积极的股价影响或更好的融资机会，而低 ESG 评级则会拖累股价或增大融资难度。为此迎合 ESG 评级机构的偏好（譬如，评级机构对温室气体排放的评价往往赋予改善程度等相对数更大的权重，赋予减排绝对数较小的权重，这种做法显然不利于缓解气候变化），按图索骥式的 ESG 报告应运而生，按照评级机构公布的评价指标（见表 1）和评分方法编报 ESG 报告以尽可能获得高 ESG 评级，成为很多企业和金融机构孜孜以求的目标。这种投机取巧的做法，忘却了 ESG 旨在增进社会公平正义和保护生态环境的初衷，不利于企业将主要精力用于降低碳足迹而不是去迎合评级机构的偏好。一些企业和金融机构为了获取高 ESG 评级甚至不惜诉诸“漂绿”，妨碍了节能减排目标的实现。

表 1　　　　MSCI 的 ESG 评价指标体系

三大议题	10 个一级指标	37 个二级指标
环境	气候变化	碳排放；产品碳足迹；气候影响融资；气候变化脆弱性
	自然资源	水资源压力；生物多样性和土地利用；原材料采购
	污染和废弃物	有毒排放和废弃物；包装材料和废弃物；电子废弃物
	环境机遇	清洁技术机遇；绿色建筑机遇；可再生能源机遇
社会	人力资本	劳动力管理；人力资本开发；健康与安全；供应链劳工标准
	产品责任	产品安全与质量；化学品安全性；金融产品安全性；隐私与数据安全；负责任投资；健康与人口风险
	利益相关者反对意见	有争议的采购
	社会机遇	沟通便利；获取融资；获得健康医疗；健康与营养机遇
治理	公司治理	董事会多样性；高管薪酬；所有权与控制；会计
	公司行为	商业伦理；反竞争做法；纳税透明度；腐败与不稳定性；金融系统不稳定性

资料来源：MSCI 网站。

必须说明的是，虽然包括 MSCI 在内的众多研究得出高 ESG 评级能够带来超额回报的结论，但佩德森等最近提出了调整 ESG 后的资本资产定价模型（ESG - CAPM）的观点，试图说明这种研究结论的不合理性。他们将投资分为 ESG 未识型投资者（ESG - unaware Investors）、ESG 已识型投资者（ESG - aware Investors）和 ESG 驱动型

投资者三种类型[①]，指出真正意义上的负责任投资者愿意为 ESG 付出代价并获取较低的超额回报（Pedersen et al.，2021），如图 2 所示。

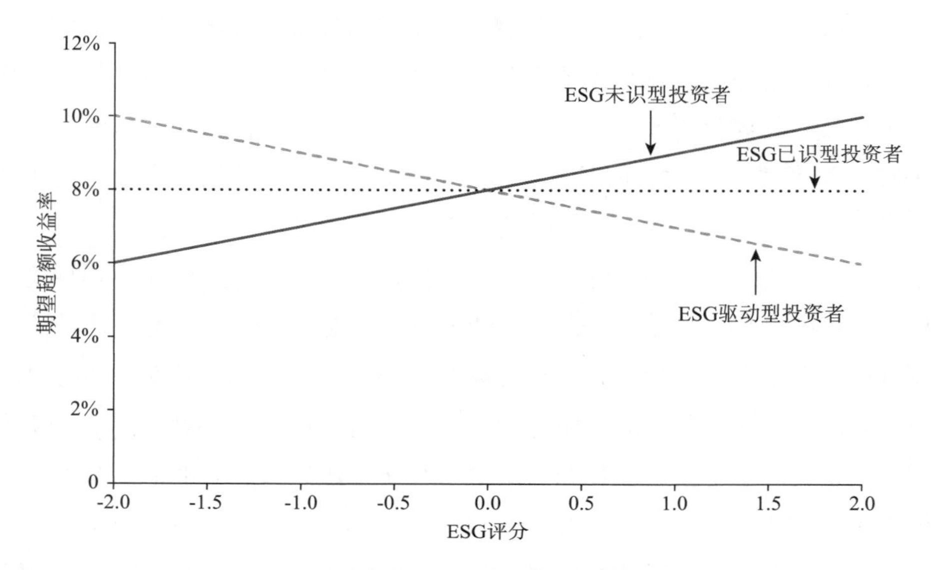

图 2　调整 ESG 后的资本资产定价模型

资料来源（Pedersen et al.，2021）。

3. 绿色融资需求为企业和金融机构的“漂绿”提供刺激。过去几年，商业银行和投资基金等金融机构为了降低贷款和投资组合的气候风险敞口[②]并倡导经济社会低碳发展，大力发展绿色金融，大幅压减对棕色企业的贷款和投资，转而增加对绿色企业的贷款和投资。金融机构的绿色信贷和绿色投资决策高度依赖于 ESG 报告，其他条件保持相同，能够展示更强环保意识和更好环境绩效信息的企业，更容易以更低的融资成本获取贷款或投资。因此，企业为了获得绿色金融机构的青睐，增大绿色贷款可获性、降低资金成本、吸引绿色投资，“漂绿”ESG 报告的冲动在所难免。此外，打着 ESG 或可持续发展招牌的投资基金，不仅可以树立对环境、对社会负责的良好形象，有助于吸引具有 ESG 理念的投资者的投资，而且可以收取更高的管理费。FactSet 的数据显示，被定义为社会责任投资的基金管理费比普通基金高出 43%，《华尔街日报》认为这可能是基金公司成为 ESG 投资或可持续投资最大参与者之一的重要原因

---

① 上海高级金融学院的邱慈观教授将这三种类型的投资者分别称为棕色投资者、棕绿色投资者和绿色投资者（邱慈观，2021）。

② 马骏领衔的研究团队发现，在向碳中和转型的过程中，中国的样本煤电企业的贷款违约概率可能会从 2020 年的 3% 上升到 2030 年的 22%。英国环境气候风险分析机构 Vivid Economics 的测算表明，煤电企业的估值在碳中和的过程中将下降 80%，石油相关企业的估值可能会下降 40%。欧洲 2℃ Investing Initiative 发表的报告认为，在 2℃ 的情景下，煤电相关企业的估值将下降 80% 左右，煤电相关的贷款违约率将上升 4 倍（马骏，2021）。

(Pucker, 2021)。在这种以ESG投资为荣的资本市场氛围下，投资银行和基金公司往往难以抵御“漂绿”的利益诱惑。这就解释了资本市场上为何很多ESG基金徒有其名。Pucker的研究表明，71%的ESG品牌基金持有的投资组合与《巴黎协定》的气候目标不一致，即使是知名投行也不能免俗，贝莱德（Black Rock）设立的碳转型基金与ESG、碳排放和气候变化关联度不大，信息技术和医疗保健板块的股票持仓量占该基金的41%，持仓量最大的个股是苹果（占基金的5%），其他重仓股还有伯克希尔哈撒韦、可口可乐和迪斯尼等与低碳转型毫不相干的股票。

4. 改善环保形象使企业和金融机构对“漂绿”趋之若鹜。在这个环保觉醒的年代，消费者和投资者特别是更具环保意识的Z世代和女性群体，往往会对环保不作为、环境不友好的企业和金融机构提供的产品和服务进行抵制，环保形象在一定程度上左右着企业和金融机构所提供产品和服务的吸引力。有鉴于此，一些棕色企业和绿色金融发展滞后的银行和基金千方百计利用信息不对称“漂绿”ESG报告，对低碳转型和绿色发展作出不切实际的承诺，或者粉饰和夸大其环境绩效，为其产品和服务贴上绿色标签，塑造环境友好型的可持续发展形象，以降低其产品或服务遭受抵制的风险。

(二)“漂绿”的内因分析

ESG报告“漂绿”的内因主要包括治理机制不够健全、内部控制不够完善、数据基础不够扎实和伦理氛围不够浓厚四个方面。

1. 气候相关治理机制不健全使企业和金融机构的“漂绿”肆无忌惮。高质量的ESG报告离不开健全的公司治理机制，与气候相关的信息披露尤其如此。气候相关财务披露工作组（TCFD）倡导的四要素（治理、战略、风险管理、指标和目标）气候披露框架日益成为主流，并被ISSB所借鉴。该披露框架从四个方面对气候相关信息披露提出20项明确要求（黄世忠，2021），核心思想是必须明确董事会和管理层在气候相关风险与机遇方面的职责权限，要求董事会督导管理层评估气候相关风险与机遇的财务影响，督促管理层制定和实施应对气候相关风险与机遇的战略，检查管理层应对重大气候相关风险与机遇的实际表现。所有这些都要求董事会必须拥有生态环境方面的专业知识和胜任能力，而现实情况与此大相径庭。纽约大学斯特恩可持续发展中心的一项研究显示，美国最大100家公司的1 188位董事中，只有6%的董事具有环保相关方面的认证，只有0.3%的董事具备气候或水资源方面的专业知识。另一项由美国银行针对600多家企业与机构投资者所作的调查发现，尽管大量企业作出了“碳中和”承诺，但只有非常小的一部分具备实现这一目标的扎实计划（吴渊，2021）。气候相关专业知识如此贫乏，胜任能力如此低下，要指望董事会在气候相关风险与机遇方面肩负起督导、督促和检查管理

层的责任，无异于缘木求鱼。结果只能是“漂绿”行为肆无忌惮，ESG 报告形大于实。

2. 环境信息披露内控不完善使企业和金融机构的“漂绿”畅通无阻。缺乏相互牵制、互相制衡的内部控制，财务报告必定质量低下，舞弊迭出。财务报告如此，ESG 报告亦然，甚至更甚。ESG 报告作为一种新生事物，标准不统一、要求不明确，导致大部分企业和金融机构尚未针对环境数据和环境信息的收集流程、统计方法、溯源要求、审核校验等建立起相应的内部控制制度，企业和金融机的 ESG 信息披露较为随意，质量不高。环境信息披露的相关内控不完善，使 ESG 报告“漂绿”畅通无阻。安然事件和世界通信舞弊案催生了萨班斯 - 奥克斯利法案，促使企业建立健全与财务报告相关的内部控制，财务报告的信息质量大幅提高。但愿前述的大众汽车排放门事件能够像安然事件和世界通信舞弊案一样惊醒相关监管部门，通过立法手段抑制 ESG 报告的“漂绿”，像惩处财务舞弊那样震慑 ESG 报告的“漂绿”。

3. 环境影响数据基础不扎实使企业和金融机构的“漂绿”随心所欲。与财务报告具有扎实、系统的底层数据不同，编制 ESG 报告所需要的底层数据基础十分薄弱，与此相关的信息系统数字化水平也远远落后于财务报告信息系统。此外，财务报告的大部分数据属于历史性信息，而 ESG 报告相当一部分数据属于前瞻性信息，如企业必须在 ESG 报告中披露重大气候相关风险与机遇对商业模式、财务状况、经营业绩和现金流量的短期、中期和长期影响。再者，ESG 报告中包含的定性信息（如企业披露的降低温室气体排放的路线图和时间表）远多于财务报告，后者以定量信息为主。环境和环境影响数据基础不扎实、数字化水平不高、前瞻性数据和定量信息众多等特点，需要企业和金融机构在编制和披露 ESG 报告中运用大量的估计和判断，主观臆断难以避免，随心所欲时有发生。

4. 商业伦理道德氛围不浓厚使企业和金融机构的“漂绿”心安理得。与财务报告是否舞弊一样，ESG 报告是否“漂绿”与商业伦理道德氛围密切相关。董事会和管理层自上而下营造和传导的伦理道德氛围，决定着企业和金融机构编制和披露的财务报告和 ESG 报告是坚守还是逾越诚信底线。如前所述，“漂绿”ESG 报告往往能够带来巨大的经济利益，加上越来越多的企业和金融机构将环境绩效纳入董事会和管理层的薪酬激励体系。面临巨大的经济利益诱惑时，缺乏浓厚商业伦理道德氛围的企业和金融机构就可能弃受诚信底线，诉诸“漂绿”，不受伦理道德约束的“漂绿者”往往问心无愧，对“漂绿”行为心安理得。

四、“漂绿”的治理与抑制

ESG 报告“漂绿”现象有愈演愈烈之势。这种势头如果不加以遏制，有可能泛滥成灾，ESG 报告中的温室气体排放、水资源管理和资源循环利用等信息披露将充斥着浮夸风，从而危及《巴黎协定》提出的将气温上升控制在工业革命前的2℃以内、力争控制在1.5℃以内这一关乎人类生存和经济社会可持续发展的环境目标。与治理财务舞弊一样，治理ESG报告的“漂绿”问题需要多管齐下，形成合力，产生震慑。笔者认为，短期内可着重从立法推动、标准统一、强制披露、独立鉴证、数字赋能、能力建设六个方面采取治理举措，以抑制“漂绿”行为，提高ESG报告的信息质量。

1. 推动立法工作，压缩“漂绿”灰色空间。ESG 报告所涉及的许多内容如温室气体排放具有明显的公共产品属性，这些公共产品的外部性仅仅通过市场机制难以消除，必须辅以适度的政府管制。而政府管制的基础是建章立制。欧盟的ESG报告制度之所以领先全球，在很大程度上得益于欧盟注重立法工作。立法工作不仅有助于规范企业和金融机构的ESG报告，也可以大幅压缩“漂绿”的灰色空间。《欧盟分类法》和《可持续金融披露条例》（SFDR）等旨在规范绿色金融活动披露义务的法律通过后，欧洲冠以ESG和可持续发展等名称的基金规模下降了2万多亿欧元，足以说明立法对于抑制“漂绿”的积极作用。我国的ESG报告处于起步阶段，与此相关的立法工作基本处于空白状态。随着“双碳”目标的提出，ESG报告特别是气候相关信息的披露将进入提速期。在此过程中，“漂绿”问题将更加突出，虽然可以依据广告法、反不正当竞争法、消费者权益保护法和环境保护法对消费品领域的“漂绿”行为进行惩处，但这些法律对于惩处ESG报告的“漂绿”行为并不适用。中国人民银行和财政部等七部委关于构建绿色金融体系的指导意见[①]、中国人民银行印发的《银行业绿色金融评级方案》、中国人民银行等三部门印发的《绿色债券支持项目目录（2021年版）》以及基金业协会发布的《绿色投资指引》等规定，对于规范绿色金融发展具有重要的促进作用，中国证监会和上海及深圳证券交易所制定的涉及环境信息披露的规定，也有助于抑制上市公司的ESG报告“漂绿”行为，但这些部门规章的权威和效力明显不够。因此，通过立法规范ESG报告的编制和披露，才能从根本上整治和抑制“漂绿”行为，才能为碳达峰碳中和保驾护航。

2. 制定统一标准，挤压“漂绿”选择余地。不同国家甚至同一个国家的不同企业和金融机构披露的ESG报告质量参差不齐，都在不同程度上存在“漂绿”现象。究其原因，主要包括两个方面：一是对绿色的含义缺乏统一的界定标准，全世界关于绿色金融的界定标准就超过200个，导致名不副实的金融机构和金融产品混迹于绿色金融之中。如果不尽快统一绿色的界定标准，金融市场将充斥假冒伪劣的绿色金融产品，最终导致

① 为了实现碳达峰碳中和战略目标，中国人民银行初步确立了“三大功能”“五大支柱“的绿色金融发展思路。”三大功能“包括金融支持绿色发展的资源配置功能、风险管理功能和资产定价功能。”五大支柱“是指绿色金融标准体系、信息披露要求、激励约束机制、绿色金融产品体系、绿色金融国际合作（金融时报，2021）。

劣币驱逐良币的局面。为此，监管部门有必要围绕ESG报告所涉及的绿色领域统一界定标准，让绿色标签有章可循，使“漂绿”行为付出代价。二是ESG报告缺乏统一的披露标准。除了使用最为广泛的全球报告倡议组织（GRI）的四模块准则体系和TCFD的四要素信息披露框架外，其他被经常采用的ESG报告披露标准还包括气候披露准则理事会（CDSB）发布的信息披露框架、可持续发展会计准则委员会（SASB）发布的五维度报告框架、世界经济论坛（WEF）发布的四支柱包括框架。这些ESG报告的披露标准各有侧重，要求迥异，权威不足，既加大了报告使用者的分析成本，也增加了企业和金融机构的遵循成本，甚至为ESG报告“漂绿”提供了便利。正因为如此，20国集团（G20）、金融稳定理事会（FSB）、国际证监会组织（IOSCO）以及国际会计师联合会（IFAC）等国际组织才大力支持国际财务报告准则基金会发起成立ISSB，由其负责发布统一的ESG报告披露准则。可以预见，这些准则发布后，“漂绿”的选择余地将被大幅挤压，ESG报告披露的信息的可比性和一致性将大幅提高。对于我国而言，当务之急是尽快明确我国的应对策略。可供选择的方案包括：以ISSB发布的准则为基准，结合我国实际国情和“双碳”目标及其路线图和时间表，制定我国自己的ESG报告披露标准；与ISSB准则实现持续动态趋同；完全采纳ISSB准则。不论采用哪个方案，我国均应加快统一ESG报告的披露标准，才能抑制企业和金融机构的“漂绿”行为。

3. 推行强制披露，强化“漂绿”社会监督。迄今为止，世界上大部分国家的ESG报告以自愿披露居多，作出强制披露规定的极为罕见。自愿性披露缺乏刚性约束，容易滋生选择性披露和报喜不报忧的“漂绿”行为，也不利于全面检查和评估温室气体排放等气候变化控制目标的进度。相比之下，推行ESG报告强制披露制度，不仅有助于各国评估减排目标的实现进度和实施差距，也有助于抑制企业和金融机构的“漂绿”行为。推行ESG报告强制披露制度，还可提高气候相关信息披露的透明度，加大企业和金融机构的披露义务和责任，让社会公众、新闻媒体、非营利组织（NGO）有机会加强对企业和金融机构的“漂绿”行为进行监督。欧盟2019年颁布了SFDR，从机构层面和产品层面对可持续发展的ESG因素提出了明确的强制性披露要求，在抑制“漂绿”方面迈出了重要一步。SFDR的第8条、第9条和第11条规定堪称最重要的反“漂绿”条款。第8条规定，金融产品以环保等特点进行推广时，应当披露如何实现该等环保特质的相关信息。第9条规定，当金融产品以可持续投资为目标并以特定指数作为参考目标时，应当披露该产品如何实现该等目标。如果金融产品将减少碳排放作为目标，则必须解释用什么方法和手段确保减排目标的实现。第11条要求金融市场参与者对其ESG金融产品持续发布定期报告，以防止投资过程中发生“漂绿”行为。SFDR的强制性披露要求，极大提高了金融产品的透明度，对于遏制金融机构的

“漂绿”行为发挥了极大作用，值得学习借鉴。

4. 实施独立鉴证，抑制“漂绿”数字游戏。如前所述，ESG报告的“漂绿”现象之所以比较普遍，与缺乏第三方的独立鉴证机制密不可分。“漂绿”ESG报告可以带来巨大的经济利益。面对这种利益诱惑，指望企业和金融机构自觉自愿抑制“漂绿”冲动显然不切实际。只有借鉴财务报告的独立审计机制，引入ESG报告独立鉴证机制，才能抑制企业和金融机构的“漂绿”冲动，避免ESG报告沦为数字游戏。毕马威2017年全球企业责任（CSR）报告调查显示，全球250强企业的93%发布了CSR报告，其中67%聘请第三方对CSR报告进行独立鉴证，必和必拓与星巴克等知名企业的ESG报告也早已接受独立鉴证，但目前只有法国、瑞典和丹麦等少数国家对特定企业的ESG报告独立鉴证提出强制要求，因此，大部分企业的ESG报告均以自愿的方式接受独立鉴证。值得欣慰的是，欧盟可望在2024年完成可持续发展报告准则（ESRS）的制定工作并将要求欧盟企业的可持续发展报告接受独立鉴证，这无疑有助于抑制“漂绿”行为。独立鉴证无疑是反“漂绿”的重要制度安排，但也不能寄予太高的期望值。与财务报告的独立鉴证不同，ESG报告的独立鉴证往往只能提供有限保证（Limited Assurance），而不是合理保证（Reasonable Assurance）。图3列示了不同类型的鉴证，由于ESG报告鉴证的固有限制，对其鉴证在大多数情况下只能提供有限保证，以消极的方式发表鉴证意见，如未发现企业的ESG报告违背相关编报基础。ESG报告鉴证的固有限制包括但不限于：ESG报告迄今缺乏统一的权威编报基础，难以对ESG报告的公允性发表鉴证意见；ESG报告的定性信息多于定量信息，这些包含主观判断因素的定量信息难以鉴证；ESG报告包含很多难以鉴证的前瞻性信息，如气候变化对报告主体商业模式、财务状况、经营业绩和现金流量的短期、中期和长期影响；ESG报告的一些定量信息（如范围3的温室体排放）超越财务报告范围，鉴证所需要的支持证据收集难度极大；ESG报告的鉴证准则滞后[①]于ESG报告的快速发展，权威性和针对性与财务报告审计准则存在较大差距。尽管如此，由第三方对ESG报告进行独立鉴证，还是可以对“漂绿”形成一定的制约作用，有助于促使企业和金融机构提高ESG报告的可信度和公信力。

5. 借助数字赋能，夯实“漂绿”防范基础。ESG报告中涉及的温室其他排放，来源较多且分散，既有企业能够控制的排放源，也有企业不能控制的排放源。金融机构还得估算其贷款或投资所产生的温室气体排放。温室气体排放的核算不仅计算方法复杂，

---

① ESG报告鉴证主要依据《国际鉴证业务准则第3000号——历史财务信息审计或审阅以外的鉴证业务（修订版）》（ISAE 3000）和《国际鉴证业务准则第3410号——温室气体排放报告鉴证业务》（ISAE 3400）。ISAE 3000和ISAE 3410分别于2013年和2018年发布，较为老旧，与ESG报告的最新发展不相适应。为此，国际审计与鉴证准则理事会（IAASB）2021年4月针对ISAE 3000的应用发布了非权威指南（Non – Authoritative Guidance）。

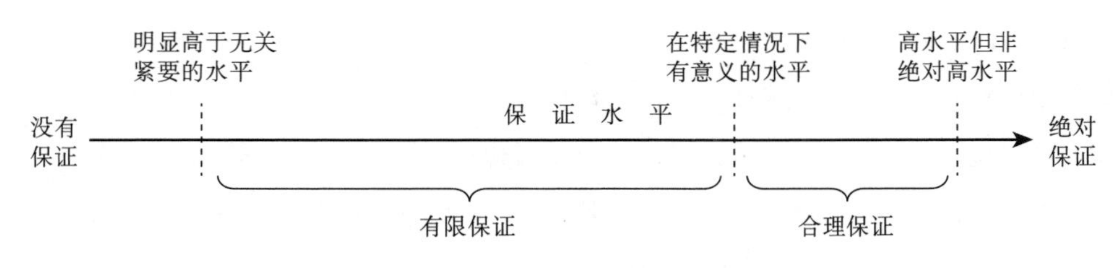

图 3　ESG 报告不同类型的鉴证

资料来源：HKICPA（2021）。

而且工作量巨大，出错或被“漂绿”的概率很高。只有借助人工智能、区块链、云计算、大数据和物联网等数字技术的赋能，建立功能强大的信息系统，对气候相关信息进行系统收集、高效分析、精准溯源，不断夯实数据基础，才能有效防范“漂绿”行为。

6. 加强能力建设，完善“漂绿”治理机制。按照日益成为主流的 TCFD 四要素（治理、战略、风险管理、指标及目标）报告框架，董事会对气候相关风险与机遇负有最终治理责任。如前所述，大部分企业和金融机构的董事会在气候相关风险与机遇的治理方面缺乏专业知识和实践经验，难以有效督导管理层制定并实施气候相关战略和风险管理，也不能对管理层的“漂绿”形成有效的制约。因此，加强气候相关风险与机遇方面的能力建设，首先必须从董事会做起。一是要求企业和金融机构大幅提高董事会成员中拥有气候和水资源方面专业知识的比例，以提高识别、评估和审议重要环境议题的能力；二是要求企业和金融机构董事会必须设立 ESG 专门委员会，为董事会作出气候相关风险和机遇的治理决策提供专业支持；三是要求董事会在广泛征求利益相关者的基础上，定期对环境议题进行评估并将重要的环境议题纳入治理决策程序中；四是加大对董事会成员的 ESG 培训力度，特别是气候相关风险与机遇领域方面的培训。唯有提升董事会与气候相关的能力建设，完善气候相关的治理机制，才能促使董事会切实肩负起反“漂绿”的责任，使 ESG 报告如实反映企业和金融机构在环境方面取得的绩效和存在的问题，为全人类应对气候变化提供扎实的基础数据和信息。

（原载于《财会月刊》2022 年第 1 期）

主要参考文献：

1. 东方财富．银保监会：我国绿色信贷规模居世界第一［OB/OL］．2021－07－14．东方财富微信公众号．

2. 黄世忠．谱写欧盟 ESG 报告新篇章——从 NFRD 到 CSRD 的评述［J］．财会月刊，2021（20）：16－23.

3. 金融时报．央行副行长陈雨露：绿色金融“三大功能“”五大支柱”助力实现“30.60 目标”［OB/OL］．2021－03－07. 金融时报微信公众号．

4. 经济日报．我国绿色金融发展成效显著 绿色金融信贷规模居世界第一［OB/OL］．2021－11－18. 经济日报微信公众号．

5. 马骏．马骏谈金融支持碳中和：开发与“碳足迹”挂钩的金融产品［OB/OL］．2021－05－10. 中国金融四十人论坛微信公众号．

6. 邱慈观．棕色投资人与 alpha 幻像［OB/OL］．2021－01－21. 上海高级金融学院微信公众号．

7. 王志锋，张帅．ESG 基金的国际经验与中国实践［OB/OL］．2021－12－04. 中国财富管理 50 人论坛微信公众号．

8. 吴渊．全球重要企业碳中和竞赛与“漂绿”风险［OB/OL］．2021－01－18. 金融界上市公司研究院微信公众号．

9. 杨坪．备受追捧的贵州茅台为何 ESG 遭降级？［OB/OL］．2021－10－16. 21 世纪经济报道微信公众号．

10. 赵洋．规模快速增长 产品不断丰富 我国绿色债券市场进入发展快车道［OB/OL］．2021－09－15. 债券杂志微信公众号．

11. 资本绿镜．超 3/4 可持续发展主题公募基金存在“高碳投资”［OB/OL］．2021－10－09. 绿色和平发布微信公众号．

12. HKICPA. Technical Bulletin AATB. Environmental, Social, and Governance（ESG）Assurance Reporting. Issued December 2020；Revised August 2021. www. hkicpa. org. hk.

13. In，Y. S and Schumacher，K. Carbonwashing：A New Type of Carbon Data－related ESG Greenwashing（working paper）. Stanfor Sustainable Finance Initiative Precourt Institute for Energy. www. paper. ssrn. com，July 2021.

14. Pucker，K. P. The Trillion－dollar Fantasy［OB/OL］. 2021－09－13. www. institutionalinvestor. com/article/b1tkr826880fy2/The－Trillion－Dollar－Fantasy.

15. Pedersen，L. P，Fitzgibbons，S. and Pomorski，L. Responsible Investing：The ESG－efficient Frontier［J］. Journal of Financial Economics. 142（2021）：572－597.

16. TerraChoice. The Seven Sins of Greenwashing：Environmental Claims in Consumer Markets［OR/R］. www. terrachoice. com，2019.

17. The Economist. Green Boom or Green Bubble［OR/R］. 2021－05－22. www. economist. com.

第四篇

最佳实践与典型案例分析

纵观世界各国规范ESG/可持续披露准则的权威来源，大致可分为三类。第一类的权威来源依赖国际权威组织背书获得权威性，ISSB准则就是典型代表，其权威性来自国际证监会组织（IOSCO）的背书。第二类的权威来源通过立法赋予ESG/可持续披露准则权威性，最典型的莫过于欧盟通过制定《公司可持续发展报告指令》（CSRD）赋予ESRS的法律强制性。我国正在制定的可持续披露准则很有可能以行政规章的方式赋予其权威性。第三类的权威来源则依靠市场力量的认可赋予ESG/可持续披露准则权威性，GRI和TCFD就是其中的典型代表。这三种权威来源各有利弊。依赖国际组织背书获取权威性，虽可极大提高民间机构发布的ESG/可持续披露准则的公认性，但缺乏法律效力，其采用或采纳取决于相关司法管辖区的决定。通过立法获取权威性，虽然具有法律强制性，但立法和修法过程冗长，可能对准则的及时修订形成掣肘。依靠市场力量认可获取权威性，公认性虽然无虞，但执行力稍显不足。世界上不同国家和地区的法律环境和经济环境存在较大差异，不可能也不应当在制定ESG/可持续披露准则时强求整齐划一，而应实事求是，因地制宜。

不论采用何种方式获取权威性，ESG/可持续披露准则的制定还应从实践中汲取营养，将行之有效、广泛认可的最佳实践提炼为披露要求。必须承认，在全球范围内实务界对ESG和可持续发展理念的自发性实践，遥遥领先于政府部门的政策制定和学术界的理论研究。全球性或区域性的ESG/可持续披露准则如ISSB准则和ESRS虽然从2024年才开始实施，但企业和金融机构等市场主体基于GRI、TCFD、CDSB、SASB等报告框架披露ESG或可持续信息已经有20多年的历史，从中涌现出一大批最佳实践和典型案例，让我们领略了自愿披露ESG/可持续发展信息的旺盛生命力，也为制定和完善ESG/可持续披露准则提供了灵感和依据。

为此，本篇收录了六篇与ESG/可持续发展信息披露有关的最佳实践和典型案例的论文。第一篇论文观察并评述近年来世界范围内基于TCFD框架的优秀气候信息披露实践，总结气候相关治理和管理的实施步骤和披露经验，指出优秀的气候信息披露实践必须建立在健全的治理和管理之上，具备整合披露及善用图表、相互关联等特点。第二篇论文从治理、战略、风险管理、指标与目标等角度，介绍微软应对气候变化的创新实践，分析微软披露气候信息的做法，总结微软应对气候变化的经验，期望能对拟采用TCFD框架进行气候信息披露的企业提供借鉴和启示。第三篇论文以苹果公司为例，分析其如何评估气候相关风险的财务影响，总结其在气候相关风险的财务影响评估中所积累的经验和所面临的挑战，为企业按照ISSB准则、ESRS和SEC气候披露新规的要求评估气候相关风险的预期财务影响提供了有益的启示。第四篇论文在分析星巴克因善待股东（慷慨的现金分红和巨额的股票回购）导致资不抵债的基础上，剖析星巴克如何以人类福祉、环境保护和咖啡同盟为主题主线，创造卓越的社会价值和环境价值，指出星巴克如何塑造包容、共享、绿色的企业文化，为其利益相关者创造共享价值，进而为其可持续发展奠定了坚实的经济、社会和环境基础。第五篇论文分析台积电如何以“三重底线”为基础编制和披露其永续发展报告，说明台积电在绩优（卓越的经济价值和社会价值）的同时也存在隐忧（负面的环境价值），说明高科技可能也是高耗能和高耗水[①]。第六篇论文说明蚂蚁集团不仅为其股东创造了良好的经济价值，而且通过支付宝为8 000多万户小微企业技术赋能，并发挥其数字平台的运用场景优势，吸引6.5亿用户参与“蚂蚁森林”和“神奇海洋”，倡导社会公众绿色消费、低碳生活，创造了巨大的环境效益。这种兼顾经济效益、社会效益和环境效益的企业，即使面临再严格的监管，仍有可持续发展的光明前景。

---

① 美国南加州Annenberg大学Kate Crawford教授2024年2月发表了《生成式人工智能不为人知不断攀升的环境成本（Generative AI's environmental costs are soaring and mostly secret）》一文，揭示出“AI = 高排放 + 高耗水”的惊人现实。生成式人工智能驱动的搜索消耗的能量是传统网络搜索的四到五倍。按照研究人员估计，创建具有1 750亿个参数的GPT - 3，需要消耗1 287兆瓦时的电力并产生552吨二氧化碳当量，相当于123辆汽油动力乘用车行驶一年。ChatGPT每天可能需要消耗超过50万千瓦时的电力，以响应用户约2亿个请求，而美国家庭平均每天需要约29千瓦时电力，ChatGPT每天的用电量是美国家庭每天平均用电量的1.7万倍。在几年内，大型人工智能系统可能需要与整个国家一样多的能源。除了高能耗外，生成式人工智能系统还需要大量的淡水来冷却处理器并发电。在爱荷华州西得梅因，一个巨大的数据中心集群为OpenAI最先进的模型GPT - 4提供服务。当地居民的诉讼显示，2022年7月，即OpenAI完成模型训练的前一个月，该集群使用了该地区约6% 的水。当谷歌和Microsoft准备它们的Bard和Bing大型语言模型时，两者的用水量都出现了大幅飙升，一年内分别增加了20%和34%。研究表明，至2027年全球人工智能对水的需求可能是英国的一半。正因如此，英伟达创始人兼CEO黄仁勋指出，AI的尽头是光伏和储能！我们不能只想着算力，否则我们需要烧掉14个地球的资源。OpenAI的创始人Sam. Altman也表示：未来AI的技术取决于能源，我们需要更多的光伏和储能。可见，高科技企业也必须重视和解决环境问题。

气候相关信息披露优秀实践分析

叶丰滢　黄世忠

【摘要】本文观察并评述近年来世界范围内基于TCFD框架的优秀气候信息披露实践，总结气候相关治理和管理的实施步骤及披露经验。本文的研究表明，气候相关信息披露以主体对气候的治理和管理为底层，确定治理架构和治理流程、识别并评估气候相关风险和机遇、判断其影响、管理气候相关风险和机遇、监测和评估管理情况、开展战略弹性分析是气候相关治理和管理的六大关键实施步骤，且相互之间存在重复反馈关系。优秀的气候相关信息披露实践必须建立在健全的治理和管理之上，具备整合披露，善用图表、相互关联等特点。

【关键词】TCFD框架；治理；战略；风险管理；指标和目标

一、引言

气候相关财务披露工作组（TCFD）发布的TCFD披露框架（以下简称“TCFD框架”）是目前世界范围内应用最为广泛的气候相关信息披露标准，且得到了碳信息披露项目（CDP）、气候披露准则理事会（CDSB）、全球报告倡议组织（GRI）、国际整合报告理事会（IIRC）、可持续发展会计准则委员会（SASB）等主流可持续发展报告标准制定机构的普遍认可（CRD，2019）。TCFD框架包括了治理、战略、风险管理、指标和目标四个核心要素，如图1所示。TCFD认为，只要主体在业务实践和披露中重点关注上述四个核心领域，就能将气候议题充分嵌入日常业务和财务决策过程中，对外提供一致、可比、可靠、明确的信息（TCFD，2017）。更好的信息披露将带来更有效率的资本配置，助推主体向着更可持续的低碳经济转型（TCFD，2020）。

本文基于CDSB 2021年发布的《TCFD优秀实践手册》所筛选的优秀披露案例

（CDSB，2021），结合 TCFD 2020 年和 2021 年发布的《披露状况报告》（TCFD，2021），通过案例评述的方式，介绍基于 TCFD 框架的优秀披露实践并总结其特点，旨在对市场主体的气候相关治理、管理和披露有所助益。

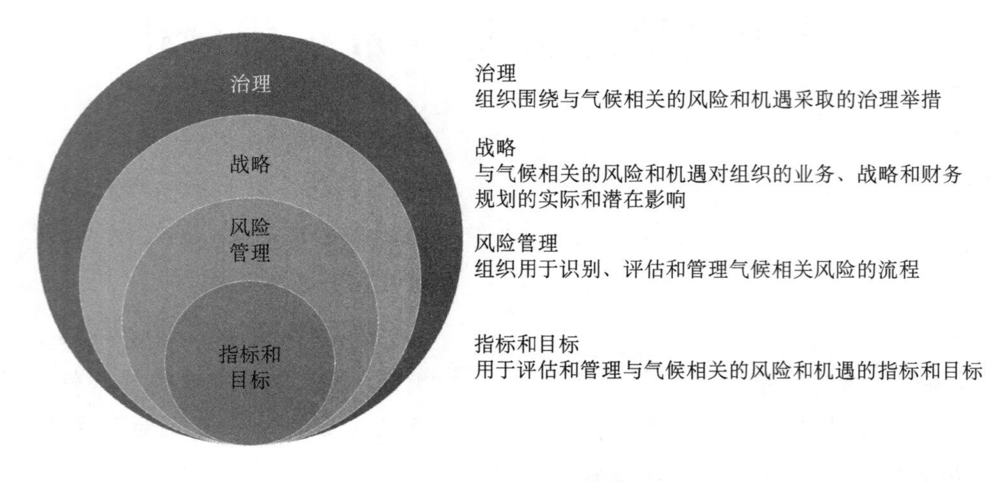

图 1　TCFD 框架四大核心要素

二、治理披露

按照 OECD 发布的《G20/OECD 公司治理原则》（2015），治理是指"指导或控制组织以股东和其他利益相关者的利益行事的体系"，因此治理涉及一个组织的管理层、董事会、股东和其他利益相关者之间的一系列关系，它为组织目标的制定、业绩进度的监测及结果评估提供组织架构和流程（OECD，2015）。以 OECD 对治理的定义和解释为蓝本，结合对气候相关风险和机遇的考虑，TCFD 框架提出治理披露应包括两个方面的内容：（1）描述董事会对气候相关风险和机遇的监督；（2）描述管理层在评估和管理气候相关风险和机遇中的作用。这意味着气候相关事项的治理包括了董事会治理和管理层治理两个层面。

从现有治理披露实践观察，常见的治理架构有两种：专设法和综合法。在专设法下，董事会下设单独的专业委员会监督气候相关风险和机遇，该委员会负责通过清晰的角色及角色职责设定，支持将气候相关议题纳入主体日常运营，而参与专设委员会的管理层的职责是协调不同业务部门采取气候信息披露的必要行动，包括收集数据、执行行动等。在综合法下，董事会的职责是将气候相关议题制度化为较小的议题或考虑因素，纳入负责传统业务职能的现有董事会专业委员会的职责范围，而参与董事会各个专业委员会的管理层的职责是保持积极沟通，以确保不同专业委员会之间决策的

一致性（香港联交所，2021）。

（1）专设法架构。菲律宾阿亚拉公司（Ayala）采用专设法治理架构。该公司2020年年报披露，其董事会下设风险管理和关联交易委员会（RMRPT）专门监督气候相关风险和机遇的治理。在RMRPT每半年召开一次的会议上，气候相关风险和机遇一定是议程之一，如有必要，RMRPT还可随时召集会议讨论气候相关事项。RMRPT负责在风险管理政策的审查和应用指导中整合气候相关风险和机遇。当子公司出现高级别风险和新兴风险时，也一律向RMRPT报告。RMRPT每年与董事会开六次会议。

RMRPT负责任命首席风险官（CRO），CRO是管理层中负责气候相关风险和机遇的最高职务。CRO被授权领导气候相关风险和机遇的识别、评估和管理，具体职责包括：一是领导管理层识别和评估气候相关风险和机遇；二是向RMRPT报告管理层已识别的气候相关风险和机遇，以及对公司的潜在财务影响；三是监督气候相关风险的管理是否与公司全部风险敞口的管理相关联；四是确保其直接领导的集团风险管理和可持续发展单元（GRMSU）得到必要的支持，以在公司风险管理计划中建立包含气候相关风险的管理框架和流程。

GRMSU具体负责气候相关风险和机遇的识别、评估和管理，职责包括：一是在年度风险评估中提供可持续发展的大趋势和气候变化的情况更新；二是设计识别和评估气候相关风险的框架；三是制定在风险登记簿中整合气候相关风险的流程；四是在年度整合报告中披露气候相关风险的财务影响。为了实现专业化运转，GRMSU下设两个专业委员会——企业风险管理委员会（ERMC）和可持续发展委员会（SC）。ERMC由集团范围内风险管理的专家代表组成，每年至少开三次会，每半年向CRMSU提供一次重要风险和新兴风险信息，以便CRMSU向CRO和RMRPT报告。ERMC同时负责作为风险框架协调的平台，持续改进风险流程。SC由集团范围内可持续发展的专家代表组成，同样以每年至少开三次会的频率运转，主要作用是作为分享集团内优秀实践的平台。

（2）综合法架构。瑞士再保险公司（Swiss Re）是典型的采用综合法治理架构的企业。据该公司2020年年报披露，其气候相关治理架构呈金字塔型，董事会下属四个职能委员会负责监督集团可持续发展战略和气候行动计划的制定和执行：董事会主席主持的治理委员会全面负责监督和审查集团关于推动可持续发展进程（包括专门应对气候变化的倡议和行动）的战略优先级；薪酬委员会负责制定并审查薪酬框架、薪酬指导方针和绩效标准，确保绩效标准包括可持续发展及气候变化相关议题的完成情况；财务和风险委员会负责制定集团的风险政策，审查偿付能力限制风险，监测风险承受能力的遵循情况，以及审查所有关键风险问题和风险敞口，包括气候方面的具体问题；投资委员会负责审查公司与资产管理相关的活动，定期听取资产管理集团的负责任投资（包括气候变化领域的投资）战略和执行的最新情况。上述职能委员会均向董事会报告。

在董事会及相关职能委员会之下，瑞士再保险公司另设“集团执行委员会”（GEC）以保障可持续发展政策和气候战略的落地执行。GEC 负责审批详细的可持续发展政策和气候战略，设定并监督偿付能力限制风险，确定产品政策和承保标准等。GEC 的成员包括集团首席风险官（CRO）、集团首席投资官（CIO）、集团财务总监（CFO）、集团首席承销官（CWO）、集团首席运营官（COO）等，他们对集团的可持续发展负有明确责任。GEC 通过“集团可持续发展委员会”（GSC）进行日常运转，GSC 由 CRO 担任主席，成员包括 GEC 的成员和其他高管，GSC 主要负责集团层面的沟通协调，监督执行进度。

在职能部门层面，瑞士再保险公司也进行了气候变化有关的职责分工。比如，风险管理集团负责维系合适的风险政策框架，包括可持续发展和气候相关风险，其内部有一个团队专门负责协调整个集团与可持续性发展有关的活动；瑞士再保险研究所除了负责提供产品定价基础外，还要提供所有与气候相关的物理风险的情况；资产管理集团负责制定和执行集团的负责任投资战略，包括应对气候变化的专门方法；经营集团负责实施碳中和战略，管理公司运营的碳足迹。

除上述外，瑞士再保险公司的治理披露还向外部信息使用者提供一个重要信息，即该公司将可持续发展和气候相关目标与所有员工薪酬（尤其是 GEC 成员的薪酬）联系在一起，“公司 2020 年的可持续性评估主要是基于定性的关键业绩指标（KPI）和目标。到 2021 年，评估将扩大到定量的 KPI 和目标。公司的 KPI 和目标与公司 2030 年的可持续发展的抱负和碳中和承诺保持一致。”

专设法和综合法各有利弊。专设法之利在于从组织机构层面重视气候相关事项的影响，有利于促进对气候问题进行定期深入的讨论，弊在于存在将气候问题从其他业务事项分割开来的风险。综合法之利在于将气候相关事项分解到现有董事会下属专业委员会，无须改变组织架构，弊在于气候相关事项通常并非迫切事项，董事会和管理层很可能在治理中忽视这些事项。在实践中，主体一般应根据规模、营运地点、文化、管理风格等设置治理架构，“没有最佳的治理架构，只有最适合于特定公司的治理架构（香港联交所，2021）。”

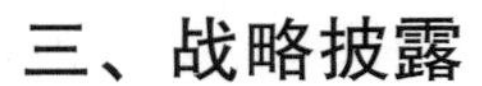

三、战略披露

TCFD将战略定义为组织期望达到的未来状态，组织的战略为监测和衡量其预期状态的实现进度建立了基础。而战略制定即是在考虑组织面临的风险和机遇及其经营环境的情况下，确定组织行动的目的、范围和业务性质等。TCFD框架认为战略披露应包括三个方面的内容：①描述组织已识别的短期、中期和长期气候相关风险和机遇；②描述气候相关风险和机遇对组织业务、战略和财务计划的影响；③基于气候相关的不同情景（包括全球平均气温上升2℃或更低的情景）描述组织的战略韧性。披露这些信息能够告知投资者和其他利益相关者关于组织对自身未来绩效的期望（TCFD，2017）。从现有战略披露实践观察，若能将前两方面的内容整合在一起披露效果更佳，可以保证使用者汲取气候相关信息的连贯性。此外，基于气候情景描述组织战略韧性是气候相关披露中一个难度系数极高的步骤，需要主体循序渐进地摸索。

（1）整合披露气候相关风险和机遇及其影响。新西兰水星公司（Mercury）提供了整合披露的示范。水星公司是一家从事风力发电的企业，其有关气候风险和机遇的披露采用了表格形式（见表1），不仅列示了不同时间段内公司面临的主要气候风险和机遇及其影响，而且说明了管理层对每一种风险和机遇的应对，相当于囊括了战略①和战略②的内容以及风险管理的部分内容（风险管理②）。具体如下：第一，水星公司说明了公司面临的三种风险和两种机遇。三种风险包括：①政府出台无法平衡新西兰“能源困境”[①]的规则（规则风险）；②中短期内的工业化限制和长期可能出现的暖冬现象导致电力需求下降（电力需求下降风险）；③洪水等极端天气事件造成发电资产物理性损坏（极端天气风险）。两种机遇包括：①显著的交通电气化、将热能转换为电能的工业化进程、数据中心的建立、氢生产出口和人口增长等导致的电力需求增长（电力需求增长机遇）；②平均降雨量增加为提高发电量提供了可能，而发电量增加将导致收入和现金流量增加（流入增加机遇）。第二，水星公司说明了上述风险和机遇发生的可能性。三种风险发生的可能性分别是：很可能、可能性较小、不可能，两种机遇发生的可能性分别是：很可能、可能性较小。第三，说明了上述风险和机遇的潜在影响，主要是对收入成本的影响。水星公司简单定性描述了风险机遇可能导致的收入成本增减变动的方向。第四，说明了风险和机遇可能影响的时间范围，即某一种风险和机遇对公司的影响是短期的、中期的、还是长期的。第五，说明了风险和机

① 能源困境是指从能源安全、能源公平和环境可持续性三个维度衡量的能源转型状态。

遇可能造成的财务影响，重点是对利润（EBITDAF）的影响。水星公司披露了机遇对EBITDAF（扣除利息、税收、折旧、摊销和公允价值变动损益前的盈利）影响的量化数据，如果某一种机遇是全时间周期内存在的，水星公司还测算并披露不同时期的EBITDAF受其影响的程度。第六，上述分析的方法论，包括采用的气候情景、主要假设及目前分析存在的问题。第七，管理层应对，即管理层对已识别的气候风险或机遇采取了哪些行动。比如，对规则风险，水星公司披露的应对措施包括与政府、监管机构和媒体评论员保持联系，持续阐述可再生电力对新西兰的积极贡献和继续对法规、规则和规划工具提出意见；对电力需求下降风险，应对措施包括继续与大型的商业客户和工业客户紧密合作、积极推动交通电气化、持续与工业界合作，探索化石燃料替代品的电力机遇以及探索绿色氢生产和数据中心等潜在商业模式；对极端天气事件风险，应对措施包括持续开展情景建模，按检查结果调整经营计划等。对电力需求增长机遇，应对措施包括投资Tilt可再生能源共公司和风电管道等。对流入增加机遇，应对措施包括持续开展情景建模，检查结果调整经营计划等。

当然，水星公司的披露也并非尽善尽美，比如它没有说明判定风险和机遇可能性大小的方法，也没有提供气候相关风险财务影响的量化数据。

表1　　水星公司的披露格式示意

	风险			机遇	
	风险①*	风险②*	风险③*	机遇①	机遇②
风险/机遇内容描述					
发生的可能性					
潜在影响					
影响时间区间					
财务影响					
方法					
管理层应对					

注：*每种风险均标注风险等级高、中、低。

（2）情景分析的披露。作为制定战略的一种成熟方法，情景分析可灵活反应一系列可能的未来状态，对于评估具有高度不确定性的问题特别有用，比如那些在中长期内发生的且具有潜在破坏性的气候问题。TCFD认为气候情景分析的作用是多方面的，可以帮助主体更好地制定战略，评估潜在的管理行动范围，确定用以监测外部环境的指标，甚至可以为主体更有效地与投资者就组织的战略和业务弹性进行接触提供科学的对话基础，因此，有效的情景分析披露应该能够反映上述几方面内容的过程和结果

（TCFD，2017）。以下列举两个案例进行说明。

印度马衡达科技公司（Tech Mahindra）在情景分析中考虑不同气候相关情景描述组织的战略弹性。马衡达公司表格式的披露，首先区分两种气候情境，一种是全球升温2℃以内完成转型，经济社会坚决减少温室气体排放的情境（以下简称“转型情景”），另一种是全球升温4℃以内，经济社会不重视温室气体排放导致全球性气候问题的情景（以下简称“一切照常情景”）；其次，马衡达公司将这两种情景同样放在30年的时间跨度内加以研究，并假设30年内公司的商业模式保持不变。马衡达公司的分析表明，在转型情景下，公司面临的主要转型风险是碳税的实施，将导致合规支出增加，部分业务中断。在一切照常情景下，公司面临持续全球变暖的物理风险。对印度大陆而言，气温上升将导致降雨模式的改变——强降雨地区雨量减少，干旱易发地区雨季推迟；再次，在有关业务影响的披露中，马衡达公司聚焦于两种情景对期间损益的影响，尤其是对运营和采购成本的影响。转型情景下，一些主要国家在引入碳定价机制和政策后，消费者的行为偏好发生了变化。如果公司不遵循相关政策，可能遭受声誉受损和收入减少风险。另外，投资于绿色运营并且转移至可再生能源赛道也会提高公司的运营和采购成本，进而影响损益。而在一切照常情景下，极端天气（风暴和洪水）的频率增加，导致公司运营和交付活动受到的干扰事件增加，气温上升和极端天气事件还会使公司经济活动减少，同时影响员工和资产，导致公司提供服务的效率降低，这些最终都会使收入受损。最后，马衡达公司还说明了情景分析使用的外部和内部数据。外部数据主要引自国际能源署（IEA）提供的印度地区适用的若干模型，内部数据采用2015—2016财年温室气体排放的数据和内部财务数据作为基年数据。

澳大利亚昆士兰保险集团（QBE）的气候相关情景分析也有值得学习的地方。与其他公司的情景分析相比，QBE的做法相对“学术派”——它通过持续跟踪气候相关科学研究文献的方式，确保管理层充分理解气候变化对产品和客户的潜在影响，并且能够结合这种理解指导产品的迭代，向客户、股东及公司经营所在的社区提供更好的服务。比如，在2020年年报中，QBE报告其通过文献梳理后的发现：绝大多数对气候变化的研究和建模是全球性的，且受到一些重大不确定的影响。比如，全球是否为实现某种情景协调一致地努力，每种情景下温度变化的可能范围，每种情景下各个地区危险事故的表现，每种危险事故逐年自然变化的情况，各种情境下的索赔费用等。年报中，QBE还披露了基于气候相关情景的短期、中期和长期的关键影响分析，对短期影响着墨最多，QBE指出，在短期内（2020—2030年），绝大多数地区性危险事故的影响很小，但在高排放情景下，由于欧洲、澳洲洪水造成的年平均损失增长可能高达

25%。另外，QBE还注意将不同情景下的气候风险结合公司业务进行说明，即使在稳定的气候假设下，诸如投保财产与恶劣天气事件发生地点之间的距离，以及恶劣天气事件强度和足迹的巨大变化等因素，也会导致大量潜在的灾难索赔。这使得通过观察索赔信息评估气候影响变得更加困难。估计可能需要10—30年的时间，才能通过实际的索赔经验确证其有关气候变化的分析。这种滞后为公司调整相关产品和服务提供了时间，同时迫使公司继续完善分析，以更好地预测未来的索赔波动。

总体来看，马衡达公司和QBE在战略③方面的披露是目前较高质量的基于气候情景的战略弹性定性披露，但缺少对预期财务影响的性质和规模的量化评估。

四、风险管理披露

风险管理是指由组织的董事会和管理层执行的一系列程序，通过处理组织的风险和管理这些风险的潜在综合影响来支持组织目标的实现。TCFD框架提出风险管理披露应包括三个方面的内容：①描述组织识别和评估气候相关风险的流程；②描述组织管理气候相关风险的流程；③描述识别、评估和管理气候相关风险的流程如何纳入组织整体风险管理。这些信息支持气候相关财务披露的使用者评估组织的总体风险概况和风险管理活动（TCFD，2017）。从现有风险管理披露实践观察，首先，如何将气候相关风险管理与组织整体风险管理有机结合颇具挑战性。其次，部分主体将风险管理①②的内容整合在一起披露，以保证同一内容领域表述的完整性。最后，由于风险管理披露与战略披露是一脉相承的两条分支，部分主体将风险管理②与战略①②整合在一起。

（1）将气候风险管理与组织整体风险管理相融合。中电控股（CLP控股）在其2020年年报风险管理部分概述了它如何将气候风险的识别、评估和管理嵌入到公司更广泛的风险管理过程中。根据其披露，中电控股认识到气候变化的广泛性，并将气候变化风险既视为一种独立风险，也视为其他重要风险的驱动因素或前二者的复合体加以考虑。具体做法是：中电控股首先将集团层面的重大风险分为六大类：经营风险、商业风险、规则风险、财务风险、市场风险和人力资源风险；其次，对每一大类风险，中电控股列出了重点风险因子，比如，经营风险的重点风险因子包括：重大HSE（健康、安全和环境）事故、新冠疫情暴发、网络安全攻击—OT系统、网络安全攻击—IT系统、人身安全漏洞（包括社会动荡）、重大故障（发电资产）、气候变化—物理风险、可再生能源—较低性能和重大项目延迟/成本超支；最后，为每一种重大风险因子打“标签”，其设定的“标签”包括：该风险因子是否受物理风险影响，是否受转型

风险影响，风险水平的变动趋势（变大、变小、基本不变），是否与气候变化的应对有关，是否涉及技术利用，是否关乎加强网络弹性和数据保护，是否涉及建立一个灵活、包容和可持续的劳动力队伍等。比如，从重点经营风险因子的标签设置情况看，转型风险和物理风险都会导致重大 HSE 事故风险，对气候变化物理风险的应对措施本身也可能存在物理风险，物理风险还会导致可再生能源性能降低的风险和重大项目延期/成本超支的风险等。中电控股的这种具有数字化思维的风险管理方式，无论是从实践效果还是从披露结果来看都可圈可点。

（2）整合披露气候相关风险识别、评估和管理的流程。哥伦比亚 Davivenda 银行（Banco Davivenda）2020 年的年报提供了整合风险识别、评估和管理披露的示范。Davivenda 银行开发了环境和社会风险分析系统（SARAS）专门用以识别、评估和管理气候相关风险。SARAS 与世界银行国际金融公司（IFC）制定的“环境与社会可持续发展绩效准则审核清单”的要求保持一致，在审查贷款申请时，SARAS 会关注 ESG 领域的若干绩效标准，比如气候相关的洪水、干旱和滑坡等事件的历史数据，并使用地理工具对风险进行分析，进而确定需要的缓释措施或适应措施。SARAS 帮助该银行将贷款对象划分为环境和社会风险 A、B、C 类，并在提供贷款期间，跟踪核实贷款对象在环境和社会方面的具体表现。在 2020 年年报中，Davivenda 银行通过描述性的方式介绍了“SARAS 2020”系统的运作流程和方法，进而分步骤列示了其为管理气候变化风险而实施的具体行动，具有明确的信息含量。

（3）整合风险管理披露与战略披露。前述新西兰水星公司就是整合战略①②，以及风险管理②披露的典型。还有主体进行了更大幅度的整合披露，比如墨西哥银生产商弗雷斯尼诺公司（Fresnillo）在其 2020 年年报中通过表格式的结构描述了针对气候相关风险的管理层治理情况（包括治理架构和管理层在评估和管理气候相关风险中发挥的作用）、已识别风险和机遇的类型、具体内容、发生的可能性、影响的时间范围、对业务和财务的影响及管理层的应对措施，对业务和财务的影响和管理层应对措施的披露尤其详实，整体披露整合了治理②、战略①②，以及风险管理②③的相关要求。

当然，由于一表难覆盖所有，这类披露也存在一些明显的问题。以弗雷斯尼诺公司为例，其战略披露部分缺少了如何判定风险和机遇的可能性大小及其时间范围，以及如何开展情景分析的相关内容的阐述，也没有提供有关财务影响的货币化信息来测算组织弹性；风险管理披露部分缺少如何识别气候有关风险和机遇的方法阐述等，这些都有待完善。

五、指标和目标披露

指标和目标特指用于评估和管理气候相关风险和机遇的指标和目标。TCFD 框架认为，投资者和其他利益相关者需要了解组织如何衡量和监测气候相关的风险和机遇。通过指标和目标，投资者和其他利益相关者可以更好地评估组织的潜在风险调整回报、履行债务义务的能力、气候相关问题的一般敞口，以及管理或适应举措的进展情况。指标和目标还能够为投资者和其他利益相关者进行同一经济部门或同一行业内部的横向和纵向比较提供基础。TCFD 框架提出指标和目标披露应包括三个方面的内容：①根据组织的战略和风险管理流程，披露组织用以评估气候相关风险和机遇的指标；②披露范围 1、范围 2，范围 3（如果可能）的温室气体排放，以及相关的风险；③描述组织用以管理气候相关风险和机遇的目标及取得的绩效。从现有指标和目标披露实践观察，首先，指标和目标披露是战略披露和风险管理披露的延伸，因此，指标和目标的设置必须针对重大风险和机遇，且必须与主体的战略计划和管理行动直接挂钩。其次，披露指标和目标的一个重要目的是方便投资者和其他利益相关者进行比较，这里的比较包括纵比和横比。为实现纵向比较，确定本期数、上期数、基年数必不可少；为实现横向比较，跨行业的指标必须遵循统一的核算规则，比如有关温室气体排放量和排放强度的计算应遵循《温室气体规程》。

（1）针对重大风险和机遇的指标设置。瑞银集团（UBS AG）在 2020 年年度报告中提供了一种设置重大风险和机遇指标的思路。它将气候相关指标直接作为气候风险管理和气候机遇管理的对象，如相关资产、负债和具体事项等，拟定风险管理指标包括：碳相关资产金额及其占银行产品风险敞口的比例，对气候敏感部门的总风险敞口及其占银行产品风险敞口的比例，“气候感知战略”中的加权碳密度（与基准复合加权碳密度对比），气候有关股东决议的表决次数及得到支持的气候相关股东决议的比例等；机遇管理指标包括：气候相关的可持续投资金额及其占瑞银客户总投资资产的比例，与减缓和适应气候变化相关的股权或债权资本市场服务交易价值总额，与气候变化相关的金融咨询服务的交易价值总额，支持《瑞士 2050 年能源战略》的战略交易量等。这样的指标体系设计为关键风险和管理这些风险问题的监测性指标之间建立了有用的联系。对于每个指标，瑞银集团还提供了此前两年的历史数据作为对比，并列示了本年度与上一年度相关指标的变动比率。由于部分指标晦涩难懂，若能进一步说明每个指标的计算方法，将有助于信息使用者更好地理解这些数据。

（2）将指标和目标与具体行动计划相结合。指标和目标与具体行动计划相结合的

披露方式颇受欢迎，可以让指标和目标有针对性、具象化。意大利国家电力公司（Enel Integrated）在2020年年报中结合具体行动计划设定量化的指标和目标，并报告哪些目标已经取得科学减碳倡议组织的认证。比如，该公司提出的短期目标是在2021—2023年间逐步淘汰90%的煤电产能（煤电产能占总产能的比重从2020年的10%降到2023年的1%），对应行动是加速发展可再生能源，在2021—2023年间投资168亿欧元安装15.4亿瓦特的可再生产能，到2023年为止可再生产能达到60亿瓦特；中期目标是加速从煤电退出，计划退出时间从2030年提前到2027年（在2017—2027年间淘汰16亿瓦特的煤电产能），对应行动是加速发展可再生能源，在2021—2030年间投资650亿欧元安装75亿瓦特的可再生产能，到2030年为止可再生产能达到120亿瓦特（以2017年作为基年的话，2030年的可再生产能要达到2017年的3倍）、促进消费者（尤其是居民消费者）从用气转向用电以及优化消费者（尤其是个人消费者）的天然气资源组合等。上述披露清晰而具体地向信息使用者表明，意大利国家电力公司正在将其碳中和承诺纳入广泛的财务和战略规划中。

（3）指标和目标的比较。法国保险公司安盛集团（AXA）在2012年就制定了十分具体的2012—2020年期间减少国际环境足迹的指标和目标，在2020年年报中，安盛集团披露了上述指标既定目标的完成情况。表格式的披露清晰展示了各项指标的目标数、2012年的基期数、2020年的实际数、2020年实际数较之2012年基期数的增减变动，以及目标是否达成（见表2）。由于2020年是这一周期的最后一年，通过上述的披露，既定目标是否完成及完成情况的好坏一目了然。

表2　　AXA有关指标和目标的披露

2012—2020年具体目标	计量单位	目标	2012年	2020年	实际绩效	目标是否达成Y/N
每名员工减少碳排放的比率	TCO_2eq/FTE^*	-25%	2.4	1.5	-38%	YES
每名员工减少能源消耗的比率（范围1和范围2）	kwh/FTE	-35%	4 408	2 219	-50%	YES
每名员工减少汽车行驶距离的比率（范围1）	km/FTE	-15%	2 550	1 248	-51%	YES
每名员工减少差旅距离的比率（范围3）	km/FTE	-5%	2 395	750	-69%	YES
每名员工减少办公纸张耗用的比率（范围3）	kg/FTE	-45%	28.0	9.2	-67%	YES
每名客户减少市场和分销用纸的比率（范围3）	kg/client**	-50%	0.1	0.04	-62%	YES

续表

2012—2020 年具体目标	计量单位	目标	2012 年	2020 年	实际绩效	目标是否达成 Y/N
每名员工减少用水的比率	m^3/FTE	-15%	10.0	4.8	-52%	YES
循环用纸或从负责任的来源获取纸张的比率	%	>95%	66%	74%	—	NO
使用可再生电力的比率	%	70%	N/A	57%	—	NO

注：* FTE：全职员工数；** client：客户数。

资料来源：AXA2020 年年报。

随着第一个目标周期的结束，安盛集团在 2020 年年报中还提出了第二个目标周期的各项指标和目标，并展示了总目标设置和分解的完整过程。安盛公司首先根据科学减碳倡议组织建议的方法提出了新目标周期的总体目标：到 2025 年，使用能源（包括天然气、生物气、热油、电、气、冷却水）、车队和商务差旅产生的碳排放比 2019 年减少 25%。进一步地，安盛集团又将该总体目标做了两个维度的明细分解，一个维度是把总目标按照排放范围 1、范围 2、范围 3 三个指标分解，另一个维度是把总目标按照能源消耗、公司车队、商务差旅（火车飞机）、员工从家里往返工作场所通勤四个类目指标分解，进而提出各个范围、各个类目指标截至 2025 年的减排子目标。安盛集团随后将逐年披露本年度及此前两年的排放数据、目标数，以及前后期增减变动。科学、清晰的目标设置，既方便公司随后对目标实现进度的监测和评估，也方便外部信息使用者对相关指标和目标的比较。

六、小　结

前文分要素介绍了基于 TCFD 框架的优秀披露实践及其特点，我们认为，气候相关披露以主体气候相关治理和管理为底层，TCFD 框架为气候相关披露提供了指南，但它不是气候相关治理和管理的实施指南。对市场主体而言，明确气候相关治理和管理的实施步骤至关重要，它相当于治理和管理工作推进的路线图。TCFD 在 2020 年的《披露状况报告》中，根据专家级使用者（Expert Users）对四要素十一项内容的打分，给出了一个实施计划示例。该示例计划分为三个阶段，每个阶段的具体工作如表 3 所示。

表 3　　**TCFD 实施计划示例**

治理	战略	风险管理	指标和目标
第一阶段：披露基础建设阶段			
①建立董事会对气候相关事项的监督机制		①建立识别和评估气候相关风险的流程	
②明确管理层在评估和管理气候相关事项方面的作用		②建立管理气候相关风险的流程	
		③考虑如何将上述流程与主体的其他风险管理流程相融合	
第二阶段：增强和补充阶段			
①董事会在审查主要资本性支出，收购和剥离时如何考虑气候相关事项	①明确不同经济部门和地理位置的重大气候相关事项		①以前年度用来衡量和管理气候相关事项的关键指标
	②判断上述重大气候相关事项如何影响主体的业务和战略		②以前年度范围 1 和范围 2 的排放
			③明确与温室气体排放量有关的气候相关目标，时间范围和基年
			④用以评估气候相关目标进展的关键业绩指标
第三阶段：战略弹性增强和补充阶段			
①董事会在审核和指导战略时如何考虑气候相关事项	①与重大气候相关事项有关的时间范围及其界定	①主体是否考虑现有的和新兴的有关气候变化的规则要求	①气候相关的业绩指标如何与薪酬政策相结合
	②重大气候相关事项如何影响财务计划		②用以计算或估计气候相关指标的方法
	②气候相关情景如何影响战略和财务计划		③以前年度的范围 3 排放
	③气候相关事项的战略弹性，包括有关潜在财务影响的方向和范围的迹象		③确定气候相关目标是基于排放量还是基于排放强度
	③使用的气候情景及时间范围		③用以计算和估计气候相关目标的方法
	③碳定价的敏感性分析		
持续增强			

资料来源：TCFD 2020 年《披露状况报告》。

表3的实施计划示例将各个阶段的具体工作与TCFD框架四要素十一项内容逐一挂钩，理论性较强，但可操作性欠缺，我们在其基础上，结合CDSB认定的优秀披露实践案例，将气候相关治理和管理的关键实施总结为图2的步骤①—⑥。图2中的适应计划是指组织最小化物理风险及捕捉相关机遇的计划，转型计划是指组织向低碳经济转型的一系列行动，它们共同构成组织气候战略的核心，也是组织整体战略的一部分（TCFD，2021）。我们认为步骤①—⑥是一个“重复反馈”[①] 的过程：主体一般先确定恰当的治理结构和治理流程（步骤①），而后结合气候情景识别并评估不同时期的气候相关风险和机遇及其重要性水平（步骤②），进而判断风险和机遇可能给主体的业务、财务带来何种影响（步骤③）。值得一提的是，这时的判断最多只能做到将风险和机遇与具体业务相关联，并预测对收入成本的大致影响，不太可能输出量化的结果。有了影响认知之后，主体接下来可以考虑如何针对性地管理这些风险和机遇并制定相应的适应计划和转型计划。计划必须详细，包括具体的应对行动，支持行动的流程和资源等（步骤④），同时制定指标和目标，监测评估计划的执行情况（步骤⑤）。现阶段，即便是那些被CDSB认定为优秀披露实践的主体，其气候相关的治理和管理大多也就止步于此。在具体计划、指标和目标制定之后，主体其实应当判断倘若按计划行动达成相应的指标和目标后可能产生何种财务影响，包括对利润（收入、成本、经营性现金流量、减值损失、预计损失等）和财务状况（资产、负债、权益、投资组合价值）的影响并尽量输出量化的结果（步骤③），同时复盘按计划行动可能缓解甚至消除哪些风险、创造出哪些机遇（步骤②），是否以及如何调整相关治理结构和治理流程（步骤①）等。最后，上述步骤的开展应基于多种气候情景，以明确组织的战略弹性（步骤⑥）。步骤①—⑥依此循环，重复反馈，推动主体气候治理和管理滚动向前。

只有基于健全的治理和管理，才可能有优秀的披露。从CDSB列示的优秀披露实践案例看，目前鲜有主体按照TCFD框架四要素十一项内容逐项披露，不同主体披露的方式方法差别巨大，但均有以下两个特点：

一是整合披露。比如，有主体将战略①②和风险管理②的内容合并在一起披露（如新西兰水星公司、墨西哥弗雷斯尼诺公司），因为这三项内容对应的披露步骤②③④

---

① 香港联交所在2021年11月发布的《按照TCFD建议汇报气候信息披露指引》中也提出了包含有八个步骤的披露工作流程，包括：步骤①确定合适治理架构；步骤②在确定范围及边界下选择合适情境及参数；步骤③基于定性/定量方法确认气候相关风险的重要性；步骤④基于公司业务性质及地理位置，识别与气候相关的重大风险对业务的影响；步骤⑤就CRBI（气候相关业务影响计分表）热点制定适合公司的参数、指标及目标；步骤⑥优先考虑、实施和检查一系列针对目标的行动，以构成气候相关行动计划的基础；步骤⑦评估对每个财务项目的影响；步骤⑧将气候相关议题纳入业务策略的长期规划。我们总结的操作步骤与联交所不同，但我们同意联交所流程之间存在重复反馈的观点。

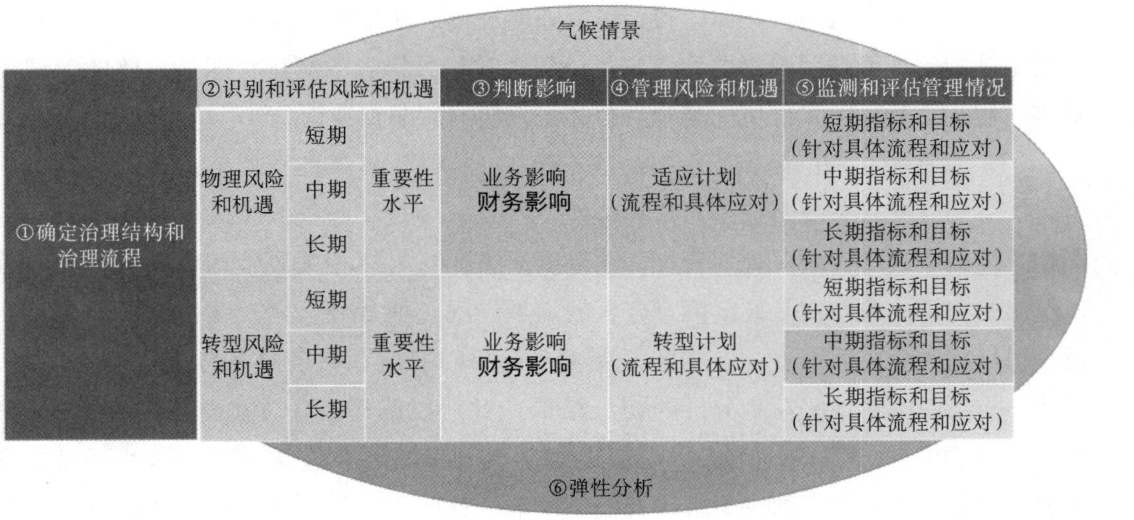

气候情景

①确定治理结构和治理流程	②识别和评估风险和机遇			③判断影响	④管理风险和机遇	⑤监测和评估管理情况
	物理风险和机遇	短期	重要性水平	业务影响 **财务影响**	适应计划 （流程和具体应对）	短期指标和目标 （针对具体流程和应对）
		中期				中期指标和目标 （针对具体流程和应对）
		长期				长期指标和目标 （针对具体流程和应对）
	转型风险和机遇	短期	重要性水平	业务影响 **财务影响**	转型计划 （流程和具体应对）	短期指标和目标 （针对具体流程和应对）
		中期				中期指标和目标 （针对具体流程和应对）
		长期				长期指标和目标 （针对具体流程和应对）

⑥弹性分析

图 2 按照 TCFD 框架披露的关键步骤

系统地解释了已识别风险和机遇是什么、会怎样、该如何管理的问题；也有主体将风险管理①②合并在一起披露（如哥伦比亚 Davivenda 银行），这属于对风险管理这一要素披露的内部整合，尤其是在披露重大气候相关风险时，配套说明针对性的管理行动，可以证明这些重大风险能够得到有效缓释或消除；还有主体将指标与目标①③与战略①②合并在一起披露（如意大利国家电力公司），这四项内容主要对应步骤⑤④，回答了指标和目标是什么、该怎么执行这两个问题。以上种种整合披露方式都有着通顺的底层逻辑。

二是善用图表、相互关联。在披露格式上，优秀的气候相关披露无一不是通过图表结合文字的方式展示气候相关问题的治理和管理，披露内容还要能够与主体财务报告中的其他相关内容相互关联，这个特点也值得后来者借鉴。当然，主体所在国家和地区的差异、所在经济部门和行业环境的差异、业务类型的差异、管理层治理和管理水平的差异以及披露方式方法的差异等，导致披露结果高度差异化却是不争的事实，这对于外部信息使用者或构成一种挑战。

除上述外，TCFD 框架下优秀的气候信息披露通常还具备如下突出特点：

（1）气候相关的治理披露。不论主体采用专设法架构还是综合法架构治理气候相关风险和机遇，董事会的主要作用都是作出决策、进行监督并确保足够的资源用于气候治理，管理层的作用则是高效执行。因此，从内容上看，优秀的气候相关治理披露应向投资者和其他利益相关者传递如下重要信息：一是主体的治理能够确保董事会和管理层职责分明，但有机联系在一起；二是主体的治理能够明确每个管理主体所监督的气候相关风险和机遇的具体内容，以及如何进行这种监督，即所谓责任到岗、到人；三是主体的治理能够明确每个管理主体处理气候相关信息的频率；四是主体的治理能够将气候相关目标的实现情况与董事会和管理层的薪酬相挂钩。

（2）气候相关的战略披露。战略披露是基于TCFD框架的气候信息披露的重点环节，优秀的气候相关战略披露通常具备如下特点：一是解释气候相关风险和机遇如何影响主体战略规划和财务规划流程，注重阐述主体对气候相关风险和机遇进行评估后所作出的关键决策；二是披露情景分析的进展情况。情景分析是战略披露中的难点问题，对任何一个主体而言，在初始开展情景分析时必定存在各种各样的困难和问题，因此，披露时除了说明情景分析的初步结果，对其如何开展（方法）、存在的数据缺漏（问题靶向）、未来改进计划（改进方法）等内容的说明至关重要，这些可以给投资者和其他利益相关者的决策带来有价值的信息透明度；三是量化说明情景分析所用的假设（如输入值）与结果等。气候情景分析的本质是描述在一组给定的气候假设和约束下，可能的未来状态的结果，因此，量化披露“一头一尾”（输入值和结果）至关重要。从CDSB列示的优秀实践案例看，现阶段，绝大多数主体的情景分析还达不到量化披露的状态。即便少数披露货币化结果的，数据的有用性也存在很大的疑问。但高质量的头尾量化披露，确是情景分析推进的目标；四是伴随着情景分析，主体还须对可能的评估结果的战略弹性给出明确结论，并通过流程确保气候情景分析的结论与公司战略明确结合在一起。

（3）气候相关的风险管理披露。优秀的气候相关风险管理披露通常具备如下特点：一是在解释如何识别气候相关风险时，主体应注意说明如何评估风险的相对重要性水平，以及如何排定风险管理行动的优先级。这方面的内容属于“如何识别”和“如何管理”的方法论，目前的披露实践较为欠缺；二是明确气候风险评估过程和更广泛的风险管理之间的联系和整合。因为气候风险很可能不是单独的风险，只有将其置于风险篮内整体考量，才有可能实施恰当的风险管控；三是提供气候“导航图”，明确披露相关报告章节之间的交叉索引关系。在披露实践中，大量的披露属于整合披露，以总表形式出现，但复杂的披露内容往往是一张总表难以囊括的，若干细节还须辅以文字叙述加以说明，或与财务报告中的内容交叉索引，这时若能够提供气候“导航图”，对信息使用者将是莫大的阅读友好。

（4）气候相关的指标和目标披露。优秀的气候相关指标和目标披露通常具备如下特点：一是指标和目标与主体战略相挂钩。虽然指标和目标在TCFD框架下是单独的一个要素，但它表明的是主体在战略实现方面的计划，信息使用者可以通过指标和目标深入了解主体如何通过应对风险、最大化机遇为未来的低碳转型做准备，因此最好

与具体的战略行动，包括资源保障相挂钩；二是确保温室气体排放报告符合《温室气体规程》。温室气体排放量是气候相关披露的最重要的指标。关于其计算标准，目前世界范围内运用最广泛的就是世界资源研究所（WRI）和世界可持续发展工商理事会（WBCSD）从1998年开始合作开发并不断完善的《温室气体规程》。《温室气体规程》提出主体的温室气体排放包括3个范围，范围1是主体拥有或控制的来源产生的直接排放，范围2是主体消费的电力资源产生的间接排放，范围3是主体未拥有或未能控制的来源产生的间接排放，主要是主体的价值链产生的排放。这一核算规程为在主体生产经营的全价值链追踪其产生的碳排放提供了有用的工具。因此，对于温室气体排放量，主体最好遵循这一标准计算披露，以为信息使用者提供可比的重要信息①；三是解释不同阶段的目标如何联系。比如意大利国家电力公司的短期、中期和长期目标具有明显的衔接，以电力生产目标最为典型，从短期淘汰90%的煤电产能，到中期加速从煤电退出，计划退出时间从2030年提前到2027年，再到长期消除热电容，实现100%可再生能源组合，类似这样具有关联性的层层递进不断提升的目标设置既展示了主体的长远抱负，又可使投资者和其他利益相关者清楚地感知主体计划的转型步骤。如果不同阶段的目标脱离彼此、相互独立，则无法达到这样的效果。

（原载于《财会月刊》2022年第6期）

主要参考文献：

1. 香港联交所．按照TCFD建议汇报气候信息披露指引［R/OL］．www. hkex. com. hk，2021.

2. CRD. Driving Alignment in Climate - related Reporting Year One of the Better Alignment Project［R/OL］．www. intergratedreporting. org，2019.

3. TCFD. Recommendations of the Task Force on Climate - related Financial Disclosures［R/OL］．www. tcfd. org，2017.

4. TCFD. Task Force on Climate - related Financial Disclosures 2020 Status Report［R/OL］．www. tcfd. org，2020.

① 国家发改委2013年以来先后发布了《24个行业企业温室气体排核算方法与报告指南》，生态环境部2022年1月也发布了《企业环境信息依法披露格式准则》，这些规范虽然也借鉴了联合国政府间气候变化专门委员会（IPCC）的《国家温室气体排放清单指南》以及WRI和WBCSD的《温室气体规程》，但与这两份国际标准还存在较大差别。我国企业在披露温室气体排放时，是采用国内标准还是国际标准，目前尚不明确。

5. CBSD. TCFD Good Practice Handbook [R/OL]. www. cdsb. net, 2021.

6. OECD. G20/OECD Principles of Corporate Governance [R/OL]. www. oecd. org, 2015.

7. TCFD. Task Force on Climate – related Financial Disclosures 2021 Status Report [R/OL]. www. tcfd. org, 2021.

8. TCFD. The Use of Scenario Analysis in Disclosure of Climate – Related Risk and Opportunities [R/OL]. www. tcfd. org, 2017.

9. TCFD. Guidance on Metrics, Targets, and Transition Plans [R/OL]. www. tcfd. org, 2021.

微软气候信息披露案例分析

黄世忠

【摘要】气候相关财务披露工作组（TCFD）颁布的四要素气候披露框架是迄今为止认可度最高、运用最广泛的标准。微软按照TCFD框架充分披露气候信息，堪称TCFD框架的忠实践行者。本文从治理、战略、风险管理、指标与目标等角度，介绍微软应对气候变化的创新实践，分析微软披露气候信息的规范做法，总结微软应对气候变化的成功经验，期望能够对拟采用TCFD框架或拟执行以TCFD框架为基础的可持续披露准则的企业有所借鉴。

【关键词】TCFD框架；气候变化；物理风险；转型风险；信息披露；风险与机遇

一、引言

尽管ESG的报告框架林立，但在气候信息披露方面，认可度和权威性最高的当属TCFD框架。2019年9月公司报告对话（CRD）组织发表了《推动气候相关报告的一致性》声明，分析了CDP（碳信息披露项目）、CDSB（气候披露准则理事会）、GRI（全球报告倡议组织）、IIRC（国际整合报告委员会）和SASB（可持续发展会计准则委员会）五个报告框架在气候相关信息披露方面与TCFD框架的异同点，对于存在的差异，这五个报告框架承诺以TCFD的框架为范本，进行必要的修改和完善，以最大限度实现气候相关信息披露的国际趋同。这五个报告框架作出的历史性承诺意味着TCFD框架已然成为气候相关信息披露的范式。正因如此，不论是国际可持续准则理事会（ISSB），还是欧洲财务报告咨询组（EFRAG）制定的气候变化披露准则或报告准则均以TCFD框架为基础（黄世忠、叶丰滢，2022）。甚至一向自视甚高的美国证监会（SEC）2022年3月21日提出的《面向投资者气候相关披露的提升和标准化》建议，也主张采纳TCFD框架[①]，其理由是，TCFD框架是迄今运用最为广泛的气候披露框架，采用很多大型上市公司较为熟悉且已运用多年的TCFD框架，可减轻其信息披露负担，降低遵循成本。SEC在长达510页的报告中还特别指出，截至2021年10月，全球超过2 600家市值达25万亿美元的上市公司表达了对TCFD框架的支持，1 069家管理了194万亿美元资产的金融机构也对TCFD框架予以加持，英国、新西兰、瑞士和欧盟在提出强制性气候披露要求时也有意采纳TCFD框架，七国集团财政部和央行均公开支持TCFD框架（SEC，2022）。对TCFD框架的认可度由此可见一斑。

随着TCFD框架的广泛运用，一大批TCFD披露标准的忠实践行者脱颖而出，微软就是其中的佼佼者。作为一家优秀的世界500强，微软不仅财务业绩卓越，为股东创造了不菲的经济价值[②]，而且致力于成为环境友好型、环境担当型的企业公民，努力为社会创造良好的环境价值，统筹兼顾经济价值、环境价值和社会价值的共享价值创造模式（黄世忠，2021）在微软得到很好的践行。本文以微软2021会计年度的环境可持续发展报告为基础，结合其按TCFD框架披露的信息，从治理、战略、风险管理、指标和目标等TCFD所倡导的四个报告要素，分析微软应对和缓释气候变化影响的创新实践和规范披露气候信息的成功经验。笔者认为，微软按照TCFD框架披露的气候信息报告堪称模板，对于拟采用TCFD框架披露气候信息的企业极具借鉴意义。

二、微软应对气候变化的治理举措

气候变化既给企业带来风险，也带来机遇，因此TCFD框架要求企业披露围绕气候相关风险和机遇所采取的治理举措，以便投资者和其他利益相关者了解和评估企业的董事会和管理层在应对气候变化中的治理机制和治理成效。微软从可持续发展的战略高度看待气候变化的治理问题，构建了由董事会与管理层齐抓共管、职责分明的气候治理结构（见图1），在有效缓释气候相关风险的同时，充分挖掘气候变化带来的机遇，在经济社会向零排放方向转型的过程中发现和把握商机，努力将微软打造成对环

---

① 除了准备采纳TCFD框架外，SEC还主张以世界可持续发展工商理事会（WBCSD）和世界资源研究所联合发布的《温室气体规程——企业核算与报告标准》作为温室气体排放的核算和报告标准，因为这是迄今为止企业运用最为广泛的标准，远甚于ISO 14064标准。TCFD、价值报告基金会（VRF）、GRI、CDP、CDSB以及ISSB和EFARG均采纳了《温室气体规程》的核算和报告标准。

② 微软2021会计年度（截至6月末）的营业收入和税后利润为1 680.88亿美元和612.71亿美元，分别比2017会计年度增长了75.69 %和140.38 %，股票市值也从2017年6月末的5 168亿美元增至2021年6月末的20 309亿美元。

境作出净贡献的具有可持续发展前景的企业。

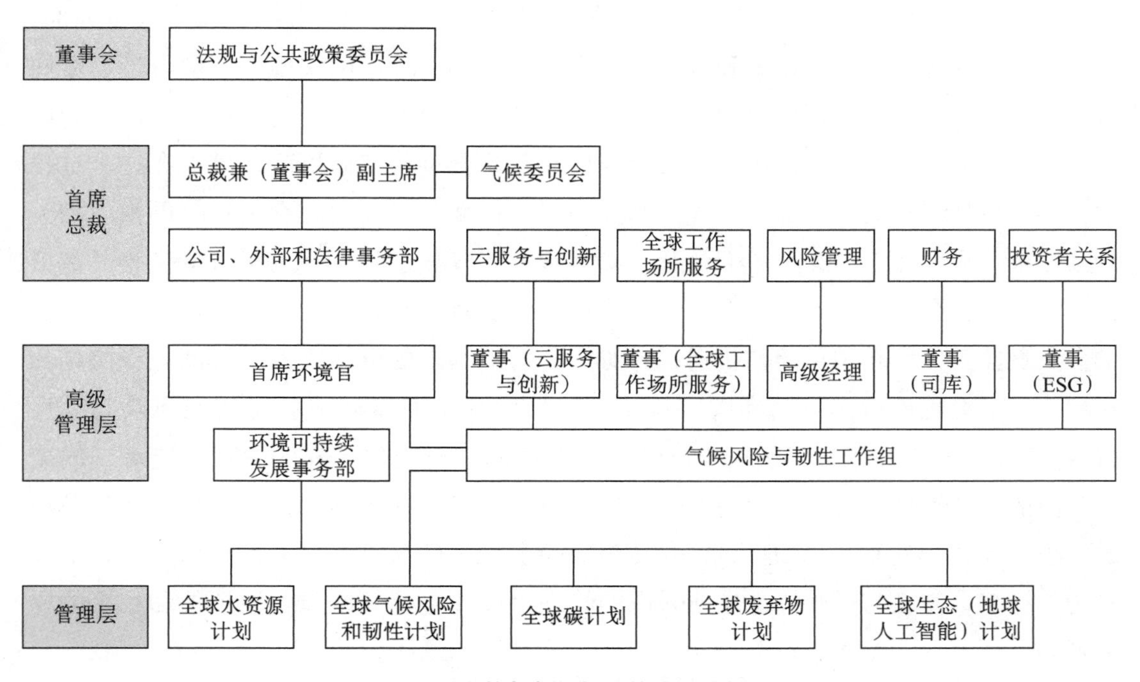

图1　微软与气候相关的治理结构

资料来源：微软 TCFD2021 报告。

董事会督导和管理层主导是微软应对气候变化治理机制的鲜明特点。在董事会层面，董事会及其下属委员负责环境可持续发展战略的监督和指导。微软采用综合法的治理机构设置方式，将应对气候变化的职责纳入董事会下属的法规与公共政策委员会。法规与公共政策委员会的章程明确规定，该委员会负责审查环境问题并向管理层和董事会提供指导，负责督导微软的环境可持续发展战略和相关环境承诺的实施和兑现。气候变化是环境可持续发展的最重要分支，法规与公共政策委员会负责对气候相关的政策和计划进行审查并提供指导。该委员会的委员由董事长和四位独立董事组成。法规与公共政策委员会每年至少召开三次会议，讨论范围广泛的气候变化议题。该委员会每年还根据需要加开一次会议，2021 会计年度加开的会议专门听取总裁兼（董事会）副主席、首席法务官和首席环境官提交的环境可持续发展议题，包括微软应对气候变化作出的最新承诺和气候相关项目投资计划及进展。

在管理层层面，总裁兼（董事会）副主席和首席环境官责成高级管理层做好环境风险管理，并建立相应的激励和问责机制。总裁兼（董事会）副主席直接领导公司、外部和法律事务部，该部门的主要职责是建立和保持客户、投资者和其他利益相关者对微软的信任，包括环境可持续发展和气候变化领域的信任问题。总裁兼（董事会）

副主席向董事会下属的法规与公共政策委员会呈报包括环境可持续发展和气候变化在内的企业社会责任（CSR）政策和计划。首席环境官直接分管环境可持续发展事务部，领导微软环境可持续发展愿景和战略的制定，组织相关计划的实施。环境可持续发展事务部参与微软的企业风险管理（ERM），通过日常的报告和讨论，识别、评估和确定气候风险的优先等级，并协助高级管理层和董事会进行气候风险治理。在这个过程中，环境可持续发展事务部就环境议题（包括气候变化议题）在全公司范围内向相关专家征求意见和建议。2020 会计年度，微软设立了气候委员会，主席由总裁兼（董事会）副主席担任，成员来自全公司范围内的高级管理人员，包括首席环境官。气候委员会负责监督气候相关风险与机遇，并对全公司范围内的可持续发展行动进行协调和指导。为了兑现可持续发展和碳减排承诺，2020 年 2 月微软成立了气候风险与韧性（CR + R）工作组，领导气候风险的评估、管理和应对工作，确保微软在应对气候变化方面的总体韧性。气候风险与韧性工作组每季度召开一次会议，与各关键业务条线的代表一起识别气候变化物理风险和转型风险所带来的风险和机遇，评估这些风险和机遇的影响，使其与微软管理层所采取的管理手段（包括气候脆弱性评估和相应的风险管理）保持一致，据以增强微软的气候适应能力和总体韧性。

将环境绩效与薪酬计划相挂钩是微软应对气候变化治理机制的另一个鲜明特点，符合 TCDF 框架所倡导的良好治理实践。总裁兼（董事会）副主席、首席环境官、业务部门负责人、采购总监以及员工的薪酬与微软的温室气体减排等环境绩效联系在一起。环境绩效每年考核一次，与财务绩效一起纳入薪酬方案，以此激励管理人员和全体员工统筹兼顾经济价值和环境价值，关注气候变化的风险与机遇，从财务和环境上确保微软的可持续发展。

三、微软应对气候变化的战略规划

为便于投资者和其他利益相关者了解企业应对气候变化的战略举措及其成效，TCFD 要求企业披露其面临的实际和潜在气候相关风险和机遇及其对业务、战略和财务规划的影响。微软严格按照 TCFD 框架的披露要求，首先阐述其应对气候变化、实现气候目标所制定的战略，其次基于严谨的情景分析，评估气候变化的风险和机遇及其在短期、中期和长期对微软业务、战略和财务规划的影响。

应对气候变化是微软确保环境可持续发展总体战略的一个重要组成部分。微软将环境可持续发展战略分为四个层次，如图 2 所示。第一个层次界定哪些环境领域可能对微软的业务、战略和商业模式产生影响，最终将碳排放、水资源、废弃物和生态系

统确定为关键的环境领域。第二个层次涉及如何减少自身经营活动的环境影响。第三个层次为转型，即如何通过微软的技术为客户和合作伙伴的环境可持续发展赋能。第四个层次为系统变革，即如何通过政策、投资、催化式伙伴关系和研究开发促进环境的系统变革。

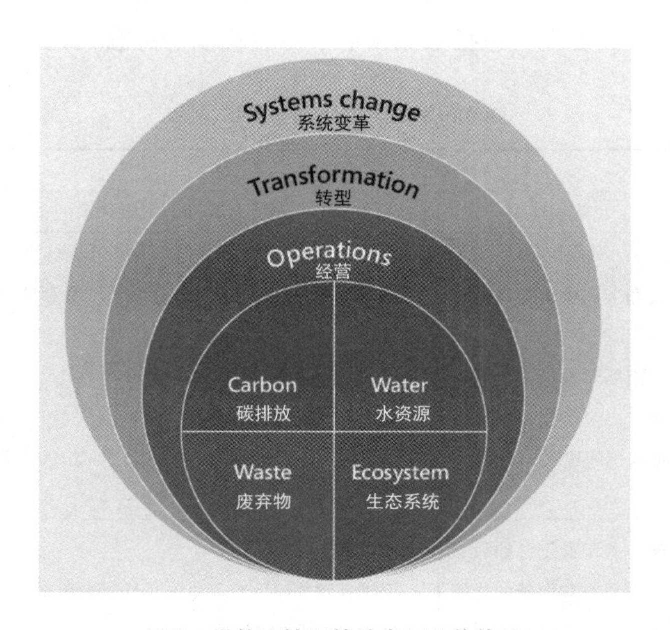

图 2　微软环境可持续发展总体战略

资料来源：Microsoft 2021 Environment Sustainability Report。

在碳排放方面，微软采取的战略可概括为“5R”，首先通过更好的数据收集和自动化，记录（Recording）和报告（Reporting）碳排放，其次以碳排放数据为基础制定碳减排路线图，尽可能减少（Reducing）碳排放，逐步用可再生电力取代（Replacing）化石燃料电力，最后通过购买碳移除抵销量和投资于新技术等方式移除（Removing）剩余的碳排放。微软应对气候变化的战略，聚焦于了解、缓释和管理直接影响其业务和向客户提供服务能力的气候变化所导致的财务风险和信誉风险。微软将应对气候变化战略作为其优先级别的战略，目的是在 2030 年实现负碳排放，在 2050 年从环境中移除 1975 年成立以来经营设施的直接碳排放和消耗电力的间接碳排放。

依照 TCFD 框架的要求，微软系统地识别和评估可能在短期（0—3 年）、中期（3 年以上至 2030 年）和长期（2031 年至 2050 年）影响其财务业绩和经营战略的气候风险。微软按照 TCFD 的分类方法，将其气候风险划分为物理风险和转型风险，如表 1 所示。在关注气候风险的同时，微软还识别了气候机遇，如表 2 所示。识别和评估气候变化的风险和机遇，离不开前瞻性的情景分析。2020会计年度，微软采纳TCFD框架推荐的方法，按照全球气温比工业革命前上升4℃的高排放情景（即RCP8.5情景）和全球气温比工业革命前上升2℃的低排放情景（即RCP4.5情景），以定量化的方法分析了其未来数十年的物理风险、转型风险和机遇，涵盖了遍布世界各地的约400处高资产价值、高碳排放设施，包括数据中心、零售商店、办公园区和行政办公楼。

表1　　　　微软辨认的转型风险和物理风险

转型风险		
风险类别	风险描述	最小化气候风险的举措
监管风险	欧盟和美国要求提高设备产品能源效率的风险。 不同市场对数据中心的能源效率提出新规则，或者开征碳税的建议	• 监控即将出台的监管政策，与政策制定者直接沟通，评估新的能源政策对微软业务产生影响的可能性和具体影响 • 投资于数据中心设施，提高其能源效率，利用数据中心新的设计所积累的经验 • 从2012年起以碳中和的方式提供云服务 • 承诺购买可再生能源，在2025年前100%覆盖所有数据中心、建筑物和办公园区的用电
技术风险	微软技术和服务（如设备产品和云服务设施的能源效率）相较于竞争对手的环境绩效	• 引进有效的环境治理和数据安全政策，覆盖云服务设施全生命周期各个阶段的各个产品
法律风险	错误描述产品和服务的环境特征引发诉讼或监管风险	• 促使产品条线、市场团队、法务团队和环境可持续发展团队通力合作，严格评估法律风险，确保与环境相关的产品信息和沟通准确和透明
市场风险	低碳转型过程中消费者偏好发生改变	• 设计更长寿命的产品，降低设备产品的下游影响，进而减少总体碳足迹 • 投资于从芯片到数据中心设施以及可再生能源等信息技术，使云服务比经营场所的设施在能源效率上提升93%、在碳减排效率上提升98%
声誉风险	与环境影响和气候韧性相关的声誉风险	• 将全球业务连续性作为优先级别，监控风险，采取可提升业务连续性的措施，实施跨地理区域的数据备份，以确保业务连续的可靠性 • 以情景分析（设施、系统、劳动力或第三方产品和服务供应商的丧失，发生网络安全事件，或兼而有之）为基础，对微软关键服务和业务流程进行年度测试

续表

物理风险		
风险类别	风险描述	最小化气候风险的举措
急性风险	洪水、极端天气、干旱、海平面上升或暴雨引发的风险	• 在2020年开展与TCFD相一致的气候情景分析，将分析结果纳入经营计划和流程，每隔2年至3年更新情景分析 • 每年评估财产风险，对全球财产保险项目进行估值，此项评估涵盖了为微软提供支持的被确定为具有较大自然灾害风险的供应商，并对发生的可能性建模 • 将全球业务连续性作为优先级别，监控风险，采取可提升业务连续性的措施，实施跨地理区域的数据备份，以确保业务连续的可靠性
慢性风险	缺水、平均气温变化、能源需求增加、海平面上升导致咸水入侵带来的风险	

表 2　　微软识别的气候机遇

机会类别	机会描述	把握气候机遇的举措
能源韧性：使用低排放的能源	未来十年加大清洁能源的使用，购买可再生能源100%覆盖公司设施和数据中心的用电，2025年实现100%使用可再生能源的目标。 到2030年消除数据中心对柴油的依赖，改用储能电池或低排放的氢能源作为数据中心备用电源。 通过模式创新和投资新技术驱动变革，使可再生能源惠及各种规模的公司和社区	• 提高各业务条线的内部碳费，为改善可持续发展（包括可再生能源的采购）提供更多的资金 • 签署新能源购买协议，包括与Sol System的500兆瓦清洁能源购电协议，将可再生能源的购买与资源匮乏社区的环境公平正义联系在一起
能源效率：提供低排放的云服务	提供碳中和云服务，赋能企业直接减少碳排放，利用大型云服务提供商（如微软）带来的更高效率	• 提高云服务设施材料的循环利用，降低相关的温室气体排放，为云服务碳减排作贡献 • 到2030年将范围3的排放减少一半以上，制定涵盖整个产品生命周期的路线图，包括：帮助供应商使用低排放材料进行设计和制造，降低碳足迹；改进运输效率；提升退役产品的可维修性和可循环性
资源效率：更高能源效率的建筑物和运输车队	在2025年将范围1和范围2的排放降至零	• 投资建造智能建筑，用Azure物联网监控和优化微软办公园区能耗 • 与行业领先者建立合作伙伴关系，开发和资助隐含式碳排放计算器等新工具 • 解决通勤问题，使用低排放车辆

续表

机会类别	机会描述	把握气候机遇的举措
市场机遇：进入新市场和新兴市场	利用数据中心跨地理区域数据备份的优势，提供有韧性的应对气候变化物理风险的技术和服务。 通过“地球人工智能”计算各种资源，帮助人类、组织和政府预见、预测和管理气候变化风险	• 通过“地球人工智能”项目提供研究资助，帮助非政府组织利用云计算和人工智能获取环境数据，绘制高清环境地图，支持数据驱动型的决策

除了评估与气候变化相关的风险和机遇外，微软还详细分析了气候变化对经营战略产生的影响。在产品和服务方面，气候变化促使微软改变经营战略，转向提供低碳排放的云服务。在供应链和价值链方面，为了因应气候变化，微软充分发挥其在价值链中独特的影响力，要求供应商从2020年7月起披露范围1、范围2和范围3的温室气体排放，优先向供应商采购高能效、低排放的零部件、产品和服务。在研究开发的投资方面，为了把握气候变化带来的机遇，微软加大了对碳减排和高能效的研发投入，其中最重要的战略决策之一是投资5 000万美元开发“地球人工智能（AI for Earth）”，利用微软的人工智能研究和技术帮助人类和相关组织维护和管理地球生命支持系统，包括预见、预测和管理气候变化的影响，通过Azure物联网解决方案帮助相关组织降低碳排放、提高能源利用效率。在经营方面，设立10亿美元的气候创新基金，加速开发碳减排和碳移除技术，以确保微软兑现其对外作出的气候承诺，实现其碳减排目标，为人类实现《巴黎协定》控温目标作出新贡献。

此外，微软还还从间接成本、资本支出、法律义务、营业收入和资本获取五个方面，披露了应对气候变化而实施的内部碳费对财务规划的影响。微软2012年开始实施内部碳费制度，根据排放量向各个业务部门收取内部碳费，2019年起，将每吨碳排放的内部碳费收取标准提升至15美元，以充分反映碳减排的成本。为了兑现在2030年做到负碳排放的承诺，从2021年7月开始，内部碳费的收取范围从微软自身的经营排放扩大至范围3的排放。内部碳费制度的实施，既影响了微软的长期财务规划，为投资可再生能源、气候相关能源和技术创新、碳减排和碳移除开发项目提供激励和财务正当性，也为此类投资提供了部分的资金来源。

从上述分析可以看出，微软应对气候变化的战略举措聚焦于技术创新和机制创新，制定了明确的路线图和时间表，符合科学减碳目标倡议行动组织关于气候目标的制定必须有相应的战略举措予以支撑的要求。对气候风险和机遇的分析既全面又突出重点（数据中心和范围3排放），比较切合微软的业务特点，拟定的应对举措也比较

翔实。此外，微软应对气候变化的战略既关注风险，也重视机遇，符合 TCFD 框架倡导的平衡原则，而这恰恰是很多 ESG 报告所缺少的。

四、微软应对气候变化的风险管理

为了帮助投资者和其他利益相关者了解企业的气候风险管理，TCDF 框架要求企业披露识别、评估和管理气候相关风险的流程和做法，并说明是否将气候风险管理整合至企业总体的风险管理框架。根据 TCFD 框架的披露要求，微软主要从以下三个方面披露其应对气候变化的风险管理做法。

一是设立由首席环境官领衔的环境可持续发展事务部，负责气候风险的识别、评估和管理。环境可持续发展事务部采用定性与定量相结合的方法，识别和评估微软与气候相关的物理风险和转型风险，涵盖整个公司的各个业务部门。通过广泛征求各个业务部门（特别是数据中心、公司设施、设备产品和供应商管理等部门）相关对象专家（Subject Matter Experts）意见，对识别和评估气候风险的结果进行交叉验证。环境可持续发展事务部在气候风险管理方面扮演牵头组织的角色，业务部门的对象专家结合业务特点和专业知识，从气候变化涉及的具体领域（如新能源和碳减排、新材料和废弃物、水资源和节水技术、新技术和生态系统等）提供咨询意见，这种做法颇具特色，使气候风险管理更加契合和聚焦于微软的业务特点。

二是将环境可持续发展事务部识别和评估的气候相关风险融入微软的企业风险管理（ERM）系统，由 ERM 系统对环境可持续发展事务部识别和评估的气候相关风险进行再识别、再评估，并根据气候风险的严重性及其对微软核心业务的影响程度确定风险的优先级别。ERM 系统是微软风险管理的最高层级，将气候风险纳入 ERM 系统，有助于微软的董事会和管理层从整个公司的角度了解和管理气候相关风险，制定气候风险缓释方案。为了更有效地决策，微软的 ERM 系统制定了风险优先级别标准（Risk Prioritization Criteria）。在气候相关风险方面，主要从气候变化对业务连续性和服务韧性的影响，包括影响范围（如声誉、监管和成本）、潜在投资回报和改变业务及战略所需时间和资源等方面，将气候相关风险划分为 5 个范围（其中 1 代表极小，5 代表极大）和 4 种类型（信任或声誉、经营、法律和合规及环境、企业价值）。这些风险然后再按发生的可能性分为 5 个等级（1 代表可能性极小，5 代表可能性极大）。综合运用这两种风险评级，就可确定气候相关风险是否需要提请管理层和董事会予以关注和直接介入。

为了协助 ERM 系统更有针对性地管理好气候相关风险，微软还设立了企业韧性管理（Enterprise Resilience Management）团队，从业务连续性和服务韧性的角度配合 ERM 系统的工作团队。企业韧性管理团队依据《连续性及韧性和服务韧性标准》，识别并提出业务连续性、灾害恢复和总体韧性的基准要求，以帮助微软防范于未然，在发生重大灾难性事件导致业务中断时有能力做好准备、迅速恢复和履行对客户的服务义务。譬如，为了缓释物理风险并将风险降至最低，企业韧性管理团队制定了有效、可靠、充分测试的预案、系统和流程，确保发生业务中断事件时能够支持微软业务和服务的连续性和韧性。又如，数据中心在微软向客户提供云服务过程中发挥核心作用，为此，企业韧性管理团队与数据中心合作，通过建立可靠的跨地理区域的数据备份，大幅降低数据中心的气候变化脆弱性，提供的气候韧性远高于客户在自己经营场所建立数据中心的韧性。

三是要求核心业务分部根据其业务特点建立相应的气候风险管理流程。例如，云服务与创新分部针对数据中心的选址、设计和运营建立了气候相关风险的识别和评估流程，特别重视水资源和可再生能源的可获性，以便将气候变化对数据中心的影响降至最低，并尽可能减少碳排放。又如，负责云服务设施供应链的 Azure 硬件系统分部，通过监控供应商的合规指标和碳减排情况，对云服务设施所用材料和化学品的设计、外包、制造、运输、使用、处置的相关碳排放风险进行识别和管理。再如，视窗系统和设备产品分部建立了“环境、合规和可持续发展”团队，按照 ISO 14001 框架，根据能源效率、其他监管要求以及国际、区域、国家和当地等层面的强制性环保要求，对微软的品牌硬件和设备装置（如 Xbox 游戏机）及其包装的供应链运营所涉及的风险和机遇进行评估。

从上述分析可以看出，微软采取了三层次的气候风险管理模式，既将气候风险管理有效地整合至 ERM 系统，也将气候风险管理职能部门与核心业务部门的力量整合在一起。将气候风险管理与 ERM 整合在一起，可以确保董事会和管理层知悉和介入气候风险管理，而将职能部门与业务部门的力量整合在一起，有助于将气候风险管理的理念和要求嵌入产品的全生命周期，从产品的设计、生产、销售、使用和退役各个环节都重视能源效率的提升和温室气体的减排。

五、微软应对气候变化的目标和指标

为了便于投资者和其他利益相关者了解企业管理气候相关风险的总体目标和进展情况，TCFD 框架要求企业披露评估气候相关风险和机遇所使用的指标体系，列示企业范围 1 至范围 3 的温室气体排放及计算方法，并提供与基年或过去几年相比的趋势

分析。根据 TCFD 框架的披露要求，微软从碳排放、水资源、废弃物和生态系统四个可持续发展核心支柱披露了其应对气候变化拟实现的目标，如表 3 所示。

表 3　　微软披露的气候相关目标

议题	承诺	目标
碳排放	到 2030 年实现负碳排放	• 到 2025 年，将范围 1 和范围 2 的排放减少至接近零 • 到 2030 年，范围 3 的温室气体排放强度（每美元收入的排放量）比 2017 基年减少 30%，范围 3 的排放绝对量不再增加 • 2021 年，签署从环境中移除 100 万吨二氧化碳的合同（目标已实现） • 到 2030 年，微软 100% 时间内的 100% 用电将与购买的零碳排放能源相匹配 • 到 2030 年，全球运营的车队全部实现电气化 • 到 2030 年，范围 3 的排放将比 2020 基年减少一半以上 • 到 2030 年，微软的碳移除将多于碳排放，到 2050 年，微软将移除其所有历史排放量
水资源	到 2030 年实现正水资源	• 到 2030 年，降低直接经营的耗水强度，在微软工作的缺水地区补充水资源，让 150 万人能够使用这些水资源 • 到 2024 年，数据中心的废水减少 95%
废弃物	到 2030 年实现零废弃物	• 到 2030 年，减少来自直接经营、产品和包装的废弃物 • 将填埋场和焚烧场的 90% 固体废物转移 • 到 2025 年，与云计算相关的所有包装物实现可再用、可循环或可堆肥 • 到 2030 年，微软所有数据中心将实现零废弃物认证 • 到 2025 年，区域性数据中心网络 90% 的服务器和零部件将可再利用 • 到 2025 年，微软主要产品的包装和数据中心所有 IT 资产的所有包装将消除一次性塑料 • 到 2030 年，OECD 地区的 Surface 设备和 Xbox 游戏机及附件以及所有微软产品包装将按 100% 可循环的方式设计 • 到 2030 年，数据中心和办公园区 90% 的经营废弃物将被转移，75% 的建筑和建筑拆除将予以转移
生态系统	建造星球计算机	• 汇集全世界环境数据，通过星球计算机运行数据、人工智能和其他技术 • 到 2025 年，通过购买、保育地役权、建造国家公园等做法，永久保护和恢复的土地多于整个公司的用地 • 到 2025 年，通过保护土地多于公司用地的方式，承担起直接经营的生态影响责任

表 4 披露了微软过去 5 个会计年度的温室气体排放。从中可以看出：（1）范围 1 和范围 2 的温室气体排放自 2020 会计年度起呈现下降的趋势；（2）范围 3 的温室气体在连续两个会计年度下降后，2021 会计年度出现较大反弹，主要是服务器和和云服务业务大幅增长以及疫情期间居家办公导致个人电脑及 Office 软件以及 Xbox 游戏机热销所致①；（3）范围 3 排放一直是微软最大的温室气体排放，5 个会计年度平均占比超过 97%；（4）范围 3 排放主要来自价值链上游的购买产品和服务、资本货物以及价值链下游的已售产品使用，这三项排放占 2021 会计年度排放总量的比例分别为 35.02%、29.70% 和 28.07%，合计高达 92.79%。

表 4　　微软按范围划分的温室气体排放　　单位：吨二氧化碳当量

	2017*	2018*	2019*	2020*	2021*
范围 1	107 452	99 008	117 956	118 100	123 704
范围 2					
地点基础	2 697 554	2 946 043	3 557 518	4 102 445	4 745 197
市场基础	139 066	183 329	275 420	228 194	163 935
小计（范围 1 + 以市场为基础）	246 518	282 337	393 376	346 294	287 639
范围 3					
类别 1 – 购买产品和服务	4. 058 000	4 452 000	4 411 000	4 156 000	4 930 000
类别 2 – 资本货物	1 666 000	2 185 000	2 340 000	2 962 000	4 179 000
类别 3 – 燃料与能源相关活动（地点基础）	540 000	550 000	650 000	770 000	810 000
类别 3 – 燃料与能源相关活动（市场基础）	250 000	220 000	270 000	310 000	310 000
类别 4 – 上游运输	52 000	53 000	96 000	102 000	225 000
类别 5 – 废弃物	700	500	10 500	9. 500	5 700
类别 6 – 商务旅行	419 020	461 787	476 457	329 356	21 901
类别 7 – 员工通勤	343 000	345 000	411 000	317 000	80 000
类别 9 – 下游运输	85 000	98 000	57 000	47 000	45 000
类别 11 – 已售产品使用	3 757 000	3 910 000	3 375 000	2 983 000	3 950 000
类别 12 – 已售产品报废处置	31 000	18 000	18 000	17 000	19 000
类别 13 – 下游租赁资产	700	1 700	800	6 100	18 900
小计（市场基础）	10 662 420	11 744 987	11 465 757	11 238 956	13 784 501
排放总量（范围 1 + 范围 2 + 范围 3）	10 908 938	12 027 324	11 859 133	11 585 250	14 072 140
范围 3（市场基础）占比	97. 74%	97. 65%	96. 68%	97. 01%	97. 96%

注：*均为截至 6 月 30 日的会计年度。

资料来源：Microsoft 2021 Environmental Sustainability Report。

① 微软的年报显示，2021 会计年度服务器和云服务的收入增长了 27%，Surface 电脑和 Word 办公软件的收入增长了 22%，Xbox 游戏机的收入增长了 33%。

微软还根据TCFD框架的要求，详细披露了范围1、范围2和范围3温室气体排放的核算边界和核算方法。范围3中购买产品和服务、资本货物的温室气体排放，按微软支付给供应商的金额乘以排放因子的方式估算，排放因子由碳信息披露项目（CDP）依据供应商向"CDP供应链"报送的反馈数据确定。截至2021年年末，87%的供应商应微软的要求向"CDP供应链"报送碳排放数据。范围3的已售产品使用主要包括Xbox游戏机、Surface电脑、Hololens头戴显示器、键盘、鼠标以及其他周边产品在其生命周期内耗费电力所产生的碳排放，主要依照ISO 14040和ISO 14044的能耗标准乘以微软已出售产品量间接估算。

六、总结与启示

微软致力于成为负责任的企业公民，制定了翔实具体的应对气候变化目标和战略，以最大限度地缓释气候变化风险和利用气候变化机遇。与其他企业相比，微软提出的到2030年实现负碳排放和到2050年移除其所有历史碳排放，进而为实现《巴黎协定》的控温目标作出净贡献，令人印象深刻，彰显了非凡的环保担当精神。微软发挥在供应链和价值链中的巨大影响力，督促其供应商节能减排并披露温室气体排放，利用市场力量推动气候信息披露的做法值得赞赏，让我们看到利用市场力量应对气候变化的希望。微软以辩证的眼光看待气候变化，既看到气候变化的风险，更看到气候变化的机遇，在全力缓释气候变化风险的同时，秉承绿色设计、绿色生产和绿色消费的理念，投巨资开发碳减排和碳移除技术，不仅为社会创造了环境价值，而且为自己带来了商机，这种秉持平衡原则辩证分析气候变化影响的做法，值得其他企业学习借鉴。

明确的气候目标、翔实的战略举措、积极的担当作为，赋予微软气候信息披露不竭动力。微软披露气候信息的实践中，有以下几点可供我们借鉴：一是董事会和管理层齐抓共管气候议题，形成治理合力的良好氛围；二是应选择技术创新驱动低碳转型的战略路径和脱碳方向；三是大力弘扬未雨绸缪应对物理风险的稳健作风和主动出击应对转型风险的开拓精神；四是应将登高望远、气势恢宏的目标制定和脚踏实地、行稳致远的指标落实相结合。

微软的气候信息披露虽不乏亮点，但也有不足。除了介绍内部碳费和气候相关投资项目对财务规划的影响外，微软在分析气候变化的财务影响时语焉不详，没有按照TCFD框架的要求披露气候相关风险和机遇在短期、中期和长期如何影响和在多大程度上影响微软的财务业绩、财务状况、现金流量和企业价值。这虽然是微软气候信息披露的一大缺陷，但何尝不是气候信息披露普遍存在的一大挑战。如何应对这一挑战，不应只寄希望于制定者提供指引，更应鼓励财务界积极探索，创新实践。

（原载于《财务研究》2022年第3期，原标题为“TCFD框架的践行典范——微软气候信息披露案例分析”。该文获评《财务研究》2022年度“十佳论文”）

主要参考文献：

1. 黄世忠，叶丰滢．《气候变化》的披露要求与趋同分析［J］．财会月刊，2022（9）：3－9.

2. 黄世忠．ESG视角下价值创造的三大变革［J］．财务研究，2021（6）：3－14.

3. SEC. The Enhancement and Standardization of Climate－Related Disclosures for Investors［EB/OL］. www. sec. gov.

4. Microsoft. Task Force on Climate－related Financial Disclosures 2021 Report［EB/OB］. www. microsoft. com.

5. Microsoft. 2021 Environmental Sustainability Report［EB/OL］. www. microsoft. com.

6. Microsoft. Annual Report 2021［EB/OL］. www. microsoft. com.

苹果气候相关风险财务影响案例分析

叶丰滢　黄世忠

【摘要】2022年以来，国际可持续准则理事会、欧盟委员会和美国证监会接连发布气候相关信息披露标准征求意见稿和定稿，这些标准在2023年6月以后陆续颁布并将在过渡期满后进入应用层面，而气候相关风险财务影响正是这些标准共同要求披露的重要内容。本文对比分析上述三份气候相关信息披露标准中有关气候相关风险财务影响的披露规则及特点，进而以目前全球市值最大的上市公司苹果公司为例，分析其评估气候相关风险财务影响的具体做法，并总结气候相关风险财务影响评估的经验和挑战。

【关键词】气候相关风险；财务影响；财务业绩影响；财务状况影响

一、引言

经典风险管理将风险定义为影响（Impact）和可能性（Likelihood）的函数，其中影响是指风险事件可能对企业造成的影响程度。对影响的评估通常包括财务、声誉、监管、健康、安全、安保、环境、员工、客户、运营等多个维度（COSO，2012），鉴于有些风险可能在财务上影响企业，有些风险可能从声誉、健康、安全等其他方面影响企业，《企业风险管理框架——整合战略与业绩》建议企业使用上述维度的组合来界定影响等级。

具体到气候相关风险[①]的影响评估，目前最新的气候相关信息披露标准，包括国际可持续准则理事会（ISSB）于2023年6月发布的《国际财务报告可持续披露准则

① 基于风险和机遇一体两面的关系，本文行文时不再单独表述机遇，援引参考文献的部分除外。

第2号——气候相关披露》（IFRS S2），欧洲财务报告咨询组（EFRAG）于2022年3月起草并于11月提交欧盟委员会（EC）审批发布的《欧盟可持续发展报告准则环境第1号——气候变化》（ESRS E1），以及美国证监会（SEC）于2022年3月发布的《面向投资者的气候相关信息披露的提升和标准化（征求意见稿）》（以下简称“SEC气候披露新规”），自始至终强调披露气候相关风险的财务影响，究其缘由，主要是为了满足金融机构和投资者的需求。

大量研究表明，气候相关风险除部分直接影响金融机构外，更多的是通过影响金融机构的客户（包括投资对象、借款对象和其他服务对象等）间接影响金融机构的气候风险敞口，即气候相关风险与金融风险之间存在间接传导机制。为此，考虑气候相关风险的金融风险评估模型大多分为两个阶段：第一阶段即要求评估气候相关风险对金融机构客户（大多为非金融企业）的财务影响，输出受影响的财务数据或财务指标；第二阶段以第一阶段的输出值为输入值，利用既有金融风险评估模型，分析和评估各类金融风险（NGFS，2020）。此外，在全球向净零排放转型的浪潮中，投资者尤其是机构投资者为合理决策资源配置也急迫地想要了解哪些企业面临气候变化的风险、这些风险对企业造成何种影响、企业正在采取哪些行动、这些行动的效果如何等。IFRS S2、ESRS E1和SEC气候披露新规要求披露气候相关风险的财务影响迎合了这两类使用者的信息需求。

本文首先对比分析IFRS S2、ESRS E1和SEC气候披露新规对气候相关风险的财务影响提出的披露要求及特点，然后通过全球市值最大的上市公司苹果公司的披露结果，观察其评估气候相关风险财务影响的具体做法，最后总结气候相关风险财务影响评估的经验与挑战。本文的研究旨在为企业尤其是非金融企业开展气候相关风险财务影响评估厘清思路。

二、气候相关风险财务影响披露要求及特点

气候相关风险的财务影响包括气候相关风险对财务状况（资产和负债）、财务业绩（收入和支出）以及现金流量（现金流入和流出）的影响，具体又可分为当期财务影响（也称实际财务影响）和预期财务影响（包括短期、中期、长期财务影响）两大类。气候相关风险对财务业绩和现金流量的影响通常包括：因气候机遇带来新产品和服务导致收入增长；因碳定价、业务中断、意外事故或维修导致成本增加；因上游成本变化导致经营活动现金流量发生变化；暴露于转型风险之下的资产发生减值损失；因物理风险导致预期损失发生变化等。气候相关风险对财务状况的影响通常包括：因

暴露于物理风险和转型风险之下导致资产账面价值发生变化；考虑气候相关风险和机遇的投资组合预期价值发生变化；因资产增减（出于低碳资本投资、出售或注销搁浅资产等原因）导致负债和权益发生变化等（TCFD，2020）。此外，气候相关风险还会影响企业的资本和融资，比如气候转型计划（特别是改变能源结构的转型计划）导致研发支出、资本支出、融资需求和资本结构发生变化（TCFD，2017）。

IFRS S2、ESRS E1 和 SEC 气候披露新规均在不同程度上要求企业评估并披露重大气候相关风险的财务影响信息，这实际包含两个层面的具体要求：一是评估气候相关风险的财务影响；二是进行重要性判断，对外披露重要的气候相关风险财务影响信息。第二个要求中的重要性判断属于企业主体层面的判断，本部分重点对比 IFRS S2、ESRS E1 和 SEC 气候披露新规有关第一个要求的规定。

（一）IFRS S2 的规定及特点

1. IFRS S2 的规定。IFRS S2 要求披露气候相关风险的当期和预期财务影响，包括对主体当期和短期、中期、长期的财务状况、财务业绩及现金流量的影响。至于是应提供定量信息还是定性信息，IFRS S2 征求意见稿中提出“除非不可行，主体应披露定量信息。如果主体无法提供定量信息，则应提供定性信息”，但 IFRS S2 征求意见稿的反馈意见显示，企业普遍对应披露哪些信息缺乏共识，且认为在缺少方法、数据和系统支持的情况下，量化的财务影响尤其是预期财务影响很难计算。为此，IFRS S2 定稿降低了对财务影响定量披露的要求，规定如果主体出现以下情况，则无需提供特定气候相关风险或机遇当期和预期财务影响的量化信息：（1）影响无法单独辨认；（2）估计影响涉及的计量不确定性极高，导致量化信息对使用者无用。另外，如果主体不具备提供量化信息的技能、能力或资源，也无需提供有关预期财务影响的量化信息。如果主体符合上述情况从而无需提供特定气候相关风险或机遇当期和预期财务影响的量化信息：（1）主体应解释其无法提供量化信息的原因；（2）提供定性信息，包括识别很可能受到特定气候相关风险或机遇影响的相关财务报表行项目、小计项目和总计项目；（3）提供该气候相关风险或机遇与其他气候相关风险或机遇以及其他因素综合在一起的财务影响的量化信息，除非主体确定这样的信息对使用者无用（ISSB，2023）。

2. IFRS S2 的特点。IFRS S2 对气候相关风险财务影响的披露要求没有统一的内容和格式规定，允许较高程度的个性化和差异化表达，但十分强调四点内容：（1）输出量化的财务影响信息。尽管从征求意见稿到定稿，IFRS S2 对财务影响定量披露的要求已经降低了许多，但按其内在逻辑，企业仍应首选提供特定气候相关风险或机遇财务影响的量化信息，若因种种原因无法提供，则需提供特定气候相关风险或机遇和其他气候相关风险或机遇以及其他因素综合在一起的财务影响的量化信息。从此思路不难看出 ISSB 对量化披露的坚持，且其认为在各种维度的量化信息中，明细信息（特定气候相关风险财务影响的量化信息）比汇总信息（各种风险综合财务影响的量化信息）对使用者更为有用。（2）允许不同性质和方法生成的信息并存。IFRS S2 明确企业在准备有关预期财务影响的信息时，应在不付出过度成本或努力的情况下，使用在报告日可获得的所有合理和可支持的信息，并且采用与企业可获得的编报相关技能、能力和资源相称的方法。这一规定实际上认可了定量信息和定性信息的并存以及不同分析方法的并存。但 IFRS S2 并未对企业预期财务影响评估的范围、方法和相关过程参数提出披露要求，故上述规定虽有利于准则落地执行，但不可避免地牺牲了信息的可验证性和可比性。（3）气候相关风险财务影响信息与财务报表信息之间的关联性。IFRS S2 提出气候相关财务信息与财务报表信息在三个时间维度［（报告年度、下一报告年度、下一报告年度以后（包含短期、中期、长期）］的关联关系，强调气候相关财务披露对财务报表信息披露的补充和加强作用。（4）对预期财务影响的披露应针对风险应对措施。IFRS S2 要求企业披露考虑应对气候相关风险和机遇的战略后其短期、中期和长期的财务状况、经营成果及现金流量将如何变化。从风险管理的角度来看，在管理层没有采取任何行动改变风险严重程度的情况下企业面对的风险称为固有风险（Inherent Risk），管理层采取行动应对风险后剩余的风险称为剩余风险（Residual Risk）（COSO，2017），剩余风险是固有风险中未被管理的部分。可见，IFRS S2 要求披露的是风险应对措施的预期财务影响（已管理或拟管理部分的影响）。这也是 ISSB 构建的可持续发展相关财务信息披露体系的最终输出值。

（二）ESRS E1 的规定及特点

1. ESRS E1 的规定。ESRS E1 要求企业披露重大物理风险和转型风险的预期财务影响[①]，并明确规定了披露内容。针对重大物理风险的预期财务影响，ESRS E1 的披露要求包括：（1）在不考虑气候变化适应行动的情况下，短期、中期和长期暴露于重大物理风险之下的资产金额和比例，并按急性物理风险和慢性物理风险对这些资产进行分解；（2）气候变化适应行动解决的暴露于重大物理风险之下的资产比例；（3）暴露于重大物理风险之下的重要资产的地理位置；（4）短期、中期和长期暴露于重大物理风险之下的业务活动净收入的金额和比例（EC，2023）。

对于重大转型风险的预期财务影响，ESRS E1 的披露要求包括：（1）在不考虑气

① 已经反映在财务报表中的当期和过去期间的财务影响应根据 ESRS 2 SBM－3 披露。

候减缓行动的情况下，短期、中期和长期暴露于重大转型风险之下的资产金额和比例；（2）气候变化适应行动解决的暴露于重大转型风险之下的资产比例；（3）按能源效率等级分类的不动产类资产账面价值；（4）短期、中期和长期可能在财务报表中确认的负债；（5）短期、中期和长期暴露于重大转型风险之下的业务活动净收入的金额和比例，包括企业来自从事煤炭、石油和天然气相关活动的客户的净收入（EC，2023）。

此外，ESRS E1 还要求企业说明以下事项：（1）企业是否以及如何评估暴露于重大物理/转型风险之下的资产和业务活动对未来财务业绩和财务状况的预期影响，包括实施评估的范围、计算方法、关键假设和参数、评估的局限性等；（2）企业对暴露于重大物理/转型风险之下的资产和业务活动的评估是否以及如何依赖于识别重大物理/转型风险的流程及确定气候情景的流程或作为上述流程的一部分。特别是，企业应解释其如何定义短期、中期和长期的时间范围，以及其定义如何与企业资产的预期寿命、战略规划周期和资本配置计划相挂钩（EC，2022）。

在应提供定量信息还是定性信息的问题上，ESRS E1 只允许如下两种情况可以豁免披露定量信息：（1）如果企业认为提供定量信息不可行，则可以在按 ESRS E1 编报的前三年只提供定性信息；（2）如果气候相关机遇的量化财务影响信息无法满足有用可持续发展信息的质量特征，则企业可以不披露气候相关机遇的量化财务影响信息。

2. ESRS E1 的特点。ESRS E1 对气候相关风险财务影响的披露要求大多依照欧盟《公司可持续发展报告指令》（CSRD）、欧盟气候基准规定（EU Climate Benchmarks Regulation）、《可持续金融披露条例》（SFDR）等法规法条制定，可谓事无巨细。与 IFRS S2 相比，ESRS E1 的披露要求体现出如下突出特点：（1）强调必须输出量化的财务影响信息。ESRS E1 有关气候相关风险预期财务影响的披露要求每一条每一款都强调提供量化的信息，尤其强调披露资产、负债、业务净收入受到的货币化影响的信息。ESRS E1 附录 B 甚至要求企业在评估潜在未来负债时，通过将温室气体排放量（表述为吨二氧化碳当量，即 tCO_2e）乘以排放成本率[①]（欧元/tCO_2e）的方式货币化范围 1、范围 2、范围 3 的财务影响。相比之下，IFRS S2 虽然也强调输出量化的财务影响信息，但考虑到部分气候相关风险财务影响难以单独辨认或难以计量的特性以及企业在编报能力方面的差异，允许定性披露。（2）强调以风险类型（急性物理风险、慢性物理风险、转型风险）为单位披露汇总的财务影响信息，这与 IFRS S2 要求首选以特定气候相关风险为单位披露财务影响信息明显不同。（3）强调披露财务影响评估

---

① 企业可以采用低、中、高三个档次的温室气体排放成本率进行计算并说明选择理由。ESRS E1 要求排放成本率应以货币化估值研究为基础，必须是科学导向的，获得排放成本率的方法还应是透明的，建议企业从 EU－LIFE 项目“透明度”中获得关于这些方法的指导。

的范围、方法和过程参数，而IFRS S2只要求披露气候相关风险的财务影响，并没有对如何评估提出具体披露要求。（4）强调气候相关风险财务影响信息与财务报表信息之间的关联性。ESRS E1要求企业将易受重大物理风险或转型风险影响的重要资产、负债和净收入的金额与财务报表相关行项目或相关披露内容相互关联，包括交叉索引和编制量化调节表两种形式，对量化调节表的编制还给出了具体格式。相比之下，IFRS S2主要以原则导向的方式对关联性作出规定。（5）强调对预期财务影响的披露既针对固有风险也针对风险应对措施。ESRS E1既要求企业披露考虑气候变化适应行动前气候风险资产的比例，也要求企业披露气候变化适应行动设法解决的风险资产的比例，前者体现承受固有风险的资产水平，后者体现应对措施已解决或拟解决的固有风险的资产水平，前者与后者的差即为承受剩余风险的资产水平。而IFRS S2要求直接披露采取风险应对措施后的预期财务影响[①]。

（三）SEC气候披露新规的规定及特点

1. SEC气候披露新规的规定。SEC气候披露新规要求注册人从财务影响指标、支出指标、财务估计和假设三个维度评估气候相关风险的当期财务影响并予以披露。其中，财务影响指标要求评估并披露气候相关事件和转型活动两类风险对合并财务报表行项目的影响。支出指标要求评估并披露气候相关事件和转型活动两类风险对资本化支出与费用化支出的影响。财务估计和假设要求披露企业是否受到与气候相关事件有关的风险和不确定性的影响、是否受到转型活动的影响，以及是否受到与向低碳经济转型或与其披露的气候相关目标有关的风险和不确定性的影响。如果是，则注册人应定性描述这些事件或转型活动或目标如何影响其编制财务报表时所使用的估计和假设（叶丰滢、黄世忠，2022；SEC，2022）。

为增强可操作性，SEC气候披露新规还规定了气候相关风险财务影响的具体披露位置（报表附注）[②]，通过例子示范了披露的过程和格式，甚至不惜“一刀切”地明确规定了重要性判断的阈值（1%）。

2. SEC气候披露新规的特点。与IFRS S2和ESRS E1相比，SEC气候披露新规具有如下突出特点：（1）侧重气候相关风险当期财务影响的披露规范，这与IFRS S2和ESRS E1更加侧重预期财务影响披露规范不同。（2）明确当期财务影响披露将作为注册人财务报表的一部分接受注册会计师审计，同时明确预期财务影响披露因包含大量预测性或前瞻性信息而受到“安全港”规则保护，这种向后保护投资者、向前保护财

① 且不局限于对资产的影响。

② 以此体现气候相关信息披露与财务报表信息披露之间的关联性。

务报表编制者的有针对性的“双重保护”是规则导向的SEC气候披露新规独有的（叶丰滢、黄世忠，2022）。EC虽也提出了对可持续发展信息进行鉴证的具体要求①，但截至目前尚未作出“双重保护”的规定。

尽管如此，SEC气候披露新规的反馈意见仍显示，企业普遍对上述财务影响披露要求提出反对意见，由近190家美国大型企业和金融机构组成的企业圆桌会议（Business Round Table，BRT）更是明确指出这些规定不可行且不应被包括在最终的规定中，具体理由包括：（1）对极端天气事件的界定不明，对转型活动的界定异常宽泛，无法将恶劣天气事件和转型活动的影响与其他持续经营影响区分开来；（2）无法使用统一的重要性阈值（1%）决定是否披露，因为这既不符合财务会计概念，也不符合投资者、管理者通常使用的重要性判断水平；（3）准确估计还未发生的恶劣天气事件和转型活动对财务报表行项目的潜在未来影响异常复杂，是不可能完成的任务；（4）不论是评估已发生还是未发生的恶劣天气事件或转型活动的影响，都需要对未来发生的事情做可能不符合事实的分析和判断。从分析的角度来看，财务影响评估是极具挑战性的任务。

三、苹果气候相关风险财务影响的评估与披露

IFRS S2、ESRS E1和SEC气候披露新规有关气候相关风险财务影响的披露要求均建立在气候相关财务披露工作组（TCFD）2017年发布的披露框架（以下简称“TCFD框架”）之上。根据TCFD在2021年发布的补充指南《指标、目标和转型计划指南》，企业是否在财务上受到气候相关风险的影响取决于如下三方面的因素：一是企业对特定气候相关风险和机遇的暴露程度及其预期影响；二是企业计划实施的应对措施，包括管理（接受、回避、追求、减少、分担）气候相关风险、抓住气候相关机遇的措施；三是企业风险应对措施的实施对其利润表、现金流量表和资产负债表造成的影响。综合以上，气候相关风险财务影响评估应聚焦于两个层面：一是企业在不采取任何行动的情况下对风险和机遇的暴露程度及预期财务影响；二是企业基于整体业务战略和商业模式管理气候风险并最大化气候机遇后的财务影响。第一个层面即固有风险的财务影响，第二个层面即风险应对措施的财务影响。

本部分以苹果公司提交给碳信息披露项目（CDP）全球环境信息平台的问卷回复（Apple Inc.，2021）为基础，从固有风险影响评估和应对措施影响评估两个维度，分

① ISSB也表示密切关注各司法管辖区对可持续发展信息鉴证方法的要求和开始鉴证的时间。

析其对物理风险和转型风险（包括政策与法规风险、技术风险、市场风险、声誉风险）的评估和披露做法。

（一）物理风险的财务影响

1. 固有风险影响评估。从历史数据来看，虽然物理风险事件并没有实质性地影响到苹果公司的财务状况和财务业绩，但苹果公司称其仍会定期通过风险评估和规划流程进行评估，以了解并减轻任何潜在的财务影响。2020 年，苹果公司开展了第一次全面的气候情景分析，以了解其在气候变化方面的风险暴露程度以及气候变化对其运营和供应链的影响。在这次情景分析中，针对物理风险，苹果公司使用了包含大范围未来气候预测的两个情景——联合国政府间气候变化专门委员会（IPCC）的 RCP 2.6 情景和 RCP 8.5 情景[①]，同时使用与上述代表性浓度路径相对应的来自气候耦合模型相互比较项目（CMIP5）的全球气候模型，重点关注热浪、强降水和干旱三种主要灾害随时间的变化情况，对热带气旋的频率和强度的未来可能变化也进行了分析。使用的输入值主要包括苹果公司全球设施及相关活动的地理位置[②]，整个情景分析纳入了多个时间框架（短期、中期、长期），延伸到 2040 年，以考虑主要设施的预期寿命。情景分析结果显示，飓风和洪水等极端天气事件的严重程度和频率增加的风险在中期内很有可能发生，影响规模取决于受影响的设施和业务中断的持续时间。气候变化可能使苹果公司难以或无法生产和交付产品，造成供应链和制造链的延迟与低效，并导致其服务供应延缓和中断，但苹果公司定性判断整体影响规模为中低。以 2020 年 2 207.47 亿美元的销售收入为基础测算，如果一场洪水事件影响了苹果公司 0.5% 的产品销售能力，将导致其销售收入下降约 11 亿美元。

2. 应对措施影响评估。对于飓风、洪水等极端天气事件风险，苹果公司除采用多团队监控、定期评估影响外，负责环境、政策和社会倡议的副总裁还有权将紧急风险升级，直接修改流程以应对日益严重的急性物理风险。比如，近年来在规划重要设施的安置地点时，苹果公司除了使用典型的百年一遇洪水事件，还考虑使用两百年一遇至五百年一遇洪水事件/洪泛区的最佳可用数据。苹果公司认为其目前管理极端天气事件的方法带来的增量成本很小，如为避免网站中断而增加的保护措施产生的增量运营成本（备用发电机、微电网和现场可再生能源等）不到 2020 年年度运营成本的 0.1%，也就是不到 3 860 万美元。苹果公司认为自己的做法具有前瞻性，因为已经考

① RCP 2.6 情景可大致理解为到 21 世纪末全球平均气温比工业革命前上升 2℃以下，RCP 8.5 情景可大致理解为到 21 世纪末全球平均气温比工业革命前上升超过 5℃以上。IPCC 的另外两种气候情景 RCP 4.5 和 RCP 6.0 的影响介于 RCP 2.6 和 RCP 8.5 之间。

② 分析考虑了苹果公司全球设施（办公室、零售商店和数据中心）及前 200 名供应商的风险。

虑到各种原因可能产生的实际风险，包括扩大潜在原因列表的成本，甚至扩大利益所在地理区域的成本都被纳入了更广泛的资本改善计划，但具体金额无法单独统计。

对于慢性物理风险，苹果公司主要进行气候变化对设施安置影响的评估。比如，苹果公司总部所在的北加州不时遭受干旱的影响。干旱增加了对设备进行用水限制的潜在监管风险，如果当地社区认为苹果公司没有采取足够的行动来减少用水，还会带来不良的观感风险（Perception Risk）。为此，苹果公司通过监测水的使用和市政供水系统的区域需求来持续地考虑这些风险。除此之外，适应气候变化的水资源供应也可能增加成本，为此，苹果公司提前采取行动以控制潜在的成本增长。比如，在位于俄勒冈州普林维尔的数据中心附近，苹果公司与市政府合作，投资了一个 1.8 亿加仑的蓄水层存储和回收系统，全年蓄水，在需求高峰月份使用。该系统利用天然地下空间进行低成本的存储，有助于减轻季节性和未来气候相关的水资源短缺风险。

（二）转型风险的财务影响

1. 政策与法规风险影响评估。

（1）固有风险影响评估。苹果公司认为，碳税或任何其他应对气候变化的监管都可能会对能源价格造成上行压力，这种风险的影响之一是电价上涨，这可能会增加其运营成本，尤其是在美国的加州、俄勒冈州、北卡罗来纳州、亚利桑那州、内华达州和丹麦的数据中心的运营成本。根据 2017 年完成的评估，考虑到美国政府的立场，苹果公司认为这种气候风险在短期内发生的可能性非常低，但在中期很有可能发生，影响规模为中低。为了量化预期财务影响，苹果公司采用了两种计算方法。一种方法是情景分析。苹果公司对其全球业务（范围 1 和范围 2 排放）以 5% 的折扣率应用 IEA SDS 情景，测算结果表明，到 2040 年在苹果公司没有进行进一步减排的情况下，碳定价的预期影响约为每年 800 万美元。另一种方法是基于历史数据预测。根据历史数据，苹果公司每年的电力支出占年度运营费用的比例不到 1%。以 2020 年为基准测算，苹果公司该年的运营费用为 386 亿美元，假设电价全线上涨 5%，苹果公司每年的电力支出将增加约 1 930 万美元。显然，第二种方法的评估结果大于第一种方法，苹果公司认为，后者是更加准确的保守估计，总体来看，碳定价风险对苹果公司财务业绩的影响很小。

（2）应对措施影响评估。对于碳定价和其他气候法规和监管风险，苹果公司从运营和能效两个方面双管齐下进行应对。在运营方面，苹果公司对其创建的可再生能源项目进行了大量投资，这些项目在很多情况下能够帮助其对冲不断上涨的能源零售价格。例如，2015 年苹果公司在加州蒙特雷县建立了一个 130 兆瓦的太阳能光伏阵列，它直接为“加州直接接入能源项目”的基础设施提供成本确定的可再生能源。到2020年，苹果公司采购的90%的可再生能源来自其创建的可再生能源项目。在能效方面，苹果公司致力于通过提高能效来降低能耗。2020年，苹果公司的能效项目有效避免了其现有建筑、翻新建筑和新设计建筑增加1 390万千瓦时的电能及199 700撒姆的热能。上述两方面的举措加在一起，每年可以避免约4 900吨的二氧化碳排放。苹果公司认为，采取这些应对举措后，即便气候立法和碳定价导致能源价格上涨，苹果公司也将处于有利地位。

2. 技术风险影响评估。

（1）固有风险影响评估。苹果公司在2020年评估了产品能效技术，并认定其构成一项气候相关机遇。由于能效立法正在加强，苹果公司认为自身将从这类法规中获益，因为其一直专注于提高产品能效且已取得较好的成效。比如，2020年苹果公司的苹果电视、Mac Pro、MacBook Air、MacBook Pro、MacBook、iPad、iMac和Mac mini等产品都因卓越的能效而获得美国能源部和环保署的“能源之星”认证。苹果公司判断上述机遇很有可能持续地在中期内出现，影响规模为中低。如果新的能效法实施，苹果公司应该比竞争对手拥有更广泛的合规产品线，其产品设计团队也有能力在要求改变时迅速遵循，甚至展示一流的遵循成果，这能够帮助苹果公司在竞争性采购中获得优势，或者在消费者中形成良好的差异化反应，从而增加市场对苹果产品的需求。比如，欧洲出台针对便携式和台式电脑的监管规定，这使苹果公司拥有了大概一到两年的监管优势，预计将产生0—1%的销售收入增长，根据苹果公司2019年iPhone、iPad和Mac约1 901.27亿美元的销售额测算，将带来0—19亿美元的销售收入增长。当然，苹果公司也认为，最终的财务影响可能与这一估计数有很大差异，因此采用了区间范围的方式进行预估。

（2）应对措施影响评估。苹果公司认为，其在产品能效技术方面具有优势和机遇，但仍致力于不断提高产品能效。通过对苹果系列产品碳足迹的跟踪和分析，苹果公司发现其产品在日常使用中消耗的能源占碳足迹的14%，因此试图通过设计从能源供应、硬件、电源管理软件三个维度全方位减少苹果产品使用中的能耗。例如，MacOS已经能够做到在计算机未使用时使硬盘休眠，使处理器以超低功耗模式运行，还可以在屏幕静止和下一次按键敲击的这段时间内节能。苹果公司在每一款产品的设计初期都会设定能源目标，设定的目标不仅满足而且超越“能源之星”的认证标准，比如四代iPad Air，它比“能源之星”认证能效要求的还要少消耗61%的能源。

通过在提高能源效率方面的努力，苹果公司自2008年以来所有主要产品线的平均能耗下降了70%以上。由于节能产品设计工作被嵌入产品研发预算中，因此苹果公司

无法准确估算这项工作的成本，但可以大致测算出跟踪和参与能效监管规则制定及根据能效标准测试产品的总成本约为研发支出的 0.5%。以 2020 年的总研发费用 187 亿美元测算，年化财务业绩影响约为 9 350 万美元。

3. 市场风险评估。

（1）固有风险影响评估。苹果公司的市场风险集中体现在能源资源以及下游的产品和服务两个方面。2020 年，苹果公司对这两方面进行评估，从中识别出与能源资源有关的市场机遇一项，以及与消费者行为偏好变化有关的市场机遇一项。

在能源资源的机遇影响评估方面，苹果公司认为，随着国际上限制排放和碳监管政策日趋严格，其气候战略将带来明显的优势和机遇。苹果公司已经有大量提高能效的项目，并已经将其设施转换为 100% 使用可再生能源，截至 2020 年，苹果公司使用的 90% 的可再生能源来自其自身创建的项目，这意味着其在全球范围内对可再生能源的早期投资显著减少了不断增加的碳排放成本风险敞口。苹果公司判断该机遇很可能持续地在长期内出现，影响规模为低。根据苹果公司 2020 年开展的情景分析，在 IEA SDS 情景假设的全球碳税和贸易系统情况下，以 5% 的折扣率计算，到 2040 年苹果公司范围 1 和范围 2 的预计排放与不采取行动的情景相比将每年节约 1 400 万美元左右。当然，苹果公司也指出，真实的财务影响可能与情景分析的预估数存在很大的差异，如果比预估数更高则可能是因为碳监管变得比预计更严厉，如果比预估数更低则可能是因为全球计划影响其 100% 排放的可能性很低，因此，预期财务影响采用金额区间方式表示，为每年 0—1 400 万美元。

在消费者行为偏好变化的机遇影响评估方面，苹果公司认为，气候变化在多个方面促使消费者行为发生改变，那些相信气候正在发生变化并希望尽其所能减轻这种危害的消费者可能会越来越多地将消费视为他们能够也应该承担责任的领域，这些消费者的价值观将在其消费选择中发挥决定性作用。另外，气候变化导致的政策风险或许会造成电价上涨压力，这也可能改变消费者行为。在上述两种情况下，消费者行为的改变将利好于节能的产品，这为苹果公司提供了市场机遇。如果苹果公司成功地开发出适应消费者偏好改变的产品，可能会给其硬件产品带来一些竞争优势差异。苹果公司判断该机遇将适用于中期且较有可能发生，影响规模为中低。根据苹果公司 2020 年年报，其在 2020 年 iPhone、iPad 和 Mac 的产品销售额为 1 901.27 亿美元，这意味着该市场机遇每导致净销售额增长 1%，苹果公司的年净销售额将增加约 19 亿美元。

（2）应对措施影响评估。自 2018 年 1 月以来，苹果公司已经实现了设备用电 100% 来自可再生能源。为了确保可再生能源项目的安全，苹果公司一般拥有项目所有权，并通过股权投资与公用事业公司建立新型伙伴关系，签署电力购买协议。苹果公司还部署了各种技术，如风能、太阳能光伏、微型水电项目和沼气燃料电池等。例如，苹果公司投资了伊利诺伊州的一个风力电厂和弗吉尼亚州的一个太阳能光伏阵列，总容量为 245 兆瓦。除自身经营外，苹果公司还帮助合作伙伴在苹果产品的生产中转型到 100% 使用清洁能源，以减少范围 3 的排放。供应商清洁能源项目目前有近 80 亿瓦的清洁能源承诺，其中超过 40 亿瓦已经投入使用。2020 年，已经投入使用的可再生能源产生了 1 140 万兆瓦时的清洁电力，避免了供应链中 860 万吨的碳排放。

据苹果公司测算，自可再生能源计划启动以来，其已投入超过 25 亿美元用于可再生能源和能效项目。从长远来看，这些可再生能源项目会降低整体能源成本，同时对冲未来能源成本的增加或波动，并为其带来声誉等非财务收益。

4. 声誉风险评估。

（1）固有风险影响评估。苹果公司认为，其作为世界上市值最高的上市公司之一，吸引了许多不同利益相关者的关注，包括对其未来有直接重要性的直接利益相关者（如近 15 万名全职员工、客户、投资者、合作伙伴、开发者、供应商、运营所在社区等）以及与公司行为和行动有关的间接利益相关者（如非政府组织、政治参与者、媒体等）。大趋势分析和对利益相关者的调研都表明，气候变化的威胁被相当一部分直接和间接利益相关者视为相关且重要，这意味着苹果公司在气候变化方面的行动或缺乏行动可能会带来声誉风险，因此在气候问题上对利益相关者保持透明、充分解释公司的行为非常重要。苹果公司认为：在短期内，其环保行动缺乏透明度所带来的声誉风险可能性为零或接近零；从长远来看，如果利益相关者对苹果公司存在误解，那么其对苹果产品的需求、投资可能会减少，为苹果公司工作的倾向也会降低，因此声誉风险适用于长期，但从目前的战略判断，总体上该风险不太可能发生，影响规模为低。由于国际品牌咨询公司 Interbrand《2020 年全球最佳品牌排名》估计苹果的品牌价值超过 3 220 亿美元，倘若苹果公司缺乏信息透明度或与气候变化有关的糟糕声誉使品牌价值下降 0.1%，将意味着其大约 3.22 亿美元的品牌价值损失。

（2）应对措施影响评估。对于利益相关者的正面和负面反馈造成的声誉风险或机遇，苹果公司应对的方式是采取实际行动，持续发布清晰且真实的信息以定义并传播公司的价值观。在气候变化方面，苹果公司不仅每年发布环境报告，还会在每次产品发布会上发布产品环境报告，同时也尽力创造与利益相关者互动的机会，如接受媒体采访、出席会议、在社交媒体上互动等。比如，2017 年 6 月在美国政府决定退出《巴黎协定》后，苹果公司首席执行官蒂姆·库克在推特上对他的 1 090 万粉丝说："退出《巴黎协定》的决定对我们的星球来说是错误的，苹果公司致力于对抗气候变化绝不会动摇。"

对苹果公司而言，投资可再生能源具有良好的商业意义。苹果公司认为，传播清晰且准确的有关公司气候变化应对议程的信息成本很低，不到其年度运营费用的0.01%，也就是不到386万美元，但真正构筑其声誉的应对行动本身成本却很高。比如，苹果公司从2016年开始不断发行绿色债券，至今发行金额已达47亿美元。绿色债券资金专注于投资那些有助于减少全球温室气体排放的项目，为各地社区带去清洁能源。这些行动不仅展示了苹果公司的气候领导力，而且能有效帮助减少其自身经营和价值链上的排放，实现2030年碳中和目标。

四、气候相关风险财务影响评估的经验与挑战

作为当前全球市值最大的上市公司，苹果公司有关气候相关风险财务影响的评估和披露堪称优秀，至少有如下五方面的经验值得借鉴：一是尽可能提供量化的财务影响信息，这与三大披露标准的导向完全一致。而且苹果公司对气候相关风险财务影响的披露不局限于给出一个孤立的金额或金额区间，而是结合风险情况的概述、应对措施的描述和评估过程及主要过程参数的详细说明，让使用者能够通过背景信息看到其财务影响的推演过程和结果，大大提高了信息披露的透明度、可靠性和完整性。二是囊括了固有风险影响和风险应对措施影响的完整内容。在风险评估中，一般情况下，企业应先针对固有风险进行评估，再规划风险应对战略，评估目标剩余风险，进而实施具体应对措施，评估实际剩余风险（COSO，2017）。苹果公司的披露展示了上述流程循环往复的结果。遵循上述流程有助于排定固有风险应对的优先顺序，甄别风险应对措施的有效性，管理层还可借此筛查出不会给风险严重程度带来显著改变的冗余的风险应对措施。三是针对固有风险的财务影响，苹果公司大多先做定性评估，确定风险等级（高、中、低等），再量化对应的风险等级，最后采用每单位量化风险等级的变化会对风险严重程度指标造成多大影响的方式评估财务影响。这种做法既能达到定量披露的目的，又能在一定程度上规避估计中的巨大不确定性。当然，披露影响的金额区间也是缓解不确定性的另外一种常见方式。四是针对具体应对措施的财务影响，苹果公司大多采用定性披露的方式，通过举例进行阐述。这样做能够直观展示风险应对措施的落地方式和结果，但如果企业对如何应对气候相关风险已有清晰的经营和财务规划（尤其是重大投融资计划、资产处置计划等），量化披露相关内容应能为使用者提供更为有用的信息。这也是参照三大披露标准的要求后，苹果公司可以考虑改进之处。五是相较于情景分析，苹果公司更多地采用基于历史数据预测的方法量化评估财务影响。可见，财务影响评估可以与情景分析这种相对高难度的适应性分析方法脱

钩。另外，苹果公司大量采用收入、成本、费用作为风险严重程度的衡量指标，搭配基于历史数据预测的方法。这样做的好处是可靠、可验证，因为当期或以前年度具体风险应对措施的实施对苹果公司收入、成本、费用的影响和影响比例有可能能够据实获取数据并估算，使用者可根据其披露的这些信息结合预测的未来期间收入、成本、费用自行测算预期财务业绩影响[①]。

但是，即便是像苹果公司这样有技术、有能力、有资源的企业在现有基础上持续完善，其对气候相关风险财务影响尤其是预期财务影响的评估依然无法达到百分百量化的结果。企业可能面临如下四个方面的现实问题：一是具体风险应对措施可能融入更广泛的企业战略规划，无法单独辨认其财务影响。比如苹果公司为应对急性物理风险而投入的运营成本被纳入其资本改善计划，金额无法单独辨认。二是有一些具体应对措施主要表现为可量化的非财务影响。比如苹果公司的能效项目预期产生的主要绩效是避免一定数量的建筑电能和热能的增加，投建光伏电厂预期产生的主要绩效是避免一定数量的温室气体排放。三是也有一些具体应对措施主要表现为定性的非财务影响。比如，苹果公司通过绿色债券融资改变经营所在社区的能源结构，此应对行为属于对企业气候战略的贯彻，对苹果公司的声誉有益且对社会环境能够产生正外部性，但声誉造成的财务影响和对社会环境的正外部性反弹形成的财务影响难以单独辨认，从而难以通过资产负债或产品、原材料的价格或现金流进行确切的货币化估量。四是对转型风险的识别过于宽泛。苹果公司的披露给人一种错觉，即任何旨在降低能耗、提高资源利用效率的活动都是为了应对气候变化。但事实上，企业的应对行动可能单纯就是为了节约成本或者更新设备。

TCFD 在 2021 年披露状况报告（Status Report）中总结了评估和披露预期财务影响的挑战，包括：协调组织机构的支持和资源困难；获取和使用相关数据困难；风险识别和财务账户影响归因困难；对公开披露结果造成的竞争劣势、诉讼风险的担忧；等等。这些挑战既包括技术方面的，也包括可行性方面的，大部分与本文对苹果公司案例的观察不谋而合。

针对上述情况，三大披露标准中 ESRS E1 提出的解决思路仍是尽可能量化，比如 ESRS E1 试图通过要求企业将温室气体排放量乘以排放成本率的方式达到量化温室气体排放财务影响的目的。但对使用者而言，这种货币化的信息不一定就优于直接披露温室气体排放量等非货币化计量的信息。使用者可能不认可企业使用的排放成本率，而认为直接的温室气体排放量信息更有用。对企业而言，其开展气候相关风险评估，

① ESRS E1 还要求物理风险按急性物理风险和慢性物理风险两个明细类别披露。

财务影响也非唯一的影响评估的维度，其他维度的非货币化计量的影响或定性描述的影响也是必要的评估内容。因此，完全定量披露气候相关风险财务影响的要求或将难以操作。

IFRS S2 提出，在无法单独辨认或计量特定气候相关风险或机遇财务影响的情况下，企业应披露特定气候相关风险或机遇和其他气候相关风险或机遇以及其他因素综合在一起的财务影响的量化信息。本文认为，这是在坚持量化披露大前提下的正确思路。但 IFRS S2 在跨行业指标的披露要求中保留了与 ESRS E1 类似的规定，要求按物理风险和转型风险分类披露暴露于风险之下的资产或业务活动的金额和百分比[①]。这一要求的本质是对气候相关风险财务影响信息进行分类汇总，对无法单独辨认或计量财务影响的情况明显不可操作。从风险类型的角度看，某些资产或业务活动完全可能同时暴露于物理风险和转型风险乃至其他各种风险因素之下，而物理风险和转型风险的影响可能只是间接的，也可能被其他因素强化、减轻或抵销，作用机理与结果难以准确观察和评估，故此类信息披露的有用性也存疑。此外，不论是 IFRS S2 还是 ESRS E1，对财务影响量化披露的要求都有一个缺陷，即未明确资产的披露层级。比如一个变电站是配电系统的一部分，并为一个相互连接的能源系统提供电力，哪个层级的资产属于暴露于特定气候相关风险之下的资产[②]？个别资产通常是一个更大的过程或系统（更大的资产）的一部分，如果不明确披露资产的层级，企业将不得不自行判断，不同的企业可能基于不同的判断披露迥异的信息，从而削弱披露信息的一致性、可比性和决策有用性[③]。

正如 ESRS E1 指出的，目前还没有公认的方法评估或衡量气候相关重大物理风险和转型风险可能如何影响企业未来的财务状况和财务业绩。金融机构已开展气候相关风险对金融风险影响的研究多年，开发了多样化的工具和方法[④]，这些分析工具和方法对气候相关风险对其客户会造成何种财务影响尤其是预期财务影响的评估可谓八仙过海、各显神通，但始终没有公认的工具和方法脱颖而出。当评估和披露主体转变为

① IFRS S2 对跨行业指标的披露要求包括：易发生转型风险的资产或业务活动的金额和百分比；易发生物理风险的资产或业务活动的金额和百分比；与气候相关机遇有关的资产或业务活动的金额和百分比；为应对气候相关风险和机遇而部署的资本性支出、融资或投资的金额等。

② 在企业披露为应对气候相关风险和机遇而部署的资本性支出、融资或投资的金额时也存在类似的困扰。比如，企业为应对市场风险投建某个基础设施，只需要披露项目总的投资成本、资金来源，还是诸如太阳能电池板子项目或电动汽车充电器子项目的投资成本、资金来源？

③ 像苹果公司这样的企业能够做到在个别资产层级上管理与之有关的气候相关风险，经得起以个别资产为单位的披露，但大量的其他企业明显做不到。

④ 联合国环境规划署金融倡议（UNEP FI）在 2021 年 2 月发布的白皮书《气候风险概览：气候风险评估方法综述》中概述了 18 种转型风险分析工具和 19 种物理风险分析工具，大多已经应用。

资源与能力都远不及金融机构的企业时，这项工作显然难上加难。绝大多数企业将因缺乏估算的经验、技术和资源而没有能力完成量化披露的工作，即便按 IFRS S2 实施定性披露，至少在起步阶段将催生大量信息含量良莠不齐的定性信息，如此状况是否满足投资者和金融机构等主要使用者的信息需求尚待观察。SEC 估计其气候披露新规的首年执行成本高达 64 万美元，以后年度每年 53 万美元，足见任务之艰巨。而若因对信息质量的担忧而实施鉴证，还会衍生出两个新的问题：一是鉴证成本问题。SEC 气候披露新规在成本效益分析中保守估计对气候变化财务影响实施鉴证将增加财务报告审计费用约 15 000 美元，BRT 在反馈意见中批评这一费用被严重低估。由于大量估计和判断的存在，气候变化财务影响的信息披露极可能给企业带来重大的审计成本提升问题。二是对企业和鉴证机构的“安全港”保护问题。到目前为止，除了 SEC 气候披露新规明确为注册人有关气候相关风险对短期、中期、长期财务状况和业绩影响的预测性或前瞻性披露提供“安全港”保护，CSRD 和 ISSB 尚无类似规定，更勿论对鉴证机构的“安全港”保护了。企业与鉴证机构是否能够在信息披露方面受到“安全港”保护，从而能够在披露信息有偏误时免责，也是决定预期财务影响披露是否健康可持续进行的重要因素。上述挑战需要准则制定机构、企业和鉴证机构三方在实践中不断完善标准和指南，摸索方法、携手应对。

（原载于《财会月刊》2023 年第 16 期，原标题为“气候相关风险财务影响的披露规则与挑战——以苹果公司为例）

主要参考文献：

1. 叶丰滢，黄世忠 . SEC 气候信息披露新规的解读与分析［J］. 财会月刊，2022（12）：26－34.

2. Apple Inc. Apple CDP Climate Change Questionnaire 2021［R/OL］. www. apple. com，2021.

3. COSO. Risk Assessment in Practice［R/OL］. www. coso. org，2012.

4. COSO. Enterprise Risk Management—Integrating with Strategy and Performance［R/OL］. www. coso. org，2017.

5. EC. Commission Delegated Regulaton. Annex 1. ESRS E1 Climate Change［EB/OL］. www. ec. europa. eu，2023.

6. EFRAG. ESRS E1 Climate Change ED［EB/OL］. www. efrag. org，2022.

7. ISSB. Climate - related Disclosure [EB/OL]. www. ifrs. org, 2023.

8. NGFS. Overview of Environmental Risk Analysis by Financial Institutions [R/OL]. www. ngfs. org, 2020.

9. SEC. The Enhancement and Standardization of Climate - related Disclosures for Investors ED [EB/OL]. www. sec. gov, 2022.

10. TCFD. Guidance on Risk Management Integration and Disclosure [R/OL]. www. tcfd. org, 2020.

11. TCFD. Recommendations of the Task Force on Climate - related Financial Disclosures [R/OL]. www. tcfd. org, 2017.

星巴克财务报告与ESG报告案例分析

黄世忠

【摘要】本文基于“三重底线”理论，依据星巴克最新公布的财务报告和ESG报告，分析星巴克如何统筹经济价值、社会价值和环境价值，如何兼顾股东利益、社会福祉和环境保护，如何构建有利于可持续发展的共享价值创造模式。本文分为三部分：第一部分分析星巴克千亿市值与“资不抵债”的原因，说明“资不抵债”是星巴克向股东归还资本导致的，而不是经营不善造成的，其持续经营能力无虞；第二部分在简要介绍共享价值创造理论渊源的基础上，剖析星巴克如何以人类福祉、环境保护和咖啡同盟为主题主线，创造社会价值和环境价值；第三部分是小结和启示，指出包容、共享、绿色已然成为星巴克的企业文化底色，塑造了其独特的价值创造模式，为星巴克的可持续发展奠定了坚实的经济、社会和环境基础。

【关键词】三重底线；价值创造；共享价值；可持续发展

一、引言

当地时间10月28日，全球咖啡连锁巨擘星巴克公布了截至10月3日的2021会计年度财务业绩，向投资者交上一份业绩靓丽的“成绩单”，一举扭转了上年新冠疫情下的业绩颓势，290.61亿美元的营业收入和42.00亿美元的税后利润分别比2020会计年度增长了23.57%和354.05%，2020会计年度结束时其股票市值再创新高，达到1 300.55亿美元。然而，与业绩如此优秀、市值如此坚挺形成巨大反差的是却是连续三个会计年度“资不抵债”，2021会计年度结束时股东权益赤字53.14亿美元，负债率高达116.93%！面对这种冰火两重天的业绩和财务图像，投资者不禁要问：星巴克

的可持续发展前景如何？

二、千亿市值与“资不抵债”原因分析

表 1 列示了星巴克 2012—2021 会计年度的财务指标。从表 1 中可以看出，星巴克过去三个会计年度均资不抵债，但其股票市值却连续三年超过千亿美元市值，这种有悖财务学原理的蹊跷现象背后蕴藏着什么逻辑？是星巴克经营不善，导致资不抵债？答案显然是否定的。星巴克过去 10 个会计年度实现不菲的经营业绩，除 2020 年度受新冠疫情影响外，其余 9 个会计年度的营业收入均实现正增长，税后利润整体上也呈现增长态势。2013 会计年度税后利润锐减是因为赔付给卡夫特（Kraft）公司 28 亿美元的诉讼仲裁损失，2019 会计年度税后利润比 2018 会计年度大幅下降，主要是 2018 会计年度包含了 14 亿美元的一次性并购所得税收益，而 2020 会计年度税后利润下降主要是受新冠疫情的影响。剔除这些特殊因素后，星巴克过去 10 个会计年度的盈利能力稳定增长。是星巴克过度分红，导致资不抵债？显然也不是。从表 1 中可以看出，除 2013 会计年度和 2020 会计年度外，星巴克过去 10 个会计年度的分红均低于年度盈利，分红率介于 37.17% 至 50.45% 。

在通常的认知里，资不抵债往往与经营不善相伴而生。既然星巴克业绩优秀，分红适度，为何还会资不抵债？从表 1 中还可看出，星巴克的留存盈利从 2018 会计年度开始锐减，2019—2021 会计年度留存盈利持续处于赤字状态，最终导致连续 3 年资不抵债。从 2018 年起，星巴克到底发生了什么？

表 1　　星巴克 2012—2021 会计年度相关财务指标　　单位：亿美元

项目	2012 年	2013 年	2014 年	2015 年	2016 年	2017 年	2018 年	2019 年	2020 年	2021 年
营业收入	132. 77	148. 67	164. 48	191. 63	213. 16	223. 87	247. 20	265. 09	235. 18	290. 61
税后利润	13. 85	0. 09	20. 67	27. 59	28. 19	28. 85	45. 18	35. 95	9. 25	42. 00
资产总额	82. 18	115. 16	107. 52	124. 16	143. 30	143. 65	241. 56	192. 20	293. 75	313. 93
负债总额	31. 09	70. 34	54. 80	65. 98	84. 46	89. 15	229. 8 6	254. 52	371. 81	367. 07
股东权益	51. 09	44. 82	52. 72	58. 18	58. 84	54. 50	11. 70	－62. 32	－78. 06	－53. 14
其中：留存盈利	50. 46	41. 30	52. 06	59. 75	59. 50	55. 63	14. 57	－57. 71	－78. 16	－63. 16
股票市值	186. 95	286. 37	562. 31	825. 86	790. 71	768. 91	744. 09	1 047. 42	1 008. 10	1 300. 55
经营性现金流量	17. 50	29. 08	6. 08	37. 49	45. 75	41. 74	119. 38*	50. 47	15. 98	59. 89
自由现金流量	8. 94	17. 57	－5. 53	24. 45	31. 35	26. 55	99. 62	32. 40	1. 14	45. 19
发行债券融资	—	7. 50	7. 49	8. 49	12. 55	7. 50	55. 84	19. 96	47. 28	—
发行股份融资	2. 37	2. 47	1. 40	1. 92	1. 61	1. 51	1. 53	4. 10	2. 99	2. 46

续表

项目	2012年	2013年	2014年	2015年	2016年	2017年	2018年	2019年	2020年	2021年
回购与股利	10.62	12.17	15.42	23.65	31.74	34.93	88.77	119.83	36.23	21.19
其中：股票回购	5.49	5.88	7.59	14.36	19.96	20.43	71.34	102.22	16.99	—
股利支付	5.13	6.29	7.83	9.29	11.78	14.50	17.43	17.61	19.24	21.19
分红比例	37.04%	6 988.9%	37.88%	33.67%	41.79%	50.26%	38.58%	48.98%	208.00%	50.45%
资产负债率	37.83%	61.08%	50.97%	53.14%	58.94%	62.06%	95.16%	132.42%	126.57%	116.93%

注：*2018会计年度的经营性现金流量包含星巴克将自营门店外的咖啡经营权永久授予雀巢咖啡收到的款项。将这部分现金流量作为经营活动产生的现金流量，存在一定争议，因为咖啡经营权属于无形资产，让渡咖啡经营权实质上是出售无形资产，取得的现金流量作为投资活动产生的现金流量更为合适。

查阅年报可以发现，经股东大会批准，星巴克董事会在2018年启动了一项总额为250亿美元的“加速股票回购”（Accelerated Share Repurchase，ASR）计划，通过委托金融机构从证券市场回购股票的方式，向股东归还资本（Return of Capital）。回购股票所需的资金，71.5亿美元来自2018年第四季度将星巴克咖啡特许经营权（不含在星巴克门店的咖啡销售）永久授予雀巢咖啡，其余资金主要来自发行长期债券筹措的资金。从表1中可以算出，2018—2021会计年度，星巴克回购股票累计支付了190.55亿美元。根据会计准则规定，回购股票的价格高于股票发行价格的部分，除了冲减股本和股本溢价（资本公积），差额部分冲销留存盈利（未分配利润）。可见，股票回购是导致星巴克在持续盈利的情况下出现留存盈利赤字的主要原因。股票回购同时减少了星巴克的资产总额和股东权益，而为了筹措股票回购的资金，星巴克一方面将咖啡经营权永久授予雀巢，此举导致其递延收入增加了71.5亿美元并确认为一项长期负债（按40年分期确认为营业收入[①]），另一方面加大长期债券发行力度，2018—2021会计年度累计发行了123.08亿美元，而偿还长期债券累计仅11.07亿美元，由此导致应付长期债券净增加了112.01亿美元。股票回购导致资产总额和股东权益同步减少，同时增加了对债权融资的需求，导致负债居高不下，最终造成了星巴克“资不抵债”的局面。必须说明的是，除了股票回购外，增加现金股利分派也是星巴克向股东归还资本的一个重要财务政策，2020会计年度尤其明显，分红比例高达208%，这无疑是典型的归还资本行为，此举也进一步加剧了星巴克的“资不抵债”程度。

① 2018年9月28日，星巴克将属于无形资产范畴的咖啡特许经营权永久授予雀巢，与雀巢共同组建全球咖啡联盟（Global Coffee Alliance），将取得的71.5亿美元对价确认为一项长期负债，符合会计准则的规定，因为星巴克负有向雀巢提供知识产权和产品再销售技术支持的义务。星巴克采用直线法，将这项冠以“递延收入”的长期负债分40年确认为营业收入，2019—2021会计年度分别确认了1.75亿美元、1.79亿美元和1.79亿美元的收入。将授予咖啡特许经营权取得的对价，分期确认为营业收入，似有违会计准则之嫌，确认为其他收益更符合交易实质。

通过股票回购和股利分派将资本归还给股东，是积极的市值管理策略，归根结底是为了向股东创造价值，从一个侧面表明星巴克公司是一家向股东负责的上市公司。星巴克于 1992 年 6 月 26 日在纳斯达克上市，每股发行价 17 美元，募集了 2 900 万美元的资金，当日收盘时市值高达 2.73 亿美元，此时离其董事长兼首席执行官舒尔茨（Howard Schultz）以 380 万元美元收购陷入经营困境的星巴克只有 5 年。从其网站上能够查阅到的最早年报 1997 会计年度算起，在 1997—2021 会计年度这 25 年里，星巴克发行股票（包括兑现股权激励计划而发行的股份）只有 38.48 亿美元，而归还给股东的资本（包括股票回购和股利分派）却高达 316.62 亿美元。虽然此举导致星巴克“资不抵债”，但资本市场却给予正面回应，股价呈上升态势，2020 年受新冠疫情影响短暂大幅回调，随后快速回升，并在 2021 年创新高，如图 1 所示，股票市值继续保持在千亿美元之上，表明资本市场有能力将经营不善导致的资不抵债与资本归还导致的“资不抵债”区分开来。

图 1　星巴克股价走势图

资料来源：星巴克公司年报。

资本归还导致的“资不抵债”，是否会危及星巴克的持续经营能力？对此，有两种不同看法。一种看法认为净资产是抵御财务风险的最后一道防线，过度的股票回购和股利分派导致星巴克“资不抵债”，弱化了其应对风险特别是突发风险的能力，有损其持续经营能力，2020 年新冠疫情造成其营业收入、税后利润、经营性净现金流量和自由现金流量锐减，星巴克被迫暂停股票回购并增加长期债券发行，似乎佐证了这种看法。另一种看法则认为，2001 年以来星巴克长期实施股票回购政策，实际上是该公司向资本市场发出的对持续经营充满信心的强烈信号，表明其治理层和管理层有信心依靠内生性现金流量和外部债权融资确保公司的持续经营。星巴克股价总体上保持上涨的趋势，说明资本市场更认可这种看法。

另一个值得关注的问题是，实施资本归还行动导致“资不抵债”是否有损星巴克债权人的利益？表面上看，星巴克连续三个会计年度负债率超过100%，无疑将降低其还本付息的能力，增大违约风险，从而给债权人造成损失，但星巴克从未发生债务违约，即使遭受像新冠疫情这样的“黑天鹅”事件也依然能够如期还本付息，说明这种担忧理论成分多于实际成分。事实上，债权人是否愿意将资金借贷给星巴克，看重的是星巴克的现金流量（尤其是自由现金流量）创造能力，而不是其资产是否大于负债。从表1中可以看出，2012—2021会计年度星巴克创造的自由现金流量基本上都高于其发行的长期债券，只有2003会计年度和2020会计年度例外。2003年自由现金流量出现负数，是因为支付了28亿美元的诉讼赔偿，剔除这一偶发因素，当年自由现金流量也高于其发行的长期债券。2020年自由现金流量远低于其发行的长期债券，则是受全球性新冠疫情影响的结果，但到了2021会计年度，这种局面就被扭转了。

综上所述，星巴克“资不抵债”是长期实施资本归还政策导致的，而不是经营不善造成的。这种“资不抵债”与经营不善造成的资不抵债性质迥异，不可同日而语，前者彰显星巴克为股东创造价值的决心和对持续经营能力的信心，后者则不仅危及持续经营能力，而且可能使股东血本无归。当然，仅仅从财务层面评估企业的价值创造和持续经营问题是不够全面的，因为企业经营活动会产生很多的正外部性和负外部性，虽然这些外部性问题是评估企业价值创造能力和持续经营能力的重要因素，但并没有在财务报告中得到体现。因此，有必要进一步分析星巴克的ESG报告，从经济、社会和环境方面，评估星巴克的共享价值创造能力和可持续发展前景。

三、彰显共享价值创造理念的ESG报告

传统上，财务管理往往只强调为股东创造价值，税后利润成为最受关注的“底线”，对企业可持续经营能力的评估主要侧重于经济因素，极少对社会福祉和生态环境表示关切。这种重视股东而轻视其他利益相关者的价值导向、关注经济效益而忽略社会效益和环境效益的思维习惯，不利于企业的可持续发展，甚至可能引起社会公众质疑企业的正当性。为此，哈佛大学竞争战略大师波特教授（Michael Porter）和哈佛大学肯尼迪政府学院高级研究员克莱默（Mark Kramer）在《哈佛商业评论》上先后发表了《战略与社会：竞争优势与企业社会责任》（2006）和《创造共享价值：如何改造资本主义并释放创新和增长浪潮》（2011）两篇论文，提出了共享价值创造模式。他们将共享价值（Shared Value）定义为在提升企业竞争力的同时改善企业经营所处社

区的经济和社会条件的政策和经营实践（Porter & Kramer，2011）。他们指出，考虑社会和环境影响的利润与不考虑这两方影响的利润不能等量齐观，只有企业效益、社会效益和环境效益都得到提升，才是真正意义上的共享价值创造，他们主张股东一家独享的价值创造模式应向利益均沾的共享价值创造模式跃升。从“创造价值”到“创造共享价值”，尽管只有两字之差，却蕴涵着价值观的嬗变和升华，后者更加契合 ESG 和可持续发展理论的价值主张（Value Proposition）。这种价值主张要求企业将价值创造的范畴由经济价值延展至社会价值和环境价值，兼顾股东和其他利益相关者的正当利益诉求（黄世忠，2021）。

共享价值创造的理论渊源可以追溯至英国可持续发展咨询大师埃尔金顿（John Elkington）20 世纪 90 年代创立的“三重底线”理论。“三重底线”（Triple Bottom Line）一词最早由埃尔金顿在《迈向可持续发展的公司：可持续发展的三赢企业战略》一文中提出，1998 年他发表了在商界和政界产生广泛影响的畅销书《使用刀叉的野蛮人——21 世纪企业的三重底线》，对“三重底线”进行更加深入和系统的探讨，形成了“三重底线”理论体系。“三重底线”包括经济底线（Economic Bottom Line）、社会底线（Social Bottom Line）和环境底线（Environmental Bottom Line）。经济底线是指企业创造经济价值的能力，通常表述为获取利润（Profit）的能力，社会底线是指企业必须关心公平正义问题，重视人类（People）福祉特别是人力资本的开发，环境底线是指企业必须选择环境友好型的发展方式，努力将其经营活动对地球（Planet）的不利影响降至最低。因此，“三重底线”理论有时也被称为“3P”（Profit、People、Planet）理论。传统上，企业的管理层只关心利润这条底线，对人类福祉和地球保护这两条底线关注不够，这种做法既不合乎伦理规范，也不利于企业的可持续发展。“三重底线”理论认为，只有通过同时创造经济价值、社会价值和环境价值的方式为社会进步作出贡献的企业，才是可持续发展的企业（Elkington，1994；1997）。

除了按规定披露强制性的财务报告外，星巴克已经连续 20 年自愿披露《全球环境与社会影响报告》（Global Environmental & Social Impact Report），并聘请独立的会计师事务所和工程咨询公司对这份 ESG 报告进行鉴证。早在 2001 年星巴克就作出承诺，将以透明和定期的方式报告其努力改善咖啡种植户的经济条件、将环境碳足迹最小化、对所服务社区作出积极贡献、营造为所有合作伙伴和全体员工创造具有包容性、归属感和均等机会的文化，致力于成为在人类福祉、地球环境和经济利润方面均发挥积极作用的公司。换言之，“三重底线”已经成为星巴克创造共享价值的重要指导思想。纵观星巴克 2020 会计年度的《全球环境与社会影响报告》及相关附件，可以发现“三重底线”理论和共享价值理念贯穿其中，主题主线突出，堪称 ESG 报告的范式。

由于经济价值的创造已经在财务报告中反映得淋漓尽致，星巴克的《全球环境与社会影响报告》主要聚焦于反映社会价值和环境价值的创造，从人类福祉、地球环境和咖啡同盟三个维度进行报告和披露。

（一）增进人类福祉，维护公平正义

投资于每个相关者（从员工和顾客到供应商和咖啡种植户等），为人类福祉作出积极的贡献，为利益相关者创造共享价值，这是星巴克孜孜以求的目标。这里所说的人类福祉，既包括经济利益，也包括公平正义。星巴克为此提出了许多增进人类福祉、维护公平正义的政策目标。具体举措包括：

（1）涵养包容性文化。一是禁止歧视不同性取向人士[①]，努力打造成为提供最平等工作场所的雇主，连续 9 年在“人权行动平等指数”保持 100% 的最高得分。二是继续在工作场所推动对残疾人士的包容，2015—2019 会计年度在残疾人士平等指数测评均获得 100 分。三是致力于塑造共荣共享的企业文化，与员工共成长、让员工分果实成为星巴克不懈的追求，2020 会计年度继续获评“最佳雇主”称号。

（2）提升员工多样性。星巴克为此制定的目标是，到 2025 年零售领域中的员工[②]中，至少 40% 为 BIPOC（黑人、原住民、有色人种）、55% 为女性，制造领域中的员工至少 40% 为 BIPOC、30% 为女性，在企业扮演经营角色的高级管理层中至少 30% 为 BIPOC、50% 为女性。截至 2020 年 8 月，在星巴克的 40 多万员工中，69% 为女性，47% 为 BIPOC，高级管理层中女性占 51%，BIPOC 占 19%，在董事会成员中，有色人种和女性所占比例分别为 45% 和 36%。

（3）制定多元招聘政策。承诺每年招聘 5 000 名美国老兵和军属，至 2022 年年底在全球招聘不少于 1 万名难民，至 2020 年年底在美国招聘 10 万名纳入“机会青年”项目的年轻人。2020 会计年度，星巴克实际招聘了 5 221 名美国老兵和军属，2 620 名难民，并继续推进“机会青年”项目的招聘。

（4）坚持薪酬平等原则。确定了在美国 100% 实现性别和种族薪酬平等的目标、在全球范围内 100% 实现自营门店性别薪酬平等的目标。第一个目标已经在 2018 会计年度实现，第二个目标还没有完全实现，但 2019 会计年度这个目标已经在很多发达国家和中国实现。不分性别、不论种族的同工同酬，在星巴克已经蔚然成风。

---

① 禁止对 LGBTQIA（女同性恋者、男同性恋者、双性恋者、变性者、疑性恋者、男女同体者、无性恋者）进行任何歧视。

② 星巴克将员工称为伙伴（Partner），将服务员称为咖啡师（Barista），以示对员工的尊重、凸显平等的关系。基于行文习惯，本文仍使用员工而不是伙伴，以免产生歧义。

（5）举办反偏见培训。为了提升对多样性、公正性和包容性的了解，星巴克推出了由15门课程组成的面向社会公众免费开放的反偏见培训项目。培训项目录取的人数从最初的5 688人增至2020会计年度的54 740人，其中星巴克员工占48.5%，非星巴克员工占51.5%。

（6）资助在线大学教育。2014年发起“星巴克大学生成就计划”，向符合条件的美国员工提供覆盖第一个学士学位100%学费的资助福利，目标是到2025年有2.5万名专职和兼职员工通过亚利桑那州立大学的在线教育项目获得大学教育和学士学位。截至2020会计年度，已经有4 500名员工从亚利桑那州立大学毕业并获得学士学位，在读人数高达1.4万名，其中20%是家族的第一代大学生。

（7）关注员工身心健康。除了继续向每周工作20小时以上的美国专职和兼职员工提供健康保险、100%学费资助、期权激励、带薪产假、儿童和成人后援护理外，星巴克根据员工的反馈，在2020会计年度扩大了心理健康计划，美国的员工可免费接受20个心理疗程，美国门店的经理和助理经理以及其他非门店员工可参加星巴克与“全国行为健康理事会”联合举办的“心理健康基础”培训，以应对和处理身心健康问题。

（8）开设面向特殊群体门店。2020会计年度，星巴克在美国传统上服务较不发达和人口文化多样性较高的社区，增设了17家门店，员工绝大部分从社区里招聘，计划到2025年门店数增至100家。在亚洲开设了3家侧重于改善儿童教育、青年创业和咖啡种植户经济条件的社区门店，开设了向聋哑人和其他有听力障碍人士提供就业机会的社区门店，在印度开设了2家全部由女性员工组成的社区门店，为妇女交流职业规划和职业发展提供第三空间。此外，2020会计年度星巴克还在美国投资设立了68家军属社区门店，并通过各种渠道为美国退伍军人提供心理健康咨询。

（9）推动食物分享计划。与“喂养美国[①]（Feeding America）”组织合作，在2016年发起“星巴克食物分享计划”，星巴克所有美国门店均必须参与向食物银行和移动食品储藏室捐赠合乎质量要求的未售出食品，如糕点、三明治和沙拉等。2020会计年度，星巴克共捐赠了890万份食品，捐赠100万美元建设用于救济穷人的移动食品储藏室。最近，星巴克决定未来10年将对“喂养美国”的投资金额追加至1亿美元。

（10）支持特定供应商发展。“星巴克供应商多样性和包容性计划”旨在帮助特

① “喂养美国”是美国最大的饥饿救济慈善组织，该组织通过200多家食物银行和6万多个食品储藏室接受食物捐赠并向美国穷人免费提供餐食。据“喂养美国”估计，2020年美国约有3 800万民众存在食物不足问题，其中约1 300万为儿童。2021年美国需要食物救济的人数增至4 200万人。

定供应商更好地发展和运营，特定供应商的认定标准为美国和加拿大居民中的少数族裔、LGBTQ、退伍军人且拥有供应商51%以上的权益。2000年以来，星巴克向特定供应商采购了近80亿美元的咖啡豆等原材料，仅2020会计年度就采购了6亿多美元。

除了上述常规举措外，为了帮助其员工和其他合作伙伴应对新冠疫情，星巴克在2020会计年度宣布将员工的工资水平提高10%—11%，通过1997年设立的星巴克基金会捐赠了2 700万美元用于抗击新冠疫情，投资1亿美元帮助受疫情影响的芝加哥BIPOC群体，鼓励1.1万多名员工以志愿者的身份参加抗疫活动。

（二）关注生态环境，践行绿色发展

星巴克的价值链覆盖咖啡豆的种植与加工、咖啡的采购与运输、门店的开设和运营、咖啡的制作和服务等环节。这些环节既涉及土地、水资源、建材的利用问题，也涉及二氧化碳等温室气体的排放问题，还涉及咖啡残渣和包装物等废品的处置问题。因此，生态环境保护历来备受重视，生态环境一直都是其董事会的重要议题。星巴克致力于实现的环保愿景是：对地球的给予多于向地球的索取，努力在资源环境方面作出积极贡献。星巴克深知，仅仅依靠自身的努力是不够的，必须多方携手合作才能实现这一愿景。主要举措包括：

（1）制定三大减半计划。2020年1月，星巴克在生态环境领域制定了面向2030年的三大远景目标：范围1、范围2和范围3的二氧化碳排放量比基年（2019会计年度）减少50%；咖啡生产和运营的直接用水比基年减少50%；运往填埋场的废弃物比基年减少50%。这三个旨在降低碳足迹、水足迹和废弃物足迹的减半计划，是在聘请外部机构进行科学测算的基础上制定的，与“科学碳目标行动计划”（SBTi）的要求保持一致，其中范围1和范围2的二氧化碳减排目标与将全球气温上升控制在1.5℃内的宏大目标相吻合。为了在2030年前实现三大减半目标，经过科学研究和广泛的市场调查和测试，星巴克制定了五大战略：扩大基于植物的菜单选择[①]；禁止使用一次性包装物转而采用可重复使用包装物；投资于供应链中的可再生农业、重新造林、森林保育和节水项目；投资于更好效果的废弃物处置；更新更可持续的门店以改善运营、制作和交付效率。为了实现在环境方面作出的承诺，星巴克专门成立了由高级领导人员组成的“全球环境委员会”，并将高级领导人员的薪酬与环境目标的实现程度相挂钩。此外，星巴克还建立了环境目标和环境战略的正式审查机制，向董事会及其公司

① 为了减少因使用牛奶和肉食而产生温室气体排放，星巴克2020会计年度在加拿大、中国和美国用燕麦乳替代牛奶，在三明治里用Beyond Meat公司生产的植物性肉类和Impossible Foods公司生产的素食肉替代动物肉。

治理与提名委员以及可持续发展领域中的权威专家广泛征询意见。2019 会计年度和 2020 会计年度，在三大愿景目标中，二氧化碳排放减半计划已完成 11%，用水减半计划已经完成 4%，废物减半计划已经完成 12%。

（2）发起减塑行动。塑料咖啡杯及塑料吸管的使用带来了严重的环保问题。为此，星巴克制定了到 2022 年热咖啡杯至少含有 20% 可再循环成分、100% 的热咖啡杯可堆肥和可降解的计划，并在 2021 年全部取消塑料吸管，以无吸管杯盖取而代之。星巴克计划在 2016 年至 2022 年期间按将可重复使用的咖啡杯数量增加一倍，并在英国、德国等国家尝试对使用塑料咖啡杯额外收取费用的做法，而对于自带咖啡杯的则给予价格优惠。减塑行动还包括资源的循环利用，譬如，员工穿戴的绿色围裙基本上由 PET 塑料杯回收的纤维制成，星巴克上海 850 多家门店 2021 年 4 月引入咖啡渣制成的吸管，取代过去冷饮用的塑料吸管。

（3）推广可再生能源。用可再生能源替代化石能源，可以大幅降低二氧化碳排放。星巴克制定了 2020 年年底前 100% 的门店运营均采用可再生能源的计划，这一计划目前已在美国、加拿大和欧洲的门店实现，但在中国和日本遭遇实际困难，因此迄今只有 72% 的全球门店采用可再生能源。2020 会计年度，星巴克大力投资于太阳能等绿色能源项目，可向纽约洲的 2.4 万户居民、小企业、非营利组织、教堂和大学提供清洁能源电力，加州 550 家门店和华盛顿州 140 家门店的烤箱全部使用了清洁能源电力。

（4）实施更绿门店计划。传统门店在建筑材料和日常运营方面产生了大量二氧化碳排放，为了解决这一问题，星巴克于 2018 年联合世界自然基金会（World Wildlife Fund）制定了旨在降低碳排放、节约用水和减少废弃物的“星巴克更绿门店框架（Starbucks Greener Stores Framework）”，拟在 2025 年前设计、建造和运营 1 万家更绿门店，并聘请独立第三方对更绿门店是否达标进行技术认证。更绿门店更新方案要求使用的建筑材料可在将来循环利用、升级改造或降解，门店的吧台采用模块化设计，可根据需要拆卸和组装，门店采用可降低能耗的智能化照明设备。尽管对更绿门店的投资高于传统门店，但能耗降低效果显著，北美的更绿门店可降低 30% 以上的能耗，相当于美国 3 万户家庭每年的用电量，温室气体排放量也因此大幅减少。2020 会计年度，星巴克在美国和加拿大建造了 2 317 家经过认证的更绿门店。2021 年 9 月北美之外的第一家星巴克更绿门店落户上海，明年计划在日本、英国和智利设立更多的更绿门店。

通过上述环保举措，星巴克 2018—2020 会计年度取得的成效如表 2 所示。

表 2　　星巴克环境保护取得的成效

	2018 会计年度	2019 会计年度	2020 会计年度
能 源 消 耗			
直接运营能源消耗总额（吉焦）	8 326 446	9 058 993	8 709 818
其中：直接运营耗电量（吉焦）	6 226 983	6 725 291	6 594 272
来自可再生能源的耗电占比	75%	72%	72%
直接运营燃油耗用量（吉焦）	2 099 463	2 333 702	2 115 546
温室气体排放			
直接排放：范围 1 排放量（千吨二氧化碳）	320	381	310
间接排放：范围 2 排放—市场为基础（千吨二氧化碳）	286	282	317
范围 2 排放—地点为基础（千吨二氧化碳）	808	790	794
间接排放：范围 3 排放（千吨二氧化碳）	14 198	13 907	12 288
（1）购买产品和服务（千吨二氧化碳）	9 641	8 845	8 139
（2）资本品（千吨二氧化碳）	1 346	1 550	976
（3）与燃料和能源相关的活动（千吨二氧化碳）	1 174	1 339	1 174
（4）上游运输和分销（千吨二氧化碳）	506	544	379
（5）运营产生的废弃品（千吨二氧化碳）	323	335	288
（6）商务旅行（千吨二氧化碳）	23	19	9
（7）员工通勤（千吨二氧化碳）	797	821	926
（8）上游租赁资产	不适用	不适用	不适用
（9）下游运输和分销（千吨二氧化碳）	不适用	不适用	不适用
（10）加工出售的产品（千吨二氧化碳）	55	62	41
（11）使用出售产品（千吨二氧化碳）	120	149	128
（12）出售产品最终处置（千吨二氧化碳）	213	242	228
（13）下游租赁资产	不适用	不适用	不适用
（14）特许经营	不适用	不适用	不适用
（15）投资（千吨二氧化碳）	—	0.9	0.1
范围 1、范围 2（市场基础）和范围 3 排放（千吨二氧化碳）	14 804	14 570	12 915
范围 1、范围 2 和范围 3 中流体奶制品排放百分比	23%	20%	22%
范围 1、范围 2 和范围 3 中购买绿色咖啡排放百分比	11%	16%	15%
范围 1 和范围 2 较之于基年（2019）绝对减排百分比	—	—	11%
耗水			
耗水总量（百万立方米）	72.0	88.7	83.2
其中：公司直营门店和制造（百万立方米）	20.1	21.2	18.6
间接购买绿色咖啡（百万立方米）	51.9	67.5	64.6
较之于基年（2019）耗水减少百分比	—	—	4%
废弃物和包装物			
无害废弃物总量（千吨）	703	768	656

续表

	2018 会计年度	2019 会计年度	2020 会计年度
其中：直接运营废弃材料（千吨）	286	335	294
有机材料百分比	68%	70%	71%
被转运百分比	22%	20%	20%
授权店废弃材料（千吨）	169	171	126
有机材料百分比	73%	68%	69%
被转运百分比	9%	10%	10%
顾客废弃材料（千吨）	248	262	236
被转运百分比	26%	24%	21%
被转运无害废弃物百分比	22%	21%	20%
较之于基年（2019）运往填埋场废弃物减少比分比	—	—	12%

（三）构建联盟关系，赋能咖啡农户

“咖啡的供应链包括种植、烘培、销售和终端消费等环节，其中有种植户、合作社、各层大小经销商等，涉及多种风险。咖啡种植的环境面风险有过度使用除虫剂、污染土壤、破坏水资源等，社会面风险有雇佣童工、强制性劳役、工作环境不安全、工资低于法定标准等。另外，咖啡中间商有议价优势，其涉入会对小农形成剥削，让他们的付出与所得不成比例，在贫穷边缘挣扎”（邱慈观，2020）。解决这些问题对于创造共享价值至关重要。为此，星巴克以供应链管理为契机，致力于与供应商、咖啡种植户等利益相关者建立一种休戚与共、永续发展的咖啡同盟关系，突出表现为严格执行既能够维护咖啡种植户及其工人的权益又合乎环保标准的负责任咖啡采购，以确保咖啡产业拥有可持续发展的未来。特别难能可贵的是，星巴克在全球咖啡行业拥有十分强大的市场地位，但它并没有滥用这种市场地位去压榨咖啡供应商和咖啡种植户，而是秉持共享价值创造理念，尽可能关心咖啡价值链中各利益相关者特别是欠发达国家的咖啡种植户的权益。星巴克还通过技术培训、普惠金融等方式赋能咖啡种植户，提高咖啡豆的生产效率和效益，通过优质优价的采购政策激励咖啡种植户改善咖啡豆的质量，而咖啡豆质量的提升反过来也使星巴克受益匪浅。这种互惠互利的共享价值创造模式，颇受咖啡供应商和种植户的好评，既为星巴克赢得良好的社会声誉，也密切了星巴克与供应商和种植户之间的纽带关系，进一步夯实了星巴克的咖啡同盟基础。

（1）践行道德采购。为了确保咖啡产业的可持续发展，2004 年星巴克与保育国际组织（Conservation International）联合制定了“咖啡与种植户公平规范”（Caffee and Farmer Equity Pracices，C. A. F. E. ），并聘请环境与可持续发展第三方权威认证机构

SCS全球服务公司进行独立核查和认证[①]。C. A. F. E. 主要从四个领域进行规范。第一个领域为经济透明度标准，咖啡供应商必须提供采购咖啡豆的支付凭证，包括直接支付给咖啡种植户的款项，以便星巴克能够了解咖啡豆来自哪个种植户和采购价格是否公允。第二个领域为社会责任标准，咖啡种植户必须保护其雇佣工人的权利，包括安全和人道的工作环境、公平的工资福利、合理的工作小时、合适的劳保用品以及享受医保和教育的机会，固定工和临时工的工资水平不得低于该国或当地的法定最低工资水平，严禁雇佣童工。第三个领域为环保领先标准，倡导节约用水、改善土壤、保护生物多样性、减少农药使用和节省能源消耗的可持续的咖啡种植和加工方式，对将自然林地改造为咖啡种植地和违规使用杀虫剂的行为实行零容忍。第四个领域为质量标准，所有咖啡必须符合高质量标准，星巴克只采购、烘培和出售最高质量的阿拉比卡豆咖啡，愿意支付高于市场行情的溢价以支持咖啡种植户的盈利能力，对于持续参与C. A. F. E. 且取得最好业绩的供应链相关方，星巴克还将支付额外的奖励。为了落实C. A. F. E.，星巴克承诺100%的道德采购，只采购经过SCS全球服务公司认证的符合C. A. F. E规定的咖啡。2020会计年度星巴克道德采购占比98.6%，之所以没有达到100%道德采购的承诺，是因为新冠疫情导致认证机构未能亲自到所有咖啡种植户进行实地核查。

（2）捐赠优质咖啡树。精品咖啡需要品质优良的咖啡树种，后者既可增加咖啡豆产量，提升咖啡豆品质，为种植户带来更多的经济收入，也可降低虫害，减少使用杀虫剂，为生态环境改善带来积极影响。长期以来，星巴克通过资助农艺师和在哥斯达黎加成立农艺研发中心，精心培育优良咖啡树种，并制定了到2025年免费向世界各地咖啡种植户捐赠1亿棵抗锈病（因气候变化导致的咖啡疾病）、高产优质的咖啡树的计划。作为该计划的一部分，星巴克在2020会计年度向墨西哥、瓜地马拉和萨尔瓦多的咖啡种植户捐赠了1 000万棵咖啡树种，至2020会计年度结束时累计捐赠了5 000万棵咖啡树。

（3）免费提供农艺培训。为了帮助咖啡种植户提升种植技术，星巴克实施了“开源农艺”行动，在卢旺达、坦桑尼亚、哥伦比亚、中国、哥斯达黎加、印度尼西亚、瓜地马拉、埃塞俄比亚、巴西建立9家咖啡种植户支持中心，计划在2025年向20万世界各地的咖啡种植户（不论是否将咖啡豆出售给星巴克）提供免费农艺培训，培训内容包括如何应对气候变化对咖啡种植的影响、如何控制土壤侵蚀、如何除臭处理、如何遮荫管理等。2020会计年度，尽管受到新冠疫情的影响，仍有4万咖啡种植户参

① C. A. F. E. 规范后来延伸至茶叶和可可的采购，星巴克承诺100%的茶叶和可可采购必须符合C. A. F. E. 规范。

加有助于提高咖啡种植效率和盈利能力的农艺培训。

（4）提供普惠金融支持。针对欠发达国家2 000多万小规模咖啡种植户不能获得金融机构信贷支持的问题，星巴克设立了“星巴克全球咖啡种植户基金”，向他们提供种植咖啡所需的资金，用于购买咖啡苗、工具和除虫剂等开支。2020会计年度，星巴克为此投入的资金总额为4 200万美元，2020年年底决定将此项基金规模扩大到1亿美元。此外，为了帮助小规模咖啡种植户渡过新冠疫情难关，2020会计年度星巴克向瓜地马拉和尼加拉瓜的咖啡种植户分发了280万美元的应急救助资金。值得一提的是，星巴克向咖啡种植户提供的普惠金融支持，有一部分资金是通过发行绿色债券筹措的。2016年5月，星巴克发行了5亿美元利率为2.45%的10年期绿色债券，这也是美国的第一只可持续发展债券，用于合乎C. A. F. E. 规范的咖啡采购、建立咖啡种植户支持中心、向咖啡种植户提供普惠金融支持等，并聘请权威的ESG研究和评级机构Sustainalytics对该只绿色债券发表专业意见。

（5）建立双向互动机制。为了增进顾客与咖啡种植户的相互理解，星巴克开发了咖啡数字化溯源工具，便于顾客与咖啡种植户的双向互动。顾客通过数字化溯源工具，可瞬间了解其所喝咖啡从咖啡豆到杯中咖啡走过的完整历程，了解咖啡种植户的境况和故事，而咖啡种植户通过数字化溯源工具则可知晓其辛苦劳作的咖啡豆最终卖到世界上哪个星巴克门店。星巴克还资助一些顾客深入世界各地咖啡种植户，体验绿色咖啡的艰辛种植过程。

综上所述，星巴克以人类福祉、地球环境和咖啡联盟为主题，以社会影响和环境影响为主线的报告框架，既符合ESG报告的理念，也契合星巴克的实际。星巴克的《全球环境与社会影响报告》视野宏大，充满着浓厚的人文情怀、环保关切和从善向善气息，连续多年获得ESG评级机构的好评和推崇。值得注意的是，星巴克的《全球环境与社会影响报告》并没有单独说明与环境和社会相关的公司治理。这并不代表星巴克不重视公司治理，恰恰相反，环境议题和社会议题历来备受重视，且纳入董事会和管理层的决策程序，但董事会和管理层对这些议题的讨论和决策情况已经在年度报告和代理声明（Proxy Statement）中反映，为了避免重复，就没有在这份影响报告中加以说明。另一点必须说明的是，星巴克早就声明拥护并将致力于实现《联合国2030年可持续发展议程》，其在经济、社会和环境议题上采取的很多举措与该发展议程提出的17个可持续发展目标（Sustainable Development Goals，SDGs）相契合，对这些目标的实现作出了实质性贡献。人类福祉方面与联合国可持续发展目标直接相关的包括SDG#1（无贫穷）、SDG#2（零饥饿）、SDG#3（良好健康与福祉）、SDG#4（优质教育）、SDG#5（性别平等）、SDG#8（体面工作和经济增长）、SDG#10（减少不平等）、

SDG#11（可持续城市和社区），地球环境方面与联合国可持续发展目标直接关联的包括 SDG#7（经济适用的清洁能源）、SDG#13（气候行动）、SDG#15（陆地生物），咖啡同盟方面与联合国可持续发展目标直接对应的包括 SDG#9（产业、创新和基础设施）、SDG#12（负责任消费和生产）、SDG#13（气候行动）、SDG#17（促进目标实现的伙伴关系）。

四、小结与启示

本文的分析表明，星巴克“资不抵债”是积极实施资本归还政策的结果，此举为股东创造了实实在在的经济价值，得到了资本市场的高度认可，彰显了其对可持续发展能力的信心。本文指出，评价企业的可持续发展能力，不应局限于财务报告分析，而应将财务报告与 ESG 报告结合在一起分析。唯有如此，才能克服财务报告视野过于狭隘、对企业外部性视而不见的局限性，才能客观地评价企业创造的显性经济价值和隐性的社会价值和环境价值。共享价值创造模式和可持续发展理论告诉我们，只有同时关注利润底线、人类底线和地球底线，致力于兼顾股东利益、社会贡献和环境保护的共享价值创造，才称得上是负责任的企业公民，企业才有存在的正当性和永续经营前景。星巴克的可持续发展能力不仅来自其良好的财务业绩，而且在很大程度上来自其对人类福祉、地球环境和合作伙伴的深度关切和价值追求。从这个意义上说，财务报告与 ESG 报告是一种相互补充、相得益彰的关系。财务报告以定量为主的结构性信息，是 ESG 报告不能相媲美的，但 ESG 报告以定量定性相结合呈现的非结构信息，所揭示出的企业经营正外部性和负外部性，也使财务报告相形见绌。财务报告和 ESG 报告各有利弊，将两者结合在一起才能优势互补，才可透析企业的可持续发展能力。

星巴克的经济价值、社会价值和环境价值兼优，企业文化、企业声誉和企业活力俱佳，是一家股东满意、员工拥戴、社会认可的优秀企业，包容、共享、绿色已然称为星巴克浓厚的企业文化底色，塑造了其独特的共享价值创造模式，为星巴克的可持续发展奠定了良好的经济、社会和环境基础。星巴克堪称典范的共享价值创造表明，为股东创造价值与奉献社会和保护环境并非零和关系，而是多赢关系。在 ESG 理念和可持续发展理论日益盛行的时代背景下，星巴克的共享价值创造模式值得企业学习借鉴。但星巴克的实践告诉我们，共享价值创造并非易事，至少需要以下六个方面的配套条件。

（1）共享价值创造需要人文情怀。以创始人①舒尔茨为代表的高管团队对员工发自肺腑的关爱、对咖啡种植户及其雇佣工人福祉的关切，致力于通过“一个人、一杯咖啡、一个社区”的愿景，营造关爱员工、服务顾客、回馈社区，贡献社会的企业文化，折射出高尚的人文情怀。诚如舒尔茨2017年在清华大学演讲中指出的：“同理心②（Empathy）、怜悯心（Compassion）、人文心（Humanity）和爱心（Love）这些词汇也许不经常在商学院的教科书里出现，但这恰恰是我们打造一个长期、持久、繁荣的企业的基石。”离开“这四个心”所代表的人文情怀，企业将沦为一味追逐利润的经济动物，无法统筹兼顾股东、员工、顾客、供应商、种植户之间的利益，难以协调企业效益与社会效益和环境效益之间的冲突。正是基于这样的考虑，舒尔茨将星巴克定义为“一家以人文精神为基础的绩效驱动型公司。”

（2）共享价值创造需要包容文化。星巴克对不同种族、不同性别、不同性取向的员工均平等对待，对消费多寡甚至不消费的顾客均以礼相待，对将咖啡豆卖给和不卖给星巴克的咖啡种植户均免费提供农艺培训，彰显其海纳百川的包容文化。缺乏包容文化，共享价值创造将困难重重，企业的凝聚力和向心力将难以形成。

（3）共享价值创造需要行善品德。创立伊始，星巴克就将超越利润的行善（Doing Good）作为企业的一项重要价值追求，企业上下形成了回馈社区、贡献社会的良好氛围。捐赠未售出食品给“喂养美国”的创意就来自基层员工，并得到星巴克高层的大力支持。此外，向BIPOC群体捐款，向欠发达国家的咖啡种植户提供资助也映衬出星巴克的行善品德。所有这些善举，都会稀释企业的利润和股东的价值，难免给共享价值创造带来阻力，此时，崇高的行善美德就成为消弭反对声音、化解实施阻力的磅礴精神力量。

（4）共享价值创造需要环保意识。增加环保投入往往减少企业利润，进而影响股

---

① 星巴克1971年在西雅图成立时，三位初始创始人均为文艺青年，分别为英语教师鲍德温（Jerry Baldwin）、历史教师西格尔（Zev Siegl）和作家鲍克（Gordon Bowker），他们将公司命名为Starbucks，该名称来自美国作家梅尔维尔（Herman Melville）的小说《白鲸记》中极具性格魅力且酷爱喝咖啡的捕鲸船大副，公司标识取自希腊神话中擅长用天籁之音迷惑水手的塞壬（Siren）海妖，蕴含星巴克咖啡具有惊人的诱惑魅力。星巴克刚成立时只销售烘培的咖啡豆，并不开设门店，也不提供堂食。1982年舒尔茨加入星巴克，出任营销总监，1985年因经营理念与三位创始人冲突而离开独自创业。1987年舒尔茨在西雅图著名律师盖茨（比尔·盖茨的父亲）的帮助下，筹措400万美元收购陷入困境的星巴克（shultz and Yang，1997）。舒尔茨收购星巴克后，广开门店（迄今自营门店和授权门店已经超过3.2万家），重塑企业文化，致力于将星巴克打造为家庭和工作之外的“第三方空间”，给顾客（每天超过1 000万人次）以全新的体验，给员工（超过40万人）以家的感觉。

② 舒尔茨出生穷苦人家，7岁时其父亲（收集和运送尿布的卡车司机）在工作中摔断腿而被公司无情解雇，既没有工伤赔偿，也没有医疗保险，整个家庭因此陷入困境。这事深深刺痛舒尔茨幼小的心灵，他发誓有朝一日成为公司的老板，一定不会让这种不公平、不合理的人间悲剧发生在他的员工身上。迄今为止，星巴克成为咖啡零售业中为数不多的为全体员工（全职和兼职员工）免费提供医疗保险（在中国甚至为员工的父母提供免费医疗保险）、为美国员工提供大学学费资助的公司，显然与舒尔茨的同理心分不开。在舒尔茨充满人文情怀的企业文化影响下，星巴克已经发展成为一家把员工的价值和利益放在首位的以人为本的公司。

东和员工的经济价值。不论是更绿门店更新行动，还是C. A. F. E. 规范，虽然增加了环境价值，但却减少了经济价值。在没有法律法规强制要求的情况下，星巴克自愿投入巨资保护和改善生态环境，致力于实现对环境的贡献大于向环境的索取的愿景，而且将节能降耗和减少排放、用水和废弃物纳入高管人员和员工的绩效考核，足以证明星巴克具有强烈的环保意识。没有这样的环保意识，统筹兼顾经济价值、社会价值和环境价值的共享价值创造将成为空中楼阁。

（5）共享价值创造需要股东支持。尽管从长远看，增加对员工、供应商、咖啡种植户、社区等利益相关方的社会投入，有助于增强星巴克的可持续发展能力，对于股东也是有利的，但在短期内，这方面的社会投入无疑将对股东的经济价值创造产生挤出效应。与其他公司不同，星巴克公开宣称将员工的利益放在金字塔的顶端，中间是顾客，最底层才是股东。要践行这样的价值观，坚持共享价值创造，寻求股东的理解和支持变得十分重要。如第一部分所述，星巴克给股东的回报远大于股东对星巴克的投入，这或许是星巴克的董事会和高管层说服并获得股东支持共享价值创造的最根本原因。换言之，共享价值创造的一个前提条件是“做蛋糕”而不是“分蛋糕”，只要把蛋糕做大了，即使股东的份额降低了，但分到的蛋糕增加了，股东就没有理由不支持共享价值创造。而做大蛋糕必须厘清价值动因，对于星巴克这样的服务型企业，员工的贡献以及顾客、供应商和咖啡种植户的支持，在价值创造中的作用一点不亚于股东的投资。关切同盟者的利益，激发他们参与星巴克价值创造的热情，从长远看也会让股东从中受益。

（6）共享价值创造需要监督机制。共享价值创造不仅需要自觉行动，也需要监督机制，涉及环保投入和环保实效时尤其如此。缺乏独立的监督机制，低碳转型，绿色发展往往沦为公关噱头，甚至出现“漂绿”行为。在引入外部监督机制方面，星巴克的做法令人印象深刻。不论是社会公益项目，还是环境保护项目（如更绿门店计划和C. A. F. E. 规范），星巴克都千方百计聘请知名的国际公益组织和权威的环境认证机构参与其中，进行独立核查和认证。此外，在没有任何强制性规定的情况下，星巴克聘请Moss Adams会计师事务所对其社会影响报告（主要包括咖啡、茶叶和可可的道德采购以及全球咖啡种植户基金）所涉及的数据进行独立鉴证，而对温室气体排放所涉及的数据，则聘请Burns McDonnell工程公司进行独立鉴证，极大地提升了其《全球环境与社会影响报告》的公信力。

（原载于《财会月刊》2021年第21期，原标题为：“资不抵债”迷雾下的共享价值创造——星巴克财务报告和ESG报告分析）

主要参考文献：

1. 黄世忠 . ESG 视角下价值创造的三大变革［J］. 财务研究，2021（6）：3 – 12.

2. 邱慈观 . 与星巴克相比，瑞幸关心 ESG 吗？［EB/OL］. 上海高级金融学院 EED 微信公众号 . 2020. 5. 15.

3. Elkington，J. Towards the Sustainable Corporation：Win – Win – Win Business Strategies for Sustainable Development［J］. California Management Review. 1994（36 – 3）：90 – 100.

4. Elkinton，J. Cannibals With Forks：The Triple Line of 21st Century Business［M］. Capstone Publishing Limited. 1997：69 – 96.

5. Porter，M. E. and Kremer，M. R. Creating Shared Value：How to Reinvent Capitalism and Unleash a Wave of Innovation and Growth［J］. Harvard Business Review. 2011. Jauary – Febuary：62 – 77.

6. Starbucks. 1997 ~ 2021 Fiscal Year Annual Report. www. starbucks. com/investor – relations.

7. Starbucks. 2020 Fiscal Year Global Environmental & Social Impact Report. www. starbucks. com. 2021.

8. Schultz，H and Yang，D. J Pour Your Heart Into It：How Starbucks Built a Company One Cup at a Time［M］. New York. Hyperion. 1997：337 – 345.

台积电基于三重底线的永续报告案例分析

黄世忠

【摘要】本文基于台积电2021年度的年报、永续报告书、气候相关财务揭露报告、环境损益分析报告和重大性分析报告，从影响力的角度分析其经济价值、社会价值和环境价值，透视其自身经营活动和价值链活动产生的正外部性和负外部性。本文的分析表明，作为全球最大的芯片代工商，台积电创造了优异的经济和社会效益，但在环境效益方面却差强人意，耗电耗水和温室气体排放给环境带来了巨大的负外部性。台积电信息披露案例的启示意义在于：可持续发展报告既可弥补财务报告未能反映外部性的缺陷，也可弥补财务报告忽略智慧资本、人力资本、自然资本和社会及关系资本的不足，基于双重重要性原则、面向利益相关方的可持续发展报告理应定位为独立的报告以提升信息披露框架的逻辑严谨性。本文认为，可持续发展报告与财务报告相辅相成，相得益彰，不仅可以将外部性纳入企业绩效评价中，而且能更有效地洞见企业的可持续发展前景。

【关键词】经济价值；社会价值；环境价值；可持续发展；影响力；外部性

一、引言

台湾积体电路制造股份有限公司（以下简称“台积电”）2021年度除了公布财务报告，还公布了永续报告书（即可持续发展报告）、气候相关财务揭露报告书、环境损益分析报告和重大性分析报告，从经济、社会和环境三个维度披露了其自身经营活动和价值链活动所产生的正面影响和负面影响，既客观展示了其积极的经济社会影响，也如实反映了其消极的生态环境影响。这种以多维度的方式反映共享价值创造的报告模式，颇具特色，从中可以较为全面地了解台积电的经营活动及其价值链活动所

产生的外部性，极具启发意义，值得研究借鉴。

二、台积电的经济价值分析

新冠疫情以来，“缺芯荒”日益凸显，台积电的表现备受瞩目。根据年报披露的关键业绩指标，台积电在全球半导体行业中的芯片代工市场中继续保持绝对的领先地位，2021 年度以 291 种制造工艺技术，为 535 个客户生产了用于智能手机、高效能计算、物联网、车载电子以及消费性电子等领域的 12 302 种不同产品，晶圆出货量高达 1 240 万片 12 寸晶圆当量，其产出约占全球半导体（不含记忆芯片）产值的 26%，其在全球晶圆代工市场的份额约为 56%。Gartner 数据显示，台积电在 7 纳米和 5 纳米晶圆代工市场中的占有率更是高达 80% 和 90% 以上。3 纳米芯片有望在 2024 年量产，2 纳米芯片制造厂也在筹划中，唯一的竞争对手只剩下韩国三星。先进的技术工艺加上全球对高端芯片的旺盛需求，使台积电赚得盆满钵满。1994 年股票上市至今，台积电保持了连续盈利记录，营业收入和税后利润年均复合增长率分别达到 17. 5% 和 17. 1%。表 1 列示了台积电 2017 年至 2021 年的财务业绩。

伴随着蒸蒸日上的财务业绩和慷慨大方的现金分红（2004 年至 2021 年，累计派发现金股利 21 870 亿元新台币，约合 718 亿美元，远远超过股东历年来投入的资金[①]），台积电的股票市值也如日中天，其股票市值 2021 年末高达 16. 2 万亿元新台币，折合 5 849 亿美元（如图 1 所示），超过腾讯和阿里巴巴，成为亚洲市值最大的高科技企业。

表 1 **台积电 2017—2021 年财务业绩** 货币单位：新台币亿元

项目	2017 年	2018 年	2019 年	2020 年	2021 年
营业收入	9 775	10 315	10 610	13 393	15 874
营业成本	4 827	5 336	5 683	6 282	7 679
营业毛利	4 948	4 979	4 927	7 111	8 195
营业毛利率	50. 62%	48. 27%	46. 44%	53. 09%	51. 63%
研发支出	807	859	914	1 095	1 247
研发强度	8. 26%	8. 33%	8. 61%	8. 18%	7. 86%
税后利润	3 431	3 512	3 453	5 182	5 971
销售利润率	35. 10%	34. 05%	32. 54%	38. 69%	37. 61%

① 截至 2021 年年末，台积电的股本和资本公积分别为 2 593 亿元新台币和 648 亿元新台币，合计 3 241 亿元新台币。在派发巨额现金股利后，台积电 2021 年年末的未分配利润余额仍然高达 15 364 亿元新台币。

续表

项目	2017 年	2018 年	2019 年	2020 年	2021 年
资产总额	19 919	20 901	22 648	27 607	37 255
总资产周转率（次）	0. 50	0. 51	0. 49	0. 53	0. 49
负债总额	4 691	4 126	6 427	9 101	15 548
资产负债率	23. 55%	19. 84%	28. 38%	32. 97%	41. 73%
净资产	15 228	16 775	16 221	18 506	21 707
归属于母公司的净资产收益率	23. 57%	21. 95%	20. 94%	29. 84%	29. 69%
经营活动产生的现金净流量	5 853	5 740	6 151	8 227	11 122
自由现金流量	2 547	2 598	1 563	3 169	2 730
工资福利	1 041	960	1 099	1 408	1 649
利息费用	33	31	33	21	54
税收费用	530	463	445	666	661
现金股利	1 820	2 070	2 590	2 590	2 658

资料来源：台积电 2017—2021 年年报和永续报告书。

图 1　台积电 1994 年上市以来的股价表现

资料来源：台积电 2021 年度永续报告书。

张忠谋 1987 年创立的台积电，之所以能够为股东创造如此辉煌的经济价值，除了重视研究开发和技术创新外，也得益于商业模式创新。与韩国三星奉行的从芯片设计、制造到测试与封装的全产业链商业模式不同，台积电独辟蹊径开创了晶圆代工模式，专注于为半导体设计公司生产制造芯片。这种代工模式既可为客户保守商业秘密，又可避免与客户同业竞争。正因为采取不与客户争利的商业模式，台积电在创立初期得

到了英特尔在制造工艺上的倾囊相授和 IBM 在专利授权上的无私帮助，近年来苹果等智能手机制造厂商舍弃韩国三星转而将订单交给台积电生产，显然也与台积电甘于芯片代工而不涉足芯片设计的商业模式密不可分。

三、台积电的社会价值分析

台积电在社会影响方面展现出显著的正外部性，为股东和其他利益相关方创造了巨大的社会价值。社会价值有广义和狭义之分，前者以企业自身经营活动为计量边界，后者将计量边界延展至价值链中的上下游。

（一）基于经营活动的社会价值创造

基于企业自身经营活动的社会价值分析，可以从宏观利润表或净经济贡献的角度分析。笔者认为，对微观利润表的计量公式“收入 - 成本费用 - 薪酬福利 - 利息费用 - 税收费用 = 税后利润”进行移项，即可得出宏观利润表的计量公式，即“收入 - 成本费用 = 薪酬福利 + 利息费用 + 税收费用 + 税后利润”。与微观利润表所坚持的股东至上主义不同，宏观利润表秉承的是利益相关者至上主义。宏观利润表等式的左边代表企业在特定会计期间为不同要素提供者创造的社会价值，等式的右边代表创造的社会价值如何以薪酬福利的方式分配给人力资本提供者、以利息费用的方式分配给债权资本提供者、以税收费用的方式分配给公共服务提供者、以税后利润的方式分配给股权资本提供者。

按照宏观利润表的原理，台积电 2021 年度创造的社会价值如表 2 所示。

表 2　　台积电 2021 年度创造的社会价值　　货币单位：新台币亿元

社会价值创造			社会价值分配			
营业收入	成本费用	社会价值	薪酬福利	利息费用	税收费用	税后利润
15 874	7 539	8 335	1 649	54	661	5 971
不同要素提供者分配占比			19.78%	0.65%	7.93%	71.64%

2020 年世界经济论坛（WEF）发布了题为《迈向共同且一致指标体系的可持续价值创造报告》白皮书，提出了四支柱的可持续发展报告框架（黄世忠，2021a），其中在第四支柱“创造繁荣”中建议企业披露净经济贡献，其计算公式为：营业收入 - 营业成本 + 支付给员工的薪酬福利 + 支付给资本提供者的利息和分红 + 上缴给政府的税收 - 收到的政府补贴 = 净经济贡献。按此计算，台积电 2021 年度对社会的净经济贡献高达 13 218 亿元新台币。

（二）基于价值链的社会价值创造

为了全面反映其为社会创造的经济价值，台积电全面检视价值链带来的直接和间接影响，基于由外到内视角（Outside - in Perspective）建立以因果关系为导向的可持续影响力战略地图（见图2），从上游采购、公司运营到客户使用阶段，以货币化计量各项活动对经济、环境和社会可能衍生的外部成本与价值，构建了可持续发展影响力的管理工具。

在上游采购阶段，台积电充分利用其在全球芯片制造业中的领导地位，帮助供应商提升技术水平和能力建设，运用投入产出模型分析采购需求所创造的产值以及为供应链创造的员工就业机会和薪资收入。2021 年度，台积电的采购需求带动的供应链产值高达 13 323 亿元新台币，为供应链创造了 26 万个就业机会和 2 141 亿元新台币的薪资收入。

在公司运营阶段，台积电通过附加价值收入法检视运营过程为利益相关方创造的正向影响，包括公平的就业机会、优质的薪资与福利、现金股利、纳税、折旧与摊销等。2021 年度，台积电为 65 152 名员工支付了 1 649 亿元新台币的薪酬福利，向股东派发了 2 658 亿元新台币的现金股利，向政府缴纳了 936 亿元新台币的所得税及其他税收。

在客户使用阶段，台积电通过开发全球领先的高效节能芯片技术，协助客户生产更先进和更具能效的产品，促进信息通信科技行业及其产品迭代发展。2021 年度，台积电生产的各种芯片带动了客户 12 302 种产品创新，根据台湾工研院产业科技国际策略发展所按照全球用电、GDP 与电子产品数量建构的模型推算，2021 年台积电生产的芯片帮助客户节约了 2 171 亿度电。

除了从定量的角度分析社会价值外，台积电的可持续发展报告还以定性与定量相结合的方式，参照国际整合报告理事会（IIRC）的整合报告框架，详细披露对其财务资本、制造资本、智慧资本、人力资本、自然资本、社会及关系资本的管理和成效，便于利益相关方了解这六种资本要素投入在台积电的价值创造中所作出的贡献。

以上分析表明，不论是从自身经营活动的角度还是从价值链的角度，台积电 2021 年度创造的社会价值均远超财务报告所体现的经济价值，其溢出的正向经济外部性和社会外部性十分明显，表明台积电不仅具有优异的企业效益，而且具有良好的社会效益①。

---

① 据估算，台积电 2021 年为台湾贡献了 13% 的 GDP，因此台湾当局对其爱护有加，但周边居民和环保团体对台积电耗电耗水和温室气体排放所造成的环境影响却颇有微词。

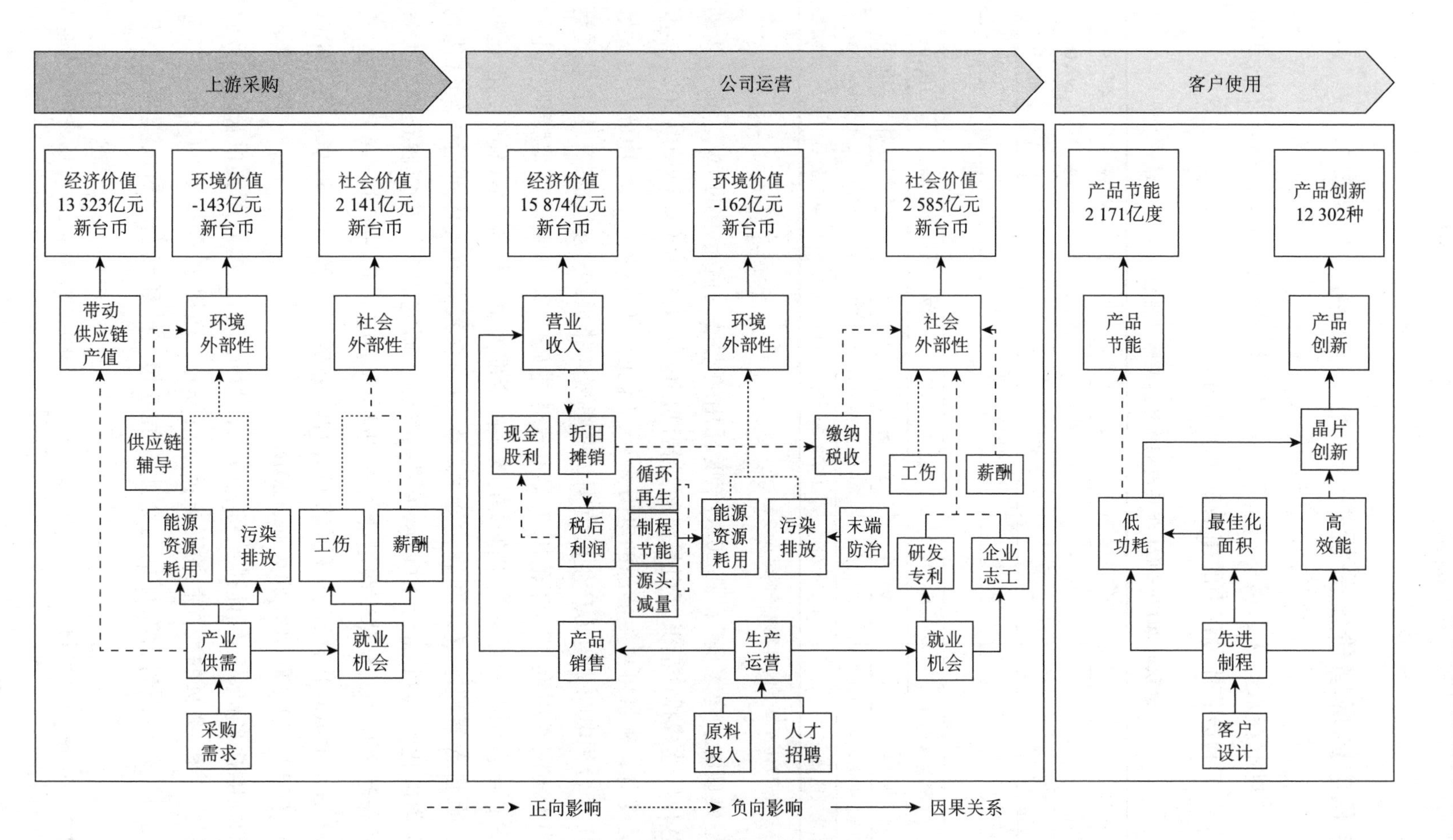

图 2　可持续影响力战略地图

资料来源：台积电 2021 年度永续报告书。

四、台积电的环境价值分析

芯片制造业耗电耗水惊人，由此产生了大量的环境外部性。表3列示了台积电2017—2021年生产制造芯片过程中的用电量和用水量。

表3　台积电2017—2021年耗电耗水和温室气体排放

项目	2017年	2018年	2019年	2020年	2021年
用电量（亿度）	120.16	131.67	143.23	169.19	192.00
用水量（万吨）	4 890	5 680	6 430	7 730	8 280
超纯水[①]用量（万吨）	6 880	7 970	9 010	10 240	10 950
温室气体排放					
——范围1（万吨二氧化碳当量）	207.34	212.57	207.17	200.48	215.19
——范围2（万吨二氧化碳当量）	608.02	634.96	669.79	745.99	815.25
——范围3（万吨二氧化碳当量）	424.25	431.55	530.70	551.15	604.93
合计（万吨二氧化碳当量）	1 239.61	1 279.09	1 407.66	1 497.62	1 635.27

资料来源：台积电2021年度气候相关财务揭露报告。

台积电是典型的“电老虎”，其2021年度耗用的电量约占台湾的7%，预计2纳米和3纳米芯片厂建成投产后其耗电量将超过台湾用电总量的10%。台积电2021年度耗用的192亿度电，来自可再生能源的电力为16.7亿度，仅占8.69%，由此产生大量碳足迹。2021年台积电购买电力产生的范围2温室气体排放约占其温室气体总排放量的一半，相当于美国通用汽车同年范围2温室气体排放的2.83倍。值得特别关注的是，2021年台积电范围1的温室气体排放虽然只占全部温室气体排放的13%，但这些温室气体主要来自含氟温室气体和氧化亚氮，其中的含氟温室气体是指氢氟氮化物（HFCs）和全氟碳化物（PFCs），对环境极具破坏性。研究表明，氢氟碳化物在大气层的存留时间长达270年，全球变暖潜能值（Global Warming Potential，GWP）是二氧化碳的14 800倍，全氟碳化物在大气层的存留时间更是达到26 00—80 000年，GWP是二氧化碳的7 330—12 200倍（郭久亦，2016）。

台积电的耗电耗水和温室气体排放备受关注，为此，台积电除了提供长达228页的可持续发展报告和42页的气候相关财务披露报告外，还提供了32页的环境损益分析报告。环境损益分析报告旨在评估与企业价值链相关的环境变化对人类福祉的影

① 超纯水主要在芯片制造过程中用于冲洗硅胶，其纯度是自来水的1 000多倍，制作超纯水的过程中需要数倍的自来水，用水量相当惊人。

响，根据 ISO 14008《环境影响及相关环境因素的货币估值》，基于福利经济学中的支付意愿、受偿意愿、货币时间价值、价值转移等概念计量人们因企业造成的环境影响而经历正向或负向的福利价值变化（ISO，2019）。表 4 列示了台积电 2017—2021 年生产运营阶段的环境外部性。从中可以看出，尽管单位产品的环境外部性呈现下降的趋势，但台积电 2017—2021 年的环境外部性总量呈现逐年上升的势头。

表 4　　台积电 2017—2021 年环境外部性　　货币单位：新台币亿元

项目	2017 年	2018 年	2019 年	2020 年	2021 年
温室气体排放	116.62	124.26	131.60	145.69	155.76
水资源耗用	0.24	0.25	0.28	0.36	0.42
空气污染	1.90	2.53	2.10	2.09	2.41
废水污染	1.07	1.02	1.23	1.66	1.76
废弃物	0.96	0.93	0.86	1.24	1.47
环境外部性合计	120.79	128.99	136.07	151.04	161.82
单位产品环境外部性（新台币元/12 寸晶圆 - 光罩数）	28.3	26.8	28.2	25.1	23.2

资料来源：台积电 2021 年度环境损益分析报告。

除了对生产运营阶段的环境外部性进行货币化计量外，台积电 2019 年将环境损益评估范围延伸至上游供应链，利用环境延伸投入产出法（Environmental Extended Input Output）开展产业环境热点分析，按照生命周期理论，以循序渐进的方式对关键原材料供应商（2021 年台积电将 1 149 家第一层次的供应商确定为关键原材料供应商）进行盘查，对采购阶段的环境外部性进行货币计量。表 5 列示了台积电 2021 年度的供应链外部性。

表 5　　台积电 2021 年度供应链环境外部性

供应链环境外部性		占比前 90% 产业的环境外部性		
新台币亿元	比 2020 年增加	新台币亿元		比 2020 年增加
142.96	24.3%	化学制品	71.40	22.5%
		机械设备	34.77	36.2%
		营建工程	13.38	43.5%
		电子零组件	10.10	10.8%

资料来源：台积电 2021 年度环境损益分析报告。

台积电生产运营和供应链的环境外部性绝大部分来自温室气体排放，对这些外部性进行货币计量时，以 2007 年美元价值计算每吨二氧化碳排放造成的长期损害，主要参照美国环保署（EPA）建议的三种评估模型、三种折现率和五种情景假设，对二氧化碳排放导致的气候变化造成的经济损失进行估算，包括净农业生产力变化、人类健康影响、财产损失以及能源系统成本变化等，具体参数如表 6 所示。在此基础上，台积电根据运营地点和供应商所在地的购买力平价、国民所得等因素进行调整，最终确定将 2020 年的每吨二氧化碳社会成本 42 美元调整为 1 540 元新台币，作为 2021 年计算环境外部性的基础。

表 6　每吨二氧化碳的社会成本　　单位：2007 年美元/吨二氧化碳

年 度	5% 折现率	3% 折现率	2.5% 折现率
2015	11	36	56
2020	12	42	62
2025	14	46	68
2030	16	50	73
2035	18	55	78
2040	21	60	84
2045	23	64	89
2050	26	69	95

资料来源：台积电 2021 年度环境损益分析报告。

五、台积电案例的启示意义

综上所述，台积电在创造巨大正向经济价值和社会价值的同时，也创造了较大的负向环境价值，其自身经营活动和价值链活动产生的环境负外部性与其经济社会正外部性形成了强烈反差。在全球向净零经济转型的时代背景下，台积电的环境外部性已成为影响其可持续发展的一大隐忧。台积电虽然存在较大的环境外部性，但瑕不掩瑜，在共享价值创造中较好地统筹兼顾经济价值和社会价值。而在环境价值方面，台积电依然任重道远，需要加大环保投入，尽快改变能源结构以抑制负向环境价值呈逐年扩大的势头，否则，台积电的共享价值创造将蒙上阴影，甚至招致当地社区和环保团体的抵制，扩建 3 纳米和 2 纳米芯片厂的计划有可能因此受挫。

从可持续发展信息披露的角度看，台积电的做法富有创新性，突出变现为：（1）遵循全球报告倡议组织（GRI）的影响重要性原则，通过环境损益分析报告，较为全面地评估台积电自身经营活动和价值链活动对环境和社会造成的影响，并按照 ISO 14008 提供的货币估值框架，对其环境外部性进行货币计量；（2）以六种资本、四大管理核

心（高阶主管支持、中阶主管参与、ESG 治理组织和组织文化）、六大可持续管理能力（创新研发、供应链管理、人力资源管理、环境管理、客户服务和利益相关方参与），通过财务损益思维，纳入社会成本的外部性，建立以三重底线（经济底线、社会底线和环境底线）为基础的可持续影响力管理框架，衡量公司整体价值链为社会带来的贡献。

台积电在可持续发展信息披露方面的做法颇具特色，值得研究借鉴。台积电可持续发展信息披露案例至少具有三点重要的启示意义。

（一）可持续发展报告可弥补财务报告未能反映外部性的缺陷

台积电从经济、社会和环境的角度构建的影响力分析报告，可以弥补财务报告罔顾外部性的缺陷。马歇尔（Alfred Marshall）1890 年在《经济学原理》中提出了外部经济的概念，其嫡系弟子庇古（Arthur Cecil Pigou）1920 年在《福利经济学》中以马歇尔提出的外部经济为基础，雄辩地论证了只要私人边际成本和收益不等于社会边际成本和收益，就会存在外部性，并主张对私人边际成本小于社会边际成本的企业进行征税，对私人边际收益小于社会边际收益的企业予以补贴，以征税和补贴的方式将外部性内部化的政策主张也因此被后人称为庇古税（黄世忠，2021b）。《福利经济学》出版后，外部性逐渐成为经济学中的热门研究课题。但由于迄今尚未对企业经营的外部性形成系统性和结构化的信息披露框架，企业经营的外部性问题研究缺乏系统性的经验数据。台积电通过可持续发展报告及其他相关报告提供了翔实的经济、社会和环境外部性信息，这种做法若得到推广实施，可望在一定程度上破解困扰经济学一百多年的难题。基于双重重要性原则、面向利益相关者的可持续发展报告可视为对现行财务报告未能反映外部性问题的纠偏，有助于利益相关方从多维的角度审视企业经营产生的正外部性和负外部性，进而更加科学合理地评估企业的可持续发展前景。

（二）可持续发展报告可弥补财务报告未能全面反映资本要素的不足

台积电基于 IIRC 提出的整合报告框架，在可持续发展报告中详细披露了六种资本的管理和成效，可以弥补财务报告不能全面反映价值创造关键资本要素投入的不足。智慧资本、人力资本、自然资本和社会及关系资本与财务资本和制造资本一样，都在企业价值创造中发挥着不可或缺的作用，但由于不符合会计准则规定的确认和计量标准而被排除在财务报告反映范围之外，不利于利益相关方评估企业的价值创造能力。作为知识密集型的芯片制造商，台积电深知智慧资本和人力资本在保持核心竞争和创造价值中的重要性，因而详细披露了其在涵养智慧资本和人力资本方面的做法和成效。作为耗电耗水和温室气体排放大户，台积电详细披露了环境影响信息和环境损益信息，以回应利益相关方对其资源消耗和气候变化影响的关切。作为全球最大芯片代工商，台积电深知其价值创造和技术创新离不开良好的社会及关系资本，故详细披露了其在供应商关系、客户关系和社区关系方面的管理做法和成效。这种基于六种资本框架的信息披露极具相关性，可视为对财务报告未能反映智慧资本、人力资本、自然资本和社会及关系资本的纠偏，有助于利益相关方从更加开阔的视野评估企业以可持续的方式创造共享价值的前景。

（三）基于双重重要性的可持续发展报告理应独立于财务报告

台积电将可持续发展报告定位为独立于财务报告的做法，使其公司报告体系逻辑更加清晰，信息披露层次更加分明。台积电的可持续发展报告主要借鉴 GRI 框架，但在气候相关披露方面借鉴了 TCFD 框架。GRI 秉持的是由内到外的影响重要性原则，而 TCFD 框架秉持的是由外到内的财务重要性原则，因此台积电的可持续发展报告遵循了双重重要性原则，既满足投资者了解环境和社会议题如何影响企业价值的信息需求，也满足其他利益相关方了解台积电自身经营活动和价值链活动如何影响环境和社会的信息需求。台积电将可持续发展报告定位为独立于财务报告的做法，无疑是明智的选择，极大提高了台积电公司报告的逻辑严谨性。反之，如果台积电将可持续发展相关信息定位为财务报告的组成部分，将大量未经确认、计量的前瞻性信息和定性信息作为财务报告的组成部分，将导致整个报告体系的逻辑混乱不堪。台积电的案例表明，基于双重重要性原则、面向利益相关方的可持续发展报告理应作为独立于财务报告的单独报告。

（原载于《财会月刊》2022 年第 18 期，原标题为：台积电的绩优与隐忧——ESG 视角下的业绩观）

主要参考文献：

1. 黄世忠．ESG 理念与公司报告重构［J］．财会月刊，2021a（20）：16－23.

2. 郭久亦．氢氟碳化物（HFCs）和氟化物——对全球变暖不利的温室效应制冷剂［J］．于冰，译．世界环境．2016（6）：58－59.

3. 黄世忠．支撑 ESG 的三大理论支柱［J］．财会月刊，2021b（19）：3－10.

4. 台积电．1997—2021 年报［EB/OL］．www. tsmc. com.

5. 台积电．2021 年度永续报告书［EB/OL］．www. tsmc. com.

6. 台积电．2021 年度气候相关财务信息揭露报告［EB/OL］．www. tsmc. com.

7. 台积电．2021 年度环境损益分析报告［EB/OL］．www. tsmc. com.

8. 台积电．2021 年度重大性分析报告［EB/OL］．www. tsmc. com.

9. ISO. ISO 14008 Monetary Valuation of Environmental Impacts and Related Environmental Aspects［EB/OL］．www. iso. org，2019.

蚂蚁集团共享价值创造案例分析

黄世忠

【摘要】“三重底线”理论和共享价值创造理念均要求企业在为股东创造价值的同时，致力于为其他利益相关者创造社会价值和环境价值，唯有如此，企业才能永续经营，真正成为对利益相关者负责的社会担当型和环境友好型企业。本文以蚂蚁集团2022年度的可持续发展报告为基础，结合对蚂蚁集团的实地调研，分析了蚂蚁集团统筹兼顾经济价值、社会价值和环境价值的共享价值创造模式，总结了蚂蚁集团案例的启示意义。本文认为，蚂蚁集团的可持续发展报告通篇贯穿着共享价值创造的理念，体现了“共创、共享、共生”的价值创造新思维，在ESG时代颇具借鉴意义。

【关键词】 蚂蚁集团；共享价值创造；经济价值；社会价值；环境价值

一、从价值创造到共享价值创造

1997年，英国著名的可持续发展咨询公司创始人约翰·埃尔金顿（John Elkington）在其影响深远的《使用刀叉的野蛮人——21世纪企业的三重底线》一书中通过野蛮人使用刀叉吃饭从而进化为文明人的形象比喻深刻地指出，进入21世纪企业如果还只是关心关注利润底线而对社会底线和环境底线漠不关心，说明企业仍停留在野蛮时代的经济动物阶段，反之，企业如果在关心关注利润底线的同时也高度重视社会底线和环境底线，说明企业已经从野蛮时代的经济动物进化为文明时代的负责任的企业公民（Elkington，1997）。埃尔金顿提出的“三重底线（Triple Bottom Line）”理论为企业统筹兼顾经济效应、社会效益和环境效益进而创造共享价值（Creating Shared Value，CSV）提供了理论基础，为CSV的兴起和发展孕育了舆论氛围。CSV的观点由哈

佛大学竞争战略大师迈克尔·波特（Michael Porter）教授和哈佛大学肯尼迪政府学院高级研究员马克·克莱默（Mark Kramer）正式提出。2006 年，他们在《哈佛商业评论》上发表了《战略与社会：竞争优势与企业社会责任》一文，对共享价值进行了初步探讨。2011 年，他们再次在《哈佛商业评论》上发表《创造共享价值：如何改造资本主义并释放创新和增长浪潮》一文，正式提出并系统阐述了创造共享价值的理念（黄世忠，2021）。波特和克莱默将创造共享价值定义为在提高企业竞争力的同时改善企业经营所处社区的经济、社会和环境条件的经营实践（Porter and Kramer，2011）。

不论是"三重底线"理论，还是共享价值创造理念，均要求重新定义公司的宗旨，为股东创造价值不再被视为公司的唯一追求，在为股东创造经济价值的同时为其他利益相关者创造社会价值和环境价值，才是 21 世纪公司应有的境界。2019 年 8 月，美国企业家圆桌会议（BRT）将过去只强调"为股东创造价值"的公司宗旨重新表述为"为客户、员工、供应商、社区、股东创造价值"，凸显了股东至上主义的式微和利益相关者至上主义的崛起，标志着价值创造向共享价值创造的历史性转变。共享价值创造为企业提供了新的正当性，甚至被看作是对备受质疑的资本主义的救赎（Menghwar and Daood，2021）。共享价值创造理论的提出，不仅提升了企业对社会问题和环境问题的管理认知，而且催生了经济价值、社会价值和环境价值三者并举的战略思维和商业模式（McGahan，2020）。共享价值创造契合 ESG（环境、社会和治理）理念，催生了价值创造的三大变革：在为谁创造价值方面，从过去只为股东创造价值的观念向为利益相关者创造价值的观念转变；在创造什么价值方面，从过去只关注经济价值创造的做法向统筹兼顾经济价值、社会价值和环境价值的做法延展；在如何创造价值方面，从过去只聚焦内部价值创造的动因向寻求外部价值创造的动因（表现为对员工关系、客户关系、供应商关系、社区关系和政商关系的积极管理）演化。

思想照亮现实，理论改变行为。"三重底线"理论和共享价值创造理念引发了管理实践的重大变革。在共享价值创造方面，星巴克堪称典范，蚂蚁集团也不遑多让。基于笔者对蚂蚁集团的实地调研和蚂蚁集团 2023 年 6 月 1 日发布的 2022 年度可持续发展报告披露的 ESG 信息，结合其 2020 年招股说明书和阿里巴巴披露的财务报告，本文系统地分析蚂蚁集团为股东创造的经济价值以及为利益相关者创造的社会价值和环境价值，并总结蚂蚁集团案例的八点启示意义。

二、蚂蚁集团的经济价值创造分析

不论关于公司宗旨的表述如何演变，为股东创造经济价值使其获取合理的投资回报都是企业的职责所在。这方面的信息通常来自上市公司对外的财务报告。2020 年，蚂蚁集团披露了其招股说明书，让投资者得以了解和评估蚂蚁集团为股东创造经济价值的能力。蚂蚁集团后因故暂停上市进入整顿期，不再对外披露财务报告，只披露可持续发展报告。为了弥补财务信息难以获取的不足，本部分以持有其 33% 股份的阿里巴巴集团财务报告披露的按权益法核算的投资收益，估算蚂蚁集团 2020—2022 年度的税后利润，并与业务结构相近的美国最大移动支付平台贝宝（PayPal）公司进行对比分析。必须说明的是，本部分通过不同公开信息来源测算的业绩数据与蚂蚁集团的实际业绩可能存在一定的差异，但笔者相信这些差异不影响本文的总体结论。

（一）克服重重困难，持续创造价值

表 1 列示了 2017—2022 年蚂蚁集团的相关业绩指标。从中可以看出，蚂蚁集团虽然遭受业务整顿和三年疫情的双重影响，但仍为股东创造了相当可观的经济价值，2019 年以来连续四年超越了贝宝公司。2022 年度，蚂蚁集团和贝宝公司的税后利润均出现大幅下降，与它们所服务的小微企业和个人消费者受三年疫情等因素叠加影响有关。2022 年度蚂蚁集团税后利润锐减，还与其业务调整和对外股权投资重估值下降有关。值得指出的是，可持续发展报告显示，蚂蚁集团 2022 年的研发费用高达 204.6 亿元，比 2021 年增长了 8.83%，约占 2022 年税后利润的 66%，说明其致力于为股东创造长期价值，而不是追求短期的盈利。

表 1　蚂蚁集团与贝宝公司为股东创造的财务业绩　单位：人民币亿元

年份	营业收入		税后利润	
	蚂蚁集团*	贝宝公司**	蚂蚁集团*	贝宝公司**
2017	653.96	884.08	82.05	121.21
2018	857.22	1 022.45	21.56	136.09
2019	1 206.18	1 266.00	180.72	169.68
2020	未披露	1 479.81	596.76	289.84
2021	未披露	1 636.81	729.82	268.86
2022	未披露	1 850.88	311.94	162.70
合计	—	8 140.03	1 922.85	1 148.38

注：* 蚂蚁集团 2017—2020 年上半年的营业收入和税后利润数据来自其招股说明书，因故暂停上市后蚂蚁集团未再对外披露财务报告，2020—2022 年的营业收入数据无法获取，税后利润按照阿里巴巴披露的按权益法核算的对蚂蚁集团的投资收益数据（分别为 196.93 亿元、240.84 亿元和 102.94 亿元）推算。

** 贝宝公司的营业收入和税后利润数据均来自其对外披露的财务报告，并按当年美元对人民币的平均汇率将美元折算为人民币。

税后利润在反映价值创造方面固然重要，但税后利润的计算并没有扣除股权资本成本，因此，即使企业税后利润大于零也不一定代表企业为股东创造了价值。从经济学的角度看，只有经济增加值（EVA）大于零才真正代表企业为股东创造了价值。表2列示了蚂蚁集团和贝宝公司2017—2022年的EVA。为了简化计算，表2的EVA＝税后利润－股权资本成本，其中股权资本成本＝（期末股东权益－当年税后利润）×股权资本成本率，表2假定蚂蚁集团和贝宝公司过去几年的股权资本成本率均为6%。从表2中可以看出，蚂蚁集团和贝宝公司过去六年的EVA均为正，表明这两家公司均为股东创造了经济价值。

表2　　蚂蚁集团与贝宝公司为股东创造的EVA　　单位：人民币亿元

年份	蚂蚁集团*			贝宝公司**		
	税后利润	股权资本成本	EVA	税后利润	股权资本成本	EVA
2017	82.05	33.72	48.33	121.21	65.50	65.71
2018	21.56	19.36	2.20	136.09	55.31	80.78
2019	180.72	93.12	87.60	169.68	60.68	109.00
2020	596.76	95.83	500.93	289.84	68.19	221.65
2021	729.82	127.66	602.16	268.86	74.30	194.56
2022	311.94	170.72	141.22	162.70	73.40	89.30
合计	1 922.85	540.41	1 382.44	1 148.38	397.38	751.00

注：* 计算蚂蚁集团的股权资本成本时，2017—2019年的期末股东权益取自蚂蚁集团招股说明书披露的数据，蚂蚁集团未披露2020—2022年的财务报告，期末股东权益按2019年年末的股东权益加上各年净利润减去现金股利测算。

** 贝宝公司税后利润按各年美元对人民币的平均汇率折算为人民币，期末股东权益按各年末美元对人民币的汇率折算为人民币。

从表2可以算出，2017—2022年蚂蚁集团EVA占税后利润的平均比例约为72%，略高于贝宝公司同期的平均比例（65%），说明这两家公司每实现100元的税后利润分别有72元和65元来自其管理层和员工的贡献，管理层和员工对价值创造的贡献明显大于股东投资的贡献。

企业为股东创造的经济价值，既要从绝对数的角度评估，也要从相对数的角度分析。表3对比分析了蚂蚁集团与贝宝公司的净资产收益。从中可以看出，这两家公司均为股东创造了不菲的投资回报，但蚂蚁集团的净资产收益率波动幅度大于贝宝公司。中美两大移动支付平台2022年的净资产收益率均出现大幅下降，再次说明它们的经营业绩深受中小微企业经营困难和个人消费者消费意愿不强的影响，也在一定程度上与金融资产估值重心下移有关。

表3　　蚂蚁集团与贝宝公司的净资产收益率比较

年份	蚂蚁集团*	贝宝公司**
2017	12. 74%	11. 69%
2018	0. 63%	13. 11%
2019	10. 43%	15. 22%
2020	27. 20%	22. 72%
2021	25. 54%	19. 95%
2022	9. 88%	11. 52%

注：* 蚂蚁集团2017—2019年净资产的数据取自其招股说明书，2020—2022年的净资产按招股说明书披露的净资产加上按表1推算的2020年至2022年净利润减去现金分红测算。计算各年的净资产收益率时，净资产按年末净资产和年初净资产的平均值计算。

** 贝宝公司2017—2022年净资产收益率按其对外披露的财务报告数据计算，净资产也是按年末净资产和年初净资产的平均值计算。

（二）实施现金分红，缓解股东压力

除了账面回报外，蚂蚁集团还通过慷慨的现金分红给予股东实实在在的回报。2022年3月和12月，蚂蚁集团宣布了两次大手笔的现金分红，第一次现金分红为120亿元，第二次现金分红为319亿元，两次现金分红高达439亿元，与其2020年6月末的未分配利润余额448. 26亿元相当接近，在一定程度上缓解了股东因蚂蚁集团暂停上市所遭受的压力。招股说明书显示，2020年6月末蚂蚁集团的投入资本（股本、其他权益工具和资本公积之和）约为1 491亿元，在此之后，蚂蚁集团未再增资，因此可以推算蚂蚁集团给予其股东投入资本的现金回报率高达29. 44%。在如此大手笔分红后，蚂蚁集团2022年年末的未分配利润余额仍多达1 437. 13亿元（按2019年的未分配利润237. 61亿元加上2020—2022年的税后利润减去439亿元现金分红测算），接近于其股东的投入资本总额，蚂蚁集团为其股东创造经济价值的能力令人印象深刻。

相比之下，贝宝公司过去三年没有派发现金股利，而是通过股票回购的方式给予其股东丰厚的现金回报。现金流量表显示，贝宝公司2020—2022年回购股票的现金流出分别为16. 35亿美元、33. 73亿美元和41. 99亿美元，合计高达92. 07亿美元，约占其股东投入资本的50. 24%。这也是2022年度贝宝公司的净资产收益率高于蚂蚁集团的重要原因。

综上所述，蚂蚁集团为股东创造了可观的经济价值，强大的经济价值创造能力为其可持续发展奠定了坚实的财务基础，善待股东的做法为其获取股东支持拓展了广阔的融资空间。

三、蚂蚁集团的社会价值创造分析

与其为股东创造的经济价值相比，蚂蚁集团为利益相关者创造的社会价值更加突出，更值得关注。蚂蚁集团为利益相关者创造的社会价值，主要体现在以下四个方面。

（一）不忘初心使命，为客户创造价值

蚂蚁集团的使命是让天下没有难做的生意，通过数字技术赋能小微企业，提高它们做生意的效率。蚂蚁集团的愿景是构建未来服务业的数字化基础设施，为世界带来更多微小而美好的改变。蚂蚁集团追求成为一家健康成长 102 年的好公司。蚂蚁集团希望每一个个体都可以享受到普惠、绿色的金融服务，每一家小微企业都拥有平等的发展机会。蚂蚁集团以服务小微企业为己任，既契合促进社会公平正义转型的 ESG 理念，也为实现联合国可持续发展目标（消除贫困和减少不平等，即 SDG 1 和 SDG 10）作出应有的贡献。

除了为超过 10 亿用户和 8 600 万小微企业和小微经营者提供便捷普惠的支付和金融服务外，可持续发展报告显示，蚂蚁集团 2022 年通过数字普惠：（1）积极参与国家数字政府服务建设，充分发挥其“泛在可及”“智能便捷”的特点，利用数字化技术创新技术，助力 29 个省一网通累计服务超过 5. 7 亿的用户，让更多人享受数字民生福祉；（2）为了促进疫情后经济加速回暖，累计向小微企业降费让利 68 亿元；（3）累计向 365 万户商家提供小程序服务，免费提供了 2 000 多个数字化工具，提升小微企业的数字化转型能力；（4）为了破解小微企业的融资难问题，通过数字信贷助力小微企业获得金融支持，网商银行（其最大股东为蚂蚁集团，持股比例 30%）2022 年新增用户中，超过 80% 为经营性首贷客户，网商银行“大山雀”计划借助卫星遥感技术累计为 123 万种植户提供金融支持。通过与全国 1 000 多个县级政府、500 多家品牌企业合作，网商银行截至 2022 年年末累计为 4 500 多万户小微企业提供数字信贷服务。

（二）坚持以人为本，为员工创造价值

作为一家科技服务企业，蚂蚁集团的核心竞争力和可持续发展能力在很大程度上依靠智慧资本特别是人力资本的贡献。因此，建设一支高素质的员工队伍并为员工创造价值既是蚂蚁集团维持竞争力和确保可持续发展的必然要求，也是蚂蚁集团义不容辞的重要职责。为员工创造价值，不仅契合 ESG 善待员工的理念，而且与联合国可持续发展目标（性别平等、体面工作和经济增长，即 SGD 5 和 SDG 8）相一致。

表 4 列示了蚂蚁集团 2017—2022 年年末的员工总数、薪酬费用和人均薪酬。

表 4　　蚂蚁集团员工及薪酬情况

年份	员工总数（人）	薪酬费用（亿元）*	人均薪酬（万元）
2017	9 273	78.52	84.68
2018	12 717	106.72	83.92
2019	15 614	148.38	95.03
2020	16 660 **	164.56 ***	98.78 ***
2021	24 720	226.95 ****	91.81 ****
2022	25 993	238.64 ****	91.81 ****
合计	—	963.77	—

注：* 薪酬费用包括了股份支付费用，招股说明书显示，2017—2019 年以及 2020 年 1—6 月薪酬费用中包含的股份支付费用分别为 31.82 亿元、39.16 亿元、51.36 亿元和 26.96 亿元。

** 蚂蚁集团未披露 2020 年年末的员工总数，根据招股说明书的披露，2020 年 6 月 30 日蚂蚁集团的员工总数为 16 660 人，本表假定 2020 年下半年未发生员工人数变动，2020 年年末的员工总数仍按 16 660 人测算。

*** 招股说明书显示，2020 年上半年的薪酬费用为 82.28 亿元。蚂蚁集团未披露 2020 年下半年的薪酬费用，本表假定 2020 年下半年发生的薪酬费用与上半年保持一致，据此测算的 2020 年薪酬费用为 164.56 亿元，将其除以员工总数 16 660 人得出的人均薪酬费用为 98.78 万元。

**** 蚂蚁集团未披露 2021 年和 2022 年的薪酬费用，本表按 2017—2020 年的平均人均薪酬 91.81 万元乘以可持续发展报告披露的员工总数，测算出 2021 年和 2022 年的薪酬费用分别为 226.95 亿元和 238.64 亿元。

表 5 对比分析了 2017—2022 年薪酬费用与税后利润，从中可以看出，蚂蚁集团较好地兼顾员工利益与股东利益。如前所述，蚂蚁集团 2017—2022 年的 EVA 占税后利润的平均比例高达 72%，员工在经济价值的创造中贡献远大于股东，蚂蚁集团将来在协调股东与员工之间的利益时，还应更多地向员工倾斜。

表 5　　蚂蚁集团薪酬费用与税后利润比较　　单位：亿元

年份	薪酬费用	税后利润	薪酬占比
2017	78.52	82.05	95.70%
2018	106.72	21.56	494.99%
2019	148.38	180.72	82.10%
2020	164.56	596.76	27.58%
2021	226.95	729.82	31.10%
2022	238.64	311.94	76.50%
合计	963.77	1 922.85	50.12%

贝宝公司未披露员工总数和薪酬情况，但从其财务报告披露的股份支付费用，可以计算出这部分薪酬占税后利润的比例，如表 6 所示。从表 6 中可以看出，2017—2022 年仅股份支付费用占税后利润的平均比例就高达 38.71%，再考虑其他形式的薪

酬费用，贝宝公司的薪酬占税后利润比例应高于蚂蚁集团，说明中美两大移动支付平台在善待员工与创造共享价值方面均表现不俗。

表 6　　**贝宝公司股份支付费用与税后利润比较**　　单位：亿美元

年份	股份支付费用	税后利润	薪酬占比
2017	7.33	17.95	40.84%
2018	8.53	20.57	41.47%
2019	10.21	24.59	41.52%
2020	13.76	42.02	32.75%
2021	13.76	41.69	33.01%
2022	12.61	24.19	52.13%
合计	66.20	171.01	38.71%

（三）依法缴纳税收，为政府创造价值

蚂蚁集团为政府创造的价值主要体现为依法向政府缴纳的各种税收。表 7 列示了 2017—2022 年蚂蚁集团的所得税费用和缴纳的增值税。

表 7　　**蚂蚁集团税收缴纳情况**　　单位：亿元

年份	所得税费用	增值税	合 计
2017	27.73	17.68	45.41
2018	9.58	30.84	40.42
2019	29.80	45.70	75.50
2020	140.98 *	71.02 **	212.00
2021	172.42 *	71.02 ***	243.44
2022	73.69 *	71.02 ***	144.71
合计	454.20	307.28	761.48

注：* 蚂蚁集团未披露 2020—2022 年的所得税费用，本表按照其招股说明书披露的 2017—2019 年所得税费用和利润总额测算这三年的平均所得税率（19.11%），并按此税率测算 2020—2022 年的所得税费用。

** 蚂蚁集团未披露 2020 年缴纳的增值税，但招股说明书披露其 2020 年上半年缴纳了 35.51 亿元增值税，本表假设 2020 年下半年缴纳的增值税与上半年保持一致，测算其 2020 年度缴纳的增值税为 71.02 亿元。

*** 蚂蚁集团未披露 2021—2022 年缴纳的增值税，基于稳健考虑，本表假设 2021—2022 年缴纳的增值税与 2020 年持平，但实际缴纳的增值税可能更高。

财务报告显示，2017—2022 年贝宝公司累计确认的所得税费用为 30.03 亿美元，占该期间 201.04 亿美元利润总额的 14.94%，可见过去六年贝宝公司的实际税负低于蚂蚁集团，向政府缴纳的税收也远低于蚂蚁集团，说明其为政府创造的价值逊色于蚂蚁集团。

（四）秉持商业向善，为公益事业创造价值

卡罗尔的金字塔理论认为，企业的社会责任包括赚取利润的经济责任、守法经营的法律责任、合乎道德的伦理责任、参与公益的慈善责任（Carroll，1991）。蚂蚁集团为公益事业创造价值的表现不俗，2021年和2022年的公益、慈善捐赠支出分别为11亿元和7.9亿元。其他的社会公益活动包括：（1）通过数字化平台与技术，助力百县百品公益项目，累计帮助全国18个省118个脱贫县的特色农产品实现品牌升级，助力乡村振兴和脱贫攻坚；（2）通过“数字木兰”项目，从基础保障、创业支持、多元发展等方面助力女性发展，累计为女性提供了375份保险保障，为1万名女性提供了就业培训及新型数字岗位，为超过100万名女性创业者提供贷款免息支持，资助79支乡村校园女足球队；（3）开展“蓝马甲”助老公益行动，通过志愿者服务（蚂蚁集团的员工自发成立28个公益社团，2022年贡献公益时长9.3万小时）在全国25个省份100多个城市累计帮助40万人次掌握智能设备使用，普及防骗反诈知识、提供暖心社区便民服务；（4）与中国残疾人福利基金会联合发起“追梦行动”，聚焦残障群体康复、教育、就业等重点方向开展系列助残公益项目，为帮助解决残障群体使用互联网等技术时遇到的困难，支付宝开发无障碍功能，服务了191万视障用户；（5）借助“天枢-枢醒”系统精准预警设诈资金，通过支付宝“防骗码”预警劝阻112.5万次，智能唤醒被骗用户7.2万人，保护资金5亿元。

从以上分析可以看出，蚂蚁集团为社会创造的价值（特别是为客户、员工和政府创造的价值）与为股东创造的价值不相上下，较好地兼顾了经济效益与社会效益，充分彰显了其创造共享价值的理念。在公益事业方面，蚂蚁集团致力于乡村振兴、扶贫济困、帮助女性和弱势群体，以爱心和行动呵护公平正义，通过企业文明带动社会文明进步的做法值得肯定。

四、蚂蚁集团的环境价值创造分析

在蚂蚁集团共享价值创造中，其环境价值创造颇具特色，既身体力行节能减排、修复生态系统和保护生物多样性，又通过“蚂蚁森林”和“神奇海洋”等数字化平台倡导绿色消费、提升社会公众的环保意识和生物多样性保护意识，努力践行联合国可持续发展目标（经济适用的清洁能源、可持续城市和社区、气候行动、水下生物和陆地生物，即SDG 7、SDG 11、SDG 13、SDG 14和SDG 15）。与贝宝公司相比，蚂蚁集

团创造环境价值的超前理念和创新实践独树一帜，颇具借鉴价值和推广意义。

（一）科学制定减排目标，实现自身绿色运营

贯彻新发展理念，实现“双碳”目标，要求企业制定温室气体减排的路线图和时间表，并脚踏实地付诸实施。2021 年 3 月，蚂蚁集团发布了碳中和目标，成为国内率先提出碳中和目标的互联网公司，当年 4 月发布了《碳中和路线图》并制定了分阶段的碳中和目标：从 2021 年起实现自身运营碳中和，实现范围 1 和范围 2 净零排放；2030 年实现范围 1、范围 2 和范围 3 净零排放。为此，蚂蚁集团制定了相应的碳中和行动计划。在自身运营的碳减排方面，主要行动方案包括：（1）推进绿色办公园区建设，降低建筑、运输等的碳排放，从 2021 年起不断推动自身减排行动和使用可再生能源，至 2025 年实现范围 1 和范围 2 的绝对温室气体排放量比基年（2020 年）下降 30%；（2）提升员工碳中和意识，建立激励机制鼓励员工绿色出行，参与节能减排。在供应链的减排方面，主要行动方案包括：（1）持续推动上游数据中心节能降耗，至 2025 年供应链数据中心整体的可再生能源电力占比到达 30%；（2）建立绿色采购机制，2021 年起将碳减排管理目标纳入供应商管理准则，推动供应商制定碳中和目标并实施，2025 年前实现供应链碳排放全面盘查；(3）推进绿色投资，共建碳中和技术创新基金，引导资本向低碳领域流动。

与 2021 年相比，蚂蚁集团 2022 年取得的一项重大进展是首次按照气候相关财务披露工作组（TCFD）的框架，通过情景分析的方法识别和评估其面临的气候相关风险和机遇，并将评估结果纳入其经营战略、业务规划和预算流程（见表 8）。

表 8　　蚂蚁集团对气候相关风险和机遇的评估

物理风险	类别	对商业战略和财务计划影响（只列出潜在的主要影响，未考虑缓解措施）	风险等级		
			基线	2030	2050
极端高温	急性	• 高温使资产的制冷需求增加，导致营运支出增加，同时或增加户外工作人员的中暑风险 • 低端高温或触发大范围限电或停电，或影响数据中心运作，导致收入下降	低	中	高
极端低温	急性	• 低温使资产的制暖需要增加，导致运营支出增加，同时或增加户外工作人员的健康风险 • 暴风雪和冰冻天气可能影响大范围的供电系统，或持续影响数据中心工作，导致收入减少	低	低	有限

续表

物理风险	类别	对商业战略和财务计划影响 （只列出潜在的主要影响，未考虑缓解措施）	风险等级		
			基线	2030	2050
洪涝–包括河流和沿岸洪涝和极端降水	急性	• 洪水或损坏数据中心设施导致数据损失，并对员工带来潜在安全风险 • 洪水可能或影响设施连续运营和营业收入	中	中	高
热带气旋		• 热带气旋引起的强风和强降水导致数据损失，并对员工带来潜在安全风险 • 热带气旋或对设施造成破坏，影响设施连续运营和营业收入	中	高	高
降水引起的山体滑坡		• 降水引起的山体滑坡或对设施造成破坏，影响设施连续运营和营业收入，并对员工带来潜在安全风险	有限	有限	低
山火		• 山火或对设施造成破坏，影响设施连续运营和营业收入，并对设施所在地和附近人员带来潜在安全风险	中	中	中
水压力及干旱	慢性	• 长期干旱使可用水减少，水价上升，导致运营成本增加 • 严重缺水或影响制冷以及数据中心的运营效率，导致收入下降	中	高	高
转型风险					
不符合未来的能源监管要求	政策与法规	• 为满足趋严的能源效率相关的监管要求，公司或将增加更多的项目投资或运营成本	低	低	中
与气候有关的责任与诉讼风险		• 更加严格的气候相关政策和信息披露要求，将可能给公司带来更高的运营成本；若公司没有做好准备，将会有潜在的诉讼风险	低	低	中
缺少可商业的减碳技术	技术	• 除提升能源效率以及可再生能源的使用外，其他可能的减排技术，例如基于自然的解决方案，并未大规模商用，短期内仍然存在投资成本过高风险	中	中	中
电价波动	市场	• 购买绿电是我们减排的重要举措之一，但短期内绿电市场将存在较大不确定性，绿电价格的波动，可能会带来额外的营运成本	高	有限	有限
达到低碳发展承诺已否带来的声誉影响	声誉	• 为满足未来更严格的气候相关信息披露的监管要求，或将影响企业融资 • 蚂蚁集团提出了较为激进的碳中和目标，或面临相关的减排压力以及信息披露压力	有限	高	高

续表

物理风险	类别	对商业战略和财务计划影响（只列出潜在的主要影响，未考虑缓解措施）	风险等级		
			基线	2030	2050
转型机遇					
利用可再生能源	能源	• 随着全球去碳化进程加快，可再生能源成本或将下降并趋于平稳，从而减少蚂蚁集团的营运支出	有限	低	低
提供能效的技术应用	能源	• 应用“绿色计算”等节能技术，可以大大提升蚂蚁集团能源使用效率；蚂蚁集团的持续研究和优化，可以带来更多降低运营成本的机会	高	中	有限
销售绿色低碳产品	产品与服务	• 蚂蚁集团作为服务平台，为消费者提供更多的绿色产品和服务，以满足市场对绿色产品和服务的需求，将带动市场份额和营收的增加	高	高	高
赋能产业低碳转型	产品与服务	• 利用自身的数字科技技术和平台能力，为产业低碳转型提供技术支持，助力全产业链碳中和	高	高	高

资料来源：蚂蚁集团 2022 年可持续发展报告。

可持续发展报告显示：2022 年度蚂蚁集团全部自有园区均获绿色运营认证；参与用车结伴出行的员工达到 250 752 人次，使用蚂蚁集团提供的新能源大巴接驳城际交通的员工达到 135 654 人次；共购入 26 672. 73 兆瓦绿电，占蚂蚁 A 空间、元空间及 H 空间用电量的 91. 94%；升级绿色计算，有效提升算力，全年减排 62 127. 53 吨温室气体。2021 年和 2022 年蚂蚁集团均按计划如期实现了自身运营碳中和，2022 年范围 1 和范围 2 的温室气体排放为 21 088 吨二氧化碳当量，比 2021 年减少了 2 072 吨，降幅 8. 95%，比基年（2020 年）减少 5 394 吨，降幅 20. 37%（蚂蚁集团，2023）。

但与贝宝公司相比，蚂蚁集团可再生能源的使用情况略为逊色。2022 年度贝宝公司的可再生能源占全部能源消耗的 90%、占数据中心能源消费的 100%，其范围 1 和范围 2 排放也低于蚂蚁集团，范围 1 和范围 2 的排放量为 10 600 吨二氧化碳当量，比 2021 年减少 3 800 吨，降幅 25. 87%。此外，贝宝公司还披露了范围 3 排放，其 2022 年度范围排放为 507 000 吨二氧化碳当量，比 2021 年减少 15 000 吨，降幅 2. 87%（PayPal，2023）。蚂蚁集团未披露范围 3 排放，但从贝宝公司范围 3 排放占全部排放量高达 83% 的情况看，蚂蚁集团要在 2030 年实现范围 1、范围 2 和范围 3 的净零排放，仍面临不小压力。如何发挥蚂蚁集团在价值链中的影响力督促其供应商节能减排，将是其实现 2030 年净零排放目标的重要着力点。

（二）引导绿色低碳生活，保护修复生态系统

政府间气候变化专门委员会（IPCC）的研究表明，全球温室气体排放中超过 1/3

与民众的衣食住行用有关。因此，倡导绿色低碳的生活方式对于应对气候变化、实现《巴黎协定》控温目标至关重要。作为服务亿万大众的科技平台，蚂蚁集团重视小而美的力量，依托平台能力和科技力量，提升公众在衣食住行用等方面的绿色低碳意识，助力经济社会绿色低碳发展。通过“蚂蚁森林”，引导6.5亿用户参与绿色低碳生活，参与者的低碳行为可转化为“绿色能量”积分，积累到一定程度，参与者可申请蚂蚁集团捐资给其生态合作伙伴在生态脆弱地区种下相应数量的树木，或者在生物多样性亟需保护地区“认领”保护权益。迄今为止，由“蚂蚁森林”用户申请并由蚂蚁集团捐资累计种植了4亿棵树，种植总面积达到450万亩，覆盖11个省份和地区，累计在全国13个省市和地区设立了24个公益保护地，守护面积超过2 700平方公里，守护1 600多种野生动植物。“保护地线上巡护”活动累计吸引超过2.3亿人体验线上巡护，加深对生物多样性保护重要性的认识。2022年度，蚂蚁集团上线“蚂蚁森林｜神奇海洋”，将减少塑料使用的低碳行为绿色能量延伸到海洋生态保护场景，引导公众关注海洋污染物，参与海洋生物多样性保护和海洋生态系统修复。2022年，超过1亿人参与了“蚂蚁森林｜神奇海洋”环保活动，促使公众减少塑料使用。2 730万活跃用户通过“绿色行动”小程序以数字化方式助力“美丽中国行动”。此外，2022年蚂蚁集团在山东威海开展500亩海草床修复，在福建宁德开展1 000亩红树林生态修复。

蚂蚁集团充分发挥移动支付平台链接无所不在的消费场景的比较优势，倡导绿色消费并将积分捐资种树、修复生态环境、保护生物多样的做法功德无量，对于实现人与自然和谐共生意义重大。这种利用数字化技术和平台优势引导公众践行绿色低碳生活方式、共创环境价值的创新实践，映射出蚂蚁集团尊重自然、顺应自然、保护自然的生态中心主义思想，值得其他企业特别是平台企业学习借鉴。

（三）秉承开放合作精神，赋能企业绿色转型

数字技术转型与绿色低碳转型相辅相成，相得益彰。数字技术转型为绿色低碳转型提供技术赋能，绿色低碳转型为数据技术转型提供应用场景。经过多年探索，蚂蚁集团确立了利用数字技术助力产业碳中和、实现绿色低碳发展的整体行动策略。蚂蚁集团尝试通过自主研发，加强数字技术在绿色低碳领域的应用，为企业提供数字化碳管理服务，促进碳数据安全流转和多场景应用。一是开发建设企业数字化碳中和管理平台——“碳矩阵”，基于区块链可信协助的技术特点，为企业建立碳账户，通过提供碳排放管理、碳足迹测算、碳资产开发和链接绿色金融服务，赋能企业绿色转型升级。2022年，蚂蚁集团携手深圳市建材交易集团，借助“碳矩阵”在其建材平台上联合打造“绿色产品专区”，为入住该建材平台的厂商提供一站式的绿色产品管理服务，

撮合和提升绿色建材采购交易，推动供应链向绿色低碳转型。此外，“碳矩阵”还助力“深建材”平台实现了全链条绿色数据管理，为制造业绿色低碳转型提供全方位的数字化服务。二是通过绿色计算助力节能降耗、减少碳排放。2022 年 4 月，蚂蚁集团加入“低碳专利承诺”，将七件绿色计算专利无偿向社会开放，联合绿色计算产业联盟编制并发布《绿色计算产业发展白皮书》，以降低软件研发成本，为国家和社会创造更大的效益。2022 年 9 月，蚂蚁集团联合中国计算机学会发布了国内业界首只“绿色计算”主题科研基金，希望实现算法和算力的技术突破，为实现“双碳”目标提供技术储备。2022 年 12 月，蚂蚁集团联合绿色计算产业联盟举办首届“绿色计算”大赛，探索利用软件技术推动绿色低碳与数字技术双转型。

（四）制定绿色评价标准，推动小微绿色金融

“普惠金融不够绿色，绿色金融不够普惠”是小微绿色金融发展现状的真实写照。中小微企业数量众多（占我国企业总数的 90% 以上）且作为一个整体经济体量庞大（贡献 50% 以上的税收、60% 以上的 GDP、70% 以上的技术创新、80% 以上的就业机会），其温室气体排放占全部企业排放总量一半以上（Meng et al.，2018）。中小微企业能否绿色低碳转型，不仅影响“双碳”目标的顺利实现，而且事关它们能否获取绿色金融支持。蚂蚁集团非常重视应对气候变化进程中的正义转型问题，针对小微金融发展中存在的小微企业资金用途难以追踪、缺乏行业标准、难以获得第三方认证、难以获得绿色信贷等痛点，2022 年蚂蚁集团及网商银行发挥其服务小微企业的平台和技术优势，联合中国人民银行台州中心支行、中国标准化研究院、国际金融公司（IFC）等机构，牵头编制并发布我国首个《小微企业绿色评价规范》团体标准，明确了小微企业绿色评价的对象、原则、指标及程序，助力金融机构评估小微企业的环境贡献，架设了绿色金融和普惠金融之间的桥梁。截至 2022 年年底，小微企业绿色评价体系支持 623 万户小微企业免费获得绿色评价，其中 42 万户小微企业获得了绿色金融支持。

蚂蚁集团助力小微企业绿色转型和小微金融发展的实践，赋予其使命新的绿色内涵，假以时日，“让天下没有难做的生意”这一使命有望进一步延伸到“让天下没有难编的 ESG 报告”领域，为破解中小微企业编制 ESG 报告的全球性难题提供了新视角、新技术和新方法。

五、蚂蚁集团案例的启示意义

从以上的分析可以看出，蚂蚁集团在努力为股东创造经济价值的同时，助力小微

企业和弱势群体发展，促进绿色低碳转型，共同分享创新和发展成果，较好地兼顾经济效益、社会效益和环境效益，在践行共享价值创造中探索前行，摸索出一条契合其业务特点和比较优势的“普惠、绿色、包容、开放”的可持续发展新路，体现了“共创、共享、共生”的价值创造新思维。蚂蚁集团充分关注经济底线、社会底线和环境底线，信守“敬天爱人、从善向善”的ESG理念，为企业创造共享价值，编好可持续发展报告提供了有益的启示。

（一）共享价值创造是可持续发展报告的主题主线

编制和披露可持续发展报告，目的是便于利益相关者了解和评估企业对经济、社会和环境可持续发展的影响。利益相关者理论告诉我们，如果企业只关心关注为股东创造经济价值而忽视为客户、员工、政府、供应商和其他利益相关者创造社会价值和环境价值，企业是难以可持续发展的。企业的经营活动如果存在巨大的社会和环境负外部性，其经济效益再好也必将遭到消费者和社会公众的唾弃和抵制，最终也难以为股东持续创造价值。蚂蚁集团案例表明，只有统筹兼顾为股东创造经济价值和为其他利益相关者创造社会价值和环境价值，企业才能基业长青、永续发展，才能实现从经济动物向企业公民的进化。因此，可持续发展报告理应以共享价值创造为主题主线，充分披露企业的经济影响、社会影响和环境影响，便于利益相关者了解企业对经济、社会和环境的可持续发展作出的贡献和存在的不足，督促企业不断降低经营活动的负外部性，全力提升经营活动的正外部性。

（二）ESG行为是编好可持续发展报告的基本前提

蚂蚁集团的可持续发展报告之所以令人印象深刻，是因为蚂蚁集团生动活泼的ESG实践为其可持续发展报告的编制提供了丰富的素材。笔者认为，ESG行为先于ESG报告、ESG实践重于ESG报告。如果企业的董事会和管理层平时对ESG行为漠不关心，到了年底为了公关宣传才花钱聘请中介机构代编ESG报告或可持续发展报告，严格地说这种行为本质上也可视为“漂绿”。遗憾的是，当下这种现象为数不少。通过蚂蚁集团的调研以及与其管理人员的接触，笔者深切感受到蚂蚁集团的董事会、管理层和员工不是把ESG实践和编报可持续发展报告当作一种合规性活动，而是当作确保蚂蚁集团可持续发展重要战略的组成部分。蚂蚁集团目前还不是上市公司，但其董事会、管理层和业务部门将大量时间精力用于环境议题和社会议题的管理，说明关注ESG、确保可持续发展已然成为蚂蚁集团的行动自觉。依靠董事会和管理的境界自觉自愿编制和披露ESG报告或可持续发展报告，其生命力一定超过行政力量的推动。ESG理念是企业文明的进阶之道，只有持之以恒地践行ESG理念，可持续发展报告才能成为有水之源、有本之木。

（三）治理机制是编好可持续发展报告的组织保障

国际财务报告可持续披露准则（ISSB 准则）和欧洲可持续发展报告准则（ESRS）均将治理作为准则的四大核心内容之一，充分彰显了治理机制在可持续发展报告中的组织保障作用。蚂蚁集团之所以能够较好地践行共享价值创造理念、编制出高质量的可持续发展报告，与其重视治理机制的建设密不可分。2022 年 6 月，蚂蚁集团董事会设立 ESG 可持续发展委员会，负责指导 ESG 战略的制定，监督和评估 ESG 工作的进展和绩效。首届 ESG 可持续发展委员会由董事长兼首席执行官（CEO）井贤栋[①]和独立董事史美伦组成。2023 年 2 月，董事会 ESG 可持续发展委员会审议 2022 年 ESG 工作进展，审阅了 2023 年 ESG 工作计划。更重要的是，蚂蚁集团 2022 年还成立了 ESG 可持续发展领导小组和 ESG 可持续发展办公室。ESG 可持续发展领导小组由 CEO 任组长，首席可持续发展官（CSO）任执行组长，各业务部门负责人任小组成员，领导小组负责制定 ESG 可持续发展战略规划，设定整体目标和行动路径，审阅 ESG 可持续发展工作进展。2022 年，领导小组制定了 19 个议题的运营目标和规则，推进 ESG 可持续发展战略在各业务条线逐步落实。ESG 可持续发展办公室为常设机构，负责 ESG 可持续发展事务总体协调、专业能力支持及培训、对外披露及沟通、ESG 可持续发展信息系统搭建。此外，2022 年 12 月，蚂蚁集团还成立了 ESG 可持续发展顾问委员会并召开首次会议，马骏、王坚、史晋川、张承慧[②]四位顾问就 ESG 事项向蚂蚁集团提供专业、独立的外部战略支持。笔者认为，蚂蚁集团在 ESG 和可持续发展方面建立的治理机制，切合我国企业普遍存在的“弱董事会强管理层”的实际情况，值得借鉴。面对董事会在人员和时间上普遍薄弱的缺陷，只有强化管理层在 ESG 和可持续发展方面的职责，才能有效推动 ESG 实践，促使 ESG 报告或可持续发展报告落地、落实。

（四）平台型企业有责任倡导绿色低碳的生活方式

进入数字经济时代，平台型企业在价值链中扮演着承上启下的角色，在价值链的上游发挥着链接供应商，在下游连接着用户和客户的重要作用，创造的应用场景往往涉及社会公众的衣食住行用。平台型企业如果能够像蚂蚁集团一样借助数字化技术，充分发挥其影响力，倡导和引导社会公众参与绿色低碳的生活方式，其创造的环境价

---

① CEO 井贤栋先生于 2022 年 4 月 22 日世界地球日应邀当选世界自然保护联盟（International Union for Conservation of Nature）的会员。此外，CSO 彭翼捷女士 2022 年也担任世界经济论坛“自然领军者”（Champions of Nature）社区成员。毫无疑问。蚂蚁集团的 ESG 行为和可持续发展一定程度上得益于 CEO 和 CSO 的视野和境界。

② 马骏现任 G20 可持续金融工作组共同主席、北京绿色金融与可持续发展研究院院长；王坚是中国工程院院士，阿里云创始人；史晋川现任浙江大学文科资深教授、金融研究院院长；张承慧是国务院发展研究中心金融所原所长、三亚经济研究院院长。

值丝毫不亚于其自身的节能减排。可以发现，越来越多的平台为用户提供了形式繁多的消费积分，但消费积分大多用于兑换商品，用于植树造林和保护野生动物的并不多见，“蚂蚁森林”的做法值得借鉴推广。随着环保意识和生物多样性意识的不断提高，相信会有相当一部分的平台用户乐于将消费积分用于生态环境修复和生物多样保护而不是兑换商品，平台型企业有责任为其用户提供兑换商品之外的更有意义的选择权，引导更多用户绿色消费、低碳生活。

（五）影响重要性不应成为可持续发展报告的缺失

蚂蚁集团的可持续发展报告之所以精彩和富含信息量，在于其基于全球报告倡议组织（GRI）的准则，从影响重要性角度系统分析其经营活动（包括价值链的活动）的经济影响、社会影响和环境影响，为利益相关者评估蚂蚁集团的外部性提供了大量的有用信息。笔者认为，如果蚂蚁集团今后转而采用基于财务重要性的 ISSB 准则，其可持续发展报告的价值将大打折扣，阅读起来将索然无味。在 ISSB 准则和 ESRS 发布前，国内外很多企业已按照 GRI 准则编制和披露可持续发展报告，ISSB 准则发布后，切不可为了遵循 ISSB 准则的财务重要性要求而全然放弃影响重要性。比较可取的做法是选择 ESRS 的双重重要性，同时披露具有影响重要性和财务重要性的 ESG 信息。必须认识到，ISSB 准则仅仅是全球基线（Global Baseline），企业完全有正当的理由在 ISSB 准则要求披露具有财务重要性的 ESG 信息的基础上披露具有影响重要性的 ESG 信息，只有同时兼顾影响重要性和财务重要性的 ESG 信息，才能真正促进经济、社会和环境的可持续发展。

（六）数字化转型是确保绿色低碳转型的技术基础

蚂蚁集团案例的另一个重要启示是数字化转型与绿色低碳转型并行不悖，数字化技术理应与绿色低碳转型相互融合，为绿色低碳转型进行技术赋能，使可持续发展报告的编制和披露成本更低、效率更高。对于企业和金融机构而言，环境问题特别是碳排放问题是 ESG 议题中最为迫切却最具挑战的议题，主要是因为碳排放的数据难以获取、质量难以验证。有远见卓识的数字技术企业可借鉴蚂蚁集团的做法，利用数字化技术搭建环境信息平台，建立碳账户、管理碳足迹、提供碳信息，为中小微企业、供应链企业和金融机构破解温室气体披露难题奠定技术基础，为应对气候变化贡献技术力量。

（七）绿色采购是促进价值链共创环境价值的关键

实现碳达峰、碳中和是一场广泛而深刻的经济社会系统变革，要求重构绿色可持续的价值链。社会担当型、环保友好型的企业，不仅自身要在节能减排、低碳生产方面发挥示范引领作用，而且要发挥其在价值链中的影响力，联合其上下游企业建立绿色低碳的价值链，利用市场力量推动整个价值链降低温室气体排放，为缓解气候变化

作贡献。蚂蚁集团建立了绿色供应链管理系统，引导供应商践行绿色低碳行为。通过与供应商签订绿色倡议书、发布绿色月报、共创绿色项目、推介绿色资源等方式，蚂蚁集团向其供应商发出绿色低碳转型的强烈信号，推动供应商绿色生产、绿色交付。此外，蚂蚁集团还针对供应商的电子报价、电子签约、绿色项目等绿色低碳行为赋予绿色积分，鼓励供应商共创环境价值。截至2022年年末，共有668家供应商获得了绿色积分，占蚂蚁集团库内活跃供应商的88.24%。与此相类似，针对供应商活动的碳排放占其范围3排放95%的情况，贝宝公司不仅实施了绿色采购政策，而且与CDP全球环境信息研究中心合作，希望到2025年其75%以上的供应商能够按照科学碳目标倡议（SBTi）的标准科学制定温室气体减排目标。蚂蚁集团与贝宝公司携手供应商减少碳足迹、共创环境价值的做法值得其他企业学习借鉴。

（八）高质量的环境信息披露呼唤独立的鉴证信息

在ESG议题中，环境议题特别是温室气体排放无疑是最为重要和迫切的议题，环境信息披露也因此备受瞩目。随着利益相关者对环境信息披露的日益重视，“漂绿”现象也应运而生。实现高质量的环境信息披露，离不开独立的第三方提供高质量的鉴证服务。2022年，蚂蚁集团首次聘请TüV莱茵技术监督服务（广东）公司对其可持续发展报告进行外部审验，并发表有限保证的审验意见，提高了其可持续发展报告特别是环境信息的公信力和可信度。蚂蚁集团自愿接受独立鉴证的做法与欧盟发布的ESRS和美国证监会（SEC）在2023年9月颁布的气候披露新规相一致，值得推广。对包括环境信息在内的可持续发展报告进行独立鉴证乃大势所趋，是抑制“漂绿”现象、确保信息质量的制度保障。国际审计与鉴证准则理事会和中国注册会计师协会等国内外相关专业团体正在加快制定温室气体和其他可持续发展信息的鉴证准则，这些鉴证准则付诸实施后，环境信息披露的质量将大为改观。

蚂蚁集团的共享价值创造和可持续发展报告可圈可点，但并非没有继续改进的空间，主要表现在七个方面：（1）蚂蚁集团因业务整顿的敏感性只披露可持续发展报告而未披露财务报告，未能在两个报告之间建立关联性。若暂时不便公布财务报告，可在可持续发展报告中先披露营业收入、税后利润、员工薪酬、纳税情况等财务信息，便于利益相关者了解和评估其创造共享价值的全貌；（2）蚂蚁集团的可持续发展报告尚未尝试以系统性和货币化的方式反映其社会价值和环境价值，哈佛的IWA（影响加权账户）和台积电货币化社会价值和环境价值的做法值得借鉴；（3）蚂蚁集团制定的碳减排目标与科学减碳目标倡议组织倡导的碳减排目标制定方法还有一定差距；（4）蚂蚁集团的范围3排放尚未考虑融资排放（Financed Emission），蚂蚁集团既是金融科技，也是科技金融，融资排放不可回避；（5）蚂蚁集团的数据安全、隐私保护、公平竞争、合规经营与日趋严格的监管要求和越来越高的公众期望仍有差距，可持续发展报告需要对这些领域进行更充分的披露；（6）蚂蚁集团的可持续发展报告需要从影响重要性过渡到双重重要性，尽管 2022 年度已经按照 TCFD 框架开展了情景分析，识别了气候变化相关的风险和机遇，但对气候变化的短期、中期和长期潜在财务影响的评估还有待细化和量化；（7）蚂蚁集团的可持续发展报告未详细披露 ESG 绩效与董事高管薪酬相挂钩的信息。尽管存在这些不足，但瑕不掩瑜，笔者相信，补足这些短板后，蚂蚁集团的可持续发展报告可望成为揭示共享价值创造的标杆。

（原载于《财会月刊》2023 年第 13 期，略有修改，原标题为：共享价值创造的实践论——基于蚂蚁集团的案例分析）

主要参考文献：

1. 黄世忠 . ESG 视角下价值创造的三大变革［J］. 财务研究，2021（6）：3 - 14.

2. 蚂蚁集团 . 2022 年可持续发展报告［EB/OL］. www. antgroup. com，2023.

3. Carroll，A. B. The Pyramid of Corporate Social Responsibility：Toward the Moral Management of Organizational Stakeholders［J］. Business Horizon，1991（4）：39 - 48.

4. Elkington，J. Cannibals with Forks—The Triple Bottom Line of 21st Century Business［M］. Capstone Publishing Limited，1997：69 - 96.

5. McGahan，A. M. Where Does An Organization's Responsibility End? Identifying The Boundaries on Stakeholder Claims［J］. Academy of Management Discoveries，2020（6）：8 - 11.

6. Meng，B.，Liu，Y.，Andrew，R.，Zhou，M.，Hubacek，K.，Xue，J.，Peters，G.，Gao，Y. More Than Half of China's CO_2 Emissions Are From Micro，Small and Medium Sized Enterprises［J］. Applied Energy，2018，Vol. 230：712 - 725.

7. Menghwa，P. S. and Daood，A. Creating Shared Value：A Systematic Review，Synthesis and Integrated Perspective［J］. International Journal of Management Reviews，2021，Vol. 23，Issue 4：466 - 485.

8. PayPal. 2022 Global Impact Report［EB/OL］. www. paypal. com，April 2023.

9. Porter，M. E. and Kramer，M. R. Creating Shared Value：How to Reinvent Capitalism and Unleash a Wave of Innovation and Growth［J］. Harvard Business Review，2011，January - February：62 - 77.

第五篇

中国准则制定战略与挑战

2020 年 9 月 22 日，国家主席习近平在第 75 届联合国大会一般性辩论上提出："应对气候变化《巴黎协定》代表了全球绿色低碳转型的大方向，是保护地球家园需要采取的最低限度行动，各国必须迈出决定性步伐。中国将提高国家自主贡献力度，采取更加有力的政策和措施，二氧化碳排放力争于 2030 年前达到峰值，努力争取 2060 年前实现碳中和。"

为了实现"双碳"目标，我国构建并实施了"1 + N"政策体系。"1"是中共中央、国务院印发的《关于完整准确全面贯彻新发展理念做好碳达峰碳中和工作的意见》和国务院出台的《2030 年前碳达峰行动方案》，在"1 + N"政策体系中发挥统领作用。"N"则包括能源、工业、交通运输等分领域分行业碳达峰实施方案，以及科技支撑、能源保障、碳汇能力等保障方案。与此同时，各省（区、市）基于资源环境禀赋、产业布局、发展阶段等实际，制定了本地区碳达峰行动方案，提出了符合实际、切实可行的任务目标。

2024 年 1 月 31 日在中共中央政治局就扎实推进高质量发展进行第十一次集体学习时，习近平总书记指出："绿色发展是高质量发展的底色，新质生产力本身就是绿色生产力。必须加快发展方式绿色转型，助力碳达峰碳中和。牢固树立和践行绿水青山就是金山银山的理念，坚定不移走生态优先、绿色发展之路。"在习近平生态文明思想的指引下，我国自"双碳"目标提出以来，特别是"1 + N"政策体系落地实施后，加快发展方式绿色转型，成效显著，在发展新能源方面弯道超车，引领全球。2024 年《政府工作报告》一系列翔实数据展示了我国 2023 年绿色经济发展取得举世瞩目的成就：新能源汽车产销量占全球比重超过 60%；可再生能源发电装机规模历史性超过火电，全年新增装机超过全球一半。

经过几年的发展，新能源汽车、动力电池、光伏产品已然成为我国外贸出口的

"新三样"，2023年"新三样"产品出口首次突破万亿元大关，为全球应对气候变化提供了中国方案，贡献了中国智慧。但也应看到，面对我国绿色经济的迅速崛起，诸如碳边境调节机制（CBAM）和新电池法规等绿色贸易壁垒也随之产生。以新电池法规为例，该法规要求在欧盟生产和销售的所有电池（包括便携式电池，电动汽车电池，工业电池，以及启动、照明和点火电池）均必须建立"电池护照"（Battery Passport），从全生命周期的角度记录材料采购、有害物质、碳足迹、回收处置、循环利用等信息。我国的电池产能占全球电池产能的75%以上，动力电池在欧洲的市场份额从2020年的14.9%上升至2023年的34%。如果我国的电池生产企业不能尽快符合欧盟新电池法规的要求，出口将严重受阻。

面对绿色贸易壁垒，我们必须秉持"积极趋同，兼收并蓄，符合国情，彰显特色"的原则，加快制定我国的可持续披露准则。积极趋同是指以ISSB准则为基础制定我国的可持续披露准则，即与ISSB准则的披露要求总体保持一致。兼收并蓄是指秉持博采众长的原则，在准则制定中适当吸收GRI准则和ESRS一些好的做法。符合国情是指可持续披露准则的制定必须契合我国在ESG方面的发展阶段，不得与我国的法律法规和体制机制相违背。彰显特色是指可持续披露准则的制定应体现我国在可持续发展领域里的特色和优势。从微观层面上看，基于这样的原则制定的可持续披露准则，要求企业充分披露ESG/可持续信息，满足利益相关者了解和评估企业经济、社会和环境影响的信息需求，有助于提高我国企业的绿色竞争力，更加有效应对绿色贸易壁垒。

除此之外，按照这样的原则加快制定我国的可持续披露准则，还有诸多益处，包括但不限于：（1）有利于展现中国参与全球经济治理体系改革的开放姿态，抓住参与全球经济治理体系改革的新机遇，扩大中国在国际可持续披露准则制定领域的话语权和影响力，承担更大责任、发挥更大作用，展示中国开放姿态和大国担当；（2）有助于展示绿色转型成果，加快绿色低碳转型和公平正义转型，推动经济高质量发展；（3）有助于树立包容式发展理念，践行DEI（多样性、公正性和包容性）原则，构建和谐相处的公平社会环境；（4）有助于企业和金融机构提升治理水平，促使董事会和管理层将可持续发展相关影响、风险和机遇纳入其治理体系、战略制定、商业模式和风险管理，顺应低碳转型的可持续发展趋势；（5）有助于企业和金融机构树立共享价值创造理念，统筹兼顾经济效益、社会效益和环境效益，促进经济、社会和环境的可持续发展；（6）有助于中小企业符合链主企业的采购要求，避免中小企业的ESG因不符合链主企业的要求而被链主企业从供应商名单中剔除；（7）有助于利益相关者了解企业和金融机构对可持续相关影响、风险和机遇的治理情况，评估其战略和商业模式对气候变化等可持续问题的适应性、预期财务影响等，将财务信息与可持续信息结合

在一起，综合评估企业的可持发展前景。

基于上述考虑，本篇收录了四篇与我国如何制定可持续披露准则相关的论文。第一篇论文分析了我国制定可持续披露准则的策略选择，对采纳、趋同和参照策略的利弊得失进行了深入探讨，提出参照策略是我国制定可持续披露准则比较切实可行的政策选择。参照策略以我为主，既可吸收和借鉴 ISSB 准则、ESRS、GRI 准则等合理的披露要求，又可最大限度地结合我国“双碳”目标和企业实际，提高我国可持续披露准则的针对性和可操作性。第二篇论文从多个角度分析了制定我国可持续披露准则的必要性和紧迫性，阐述了我国可持续披露准则制定的策略和需要遵循的具体原则，提出了我国可持续披露准则的具体构成和主要内容，描绘了我国制定可持续披露准则的路线图，以期为相关部门提供决策参考。第三篇论文基于 ISSB 发布的《气候相关披露》、欧盟发布的《气候变化》和美国 SEC 发布的气候披露新规征求意见稿，结合我国实际，提出了我国制定气候披露准则在温室气体减排目标制定、温室气体排放数据收集、温室气体排放核算方法、金融机构融资排放核算、气候适应性分析与评估、气候变化财务影响评估、治理机构专业胜任能力、中小企业气候信息披露、气候信息披露独立鉴证、气候信息披露投资决策十个方面可能面临的挑战，并提出应对建议。第四篇论文对我国刚发布的《企业可持续披露准则——基本准则（征求意见稿）》进行评述，在介绍基本准则征求意见稿出台的国内外背景的基础上，讨论国家统一的可持续披露准则的体系框架和制定思路，分析基本准则征求意见稿的主要内容和鲜明特色，并就完善可持续披露准则体系提出三点相关建议。

中国可持续披露准则制定的策略选择

黄世忠 叶丰滢 王鹏程 孙 玫

【摘要】 国际可持续准则理事会将于2023年6月底前正式发布《可持续相关财务信息披露一般要求》和《气候相关披露》两份国际财务报告可持续披露准则（ISSB准则），欧盟委员会也将在2023年7月底前正式发布12份欧洲可持续发展报告准则（ESRS），美国证监会气候披露新规也有望在2023年下半年发布。三大标准密集出台，昭示着可持续信息披露进入新纪元。面对三足鼎立的格局，作为世界第二大经济体的我国应当如何应对？是采纳ISSB准则还是与ISSB准则趋同，或是参照ISSB准则、ESRS和SEC气候披露新规制定适合我国实际的可持续披露准则？本文分析了我国制定可持续披露准则的策略选择，对采纳策略、趋同策略和参照策略的利弊进行深入探讨，提出参照策略或许是当下比较切实可行的选择。在此基础上，本文总结了如选择参照策略制定我国可持续披露准则应当尽快明确的16个顶层设计问题。

【关键词】 可持续披露准则；采纳策略；趋同策略；参照策略

一、引言

自2015年12月第21届联合国气候大会通过《巴黎协定》以来，世界各国对包括气候变化在内的可持续发展议题日益重视，可持续披露准则的制定进入提速期。在20国集团（G20）、国际证监会组织（IOSCO）、国际会计师联合会（IFAC）等国际组织的推动下，国际财务报告准则基金会（IFRS基金会）在2021年11月3日宣布成立国际可持续准则理事会（ISSB），负责制定国际财务报告可持续披露准则（IFRS Sustainability Disclosure Standards，以下简称“ISSB准则”）。2022年3月31日，ISSB发布了

《可持续相关财务信息披露一般要求》（IFRS S1）和《气候相关披露》（IFRS S2）两份准则征求意见稿（ISSB，2022）。2022 年 1 月至 4 月，欧洲财务报告咨询组[①]（EFRAG）陆续发布了 12 份欧洲可持续发展报告准则（European Sustainability Reporting Standards，ESRS）工作稿和征求意见稿（EFRAG，2022）。2022 年 3 月 31 日，美国证监会（SEC）也发布了《面向投资者的气候相关信息披露的提升和标准化》提案（以下简称“SEC 气候披露新规”）征求意见稿（SEC，2022），要求注册人披露气候相关信息。至此，可持续披露准则的制定形成了国际、欧盟和美国三足鼎立的格局。在广泛征求意见的基础上，ISSB 宣布将在 2023 年 6 月之前正式发布 IFRS S1 和 IFRS S2。欧盟委员会（EC）也将在 2023 年 7 月之前正式发布 12 份 ESRS。SEC 气候披露新规原定在 2023 年 4 月发布，后因共和党和民主党之间的争论和企业界的不同意见[②]暂时搁浅，但有望在 2023 年下半年正式发布。届时 ISSB 发布的 ISSB 准则、EC 发布的 ESRS 和 SEC 发布的气候披露新规，将构成可持续披露准则的三大标准体系，昭示着可持续信息披露进入新纪元。

我国作为《巴黎协定》的签署国，十分注重履行与该协定相关的国际义务。2020 年 9 月，习近平总书记在第 75 届联合国大会一般性辩论上向全世界宣布，我国二氧化

① 2021 年 4 月，欧盟委员会（EC）发布了《公司可持续发展报告指令》（CSRD），授权 EFRAG 起草和制定 ESRS，再由 EFRAG 向利益相关者征求意见后提交 EC 审查发布。EFRAG 已经制定了 ESRS 的路线图和时间表，将在 2024 年年底前完成近 30 个 ESRS 的制定工作。2022 年 11 月 22 日，EFRAG 发布的第一批 12 个 ESRS（包括《一般准则》和《一般披露》等 2 个通用准则，《气候变化》《污染》《水和海洋资源》《生物多样性和生态系统》和《资源利用和循环经济》5 个环境议题准则，《自己的劳动力》《价值链中的工人》《受影响的社区》和《消费者与终端用户》4 个社会议题准则以及《商业操守》1 个治理议题准则）征求意见稿已获得 EC 的批准，将在 2023 年 6 月底前正式发布。

② 由近 190 家美国大型企业和金融机构组成、股票市值（20 万亿美元）占美国股市一半、雇佣了 2 000 万员工、年投资和消费 7 万亿美元的企业圆桌会议（Business Roundtable）针对 SEC 气候披露新规征求意见稿从七个方面提出了反馈意见：（1）SEC 气候披露新规未能充分认识和有效解决气候披露新规带来的责任风险；（2）SEC 气候披露新规对气候相关风险的财务影响提出的披露要求不切实际，特别是“严重天气事件”缺乏权威和统一的定义、1% 的门槛（对报表行项目的影响超过 1%）标准不符合包括重要性在内的相关财务报告概念、将气候相关风险的财务影响量化到报表行项目既不可行也不是投资者需要的；（3）SEC 气候披露新规关于范围 3 排放的信息披露要求将给注册人造成过大负担且不可能带来可比和对投资者有用的信息，特别是数据可获性和可靠性低下、报告时间不切实际、范围 3 排放的披露未获安全港规则的足够保护；（4）SEC 气候披露新规要求披露的信息太多太细（如遭受气候风险的资产所处位置及其邮政编码、负责处理气候问题的个人及其岗位职责等），既不符合重要性原则，也造成信息超载，不能为投资者提供有用的信息，且可能导致敏感信息（如情景分析涉及的专有信息、经营计划和风险特征等）泄露，有损注册人的竞争地位，导致注册人不愿意利用内部专有模型和专有数据进行情景分析。此外，要求披露气候相关目标和指标及其进展情况，可能导致注册人不愿意制定节能减排目标，或者制定的目标过于保守；（5）SEC 气候披露新规将给注册人带来严峻挑战，气候相关信息不应与 10 - K 报告中的其他信息同时申报，而应按不同时间表在单独的报告中提供，以免喧宾夺主，在单独报告中提供气候相关信息有助于降低注册人的责任风险。此外，拟议中的鉴证要求成本高昂且不可能在规定的时间内完成；（6）SEC 气候披露新规提出的过渡期太短，注册人获取和编制气候新规信息披露至少需要 2 年的过渡期；（7）SEC 气候披露新规所做的成本效益分析存在重大瑕疵，严重低估了气候披露新规的遵循成本（SEC 预计第一年 64 万美元左右，以后每年 53 万美元左右），以及其他直接和间接经济成本（Business Roundtable，2022）。

碳排放力争于2030年前达到峰值，努力争取2060年前实现碳中和。“双碳”目标的提出，为我国低碳转型和绿色发展擘画了路线图和时间表。实现“双碳”目标，离不开制度安排。企业的经营活动是温室气体排放的主要来源之一，制定用于规范企业ESG（环境、社会和治理）议题的可持续披露准则，是实现“双碳”目标的重要制度建设，必须提上议事日程。面对目前国际上这种三足鼎立的格局，我国该如何应对？是直接采纳ISSB准则，还是与ISSB准则保持趋同，或是参照ISSB准则、ESRS和SEC气候信息披露新规制定适合我国实际的可持续披露准则？这些重大的策略问题需要尽快明确。为此，本文基于ISSB准则、ESRS和SEC气候披露新规探讨我国制定可持续披露准则的策略选择，以期对我国可持续披露准则制定机构有所参考。

二、采纳、趋同和参照策略的利弊分析

我国的企业会计准则已经实现了与国际财务报告准则（IFRS）的实质性趋同，并与欧盟和香港的会计准则等效。从理论上说，我国在应对ISSB准则方面存在三种可供选择的策略：采纳、趋同和参照。这三种策略各有利弊，值得认真权衡。

（一）采纳策略的利弊分析

采纳战略是指完全采用ISSB准则，将其翻译成中文，并通过部门规章的形式发布，直接将其应用于规范我国企业的可持续发展相关信息披露。采纳策略的好处主要包括：（1）省时省事，且与ISSB准则完全保持一致，也与ESRS和SEC气候披露新规总体上保持趋同，既可提高我国企业披露的可持续发展相关信息在国际上的可比性，也可降低跨境上市企业的编报成本和使用者的分析成本。（2）在应对欧盟和其他国家即将开征的碳关税时使我国出口企业处于比较有利的地位。（3）完全采纳ISSB准则还可在对外宣传上加分，塑造国家开放的形象。

采纳策略被广泛用于IFRS，截至2022年4月，已经有144个国家和地区宣布采纳IFRS。采纳策略要求企业提供的信息不得少于IFRS的规定，即便属地法律法规允许企业不提供。但IFRS并不禁止企业披露属地法律法规要求的额外信息，即便IFRS认为这些信息不重要（IFRS，2017）。由此可见，国际会计准则理事会（IASB）希望IFRS能够作为各国各地区的“最低要求”（Minimum Requirements），继而叠加属地的法律法规应用。ISSB采用了类似的思路，赋予ISSB准则全球基准（Global Baseline）的性质，各国各地区可以根据监管需要和利益相关者的信息需求，以这些基准要求为基础，增加适合本国特色的披露要求。2022年4月29日，ISSB就已经发布的两份征

求意见稿举行网络研讨会，ISSB 副主席 Sue Lloyed 女士再次重申 ISSB 准则具有基准的性质，主要面向投资者，不一定符合监管部门和其他利益相关者的需求，并且在问答环节明确说明 ISSB 目前尚未考虑 ISSB 准则的采纳问题。尽管 IFRS 基金会是否会像推动 IFRS 那样推动 ISSB 准则在不同国家和地区的采纳目前还不得而知，但从欧盟独立制定自己的 ESRS 和 SEC 提出气候信息披露新规的角度看，ISSB 准则不可能像 IFRS 那样被世界各国各地区广泛采纳。如果欧美不采纳 ISSB 准则，ISSB 准则就难以成为名副其实的国际可持续披露准则。在这种情况下，我国作为世界第二大经济体在是否采纳 ISSB 准则的问题上就应该更加审慎。

更重要的是，对我国而言完全采纳 ISSB 准则不切实际。主要原因包括：（1）ISSB 准则以投资者为导向，以单一重要性为基础，以披露可持续发展相关风险和机遇对企业战略、商业模式以及财务状况、经营业绩和现金流量的影响为重心，不完全符合我国的监管需要和利益相关方的信息需求。从监管实践上看，国家发展改革委、财政部、生态环境部、工业及信息化部、人民银行等主管部门和监管部门，更加关注的是企业及其价值链活动对环境和社会造成的影响，而不一定是环境和社会对企业经营战略、商业模式以及财务状况、经营业绩和现金流量的影响。（2）完全采纳 ISSB 准则不具可操作性，我国的大部分企业和金融机构在能力建设和信息系统建设方面尚不具备直接采纳 ISSB 准则的条件，气候相关披露特别是范围 3 温室气体排放的核算和报告尤其如此。（3）完全采纳 ISSB 准则和 ESRS 不符合《中华人民共和国立法法》（以下简称《立法法》），以法律法规或行政规章的方式要求企业和金融机构完全按照 ISSB 准则披露可持续发展相关信息，难以通过相关审查。

（二）趋同策略的利弊分析

趋同策略是指以 ISSB 准则为基础，将 ISSB 准则的实质性条款和披露要求按照我国《立法法》等法律法规的要求转化为我国的可持续披露准则。趋同策略的好处主要包括：（1）与我国企业会计准则采取的国际趋同策略保持一致。ISSB 将可持续发展相关信息披露囿于可持续相关财务信息披露，并将其定位为财务报告的一部分，我国的企业会计准则已经与 IFRS 趋同，如果我国的可持续披露准则也与 ISSB 准则趋同，可实现逻辑自洽，使我国的财务报告体系在整体上继续与 IFRS 保持动态趋同，避免出现编报财务报告所依据的准则与国际趋同而编报可持续发展相关信息所依据的准则未与国际趋同的局面。（2）趋同比采纳更有可能成为世界各国各地区应用 ISSB 准则的主流做法。采用趋同策略，可使我国在应用 ISSB 准则方面与多数国家和地区的主流做法保持一致，有利于企业跨境上市融资和产品或劳务出口，在应对欧盟和其他国家即将

开征的碳关税上亦可处于比较有利的地位。（3）采用趋同策略可大幅加快我国制定可持续披露准则的进程。通过吸收兼并价值报告基金会（VRF）① 和气候披露准则理事会（CDSB）并与气候相关财务披露工作组（TCFD）和全球报告倡议组织（GRI）保持密切的合作关系，ISSB 制定的 ISSB 准则具有很高的专业性和权威性，比较容易被世界各国各地区所接受。与 ISSB 准则保持趋同，可避免从零开始，既可加快我国可持续披露准则的制定进程，也可提高我国可持续披露准则的制定质量。（4）采取趋同策略，更加符合我国《立法法》的规定，也可在趋同过程中剥离不适合我国实际情况的部分条款和披露要求，适当增加具有中国特色的披露条款和要求。

但趋同策略也存在弊端，主要包括：（1）自主选择余地有限。只能在形式上对 ISSB 准则作一些调整和编排，不能对其核心条款和披露要求作实质性的更改和修订，且是否趋同尚需获得 ISSB 认可，过程耗时费力。（2）准则制定比较被动。趋同意味着必须跟随 ISSB 的工作节奏，准则的起草、修订和实施弹性不足，准则的解释权不在我国，而归属于 ISSB，针对准则实施遇到的问题出台相应指引或指南的自由裁量权较小。（3）ISSB 准则是否适合我国尚待评估。ISSB 准则起点比较高，比如《气候相关披露》准则以 TCFD 框架和《温室气体规程》为基础，范围 3 温室气体排放涵盖企业和金融机构价值链的上下游活动，在我国可能只有少数大型企业和大型金融机构才有条件实施。（4）一些 ISSB 准则政治色彩较为浓厚。与社会议题相关的准则涉及的人权和工会权力等事项，体现了西方的价值观，是否具有普适性存疑。（5）趋同不利于彰显中国特色。我国的企业和金融机构在环境议题、社会议题和治理议题等方面颇具特色，以独特的方式积极践行环境责任和社会责任，完全契合 ESG 理念，采用趋同策略难以将这些特色充分反映出来。

（三）参照策略的利弊分析

参照策略是指以 ISSB 准则、ESRS 和 SEC 气候披露新规为基准，结合中国实际，以我为主，独立制定适合我国国情的可持续披露准则。参照策略的好处主要包括：（1）以更加积极主动的方式和节奏制定我国的可持续披露准则，既可避免被动追随 ISSB 的步伐亦步亦趋，又可将准则的制定权和解释权牢牢掌握在自己手里，并可对准则实施中出现的问题及时进行准则条款修订或出台实施指引，提升准则的制定效率和实施效果。（2）可以促使我国企业的气候相关信息披露更好地服务于我国的“双碳”

---

① VRF 于 2020 年 11 月由美国的可持续发展会计准则委员会（SASB）和国际整合报告理事会（IIRC）宣布合并组建，并于 2021 年 6 月正式成立，目的是提高这两个国际组织在可持续发展报告方面的国际地位，彰显其专业影响力。2021 年 11 月 VRF 被 ISSB 吸收合并，SASB 制定的 67 个分行业的可持续披露准则经 ISSB 修改并增加了金融业披露准则后，作为《气候相关披露》的附件。

目标，更好地执行《关于完整准确全面贯彻新发展理念做好碳达峰碳中和工作的意见》和《2030年前碳达峰行动方案》等方针政策，使可持续披露准则成为推动我国环境可持续发展的重要制度安排。(3) 可按照《立法法》的要求制定准则，更加符合我国立法和行政法规的制定习惯，能够更好地协调可持续披露准则与其他法律法规和部门规章的要求。(4) 可大幅提高可持续披露准则特别是气候相关披露准则的适用性和针对性。我国的上市公司以中小企业和中小金融机构为主，完全按照ISSB准则的要求披露气候相关信息不切实际，也不符合成本效益原则。采用参照策略，可以在制定气候相关披露准则时将ISSB准则中不适合我国实际的一些条款和披露要求予以剥离或进行变通处理，譬如，可将ISSB准则对范围3温室气体排放的无条件披露要求改为有条件披露。(5) 可克服ISSB准则视野过于狭隘的局限性。ISSB准则以资本市场为导向，秉承单一重要性原则，以满足投资者评估发展前景的信息需求为首要目标，这虽然与IFRS基金会的宗旨和职责相一致，但视野过于狭隘，格局不够高大，不能全面反映企业和金融机构的经营活动对环境和社会产生的积极和消极影响，不利于监管部门、投资者和其他利益相关者评估企业经营的外部性问题[①]，有悖于ESG或可持续发展报告的初心和使命。参照策略有利于我国在制定可持续披露准则时扬长避短，借鉴ISSB准则、ESRS、SEC气候披露新规甚至GRI准则和TCFD框架的合理成分，扬弃这些准则、规定和框架的不合理成分，使可持续信息更好地满足监管要求和其他利益相关者的信息需求。(6) 可将我国在ESG领域里的最佳实践（如以国家公园为主体的生态红线、环保督察、环境保护"党政同责"等环境议题，扶贫济困、乡村振兴、工会代表大会、社会贡献[②]等社会议题，反腐倡廉、从严治党等治理议题的优秀实践和做法）融入可持续披露准则，充分彰显中国特色，更好发挥我国在可持续披露准则制定方面的影响力，在国际、欧盟和美国的三足鼎立之外，形成四分天下有其一的格局。

当然，参照策略也并非完美无缺，其存在的不足主要包括：(1) 制定的可持续披露准则在彰显中国特色的同时，可能降低我国企业和金融机构披露的可持续发展相关信息与国际同行的可比性，不利于我国企业和金融机构跨境上市融资、出口贸易时应

① ISSB于2022年3月与秉持影响重要性原则的GRI签署战略合作协议，有助于在未来制定影响重要性甚于财务重要性的准则（如生物多样性准则）时缓解ISSB准则过于侧重财务重要性而对外部性反映不足的问题。

② 这里所说的社会贡献是指企业对社会创造的经济价值及其分配情况，即：营业收入－成本费用＝工资福利＋利息支出＋税收支出＋税后利润。等式左边的成本费用是指扣除工资福利、利息支出和税收支出后的成本费用总额，因此，等式的左边代表企业在特定会计期间为社会创造的价值或作出的贡献，等式的右边代表企业为社会创造的价值如何在不同要素提供者之间进行分配，工资福利代表企业分配给人力资本提供者的社会价值，利息支出代表企业分配给债权资本提供者的社会价值，税收支出代表企业分配给公共服务提供者的社会价值，税后利润代表企业分配给股权资本提供者的社会价值。在我国的ESG报告中，社会贡献指标并不统一，常见的社会贡献＝工资福利＋利息支出＋税收支出＋税后利润＋慈善捐赠，也有少数企业将向供应商的采购支出计入社会贡献。

对欧盟和其他国家可能开征的碳关税审查。(2) 采用参照策略独立制定我国的可持续披露准则需要投入大量的资源，尤其是人力资源瓶颈可能需要较长时间才能得到破解，准则的制定效率和质量相较于采纳策略和趋同策略存在较大不确定性，能否达到ISSB准则或其他国际标准的质量水准和影响力尚待评估。(3) 可持续披露准则采用参照策略与企业会计准则采用趋同战略存在不一致，如果像ISSB一样将可持续发展相关信息定位财务报告的组成部分，将会削弱财务信息的逻辑基础；如果像欧盟一样将可持续信息定位独立于财务报告的信息披露，虽可避免这个缺陷，但却与ISSB准则存在较大差异。(4) 依参照策略制定的可持续披露准则，将来要与其他国家和地区实现准则的等效或将遭遇更大的困难。

三、结论与建议

基于上述利弊分析，结合我国实际，本文认为参照策略是我国制定可持续披露准则比较切实可行的政策选择。参照策略以我为主，既可尽可能吸收和借鉴ISSB准则、ESRS和SEC气候披露新规以及GRI准则、TCFD框架的合理披露要求，又可最大限度地结合我国的"双碳"目标和国内企业实际，提高我国可持续披露准则的针对性和可操作性。

若选择参照策略，可持续披露准则制定机构应当着手进行顶层设计，尽快明确以下16个重大问题：

(一) 准则地位问题

应尽快明确我国制定的可持续披露准则是参照ISSB准则的做法将准则确定为不具法律约束力的标准，还是参照ESRS和SEC气候披露新规的做法将准则确定为具有法律约束力的标准。本文建议将可持续披露准则界定为具有法律约束力的规章，既可与企业会计准则的地位保持一致，也可增强其权威性。可持续披露准则落地实施，需要以强有力的法律法规为基础，立法程序繁琐漫长，先以行政规章的方式予以规范，不失为更为现实的选择。

(二) 准则体系问题

应尽快明确我国制定的可持续披露准则是参照ISSB准则的做法将准则分为通用准则和行业准则，还是参照ESRS的做法将准则分为通用准则、议题准则和企业特定披露准则。本文建议短期内可参照ISSB准则的做法，优先制定通用的一般准则和通用的议题准则，待时机成熟时再决定是否制定行业准则，至于准则体系应否包括企业特定披露准则，可进一步分析评估。

（三）概念框架问题

应尽快明确我国制定的可持续披露准则是否应当以概念框架为基础。制定概念框架，既可指导可持续披露准则的制定，也有助于企业在缺乏相关具体准则时作为专业判断的依据。ISSB 目前尚未明确应否制定可持续发展相关财务信息①披露概念框架，但IFRS S1 附件中列示的可持续发展相关财务信息质量特征与财务报告信息质量特征保持一致，由此判断 ISSB 单独制定可持续发展相关财务信息披露概念框架的可能性不大。相比之下，EFRAG 拟制定五个概念指引，用于指导 ESRS 的制定，待时机成熟时再考虑是否将概念指引整合为概念框架。ESRS1 第 2 章以及附件 C 列示的可持续信息质量特征，除了与财务报告信息质量特征相同的两个基础性信息质量特征（相关性、如实反映）和三个提升性信息质量特征（可比性、可验证性、可理解性）外，结论基础中还提出可持续信息独有的另外三个信息质量特征（战略聚焦和未来导向性、利益相关者包容性、信息关联性）②。本文认为，可持续发展信息毕竟有别于财务信息，其质量特征不应完全与财务报告信息质量特征保持一致，理应重新梳理考虑。

（四）准则导向问题

应尽快明确我国制定的可持续披露准则是参照 ISSB 准则和 ESRS 的原则导向，还是参照 SEC 气候披露新规的规则导向。必须说明的是，ESRS 虽然号称原则导向，但每一份 ESRS 之后均附有一个应用要求（Application Requirements），为企业遵循准则正文中提出的披露要求提供十分详细的指引，包括条款解释、示例说明、披露格式等。ESRS 明确这些应用指引属于准则的一部分，与准则正文具有同等效力。从这个意义上说，ESRS 并不属于纯粹的原则导向。我们认为，可持续发展相关信息披露在我国是个新生事物，大部分企业还比较陌生，我国制定的可持续披露准则可以采用原则导向，但很有必要参照 ESRS 的做法为每份准则提供详细的应用指引，以提高准则的可操作性。

（五）主要使用者问题

应尽快明确我国制定的可持续披露准则是参照 ISSB 准则和 SEC 气候披露新规的投资者导向还是参照 ESRS 的所有利益相关者导向。本文认为，我国的法律体系与欧盟的成文法系比较接近，参照 ESRS 的利益相关者导向以满足包括投资者在内的所有利益相关者对可持续发展信息的多元需求更为可取，有利于监管部门了解和评估企业披露的可

---

① 原文为“sustainability - related financial information”，这是 ISSB 准则的用法。我们认为，可持续发展相关信息大部分未经过会计程序确认、计量和报告，称为“可持续发展相关财务信息”不妥，但基于尊重原文的考虑，涉及 ISSB 准则的信息披露时仍使用“可持续发展相关财务信息”的表述，除此之外均使用“可持续发展信息”的表述。

② 这三个质量特征没有列示在 ESRS1 的第 2 章，而是分别列示在 ESRS1 的第 6 章、第 3 章和第 9 章。

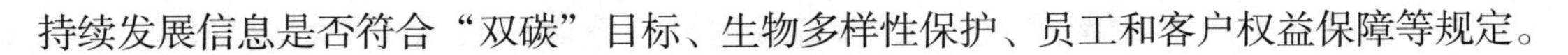

持续发展信息是否符合“双碳”目标、生物多样性保护、员工和客户权益保障等规定。

（六）重要性原则问题

应尽快明确我国制定的可持续披露准则是参照 ISSB 准则和 SEC 气候披露新规的单一重要性原则，要求可持续发展相关信息披露主要反映环境和社会对企业的影响尤其是财务影响，还是参照 ESRS 的双重重要性原则，要求可持续发展相关信息披露既反映企业对环境和社会的影响，也反映企业受环境和社会的影响。本文认为，双重重要性原则更有助于满足我国利益相关者的多元信息需求。

（七）行为导向问题

应尽快明确我国制定的可持续披露准则是参照 ISSB 准则不试图影响企业行为的中立性原则，还是参照 ESRS 和 SEC 气候披露新规力图影响企业行为督促企业绿色低碳转型和维护公平正义的偏向性原则。本文认为，偏向性原则更加可取，我国制定的可持续披露准则应当有助于推动企业节能减排和利他（员工、供应商、客户和社区等）行为，促进经济社会和环境的可持续发展。

（八）适用范围问题

应尽快明确我国制定的可持续披露准则是参照 ISSB 准则和 SEC 气候披露新规主要适用于上市交易主体，还是参照 ESRS 适用于所有公共利益主体（PIE）。本文认为，我国制定的可持续披露准则应适用于所有公共利益主体，包括上市公司、金融机构以及符合公共利益主体定义的其他机构，并在时机成熟时制定适用于中小企业的可持续披露准则。

（九）报告定位问题

应尽快明确我国制定的可持续披露准则是参照 ISSB 准则要求企业披露可持续发展信息并将其定位为财务报告的组成部分，还是参照 ESRS 要求企业披露可持续发展信息并将其定位为独立于财务报告的单独报告。本文认为，即使是 ISSB 准则提出的可持续发展相关财务信息，也大多未经过会计程序的确认和计量，且包含大量定性的、非货币计量的前瞻性信息，将其定位为财务报告的组成部分于理不通，还可能使企业误以为可持续发展报告属于财务问题因而是财务部门的职责所在，不利于有效地编报可持续发展信息。

（十）报告边界问题

应尽快明确我国制定的可持续披露准则是否参照 ISSB 准则、ESRS 和 SEC 气候披露新规的做法，将报告边界由报告主体延伸至与企业经营活动相关的价值链上下游企业。本文认为，将报告边界延伸至价值链，有助于使用者了解和评估企业面临的可持续相关风险和机遇，评估企业转型风险暴露情况，是可持续发展相关信息披露有别于财务报告信息披露的重要特点，但也存在着数据难以获取和数据质量难以判断的实际问题，准则制定机构可据此要求但应给予企业较长的过渡期进行准备。

（十一）披露位置问题

应尽快明确我国制定的可持续披露准则是参照ISSB准则、SEC气候披露新规要求在通用目的财务报告中披露，还是参照ESRS要求在管理报告中披露。本文认为，我国企业迄今已披露的ESG或可持续发展信息主要采用单独报告的方式，而不是在财务报告中披露，这种做法值得坚持。

（十二）披露频率问题

应尽快明确我国制定的可持续披露准则是否参照ISSB准则、ESRS和SEC气候披露新规要求可持续发展信息与财务报告同时披露。考虑到我国绝大部分企业尚未建立与环境议题、社会议题和治理议题相关的数据记录、收集、验证、分析和利用系统，要求企业与财务报告同时披露可持续发展信息不具可操作性，建议给予企业3—5年的过渡期。在过渡期内企业可以年报的方式进行披露但允许披露时间晚于财务报告，过渡期满之后再要求企业以年报的方式与财务报告同时披露。

（十三）核算标准问题

应尽快明确我国制定的气候相关披露准则是参照IFRS S2、ESRS E1（即《气候变化》准则）和SEC气候披露新规要求企业按照《温室气体规程》核算和披露温室气体排放，还是要求企业按照我国自己制定的标准核算和报告温室气体排放。本文认为，在核算方法和核算口径上可与《温室气体规程》保持一致，但采用我国自己制定的排放因子，既可提高我国企业披露的温室气体排放信息与国际同行的可比性，又契合我国的能源结构和能耗水平，是较为理想的选择。

（十四）气候适应性问题

应尽快明确我国制定的气候相关披露准则应否参照IFRS S2和ESRS E1的做法，要求企业通过情景分析评估企业的气候适应性，即企业的战略和商业模式对不同气候变化情景的适应性，帮助使用者了解企业应对气候相关风险和机遇的能力。本文认为，我国大部分企业缺少气候适应性分析的经验，更勿论以情景分析为工具开展适应性分析。但情景分析确实适用于气候相关风险这类具有高度不确定性的风险事项的评估，利用情景分析开展气候适应性评估有助于提升企业整体风险管理的能力，丰富战略制定应考虑的维度。本文建议参考SEC气候披露新规的规定，要求企业开展气候适应性分析，鼓励但不强求企业采用情景分析作为工具。同时准则制定机构应提供详细的分阶段情景分析（从定性到定量）操作指引供企业参考，最终依靠优秀披露案例产生的

"鲶鱼效应"整体提升我国企业气候相关风险的管理水平。

（十五）财务影响问题

应尽快明确我国制定的气候相关披露准则是参照 IFRS S2 允许企业以定量和定性的方式披露气候相关风险和机遇的财务影响，还是参照 ESRS E1 要求企业只能以定量的方式披露气候相关风险和机遇的财务影响。本文认为，分析和评估气候相关风险和机遇对企业当期、短期、中期和长期的财务影响主要是为了满足投资者和金融机构的需求，但对企业而言颇具挑战性，应当鼓励有条件的企业采用定量分析法，同时允许其他企业采用定性分析法。在决定是采用定量分析法还是定性分析法时，企业应秉持成本效益原则，同时充分考虑自身的技术、能力和资源，强行量化并不一定能给投资者和金融机构带来更有价值的信息。此外，分析和评估气候相关风险和机遇的财务影响需要运用大量前瞻性信息，充满不确定性，准则制定机构应当给企业提供适当的免责保护。

（十六）独立鉴证问题

我国在制定可持续披露准则的过程中，应尽快明确是否参照欧盟和美国的做法要求企业聘请第三方对可持续发展信息进行独立鉴证。如果决定引入独立鉴证制度，制定可持续披露准则时应当充分考虑可鉴证性问题。本文认为，独立鉴证可提高可持续信息的可靠性和可信度，在制定可持续披露准则的同时，应同步着手起草制定可持续发展报告鉴证准则。

（原载于《财会月刊》2023 年第 11 期）

主要参考文献：

1. ISSB. ［Draft］ IFRS S1 General Requirements for Disclosure of Sustainability – related Financial Information and ［Draft］ IFRS S2 Climate – related Disclosures ［EB/OL］. www. ifrs. org，March 2022.

2. EFRAG. First Set of Draft European Sustainability Reporting Standards ［EB/OL］. www. efrag. org，March 2022.

3. SEC. The Enhancement and Standardization of Climate – related Disclosures for Investors ［EB/OL］. www. sec. gov，March 2022.

4. Business Roundtable. Comment Letter on the Proposed Rules Issued by the SEC on March 21，2022 ［EB/OL］. www. businessroundtable. org，June 2022.

制定中国可持续披露准则若干问题研究

王鹏程　黄世忠　范　勋　徐　真

【摘要】首批两项国际财务报告可持续披露准则正式发布后，欧盟第一批可持续发展报告准则以及美国证监会《面向投资者的气候相关信息披露的提升和标准化》也将陆续出台，其他主要国家亦在酝酿制定可持续披露准则，可持续信息披露已经迈入准则新时代。面对可持续披露准则加快制定的新趋势，为推动高质量发展，促进经济、社会和环境的可持续发展，中国需要加快研究制定并实施既与国际主流可持续披露准则相协调，又适合中国国情且能彰显中国特色的可持续披露准则。本文从多个角度分析了研究制定中国可持续披露准则的必要性和紧迫性，阐述了准则的制定依据、制定机构与基本定位，明确了准则制定策略和需要遵循的具体原则，构想了中国可持续披露准则体系的具体构成与主要内容，描绘了可持续披露准则制定的路线图，供有关决策部门参考。

【关键词】可持续披露准则；制定依据；制定策略；准则体系；路线图

2023年6月26日，国际可持续准则理事会（ISSB）正式发布首批两项国际财务报告可持续披露准则（IFRS Sustainability Disclosure Standards，简称ISSB Standards，下文称“ISSB准则”），标志着可持续发展信息披露已经由标准林立的时代迈入相对统一的准则新时代。首批两项ISSB准则正式出台之后，欧盟的第一批共12项欧洲可持续发展报告准则（ESRS）以及美国证监会（SEC）的《面向投资者的气候相关信息披露的提升和标准化》（下文简称“SEC气候披露新规”）也将陆续发布。而澳大利亚、加拿大、日本、巴西、韩国等国，已经宣布或是由会计准则制定机构，或是成立可持续披露准则制定机构，基于ISSB准则制定本国可持续披露准则。面对可持续披露准则加速发展这一新趋势，作为ISSB准则的坚定支持者和重要贡献者，中国需要加快研究制

定并实施具有中国特色的可持续披露准则，推动经济、社会和环境的可持续发展。

一、制定可持续披露准则的必要性与紧迫性

中国企业与可持续发展相关的信息披露始于20世纪90年代，根据监管部门要求，上市公司需要在招股说明书及公司年报中披露公司治理信息。随着中国加入世界贸易组织后，监管部门开始探索建立环境和社会责任信息披露制度（屠光绍等，2022）。梳理截至目前的信息披露法规可以看出，中国目前的可持续信息披露制度和相关规则仍然侧重于公司治理信息的披露，仅要求重点排放单位及受到监管处罚的公司披露环境相关信息，对于其他企业以及社会领域信息披露则无相应的体系化要求。在披露规则方面，相关法规仅作出原则性要求，并无类似全球报告倡议组织（GRI）、可持续发展会计准则委员会（SASB）、世界经济论坛（WEF）、气候相关财务披露工作组（TCFD）和气候披露准则理事会（CDSB）所制定的ESG（环境、社会、治理）报告或可持续发展报告框架的披露标准。企业只能参照以上主流报告框架中的一种或一种以上标准披露ESG报告或可持续发展报告。中国缺乏可持续信息披露准则，不利于推动经济、社会和环境的可持续发展。为构建新发展格局并推动高质量发展，积极稳妥推进碳达峰碳中和，积极履行国际承诺与构建人类命运共同体，适应国际资本市场信息披露要求，改善国际评级机构对中国企业的ESG评级，应对欧盟征收碳关税，支持企业参与国际供应链，抑制“漂绿”行为，需要加紧研究制定具有中国特色的可持续披露准则。

（一）构建新发展格局推动高质量发展的需要

党的二十大报告指出，“高质量发展是全面建设社会主义现代化国家的首要任务”，“必须完整、准确、全面贯彻新发展理念，坚持社会主义市场经济改革方向，坚持高水平对外开放，加快构建以国内大循环为主体、国内国际双循环相互促进的新发展格局”。构建新发展格局，推动高质量发展，需要坚持“创新、协调、绿色、开放、共享”的新发展理念，需要企业协调经济效益、社会效益和环境效益，促进经济、社会和环境的可持续发展；需要企业创新与全球向净零排放循环经济转型相适应的治理体系、经营战略、商业模式和风险管理，提高可持续发展的驾驭能力；需要企业加快绿色低碳转型和社会正义转型，促进人与自然和谐共生、构建和谐社会关系；需要企业以开放的态度借鉴国内外最佳实践披露与可持续发展相关的影响、风险和机遇等信息，提升其信息披露反映受环境和社会的影响以及对环境和社会的影响能力；需要企

业与投资者之外的其他利益相关者（客户、员工、供应商、当地社区等）共享发展成果，构建休戚与共的利益共同体。所有这些，都离不开高质量可持续披露准则的制定。高质量的可持续信息披露是高质量发展的基础性制度安排，在动员各方树立可持续发展意识、评价可持续发展绩效、强化政府监管及社会监督，引导金融市场和资本市场资金流向绿色领域、低碳领域，推动生产方式和生活方式转型等方面发挥着至关重要的作用。强化可持续信息披露已经成为中国社会各界的共识，制定可持续披露准则已成为社会各界的期盼。

在新发展格局下，需要推动企业高质量发展，需要提升企业管理可持续发展相关机遇和风险的能力。一些学术文献对可持续信息披露的经济后果进行了研究，结果表明，可持续信息披露对企业的经营业绩、企业价值、投资融资等都会产生积极影响。可持续信息披露的要求可以促使企业将可持续发展理念融入企业的战略决策当中，企业的管理者可以根据其所面临的可持续相关风险和机遇及时调整经营目标和商业模式。适应企业管理可持续相关机遇和风险的需要，制定和实施可持续披露准则十分迫切（王鹏程，2023）。

（二）积极稳妥推进碳达峰碳中和的需要

2020 年 9 月 22 日，国家主席习近平在第七十五届联合国大会一般性辩论上宣布："中国将提高国家自主贡献力度，采取更加有力的政策和措施，二氧化碳排放力争于 2030 年前达到峰值，努力争取 2060 年前实现碳中和"。2021 年 10 月 26 日，国务院发布《2030 年前碳达峰行动方案》，提出到 2025 年，非化石能源消费比重达到 20% 左右，单位国内生产总值能源消耗比 2020 年下降 13.5%，单位国内生产总值二氧化碳排放比 2020 年下降 18%；到 2030 年，非化石能源消费比重达到 25% 左右，单位国内生产总值二氧化碳排放比 2005 年下降 65% 以上，顺利实现 2030 年前碳达峰目标。党的二十大报告要求"积极稳妥推进碳达峰碳中和"。实现碳达峰碳中和目标，不可能一蹴而就，不能"运动"式减碳，需要做好战略谋划和制度建设，需要建立包括碳信息披露在内的可持续信息披露体系。

中国现有的碳信息披露，仅仅强制要求重点排放企业披露碳排放数据，没有统一的碳信息披露准则，没有范围 3 碳排放的核算和报告要求，不能满足"积极稳妥推进碳达峰碳中和"的需要。仅仅强制要求重点排放企业披露碳排放数据不利于全面推进碳达峰碳中和工作。仅仅披露碳排放数据而不要求披露碳排放目标、转型机遇与风险、风险管理、财务影响等信息难以满足利益相关方评价企业应对低碳转型机遇和风险的需要。没有统一的碳信息披露准则，碳信息披露的相关要求难以落地。由于缺乏统一

的标准，碳信息披露实践中普遍存在关键数据缺失、质量不高、披露格式不规范、披露口径不一致等问题，利益相关方及评级机构等难以据此评估企业如何应对低碳转型的风险和把握低碳转型的机遇。

（三）履行国际承诺构建人类命运共同体的需要

气候变化是可持续发展最重要和最迫切的主题。2015 年，195 个国家在巴黎气候大会上达成《巴黎协定》，要求将全球平均气温较工业革命前上升幅度控制在 2℃以内，力争控制在 1.5℃以内。作为全球最大的经济体和温室气体主要排放国之一，中国在该协定中承诺到2030 年前达到碳排放峰值，承诺大幅提高非化石能源的比重以及森林储碳能力。《巴黎协定》确立了气候变化的透明度框架，要求缔约国定期公开国家清单报告、国家自主贡献信息以及气候变化适应能力信息。履行这一承诺，需要按《巴黎协定》要求公开上述气候变化信息，需要尽快制定包括气候变化信息披露要求在内的可持续披露准则，以建立科学的气候信息披露体系。

党的二十大报告指出："中国始终坚持维护世界和平、促进共同发展的外交政策宗旨，致力于推动构建人类命运共同体。"中国倡导各国共同构建人类命运共同体，坚持对话协商、共建共享、合作共赢、交流互鉴、绿色低碳，建设持久和平、普遍安全、共同繁荣、开放包容、清洁美丽的世界。构建人类命运共同体，与可持续发展理念高度契合。制定可持续信息披露准则，夯实经济、社会和环境的可持续发展基础，在构建人类命运共同体进程中发挥了举足轻重的作用。

（四）适应国际资本市场信息披露要求的需要

中国内地已经有大量企业在中国香港，以及美国、英国、新加坡、日本、瑞士等国家和地区的证券交易所上市，还有不少企业正在申请或考虑到这些证券交易所发行股票和上市。与此同时，许多企业在美国、英国、日本以及欧盟国家设有分支机构或子公司。中国内地企业"走出去"和融入国际资本市场，需要遵守所在国家和地区信息披露规则。对于赴美上市的企业，在美国 SEC 发布气候披露新规后，需要按照该规则于注册递交首次公开募股申请及定期报告中披露气候相关信息。而在欧盟，随着 ESRS 的发布，可持续信息的披露将会从"不披露就解释"转向强制披露，大企业需要自2024 年开始执行，上市的中小企业需要从2026 年开始披露。欧盟 ESRS 的适用范围很广，不仅仅包括上市公司，达到一定规模的企业也需要执行。ESRS 发布后，中国在欧盟上市和发债的企业，中国企业在欧盟设立的分支机构和子公司均需要按欧盟《公司可持续发展报告指令》（CSRD）的要求，依据 ESRS 披露可持续发展信息。在中国香港地区，香港联合交易所（以下简称"联交所"）在 2019 年 12 月修订《环境、社会及管治报告指引》，将ESG信息的披露调整为“不披露就解释”。联交所于2021年11月发布发行人参考气候信息披露指引，并要求到2025年所有上市公司达到TCFD披露标准。2023年4月，联交所发布咨询文件，拟强制所有发行人在其ESG报告中披露与气候相关的信息，其披露要求在某种程度上采纳ISSB发布的《国际财务报告可持续披露准则第2号——气候相关披露》（IFRS S2）的相关规定。不出意外，这一要求将在2024年1月1日生效。中国内地拥有众多在联交所上市的企业，如何应对与IFRS S2类似的联交所指引也将面临重大挑战。

目前，中国没有可持续披露准则可以与国际对接，不利于中国内地企业按照更高标准走向国际、融入国际大循环中。尽快建立一套适用于中国内地企业又在总体要求上与ISSB准则相协调的可持续披露准则，有助于提高企业可持续信息披露能力，为中国企业走出去、融入国际资本市场提供制度保障。

（五）提升国际评级机构对中国企业ESG评级的需要

随着中国不断推进高水平开放，国际主流评级系统将纳入越来越多的中国企业。如果缺乏ESG实践、披露不规范甚至不披露可持续相关信息，中国企业在国际ESG评级中将处于不利地位。明晟（MSCI）ESG评级是在全球具有很大影响力的ESG评级体系，该评级旨在帮助投资者了解企业在ESG方面的风险和表现，MSCI在其评级模型中根据企业在关键的ESG问题上的管理能力和抵抗风险能力进行评级。这些关键的ESG问题包括但不限于气候变化、人权问题、供应链管理、产品安全和质量、员工关系、数据安全、公司治理等。目前，已有超过400家A股上市公司被纳入该评级体系中，但由于缺乏明确的ESG披露标准与管理体系，总体评级不高。此外，全球性组织碳信息披露项目（CDP）通过促进企业披露其环境信息，以帮助了解和应对气候变化的影响。2022年，全球超过1.8万家、占全球市值一半以上的企业通过CDP平台报告了其环境数据，有超过2 700多家中国企业参与CDP环境信息披露①。CDP已宣布将根据IFRS S2的相关披露要求修订其问卷内容，预计按国际供应链主导企业的要求参与CDP信息披露的中国企业或者自愿参与环境信息披露的中国企业数量将不断提高。参与CDP的问卷调查并披露相关环境信息，对于提升国际评级机构对中国企业的ESG评级至关重要。

适应参与国际评级的需要，制定与ISSB准则相协调的可持续披露准则不仅可以规范企业的披露，还能够通过ESG披露倒逼ESG实践，促进企业真正将可持续发展的理念融入经营决策中，进而改善中国企业ESG评级表现。

① 数据来源于CDP官网2022年11月4日新闻稿，“创下记录：近20 000家组织通过CDP进行披露。”

（六）应对相关国家征收碳关税的需要

欧盟碳关税是指针对没有征收碳税或能源税、存在实质性能源补贴的出口国的进口产品在进入欧盟关境时征收的二氧化碳排放税。碳关税的概念由来已久，从理论提出到政策出台，经历了十几年的国际博弈。为了在2050年实现欧盟碳中和目标，2023年4月18日欧洲议会通过了碳边境调节机制（CBAM），4月25日欧洲理事会正式批准了CBAM。CBAM自2023年10月1日起启动过渡期至2025年年底，过渡期内需要申报欧盟进口商品中在原产国生产的数量、实际总隐含排放量、总间接排放量和在原产国已支付的碳价，旨在积累碳数据。过渡期结束后，2026年起欧盟碳关税将全面实施，欧盟碳排放交易体系下的免费排放配额也会在2026年至2034年间逐步取消。目前纳入碳关税的征税商品包括水泥、电能、化肥、钢铁、铝和氢气，但在过渡期结束前欧盟将研究评估扩大征收范围。欧盟出台CBAM后，美国、日本等国家也在抓紧研究类似的碳关税政策。可以预计，碳关税将日益成为新型的国际贸易关税壁垒，不披露包括环境信息在内的可持续信息将带来严重的经济后果。

欧盟、美国和日本是中国最重要的产品出口市场，出口商品多以机械设备、金属制品等高碳排产品为主。欧盟等国碳关税政策的实施和碳关税范围的扩大，将会削弱不披露可持续信息的中国企业的竞争力。面对欧盟、美国和日本已经或即将出台的碳关税政策，中国企业急需一套可持续披露准则以指引在过渡期内合理统计碳排放相关数据，与多数国家环境信息披露的主流做法保持一致，有利于中国企业的产品或劳务出口，在应对欧盟和其他国际碳关税上处于有利地位。

（七）中国企业参与国际供应链的需求

20世纪90年代以来，国际分工越来越精细，供应链也趋向于全球化。欧美大企业普遍把设计和品牌价值留给自己，制造则外包给全球供应商。可持续披露准则在全球向强制披露要求的转变将会对遍布全世界的供应链企业产生影响。可持续披露准则所要求披露的信息与传统财务信息相比较，其一大特点就是要求企业充分考虑其价值链上下游的影响，大型企业选择供应商时通常优先考虑能够提供可持续信息（尤其是碳排放数据）的供应商，以便减少范围3排放，控制供应链的环境风险和社会风险。譬如，苹果公司在2011年年初被揭露在华供应链中涉及职工安全、环境污染、劳工权益等。又如，2009年发生的12起富士康员工坠楼事件，引发了世人对苹果供应商劳工权益的疑虑。面对舆论和消费者的压力，苹果公司每年定期发布《供应商责任报告》，要求供应商按照相关行业标准和准则提供可持续发展报告，以控制供应链的环境风险和社会风险，企业不能提供与环境主题和社会主题相关的可持续信息，有可能被苹果公司从供应商的名单中剔除。

此外，2023 年 1 月 1 日德国《企业供应链尽职调查法案》正式生效，与此同时，欧盟《企业可持续发展尽职调查指令》也在法律草案的辩论之中。这两项法规是为了让在欧盟设立或开展业务的外国大型和中型公司遵守一套旨在识别、减轻其供应链中的负面人权和环境影响的规则。在上述法规实行的影响下，中国企业尽快需要一套能够与欧盟及其他地区对接的可持续披露准则，以识别中国企业在日常生产活动中不符合上述法规所导致的风险。制定可持续披露准则，使企业以规范的方式充分披露与 ESG 主题相关的风险和机遇信息，有助于中国企业顺应国际供应链中的核心企业评估配套企业环境风险和社会风险的新要求，在国际供应链的竞争中赢得新优势。

（八）抑制“漂绿”行为的需要

“漂绿”是指企业在公关宣传、市场营销和信息披露中标榜其产品、服务和经营活动符合绿色、低碳、环保的标准而事实上却名不副实的行为。目前，中国企业环境信息披露中不同程度地存在“漂绿”行为，选择性披露、报喜不报忧、只谈环境绩效不谈或淡化环境问题的现象比较突出（黄世忠，2022）。更有甚者，一些企业在采样和预处理、仪器分析、数据传输环节对自动监测数据弄虚作假[①]。“漂绿”行为大行其道，将给利益相关方造成绿色、低碳、环保欣欣向荣的假象，严重影响绿色低碳转型，妨碍经济、社会和环境的可持续发展。为抑制“漂绿”行为，提高 ESG 信息质量，需要尽快制定可持续披露准则，防止 ESG 报告或可持续发展报告沦为公关宣传的噱头，误导利益相关方的判断。

（九）构建可持续披露话语体系的需要

ISSB 主席 Emmanuel Faber 于 6 月 26 日在 IFRS 基金会大会上指出，ISSB 制定的可持续披露准则将可持续发展转化为了一种新的通用语言，一种基于会计的一致而全面的语言。尽管 ISSB 正全力推动首批两项 ISSB 准则的实施引用，但要像 IFRS 那样被 144 个司法管辖区采纳，成为全球通用语言，受到全球投资者的广泛信任，短时间内是很难实现的。欧盟第一批共 12 项 ESRS 以及美国 SEC 气候披露新规将于今年晚些时候发布，澳大利亚、加拿大、日本、巴西、韩国等国亦在推动制定本国可持续披露准则，可持续披露准则呈现出诸侯并起的格局。在全球尚未广泛实施 ISSB 准则时，中国也需要加紧研究制定具有中国特色的可持续披露准则，打造可持续披露领域的中国话

① 2023 年 6 月 29 日，生态环境部召开 6 月例行新闻发布会。新闻发布稿显示，生态环境部 2023 年 1—5 月采取“双随机、一公开“方式检查企业 22. 6 万次，下达环境处罚决定书 2. 69 万份，罚款 21. 1 亿元，注意到一些企业对自动检测数据弄虚作假。

语体系，以便在ESG方面发出中国声音，讲好中国故事。

二、可持续披露准则的制定依据、制定机构与基本定位

（一）制定依据

可持续披露准则的制定应当有其法律依据，应当具有法理正当性，准则的制定、实施与监管应以此为基础形成逻辑闭环。欧盟的可持续发展报告准则基于其上位法CSRD，而CSRD又源于欧盟绿色法案（European Green Deal），其准则制定的内在逻辑、关键概念的方向性选择，以及准则制定机构的授权等均顺理成章，依法有据。CSRD19a条款要求企业披露有助于利益相关者了解其对环境、社会、人权和治理等可持续发展问题的影响所必需的信息（具有影响重要性的信息），以及有助于利益相关者了解可持续发展问题如何影响企业的业务发展、经营业绩和财务状况所必需的信息（具有财务重要性的信息），29b条款中对ESRS必须涵盖的ESG主题提出了明确的要求。同时，CSRD授权欧洲财务报告咨询组（EFRAG）以专业咨询机构的身份起草和制定ESRS，再提交欧盟委员会审批和发布，同时要求EFRAG制定ESRS时必须严格遵循CSRD对可持续发展报告的信息披露要求。在可持续发展报告的鉴证方面，CSRD引入了第三方独立鉴证机制，要求适用CSRD的所有公司，包括所有大公司和所有在欧盟监管市场上市的公司（上市微型公司除外），对报告披露的可持续发展信息提供有限保证的鉴证，并逐步转向提供合理保证的鉴证。欧盟以法律形式引入可持续信息披露的强制披露要求和强制鉴证机制，明确了可持续报告的“双重重要性”定位以及报告的主要内容，确定了欧盟可持续报告准则制定机构，让EFRAG制定可持续报告准则有据可依，为ESRS的制定指明了方向。

中国制定可持续披露准则，也需要做好顶层设计，并按照法治原则将顶层设计的重要元素逐步纳入法律法规体系，为可持续披露准则的制定提供法律依据。第一，在全球可持续信息披露呈现出强制披露和强制鉴证的发展趋势下，中国需要研究是否建立可持续信息的强制披露制度和强制鉴证制度，并通过法律法规将这些要求予以固化。第二，可持续信息披露涉及主要使用者是投资者还是更广泛的利益相关方，披露的信息是反映环境和社会对企业的影响还是同时也反映企业对环境和社会的影响，环境、社会和治理各主题的披露应该涵盖哪些重要领域，可持续发展信息是通过单独的可持续发展报告还是通过管理层评论的方式予以披露等，都需要在相关法律法规中予以明确。第三，可持续披露准则由哪个机构负责制定，其人员如何组成，所制定的准

则是否具有法律属性，准则是否作为基线准则以便于企业根据相关各部门的额外披露要求添加披露内容，准则适用于哪些企业和机构等，同样需要在相关法律法规中予以明确。第四，为强化可持续信息的披露，需要在法律法规中明确可持续信息披露的监管部门和监管职责。通过立法，明确以上顶层设计的重要问题，可持续披露准则的制定才有明确的方向，有关部门在准则制定和实施方面的重要职责也才有法律依据，可持续披露准则的制定和实施才有坚实的法律基础。

以立法推动可持续信息披露，需要考虑立法的具体形式。借鉴欧盟做法，可以专门制定可持续信息披露的法律或行政规章，明确上述顶层设计的重大问题。考虑到立法程序漫长，也可以考虑在现有财务会计相关法律法规中寻找法理来源。这种做法，可以省去制定法律法规的漫长程序和时间，尽快满足利益相关方对可持续信息披露的迫切需求。《中国人民共和国会计法》以及《企业财务会计报告条例》均提及企业财务会计报告的其中一个组成部分是财务情况说明书。《企业财务会计报告条例》明确规定，财务情况说明书应描述对企业财务状况、经营成果和现金流量有重大影响的其他事项。我们认为，可以将可持续信息归类为上述“其他事项”。

但以现有法规中的“其他事项”规范制定中国可持续披露准则并非长久之计，而是权宜之计。我们建议同步推进两种形式，即在急用先行原则下依据现有法律条文尽快研究制定中国可持续披露准则，同时启动立法程序，专门制定可持续信息披露的法律或行政规章。不管采用哪种形式，均需要考虑修改相关法律法规，如《证券法》《公司法》《会计法》《注册会计师法》以及其他有关金融、能源、环境、自然资源等相关的法律法规，将可持续信息披露的相关规定纳入其中。

（二）制定机构

可持续披露准则的制定是一个非常复杂的系统工程，涉及多个领域和利益相关方的需求。基于《中华人民共和国会计法》《企业财务会计报告条例》的相关规定，由财政部负责制定中国可持续披露准则有诸多优势。

（1）有利于与ISSB准则的衔接。财政部是与IFRS基金会和国际会计准则理事会（IASB）对接、负责与国际财务报告会计准则趋同的政府部门，由其承担与ISSB准则相协调的准则制定工作顺理成章。此外，在IFRS基金会和ISSB及相关机构中，包括IFRS基金会监督委员会、咨询委员会、司法管辖区工作组（JWG），一直是财政部派出代表参加。财政部与IFRS基金会和ISSB、IASB保持了密切联系，由财政部负责制定中国可持续披露准则，可发挥其在国际合作中的经验和优势。

（2）有利于与欧盟及其他国家保持类似的安排。欧盟的ESRS制定机构为

EFRAG，澳大利亚、加拿大、日本、巴西、韩国等国也都是由会计准则制定机构或在会计准则制定机构下成立可持续披露准则制定机构负责准则的制定。在会计准则制定和实施过程中，财政部与这些国家会计准则制定机构已经建立联系，由财政部负责准则制定，有利于保持和加强与欧盟及其他国家准则制定机构的联系与合作。

（3）有利于利用准则制定丰富的经验。财政部一直负责拟订并组织实施国家统一的会计制度，在制定会计准则、会计制度、内控标准、管理会计指引、会计信息化标准和准则国际趋同等方面积累了丰富的经验，所制定的准则、制度、标准和指引被市场高度认可，广为采用。由财政部负责可持续披露准则的制定，有助于保障准则的权威性和专业性。

（4）有利于与会计准则的衔接。财务报表与可持续信息披露二者各有侧重，相互补充，相辅相成，相得益彰。二者均需要反映可持续发展相关风险和机遇对当期财务状况、财务业绩和现金流量的影响，可持续信息披露时使用的数据和假设原则上需要与财务报表中相应的数据和假设保持一致。因此，可持续披露准则与会计准则之间有着天然的联系，鉴于财政部一直负责会计准则的制定，由财政部负责制定可持续披露准则，有利于可持续披露准则与会计准则相衔接，确保关联性和一致性。

（5）有利于动员相关部门和社会力量的参与。可持续披露准则不仅涉及会计方面，还涵盖环境、社会和治理等多个领域，需要动员相关政府部门、各种社会力量等各利益相关方参与准则的研究、起草、制定、修订和维护。作为综合部门，财政部具备这种动员能力和经验，由其负责可持续披露准则的制定，可形成准则制定的合力，避免各相关部门将 ESG 信息披露的要求碎片化。

（6）有利于打造可持续披露的中国话语体系。ISSB 制定的可持续披露准则将可持续发展转化为了一种新的通用语言，一种基于会计的一致而全面的语言。在打造这一全球通用语言中，应该有中国的话语表达。在中国构建可持续信息披露体系时，亦需要将可持续信息披露转化为一种中国通用、能够与国际顺畅对接的语言，形成可持续披露的中国话语体系。既然这一语言是一种基于会计的语言，由主管全国会计工作的财政部负责制定可持续披露准则，有利于形成统一的中国话语体系，代表中国在 ISSB 准则制定领域中发出中国声音，表明中国立场。

为了推进中国可持续披露准则的制定，建议财政部尽快成立可持续披露准则委员会，就可持续披露准则制定的路线图和时间表进行顶层设计，并组织各方力量根据路线图和时间表开展各项准则的研究和制定。鉴于可持续披露准则的制定是一项系统工程，涉及公司治理、经营战略、商业模式、风险管理、内部控制、信息系统、财务报告、审计监督诸多环节，涉及环境、社会、治理等诸多议题，影响到资本市场、金融市场、国企改革、对外开放与国际合作以及各行各业企业的可持续发展，为更加有效地制定具有中国特色的高质量可持续披露准则，建议成立可持续披露准则咨询委员会，其主要职责有二：一是为可持续披露准则委员会持续参与 ISSB 准则的研究制定提供强有力的技术支撑，二是为中国研究制定符合国情彰显中国特色的高质量可持续披露准则提供咨询意见。委员会可按主题设立若干小组，以便将咨询委员会的职责和专家的作用落到实处。时机成熟时，可以借鉴 ISSB 的做法，成立由各方专家组成的技术工作小组，由投资机构派出代表组成的投资者咨询小组，由可持续报告编制机构代表组成的编制小组，为可持续披露准则的研究制定提供支持。

（三）基本定位

ISSB 准则是以投资者为导向、以财务重要性为基础的全球基线准则。中国参照 ISSB 准则制定可持续披露准则，需要明确准则的定位。

重要性的判断是从信息使用者的角度出发，对使用者作出相关决策有用的信息即为重要信息，不会影响使用者决策的信息则为非重要信息。因此，在考虑重要性原则之前，应先确定可持续信息的主要使用者。与可持续发展相关的主题广泛且多元，特定主题下的披露内容也是包罗万象。因此，指导企业判断何为重要信息对于可持续披露准则制定来说显得尤为重要。与会计准则只有单一的财务重要性不同，可持续披露准则的重要性可分为两类。一是双重重要性（Double Materiality），即要求企业在可持续披露中同时考虑由外到内和由内到外的重要性，既要求企业披露可持续发展相关风险和机遇对企业财务状况、财务业绩和现金流量的影响（财务重要性），也要求企业披露企业经营活动（包括价值链活动）对环境和社会产生的影响（影响重要性）。EFRAG 制定的 ESRS 就是基于双重重要性的典型代表，面向的主要使用者是广泛的利益相关方，包括但不限于投资者、债权人、社区、政府等。二是单一重要性（Single Materiality），基于由外到内的视角，要求企业披露与环境和社会相关的可持续发展风险和机遇如何对企业的发展前景产生影响，ISSB 和 SEC 气候披露新规均以单一的财务重要性为基础，面向的使用者主要包括现有或潜在的投资者、债权人和其他借款人。全球报告倡议组织（GRI）的准则虽然也是以单一重要性为基础，但不是基于由外到内视角的财务重要性，而是基于由内到外的影响重要性，且将主要使用者定位为包括投资者在内的所有利益相关方。

（1）双重重要性。双重重要性视角有助于使用者全面地了解企业的可持续发展绩效和影响，不仅有助于他们评估环境和社会对企业的影响，也有助于他们评估企业对环境和社会的影响。这两方面的影响往往不是孤立存在的，长期来看，企业对环境和

社会的影响也可能转化为对其企业自身的影响。因此，即使仅从财务视角看，双重重要性也能够提供更全面的信息，更加契合可持续发展报告旨在促进经济、社会和环境可持续发展的初心和使命。此外，基于双重重要性的信息披露能够满足更广泛利益相关方对企业可持续发展表现和影响的信息需求，增强企业与利益相关方的对话和沟通，有利于跨越企业层面助力经济、社会和环境实现可持续发展。

但采用双重重要性也存在一定的弊端。一是要求准则制定机构具有全面的人才和知识储备，协调与其他职能部门的关系也颇具挑战，因为基于双重重要性披露的信息超出了财务信息的范畴。二是采用双重重要性可能会增加企业评估和报告其环境和社会影响的复杂性，且这些影响往往难以量化，企业可能利用难以量化夸大正面影响、淡化负面影响，若缺失鉴证机制，可能使披露的内容成为企业"公益宣传"的工具。而且，过多的影响重要性信息披露可能会掩盖具有财务重要性的信息，影响关注财务信息的使用者的判断。三是收集和验证外部影响的相关数据较为困难，评估企业自身经营活动和价值链活动对环境和社会的影响还缺乏公认的科学方法。

（2）单一重要性。基于单一财务重要性的可持续信息披露，由于只关注环境和社会对企业的影响，未能反映企业对环境和社会的影响，忽视了利益相关方对这些影响的关切，也不太符合可持续发展报告的初衷和使命。

但采用单一重要性也有着两大优点。一是精简和聚焦，对于准则制定机构来说，聚焦财务信息容易形成准则内部的逻辑自洽，将披露要求侧重于可持续相关因素如何影响企业的价值创造；对企业而言，基于单一的财务重要性，能够使企业集中精力和资源，聚焦于对企业最为重要和关键的可持续发展问题，有助于确保企业披露的信息聚焦于反映其核心业务、经营战略和商业模式如何受到环境政策和社会政策变化的影响。二是降低复杂性，相比双重重要性，单一的财务重要性在披露过程中更加简化和明确，企业可以更清楚地确定哪些环境和社会影响因素对其发展前景和业务连续性最为重要，避免信息超载、重心失焦。总体而言，基于单一的财务重要性的信息披露在聚焦和简化方面具有一定的优势，但也存在着狭隘视角和信息不全面、不协调的弊端。

综合考虑采用单一财务重要性和采用双重重要性的利弊，考虑到财政部作为准则制定机构的定位和资源能力，我们认为，现阶段采用单一财务重要性不失为一种务实的选择。针对单一财务重要性的狭隘性，财政部制定的以单一财务重要性为基础的可持续披露准则可采用"搭积木"的方式，允许企业根据 GRI 准则、ESRS 和其他部委、行业主管部门对环境、社会和治理的相关要求，披露具有影响重要性的可持续发展相关信息。

三、可持续披露准则的制定策略和具体原则

ISSB 在制定可持续披露准则时，采用了“搭积木”的方法。即 ISSB 准则提供全球基准（Global Baseline），在此之上，各司法管辖区的准则制定机构或监管机构为实现其披露目标，例如，为满足更广泛利益相关者的信息需求，可以搭建其他模块，提供其他适用标准和披露要求。这些模块可能是特定司法管辖区的标准和要求，也可能是侧重于更广泛的可持续性影响或其他超出 ISSB 企业价值创造领域的披露标准。中国确定可持续披露准则制定策略时，是直接采纳 ISSB 准则，还是与 ISSB 准则保持趋同，或是参照 ISSB 准则、ESRS 和 SEC 气候披露新规制定适合中国实际情况的可持续披露准则?

根据主流国家的行动来看，尚未发现直接选取“采纳”这一策略的国家，即全盘照搬 ISSB 准则，将其翻译成本国语言，直接将其用于规范本国企业的可持续发展相关信息披露。这明显有别于对 IFRS 的采纳方式。IFRS 具有高度统一性和唯一性的特点，而 IASB 的目标也是制定一套全球统一的高质量的报告准则，因此全球已有超过 144 个国家和地区宣布采纳 IFRS。而 ISSB 制定的 ISSB 准则具有全球基准的性质，在这个基础上，世界各国和地区可以根据监管需要或利益相关者的信息需求，以“搭积木”的方式，添加本国特色的披露需求。我们认为，中国作为世界第二大经济体制定可持续披露准则，全盘照搬 ISSB 发布的准则不应该成为选项，我们需要参照 ISSB 准则、ESRS 和 SEC 气候披露新规以及 GRI 准则、TCFD 框架，结合中国实际，以我为主，制定适合中国国情的可持续披露准则（黄世忠等，2023）。

基于以上参照策略，在制定中国可持续披露准则过程中，须考虑遵循以下具体原则:

（一）博采众长原则

首批两项 ISSB 准则充分利用了现有的可持续发展相关的报告披露原则、框架以及标准，在核心内容上借鉴了 TCFD 框架（治理、战略、风险管理、指标和目标），在相关披露要求上融合了 SASB、CDSB 和 IIRC 的要求，亦部分参考了 GRI 准则。而欧盟 ESRS 在制定时，充分借鉴了 TCFD 框架、GRI 准则以及 ISO 26000 社会责任标准。中国制定可持续披露准则，不可能也不必要完全另起炉灶，而应当充分借鉴国际上主流的可持续报告框架，以及 ISSB 准则、ESRS、SEC 气候披露新规的合理披露要求，吸收其合理成分。只有这样，才能站在现有主流框架和准则“巨人肩膀”上，尽快制定

高质量的可持续披露准则。只有这样，按中国可持续披露准则披露的可持续发展报告方能被国际社会所接受和认可，也只有这样，才能不加大已经按照主流报告框架披露可持续报告企业的编报负担。

为履行国际承诺，构建人类命运共同体，对于中国在国际上所签署的协议和所认可的标准，包括《联合国气候变化框架公约》《联合国生物多样性公约》《巴黎协定》《联合国工商业与人权指导原则》《经合组织跨国企业准则》以及《联合国全球契约组织十项原则》《联合国负责任投资原则》《联合国可持续发展目标》（SDG）等的相关合理要求，亦需要纳入中国制定的可持续披露准则。

（二）互通性原则

ISSB 将其所制定的 ISSB 准则定位为一套全面的可持续相关财务信息披露的“全球基准”，强调准则的披露要求与各司法管辖区的要求应具有高度互通性（Interoperability，中文有时亦翻译为相互操作性）。为实现互通性，IFRS 基金会成立了由中国、欧盟、日本、英国、美国等世界主要经济体及其准则制定机构组成的司法管辖区工作组（JWG），以加强各司法管辖区之间的互通性，降低企业披露成本，并向使用者提供清晰一致的信息。在欧盟，根据 CSRD 第 43 条的要求，欧盟的 ESRS 必须整合 ISSB 制定的全球基线准则的内容，将基线准则的要求体现在相关 ESRS 中。在美国，SEC 气候披露新规是以 TCFD 的披露框架为基础，基于世界资源研究所（WRI）和世界可持续发展工商理事会（WBCSD）联合制定的《温室气体规程》（GHG Protocol）拟订的，与 IFRS S2 并不存在显著差异，其与 IFRS S2 的互通并不存在重大障碍。而澳大利亚会计准则委员会（AASB）于其工作文件中明确，优先考虑与 ISSB 准则的披露要求保持一致；加拿大可持续准则理事会（CSSB）表示，将支持在加拿大推广 ISSB 准则，促进 ISSB 准则与即将发布的 CSSB 准则之间的互通性；日本可持续准则理事会（SSBJ）主席 Yasunobu Kawanishi 表示，“SSBJ 致力于制定基于 ISSB 建立的可持续相关披露全球基线的日本可持续披露准则”。可以看出，与 ISSB 准则之间的互通，是未来的大趋势，有助于降低跨国经营和跨国投资对可持续披露准则的遵循成本。面对这一趋势，中国制定可持续披露准则必须充分考虑与 ISSB 准则之间的互通性，ISSB 准则的披露要求，除非明显不适应中国国情，均须纳入准则之中。只有这样，中国的可持续披露准则才能被其他国家所认可，中国企业披露的可持续报告方能为国际社会所接受，也才能降低从事跨国经营和跨国投资的中国企业的准则遵循成本。

（三）原则规则兼顾原则

在准则的制定过程中，我们还将面临选择“原则导向”还是“规则导向”的问题。原则导向或者规则导向是所有准则制定都会面临的问题，在大多数准则中，两者实际是“相辅相成”的关系，后者为前者提供了必要的约束，前者提高了后者的应变能力。可持续披露准则目的是向使用者提供决策有用的信息，理应以原则导向为主，但作为解决可持续披露不完整、不一致和不可比矛盾的全球基准的 ISSB 准则，又不可能完全排除规则，否则，在披露口径和标准等方面仍难以实现全球融合。具体而言，ISSB 在制定 ISSB 准则的时候，先是制定了以原则为导向的基本准则，为了解决原则导向的弊端，又加入了如气候情景分析、“范围 3”温室气体排放和基于 SASB 标准的行业指南等规则性内容，但是过多的规则，必定又会影响可持续披露准则在全球的适用性。可见，在制定准则时需要慎重处理两者之间的关系。

中国在制定可持续披露准则时，首要任务同样是需要制定以原则为导向的准则。与会计准则相比，可持续信息披露在各个行业、各个企业之间的个体差异非常大，财政部作为准则制定机构，难以制定完全普适性的规则，这样就需要包括国家发展改革委、证监会、工信部、生态环境部、自然资源部等部委的协调合作，由各个部委在充分考虑中国经济社会的发展阶段和中国特色的基础上，参照其他国际准则标准或行业标准，提出可持续披露的额外要求。这样，财政部制定的原则导向的准则和各部委提出的具体披露要求，将形成一套完整的具有中国特色的可持续披露准则。这样按职能、分阶段的准则制定方法，不仅符合“经济适用、急用先行”的原则，而且与 ISSB 采用的“搭积木”的方法也是相一致的。

(四) 气候先行原则

可持续披露准则包罗万象，准则制定千头万绪，需要逐个推进。考虑到 G20、金融稳定理事会（FSB）、国际证监会组织（IOSCO）等国际组织近年来不断呼吁加快制定气候变化信息披露准则，ISSB 选择以国际社会认为最重要、最紧迫且最容易达成共识的“气候变化”主题作为突破口，优先制定了 IFRS S2《气候相关披露》。我们也注意到，为做好“碳达峰碳中和”工作，中国证监会于 2021 年 6 月 28 日发布的修订后的《公开发行证券的公司信息披露内容与格式准则第 2 号——年度报告的内容与格式》中新增了“环境和社会责任”章节，鼓励公司自愿披露为减少其碳排放所采取的措施及效果。考虑到气候变化对全人类的可持续发展构成最严重的威胁，以及积极稳妥推进碳达峰碳中和的迫切需要，制定中国可持续披露准则时，应该优先制定与气候变化相关的信息披露准则。

(五) 结合中国国情原则

中国有其特定的国情，我们强调“创新、协调、绿色、开放、共享”的新发展理念，我们重视全面推进乡村振兴，促进区域协调发展，发展全过程人民民主，增进民生福祉，推动绿色发展，构建人类命运共同体。在环境领域，中国的能源资源禀赋呈现出以化石能源为主的能源结构以及富煤贫油少气的资源特征，在碳排放方面虽然成为全球最大排放国，但人均和历史累计碳排放远低于欧美等国，在环境保护方面则形成了国家公园为主体的生态红线、环保督察、党政同责等中国特色的可持续发展实践。在社会领域，目前主流报告框架涉及的人权和工会权力等事项，体现的是西方的价值观，并非全球普适的价值观，而扶贫济困、乡村振兴、共同富裕、就业优先、社会保障、员工权益保障和工会代表大会等方面则具有中国特色。在治理领域，中国强调反腐倡廉、从严治党、依法治国。中国特定的国情，中国特色的可持续发展实践，需要我们在制定可持续披露准则时，不仅要考虑吸收主流报告框架之长，保持与 ISSB 准则的互通，更需要结合中国国情，体现中国特色，彰显中国作为。

（六）相称性原则

考虑到资源的限制、数据和专业知识的可得性限制，以及企业应用 ISSB 准则的能力和准备程度，ISSB 在可持续发展相关风险和机遇的识别、情景分析的开展、预期财务影响的评估、价值链范围的确定、范围 3 温室气体披露、准则首次应用年度可比信息的提供等方面引入了相称性（Proportionality）机制，包括“无需付出过度成本或努力即可获得所有合理且有依据的信息”的概念以及在技能、能力和资源是否相匹配的考虑。引入相称性机制，不仅缓解了企业的披露负担，也考虑到了可持续信息披露实践还处于试错期和积累期的现实，有助于企业加快实施应用 ISSB。鉴于中国企业披露 ESG 报告或可持续发展报告刚刚起步，而且披露的企业尚属少数，即便是这些企业，在情景分析、预期财务影响评估、范围 3 温室气体披露方面还存在不小差距，同时考虑到中国上市公司及其他非上市企业数量众多，不少企业在可持续信息披露能力方面极度匮乏，而获取必要的数据和专业知识相当困难，在制定中国可持续披露准则时，遵循相称性原则，引入相称性机制十分必要。

（七）关联性原则

ISSB 将可持续信息披露视为财务报告的一个组成，欧盟的 CSRD 则将可持续发展报告视为与财务报告平行的单独报告，两种定位孰优孰劣，理论界多有争论。但不管如何定位，均改变不了可持续信息披露与财务报表存在天然联系的事实，两者均需要披露可持续发展相关风险和机遇对当期财务状况、经营成果和现金流量的影响，相关的披露必须保持一致。有鉴于此，可持续披露准则与会计准则需要相互关联。ISSB 在制定可持续披露准则时，使用了与 IFRS 类似术语和概念，包括“重要性”、“重要信息”、“报告主体”、“通用目的财务报告主要使用者”、“无须付出过度成本或努力即可获得合理且有依据的信息”、“报告时间”、“可比信息”、“判断、假设和估计”等，而且还将IASB《财务报告概念框架》的两个基础性质量特征（相关性和如实反映）和四个提升性质量特征（可比性、可验证性、及时性和可理解性）直接引入，作为可持续相关财务信息的质量特征。为了IFRS和ISSB准则的协同推进，IASB已决定将气候相关风险（或更广泛的ESG风险）主题纳入工作计划，ISSB也正在制定两年工作计划，考虑是否将报告整合项目作为未来两年的优先工作。因此，制定中国可持续披露准则时，需要考虑其与会计准则之间的关联关系，相关的概念、术语应尽可能与会计准则保持一致，相关的准则项目和准则内容应当相互协调，确保二者之间内在逻辑的一致性和关联性。

（八）成本效益原则

相较欧美国家而言，中国企业的可持续发展相关信息披露尚处在初级阶段，强制披露可持续发展相关信息会给企业带来额外的成本。根据“英国影响评估”（UK impact assessment）的测算①，一家没有气候相关信息披露实践或专业知识的公司首年筹备披露的成本为201 800美元，随后几年的成本为177 900美元，若公司旗下还拥有众多子公司，其还会增加额外的成本费用。一方面，企业需要组建可持续发展信息披露相关管理团队，负责梳理企业各项业务所涉及的可持续发展相关信息，开发和实施必要的流程管理，进行模型和系统开发，开展情景测试等。目前在中国，这方面的专业人才较为短缺，企业在团队建设过程中需要投入更多的成本。另一方面，企业在首次开展可持续发展信息披露工作时，通常需要外部咨询顾问的指导，例如温室气体排放盘查、信息披露框架建构的咨询服务、培训服务和法律顾问服务等。这些费用可能成为企业未来多年的固定成本。此外，随着可持续发展相关信息披露要求的不断升级，可能还需要系统化的平台管理以进一步保障信息的及时性、准确性和可靠性。基于中国企业可持续发展信息披露的现状，预计企业披露可持续发展相关信息，需要投入的成本应不少于欧美国家的企业，因此，制定中国可持续披露准则时，需要充分考虑中国企业的执行成本，做好成本效益分析。

（九）可验证原则

因应IOSCO等组织的要求，ISSB制定可持续披露准则时，需要为审计师或其他独立的第三方确定企业是否遵守了相关披露要求提供依据。这意味着，基于ISSB准则披

---

① Managing Climate - Related Financial Disclosures by Publicly Quoted Companies, Large Private Companies and Limited Partnerships (LLPs), Final Stage Impact Assessement (October 1, 2021).

露的可持续发展信息应该是可验证的。为此，IFRS S1 直接采用了 IASB《财务报告概念框架》中提出的有用信息的质量特征，并在附录四中说明可通过以下三种方式增强可验证性：（1）纳入可以通过与主要使用者可获得的有关主体业务、其他业务或外部环境的其他信息进行比较而得到证实的信息；（2）提供用于得出估计或近似值的输入值和计算方法的信息；（3）提供已经企业董事会、董事专门委员会或同等机构审阅并同意的信息。考虑到引入可持续信息披露强制鉴证制度的全球趋势，中国也需要强制要求企业聘请第三方鉴证机构对企业披露的可持续信息进行鉴证。在这种情况下，制定中国可持续披露准则，应当借鉴会计准则的做法在准则中设计相应的可验证机制，只有这样，基于准则所披露的可持续信息才能可验证，引入强制鉴证方有可能。

（十）可执行原则

为了保证所制定的准则能够顺利执行，ISSB 不仅引入了相称性机制，还提供了一系列过渡性豁免规定。此外，ISSB 通过 IFRS S1 附录 2 在可持续发展相关风险与机遇、重要性、报告主体、关联信息、交叉索引信息、中期报告、比较信息等方面提供了详细的指南，通过 IFRS S2 附录 2 在气候韧性、温室气体、跨行业指标类别以及气候相关目标等方面提供了详细指南，以支持企业应用首批两项 ISSB 准则。以上做法，为企业实施应用该两项准则提供了现实可行性，对于推广实施准则将发挥非常积极的作用。借鉴 ISSB 的做法，为使制定的准则能够得到贯彻执行，制定中国可持续披露准则时同样需要提供过渡性豁免安排，并提供一系列的应用指南，以帮助企业实施应用准则。

四、可持续披露准则体系与准则制定路线图

（一）可持续披露准则体系

参考企业会计准则体系，以及 ISSB 准则、ESRS、GRI 准则，我们认为中国可持续披露准则体系应由基本准则、具体准则（包括列报准则和通用主题准则、行业准则、中小企业准则）以及准则指南三个部分组成。

1. 基本准则

基本准则是可持续披露准则体系的概念基础，是具体准则、准则指南等的制定依据，地位超然，在整个可持续披露准则体系中具有统驭地位。其作用主要包括：

第一，统驭具体准则的制定。基本准则规范了包括披露目标、报告主体、信息质量特征等在内的基本问题，以及若干重要概念的定义和解释，是制定具体准则的基础，

对具体准则的制定起着统驭作用，以确保各具体准则的内在一致性。

第二，为实务中存在的、具体准则尚未规范的可持续发展主题提供披露依据。在实务中，由于可持续发展涉及的主题包罗万象，各主题也在不断变化和发展，可能在一段时间内很多主题的信息披露尚未在具体准则中加以规范，即便是已经包含的可持续发展主题也可能会出现新的事项和问题。对于这些尚未规范的内容，如果企业认为相关信息对信息使用者的决策有用，就应当进行披露。在缺乏具体准则的情况下企业应该参照基本准则中的要求，例如披露目标、重要性进行判断。因此，基本准则不仅扮演着具体准则制定依据的角色，也为实务中存在的、具体准则尚未规范的可持续发展主题提供了披露依据。

在披露目标方面，我们建议将中国可持续披露信息的主要使用对象定位于通用目的财务报告的主要使用者，即现有或潜在的投资者和债权人，且以单一重要性原则（财务重要性）为主，但允许或鼓励企业提供其他利益相关方要求的信息。因此，我们将中国可持续披露准则的披露目标设定为旨在规范主体如何编制和报告可持续相关信息披露，以便为通用目的财务报告的主要使用者作出与向主体提供资源相关的决策，同时必须兼顾其他利益相关方对可持续信息的需求（包括影响重要性信息）。

在信息质量特征方面，我们建议与ISSB准则保持一致，即包括两个基础性质量特征（相关性和如实反映）和四个提升性质量特征（可比性、可验证性、可理解性、及时性）。相关性主要是指对使用者决策有用，如果信息具有预测性或验证性，则认为其具有相关性。而重要性是衡量相关性的一个方面。若中国可持续披露准则选择单一的财务重要性原则，在判断什么是重要的时候，可以参考中国企业会计准则对重要性的定义，即相关信息的省略或者错报会影响主要使用者据此作出决策的，该信息就具有重要性。重要性的应用需要依赖职业判断，企业应当根据其所处环境和实际情况，从项目的性质和规模两方面加以判断。而如实反映通常包括完整性、中立性、审慎性和准确性，相当于涵盖了中国企业会计准则中的可靠性和谨慎性，但区别于会计信息，可持续披露信息不可避免地会包含定性的、前瞻性的信息，涉及大量的估计和判断，如何判断这些是否做到了如实反映，将会是实务中面临的巨大挑战，也是可持续发展报告鉴证中的一大难题，我们建议为这部分信息制定“安全港”规则，以便为编制者和鉴证机构提供一定的免责保护。

基于上述我们对重要性和信息使用者的定位，我们建议将可持续披露准则的报告主体界定为与相关通用目的财务报表的报告主体相同的主体（即如果报告主体是企业集团，报告的范围应包括母公司及其子公司），以保证其逻辑的一致性。同时，可持续报告与通用目的财务报表的报告主体保持一致，更有利于可持续相关信息与财务信

息的衔接，也能满足主要使用者的一般信息需求并符合其一贯的思维逻辑。ISSB 准则规定企业在识别可持续发展相关风险和机遇时，需要考虑与其联营企业、合营企业和其他金融投资相关的风险和机遇，也包括与价值链上的企业相关的风险和机遇。这一规定并不意味着这些外围企业自身的风险和机遇都要在报告中披露，而是要求考虑这些报告主体范围外的、但在报告主体价值链上的企业的风险和机遇是否会被传导到报告主体，进而导致殃及池鱼的效果。因此，只有那些可能对报告主体短期、中期或长期产生重要财务影响的风险和机遇才会被囊括其中，所以归根结底，可持续发展报告披露的还是报告主体的信息。与会计信息不同，可持续发展主题具有明显的“外部化”特征，风险和机遇的产生并非完全由企业自身的行为所决定。因此要求考虑价值链上企业等报告主体范围以外的风险和机遇来源具有必然性。

2. 具体准则

参考 ISSB 准则的报告框架，我们建议将具体准则分类为列报准则（相当于 ISSB 准则 IFRS S1 一般要求准则中的一部分内容）、通用主题准则（包括环境主题准则、社会主题准则和治理主题准则）、行业准则和中小企业准则。具体准则的核心内容应尽可能与 ISSB 准则的核心内容（治理、战略、风险管理、指标和目标）保持一致。

（1）列报准则。列报准则的一般要求主要包括报告位置、报告时间、可比信息和合规声明等内容。

①报告位置。IFRS S1 认为可持续披露准则所要求披露的信息与财务报表（即传统财务会计信息）共同构成了通用目的财务报告的组成部分，但并未明确要求可持续披露信息的报告位置。我们认为可持续披露准则要求披露的信息中包含大量定性的、前瞻性的信息，其编制逻辑和传统财务会计信息的编制逻辑存在较大差别，且通常涉及除财务部门以外的多个部门，数据搜集、验证、分析和报告的工作繁重。因此不宜将可持续相关信息与财务报表信息合并披露。

根据中国证监会于 2021 年 6 月 28 日发布的修订后的《公开发行证券的公司信息披露内容与格式准则第 2 号——年度报告的内容与格式》的要求，年报中应新增“环境和社会责任”章节，如公司已披露社会责任报告全文的，仅需提供相关的查询索引。根据 Wind 数据显示，有 1 741 家上市公司发布了 1 818 份 2022 年 ESG 报告，其中，社会责任报告 1 079 份，ESG 报告 513 份，可持续发展报告 58 份，社会责任与 ESG 二合一报告 104 份，另有 64 家上市公司同步披露了英文 ESG 报告[①]。因此，目前

① 数据来源于微信公众号绿色金融 60 人论坛 2023 年 5 月 10 日戴浩程文章《A 股上市公司 2022 年度 ESG 报告披露一览，披露率再创新高》。

在实务中，A股上市公司的ESG信息均作为年报的一部分或以单独报告（社会责任报告、可持续发展报告或ESG报告）的形式进行披露。

我们合理预期在执行中国可持续披露准则后，公司须披露的可持续发展信息将有所增加，内容也更为具体。同时，逐步引入第三方中介机构对可持续发展报告进行鉴证也将被提上日程。若将可持续发展报告作为相对独立的报告，便于阅读和理解，而且更有利于可持续发展报告自身的身份认同和报告鉴证，也更有助于治理结构的建设和责任划分。

我们认为准则制定机构应在基本准则中明确可持续披露信息的地位以及与传统财务会计信息的关系，而可持续信息披露具体位置的决定权则可以交由相关监管部门，例如由证监会或证券交易所决定上市公司的可持续信息披露位置。另外，我们也注意到ISSB将在其未来两年的工作计划中考虑报告整合项目，即考虑可持续披露信息与传统会计信息的整合，财政部应密切关注这一项目的进展。

②报告时间。IFRS S1规定，企业应在发布相关财务报表的同时披露可持续相关财务信息。可持续相关财务信息披露涵盖的报告期间应与相关财务报表相同。而EFRAG则未要求可持续发展报告与财务报告同时披露，仅要求可持续发展报告涵盖的期间必须与财务报告涵盖的期间保持一致。诚然，同时披露财务报告和可持续发展报告有利于报告使用者更为及时和有效地获取信息并作出决策。但是，考虑到中国大部分企业尚未具备编制一套完整的可持续发展报告的能力，比如尚未建立一套完整的和可持续相关的信息系统、内控制度和治理结构，尚未配备一批具备相应专业能力的人员等。在目前阶段，要求同时披露两份报告对中国的大部分企业来说不切实际。因此，我们建议对可持续发展报告的报告时间给予适当的过渡期，在过渡期内，其发布时间可以晚于财务报告的公告时间。将可持续发展报告作为单独的报告而不是财务报告的一部分，也为上述过渡期安排提供了可能。对于报告期间，我们建议采纳ISSB准则关于可持续相关财务信息披露涵盖的报告期间应与相关财务报表相同的规定。

③可比信息。IFRS S1规定，除非其他可持续披露准则另行允许或要求，针对报告期间披露的所有数据，企业应提供上一期间的可比信息。如果此类信息有助于了解报告期间的可持续相关财务信息披露，企业还应披露叙述性和描述性的可持续相关财务信息的可比信息。另外，企业采用可持续披露准则的第一个年度报告期间内，无须披露可比信息。出于披露的可比性和可行性的考虑，在提出中国可比信息的要求时，我们建议采纳与ISSB准则相同的规定。

④合规声明。EFRAG在《一般原则》中明确指出，企业只有遵守了ESRS所有适用的披露要求，才能声称其遵守了ESRS。而IFRS S1中的规定则显得更为宽松，规定

如果当地法律法规禁止企业披露可持续披露准则所要求的信息，可持续披露准则豁免企业披露该信息。如果ISSB准则所要求披露的可持续相关机遇的信息具有商业敏感性，可持续披露准则同样豁免企业披露该信息。利用此豁免条款并不妨碍企业主张其遵守ISSB准则。ISSB之所以给出这一豁免，主要是为了助力实现其成为全球基准的目标。对于合规声明，我们认为与ISSB的一般原则保持一致即可。

（2）通用主题准则。在制定中国可持续发展准则时，既要与国际标准接轨，也要致力于推动本土经济、社会和环境的可持续发展。在综合考虑国际发展趋势和共识的情况下，应结合中国国情和发展阶段的本土特征。如前所述，考虑到应对气候变化的重要性和紧迫性，建议优先将全球最为关注的气候相关主题纳入通用主题准则。

①气候相关主题。气候变化已经对全人类的可持续发展构成最严重的威胁，也对高碳排企业和不能适应低碳绿色转型的企业产生重大冲击。因此，充分披露气候变化相关信息，特别是碳排放信息披露，一方面有助于使用者评估企业经营活动和气候变化之间的双向影响，并据以作出决策，另一方面也能促使企业进行低碳转型和绿色发展，促进证券市场投资理念的转变。但是，对于中国企业来说，应用IFRS S2中的一些具体披露要求可能存在巨大挑战。典型的例子包括范围3排放、气候情景分析以及气候相关风险机遇的预期财务影响。对于尚不熟悉可持续信息披露的企业来说，定量披露上述相关信息难度较大，如果相关定量数据的收集处理过程不规范导致信息质量低下反而会影响整个可持续发展报告的可信度。因此，我们建议可以针对这些方面制定豁免措施。豁免措施的目的并不是不要求企业披露信息，而是希望给予企业充足的准备时间。具体的措施包括给予过渡期安排，过渡期内可以定性披露为主逐渐过渡到定量披露，或者将要求披露的企业范围限定在较小范围内，其他企业可以逐步学习国内外先进经验，做好披露准备。

此外，被纳入ISSB管辖范围的SASB准则在ISSB准则中处于比较重要的地位，具体表现为企业在识别可持续发展相关风险和机遇以及相关的披露内容时应该参考SASB准则，未按照SASB要求披露的需要解释原因。SASB准则的制定背景导致了其国际适用性存疑，尽管ISSB已经开展工作将其中一些仅适用于美国背景的指标作出修改，但是我们认为其适用于中国实际情况的程度尚不明朗。因此，我们建议无论是针对气候变化的具体准则还是其他主题准则，不宜直接照搬SASB准则中的要求。准则制定机构应具体分析SASB准则中具体指标的制定背景、具体要求等细节，才能决定是否以及如何采用SASB准则。

②其他主题。在其他主题准则的制定节奏上，准则制定机构应该综合考虑ISSB的准则制定项目和国内信息使用者的需求优先级。

③中国特色主题。新发展理念是针对当前中国发展面临的突出问题和挑战提出来的战略思想，全面推进乡村振兴就是贯彻新发展理念的重大举措。企业投身于乡村振兴尽管不一定能够带来经济效益，但可充分彰显企业的社会责任和担当。为协同做好乡村振兴工作，贯彻新发展理念，中国证监会于2021年6月28日发布的修订后的《公开发行证券的公司信息披露内容与格式准则第2号——年度报告的内容与格式》中鼓励上市公司积极披露报告期内巩固拓展脱贫攻坚成果、乡村振兴等工作具体情况。同时，数据显示，截至2023年4月30日，近四成A股上市公司在其年报中披露了支持巩固脱贫攻坚、乡村振兴相关内容。这说明披露“脱贫攻坚、乡村振兴”相关内容不仅满足监管机构的信息披露要求，上市公司对此也具有较强的实操性和披露意愿。类似地，我们可以考虑将生态红线、共同富裕、工会组织、反腐倡廉等中国特色主题纳入其中。

但是，我们认为准则制定机构可能不需要在一开始就对上述中国特色主题制定具体准则，可以留待企业采用基本准则以及列报准则识别了可持续发展相关风险和机遇后的一段时间（可能是2—3年）后再行观察。一方面，准则制定机构应考虑这些主题与财务信息的关联程度。另一方面，如果认为由财政部制定具体主题准则是必要的，也可以在准则制定时参考这段时间内企业已作出的披露研究制定。

（3）行业准则。可持续相关信息具有非常明显的行业特征，不同行业之间可能存在完全不同的商业模式、价值链、风险和机遇。比如，油气行业最关心的是能源转型和污染等问题，而食品行业最关心的则是食品安全和供应链管理等问题，可以说三百六十行，隔行如隔山。但不同于财务报表，可持续相关信息的披露并没有类似“复式记账法”或“一般等价物”的逻辑，因而无法将不同商业模式、不同治理和管理水平、不同战略和决策行为、不同资源和关系、不同风险和机遇用统一的语言进行表述和呈现。因此，为每个行业量体裁衣，制定能体现行业特征的行业准则，让同行更可比，各行有差异，才能真正体现出可持续发展报告的价值和决策有用性。

我们注意到，ISSB发布的IFRS S2附录2中的行业实施指南完全参照了SASB标准的行业分类，向68个行业提出了行业特定披露要求。但对于每个行业的具体披露要求而言，由于ISSB准则的行业实施指南中众多指标的设定以美国的具体环境为背景，并不完全适用中国企业，因此在制定中国可持续披露准则时，应结合自身行业特点和国内评价体系，并充分考虑企业的承受能力，再行决定SASB准则之于中国准则中的地位。

行业特定准则相较列报准则和通用主题准则而言，具有更高的专业性和特殊性，可以考虑将具体行业准则的制定交给行业协会、行业自律组织或行业监管机构等具备

行业经验和专业知识的组织和机构，而财政部可以发挥指导、协调的作用。在行业准则制定过程中，还可以邀请企业积极参与到标准修订和指标细化的工作中。这种征求多方意见的做法不仅可以更好地完善准则，而且可以得到更多利益相关方对可持续披露准则的认可，进一步提升准则的影响力。

（4）中小企业准则。可持续发展不仅仅是大企业或者上市公司应该关心的话题，中小企业也应考虑。为了构建完整的可持续披露准则体系，应考虑为中小企业提供一套简化版本的可持续披露准则。中小企业是国民经济的重要组成部分，但它们可能缺乏大企业所拥有的资源与能力，编制可持续信息的成本相比其规模来说可能更高，同时中小企业所面临的可持续发展相关风险和机遇的类型也与大企业有所区别，因此，制定中小企业可持续披露准则非常必要。

3. 准则指南

不难想象，未来中国企业要按照可持续披露准则定期发布可持续发展报告，单从准则应用的技术角度而言就存在诸多问题和重重困难。首先，对于像“可合理预期会影响企业发展前景的所有可持续发展相关风险和机遇”这样的开放性问题，如何从理论落实到实操，对于习惯了回答清单式问题的编制者而言会是一个很大的挑战。其次，对于绝大多数企业来说，范围3温室气体排放、气候情景分析以及气候目标制定都是较为初期或者新鲜接触的事项，编制时难免力不从心。最后，对于已经披露了 ESG 报告的企业，如何将原有的报告内容整合入新的报告框架，按照四大核心内容的逻辑重新编报，也将会是企业面临的现实问题。因此，为了便于报告编制者理解和应用准则内容，我们建议制定准则指南对具体准则的重点难点问题进行权威解释，并提供更为详细的指引和示例，同时针对不同的行业，还需提供具有代表性的行业实施案例和披露案例以供参考。

（二）中国可持续披露准则制定路线图

在全球各地加快可持续披露准则集中制定和发布的形势下，中国必须尽快跟上国际发展步伐，为可持续发展相关信息披露的报告制定适应本国国情的框架和标准，真正将可持续发展引入企业战略之中，避免在国际竞争中处于被动，并继续扩大中国的全球影响力。鉴于制定一套全新的适应中国国情的可持续披露准则的规模、复杂性和紧迫性，有必要制定详细的规划，分阶段分步骤进行。

1. 参照 ISSB 准则制定节奏分阶段进行

第一阶段，基础准备工作。确定准则制定机构及其协调机制，并尽快组建准则制定工作组，确立准则制定的应循程序，为准则研究与制定工作奠定制度基础和提供组织保障。准则制定机构及工作组主要职能应包括：通过对国际主流准则及国内现有准则和标准进行深入研究，确定可持续信息披露基本框架，包括使用者定位、重要性原则和信息质量特征等；结合中国国情和政策规定，加快研究制定中国的可持续披露准则体系；与 ISSB 保持密切交流，参与 ISSB 准则的制定工作，为将来准则之间实现互通性减少阻力；关注可持续信息与财务信息之间的关联性，并通过对可持续信息披露框架与现有财务报告信息的审阅，识别并实现两个维度信息的融合；结合可持续信息披露的实践，评估利益相关方的需求和挑战，尤其是中小企业编制者资源限制和数据的可得性等，并在报告制定过程中予以考虑。

第二阶段，形成第一批准则征求意见稿，并在履行相关应循程序后予以发布。应当以基本准则的制定作为起点，并首先确定可持续信息披露的核心内容及一般要求（即列报准则），再按照优先程度选择制定通用主题准则。基本准则及列报准则旨在提供核心理念和通用披露要求，可指导所有具体可持续主题披露准则的制定。在确定制定的通用主题准则时，按照主题的紧急程度和成熟度，第一阶段可优先考虑环境主题中的气候变化准则。

第三阶段，跟随 ISSB 对其他主题准则的制定节奏，逐步形成一套完整的可持续披露准则。同时，结合准则应用和实践发展情况，修订和完善第一阶段制定的准则，为准则应用提供更进一步的指导和解释。

第四阶段，以已完成的可持续披露准则体系为基础，适时制定适用于其他报告主体的准则，如中小企业、非营利组织和公共部门，并继续对可持续披露准则的应用提供支持。

2. 建议规划时间表

第一阶段：考虑到财政部此前为向 ISSB 反馈中方对征求意见稿的意见，已牵头成立了由相关主管单位和行业内专家参与的跨部门工作组，因此，建议在 2023 年第三季度之前完成相关机构及工作组的筹建和关键人员的任命，以便开展准则制定等核心职能工作。

第二阶段：目前对中国企业影响较大的 ISSB 准则及联交所《环境、社会及管治报告指引》均预计于 2024 年 1 月 1 日之后开始的年度报告期间生效，许多编制者已开始着手建立或调整其内部流程、系统和控制程序，以提供满足准则要求的披露信息。为减少企业为同时满足不同准则要求而进行的准备工作的重复性，同时考虑到第一阶段制定的中国可持续披露准则将建立在相对成熟和广泛认同的框架基础上，建议最晚于 2024 年年中完成征求意见稿，随后结合反馈意见修改，于 2024 年年底之前发布最终版。

第三阶段：由于时间关系无法在第二阶段制定的行业特定准则和其他主题准则应在本阶段予以考虑。ISSB 的目标是制定一套全面的可持续相关财务信息披露的全球基准，中国制定的可持续披露准则势必面临与 ISSB 准则的对标问题。为减少相同主题准则的差异，降低跨国企业的披露成本，提高国际间企业披露信息的可比性，建议我们在制定通用主题准则时参照 ISSB 的准则制定议程安排，优先研究和制定与之相同主题的准则。例如，2025 年至 2026 年同步完成生物多样性相关主题、人力资本主题的研究，并在资源允许且必要的情况下，制定中国特色主题准则，如乡村振兴等主题。

第四阶段：企业、非营利组织和公共部门在基础属性和活动目标上有所不同，但同时也都作为社会组织的重要组成部分发挥其作用，中小企业则在资源和能力、影响上与一般企业不同，因此，有必要制定适用于这些主体的可持续披露准则，从而实现更大规模的社会面覆盖。时间上可考虑与一般企业的可持续披露准则穿插进行。

（原载于《财会月刊》2023 年第 15 期）

主要参考文献：

1. 屠光绍，王德全，等．可持续信息披露标准及应用研究［M］．北京：中国金融出版社，2022.

2. 王鹏程．构建我国碳信息披露体系的战略思考［J］．北京工商大学学报（社会科学版），2023（01）.

3. 黄世忠．ESG 报告的“漂绿”与反“漂绿”［J］．财会月刊，2022（01）.

4. 黄世忠，叶丰滢，王鹏程，孙玫．中国可持续发展披露准则制定的策略选择［J］．财会月刊，2023（11）.

5. ISSB. IFRS S1 General Requirements for Disclosure of Sustainable－related Financial Information［EB/OL］，www. ifrs. org，2023.

6. ISSB. IFRS S2 Climate－related Disclosures［EB/OL］，www. ifrs. org，2023.

我国制定气候相关披露准则面临的十大挑战与应对

黄世忠　叶丰滢

【摘要】为顺利实现"双碳"目标，我国应尽快将可持续披露准则特别是气候相关披露准则的制定提上议事日程。在制定气候相关披露准则的过程中，应当合理预判可能面临的挑战并制定相应的应对策略。本文基于国际可持续准则理事会发布的《气候相关披露》征求意见稿、欧洲财务报告咨询组发布的《气候变化》征求意见稿，以及美国证监会发布的气候披露新规征求意见稿这三份最新的气候相关信息披露要求，结合我国企业实际，提出我国制定气候相关披露准则可能面临的十大挑战，并简要给出应对建议。

【关键词】气候变化；气候相关披露准则；气候相关风险和机遇；温室气体排放

准则制定与准则实施相辅相成，高质量的准则制定离不开对准则落地实施的应有关注，而有效的准则实施发现的问题反过来促进准则不断完善。因此，我国在制定可持续披露准则时，应合理预判准则落地实施过程中可能遇到的重大挑战。在可持续披露准则所涉及的议题中，社会议题和治理议题相对简单且准则制定需求并不十分急迫，最具挑战性和紧迫性的当属环境议题，气候议题尤其如此[①]。本文基于国际可持

① 2022年7月《经济学人》刊登了题为《ESG：三个字母救不了地球》的封面文章，主张ESG（环境、社会和治理）应浓缩为E，这里的E不是泛指Environment（环境）而是特指Emission（排放）。对此，我们深以为然。ESG的E议题涉及面很广（如气候变化、空气污染、水与海洋资源、生物多样性与生态系统、资源利用与循环经济等），其中如何减少温室气体排放以缓解气候变化是国际社会当下最为关切的可持续发展问题。因此，ISSB、EFRAG和SEC在可持续发展披露准则或规则的制定中，均将气候相关披露准则作为优先议题。

续准则理事会（ISSB）发布的第2号国际财务报告可持续披露准则《气候相关披露》征求意见稿（IFRS S2）、欧盟委员会（EC）发布[①]的第E1号欧洲可持续发展报告准则《气候变化》征求意见稿（ESRS E1），以及美国证监会（SEC）发布的《面向投资者的气候相关信息披露的提升和标准化》征求意见稿（SEC气候披露新规），结合我国企业的实际情况，总结提炼我国在制定气候相关披露准则时应充分考虑的十大挑战，并简要给出应对建议。

一、温室气体减排目标制定的挑战与应对

指标与目标是气候相关信息披露四大核心内容之一。指标是分解的目标，目标是重中之重。要求企业披露温室气体减排目标，有助于使用者了解和评估企业的减排决心、进度和效果。IFRS S2和ESRS E1都要求企业披露其制定的气候相关目标尤其是温室气体减排目标，SEC气候披露新规的要求略微宽松，要求企业披露其是否制定气候相关目标，如果已经制定，再做相关披露。

我国作为《巴黎协定》的签署方，与其他签署方在温室气体减排方面承担了共同但有区别的责任。2020年9月，国家主席习近平在第75届联合国大会上庄严宣布我国力争2030年前二氧化碳排放达到峰值，努力争取2060年前实现碳中和的目标。“双碳”目标与《巴黎协定》将21世纪平均气温上升控制在工业革命前平均温度的2℃以内力争控制在1.5℃以内的目标相一致，我国企业需要据此制定相应的温室气体减排目标。对企业而言，最理想的情况是根据科学碳目标倡议（Science Based Targets initiative，SBTi）[②]制定科学碳目标，包括确定企业的碳预算（在全球气温平均升幅超过特定温度阈值之前碳排放的限制总量）、排放情景（在碳预算确定的条件下不同时间范围内的减排路径）和分配方法（绝对排放量收缩法和行业减排法）。但现实情况是，“亚洲国家碳排放总量占全球碳排放的60%，但全球制定科学碳目标的企业中只有21%来自亚洲”（罗兰贝格，2022）。

基于上述原因，本文建议我国的气候相关披露准则应要求企业披露温室气体减排目标，披露的内容（如总目标和阶段性目标、目标如何与“双碳”目标挂钩、目标的

---

① 欧盟发布的《公司可持续发展报告指令》规定，ESRS由欧洲财务报告咨询组（EFRAG）起草和制定，但由EC正式发布。

② SBTi是2015年由碳信息披露项目（CDP）、联合国全球契约组织（UN Global Compact）、世界资源研究所（WRI）和世界自然基金会（WWF）联合发起设立的旨在帮助企业和金融机构制定科学的二氧化碳等温室气体减排目标以应对气候变化的联盟。截至2022年年末，全球4 000多家上市公司（其市值超过股票总市值的1/3）根据SBTi提供的方法制定了温室气体减排目标。

意图、用以评估和衡量目标的指标、目标的适用期间和基期等）可参照 IFRS S2、ESRS E1 和 SEC 气候披露新规的有关规定斟酌确定。与此同时，考虑到我国大部分企业目前还没有制定温室气体减排目标，按照 SBTi 制定科学碳目标的更是凤毛麟角，准则制定机构有必要就如何制定温室气体减排目标提供必要的指引，包括如何根据“双碳”目标制定企业的碳目标，如何制定科学减碳目标，如何制定帮助企业实现目标的温室气体减排路线图和时间表及转型计划等。

二、温室气体排放数据收集的挑战与应对

按照 ISSB 和 EC 的要求，在一段时间的过渡期（一年）之后，包括气候相关信息在内的可持续发展相关信息必须与财务报告同时披露。SEC 也要求气候相关信息必须在注册人的年度报告中与财务报表同时披露。这些要求既彰显了可持续发展报告与财务报告的关联性（Connectivity），也避免使用者误以为可持续发展报告的重要性不如财务报告。

但将气候相关信息与财务报告同时披露，在实际工作中极具挑战性。与财务报告不同，我国绝大多数企业包括大型上市公司和金融机构迄今尚未建立温室气体排放数据的收集、验证、分析和利用系统，企业几乎不可能在季报、半年报和年报中与财务报告同时披露可靠且可验证的温室气体排放数据。在范围 1 排放方面，如果企业尚未对所拥有或控制的排放源进行温室气体盘查（包括确定固定设备、运输设备、制造过程、逸散排放源等产生了哪些温室气体、活动水平和排放因子等），没有以数字化方式建立温室气体排放数据收集系统，那么范围 1 排放的披露和鉴证将缺乏基础。在范围 2 排放方面，如果不能获取能源结构和排放因素等信息，企业就无法按市场法或地区法披露购买和消耗的电力等各类能源产生的温室气体排放。在范围 3 排放方面，如果不能在供应链或价值链中居于核心地位，企业就难以从不受其控制的供应商和客户处及时获取可靠的温室气体排放数据。

上述挑战仅限于单个企业，如果是集团公司，既有控制的子公司，也有共同控制的合营企业，还有可以施加重大影响的联营企业，温室气体核算和报告还需要确定三个边界：报告边界（Reporting Boundary）、组织边界（Organizational Boundary）和经营边界（Operational Boundary）。报告边界又称报告主体，是企业报告温室气体排放等可持续发展相关信息的范围，ISSB、EC 和 SEC 均要求报告主体必须与财务报告的编制主体保持一致。组织边界是报告主体拥有或控制的业务的边界，按照《温室气体规程：企业核算与报告标准》（以下简称《温室气体规程》），组织边界可按权益比例法

（Equity Share Approach）或控制法（Control Approach，具体包括 Financial Control 即财务控制和 Operational Control 即经营控制）确定，ISSB、EC 和 SEC 正是参照《温室气体规程》）要求企业设定各自的组织边界。经营边界是与报告主体拥有或控制的业务有关的直接和间接排放的边界，既包括企业自身的活动产生的温室气体排放，也包括与企业活动相关的价值链活动所产生的温室气体排放，如向供应商购买原材料、机器设备等资本货物以及向客户销售产品或提供服务所产生的温室气体排放。

我国制定的气候相关披露准则如果要求披露（尤其是与财务报告一同披露）温室气体排放信息，就应充分认识到核算范围 1、范围 2 和范围 3 排放所面临的上述挑战，尤其是范围 3 排放数据的可获取性、可靠性和可鉴证性，并统一界定报告边界、组织边界和经营边界，保证信息披露范围的一致性，同时尽可能为企业层面经营边界的确定提供可操作性的指引。更重要的是，政府相关部门应当千方百计鼓励和引导数字技术企业开发温室气体排放数据收集系统，借助市场力量破解我国企业温室气体数据系统建设严重滞后的难题。同时还应当鼓励有条件的数字技术企业借鉴 CDP 全球环境信息平台的经验和做法，开发建设我国自己的环境信息平台，鼓励企业和金融机构上传各自的排放数据及相关数据，为其他企业和金融机构核算范围 2 排放和范围 3 排放提供信息源。唯有如此，才能帮助我国企业循序渐进推进气候相关信息披露。

三、温室气体排放核算方法的挑战与应对

IFRS S2、ESRS E1 均要求企业按照《温室气体规程》（包括企业核算和报告标准以及企业价值链核算和报告标准）计算并披露温室气体排放，SEC 气候披露新规也是主要依据《温室气体规程》制定温室气体排放披露要求。世界资源研究所（WRI）和世界可持续发展工商理事会（WBCSD）2004 年制定的《温室气体规程》虽然并不完美，但其作为世界上最广泛运用的温室气体核算和报告标准却是不争的事实，甚至 ISO 制定的 14060 系列标准和碳核算金融联盟（PCAF）制定的《全球金融业温室气体核算和报告标准》也是以《温室气体规程》的理念和方法为蓝本。相比而言，我国企业对《温室气体规程》还十分陌生，极少运用。国家发展改革委 2013 年以来陆续发布了涵盖 24 个行业的《企业温室气体排放核算方法与报告指南》，生态环境部 2021 年以来也先后印发了《企业环境信息依法披露管理办法》和《企业环境信息依法披露格式准则》，为企业核算和披露温室气体排放提供了政策依据。这些指南、管理办法和准则尽管在理念上总体接近于《温室气体规程》，但在核算口径及具体做法上与《温室气体规程》还存在不少差距（黄世忠、叶丰滢，2023）。

我国制定气候相关披露准则将面临的一个重大挑战是采用何种温室气体核算和报告标准，是采用国际上广泛运用但我国企业比较陌生的《温室气体规程》，还是采用我国企业比较熟悉但与国际通行标准不尽一致的国家发展改革委和生态环境部制定的指南、管理办法和准则？本文认为，采用国际上最广泛运用的《温室气体规程》，同时使用契合我国能源结构和能耗水平的排放因子最为可取。这种做法可以提高我国企业温室气体排放数据与国际同行的可比性，既有助于我国企业在跨国或跨境融资时披露气候相关信息，也有利于我国企业在出口贸易中应对欧盟或其他国家即将开征的碳关税。当然，如果在气候相关披露准则中要求企业采用《温室气体规程》，准则制定机构首先应在气候相关披露准则中参照《温室气体规程》统一若干概念和方法，如应披露哪几种温室气体排放，范围1、范围2、范围3应包括哪些内容，计量单位是什么，报告边界、组织边界、经营边界如何确定等，以保证企业信息披露具备基本的同口径，其次可制定详细指引，引导企业在具体数据采集、计算和披露时参考《温室气体规程》的相关规定。

四、金融机构融资排放核算的挑战与应对

与企业一样，金融机构也必须顺应全球向净零排放经济转型的趋势。差别在于，金融机构既是气候相关信息的提供者，也是气候相关信息的使用者，这种双重角色是金融机构在气候相关信息披露中显著区别于企业的特征。作为气候相关信息的提供者，金融机构也必须按照IFRS S2、ESRS E1或SEC气候披露新规的要求披露气候相关信息，便于使用者了解和评估其能否顺利实现向绿色金融（Green Finance）或转型金融（Transitional Finance）或可持续金融（Sustainable Finance）的历史性转变。作为气候相关信息的使用者，金融机构需要获取其贷款客户的气候相关信息（特别是温室气体排放信息和财务影响信息），以便研发绿色金融产品、评估气候风险造成的金融风险敞口、优化绿色投融资组合以及计算自身融资排放。因此，制定气候相关披露准则必须充分考虑金融机构所扮演的双重角色。

对于温室气体排放，金融机构需要充分关注范围3排放。范围3排放在金融机构主要表现为融资排放（Financed Emission）。所谓融资排放，是指金融机构在价值链下游活动中向其客户提供贷款所产生的温室气体排放，其计算公式为：融资排放 = 归因因子 × 贷款客户的温室气体排放，其中的归因因子 = 金融机构贷款金额 ÷ 贷款客户的负债和权益总额。CDP对管理了109万亿美元的332家金融机构的研究显示，融资排放比金融机构的直接排放（即范围1排放）多出700倍以上（CDP，2020），占其全部

排放总额的比例通常超过99%。可见，如何对融资排放进行核算和披露是金融机构的重中之重，也是金融机构所面临的最大挑战。已经开展融资排放核算的金融机构遇到的突出问题包括：（1）难以及时获取贷款客户尤其是中小贷款客户的温室气体排放数据；（2）难以对贷款客户尤其是中小贷款客户的温室气体排放数据质量进行评估；（3）难以通过有效的数据库和模型间接估算尚未披露气候相关信息的贷款客户尤其是中小贷款客户的温室气体排放。

相比欧美等发达国家，我国金融机构在披露融资排放方面面临着更为严峻的挑战，主要原因包括：（1）我国还没有强制要求企业披露温室气体排放，且缺乏类似于CDP这样的全球环境信息平台，金融机构获取或估算贷款客户的融资排放数据更加困难；（2）我国还没有制定适用于金融机构的温室气体排放核算和报告标准，金融机构披露融资排放缺乏可参照的标准。因此，我国制定气候相关披露准则时，如何解决金融机构核算和报告融资排放的问题将成为富有挑战性的重大问题。本文认为，我国应尽快制定适合金融机构的温室气体排放核算和报告标准，在此之前，应当允许金融机构采用PCAF制定的《全球金融业温室气体核算和报告标准》核算融资排放。此外，如前所述，应当鼓励有条件的数字技术企业借鉴CDP全球环境信息平台的经验和做法，开发建设我国自己的环境信息平台，便于金融机构获取或估算融资排放。在此之前，也应当鼓励金融机构探索利用行业数据库和回归分析法估算融资排放，并为这种具有重大不确定性的信息披露提供必要的法律免责保护。

五、气候适应性分析与评估的挑战与应对

气候适应性（Climate Resilience）又称气候韧性。IFRS S2和ESRS E1对气候适应性给出了一样的定义——企业针对与气候相关的不确定性作出调整的能力，涉及管理气候相关风险和抓住气候相关机遇的能力，包括应对和适应转型风险和物理风险的能力（ISSB，2022；EFRAG，2022）。开展气候适应性分析的重点是分析工具的选择。IFRS S2征求意见稿发布时要求企业采用情景分析进行气候适应性分析，也规定若企业无法采用情景分析，可以采用其他替代方法或技术。但2022年11月召开的ISSB职员会议推翻了替代方法的表述，要求企业无论如何应采用与自身规模、能力和对气候相关风险暴露程度相匹配的情景分析评估气候适应性，包括起步阶段的情景分析（以定性分析为特征）、进阶阶段的情景分析（以开始采用定量信息为特征），以及成熟阶段的情景分析（以使用数据集和数学模型为特征）。ESRS E1在气候相关风险识别阶段就要求采用情景分析，且物理风险的识别应基于高排放的气候情景（比如基于IPCC

的SSP5－8.5情景或相关的地区性情景），转型风险的识别应基于与《巴黎协定》相一致的将气温变化限制在1.5℃之内的气候情景。在适应性分析上，ESRS E1也明确要求企业使用情景分析描述其战略和商业模式相对于气候变化的适应性，包括：描述适应性分析的范围；如何开展适应性分析（包括关键假设、时间范围，如何考虑潜在财务影响、减缓措施和资源等）；适应性分析的结果（包括采用的情景分析的结果）等。SEC气候披露新规对是否采用情景分析开展气候适应性分析未做强制要求，但提到如果注册人采用情景分析，需要披露所考虑的气候情景，包括参数、假设和分析方法的选择，以及每种情景对注册人业务战略的预计财务影响等定量和定性信息。

三大披露准则之所以都要求或建议企业通过情景分析开展气候适应性分析，是因为气候相关风险是一种具有高度不确定性的风险事项。风险管理理论认为此类风险的风险评估适用非概率模型尤其是情景分析技术，它可以帮助企业在不量化可能性的情况下使用主观假设估计各种情况下风险事件的影响。我国如果要求企业采用情景分析开展气候适应性分析，所面临的挑战之大可想而知。除了大型金融机构外①，我国绝大部分企业包括大型国企和上市公司对气候情景缺乏了解，对情景分析这种分析工具没有接触，更缺乏通过情景分析法开展气候适应性分析的实践经验，在知识掌握、能力建设和数据积累方面均存在明显不足。这就要求准则制定机构提供切实可行的具体指引，引导企业从定性分析起步，建立起对气候情景的认知和情景分析的应用观念，进而自觉主动逐步走上更为复杂的量化适应性分析的道路。

六、气候变化财务影响评估的挑战与应对

不论是基于财务重要性原则的IFRS S2，还是基于双重重要性原则的ESRS E1，均要求企业披露气候相关风险和机遇对其当期和预期（短期、中期、长期）财务状况、财务业绩和现金流量的影响。SEC气候披露新规的披露要求相对更集中于气候相关风险和机遇的当期财务影响。

财务影响评估是气候相关风险评估的重要输出值，投资者和金融机构以此为依据决定资金投向和其他资源配置。TCFD框架（2017）要求气候相关风险和机遇潜在财务影响评估必须基于气候情景，这极大提升了这项工作的门槛和难度。2023年1月ISSB在职员会议上明确将潜在财务影响评估与情景分析解绑，提出潜在财务影响评估

① 即便是大型金融机构也面临纷繁的分析工具的选择，很难判断哪些建模方法既透明又包含足够丰富的信息，这影响了情景分析量化评估的标准化。

可以基于气候情景也可以不基于气候情景。但即便如此，目前仍没有公认的方法评估或衡量气候相关风险的潜在财务影响（EFRAG，2022）。

观察截至目前的优秀披露案例可知，不基于情景分析的潜在财务影响评估若采用基于历史数据的预测法较为简单易行，其他商用量化模型也能帮助企业不同程度完成潜在财务影响评估。但即便不考虑方法选择上的困难，气候相关风险潜在财务影响评估仍然面临部分风险归因不清、特定风险影响无法货币化甚至不可量化等现实困扰且没有特别好的解决方案。从结果运用上看，如果企业使用的评估方法不一、参数获取途径不一、主要假设和判断不一，披露的潜在财务影响的可靠性、可比性以及对使用者的有用性将大打折扣。

因此，我国制定气候相关披露准则时若严格要求企业以定量的方式披露气候相关风险和机遇的预期财务影响，对于财务人员无疑是一大严峻的挑战。我国企业的绝大部分财务人员，一是对气候相关风险会造成哪些当期和潜在财务影响陌生，二是对如何评估潜在财务影响不熟悉，三是对具体评估开展过程中应获取哪些数据，作出哪些关键假设不了解。但如果大部分企业都以定性的方式评估和披露气候相关风险和机遇的预期财务影响，这种信息对使用者的有用性尤其是对金融机构的有用性又将大打折扣。为破解这一困局，需要准则制定部门为企业界提供切实可行的潜在财务影响评估方法和方法应用的具体指引，并借鉴 SEC 气候披露新规的“安全港”规则为这种长跨度且具有重大不确定的前瞻性信息披露提供相应的法律免责保护。

七、治理机构专业胜任能力的挑战与应对

IFRS S2、ESRS E1 和 SEC 气候披露新规都借鉴了 TCFD 的四支柱（治理、战略、风险管理、指标与目标）框架，要求将气候议题纳入企业的治理体系和治理机制中。企业必须披露有助于使用者了解企业监督和管理气候相关风险和机遇所采用的治理流程、控制措施和程序的相关信息，包括气候相关风险是否由董事会“专人专项”管理，责任是否到岗、到人，是否建立通畅的信息传递、处理和决策流程，以及监督和激励措施等。在这套要求下，董事会和管理层等治理机构必须具备气候相关知识和经验，方能胜任对气候相关风险和机遇的有效识别、评估和管理，也才有可能对气候相关信息的编制和披露进行有效的内部控制。

遗憾的是，IFRS S2、ESRS E1、SEC 气候披露新规的要求与治理机构的真实现状存在巨大反差。纽约大学斯特恩可持续发展中心的一项研究显示，美国前 100 家大型公司的 1 188 位董事中，只有 6% 的董事具有环保相关方面的认证，只有 0.3% 的董事

具备气候或水资源方面的专业知识（黄世忠，2022）。美国是最早披露气候相关信息的国家之一，其上市公司的董事会成员在气候相关知识方面的不足尚且如此，新兴市场经济国家上市公司董事会成员在气候相关方面的专业胜任能力可想而知。因此，我国制定气候相关披露准则时，如何加强董事会和管理层气候相关知识和胜任能力建设，是准则制定部门必须直面的重大问题。庆幸的是，ISSB 已决定在发布 IFRS S1 和 IFRS S2 之后协助企业强化能力建设，包括气候相关方面的能力建设，这对我国准则制定部门提供了有益的启示。此外，我国上市公司的治理体系和治理机制有别于西方的上市公司，“强管理层弱董事会”的现象比较普遍，在气候相关风险和机遇的治理问题上能否照搬西方的治理模式值得认真探讨。本文建议我国制定可持续发展披露准则时，除了强调董事会在治理气候相关风险和机遇的作用外，还应更加突出管理层及业务部门在管理气候相关风险和机遇方面的角色和职责。只有对董事会和管理层的要求落实到企业日常业务流程和程序中才有可能达到预期效果，避免企业为披露而披露。

八、中小企业气候信息披露的挑战与应对

不论是在发达国家还是发展中国家，中小企业均扮演着不可或缺的作用。欧洲统计局（Eurostat）的数据显示，中小企业占欧洲全部企业数的 99.8%，贡献了一半以上的 GDP。而在我国中小企业更是以“56789”著称，即中小企业贡献了 50% 以上的税收，创造了 60% 以上的 GDP，完成了 70% 以上的技术创新，提供了 80% 以上的城镇劳动就业，占据了 90% 以上的企业数量。与大企业一样，中小企业同样面临着全球向净零排放经济转型的风险和机遇，而中小企业在应对气候变化和披露气候相关信息方面的能力和条件远不如大企业，突出表现为：（1）两权分离不明显，组织结构扁平化，气候变化的治理主要由管理层而不是由董事会负责，难以参照 IFRS S2、ESRS E1 或 SEC 气候披露新规的要求明确区分董事会和管理层在气候风险治理中的职责；（2）经营战略的制定和商业模式的选择往往缺乏正规的流程和程序，难以参照 IFRS S2 或 ESRS E1 的要求制定转型计划和温室气体减排目标；（3）风险管理高度倚重于管理者的经验甚至直觉，难以参照 IFRS S2 或 ESRS E1 的要求识别和评估气候相关的风险和机遇，不太可能将气候风险纳入企业风险管理系统（ERM）；（4）人力资源和财务资源相对匮乏，难以参照 IFRS S2 或 ESRS E1 的要求核算和报告温室气体排放，或者将应对气候变化的绩效与董事高管的薪酬相挂钩。

尽管存在上述挑战和不足，中小企业在应对气候变化和披露气候相关信息方面却至关重要，主要原因包括：（1）中小企业数量众多且作为一个群体经济总量庞大，其

温室气体排放占全部企业排放量一半以上，中小企业能否节能减排和绿色转型，对实现《巴黎协定》的1.5℃控温目标影响巨大，将中小企业排除在气候相关披露准则之外，显然不利于全球向净零排放经济转型；（2）中小企业往往是大企业的供应商或外包商，它们作为一个群体在价值链中扮演着不容小觑的角色，将中小企业排除在气候相关披露准则之外，可能导致在价值链中具有核心地位的大企业难以获得范围3排放数据，长此以往，可能会被大企业从供应商名单中剔除；（3）中小企业比大企业更加依赖于金融机构的信贷支持，将中小企业排除在气候相关披露准则之外，致使其不能按气候相关披露准则提供温室气体排放数据，导致金融机构既难以评估中小企业的气候风险，也难以核算和评估自身融资排放，长此以往，可能对中小企业的融资能力和融资成本产生不利影响。

基于上述原因，本文认为应当将中小企业纳入气候相关披露准则的规范范围，但考虑到中小企业存在治理结构和程序简化、治理能力不足、资源有限等客观因素，准则制定机构应当秉承比例原则（Proportional Principle）和成本效益原则，单独制定一套切合中小企业实际的包括气候议题在内的可持续披露准则。唯有如此，才能不断提高中小企业应对气候变化的能力，在助力中小企业走节能减排和绿色转型的可持续发展道路的同时，促进中小企业群体在控制气温上升、缓解气候变化的历史进程中作出共同而又差别的贡献。

九、气候信息披露独立鉴证的挑战与应对

ESRS E1 和 SEC 气候披露新规均要求对包括气候信息在内的可持续发展报告进行独立鉴证，以提高环境、社会和治理议题相关信息披露的可信度。引入独立鉴证机制，还有助于抑制愈演愈烈的“漂绿”“漂蓝”和“漂粉”现象[①]。IFRS S2 尽管没有明确气候相关信息披露应否鉴证的问题，但 ISSB 也表示将密切关注各司法管辖区对可持续披露信息的鉴证方法和开始鉴证的时间。可以预计对按照 ISSB 准则编制和披露的包括

① “漂绿（Greenwashing）”是指企业和金融机构夸大气候议题方面的付出与成效，并在 ESG 报告或可持续发展报告中对气候变化、环境保护和资源利用作出言过其实的承诺和披露行为，绿色是环保运动的标志性颜色，故将这种行为称为“漂绿”。“漂蓝（Bluewashing）”是指企业和金融机构在社会和环境议题方面热衷于宣传成为联合国可持续发展目标、联合国负责任投资原则和联合国全球契约原则的签署机构，而在经营、投资和融资活动中却我行我素，与联合国规定相悖的行为，蓝色是联合国的标志性颜色，故将这种行为称为“漂蓝”。“漂粉（Pinkwashing）”是指企业和金融机构在社会和治理议题中声称尊重和维护 LGBTQIA（女同性恋者、男同性恋者、双性恋者、变性者、疑性恋者、男女通体者、无性恋者）的权益而实际上对不同性取向的员工进行歧视的行为，粉红色是 LGBTQIA 的标志性颜色，故将这种行为称为“漂粉”。

气候信息在内的可持续发展相关信息进行强制性的独立鉴证并由独立第三方对该等信息提供有限保证或合理保证鉴证意见的做法将日益成为主流的制度安排。

引入独立鉴证这种增信机制虽然有助于提高气候信息披露的质量，但与财务报告鉴证相比，气候信息披露鉴证也存在诸多挑战。在参考国际审计与鉴证准则理事会（IAASB）相关文献①的基础上，本文将气候信息披露鉴证面临的挑战概括为十个方面：（1）鉴证对象宽泛，既包括气候转型计划和温室气体排放，也包括气候治理和风险管理，还包括经营战略和商业模式对气候变化的适应性；（2）预期用户多元，既包括投资者，也包括其他利益相关者。在信息需求方面，投资者更偏好于企业受环境影响的信息，其他利益相关者则更关注企业对环境影响的信息；（3）报告标准迥异，除了 IFRS S2、ESRS E1 和 SEC 气候披露新规外，企业还可参照 GRI 或 TCFD 的标准。而在温室气体核算和报告标准方面，除了国际上通用的《温室气体规程》、ISO 14060 系列标准和《全球金融业温室气体核算和报告标准》外，还可能存在企业所在国家或地区的特定核算和报告标准；（4）报告侧重不一，既有基于财务重要性旨在反映气候相关风险和机遇对企业产生影响的报告，也有基于影响重要性旨在反映企业活动及其价值链活动对环境产生影响的报告，还有基于双重重要性既要反映企业受环境影响又要反映企业对环境影响的报告；（5）估计判断偏见，不论是基于情景分析的气候适应性分析，还是财务影响评估，均高度依赖于企业管理层的估计和判断，计量过程和结果充满着不确定性，偏见在所难免；（6）证据获取不易，与财务信息大多通过市场交易或内部活动留下大量直接审计轨迹不同，气候信息要么没有留下直接的鉴证轨迹，要么因为超越报告主体控制而难以获取，当报告主体对价值链中的上下游企业缺乏重大影响力时，获取范围 3 排放数据的鉴证证据将异常困难；（7）信息性质特殊，气候信息披露包含着大量定性信息和前瞻性信息，可鉴证性远不如定量信息和历史性信息；（8）胜任能力不足，鉴证机构特别是会计师事务所，其成员的专长在于会计审计，气候相关知识和经验普遍不足，需要大量利用专家的工作才能胜任气候信息的鉴证；（9）内控制度薄弱，绝大多数企业尚未建立与气候信息披露相关的内控制度，或者虽已建立但存在缺陷，薄弱的内控制度既削弱了鉴证的效率和效果，也加大了气候信息披露的鉴证风险；（10）鉴证准则滞后，气候信息披露鉴证准则严重滞后于企业的气

---

① IAASB 在 2016 年发表了题为《支持新兴类型对外报告的可信度和信任度（Supporting Credibility and Trust in Emerging Forms of External Reporting）》一文，提出了新兴类型对外报告鉴证的十大挑战，分别是：确定鉴证范围；如何以一致方式评价鉴证对象信息所使用标准的恰当性；如何确定重要性问题（报告包含多元信息）；如何确定不同性质鉴证对象信息包含的认定；如何在缺乏成熟内部管理和控制下进行鉴证；如何鉴证叙述性信息；如何鉴证未来信息；如何运用职业怀疑和职业判断；如何解决注册会计师的胜任能力问题；如何在鉴证报告中对相关信息有效沟通（IAASB，2016）。

候信息披露实践，再加上气候信息披露的标准或准则近年来加速进化，导致 IAASB 在 2003 年发布的国际鉴证业务准则（ISAE）3000《历史财务信息审计或审阅以外的鉴证业务》（2013 年修订）和 2012 年发布的 ISAE 3410《温室气体排放报告鉴证准则》以及 ISO 在 2006 年发布的 ISO 14064－3《温室气体声明审查与核查的范围及指南》的针对性和有效性明显不足。

我国制定气候相关信息披露准则时，若借鉴 ESRS E1 和 SEC 气候披露新规的做法引入强制性的独立鉴证制度，应当高度重视气候信息披露独立鉴证的重大挑战，未雨绸缪，做好以下三个方面的工作：（1）应当强化鉴证者特别是会计师事务所及其注册会计师在气候领域的能力建设和知识储备，目前国际“四大”在包括气候信息披露的可持续发展报告鉴证中独领风骚，但“四大”再强也无法满足庞大的鉴证需求，本土事务所有必要加大资源投入，为即将到来的强制鉴证积蓄力量；（2）制定包括气候议题在内的可持续发展披露准则除了应当充分考虑可操作性外，还应当关注可鉴证性，唯有如此，才能确保所制定准则的有效实施；（3）尽快将可持续发展报告鉴证准则特别是温室气体鉴证准则的制定工作提上议事日程。IAASB 已在 2022 年通过 ISSA 5000《可持续发展鉴证业务一般要求》的立项，可望在 2023 年 9 月发布征求意见稿。中国注册会计师协会在温室气体鉴证准则方面做了大量前期准备工作，有必要借鉴 IAASB 已发布的相关准则和即将发布的 ISSA 5000，加快制定包括温室气体鉴证在内的可持续发展报告鉴证准则。

十、气候信息在投资决策中的挑战与应对

基于财务重要性的气候信息披露，其核心功效在于协助投资者作出决策，引导资本流向能够适应或缓解气候变化的节能降耗、绿色低碳的行业和企业。要实现气候信息披露这一功效，准则制定机构必须深度了解投资者与气候变化相关的决策模式、参考变量、信息需求以及在投资决策中使用气候信息的意愿、能力和程度。所有这些，显然与资本市场的投资者结构密切相关。可以合理推断，按照 IFRS S2、ESRS E1 和 SEC 气候披露新规的要求披露的气候信息，更有可能对机构投资者的决策产生影响，而对散户投资者的决策产生影响的可能性则要低得多。有效资本市场假设或许可以解释机构投资者通过有效使用气候信息影响上市公司股价并通过股价信号机制间接影响散户投资者的决策行为，但不同国家和地区的资本市场有效性差异甚大，且气候信息存在的不确定性远大于财务信息，气候信息披露能否真正影响投资决策并引导资本流向环境友好型或气候适应性强的行业和企业尚待检验。

我国资本市场的投资结构与发达国家存在显著差异，在散户投资者为主的市场环境下，资本市场对气候信息的需求和偏好可能有别于发达国家的资本市场。即使理论上更有可能使用气候信息的机构投资者，其决策行为和信息需求也不见得与发达国家的机构投资者完全一致。这种独特的资本市场环境，加上对投资者的信息需求缺乏精准的了解，也会给我国制定气候相关披露准则带来重大挑战。因此，增强投资者参与（Investor Engagement）在我国制定气候相关披露准则的过程中显得尤为必要。只有增强机构投资者和散户投资者参与，了解其决策行为和信息需求，制定的气候相关披露准则才可最大限度提高针对性和有用性，也才能避免发生类似于 SEC 气候披露新规要求以 1% 为阈值将气候相关风险量化到合并报表行项目（Line Items）而投资者却认为荒诞不合理的闭门造车现象。

（原载于《财务研究》2023 年第 3 期）

主要参考文献：

1. 黄世忠，叶丰滢．温室气体核算和报告标准体系及其焦点问题分析［J］．财会月刊，2023（1）：7 - 13.

2. 黄世忠．ESG 报告的“漂绿”与反“漂绿”［J］．财会月刊，2022（1）：3 - 11.

3. 罗兰贝格．SBTi 科学碳目标在亚洲［EB/OL］．罗兰贝格管理咨询微信公众号．2022 年 7 月 21 日．

5. CDP. The Time to Green Finance—CDP Financial Service Disclosure Report 2020［EB/OL］．www. cdp. net，October 2021.

6. EFRAG. Draft ESRS E1 Climate Change［EB/OL］．www. efrag. org，March 2022.

7. IAASB. Supporting Creditability and Trust in Emerging Forms of Reporting［EB/OL］．www. iaasb. org，August 2016.

8. ISSB.［Draft］IFRS S1 General Requirements for Disclosure of Sustainability - related Financial Information and［Draft］IFRS S2 Climate - related Disclosures［EB/OL］．www. ifrs. org，March 2022.

9. SEC. The Enhancement and Standardization of Climate - related Disclosures for Investors［EB/OL］．www. sec. gov，March 2022.

《企业可持续披露准则——基本准则（征求意见稿）》评述

黄世忠 王鹏程

【摘要】《企业可持续披露准则——基本准则（征求意见稿）》的发布，揭开了国家统一的可持续披露准则体系建设的序幕，必将在我国可持续披露准则的制定进程中留下浓墨重彩的印记。本文首先介绍《基本准则》征求意见稿出台的国内外背景和重大意义，其次讨论包括《基本准则》在内的国家统一的可持续披露准则体系框架和制定思路，再次分析《基本准则》征求意见稿的主要内容和鲜明特色，最后进行总结并就进一步完善可持续披露准则体系提出三点相关建议。

【关键词】可持续披露准则；基本准则；框架体系；制定思路；主要内容；鲜明特色

一、准则背景及重大意义

2024年5月27日，《企业可持续披露准则——基本准则（征求意见稿）》（以下简称《基本准则》征求意见稿）正式发布。《基本准则》征求意见稿的发布并非偶然，而是具有深刻的国内外背景，构建包括《基本准则》在内的国家统一的可持续披露准则体系，对于推动我国经济、社会和环境的可持续发展意义重大。

（一）准则背景

《基本准则》征求意见稿的发布，顺应了国内外经济社会的发展趋势。

从国内需要的视角来看，构建包括《基本准则》在内的可持续披露准则体系，既是实现发展方式绿色转型的客观要求，也是促进社会公平正义的客观需要。

在发展方式绿色转型方面，我国作为负责任大国，积极履行《巴黎协定》关于国家自主贡献（NDC）的相关义务，提出“双碳”目标，客观上需要制定和实施包括环境主题在内的可持续披露准则。2020年9月22日，国家主席习近平在第75届联合国大会一般性辩论上提出：“应对气候变化《巴黎协定》代表了全球绿色低碳转型的大方向，是保护地球家园需要采取的最低限度行动，各国必须迈出决定性步伐。中国将提高国家自主贡献力度，采取更加有力的政策和措施，二氧化碳排放力争于2030年前达到峰值，努力争取2060年前实现碳中和。”为了实现“双碳”目标，我国构建完成了碳达峰碳中和“1+N”政策体系，为加快我国经济社会发展方式绿色转型进行系统谋划和顶层设计。企业等市场主体是二氧化碳等温室气体的主要排放源，要求企业披露温室气体排放等环境信息，有助于倒逼企业运用新能源新技术进行节能减排，促进企业走绿色低碳的可持续发展之路，顺应全球经济由线性经济向净零排放循环经济转型的趋势。在发展方式绿色转型的背景下，需要制定国家统一的可持续披露准则，以规范企业披露气候变化等环境信息，促使企业在创造经济价值的同时，积极履行环境责任，创造环境价值，为实现“双碳”目标作贡献，努力成为环境友好型的负责任的企业公民。

在促进社会公平正义方面，党的二十大报告强调“中国式现代化是全体人民共同富裕的现代化”，提出“我们坚持把实现人民对美好生活的向往作为现代化建设的出发点和落脚点，着力维护和促进社会公平正义，着力促进全体人民共同富裕，坚决防止两极分化。”共同富裕体现了人类文明新形态的价值追求。在庆祝中国共产党成立100周年大会上的讲话中，习近平总书记指出：“我们坚持和发展中国特色社会主义，推动物质文明、政治文明、精神文明、社会文明、生态文明协调发展，创造了中国式现代化新道路，创造了人类文明新形态。”在实现共同富裕的中国式现代化本质要求下，需要制定国家统一的可持续披露准则，以规范企业披露各种社会关系（包括员工关系、客户关系、社区关系、供应商关系等），促使企业秉持公平正义原则，处理好各种社会关系，在创造经济价值的同时，积极履行社会责任，创造社会价值，为构建和谐社会作贡献，努力成为社会担当型的负责任的企业公民。

从国际合作的视角来看，构建包括《基本准则》在内的国家统一的可持续披露准则体系，既是顺应公司报告发展趋势的必然要求，也是应对绿色贸易壁垒的现实需要。

在顺应公司报告发展趋势方面，世界各国日益认识到，财务报告虽然在投资信贷决策、受托责任评价和经济利益分配方面发挥了不可替代的作用，但其不能有效反映企业活动以及与此相关的上下游价值链活动的环境外部性和社会外部性，导致仅凭财务信息难以评估企业的可持续发展前景。为了弥补财务报告的不足，经过学术界和实

务界的不懈探索，包括整合报告、无形资源报告、ESG 报告或可持续发展报告等补充报告形式应运而生，旨在反映企业活动对环境和社会的重要影响以及环境和社会对企业发展的重要影响的 ESG 报告或可持续发展报告从众多报告中脱颖而出，有望与财务报告共同形成相互补充、相得益彰的公司报告体系（黄世忠、叶丰滢，2023）。为了解决 ESG 报告或可持续发展报告编制标准林立的现象[①]，国际可持续准则理事会（ISSB）2023 年 6 月 26 日发布了 IFRS S1《可持续相关财务信息披露一般要求》和 IFRS S2《气候相关披露》（以下将这两份准则统称为 ISSB 准则），同年 7 月 31 日欧盟也发布了第一批 12 个欧洲可持续发展报告准则（ESRS），包括 2 个基本准则、5 个环境主题准则、4 个社会主题准则和 1 个治理准则。ISSB 准则和 ESRS 将从 2024 年度开始实施，标志着公司报告正从单一报告（财务报告）格局向双重报告（财务报告和可持续发展报告）格局演变，企业在披露财务报告的同时，也必须披露可持续相关信息，可持续发展报告与财务报告一样，已然成为世界通用商业语言和话语体系。我国作为第二大经济体，正在构建以国内大循环为主体、国内国际双循环相互促进的新发展格局。在这种背景下，构建包括《基本准则》在内的国家统一的可持续披露准则体系，是加强与国际规则（特别是可持续披露准则这一新的世界通用商业语言和话语体系）深度对接的高标准市场体系基础制度建设的必然要求。

在应对绿色贸易壁垒方面，我国自碳达峰碳中和“1 + N”政策实施以来，企业加快发展方式绿色转型，绿色经济发展成效显著，电动汽车、锂电池、光伏产品已经成为我国外贸出口的“新三样”，2023 年出口增长近 30%，为全球应对气候变化提供了中国方案，贡献了中国智慧。但也应看到，面对我国绿色经济迅速崛起，弯道超车，引领全球[②]，诸如欧盟的碳边境调节机制（CBAM）和新电池法等绿色贸易壁垒也随之产生。譬如，新电池法要求在欧盟生产和销售的所有电池（包括便携式电池，电动汽车电池，工业电池以及启动、照明和点火电池）均必须建立“电池护照”，从全生命周期的角度记录原材料采购、有害物质、碳足迹、回收处置、循环利用等信息。我国的电池产能占全球电池产能的 77% 以上，动力电池在欧洲的市场份额从 2020 年的 14.9% 上升至 2023 年的 34%（潘玉蓉，2023）。我国的企业若不能符合欧盟新电池法关于碳足迹等方面的要求，出口将严重受阻。此外，西方发达国家越来越多的企业

---

① 根据 Carrots 和 Sticks 在 2020 年的研究，60 个国家采用了 614 个 ESG/可持续披露标准，包括 266 个自愿披露标准和 348 个强制披露标准，而 Reporting Exchange 2023 年的研究更是发现全球的可持续披露准则多达 1 195 个，包括 215 个自愿披露标准和 980 个强制标准（ISSB，2023）。

② 2024 年《政府工作报告》一系列翔实数据展示了我国绿色经济 2023 年取得举世瞩目的成就：新能源汽车产销量占全球比重超过 60%，可再生能源发电装机规模历史性超过火电，全年新增装机超过全球一半。

（尤其是供应链的链主企业）近年来纷纷实施“绿色采购”和“道德采购”政策以评估潜在的环境风险和社会风险，我国的企业如果不能提供ESG报告或可持续发展报告，将面临着从供应商名单中被剔除的风险。因此，加快构建包括《基本准则》在内的国家统一的可持续披露准则体系，是提升我国企业国际市场绿色竞争力，有效应对绿色贸易壁垒的现实需要。

基于上述国内外经济社会的情况变化，财政部会同外交部、国家发展改革委、工业和信息化部、生态环境部、商务部、中国人民银行、国务院国资委、金融监管总局、中国证监会等九部委成立跨部门工作专班，立足我国企业可持续披露实践和投资者、债权人、监管部门等信息使用者的需求，深度参与国际可持续披露准则制定，促进国际财务报告准则基金会（IFRS Foundation）北京办公室成功设立并投入运营。2023年下半年，财政部会同相关部门组织专家学者对ISSB准则在中国的适用性开展了为期三个月的评估（包括综合评估、国际评估、应用评估、监管评估、支撑体系评估，涵盖了1 030家国有企业、民营企业、外资企业、上市公司和金融机构，并组织了22家样本企业进行模拟测试和差距分析），同时开展系列课题研究、交流研讨，在此基础上起草了《基本准则》讨论稿。2024年以来，在广泛听取理论界、实务界和ISSB专家意见和建议的基础上，对《基本准则》讨论稿反复修改完善，形成了《基本准则》征求意见稿。根据《基本准则》征求意见稿起草说明勾勒的路线图和时间表，到2027年，《基本准则》和气候相关披露准则相继出台，到2030年，国家统一的可持续披露准则体系基本建成。考虑到准则体系建设周期较长，可由相关监管部门根据实际需求先行制定特定行业或领域的披露指引、监管制度等，未来逐步调整完善。

（二）重大意义

《基本准则》征求意见稿的发布，标志着国家统一的可持续披露准则体系建设迈出了关键的一步，是推动我国经济社会高质量发展的基础性制度建设的重要组成部分，意义非凡，必将永载可持续准则制定史册。

习近平总书记指出：“高质量发展，就是能够很好满足人民日益增长的美好生活需要的发展，是体现新发展理念的发展，是创新成为第一动力、协调成为内生特点、绿色成为普遍形态、开放成为必由之路、共享成为根本目的的发展。”“绿色发展是高质量发展的底色，新质生产力本身就是绿色生产力。必须加快发展方式绿色转型，助力碳达峰碳中和。牢固树立和践行绿水青山就是金山银山的理念，坚定不移走生态优先、绿色发展之路。”我们认为，推广ESG理念，实行可持续发展报告制度，要求企业披露在环境、社会和治理主题方面取得的成效和存在的不足，完全符合创新、协调、

绿色、开放、共享的新发展理念[①]，是大力发展新质生产力进而实现高质量发展的客观需要。在环境主题方面，推广 ESG 报告或可持续发展报告，要求企业披露其自身活动和上下游价值链活动对生态环境的影响以及受生态环境的影响，促使其更加注重对气候变化、污染、水与海洋资源、生物多样性和生态系统、资源利用和循环经济等环境议题的治理和管理，有助于推动绿色低碳转型。在社会主题方面，推广 ESG 报告或可持续发展报告，要求企业披露其自身活动和价值链活动对关系资本的影响以及受这些关系资本的影响，促使其更加注重对员工关系、客户关系、供应商关系、社区关系、乡村振兴、扶贫济困等社会议题的治理和管理，保障和促进社会公平正义。在治理主题方面，推广 ESG 报告或可持续发展报告，要求企业披露其自身活动和价值链活动涉及的商业操守、隐私保护、科技伦理、内部管控等信息，有助于企业建立健全环境议题和社会议题的治理体系和治理机制，为企业永续经营保驾护航。此外，从发展趋势看，推广 ESG 报告或可持续发展报告有助于企业顺应从股东至上主义向利益相关者至上主义演变的发展趋势，在价值创造中更好地协调股东和其他利益相关者的利益关系，走共同富裕之路，促进社会和谐发展，在价值创造中更好兼顾经济效益、社会效益和环境效益，促进经济、社会和环境的可持续发展。

二、框架体系及起草思路

包括《基本准则》在内的国家统一的可持续披露准则，其框架体系逻辑严谨，层次分明，体现了立足中国，放眼世界的宏大而深邃的建构思路。

（一）框架体系

《基本准则》征求意见稿的起草说明指出，国家统一的可持续披露准则体系由基本准则、具体准则和应用指南组成，如图 1 所示。基本准则规范企业可持续披露的基本概念（可持续信息等）、原则（重要性原则和相称性原则）、方法（披露要素）、目标和一般共性披露要求等，统驭具体准则和应用指南的制定。具体准则针对企业环境、社会和治理（ESG）方面的可持续披露主题的信息披露提出具体要求，环境方面的主题包括气候、污染、水与海洋资源、生物多样性和生态系统、资源利用与循环经济等，社会方面的主题包括员工、消费者和终端用户权益保护、社区资源和关系管理、客户关系管理、供应商关系管理、乡村振兴、社会贡献等，治理方面的主题包括商业操守

---

① 第十三届全国政协常委、经济委员会主任尚福林指出："创新"是 ESG 的核心要义、"协调"是 ESG 的内在本质、"绿色"是 ESG 的实践基础、"开放"是 ESG 的重要特色、"共享"是 ESG 的终极目标（尚福林，2024）。

等。应用指南包括行业应用指南和准则应用指南两类。行业应用指南对特定行业应用基本准则和具体准则提供指引，以指导特定行业识别并披露重要的可持续信息。准则应用指南对基本准则和具体准则进行解释、细化和提供示例，以及对重点难点问题进行操作性规定。此外，在必要时提供准则实施问答，提高可持续信息的可比性和透明度，推动可持续披露准则的应用。

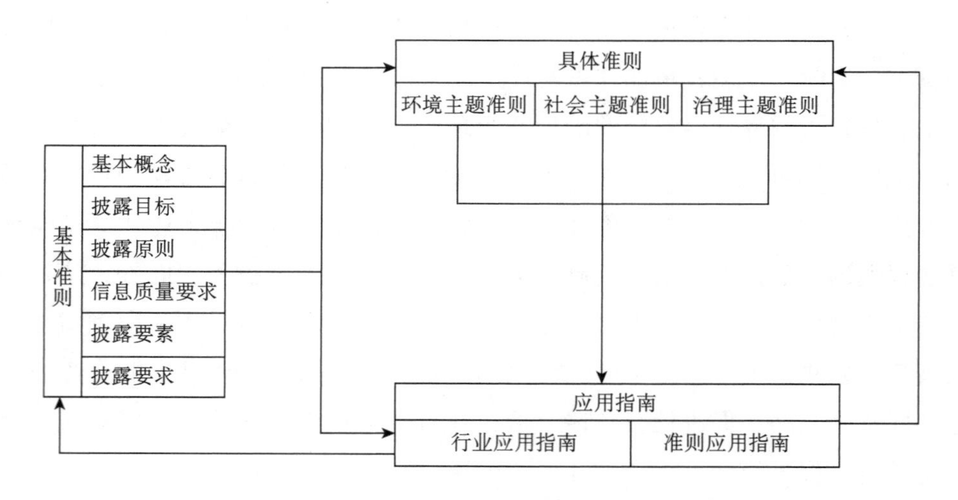

图 1　国家统一的可持续披露准则框架体系

从起草说明可以看出，《基本准则》在国家统一的可持续披露准则框架体系中居于核心地位，具有概念框架和列报准则的双重属性。一方面，《基本准则》对可持续信息的基本概念、披露目标、披露原则、信息质量要求以及披露要素等进行规范，显然具有概念框架的属性，但又不完全属于概念框架，因为概念框架不具有与具体准则和应用指南同等的效力，而《基本准则》则具有与具体准则和应用指南同等的效力。另一方面，《基本准则》对披露方法和披露要求进行规范，则具有列报准则的属性，类似于《国际会计准则第 1 号——财务报表列报》①。

高质量的准则制定和运用离不开概念框架的指引，会计准则如此，可持续披露准则也不例外。《基本准则》的概念框架属性在三个方面发挥着独特的作用。一是以逻辑严谨、前后一致的方式统驭和指导具体准则和应用指南的制定，制定具体准则和应用指南必须以《基本准则》作为根本遵循，不得违背《基本准则》的要求。二是帮助编制者在没有相关适用准则的情况下判断如何合理地借鉴和采用其他国际通行的可持续披露准则，如 ISSB 准则和 ESRS。三是帮助编制者和使用者更好地理解和运用 ESG

① 2024 年 4 月 9 日，国际会计准则理事会（IASB）正式发布《国际财务报告准则第 18 号——财务报表列示和披露》，对财务报表的列示和披露进行了重大改进，并替代了《国际会计准则第 1 号——财务报表列报》。

等方面的可持续主题准则。

（二）起草思路

起草说明指出，《基本准则》征求意见稿的起草，主要坚持“积极借鉴、以我为主、兼收并蓄、彰显特色”的总体思路。一方面，以我为主、体现中国特色。《基本准则》征求意见稿在制定目的、适用范围、披露目标、重要性标准、体例结构以及部分技术要求等方面，基于我国实际作出规定。另一方面，积极借鉴ISSB准则的有益经验，根据前期开展的ISSB准则中国适用性评估得出的ISSB准则多数要求在我国具有适用性的结论，同时考虑IFRS S1作为一般披露要求，对可持续信息披露仅做原则性规定，不对具体主题准则做具体要求，因此《基本准则》征求意见稿与IFRS S1在信息质量特征、披露要素和相关披露要求上总体保持衔接。基于这种总体思路起草制定《基本准则》和具体准则，所形成的制度安排既有利于具体准则的制定和实施，也有利于我国可持续披露准则与ISSB准则实现趋同。

我们认为，这种立足中国、放眼世界的可持续披露准则建构思路值得充分肯定。具体地说，得到国际证监会组织（IOSCO）背书和越来越多经济体认可的ISSB准则，已经成为一种公认的可持续披露准则国际基准（Global Baseline）。ISSB主席Emmanuel Faber于2023年6月26日在IFRS基金会上指出，ISSB制定的可持续披露准则将可持续发展转化为一种新的通用语言，一种基于会计的一致而全面的语言。换言之，ISSB准则有望成为继会计之后的另一种国际通用商业语言。基于这种发展趋势，在不模糊ISSB准则披露要求且ISSB准则的披露要求与我国的法律法规和体制机制不存在冲突的前提下，我国可以ISSB准则这一国际基准为基础，充分借鉴ISSB准则的披露要求，制定既适合我国国情又彰显中国特色的国家统一的可持续披露准则。而在制定具体准则时，如果ISSB准则的披露要求与我国的法律法规和体制机制相冲突，明显不适合中国国情或体现中国特色，则不予借鉴，而是按照我国的法律法规和体制机制，独立自主制定适合我国国情、彰显中国特色的准则。此外，考虑到ISSB准则目前只包括IFRS S1和IFRS S2，涉及的ESG主题准则十分有限，且在不久的将来也难以迅速改观，我国制定国家统一的可持续披露准则还应秉持博采众长、兼收并蓄的原则，允许企业对我国可持续披露准则尚未规范的ESG主题借鉴国际上其他通行的可持续披露准则或标准进行信息披露。

三、主要内容及鲜明特色

《基本准则》征求意见稿不仅提纲挈领、言简意赅，而且内容丰富、特色鲜明。

（一）主要内容

《基本准则》征求意见稿共六章33条。

第一章为总则，共8条。第1条开宗明义地指出制定《基本准则》是为了推动高质量发展，引导企业践行可持续发展理念，规范可持续信息披露，保证可持续信息质量。第2条对《基本准则》的适用范围作出明确规定。第3条明确企业可持续披露准则由基本准则、具体准则和应用指南所组成，具体准则和应用指南的制定必须遵循《基本准则》。第4条对可持续信息进行界定，明确可持续信息是指与ESG相关风险、机遇和影响的信息。第5条要求企业披露的可持续信息应当延展至价值链，并对价值链进行定义。第6条要求企业可持续信息披露的报告主体应当与财务报告的报告主体保持一致。第7条对可持续信息之间及其与财务报表信息之间的关联性作出规定。第8条要求企业建立健全可持续信息的底层数据系统，完善可持续信息披露的内部控制。

第二章为披露目标和原则，共5条。第9条指出，可持续信息披露的目标是向可持续信息使用者和其他利益相关方提供重要的可持续风险、机遇和影响的信息，便于他们作出经济决策、资源配置或其他决策。该条认为，可持续信息披露更深层次的目标在于贯彻新发展理念，推动经济、社会和环境可持续发展，促进人与自然和谐共生，构建和谐社会关系。这一目标的表述，完全契合ESG理念。第10条和第11条对重要性原则进行界定，并对财务重要性和影响重要的评估提出要求。

第三章为信息质量要求，共6条，规定企业披露的可持续信息应当符合可靠性和相关性2个基础性信息质量特征以及可比性、可验证性、可理解性和及时性4个提升性信息质量特征。

第四章为披露要素，共7条，规定企业披露的可持续信息应当包括四个核心要素：治理、战略、风险和机遇管理、指标和目标，其中可持续风险和机遇信息应当按这四个核心要素进行披露，并对具体披露事项提出要求。为了减轻企业的披露负担，可持续影响信息可以不必按这四个核心要素进行披露，但第26条要求企业应当按具体准则和应用指南的规定，披露该章第20条至第25条未涵盖的重要的可持续影响信息。第26条还有一款十分特殊的规定，企业披露的可持续影响信息不应掩盖或者模糊其披露的可持续风险和机遇信息。我们认为，反之亦然。企业披露的可持续风险和机遇信息也不应该掩盖或者模糊其披露的可持续影响信息，否则有违双重重要性原则。

第五章为其他披露要求，共6条，对报告期间、可比信息、合规声明、判断和不确定性、差错更正、报告和披露位置作出规定。

第六章为附则，共1条，对《基本准则》的解释权作出规定。

（二）鲜明特色

概而言之，《基本准则》征求意见稿有六个鲜明特色。

1. 准则地位高。与ISSB准则只具有非官方地位，其权威性主要依靠IOSCO背书和主要经济体的认可不同，《基本准则》以及将要陆续发布的具体准则，都属于国家统一的可持续披露准则体系的重要组成部分，具有部门规章的地位，其强制性和权威性明显高于ISSB准则，也高于证监会指导三个证券交易所制定的上市公司可持续发展报告自律监管指引。从法理的角度看，上市公司可持续发展报告自律监管指引应当与国家统一的可持续披露准则保持一致。必须说明的是，尽管《基本准则》具有强制性，但考虑到我国企业对可持续信息披露还比较陌生，需要一定的准备时间，在《基本准则》发布后的初期阶段，先由企业结合自身实际自愿执行。待各方面条件相对成熟后，财政部将会同相关部门对实施范围、缓释措施、相关条款的适用性、具体衔接规定等作出针对性安排。

2. 适用范围广。第一章第2条明确规定，《基本准则》适用于在中华人民共和国境内设立的按规定开展可持续信息披露的企业。可见，《基本准则》的适用范围明显比上市公司可持续发展报告自律监管指引的适用范围更广。尽管如此，综合考虑我国企业的发展阶段和披露能力，《基本准则》的实行不会采取“一刀切”的强制实施要求，将采取区分重点、试点先行、循序渐进、分步推进的策略，从上市公司向非上市公司扩展，从大型企业向中小企业扩展，从定性要求向定量要求扩展，从自愿披露向强制披露扩展。本文完全赞同这种实事求是的实施策略。

3. 统驭属性强。如前所述，《基本准则》在国家统一的可持续披露准则体系中处于核心的地位，统驭具体准则和应用指南的制定。换言之，具体准则和应用指南的制定，必须遵循《基本准则》的规定，不得与《基本准则》所规定的概念基础、披露目标、信息质量要求、披露要素和披露要求相悖，唯一的例外是具体准则和应用指南可以对《基本准则》没有规定的可持续影响信息提出额外的披露要求。譬如，将来制定“生物多样性和生态系统”等环境主题准则以及员工关系、社区关系、客户关系、乡村振兴、社会贡献等社会主题准则，若确有必要，具体准则和应用指南可以要求企业从治理、战略、风险和机遇管理、指标和目标等核心要素的角度，披露与之相关的可持续影响信息，以便将可持续影响纳入这四个核心要素进行更加有效的治理和管理，促使企业尽量降低其活动对环境和社会造成的负外部性。

4. 导向多元化。准则制定的一个重大问题是目标设定，即明确按准则披露的信息意欲服务的主要使用者对象是谁。受制于IFRS基金会章程所规定的职能定位，ISSB明确说明企业按可持续披露准则披露的信息主要是为了满足通用财务报告主要使用者

（即现有和潜在的投资者、债权人和其他借款人）的信息需求（叶丰滢、黄世忠，2023），而没有明确提及员工、客户、供应商、监管部门等其他利益相关者的信息需求。ISSB 这种目标设定，投资者导向十分明显，背后蕴含着股东至上主义的思想。相比之下，《基本准则》征求意见稿第二章第 9 条明确规定，可持续信息使用者包括投资者、债权人、政府及其有关部门（即主要使用者）和其他利益相关者。其他利益相关方，是指其利益受到或者可能受到企业活动影响的群体和个人，如员工、消费者、客户、供应商、社区以及企业的业务伙伴和社会伙伴等。可见，《基本准则》的使用者导向更加多元，蕴含着利益相关者至上主义的思想。我们认为，《基本准则》这种更加多元的使用者导向不仅契合我国国情，而且顺应了从股东至上主义向利益相关者至上主义转变的趋势。2019 年美国企业圆桌会议（BRT）大幅修改了关于公司宗旨的表述，公司宗旨不再是仅仅为股东创造价值，而是必须同时为客户、员工、供应商、社区和股东创造价值。同样地，2000 年世界经济论坛（WEF）在其成立 50 周年之际，发表了题为《第四次工业革命时代公司的普遍宗旨》的达沃斯宣言，明确指出公司的宗旨是让所有利益相关者参与共享和可持续的价值创造，同样将客户、员工、供应商、社区与股东并列为公司价值创造的参与者和共享者（WEF，2000）。从股东至上主义向利益相关方至上主义演变，以更加多元的使用者为导向制定可持续披露准则，无疑能够更好地服务利益相关者的信息需求，代表着可持续披露准则制定的大方向。

5. 双重重要性。在可持续披露准则的制定中，重要性是一个至关重要的原则，直接关系到要求企业披露或不披露哪些可持续信息。尽管 ISSB 准则秉持的并非完全单一的财务重要性，如其要求企业披露的温室气体信息，就兼具影响重要性和财务重要性，但 ISSB 准则明显偏向和偏好财务重要性确是不争的事实。与 ISSB 准则不同，《基本准则》征求意见稿秉持了双重重要性原则，既要求企业披露财务重要性信息，也要求企业披露影响重要性信息。《基本准则》征求意见稿的制定之所以选择双重重要性，是建立在认真细致调查研究的基础上。如前所述，财政部会同其他部委，组织专家学者对 ISSB 准则在中国的适用性进行了评估。其中的一项重要评估是应用评估组开展的问卷调查。该项问卷调查涵盖了 1 030 家企业（包括国有企业、民营企业、外资企业、上市公司和金融机构），其中 92%（945 家）的企业认为可持续披露准则的制定应当遵循双重重要性原则，只有 8%（85 家）的企业认为可持续披露准则的制定应当遵循单一的财务重要性原则。我们认为，《基本准则》征求意见稿以此为基础选择双重重要性，与其秉持利益相关者至上主义并要求可持续信息披露应当满足更多元的使用者的信息需求一脉相承，逻辑一致。

6. 披露相称性。可持续披露准则的制定既应考虑成本效益问题，也应考虑披露要求与企业能力的匹配问题。为此，《基本准则》征求意见稿充分借鉴了 ISSB 准则关于

相称性原则的规定，具体体现在第一章第 5 条和第四章第 23 条。第 5 条第三款规定，企业在作出合理的努力后仍无法收集到必要的价值链相关信息时，应当利用合理且有依据的信息（如行业平均数或者其他替代变量）估计价值链的可持续风险、机遇和影响的信息。第 23 条规定，企业在编制可持续风险或者机遇预期财务影响的信息时，如果企业不具备提供有关可持续风险或者机遇定量信息的技能、能力或者资源，则企业无需提供这些预期财务影响的定量信息。相称性原则有助于缓解企业获取价值链信息和评估可持续风险或者机遇预期财务影响的压力，不失为务实之举。

四、总结与建议

本文的分析表明，《基本准则》征求意见稿的发布，具有深刻的经济社会背景，构建包括《基本准则》在内的国家统一的可持续披露准则体系，是顺应国内外经济社会变化趋势和实现高质量发展的必然要求，有助于促使企业加快发展方式绿色转型、维护社会公平正义，推动经济、社会和环境的可持续发展，促进人与自然和谐共生，构建和谐社会关系。《基本准则》及其起草说明所展示的基本准则、具体准则和应用指南三位一体的国家统一的可持续披露准则框架体系逻辑严密，条理清晰，准则起草总体思路和策略充分体现了立足中国放眼世界的宏大格局。《基本准则》征求意见稿内容丰富，特色鲜明，既体现了立足国情、彰显特色的自信立场，又体现了博采众长、兼收并蓄的包容态度。

为了进一步完善包括《基本准则》在内的国家统一的可持续披露准则体系，我们提出以下三点建议。

一是加快制定和发布气候变化这一环境主题准则，以体现气候优先但不限于气候的可持续披露准则制定思路。气候变化是威胁人类可持续发展的最重要问题，ISSB 发布的两个准则，其中就有一个是气候相关披露准则，欧盟发布的第一批 10 个 ESG 主题准则，气候变化以及以此相的环境主题准则多达 5 个，充分彰显了气候优先的准则制定思路。我国在气候变化方面也面临不小挑战，加快制定气候变化准则，有助于推动企业节能减排，为实现“双碳”目标作出贡献。

二是在《基本准则》增加互操作性（Interoperability）条款，允许企业在可持续披露准则尚未规范的 ESG 主题参考国际比较通行的准则或标准，如 ISSB 准则、ESRS 或全球报告倡议组织（GRI）准则进行可持续信息披露。相较于 ISSB 准则和 ESRS，我国不少企业对 GRI 准则更加熟悉。研究发现，2022 年自愿披露 ESG 报告或可持续发展报告的 1 767 家上市公司中，34.46% 采用了 GRI 准则（中国上市公司协会，2023），而 2022 年度沪深 300 上市公司中，采用 GRI 准则的更是高达 75.4%（商道咨询，

2023）。我国企业比较熟悉的 GRI 准则，是历史最为悠久且被实务界广泛认可的 ESG 报告标准，GRI 准则侧重于影响重要性信息披露，我国企业采用 GRI 准则披露的 ESG 报告或可持续发展报告，聚焦于披露影响重要性信息，深受利益相关方欢迎。我们认为，增加互操作性条款，允许企业按照 GRI 准则或者 ISSB 准则和 ESRS 对我国可持续披露准则尚未规范的领域进行信息披露，可在一定时期内提高可持续发展报告的披露质量。

三是加快制定可持续发展报告鉴证准则，为确保可持续信息质量提供制度保障。高质量的可持续信息披露离不开高质量的独立鉴证，犹如高质量的财务信息披露离不开高质量的独立审计。欧盟为了确保 ESRS 得到有效实施，要求企业聘请第三方对其可持续发展报告提供有限保证或合理保证的独立鉴证。这种做法值得学习借鉴。为此，我国有必要在制定可持续披露准则的同时，充分借鉴国际审计与鉴证理事会（IAASB）即将发布的国际可持续鉴证准则第 5000 号（ISSA 5000）《可持续鉴证业务一般要求》，着手制定我国的可持续鉴证准则，与可持续披露准则一道为高质量的可持续信息披露保驾护航，防止企业对可持续信息进行选择性披露甚至“漂绿”和“漂蓝”。

（原载于《财务研究》2024 年第 4 期）

主要参考资料：

1. 黄世忠，叶丰滢. ESG 报告基本假设初探［J］. 会计研究，2023（5）：45－55.

2. ISSB. Effect Analysis of IFRS S1 and IFRS S2［EB/OL］. www. ifrs. org，2023.

3. 潘玉蓉. 欧盟新电池法将生效 国内电池企业直面三大挑战［EB/OL］. 新华网手机版，2023. 8. 15.

4. 尚福林. 以新发展理念指导 ESG 实践 助力中国式现代化发展［EB/OL］. 央视网，2024. 1. 2.

5. 叶丰滢，黄世忠. 可持续发展报告的目标设定研究［J］. 财务研究，2023（1）：15－25.

6. WEF. The Universal Purpose of a Company in the Fourth Industrial Revolution［EB/OL］. www. weforum. org，2000.

7. 中国上市公司协会. 中国上市公司 ESG 发展报告（2023 年）［EB/OL］. www. capco. org. cn，2023.

8. 商道咨询. A 股上市公司 2022 年度 ESG 信息披露统计研究报告［EB/OL］. www. syntao. com，2023.

附　录

附录分为两部分。第一部分收录了本书作者之一在第十四届全国人民代表大会第一次会议和第二次会议期间提交的与ESG和可持续发展相关的三件代表建议。第一件代表建议为“关于加快制定可持续披露准则的建议”，呼吁相关部门：尽快成立我国可持续披露准则的制定机构；尽快明确我国制定可持续披露准则的策略；尽快建立我国可持续披露准则的协调机构。第二件代表建议为“关于制定治理产品过度包装法律法规的建议”，针对茶叶、月饼、粽子、化妆品、保健食品和消费电子产品等的过度包装屡禁不止的现象，提出有必要制定法律法规对产品过度包装进行严肃治理，从法律法规层面确保党的二十大报告关于节约集约利用各类资源的要求落到实处，并提出加强对产品过度包装进行治理的三种选择方案。第三件代表建议为“关于修订和完善温室气体核算和报告标准的建议”，指出我国现有温室气体核算和报告标准与国际广泛使用的《温室气体规程》存在着五个方面的差异，建议国家发展改革委员会和生态环境部结合我国能源结构、能耗水平的实际情况，借鉴《温室气体规程》的做法（特别是组织边界和经营边界的确定方法），尽快修订我国的温室气体核算和报告标准，并定期更新和公布排放因子，指出修订和完善温室气体核算和报告标准，使其在方法论上与《温室气体规程》保持基本一致，提高我国企业温室气体排放与国际同行的可比性，既有助于我国企业在跨国或跨境融资时更有效地披露气候相关信息，也有助于增强我国企业的绿色竞争力，在出口贸易中更加有效应对欧盟或其他国家即将开征的碳边境调节税（CBAM）。

附录的第二部分收录了本书作者之一在厦门国家会计学院2022届研究生毕业典礼上所作的题为《编好人生的ESG报告》的讲话，指出：编好人生的ESG报告，要求我们关注碳足迹，倡导低碳生活绿色消费的生活方式，为缓解气候变化、保护生物多样性和生态系统添砖加瓦，千方百计做好ESG的E篇章；编好人生的ESG报告，要求我们要有海纳百川的气度，谨记费孝通先生“各美其美、美人之美、美美与共、天下大同”的十六字箴言，千方百计做好 ESG 的 S 篇章；编好人生的 ESG 报告，要求我们修心养性，自我约束，千方百计做好 ESG 的 G 篇章。

一、关于加快制定可持续披露准则的建议

黄世忠代表在第十四届全国人民代表大会第一次会议上提出的建议

2015年第21届联合国气候大会通过《巴黎协定》以来，世界各国对包括气候变化在内的可持续发展议题日益重视，可持续披露准则的制定进入提速期。国际财务报告准则基金会2021年11月宣布成立国际可持续准则理事会（ISSB），负责制定国际财务报告可持续披露准则（ISSB准则）。2022年3月，ISSB发布了《可持续相关财务信息披露一般要求》和《气候相关披露》两份征求意见稿，预计2023年上半年将成为正式的准则发布实施。2022年11月，欧洲财务报告咨询组（EFRAG）已将其制定的12份欧洲可持续发展报告准则（ESRS）提交欧盟委员会审批。美国证监会预计今年也将正式要求上市公司披露气候相关信息。至此，可持续披露准则的制定形成了国际、欧盟和美国三足鼎立的格局。此外，2023年2月9日欧盟通过了碳边境调节机制（CBAM），将从2023年10月1日试行，2026年起正式实施，欧盟之外的企业如果不能证明其出口到欧盟的产品符合碳排放标准或不能提供碳排放信息，将被课征碳关税。美国和其他国家预计也将出台类似的碳关税政策。碳排放信息披露的经济后果值得重视。

我国作为《巴黎协定》的签署国，十分注重履行与该协定相关的国际义务。2020年9月习近平总书记在第75届联合国大会一般性辩论上向全世界宣布，我国二氧化碳力争于2030年前达到峰值，努力争取2060年前实现碳中和。“双碳”目标的提出，为我国低碳转型和绿色发展擘画了路线图和时间表。实现“双碳”目标，离不开制度安排，制定用于规范企业ESG（环境、社会和治理）议题的可持续披露准则，是实现“双碳”目标的重要制度安排，有必要提上议事日程。

为此，建议：

1. 尽快成立我国可持续披露准则的制定机构。作为全球最大的发展中国家和新兴经济体，我们应充分认识到ISSB的成立对可持续披露准则深远而重大的影响。为了积

极参与ISSB的治理和准则制定工作，推进我国可持续披露准则的制定，应尽快成立我国可持续披露准则制定机构。新成立的可持续披露准则制定机构一方面可对接ISSB，确保ISSB充分考虑我国以及其他发展中国家和新兴经济体的实际情况，确保其制定的ISSB准则具有广泛的代表性和认可度，并为全球统一的高质量可持续披露准则的制定贡献中国力量。另一方面，可就我国可持续披露准则的路线图开展顶层设计，并根据路线图组织各项披露准则的研究制定。

2. 尽快明确我国制定可持续披露准则的策略。我国的企业会计准则已经实现了与国际财务报告准则（IFRS）的实质性趋同，并与欧盟和香港的会计准则等效。从理论上说，我国在制定可持续披露准则时存在三种可供选择的策略：采纳、趋同和参照。采纳策略是指全盘照搬ISSB准则，将其翻译成中文，并通过部门规章的形式，直接将其用于规范我国企业的可持续信息披露。趋同策略是指以ISSB准则为基础，将ISSB准则的实质性条款和披露要求按照我国《立法法》等法律法规的要求转化为我国的可持续披露准则。参照策略是指以ISSB准则为基准，结合中国实际，以我为主，独立制定适合我国国情、具有中国特色（如生态红线等）的可持续披露准则。这三种策略各有利弊，值得相关主管部门认真斟酌，尽快予以明确。

3. 尽快建立我国可持续披露准则的协调机构。鉴于可持续披露准则涉及自然、环境、社会、经济、科技、政治等诸多领域，为全面推进可持续信息披露，需要建立一个由国务院相关部委参与的可持续信息披露部际协调机制，及时沟通情况，协调不同意见，统筹推进可持续信息披露相关制度建设。考虑到国际上将可持续信息作为财务报告的组成部分，可由财政部作为牵头单位，建立可持续披露准则的部际协调机制，其成员单位可包括国家发展改革委、人民银行、证监会、银保监会、国资委、工信部、生态环境部、自然资源部、水利部等。其主要职能包括：（1）研究拟定建立可持续信息披露制度的方案措施及路线图；（2）明确可持续信息披露制度建设中的部门职责和分工，如财政部负责制定可持续披露准则和应用指南等，国家发展改革委统筹制定国家可持续发展规划并协同工信部等部门推进各类企业可持续发展目标的制定，国资委、证监会、人民银行、银保监会协调推进国有企业、上市公司、金融机构的可持续信息披露，生态环境部负责制定出台温室气体排放核算具体标准，人民银行、国家发展改革委、工信部及其他相关部门负责金融行业及非金融行业相关配套标准制度建设，生态环境部、自然资源部、水利部负责生态环境、自然资源、水资源等方面的配套标准建设；（3）讨论确定各个阶段工作重点并协调落实，指导、督促、检查各部门相关工作。

二、关于制定治理产品过度包装法律法规的建议

黄世忠代表在第十四届全国人民代表大会第一次会议上提出的建议

产品过度包装既浪费资源，也产生大量废弃物和环境污染，有损生态文明建设，一直被人民群众所诟病，急需加强治理。为此，国务院先后发布了《国务院办公厅关于治理商品过度包装工作的通知》（国办发〔2009〕5 号）和《国务院办公厅关于进一步加强商品过度包装治理的通知》（国办发〔2022〕29 号）。这两个通知虽然对抑制产品过度包装起到一定的作用，但并没有从根本上制止产品过度包装现象，一些产品如茶叶、月饼、粽子、化妆品、保健食品和消费电子产品等的过度包装现象屡禁不止，且有愈演愈烈的苗头。此外，电子商务和快递业的迅猛发展，也使产品过度包装及其处置问题变得更加突出。

党的二十报告指出，实现碳达峰碳中和是一场广泛而深刻的经济社会系统性变革，要求我们加快绿色发展，实施全面节约战略，推进各类资源节约集约利用，加快构建废弃物循环利用体系。在绿色发展和资源节约备受关注的新形势下，仅仅依靠国务院的两个通知已经不能从根本上彻底解决产品过度包装问题，有必要制定法律法规对产品过度包装进行严肃治理，从法律法规层面确保党的二十大报告关于节约集约利用各类资源的要求落到实处。

为了加强对产品过度包装的治理，特提出以下三种选择方案供参考。

方案 1：由国务院颁布治理产品过度包装的行政法规。在国办发〔2009〕5 号文和国办发〔2022〕29 号文通知精神和要求的基础上，由国务院以暂行规定的方式颁布治理产品过度包装的行政法规。这个方案的最大优点是便捷高效，易于操作，可大幅提高产品过度包装的治理时效，不足之处是约束刚性明显不如法律。

方案 2：修改完善《中华人民共和国循环经济促进法》。全国人大常委会 2008 年 8 月通过了《中华人民共和国循环经济促进法》，2018 年 10 月对该法进行了修正。2018 年修正后的《中华人民共和国循环经济促进法》第三章第十九条要求工艺、设备和产

品及包装的设计，应当减少资源消耗和废弃物产生，设计产品包装物应当执行产品包装标准，防止过度包装造成资源浪费和环境污染。除此之外，对产品过度包装和相关法律责任未作进一步规定，不利于从法律层面根治产品过度包装问题。因此，可以考虑对《中华人民共和国循环经济促进法》进行修订完善，增加专门一节对禁止产品过度包装进行细化规定，并在第六章相应增加产品过度包装的法律责任条款。这个方案的最大好处是禁止产品过度包装与促进循环经济的理念相吻合，将禁止产品过度包装作为该法的一个章节，既合情合理，又逻辑自洽。不足之处是可能导致该法的条款过于冗长，或者针对性不够强。

方案3：制定《中华人民共和国产品过度包装防治法》。全国人大常委会可对治理产品过度包装进行立法调研，若认为具有专门立法的必要性和可行性，可考虑将制定《中华人民共和国产品过度包装防治法》列入立法计划，就产品过度包装的界定标准、产品过度包装的禁止性行为、产品过度包装防治的激励措施、产品过度包装的法律责任等方面作出明确规定。这一方案的最明显好处是针对性强，可极大提高对产品过度包装的法律震慑力，督促市场主体对产品简约包装，大幅节约资源，减少废弃物和环境污染，引导消费者抵制产品过度包装，使自觉抵制过度包装成为一种浓厚的社会氛围，不足之处是立法周期可能比较长，时效性比较慢。

上述三种方案各有利弊，第一种方案和第二种方案短期内比较切实可行，可优先考虑，为时机成熟后采用第三种方案制定《中华人民共和国产品过度包装防治法》积累经验、提供基础。

三、关于修订和完善温室气体核算和报告标准的建议

黄世忠代表在第十四届全国人民代表大会第二次会议上提出的建议

2022年9月22日，习近平主席在第七十五届联合国大会一般性辩论上宣布，中国将提高国家自主贡献力度，采取更加有力的政策和措施，二氧化碳排放力争于2030年前达到峰值，努力争取2060年前实现碳中和。党的二十大报告要求推动绿色发展，促进人与自然和谐共生，并指出中国式现代化是人与自然和谐共生的现代化。可见，绿色低碳已成为中国式现代化和高质量发展的新标志。

企业等市场主体是二氧化碳等温室气体排放的主要来源，建立健全企业等市场主体的温室气体排放信息披露，是确保实现“双碳”目标的重要制度安排。国家发展改革委员会从2013年陆续发布了涵盖24个行业的温室气体核算和报告指南（以下简称《国内指南》），生态环境部2021年以来也先后印发了《企业环境信息依法披露管理办法》和《企业环境信息依法披露格式准则》，为企业披露温室气体排放提供了政策依据。这些指南、管理办法和准则尽管在理念上总体接近于世界资源研究所和世界可持续发展工商理事会发布的《温室气体规程》（国际可持续准则理事会2023年6月发布的《气候相关披露》准则和欧盟2023年7月发布的《气候变化》准则均要求采用《温室气体规程》（Green House Gas Protocol）核算和报告温室气体排放），但也存在一些重要差异，主要表现在五个方面：一是组织边界不同，《国内指南》以法人主体为组织边界，而《温室气体规程》要求采用股权比例法或控制权法确定组织边界；二是核算范围不同，《国内指南》只对范围1和范围2的温室气体排放核算作出规定，未涉及《温室气体规程》所规定的范围3温室气体排放的核算和报告；三是温室气体排放种类要求不同，《国内指南》要求核算的温室气体排放与《温室气体规程》要求核算的七类温室气体排放不尽相同；四是范围1、范围2排放的核算技术标准存在差异，例如，国内燃料燃烧排放普遍采用燃料的低位发热值或实测发热值，《温室气体规程》要求采用高位发热值进行计算；五是排放因子存在差异，且现有排放因子未及时更新，

不能反映近年来我国能源结构和能耗水平的重大变化。

从全球发展趋势看，公司报告正由单一的财务报告格局向财务报告与 ESG（环境、社会、治理）报告并存的双格局转变，企业在披露财务报告的同时，也必须披露 ESG 报告，ESG 报告将与财务报告一样，成为世界通用商业语言和话语体系。鉴于温室气体排放是应对气候变化的关键信息，也是 ESG 报告的核心内容，建议国家发展改革委员会和生态环境部结合我国能源结构、能耗水平的实际情况，借鉴国际上广泛运用的《温室气体规程》的做法（特别是组织边界和经营边界的确定方法），尽快修订我国的温室气体核算和报告标准，并定期更新和公布排放因子。修订和完善温室气体核算和报告标准，使其在方法论上与《温室气体规程》保持基本一致，提高我国企业温室气体排放与国际同行的可比性，既有助于我国企业在跨国或跨境融资时更有效地披露气候相关信息，也有助于增强我国企业的绿色竞争力，在出口贸易中更加有效应对欧盟或其他国家即将开征的碳边境调节税。除了修订和完善企业层面的温室气体核算和报告标准外，建议相关部门适时启动产品层面、项目层面和价值链层面上温室气体核算和报告标准的制定工作，为企业核算和报告产品、项目、价值链的碳足迹提供遵循，助力企业提升温室气体排放核算核查能力。

四、编好人生的 ESG 报告

黄世忠在厦门国家会计学院 2022 届研究生毕业典礼上的致辞

尊敬的各位老师、各位家长、亲爱的同学们，大家好！

凤凰花开季，同学毕业时。寒窗苦读三载，今朝顺利毕业，可喜可贺。祝贺同学们克服疫情影响，如期毕业，获取你们人生的第一个会计审计专业硕士学位。感谢家长们含辛茹苦，哺育同学们成长成才！感谢老师们传道授业，为党育人，为国育才！感谢研究生处的各位同事用心用情，对同学们关心呵护！

编好人生的三大报表是我在前几届毕业典礼上的演讲主题，今天的演讲主题是编好人生的 ESG 报告。选择这个主题与我对报表分析的思考有关。我认为，报表分析只有与 ESG 报告密切结合，才不失偏颇，才能真正洞见企业的可持续发展前景。企业的报表分析如此，人生的报表分析亦然。因此，编好人生的 ESG 报告可视为编好人生的三大报表的续篇。

2020 年习近平总书记提出了“双碳”目标，为我国低碳转型和绿色发展擘画了路线图和时间表，自此，低碳转型、绿色发展、环境保护等议题备受瞩目，ESG（环境、社会和治理）成为脍炙人口的术语。ESG 是联合国 2005 年在题为《在乎者赢》（Who Cares Wins）的研究报告中首次提出的，其核心要义是统筹兼顾经济、社会和环境的可持续发展，确保三者之间保持和谐关系，不得在经济发展中破坏生态环境、危害公平正义。尽管 ESG 提出至今不足 20 年，但其理念在我国传统文化中早已有之。ESG 中的 E，可理解为“天人合一”，主张人与自然和谐共生，协调发展。ESG 中的 S 可理解为“天下大同”，倡导人与人和谐相处，构建人类命运共同体。ESG 中的 G 可理解为“浑然天成”，即确保“天人合一”“天下大同”的理念付诸实施的体制机制。因此，ESG 也可以用“三天理论”加以诠释，“三天理论”与“三重底线”（埃尔金顿 1997 年在《使用刀叉的野蛮人——21 世纪企业的三重底线》一书中提出了企业可持续发展必须统筹兼顾经济底线、环境底线和社会底线的理论）异曲同工。

ESG 关乎经济社会和生态环境的可持续发展，既需要国家政策引导，也需要企业积极参与，更离不开个人身体力行。ESG 蕴藏着从善向善的理念，编好人生的 ESG 报告，择善而从，向善而行，不仅是我们每个人对环境保护和社会发展理应作出的贡献，也是提升我们个人修养和思想境界的进阶之道。

编好人生的 ESG 报告，要求我们关注碳足迹，倡导低碳、绿色的生活方式，为缓解气候变化、保护生物多样性和生态系统添砖加瓦，千方百计做好 ESG 的 E 篇章。科学研究证明，我们的衣食住行都会留下难以抹杀的碳足迹，联合国环境规划署《2020 排放差距报告》指出，与衣食住行相关的温室气体排放约占全球排放总量的 2/3。在衣的方面，一件衣服从棉花种植收成，到加工制作和运输销售，产生的碳排放颇为惊人。如果我们一生中少买几件衣服，排放到大气层的温室气体就会减少，如果人人都抵制皮草，不买名包，就可避免生命的杀戮和生物多样性的丧失。在食的方面，一斤牛肉产生的温室气体排放是同样重量鸡肉的 13 倍、土豆的 57 倍、坚果的 60 倍。联合国粮农组织的研究显示，我们的日常饮食特别是肉类消费，向大气层排放的二氧化碳、甲烷等温室气体，比运输业和工业还多。比尔·盖茨在《如何避免气候灾难》一书中指出，如果把全世界的牛比作一个国家，其在 2019 年的温室气体排放量仅次于中国和美国，位列第三。如果我们改变饮食结构，少吃一些牛肉（牛在饲养过程中因反刍和排气会产生大量的甲烷，其产生的温室气体效应是二氧化碳的 23 倍），就可为实现《巴黎协定》的 1.5℃控温目标作出莫大的贡献。如果割舍不了吃牛肉的嗜好，谨记多植树积累碳汇，以抵销吃牛肉的碳排放。在住的方面，一套公寓，从建材的生产、运输、施工到照明、供暖、制冷以及电梯和家电使用等，都会消耗大量能源，排放温室气体。养成随手关灯、随手拔掉插头、将空调温度设定在 26℃以上、多走楼梯少乘电梯等好习惯，或者养成早睡早起不熬夜的作息习惯，都可减少能耗和排放，这些减排举措都是举手之劳，何乐而不为。在行的方面，从厦门乘飞机往返北京一趟，每个乘客平均将产生 486 公斤的二氧化碳，按照一棵树每年可以吸收 18 公斤的二氧化碳计算，为此需要补植 27 棵树。汽车出行，每消耗 100 公升汽油将产生 78.5 公斤的二氧化碳，道路交通产生的碳排放占全世界碳排放总量的比例超过 10%。少开车、多走路、选择公共交通、购买电动车而不是燃油车，都可降低温室气体排放，缓解气温上升，避免冰川融化，防止海平面上升，拯救珊瑚等大量海洋生物。

编好人生的 ESG 报告，要求我们要有海纳百川的气度，谨记费孝通先生“各美其美、美人之美、美美与共、天下大同”的十六字箴言，千方百计做好 ESG 的 S 篇章。尊重个体、包容差异、抵制歧视、平等相待是文明社会应有的公平观念和行为准则。康有为曾说，人人相亲，人人平等，天下为公，是谓大同。编好人生的 ESG 报告，要求我们乐善好施，扶贫济困，关照弱势群体，热心公益事业，参加社区服务，遵守公序良俗，所有这些都将计入我们人生ESG报告的计分卡。编好人生的ESG报告，要求我们与人为善，既要善尽照顾家人的责任，也要善待我们的朋友、同事和师长，营造和睦相处、其乐融融的良好氛围。编好人生的ESG报告，要求我们淡泊名利，乐于奉献，在人生的利润表中实现奉献大于索取的盈余。同学们，去年我在《编好人生的第二张现金流量表》中提到的特蕾莎修女、陈嘉庚先生、林巧稚大夫，以及早几年演讲中提到的大文豪苏东坡和大画家黄公望，他们之所以受人敬仰、流芳百世，无不是因为他们用爱心和奉献在人生的ESG报告中书写了熠熠生辉的社会篇章。

编好人生的ESG报告，要求我们修心养性，自我约束，千方百计做好ESG的G篇章。一是要妥善处理好“资源有限”与“人欲无止”之间的矛盾，抑制私欲，简约生活，适度消费，节约资源，唯有如此，才能确保“天人合一”，人类活动导致的第六次物种大灭绝势头才能被遏制。二是倡导换位思考，将心比心，平等待人，和睦相处，唯有如此，才能确保“天下大同”，人世间的纷扰和纷争才能被消弭。三是要洁身自好，廉洁自律，珍惜羽毛，既要坚守法律底线，干干净净做事，清清白白做人，也要守住不做假账不说假话的道德底线，唯有如此，才能成为懂业务讲操守的专业人士，才无愧于你们的专业硕士学位。四是要明辨是非，有正义感，勇于抵制一切环境不担当、责任不履行、待人不公平的行为，做一个有担当、善作为的环保人，成为守正义、促和谐的推动者，唯有如此，才能把人性的光辉和榜样的力量传播到我们的价值链和朋友圈。

同学们，相信你们一定听说过白求恩的故事，但你们听说过“环保领域的白求恩”吗？他的名字叫莫里斯·斯特朗（Maurice Strong），同样来自加拿大。如果大家没有听说过他，那么大家可能听说过他的姑妈——美国进步作家、中国人民的好朋友——安娜·路易斯·斯特朗（Anna Louise Strong）。斯特朗先生是全世界当之无愧的环保领袖，七次当选联合国副秘书长，联合国环境规划署创始人和首任署长。1972年6月，在他的精心筹划下，联合国人类环境会议（亦称首届“地球峰会”）在斯德哥尔摩召开，他斡旋并促成中国派代表团参加此次峰会，这也是中华人民共和国重返联合国后首次参加的国际会议。这次“地球峰会”是世界环保史上的一个重要里程碑，首次将环境问题提到国际议事日程上来。1992年6月，斯特朗先生以联合国环境与发展大会秘书长的身份，组织协调118位国家元首、178个国家的1.5万名代表参加了在里约热内卢召开的联合国环境与发展大会，发表了《里约宣言》，签署了《气候变化框架公约》和《生物多样性公约》等一系列重要文件，为实现人与自然和谐共生、经济与环境协同共进的发展模式奠定了基础。斯特朗先生穷尽一生为人与自然和谐共生奔走呼号，唤醒了我们的环保意识，加快了全球环保事业的进程，用心血、毅力和人格谱写了他一生中最灿烂辉煌的ESG报告，为我们编好人生的ESG报告提供了榜样力量。

同学们，你们的校园生活即将结束，新的人生征程即将开启。祝愿你们踏入社会后一帆风顺，希望你们用优异的工作业绩、丰富的人生阅历、勇毅的担当精神，编好人生的三大报表和人生的ESG报告，为实现你们的价值抱负和永续发展书写出璀璨的人生华章，绽放出绚烂的人生风采。

谢谢大家！